时代教育·国外高校优秀教材精选

统计推断

（翻译版·原书第2版）

（美）George Casella
Roger L. Berger 著
张忠占 傅莺莺 译

机 械 工 业 出 版 社

Statistical Inference, 2nd Edition
George Casella, Roger L. Berger, 张忠占, 傅莺莺

Cengage Learning Asia Pte. Ltd.
5 Shenton Way, # 01-01 UIC Building, Singapore 068808

北京市版权局著作权合同登记号 图字 01-2007-4486 号

图书在版编目（CIP）数据

统计推断：第2版：翻译版/（美）卡塞拉（Casella, G.），（美）贝耶（Berger, R. L.）著；张忠占，傅莺莺译．—北京：机械工业出版社，2009.8（2025.11 重印）
（时代教育·国外高校优秀教材精选）
ISBN 978-7-111-27876-4

Ⅰ.统… Ⅱ.①卡…②贝…③张…④傅… Ⅲ.统计推断-高等学校-教材 Ⅳ.O212

中国版本图书馆 CIP 数据核字(2009)第 129255 号

机械工业出版社（北京市百万庄大街 22 号 邮政编码 100037）
策划编辑：郑 玫 责任编辑：韩效杰 郑 玫
版式设计：霍永明 责任校对：陈延翔
封面设计：鞠 杨 责任印制：单爱军
北京盛通数码印刷有限公司印刷
2025 年 11 月第 1 版第 13 次印刷
169mm×239mm · 39 印张 · 784 千字
标准书号：ISBN 978-7-111-27876-4
定价：84.00 元

凡购本书，如有缺页、倒页、脱页，由本社发行部调换

电话服务	网络服务
服务咨询热线：010-88379833	机 工 官 网：www. cmpbook. com
读者购书热线：010-88379649	机 工 官 博：weibo. com/cmp1952
	教育服务网：www. cmpedu. com
封面无防伪标均为盗版	金 书 网：www. golden-book. com

国外高校优秀教材审定委员会

出版说明

随着我国加入WTO，国际间的竞争越来越激烈，而国际间的竞争实际上也就是人才的竞争、教育的竞争。为了加快培养具有国际竞争力的高水平技术人才，加快我国教育改革的步伐，国家教育部近来出台了一系列倡导高校开展双语教学、引进原版教材的政策。以此为契机，机械工业出版社陆续推出了一系列国外影印版教材，其内容涉及高等学校公共基础课，以及机、电、信息领域的专业基础课和专业课。

引进国外优秀原版教材，在有条件的学校推动开展英语授课或双语教学，自然也引进了先进的教学思想和教学方法，这对提高我国自编教材的水平，加强学生的英语实际应用能力，使我国的高等教育尽快与国际接轨，必将起到积极的推动作用。

为了做好教材的引进工作，机械工业出版社特别成立了由著名专家组成的国外高校优秀教材审定委员会。这些专家对实施双语教学做了深入细致的调查研究，对引进原版教材提出了许多建设性意见，并慎重地对每一本将要引进的原版教材一审再审，精选再精选，确认教材本身的质量水平，以及权威性和先进性，以期所引进的原版教材能适应我国学生的外语水平和学习特点。在引进工作中，审定委员会还结合我国高校教学课程体系的设置和要求，对原版教材的教学思想和方法的先进性、科学性严格把关，同时尽量考虑原版教材的系统性和经济性。

这套教材出版后，我们将根据各高校的双语教学计划，举办原版教材的教师培训，及时地将其推荐给各高校选用。希望高校师生在使用教材后及时反馈意见和建议，使我们更好地为教学改革服务。

机械工业出版社

第2版序

虽然本书中的引用大多来自 Arthur Conan Doyle（阿瑟·柯南·道尔）爵士，但对于本书的诞生而言，最恰当的描述或许是 Grateful Dead（美国一个著名的摇滚乐队——译者注）的感受："What a long，strange trip it's been."（"多么漫长、奇妙的旅行"，这是一张唱片的名字——译者注。）

第 2 版的计划始于六年以前，在很长时间内，我们曾为增加什么、删除什么而辗转不已。所幸随着时间的推移，统计学科的发展使得答案逐步清晰。我们看到，统计学有从对各种特例的漂亮的证明到对更加复杂也更加实用的情况进行算法求解的发展趋势。这并不破坏数学的重要性及其严谨性，我们确实发现数学已经变得更加重要。但是，数学被应用的方式正在发生变化。

对于熟悉第 1 版的读者，我们把新的变化简要总结如下。关于渐近方法的讨论得到大幅度扩充，成为单独一章。对于计算和模拟有了更多的强调（见 5.5 节和计算机代数的附录）；扩充或增加了更具应用性的方法（例如，自助法、EM 算法、p 值、罗吉斯蒂克回归和稳健回归）；增加了许多新的杂录和练习。我们不再强调一些更专门化的理论，比如同变性和判决理论，同时，为了清楚起见，在第 3～11 章重新安排了一些内容。

有两件事情需要说明。第一，关于计算机代数软件，虽然我们相信它正在成为越来越有价值的工具，但并不想强加于那些有着不同看法的教师。因此，我们以平和的方式处理，只是把这部分内容放在附录之中，并在书中可以使用计算机代数的地方加以提示。第二，我们已经把书中的编号系统改变，使得更容易找到相应的内容。在这一版中，对定理、引理、例题和定义进行统一编号，例如，定义 7.2.4 后面是例 7.2.5，例 10.1.4 前面是定理 10.1.3。

前四章只做了些许变化。我们调整了某些内容的顺序（特别是不等式和等式分开叙述），增加了一些新例题和练习，做了一些一般的更新。第 5 章中也调整了顺序，收敛性一节进一步后调，并增加了关于随机变量产生的一节新内容。第一版第 7～9 章中关于不变性的内容被大幅度压缩，放到第 6 章，而第 6 章的其他内容只有少量变化（基本都是增加新的习题）。第 7 章得到扩充和更新，增加了 EM 算法一节。对第 8 章也只做了少量编辑和更新，增加了关于 p-值的一节。在第 9 章中我们更强调枢轴化方法（认识到"构造一个区间"只不过是"枢轴化累积分布函数"）。

此外，第 1 版第 10 章中的内容（判决理论）已经被删减，关于点估计、假设检验和区间估计的损失函数最优性的讨论分为几个小节，加到了相应的几章中。

第 10 章完全是新的，包括 Δ 方法、相合性、渐近正态性、自助法、稳健估计量、记分检验等等，目的在于为读者打下大样本推断的基础。第 11 章是经典的一种方式分组的方差分析和线性回归（这些内容在第 1 版中属于不同的两章）。不幸的是，由于篇幅所限，删除随机化区组设计的内容。第 12 章包含带有变量误差的回归以及关于稳健回归和罗吉斯蒂克回归的新内容。

在多年使用第 1 版教学之后，我们大体知道一年的课程可以包括哪些内容。对于第 2 版而言，一年的课程当可包含以下内容：

第 1 章：1～7 节，第 6 章：1～3 节

第 2 章：1～3 节，第 7 章：1～3 节

第 3 章：1～6 节，第 8 章：1～3 节

第 4 章：1～7 节，第 9 章：1～3 节

第 5 章：1～6 节，第 10 章：1，3，4 节

对于学过一些概率论的班级，则可以从后面的章节中增加一些内容。

George Casella

Roger L. Berger

第1版序

当有人发现你正在写一本教材时，会问到以下两个问题中的一个或两个。第一个问题是“你为什么要写书?”而第二个问题是“你的书与已有的那些书有什么不同?”第一个问题很容易回答。你由于不完全满意现有的教材而写书。第二个问题回答起来更困难。三言两语说不清，而为了不让你的听众（他可能只是出于礼貌随便问问）扫兴，你会调侃几句，但这通常并不能回答这个问题。

本书的目的在于从基本的概率论出发建立理论统计（以与数理统计相区别）。逻辑发展、证明、思想、主题等，通过统计的论述一一展开。从概率论的基础开始，我们用作为前面概念的自然延伸和结论的统计技巧、定义和概念来逐步建立统计推断理论。当开始做出这种努力时，我们并不知道效果会如何。当然，成功与否，最后的判断留给读者。

本书是为统计专业或以统计为中心的领域的一年级研究生而写的，所需要的预备知识是一年的微积分课程。(熟悉一些矩阵运算是有用的，但并不必须。）可以用于两个学期或四分之三学年的统计引论课程。

前四章包括概率论基础，并介绍了后面所需要的许多基本知识。第5和第6章是统计的前两章。第5章是过渡性的（从概率到统计），对于有一定概率基础的学生，可以作为他们统计课程的起点。第6章有些独特，详细介绍三个统计原理（充分性、似然和不变性），并说明这些原理对于数据建模的重要性。虽然我们强烈推荐在这些内容上花些时间，但并非所有教师都要详细讲解这一章。特别，在这一章中详细讨论了似然原理和不变性原理。连同充分性原理一起，这些原理以及它们背后的思想是完全理解统计学的基本知识。

第7～9章代表了统计推断的核心内容，即估计（点估计和区间估计）和假设检验。这几章的最重要的特征是分成**寻求**适当的统计方法和**评价**这些方法。寻求和评价无论对于理论工作者还是对于实际工作者都是兴趣所在，但我们认为分开处理是很重要的。不同方面的考虑都是重要的，采用的规则也不同。进一步有兴趣的内容在这几章内以“其他考虑”为题的几节中。在这些内容中，我们指出统计推断的规则可以如何被放宽（就像司空见惯的那样）并且仍然给出有意义的推断。这几节中包含的许多方法是咨询中用到的，对于来自于实际的分析和推断问题富有裨益。

最后的三章可以视为特殊专题，虽然我们认为对于任何人的统计教育而言熟悉这些内容都是重要的。第 10 章对判决理论作出了严格的介绍，包含了所有我们能够加入进去的现代内容。第 11 章介绍方差分析（一种方式分组和随机化区组），从处理对比的简单理论出发建立了完全分析的理论。我们的经验是，试验人员最感兴趣的是从对比得到的推断，而应用前面建立的原理，大多数检验和区间都能从对比推导出来。最后，第 12 章介绍回归理论，首先是简单线性回归，然后是带有变量误差的回归。后者非常重要，不仅表明了这种回归自身的用处以及内在的困难，同时也说明了常规回归推断的局限性。

对于使用本书的一学年课程，我们有以下具体的指导性建议。使用本书可以开设两个不同类型的课程。一类是“更数学化的”，适合于统计专业的学生和有扎实数学基础（至少一年半微积分课程，一些矩阵代数，或许还需要一门实分析课程）的学生。对于这样的学生，我们推荐学习第 1～9 章的全部内容（大概需要 22 周左右），其余的时间选学第 10～12 章的部分专题。一旦学习完前九章，后面三章中每一章的内容可以按任意顺序学习。

另一类课程是“更实用化的”。这类课程也可以作为有熟练数学背景的学生的入门课程，但它是针对有一年微积分课程、专业未必是统计学的学生的。它强调统计理论的更实际的应用，更关心基本统计概念的理解，以及在不同的情况下合理统计方法的导出，不太关心考察形式上的最优性。这样的一个课程势必要省略某些内容，但可以在一年的课程中覆盖以下章节：

章	节
1	所有
2	2.1，2.2，2.3
3	3.1，3.2
4	4.1，4.2，4.3，4.5
5	5.1，5.2，5.3.1，5.4
6	6.1.1，6.2.1
7	7.1，7.2.1，7.2.2，7.2.3，7.3.1，7.3.3，7.4
8	8.1，8.2.1，8.2.3，8.2.4，8.3.1，8.3.2，8.4
9	9.1，9.2.1，9.2.2，9.2.4，9.3.1，9.4
11	11.1，11.2
12	12.1，12.2

如果时间允许，可以就 4.4 节、5.5 节和 6.1.2、6.1.3、6.1.4 中的内容进行一些讨论（不太强调细节）。也可以考虑 11.3 和 12.3 节中的内容。

练习题从很多材料中收集而来，相当丰富。我们认为，熟练掌握书中内容的唯一的办法或许是动手，因此我们在书中提供了很多这样的机会。我们尽可能使练习多样化，其中许多练习阐述新的知识点或者作为正文内容的补充。某些练习甚至取自研究论文。(当你可以把在自己学生时代属于新研究论文的内容作为练习包括进来时，就会觉得斯人老矣!)虽然这些练习没有像各章一样进一步细分到小节，但其顺序大体与章中的内容一致。(细分通常给出过多的暗示。)进一步，随着练习编号的增大，也(大体上)更具有挑战性。

由于这是一本内容相对宽泛的入门书，其中的专题未及深入。然而，我们觉得有一定义务指导读者在可能感兴趣的这些专题上进一步深入，因此，我们包含进了很多的参考文献，指出了更深入理解每一个专题的途径。(由 Kotz，Johnson 和 Read 编辑的《Encyclopedia of Statistical Sciences》对很多专题有很好的介绍。)

George Casella
Roger L. Berger

译 后 序

George Casella 与 Roger L. Berger 合著的《Statistical Inference》是一部特色明显的优秀教材。2002 年机械工业出版社作为国外优秀教材精选系列之一出版了英文版原著（第 2 版），龚光鲁教授作序。几年来，随着我国高等教育的发展，以及我国经济社会的迅速进步，统计类课程成为国内高等教育中很多专业的重要课程，本书的英文版也随之广泛流传。然而，尽管对外开放的程度已经深入，但在多学时的重点课程教学，尤其是低年级课程教学中，使用英文原版教材也有不便之处。机械工业出版社应读者要求，决定出版该书的中译本。

诚如龚先生序中所言，“该书是为统计学方向或者使用概率统计较多的领域的大学生和研究生撰写的有关统计推理的理论、思想、方法的教材。其理论较为现代化，难度适中，覆盖面远比当前国内的中文教材大，且在体系结构与内容安排上富于新意。对于系统理论、控制工程、电机工程、机械工程、经济管理和商业贸易等的大学生或研究生也可以选用其中的某些部分作为教材”。本教材的广泛的适用性根源于作者对教材内容的设计——针对数学背景和教学要求不同的两类课程而设计。同时，讲解的独到之处、内容的新颖性和丰富的材料也使得教材具有持久的生命力。后者也是译者所追求并在与徐兴忠合写的教材中（《应用数理统计》，机械工业出版社，2008）做过一些尝试的。

译者虽然从教多年，但对于翻译统计著作、尤其是优秀著作深知其不易。然而随着翻译工作的进行，我们逐步体会到作者讲解的妙处，也越加对之珍爱起来，感到受益匪浅。名词的翻译尽量符合国家标准，同时参考了王吉利主编的《汉英、英汉统计大词典》（中国统计出版社，2001）和科学出版社名词室编的《新英汉数学词汇》（科学出版社，2002）。我们努力保持原作的风格，体会原作的思想，但由于文化的差异，我们很难在译文中到位地体现作者的幽默和语言的生动活泼。

本书第 1～6 章由傅莺莺翻译，第 7～10 章基本采用了汪永新教授的译稿，序言、第 11～12 章和附录由张忠占翻译，最后由张忠占统稿。翻译过程中更正了译者发现的一些错误。但由于译者水平所限，误译或不当之处在所难免，欢迎读者和广大同行不吝赐教。最后，特别感谢汪永新教授给予的支持，同时感谢机械工业出版社高等教育分社郑玫编辑的热诚合作。

张忠占（北京工业大学）

傅莺莺（北京工商大学）

目　录

第1章

概率论

“通常我们无法预测某个人在未来某一时刻的行为，但是却能够准确地说出大多数人在这一时刻的行为. 个体可能变化，然而总的可能性不变——这就是统计学.”

——夏洛克·福尔摩斯
《四签名》

概率论为整个统计学奠定了基础，它为总体、随机试验等几乎所有随机现象的建模提供了方法. 利用这些模型，统计学者可以通过对于总体的一部分的考察来推断总体的性质.

概率论拥有较长的发展历史，至少可以追溯到十七世纪，当时 Pascal 和 Fermat 受他们的朋友 Chevalier de Meré 之托，建立了一套关于赌博赢率的数学理论，这就是概率论的前身.

限于篇幅，本章并不准备向大家全面介绍概率论的知识，仅对学习统计学所需的概率论的基本想法和概念作简要介绍.

正如统计学建立在概率论的基础之上，概率论本身又以集合论为基础. 因此，我们要从集合论开始学习概率论.

1.1 集合论

统计学研究的一个主要问题是通过试验推断总体. 为达到这一目的，第一步就是确定全体可能出现的试验结果，用统计学的术语来说，即确定样本空间.

定义 1.1.1 称某次试验全体可能的结果所构成的集合 S 为该试验的**样本空间 (sample space)**.

掷硬币试验的样本空间包括两种结果：正面朝上（正）和反面朝上（反），即

$$S=\{正,反\}$$

假定某次试验考察了从某大学随机选择的一批学生的 SAT 成绩，则其样本空间包括 200 到 800 之间全体十的倍数——即 $S=\{200,210,220,\cdots,780,790,800\}$. 而如果试验的观测结果是物体对某刺激的反应时间，则样本空间由全体正数构成，

即$S=(0,\infty)$.

根据样本空间所含元素的个数，我们可以将其分为两类. 样本空间或者是可数的，或者是不可数的；如果能够为样本空间的元素与整数集的某个子集建立一一对应，则称样本空间是可数的. 当然，如果一个样本空间仅包含有限个元素，它显然是可数的. 因此，掷硬币与SAT成绩的样本空间都可数（事实上它们是有限的），而由于全体正实数无法一一地映入整数集，所以物体对某刺激反应时间的样本空间是不可数的. 不过，如果我们测量反应时间时只需精确到秒，则样本空间（以秒计）为$S=\{0,1,2,3,\cdots\}$，是可数集.

可数样本空间与不可数样本空间之间的差别仅仅表明两者概率分布方式的不同. 对大多数情形而言，尽管数学处理的方式不同，样本空间是否可数并不会产生麻烦. 从哲学的观点出发，也许有人会争辩说样本空间只能是可数的，理由是试验中的观测不可能达到无穷精度（由全体十进制数组成的样本空间是可数的）. 事实上，一般来说，处理不可数样本空间的概率学和统计学方法比处理可数情形的方法更为便捷，它们同时还可以给出真实（可数）情形的一个好的近似.

我们已经定义了样本空间，接下来考察样本空间的子集.

定义 1.1.2　一个**事件**（event）是一次试验若干可能的结果所构成的集合，即S的一个子集（可以是S本身）.

设A为一个事件，即S的一个子集. 如果某次试验的试验结果属于集合A，我们就称事件A发生了. 当谈到概率时，我们通常说事件的概率，而不说集合的概率. 不过，这两个概念可以替换使用.

我们首先定义下面两种关系，利用它们确立集合的序关系及相等关系：

$$A\subset B\Leftrightarrow x\in A\Rightarrow x\in B \qquad \text{（包含）}$$

$$A=B\Leftrightarrow A\subset B \text{ 且 } B\subset A \qquad \text{（相等）}$$

给定两个事件A和B，我们有下面几种初等集合运算：

并：A和B的并集是由A中元素以及B中元素所构成的集合，记作$A\cup B$：

$$A\cup B=\{x: x\in A \text{ 或 } x\in B\}$$

交：A和B的交集是由同属于A，B的元素所构成的集合，记作$A\cap B$：

$$A\cap B=\{x: x\in A \text{ 且 } x\in B\}$$

补：A的补集是由不属于A的元素所构成的集合，记作：

$$A^{\mathrm{C}}=\{x: x\notin A\}$$

例 1.1.3（事件的运算）　考虑从一副纸牌中随机抽取一张纸牌的试验，纸牌四种花色分别记为：梅花（C）、方块（D）、红桃（H）和黑桃（S）. 则该试验的样本空间为

$$S=\{\mathrm{C},\mathrm{D},\mathrm{H},\mathrm{S}\}$$

可能发生的事件还有

$$A=\{\mathrm{C,D}\}\text{ 和 }B=\{\mathrm{D,H,S}\}$$

由以上事件我们得到

$$A\cup B=\{\mathrm{C,D,H,S}\},A\cap B=\{\mathrm{D}\}\text{ 以及 }A^{\mathrm{c}}=\{\mathrm{H,S}\}$$

此外，注意到 $A\cup B=S$，并且$(A\cup B)^{\mathrm{c}}=\varnothing$，其中$\varnothing$表示**空集**（**empty set**）（不包含任何元素的集合）. ‖

好比加法和乘法可以复合，初等集合运算也可以进行复合. 事实上，只需稍加留意我们即可将集合当成数来运算. 下面给出集合运算的几条规则.

定理 1.1.4 对于样本空间 S 上的任意事件 A，B 和 C，有：

a. 交换律：$A\cup B=B\cup A$，

$A\cap B=B\cap A$；

b. 结合律：$A\cup(B\cup C)=(A\cup B)\cup C$，

$A\cap(B\cap C)=(A\cap B)\cap C$；

c. 分配律：$A\cap(B\cup C)=(A\cap B)\cup(A\cap C)$，

$A\cup(B\cap C)=(A\cup B)\cap(A\cup C)$，

d. DeMorgan 律（又见集合运算）：

$(A\cup B)^{\mathrm{c}}=A^{\mathrm{c}}\cap B^{\mathrm{c}}$，

$(A\cap B)^{\mathrm{c}}=A^{\mathrm{c}}\cup B^{\mathrm{c}}$.

证明 定理中大部分结论的证明留作习题 1.3，习题 1.9 和习题 1.10 还对定理做了推广. 下面以分配律为例演示证明的方法：

$$A\cap(B\cup C)=(A\cap B)\cup(A\cap C)$$

(也许你已经习惯用文氏图来“证明”集合论的定理，不过我们的忠告是：尽管文氏图有助于将问题直观化，却不能作为正式的证明）为证明等式两端的集合相等，必须证明两个集合相互包含. 这两个集合分别为：

$$A\cap(B\cup C)=\{x\in S:x\in A\text{ 且 }x\in(B\cup C)\}$$

$$(A\cap B)\cup(A\cap C)=\{x\in S:x\in(A\cap B)\text{或 }x\in(A\cap C)\}$$

首先证明 $A\cap(B\cup C)\subset(A\cap B)\cup(A\cap C)$. 令 $x\in(A\cap(B\cup C))$，根据集合交的定义有 $x\in(B\cup C)$，即 $x\in B$ 或 $x\in C$. 由于 x 也属于 A，我们有 $x\in(A\cap B)$或者 $x\in(A\cap C)$，因此

$$x\in((A\cap B)\cup(A\cap C))$$

故“$A\cap(B\cup C)\subset(A\cap B)\cup(A\cap C)$”的包含关系得证.

现在假定 $x\in((A\cap B)\cup(A\cap C))$，于是 $x\in(A\cap B)$或者 $x\in(A\cap C)$. 若 $x\in(A\cap B)$，则 x 同属于 A 和 B. 由 $x\in B$ 有 $x\in(B\cup C)$，进而 $x\in(A\cap(B\cup C))$. 若 $x\in(A\cap C)$，类似的讨论可以得到 $x\in(A\cap(B\cup C))$. 这就证得反方向的包含关系：$(A\cap B)\cup(A\cap C)\subset A\cap(B\cup C)$，分配律得证. □

集合的并、交运算可以推广到无穷集合族. 设 A_1，A_2，A_3，…是样本空间 S

上的一族集合，则

$$\bigcup_{i=1}^{\infty} A_i = \{x \in S\text{：存在 } i\text{，使得 } x \in A_i\}$$

$$\bigcap_{i=1}^{\infty} A_i = \{x \in S\text{：对任意 } i\text{，有 } x \in A_i\}$$

例如，令 $S=(0,1]$，$A_i=[(1/i),1]$，则

$$\bigcup_{i=1}^{\infty} A_i = \bigcup_{i=1}^{\infty} [(1/i),1] = \{x \in (0,1]\text{:存在 } i\text{,使得 } x \in [(1/i),1]\}$$
$$= \{x \in (0,1]\} = (0,1]$$

$$\bigcap_{i=1}^{\infty} A_i = \bigcap_{i=1}^{\infty} [(1/i),1] = \{x \in (0,1]\text{:对任意 } i\text{,有 } x \in [(1/i),1]\}$$
$$= \{x \in (0,1]\text{:} x \in [1,1]\} = \{1\} \qquad \text{(单点 1)}$$

我们还可以在不可数的集合族上定义并和交的运算．设 Γ 为一个指标集（其中的元素作为下标使用），则

$$\bigcup_{a \in \Gamma} A_a = \{x \in S\text{:存在 } a\text{,使得 } x \in A_a\}$$

$$\bigcap_{a \in \Gamma} A_a = \{x \in S\text{:对任意 } a\text{,有 } x \in A_a\}$$

例如，取 $\Gamma=\{$全体正实数$\}$，$A_a=(0,a]$，则 $\bigcup_{a\in\Gamma} A_a = (0,\infty)$ 是不可数个集合的并．尽管不可数个集合的并、交运算在统计学中并不常见，但对解决某些问题却十分有用（见 8.2.3 节）.

最后，我们讨论样本空间的划分这一概念.

定义 1.1.5 称两个事件 A 和 B **不交**（**disjoint**）或者**互斥**（**mutually exclusive**），如果 $A \cap B = \varnothing$．称事件 A_1，A_2，…**两两不交**（**pairwise disjoint**）或者**互斥**（**mutually exclusive**），如果对于任意 $i \neq j$，都有 $A_i \cap A_j = \varnothing$.

不交的集合之间不存在公共元素．用文氏图表示，即两个不交的集合不会重叠．集合族

$$A_i = [i, i+1), i = 0, 1, 2, \cdots$$

由两两不交的集合构成，并且有 $\bigcup_{i=0}^{\infty} A_i = [0, +\infty)$.

定义 1.1.6 如果事件 A_1，A_2，…两两不交，并且 $\bigcup_{i=1}^{\infty} A_i = S$，则称 A_1，A_2，…构成 S 的一个**划分**（**partition**）.

集合 $A_i = [i, i+1)$ 构成 $[0, +\infty)$ 的一个划分．划分能够把样本空间分成若干小的且互不重叠的分块，这通常十分有用.

1.2 概率论基础

具体施行某次试验时，其结果必然属于该试验的样本空间．同样的试验重复几

次，有可能每次都得到不同的结果，也可能重复出现某些结果. 试验结果的这种"出现频率"便可以看成一种概率. 可能性越大的结果出现得越频繁. 如果能够清楚地描述各种试验结果的可能性，我们就可以利用统计学来分析这个试验.

本节主要介绍概率论的基础知识. 这里我们不借助"频率"概念、而是采用公理化的方法来定义概率. 正如下面我们将看到的，公理化方法用到的数学知识相当浅显，并且它不关心概率的实际解释，而只关心概率是否由满足公理的函数所定义. 利用公理化方法定义概率之后，概率的解释则完全是另一回事. 例如，事件的"出现频率"是概率的一种解释；我们还可以将概率看作我们对事件发生所秉持的信念，这也是概率的一种解释.

1.2.1 公理化基础

对于样本空间 S 中的每一个事件 A，我们希望给 A 赋一个 0 到 1 之间的数值，称之为 A 的概率，记作 $P(A)$. 很自然地，可以定义 P 的定义域（即使得函数 $P(\cdot)$有定义的自变量的范围）为 S 的全体子集；即对任意 $A\subset S$，定义 $P(A)$为 A 发生的概率. 然而事情并非这么简单，定义上还有一些技术上的困难. 尽管这些技巧很重要，但是统计学家们却不像概率论学者们那么感兴趣，因此我们不进行深入讨论. 不过，为了更好地理解和领悟统计学，快速熟悉下面的内容还是十分必要的.

定义 1.2.1 S 的一族子集如果满足下列三个性质，就称作一个 σ 代数（**sigma algebra**）或一个 **Borel 域**（**Borel field**）域（又见 σ 代数），记作 $\mathcal{B}$.

a. $\varnothing\in\mathcal{B}$（空集属于 $\mathcal{B}$）.

b. 若 $A\in\mathcal{B}$，则 $A^{\mathrm{C}}\in\mathcal{B}$（$\mathcal{B}$ 在补运算下封闭）.

c. 若 A_1，A_2，$\cdots\in\mathcal{B}$，则 $\bigcup_{i=1}^{\infty} A_i \in \mathcal{B}$.

空集$\varnothing$是任何集合的子集. 性质 a 表明每个 σ 代数都包含$\varnothing$. 又因为 $S=\varnothing^{\mathrm{C}}$，根据性质 a 和 b 可知每个 σ 代数都包含 S. 此外，根据 DeMorgan 律还有，$\mathcal{B}$ 在可数交运算下封闭. 事实上，若 A_1，A_2，$\cdots\in\mathcal{B}$，由性质 b 有 A_1^{C}，A_2^{C}，$\cdots\in\mathcal{B}$，进而 $\bigcup_{i=1}^{\infty} A_i^{\mathrm{C}} \in \mathcal{B}$. 利用 DeMorgan 律（参考习题 1.9），我们有

$$(1.2.1)\qquad \left(\bigcup_{i=1}^{\infty} A_i^{\mathrm{C}}\right)^{\mathrm{C}} = \bigcap_{i=1}^{\infty} A_i$$

再根据性质 b 可得 $\bigcap_{i=1}^{\infty} A_i \in \mathcal{B}$.

对于给定的样本空间 S，可能有许多不同的 σ 代数. 例如，仅含两个集合的$\{\varnothing,S\}$就是一个 σ 代数，通常称之为平凡的 σ 代数. 本书所讨论的是包含 S 中全体开集的最小的 σ 代数.

例 1.2.2（σ 代数-Ⅰ） 如果样本空间 S 有限或者可数，则我们可以直接对 S

定义：

$$\mathcal{B}=\{S\text{ 的全体子集,包括 }S\text{ 本身}\}$$

若 S 包含 n 个元素，则 $\mathcal{B}$ 包含 2^n 个集合（见习题 1.14）. 例如，若 $S=\{1,2,3\}$，则 $\mathcal{B}$ 包含下列 $2^3=8$ 个集合：

$\{1\}$	$\{1, 2\}$	$\{1, 2, 3\}$
$\{2\}$	$\{1, 3\}$	$\varnothing$
$\{3\}$	$\{2, 3\}$	

‖

当 S 不可数时，通常难以描述 $\mathcal{B}$. 不过此时，我们可以选取 $\mathcal{B}$ 使其包含所有重要的集合.

例 1.2.3（σ 代数-Ⅱ） 设 $S=(-\infty,\infty)$ 为实数轴. 令 $\mathcal{B}$ 包含全体形如

$$[a,b],(a,b],(a,b)\text{和}[a,b)$$

的集合，其中 a，b 为任意实数. 此外，根据 $\mathcal{B}$ 的性质可知，$\mathcal{B}$ 还包含由上述集合经过（可数无穷次）并、交运算所得的集合. ‖

接下来我们定义什么是概率函数.

定义 1.2.4 已知样本空间 S 和 σ 代数 $\mathcal{B}$，定义在 $\mathcal{B}$ 上且满足下列条件的函数 P 称为一个概率函数（**probability function**）：

1. 对任意 $A\in\mathcal{B}$，$P(A)\geqslant 0$.
2. $P(S)=1$.
3. 若 A_1，A_2，$\cdots\in\mathcal{B}$ 且两两不交，则 $P(\bigcup_{i=1}^{\infty}A_i)=\sum_{i=1}^{\infty}P(A_i)$.

定义 1.2.4 中的三条性质通常称作概率公理（或 Kolmogorov（柯尔莫哥洛夫）公理——以概率论创始人之一 A. Kolmogorov 的名字命名）. 任何满足概率公理的函数 P 都称作概率函数. 公理化的定义方法并没有明确指出哪些函数 P 是概率函数，而只要求 P 满足相应的公理. 任给一个样本空间，可以定义许多不同的概率函数. 究竟哪一个（些）函数能更好地反映试验中发生的现象，这个问题我们后面将进行讨论.

例 1.2.5（定义概率-Ⅰ） 考虑投掷一枚公平硬币的试验，$S=\{\text{正},\text{反}\}$. 所谓“公平”，是指硬币落地后正面朝上和反面朝上的可能性均等. 因此，一个合理的概率函数应该为正面朝上以及反面朝上赋予相同的概率，即

$$P(\{\text{正}\})=P(\{\text{反}\}) \tag{1.2.2}$$

注意式（1.2.2）并非由概率公理推导而得，而是独立于公理之外的. 事实上，我们只是根据概率的对称解释（或者说直觉），要求正面朝上和反面朝上具有同等的可能性. 由于 $S=\{\text{正}\}\cup\{\text{反}\}$，根据公理 2，$P(\{\text{正}\}\cup\{\text{反}\})=1$. 又因为 $\{\text{正}\}$ 和 $\{\text{反}\}$ 不交，于是 $P(\{\text{正}\}\cup\{\text{反}\})=P(\{\text{正}\})+P(\{\text{反}\})$，并且

$$P(\{\text{正}\})+P(\{\text{反}\})=1 \tag{1.2.3}$$

综合式（1.2.2）和式（1.2.3）可知，$P(\{正\})=P(\{反\})=\frac{1}{2}$.

式（1.2.2）建立在我们的先验知识而非公理之上．事实上，任何满足式（1.2.3）的$P(\{正\})$和$P(\{反\})$的非负赋值都可以定义一个符合公理的概率函数．例如，可以令$P(\{正\})=\frac{1}{9}$，$P(\{反\})=\frac{8}{9}$. ‖

我们不希望每定义一个概率函数都要像例 1.2.5 那样逐条验证公理，而希望寻找更一般的方法来定义概率函数，使它们自动满足 Kolmogorov 公理．下面的定理就给出了这样一种方法．

定理 1.2.6 设$S=\{s_1,\cdots,s_n\}$为有限集，$\mathcal{B}$为任意一个σ代数，p_1，…，p_n是总和为 1 的一列非负数值．对任意$A\in\mathcal{B}$，定义$P(A)$为：

$$P(A)=\sum_{\{i:s_i\in A\}}p_i$$

（空集上求和的结果定义为 0）则P是$\mathcal{B}$上的一个概率函数．若$S=\{s_1,s_2,\cdots\}$是可数集，也有类似的结果．

证明 我们只证明S有限的情形．对任意$A\in\mathcal{B}$，因为每个$p_i\geqslant 0$，所以$P(A)=\sum_{\{i:s_i\in A\}}p_i\geqslant 0$，即满足公理 1．此外，

$$P(S)=\sum_{\{i:s_i\in S\}}p_i=\sum_{i=1}^{n}p_i=1$$

因此P也满足公理 2．设A_1，…，A_k为两两不交的事件（由于只包含有限多个集合，因此我们只需考虑有限不交并），则有

$$P\left(\bigcup_{i=1}^{k}A_i\right)=\sum_{\{j:s_j\in\bigcup_{i=1}^{k}A_i\}}p_j=\sum_{i=1}^{k}\sum_{\{j:s_j\in A_i\}}p_j=\sum_{i=1}^{k}P(A_i)$$

其中，第一个及第三个等号成立是根据$P(A)$的定义；由于A_i互相不交，同一个p_i在第二个等号两边都只出现一次，因此这个等号也成立．于是P满足公理 3，从而满足全部 Kolmogorov 公理. □

在下面的例子中，我们将用试验的真实结果来指导概率赋值．

例 1.2.7（定义概率-Ⅱ） 飞镖游戏的规则是将飞镖掷于靶上，然后对照飞镖命中区域所标记的数值记录成绩．对于新手而言，可以假定飞镖命中某区域的概率与该区域的面积成正比，即面积越大的区域越有可能被命中．

如图 1.2.1，靶的半径为r，相邻两环之间的距离是$r/5$．如果假定飞镖每次都能命中靶（习题 1.7 提出了另一种假定），则有

$$P（得\ i\ 分）=\frac{区域\ i\ 的面积}{靶的面积}$$

例如，

$$P(\text{得 1 分})=\frac{\pi r^2-\pi\left(\frac{4r}{5}\right)^2}{\pi r^2}=1-\left(\frac{4}{5}\right)^2$$

我们很容易可以推导出不含 π 和 r 的通项公式：

$$P(\text{得 } i \text{ 分})=\frac{(6-i)^2-(5-i)^2}{5^2},i=1,\cdots,5$$

靶上各不交区域的面积总和等于靶的面积，于是五种得分所赋概率的总和为 1. 根据定理 1.2.6 可知，P 是一个概率函数（见习题1.8）. ‖

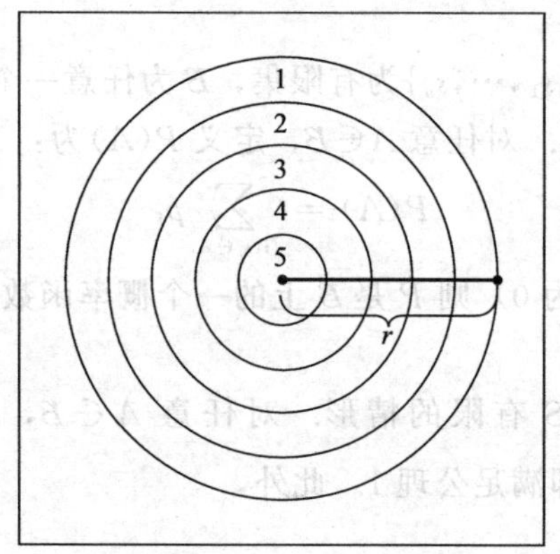

图 1.2.1 例 1.2.7 中的镖靶

在结束概率公理的讨论之前，我们再考虑一个问题. 定义 1.2.4 中的公理 3，又常称作可数可加性公理，并不为统计学家们所普遍接受. 事实上，有的观点认为公理应该是简单、不证自明的论断. 定义 1.2.4 中其余两条公理的确非常简单、显见，而相比之下，假定公理 3 恒真的合理性令人怀疑.

以 deFinetti (1972) 为首的统计学学派拒不接受可数可加性公理，而代之以有限可加性公理.

有限可加性公理：若 A，$B\in\mathcal{B}$ 且两者不交，则

$$P(A\cup B)=P(A)+P(B)$$

尽管有限可加性公理也不完全显然，不过它比起可数可加性公理要简单得多（事实上它是可数可加性公理的一个推论，见习题 1.12).

在统计学中仅仅假定有限可加性，比假定可数可加性似乎更合理，但有可能引发一些意想不到的麻烦，在一定程度上妨碍我们理解和学习这门学问. 因此，下文中我们承认可数可加性公理.

1.2.2 概率演算

从概率公理出发，我们可以推导概率函数的许多性质，它们在计算复杂概率时

非常有用．详细的推导过程有的在本节正文中给出，有的留待习题解决．

我们首先给出概率函数在单个事件上的一些显见的性质．

定理 1.2.8 设 P 是一个概率函数，$A\in\mathcal{B}$，则

a. $P(\varnothing)=0$，其中 $\varnothing$ 为空集；

b. $P(A)\leqslant 1$；

c. $P(A^{\mathrm{C}})=1-P(A)$．

证明 容易证明性质 c 成立：集合 A 和 A^{C} 构成样本空间的一个划分，即 $S=A\cup A^{\mathrm{C}}$，因此根据公理 2 有

$$P(A\cup A^{\mathrm{C}})=P(S)=1 \tag{1.2.4}$$

此外，注意到 A 与 A^{C} 不交，于是由公理 3 可知

$$P(A\cup A^{\mathrm{C}})=P(A)+P(A^{\mathrm{C}}) \tag{1.2.5}$$

联合式（1.2.4）和式（1.2.5），可得性质 c.

因为 $P(A^{\mathrm{C}})\geqslant 0$，由 c 可知 b 亦成立．为证明 a，我们对 $S=S\cup\varnothing$ 进行同样的讨论（回忆，S 和 $\varnothing$ 总是属于 $\mathcal{B}$ 的）．由于 S 和 $\varnothing$ 不交，我们有

$$1=P(S)=P(S\cup\varnothing)=P(S)+P(\varnothing)$$

于是 $P(\varnothing)=0$．

□

定理 1.2.8 中列举的性质尽管是由 Kolmogorov 公理推导出来的，其结论却很基本，具备公理的特征．下面的定理本质上与定理 1.2.8 相似，但包含的结论并不十分显然．

定理 1.2.9 设 P 是一个概率函数，A，$B\in\mathcal{B}$，则

a. $P(B\cap A^{\mathrm{C}})=P(B)-P(A\cap B)$；

b. $P(A\cup B)=P(A)+P(B)-P(A\cap B)$；

c. 若 $A\subset B$，则 $P(A)\leqslant P(B)$．

证明 为证明 a，注意到对任意集合 A，B，我们有

$$B=(B\cap A)\cup(B\cap A^{\mathrm{C}})$$

于是

$$P(B)=P((B\cap A)\cup(B\cap A^{\mathrm{C}}))=P(B\cap A)+P(B\cap A^{\mathrm{C}}) \tag{1.2.6}$$

其中，最后一个等号成立是因为 $B\cap A$ 和 $B\cap A^{\mathrm{C}}$ 不交．式（1.2.6）整理后即得 a.

为证明 b，我们利用等式

$$A\cup B=A\cup(B\cap A^{\mathrm{C}}) \tag{1.2.7}$$

上式可以用文氏图加以解释，其严格证明也不难（见习题 1.2）．利用式（1.2.7）以及 A 与 $B\cap A^{\mathrm{C}}$ 不交的事实（因为 A 和 A^{C} 不交），再根据 a，我们有

$$P(A\cup B)=P(A)+P(B\cap A^{\mathrm{C}})=P(A)+P(B)-P(A\cap B) \tag{1.2.8}$$

若 $A\subset B$，则 $A\cap B=A$．于是由 a 有

$$0 \leqslant P(B \cap A^{C}) = P(B) - P(A)$$

即 c 成立. □

定理 1.2.9 中的公式 b 在计算事件交的概率时十分有用. 由于 $P(A \cup B) \leqslant 1$，式（1.2.8）整理后可得

$$P(A \cap B) \geqslant P(A) + P(B) - 1 \tag{1.2.9}$$

上述不等式是 Bonferroni 不等式（见文献 Miller 1981）的一个特例. Bonferroni 不等式允许我们用若干单个事件的概率来估算它们的并发事件（即这些事件的交）的概率.

例 1.2.10（Bonferroni 不等式） 当事件交的概率难以（甚至根本无法）计算，而我们只需知道其大致范围时，Bonferroni 不等式非常有用. 设 A，B 是概率同为 0.95 的两个事件，则它们同时发生的概率有下界：

$$P(A \cap B) \geqslant P(A) + P(B) - 1 = 0.95 + 0.95 - 1 = 0.9$$

注意，如果各独立事件的概率不是足够大，那么 Bonferroni 下界很可能是一个毫无用处（但是仍然正确）的负数. ‖

我们以下面的定理结束本小节，它给出了关于处理一族集合的结论.

定理 1.2.11 设 P 是一个概率函数，则

a. 对任意划分 C_1，C_2，…，都有 $P(A) = \sum_{i=1}^{\infty} P(A \cap C_i)$；

b. 对于任意集合 A_1，A_2，…，都有 $P\left(\bigcup_{i=1}^{\infty} A_i\right) \leqslant \sum_{i=1}^{\infty} P(A_i)$. （Boole 不等式）

证明 由于 C_1，C_2，…构成一个划分，对任意 $i \neq j$，都有 $C_i \cap C_j = \varnothing$，并且 $S = \bigcup_{i=1}^{\infty} C_i$. 于是

$$A = A \cap S = A \cap \left(\bigcup_{i=1}^{\infty} C_i\right) = \bigcup_{i=1}^{\infty} (A \cap C_i)$$

其中，最后一个等号成立是根据分配律（定理 1.1.4）. 因此我们有

$$P(A) = P\left(\bigcup_{i=1}^{\infty} (A \cap C_i)\right)$$

由于 C_i 互相不交，集合 $A \cap C_i$ 也互相不交，于是根据概率函数的性质可知，

$$P\left(\bigcup_{i=1}^{\infty} (A \cap C_i)\right) = \sum_{i=1}^{\infty} P(A \cap C_i)$$

即 a 成立.

为证明 b，我们首先构造两两不交的一族集合 A_1^*，A_2^*，…，使得 $\bigcup_{i=1}^{\infty} A_i^* = \bigcup_{i=1}^{\infty} A_i$. 我们定义 A_i^* 为：

$$A_1^* = A_1, A_i^* = A_i \backslash \left(\bigcup_{j=1}^{i-1} A_j\right), i = 2, 3, \cdots$$

其中记号 $A\backslash B$ 表示 A 中与 B 不交的部分，用已有记号表示即 $A\backslash B=A\cap B^{\mathrm{C}}$. 容易看出 $\bigcup_{i=1}^{\infty}A_i^*=\bigcup_{i=1}^{\infty}A_i$，此外我们有

$$P(\bigcup_{i=1}^{\infty}A_i)=P(\bigcup_{i=1}^{\infty}A_i^*)=\sum_{i=1}^{\infty}P(A_i^*)$$

其中，最后一个等号成立是因为 A_i^* 互相不交. 事实上，

$$\begin{aligned} A_i^*\cap A_k^* &= (A_i\backslash(\bigcup_{j=1}^{i-1}A_j))\cap(A_k\backslash(\bigcup_{j=1}^{k-1}A_j)) && (A_i^* \text{ 的定义})\\ &= (A_i\cap(\bigcup_{j=1}^{i-1}A_j)^{\mathrm{C}})\cap(A_k\cap(\bigcup_{j=1}^{k-1}A_j)^{\mathrm{C}}) && (\text{“}\backslash\text{”的定义})\\ &= (A_i\cap(\bigcap_{j=1}^{i-1}A_j^{\mathrm{C}}))\cap(A_k\cap(\bigcap_{j=1}^{k-1}A_j^{\mathrm{C}})) && (\text{DeMorgan 律}) \end{aligned}$$

若 $i>k$，上式最后一行中第一个交运算的结果包含于 A_k^{C}，因而与 A_k 交为空，故 $A_i^*\cap A_k^*=\varnothing$；$k>i$ 时也有同样的结论. 此外，由 A_i^* 的构造方法可知 $A_i^*\subset A_i$，于是

$$\sum_{i=1}^{\infty}P(A_i^*)\leqslant\sum_{i=1}^{\infty}P(A_i)$$

故 b 得证. □

Boole 不等式与 Bonferroni 不等式之间存在相似之处，事实上，它们本质上是一样的. 例如，我们也可以用 Boole 不等式来推导式（1.2.9）. 将 Boole 不等式应用于 A^{C} 形式的集合上，有

$$P(\bigcup_{i=1}^{n}A_i^{\mathrm{C}})\leqslant\sum_{i=1}^{n}P(A_i^{\mathrm{C}})$$

利用 $\bigcup A_i^{\mathrm{C}}=(\bigcap A_i)^{\mathrm{C}}$ 以及 $P(A_i^{\mathrm{C}})=1-P(A_i)$ 的事实可知

$$1-P(\bigcap_{i=1}^{n}A_i)\leqslant n-\sum_{i=1}^{n}P(A_i)$$

上式整理后，即得

$$P(\bigcap_{i=1}^{n}A_i)\geqslant\sum_{i=1}^{n}P(A_i)-(n-1)\tag{1.2.10}$$

是式（1.2.9）Bonferroni 不等式的一个很强的推广.

1.2.3 计数

初等的计数方法一旦到了统计学家的手中，就变得奥妙无穷. 计数方法可以用于处理许多问题，其中最常见的用法是构造有限样本空间上的概率赋值.

例 1.2.12（彩票-Ⅰ） 纽约州的彩票多年以来一直按照下面的模式运作：每个人可以从 1，2，…，44 这些数中选取 6 个作为自己的彩票号码，中奖号码则是从这 44 个数中随机抽取 6 个组成的. 为求出中奖概率，我们需要首先计算出从这

44 个数中选取 6 个不同数的组合有多少种. ‖

例 1.2.13 (锦标赛) 在单淘汰制锦标赛，比如美国网球公开赛中，(与双淘汰制比赛和循环赛不同) 只有获胜的选手才有资格继续比赛. 如果共有 16 位选手参赛，那么某位选手最终夺冠可能有多少种途径 (选手的一种夺冠途径实际上就是其对阵选手构成的一个序列)? ‖

计数问题往往很复杂，我们在处理时通常需要附加一些约束条件. 解决复杂计数问题的方法是将它分解成若干个简单、易于计算的子问题，然后再利用已知的规则将子问题整合起来. 下面的定理描述的就是上述过程中的第一个步骤，它有时也称作计数基本定理.

定理 1.2.14 如果一项工作由 k 个互相独立的子任务组成，其中第 i 个子任务可以用 n_i 种方式完成($i=1,\cdots,k$)，则整项工作可用 $n_1\times n_2\times\cdots\times n_k$ 种方式完成.

证明 只需证明 $k=2$ 的情形 (见习题 1.15)，证明的方法就是仔细计数. 第 1 个子任务可以用 n_1 种方式完成，且选定其中任何一种方式后，我们又可以选择 n_2 种方式来完成第 2 个子任务. 依此下去，$k=2$ 时我们有

$$\underbrace{(1\times n_2)+(1\times n_2)+\cdots+(1\times n_2)}_{n_1\text{项}}=n_1\times n_2$$

种方式来完成整项工作. □

例 1.2.15 (彩票-Ⅱ) 计数基本定理阐述了一种简单、易于理解的计数方法，不过实际应用中通常还需要考虑其他一些因素. 例如，在纽约州彩票的例子中，第 1 个数有 44 种取法，第 2 个数有 43 种，因此前两个数共有 $44\times 43=1\ 892$种取法. 但是如果允许重复选择相同的数，那么前两个数有 $44\times 44=1\ 936$ 种取法. ‖

例 1.2.15 所列两种情形的差别在于**有放回**计数与**无放回**计数. 计数问题中的另一个关键因素在于，是否需要考虑子任务的先后顺序. 仍以彩票问题为例，假定中奖号码是按 12，37，35，9，13，22 的顺序抽取的，选中 9，12，13，22，35，37 的人是否算中奖? 换句话说，子任务完成的先后顺序是否有影响? 综合考虑上述因素，我们可以设计下列 2×2 概率表:

可能的计数方法

	无放回	有放回
有　序		
无　序		

在开始计数以前，我们先学习以下定义以掌握一些常用记号.

定义 1.2.16 对于正整数 n，$n!$（读作 n 的阶乘）是全体小于或等于 n 的正整数之积，即

$$n! = n\times(n-1)\times(n-2)\times\cdots\times3\times2\times1$$

此外，定义 $0! = 1$.

下面，我们分别计算以上四种计数方式下彩票中奖的可能情况.

1. 有序、无放回：根据计数基本定理，第1个数有44种取法，第2个有43种取法，于是中奖彩票有

$$44\times43\times42\times41\times40\times39=\frac{44!}{38!}=5,082,517,440$$

种可能.

2. 有序、有放回：（由于已经选取过的数又被放回）每个数都有44种取法，于是中奖彩票有

$$44\times44\times44\times44\times44\times44=44^6=7,256,313,856$$

种可能.

3. 无序、无放回：我们已经知道有序方式下中奖彩票有多少种可能，忽略其中数字的排序，就可以得到无序、无放回计数方式下中奖彩票的可能情况. 根据计数基本定理，六个数共有 $6\times5\times4\times3\times2\times1$ 种排序方法，因此无序、无放回方式下的中奖彩票有

$$\frac{44\times43\times42\times41\times40\times39}{6\times5\times4\times3\times2\times1}=\frac{44!}{6!38!}=7,059,052$$

种可能.

上述算式在统计学中有着重要的地位，我们给它一个单独的记号.

定义 1.2.17 对于非负整数 n 和 r，其中 $n\geqslant r$，我们定义 $\binom{n}{r}$ 为

$$\binom{n}{r}=\frac{n!}{r!\,(n-r)!},$$

读作从 n 中选取 r.

在彩票一例中，无序、无放回计数方式下中奖彩票有 $\binom{44}{6}$ 种可能. 这个数也称作**二项式系数**，其原因将在第3章加以介绍.

4. 无序、有放回：这是最难计数的一种情形. 你也许会猜测答案为 $44^6/(6\times5\times4\times3\times2\times1)$，但是这个答案是错误的（这个数太小了）.

要解答这个问题，最简单的方法是把它看成给44个数标记6个记号. 事实上，我们可以把这44个数看成44个箱子，6个记号M可以随意放置在这些箱子中，如

下图：

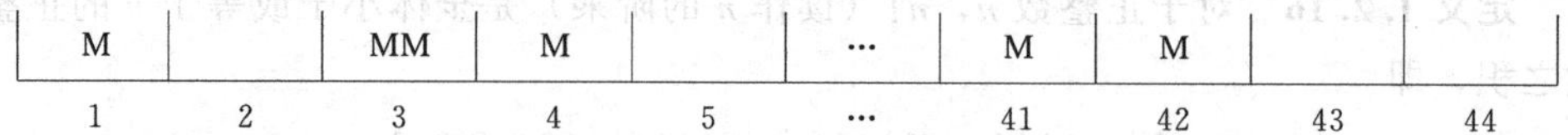

于是，中奖彩票可能的数目就等于将 6 个记号置于 44 个箱子中的全体可能方式的数目．问题还可以进一步化简——我们只需要考察记号与箱壁的全体排列．注意到最两端的箱壁并无意义，因此，我们要计算 43 个箱壁（44 个箱子产生 45 个箱壁，再除去两端的 2 个）与 6 个记号的排列总数．总共 43+6=49 个对象，有 49! 种排列方式．不过这其中考虑了 6 个记号间的排序以及 43 个箱壁间的排序，忽略这两个排序，我们得到总的排列数为

$$\frac{49!}{6!43!}=13\ 983\ 816$$

尽管前文的推导是以彩票为例展开的，我们很容易看出它在一般情形下也成立．我们将其总结为表 1.2.1.

表 1.2.1　从 n 个对象中选取 r 个的全体可能方式的数目

	无放回	有放回
有　序	$\frac{n!}{(n-r)!}$	n^r
无　序	$\binom{n}{r}$	$\binom{n+r-1}{r}$

1.2.4　枚举结果

当样本空间 S 是有限集且其中元素等概率出现时，上一小节介绍的计数方法十分有用．此时，只要知道事件所包含试验结果的个数，我们就可以计算出事件的概率．例如，设 $S=\{s_1,\cdots,s_N\}$ 是一个有限样本空间，其中所有试验结果等概率，即 $P(\{s_i\})=1/N$．根据定义 1.2.4 的公理 3，对于事件 A，我们有

$$P(A)=\sum_{s_i\in A}P(\{s_i\})=\sum_{s_i\in A}\frac{1}{N}=\frac{A\text{ 中元素个数}}{S\text{ 中元素个数}}$$

对于较大的样本空间，我们也可以利用已知的计数方法来计算表达式中的分子和分母.

例 1.2.18（纸牌）　从一幅 52 张标准纸牌中抽取一手共五张纸牌，抽样方式显然是无放回抽样．不过，为了明确可能得到的结果（牌），我们还必须指明是顺序（有序）抽取一手牌，还是一次（无序）抽取一手牌．若要计算依赖于序的某个事件的概率，比如前两张牌中有一张为 A 的概率，我们要考虑有序的样本空间；但

是如果事件不依赖于序，则要考虑无序的样本空间．本例我们考虑无序的样本空间，即从 52 张牌中选取 5 张的全部组合，共有 $\binom{52}{5}=2\,598\,960$ 种可能．如果牌洗得很匀，并且抽取是随机的，我们就可以合理地将每种组合的概率赋值为 1/2 598 960.

现在，要知道某事件的概率，便只需计算该事件所含实验结果的数目．一手牌中抽到四张 A 的概率是多少？抽到四张 A 的情况有哪些？如果抽到了四张 A，那么余下那张牌有 48 种选取方式，于是

$$P(\text{抽到四张 A})=\frac{48}{2\,598\,960}$$

这个值小于 1/50 000．以前面的分析为基础，利用定理 1.2.14，我们可以计算一手牌中抽到四张同号牌的概率：同号的这四张牌其号码有 13 种可能，余下的第 5 张牌有 48 种选取方式．这样，在一手牌中抽到四张同号牌共有 (13) (48) 种方式，其概率为

$$P(\text{抽到四张同号牌})=\frac{(13)(48)}{2\,598\,960}=\frac{624}{2\,598\,960}$$

为计算恰好抽到一对同号牌（但无两对同号牌，也无三张同号牌）的概率，我们需要综合运用已知的计数方法．实际上，恰好抽到一对同号牌有

$$13\binom{4}{2}\binom{12}{3}4^3=1\,098\,240 \tag{1.2.11}$$

种方式．式 (1.2.11) 由定理 1.2.14 得到，其中

$$13=\text{一对同号牌其号码可能的个数}$$

$$\binom{4}{2}=\text{一对同号牌在全部四张同号牌中的选取方式数}$$

$$\binom{12}{3}=\text{其余三张散牌其号码可能的选取方式数}$$

$$4^3=\text{其余三张散牌在各自同号牌中的选取方式总数}$$

于是

$$P\text{（恰好抽到一对同号牌）}=\frac{1\,098\,240}{2\,598\,960}.$$

‖

如果像例 1.2.18 那样无放回抽样，那么我们既可以用有序的样本空间，也可以用无序的样本空间来计算不依赖于序的事件的概率．此时，无序样本空间的每一个结果都对应于有序样本空间的 $r!$ 个结果．因此，当我们计算有序样本空间中结果的个数时，让分子、分母同除以因子 $r!$，得到的概率就与考察无序样本空间时相同．

有放回抽样则有所不同．无序样本空间的每一个结果都对应于有序样本空间的若干结果，但其数目是不固定的．

例 1.2.19（有放回抽样） 考虑从 $n=3$ 项中有放回地抽取 $r=2$ 项．有序和无序的样本空间分别列于下表：

无　序	{1，1}	{2，2}	{3，3}	{1，2}	{1，3}	{2，3}
有　序	(1，1)	(2，2)	(3，3)	(1，2)，(2，1)	(1，3)，(3，1)	(2，3)，(3，2)
概　率	1/9	1/9	1/9	2/9	2/9	2/9

我们的前提是假定有序样本空间中的 9 个结果概率相等．这与"有放回抽样"的解释一致，即：第 1 次抽取时，每一项被抽中的概率都是 1/3，抽中的项作完标记后被放回，等到第 2 次抽取时，各项被抽中的概率仍然是 1/3．可以看出，无序样本空间中 6 个结果的概率并不相等．尽管根据无序样本空间的计数公式我们可以枚举全部无序结果，不过为了正确计算其概率，我们还必须知道有序结果的总数．‖

有的作者认为，若考虑"将 r 个不可辨的球随机放入 n 个可辨的盒中"，则应当给无序样本空间中的结果赋以相同的值．这个过程就相当于将"先随机选择 1 个盒，在其中放入 1 个球"的动作重复 r 次，并且球放入的次序不加以记录．因此最后，{1，3} 这样的一个结果就表示分别有一个球放入第 1，3 两个盒子中．

但是这种说法是错误的，其中的问题如下：假设有两人目击了上述放球过程，其中目击者 1 记录了球放入的先后次序，而目击者 2 未做记录．那么，目击者 1 必然将事件 {1，3} 的概率赋为 2/9．而目击者 2 与目击者 1 目睹了同一过程，因而也应当对事件 {1，3} 赋以概率 2/9．但是，如果将无序样本空间中的 6 个结果同列于一张纸上，随机选取一种来决定球的放置方法，则每个无序结果的概率都是 1/6．所以目击者 2 会将事件 {1，3} 的概率赋为 1/6．

上述矛盾的产生源于对"有放回抽样"的理解不同．事实上，通常应将其解释为连续、有先后次序的抽样，于是事件 {1，3} 的概率应为 2/9——这才是问题的正确答案，它恰好说明概率由抽样机制、而非球是否可辨来决定．

例 1.2.20（计算平均值） 为了解释抽样对象可辨与不可辨所导致的不同，我们计算从

$$2, 4, 9, 12$$

中有放回地抽取 4 个数所得的结果的平均值．例如，如果抽得{2,4,4,9}，则平均值为 4.75，如果抽得{4,4,9,9}，则平均值为 6.5．如果我们只对抽取结果的平均值感兴趣，那么抽样的顺序就无关紧要了，于是可以利用无序、有放回的计数公式求得不同样本的总数．

实际上，不同样本的总数为 $\binom{n+n-1}{n}$．但是，为了计算样本平均值的概率分

布，我们必须知道得到每一平均值共有多少种不同的取法.

仅当样本包含一个 2，两个 4 和 1 个 9 时，其平均值才为 4.75. 故能得到该平均值的所有样本如下表所示：

无　序	有　序
{2, 4, 4, 9}	(2, 4, 4, 9), (2, 4, 9, 4), (2, 9, 4, 4), (4, 2, 4, 9), (4, 2, 9, 4), (4, 4, 2, 9), (4, 4, 9, 2), (4, 9, 2, 4), (4, 9, 4, 2), (9, 2, 4, 4), (9, 4, 2, 4), (9, 4, 4, 2),

有序样本的总数为 $n^n=4^4=256$，因此抽得无序样本{2,4,4,9}的概率是 12/256. 而若假定无序样本等概率，便有：{2,4,4,9}和其余所有无序样本的概率都为 $1/\binom{n+n-1}{n}=1/\binom{7}{4}=1/35$.

事实上，我们可以按下述方法计算结果为{2,4,4,9}的全体有序样本的总数：首先枚举样本{2,4,4,9}中四个数的所有排列，利用 1.2.3 节的第 1 种计数方法，此样本有 4×3×2×1=24 种排列方式. 但是，因为我们不应考虑两个 4 的先后次序，所以这 24 种排列方式中包含了重复计数，比如{9,4,2,4}就被计算了两次（如果这两个 4 不同，重复计数当然就是合理的）. 为了更正这一点，我们将 24 除以 2!（2! 刚好是两个 4 所构成排列的总数），于是得到有序样本的个数为 24/2=12. 一般地，如果有 m 个互不相同的数占据 k 个位置，且分别出现 k_1，k_2，…，k_m 次，那么有序样本的总数为 $\frac{k!}{k_1!\ k_2!\ \cdots k_m!}$. 这种计数法常称作多项分布（multinomial distribution），4.6 节将做进一步讨论. 图 1.2.2 是样本平均值概率分布的直方图，它反映了样本按照多项分布的规律.

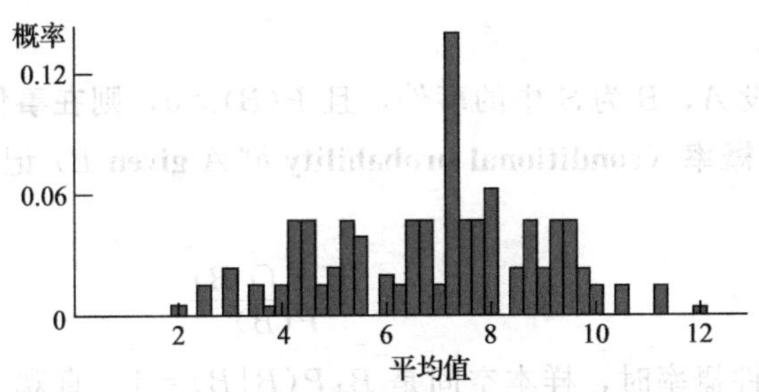

图 1.2.2　从{2,4,9,12}四个数中有放回抽样所得平均值的直方图

事实上，为了得到图 1.2.2，我们还需要对前面的讨论做些补充. 注意，两个不同的无序样本有可能有相同的平均值. 例如样本 {4, 4, 12, 12} 和 {2, 9, 9, 12} 的平均值都是 8，其概率分别为 3/128 和 3/64，因此平均值 8 对应的概率为

9/128=0.07. 有关直方图的更多细节，详见附录 A 的例 A.0.1. 本例中我们所进行的计算实际上是**自助法**（bootstrap，见 Efron，Tibshirani 1993）——统计学中的一种重要方法——的简化形式，我们将在 10.1.4 节学习这一方法. ‖

1.3 条件概率与独立性

目前为止，我们所讨论的概率都是无条件概率，即，给定了一个样本空间，所有的概率都根据这个样本空间计算得到. 然而在许多情况下，我们需要根据新获取的信息更新样本空间. 此时，计算概率的方法也有所不同，我们称之为计算条件概率（conditional probabilities）.

例 1.3.1（四张 A） 从一幅洗匀的扑克牌中自上而下发四张牌. 发到四张 A 的概率是多少？利用上一节给出的方法，我们可以求出这个概率. 四张牌的不同组合总数为：

$$\binom{52}{4}=270\ 725$$

其中只有一种组合是四张 A，并且所有组合等概率，于是发到四张 A 的概率是1/270 725.

我们还可以按照下面“不断更新”的思路来计算这个概率：第一张牌是 A 的概率为 4/52. 假定第 1 张牌是 A，那么第 2 张牌是 A 的概率为 3/51（余下 51 张牌，其中有 3 张 A）. 依此下去，所求概率为：

$$\frac{4}{52}\times\frac{3}{51}\times\frac{2}{50}\times\frac{1}{49}=\frac{1}{270\ 725} \quad ‖$$

在上题的第二种解法中，每发出一张牌，我们相应更改样本空间，实际计算的是事件的条件概率.

定义 1.3.2 设 A，B 为 S 中的事件，且 $P(B)>0$，**则在事件 B 发生的条件下事件 A 发生的条件概率（conditional probability of A given B）**记作 $P(A|B)$，表示为

$$P(A|B)=\frac{P(A\cap B)}{P(B)} \tag{1.3.1}$$

注意，计算条件概率时，样本空间是 B：$P(B|B)=1$. 直观上，初始的样本空间 S 变成了 B；所有后续事件发生的概率也都根据它们与 B 之间的关系有所调整. 特别地，可以考虑两个不交事件的条件概率. 设 A，B 不交，则 $P(A\cap B)=0$，于是 $P(A|B)=P(B|A)=0$.

例 1.3.3（例 1.3.1-续） 尽管发到全部四张 A 的概率非常小，我们还是来看看这一事件在“已发若干张 A”下的条件概率是如何变化的. 仍从一副洗匀的扑克

牌中发四张牌，现在我们计算

$$P(4\text{ 张牌里有 }4\text{ 张 A} \mid \text{前 }i\text{ 张牌里有 }i\text{ 张 A}),i=1,2,3$$

事件{4 张牌里有 4 张 A}显然是{前 i 张牌里有 i 张 A}的子集．于是，根据条件概率的定义式（1.3.1），我们有

$$\begin{aligned}&P(4\text{ 张牌里有 }4\text{ 张 A}|\text{前 }i\text{ 张牌里有 }i\text{ 张 A})\\&=\frac{P(\{4\text{ 张牌里有 }4\text{ 张 A}\}\cap\{\text{前 }i\text{ 张牌里有 }i\text{ 张 A}\})}{P(\{\text{前 }i\text{ 张牌里有 }i\text{ 张 A}\})}\\&=\frac{P(\{4\text{ 张牌里有 }4\text{ 张 A}\})}{P(\{\text{前 }i\text{ 张牌里有 }i\text{ 张 A}\})}\end{aligned}$$

其中分子已经求得，分母也可类似推导出来．前 i 张牌的不同组合总数为$\binom{52}{i}$，故

$$P\text{（前 }i\text{ 张牌里有 }i\text{ 张 A）}=\frac{\binom{4}{i}}{\binom{52}{i}}$$

于是，条件概率为

$$P(4\text{ 张牌里有 }4\text{ 张 A}\mid\text{前 }i\text{ 张牌里有 }i\text{ 张 A})=\frac{\binom{52}{i}}{\binom{52}{4}\binom{4}{i}}=\frac{(4-i)!\ 48!}{(52-i)!}=\frac{1}{\binom{52-i}{4-i}}$$

当 $i=1$，2，3 时，其值分别为 0.00005，0.00082 和 0.02041. ‖

对于任意满足 $P(B)>0$ 的事件 B，可以直接验证概率函数 $P(\cdot|B)$满足 Kolmogorov 公理（见习题 1.35）．也许你会怀疑“$P(B)>0$”的条件是否多余——有谁会以零概率事件为前提条件？然而有趣的是，这一思路往往能够另辟蹊径巧妙地解决一些问题，我们将在第 4 章加以讨论．

条件概率有时很难以理解，需要我们认真分析和思考．下面的例讲述的是一个广为人知的故事．

例 1.3.4（三个囚犯） 监狱的死囚牢里关押了 A，B，C 三个囚犯．狱长决定赦免三人中的一人，并且随机地选择了一人作为被赦人．他将自己的选择告诉了监狱看守，但是要求看守几天之内不能泄露被赦人的姓名．

第二天，A 问看守谁被赦免了，看守拒绝回答．A 接着又问 B 和 C 两人中哪一个会被处死，看守想了一会儿，告诉他 B 将被处死．

看守的推理：每名囚犯被赦的概率都是$\frac{1}{3}$．显然，B 和 C 当中必有一个要被处死，所以我并没有向 A 透漏有关 A 是否将被赦免的任何信息．

A 的推理：假定 B 将被处死，那么 A 和 C 当中必有一人将被赦免．即，我被

赦免的概率增加到了$\frac{1}{2}$.

两人当中，看守的推理是正确的，让我们来看看为什么. 分别以A，B和C表示 A，B 或者 C 被赦免这三个事件，我们有$P(A)=P(B)=P(C)=\frac{1}{3}$. 以$W$表示看守说 B 将被处死这一事件. 根据式（1.3.1），A 可推知自己被赦免的概率满足：

$$P(A \mid W)=\frac{P(A \cap W)}{P(W)}$$

看守的推理可以概括为下表：

被赦免的囚犯	看守告诉 A
A	B 将被处死 } 等概率
A	C 将被处死 } 等概率
B	C 将被处死
C	B 将被处死

根据此表，可算得

$$\begin{aligned} P(W) &= P(\text{看守说 B 将被处死}) \\ &= P(\text{看守说 B 将被处死且 A 被赦免}) \\ &\quad + P(\text{看守说 B 将被处死且 C 被赦免}) \\ &\quad + P(\text{看守说 B 将被处死且 B 被赦免}) \\ &= \frac{1}{6}+\frac{1}{3}+0=\frac{1}{2} \end{aligned}$$

因此，根据看守的推理，我们有

$$\begin{aligned} P(A|W) &= \frac{P(A\cap W)}{P(W)} \\ &= \frac{P(\text{看守说 B 将被处死,且 A 被赦免})}{P(\text{看守说 B 将被处死})}=\frac{1/6}{1/2}=\frac{1}{3} \end{aligned} \tag{1.3.2}$$

但是，A 错误地将事件W等同于事件B^{c}，从而得到

$$P(A \mid B^{c})=\frac{P(A \cap B^{c})}{P(B^{c})}=\frac{1/3}{2/3}=\frac{1}{2}$$

从本例可以看出，条件概率有时很难把握，需要细心理解. 本例所衍生的其他问题，可参阅习题 1.37.

式（1.3.1）整理后可以得到事件交的概率的计算公式：

$$P(A \cap B)=P(A \mid B)P(B), \tag{1.3.3}$$

它实际上就是例 1.3.1 中所用的公式. 利用式（1.3.3）的对称性，我们还有

$$P(A \cap B)=P(B \mid A)P(A) \tag{1.3.4}$$

在处理复杂计算时，可以根据需要选用式（1.3.3）或式（1.3.4）进行化简. 此

外，注意到两式右端相等，（整理后）即得颠倒次序的两个条件概率之间的关系式

(1.3.5) $$P(A|B)=P(B|A)\frac{P(A)}{P(B)}$$

式（1.3.5）通常以其发现者 Thomas Bayes（又见 Stigler 1983）命名，称作 Bayes 公式.

将 Bayes 公式应用于样本空间的划分，得到一个比式（1.3.5）更一般的形式，我们将它作为 Bayes 公式的定义，如下面定理所述：

定理 1.3.5 (Bayes 公式) 设 A_1，A_2，…为样本空间的一个划分，B 为任意集合. 则对 $i=1$，2，…，有

$$P(A_i \mid B)=\frac{P(B \mid A_i)P(A_i)}{\sum_{j=1}^{\infty}P(B \mid A_j)P(A_j)}$$

例 1.3.6 (编码) 消息经编码后被发送出去，信号在传输过程中可能出错. Morse 码采用点、划两种信号，两者出现的比例为 3∶4. 因此，对于任意给定的信号，有

$$P(\text{发送的是点信号})=\frac{3}{7},P(\text{发送的是划信号})=\frac{4}{7}$$

假设传输线路上有干扰，它将点信号误传为划信号的概率是$\frac{1}{8}$，将划信号误传为点信号的概率亦相同. 那么，如果收到一个点信号，是否能确信发送的就是点信号？根据 Bayes 公式，我们有

$$\begin{aligned}&P(\text{发送的是点信号}\mid\text{收到的是点信号})\\&=P(\text{收到的是点信号}\mid\text{发送的是点信号})\frac{P(\text{发送的是点信号})}{P(\text{收到的是点信号})}\end{aligned}$$

由已知，有 $P(\text{发送的是点信号})=\frac{3}{7}$ 以及 $P(\text{收到的是点信号}\mid\text{发送的是点信号})=\frac{7}{8}$. 此外，

$$\begin{aligned}P(\text{收到的是点信号})&=P(\text{收到的是点信号}\cap\text{发送的是点信号})+\\&\quad P(\text{收到的是点信号}\cap\text{发送的是划信号})\\&=P(\text{收到的是点信号}\mid\text{发送的是点信号})P(\text{发送的是点信号})+\\&\quad P(\text{收到的是点信号}\mid\text{发送的是划信号})P(\text{发送的是划信号})\\&=\frac{7}{8}\times\frac{3}{7}+\frac{1}{8}\times\frac{4}{7}=\frac{25}{56}\end{aligned}$$

综合上述结果，可知正确收到一个点信号的概率是

$$P(\text{发送的是点信号}\mid\text{收到的是点信号})=\frac{(\frac{7}{8})\times(\frac{3}{7})}{\frac{25}{56}}=\frac{21}{25}$$ ‖

在某些情况下，事件 B 出现的概率可能不影响另一事件 A 的概率，用符号表示即

$$P(A|B)=P(A) \tag{1.3.6}$$

若上式成立，则根据 Bayes 公式（1.3.5）以及式（1.3.6）有

$$P(B|A)=P(A|B)\frac{P(B)}{P(A)}=P(A)\frac{P(B)}{P(A)}=P(B) \tag{1.3.7}$$

因此事件 A 的发生对 B 也没有影响．此外，由于 $P(B|A)P(A)=P(A\cap B)$，还有

$$P(A\cap B)=P(A)P(B)$$

我们将上式作为统计独立性的定义．

定义 1.3.7 称事件 A，B **统计独立**（**statistically independent**），如果

$$P(A\cap B)=P(A)P(B) \tag{1.3.8}$$

注意，统计独立性也可以等价地用式（1.3.6）或者式（1.3.7）来定义（只需 $P(A)>0$ 或者 $P(B)>0$）．采用式（1.3.8）的好处在于该式中事件 A，B 是对称的，因而该式更容易推广到两个以上的事件．

许多赌博游戏都有独立事件模型，例如，连续转轮盘赌和连续掷双骰都是独立事件．

例 1.3.8（Mere 掷骰问题） 本章开头提到的 Chevalier de Mere 在赌博问题中特别关注事件“掷骰四次至少有一次是 6 点”的概率．事实上，

$$\begin{aligned}P(\text{掷骰四次至少有一次是 6 点})&=1-P(\text{掷骰四次都没有 6 点})\\&=1-\prod_{i=1}^{4}P(\text{第 } i \text{ 次掷骰的结果不是 6 点}),\end{aligned}$$

其中，最后一个等式成立的依据是连续掷骰的独立性．每次掷骰，结果不是 6 点的概率为$\frac{5}{6}$，于是

$$P(\text{掷骰四次至少有一次是 6 点})=1-\left(\frac{5}{6}\right)^4=0.518$$ ‖

事件 A，B 的独立性表明它们的补也是独立的．事实上我们有下述定理：

定理 1.3.9 设 A，B 为相互独立的事件，则下列几对事件都是独立的：

a. A 和 B^{C}，

b. A^{C} 和 B，

c. A^{C} 和 B^{C}.

证明 这里只证明 a，其余留作习题 1.40．为证 a，我们只需证明 $P(A\cap B^{C})=P(A)P(B^{C})$．根据定理 1.2.9a，我们有

$$\begin{aligned}P(A\cap B^{C})&=P(A)-P(A\cap B)\\&=P(A)-P(A)P(B)\qquad(\text{由于 } A \text{ 和 } B \text{ 独立})\\&=P(A)(1-P(B))\end{aligned}$$

$$=P(A)P(B^{c})$$ □

两个以上事件的独立性可以仿照式（1.3.8）定义，不过此时应避免一些常见错误. 比如，你也许认为 A，B 和 C 独立的条件是 $P(A\cap B\cap C)=P(A)P(B)P(C)$，但事实并非如此.

例 1.3.10（掷双骰） 考虑掷双骰的试验，其样本空间为

$$S=\{(1,1),(1,2),\cdots,(1,6),(2,1),\cdots,(2,6),\cdots,(6,1),\cdots,(6,6)\},$$

即样本空间由数字 1 到 6 组成的全部 36 个有序对所构成. 指定下列事件：

$A=\{$两骰子点数相同$\}=\{(1,1),(2,2),(3,3),(4,4),(5,5),(6,6)\}$，

$B=\{$两骰子点数之和介于 7 到 10 之间$\}$，

$C=\{$两骰子点数之和等于 2、7，或者 8$\}$.

通过计算以上事件包含全体 36 个结果中的多少个结果，我们求得它们的概率分别为

$$P(A)=\frac{1}{6},P(B)=\frac{1}{2}\text{以及 }P(C)=\frac{1}{3}$$

且

$$\begin{aligned}P(A\cap B\cap C)&=P(\text{两骰子点数之和为 8，并且是两个 4 点})\\&=\frac{1}{36}\\&=\frac{1}{6}\times\frac{1}{2}\times\frac{1}{3}\\&=P(A)P(B)P(C)\end{aligned}$$

但

$$P(B\cap C)=P(\text{两骰子点数之和等于 7 或者 8})=\frac{11}{36}\neq P(B)P(C)$$

类似地，还可以证明 $P(A\cap B)\neq P(A)P(B)$. 因此，条件“$P(A\cap B\cap C)=P(A)P(B)P(C)$”并不足以保证 A，B 和 C 两两独立. ‖

看完上面的例，或许你会对如何推广独立性定义萌生另一个猜想：定义 A，B 和 C 独立，当且仅当它们两两独立. 不过，这种推广仍然不对.

例 1.3.11（字母） 令样本空间 S 包括字母 a，b，c 的 3！个置换以及同一字母构成的三元组，即

$$S=\left\{\begin{matrix}\text{aaa}&\text{bbb}&\text{ccc}\\\text{abc}&\text{bca}&\text{cba}\\\text{acb}&\text{bac}&\text{cab}\end{matrix}\right\},$$

其中每个元素的概率都为 $\frac{1}{9}$. 令

$$A_i=\{\text{三元组的第 } i \text{ 个位置上是 a}\}$$

容易计算

$$P(A_i)=\frac{1}{3},i=1,2,3$$

且

$$P(A_1\cap A_2)=P(A_1\cap A_3)=P(A_2\cap A_3)=\frac{1}{9},$$

因此事件 $A_i(i=1,2,3)$ 两两独立．然而，

$$P(A_1\cap A_2\cap A_3)=\frac{1}{9}\neq P(A_1)P(A_2)P(A_3),$$

故 $A_i(i=1,2,3)$ 不满足条件“$P(A\cap B\cap C)=P(A)P(B)P(C)$”. ‖

前面的两个例子表明一列事件相互独立的定义条件极强，其正确定义如下：

定义 1.3.12 称一列事件 A_1，…，A_n **相互独立**（**mutually independent**），如果对任意 A_{i_1}，…，A_{i_k}，都有

$$P(\bigcap_{j=1}^{k}A_{i_j})=\prod_{j=1}^{k}P(A_{i_j})$$

例 1.3.13（连掷三次硬币-Ⅰ） 考虑连掷三次硬币的试验．试验的每个样本点显然必须指明每一次掷得的结果，例如，HHT 表明结果中有两次是正面朝上，有一次是反面朝上．该试验的样本空间由 8 个样本点构成，即

$$S=\{HHH,HHT,HTH,THH,TTH,THT,HTT,TTT\},$$

令 $H_i(i=1,2,3)$ 表示“第 i 次投掷结果为正面”的事件．例如，

$$H_1=\{HHH,HHT,HTH,HTT\} \tag{1.3.9}$$

如果规定每个样本点的概率都为 $\frac{1}{8}$，则通过枚举 H_i 所含的样本点（如式(1.3.9)），有 $P(H_1)=P(H_2)=P(H_3)=\frac{1}{2}$．这就表明：试验所用的硬币是一枚公平硬币，每一次掷得正面朝上与掷得反面朝上的概率相等．

基于这个概率模型，我们还可以证明事件 H_1，H_2 和 H_3 相互独立．事实上，

$$P(H_1\cap H_2\cap H_3)=P(\{HHH\})=\frac{1}{8}=\frac{1}{2}\cdot\frac{1}{2}\cdot\frac{1}{2}=P(H_1)P(H_2)P(H_3)$$

为验证定义 (1.3.12) 中的条件，还需要对每一个事件对加以验证．例如，

$$P(H_1\cap H_2)=P(\{HHH,HHT\})=\frac{2}{8}=\frac{1}{2}\cdot\frac{1}{2}=P(H_1)P(H_2)$$

对于另外两对事件，上述等式仍然成立．故 H_1，H_2 和 H_3 相互独立，即每一次掷硬币的结果都与其余每次掷得的结果无关．

在上面所用的概率模型中，我们为每个样本点都赋以概率 $\frac{1}{8}$．可以证明，仅在这一概率模型下，才有 $P(H_1)=P(H_2)=P(H_3)=\frac{1}{2}$ 且 H_1，H_2 和 H_3 相互独立． ‖

1.4 随机变量

许多试验中都存在一个有概括作用的变量，它处理起来比原概率模型更简单. 例如，在面向50个人的民意调查中，依次询问被调查者赞成或是反对某个议题. 若以“1”记赞成，“0”记反对，则该试验的样本空间包含 2^{50} 个元素，其中每一个元素都是由1和0构成的长度为50的有序数串. 这样的表示太大了，我们要将它简化到合理的大小！实际上，民意调查最关注的结果是50个人当中有多少赞成（或者反对）某个议题，如果定义变量 X＝长度为50的数串中1的个数，那么我们就抓住了问题的本质. 注意 X 的样本空间是整数集 $\{0,1,2,\cdots,50\}$，这比原样本空间简单得多.

当我们定义变量 X 时，也随之定义了从原样本空间到新样本空间——通常为实数集——的一个映射（或者说函数）. 一般地，我们有下述定义：

定义 1.4.1 从样本空间映射到实数的函数称为**随机变量**（**random variable**）.

例 1.4.2（随机变量） 某些试验隐含了随机变量但未明确给出，如下表：

随机变量举例

试 验	随 机 变 量
掷双骰	X＝点数之和
掷硬币25次	X＝正面朝上的总次数
对玉米施以不同肥料	X＝产量/英亩

定义了随机变量，也就定义了一个新的样本空间（即随机变量的值域）. 下面，我们利用原样本空间上的概率函数严格地构造随机变量的概率函数.

假定我们有样本空间

$$S=\{s_1,\cdots,s_n\}$$

以及概率函数 P，定义随机变量 X 的值域为 $\mathcal{X}=\{x_1,\cdots,x_m\}$. 我们可以如下定义 $\mathcal{X}$ 上的概率函数 P_X：观测到事件 $X=x_i$ 发生当且仅当随机试验的结果 $s_j\in S$ 满足 $X(s_j)=x_i$. 即

$$P_X(X=x_i)=P(\{s_j\in S:X(s_j)=x_i\}) \tag{1.4.1}$$

注意，式（1.4.1）左端的函数 P_X 根据已知函数 P 得到，称作 $\mathcal{X}$ 上的**诱导概率函数**，式（1.4.1）给出了它的严格定义. 当然，我们还需要验证 P_X 满足Kolmogorov公理，不过这很简单（见习题1.45）. 根据式（1.4.1）给出的等式，我们将 $P_X(X=x_i)$ 简记为 $P(X=x_i)$.

关于记号的注解： 随机变量常以大写字母记，其具体取值则用相应的小写字母表示. 例如，随机变量 X 可以取值 x.

例 1.4.3（连掷三次硬币-Ⅱ） 重新考虑例 1.3.13 中连掷三次硬币的试验，定义 X 为掷得正面朝上的总次数. 下表列出了样本空间中的全体样本点及其对应的 X 值：

s	HHH	HHT	HTH	THH	TTH	THT	HTT	TTT
$X(s)$	3	2	2	2	1	1	1	0

随机变量 X 的值域为 $\mathcal{X}=\{0,1,2,3\}$. 假定 S 的 8 个样本点都有相同的概率 $\frac{1}{8}$，则由上表可知，X 上的诱导概率函数为：

x	0	1	2	3
$P_X(X=x)$	$\frac{1}{8}$	$\frac{3}{8}$	$\frac{3}{8}$	$\frac{1}{8}$

例如，$P_X(X=1)=P(\{\text{HTT},\text{THT},\text{TTH}\})=\frac{3}{8}$. ‖

例 1.4.4（随机变量的分布） 有时即便我们不能像例 1.4.3 那样完整列出 $X(s)$ 的取值，也可以确定 P_X. 如本节开头所述，设 S 包含由 0，1 构成的所有长度为 50 的数串（共有 2^{50} 个），随机变量 X 表示数串中 1 的个数，其值域为 $\mathcal{X}=\{0,1,2,\cdots,50\}$. 假定 S 中 2^{50} 个数串等概率，则 $X=27$ 的概率可以通过计算 S 中含 27 个“1”的数串的数目求得. 由于数串等概率，即有

$$P_X(X=27)=\frac{\text{含 27 个“1”的数串的个数}}{\text{数串的个数}}=\frac{\binom{50}{27}}{2^{50}}$$

一般地，对任意 $i\in X$，有

$$P_X(X=i)=\frac{\binom{50}{i}}{2^{50}}$$

‖

上例中的 S 和 $\mathcal{X}$ 都有限，此时概率函数 P_X 的定义简单明了；$\mathcal{X}$ 为可数集时情况亦类似. 若 $\mathcal{X}$ 为不可数集，仿照式（1.4.1），我们如下定义概率函数 P_X：对任意 $A\subset\mathcal{X}$，令

(1.4.2) $$P_X(X\in A)=P(\{s_j\in S:X(s_j)\in A\})$$

可以验证这一概率函数满足 Kolmogorov 公理，因此定义合理（确切地说，式(1.4.2) 仅用于定义 $\mathcal{X}$ 的 σ 代数上的概率，其中的原因我们不予深究）.

1.5 分布函数

对任意随机变量 X，我们都可以对应构造一个称为累积分布函数的函数.

定义 1.5.1 随机变量 X 的累积分布函数（**cumulative distribution function**，简

记为 **cdf**)，记作 $F_X(x)$，表示

$$F_X(x)=P_X(X\leqslant x)\text{，其中 } x \text{ 任意.}$$

例 1.5.2（掷三枚硬币） 考虑同时掷三枚硬币的试验，令 X= 正面朝上的硬币数. 则 X 的累积分布函数为：

$$(1.5.1)\qquad F_X(x)=\begin{cases}0, & \text{当} -\infty<x<0 \text{ 时}\\ \frac{1}{8}, & \text{当 } 0\leqslant x<1 \text{ 时}\\ \frac{1}{2}, & \text{当 } 1\leqslant x<2 \text{ 时}\\ \frac{7}{8}, & \text{当 } 2\leqslant x<3 \text{ 时}\\ 1, & \text{当 } 3\leqslant x<\infty \text{时}\end{cases}$$

如图 1.5.1 所示，$F_X(x)$是一个阶梯函数，其中特别注意图上标记的点. F_X 并不只在 x 属于 $\mathcal{X}=\{0,1,2,3\}$时有意义，它对 x 的任意取值都有定义，例如

$$F_X(2.5)=P(X\leqslant 2.5)=P(X=0,1\text{ 或 }2)=\frac{7}{8}$$

注意，当 x 取值等于 x_i，其中 $x_i\in\mathcal{X}$时，F_X 出现了跃变（实为增长），并且跃变的高度恰为 $P(X=x_i)$. 此外，由于 X 不能为负数，故当 $x<0$ 时有 $F_X(x)=0$；又由于 X 不能大于 3，所以当 $x\geqslant 3$ 时有 $F_X(x)=1$. ‖

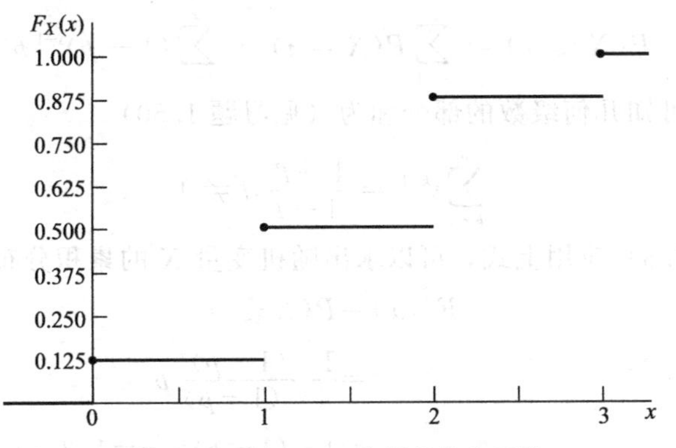

图 1.5.1 例 1.5.2 的累积分布函数

图 1.5.1 表明 F_X 有可能不连续、并且在 x 的某些取值处产生向上的跃变. 但是，根据 F_X 的定义，它在跃变点处的取值是跃变到高点处的函数值（注意观察式(1.5.1) 中的不等式). 这一性质称为**右连续**（right-continuity）——当自变量从右侧趋于某点时，函数连续. 累积分布函数依定义显然右连续，但如果定义 $F_X(x)=P_X(X<x)$（注意，此为严格不等式)，则 F_X 将**左连续**（left-continuous). 此外，F_X 在 x 处跃变的高度恰好为 $P(X=x)$.

所有的累积分布函数 F_X 都满足某些特定的性质，其中有的可以直接由 F_X 的定义推知.

定理 1.5.3 函数 $F(x)$ 是一个累积分布函数，当且仅当它同时满足下列三个条件：

a. $\lim_{x\to-\infty} F(x)=0$ 且 $\lim_{x\to+\infty} F(x)=1$；

b. $F(x)$ 是 x 的单调递增函数；

c. $F(x)$ 右连续，即，对任意 x_0 有 $\lim_{x\to x_0^+} F(x)=F(x_0)$

证明概要 为证必要性，只需将 F 用概率函数表示，然后逐一验证上述三条性质（见习题 1.48）. 证明充分性稍有些难度，需要证明满足以上性质的函数 F 一定是某个随机变量的累积分布函数. 即证存在一个样本空间 S、S 上的概率函数 P 以及随机变量 X，使得 F 恰好是 X 的累积分布函数.

□

例 1.5.4（掷硬币掷得正面朝上） 考虑连续掷硬币直至掷得正面朝上的试验，令 $p=$ 每次掷硬币掷得正面朝上的概率，随机变量 $X=$ 掷得正面朝上所需的次数. 则对 $x=1, 2, \cdots$，事件 $X=x$ 意味着前 $x-1$ 次掷得反面朝上，第 x 次掷得正面朝上，且每次掷得的结果相互独立，即

(1.5.2) $$P(X=x)=(1-p)^{x-1}p$$

由式（1.5.2），对任意正整数 x，有

(1.5.3) $$P(X\leqslant x)=\sum_{i=1}^{x}P(X=i)=\sum_{i=1}^{x}(1-p)^{i-1}p$$

利用数学归纳法可知几何级数的部分和为（见习题 1.50）

(1.5.4) $$\sum_{k=1}^{n}t^{k-1}=\frac{1-t^n}{1-t},t\neq 1$$

对概率公式（1.5.3）应用上式，可以求出随机变量 X 的累积分布函数：

$$\begin{aligned}F_X(x)&=P(X\leqslant x)\\&=\frac{1-(1-p)^x}{1-(1-p)}p\\&=1-(1-p)^x,x=1,2,\cdots\end{aligned}$$

如同例 1.5.2，这里的累积分布函数 $F_X(x)$ 在相邻的非负整点之间也是平坦的.

容易证明，$0<p<1$ 时 $F_X(x)$ 满足定理 1.5.3 的条件. 首先，因为 $x<0$ 时有 $F_X(x)=0$，故

$$\lim_{x\to-\infty}F_X(x)=0$$

此外，在下列极限中考虑 x 以整点形式趋于 $+\infty$，有

$$\lim_{x\to+\infty}F_X(x)=\lim_{x\to+\infty}1-(1-p)^x=1$$

为证明性质 b，只需注意随着 x 增大，式（1.5.3）中的和式包含更多正项. 最后，为证明性质 c，注意对任意 x，只要 $\varepsilon>0$ 充分小，就有 $F_X(x+\varepsilon)=F_X(x)$. 所以

$$\lim_{\varepsilon \to 0^+} F_X(x+\varepsilon) = F_X(x)$$

故 $F_X(x)$ 右连续. $F_X(x)$ 所表示的分布称作**几何分布**（geometric distribution，由几何级数而得名），其图像见图 1.5.2. ‖

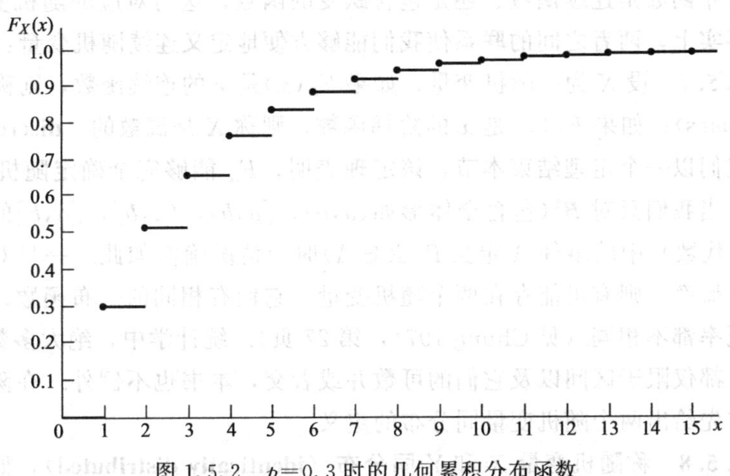

图 1.5.2 $p=0.3$ 时的几何累积分布函数

例 1.5.5（连续的累积分布函数） 下列函数是连续的累积分布函数：

(1.5.5) $$F_X(x) = \frac{1}{1+e^{-x}}$$

它满足定理 1.5.3 中所列的条件. 实际上，

$$\lim_{x \to -\infty} F_X(x) = 0 (\text{由于} \lim_{x \to -\infty} e^{-x} = \infty)$$

且

$$\lim_{x \to +\infty} F_X(x) = 1 (\text{由于} \lim_{x \to +\infty} e^{-x} = 0)$$

此外，对 $F_X(x)$ 求导得

$$\frac{d}{dx} F_X(x) = \frac{e^{-x}}{(1+e^{-x})^2} > 0$$

故 $F_X(x)$ 单调递增. 本例所给的 $F_X(x)$ 不但是右连续函数，而且还是连续函数，它是**罗吉斯蒂克分布**（logistic distribution）的一个特例. ‖

例 1.5.6（包含跃变的累积分布函数） 如果 $F_X(x)$ 不是 x 的连续函数，那么它很可能由若干连续片段和跃变片段连接而成. 例如，若将式（1.5.5）改为：

(1.5.6) $$F_Y(y) = \begin{cases} \dfrac{1-\varepsilon}{1+e^{-y}}, & \text{当 } y < 0 \text{ 时} \\ \varepsilon + \dfrac{1-\varepsilon}{1+e^{-y}}, & \text{当 } y \geqslant 0 \text{ 时} \end{cases}$$

其中 $1 > \varepsilon > 0$，则 $F_Y(y)$ 是随机变量 Y 的累积分布函数（见习题 1.47）. 函数 $F_Y(y)$ 在 $y=0$ 处有一个高度为 ε 的跃变，在其余点处都连续. 这个模型或许可以用于下面的情况：我们观测计量表上的读数，该读数理论上应该可以是$-\infty$到$+\infty$之间的任意数. 但是我们用的表其读数有时在刻度0处粘住不动. 这样，我们可以用F_Y来刻画观测结果的规律，其中ε表示读数粘住的概率. ‖

累积分布函数是连续函数、还是包含跃变的函数，这与对应的随机变量是否连续一致. 事实上，两者之间的联系使我们能够方便地定义连续随机变量：

定义 1.5.7 设X为一随机变量，如果$F_X(x)$是x的连续函数，则称X是**连续的**（**continuous**）；如果$F_X(x)$是x的阶梯函数，则称X是**离散的**（**discrete**）.

最后我们以一个定理结束本节，该定理表明，F_X能够完全确定随机变量X的概率分布. 当我们只对$\mathcal{B}^1$(包含全体形如(a,b)，$[a,b)$，$(a,b]$，$[a,b]$的实数区间的最小的σ代数）中的事件A定义$P(X\in A)$时，情况确实如此. 一旦对更大范围的事件定义概率，则有可能存在两个随机变量，它们有相同的分布函数，但是对任意事件的概率都不相同（见Chung 1974，第27页）. 统计学中，绝大多数实例所考虑的事件，都仅限于区间以及它们的可数并或者交，本书也不例外. 在陈述定理之前，我们首先给出两个随机变量同分布的定义.

定义 1.5.8 称随机变量X和Y**同分布**（**identically distributed**），如果对任意集合$A\in\mathcal{B}^1$，都有$P(X\in A)=P(Y\in A)$.

注意，同分布的两个随机变量并不一定相等. 也即是说，定义1.5.8并不表明$X=Y$.

例 1.5.9（同分布的随机变量） 考虑例1.4.3中连掷三次硬币的试验. 定义随机变量：

$$X=\text{掷得正面朝上的次数}\quad\text{以及}\quad Y=\text{掷得反面朝上的次数}$$

例1.4.3给出了X的分布，容易验证Y的分布也一样，即对$k=0$，1，2，3，都有$P(X=k)=P(Y=k)$. 所以X和Y同分布. 但显然不存在样本点s使得$X(s)=Y(s)$. ‖

定理 1.5.10 下列命题等价：

a. 随机变量X和Y同分布；

b. 对任意x，有$F_X(x)=F_Y(x)$.

证明 为证等价性，我们必须证明每一命题都蕴涵另一命题. 首先证明a⇒b.

因为X和Y同分布，故对任意$A\in\mathcal{B}^1$，有$P(X\in A)=P(Y\in A)$. 特别地，对任意x，集合$(-\infty,x)\in\mathcal{B}^1$，于是

$$F_X(x)=P(X\in(-\infty,x])=P(Y\in(-\infty,x])=F_Y(x)$$

反方向的蕴涵关系b⇒a较难证明. 在上面的讨论中，我们用到一个极其简单的事实：若X和Y在任意集合上等概率，则在特殊的区间上也等概率. 实际上其逆命题也成立，即若X和Y在任意区间上等概率，则在任意集合上也等概率. 严格的证明要用到σ代数，此处不细究. 因此，这里我们只要证明X和Y的概率函数

在任意区间上取值相等即可（Chung 1974，2.2 节）.

□

1.6 概率密度函数和概率质量函数

与随机变量 X、累积分布函数 F_X 相关的还有一个函数：若 X 是连续随机变量，该函数称作概率密度函数；若 X 是离散随机变量，该函数称作概率质量函数. 不过，不论是概率密度函数，还是概率质量函数，它们所关注的都是随机变量的“点概率”.

定义 1.6.1 离散随机变量 X 的**概率质量函数**（**probability mass function**，简记为 **pmf**）为：

$$f_X(x)=P_X(X=x), \text{其中 } x \text{ 任意}$$

例 1.6.2（几何概率） 例 1.5.4 所示几何分布的概率质量函数为：

$$f_X(x)=P(X=x)=\begin{cases}(1-p)^{x-1}p, & x=1,2,\cdots\\ 0, & \text{否则}\end{cases}$$

其中，$P_X(X=x)$（亦即 $f_X(x)$）等于累积分布函数在 x 处跃变的高度. 我们可以利用概率质量函数来计算概率：由于已知单点处的概率，为求某事件的概率，我们只需将事件内所有点的概率累加起来. 于是对于整数 a，b 且 $a<b$，有

$$P(a\leqslant X\leqslant b)=\sum_{k=a}^{b}f_X(k)=\sum_{k=a}^{b}(1-p)^{k-1}p$$

特别地，我们有

$$P(X\leqslant b)=\sum_{k=1}^{b}f_X(k)=F_X(b) \tag{1.6.1}$$

‖

在本书中我们采用惯用的记法，用大写字母表示累积分布函数，用相应的小写字母表示对应的概率质量函数或概率密度函数.

对连续随机变量定义概率密度函数要十分小心. 若对连续随机变量单纯地计算 $P(X=x)$，那么由于对任意 $\varepsilon>0$ 都有 $\{X=x\}\subset\{x-\varepsilon<X\leqslant x\}$，根据定理 1.2.9c，对任意 $\varepsilon>0$ 有

$$P(X=x)\leqslant P(x-\varepsilon<X\leqslant x)=F_X(x)-F_X(x-\varepsilon)$$

于是，根据 $F_X(x)$ 的连续性有

$$0\leqslant P(X=x)\leqslant\lim_{\varepsilon\to 0^+}[F_X(x)-F_X(x-\varepsilon)]=0$$

然而，一旦理解了定义概率密度函数的动机，其定义就变得非常自然.

例 1.6.2 中定义的概率质量函数实际上确定了“点概率”，对于离散随机变量，我们可以累加概率质量函数以得到累积分布函数（如式（1.6.1））. 类推到连续随机变量上，将求和改为积分，即得

$$P(X \leqslant x) = F_X(x) = \int_{-\infty}^{x} f_X(t)\,\mathrm{d}t$$

利用微积分基本定理，若 $f_X(x)$连续，则可以进一步得到：

$$\frac{\mathrm{d}}{\mathrm{d}x}F_X(x) = f_X(x) \tag{1.6.2}$$

注意，到此我们完成了对于离散情形的类推：将“点概率” $f_X(x)$ “累加”即得区间的概率.

定义 1.6.3 连续随机变量 X 的**概率密度函数**（**probability density function**，简记为 **pdf**）是满足下式的函数：

$$F_X(x) = \int_{-\infty}^{x} f_X(t)\,\mathrm{d}t, \quad \text{其中 } x \text{ 任意.}$$

关于记号的注解：“X 的分布为 $F_X(x)$”可简记为“$X \sim F_X(x)$”，其中记号“$\sim$”读作“分布如”. 此外，“$X \sim F_X(x)$”也可以等价地写作“$X \sim f_X(x)$”. 若 X 和 Y 有相同分布，则可记作“$X \sim Y$”.

在随机变量连续的情形下，我们可以忽略区间类型的差异. 事实上，对连续随机变量有 $P(X=x)=0$，因而

$$P(a<X<b)=P(a<X\leqslant b)=P(a\leqslant X<b)=P(a\leqslant X\leqslant b)$$

显然，概率密度函数（或概率质量函数）与累积分布函数包含了同样多的信息. 在求解实际问题的过程中，我们可以任选其一，不过通常都选取形式简单的那个函数.

例 1.6.4（罗吉斯蒂克概率） 对于例 1.5.5 所示的罗吉斯蒂克分布，我们有

$$F_X(x) = \frac{1}{1+\mathrm{e}^{-x}}$$

于是

$$f_X(x) = \frac{\mathrm{d}}{\mathrm{d}x}F_X(x) = \frac{\mathrm{e}^{-x}}{(1+\mathrm{e}^{-x})^2}$$

曲线正下方区域的面积即给出了区间上的概率（如图 1.6.1）：

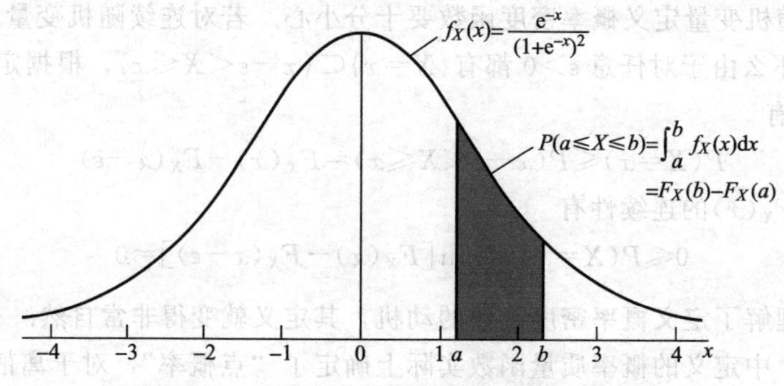

图 1.6.1 罗吉斯蒂克曲线正下方区域的面积

$$
\begin{aligned}
P(a<X<b) &= F_X(b)-F_X(a) \\
&= \int_{-\infty}^{b} f_X(x)\,\mathrm{d}x - \int_{-\infty}^{a} f_X(x)\,\mathrm{d}x \\
&= \int_{a}^{b} f_X(x)\,\mathrm{d}x
\end{aligned}
\qquad \|
$$

一个函数能否作为概率密度函数（或概率质量函数）？条件只有两个，它们均可由定义直接推得.

定理 1.6.5 函数 $f_X(x)$是随机变量 X 的概率密度函数（或概率质量函数），当且仅当它同时满足下列两个条件：

a. 对任意 x，都有 $f_X(x)\geqslant 0$；

b. $\sum_x f_X(x)=1$(概率质量函数) 或者$\int_{-\infty}^{\infty} f_X(x)\,\mathrm{d}x=1$(概率密度函数).

证明 如果 $f_X(x)$是一个概率密度函数（或概率质量函数），则根据定义，$f_X(x)$满足上述性质. 特别地，对于概率密度函数，根据式（1.6.3）以及定理 1.5.3，我们有

$$1=\lim_{x\to\infty}F_X(x)=\int_{-\infty}^{\infty} f_X(t)\,\mathrm{d}t$$

定理中反方向的蕴涵也很容易证明. 一旦有了 $f_X(x)$，我们可以定义 $F_X(x)$，然后应用定理 1.5.3.

□

理论上说，任意非负、积分（求和）大于零且有限的函数都可以转化为概率密度函数或概率质量函数. 例如，若 $h(x)$为在集合 A 上取正值、其余处为 0 的非负函数，且存在常数 $K>0$，使得

$$\int_{\{x\in A\}} h(x)\,\mathrm{d}x=K<\infty$$

则函数 $f_X(x)=h(x)/K$ 是取值在 A 上的某随机变量 X 的概率密度函数.

由于 $F_X(x)$可能连续却不可导，所以式（1.6.3）并不总是成立. 事实上，确实存在这样的连续随机变量，对于任意 $f_X(x)$都没有式（1.6.3）所示的积分关系. 本书中，我们假定式（1.6.3）对任意连续随机变量都成立. 但在后续课程的教材（如 Billingsley 1995，第 31 节）中，若式（1.6.3）成立，则称相应的随机变量**绝对连续**（absolutely continuous).

1.7 习题

1.1 描述下列试验的样本空间：

(a) 连掷四次硬币；

(b) 数一株作物上遭虫害的叶子数目；

(c) 检测某品牌灯泡的使用寿命（单位：h）；

(d) 记录刚出生 10 天的老鼠的体重；

(e) 检测一批电子零件中的残次品的比例.

1.2 证明下列恒等式：

(a) $A\backslash B=A\backslash(A\cap B)=A\cap B^{c}$

(b) $B=(B\cap A)\cup(B\cap A^{c})$

(c) $B\backslash A=B\cap A^{c}$

(d) $A\cup B=A\cup(B\cap A^{c})$

1.3 完成定理 1.1.4 的证明：对同一样本空间 S 上的任意事件 A，B 和 C，证明：

(a) $A\cup B=B\cup A$ 且 $A\cap B=B\cap A$ （交换律）

(b) $A\cup(B\cup C)=(A\cup B)\cup C$ 且 $A\cap(B\cap C)=(A\cap B)\cap C$ （结合律）

(c) $(A\cup B)^{c}=A^{c}\cap B^{c}$ 且 $(A\cap B)^{c}=A^{c}\cup B^{c}$ （DeMorgan 律）

1.4 设 A，B 为事件，利用 $P(A)$，$P(B)$ 和 $P(A\cap B)$，给出下列事件的概率公式：

(a) 或者 A 发生，或者 B 发生，又或者 A，B 同时发生

(b) 或者 A 发生，或者 B 发生，但 A，B 不能同时发生

(c) A，B 当中至少有一个事件发生

(d) A，B 当中至多有一个事件发生

1.5 人类双胞胎中约有三分之一是同卵双胞胎，三分之二是异卵双胞胎. 同卵双胞胎的性别一定相同，且男孩、女孩出生的概率相等；对于异卵双胞胎，出现两个男孩、两个女孩和一男一女的概率分别约为四分之一、四分之一和二分之一. 此外，美国新生人口中有 1/90 是双胞胎. 定义下列事件：

$A=$｛在美国出生一对双胞胎女孩｝

$B=$｛在美国出生一对同卵双胞胎｝

$C=$｛在美国出生一对双胞胎｝

(a) 用文字描述事件 $A\cap B\cap C$

(b) 求 $P(A\cap B\cap C)$

1.6 有两枚一美分硬币，对其中一枚有 P(｛正面朝上｝)$=u$，另一枚则有 P(｛正面朝上｝)$=w$. 现在同时掷这两枚硬币，定义

$p_0=P$｛掷得 0 枚正面朝上｝

$p_1=P$｛掷得 1 枚正面朝上｝

$p_2=P$｛掷得 2 枚正面朝上｝

能否选取 u，w 使得 $p_0=p_1=p_2$？证明你的结论.

1.7 考虑例 1.2.7 中的掷飞镖游戏，但是不再假定飞镖掷到靶上的概率为 1，

而是假定它与靶的面积成正比. 现在，已知靶被固定在面积为 A 的一面墙上，且飞镖掷到墙上的概率为1.

(a) 利用飞镖命中某区域的概率与该区域面积成正比的事实，构造概率函数 P(得 i 分)，$i=0$，…，5（如果未能命中靶，则得分为0）；

(b) 证明条件概率 P（得 i 分 | 靶被命中）恰好是例1.2.7所求的概率.

1.8 仍考虑例1.2.7中的掷飞镖游戏.

(a) 给出计算 P(得 i 分)的通式；

(b) 证明 P(得 i 分)是 i 的递减函数，即分数越高，对应的概率越小；

(c) 证明 P（得 i 分）是一个概率函数，即满足Kolmogorov公理.

1.9 证明DeMorgan律（又见集合运算）的一般形式. 设$\{A_\alpha:\alpha\in\Gamma\}$是一列集合（可能是不可数多个），证明：

(a) $(\bigcup_\alpha A_\alpha)^{C}=\bigcap_\alpha A_\alpha{}^{C}$；　　　　(b) $(\bigcup_\alpha A_\alpha)^{C}=\bigcap_\alpha A_\alpha{}^{C}$

1.10 写出有限个集合 A_1，A_2，…，A_n 上的DeMorgan律，并加以证明.

1.11 设 S 为样本空间，

(a) 证明 $\mathcal{B}=\{\varnothing,S\}$是一个 σ 代数；

(b) 令 $\mathcal{B}=\{S$ 的全体子集,包括 S 本身$\}$，证明 $\mathcal{B}$ 是一个 σ 代数；

(c) 证明两个 σ 代数的交仍是 σ 代数.

1.12 在1.2.1节中提到，deFinetti学派的统计学家们拒不接受可数可加性公理，而是代之以有限可加性公理.

(a) 证明可数可加性公理蕴涵有限可加性公理；

(b) 虽然有限可加性公理本身无法推出可数可加性公理，但可以考虑补充下面的条件. 设 $A_1\supset A_2\supset\cdots\supset A_n\supset\cdots$ 是一列无穷嵌套、且极限为空集的集合，记作 $A_n\downarrow\varnothing$,考虑下述公理：

连续性公理：若 $A_n\downarrow\varnothing$，则 $P(A_n)\to 0$

证明：连续性公理和有限可加性公理蕴涵可数可加性公理.

1.13 若 $P(A)=\frac{1}{3}$且 $P(B^{C})=\frac{1}{4}$，则 A，B 能否不交？试加以解释.

1.14 设样本空间 S 包含 n 个元素，证明：S 的元素总共能构造 2^n 个 S 的子集.

1.15 完成定理1.2.14的证明，将 $k=2$ 时得到的结果作为归纳法的前提.

1.16 如果每个人都有一个姓以及

(a) 刚好两个名；

(b) 一个或两个名；

(c) 一个、两个或者三个名，

则所有姓名的首字母共可以构成多少个集合？

（答案：(a) 26^3 (b) 26^3+26^2 (c) $26^4+26^3+26^2$）

1.17 多米诺骨牌游戏中，每张骨牌都标记了两个数. 每张骨牌都是对称的，故所标记的数对是无序数对（例如，(2，6) ＝ (6，2)）. 试问用数 1，2，…，n 可以标记多少张不同的骨牌？

（答案：$n(n+1)/2$）

1.18 将 n 个球随机放入 n 个盒子中，求恰有一个盒子为空的概率.

（答案：$\binom{n}{2}n!/n^n$）

1.19 若多元函数有连续偏导数，则求导的先后次序对求导结果没有影响. 例如，对于二元函数 $f(x,y)$，下面两个三阶偏导相等：

$$\frac{\partial^3}{\partial x^2 \partial y}f(x,y)=\frac{\partial^3}{\partial y \partial x^2}f(x,y).$$

(a) 三元函数有多少个四阶偏导？

(b) 证明 n 元函数有 $\binom{n+r-1}{r}$ 个 r 阶偏导.

1.20 我每周有 12 个来电，随机分布在七天中. 我每天至少有一个来电的概率是多少？

（答案：0.2285）

1.21 橱内有 n 双鞋子. 随机抽出 $2r$ 只鞋子($2r<n$)，这些鞋子全都无法配对的概率是多少？

（答案：$\binom{n}{2r}2^{2r}/\binom{2n}{2r}$）

1.22

(a) 对全年 366 天（包含 2 月 29 日）抽签，抽出的前 180 天刚好平均分布于全年 12 个月的概率是多少？

(b) 抽出的前 30 天都不在九月份的概率是多少？

（答案：(a) 0.167×10^{-8} (b) $\binom{336}{30}/\binom{366}{30}$）

1.23 二人各掷公平硬币 n 次，求他们掷得同样多次“正面朝上”的概率.

（答案：$\left(\frac{1}{4}\right)^n\binom{2n}{n}$）

1.24 A，B 两人分别轮流掷一枚硬币，最先掷得正面朝上的人胜出. 假定 A 先开始掷.

(a) 如果所掷的硬币是公平硬币，A 胜出的概率是多少？

(b) 假设 P（正面朝上）$=p$，p 可能不等于 $\frac{1}{2}$. A 胜出的概率是多少？

(c) 证明：对任意的 p，$0<p<1$，P(A 胜出)$>\frac{1}{2}$.（提示：根据事件 E_1，E_2，…写出 P(A 胜出)，其中 $E_i=\{$第 i 次掷得正面朝上$\}$）

（答案：(a) 2/3 (b) $\frac{p}{1-(1-p)^2}$）

1.25 Smith 夫妇有两个孩子，其中至少有一个是男孩. 问两个都是男孩的概率是多少？(有关这个问题的详细讨论，可以参考 Gardner 1961)

1.26 连续投掷一颗公平骰，直到掷得 6 点. 求必须投掷五次以上的概率？

1.27 证明下列恒等式，其中 $n\geqslant 2$：

(a) $\sum_{k=0}^{n}(-1)^k\binom{n}{k}=0$

(b) $\sum_{k=1}^{n}k\binom{n}{k}=n2^{n-1}$

(c) $\sum_{k=1}^{n}(-1)^{k+1}k\binom{n}{k}=0$

1.28 大数的阶乘可以用 Stirling 公式来近似：

$$n!\approx\sqrt{2\pi}n^{n+(\frac{1}{2})}\mathrm{e}^{-n}$$

完整的推导较复杂，取而代之，试证明下面这个简单的事实：

$$\lim_{n\to\infty}\frac{n!}{n^{n+(\frac{1}{2})}\mathrm{e}^{-n}}=\text{常数}$$

(提示：Feller 1968 利用对数函数的单调性得出

$$\int_{k-1}^{k}\log x\mathrm{d}x<\log k<\int_{k}^{k+1}\log x\mathrm{d}x,k=1,\cdots,n$$

从而

$$\int_{0}^{n}\log x\mathrm{d}x<\log n!<\int_{1}^{n+1}\log x\mathrm{d}x.$$

最后将 $\log n!$ 与两个积分的平均值作比较. 习题 5.35 给出了另一种推导.)

1.29

(a) 对于例 1.2.20，枚举构成无序样本$\{4,4,12,12\}$和$\{2,9,9,12\}$的有序样本.

(b) 假设我们有六个数$\{1,2,7,8,14,20\}$，问有放回抽取时，抽得无序样本$\{2,7,7,8,14,14\}$的概率是多少？

(c) 设对 m 个数分别有放回抽取 k_1，k_2，…，k_m 次，得到一个大小为 $k(k_1+k_2+\cdots+k_m=k)$的无序样本. 证明这个样本由$\frac{k!}{k_1!\ k_2!\ \cdots k_m!}$个有序样本构成.

(d) 证明多项式系数的个数（即自助法的样本总数）为$\binom{k+m-1}{k}$，即：

$$\sum_{k_1,k_2,\cdots,k_m} I_{\{k_1+k_2+\cdots+k_m=k\}}=\binom{k+m-1}{k}.$$（译者注：I 的定义见 3.4 节示性函数）

1.30 从$\{1,2,7,8,14,20\}$中有放回抽取 6 个数，试绘出所有可能的样本平均值之分布的直方图.

1.31 例 1.2.20 中，初始集合$\{2,4,9,12\}$的平均值为$\frac{29}{4}$，其出现概率最高.

(a) 证明：一般地，若从集合$\{x_1,x_2,\cdots,x_n\}$中有放回抽取 n 个数，那么平均值为$(x_1+x_2+\cdots+x_n)/n$ 的样本出现可能性最大，概率为$\frac{n!}{n^n}$.

(b) 利用 Stirling 公式（习题 1.28）证明$\frac{n!}{n^n}\approx\sqrt{2n\pi}\mathrm{e}^{-n}$（Hall 1992，附录Ⅰ）.

(c) 证明，当 $n\to\infty$时，样本不含某个特定的 x_i 的概率是$\left(1-\frac{1}{n}\right)^n\to\mathrm{e}^{-1}$.

1.32 一位雇主拟从 N 位候选人中雇用一人. 假定 N 位候选人的潜力可以量化成 1 到 N 的整数，雇主的雇用原则是：

(a)（随机）连续面试所有候选人，对每名候选人都做出雇用与否的判断.

(b) 如果已经拒绝了 $m-1$ 个候选人，那么只有当第 m 个候选人比前 $m-1$ 个都优秀时，才能雇用.

假设有一名候选人在第 i 次面试后被确定雇用. 试问雇主雇用到最优秀的候选人的概率是多少？

1.33 假设 5%的男性和 0.25%的女性患有色盲. 随机选择某个患有色盲的人，这个人是男性的概率为多少？（假定男性、女性数目相等）

1.34 一只啮齿动物生下两窝幼崽，第 1 窝有两只棕色毛发的幼崽和一只灰色毛发的幼崽，第 2 窝有三只棕色毛发的幼崽和两只灰色毛发的幼崽. 随机选择一窝，再随机选择其中的一只幼崽.

(a) 这只幼崽毛发是灰色的概率是多少？

(b) 假定选择的幼崽毛发是灰色的，它来自第 1 窝的概率是多少？

1.35 证明：若 $P(\cdot)$是一个合理的概率函数，B 是满足 $P(B)>0$ 的集合，则 $P(\cdot|B)$也满足 Kolmogorov 公理.

1.36 假定一次射击命中目标的概率是$\frac{1}{5}$. 在十次独立的射击中，至少两次命中目标的概率是多少？假定至少有一次命中了目标，那么至少两次命中目标的条件概率是多少？

1.37 本题我们考察由例 1.3.4 衍生的其他一些问题.

(a) 例 1.3.4 中，看守的推理基于下述假定：若 A 将被赦免，则看守告诉 A “B 将被处死”与告诉 A “C 将被处死”的概率相等. 然而，事实可能并非如此，这两个事件概率可能是 γ 和 $1-\gamma$，如下表所示：

被赦免的囚犯	看守告诉A	
A	B将被处死	概率为 γ
A	C将被处死	概率为 $1-\gamma$
B	C将被处死	
C	B将被处死	

计算 $P(A|W)$. 它是 γ 的函数，求 γ 为何值时，$P(A|W)$ 会小于、等于或者大于 $\frac{1}{3}$？

(b) 假定 γ 取值与例 1.3.4 一样，等于 $\frac{1}{2}$. 当看守告诉 A“B将被处死”后，A思考了一下，意识到自己原来的推断有误. 不过，A马上有了个聪明的想法，他转而问看守自己的运气是不是比C的好. 看守觉得回答这个问题并不会泄密，于是对此予以了肯定. 试证A的推理现在是正确的，他被赦免的概率现在增加到了 $\frac{2}{3}$.

Selvin (1975) 讨论了一个类似却更为复杂的问题——“Monte Hall 问题”. 该问题最先登载于一份周末杂志（vos Savant 1990），答案虽然是对的，但解释出现了错误. 问题一经登载便引起了广泛争议，辩论的文章甚至登在了纽约时报周末版（Tierney 1991）的头版. Morgan 等（1991）给出了该问题的一个完整而有趣的讨论（又见 vos Savant 1991 的回应文章），Chun（1999）更以完整全面的分析完美地解决了该问题.

1.38 证明下列各命题（假定每个条件事件的概率都是正的）.

(a) 若 $P(B)=1$，则对任意 A，有 $P(A|B)=P(A)$.

(b) 若 $A\subset B$，则 $P(B|A)=1$，且 $P(A|B)=P(A)/P(B)$.

(c) 若 A，B 不交，则

$$P(A|A\cup B)=\frac{P(A)}{P(A)+P(B)}$$

(d) $P(A\cap B\cap C)=P(A|B\cap C)P(B|C)P(C)$.

1.39 一对事件 A，B 不可能既是不交的，又是独立的. 证明：若 $P(A)>0$ 且 $P(B)>0$，则

(a) 如果 A，B 不交，则 A，B 不可能独立.

(b) 如果 A，B 独立，则 A，B 不可能不交.

1.40 完成定理 1.3.9 (b)，(c) 两部分的证明.

1.41 同例 1.3.6，仍假定电报信号中点信号与划信号的比例是 3∶4. 此外由

于线路干扰导致$\frac{1}{4}$的点信号被误传为划信号，$\frac{1}{3}$的划信号被误传为点信号.

(a) 若收到的是划信号，试问发送的是划信号的概率是多少?

(b) 假定信号的连续发送是独立事件，若收到的消息为：点-点，则发送方发送四种可能的消息的概率分布如何?

1.42 杂录 1.8.1 中的**容斥恒等式**（inclusion-exclusion identity）因其在证明中采用了容斥法（Feller 1968，第Ⅳ.1 节）而得名，此处我们补充其证明细节. 概率$P(\bigcup_{i=1}^{n}A_i)$等于至少含于一个A_i的全体样本点的概率之和. 容斥法给出了一种对这些样本点计数的方法.

(a) 设E_k是由恰好含于A_1，A_2，…，A_n当中k个事件的全体样本点所构成的集合，证明$P(\bigcup_{i=1}^{n}A_i)=\sum_{i=1}^{n}P(E_i)$.

(b) 不失一般性，假设$E_k\subset A_1$，A_2，…，A_k，证明$P(E_k)$在和P_1中出现了k次，在和P_2中出现了$\binom{k}{2}$次，在和P_3中出现了$\binom{k}{3}$次，以此类推.

(c) 证明（见习题 1.27）：

$$k-\binom{k}{2}+\binom{k}{3}-\cdots\pm\binom{k}{k}=1$$

(d) 利用(a)～(c)证明容斥恒等式：$\sum_{i=1}^{n}P(E_i)=P_1-P_2+\cdots\pm P_n$.

1.43 对于杂录 1.8.1 中的容斥恒等式：

(a) 根据容斥恒等式分别推导 Boole 不等式和 Bonferroni 不等式.

(b) 证明P_i满足：当$i\leqslant j$时有$P_i\geqslant P_j$，从而杂录 1.8.1 所给的界的序列随着项数增多越来越精确.

(c) 通常保留的项数越多，得到的界越有用. 但是 Schwager（1984）发现，某些情形下界并不会随着项数增多而得到改进，尤其是当这些A_i高度相关的时候. 观察在任意i都有$A_i=A$这一极端情形下，界序列有何变化?（可参阅 Worsley 1982 以及 Worsley 1985 与 Schwager 1985 的通信）

1.44 标准化测验是概率论应用的一个有趣实例. 假定测验包含 20 道选择题，每道题有 4 个选项. 如果某学生做每道题都是凭借猜测，那么整个考试可以看作由 20 个独立事件所构成的一个事件序列. 求此时该生至少答对十道题的概率.

1.45 证明式（1.4.1）中的诱导概率函数定义了一个合理的概率函数，即它满足 Kolmogorov 公理.

1.46 将 7 个球随机放入 7 个盒中. 令X_i=恰有i个球的盒子的数目，问X_3的概率分布如何?（即对任意可能的x，求$P(X_3=x)$）

1.47 验证下列函数是累积分布函数：

(a) $\frac{1}{2}+\frac{1}{\pi}\tan^{-1}(x), x\in(-\infty,\infty)$

(b) $(1+e^{-x})^{-1}, x\in(-\infty,\infty)$

(c) $e^{-e^{-x}}, x\in(-\infty,\infty)$

(d) $1-e^{-x}, x\in(0,\infty)$

(e) 式(1.5.6)所定义的函数

1.48 证明定理 1.5.3 的必要性.

1.49 称累积分布函数 F_X **随机大于**（stochastically greater）累积分布函数 F_Y，如果对任意 t 都有 $F_X(t)\leqslant F_Y(t)$，并且存在某个 t 使得 $F_X(t)<F_Y(t)$. 证明：若 $X\sim F_X$ 且 $Y\sim F_Y$，则

$$\text{对任意 } t\text{，有 } P(X>t)\geqslant P(Y>t)$$

且

$$\text{存在 } t\text{，使得 } P(X>t)>P(Y>t)$$

即 X 有大于 Y 的倾向.

1.50 验证式（1.5.4）——几何级数的部分和公式.

1.51 某家电商店新进了 30 台微波炉，其中有 5 台（商店经理不知道是哪 5 台）存在质量问题. 商店经理随机、无放回地抽取 4 台，检验它们是否有问题. 令 X=选中样本中存在质量问题的台数，计算 X 的概率质量函数和累积分布函数，并绘出累积分布函数.

1.52 设 X 是一个连续随机变量，概率密度函数为 $f(x)$，累积分布函数为 $F(x)$. 对于固定的某个 x_0，定义函数

$$g(x)=\begin{cases} f(x)/[1-F(x_0)], & x\geqslant x_0 \\ 0, & x<x_0 \end{cases}$$

证明 $g(x)$是一个概率密度函数（假定 $F(x_0)<1$）.

1.53 有条河流每年都会泛滥. 假设河流最低水位是 1，最高水位 Y 满足下列分布函数：

$$F_Y(y)=P(Y\leqslant y)=1-\frac{1}{y^2},\quad 1\leqslant y<\infty$$

(a) 验证 $F_Y(y)$是一个累积分布函数.

(b) 求 Y 的概率密度函数 $f_Y(y)$.

(c) 若将河流最低水位置为 0，并且度量时采用的单位长度变为原来的$\frac{1}{10}$，此时最高水位为 $Z=10(Y-1)$. 求 $F_Z(z)$.

1.54 确定下列各式中的 c，使 $f(x)$成为概率密度函数.

(a) $f(x)=c\sin x, 0<x<\frac{\pi}{2}$

(b) $f(x)=c\mathrm{e}^{-|x|}, -\infty<x<\infty$

1.55　一台电子设备的使用寿命记为 T. 若它在 $t=3$ 时刻以前就坏掉了，则记其使用价值为 $V=5$；否则记 $V=2T$. 假设 T 的概率密度函数是

$$f_T(t)=\frac{1}{1.5}\mathrm{e}^{-t/(1.5)}, t>0.$$

求 V 的累积分布函数.

1.8　杂录

1.8.1　Bonferroni 界的改进

式（1.2.10）中的 Bonferroni 界，以及（定理 1.2.11）Boole 不等式各自给出了事件交的概率、事件并的概率的简单的界. 事实上，按照下述推导，我们可以不断地改进这些界.

对于集合 $A_1, A_2, \cdots, A_n$，我们定义下面一系列相互嵌套的交，令：

$$P_1=\sum_{i=1}^{n}P(A_i)$$

$$P_2=\sum_{1\leqslant i<j\leqslant n}^{n}P(A_i\cap A_j)$$

$$P_3=\sum_{1\leqslant i<j<k\leqslant n}^{n}P(A_i\cap A_j\cap A_k)$$

$$\vdots$$

$$P_n=P(A_1\cap A_2\cap\cdots\cap A_n).$$

则容斥恒等式（inclusion-exclusion identity）表明：

$$P(A_1\cup A_2\cup\cdots\cup A_n)=P_1-P_2+P_3-P_4+\cdots\pm P_n$$

此外，由于满足当 $i\leqslant j$ 时有 $P_i\geqslant P_j$，我们得到下述上、下界的序列（详见习题 1.42，1.43）：

$$P_1\geqslant P(\bigcup_{i=1}^{n}A_i)\geqslant P_1-P_2$$

$$P_1-P_2+P_3\geqslant P(\bigcup_{i=1}^{n}A_i)\geqslant P_1-P_2+P_3-P_4$$

$$\vdots$$

显然，随着项数增多，这些界彼此越来越接近，并且比原来的 Bonferroni 界更为精确. 它们在游程概率估计（Karlin，Ost 1998）和多重比较法（Naiman，Wynn 1992）等方面都有显著的应用.

第 2 章

变换和期望

"我们不能满足于坐而论道，必须有所作为."

——夏洛克·福尔摩斯

《血字的研究》

在利用累积分布函数为 $F_X(x)$ 的随机变量 X 对某现象建模时，我们通常还需了解 X 的函数的性质. 对于一些有意义的 X 的函数，本章介绍的技巧将有助于我们发掘其中蕴含的信息，这些信息有的可能很全面（比如完全掌握了函数的分布），有的则略显粗略（比如只得到了均值的性质）.

2.1 随机变量函数的分布

设 X 为一随机变量且累积分布函数为 $F_X(x)$，则任意 X 的函数，比如 $g(X)$，也是随机变量. $g(X)$ 通常有其实际意义，故我们以 $Y=g(X)$ 记新的随机变量. 由于 Y 是 X 的函数，于是可以利用 X 的概率性态描述 Y 的概率性态. 即，对任意集合 A 有

$$P(Y\in A)=P(g(x)\in A)$$

这就表明 Y 的分布依赖于函数 F_X 和 g. 对于某些函数 g，上式可以化简为更易处理的形式.

令 $y=g(x)$，其中函数 $g(x)$ 将原随机变量 X 的样本空间 $\mathcal{X}$ 映射到新随机变量 Y 的样本空间 $\mathcal{Y}$，即：

$$g(x):\mathcal{X}\to\mathcal{Y}$$

考察 g 的逆映射，记作 g^{-1}，g^{-1} 将 $\mathcal{Y}$ 的子集映射到 $\mathcal{X}$ 的子集，其定义为：

$$g^{-1}(A)=\{x\in\mathcal{X}:g(x)\in A\} \tag{2.1.1}$$

注意映射 g^{-1} 将集合映射到集合，即，$g^{-1}(A)$ 是 $\mathcal{X}$ 中所有满足 $g(x)$ 属于集合 A 的点构成的集合. A 也可以是单点集，比如 $A=\{y\}$，则

$$g^{-1}(\{y\})=\{x\in\mathcal{X}:g(x)=y\}$$

此时我们通常以 $g^{-1}(y)$ 代替 $g^{-1}(\{y\})$. 不过，如果有不止一个 x 使得 $g(x)=y$，则 $g^{-1}(y)$ 表示一个集合；如果只有一个 x 使得 $g(x)=y$，则 $g^{-1}(y)$ 就是单点集

$\{x\}$，简记为 $g^{-1}(y)=x$. 现在定义随机变量 $Y=g(X)$，则对任意集合 $A\subset\mathcal{Y}$，有

$$P(Y\in A)=P(g(X)\in A)$$
(2.1.2)
$$=P(\{x\in\mathcal{X}:g(x)\in A\})$$
$$=P(X\in g^{-1}(A))$$

这就给出了 Y 的概率分布. 容易证明该分布满足 Kolmogorov 公理.

若 X 是离散随机变量，则 $\mathcal{X}$ 可数，从而 $Y=g(X)$ 的样本空间 $\mathcal{Y}=\{y:y=g(x),x\in\mathcal{X}\}$ 亦可数. 因此 Y 也是离散随机变量. 根据式 (2.1.2)，Y 的概率质量函数满足：对任意 $y\in\mathcal{Y}$ 有

$$f_Y(y)=P(Y=y)=\sum_{x\in g^{-1}(y)}P(X=x)=\sum_{x\in g^{-1}(y)}f_X(x)$$

对任意 $y\notin\mathcal{Y}$ 有 $f_Y(y)=0$. 于是为确定 Y 的概率质量函数，只需为每个 $y\in\mathcal{Y}$ 确定 $g^{-1}(y)$，然后将相应的概率累加即可.

例 2.1.1 (二项变换) 如果离散随机变量 X 的概率质量函数形如

(2.1.3) $$f_X(x)=P(X=x)=\binom{n}{x}p^x(1-p)^{n-x},x=0,1,\cdots,n$$

其中 n 是正整数且 $0\leqslant p\leqslant 1$，则称 X 具有**二项分布** (binomial distribution). 上式中当 n 和 p 取值不同时可以得到不同的概率分布，故称 n 和 p 为**参数** (parameter). 考虑随机变量 $Y=g(X)$，其中 $g(x)=n-x$，即 $Y=n-X$. 则 $\mathcal{X}=\{0,1,\cdots,n\}$ 且 $\mathcal{Y}=\{y:y=g(x),x\in\mathcal{X}\}=\{0,1,\cdots,n\}$. 由于对任意 $y\in\mathcal{Y}$，$n-x=g(x)=y$ 当且仅当 $x=n-y$，故 $g^{-1}(y)$ 是单点集 $x=n-y$，且

$$\begin{aligned}f_Y(y)&=\sum_{x\in g^{-1}(y)}f_X(x)\\&=f_X(n-y)\\&=\binom{n}{n-y}p^{n-y}(1-p)^{n-(n-y)}\\&=\binom{n}{y}(1-p)^yp^{n-y}.\ (\text{由定义 1.2.17 可知}\binom{n}{y}=\binom{n}{n-y})\end{aligned}$$

显然 Y 仍具有二项分布，只不过其参数为 n 和 $1-p$. ‖

如果 X 和 Y 都是连续随机变量，则在某些特殊情形下我们也可以根据 X 的累积分布函数与概率密度函数推导出 Y 的累积分布函数与概率密度函数的形式简洁的公式. 本节下面讨论的就是这样几种特殊情形.

$Y=g(X)$ 的累积分布函数为

$$F_Y(y)=P(Y\leqslant y)$$
(2.1.4)
$$\begin{aligned}&=P(g(X)\leqslant y)\\&=P(\{x\in\mathcal{X}:g(x)\leqslant y\})\\&=\int_{\{x\in\mathcal{X}:g(x)\leqslant y\}}f_X(x)\mathrm{d}x\end{aligned}$$

上式中，确定积分区域$\{x\in \mathcal{X}: g(x)\leqslant y\}$以及在该区域上对$f_X(x)$进行积分有时候较困难，例如下面这个例.

例 2.1.2（均匀变换）　设随机变量 X 服从区间$(0, 2\pi)$上的均匀分布，即

$$f_X(x)=\begin{cases}1/2\pi, & x\in(0,2\pi)\\ 0, & x\notin(0,2\pi)\end{cases}$$

考察 $Y=\sin^2(X)$，则（如图 2.1.1）

$$P(Y\leqslant y)=P(X\leqslant x_1)+P(x_2\leqslant X\leqslant x_3)+P(X\geqslant x_4) \tag{2.1.5}$$

由函数 $\sin^2(x)$的对称性以及 X 的均匀分布可知，

$$P(X\leqslant x_1)=P(X\geqslant x_4)\text{且 }P(x_2\leqslant X\leqslant x_3)=2P(x_2\leqslant X\leqslant \pi)$$

于是

$$P(Y\leqslant y)=2P(X\leqslant x_1)+2P(x_2\leqslant X\leqslant \pi), \tag{2.1.6}$$

其中，x_1 和 x_2 是方程

$$\sin^2(x)=y,\ 0<x<\pi$$

的两个解.

由此可见，尽管本例所讨论的情形非常简单，随机变量 Y 的累积分布函数表达式却并不简单. ‖

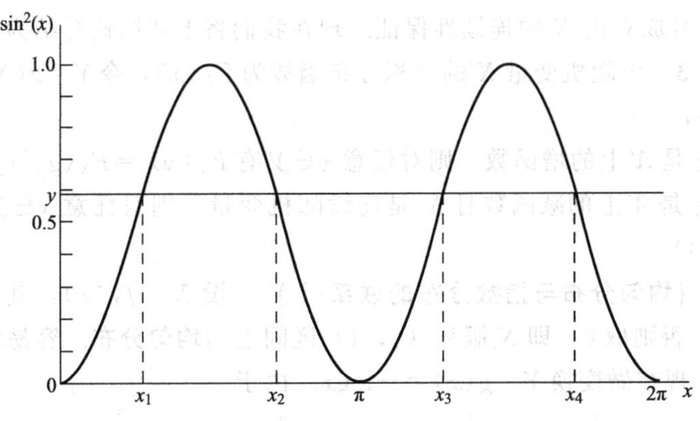

图 2.1.1　例 2.1.2 中变换 $y=\sin^2(x)$的图示

对随机变量进行变换时，最重要的是明确随机变量的样本空间，否则可能引起混淆. 将 X 变换至 $Y=g(X)$时，我们常记

$$\mathcal{X}=\{x: f_X(x)>0\}\quad\text{以及}\quad \mathcal{Y}=\{y:\text{存在 }x\in\mathcal{X}\text{使 }y=g(x)\} \tag{2.1.7}$$

随机变量 X 的概率密度函数在集合 $\mathcal{X}$ 上取值为正，在 $\mathcal{X}$ 以外取值为零. 这样的集合 $\mathcal{X}$ 称为该分布的**支撑集**（**support set**）或**支集**（**support**）. 事实上，支集的概念不仅适用于概率分布函数，还可以推广到任意非负函数.

最易处理的一种变换是函数 $g(x)$**单调**（**monotone**）的情形，即 $g(x)$满足

$$u>v\Rightarrow g(u)>g(v)\text{（增）}\quad\text{或}\quad u<v\Rightarrow g(u)>g(v)\text{（减）}$$

变换 $x \to g(x)$ 如果是单调的，则必是 $\mathcal{X}$ 到 $\mathcal{Y}$ 的**一对一**（**one-to-one**）且**到上**（**onto**）的变换，即，每个 x 对应着唯一一个 y，每个 y 有至多一个 x 与之对应（一对一）；并且对于式（2.1.7）定义的 $\mathcal{Y}$，每个 $y \in \mathcal{Y}$ 都存在一个 $x \in \mathcal{X}$ 使得 $g(x)=y$（到上）. 这样，变换 g 恰好将 x 与 y 唯一地配上了对. 如果 g 单调，则 g^{-1} 必是单值映射，即 $g^{-1}(y)=x$ 当且仅当 $y=g(x)$. 特别地，若 g 是增函数，则

$$\begin{aligned}\{x \in \mathcal{X}: g(x) \leqslant y\} &= \{x \in \mathcal{X}: g^{-1}(g(x)) \leqslant g^{-1}(y)\} \\ &= \{x \in \mathcal{X}: x \leqslant g^{-1}(y)\}\end{aligned} \tag{2.1.8}$$

若 g 是减函数，则

$$\begin{aligned}\{x \in \mathcal{X}: g(x) \leqslant y\} &= \{x \in \mathcal{X}: g^{-1}(g(x)) \geqslant g^{-1}(y)\} \\ &= \{x \in \mathcal{X}: x \geqslant g^{-1}(y)\}\end{aligned} \tag{2.1.9}$$

（减函数的情形下不等号为何反号？可借助图示来理解）而若 $g(x)$ 是增函数，则由式（2.1.4）还有

$$F_Y(y) = \int_{\{x \in \mathcal{X}: x \leqslant g^{-1}(y)\}} f_X(x)\mathrm{d}x = \int_{-\infty}^{g^{-1}(y)} f_X(x)\mathrm{d}x = F_X(g^{-1}(y))$$

若 $g(x)$ 是减函数，还有

$$F_Y(y) = \int_{g^{-1}(y)}^{\infty} f_X(x)\mathrm{d}x = 1 - F_X(g^{-1}(y))$$

其中第二个等号成立由 X 的连续性保证. 现在我们将上述结论总结为如下定理：

定理 2.1.3 设随机变量 X 的累积分布函数为 $F_X(x)$，令 $Y=g(X)$，$\mathcal{X}$ 和 $\mathcal{Y}$ 同定义（2.1.7），

a. 如果 g 是 $\mathcal{X}$ 上的增函数，则对任意 $y \in \mathcal{Y}$ 有 $F_Y(y)=F_X(g^{-1}(y))$；

b. 如果 g 是 $\mathcal{X}$ 上的减函数且 X 是连续随机变量，则对任意 $y \in \mathcal{Y}$ 有 $F_Y(y)=1-F_X(g^{-1}(y))$.

例 2.1.4（均匀分布与指数分布的联系-Ⅰ） 设 $X \sim f_X(x)$，其中 $f_X(x)$ 当 $0<x<1$ 时取 1 否则取 0，即 X 服从（0，1）区间上的**均匀分布**. 容易验证 $F_X(x)=x$，$0<x<1$. 现在做变换 $Y=g(x)=-\log x$. 由于

$$\frac{\mathrm{d}}{\mathrm{d}x}g(x)=\frac{\mathrm{d}}{\mathrm{d}x}(-\log x)=\frac{-1}{x}<0, \quad 0<x<1$$

故 $g(x)$ 是减函数. 注意，当 X 取遍（0，1）时，$-\log x$ 取遍 0 到 $+\infty$ 之间的任意值，即 $\mathcal{Y}=(0,+\infty)$. 对任意 $y>0$，$y=-\log x$ 表明 $x=\mathrm{e}^{-y}$，因而 $g^{-1}(y)=\mathrm{e}^{-y}$. 于是，对任意 $y>0$ 有

$$F_Y(y)=1-F_X(g^{-1}(y))=1-F_X(\mathrm{e}^{-y})=1-\mathrm{e}^{-y}(\text{因为 } F_X(x)=x)$$

显然 $y \leqslant 0$ 时有 $F_Y(y)<0$. 注意，本例中只需验证 $g(x)=-\log x$ 在 X 的支集（0，1）上单调. ‖

若 Y 的概率密度函数连续，则它可通过对累积分布函数求导得到. 这一结论由下列定理给出.

定理 2.1.5　设随机变量 X 的概率密度函数为 $f_X(x)$，令 $Y=g(X)$，其中 g 是单调函数，$\mathcal{X}$ 和 $\mathcal{Y}$ 同定义（2.1.7）．假定 $f_X(x)$ 是 $\mathcal{X}$ 上的连续函数，且 $g^{-1}(y)$ 在 y 上有连续导数，则 Y 的概率密度函数为

$$f_Y(y)=\begin{cases} f_X(g^{-1}(y))\left|\dfrac{\mathrm{d}}{\mathrm{d}y}g^{-1}(y)\right|, & \text{当 } y\in\mathcal{Y} \text{ 时} \\ 0, & \text{当 } y\notin\mathcal{Y} \text{ 时} \end{cases} \tag{2.1.10}$$

证明　根据定理 2.1.3 及链式法则，有

$$f_Y(y)=\frac{\mathrm{d}}{\mathrm{d}y}F_Y(y)=\begin{cases} f_X(g^{-1}(y))\dfrac{\mathrm{d}}{\mathrm{d}y}g^{-1}(y), & \text{若 } g \text{ 为增函数,} \\ -f_X(g^{-1}(y))\dfrac{\mathrm{d}}{\mathrm{d}y}g^{-1}(y), & \text{若 } g \text{ 为减函数.} \end{cases}$$

上式显然又可表示为式（2.1.10）．

□

例 2.1.6（逆伽玛概率密度函数）　设 $f_X(x)$ 为伽玛概率密度函数：

$$f(x)=\frac{1}{(n-1)!\ \beta^n}x^{n-1}\mathrm{e}^{-x/\beta},\quad 0<x<+\infty,$$

其中 β 是某大于零的常数，n 是一正整数．现在要求 $g(X)=\dfrac{1}{X}$ 的概率密度函数．注意，此时支集 $\mathcal{X}$ 和 $\mathcal{Y}$ 都是区间（0，$+\infty$）．若令 $y=g(x)$，则 $g^{-1}(y)=\dfrac{1}{y}$ 且 $\dfrac{\mathrm{d}}{\mathrm{d}y}g^{-1}(y)=\dfrac{-1}{y^2}$．根据上一定理，对任意 $y\in(0,+\infty)$ 有

$$\begin{aligned} f_Y(y)&=f_X(g^{-1}(y))\left|\frac{\mathrm{d}}{\mathrm{d}y}g^{-1}(y)\right| \\ &=\frac{1}{(n-1)!\ \beta^n}\left(\frac{1}{y}\right)^{n-1}\mathrm{e}^{-1/(\beta y)}\frac{1}{y^2} \\ &=\frac{1}{(n-1)!\ \beta^n}\left(\frac{1}{y}\right)^{n+1}\mathrm{e}^{-1/(\beta y)} \end{aligned}$$

这就得到逆伽玛概率密度函数的一个特例．‖

在许多实际应用中，函数 g 可能既不单调增也不单调减，所以上述结论不能成立．不过，g 通常在某些区间上单调，此时可以求出 $Y=g(X)$ 的概率分布（如果 g 在任意区间上都不单调，那问题就相当棘手了）．

例 2.1.7（平方变换）　设 X 为连续随机变量．对任意 $y>0$，$Y=X^2$ 的累积分布函数为：

$$F_Y(y)=P(Y\leqslant y)=P(X^2\leqslant y)=P(-\sqrt{y}\leqslant X\leqslant\sqrt{y})$$

由于 X 是连续随机变量，我们可将上式中区间的左端点抹去，得到

$$F_Y(y)=P(-\sqrt{y}<X\leqslant\sqrt{y})$$

$$=P(X\leqslant\sqrt{y})-P(X\leqslant-\sqrt{y})=F_X(\sqrt{y})-F_X(-\sqrt{y})$$

于是，Y 的概率密度函数可由其累积分布函数求导得到：

$$\begin{aligned}f_Y(y)&=\frac{\mathrm{d}}{\mathrm{d}y}F_Y(y)\\&=\frac{\mathrm{d}}{\mathrm{d}y}[F_X(\sqrt{y})-F_X(-\sqrt{y})]\\&=\frac{1}{2\sqrt{y}}f_X(\sqrt{y})+\frac{1}{2\sqrt{y}}f_X(-\sqrt{y})\end{aligned}$$

其中，对 $F_X(\sqrt{y})$ 和 $F_X(-\sqrt{y})$ 求导时我们运用了链式法则．故 Y 的概率密度函数为

(2.1.11)
$$f_Y(y)=\frac{1}{2\sqrt{y}}f_X(\sqrt{y})+\frac{1}{2\sqrt{y}}f_X(-\sqrt{y})$$

注意，式（2.1.11）将 Y 的概率密度函数表示为两部分之和，每一部分分别代表 $g(x)=x^2$ 的一个单调区间．这一结论可以推广到一般情形． ‖

定理 2.1.8 设随机变量 X 的概率密度函数为 $f_X(x)$，令 $Y=g(X)$，样本空间 χ 同定义（2.1.7）．假设存在 $\mathcal{X}$ 的一个划分 A_0，A_1，…，A_k，使得 $P(X\in A_0)=0$ 且 $f_X(x)$ 在每个 A_i 上都连续；此外，存在定义在 A_1，…，A_k 上的函数 $g_1(x)$，…，$g_k(x)$ 满足：

i. 对任意 $x\in A_i$，有 $g(x)=g_i(x)$；

ii. $g_i(x)$ 在 A_i 上单调；

iii. 对任意 $i=1$，…，k，集合 $\mathcal{Y}=\{y:存在\ x\in A_i\ 使\ y=g_i(x)\}$ 都相等；

iv. 对任意 $i=1$，…，k，$g_i^{-1}(y)$ 在 $\mathcal{Y}$ 上有连续导数．

则

$$f_Y(y)=\begin{cases}\sum\limits_{i=1}^{k}f_X(g_i^{-1}(y))\left|\dfrac{\mathrm{d}}{\mathrm{d}y}g_i^{-1}(y)\right|, & y\in\mathcal{Y}\\0, & y\notin\mathcal{Y}\end{cases}$$

定理 2.1.8 的关键在于 $\mathcal{X}$ 可以划分成集合 A_1，…，A_k，使得 $g(x)$ 在每个 A_i 上都单调．由于 $P(X\in A_0)=0$，我们可以忽略“额外集”A_0，这个技巧在处理区间端点时也经常用到．注意，每个 $g_i(x)$ 都是 A_i 到 $\mathcal{Y}$ 的一对一变换；$g_i^{-1}(y)$ 是 $\mathcal{Y}$ 到 A_i 的一对一变换，并且满足：对任意 $y\in\mathcal{Y}$，$x=g_i^{-1}(y)$ 是 $g_i(x)=y$ 在 A_i 中的唯一解（习题 2.7 给出了该定理的一个推广）．

例 2.1.9（正态分布与 χ^2 分布的联系） 设随机变量 X 具有标准正态分布（**standard normal distribution**）：

$$f(x)=\frac{1}{\sqrt{2\pi}}\mathrm{e}^{-x^2/2},\quad -\infty<x<+\infty$$

令 $Y=X^2$. 函数 $g(x)=x^2$ 在区间 $(-\infty,0)$ 和 $(0,\infty)$ 上均单调，且 Y 的样本空间为 $\mathcal{Y}=(0,\infty)$. 运用定理 2.1.8，令其中

$$A_0=\{0\};$$

$$A_1=(-\infty,0), g_1(x)=x^2, g_1^{-1}(y)=-\sqrt{y};$$

$$A_2=(0,+\infty), g_2(x)=x^2, g_2^{-1}(y)=\sqrt{y}.$$

则 Y 的概率密度函数为

$$f_Y(y)=\frac{1}{\sqrt{2\pi}}e^{-(-\sqrt{y})^2/2}\left|-\frac{1}{2\sqrt{y}}\right|+\frac{1}{\sqrt{2\pi}}e^{-(\sqrt{y})^2/2}\left|\frac{1}{2\sqrt{y}}\right|$$

$$=\frac{1}{\sqrt{2\pi}}\frac{1}{\sqrt{y}}e^{-y/2},\quad 0<y<+\infty$$

该函数是自由度为 1 的 χ^2 随机变量的概率密度函数. ‖

下面，我们以一个特殊且有用的变换结束本节.

定理 2.1.10（概率积分变换） 设随机变量 X 有连续累积分布函数 $F_X(x)$，令 $Y=F_X(X)$. 则 Y 服从 (0, 1) 上的均匀分布，即，$P(Y\leqslant y)=y$，$0<y<1$.

在证明定理之前，我们首先分析累积分布函数 F_X 的逆：F_X^{-1}. 如果函数 F_X 严格递增，则 F_X^{-1} 可以定义为：

(2.1.12)
$$F_X^{-1}(y)=x\Leftrightarrow F_X(x)=y$$

但若 F_X 在某区间上为常函数，则不可用式 (2.1.12) 定义 F_X^{-1}，如图 2.1.2，此时满足 $x_1\leqslant x\leqslant x_2$ 的任意 x 都满足 $F_X(x)=y$.

下面的定义则可以巧妙地避开上述问题：对任意 $0<y<1$，定义

(2.1.13)
$$F_X^{-1}(y)=\inf\{x:F_X(x)\geqslant y\}$$

显然，当 F_X 在任意区间上都非常函数时，上述定义与定义 (2.1.12) 一致；并且，即使 F_X 不是严格递增函数，该定义也能保证 F_X^{-1} 取值的唯一性. 根据定义 (2.1.13)，对于图 2.1.2b 有 $F_X^{-1}(y)=x_1$. 此外，定义 (2.1.13) 还可以定义 $F_X^{-1}(y)$ 在 y 值域端点 0，1 处的值：若对任意 x 有 $F_X(x)<1$，则 $F_X^{-1}(1)=+\infty$；对任意 F_X，有 $F_X^{-1}(0)=-\infty$.

定理 2.1.10 的证明 由 $Y=F_X(X)$，对任意 $0<y<1$，有

$$\begin{aligned}P(Y\leqslant y)&=P(F_X(X)\leqslant y)\\&=P(F_X^{-1}[F_X(X)]\leqslant F_X^{-1}(y))\text{（因为 }F_X^{-1}\text{ 是增函数）}\\&=P(X\leqslant F_X^{-1}(Y))\text{（理由见下文）}\\&=F_X(F_X^{-1}(y))\text{（根据 }F_X\text{ 的定义）}\\&=y.\text{（根据 }F_X\text{ 的连续性）}\end{aligned}$$

此外，当 $y\geqslant 1$ 时有 $P(Y\leqslant y)=1$，当 $y\leqslant 0$ 时有 $P(Y\leqslant y)=0$，故 Y 服从均匀分布.

下面我们分析等式

$$P(F_X^{-1}[F_X(X)]\leqslant F_X^{-1}(y))=P(X\leqslant F_X^{-1}(y))$$

成立的原因．如果 F_X 严格递增，则 $F_X^{-1}(F_X(x))=x$，上式显然成立（可参考图 2.1.2a）．而如果 F_X 在某区间上为常函数，则可能有 $F_X^{-1}(F_X(x))\neq x$．例如图 2.1.2b 中，对任意 $x\in[x_1,x_2]$都有 $F_X^{-1}(F_X(x))=x_1$．然而尽管如此，上面的等式依然成立，这是因为对任意 $x\in[x_1,x_2]$，有 $P(X\leqslant x)=P(X\leqslant x_1)$．事实上，累积分布函数曲线中的水平线段（即常函数部分）恰好对应着一个 0 概率区域($P(x_1\leqslant X\leqslant x)=F_X(x)-F_X(x_1)=0$)．

□

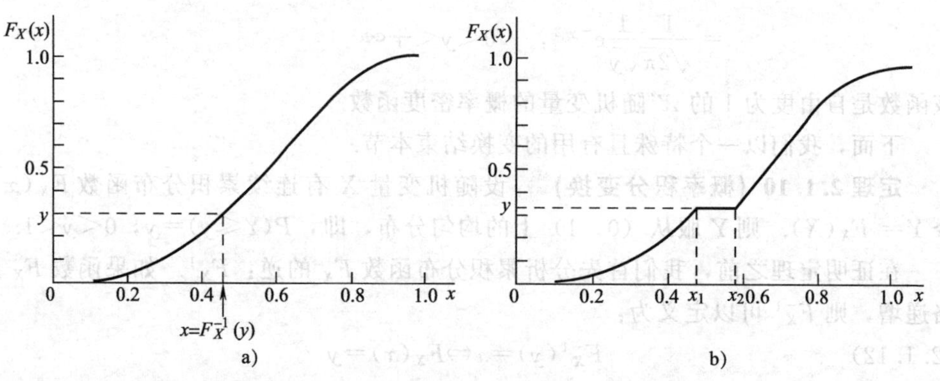

图 2.1.2　a) F_X 严格递增　b) F_X 单调递增

利用定理 2.1.10，我们可以根据给定的概率分布构造相应的随机样本．例如，为了构造总体的某个观测值 X 使之具有累积分布函数 F_X，我们只需构造 (0, 1) 上均匀分布的随机数 U，再从方程 $F_X(x)=U$ 中求解 x（除了这里给出的方法以外，对于许多概率分布存在其他一些构造观测值的方法，它们在计算机上执行起来甚至更快，但却不及这个方法应用广泛）．

2.2　期望

随机变量的期望值或称期望，就是随机变量的平均值——这里所谓的"平均值"是依概率分布做加权平均而求得的．对于一个概率分布，可以认为其期望就是该分布之中心的一个度量，就好比平均值通常被认为是中间值．我们根据概率分布为随机变量的不同取值赋以不同权重，依此得到随机变量观测值的期望，这个值就是该随机变量最具代表性的取值．

定义 2.2.1　随机变量 $g(X)$的**期望**（**expected value**）或**均值**（**mean**），记作 $\mathrm{E}g(X)$，定义为（假定下式中的积分或求和存在）：

$$\mathrm{E}g(X)=\begin{cases}\int_{-\infty}^{+\infty}g(x)f_X(x)\mathrm{d}x, & \text{若 } X \text{ 是连续随机变量}\\ \sum_{x\in\mathcal{X}}g(x)f_X(x)=\sum_{x\in\mathcal{X}}g(x)P(X=x), & \text{若 } X \text{ 是离散随机变量}\end{cases}$$

如果 $\mathrm{E}|g(X)|=+\infty$，则称 $\mathrm{E}g(X)$不存在（文献 Ross 1988 中将其称作“潜意识统计学家法则”，不过我们并不觉得它有趣）

例 2.2.2（指数期望） 设 X 服从**参数为** λ 的**指数分布**，即 X 的概率密度函数为：

$$f_X(x)=\frac{1}{\lambda}\mathrm{e}^{-x/\lambda},\quad 0\leqslant x<\infty,\lambda>0$$

则 $\mathrm{E}X$ 是

$$\begin{aligned}\mathrm{E}X&=\int_0^{+\infty}\frac{1}{\lambda}x\mathrm{e}^{-x/\lambda}\mathrm{d}x\\&=-x\mathrm{e}^{-x/\lambda}\Big|_0^{+\infty}+\int_0^{+\infty}\mathrm{e}^{-x/\lambda}\mathrm{d}x \qquad \text{（根据分部积分法）}\\&=\int_0^{+\infty}\mathrm{e}^{-x/\lambda}\mathrm{d}x=\lambda\end{aligned}$$

‖

例 2.2.3（二项期望） 设 X 服从**二项分布**，其概率质量函数为：

$$P(X=x)=\binom{n}{x}p^x(1-p)^{n-x},x=0,1,\cdots,n$$

其中 n 是正整数，$0\leqslant p\leqslant 1$，且对任意指定的 n 和 p 该函数全体取值之和等于 1. 二项随机变量的期望为：

$$\mathrm{E}X=\sum_{x=0}^{n}x\binom{n}{x}p^x(1-p)^{n-x}=\sum_{x=1}^{n}x\binom{n}{x}p^x(1-p)^{n-x}$$

（$x=0$ 对应的项为 0）. 利用等式 $x\binom{n}{x}=n\binom{n-1}{x-1}$，有

$$\begin{aligned}\mathrm{E}X&=\sum_{x=1}^{n}n\binom{n-1}{x-1}p^x(1-p)^{n-x}\\&=\sum_{y=0}^{n-1}n\binom{n-1}{y}p^{y+1}(1-p)^{n-(y+1)} \qquad \text{（做变量替换 } y=x-1\text{）}\\&=np\sum_{y=0}^{n-1}\binom{n-1}{y}p^y(1-p)^{n-1-y}\\&=np\end{aligned}$$

注意，上式中最后一个求和号是对参数为$(n-1,p)$的二项概率质量函数的全体取值求和，故结果为 1.

‖

例 2.2.4（Cauchy 期望） 随机变量不存在期望的一个经典的例子是 **Cauchy（柯西）随机变量**，其概率密度函数为：

$$f_X(x)=\frac{1}{\pi}\frac{1}{1+x^2}, \quad -\infty<x<+\infty$$

易证 $\int_{-\infty}^{+\infty} f_X(x)\mathrm{d}x = 1$. 但是 $E|X|=+\infty$. 事实上,

$$\mathrm{E}|X| = \int_{-\infty}^{+\infty} \frac{|x|}{\pi}\frac{1}{1+x^2}\mathrm{d}x = \frac{2}{\pi}\int_0^{+\infty}\frac{x}{1+x^2}\mathrm{d}x$$

而对任意正数 M,

$$\int_0^M \frac{x}{1+x^2}\mathrm{d}x = \frac{\log(1+x^2)}{2}\bigg|_0^M = \frac{\log(1+M^2)}{2}$$

于是,

$$\mathrm{E}|X| = \lim_{M\to+\infty}\frac{2}{\pi}\int_0^M\frac{x}{1+x^2}\mathrm{d}x = \frac{1}{\pi}\lim_{M\to+\infty}\log(1+M^2)=\infty,$$

故 EX 不存在. ‖

求期望的运算是线性运算，即 X 的线性函数的期望可以用下列方法统一求得：对任意常数 a，b,

(2.2.1) $$\mathrm{E}(aX+b)=a\mathrm{E}X+b$$

例如，如果 X 服从参数为 (n, p) 的二项分布，$\mathrm{E}X=np$，则

$$\mathrm{E}(X-np)=\mathrm{E}X-np=np-np=0$$

随机变量的期望有许多有助于简化计算的好的性质，其中大部分都依据积分或求和的性质而来，我们将其总结成下面的定理.

定理 2.2.5 设 X 为随机变量，a，b 和 c 为常数，$g_1(x)$，$g_2(x)$ 是两个存在期望的函数，则

a. $\mathrm{E}(ag_1(X)+bg_2(X)+c)=a\mathrm{E}g_1(X)+b\mathrm{E}g_2(X)+c$;

b. 若对任意 x 都有 $g_1(x)\geqslant 0$，则 $\mathrm{E}g_1(X)\geqslant 0$;

c. 若对任意 x 都有 $g_1(x)\geqslant g_2(x)$，则 $\mathrm{E}g_1(X)\geqslant \mathrm{E}g_2(X)$;

d. 若对任意 x 都有 $a\leqslant g_1(x)\leqslant b$，则 $a\leqslant \mathrm{E}g_1(X)\leqslant b$.

证明 我们假定 X 为连续随机变量，X 为离散随机变量时可类似证明. 根据期望的定义以及积分的可加性，有

$$\begin{aligned}&\mathrm{E}(ag_1(x)+bg_2(x)+c)\\&=\int_{-\infty}^{+\infty}(ag_1(x)+bg_2(x)+c)f_X(x)\mathrm{d}x\\&=\int_{-\infty}^{+\infty}ag_1(x)f_X(x)\mathrm{d}x+\int_{-\infty}^{+\infty}bg_2(x)f_X(x)\mathrm{d}x+\int_{-\infty}^{+\infty}cf_X(x)\mathrm{d}x\end{aligned}$$

注意 a，b 和 c 是常数，故可以提至各积分符号之外. 即得

$$\begin{aligned}&\mathrm{E}(ag_1(x)+bg_2(x)+c)\\&=a\int_{-\infty}^{+\infty}g_1(x)f_X(x)\mathrm{d}x+b\int_{-\infty}^{+\infty}g_2(x)f_X(x)\mathrm{d}x+c\int_{-\infty}^{+\infty}f_X(x)\mathrm{d}x\end{aligned}$$

$$= a\mathrm{E}g_1(x) + b\mathrm{E}g_2(x) + c$$

这就证得性质（a）. 其余三条性质可类似证明.

□

例 2.2.6（距离最小化） 现在讨论随机变量期望的另一个性质，此时我们将 $\mathrm{E}X$ 看成对 X 取值的一个估计.

以 $(X-b)^2$ 度量随机变量 X 与常数 b 之间的距离，则 b 越接近 X，这个量越小. 我们可以求出使 $\mathrm{E}(X-b)^2$ 最小的 b，b 的这个取值就是 X 的一个很好的估计（注意并非求使 $(X-b)^2$ 最小的 b，因此这样求得的 b 依赖于 X，对估计 X 毫无帮助）.

我们可以利用微积分知识求解 $\mathrm{E}(X-b)^2$ 的最小值问题，不过这里给出一种更简单的方法（习题 2.19 介绍了如何运用微积分知识求解该问题）. 由于 $\mathrm{E}X$ 具有很好的性质，我们做如下变换：

$$\begin{aligned}
&\mathrm{E}(X-b)^2 \\
&= \mathrm{E}(X-\mathrm{E}X+\mathrm{E}X-b)^2 && \text{（添加}\pm\mathrm{E}X\text{两项，不改变原式的值）} \\
&= \mathrm{E}((X-\mathrm{E}X)+(\mathrm{E}X-b))^2 && \text{（对项分组）} \\
&= \mathrm{E}(X-\mathrm{E}X)^2+(\mathrm{E}X-b)^2+2\mathrm{E}((X-\mathrm{E}X)(\mathrm{E}X-b)) && \text{（展开平方）}
\end{aligned}$$

注意，我们有

$$\mathrm{E}((X-\mathrm{E}X)(\mathrm{E}X-b)) = (\mathrm{E}X-b)\mathrm{E}(X-\mathrm{E}X) = 0$$

这是因为 $(\mathrm{E}X-b)$ 是常数，从而可以提至期望运算之外，此外还有 $\mathrm{E}(X-\mathrm{E}X)=\mathrm{E}X-\mathrm{E}X=0$. 于是，有

$$\mathrm{E}(X-b)^2 = \mathrm{E}(X-\mathrm{E}X)^2 + (\mathrm{E}X-b)^2 \tag{2.2.2}$$

显然，b 不影响式（2.2.2）右端第一项的取值；而其第二项的取值恒大于等于 0，并且当 $b=\mathrm{E}X$ 时取值为 0. 故

$$\min_b \mathrm{E}(X-b)^2 = \mathrm{E}(X-\mathrm{E}X)^2 \tag{2.2.3}$$

关于中位数也有一个类似的结论，见习题 2.18. ‖

对于 X 的非线性函数的期望，我们有两种求法：一是根据 $\mathrm{E}g(X)$ 的定义，直接计算

$$\mathrm{E}g(X) = \int_{-\infty}^{+\infty} g(x) f_X(x)\,\mathrm{d}x \tag{2.2.4}$$

此外，也可以先求 $Y=g(X)$ 的概率密度函数 $f_Y(y)$，再计算

$$\mathrm{E}g(X) = \mathrm{E}Y = \int_{-\infty}^{+\infty} y f_Y(y)\,\mathrm{d}y \tag{2.2.5}$$

例 2.2.7（均匀分布与指数分布的联系-Ⅱ） 设随机变量 X 服从区间（0，1）上的均匀分布，即 X 的概率密度函数为：

$$f_X(x) = \begin{cases} 1, & x \in (0,1) \\ 0, & x \notin (0,1) \end{cases}$$

定义新的随机变量 $g(X)=-\log X$，则

$$\mathrm{E}g(X)=\mathrm{E}(-\log X)=\int_0^1-\log x\mathrm{d}x=x-x\log x\Big|_0^1=1$$

事实上，由例 2.1.4 知 $Y=-\log X$ 的累积分布函数为 $1-\mathrm{e}^{-y}$，从而其概率密度函数为 $f_Y(y)=\frac{\mathrm{d}}{\mathrm{d}y}(1-\mathrm{e}^{-y})=\mathrm{e}^{y}$，$0<y<\infty$，显然是指数型概率密度函数当参数 $\lambda=1$ 时的特例. 于是根据例 2.2.2 也可得 $\mathrm{E}Y=1$. ‖

2.3 矩和矩母函数

概率分布的矩是一类重要的期望.

定义 2.3.1 对任意整数 n，X（或 $F_X(x)$）的 n **阶矩**（**nth moment**），记作 μ'_n，定义为：

$$\mu'_n=\mathrm{E}X^n$$

X 的 n **阶中心矩**（**nth central moment**），记作 μ_n，定义为：

$$\mu_n=\mathrm{E}(X-\mu)^n$$

其中 $\mu=\mu'_1=\mathrm{E}X$.

对于随机变量 X 来说，除期望 $\mathrm{E}X$ 以外最重要的矩莫过于二次中心矩，这个矩又常称作方差.

定义 2.3.2 随机变量 X 的二阶中心矩称作 X 的**方差**（**variance**），记作 $\mathrm{Var}X=\mathrm{E}(X-\mathrm{E}X)^2$. $\mathrm{Var}X$ 的正平方根称作 X 的**标准差**（**standard deviation**）.

方差以其期望为基点度量了随机变量的分散度. 在例 2.2.6 中我们已知：当 $b=\mathrm{E}X$ 时 $\mathrm{E}(X-b)^2$ 取到最小值，现在考察该最小值的大小. 事实上根据方差的定义，方差越大意味着 X 的取值浮动性越大；特别地，若 $\mathrm{Var}X=\mathrm{E}(X-\mathrm{E}X)^2=0$，则 X 等于 $\mathrm{E}X$ 的概率为 1，故 X 的取值恒定不变. 标准差的大小也有类似的解释：标准差越小表明 X 越接近 $\mathrm{E}X$，标准差越大表明 X 的取值浮动性越大. 由于标准差的单位与随机变量的单位相同，而方差的单位是其平方，所以我们通常使用标准差度量 X 以 $\mathrm{E}X$ 为基点的分散度.

例 2.3.3（指数方差） 设 X 同例 2.2.2，服从参数为 λ 的指数分布. 例 2.2.2 中已求得 $\mathrm{E}X=\lambda$，现在计算 X 的方差：

$$\begin{aligned}\mathrm{Var}X=\mathrm{E}(X-\lambda)^2&=\int_0^{+\infty}(x-\lambda)^2\frac{1}{\lambda}\mathrm{e}^{-x/\lambda}\mathrm{d}x\\&=\int_0^{+\infty}(x^2-2x\lambda+\lambda^2)\frac{1}{\lambda}\mathrm{e}^{-x/\lambda}\mathrm{d}x\end{aligned}$$

为计算上述积分，我们可以分别对每一项进行积分，并对包含 x 或 x^2 的项应用分部积分法. 最后的结果为 $\mathrm{Var}X=\lambda^2$. ‖

由上例可见指数分布的方差与参数 λ 有关. 图 2.3.1 绘出了对应于不同 λ 值的几种指数分布，从图像上易见 λ 值越小，则随机变量的分布与其期望的集中度越高. 指数分布的方差作为 λ 的函数，其性质可以推广至下面的定理.

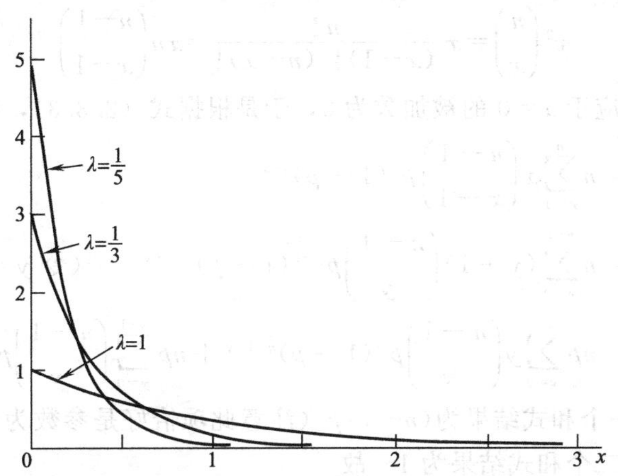

图 2.3.1 参数为 $\lambda=1$，$\frac{1}{3}$，$\frac{1}{5}$ 的指数型概率密度函数

定理 2.3.4 设 X 是一随机变量且其方差有限，则对任意常数 a，b，有：

$$\mathrm{Var}(aX+b)=a^2\mathrm{Var}X$$

证明 根据定义，有

$$\begin{aligned}\mathrm{Var}(aX+b)&=\mathrm{E}((aX+b)-\mathrm{E}(aX+b))^2\\&=\mathrm{E}(aX-a\mathrm{E}X)^2\qquad(\mathrm{E}(aX+b)=a\mathrm{E}X+b)\\&=a^2\mathrm{E}(X-\mathrm{E}X)^2\\&=a^2\mathrm{Var}X\end{aligned}$$

□

有时利用方差的下列替代公式可以简化计算：

(2.3.1) $$\mathrm{Var}X=\mathrm{E}X^2-(\mathrm{E}X)^2$$

该式可由下述过程推导得出：

$$\begin{aligned}\mathrm{Var}X&=\mathrm{E}(X-\mathrm{E}X)^2=\mathrm{E}[X^2-2X\mathrm{E}X+(\mathrm{E}X)^2]\\&=\mathrm{E}X^2-2(\mathrm{E}X)^2+(\mathrm{E}X)^2\\&=\mathrm{E}X^2-(\mathrm{E}X)^2\end{aligned}$$

其中利用了 $\mathrm{E}(X\mathrm{E}X)=(\mathrm{E}X)(\mathrm{E}X)=(\mathrm{E}X)^2$ 的事实（因为 $\mathrm{E}X$ 是常数). 现在我们讨论离散分布下如何计算矩.

例 2.3.5（二项方差） 设 X 服从参数为 (n,p) 的二项分布，即：

$$P(X=x)=\binom{n}{x}p^x(1-p)^{n-x},\quad x=0,1,\cdots,n$$

已知 $\mathrm{E}X=np$. 现在计算 $\mathrm{Var}X$，我们先求 $\mathrm{E}X^2$. 事实上，我们有

(2.3.2) $$\mathrm{E}X^2=\sum_{x=0}^{n}x^2\binom{n}{x}p^x(1-p)^{n-x}$$

为求上述级数之和，仿照（例 2.2.3）求 EX 时对二项式系数的处理，有

(2.3.3) $$x^2\binom{n}{x}=x\frac{n!}{(x-1)!\ (n-x)!}=xn\binom{n-1}{x-1}$$

式（2.3.2）中对应于 $x=0$ 的被加数为 0，于是根据式（2.3.3），有

$$\begin{aligned}\mathrm{E}X^2&=n\sum_{x=1}^{n}x\binom{n-1}{x-1}p^x(1-p)^{n-x}\\&=n\sum_{y=0}^{n-1}(y+1)\binom{n-1}{y}p^{y+1}(1-p)^{n-1-y}\qquad（令\ y=x-1）\\&=np\sum_{y=0}^{n-1}y\binom{n-1}{y}p^y(1-p)^{n-1-y}+np\sum_{y=0}^{n-1}\binom{n-1}{y}p^y(1-p)^{n-1-y}\end{aligned}$$

易见上式右端第一个和式结果为$(n-1)p$（注意此项恰好是参数为$(n-1,p)$的二项分布的期望)，第二个和式结果为 1. 故

(2.3.4) $$\mathrm{E}X^2=n(n-1)p^2+np$$

再由式（2.3.1），即得

$$\mathrm{Var}X=n(n-1)p^2+np-(np)^2=-np^2+np=np(1-p)\qquad\|$$

高阶矩的计算方法与方差类似，不过常常要利用更多的数学技巧和方法. 3 阶矩和 4 阶矩在实际应用中有时还有意义，但更高阶矩在统计学中就几乎没有考察的必要了.

下面我们介绍一类与概率分布有关的新的函数——**矩母函数**. 顾名思义，矩母函数可以用于求矩，不过在大多数情形下直接计算矩比用矩母函数计算更为简单. 事实上，矩母函数的主要用处不在于求矩，而是它能够唯一地确定概率分布——如果使用得当，这个性质将非常有用.

定义 2.3.6 设随机变量 X 的累积分布函数为 F_X. X（或 F_X）的**矩母函数**(**moment generating function**，简记为 **mgf**)，记作 $M_X(t)$，定义为：

$$M_X(t)=\mathrm{E}e^{tX}$$

这里假定当 t 在 0 的某邻域内时上式中的期望存在，即，存在 $h>0$ 使得对任意 $-h<t<h$，Ee^{tX} 都存在. 如果在 0 的任意邻域内该期望都不存在，则称矩母函数不存在.

我们可以将 X 的矩母函数更准确地表示为：

$$M_X(t)=\int_{-\infty}^{+\infty}e^{tx}f_X(x)\mathrm{d}x,\text{如果 } X \text{ 是连续随机变量}$$

或

$$M_X(t)=\sum_x e^{tx}P(X=x),\text{如果 } X \text{ 是离散随机变量}$$

利用矩母函数计算矩的方法很简单，我们将其总结为下面的定理.

定理 2.3.7　设 X 的矩母函数为 $M_X(t)$，则

$$\mathrm{E}X^n = M_X^{(n)}(0)$$

其中，

$$M_X^{(n)}(0) = \left.\frac{\mathrm{d}^n}{\mathrm{d}t^n} M_X(t)\right|_{t=0}$$

即，X 的 n 阶矩等于 $M_X(t)$ 在 $t=0$ 处的 n 阶导数.

证明　假设可以将求导运算提至积分符号内（见下一节），则有

$$\begin{aligned}\frac{\mathrm{d}}{\mathrm{d}t} M_X(t) &= \frac{\mathrm{d}}{\mathrm{d}t}\int_{-\infty}^{+\infty} \mathrm{e}^{tx} f_X(x)\,\mathrm{d}x \\ &= \int_{-\infty}^{+\infty} \left(\frac{\mathrm{d}}{\mathrm{d}t}\mathrm{e}^{tx}\right) f_X(x)\,\mathrm{d}x \\ &= \int_{-\infty}^{+\infty} (x\mathrm{e}^{tx}) f_X(x)\,\mathrm{d}x \\ &= \mathrm{E}X\mathrm{e}^{tX}\end{aligned}$$

故

$$\left.\frac{\mathrm{d}}{\mathrm{d}t} M_X(t)\right|_{t=0} = \mathrm{E}X\mathrm{e}^{tX}\,|_{t=0} = \mathrm{E}X$$

同理可证

$$\left.\frac{\mathrm{d}^n}{\mathrm{d}t^n} M_X(t)\right|_{t=0} = \mathrm{E}X^n \mathrm{e}^{tX}\,|_{t=0} = \mathrm{E}X^n$$

□

例 2.3.8（伽玛矩母函数）　例 2.1.6 中给出了伽玛概率密度函数的一个特例，一般的**伽玛**概率密度函数形如：

$$f(x) = \frac{1}{\Gamma(\alpha)\beta^\alpha} x^{\alpha-1}\mathrm{e}^{-x/\beta}, \quad 0<x<\infty, \alpha>0, \beta>0$$

其中 $\Gamma(\alpha)$ 为 Γ（伽玛）函数，其性质将在 3.3 节中给出. 对应的矩母函数为

$$\begin{aligned}M_X(t) &= \frac{1}{\Gamma(\alpha)\beta^\alpha}\int_0^{+\infty} \mathrm{e}^{tx} x^{\alpha-1}\mathrm{e}^{-x/\beta}\,\mathrm{d}x \\ &= \frac{1}{\Gamma(\alpha)\beta^\alpha}\int_0^{+\infty} x^{\alpha-1}\mathrm{e}^{-\left(\frac{1}{\beta}-t\right)x}\,\mathrm{d}x \qquad (2.3.5) \\ &= \frac{1}{\Gamma(\alpha)\beta^\alpha}\int_0^{+\infty} x^{\alpha-1}\mathrm{e}^{-x/\left(\frac{\beta}{1-\beta t}\right)}\,\mathrm{d}x\end{aligned}$$

式（2.3.5）的被积函数显然是另一个伽玛概率密度函数的核（所谓核，是指忽略函数中常量后余下的主体部分）. 现在利用一个重要的事实：对任意大于 0 的常数 a，b，

$$f(x) = \frac{1}{\Gamma(a)b^a} x^{a-1}\mathrm{e}^{-x/b}$$

都是某随机变量的概率密度函数，于是

$$\int_0^{+\infty}\frac{1}{\Gamma(a)b^a}x^{a-1}\mathrm{e}^{-x/b}\mathrm{d}x=1$$

亦即

$$\int_0^{+\infty}x^{a-1}\mathrm{e}^{-x/b}\mathrm{d}x=\Gamma(a)b^a \tag{2.3.6}$$

将式（2.3.6）代入式（2.3.5），即得：当 $t<1/\beta$ 时，有

$$M_X(t)=\frac{1}{\Gamma(\alpha)\beta^\alpha}\Gamma(\alpha)\left(\frac{\beta}{1-\beta t}\right)^\alpha=\left(\frac{1}{1-\beta t}\right)^\alpha$$

当 $t\geqslant 1/\beta$ 时，式（2.3.5）被积函数中的 $(1/\beta)-t$ 小于等于零，因而式（2.3.6）的积分结果为无穷. 所以，仅当 $t<1/\beta$ 时伽玛分布存在矩母函数.

伽玛分布的期望为

$$\mathrm{E}X=\frac{\mathrm{d}}{\mathrm{d}t}M_X(t)\bigg|_{t=0}=\frac{\alpha\beta}{(1-\beta t)^{\alpha+1}}\bigg|_{t=0}=\alpha\beta$$

其他的矩可以类似求得. ‖

例 2.3.9（二项矩母函数） 作为求矩母函数的第二个例子，我们考察一个离散分布：二项分布. 参数为 $(n,\ p)$ 的二项概率质量函数由式（2.1.3）给出，故

$$M_X(t)=\sum_{x=0}^{n}\mathrm{e}^{tx}\binom{n}{x}p^x(1-p)^{n-x}=\sum_{x=0}^{n}\binom{n}{x}(p\mathrm{e}^t)^x(1-p)^{n-x}$$

根据二项式定理（定理 3.2.2）：

$$\sum_{x=0}^{n}\binom{n}{x}u^xv^{n-x}=(u+v)^n \tag{2.3.7}$$

令其中 $u=p\mathrm{e}^t$，$v=1-p$，则有

$$M_X(t)=[p\mathrm{e}^t+(1-p)]^n$$

‖

如前文所言，矩母函数的主要作用并不是求矩，而在于在大多数情况下它能够唯一地确定概率分布. 与此相对照，下面我们将说明仅凭矩则无法确定概率分布.

矩母函数如果存在，则必然确定了全部（无穷多个）矩. 那么一个很自然的问题是：确定了全部（无穷多个）矩是否意味着能够唯一地确定概率分布？很遗憾，答案是否定的，这是因为存在两个不同分布的随机变量，它们具有完全相同的矩.

例 2.3.10（矩的不唯一性） 考察下面两个概率密度函数（其中 f_1 是对数正态概率密度函数）：

$$f_1(x)=\frac{1}{\sqrt{2\pi}x}\mathrm{e}^{-(\log x)^2/2}\quad 0\leqslant x<+\infty$$

$$f_2(x)=f_1(x)[1+\sin(2\pi\log x)]\quad 0\leqslant x<+\infty$$

可以证明，若 $X_1\sim f_1(x)$，则

$$\mathrm{E}X_1^r=\mathrm{e}^{r^2/2},\quad r=0,1,\cdots$$

故 X_1 的任意阶矩都存在. 又令 $X_2 \sim f_2(x)$，则

$$\begin{aligned} \mathrm{E}X_2^r &= \int_0^{+\infty} x^r f_1(x)[1+\sin(2\pi\log x)]\mathrm{d}x \\ &= \mathrm{E}X_1^r + \int_0^{+\infty} x^r f_1(x)\sin(2\pi\log x)\mathrm{d}x \end{aligned}$$

做变量替换 $y=\log x-r$，可将上式最后的积分变成奇函数在 $(-\infty, +\infty)$ 区间上的积分，故对 $r=0, 1, \cdots$ 该积分都得 0. 于是，尽管 X_1 和 X_2 有不同的概率密度函数，对任意 r，它们的 r 阶矩都相同. X_1 和 X_2 的概率密度函数见图 2.3.2.

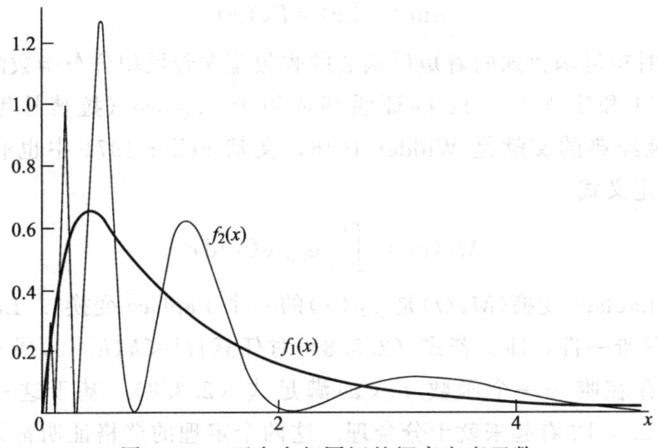

图 2.3.2 两个有相同矩的概率密度函数：

$f_1(x)=\dfrac{1}{\sqrt{2\pi}x}\mathrm{e}^{-(\log x)^2/2}$ 和 $f_2(x)=f_1(x)[1+\sin(2\pi\log x)]$

本例中略去的细节见习题 2.35，关于矩母函数与概率分布的更多内容则可参考习题 2.34，习题 2.36 和习题 2.37. ‖

当随机变量的支撑集有界时，矩的不唯一性问题就不存在. 事实上，此时全部（无穷多个）矩能够唯一地确定概率分布（见文献 Billingsley 1995 第 30 节）. 而若 0 的邻域内存在矩母函数，则不论随机变量支撑集是否有界，概率分布都被唯一地确定，这就说明矩的存在性与矩母函数的存在性两者并不等价. 我们将以上讨论总结为下面的定理，它列举了概率分布被唯一确定的条件.

定理 2.3.11 设 $F_X(x)$，$F_Y(y)$ 是两个累积分布函数，且其对应的全部矩都存在.

a. 如果 X 和 Y 的支集有界，则对任意 u 有 $F_X(u)=F_Y(u)$ 当且仅当对任意整数 $r=0, 1, 2, \cdots$ 都有 $\mathrm{E}X^r=\mathrm{E}Y^r$；

b. 如果 X 和 Y 的矩母函数都存在，并且对 0 的某邻域内的任意 t，都有 $M_X(t)=M_Y(t)$，则对任意 u 有 $F_X(u)=F_Y(u)$.

下面的定理考察了一列矩母函数的收敛性，其中未将有界支集的情形单列. 注

意，如果 0 的邻域内存在极限矩母函数，则自动就有矩序列的唯一性（见杂录 2.6.1）.

定理 2.3.12（矩母函数的收敛） 设 $\{X_i, i=1, 2, \cdots\}$ 是一列随机变量，对应的矩母函数为 $M_{X_i}(t)$. 若存在 0 的某邻域，使得对该邻域内的任意 t，都有

$$\lim_{i\to+\infty} M_{X_i}(t)=M_X(t)$$

其中 $M_X(t)$也是矩母函数，则存在唯一一个累积分布函数 F_X，其对应的矩由 $M_X(t)$ 确定，并且对使 $F_X(x)$连续的任意 x，有

$$\lim_{i\to+\infty} F_{X_i}(x)=F_X(x)$$

即，$|t|<h$ 时矩母函数列向着矩母函数的收敛蕴含着累积分布函数的收敛.

定理 2.3.11 和定理 2.3.12 的证明都依赖于 Laplace（**拉普拉斯**）变换理论（关于该理论最经典的文献是 Widder 1946，文献 Feller 1971 中也有很全面的介绍）. $M_X(t)$的定义式

(2.3.8) $$M_X(t)=\int_{-\infty}^{+\infty} e^{tx} f_X(x)dx$$

就定义了一个 Laplace 变换($M_X(t)$是 $f_X(x)$的一个 Laplace 变换). Laplace 变换的一个重要性质是唯一性，即：若式（2.3.8）对任意$|t|<h(h>0)$成立，则对于给定的 $M_X(t)$只存在唯一一个函数 $f_X(x)$满足式（2.3.8）. 基于这一事实，定理 2.3.11 和定理 2.3.12 看起来就十分合理. 这两个定理的严格证明都是技术性的工作，无助于我们深入理解概念，所以尽管证明本身并未超出本书的范围，我们还是略去.

矩序列有可能不唯一，这一点让我们很困扰：因为即便我们知道一列矩收敛，我们也无法断定对应的随机变量收敛. 要证明收敛性我们应该证明矩序列的唯一性，然而这却是项极其困难的工作（见杂录 2.6.1）. 不过，如果矩母函数列在 0 的邻域内收敛，则随机变量必定收敛. 因此，矩母函数列的收敛性是随机变量列收敛的一个充分、但非必要条件.

例 2.3.13（Poisson 近似） 初等统计学课程中经常会讲授下面的事实：二项概率（见例 2.3.5）可以利用 Poisson（**泊松**）概率来近似，后者在计算上简单得多. 二项分布由两个参数 n 和 p 确定，"当 n 很大、np 很小时" Poisson 近似是可靠的，并且对于 n 和 np 的大小的判断还有一些经验规则.

参数为 λ 的 Poisson 概率质量函数为：

$$P(X=x)=\frac{e^{-\lambda}\lambda^x}{x!}, \quad x=0,1,2,\cdots$$

其中 λ 是大于 0 的常数. 若令 $X\sim$参数为(n,p)的二项分布，$Y\sim$参数为 λ 的 Poisson 分布，且 $\lambda=np$，则该近似可以表示为：当 n 很大、np 很小时，有

(2.3.9) $$P(X=x)\approx P(Y=x)$$

下面我们证明矩母函数收敛，从而验证该近似是可靠的. 对于参数为 (n,p) 的二项分布，我们已知

(2.3.10) $$M_X(t)=[pe^t+(1-p)]^n$$

对于参数为 λ 的 Poisson 分布，我们求得（见习题 2.33）

$$M_Y(t)=e^{\lambda(e^t-1)}$$

若令 $p=\lambda/n$，则当 $n\to+\infty$ 时有 $M_X(t)\to M_Y(t)$. 再由定理 2.3.12 即可保证式 (2.3.9) 中近似的可靠性.

至此，我们不得已稍稍离题，补充一个统计学中应用广泛的关于极限的重要结论，其证明在许多标准的微积分教材中都能找到.

引理 2.3.14 设 a_1，a_2，…是一列收敛于 a 的数，即 $\lim\limits_{n\to+\infty}a_n=a$，则

$$\lim_{n\to+\infty}\left(1+\frac{a_n}{n}\right)^n=e^a$$

现在回到例中去，由 $\lambda=np$ 有

$$M_X(t)=[pe^t+(1-p)]^n=\left[1+\frac{1}{n}(e^t-1)(np)\right]^n=\left[1+\frac{1}{n}(e^t-1)\lambda\right]^n$$

令 $a_n=a=(e^t-1)\lambda$，根据引理 2.3.14，得

$$\lim_{n\to+\infty}M_X(t)=e^{\lambda(e^t-1)}=M_Y(t)$$

后者即为 Poisson 分布的矩母函数.

即便对于中等大小的 p 和 n，Poisson 近似也可能有很好的近似程度. 图 2.3.3 给出了一个二项概率质量函数及其 Poisson 近似（其中 $\lambda=np$），近似的程度十分令人满意. ‖

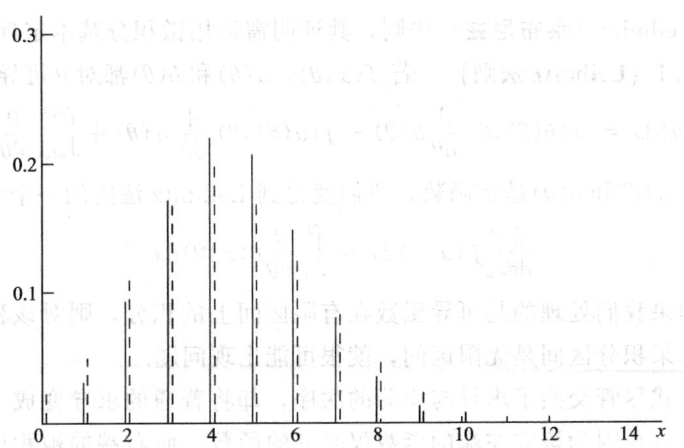

图 2.3.3 二项分布（实线）的 Poisson 近似（虚线），其中 $n=15$，$p=0.3$

最后，我们以矩母函数的一个非常有用的结论结束本节.

定理 2.3.15 对任意常数 a，b，随机变量 $aX+b$ 的矩母函数为

$$M_{aX+b}(t)=\mathrm{e}^{bt}M_X(at)$$

证明 由定义，有

$$\begin{aligned}M_{aX+b}(t)&=\mathrm{E}(\mathrm{e}^{(aX+b)t})\\&=\mathrm{E}(\mathrm{e}^{(aX)t}\mathrm{e}^{bt}) &&（根据指数的性质）\\&=\mathrm{e}^{bt}\mathrm{E}(\mathrm{e}^{(at)X}) &&（因为 \mathrm{e}^{bt} 是常数）\\&=\mathrm{e}^{bt}M_X(at) &&（根据矩母函数的定义）\end{aligned}$$

定理得证.

□

2.4 积分号下的求导

在上一节一处定理证明中，我们希望能够交换积分与求导的次序. 事实上，理论统计学中经常会遇到这样的情形. 本节试图给出这两种运算可交换的一些条件，此外还将讨论求导和求和运算次序的交换.

积分与求导运算可交换的条件大都能由微积分的基本定理推得，其详细证明可从微积分教材中找到，此处略去.

我们首先讨论如何计算

(2.4.1) $$\frac{\mathrm{d}}{\mathrm{d}\theta}\int_{a(\theta)}^{b(\theta)}f(x,\theta)\mathrm{d}x$$

其中对任意 θ 都有 $-\infty<a(\theta)$，$b(\theta)<+\infty$. 下面的定理给出了式（2.4.1）的求导法则，称为 Leibnitz（**莱布尼兹**）法则，其证明需运用微积分基本定理及链式法则.

定理 2.4.1（Leibnitz 法则） 若 $f(x,\theta)$，$a(\theta)$ 和 $b(\theta)$ 都对 θ 可导，则

$$\frac{\mathrm{d}}{\mathrm{d}\theta}\int_{a(\theta)}^{b(\theta)}f(x,\theta)\mathrm{d}x=f(b(\theta),\theta)\frac{\mathrm{d}}{\mathrm{d}\theta}b(\theta)-f(a(\theta),\theta)\frac{\mathrm{d}}{\mathrm{d}\theta}a(\theta)+\int_{a(\theta)}^{b(\theta)}\frac{\partial}{\partial\theta}f(x,\theta)\mathrm{d}x$$

注意，若 $a(\theta)$ 和 $b(\theta)$ 是常函数，我们就得到 Leibnitz 法则的一个特例：

$$\frac{\mathrm{d}}{\mathrm{d}\theta}\int_a^b f(x,\theta)\mathrm{d}x=\int_a^b\frac{\partial}{\partial\theta}f(x,\theta)\mathrm{d}x$$

因此，一般如果我们处理的是可导函数在有限区间上的积分，则对该积分求导就很简单. 不过如果积分区间是无限区间，就很可能出现问题.

注意，上式尽管交换了求导与积分的次序，却将普通的求导变成了求偏导. 事实确实如此，这是因为该式左端的函数仅是 θ 的函数，而右端的被积函数则是 θ 和 x 的函数.

由于求导是一种特殊的极限运算，所以求导与积分运算次序是否可交换，本质上是极限与积分运算次序是否可交换. 回忆导数的定义，若 $f(x,\theta)$ 对 θ 可导，则有

$$\frac{\partial}{\partial\theta}f(x,\theta)=\lim_{\delta\to 0}\frac{f(x,\theta+\delta)-f(x,\theta)}{\delta}$$

于是

$$\int_{-\infty}^{+\infty}\frac{\partial}{\partial\theta}f(x,\theta)\mathrm{d}x=\int_{-\infty}^{+\infty}\lim_{\delta\to 0}\left[\frac{f(x,\theta+\delta)-f(x,\theta)}{\delta}\right]\mathrm{d}x$$

而

$$\frac{\mathrm{d}}{\mathrm{d}\theta}\int_{-\infty}^{+\infty}f(x,\theta)\mathrm{d}x=\lim_{\delta\to 0}\int_{-\infty}^{+\infty}\left[\frac{f(x,\theta+\delta)-f(x,\theta)}{\delta}\right]\mathrm{d}x$$

因此，只要证明极限与积分运算可交换，我们就可以将求导运算提至积分号内部. 不过，彻底解决这个问题必须用到测度论，超出了本书的范围. 这里我们直接假定几个重要的结论，它们都是 Lebesgue（**勒贝格**）控制收敛定理（见 Rudin 1976）的推论.

定理 2.4.2　假设对任意 x，函数 $h(x,y)$ 在 y_0 处都连续，并且存在函数 $g(x)$ 满足：

i. 对任意 x，y 有 $|h(x,y)|\leqslant g(x)$；

ii. $\int_{-\infty}^{+\infty}g(x)\mathrm{d}x<+\infty$.

则

$$\lim_{y\to y_0}\int_{-\infty}^{+\infty}h(x,y)\mathrm{d}x=\int_{-\infty}^{+\infty}\lim_{y\to y_0}h(x,y)\mathrm{d}x$$

上述定理的关键条件是控制函数 $g(x)$ 存在且有有限积分，这就保证了所讨论的积分有意义. 为解决前面遗留的问题，现在令差商 $(f(x,\theta+\delta)-f(x,\theta))/\delta$ 为 $h(x,y)$.

定理 2.4.3　设 $f(x,\theta)$ 在 $\theta=\theta_0$ 处可导，即对任意 x，

$$\lim_{\delta\to 0}\frac{f(x,\theta_0+\delta)-f(x,\theta_0)}{\delta}=\frac{\partial}{\partial\theta}f(x,\theta)\bigg|_{\theta=\theta_0}$$

都存在，并且存在函数 $g(x,\theta_0)$ 及常数 $\delta_0>0$，使得

i. 对任意 x 以及 $|\delta|\leqslant\delta_0$ 有 $\left|\frac{f(x,\theta_0+\delta)-f(x,\theta_0)}{\delta}\right|\leqslant g(x,\theta_0)$；

ii. $\int_{-\infty}^{+\infty}g(x,\theta_0)\mathrm{d}x<+\infty$.

则

$$\frac{\mathrm{d}}{\mathrm{d}\theta}\int_{-\infty}^{+\infty}f(x,\theta)\mathrm{d}x\bigg|_{\theta=\theta_0}=\int_{-\infty}^{+\infty}\left[\frac{\partial}{\partial\theta}f(x,\theta)\bigg|_{\theta=\theta_0}\right]\mathrm{d}x\tag{2.4.2}$$

定理的条件（i）类似于 Lipschitz（**利普西茨**）条件（保证函数光滑的条件），它给出了一阶导函数的界，当然，我们也可以通过给出一阶导函数的常数界（而非函数 g），或者二阶导函数的界来约束函数的光滑性.

定理 2.4.3 的结论略显繁杂，但必须注意：尽管我们把 θ 看成变量，定理的结论却只针对 θ 的某个确定的值，即，对于使得在 $f(x,\theta)$ 在 θ_0 处可导且满足条件 (i)，(ii) 的 θ_0，积分与求导的次序才可交换. 我们常常忽略 θ 与 θ_0 之间的差别，将式 (2.4.2) 写作

$$\frac{\mathrm{d}}{\mathrm{d}\theta}\int_{-\infty}^{+\infty} f(x,\theta)\mathrm{d}x = \int_{-\infty}^{+\infty} \frac{\partial}{\partial\theta} f(x,\theta)\mathrm{d}x \tag{2.4.3}$$

一种最常见的情形是 $f(x,\theta)$ 在任意的 θ（而不仅仅是某个 θ_0）处都可导. 此时，定理 2.4.3 的条件 (i) 可以用另一个更易验证的条件替代. 根据微分中值定理，对于给定的 x，θ_0 以及 $|\delta|\leqslant\delta_0$，存在某数 $\delta^*(x)$，使得 $|\delta^*(x)|\leqslant\delta_0$，并且

$$\frac{f(x,\theta_0+\delta)-f(x,\theta_0)}{\delta}=\frac{\partial}{\partial\theta}f(x,\theta)\bigg|_{\theta=\theta_0+\delta^*(x)}$$

因此，如果我们找到的 $g(x,\theta)$ 满足条件 (ii)，且对任意满足 $|\theta'-\theta|\leqslant\delta_0$ 的 θ' 有

$$\left|\frac{\partial}{\partial\theta}f(x,\theta)\bigg|_{\theta=\theta'}\right|\leqslant g(x,\theta) \tag{2.4.4}$$

则 $g(x,\theta)$ 自然也满足条件 (i). 注意，式 (2.4.4) 以及定理 2.4.3 中的 δ_0 实际上都是 θ 的函数；但是由于定理的结论针对 θ 的确定的取值，所以这并没有不妥. 由式 (2.4.4)，我们可以推出下面的推论.

推论 2.4.4 设 $f(x,\theta)$ 对 θ 可导，存在函数 $g(x,\theta_0)$ 满足式 (2.4.4) 且 $\int_{-\infty}^{+\infty} g(x,\theta)\mathrm{d}x<+\infty$，则式 (2.4.3) 成立.

注意，定理 2.4.3 的条件 (i) 和式 (2.4.4) 都意味着函数一致有界；事实上，求导和积分运算可交换通常都要求某种一致性质.

例 2.4.5（积分与求导运算可交换-Ⅰ） 设 X 服从参数为 λ 的指数分布，即其概率密度函数为 $f(x)=(1/\lambda)\mathrm{e}^{-x/\lambda}$，$0<x<\infty$. 设 n 为任意正整数，现在我们计算

$$\frac{\mathrm{d}}{\mathrm{d}\lambda}\mathrm{E}X^n=\frac{\mathrm{d}}{\mathrm{d}\lambda}\int_0^{+\infty} x^n\left(\frac{1}{\lambda}\right)\mathrm{e}^{-x/\lambda}\mathrm{d}x \tag{2.4.5}$$

如果可以将求导运算提至积分号以内，则有

$$\begin{aligned}\frac{\mathrm{d}}{\mathrm{d}\lambda}\mathrm{E}X^n&=\int_0^{+\infty}\frac{\partial}{\partial\lambda}x^n\left(\frac{1}{\lambda}\right)\mathrm{e}^{-x/\lambda}\mathrm{d}x\\&=\int_0^{+\infty}\frac{x^n}{\lambda^2}\left(\frac{x}{\lambda}-1\right)\mathrm{e}^{-x/\lambda}\mathrm{d}x\\&=\frac{1}{\lambda^2}\mathrm{E}X^{n+1}-\frac{1}{\lambda}\mathrm{E}X^n\end{aligned} \tag{2.4.6}$$

为说明积分与求导运算可交换次序，下面我们为 $x^n(1/\lambda)\mathrm{e}^{-x/\lambda}$ 的导函数找一个界. 事实上，我们有

$$\left|\frac{\partial}{\partial\lambda}\left(\frac{x^n\mathrm{e}^{-x/\lambda}}{\lambda}\right)\right|=\frac{x^n\mathrm{e}^{-x/\lambda}}{\lambda^2}\left|\frac{x}{\lambda}-1\right|\leqslant\frac{x^n\mathrm{e}^{-x/\lambda}}{\lambda^2}\left(\frac{x}{\lambda}+1\right)\quad（因为\frac{x}{\lambda}>0）$$

对于满足 $0<\delta_0<\lambda$ 的常数 δ_0，令

$$g(x,\lambda)=\frac{x^n \mathrm{e}^{-x/(\lambda+\delta_0)}}{(\lambda-\delta_0)^2}\left(\frac{x}{\lambda-\delta_0}+1\right)$$

则对任意满足 $|\lambda'-\lambda|\leqslant\delta_0$ 的 λ'，都有

$$\left|\frac{\partial}{\partial\lambda}\left(\frac{x^n \mathrm{e}^{-x/\lambda}}{\lambda}\right)\bigg|_{\lambda=\lambda'}\right|\leqslant g(x,\lambda)$$

又因为指数分布的任意阶矩都存在，所以只要 $\lambda-\delta_0>0$ 就有 $\int_{-\infty}^{+\infty} g(x,\lambda)\mathrm{d}x<+\infty$，这就证得积分与求导运算可交换. ‖

指数分布的上述性质对很大一类概率分布都成立，我们将在 3.4 节详细介绍.

注意，式（2.4.6）给出了指数分布矩的递推公式：

$$\mathrm{E}X^{n+1}=\lambda\mathrm{E}X^n+\lambda^2\frac{\mathrm{d}}{\mathrm{d}\lambda}\mathrm{E}X^n \tag{2.4.7}$$

简化了（$n+1$）阶矩的计算. 其他分布也存在类似的关系式，例如，如果 X 服从期望为 μ、方差为 1 的正态分布，即其概率密度函数为 $f(x)=(1/\sqrt{2\pi})\mathrm{e}^{-(x-\mu)^2/2}$，则

$$\mathrm{E}X^{n+1}=\mu\mathrm{E}X^n-\frac{\mathrm{d}}{\mathrm{d}\mu}\mathrm{E}X^n$$

下面我们给出积分与求导运算可交换的另一个例子，其中涉及到矩母函数.

例 2.4.6（积分与求导运算可交换-Ⅱ）　仍然设 X 服从期望为 μ、方差为 1 的正态分布. 考虑 X 的矩母函数

$$M_X(t)=\mathrm{E}\mathrm{e}^{tX}=\frac{1}{\sqrt{2\pi}}\int_{-\infty}^{+\infty}\mathrm{e}^{tx}\mathrm{e}^{-(x-\mu)^2/2}\mathrm{d}x$$

在 2.3 节中我们知道对 $M_X(t)$ 求导可以求出矩，并且在求导运算可提至与积分号内的前提下得到：

$$\frac{\mathrm{d}}{\mathrm{d}t}M_X(t)=\frac{\mathrm{d}}{\mathrm{d}t}\mathrm{E}\mathrm{e}^{tX}=\mathrm{E}\frac{\partial}{\partial t}\mathrm{e}^{tX}=\mathrm{E}(X\mathrm{e}^{tX}) \tag{2.4.8}$$

现在我们可以利用本节的知识验证式（2.4.8）中运算的正确性. 注意，此处应用定理 2.4.3 或推论 2.4.4 时，应将 t 看成定理 2.4.3 中的变量 θ，将参数 μ 看成常数.

要想利用推论 2.4.4，我们必须找到函数 $g(x,t)$，它有有限积分且对任意满足 $|t'-t|\leqslant\delta_0$ 的 t'，都有

$$\frac{\partial}{\partial t}\mathrm{e}^{tx}\mathrm{e}^{-(x-\mu)^2/2}\bigg|_{t=t'}\leqslant g(x,t) \tag{2.4.9}$$

事实上，显然有

$$\left|\frac{\partial}{\partial t}\mathrm{e}^{tx}\mathrm{e}^{-(x-\mu)^2/2}\right|=|x\mathrm{e}^{tx}\mathrm{e}^{-(x-\mu)^2/2}|\leqslant|x|\mathrm{e}^{tx}\mathrm{e}^{-(x-\mu)^2/2}$$

我们可以对 $x\geqslant 0$ 和 $x<0$ 分别定义函数 $g(x,t)$，即令

$$g(x,t)=\begin{cases}|x|\mathrm{e}^{(t-\delta_0)x}\mathrm{e}^{-(x-\mu)^2/2}, & x<0\\ |x|\mathrm{e}^{(t+\delta_0)x}\mathrm{e}^{-(x-\mu)^2/2}, & x\geqslant 0\end{cases}$$

显然该函数满足式（2.4.9），我们还需验证其积分有限.

当 $x\geqslant 0$ 时，我们有

$$g(x,t)=x\mathrm{e}^{-(x^2-2x(\mu+t+\delta_0)+\mu^2)/2}$$

对指数进行配方，得

$$\begin{aligned}&x^2-2x(\mu+t+\delta_0)+\mu^2\\&=x^2-2x(\mu+t+\delta_0)+(\mu+t+\delta_0)^2-(\mu+t+\delta_0)^2+\mu^2\\&=(x-(\mu+t+\delta_0))^2+\mu^2-(\mu+t+\delta_0)^2\end{aligned}$$

于是，当 $x\geqslant 0$ 时有

$$g(x,t)=x\mathrm{e}^{-[x-(\mu+t+\delta_0)]^2/2}\mathrm{e}^{-[\mu^2-(\mu+t+\delta_0)^2]/2}$$

由于上式最后一个指数因子与 x 无关，所以积分 $\int_0^{+\infty}g(x,t)\mathrm{d}x$ 实际上是求一个正态分布的期望 $\mu+t+\delta_0$，只不过积分区间仅限［0，$+\infty$）而已. 又因为正态分布的期望有限（证明见第 3 章），故上述积分必有限. 对 $x<0$ 作类似讨论可得

$$g(x,t)=|x|\mathrm{e}^{-[x-(\mu+t-\delta_0)]^2/2}\mathrm{e}^{-[\mu^2-(\mu+t-\delta_0)^2]/2}$$

且 $\int_{-\infty}^0 g(x,t)\mathrm{d}x<+\infty$. 因此，我们找到了满足式（2.4.9）的可积函数，从而证明式（2.4.8）中的运算是正确无误的. ‖

下面我们讨论求导与求和运算何时可以交换次序，这在离散分布中非常重要. 当然我们只需考虑无限求和，因为对于有限求和，求导运算显然可以提至求和号内部.

例 2.4.7（求和与求导运算可交换） 设离散随机变量 X 具有几何分布（**geometric distribution**），即

$$P(X=x)=\theta(1-\theta)^x,\quad x=0,1,\cdots,\quad 0<\theta<1.$$

我们有 $\sum_{x=0}^{+\infty}\theta(1-\theta)^x=1$. 并且，若假定求和与求导运算可交换次序，则有

$$\begin{aligned}\frac{\mathrm{d}}{\mathrm{d}\theta}\sum_{x=0}^{+\infty}\theta(1-\theta)^x&=\sum_{x=0}^{+\infty}\frac{\mathrm{d}}{\mathrm{d}\theta}\theta(1-\theta)^x\\&=\sum_{x=0}^{+\infty}[(1-\theta)^x-\theta x(1-\theta)^{x-1}]\\&=\frac{1}{\theta}\sum_{x=0}^{+\infty}\theta(1-\theta)^x-\frac{1}{1-\theta}\sum_{x=0}^{+\infty}x\theta(1-\theta)^x\end{aligned}$$

由于对任意 $0<\theta<1$ 都有 $\sum_{x=0}^{+\infty}\theta(1-\theta)^x=1$，其导数显然为 0. 于是

$$\frac{1}{\theta}\sum_{x=0}^{+\infty}\theta(1-\theta)^x-\frac{1}{1-\theta}\sum_{x=0}^{+\infty}x\theta(1-\theta)^x=0 \tag{2.4.10}$$

注意式（2.4.10）中第一个求和号结果为1，第二个求和号结果为EX，于是该式又可写作

$$\frac{1}{\theta}-\frac{1}{1-\theta}\mathrm{E}X=0$$

或

$$\mathrm{E}X=\frac{1-\theta}{\theta}$$

至此，我们实际上利用求导运算求出了级数和 $\sum_{x=0}^{+\infty}x\theta(1-\theta)^x$. ‖

证明上例中求导运算可以提至求和号内部，比证明求导运算可以提至积分号内部更容易，见下面的定理.

定理 2.4.8　设级数 $\sum_{x=0}^{+\infty}h(\theta,x)$ 对任意实数区间（a，b）内的 θ 都收敛，并且

i. 对任意 x，$\frac{\partial}{\partial\theta}h(\theta,x)$ 都是 θ 的连续函数；

ii. $\sum_{x=0}^{+\infty}\frac{\partial}{\partial\theta}h(\theta,x)$ 在(a,b)的任意闭有界子区间上都一致收敛.

则

$$\frac{\mathrm{d}}{\mathrm{d}\theta}\sum_{x=0}^{+\infty}h(\theta,x)=\sum_{x=0}^{+\infty}\frac{\partial}{\partial\theta}h(\theta,x) \tag{2.4.11}$$

定理中一致收敛的条件是求导与求和运算可交换的关键. 回忆微积分中我们已知：如果级数的部分和数列一致收敛，则级数一致收敛. 下面的例子就将利用这一事实.

例 2.4.9（例 2.4.7 续）　为了运用定理 2.4.8，我们令

$$h(\theta,x)=\theta(1-\theta)^x$$

则

$$\frac{\partial}{\partial\theta}h(\theta,x)=(1-\theta)^x-\theta x(1-\theta)^{x-1}$$

下证 $\sum_{x=0}^{+\infty}\frac{\partial}{\partial\theta}h(\theta,x)$ 一致收敛. 记 $S_n(\theta)$ 为

$$S_n(\theta)=\sum_{x=0}^{n}\left[(1-\theta)^x-\theta x(1-\theta)^{x-1}\right]$$

要使$\{S_n(\theta)\}$在$[c,d]\subset(0,1)$上一致收敛，只需证明：对任意 $\varepsilon>0$，存在 N，使得对任意 $\theta\in[c,d]$都有

$$n>N\Rightarrow|S_n(\theta)-S_{+\infty}(\theta)|<\varepsilon$$

回忆几何级数的部分和公式式（1.5.4），$y\neq 1$ 时，有

$$\sum_{k=0}^{n} y^k = \frac{1-y^{n+1}}{1-y}$$

于是

$$\sum_{x=0}^{n}(1-\theta)^x = \frac{1-(1-\theta)^{n+1}}{\theta}$$

$$\begin{aligned}\sum_{x=0}^{n}\theta x(1-\theta)^{x-1} &= \theta\sum_{x=0}^{n}-\frac{\partial}{\partial\theta}(1-\theta)^x \\ &= -\theta\frac{\mathrm{d}}{\mathrm{d}\theta}\sum_{x=0}^{n}(1-\theta)^x \\ &= -\theta\frac{\mathrm{d}}{\mathrm{d}\theta}\left[\frac{1-(1-\theta)^{n+1}}{\theta}\right]\end{aligned}$$

注意，上述推导中我们将求导运算提至有限求和号内部，这显然是允许的. 计算上式最后得到的导数，得

$$\sum_{x=0}^{n}\theta x(1-\theta)^{x-1} = \frac{(1-(1-\theta)^{n+1})-(n+1)\theta(1-\theta)^n}{\theta}$$

因而有

$$\begin{aligned}S_n(\theta) &= \frac{1-(1-\theta)^{n+1}}{\theta}-\frac{(1-(1-\theta)^{n+1})-(n+1)\theta(1-\theta)^n}{\theta} \\ &= (n+1)(1-\theta)^n\end{aligned}$$

显然，对任意 $0<\theta<1$ 都有 $S_\infty=\lim\limits_{n\to+\infty}S_n(\theta)=0$. 又因为 $S_n(\theta)$ 连续，所以该收敛在任意闭有界区间上都是一致收敛，故原级数一致收敛，即证得求导与求和运算可交换. ‖

我们以下面的定理结束本节，该定理与定理 2.4.8 类似，不过它讨论的是求和与积分运算次序的交换.

定理 2.4.10 设级数 $\sum\limits_{x=0}^{+\infty}h(\theta,x)$ 在 $[a, b]$ 上一致收敛，且对任意 x，$h(\theta,x)$ 都是 θ 的连续函数. 则

$$\int_a^b\sum_{x=0}^{+\infty}h(\theta,x)\mathrm{d}\theta = \sum_{x=0}^{+\infty}\int_a^b h(\theta,x)\mathrm{d}\theta$$

2.5 习题

2.1 求下列随机变量 Y 的概率密度函数，验证其积分得 1.

(a) $Y=X^3$ 且 $f_X(x)=42x^5(1-x), 0<x<1$；

(b) $Y=4X+3$ 且 $f_X(x)=7\mathrm{e}^{-7x}$，$0<x<+\infty$；

(c) $Y=X^2$ 且 $f_X(x)=30x^2(1-x)^2$，$0<x<1$.

(见附录 A 例 A.0.2)

2.2 求下列随机变量 Y 的概率密度函数.

(a) $Y=X^2$ 且 $f_X(x)=1$，$0<x<1$；

(b) $Y=-\log X$ 且 X 的概率密度函数为

$$f_X(x)=\frac{(n+m+1)!}{n!\ m!}x^n(1-x)^m,\quad 0<x<1,\ m,\ n \text{ 为正整数；}$$

(c) $Y=e^X$ 且 X 的概率密度函数为

$$f_X(x)=\frac{1}{\sigma^2}xe^{-(x/\sigma)^2/2},\qquad 0<x<+\infty,\ \sigma^2 \text{ 为大于 0 的常数.}$$

2.3 设 X 有几何概率质量函数：$f_X(x)=\frac{1}{3}(\frac{2}{3})^x$，$x=0, 1, 2, \cdots$，求 $Y=X/(X+1)$ 的概率分布. 注意 X 和 Y 都是离散随机变量，并且要确定 Y 的概率分布，只需求出其概率质量函数即可.

2.4 设 λ 为某大于 0 的常数，定义函数 $f(x)$ 为：$x\geqslant 0$ 时 $f(x)=\frac{1}{2}\lambda e^{-\lambda x}$；$x<0$ 时 $f(x)=\frac{1}{2}\lambda e^{\lambda x}$.

(a) 证明 $f(x)$ 是概率密度函数；

(b) 若 X 是以 $f(x)$ 为概率密度函数的随机变量，任给 t，求 $P(X<t)$（计算各积分的值）；

(c) 任给 t，求 $P(|X|<t)$（计算各积分的值）.

2.5 利用定理 2.1.8 求例 2.1.2 中 Y 的概率密度函数，并证明结果与对式 (2.1.6) 所给的累积分布函数求导所得结果一致.

2.6 求下列随机变量 Y 的概率密度函数，验证其积分得 1.

(a) $f_X(x)=\frac{1}{2}e^{-|x|}$，$-\infty<x<+\infty$；$Y=|X|^3$；

(b) $f_X(x)=\frac{3}{8}(x+1)^2$，$-1<x<1$；$Y=1-X^2$；

(c) $f_X(x)=\frac{3}{8}(x+1)^2$，$-1<x<1$；$x\leqslant 0$ 时 $Y=1-X^2$；$x>0$ 时 $Y=1-X$.

2.7 设 X 的概率密度函数为 $f_X(x)=\frac{2}{9}(x+1)$，$-1\leqslant x\leqslant 2$.

(a) 求 $Y=X^2$ 的概率密度函数，注意本题不可直接利用定理 2.1.8；

(b) 证明：定理 2.1.8 的条件若改为“集合 A_0，A_1，…，A_k 包含 $\mathcal{X}$”，其结论仍然成立. 应用这一推广证明 (a)，令其中 $A_0=\varnothing$，$A_1=(-1,1)$，$A_2=(1,2)$.

2.8 证明下列函数都是累积分布函数，并求出对应的 $F_X^{-1}(y)$.

(a) $F_X(x)=\begin{cases}0, & x<0,\\ 1-\mathrm{e}^{-x}, & x\geqslant 0.\end{cases}$

(b) $F_X(x)=\begin{cases}\mathrm{e}^{x}/2, & x<0,\\ 1/2, & 0\leqslant x<1,\\ 1-(\mathrm{e}^{1-x}/2), & 1\leqslant x.\end{cases}$

(c) $F_X(x)=\begin{cases}\mathrm{e}^{x}/4, & x<0,\\ 1-(\mathrm{e}^{-x}/4), & x\geqslant 0.\end{cases}$

注意（c）中的函数 $F_X(x)$ 不连续，不过此时 $F_X^{-1}(y)$ 的定义式（2.1.13）依然合理.

2.9 若随机变量 X 的概率密度函数为：

$$f(x)=\begin{cases}\dfrac{x-1}{2}, & x\in(1,3),\\ 0, & x\notin(1,3).\end{cases}$$

求单调函数 $\mu(x)$，使随机变量 $Y=\mu(x)$ 服从（0，1）上的均匀分布.

2.10 在定理 2.1.10 中，我们证明了概率积分变换，从而将连续累积分布函数与均匀累积分布函数联系起来. 现在考察离散随机变量与均匀随机变量的关系. 令 X 为离散随机变量，且其累积分布函数为 $F_X(x)$，定义随机变量 $Y=F_X(X)$.

(a) 证明 Y 随机大于任意（0，1）区间上均匀分布的随机变量，即，若随机变量 U 服从（0，1）区间上的均匀分布，则

任意 y，$0<y<1$，都有 $P(Y>y)\geqslant P(U>y)=1-y$，

存在 y，$0<y<1$，使得 $P(Y>y)>P(U>y)=1-y$.

(随机大于的定义见习题 1.49)

(b) 或者等价地，证明 Y 的累积分布函数满足：对任意 $0<y<1$ 有 $F_Y(y)\leqslant y$，存在 $0<y<1$ 使 $F_Y(y)<y$（提示：设 x_0 为 F_X 的跃变点，令 $y_0=F_X(x_0)$，然后证明 $P(Y\leqslant y_0)=y_0$. 最后，将 y 看成 $y=y_0+\varepsilon$ 即可完成不等式的证明. 绘出累积分布函数的图象可辅助证明）.

2.11 设 X 有标准正态概率密度函数：$f_X(x)=(1/\sqrt{2\pi})\mathrm{e}^{-x^2/2}$.

(a) 先直接计算 $\mathrm{E}X^2$，再用例 2.1.7 中 $Y=X^2$ 的概率密度函数计算 $\mathrm{E}Y$；

(b) 求 $Y=|X|$ 的概率密度函数，计算其期望和方差.

2.12 随机右三角形的构造如下所述：设随机变量（角度）X 服从（0，$\pi/2$）区间上的均匀分布，对任意 X，对应的随机右三角形见右图. 令 Y 表示随机右三角形的高度. 则对任意给定的常数 d，计算 Y 的分布以及 $\mathrm{E}Y$.

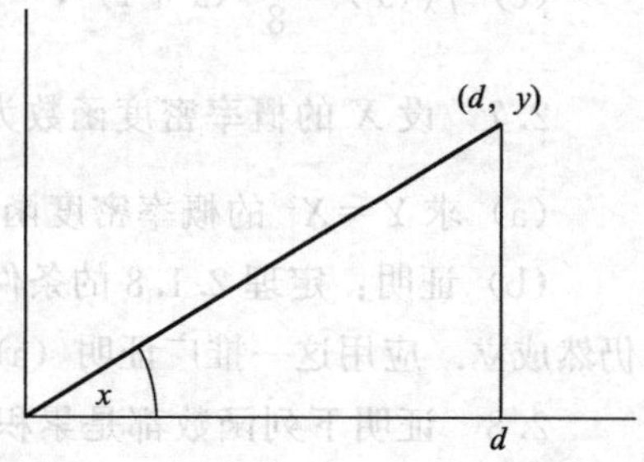

2.13 考虑连续掷硬币的试验，其中每次掷得的结果相互独立且正面朝上的概率为 p. 以随机变量 X 记从第一次开始连得相同结果（都是正面朝上，或者都是反面朝上）的次数（例如，若结果为 TTTH 或者 HHHT，则 $X=3$）. 计算 X 的分布以及 $\mathrm{E}X$.

2.14

(a) 设 X 是连续且非负的随机变量（即对任意 $x<0$ 有 $f(x)=0$），证明：

$$\mathrm{E}X=\int_0^{+\infty}[1-F_X(x)]\mathrm{d}x$$

其中 $F_X(x)$ 是 X 的累积分布函数.

(b) 设 X 是取值为非负整数的离散随机变量，证明：

$$\mathrm{E}X=\sum_{k=0}^{+\infty}(1-F_X(k))$$

其中 $F_X(k)=P(X\leqslant k)$. 将该结论与 (a) 进行比较.

2.15 Betteley (1997) 给出了一条有趣的期望加法法则. 设 X 和 Y 是两个随机变量，定义

$$X\wedge Y=\min(X,Y) \quad 以及 \quad X\vee Y=\max(X,Y).$$

参照概率法则 $P(A\cup B)=P(A)+P(B)-P(A\cap B)$，证明：

$$\mathrm{E}(X\vee Y)=\mathrm{E}X+\mathrm{E}Y-\mathrm{E}(X\wedge Y)$$

（提示：先证 $X+Y=(X\vee Y)+(X\wedge Y)$.）

2.16 假定电话持续时长 T 服从概率分布：$P(T>t)=a\mathrm{e}^{-\lambda t}+(1-a)\mathrm{e}^{-\mu t}$，其中 a，λ 和 μ 均为常数且 $0<a<1$，$\lambda>0$，$\mu>0$. 利用习题 2.14 的结果求 T 的期望.

2.17 概率分布的**中位数** (median) 是满足 $P(X\leqslant m)\geqslant\frac{1}{2}$ 且 $P(X\geqslant m)\geqslant\frac{1}{2}$ 的值 m（若 X 为连续随机变量，则 m 应满足 $\int_{-\infty}^{m}f(x)\mathrm{d}x=\int_{m}^{+\infty}f(x)\mathrm{d}x=\frac{1}{2}$）. 求下列分布的中位数：

(a) $f(x)=3x^2, 0<x<1$；

(b) $f(x)=\frac{1}{\pi(1+x^2)}, \quad -\infty<x<+\infty$.

2.18 证明：如果 X 是连续随机变量，则

$$\min_a \mathrm{E}|X-a|=\mathrm{E}|X-m|$$

其中 m 是 X 的中位数（见习题 2.17）.

2.19 利用积分求导法证明：

$$\frac{\mathrm{d}}{\mathrm{d}a}\mathrm{E}(X-a)^2=0\Leftrightarrow \mathrm{E}X=a$$

运用微积分知识验证 $a=\mathrm{E}X$ 为最小值点. 列举需要对 F_X 和 f_X 所作的假定.

2.20 一对夫妇决定不生女儿决不罢休，试求这对夫妇子女个数的期望（提示：参考习题 1.5.4）.

2.21 假设 $g(x)$是单调函数，证明式（2.2.5）给出的期望“双向”法则：$\mathrm{E}g(X)=\mathrm{E}Y$，其中 $Y=g(X)$.

2.22 设 X 的概率密度函数为

$$f(x)=\frac{4}{\beta^3\sqrt{\pi}}x^2\mathrm{e}^{-x^2/\beta^2},\quad 0<x<+\infty,\quad \beta>0$$

(a) 证明 $f(x)$是概率密度函数；

(b) 计算 $\mathrm{E}X$ 和 $\mathrm{Var}X$.

2.23 设 X 的概率密度函数为

$$f(x)=\frac{1}{2}(1+x),\quad -1<x<1$$

(a) 求 $Y=X^2$ 的概率密度函数；

(b) 计算 $\mathrm{E}Y$ 和 $\mathrm{Var}Y$.

2.24 对下列各概率分布计算 $\mathrm{E}X$ 和 $\mathrm{Var}X$：

(a) $f_X(x)=ax^{a-1}$，$0<x<1$，$a>0$；

(b) $f_X(x)=\frac{1}{n}$，$x=1, 2, \cdots, n$，且 n 是正整数；

(c) $f_X(x)=\frac{3}{2}(x-1)^2$，$0<x<2$.

2.25 设随机变量 X 的概率密度函数 $f_X(x)$是偶函数（称 $f_X(x)$是偶函数，即对任意 x 都有 $f_X(x)=f_X(-x)$），证明：

(a) X 和 $-X$ 服从相同的分布；

(b) $M_X(t)$关于 0 对称.

2.26 设 $f(x)$为一概率密度函数，如果存在数 a 使得：对任意 $\varepsilon>0$ 都有 $f(a+\varepsilon)=f(a-\varepsilon)$，则称 $f(x)$关于 a 对称.

(a) 举出三个对称概率密度函数的例子；

(b) 证明：如果 $X\sim f(x)$且 $f(x)$关于 a 对称，则 X 的中位数（见习题 2.17）是数 a；

(c) 证明：如果 $X\sim f(x)$，$f(x)$关于 a 对称且 $\mathrm{E}X$ 存在，则 $\mathrm{E}X=a$；

(d) 证明：$f(x)=\mathrm{e}^{-x}$，$x\geqslant 0$ 不是对称的概率密度函数；

(e) 证明：对于（d）中所给的概率密度函数，中位数小于期望.

2.27 设 $f(x)$为一概率密度函数，如果存在数 a 使得：当 $a\geqslant x\geqslant y$ 或 $a\leqslant x\leqslant y$ 时均有 $f(a)\geqslant f(x)\geqslant f(y)$，则称 $f(x)$是**单峰**概率密度函数，称 a 为 $f(x)$的一个**众数**.

(a) 举出一个众数唯一的单峰概率密度函数的例子；

(b) 举出一个众数不唯一的单峰概率密度函数的例子；

(c) 证明：如果 $f(x)$ 既是对称的又是单峰的，则对称点即是众数；

(d) 考察概率密度函数 $f(x)=\mathrm{e}^{-x}$，$x\geqslant 0$. 证明它是单峰的，并求其众数.

2.28 设 μ_n 表示随机变量 X 的 n 阶中心矩. 除期望和方差以外，下面两个量也很有意义：

$$\alpha_3=\frac{\mu_3}{(\mu_2)^{3/2}}\text{以及 }\alpha_4=\frac{\mu_4}{{\mu_2}^2}$$

值 α_3 和 α_4 分别称作**偏度**和**峰度**. 偏度刻画了概率密度函数不对称的程度，峰度解释起来困难一点，用来刻画概率密度函数的峰起或平坦性态.

(a) 证明：如果概率密度函数关于 a 对称，则 $\alpha_3=0$；

(b) 概率密度函数 $f(x)=\mathrm{e}^{-x}$，$x\geqslant 0$ 称作是**向右偏斜**的，对该函数计算 α_3 的值；

(c) 对下列各概率密度函数计算 α_4 的值，并分析各函数的峰起性态：

$$f(x)=\frac{1}{\sqrt{2\pi}}\mathrm{e}^{-x^2/2},-\infty<x<+\infty$$

$$f(x)=\frac{1}{2},-1<x<1$$

$$f(x)=\frac{1}{2}\mathrm{e}^{-|x|},-\infty<x<+\infty$$

Ruppert (1987) 和 Groeneveld (1991) 分别借助**影响函数**（见杂录 10.6.4）深入阐述了峰度和偏度的意义，文献 Balanda and MacGillivray (1988) 中也对 α_4 有详细介绍.

2.29 要计算离散分布的矩，一个简单的方法是借助**阶乘矩** (factorial moment)（见杂录 2.6.2).

(a) 计算二项分布和 Poisson 分布的阶乘矩 $\mathrm{E}[X(X-1)]$；

(b) 利用 (a) 的结果计算二项分布和 Poisson 分布的方差；

(c) **贝塔-二项**分布是一类相当复杂的离散分布，其概率质量函数为

$$P(Y=y)=a\left(\frac{1}{y+a}\right)\frac{\binom{n}{y}\binom{a+b-1}{a}}{\binom{n+a+b-1}{y+a}}$$

其中 n，a 和 b 均为整数，且 $y=0$，1，2，…，n. 利用阶乘矩计算贝塔-二项分布的方差（习题 4.34 给出了本题的另一解法).

2.30 求下列分布的矩母函数：

(a) $f(x)=\dfrac{1}{c}$，$0<x<c$；

(b) $f(x)=\dfrac{2x}{c^2}$，$0<x<c$；

(c) $f(x)=\frac{1}{2\beta}\mathrm{e}^{-|x-\alpha|/\beta}$，$-\infty<x<+\infty$，$-\infty<\alpha<+\infty$，$\beta>0$；

(d) $P(X=x)=\binom{r+x-1}{x}p^r(1-p)^x$，$x=0, 1, \cdots, 0<p<1$，$r$ 为正整数.

2.31 是否存在分布，其矩母函数为 $M_X(t)=t/(1-t)$，$|t|<1$？如果存在，给出该分布；否则证明其不存在.

2.32 设 $M_X(t)$是 X 的矩母函数，令 $S(t)=\log(M_X(t))$，证明：

$$\frac{\mathrm{d}}{\mathrm{d}t}S(t)\bigg|_{t=0}=\mathrm{E}X \quad 且 \quad \frac{\mathrm{d}^2}{\mathrm{d}t^2}S(t)\bigg|_{t=0}=\mathrm{Var}X$$

2.33 验证下列概率分布的矩母函数表达式，并用矩母函数计算 $\mathrm{E}X$ 和 $\mathrm{Var}X$.

(a) $P(X=x)=\frac{\mathrm{e}^{-\lambda}\lambda^x}{x!}$，$M_X(t)=\mathrm{e}^{\lambda(\mathrm{e}^t-1)}$，$x=0, 1, \cdots$；$\lambda>0$；

(b) $P(X=x)=p(1-p)^x, M_X(t)=\frac{p}{1-(1-p)\mathrm{e}^t}, x=0,1,\cdots;0<p<1$；

(c) $f_X(x)=\frac{\mathrm{e}^{-(x-\mu)^2/(2\sigma^2)}}{\sqrt{2\pi}\sigma}, M_X(t)=\mathrm{e}^{\mu t+\sigma^2t^2/2}, -\infty<x<\infty; -\infty<\mu<\infty, \sigma>0$.

2.34 文献 Romano and Siegel (1986) 中举例指出：有限多个矩相同并不表示概率分布相同. 设 X 服从标准正态分布，即 X 的概率密度函数为

$$f_X(x)=\frac{1}{\sqrt{2\pi}}\mathrm{e}^{-x^2/2}, -\infty<x<\infty$$

定义离散随机变量 Y 满足：

$$P(Y=\sqrt{3})=P(Y=-\sqrt{3})=\frac{1}{6}, P(Y=0)=\frac{2}{3}$$

证明：对 $r=1, 2, 3, 4, 5$ 有

$$\mathrm{E}X^r=\mathrm{E}Y^r$$

(Romano 和 Siegel 指出，对任意有限的 n 都存在一个离散的、从而非正态的分布，其前 n 阶矩与 X 完全相同)

2.35 补充例 2.3.10 的证明细节：

(a) 证明：如果 $X_1\sim f_1(x)$，则

$$\mathrm{E}X_1^r=\mathrm{e}^{r^2/2}, r=0,1,\cdots.$$

故 $f_1(x)$的任意阶矩都存在且有限.

(b) 证明：对任意正整数 r，有

$$\int_0^{+\infty}x^r f_1(x)\sin(2\pi\log x)\mathrm{d}x=0$$

故对任意 r，有 $\mathrm{E}X_1^r=\mathrm{E}X_2^r$ (Romano and Siegel 1986 中讨论了本例的一个极端情形，得到一大类有相同矩的不同的概率密度函数. 此外，Berg 1988 证明：当我们考虑正态分布的简单的变换，比如 X^3 时，矩就可能产生这样的性质).

2.36 例 2.3.10 所提到的对数正态分布有一个有趣的性质. 设 X 服从对数正态分布，即其概率密度函数为：

$$f_1(x)=\frac{1}{\sqrt{2\pi}x}\mathrm{e}^{-(\log x)^2/2},\quad 0\leqslant x<+\infty$$

则由习题 2.35 可知 X 的任意阶矩都存在且有限. 证明：X 没有矩母函数，即不存在

$$M_X(t)=\int_0^{+\infty}\frac{\mathrm{e}^{tx}}{\sqrt{2\pi}x}\mathrm{e}^{-(\log x)^2/2}\mathrm{d}x$$

2.37 阅读杂录 2.6.3 的内容，完成下面各题：

(a) 绘出概率密度函数 f_1 和 f_2 的图像，阐述其差别；

(b) 绘出累积量母函数 K_1 和 K_2 的图像，阐述其相似点；

(c) 求 f_1 和 f_2 的矩母函数，它们是否相同？

(d) f_1 和 f_2 与例 2.3.10 中的概率密度函数有何联系？

2.38 设 X 服从负二项分布，即其概率质量函数为

$$f(x)=\binom{r+x-1}{x}p^r(1-p)^x,\quad x=0,1,2,\cdots$$

其中 $0<p<1$，r 为正整数.

(a) 求 X 的矩母函数；

(b) 定义新的随机变量 $Y=2pX$，证明：

$$\lim_{p\to 0}M_Y(t)=\left(\frac{1}{1-2t}\right)^r,\quad |t|<\frac{1}{2}$$

即，$p\to 0^+$ 时，Y 的矩母函数收敛于自由度为 $2r$ 的 χ^2 随机变量的概率密度函数.

2.39 计算下列导数，注意运算的合法性：

(a) $\dfrac{\mathrm{d}}{\mathrm{d}x}\displaystyle\int_0^x \mathrm{e}^{-\lambda t}\mathrm{d}t$；

(b) $\dfrac{\mathrm{d}}{\mathrm{d}\lambda}\displaystyle\int_0^{+\infty} \mathrm{e}^{-\lambda t}\mathrm{d}t$；

(c) $\dfrac{\mathrm{d}}{\mathrm{d}t}\displaystyle\int_t^1 \frac{1}{x^2}\mathrm{d}x$；

(d) $\dfrac{\mathrm{d}}{\mathrm{d}t}\displaystyle\int_1^{+\infty} \frac{1}{(x-t)^2}\mathrm{d}x$.

2.40 证明：

$$\sum_{k=0}^{x}\binom{n}{k}p^k(1-p)^{n-k}=(n-x)\binom{n}{x}\int_0^{1-p}t^{n-x-1}(1-t)^x\mathrm{d}t$$

（提示：利用分部积分法，或者等式两端同时对 p 求导）

2.6 杂录

2.6.1 矩列的唯一性

仅凭矩无法确定概率分布，但若 $\sum_{r=1}^{+\infty}\mu'_r r^k/k!$ 的收敛半径大于 0，其中 $X\sim F_X$ 且 $EX^r=\mu'_r$，则矩列唯一，因而可以唯一地确定概率分布（见 Billingsley 1995，第 30 节）. 该和式的收敛也表明矩母函数在区间上存在，从而由矩母函数可确定概率分布.

矩列唯一的一个充分条件是 Carleman **条件**（见 Chung 1974）. 设 $X\sim F_X$ 且 $EX^r=\mu'_r$，若有

$$\sum_{r=1}^{+\infty}\frac{1}{(\mu'_{2r})^{1/(2r)}}=+\infty$$

则矩列唯一. 不过这个条件通常难以验证.

Feller (1971) 对 Laplace 变换做了详尽的讨论. 矩母函数就是一类特殊的 Laplace 变换，Feller 证明（与 Billingsley 类似）：只要

$$M_X(t)=\sum_{r=0}^{+\infty}\frac{(-1)^r\mu'_r t^r}{r!}$$

在区间 $-t_0<t<t_0\,(t_0>0)$ 上收敛，分布 F_X 就被唯一地确定.

容易看出用矩母函数确定概率分布十分困难，一个更好的方法是利用下文将要介绍的特征函数. 不过，特征函数虽然使概率分布的确定变得简单了，却要用到复分析的知识. 正所谓，有得必有失.

2.6.2 其他母函数

除矩母函数以外，概率分布还有许多相关的母函数，通常其中最有用的是特征函数. 其余函数几乎很少用到，不过它们有时计算起来也很简单.

累积量母函数 随机变量 X 的累积量母函数是 $\log[M_X(t)]$. 该函数可用于求 X 的累积量，所谓累积量，即累积量母函数泰勒级数的系数（见习题 2.32）.

阶乘矩母函数 对于随机变量 X，假如期望 Et^X 存在，则定义它为 X 的阶乘矩母函数. 其命名源于该函数满足

$$\left.\frac{d^r}{dt^r}Et^X\right|_{t=1}=E\{X(X-1)\cdots(X-r+1)\}$$

其中等式右端是一个阶乘矩. 若 X 是离散随机变量，则有

$$Et^X=\sum_x t^x P(X=x)$$

注意，该幂级数的系数恰好是概率值，所以阶乘矩母函数又称作概率母函数. 此

时，可按下式求 $X=k$ 的概率：

$$\frac{1}{k!}\frac{\mathrm{d}^k}{\mathrm{d}t^k}\mathrm{E}t^X\bigg|_{t=1}=P(X=k)$$

特征函数 在所有这类函数中特征函数大概是最有用的一种. X 的特征函数定义为

$$\phi_X(t)=\mathrm{E}\mathrm{e}^{\mathrm{i}tX},$$

其中 i 表示复数 $\sqrt{-1}$，因此上述期望包含复数积分. 特征函数的作用远大于矩母函数. 首先，与矩母函数一样，如果 F_X 的矩存在，则可以用 ϕ_X 来计算它们. 此外，特征函数总存在并且能够完全确定概率分布，例如我们有下面的定理. 该定理与定理 2.3.12 类似，但少了限制条件.

定理 2.6.1（特征函数的收敛） 设 X_k，$k=1,2,\cdots$是一列随机变量，对应的特征函数为 $\phi_{X_k}(t)$. 若存在 0 的某邻域，使得对该邻域内的任意 t，都有

$$\lim_{k\to+\infty}\phi_{X_k}(t)=\phi_X(t)$$

其中 $\phi_X(t)$也是特征函数，则存在由 $\phi_X(t)$唯一确定的累积分布函数 F_X，并且对使 $F_X(x)$连续的任意 x，有

$$\lim_{k\to+\infty}F_{X_k}(x)=F_X(x)$$

文献 Feller（1968）中对母函数有详细的介绍. 有关特征函数的更多内容可参考高年级概率教材，比如 Billingsley（1995）或 Resnick（1999）.

2.6.3 矩母函数能否唯一地确定分布？

在一篇与标题同名（原名为“Does the moment generating function characterize a Distribution?”）的论文中，McCullagh（1994）考察了一对与例 2.3.10 类似但存在矩母函数的概率密度：

$$f_1(x)=n(0,1)\text{ 与 }f_2(x)=f_1(x)\left[1+\frac{1}{2}\sin(2\pi x)\right]$$

其累积量母函数分别为：

$$K_1(t)=t^2/2\text{ 与 }K_2(t)=K_1(t)+\log\left[1+\frac{1}{2}\mathrm{e}^{-2\pi^2}\sin(2\pi t)\right]$$

McCullagh 指出，尽管两概率密度函数差别明显，其累积量母函数却几乎相等——在整个取值范围内两者的最大差值小于 1.34×10^{-9}（小于 1 个像素的长度）. 所以标题中问题的答案“站在理论数学的立场上是能，而站在数值计算的立场上则是不能”. 与此相对照，Waller（1995）举例说明：尽管矩母函数在数值上无法真正确定概率分布，特征函数却总能做到（Waller 等 1995 和 Luceño1997 进一步讨论了利用特征函数计算累积分布函数的数值方法），详见习题 2.37.

第3章

常见分布族

“华生，这些不寻常的事都发生了，你是不是很震惊?”

“这些事加到一起，确实令人难以置信，尽管每件事就其本身来说都是可能发生的.”

——夏洛克·福尔摩斯与华生博士

《格兰其庄园》

3.1 引言

统计分布常用于总体的建模，因此我们处理的往往不是单个的分布，而是一族分布. 一个分布族共用一个函数形式，其中包含一个或多个参数，用以确定具体的分布. 例如，假定已知正态分布适用于某个总体模型，但其期望无法确定，那么我们就需要处理一个期望为 μ 的正态分布族，其中 μ 为参数且 $-\infty<\mu<+\infty$.

本章我们将列举许多常见的统计分布，其中有的在前面章节也曾提到. 对于每一族分布，我们计算其期望、方差以及其他一些辅助理解、或者有用或者易于计算的量. 此外，我们也将介绍这些分布的典型应用以及它们彼此之间的联系. 本书末尾的常见分布表中收录了本章的部分结果以供查阅. 当然，我们不可能以一章的篇幅涵盖所有的统计分布，希望深入了解的读者可参考 Johnson 和 Kotz（1969－1972）的四册著作《Distributions in Statistics》及其续篇：Johnson，Kotz and Balakrishnan（1994，1995）以及 Johnson，Kotz and Kemp（1992）.

3.2 离散分布

如果随机变量 X 的值域——即样本空间——是可数的，我们就称 X 服从离散分布. 在大多数情况下，这种随机变量通常取整数值.

离散均匀分布

称随机变量 X 服从参数为（1，N）的**离散均匀分布**（**discrete uniform distribution**），如果

(3.2.1) $$P(X=x|N)=\frac{1}{N},\quad x=1,2,\cdots,N$$

其中 N 为某预先指定的整数. 该分布对结果 1, 2, …, N 的概率均等.

关于记号的注解：我们以后经常需要处理含参分布，这类分布依赖于参数的取值. 为了强调这一事实并突出标记参数，我们将参数记于概率质量函数中并以“|”为引导符（“|”表示“给定”之意）. 这个写法对累积分布函数、概率密度函数、期望及其他需要特别指出参数的地方都通用. 在不会引发混淆的前提下，我们也可以略去参数以简化记号.

为求 X 的期望和方差，回忆下列恒等式（可用归纳法加以证明）：

$$\sum_{i=1}^{k} i=\frac{k(k+1)}{2} \text{ 以及} \sum_{i=1}^{k} i^2=\frac{k(k+1)(2k+1)}{6}$$

于是有

$$\mathrm{E}X=\sum_{x=1}^{N} xP(X=x|N)=\sum_{x=1}^{N} x\frac{1}{N}=\frac{N+1}{2}$$

以及

$$\mathrm{E}X^2=\sum_{x=1}^{N} x^2\frac{1}{N}=\frac{(N+1)(2N+1)}{6}$$

故

$$\begin{aligned}\operatorname{Var} X&=\mathrm{E}X^2-(\mathrm{E}X)^2\\&=\frac{(N+1)(2N+1)}{6}-\left(\frac{N+1}{2}\right)^2\\&=\frac{(N+1)(N-1)}{12}\end{aligned}$$

该分布还可推广到样本空间取值 N_0, N_0+1, …, N_1 的情形，此时概率质量函数为 $P(X=x|N_0,N_1)=1/(N_1-N_0+1)$.

超几何分布

超几何分布在为有限总体建模时非常有用，我们可以借助经典的摸球游戏理解这一分布.

设有 N 个几乎完全相同的球置于一口大缸中，其中有 M 个红球，$N-M$ 个绿球. 我们蒙住眼睛随机摸出 K 个球（K 个球被一次摸出，这属于无放回抽样）. 恰好摸出 x 个红球的概率是多少？

在 1.2.3 节我们已知，从 N 个球中摸出 K 个的样本总数为 $\binom{N}{K}$. 如果要求其中有 x 个红球，那么红球的选取方式有 $\binom{M}{x}$ 种，余下 $K-x$ 个绿球的选取方式有 $\binom{N-M}{K-x}$ 种. 因此，若 X 以记 K 个球中红球的个数，则 X 服从**超几何分布**（hypergeometric distribution)，即

$$(3.2.2)\qquad P(X=x|N,M,K)=\frac{\binom{M}{x}\binom{N-M}{K-x}}{\binom{N}{K}},\quad x=0,1,\cdots,K$$

注意，式（3.2.2）实际上对 X 的值域做出了假定．因为形如 $\binom{n}{r}$ 的二项式系数仅当 $n\geqslant r$ 时有定义，所以 X 的值域还应满足下列两个不等式：

$$M\geqslant x\text{ 以及 }N-M\geqslant K-x$$

亦即

$$M-(N-K)\leqslant x\leqslant M$$

K 通常比 M 和 N 都小，所以满足 $0\leqslant x\leqslant K$ 的 x 必满足上式，从而是合理的取值．超几何分布的概率函数一般较难计算，仅是证明

$$\sum_{x=0}^{K}P(X=x)=\sum_{x=0}^{K}\frac{\binom{M}{x}\binom{N-M}{K-x}}{\binom{N}{K}}=1$$

都不简单．事实上，超几何分布表明，统计上处理有限总体（有限的 N）并非易事．

超几何分布的期望为：

$$\mathrm{E}X=\sum_{x=0}^{K}x\frac{\binom{M}{x}\binom{N-M}{K-x}}{\binom{N}{K}}=\sum_{x=1}^{K}x\frac{\binom{M}{x}\binom{N-M}{K-x}}{\binom{N}{K}}\text{（其中 }x=0\text{ 对应的被加数是 }0\text{）}$$

为计算上式，我们利用下面的等式（曾于 2.3 节给出）

$$x\binom{M}{x}=M\binom{M-1}{x-1}$$

$$\binom{N}{K}=\frac{N}{K}\binom{N-1}{K-1}$$

于是，有

$$\mathrm{E}X=\sum_{x=1}^{K}\frac{M\binom{M-1}{x-1}\binom{N-M}{K-x}}{\frac{N}{K}\binom{N-1}{K-1}}=\frac{KM}{N}\sum_{x=1}^{K}\frac{\binom{M-1}{x-1}\binom{N-M}{K-x}}{\binom{N-1}{K-1}}$$

容易看出上面第二个和式是对参数取值为 $N-1$，$M-1$ 和 $K-1$ 的另一个超几何分布的概率求和．若令 $y=x-1$，令 Y 是参数为 $N-1$，$M-1$ 和 $K-1$ 的超几何随机

变量，则显然有

$$\sum_{x=1}^{K}\frac{\binom{M-1}{x-1}\binom{N-M}{K-x}}{\binom{N-1}{K-1}}=\sum_{y=0}^{K-1}\frac{\binom{M-1}{y}\binom{(N-1)-(M-1)}{K-1-y}}{\binom{N-1}{K-1}}$$

$$=\sum_{y=0}^{K-1}P(Y=y\mid N-1,M-1,K-1)=1$$

因此，对于超几何分布有

$$\mathrm{E}X=\frac{KM}{N}$$

通过类似的计算过程可得

$$\mathrm{Var}\ X=\frac{KM}{N}\left(\frac{(N-M)(N-K)}{N(N-1)}\right)$$

这里，应特别注意求 EX 时所用的技巧，我们借助参数值不同的另一超几何分布完成了级数求和的计算.

例 3.2.1（抽样验收） 本例将说明超几何分布如何应用于抽样验收. 假设一位零售商按批进货，每件货物要么是合格品要么是残次品. 令

N=一批货中货物的总数

M=一批货中残次品的数目

我们便可以计算抽取 K 件货物其中抽中 x 件残次品的概率. 假如有一批包含 25 个机器零件的货物，其中每个零件只有通过了公差检验才被认为是合格品. 现在抽取 10 个零件，检测发现其中没有残次品（即每个零件都在公差范围内）. 如果 25 个零件中有 6 件残次品，那么这个抽样结果出现的概率是多少？利用超几何分布，令参数 $N=25$，$M=6$ 和 $K=10$，我们有

$$P(X=0)=\frac{\binom{6}{0}\binom{19}{10}}{\binom{25}{10}}=0.028$$

这就表明：如果这批货中有 6 件（或者更多）残次品，我们观测到的事件就几乎不可能发生. ‖

二项分布

二项分布是最常用的几个离散分布之一，其基本思想是 Bernoulli（**伯努利**）试验（又见 Bernoulli 分布）. Bernoulli 试验（因概率论的奠基人之一 James Bernoulli 而得名）是一个有且仅有两种结果的试验. 称随机变量 X 服从参数为 p 的 Bernoulli **分布**（Bernoulli distribution），如果 X 满足

(3.2.3) $$X=\begin{cases}1(\text{概率为 } p)\\0(\text{概率为 } 1-p)\end{cases},0\leqslant p\leqslant 1$$

记该分布为 Bernoulli (p). 我们常把 $X=1$ 说成"成功"，而把 $X=0$ 说成"失败"，p 则称为成功概率. 容易看出，参数为 p 的 Bernoulli 随机变量有下列期望和方差：

$$\mathrm{E}X=1p+0(1-p)=p$$

$$\mathrm{Var}X=(1-p)^2p+(0-p)^2(1-p)=p(1-p)$$

许多试验都可以表示成 Bernoulli 试验的序列，最简单的例子莫过于连续掷硬币试验，其中 $p=$正面朝上的概率，并且以 $X=1$ 表示硬币正面朝上. 类似的例子还有赌博游戏（例如在轮盘赌中若以 $X=1$ 表示红色区域，则 $p=$转到红色区域的概率)、投票选举（以 $X=1$ 表示投候选人 A 一票)、疾病传播（$p=$随机选取一人其被感染的概率）等.

如果同时进行 n 个相同的 Bernoulli 试验，我们可以定义事件

$$A_i=\{\text{对第 } i \text{ 个试验有 } X=1\},\ i=1,2,\cdots,n$$

假定 $A_1,\cdots,A_n$ 是一列独立事件（例如连续掷硬币），则容易求出 n 个试验中成功试验数目的分布. 定义随机变量 Y 为

$$Y=n\text{ 个试验中成功试验的数目}$$

则仅当事件 $A_1,\cdots,A_n$ 中恰有 y 个发生、$n-y$ 个不发生时，事件$\{Y=y\}$才会发生. 因此事件$\{Y=y\}$包含的每一个样本（即事件 $A_1,\cdots,A_n$ 发生或者不发生的一个序列）都形如 $A_1\cap A_2\cap A_3^{\mathrm{C}}\cap\cdots\cap A_{n-1}\cap A_n^{\mathrm{C}}$，其出现的概率为（利用 $A_1,\cdots,A_n$ 的独立性）

$$\begin{aligned}P(A_1\cap A_2\cap A_3^{\mathrm{C}}\cap\cdots\cap A_{n-1}\cap A_n^{\mathrm{C}})&=pp(1-p)\cdot\cdots\cdot p(1-p)\\&=p^y(1-p)^{n-y}\end{aligned}$$

注意，上面的演算只以"恰有 y 个 A_i 发生"为前提，与"哪 y 个 A_i 发生"无关. 而事实上，不论哪 y 个 A_i 发生，都会有事件$\{Y=y\}$. 综上可知，对于 n 个试验的结果序列而言，恰好包含 y 个成功的概率为 $p^y(1-p)^{n-y}$；而这样的序列（由 y 个 1 和 $n-y$ 个 0 构成的序列）共有 $\binom{n}{y}$ 个，所以

$$P(Y=y|n,p)=\binom{n}{y}p^y(1-p)^{n-y},\quad y=0,1,2,\cdots,n$$

Y 被称作参数为(n,p)的**二项随机变量**（binomial random variable). 记该分布为 binomial(n,p).

随机变量 Y 也可以等价地按照下述方法定义：设有 n 个相同且独立的 Bernoulli 试验，每个试验的成功概率都是 p，定义随机变量 $X_1,\cdots,X_n$ 为：

$$X_i=\begin{cases}1(\text{概率为 } p)\\0(\text{概率为 } 1-p)\end{cases}$$

则随机变量

$$Y=\sum_{i=1}^{n}X_i$$

服从参数为(n,p)的二项分布.

注意这里需要证明 $\sum_{y=0}^{n}P(Y=y)=1$，该事实可由下面这个一般性的定理保证.

定理 3.2.2（二项式定理） 对任意实数x，y和整数$n\geqslant 0$，都有

$$(x+y)^n=\sum_{i=0}^{n}\binom{n}{i}x^iy^{n-i} \tag{3.2.4}$$

证明 展开

$$(x+y)^n=(x+y)(x+y)\cdot\cdots\cdot(x+y)$$

并考虑如何计算上式右端的乘积. 对每个乘积因子$(x+y)$，我们必须选择x或y与括号外的项相乘，这样的选择共有n个. 所以在乘积的最后结果中，对任意$i=0$，1，…，n，恰好包含i个x的项有$\binom{n}{i}$个，合并同类项后即得$\binom{n}{i}x^iy^{n-i}$. 定理得证.

在式（3.2.4）中取$x=p$，$y=1-p$，则有

$$1=(p+(1-p))^n=\sum_{i=0}^{n}\binom{n}{i}p^i(1-p)^{n-i}$$

该和式中的每一项都是一个二项概率. 特别地，在定理 3.2.2 中取$x=y=1$，则得到下列恒等式：

$$2^n=\sum_{i=0}^{n}\binom{n}{i}$$

例 2.2.3 和例 2.3.5 已经求得二项分布的期望和方差，因此我们只将结果列于此处. 若X服从参数为（n，p）的二项分布，则

$$\mathrm{E}X=np,\quad \mathrm{Var}X=np(1-p)$$

例 2.3.9 中求得二项分布的矩母函数为

$$M_X(t)=[p\mathrm{e}^t+(1-p)]^n$$

例 3.2.3（掷骰的概率问题） 考察"掷骰 4 次至少有一次是 6 点"的概率. 该试验可视作由成功概率为$p=\frac{1}{6}=P$（掷一次骰掷得 6 点）的 4 个 Bernoulli 试验构成的序列. 定义随机变量X为：

$$X=\text{掷骰四次掷得 6 点的次数}$$

则X服从参数为$(4,\frac{1}{6})$的二项分布，且有

$$P(\text{掷骰 4 次至少有一次是 6 点})=P(X>0)=1-P(X=0)$$

$$=1-\binom{4}{0}\left(\frac{1}{6}\right)^0\left(\frac{5}{6}\right)^4$$

$$=1-\left(\frac{5}{6}\right)^4$$

$$=0.518$$

现在考察另一个试验：求掷双骰 24 次至少掷得一对 6 点的概率. 该试验也可用成功概率为 p 的二项分布来表示，其中

$$p=P(\text{掷一次双骰掷得一对 6 点})=\frac{1}{36}$$

所以，若令 Y＝掷双骰 24 次掷得一对 6 点的次数，则 Y 服从参数为$(24,\frac{1}{36})$的二项分布，且有

$$\begin{aligned}P\ (\text{掷双骰 24 次至少掷得一对 6 点})&=P\ (Y>0)\\&=1-P\ (Y=0)\\&=1-\binom{24}{0}\left(\frac{1}{36}\right)^0\left(\frac{35}{36}\right)^{24}\\&=1-\left(\frac{35}{36}\right)^{24}\\&=0.491\end{aligned}$$

上面的演算最早由 Pascal 于十八世纪给出，当时赌徒 de Mere 认为这两个事件有相同的概率，于是托他进行验证（直到 de Mere 在第二种赌博中输了钱，他才承认了 Pascal 的结论）.

Poisson（泊松）分布

Poisson 分布是一类应用广泛的离散分布，可以作为多种不同类型试验的模型. 例如，如果我们对等待某事物出现的现象（比如等公共汽车、等顾客进入银行）建模，则给定时间内事物出现的次数就服从 Poisson 分布. Poisson 分布的一个基本假设是：在较短的时间段内，事物出现的概率与等待时间成正比. 例如，我们可以合理地假定等待时间越长，有顾客进入银行的可能性越大. 本章杂录中对此有正式的介绍.

Poisson 分布的另一个应用是研究空间分布，例如，某区域被炸弹击中的分布或者湖泊中鱼群数量的分布.

Poisson 分布有唯一一个参数 λ，有时称作强度参量. 称取值为非负整数的随机变量 X 服从参数为 λ 的 Poisson **分布**（Poisson distribution），如果

$$P(X=x|\lambda)=\frac{e^{-\lambda}\lambda^x}{x!},x=0,1,\cdots \tag{3.2.5}$$

记该分布为 Poisson(λ). 为了说明 $\sum\limits_{x=0}^{+\infty}P(X=x\mid\lambda)=1$ ，回忆 e^y 的泰勒级数展开：

$$e^y = \sum_{i=0}^{+\infty} \frac{y^i}{i!}$$

于是，

$$\sum_{x=0}^{+\infty} P(X = x \mid \lambda) = e^{-\lambda} \sum_{x=0}^{+\infty} \frac{\lambda^x}{x!} = e^{-\lambda} e^{\lambda} = 1$$

易见 X 的期望为

$$\begin{aligned}
EX &= \sum_{x=0}^{+\infty} x \frac{e^{-\lambda}\lambda^x}{x!} \\
&= \sum_{x=1}^{+\infty} x \frac{e^{-\lambda}\lambda^x}{x!} \\
&= \lambda e^{-\lambda} \sum_{x=1}^{+\infty} \frac{\lambda^{x-1}}{(x-1)!} \\
&= \lambda e^{-\lambda} \sum_{y=0}^{+\infty} \frac{\lambda^y}{y!} \qquad \text{(做变量替换：} y = x - 1\text{)} \\
&= \lambda
\end{aligned}$$

类似的计算可得

$$\mathrm{Var}X = \lambda,$$

因此，参数 λ 既是 Poisson 分布的期望，也是其方差.

仍然利用 e^y 的泰勒级数展开，我们可以直接计算得到 Poisson 分布的矩母函数(见习题 2.33 和例 2.3.13)：

$$M_X(t) = e^{\lambda(e^t - 1)}$$

例 3.2.4 (等待时间) 作为等待现象的一个例子，考察一个平均每 3 分钟接 5 个电话的话务员. 下一分钟内没有电话的概率是多少？至少有两个电话的概率是多少？

令 X=一分钟内电话的个数，则 X 服从 Poisson 分布且有 $EX=\lambda=\frac{5}{3}$. 所以

$$\begin{aligned}
P(\text{一分钟内没有电话}) &= P(X=0) \\
&= \frac{e^{-5/3}\left(\frac{5}{3}\right)^0}{0!} \\
&= e^{-5/3} = 0.189
\end{aligned}$$

$$\begin{aligned}
P(\text{一分钟内至少有两个电话}) &= P(X \geqslant 2) \\
&= 1 - P(X=0) - P(X=1) \\
&= 1 - 0.189 - \frac{e^{-5/3}\left(\frac{5}{3}\right)^1}{1!} \\
&= 0.496
\end{aligned}$$

‖

我们可以利用下面的递推关系快速计算 Poisson 概率，它可由 Poisson 分布的概率质量函数推得：

(3.2.6) $$P(X=x)=\frac{\lambda}{x}P(X=x-1),\quad x=1,2,\cdots$$

其他离散分布也有类似的递推关系，例如，若 Y 服从参数为(n,p)的二项分布，则

(3.2.7) $$P(Y=y)=\frac{(n-y+1)}{y}\frac{p}{1-p}P(Y=y-1)$$

递推式（3.2.6）和式（3.2.7）可以用于推导二项分布的 Poisson 近似，该近似的可靠性我们已经在 2.3 节用矩母函数进行了验证. 令 $\lambda=np$，并且如果 p 很小，则有

$$\frac{n-y+1}{y}\frac{p}{1-p}=\frac{np-p(y-1)}{y-yp}\approx\frac{\lambda}{y}$$

这是因为 p 很小时项 $p(y-1)$和 py 均可忽略. 于是，采用这个近似式（3.2.7）即为

(3.2.8) $$P(Y=y)=\frac{\lambda}{y}P(Y=y-1)$$

恰好是 Poisson 递推关系. 由于所有概率都将满足式（3.2.8），所以为了完全确定近似关系，我们只需验证 $P(X=0)\approx P(Y=0)$. 事实上，若令 $np=\lambda$，则有

$$P(Y=0)=(1-p)^n=(1-\frac{np}{n})^n=(1-\frac{\lambda}{n})^n$$

回忆 2.3 节中，对任意给定的有 $\lim\limits_{n\to+\infty}(1-(\lambda/n))^n=\mathrm{e}^{-\lambda}$，所以当 n 很大时，我们得到下列近似：

$$P(Y=0)=(1-\frac{\lambda}{n})^n\approx\mathrm{e}^{-\lambda}=P(X=0)$$

即证得二项分布的 Poisson 近似.

Poisson 近似仅当 n 很大、p 很小时可用，这恰是我们广泛应用它的原因，因为此时直接计算二项式系数必然涉及 n 次幂运算，非常复杂.

例 3.2.5（Poisson 近似） 一名排字工人平均每排版 500 个字排错 1 个. 通常一页有 300 个字，那么排字工人排版 5 页排错的字数不超过 2 的概率是多少？

若假定排字是成功概率为 $p=\frac{1}{500}$的 Bernoulli 试验（注意我们以“成功”表示出错），且这样的试验序列独立. 令 X=排版 5 页（1500 字）排错的字数，则 X 服从参数为（1500，$\frac{1}{500}$）的二项分布. 所以

$$\begin{aligned}P(\text{排版 5 页排错的字不超过 2})&=P(X\leqslant 2)\\&=\sum_{x=0}^{2}\binom{1500}{x}\left(\frac{1}{500}\right)^x\left(\frac{499}{500}\right)^{1500-x}\\&=0.4230\end{aligned}$$

上述计算相当麻烦，不过如果使用参数为 $\lambda=1500(\frac{1}{500})=3$ 的 Poisson 近似，则有

$$P(X\leqslant 2)\approx \mathrm{e}^{-3}(1+3+\frac{3^2}{2})=0.4232$$

‖

负二项分布

二项分布讨论的是在指定数量的 Bernoulli 试验中成功试验的个数，现在我们讨论为得到指定数量的成功试验所需 Bernoulli 试验的个数，这就引出了负二项分布.

设有一列独立的成功概率为 p 的 Bernoulli 试验，以随机变量 X 记该序列中第 r 个成功试验出现的位置，其中 r 是预先指定的整数，则

(3.2.9) $$P(X=x|r,p)=\binom{x-1}{r-1}p^r(1-p)^{x-r},\quad x=r,r+1,\cdots$$

称 X 服从参数为(r,p)的**负二项分布**（negative binomial distribution），记为 $NB(r,p)$.

式（3.2.9）可由二项分布推得：仅当前 $x-1$ 个试验中恰有 $r-1$ 个成功且第 x 个试验也成功时，事件 $\{X=x\}$ 才会发生；而前 $x-1$ 个试验中恰有 $r-1$ 个成功的概率是二项概率 $\binom{x-1}{r-1}p^{r-1}(1-p)^{x-r}$，第 x 个试验成功的概率是 p，两者相乘即得式（3.2.9).

我们也用随机变量 Y 定义负二项分布，其中 Y=得到第 r 个成功以前失败试验的个数. 由于 $Y=X-r$，所以这与前面利用“X=得到第 r 个成功时总的试验个数”定义是等价的. 根据 Y 和 X 的关系，负二项分布的另一种形式是：

(3.2.10) $$P(Y=y)=\binom{r+y-1}{y}p^r(1-p)^y,\quad y=0,1,\cdots$$

以后若没有特别指出，我们都以式（3.2.10）作为参数为(r,p)的负二项分布的概率质量函数.

负二项分布因下列关系式得名：

$$\binom{r+y-1}{y}=(-1)^y\binom{-r}{y}=(-1)^y\frac{(-r)(-r-1)(-r-2)\cdot\cdots\cdot(-r-y+1)}{(y)(y-1)(y-2)\cdot\cdots\cdot(2)(1)}$$

上式实为负整数二项系数的定义式（完整的介绍见文献 Feller 1968)，代入式（3.2.10）得

$$P(Y=y)=(-1)^y\binom{-r}{y}p^r(1-p)^y$$

与二项分布的表示有着惊人的相似！

要验证 $\sum\limits_{y=0}^{+\infty}P(Y=y)=1$ 并不容易，不过若将二项式定理推广到负指数的情形，

证明则十分显然，此处不赘述. 有关二项式系数的详细内容可查阅 Feller (1968).

Y 的期望和方差可仿照二项分布进行计算，得到：

$$\begin{aligned}
\mathrm{E}Y &= \sum_{y=0}^{+\infty} y\binom{r+y-1}{y}p^r(1-p)^y \\
&= \sum_{y=1}^{+\infty} y\frac{(r+y-1)!}{(y-1)!(r-1)!}p^r(1-p)^y \\
&= \sum_{y=1}^{+\infty} r\binom{r+y-1}{y-1}p^r(1-p)^y
\end{aligned}$$

令 $z=y-1$，则上述和式可化为

$$\begin{aligned}
\mathrm{E}Y &= \sum_{z=0}^{+\infty} r\binom{r+z}{z}p^r(1-p)^{z+1} \\
&= r\frac{(1-p)}{p}\sum_{z=0}^{+\infty}\binom{(r+1)+z-1}{z}p^{r+1}(1-p)^z
\end{aligned}$$

（被加数是负二项分布概率质量函数）

$$= r\frac{(1-p)}{p}$$

其中的和式是对参数为$(r+1,p)$的负二项的所有概率分布求和，故结果是1. 同理可求得

$$\mathrm{Var}Y = \frac{r(1-p)}{p^2}$$

我们可以根据上述期望重新指定负二项分布的参数，得到的结果十分有趣也很有用. 若令参数 $\mu=r(1-p)/p$，则 $\mathrm{E}Y=\mu$，此外还可以证明

$$\mathrm{Var}Y=\mu+\frac{1}{r}\mu^2$$

即方差是期望的二次函数，这个关系不论是对数值分析还是理论研究都很有用.

负二项分布在极限情形下就得到 Poisson 分布. 事实上，若 $\lambda\to+\infty$ 且 $p\to1$，使得 $r(1-p)\to\lambda(0<\lambda<+\infty)$，则有

$$\mathrm{E}Y=\frac{r(1-p)}{p}\to\lambda$$

$$\mathrm{Var}Y=\frac{r(1-p)}{p^2}\to\lambda$$

与 Poisson 分布的期望和方差完全吻合. 要严格证明参数为(r,p)的负二项分布收敛于参数为λ的 Poisson 分布，我们只需证明所有概率都收敛，为此，可以利用矩母函数的收敛性（见习题 3.15）. ‖

例 3.2.6（逆二项抽样） 对生物种群进行抽样时经常采用逆二项抽样方法. 设种群中具有某一特征的个体所占比例为 p，现在对种群抽样，直到抽得 r 个具有

该特征的个体，则抽样的总数是负二项随机变量.

例如，为了考察某群果蝇中翅退化果蝇的比例，我们对该种群进行抽样，直到抽得 100 只翅退化的果蝇，那么我们至少抽取了 N 只果蝇的概率是（利用式(3.2.9)）

$$P(X \geqslant N) = \sum_{x=N}^{+\infty} \binom{x-1}{99} p^{100}(1-p)^{x-100}$$
$$= 1 - \sum_{x=100}^{N-1} \binom{x-1}{99} p^{100}(1-p)^{x-100}$$

对于给定的 p 和 N，我们可以计算上式以确定抽样数量（不过此处的计算量较大，可以利用递推关系进行简化）. ‖

例 3.2.6 表明：与 Poisson 分布一样，负二项分布也可以用于对等待事物出现的现象建模，只不过它等待的是一定数量的成功试验.

几何分布

几何分布是负二项分布的特例，也是等待时间分布的一种最为简单的形式. 在式（3.2.9）中令 $r=1$，则有

$$P(X=x|p)=p(1-p)^{x-1}, \quad x=1,2,\cdots$$

这就定义了**几何随机变量**(geometric random variable) X 的概率质量函数，其中 p 为成功概率. 记该分布为 geometric(p). 此处 X 可以解释为：出现第 1 个成功试验时总的试验个数，即我们等待的是“一个成功”. $\sum_{x=1}^{+\infty} P(X=x)=1$ 可由几何级数的性质推得：如例 1.5.4 所示，对于满足 $|a|<1$ 的 a，有

$$\sum_{x=1}^{+\infty} a^{x-1} = \frac{1}{1-a}$$

X 的期望和方差可以根据负二项分布的期望和方差得到：记 $X=Y+1$，则有

$$\mathrm{E}X=\mathrm{E}Y+1=\frac{1}{p} \quad 以及 \quad \mathrm{Var}X=\frac{1-p}{p^2}$$

几何分布有一个称作“无记忆性”的有趣性质：对任意整数 $s>t$，有

$$P(X>s|X>t)=P(X>s-t) \tag{3.2.11}$$

也即是说，几何分布会“忘记”先前发生的事情：在已有 t 个失败后又连续出现 $s-t$ 个失败的概率与从一开始就出现 $s-t$ 个失败的概率相等，换言之，得到一连串失败的概率只与其个数有关，而与出现位置无关.

现在证明式（3.2.11）. 注意，对任意整数 n，有

$$P(X>n)=P(\text{前 } n \text{ 个试验都失败})$$
$$=(1-p)^n \tag{3.2.12}$$

因此

$$P(X>s|X>t)=\frac{P(X>s\text{ 且 }X>t)}{P(X>t)}$$
$$=\frac{P(X>s)}{P(X>t)}$$
$$=(1-p)^{s-t}$$
$$=P(X>s-t)$$

例 3.2.7（使用寿命） 几何分布可以用于建模零件的使用寿命. 例如，假设灯泡在任意一天报废的概率是 0.001，则该灯泡至少能用 30 天的概率是

$$P(X\geqslant 30)=\sum_{x=31}^{+\infty}0.001(1-0.001)^{x-1}=(0.999)^{30}=0.970\quad\|$$

几何分布的无记忆性表明它所描述的事物"永葆青春"，因此几何分布不能够建模那些报废（死亡）概率随时间增大的事物的寿命. 对于这类事物的寿命，可以利用其他一些分布来建模，详见 Barlow and Proschan (1975).

3.3 连续分布

本节我们将介绍几类著名的连续分布族，不过它们无法涵盖统计学中的全部分布，因为，如 1.6 节所言，任何一个非负的可积函数都可以变成概率密度函数.

均匀分布

连续均匀分布（uniform distribution）uniform (a,b) 是在某区间 $[a,b]$ 上概率等可能的一类分布，其概率密度函数为：

(3.3.1)
$$f(x|a,b)=\begin{cases}\dfrac{1}{b-a}, & x\in[a,b]\\ 0, & x\notin[a,b]\end{cases}$$

容易证明 $\int_a^b f(x)\mathrm{d}x=1$. 此外，还有

$$\mathrm{E}X=\int_a^b\frac{x}{b-a}\mathrm{d}x=\frac{b+a}{2}$$

$$\mathrm{Var}X=\int_a^b\frac{\left(x-\frac{b+a}{2}\right)^2}{b-a}\mathrm{d}x=\frac{(b-a)^2}{12}$$

伽玛分布

伽玛分布族是区间 $[0,+\infty)$ 上的、适用性很强的一类分布，可以按 1.6 节所述的方法进行构造. 若 α 是大于 0 的常数，则积分

$$\int_0^{+\infty}t^{\alpha-1}\mathrm{e}^{-t}\mathrm{d}t$$

有限. 若 α 还是正整数，则该积分还可以有解析表达式；否则不然. 不论哪种情形，该积

分都定义了Γ函数(gamma function)：

(3.3.2) $$\Gamma(\alpha)=\int_0^{+\infty}t^{\alpha-1}\mathrm{e}^{-t}\mathrm{d}t$$

Γ函数有许多有用的关系式，例如，利用分部积分法可知

(3.3.3) $$\Gamma(\alpha+1)=\alpha\Gamma(\alpha),\quad \alpha>0$$

容易证明 $\Gamma(1)=1$（Γ函数的另一个常用值是 $\Gamma(\frac{1}{2})=\sqrt{\pi}$，见式（3.3.15）），结合式（3.3.3）可得：对任意正整数 n，有

(3.3.4) $$\Gamma(n)=(n-1)!$$

式（3.3.3）和式（3.3.4）所包含的递推关系有助于简化Γ函数求值问题，借助这种递推关系，只需知道 $\Gamma(c)$，$0<c\leqslant 1$ 的值，我们就可以求出Γ函数在任意点的取值.

由于式（3.3.2）中的被积函数恒大于0，故

(3.3.5) $$f(t)=\frac{t^{\alpha-1}\mathrm{e}^{-t}}{\Gamma(\alpha)},\quad 0<t<\infty$$

是一个概率密度函数. 然而完整的伽玛分布族实际上有两个参数，其概率密度函数可由式（3.3.5）经过变量变换 $X=\beta t$ 得到，其中 β 为大于0的常数. 这样，我们就得到了参数为（α，β）的**伽玛分布族**，其概率密度函数为：

(3.3.6) $$f(x|\alpha,\beta)=\frac{1}{\Gamma(\alpha)\beta^{\alpha}}x^{\alpha-1}\mathrm{e}^{-x/\beta},\quad 0<x<+\infty,\quad \alpha>0,\quad \beta>0$$

其中参数 α 主要影响分布的峰起状态，称为形状参数；参数 β 主要影响分布的散度情况，称为尺度参数. 记该分布为 gamma（α，β）.

参数为（α，β）的伽玛分布有期望：

(3.3.7) $$\mathrm{E}X=\frac{1}{\Gamma(\alpha)\beta^{\alpha}}\int_0^{+\infty}x x^{\alpha-1}\mathrm{e}^{-x/\beta}\mathrm{d}x$$

为证明式（3.3.7），只需注意其被积函数是参数为（$\alpha+1$，β）的伽玛概率密度函数的核. 由式（3.3.6）可知，对任意 α，$\beta>0$，有

(3.3.8) $$\int_0^{+\infty}x^{\alpha-1}\mathrm{e}^{-x/\beta}\mathrm{d}x=\Gamma(\alpha)\beta^{\alpha}$$

因此

$$\begin{aligned}\mathrm{E}X&=\frac{1}{\Gamma(\alpha)\beta^{\alpha}}\int_0^{+\infty}x^{\alpha}\mathrm{e}^{-x/\beta}\mathrm{d}x\\&=\frac{1}{\Gamma(\alpha)\beta^{\alpha}}\Gamma(\alpha+1)\beta^{\alpha+1}\\&=\frac{\alpha\Gamma(\alpha)\beta}{\Gamma(\alpha)}\qquad\text{（根据式（3.3.3））}\\&=\alpha\beta\end{aligned}$$

注意，计算上述 EX 时我们看到被积函数是另一个概率密度函数的核，这个技巧在前面也曾使用过（例 2.3.8 用此法计算出伽玛矩母函数，对于离散分布而言，例 2.2.3 和例 2.3.5 计算了二项分布的期望和方差）.

类似的计算可以求出参数为 (α, β) 的伽玛分布的方差，其中在计算 EX^2 时，被积函数实际上是参数为 $(\alpha+2, \beta)$ 的伽玛概率密度函数的核. 计算结果是

$$\mathrm{Var}X=\alpha\beta^2$$

例 2.3.8 中已经求得参数为 (α, β) 的伽玛分布的矩母函数为：

$$M_X(t)=\left(\frac{1}{1-\beta t}\right)^{\alpha}, \quad t<\frac{1}{\beta}$$

例 3.3.1（伽玛分布与 Poisson 分布的联系） 伽玛分布与 Poisson 分布之间存在非常有趣的联系. 设 X 是参数为 (α, β) 的伽玛随机变量，其中 α 为整数，Y 服从参数为 (x/β) 的 Poisson 分布，则对任意 x，都有

(3.3.9) $$P(X\leqslant x)=P(Y\geqslant a)$$

式 (3.3.9) 可连续运用分部积分法证明，详述如下：由于 α 是整数，故 $\Gamma(\alpha)=(\alpha-1)!$，所以

$$\begin{aligned}P(X\leqslant x)&=\frac{1}{(\alpha-1)!\beta^{\alpha}}\int_0^x t^{\alpha-1}\mathrm{e}^{-t/\beta}\mathrm{d}t\\&=\frac{1}{(\alpha-1)!\beta^{\alpha}}\left[-t^{\alpha-1}\beta\mathrm{e}^{-t/\beta}\Big|_0^x+\int_0^x(\alpha-1)t^{\alpha-2}\beta\mathrm{e}^{-t/\beta}\mathrm{d}t\right]\end{aligned}$$

其中我们对 $u=t^{\alpha-1}$，$\mathrm{d}v=\mathrm{e}^{-t/\beta}\mathrm{d}t$ 运用了分部积分法. 整理上式，再由 Y 服从参数为 (x/β) 的 Poisson 分布可得：

$$\begin{aligned}P(X\leqslant x)&=\frac{-1}{(\alpha-1)!\beta^{\alpha-1}}x^{\alpha-1}\mathrm{e}^{-x/\beta}+\frac{1}{(\alpha-2)!\beta^{\alpha-1}}\int_0^x t^{\alpha-2}\mathrm{e}^{-t/\beta}\mathrm{d}t\\&=\frac{1}{(\alpha-2)!\beta^{\alpha-1}}\int_0^x t^{\alpha-2}\mathrm{e}^{-t/\beta}\mathrm{d}t-P(Y=\alpha-1)\end{aligned}$$

重复上述过程即得式 (3.3.9)（见习题 3.19）. ‖

伽玛分布有许多重要的特例. 若令 $\alpha=p/2$，其中 p 为整数且 $\beta=2$，则伽玛概率密度函数变为

(3.3.10) $$f(x|p)=\frac{1}{\Gamma(p/2)2^{p/2}}x^{p/2-1}\mathrm{e}^{-x/2}, \quad 0<x<\infty$$

此即**自由度为 p 的 χ^2 概率密度函数**（χ squared pdf with p degrees of freedom），记为 χ^2_p. χ^2 分布（卡方分布）的期望、方差和矩母函数均可由伽玛分布的结果得到.

χ^2 分布在统计推断中发挥着重要作用，特别是对正态分布总体的抽样. 相关内容我们将在第 5 章详细介绍.

若令 $\alpha=1$，我们就得到了伽玛分布的另一个重要特例，此时概率密度函数为

(3.3.11)　　$f(x|\beta)=\frac{1}{\beta}e^{-x/\beta}$, $0<x<\infty$

此即尺度参数为 β 的**指数概率密度函数** (exponential pdf). 例 2.2.2 和 2.3.3 中计算了这类分布的期望和方差.

与离散情形下的几何分布族类似，指数分布也可以用于建模“寿命”. 事实上，指数分布也具有几何分布的“无记忆性”——若 X 服从参数为 β 的指数分布，即其概率密度函数同式 (3.3.11)，则对任意 $s>t\geqslant 0$，有

$$P(X>s|X>t)=P(X>s-t)$$

这是因为

$$\begin{aligned}
P(X>s\mid X>t)&=\frac{P(X>s \text{ 且 } X>t)}{P(X>t)}\\
&=\frac{P(X>s)}{P(X>t)} \qquad\qquad (\text{因为 } s>t)\\
&=\frac{\int_s^{+\infty}\frac{1}{\beta}e^{-x/\beta}dx}{\int_t^{+\infty}\frac{1}{\beta}e^{-x/\beta}dx}\\
&=\frac{e^{-s/\beta}}{e^{-t/\beta}}\\
&=e^{-(s-t)/\beta}\\
&=P(X>s-t)
\end{aligned}$$

Weibull (**威布尔**) **分布**是与指数分布、伽玛分布都有关的一类分布. 如果 X 服从参数为 β 的指数分布，则 $Y=X^{1/\gamma}$ 服从参数为 (γ, β) 的 Weibull 分布，即其概率密度函数为

(3.3.12)　　$f_Y(y|\gamma,\beta)=\frac{\gamma}{\beta}y^{\gamma-1}e^{-y^{\gamma}/\beta}$, $0<y<\infty$, $\gamma>0$, $\beta>0$

显然，只要喜欢，我们也可以从 Weibull 分布出发得到指数分布 (取 $\gamma=1$). Weibull 分布在寿命数据分析中的作用至关重要 (详见 Kalbfleisch and Prentice1980)，特别是它能够用于**危险率函数**的建模 (见习题 3.25 和习题 3.26).

正态分布

正态分布 (有时也称作 **Guass (高斯) 分布**) 在整个统计学中占据中心地位，其原因主要有三点：首先，正态分布及其相关分布易于利用解析手段进行处理 (尽管它们看起来并不像)；其次，正态分布的图像是我们熟悉的钟形，其对称性保证了正态分布是进行总体建模的最佳选择. 虽然其他一些分布的图像也是钟形，但它们大都不如正态分布容易处理；最后，中心极限定理 (见第 5 章) 表明：对于较大的样本，在适当的条件下绝大部分分布都能用正态分布近似.

正态分布有两个参数，通常记作 μ 和 σ^2，分别是正态分布的期望和方差. 参数

为 (μ, σ^2) 的**正态分布**（normal distribution）（常记为 $n(\mu, \sigma^2)$）有概率密度函数：

(3.3.13) $$f(x|\mu,\sigma^2)=\frac{1}{\sqrt{2\pi}\sigma}\mathrm{e}^{-(x-\mu)^2/(2\sigma^2)},\quad -\infty<x<+\infty$$

若 $X\sim n(\mu, \sigma^2)$，则随机变量 $Z=(X-\mu)/\sigma$ 服从 $\mathrm{n}(0, 1)$ 分布，该分布称为**标准正态分布**（standard normal distribution）．事实上，我们有

$$\begin{aligned}P(Z\leqslant z) &= P\left(\frac{X-\mu}{\sigma}\leqslant z\right)\\ &= P(X\leqslant \sigma z+\mu)\\ &= \frac{1}{\sqrt{2\pi}\sigma}\int_{-\infty}^{\sigma z+\mu}\mathrm{e}^{-(x-\mu)^2/(2\sigma^2)}\mathrm{d}x\\ &= \frac{1}{\sqrt{2\pi}}\int_{-\infty}^{z}\mathrm{e}^{-t^2/2}\mathrm{d}t \qquad \left(\text{做变量替换：} t=\frac{x-\mu}{\sigma}\right)\end{aligned}$$

故 $P(Z\leqslant z)$ 是标准正态分布的累积分布函数．

于是，所有正态分布的概率都可以借助标准正态分布进行计算．例如，为求 $n(\mu,\sigma^2)$ 的期望，我们可以先求 $\mathrm{n}(0,1)$ 的期望，然后通过变换得到 $\mathrm{n}(\mu,\sigma^2)$ 的期望．若 $Z\sim\mathrm{n}(0,1)$，则

$$\mathrm{E}Z=\frac{1}{\sqrt{2\pi}}\int_{-\infty}^{+\infty}z\mathrm{e}^{-z^2/2}\mathrm{d}z=-\frac{1}{\sqrt{2\pi}}\mathrm{e}^{-z^2/2}\Big|_{-\infty}^{+\infty}=0$$

于是，若还有 $X\sim\mathrm{n}(\mu,\sigma^2)$，则根据定理 2.2.5 可得

$$\mathrm{E}X=\mathrm{E}(\mu+\sigma Z)=\mu+\sigma\mathrm{E}Z=\mu$$

类似地，由 $\mathrm{Var}Z=1$ 以及定理 2.3.4 可得 $\mathrm{Var}X=\sigma^2$．

我们尚未证明式（3.3.13）在整个实轴上的积分等于 1．通过简单的变量替换，实际上只需证明

$$\frac{1}{\sqrt{2\pi}}\int_{-\infty}^{+\infty}\mathrm{e}^{-z^2/2}\mathrm{d}z=1$$

注意，上述被积函数关于 0 点对称，因此它在 $(-\infty, 0)$ 与 $(0, +\infty)$ 上的积分相等．于是问题转化为证明

(3.3.14) $$\int_{0}^{+\infty}\mathrm{e}^{-z^2/2}\mathrm{d}z=\frac{\sqrt{2\pi}}{2}=\sqrt{\frac{\pi}{2}}$$

函数 $\mathrm{e}^{-z^2/2}$ 的不定积分无法用初等函数显式表示（或说表示成闭型），所以此处不能直接积分．实际上，对于如何计算这个积分我们毫无办法，而计算它也的确是徒劳．由于式（3.3.14）两端都为正数，因此若其平方相等，则该式必成立．对式（3.3.14）中的积分取平方，得到

$$\left(\int_0^{+\infty}\mathrm{e}^{-z^2/2}\mathrm{d}z\right)^2=\left(\int_0^{+\infty}\mathrm{e}^{-t^2/2}\mathrm{d}t\right)\left(\int_0^{+\infty}\mathrm{e}^{-u^2/2}\mathrm{d}u\right)$$

$$=\int_0^{+\infty}\int_0^{+\infty}\mathrm{e}^{-(t^2+u^2)/2}\mathrm{d}t\mathrm{d}u$$

其中积分变量都是哑变量，可以改名．现在我们将积分变量变为极坐标变量，定义：

$$t=r\cos\theta \quad 以及 \quad u=r\sin\theta$$

则 $t^2+u^2=r^2$，$\mathrm{d}t\mathrm{d}u=r\mathrm{d}\theta\mathrm{d}r$，且积分上下限分别变成 $0<r<+\infty$ 和 $0<\theta<\pi/2$（θ 的积分上限是 $\pi/2$，这是因为 t，u 都是正数）．于是

$$\begin{aligned}\int_0^{+\infty}\int_0^{+\infty}\mathrm{e}^{-(t^2+u^2)/2}\mathrm{d}t\mathrm{d}u &= \int_0^{+\infty}\int_0^{\pi/2}r\mathrm{e}^{-r^2/2}\mathrm{d}\theta\mathrm{d}r \\ &= \frac{\pi}{2}\int_0^{+\infty}r\mathrm{e}^{-r^2/2}\mathrm{d}r \\ &= \frac{\pi}{2}\left[-\mathrm{e}^{-r^2/2}\Big|_0^{+\infty}\right] \\ &= \frac{\pi}{2}\end{aligned}$$

这就证得式（3.3.14）．

式（3.3.14）的积分与 Γ 函数关系密切．事实上，若令 $w=\frac{1}{2}z^2$，则该积分本质上就是 $\Gamma\left(\frac{1}{2}\right)$，即式（3.3.14）能够蕴含（注意其中的常数）：

（3.3.15）
$$\Gamma\left(\frac{1}{2}\right)=\int_0^{+\infty}w^{-1/2}\mathrm{e}^{-w}\mathrm{d}w=\sqrt{\pi}$$

正态分布是一类特别的分布，因为它的两个参数——μ（期望）和 σ^2（方差）——完全确定了分布的形状和位置．参数能够完全确定分布并不是正态分布所独有的性质，一类称作位置-尺度函数的概率密度函数也都具有这一性质，我们将在3.5节中进行介绍．

容易证明正态概率密度函数在 $x=\mu$ 处取到最大值，且 $\mu\pm\sigma$ 为其拐点（函数由此从凹函数变成凸函数）．此外，若 $X\sim \mathrm{n}(\mu,\sigma^2)$ 且 $Z\sim \mathrm{n}(0,1)$，则 X 位于其期望上下1倍、2倍、3倍标准差范围内的概率分别为：

$$P(|X-\mu|\leqslant\sigma)=P(|Z|\leqslant 1)=0.6826$$
$$P(|X-\mu|\leqslant 2\sigma)=P(|Z|\leqslant 2)=0.9544$$
$$P(|X-\mu|\leqslant 3\sigma)=P(|Z|\leqslant 3)=0.9974$$

以上数值可通过计算机计算或查阅书后表格得到．其保留前两位小数后的结果依次为0.68，0.95和0.99，这些值尽管不是舍入值，却是最常使用的值．图3.3.1勾勒出了正态概率密度函数图像的主要特征．

正态分布的应用极为广泛，其中重要的一项应用就是我们可以用它来逼近其他分布（这在某种程度上由中心极限定理保证）．例如，若 X 服从参数为（n，p）的

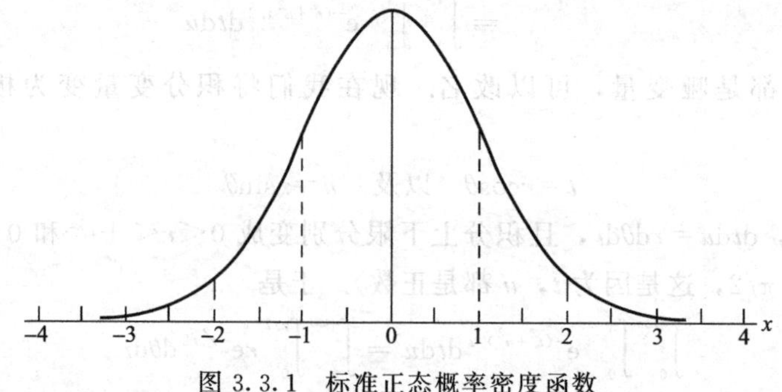

图 3.3.1　标准正态概率密度函数

二项分布，则 $EX=np$，$\mathrm{Var}X=np(1-p)$，并且在适当条件下 X 的分布能用一个期望为 $\mu=np$、方差为 $\sigma^2=np(1-p)$ 的正态随机变量来近似. 其中"适当条件"是指：n 很大且 p 不在其值域端点 0 和 1 附近——要求 n 很大是希望 X 有足够多的（离散）取值，以便我们找到合适的连续分布来逼近 X 的二项分布；要求 p 的值尽可能取在中间，则是希望二项分布在形态上近似正态分布，即尽可能对称. 对于什么样的近似是好的近似，我们并无绝对的标准，只要求它满足实际需求——保守地说，应满足 $\min(np,n(1-p))\geqslant 5$.

例 3.3.2（正态近似）　设 X 服从参数为（25，0.6）的二项分布，则可以用期望为 $\mu=25(0.6)=15$、方差为 $\sigma=((25)(0.6)(0.4))^{1/2}=2.45$ 的正态随机变量 Y 来近似 X. 于是

$$P(X\leqslant 13)\approx P(Y\leqslant 13)=P\left(Z\leqslant\frac{13-15}{2.45}\right)=P(Z\leqslant -0.82)=0.206$$

直接计算二项分布可得

$$P(X\leqslant 13)=\sum_{x=0}^{13}\binom{25}{x}(0.6)^x(0.4)^{25-x}=0.267$$

这说明上面给出的正态近似还不错，但还不是特别好. 事实上我们可以通过"连续性校正"的手段大大提高近似的精度. 图 3.3.2 绘出了参数为（25，0.6）的二项分布的概率质量函数以及 $\mathrm{n}(15,(2.45)^2)$ 的概率密度函数，其中虚线部分是宽度为 1、高度等于二项分布概率的矩形，其面积恰好是对应的二项概率. 现在考虑用正态曲线面积近似（二项）矩形面积，由于前者的面积总小于后者（例如，$X\leqslant 13$ 所对应的正态曲线面积全部位于直线 $x=13$ 的左侧，而其对应的二项矩形面积还包括 13 到 13.5 之间的矩形），所以我们利用连续性校正为前者补齐这部分面积——即将截点后置 $\frac{1}{2}$. 于是，我们不再计算 $P(X\leqslant 13)$ 的近似，转而讨论与之等价的 $P(X\leqslant 13.5)$（两者的等价性由 X 的离散性保证），得到

$$P(X\leqslant 13)=P(X\leqslant 13.5)\approx P(Y\leqslant 13.5)=P(Z\leqslant -0.61)=0.271$$

这显然是一个更好的近似. 事实上，连续性校正后的正态近似通常远比校正前的近似更精确.

类似地我们也可以对下界进行校正. 故若 X 服从参数为(n,p)的二项分布且 $Y\sim \mathrm{n}(np,np(1-p))$，则有下列近似：

$$P(X\leqslant x)\approx P(Y\leqslant x+1/2)$$
$$P(X\geqslant x)\approx P(Y\geqslant x-1/2)$$

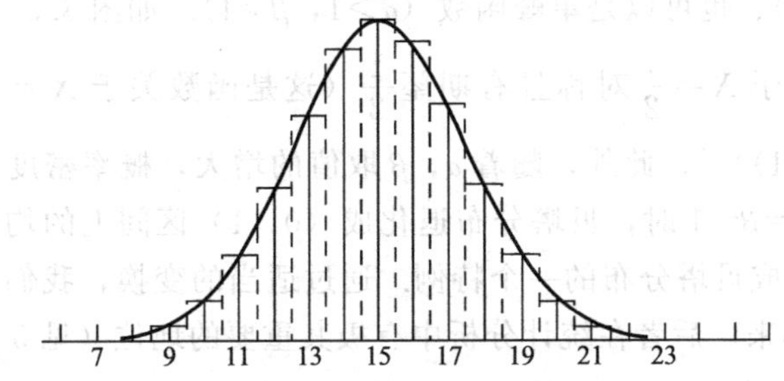

图 3.3.2 二项（25，0.6）分布的（15，$(2.45)^2$）正态近似

贝塔分布

贝塔分布是（0，1）区间上含两个参数的一类连续分布，参数为(α,β)的贝塔概率密度函数为：

(3.3.16) $$f(x|\alpha,\beta)=\frac{1}{\mathrm{B}(\alpha,\beta)}x^{\alpha-1}(1-x)^{\beta-1},\quad 0<x<1,\quad \alpha>0,\quad \beta>0$$

其中 $\mathrm{B}(\alpha,\beta)$表示 B 函数（贝塔函数）：

$$\mathrm{B}(\alpha,\beta)=\int_0^1 x^{\alpha-1}(1-x)^{\beta-1}\mathrm{d}x$$

B 函数与 Γ 函数之间存在下列关系：

(3.3.17) $$\mathrm{B}(\alpha,\beta)=\frac{\Gamma(\alpha)\Gamma(\beta)}{\Gamma(\alpha+\beta)}$$

式（3.3.17）使我们得以借助 Γ 函数的性质方便地处理 B 函数. 事实上，下面所有的计算中我们都不直接处理 B 函数，而是选择运用式（3.3.17).

贝塔分布是为数极少的几类被命名、且在有限区间（此处为（0，1））上取得概率 1 的分布之一，因而常用于建模 0 到 1 内的各种比例，详见第 4 章.

根据贝塔概率密度函数，容易求得贝塔分布的 n 阶矩为：

$$\begin{aligned}\mathrm{E}X^n&=\frac{1}{\mathrm{B}(\alpha,\beta)}\int_0^1 x^n x^{\alpha-1}(1-x)^{\beta-1}\mathrm{d}x\\&=\frac{1}{\mathrm{B}(\alpha,\beta)}\int_0^1 x^{(\alpha+n)-1}(1-x)^{\beta-1}\mathrm{d}x\end{aligned}$$

注意，上式中的被积函数是参数为（$\alpha+n$，β）的贝塔概率密度函数的核，于是有

(3.3.18) $$\mathrm{E}X^n=\frac{\mathrm{B}(\alpha+n,\beta)}{\mathrm{B}(\alpha,\beta)}=\frac{\Gamma(\alpha+n)\Gamma(\alpha+\beta)}{\Gamma(\alpha+\beta+n)\Gamma(\alpha)}$$

依次令 $n=1, 2$，结合式（3.3.3）和式（3.3.18）可得参数为 (α, β) 的贝塔分布的期望和方差：

$$\mathrm{E}X=\frac{\alpha}{\alpha+\beta} \quad \text{以及} \quad \mathrm{Var}X=\frac{\alpha\beta}{(\alpha+\beta)^2(\alpha+\beta+1)}$$

随着参数 α，β 的变化，贝塔分布呈现不同的形状．如图 3.3.3 所示，其概率密度函数可以严格递增（$\alpha>1$，$\beta=1$）、可以严格递减（$\alpha=1$，$\beta>1$）、可以是 U 形函数（$\alpha<1$，$\beta<1$）、也可以是单峰函数（$\alpha>1$，$\beta>1$）．如图 3.3.4，若限定 $\alpha=\beta$，则概率密度函数关于 $X=\frac{1}{2}$ 对称且有期望 $\frac{1}{2}$（这是函数关于 $X=\frac{1}{2}$ 对称的必要条件）、方差 $(4(2\alpha+1))^{-1}$；此外，随着 α，β 取值的增大，概率密度函数的取值越来越聚拢．最后当 $\alpha=\beta=1$ 时，贝塔分布退化成（0，1）区间上的均匀分布，这也说明均匀分布可以看成贝塔分布的一个特例．通过适当的变换，我们还可以将贝塔分布与 F 分布联系起来，后者在统计分析中有极其重要的地位（见 5.3 节）．

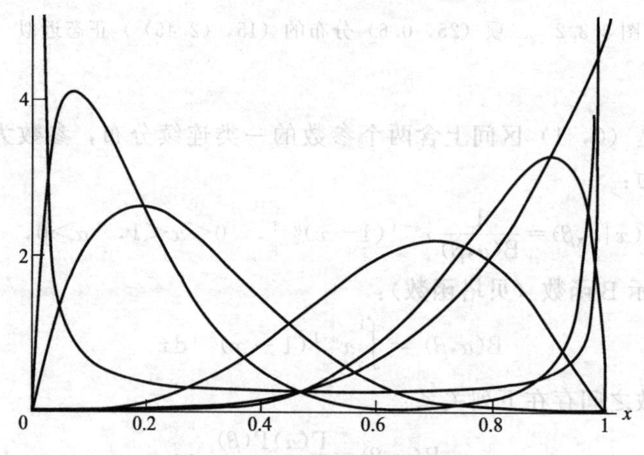

图 3.3.3　贝塔概率密度函数

Cauchy（柯西）分布

Cauchy 分布是 $(-\infty, +\infty)$ 区间上一类对称分布，其形状呈钟形，概率密度函数为（Cauchy 概率密度函数的一个推广见习题 3.39）：

$$f(x|\theta)=\frac{1}{\pi}\frac{1}{1+(x-\theta)^2}, -\infty<x<+\infty, -\infty<\theta<+\infty \tag{3.3.19}$$

Cauchy 分布从外形看似乎与正态分布差异不大，但实际不然．我们在第 2 章已经证明：Cauchy 分布不存在期望，即

$$\mathrm{E}|X|=\int_{-\infty}^{+\infty}\frac{1}{\pi}\frac{|x|}{1+(x-\theta)^2}\mathrm{d}x=+\infty \tag{3.3.20}$$

不难验证式（3.3.19）的函数确实是以 θ 为参数的概率密度函数．回忆 $\frac{\mathrm{d}}{\mathrm{d}t}\arctan(t)$

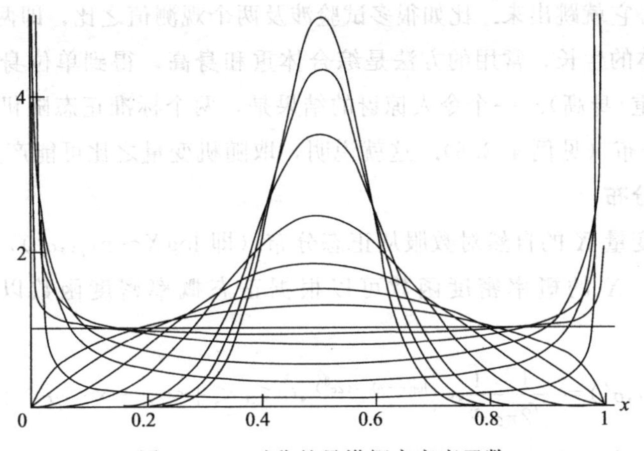

图 3.3.4　对称的贝塔概率密度函数

$=(1+t^2)^{-1}$以及 arctan（$\pm\infty$）$=\pm\pi/2$，于是有

$$\int_{-\infty}^{+\infty}\frac{1}{\pi}\frac{1}{1+(x-\theta)^2}\mathrm{d}x=\frac{1}{\pi}\arctan(x-\theta)\bigg|_{-\infty}^{+\infty}=1$$

由 $\mathrm{E}\mid X\mid=+\infty$可知 Cauchy 分布的任意阶矩都不存在，或者说其任意阶矩的绝对值都等于$+\infty$. 因此 Cauchy 分布没有矩母函数.

式（3.3.19）中的参数 θ 度量了 Cauchy 分布的中心，是 Cauchy 分布的中位数. 事实上，如果 X 服从参数为θ 的 Cauchy 分布，则由习题 3.37 可知 $P(X\geqslant\theta)=\frac{1}{2}$，这就说明 θ 是 Cauchy 分布的中位数. 图 3.3.5 绘出了参数为 0 的 Cauchy 分布以及 n(0,1)分布的图像，可以看出两者形状相似，但 Cauchy 分布的尾部更粗一些.

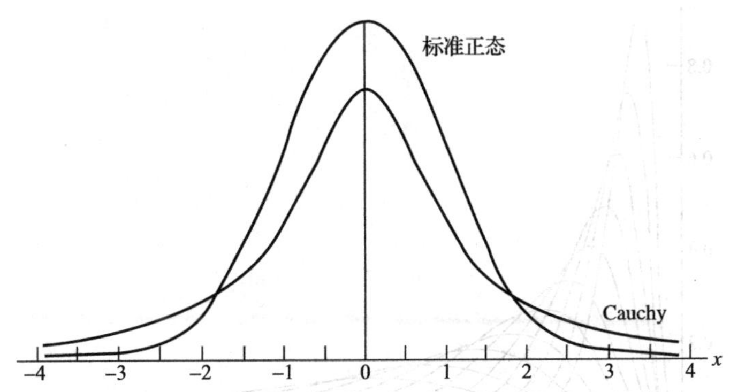

图 3.3.5　标准正态概率密度函数与 Cauchy 概率密度函数

Cauchy 分布在统计学中的作用极为特殊，它给出了一个极端的例子，即关于均值的猜测无法得到检验. 但是不要误以为 Cauchy 分布仅仅是一种病态的个例，事

实上你一不小心它就跳出来. 比如很多试验涉及两个观测值之比，即两个随机变量之比（如考察个体的生长，常用的方法是综合体重和身高，得到单位身高对应的体重变化量，即体重/身高）. 一个令人惊讶的结果是，两个标准正态随机变量之比恰好服从 Cauchy 分布（见例 4.3.6）. 这就说明，取随机变量之比可能产生病态分布.

对数正态分布

如果随机变量 X 的自然对数服从正态分布（即 $\log X \sim \mathrm{n}(\mu,\sigma^2)$），则称 X 服从对数正态分布. X 的概率密度函数可以根据正态概率密度函数以及定理 2.1.5 推得：

$$(3.3.21)\quad f(x|\mu,\sigma^2)=\frac{1}{\sqrt{2\pi}\sigma}\frac{1}{x}\mathrm{e}^{-(\log x-\mu)^2/(2\sigma^2)},0<x<+\infty,-\infty<\mu<+\infty,\sigma>0$$

称作对数正态概率密度函数. 我们可以按式（3.3.21）直接计算 X 的矩，也可以利用对数正态分布与正态分布之间的联系，得到

$$\begin{aligned}\mathrm{E}X&=\mathrm{E}\mathrm{e}^{\log X}\\&=\mathrm{E}\mathrm{e}^{Y}\qquad\qquad (Y=\log X\sim \mathrm{n}(\mu,\sigma^2))\\&=\mathrm{e}^{\mu+(\sigma^2/2)},\end{aligned}$$

其中最后一个等式根据正态分布的矩母函数得到（见习题 2.33，令 $t=1$）. 用同样的方法可以计算 $\mathrm{E}X^2$，并得到

$$\mathrm{Var}X=\mathrm{e}^{2(\mu+\sigma^2)}-\mathrm{e}^{2\mu+\sigma^2}$$

如图 3.3.6，对数正态分布的形状与 Γ 分布族似，它广泛应用于某些右偏变量的建模. 例如工资就是一个右偏变量，因而可以用对数正态分布进行建模，于是 log(工资)服从正态分布，可以按照前面正态分布理论加以处理.

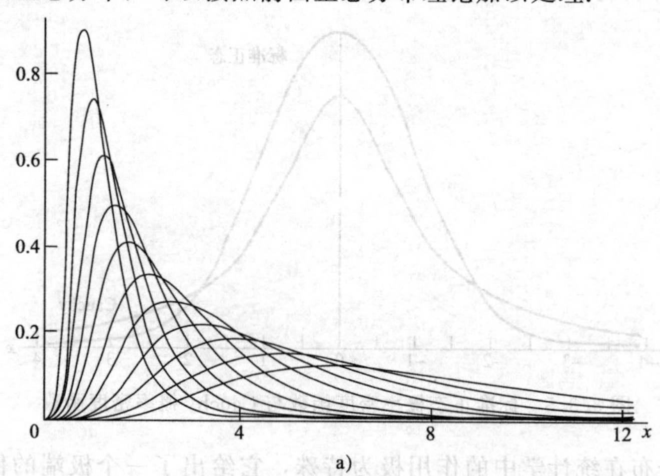

图 3.3.6 a）一些对数正态概率密度函数

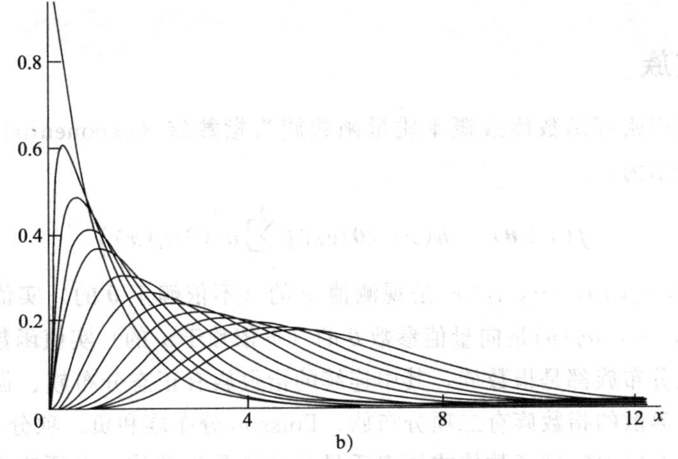

图 3.3.6（续）　b）一些伽玛概率密度函数

双指数分布

指数分布做关于原点的反射、然后平移 μ 个单位，即得**双指数分布**（double exponential distribution），其概率密度函数为：

(3.3.22)
$$f(x|\mu,\sigma)=\frac{1}{2\sigma}\mathrm{e}^{-|x-\mu|/\sigma},\quad -\infty<x<+\infty,-\infty<\mu<+\infty,\quad \sigma>0$$

双指数分布是尾部很粗（比正态分布粗得多）的对称分布．其任意阶矩都存在，且容易证明

$$\mathrm{E}X=\mu\quad 以及\quad \mathrm{Var}X=2\sigma^2$$

双指数分布的形状并非钟形．事实上，$x=\mu$ 是它的尖点（严格地说，即不可导点），所以若用解析方法处理该分布则必须单独讨论这点．计算双指数分布有关的积分时，应特别注意绝对值的符号，因此我们通常将积分区间在 $x=\mu$ 处分段：

(3.3.23)
$$\begin{aligned}\mathrm{E}X&=\int_{-\infty}^{+\infty}\frac{x}{2\sigma}\mathrm{e}^{-|x-\mu|/\sigma}\mathrm{d}x\\&=\int_{-\infty}^{\mu}\frac{x}{2\sigma}\mathrm{e}^{(x-\mu)/\sigma}\mathrm{d}x+\int_{\mu}^{+\infty}\frac{x}{2\sigma}\mathrm{e}^{-(x-\mu)/\sigma}\mathrm{d}x\end{aligned}$$

注意，在分段后的两个积分区间上绝对值符号可以去掉（该方法对计算含有绝对值的积分很有效，积分区间分段后绝对值符号通常都可以去掉）．接下来，通过对这两个积分分别进行分部积分，我们可以完成式（3.3.23）的计算．

除上面介绍的几类连续分布以外，还存在其他许多连续分布适用于各种不同的统计应用，其中一些将在本书余下部分予以介绍．本章开头提到的 Johnson 等人的著作是关于统计分布的一本很好的参考书．

3.4 指数族

称一个概率密度函数族或概率质量函数族为**指数族**（exponential family），如果它能统一表示为：

(3.4.1) $$f(x \mid \boldsymbol{\theta}) = h(x)c(\boldsymbol{\theta})\exp\left(\sum_{i=1}^{k} w_i(\boldsymbol{\theta})t_i(x)\right)$$

其中 $h(x)\geqslant 0$，$t_1(x)$，…，$t_k(x)$是观测值 x 的（不依赖于 $\boldsymbol{\theta}$ 的）实值函数，$c(\boldsymbol{\theta})\geqslant 0$ 且 $w_1(\boldsymbol{\theta})$，…，$w_k(\boldsymbol{\theta})$是向量值参数 $\boldsymbol{\theta}$ 的（不依赖于 x 的）实值函数. 上一节介绍的许多常见分布族都是指数族，其中连续的指数族有正态分布族、伽玛分布族和贝塔分布族，离散的指数族有二项分布族、Poisson 分布族和负二项分布族.

要验证一个概率密度函数族或概率质量函数族是指数族，必须确定函数 $h(x)$，$c(\boldsymbol{\theta})$，$w_i(\boldsymbol{\theta})$以及 $t_i(x)$，并证明该函数族可以表示成式（3.4.1）. 下面就是一个这样的例子.

例 3.4.1（二项指数族） 设 n 为正整数，$0<p<1$，考察参数为（n，p）的二项分布族. 该分布族的概率质量函数为：（其中 $x=0$，…，n，$0<p<1$）

$$f(x|p)=\binom{n}{x}p^x(1-p)^{n-x}$$

(3.4.2) $$=\binom{n}{x}(1-p)^n\left(\frac{p}{1-p}\right)^x$$

$$=\binom{n}{x}(1-p)^n\exp\left(\log\left(\frac{p}{1-p}\right)x\right)$$

令

$$h(x)=\begin{cases}\binom{n}{x}, & x=0,\cdots,n\\ 0, & \text{其他}\end{cases}\qquad c(p)=(1-p)^n, 0<p<1$$

$$w_1(p)=\log\left(\frac{p}{1-p}\right), 0<p<1, \quad \text{以及 } t_1(x)=x$$

于是

(3.4.3) $$f(x|p)=h(x)c(p)\exp[w_1(p)t_1(x)]$$

恰好是式（3.4.1）当 $k=1$ 时的情形. 注意，仅当 $x=0$，…，n 时有 $h(x)>0$，仅当 $0<p<1$ 时 $c(p)$有定义. 这一点非常重要，因为我们必须保证式（3.4.3）与式（3.4.2）对 x 的任意取值都一致，并且仅当 $0<p<1$ 时式（3.4.3）构成指数族（所以将参数函数的定义域设为 $0<p<1$）. 二项分布中参数 p 有时可以取值 0 或 1，但此处我们并未考虑，这是因为 $p=0$ 或 1 时 $f(x|p)>0$ 所对应的 x 值集与 p 取其

他值时不同.

指数族的特殊形式（3.4.1）决定了它具有很好的数学性质，也决定了它作为统计模型具有很好的统计学性质. 下面的定理为计算指数族的矩提供了一个捷径.

定理 3.4.2 设随机变量 X 的概率密度函数或概率质量函数形如式(3.4.1)，则

$$\mathrm{E}\left(\sum_{i=1}^{k}\frac{\partial w_i(\boldsymbol{\theta})}{\partial\boldsymbol{\theta}_j}t_i(X)\right)=-\frac{\partial}{\partial\boldsymbol{\theta}_j}\log c(\boldsymbol{\theta})\tag{3.4.4}$$

$$\mathrm{Var}\left(\sum_{i=1}^{k}\frac{\partial w_i(\theta)}{\partial\boldsymbol{\theta}_j}t_i(X)\right)=-\frac{\partial^2}{\partial\boldsymbol{\theta}_j^2}\log c(\boldsymbol{\theta})-\mathrm{E}\left(\sum_{i=1}^{k}\frac{\partial^2 w_i(\boldsymbol{\theta})}{\partial\boldsymbol{\theta}_j^2}t_i(X)\right)\tag{3.4.5}$$

上面的公式虽然看似复杂，但应用时却很奏效，它们将积分与求和变成求导运算，而后者计算起来非常容易.

例 3.4.3（二项期望和方差） 由例 3.4.1 有

$$\frac{\mathrm{d}}{\mathrm{d}p}w_1(p)=\frac{\mathrm{d}}{\mathrm{d}p}\log\frac{p}{1-p}=\frac{1}{p(1-p)}$$

$$\frac{\mathrm{d}}{\mathrm{d}p}\log c(p)=\frac{\mathrm{d}}{\mathrm{d}p}n\log(1-p)=\frac{-n}{1-p}$$

于是，根据定理 3.4.2 可得

$$\mathrm{E}\left(\frac{1}{p(1-p)}X\right)=\frac{n}{1-p}$$

变换后即得 $\mathrm{E}(X)=np$. 类似的方法可求得二项方差. ‖

定理 3.4.2 的证明完全运用微积分的知识，留作习题 3.31；习题 3.32 则是它的一个特例.

下面看另外一个例子，以及指数族的其他性质.

例 3.4.4（正态指数族） 设 $f(x|\mu,\sigma^2)$ 是 $\mathrm{n}(\mu,\sigma^2)$ 的概率密度函数，令 $\theta=(\mu,\sigma)$，其中 $-\infty<\mu<+\infty$，$\sigma>0$. 则

$$\begin{aligned}f(x\mid\mu,\sigma^2)&=\frac{1}{\sqrt{2\pi}\sigma}\exp\left(-\frac{(x-\mu)^2}{2\sigma^2}\right)\\&=\frac{1}{\sqrt{2\pi}\sigma}\exp\left(-\frac{\mu^2}{2\sigma^2}\right)\exp\left(-\frac{x^2}{2\sigma^2}+\frac{\mu x}{\sigma^2}\right)\end{aligned}\tag{3.4.6}$$

令

$$h(x)=1,\quad -\infty<x<+\infty$$

$$c(\boldsymbol{\theta})=c(\mu,\sigma)=\frac{1}{\sqrt{2\pi}\sigma}\exp\left(-\frac{\mu^2}{2\sigma^2}\right),\quad -\infty<\mu<+\infty,\sigma>0$$

$$w_1(\mu,\sigma)=\frac{1}{\sigma^2},\sigma>0;\quad w_2(\mu,\sigma)=\frac{\mu}{\sigma^2},\sigma>0$$

$$t_1(x)=-x^2/2\ \text{以及}\ t_2(x)=x$$

则

$$f(x|\mu,\sigma^2)=h(x)c(\mu,\sigma)\exp[w_1(\mu,\sigma)t_1(x)+w_2(\mu,\sigma)t_2(x)]$$

恰好是式（3.4.1）当 $k=2$ 时的情形. 注意，参数函数的定义域是概率密度函数中参数的取值范围.

对于指数族而言，满足 $f(x|\boldsymbol{\theta})>0$ 的 x 值集通常不能依赖参数 $\boldsymbol{\theta}$. 将给定的概率密度函数或概率质量函数改写成式（3.4.1）时，函数的定义域必须保持一致. 事实上，我们可以借助示性函数将 x 的定义范围写入 $f(x|\boldsymbol{\theta})$的表达式.

定义 3.4.5 集合 A 的**示性函数**（indicator function），常记作 $I_A(x)$或 $I(x\in A)$，是函数

$$I_A(x)=\begin{cases}1, & x\in A\\ 0, & x\notin A\end{cases}$$

于是，例 3.4.4 中的正态概率密度函数可以写为：

$$f(x|\mu,\sigma^2)=h(x)c(\mu,\sigma)\exp[w_1(\mu,\sigma)t_1(x)+w_2(\mu,\sigma)t_2(x)]I_{(-\infty,+\infty)}(x)$$

由于示性函数仅是 x 的函数，可以并入到函数 $h(x)$中，所以上面的概率密度函数仍然具有式（3.4.1）的形式.

式（3.4.1）中的乘积因子 exp（·）恒大于 0，因此对任意 $\boldsymbol{\theta}\in\Theta$，即满足 $c(\boldsymbol{\theta})>0$的 $\boldsymbol{\theta}$，集合$\{x:f(x|\boldsymbol{\theta})>0\}$都等于集合$\{x:h(x)>0\}$，从而与 $\boldsymbol{\theta}$ 无关. 以概率密度函数 $f(x|\theta)=\theta^{-1}\exp(1-(x/\theta))$，$0<\theta<x<+\infty$为例，尽管 $\theta^{-1}\exp(1-(x/\theta))=h(x)c(\theta)\exp(w(\theta)t(x))$，其中 $h(x)=\mathrm{e}^1$，$c(\theta)=\theta^{-1}$，$w(\theta)=\theta^{-1}$且 $t(x)=-x$，但 $f(x|\theta)$并不是指数族. 事实上，若用示性函数表示概率密度函数，则有

$$f(x|\theta)=\theta^{-1}\exp\left(1-\left(\frac{x}{\theta}\right)\right)I_{[\theta,+\infty)}(x)$$

注意，其中示性函数既不是 x 的单变量函数、也不是 θ 的单变量函数、又不能表示成指数函数，因而无法并入式（3.4.1）的任意一项中. 这就说明 $f(x|\theta)$不具有式（3.4.1）的形式，不是指数族.

我们可以把式（3.4.1）重新参数化，得到指数族的又一形式：

$$f(x\mid\eta)=h(x)c^*(\eta)\exp\left(\sum_{i=1}^k\eta_i t_i(x)\right)\tag{3.4.7}$$

其中函数 $h(x)$和 $t_i(x)$同式（3.4.1），集合 $\mathcal{H}=\{\eta=(\eta_1,\cdots,\eta_k):\int_{-\infty}^{+\infty}h(x)\exp\left(\sum_{i=1}^k\eta_i t_i(x)\right)\mathrm{d}x<+\infty\}$（当 X 是离散随机变量时，积分替换为对满足 $h(x)>0$ 的 x 求和）称作指数族的**自然参数空间**（natural parameter space）. 对任意 $\eta\in\mathcal{H}$，为保证概率密度函数积分得 1，必有 $c^*(\eta)=\left[\int_{-\infty}^{+\infty}h(x)\exp\left(\sum_{i=1}^k\eta_i t_i(x)\right)\mathrm{d}x\right]^{-1}$. 由于式（3.4.1）所给的 $f(x|\boldsymbol{\theta})$是概率密度函数或概率质量函数，因此集合$\{\eta=(w_1(\boldsymbol{\theta}),$

$\cdots, w_k(\boldsymbol{\theta})): \boldsymbol{\theta} \in \Theta\}$ 必为自然参数空间的子集．除此之外，$\mathcal{H}$ 中也许还存在其他的 η 值．自然参数化方法以及自然参数空间具有很好的性质，例如 $\mathcal{H}$ 是凸集．

例 3.4.6（例 3.4.4-续） 为计算正态分布族的自然参数空间，我们以 η_i 代替式（3.4.6）中的 $w_i(\mu,\sigma)$，得到：

$$f(x|\eta_1,\eta_2)=\frac{\sqrt{\eta_1}}{\sqrt{2\pi}}\exp\left(-\frac{\eta_2{}^2}{2\eta_1}\right)\exp\left(-\frac{\eta_1 x^2}{2}+\eta_2 x\right) \tag{3.4.8}$$

上式的积分有限当且仅当 x^2 的系数小于 0，又当且仅当 η_1 大于 0（η_2 可以取任意值），故正态分布族的自然参数空间是 $\{(\eta_1,\eta_2):\eta_1>0,-\infty<\eta_2<+\infty\}$．对照式（3.4.8）与式（3.4.6）两式易见 $\eta_2=\mu/\sigma^2$，$\eta_1=1/\sigma^2$．不过，尽管自然参数的引入使公式得以简化，它们通常不像期望、方差那样有简单直观的解释． ‖

式（3.4.1）中向量 $\boldsymbol{\theta}$ 的维数常常等于指数函数中求和项的个数 k，不过也有例外，比如 $\boldsymbol{\theta}$ 的维数 d 可以小于 k，满足这一条件的指数族称作**曲指数族**．

定义 3.4.7 形如式（3.4.1）的一族概率密度函数如果满足：向量 $\boldsymbol{\theta}$ 的维数 d 小于 k，则称作曲指数族（**curved exponential family**）；如果 $d=k$，则称作**完全指数族**（**full exponential family**）．

例 3.4.8（曲指数族） 例 3.4.4 的正态指数族是完全指数族．不过若假定 $\sigma^2=\mu^2$，则该指数族将变成曲指数族（该模型可以用于方差分析，见习题 11.1 和 11.2）．事实上，此时有

$$\begin{aligned} f(x|\mu)&=\frac{1}{\sqrt{2\pi\mu^2}}\exp\left(-\frac{(x-\mu)^2}{2\mu^2}\right)\\ &=\frac{1}{\sqrt{2\pi\mu^2}}\exp\left(-\frac{1}{2}\right)\exp\left(-\frac{x^2}{2\mu^2}+\frac{x}{\mu}\right) \end{aligned} \tag{3.4.9}$$

完全正态指数族的参数空间为 $(\mu,\sigma^2)=\mathbb{R}\times(0,+\infty)$，而曲正态指数族的参数空间 $(\mu,\sigma^2)=(\mu,\mu^2)$ 是一条抛物线． ‖

曲指数族有多种应用，下面的例演示了其中一种．

例 3.4.9（正态近似） 第 5 章我们将看到，如果 X_1，…，X_n 服从参数为 λ 的 Poisson 分布，则 $\bar{X}=\sum_i X_i/n$ 的分布可以用曲指数族近似，即有：

$$\bar{X}\sim \mathrm{n}(\lambda,\lambda/n)$$

该近似的可靠性由中心极限定理（定理 5.5.14）保证．事实上，由中心极限定理得到的大部分近似都是曲指数族．又如，我们已知的正态-二项近似（例 3.3.2）：如果 X_1，…，X_n 是一列独立的成功概率为 p 的 Bernoulli 试验，则有近似：

$$\bar{X}\sim \mathrm{n}(p,p(1-p)/n)$$

例 5.5.16 给出了正态近似的另一个例子．

尽管曲指数族的参数空间维数更低，它与完全指数族还是有许多公共的性质．

特别地，定理 3.4.2 也适用于曲指数族．此外，本书余下部分还将介绍曲指数族的其他一些统计学性质．例如，假定我们收集到了关于某总体的大量数据，其概率密度函数或概率质量函数同式（3.4.1），那么我们可以从中求出 k(k=式(3.4.1)中求和项的数目）个数，它们足以确定 $\boldsymbol{\theta}$．这一性质称作“数据简化”，第 6 章介绍充分统计量时将详细讨论（见定理 6.2.10）．

有关指数族的更多内容见 Lehmann（1986，第 2.7 节）或者 Lehmann and Caeslla（1998，第 1.5 节以及注记 1.10.6），Brown（1986）的经典著作则是一本覆盖面更全、难度更深的参考书．

3.5 位置与尺度族

3.3 节和 3.4 节讨论了几个常见分布族，本节则将介绍构造分布族的三种方法．利用这些方法所构造的分布族在现实世界中都有现成的解释，这就使得它们不仅有良好的数学性质，而且便于实际应用．

本节要构造的分布族包括位置族、尺度族和位置-尺度族．构造分布族的一般方法为：预先给定该分布族的一个**标准概率密度函数**（standard pdf）$f(x)$，然后用指定的方法对 $f(x)$进行变换以得到该分布族的所有其他概率密度函数．我们先看一个关于概率密度函数的定理．

定理 3.5.1　设 $f(x)$是概率密度函数，μ 和 $\sigma>0$ 为任意指定参数．则函数

$$g(x|\mu,\sigma)=\frac{1}{\sigma}f\left(\frac{x-\mu}{\sigma}\right)$$

也是概率密度函数．

证明　为证明变换所得的函数是合法的概率密度函数，需要验证：无论 μ 和 σ 取何值，x 的函数$(1/\sigma)f((x-\mu)/\sigma)$都是某随机变量的概率密度函数，即证$(1/\sigma)f((x-\mu)/\sigma)$是积分得 1 的非负函数．由于 $f(x)$是概率密度函数，所以对任意 x 都有 $f(x)\geqslant 0$，于是对任意 x，μ 和 $\sigma(>0)$，都有$(1/\sigma)f((x-\mu)/\sigma)\geqslant 0$．此外，注意到

$$\begin{aligned}\int_{-\infty}^{+\infty}\frac{1}{\sigma}f\left(\frac{x-\mu}{\sigma}\right)\mathrm{d}x&=\int_{-\infty}^{+\infty}f(y)\mathrm{d}y\quad\left(\text{做变量替换}:y=\frac{x-\mu}{\sigma}\right)\\&=1\qquad\qquad\qquad(\text{因为 }f(y)\text{ 是概率密度函数})\end{aligned}$$

故定理得证．　□

下面介绍我们要构造的第一种分布族——位置族．

定义 3.5.2　设 $f(x)$是概率密度函数，则称概率密度函数族 $f(x-\mu)$，$-\infty<\mu<+\infty$是**标准概率密度函数为 $f(x)$的位置族**（location family with standard pdf

$f(x)$)，称参数 μ 为该分布族的**位置参数**（location parameter）.

引入位置参数 μ 的效果如图 3.5.1 所示. 当 $x=\mu$ 时有 $f(x-\mu)=f(0)$，当 $x=\mu+1$ 时有 $f(x-\mu)=f(1)$；一般地，当 $x=\mu+a$ 时有 $f(x-\mu)=f(a)$. 而 $\mu=0$ 时 $f(x-\mu)$ 显然就是 $f(x)$，所以位置参数 μ 的作用仅仅是将概率密度函数平移 μ 个单位，并不改变函数图像的形状，平移后函数 $f(x)$ 在 $x=0$ 右侧的图像与函数 $f(x-\mu)$ 在 $x=\mu$ 右侧的图像完全一致. 由图 3.5.1 易见，函数 $f(x)$ 下方介于 $x=-1$ 与 $x=2$ 之间的面积与函数 $f(x-\mu)$ 下方介于 $x=\mu-1$ 与 $x=\mu+2$ 之间的面积相等. 因此，如果随机变量 X 的概率密度函数为 $f(x-\mu)$，则

$$P(-1\leqslant X\leqslant 2|0)=P(\mu-1\leqslant X\leqslant \mu+2|\mu)$$

其中，上式左端 X 的概率密度函数为 $f(x-0)=f(x)$，右端 X 的概率密度函数为 $f(x-\mu)$.

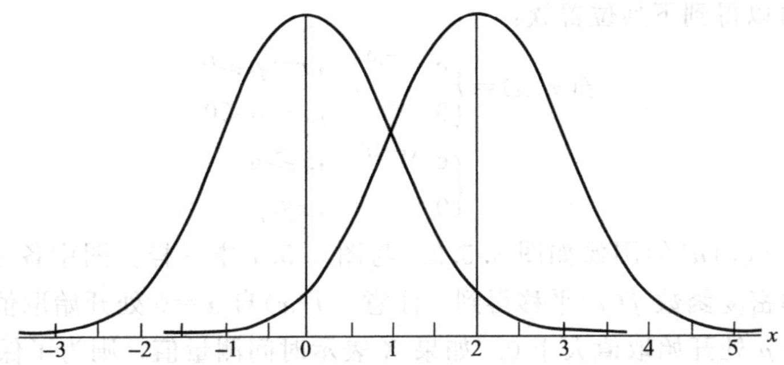

图 3.5.1　同一位置族的两个概率密度函数：期望分别为 0 和 2

3.3 节介绍的一些分布族本身就是位置族，或者其中有子类为位置族. 例如，若预先指定 $\sigma>0$，并且令

$$f(x)=\frac{1}{\sqrt{2\pi}\sigma}\mathrm{e}^{-x^2/(2\sigma^2)},\quad -\infty<x<+\infty$$

则标准概率密度函数为 $f(x)$ 的位置族就是一集有未知期望 μ 和已知方差 σ^2 的正态分布. 事实上，以 $x-\mu$ 代替上式中的 x 即得正态概率密度函数公式（3.3.13）. 类似地，在 Cauchy 分布和双指数分布中指定 σ 的值，只保留参数 μ，也能得到位置族的例子. 然而，定义 3.5.2 的关键在于我们可以从任意概率密度函数出发，通过引入位置参数构造一类概率密度函数.

设 X 是概率密度函数为 $f(x-\mu)$ 的随机变量，则 X 可以表示成 $X=Z+\mu$，其中 Z 是概率密度函数为 $f(z)$ 的随机变量. 这种表示是定理 3.5.6（令 $\sigma=1$ 时）的一个推论，留待下文证明. 下面给出两个例子.

假设某试验需要测量某个物理量，比如溶液温度，但测量时存在测量误差. 于是测量值 X 等于 $Z+\mu$，其中 Z 为测量误差，μ 为溶液实际温度. 并且当 $Z>0$ 时有 $X>\mu$，当 $Z<0$ 时有 $X<\mu$. 随机测量误差的分布可以根据测量仪器以往试验数据

得到，若其概率密度函数为 $f(z)$，则测量值 X 的概率密度函数为 $f(x-\mu)$.

又如，一次协调性测试中各司机的反应时间分布可由经验数据得到. 随机抽取一名司机，其反应时间记作随机变量 Z，设 Z 的分布已知且其概率密度函数为 $f(z)$. 现在对司机进行“试验”，考察每名司机喝三杯啤酒后反应时间的变化量 μ (最简单的模型是假定每名司机反应时间的变化量都相等，即 μ 只有一个取值，不过这通常不是最优模型. 事实上，酒精对人体的影响与体重有关，体重越大的人受到的影响越小). 假定我们允许 $\mu<0$，即反应时间缩短. 则随机抽取一名饮酒后的司机，其反应时间应为 $X=Z+\mu$，且 X 的概率密度函数为 $f(x-\mu)$.

如果并非对 $-\infty<x<+\infty$ 都有 $f(x)>0$，则使 $f(x-u)>0$ 的 x 值的集合必依赖于 u. 例 3.5.3 说明了这一点.

例 3.5.3 (指数位置族) 设 $f(x)=\mathrm{e}^{-x}$，$x\geqslant 0$；$f(x)=0$，$x<0$. 以 $x-\mu$ 代替其中的 x 可以得到下列位置族：

$$
\begin{aligned}
f(x|\mu) &= \begin{cases} \mathrm{e}^{-(x-\mu)} & ,x-\mu\geqslant 0 \\ 0 & ,x-\mu<0 \end{cases} \\
&= \begin{cases} \mathrm{e}^{-(x-\mu)} & ,x\geqslant \mu \\ 0 & ,x<\mu \end{cases}
\end{aligned}
$$

μ 取不同值时 $f(x|\mu)$ 的图像如图 3.5.2. 与图 3.5.1 中一样，图中各 $f(x|\mu)$ 的图像由标准概率密度函数 $f(x)$ 平移得到. 注意，$f(x)$ 自 $x=0$ 处开始取值大于 0，故 $f(x|\mu)$ 自 $x=\mu$ 处开始取值大于 0. 如果 X 表示时间测量值，则为了保证对于每个 μ，X 取正值的概率为 1，必须要求 μ 非负. 此时 μ 实际上是 X 取值范围的一个界，我们称之为**门限参数**.

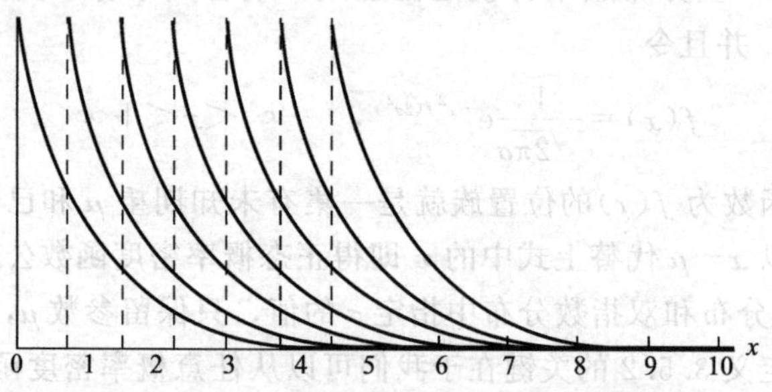

图 3.5.2 指数位置族的概率密度函数

本节要介绍的另外两个分布族分别是尺度族和位置-尺度族.

定义 3.5.4 设 $f(x)$ 是概率密度函数，则称概率密度函数族 $(1/\sigma)f(x/\sigma)$，$\sigma>0$ 是**标准概率密度函数为 $f(x)$ 的尺度族** (scale family with standard pdf $f(x)$)，称参数 σ 为该分布族的**尺度参数** (scale parameter).

引入尺度参数 σ 的效果是拉伸 ($\sigma>1$) 或者压缩($\sigma<1$) $f(x)$ 的图像，而保持其基

本形状不变，如图 3.5.3. 使用尺度参数最常见的情形是 $f(x)$关于 $x=0$ 点对称或者仅当 $x>0$ 时有 $f(x)>0$，此时所做的拉伸或者关于 $x=0$ 对称，或者仅限 $(0, +\infty)$ 区间. 不过，根据尺度族的定义，任何概率密度函数都可以作为其标准密度函数.

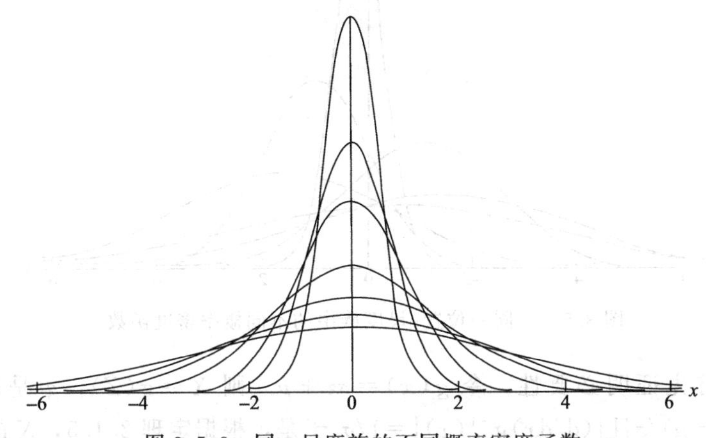

图 3.5.3　同一尺度族的不同概率密度函数

3.3 节介绍的一些分布族本身就是尺度族，或者其中有子类为尺度族. 例如，固定 α 且令 β 为尺度参数的 Γ 分布族、令 $\mu=0$ 且 σ 为尺度参数的正态分布族、指数族以及令 $\mu=0$ 且 σ 为尺度参数的双指数分布族. 在这些尺度族中，令尺度参数为 1 所得的概率密度函数即为标准概率密度函数，该分布族的其他概率密度函数则可由定义 3.5.4 求得.

定义 3.5.5　设 $f(x)$是概率密度函数，则称概率密度函数族$(1/\sigma)f((x-\mu)/\sigma)$，$-\infty<\mu<+\infty$，$\sigma>0$ 是**标准概率密度函数为 $f(x)$ 的位置-尺度族**（**location-scale family with standard pdf $f(x)$**），参数记作 (μ, σ)，其中称参数 μ 为该分布族的**位置参数**（**location parameter**），称参数 σ 为该分布族的**尺度参数**（**scale parameter**）.

同时引入位置参数和尺度参数的效果是以尺度参数为比例拉伸（$\sigma>1$）或者压缩($\sigma<1$) $f(x)$的图像，然后进行平移，使得在 $x=0$ 右侧的图像与平移后在 $x=\mu$ 右侧的图像完全一致. 图 3.5.4 描绘了 $f(x)$的若干变换. 正态分布族和双指数分布族都是位置-尺度族的例子，习题 3.39 表明 Cauchy 分布族也是.

下面的定理将位置-尺度族标准概率密度函数 $f(x)$ 的变换与概率密度函数为 $f(z)$的随机变量 Z 的变换联系起来. 如前面介绍位置族时所言，使用位置-尺度族进行建模时，用 Z 表示 X 既便于计算，也有助于我们理解问题的实质. 定理 3.5.6 当 $\sigma=1$ 时的结论（仅）适用于位置族，当 $\mu=0$ 时的结论则（仅）适用于尺度族.

定理 3.5.6　设 $f(x)$是概率密度函数，μ，σ 为任意实数且 $\sigma>0$，则 X 是以 $(1/\sigma)f((x-\mu)/\sigma)$为概率密度函数的随机变量当且仅当 Z 是以 $f(z)$为概率密度函数的随机变量且 $X=\sigma Z+\mu$.

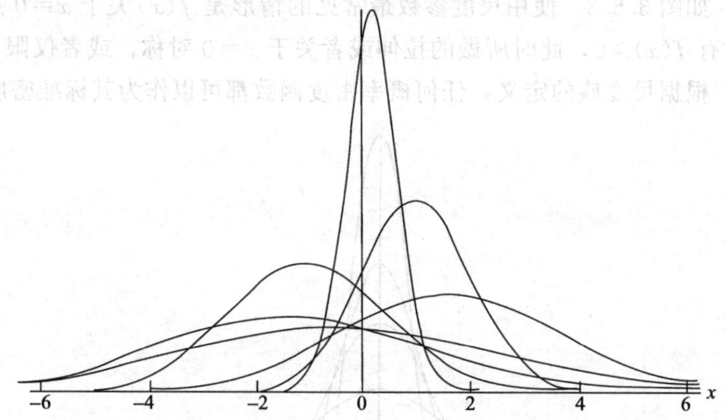

图 3.5.4　同一位置-尺度族中的不同概率密度函数

证明　首先证明必要性，令 $g(x)=\sigma z+\mu$. 则 $X=g(Z)$，g 是单调函数，$g^{-1}(x)=(x-\mu)/\sigma$ 且 $|(\mathrm{d}/\mathrm{d}x)g^{-1}(x)|=1/\sigma$. 于是，根据定理 2.1.5，$X$ 的概率密度函数为

$$f_X(x)=f_Z(g^{-1}(x))\left|\frac{\mathrm{d}}{\mathrm{d}x}g^{-1}(x)\right|=f\left(\frac{x-\mu}{\sigma}\right)\frac{1}{\sigma}$$

下面证明充分性. 令 $g(x)=(x-\mu)/\sigma$，$Z=g(X)$，则 $g^{-1}(z)=\sigma z+\mu$ 且 $|(\mathrm{d}/\mathrm{d}z)g^{-1}(z)|=\sigma$. 仍然根据定理 2.1.5，$Z$ 的概率密度函数为

$$f_Z(z)=f_X(g^{-1}(z))\left|\frac{\mathrm{d}}{\mathrm{d}z}g^{-1}(z)\right|=\frac{1}{\sigma}f\left(\frac{(\sigma z+\mu)-\mu}{\sigma}\right)\sigma=f(z)$$

此外，还有

$$\sigma z+\mu=\sigma g(X)+\mu=\sigma\left(\frac{X-\mu}{\sigma}\right)+\mu=X$$

从定理 3.5.6 中我们可以提炼出一个重要的事实：随机变量 $Z=(X-\mu)/\sigma$ 的概率密度函数为

$$f_Z(z)=\frac{1}{1}f\left(\frac{z-0}{1}\right)=f(z)$$

即 Z 的分布是该位置-尺度分布族中 $\mu=0$，$\sigma=1$ 者. 作为一个特例，3.3 节中对正态分布族证明了该事实.

概率密度函数为 $f(z)$ 的“标准”随机变量通常很容易计算，于是利用定理 3.5.6，我们可以由此推导出概率密度函数为 $(1/\sigma)f((x-\mu)/\sigma)$ 的随机变量 X 的相应信息. 下面的定理就是一个例子，它推广了 3.3 节关于正态分布的一个计算结果.

定理 3.5.7　设 Z 是以 $f(z)$ 为概率密度函数的随机变量且 $\mathrm{E}Z$ 和 $\mathrm{Var}Z$ 都存在，X 是以 $(1/\sigma)f((x-\mu)/\sigma)$ 为概率密度函数的随机变量，则

$$\mathrm{E}X=\sigma\mathrm{E}Z+\mu \quad \text{以及} \quad \mathrm{Var}X=\sigma^2\mathrm{Var}Z$$

特别地，如果 $\mathrm{E}Z=0$ 且 $\mathrm{Var}Z=1$，则 $\mathrm{E}X=\mu$ 且 $\mathrm{Var}X=\sigma^2$.

证明　根据定理 3.5.6，存在概率密度函数为 $f(z)$ 的随机变量 Z^* 使得 $X=\sigma Z^*+\mu$. 于是 $\mathrm{E}X=\sigma\mathrm{E}Z^*+\mu=\sigma\mathrm{E}Z+\mu$，并且 $\mathrm{Var}X=\sigma^2\mathrm{Var}Z^*=\sigma^2\mathrm{Var}Z$. □

对任意有有限期望和方差的位置-尺度族，我们可以选取标准概率密度函数 $f(z)$ 使得 $\mathrm{E}Z=0$ 并且 $\mathrm{Var}Z=1$（证明留作习题 3.40），于是 X 的期望和方差分别为 μ 和 σ^2. 这恰好是 3.3 节所给出的正态分布族的常用定义，但不是双指数分布族的常用定义，因为对于双指数分布有 $\mathrm{Var}Z=2$.

位置-尺度族随机变量的概率可以通过标准化变量 Z 按下式计算：

$$P(X\leqslant x)=P\left(\frac{X-\mu}{\sigma}\leqslant\frac{x-\mu}{\sigma}\right)=P\left(Z\leqslant\frac{x-\mu}{\sigma}\right)$$

因此，如果随机变量 Z 的概率 $P(Z\leqslant z)$ 可以通过查表得到或者容易计算，那么我们就能知道 X 的概率. 比如，我们可以查标准正态表求正态概率.

3.6　不等式与恒等式

不等式和恒等式在统计学中随处可见，这方面的专著也有很多. Marshall and Olkin (1979) 是其中很重要的一本，它采用优化的概念介绍了许多不等式，而更早期的 Hardy，Littlewood and Polya (1952) 概述了几乎所有经典不等式. 本节以及 4.7 节不仅概括了前面出现的一些不等式和恒等式，还介绍了一些新的结果及其意义. 本节主要讨论涉及概率的不等式和恒等式，4.7 节讨论的内容则更依赖数和函数本身的性质.

3.6.1　概率不等式

最著名、或许也是最有用的一个概率不等式是 Chebychev（**切比雪夫**）不等式. 尽管其应用非常广泛，证明却相当容易.

定理 3.6.1（Chebychev 不等式）　设 X 为随机变量，$g(x)$ 为非负函数，则对任意 $r>0$ 有

$$P(g(X)\geqslant r)\leqslant\frac{\mathrm{E}g(X)}{r}$$

证明

$$\begin{aligned}\mathrm{E}g(X)&=\int_{-\infty}^{+\infty}g(x)f_X(x)\mathrm{d}x\\&\geqslant\int_{\{x:g(x)\geqslant r\}}g(x)f_X(x)\mathrm{d}x\quad\text{（因为 } g \text{ 是非负函数）}\end{aligned}$$

$$\geqslant r\int_{\{x:g(x)\geqslant r\}} f_X(x)\mathrm{d}x$$

$$= rP(g(X)\geqslant r)\quad \text{（根据概率密度函数的定义）}$$

上式整理后即得 Chebychev 不等式.

□

例 3.6.2（Chebychev 不等式的应用） 运用 Chebychev 不等式时经常涉及期望和方差运算. 令 $g(x)=(x-\mu)^2/\sigma^2$，其中 $\mu=\mathrm{E}X$，$\sigma^2=\mathrm{Var}X$. 为方便计算将 r 写作 t^2，则

$$P\left(\frac{(X-\mu)^2}{\sigma^2}\geqslant t^2\right)\leqslant\frac{1}{t^2}\mathrm{E}\,\frac{(X-\mu)^2}{\sigma^2}=\frac{1}{t^2}$$

由上式易知

$$P(|X-\mu|\geqslant t\sigma)\leqslant\frac{1}{t^2}$$

以及

$$P(|X-\mu|<t\sigma)\geqslant 1-\frac{1}{t^2}$$

这从总体上以 σ 为单位给出了偏离程度 $|X-\mu|$ 的一个上界. 例如，令 $t=2$，则有

$$P(|X-\mu|\geqslant 2\sigma)\leqslant\frac{1}{2^2}=0.25$$

即，随机变量 X 取值在其期望上下 2σ 范围内的概率至少是 75%（不论 X 分布如何）.

‖

虽然 Chebychev 不等式应用广泛，其得到的结论却略显保守（见习题 3.46 和杂录 3.8.2）. 对于某些特殊的分布我们往往可以改进 Chebychev 不等式的结果，对概率进行更好的估计.

例 3.6.3（正态不等式） 设 Z 服从标准正态分布，则对任意 $t>0$ 都有

$$P(|Z|\geqslant t)\leqslant\sqrt{\frac{2}{\pi}}\frac{\mathrm{e}^{-t^2/2}}{t}\tag{3.6.1}$$

对照上式以及 Chebychev 不等式. $t=2$ 时 Chebychev 不等式得到的结果是 $P(|Z|\geqslant t)\leqslant 0.25$，而上式给出的上界则是 $\sqrt{(2/\pi)}\mathrm{e}^{-2}/2=0.054$，有了巨大的改进.

下面给出式（3.6.1）的证明. 事实上，我们有

$$P(Z\geqslant t)=\frac{1}{\sqrt{2\pi}}\int_t^{+\infty}\mathrm{e}^{-x^2/2}\mathrm{d}x$$

$$\leqslant\frac{1}{\sqrt{2\pi}}\int_t^{+\infty}\frac{x}{t}\mathrm{e}^{-x^2/2}\mathrm{d}x\quad\left(\text{因为当 } x>t \text{ 时有}\frac{x}{t}>1\right)$$

$$=\frac{1}{\sqrt{2\pi}}\frac{\mathrm{e}^{-t^2/2}}{t}$$

再根据 $P(|Z|\geqslant t)=2P(Z\geqslant t)$ 的事实，即得式（3.6.1）. 类似地还可求得 $P(|Z|\geqslant t)$ 的一个下界（见习题3.47）.

除上面介绍的不等式以外，还有许多其他的概率不等式，不过其中大部分本质上与Chebychev不等式类似. 例如我们还将证明（习题3.45）：假定矩母函数存在，则

$$P(X\geqslant a)\leqslant \mathrm{e}^{-at}M_X(t)$$

其他结果优于Chebychev不等式的概率不等式也都需要更强的条件（详见杂录3.8.2）.

3.6.2 恒等式

本小节我们将给出许多概率恒等式，它们不仅可以用于定理推导，也能够简化数值计算. 众多概率恒等式中有一大类称作“递推关系”，具体的例子我们在前面已经看到过. 例如，若 X 服从参数为 λ 的Poisson分布，则

$$P(X=x+1)=\frac{\lambda}{x+1}P(X=x) \tag{3.6.2}$$

这就使我们能够从 $P(X=0)=\mathrm{e}^{-\lambda}$ 出发递归地计算Poisson概率. 绝大部分离散分布都有类似于式（3.6.2）的递推关系（见习题3.48），甚至对于某些连续分布，其变形后的关系式也成立.

定理3.6.4 设 $X_{\alpha,\beta}$ 服从参数为 (α,β) 的伽玛分布，其概率密度函数为 $f(x|\alpha,\beta)$，其中 $\alpha>1$. 则对任意常数 a，b，有

$$P(a<X_{\alpha,\beta}<b)=\beta(f(a|\alpha,\beta)-f(b|\alpha,\beta))+P(a<X_{\alpha-1,\beta}<b) \tag{3.6.3}$$

证明 根据定义以及对 $u=x^{\alpha-1}$ 和 $\mathrm{d}v=\mathrm{e}^{-x/\beta}\mathrm{d}x$ 运用分部积分法，我们有

$$\begin{aligned}P(a<X_{\alpha,\beta}<b)&=\frac{1}{\Gamma(\alpha)\beta^\alpha}\int_a^b x^{\alpha-1}\mathrm{e}^{-x/\beta}\mathrm{d}x\\&=\frac{1}{\Gamma(\alpha)\beta^\alpha}\left[-x^{\alpha-1}\beta\mathrm{e}^{-x/\beta}\Big|_a^b+\int_a^b(\alpha-1)x^{\alpha-2}\beta\mathrm{e}^{-x/\beta}\mathrm{d}x\right]\end{aligned}$$

于是，

$$P(a<X_{\alpha,\beta}<b)=\beta(f(a\mid\alpha,\beta)-f(b\mid\alpha,\beta))+\frac{(\alpha-1)}{\Gamma(\alpha)\beta^{\alpha-1}}\int_a^b x^{\alpha-2}\mathrm{e}^{-x/\beta}\mathrm{d}x$$

□

利用 $\Gamma(\alpha)=(\alpha-1)\Gamma(\alpha-1)$ 的事实，上式最后一项即为 $P(a<X_{\alpha-1,\beta}<b)$.

如果 α 为整数，反复利用式（3.6.4）最终所得的积分可用解析方法进行计算（$\alpha=1$ 时该分布即指数分布），因而容易求得 Γ 分布的概率.

许多概率恒等式的建立都依赖于分部积分法，其中最著名的一个恒等式由Charles Stein提出并且用于多元正态期望的估计（Stein1973，1981）.

定理3.6.5（Stein引理） 设 $X\sim\mathrm{n}(\theta,\sigma^2)$，$g$ 是满足 $\mathrm{E}|g'(X)|<+\infty$ 的可导

函数，则

$$E[g(X)(X-\theta)]=\sigma^2 Eg'(X)$$

证明 上式左端为

$$E[g(X)(X-\theta)]=\frac{1}{\sqrt{2\pi}\sigma}\int_{-\infty}^{+\infty}g(x)(x-\theta)e^{-(x-\theta)^2/(2\sigma^2)}dx$$

对 $u=g(x)$ 和 $dv=(x-\theta)e^{-(x-\theta)^2/2\sigma^2}dx$ 运用分部积分法，可得

$$E[g(X)(X-\theta)]=\frac{1}{\sqrt{2\pi}\sigma}\left[-\sigma^2 g(x)e^{-(x-\theta)^2/(2\sigma^2)}\Big|_{-\infty}^{+\infty}+\sigma^2\int_{-\infty}^{+\infty}g'(x)e^{-(x-\theta)^2/(2\sigma^2)}dx\right]$$

由 g' 所满足的条件易知，上式右端第一项为 0，而余下的项恰好是 $\sigma^2 Eg'(X)$.

例 3.6.6（高阶正态矩） Stein 引理可以很大程度上简化高阶矩的计算. 例如，如果 $X\sim n(\theta,\sigma^2)$，则有

$$\begin{aligned}EX^3&=EX^2(X-\theta+\theta)\\&=EX^2(X-\theta)+\theta EX^2\\&=2\sigma^2 EX+\theta EX^2 \qquad (g(x)=x^2,g'(x)=2x)\\&=2\sigma^2\theta+\theta(\sigma^2+\theta^2)\\&=3\theta\sigma^2+\theta^3\end{aligned}$$

□

对于其他许多分布，利用分部积分法也能得到类似的概率恒等式（见习题 3.49 及 Hudson1978）. 此外，我们也可以根据某些分布的性质推导一些有用的恒等式.

定理 3.6.7 设 χ_p^2 是自由度为 p 的 χ^2 随机变量，则对任意函数 $h(x)$，有

$$Eh(\chi_p^2)=pE\left(\frac{h(\chi_{p+2}^2)}{\chi_{p+2}^2}\right) \tag{3.6.4}$$

这里假定上述期望存在.

证明 由于定理中假定期望存在，所以无需讨论 h 应满足的条件，事实上 h 通常都能满足式（3.6.4）. 式（3.6.4）左端为

$$\begin{aligned}Eh(\chi_p^2)&=\frac{1}{\Gamma(p/2)2^{p/2}}\int_0^{+\infty}h(x)x^{(p/2)-1}e^{-x/2}dx\\&=\frac{1}{\Gamma(p/2)2^{p/2}}\int_0^{+\infty}\left(\frac{h(x)}{x}\right)x^{((p+2)/2)-1}e^{-x/2}dx\end{aligned}$$

其中我们令被积函数乘以 x/x. 而

$$\Gamma\left(\frac{p}{2}\right)2^{p/2}=\frac{\Gamma((p+2)/2)2^{(p+2)/2}}{p}$$

于是有

$$\begin{aligned}Eh(\chi_p^2)&=\frac{p}{\Gamma((p+2)/2)2^{(p+2)/2}}\int_0^{+\infty}\left(\frac{h(x)}{x}\right)x^{((p+2)/2)-1}e^{-x/2}dx\\&=pE\left(\frac{h(\chi_{p+2}^2)}{\chi_{p+2}^2}\right)\end{aligned}$$

□

利用式（3.6.4）很容易求出 χ_p^2 的某些矩．例如，χ_p^2 的期望是

$$\mathrm{E}\chi_p^2=p\mathrm{E}\left(\frac{\chi_{p+2}^2}{\chi_{p+2}^2}\right)=p\mathrm{E}(1)=p$$

χ_p^2 的二阶矩是

$$\mathrm{E}(\chi_p^2)^2=p\mathrm{E}\left(\frac{(\chi_{p+2}^2)^2}{\chi_{p+2}^2}\right)=p\mathrm{E}(\chi_{p+2}^2)=p(p+2)$$

故 $\mathrm{Var}\chi_p^2=p(p+2)-p^2=2p$.

下面我们将上述恒等式推广到离散情形．定理 3.6.8 中的两个恒等式由 Hwang（1982）给出．

定理 3.6.8 设函数 $g(x)$满足$-\infty<\mathrm{E}g(X)<+\infty$且$-\infty<g(-1)<+\infty$，那么

a. 如果 X 服从参数为 λ 的 Poisson 分布，则

$$\mathrm{E}(\lambda g(X))=\mathrm{E}(Xg(X-1)) \tag{3.6.5}$$

b. 如果 X 服从参数为（r，p）的负二项分布，则

$$\mathrm{E}((1-p)g(X))=\mathrm{E}\left(\frac{X}{r+X-1}g(X-1)\right) \tag{3.6.6}$$

证明 这里只证明（a)，(b）留作习题 3.50．事实上，我们有

$$\begin{aligned}\mathrm{E}(\lambda g(X))&=\sum_{x=0}^{+\infty}\lambda g(x)\frac{\mathrm{e}^{-\lambda}\lambda^x}{x!}\\&=\sum_{x=0}^{+\infty}g(x)\frac{\mathrm{e}^{-\lambda}\lambda^{x+1}}{x!}\frac{(x+1)}{(x+1)}\\&=\sum_{x=0}^{+\infty}(x+1)g(x)\frac{\mathrm{e}^{-\lambda}\lambda^{x+1}}{(x+1)!}\end{aligned}$$

现在对求和式的下标做变换，令 $y=x+1$，则当 x 从 0 变化至$+\infty$时，y 从 1 变化至$+\infty$. 于是

$$\begin{aligned}\mathrm{E}(\lambda g(X))&=\sum_{y=1}^{+\infty}yg(y-1)\frac{\mathrm{e}^{-\lambda}\lambda^y}{y!}\\&=\sum_{y=0}^{+\infty}yg(y-1)\frac{\mathrm{e}^{-\lambda}\lambda^y}{y!}\qquad\text{（添加一项，其值为 0）}\\&=\mathrm{E}(Xg(X-1))\end{aligned}$$

注意上式中最后一个和式恰是参数为 λ 的 Poisson 分布的期望.

□

与 Stein 类似，Hwang（1982）利用上述恒等式证明了多元估计的一些结论．这些恒等式的作用不止如此，其中当然还包括矩的计算．

例 3.6.9（高阶 Poisson 矩） 设 X 服从参数为 λ 的 Poisson 分布，令 $g(x)=$

x^2，则由式（3.6.5）有

$$\mathrm{E}(\lambda X^2)=\mathrm{E}(X(X-1)^2)=\mathrm{E}(X^3-2X^2+X)$$

因此，参数为 λ 的 Poisson 分布的三阶矩是

$$\begin{aligned}\mathrm{E}X^3&=\lambda\mathrm{E}X^2+2\mathrm{E}X^2-\mathrm{E}X\\&=\lambda(\lambda+\lambda^2)+2(\lambda+\lambda^2)-\lambda\\&=\lambda^3+3\lambda^2+\lambda\end{aligned}$$

如果 X 服从参数为 (r,p) 的负二项分布，令 $g(x)=r+x$，则由式（3.6.6）有

$$\mathrm{E}((1-p)(r+X))=\mathrm{E}\left(\frac{X}{r+X-1}(r+X-1)\right)=\mathrm{E}X$$

整理后即得

$$(\mathrm{E}X)((1-p)-1)=-r(1-p)$$

或

$$\mathrm{E}X=\frac{r(1-p)}{p}$$

X 的其他矩可以类似计算. ‖

3.7 习题

3.1 设随机变量 X 服从（N_0，N_1）上的离散均匀分布，即在值 N_0，N_0+1，…，N_1 处有等概率，其中 $N_0\leqslant N_1$ 且均为整数. 求 $\mathrm{E}X$ 和 $\mathrm{Var}X$.

3.2 一家制造商收到卖主发来的一批货，共 100 个零件. 如果整批货中的残次品超过 5 件，那么这批货就被认定为质量较差. 现在，制造商决定随机抽取 K 件，如果抽取的样本中没有残次品，就接收这批货.

(a) 为了保证制造商接收一批质量较差的货的概率小于 0.10，K 应取多大？

(b) 如果抽取的样本中残次品不超过 1 件，制造商就接收整批货. 那么，为了保证制造商接收一批质量较差的货的概率小于 0.10，K 应取多大？

3.3 考察街道上某处的车流量. 如果汽车在任意一秒经过此处的概率都等于常数 p，并且不同时刻此处的车流量互不相关，则车流量可以用一个 Bernoulli 试验序列来描述，其中我们将秒视作不可分割的时间单位（即一次试验）. 假设仅当接下来的 3 秒钟内没有汽车经过此处，步行者方能穿越街道，求步行者为穿越街道恰好需等待 4 秒钟的概率.

3.4 某人身上有 n 把钥匙，其中只有一把能打开家门. 他在开门时随机挑选钥匙进行试探，试求下列条件下其尝试次数的期望：

(a) 试过但是没打开门的钥匙不予排除，仍在下次选择之列；

(b) 将试过但是没打开门的钥匙排除在外.

3.5 某种常规药物的有效率为80%，另有一种新药经100名患者的试验，被确认对85人有疗效. 新药的疗效是否更优（提示：假定新旧两种药物疗效相当，计算在新药临床试验中观测到85人或更多人病症减轻的概率）?

3.6 许多虫子会危害玫瑰植株的正常生长. 某商业杀虫剂在广告中扬言其有效率为99%，假设在一个滋生了2000只虫子的玫瑰园中施用了该杀虫剂，令$X=$存活的虫子数量.

(a) 该试验可以用哪种概率分布进行建模?

(b) 利用 (a) 中选定的模型，写出X小于100的概率表达式，暂不计算;

(c) 计算 (b) 中概率的近似值.

3.7 假设某种曲奇所含巧克力片的数目服从Poisson分布. 为了保证任选一块曲奇其中至少有两片巧克力的概率大于0.99，该分布的期望最低是多少?

3.8 两家影院竞争1000人的顾客源. 假设每名顾客对两家影院并无好恶之分，且各人的选择相互独立. 令N记每家影院的座位数.

(a) 利用二项分布建模，为了保证因影院客满致使顾客离开的概率小于1%，N应为多少? 给出表达式即可;

(b) 利用正态近似求出N的值.

3.9 新闻报道中那些所谓的发生几率只有"百万分之一"的偶然事件往往并不罕见，甚至还会重现. 几年前，纽约州的一所小学曾透露该校当年招收的学前班中有5对双胞胎. 关于这一事件的报道迅速传遍了整个州，报道中还援引了该校校长的话，称这在"统计学上几乎不可能". 事实果真如此? 这是否是Diaconis and Mosteller (1996) "真实大数定律 (law of truly large numbers)" 的一个例子? 我们来算一算.

(a) 新生儿是双胞胎的概率约为1/90，此外假定一所小学学前班招生人数约为60人 (3个班，每班20人). 试说明上述事件发生的概率等于参数为 (60, 1/90) 的二项分布包含5个或5个以上成功的概率. 这个概率是否真的很小、值得新闻报道?

(b) 尽管 (a) 中求得的概率很小、有一定的报道价值，应该注意同一事件、相同的报道可能发生在纽约州的任何一座城市、城市的任何一所学校. ("大数定律"的作用开始显现了!) 而纽约州有62座城市，每座城市可以假定有5所小学，如此一来，这个事件还能否称之为"统计学上几乎不可能"? 它是否可能再次发生呢?

(c) 如果 (b) 中求得的概率依然很小，那么可以扩大范围，考虑同一事件、相同的报道可能发生在50个州中的任意一个州、以及过去10年中的任意一年.

有关偶然事件的更多内容，可以参考Diaconis and Mosteller (1996) 以及Hanley (1992).

3.10 Shuster (1991) 中介绍了他在处理一桩可卡因交易庭审案件过程中所涉及的一系列概率计算. 佛罗里达州警方缴获了496包疑似可卡因的物品，从中随机抽取四包进行化验，结果确为可卡因. 警方后来又随机抽取了两包，拟作为毒品商向被告出售可卡因的证据，但却在将它们送检以判别是否可卡因之前不慎遗失.

(a) 假设全部496包物品中有 N 包是可卡因、$M=496-N$ 包不是可卡因，证明：第一次抽取的4包都是可卡因、且第二次抽取的2包都不是可卡因的概率为：

$$\frac{\binom{N}{4}\binom{M}{2}}{\binom{N+M}{4}\binom{N+M-4}{2}}$$

上述概率也正是被告无罪的概率.

(b) 考虑 M 和 N 取何值时，(a) 中的概率（即被告无罪的概率）取到最大值. 证明：这个最大概率是0.22，它在 $M=165$ 和 $N=331$ 时取得.

3.11 超几何分布可以用二项分布和 Poisson 分布来近似（当然也可以用其他分布近似超几何分布，不过本题我们只讨论这两种）. 设 X 服从超几何分布，即有

$$P(X=x|N,M,K)=\frac{\binom{M}{x}\binom{N-M}{K-x}}{\binom{N}{K}},\quad x=0,1,\cdots,K$$

(a) 证明：当 $N\to+\infty$，$M\to+\infty$ 且 $M/N\to p$ 时，有

$$P(X=x|N,M,K)\to\binom{K}{x}p^x(1-p)^{K-x},\quad x=0,1,\cdots,K$$

(可以利用习题1.23中的 Stirling 公式)

(b) 利用二项分布可由 Poisson 分布近似的事实，证明：如果 $N\to+\infty$，$M\to+\infty$，$K\to+\infty$，$M/N\to0$ 且 $KM/N\to\lambda$，则

$$P(X=x|N,M,K)\to\frac{e^{-\lambda}\lambda^x}{x!},\quad x=0,1,\cdots$$

(c) 不借助二项分布的 Poisson 近似，直接证明 (b) 中的近似关系（利用引理2.3.14).

3.12 设 X 服从参数为 $(n,\ p)$ 的二项分布，Y 服从参数为 $(r,\ p)$ 的负二项分布，证明：$F_X(r-1)=1-F_Y(n-r)$.

3.13 截断的离散分布是指随机变量的某些取值因无法被观测到而从样本空间中删去. 例如，如果 X 可以取值0，1，2，…，而0无法观测到（这种情形可能经常发生），则0-截断随机变量 X_T 有下列概率质量函数：

$$P(X_T=x)=\frac{P(X=x)}{P(X>0)},\quad x=1,2,\cdots$$

从下列已知条件出发，求0-截断随机变量的概率质量函数、期望和方差.

(a) X 服从参数为 λ 的 Poisson 分布；

(b) X 服从参数为 (r, p) 的负二项分布，同式 (3.2.10).

3.14 考察0-截断负二项随机变量（见习题3.13)，若令 $r\to 0$，我们可以得到一个有趣的分布——**对数级数分布**. 称随机变量 X 服从参数为 p 的对数级数分布，如果

$$P(X=x)=\frac{-(1-p)^x}{x\log p},\quad x=1,2,\cdots,0<p<1$$

(a) 验证该函数是合法的概率质量函数；

(b) 求 X 的期望和方差（对数级数分布在物种丰度建模方面非常有用，Stuart and Ord 1987 中对该分布有详细介绍).

3.15 3.2节中曾经提到，参数为 λ 的 Poisson 分布是参数为 (r, p) 的负二项分布当 $r\to+\infty$，$p\to 1$ 并且 $r(1-p)\to\lambda$ 时的极限. 证明：在上述条件下负二项分布的矩母函数收敛于 Poisson 分布的矩母函数.

3.16 验证教材正文部分给出的下列两个关于 Γ 函数的恒等式：

(a) $\Gamma(\alpha+1)=\alpha\Gamma(\alpha)$；

(b) $\Gamma(\frac{1}{2})=\sqrt{\pi}$.

3.17 为伽玛分布建立一个类似于式 (3.3.18) 的公式. 设 X 服从参数为 (α, β) 的伽玛分布，则对任意大于0的常数 ν，有

$$\mathrm{E}X^{\nu}=\frac{\beta^{\nu}\Gamma(\nu+\alpha)}{\Gamma(\alpha)}$$

3.18 负二项随机变量与伽玛随机变量之间存在一个有趣的联系，凭借这种联系我们可以得到一个有用的近似. 设 Y 是参数为 (r, p) 的负二项随机变量，其中 p 为成功概率. 证明：当 $p\to 0$ 时，随机变量 pY 的矩母函数收敛于参数为 $(r, 1)$ 的伽玛分布的矩母函数.

3.19 证明：

$$\int_x^{+\infty}\frac{1}{\Gamma(\alpha)}z^{\alpha-1}\mathrm{e}^{-z}\mathrm{d}z=\sum_{y=0}^{\alpha-1}\frac{x^y\mathrm{e}^{-x}}{y!},\quad \alpha=1,2,3,\cdots$$

（提示：利用分部积分法）并将上式表示成 Poisson 随机变量与伽玛随机变量之间的概率关系式.

3.20 设随机变量 X 的概率密度函数为：

$$f(x)=\frac{2}{\sqrt{2\pi}}\mathrm{e}^{-x^2/2},\quad 0<x<+\infty$$

(a) 求 X 的期望和方差（上述分布常称作**折叠正态分布**)；

(b) 如果 X 服从折叠正态分布，求变换 $g(X)=Y$ 以及 α，β 的值，使 Y 服从参

数为（α，β）的伽玛分布.

3.21 写出定义下列概率密度函数的矩母函数的积分表达式：

$$f(x)=\frac{1}{\pi}\frac{1}{1+x^2}$$

该积分是否有限？（你认为呢？）

3.22 验证教材正文中所给下列各分布的 EX 和 VarX.

(a) 验证 VarX，其中 X 服从参数为 λ 的 Poisson 分布（提示：计算 $\mathrm{E}X(X-1)=\mathrm{E}X^2-\mathrm{E}X$）；

(b) 验证 VarX，其中 X 服从参数为（r，p）的负二项分布；

(c) 验证 VarX，其中 X 服从参数为（α，β）的伽玛分布；

(d) 验证 EX 和 VarX，其中 X 服从参数为（α，β）的贝塔分布；

(e) 验证 EX 和 VarX，其中 X 服从参数为（μ，σ）的双指数分布.

3.23 参数为（α，β）的 Pareto 分布具有如下概率密度函数：

$$f(x)=\frac{\beta\alpha^\beta}{x^{\beta+1}},\quad \alpha<x<+\infty,\alpha>0,\beta>0$$

(a) 验证 $f(x)$是概率密度函数；

(b) 求该分布的期望和方差；

(c) 证明 $\beta\leqslant 2$ 时方差不存在.

3.24 许多被命名的分布都是我们已知的常见分布的特例. 写出下列各被命名的分布的概率密度函数，并计算其期望和方差：

(a) 如果 X 服从参数为 β 的指数分布，则 $Y=X^{1/\gamma}$ 服从参数为（γ，β）的 Weibull 分布，其中 γ 为大于 0 的常数；

(b) 如果 X 服从参数为β 的指数分布，则 $Y=(2X/\beta)^{1/2}$ 服从 Rayleigh 分布；

(c) 如果 X 服从参数为（a，b）的伽玛分布，则 $Y=1/X$ 服从参数为（a，b）的逆伽玛分布（该分布可用于方差的 Bayes 估计，见习题 7.23）；

(d) 如果 X 服从参数为（$\frac{3}{2}$，β）的伽玛分布，则 $Y=(X/\beta)^{1/2}$ 服从 Maxwell 分布；

(e) 如果 X 服从参数为 1 的指数分布，则 $Y=\alpha-\gamma\log X$ 服从参数为（α，γ）的 Gumbel 分布，其中$-\infty<\alpha<+\infty$，$\gamma>0$（Gumbel 分布也称作极值分布）.

3.25 设随机变量 T 代表某观测对象的寿命（可能是某电子元件的使用寿命，也可能是处于治疗中的患者的寿命）. T 的**危险率函数** $h_T(t)$定义为：

$$h_T(t)=\lim_{\delta\to 0}\frac{P(t\leqslant T<t+\delta\mid T\geqslant t)}{\delta}$$

$h_T(t)$可以解释为：观测对象存活至 t 时刻以后继续存活的概率的变化率. 证明：若 T 是连续随机变量，则

$$h_T(t)=\frac{f_T(t)}{1-F_T(t)}=-\frac{\mathrm{d}}{\mathrm{d}t}\log(1-F_T(t))$$

3.26 验证下列各概率密度函数有给定的危险率函数（见习题 3.25）：

(a) 如果 T 服从参数为 β 的指数分布，则 $h_T(t)=1/\beta$；

(b) 如果 T 服从参数为（γ，β）的 Weibull 分布，则 $h_T(t)=(\gamma/\beta)t^{\gamma-1}$；

(c) 如果 T 服从参数为（μ，β）的罗吉斯蒂克分布，即

$$F_T(t)=\frac{1}{1+\mathrm{e}^{-(t-\mu)/\beta}}$$

则 $h_T(t)=(1/\beta)F_T(t)$.

3.27 判断下列各分布族中的分布是否是单峰的（见习题 2.27）：

(a)（a，b）区间上的均匀分布族；

(b) 参数为（α，β）的伽玛分布族；

(c) n（μ，σ^2）；

(d) 参数为（α，β）的贝塔分布.

3.28 证明下列各分布族都是指数族：

(a) 参数 μ 或参数 σ 已知的正态分布族；

(b) 参数 α 或参数 β 已知，或者 α，β 均未知的伽玛分布族；

(c) 参数 α 或参数 β 已知，或者 α，β 均未知的贝塔分布族；

(d) Poisson 分布族；

(e) 参数 r 已知且 $0<p<1$ 的负二项分布族.

3.29 写出习题 3.28 中各分布族的自然参数空间.

3.30 利用定理 3.4.2 中的公式计算：

(a) 二项随机变量的方差；

(b) 参数为（a，b）的贝塔分布的期望和方差.

3.31 本题将证明定理 3.4.2：

(a) 对

$$\int f(x\mid\boldsymbol{\theta})\mathrm{d}x=\int h(x)c(\boldsymbol{\theta})\exp\Big(\sum_{i=1}^{k}w_i(\boldsymbol{\theta})t_i(x)\Big)\mathrm{d}x=1$$

求导，整理后得式（3.4.4）（注意利用 $\frac{\mathrm{d}}{\mathrm{d}x}\log g(x)=g'(x)/g(x)$ 的事实）；

(b) 对上式求两次导，整理后得式（3.4.5）（注意利用 $\frac{\mathrm{d}^2}{\mathrm{d}x^2}\log g(x)=(g''(x)/g(x))-(g'(x)/g(x))^2$ 的事实）.

3.32

(a) 若某指数族可以写成式（3.4.7）的形式，证明：定理 3.4.2 中的公式可

以化简为：

$$\mathrm{E}(t_j(X))=-\frac{\partial}{\partial\eta_j}\log c^*(\boldsymbol{\eta})$$

$$\mathrm{Var}(t_j(X))=-\frac{\partial^2}{\partial\eta_j^2}\log c^*(\boldsymbol{\eta})$$

(b) 利用上述公式计算参数为 $(a,\ b)$ 的伽玛随机变量的期望和方差.

3.33 对下列各分布族：

(i) 验证该分布族是否是指数族；

(ii) 描述参数向量 $\boldsymbol{\theta}$ 所在的曲线；

(iii) 绘出曲参数空间的草图.

(a) $\mathrm{n}(\theta,\ \theta)$；

(b) $\mathrm{n}(\theta,\ a\theta^2)$，其中 a 已知；

(c) 参数为的 $(\alpha,\ 1/\alpha)$ 的 Γ 分布族；

(d) 概率密度函数为 $f(x|\theta)=C\exp(-(x-\theta)^4)$ 的分布族，其中 C 是标准化常数.

3.34 由例 3.4.9 可知正态近似可以得到一个曲指数族. 对下列各正态近似：

(i) 描述参数向量 $\boldsymbol{\theta}$ 所在的曲线；

(ii) 绘出曲参数空间的草图.

(a) Poisson 分布的正态近似：$\overline{X}\sim\mathrm{n}(\lambda,\lambda/n)$；

(b) 二项分布的正态近似：$\overline{X}\sim\mathrm{n}(p,p(1-p)/n)$；

(c) 负二项分布的正态近似：$\overline{X}\sim\mathrm{n}(r(1-p)/p,r(1-p)/np^2)$.

3.35

(a) 用于近似 Poisson 分布的正态分布族可以参数化为 $\mathrm{n}(e^{\theta},\ e^{\theta})$，其中 $-\infty<\theta<+\infty$. 绘出其参数空间的草图，与习题 3.34 (a) 中的近似进行比较；

(b) 设 X 服从参数为 $(\alpha,\ \beta)$ 的 Γ 分布且 $\mathrm{E}X=\mu$，绘出其参数空间的草图；

(c) 设 X_i 服从参数为 $(\alpha_i,\ \beta_i)$ 的 Γ 分布且 $\mathrm{E}X_i=\mu$ $(i=1,\ 2,\ \cdots,\ n)$，试描述参数空间 $(\alpha_1,\ \cdots,\ \alpha_n,\ \beta_1,\ \cdots,\ \beta_n)$；

3.36 考察概率密度函数 $f(x)=\frac{63}{4}(x^6-x^8)$，$-1<x<1$，根据下列各参数值在同一坐标系中绘出函数 $(1/\sigma)f((x-\mu)/\sigma)$ 的图像：

(a) $\mu=0$，$\sigma=1$；

(b) $\mu=3$，$\sigma=1$；

(c) $\mu=3$，$\sigma=2$.

3.37 证明：如果概率密度函数 $f(x)$ 关于 0 点对称，则位置-尺度概率密度函数 $(1/\sigma)f((x-\mu)/\sigma)$，$-\infty<x<+\infty$ 的中位数就是 μ.

3.38 设随机变量 Z 的概率密度函数为 $f(z)$，数 z_α 满足如下关系：

$$\alpha = P(Z > z_\alpha) = \int_{z_\alpha}^{+\infty} f(z)\mathrm{d}z$$

证明：若 X 是概率密度函数为 $(1/\sigma)f((x-\mu)/\sigma)$ 的随机变量且 $x_\alpha=\sigma z_\alpha+\mu$，则 $P(X>x_\alpha)=\alpha$（因此，如果已知 z_α 的取值表，则对于任意位置-尺度概率密度函数，我们都很容易计算出 x_α 的值）.

3.39　考察 3.3 节中定义的 Cauchy 分布族，该分布族可以扩展为具有如下概率密度函数的位置-尺度函数：

$$f(x|\mu,\sigma)=\frac{1}{\sigma\pi\left(1+\left(\frac{x-\mu}{\sigma}\right)^2\right)},\quad -\infty<x<+\infty$$

Cauchy 分布不存在期望与方差. 但是，尽管参数 μ 和 σ^2 不是期望和方差，它们仍有重要意义. 证明：如果随机变量 X 服从参数为 μ 和 σ 的 Cauchy 分布，则

(a) μ 是 X 的分布的中位数，即 $P(X\geqslant\mu)=P(X\leqslant\mu)=\frac{1}{2}$；

(b) $\mu+\sigma$ 和 $\mu-\sigma$ 是 X 的分布的四分位数，即 $P(X\geqslant\mu+\sigma)=P(X\leqslant\mu-\sigma)=\frac{1}{4}$（提示：先证 $\mu=0$，$\sigma=1$ 的情形，再利用习题 3.38 的结论）；

3.40　设 $f(x)$ 是某期望为 μ、方差为 σ^2 的概率密度函数，说明如何利用 $f(x)$ 构造位置-尺度族，使其标准概率密度函数 $f^*(x)$ 的期望为 0、方差为 1.

3.41　称一类累积分布函数 $\{F(x|\theta):\theta\in\Theta\}$ **关于 θ 随机递增**，如果对任意 $\theta_1>\theta_2$，$F(x|\theta_1)$ 都随机大于 $F(x|\theta_2)$（随机大于的定义见习题 1.49).

(a) 证明：固定 σ^2 时，$\mathrm{n}(\mu,\sigma^2)$ 分布族关于 μ 随机递增；

(b) 证明：固定 α（形状参数）时，式（3.3.6）所定义的参数为（α，β）的伽玛分布族关于 β（尺度参数）随机递增.

3.42　本题中随机递增类的定义参考习题 3.41.

(a) 证明：位置族关于其位置参数随机递增；

(b) 证明：当样本空间为 $[0,+\infty)$ 时，尺度族关于其尺度参数随机递增.

3.43　称一类累积分布函数 $\{F(x|\theta):\theta\in\Theta\}$ **关于 θ 随机递减**，如果对任意 $\theta_1>\theta_2$，$F(x|\theta_2)$ 都随机大于 $F(x|\theta_1)$（见习题 3.41 和 3.42).

(a) 证明：如果 $X\sim F_X(x|\theta)$，X 的样本空间为 $(0,+\infty)$，且 $F_X(x|\theta)$ 关于 θ 随机递增，则 $F_Y(y|\theta)$ 关于 θ 随机递减，其中 $Y=1/X$；

(b) 证明：如果 $X\sim F_X(x|\theta)$，$\theta>0$ 且 $F_X(x|\theta)$ 关于 θ 随机递增，则 $F_X(x|1/\theta)$ 关于 θ 随机递减.

3.44　设 X 为一随机变量，且 $\mathrm{E}X^2$ 和 $\mathrm{E}|X|$ 都存在，证明：$P(|x|\geqslant b)$ 既不大于 $\mathrm{E}X^2/b^2$，也不大于 $\mathrm{E}|X|/b$，其中 b 为大于 0 的常数. 若 $f(x)=\mathrm{e}^{-x}$，$x>0$，证明：$b=3$ 时其中一个界更好，而 $b=\sqrt{2}$ 时另一个界更好（注意杂录 3.8.2 中的

Markov 不等式).

3.45 设随机变量 X 的矩母函数为 $M_X(t)$，$-h<t<h$.

(a) 证明：$P(X\geqslant a)\leqslant e^{-at}M_X(t)$，$0<t<h$（证明方法与证明 Chebychev 不等式时类似）；

(b) 与 (a) 类似，证明：$P(X\leqslant a)\leqslant e^{-at}M_X(t)$，$-h<t<0$；

(c) (a) 的一种特殊情形是：对任意满足 $t\geqslant 0$ 且使矩母函数有定义的 t，有 $P(X\geqslant 0)\leqslant \mathrm{E}e^{tX}$. 为了使对任意满足 $t\geqslant 0$ 且使 $\mathrm{E}h(t,X)$ 有定义的 t，有 $P(X\geqslant 0)\leqslant \mathrm{E}h(t,X)$，函数 $h(t, x)$ 应满足的一般条件是什么？（(a) 中可令 $h(t,x)=e^{tx}$）

3.46 分别对 X 服从 (0, 1) 区间上的均匀分布以及 X 服从参数为 λ 的指数分布这两种情形，计算 $P(|X-\mu_X|\geqslant k\sigma_X)$ 的值，将所得结果与 Chebychev 不等式给出的界进行比较.

3.47 设 Z 为标准正态随机变量，证明例 3.6.3 中不等式的另一方向：

$$P(|Z|\geqslant t)\geqslant\sqrt{\frac{2}{\pi}}\frac{t}{1+t^2}e^{-t^2/2}$$

3.48 给出二项分布、负二项分布和超几何分布的类似于式 (3.6.2) 的递推关系.

3.49 类推 Stein 引理，假定函数 g 满足适当的条件，证明下列结论：

(a) 如果 X 服从参数为 (α, β) 的伽玛分布，则

$$\mathrm{E}(g(X)(X-\alpha\beta))=\beta\mathrm{E}(Xg'(X))$$

(b) 如果 X 服从参数为 (α, β) 的贝塔分布；

$$\mathrm{E}\left[g(X)\left(\beta-(\alpha-1)\frac{(1-X)}{X}\right)\right]=\mathrm{E}((1-X)g'(X))$$

3.50 证明定理 3.6.8 (b) 中关于负二项分布的恒等式.

3.8 杂录

3.8.1 Poisson 假设

Poisson 分布通常需要建立在一些与所考察过程物理性质有关的基本假设之上，我们称之为 Poisson 假设. 尽管这些假设验证起来并不很容易，它们还是为试验者判断是否应该使用 Poisson 分布进行建模提供了依据. 有关 Poisson 假设的详细介绍，可以参考两本经典教材：Feller (1968) 以及 Barr and Zehna (1983).

定理 3.8.1 对任意 $t>0$，N_t 是满足下列性质的实值随机变量（可将 N_t 解释为 0 时刻到 t 时刻这一时段内对象到达的数量）：

i) $N_0=0$； (0 时刻无对象到达)

ii）$s<t\Rightarrow N_s$ 与 N_t-N_s 相互独立；　　　（两个不交时段的到达行为无关）

iii）N_s 与 $N_{t+s}-N_t$ 分布相同；　　　（对象到达的数量只与时段长度有关）

iv）$\lim\limits_{t\to 0}\dfrac{P(N_t=1)}{t}=\lambda$；　　　（当时段长度很小时，到达概率与其长度成正比）

v）$\lim\limits_{t\to 0}\dfrac{P(N_t>1)}{t}=0$.　　　（不存在同时到达的现象）

若条件 i）-v）均成立，则对任意整数 n，都有

$$P(N_t=n)=\mathrm{e}^{-\lambda t}\frac{(\lambda t)^n}{n!}$$

即 N_t 服从参数为 λt 的 Poisson 分布.

上述假设也可以解释为对象在空间中的行为（例如昆虫活动等），因此 Poisson 分布也可以用于研究空间分布.

3.8.2　Chebychev 不等式及其改进

Ghosh and Meeden（1977）指出：Chebychev 不等式给出的界非常保守，几乎难以取到. 以 $\overline{X}_n$ 记随机变量 X_1，X_2，…，X_n 的算术平均，则根据 Chebychev 不等式，有

$$P(|\overline{X}_n-\mu|\geqslant k\sigma)\leqslant\frac{1}{nk^2}$$

Ghosh 和 Meeden 证明了下面的定理：

定理 3.8.2　设 $0<\sigma<+\infty$，则

a. 若 $n=1$，则 $k\geqslant 1$ 时上述不等式可以取到等号，$0<k<1$ 时无法取到；

b. 若 $n=2$，则当且仅当 $k=1$ 时上述不等式可以取到等号；

c. 若 $n\geqslant 3$，则上述不等式无法取到等号.

此外，他们还给出了上述不等式可以达到的例子. 他们论证时所用的主要技巧是下面的 Markov（马尔可夫）不等式.

引理 3.8.3（Markov 不等式）　若 $P(Y\geqslant 0)=1$ 且 $P(Y=0)<1$，则对任意 $r>0$，有

$$P(Y\geqslant r)\leqslant\frac{\mathrm{E}Y}{r}$$

其中等号成立当且仅当 $P(Y=r)=p=1-P(Y=0)$，$0<p\leqslant 1$.

在 Markov 不等式中令

$$Y=\frac{(\overline{X}_n-\mu)^2}{\sigma^2}$$

即得前面的结论.

Chebychev 不等式的结果如此宽松，其原因之一是它对所讨论的分布没有限

制．如果增加单峰性的约束条件，我们可以得到许多更好的界，其中包括 Gauss 不等式以及 Vysochanskiï-Petunin 不等式（有关这些不等式的详细内容以及用初等微积分给出的证明，可见 Pukelsheim1994）．

定理 3.8.4（Gauss 不等式） 若 $X\sim f$，其中 f 是众数为 ν 的单峰概率密度函数．令 $\tau^2=\mathrm{E}(X-\nu)^2$，则

$$P(|X-\nu|>\varepsilon)\leqslant\begin{cases}\dfrac{4\tau^2}{9\varepsilon^2}, & \varepsilon\geqslant\sqrt{4/3}\tau\\ 1-\dfrac{\varepsilon}{\sqrt{3}\tau}, & \varepsilon\leqslant\sqrt{4/3}\tau\end{cases}$$

Guass 不等式的结果虽然优于 Chebychev 不等式，但对众数的依赖性限制了它的应用．Vysochanskiï-Petunin 不等式对它进行了推广，摆脱了这样的限制．

定理 3.8.5（Vysochanskiĭ-Petunin 不等式） 若 $X\sim f$，其中 f 是单峰概率密度函数．对任意一点 α，令 $\xi^2=\mathrm{E}\ (X-\alpha)^2$，则

$$P(|X-\alpha|>\varepsilon)\leqslant\begin{cases}\dfrac{4\xi^2}{9\varepsilon^2}, & \varepsilon\geqslant\sqrt{8/3}\xi\\ \dfrac{4\xi^2}{9\varepsilon^2}-\dfrac{1}{3}, & \varepsilon\leqslant\sqrt{8/3}\xi\end{cases}$$

Pukelsheim 指出，如果令 $\alpha=\mu=\mathrm{E}(X)$ 且 $\varepsilon=3\sigma$，其中 $\sigma^2=\mathrm{Var}X$，则由该定理可得

$$P(|X-\mu|>3\sigma)\leqslant\frac{4}{81}<0.05$$

这便是所谓的 3σ 原则——X 的值在其期望上下 3σ 范围以外的概率小于 5%．

3.8.3 再谈指数族

对数正态分布属于指数族吗？答案是肯定的．式（3.3.21）所给的概率密度函数可以写成式（3.4.1）的形式，因此对数正态分布也可以归于指数族．

根据 Brown（1986，第 1.1 节），为了定义指数分布族，我们要首先确定非负函数 $\nu(x)$ 以及集合 $\mathcal{N}$：

$$\mathcal{N}=\left\{\theta:\int_{\mathcal{X}}\mathrm{e}^{\theta x}\nu(x)\mathrm{d}x<+\infty\right\}$$

若令 $\lambda(\theta)=\int_{\mathcal{X}}\mathrm{e}^{\theta x}\nu(x)\mathrm{d}x$，则由

$$f(x|\theta)=\frac{\mathrm{e}^{\theta x}\nu(x)}{\lambda(\theta)},\quad x\in\mathcal{X},\quad \theta\in\mathcal{N}$$

定义的概率密度函数集合是一个指数族．$f(x|\theta)$的矩母函数为

$$M_X(t)=\int_{\mathcal{X}}\mathrm{e}^{tx}f(x\mid\theta)\mathrm{d}x=\frac{\lambda(t+\theta)}{\lambda(\theta)}$$

其存在性由其构造可知．如果参数空间 Θ 等于集合 $\mathcal{N}$，则称该指数族为完全指数族；否则，如果 Θ 是 $\mathcal{N}$ 的一个低维子集，则称该指数族为曲指数族．

回到对数正态分布，我们已知该分布没有矩母函数，因而不能满足 Brown 关于指数族的定义．不过，对数正态分布满足定理 3.4.2 中的期望公式并具有 6.2.1 小节所述的充分性性质（定理 6.2.10）．就我们的目的而言，这些性质正是我们所需要的主要性质，也是我们识别一个分布是否属于指数族的主要原因．其他性质的讨论可能需要以矩母函数存在为前提，此处略去．

第4章

多维随机变量

“我承认自己一度像鼹鼠一样盲目、毫无判断力，不过学聪明虽晚，总还是胜于不学.”

——夏洛克·福尔摩斯

《歪唇男人》

4.1 联合分布与边缘分布

在前面的章节中，我们介绍了单个随机变量的概率模型以及相关事件概率的计算问题，这类模型称为一元模型. 本章讨论的概率模型所涉及的随机变量多于一个，自然被称作多元模型.

一次试验通常不会只观测一个随机变量的值，也就是说，我们收集到的试验数据往往不是单个数值. 例如，考虑一个调查人群健康状况的试验，那么试验数据至少应包括其中某一人的体重. 而事实上，我们往往会测量多人的体重，此时不同人的体重就是不同随机变量的观测值，这就得到多元观测. 又例如，如果我们考察个体的身体状况时需要综合体重及其他多项指标，比如体温、身高和血压，那么不同指标的观测值也可以建模成不同随机变量的观测值，这也是多元观测. 有鉴于此，我们必须掌握如何描述和运用涉及多个随机变量的概率模型. 本章前几节将主要介绍只涉及两个随机变量的二元模型.

回忆定义 1.4.1，一个（一维）随机变量是样本空间 S 到实数域的函数. 我们可以类似定义由多个随机变量构成的随机向量.

定义 4.1.1 一个 ***n*-维随机向量**（***n*-dimensional random vector**）是样本空间 S 到 n-维欧氏空间 $\mathbf{R}^n$ 的函数.

例如，如果我们为样本空间中的每个样本点都指派一个有序数对：$(x, y)\in\mathbf{R}^2$，其中 $\mathbf{R}^2$ 和 (x, y) 分别代表二维平面以及平面上的点，则该指派定义了一个二维随机向量 (X, Y). 例 4.1.2 给出了一个具体的例子.

例 4.1.2（掷骰的样本空间） 考虑掷双骰的试验. 如例 1.3.10 所言，该试验的样本空间包括 36 个等概率的样本点，例如，样本点 (3, 3) 表示两颗骰子的结果都是 3，样本点（4，1）表示第一颗骰子的结果是 4、第二颗骰子的结果是 1，等等. 现在对这 36 个样本点定义两个数 X 和 Y，分别为：

$$X = \text{两骰子点数之和} \quad \text{以及} \quad Y = |\text{两骰子点数之差}|.$$

对于样本点（3，3），有 $X=3+3=6$ 且 $Y=|3-3|=0$；对于样本点（4，1），有 $X=5$ 且 $Y=3$，这个结果对样本点（1，4）也是一样的. 显然，对所有 36 个样本点我们都能计算 X 和 Y 的值，这就定义了二维随机向量（X，Y）.

定义了随机向量（X，Y）以后，我们现在讨论由（X，Y）所定义的事件的概率. 事实上，由（X，Y）所定义的事件的概率就是样本空间 S 中对应事件的概率. 例如，$P(X=5$ 且 $Y=3)$是多少？可以证明使得 $X=5$ 且 $Y=3$ 的样本点只有两个，分别是（4，1）和（1，4）. 因此，事件"$X=5$ 且 $Y=3$"发生当且仅当事件$\{(4,1),(1,4)\}$发生. 又因为 S 中的 36 个样本点等概率，故

$$P(\{(4,1),(1,4)\}) = \frac{2}{36} = \frac{1}{18}$$

于是

$$P(X=5 \text{ 且 } Y=3) = \frac{1}{18}$$

下文中我们将 $P(X=5$ 且 $Y=3)$写作 $P(X=5, Y=3)$，其中逗号读作"且". 类似可得 $P(X=6,Y=0)=\frac{1}{36}$，这是因为使得 $X=6$ 且 $Y=0$ 的样本点只有（3，3）对于更复杂的事件，其概率的计算方法也一样. 例如，由于使得 $X=7$ 且 $Y\leqslant 4$ 的样本点有四个，分别是（4，3），（3，4），（5，2）和（2，5），所以 $P(X=7, Y\leqslant 4)=\frac{4}{36}=\frac{1}{9}$. ‖

上面定义的随机向量（X，Y）只有可数（实际上只有有限）多个取值，称作**离散随机向量（discrete random vector）**对于离散随机向量，若令函数 $f(x,y)=P(X=x,Y=y)$，则可以利用 $f(x,y)$计算由（X，Y）定义的任何事件的概率.

定义 4.1.3　设（X，Y）为离散随机向量，则由 $f(x,y)=P(X=x,Y=y)$所定义的 $\mathbf{R}^2$ 到 $\mathbf{R}$ 的函数 $f(x,y)$称作（X，Y）的**联合概率质量函数（joint probability mass function，简记为 joint pmf）**如需强调 f 是向量（X，Y）的联合概率质量函数，可将 $f(x,y)$记作 $f_{X,Y}(x,y)$.

正如一维离散随机变量的概率质量函数完全确定该变量的分布，（X，Y）的联合概率质量函数也完全确定了随机向量（X，Y）的概率分布. 例 4.1.2 中根据掷双骰结果定义的（X，Y）共有 21 种取值，对应于（X，Y）的每种取值函数 $f(x,y)$的值列于表 4.1.1. 其中 $f(5,3)=\frac{1}{18}$和 $f(6,0)=\frac{1}{36}$这两个值在前面详细计算过，其余结果可类似推导. 注意，联合概率质量函数 $f(x,y)$并非只对表 4.1.1 所指的

21 个序对有意义，而是对任意 $(x, y) \in \mathbf{R}^2$ 都有定义. 事实上，对于表 4.1.1 空白处对应的序对 (x, y)，有 $f(x,y)=P(X=x,Y=y)=0$.

表 4.1.1 联合概率质量函数 $f(x,y)$ 的值

		x										
		2	3	4	5	6	7	8	9	10	11	12
	0	$\frac{1}{36}$		$\frac{1}{36}$		$\frac{1}{36}$		$\frac{1}{36}$		$\frac{1}{36}$		$\frac{1}{36}$
	1		$\frac{1}{18}$		$\frac{1}{18}$		$\frac{1}{18}$		$\frac{1}{18}$		$\frac{1}{18}$	
y	2			$\frac{1}{18}$		$\frac{1}{18}$		$\frac{1}{18}$		$\frac{1}{18}$		
	3				$\frac{1}{18}$		$\frac{1}{18}$		$\frac{1}{18}$			
	4					$\frac{1}{18}$		$\frac{1}{18}$				
	5						$\frac{1}{18}$					

联合概率质量函数可以用来计算由 (X, Y) 定义的任何事件的概率. 设 A 是 $\mathbf{R}^2$ 的子集，则

$$P((X,Y)\in A)=\sum_{(x,y)\in A} f(x,y)$$

由于 (X, Y) 是离散随机向量，$f(x,y)$ 至多在可数多个点 (x, y) 处取值非零. 因此，即便 A 中包含不可数多个点，上式中的求和也可以解释为可数项之和. 例如，令 $A=\{(x,y): x=7 \text{ 且 } y\leqslant 4\}$，则 A 表示 $\mathbf{R}^2$ 上的一条射线. 而由表 4.1.1 可知 A 中使 $f(x,y)$ 非零的 (x, y) 只有 $(x,y)=(7,1)$ 和 $(x,y)=(7,3)$，于是

$$P(X=7,Y\leqslant 4)=P((X,Y)\in A)=f(7,1)+f(7,3)=\frac{1}{18}+\frac{1}{18}=\frac{1}{9}$$

这个答案当然与例 4.1.2 中综合考虑 (X, Y) 的定义以及 S 的样本点时所得的结果一致. 事实上，利用联合概率质量函数计算概率通常比直接根据定义更为简单.

与一维随机变量的情形类似，我们可以定义随机向量函数的期望. 设 $g(x,y)$ 为一实值函数，其定义域为随机向量 (X, Y) 的全体可能的取值 (x, y). 则 $g(X,Y)$ 本身也是一个随机变量，其期望 $\mathrm{E}g(X,Y)$ 为：

(4.1.1) $$\mathrm{E}g(X,Y)=\sum_{(x,y)\in\mathbf{R}^2} g(x,y)f(x,y)$$

例 4.1.4（例 4.1.2-续） 设随机向量 (X, Y) 的联合概率质量函数如表 4.1.1 所示，XY 的期望是多少？令 $g(x,y)=xy$，则我们可以通过对表 4.1.1 所列 21 个 (x, y) 点分别计算 $xyf(x,y)$，然后逐项累加，得到 $\mathrm{E}XY=\mathrm{E}g(X,Y)$，即

$$\mathrm{E}XY=(2)(0)\frac{1}{36}+(4)(0)\frac{1}{36}+\cdots+(8)(4)\frac{1}{18}+(7)(5)\frac{1}{18}=13\frac{11}{18} \quad \|$$

二维随机向量函数的期望仍然满足定理 2.2.5 所列的各条性质，只需将其中的

随机变量 X 代以随机向量（X，Y）即可．例如，如果 $g_1(x,y)$ 和 $g_2(x,y)$ 是两个函数，a，b 和 c 为常数，则

$$\mathrm{E}(ag_1(X,Y)+bg_2(X,Y)+c)=a\mathrm{E}g_1(X,Y)+b\mathrm{E}g_2(X,Y)+c$$

与一维随机变量的情形一样，这些性质都可以由求和的性质得到（见习题 4.2）.

二维随机向量（X，Y）的联合概率质量函数必须满足某些特定的性质：首先对任意（x，y），由 $f(x,y)$ 是概率可知 $f(x,y)\geqslant 0$；其次，由于（X，Y）的值属于 $\mathbf{R}^2$，我们有

$$\sum_{(x,y)\in\mathbf{R}^2} f(x,y) = P((X,Y)\in\mathbf{R}^2) = 1$$

可以证明，$\mathbf{R}^2$ 到 $\mathbf{R}$ 的任意一个非负函数如果满足：在至多可数个（x，y）对上取值非负且总和为 1，则该函数是某二维随机向量（X，Y）的联合概率质量函数．于是，我们无需借助底层的样本空间 S，可以通过指定 $f(x,y)$ 直接定义（X，Y）的概率模型.

例 4.1.5（掷骰的联合概率质量函数）　定义 $f(x,y)$ 为：

$$f(0,0)=f(0,1)=\frac{1}{6}$$

$$f(1,0)=f(1,1)=\frac{1}{3}$$

$$f(x,y)=0，\text{对其余任意的}（x，y）$$

显然函数 $f(x,y)$ 非负且和为 1，于是 $f(x,y)$ 是某二维随机向量（X，Y）的联合概率质量函数．我们可以全然不顾样本空间 S，直接利用 $f(x,y)$ 计算概率，比如 $P(X=Y)=f(0,0)+f(1,1)=\frac{1}{2}$．事实上，存在很多样本空间以及在其上定义的随机变量，使上述 $f(x,y)$ 成为（X，Y）的联合概率质量函数．例如，设 S 是掷双骰试验中包含 36 个样本点的样本空间；以 $X=0$ 表示第一颗骰子的结果不超过 2 点，以 $X=1$ 表示第一颗骰子的结果大于 2 点；以 $Y=0$ 表示第二颗骰子的结果是奇数点，以 $Y=1$ 表示第二颗骰子的结果是偶数点．习题 4.3 证明这样定义的（X，Y）满足所指定的概率分布. ‖

尽管我们现在讨论的是随机向量的概率模型，我们有时会对其中某一个随机变量的概率或期望感兴趣．例如，我们可能要计算 $P(X=2)$．根据第 1 章的知识，变量 X 本身是一个随机变量，其概率分布由概率质量函数 $f_X(x)=P(X=x)$ 所确定（正如前文所言，现在我们利用下标区分 $f_X(x)$ 与联合概率质量函数 $f_{X,Y}(x,y)$）．为了强调 $f_X(x)$ 是 X 的概率质量函数、并且讨论的背景是向量（X，Y）联合分布的概率模型这两个事实，我们将 $f_X(x)$ 称作 X 的**边缘概率质量函数（marginal probability mass function，简记为 marginal pmf）** X 和 Y 的边缘概率质量函数很容易由（X，Y）的联合概率质量函数求得，如定理 4.1.6 所述.

定理 4.1.6 设（X，Y）是离散随机向量，其联合概率质量函数为 $f_{X,Y}(x, y)$，则 X 和 Y 的边缘概率质量函数 $f_X(x)=P(X=x)$ 和 $f_Y(y)=P(Y=y)$ 可由下式给出：

$$f_X(x)=\sum_{y\in\mathbf{R}} f_{X,Y}(x,y) \quad \text{以及} \quad f_Y(y)=\sum_{x\in\mathbf{R}} f_{X,Y}(x,y)$$

证明 我们只证关于 $f_X(x)$ 的结论，$f_Y(y)$ 的可以类似证明. 对任意 $x\in\mathbf{R}$，令 $A_x=\{(x, y): -\infty<y<+\infty\}$，即 A_x 表示平面上横坐标等于 x 的全体点所构成的直线. 则对任意 $x\in\mathbf{R}$，有

$$\begin{aligned}
f_X(x) &= P(X=x) \\
&= P(X=x, -\infty<Y<+\infty) \quad (\text{因为 } P(-\infty<Y<+\infty)=1) \\
&= P((X,Y)\in A_x) \quad (\text{根据 } A_x \text{ 的定义}) \\
&= \sum_{(x,y)\in A_x} f_{X,Y}(x,y) \\
&= \sum_{y\in\mathbf{R}} f_{X,Y}(x,y)
\end{aligned}$$

□

例 4.1.7（掷骰的边缘概率质量函数） 根据定理 4.1.6 的结论以及表 4.1.1 所给的联合概率质量函数，我们可以计算 X 和 Y 的边缘概率质量函数. 为求 Y 的边缘概率质量函数，对于 Y 的任意取值，我们找出 X 的全体可能的取值，将对应的概率累加起来即可. 例如，我们有

$$\begin{aligned}
f_Y(0) &= f_{X,Y}(2,0)+f_{X,Y}(4,0)+f_{X,Y}(6,0)+ \\
&\quad f_{X,Y}(8,0)+f_{X,Y}(10,0)+f_{X,Y}(12,0) \\
&= \frac{1}{6}
\end{aligned}$$

类似可得

$$f_Y(1)=\frac{5}{18},\quad f_Y(2)=\frac{2}{9},\quad f_Y(3)=\frac{1}{6},\quad f_Y(4)=\frac{1}{9},\quad f_Y(5)=\frac{1}{18}$$

注意 $f_Y(0)+f_Y(1)+f_Y(2)+f_Y(3)+f_Y(4)+f_Y(5)=1$，该结论必定成立，这是因为所列的六个值是 Y 的所有可能的取值. ‖

X 和 Y 的边缘概率质量函数与第 1 章所定义的 X 和 Y 的概率质量函数是相同的. X 和 Y 的边缘概率质量函数可以用于计算只涉及 X 或者只涉及 Y 的概率和期望，但如果要计算同时涉及 X 和 Y 的概率和期望，就必须利用 X 和 Y 的联合概率质量函数.

例 4.1.8（掷骰的概率） 根据例 4.1.7 所求的 Y 的边缘概率质量函数，我们可以算出

$$P(Y<3)=f_Y(0)+f_Y(1)+f_Y(2)=\frac{1}{6}+\frac{5}{18}+\frac{2}{9}=\frac{2}{3}$$

以及

$$EY^3 = 0^3 f_Y(0) + \cdots + 5^3 f_Y(5) = 20\frac{11}{18}$$

‖

X 的边缘概率质量函数 $f_X(x)$ 与 Y 的边缘概率质量函数 $f_Y(y)$ 并不能完全确定 X 和 Y 的联合概率质量函数. 事实上，许多不同的联合分布都具有相同的边缘分布，因此不可能仅凭边缘概率质量函数 $f_X(x)$ 和 $f_Y(y)$ 来确定联合概率质量函数 $f_{X,Y}(x,y)$. 下面的例就是这样一个例子.

例 4.1.9（同样的边缘概率质量函数，不同的联合概率质量函数）　定义联合概率质量函数为：

$$f(0,0)=\frac{1}{12}, f(1,0)=\frac{5}{12}, f(0,1)=f(1,1)=\frac{3}{12}$$

$$f(x,y)=0, \text{对其余任意的}(x,y)$$

则 Y 的边缘概率质量函数为 $f_Y(0)=f(0,0)+f(1,0)=\frac{1}{2}$ 且 $f_Y(1)=f(0,1)+f(1,1)=\frac{1}{2}$，$X$ 的边缘概率质量函数为 $f_X(0)=\frac{1}{3}$ 且 $f_X(1)=\frac{2}{3}$. 现在考察例 4.1.5 所给的联合概率质量函数. 显然它不同于本例所给的联合概率质量函数，但其所对应的 X 和 Y 的边缘概率质量函数却与上面的计算结果完全相同. 这就说明，仅凭边缘概率质量函数无法确定联合概率质量函数，后者蕴含的某些关于（X，Y）分布的信息是前者所没有的. ‖

至此我们介绍了离散的二维随机向量，当然我们还可以考察由连续随机变量构成的连续随机向量. 与一维情形相同，连续随机向量的概率通常采用密度函数来描述.

定义 4.1.10　设 (X,Y) 为连续随机向量，称 $\mathbf{R}^2$ 到 $\mathbf{R}$ 的函数 $f(x,y)$ 为 (X,Y) 的**联合概率密度函数（joint probability density function，简记为 joint pdf）**，如果对任意 $A\in\mathbf{R}^2$，都有

$$P((X,Y)\in A)=\iint_A f(x,y)\mathrm{d}x\mathrm{d}y$$

联合概率密度函数的用法与一维概率密度函数类似，只不过此处的积分是平面上某点集的二重积分. 记号 $\iint_A$ 表示积分区域是集合 A，即仅对 $(x,y)\in A$ 求积分. 连续随机向量函数的期望与离散情形下的定义类似，只是将其中的求和换成积分、概率质量函数换成概率密度函数. 即，若 $g(x,y)$ 为实值函数，则 $g(X,Y)$ 的期望定义为：

$$\mathrm{E}g(X,Y)=\int_{-\infty}^{+\infty}\int_{-\infty}^{+\infty} g(x,y)f(x,y)\mathrm{d}x\mathrm{d}y \tag{4.1.2}$$

务必注意联合概率密度函数对任意 $(x,y)\in\mathbf{R}^2$ 都有定义：尽管对较大的集合 A 可能

有 $P((X,Y)\in A)=0$，此时概率密度函数在 A 上取值为 0，而不是无定义.

仿照离散随机向量的情形，我们也可以定义 X 和 Y 的边缘概率密度函数，只需将其中的求和换为积分. 边缘概率密度函数可用于计算只与 X 有关、或只与 Y 有关的概率和期望. 事实上，X 和 Y 的边缘概率密度函数分别为：

$$f_X(x)=\int_{-\infty}^{+\infty}f(x,y)\mathrm{d}y,\quad -\infty<x<+\infty$$

(4.1.3)
$$f_Y(y)=\int_{-\infty}^{+\infty}f(x,y)\mathrm{d}x,\quad -\infty<y<+\infty$$

任何满足对任意 $(x,\ y)\in\mathbf{R}^2$ 有 $f(x,y)\geqslant 0$，以及

$$1=\int_{-\infty}^{+\infty}\int_{-\infty}^{+\infty}f(x,y)\mathrm{d}x\mathrm{d}y$$

的函数都是某个连续随机向量的联合概率密度函数. 以上有关联合概率密度函数的全部概念在下面的例子中都有具体指代.

例 4.1.11 (计算联合概率密度函数-Ⅰ) 定义联合概率密度函数为：

$$f(x,y)=\begin{cases}6xy^2, & 0<x<1 \text{ 且 } 0<y<1\\ 0, & \text{否则}\end{cases}$$

(下文中，对于定义中未指明的 $(x,\ y)$，默认有 $f(x,y)=0$) 我们首先应验证 $f(x,y)$ 确实是联合概率密度函数. 显然对定义域中的任意 $(x,\ y)$ 都有 $f(x,y)\geqslant 0$；为求 $f(x,y)$ 在整个二维平面上的积分，只需注意 $f(x,y)$ 在单位正方形以外的取值均为 0，因而 $f(x,y)$ 在整个平面上的积分就等于它在单位正方形内的积分，即

$$\int_{-\infty}^{+\infty}\int_{-\infty}^{+\infty}f(x,y)\mathrm{d}x\mathrm{d}y=\int_0^1\int_0^1 6xy^2\mathrm{d}x\mathrm{d}y=\int_0^1 3x^2y^2\big|_0^1\mathrm{d}y$$
$$=\int_0^1 3y^2\mathrm{d}y=y^3\big|_0^1=1$$

现在考虑如何计算形如 $P(X+Y\geqslant 1)$ 的概率. 令 $A=\{(x,y):x+y\geqslant 1\}$，则所求概率可表示为 $P((X,Y)\in A)$. 根据定义 4.1.10，为求出这一概率，只需计算联合概率密度函数在集合 A 上的积分. 而联合概率密度函数在单位正方形以外取值为 0，所以求 A 上的积分就等于求 A 中含于单位正方形的那部分区域上的积分. 集合 A 表示的是二维平面中右上方半个平面，A 中含于单位正方形的那部分区域恰好是由直线 $x=1$，$y=1$ 和 $x+y=1$ 围成的三角形. 于是，可以把 A 写作：

$$A=\{(x,y):x+y\geqslant 1,0<x<1,0<y<1\}$$
$$=\{(x,y):x\geqslant 1-y,0<x<1,0<y<1\}$$
$$=\{(x,y):1-y\leqslant x<1,0<y<1\}$$

这就为我们计算概率指明了积分的上、下限，故

$$P(X+Y\geqslant 1)=\iint_A f(x,y)\mathrm{d}x\mathrm{d}y=\int_0^1\int_{1-y}^1 6xy^2\mathrm{d}x\mathrm{d}y=\frac{9}{10}$$

我们可以利用式 (4.1.3) 求出 X 和 Y 的边缘概率密度函数，例如，为求 $f_X(x)$，

注意当 $x\geqslant 1$ 或者 $x\leqslant 0$ 时对任意 y 都有 $f(x,y)=0$，所以 $x\geqslant 1$ 或 $x\leqslant 0$ 时有

$$f_X(x)=\int_{-\infty}^{+\infty}f(x,y)\mathrm{d}y=0$$

对于 $0<x<1$，仅当 $0<y<1$ 时 $f(x,y)$ 取值非零，所以对 $0<x<1$ 有

$$f_X(x)=\int_{-\infty}^{+\infty}f(x,y)\mathrm{d}y=\int_0^1 6xy^2\mathrm{d}y=2xy^3\Big|_0^1=2x$$

X 的这个边缘概率密度函数可用于计算仅与 X 有关的概率，例如，

$$P\left(\frac{1}{2}<X<\frac{3}{4}\right)=\int_{\frac{1}{2}}^{\frac{3}{4}}2x\mathrm{d}x=\frac{5}{16}$$ ‖

例 4.1.12（计算联合概率密度函数-Ⅱ）　我们定义另一个联合概率密度函数：$f(x,y)=\mathrm{e}^{-y}$，$0<x<y<+\infty$. 虽然 e^{-y} 与 x 无关，但 $f(x,y)$ 取非零值的区域与 x 有关，所以 $f(x,y)$ 仍然是 x 的函数. 若采用示性函数的记法，这一点便显而易见：

$$f(x,y)=\mathrm{e}^{-y}I_{\{(u,v):0<u<v<+\infty\}}(x,y)$$

为求 $P(X+Y\geqslant 1)$，我们只需计算联合概率密度函数在集合 $A=\{(x,y):x+y\geqslant 1\}$ 与 $f(x,y)$ 取非零值区域的交集上的积分. 在坐标平面上分别绘出这两个集合的图像，我们发现两者的交是由直线 $x=y$，$x+y=1$ 和 $x=0$ 围成的一个无界区域（图 4.1.1 浅色阴影部分）为正确计算该区域上的积分，我们应明确积分的上、下限，这就需要将区域分割成至少两部分.

如果考虑集合 $B=\{(x,y):x+y<1\}$ 与 $f(x,y)$ 取非零值区域的交集上的积分，则计算更为简单，事实上此时的交集是由直线 $x=y$，$x+y=1$ 和 $x=0$ 围成的一个三角形（图 4.1.1 深色阴影部分）于是

$$\begin{aligned}P(X+Y\geqslant 1)&=1-P(X+Y<1)=1-\int_0^{\frac{1}{2}}\int_x^{1-x}\mathrm{e}^{-y}\mathrm{d}y\mathrm{d}x\\&=1-\int_0^{\frac{1}{2}}(\mathrm{e}^{-x}-\mathrm{e}^{-(1-x)})\mathrm{d}x=2\mathrm{e}^{-1/2}-\mathrm{e}^{-1}\end{aligned}$$

由本例也可以看出，画图通常都有助于我们确定正确的积分限. ‖

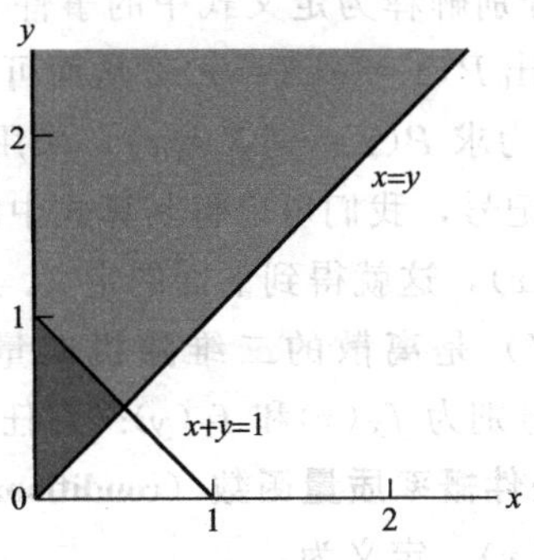

图 4.1.1　例 4.1.12 的区域

除联合概率密度（或质量）函数以外，我们还可以用**联合累积分布函数**（**joint cumulative distribution function**，简记为 **joint cdf**）完全刻画（X，Y）的联合概率分布. 联合累积分布函数是满足下列定义的函数 $F(x,y)$：对任意（x，y），都有

$$F(x,y)=P(X\leqslant x,Y\leqslant y)$$

对于离散随机向量而言，联合累积分布函数使用起来通常并不方便；但与一维情形类似，对于连续的二维随机向量，我们有下列重要的关系式：

$$F(x,y)=\int_{-\infty}^{x}\int_{-\infty}^{y}f(s,t)\mathrm{d}t\mathrm{d}s$$

根据二元微积分基本定理，上式表明：在 $f(x,y)$ 的任意连续点处，都有

$$\frac{\partial^2 F(x,y)}{\partial x\partial y}=f(x,y) \tag{4.1.4}$$

一旦知道 $F(x,y)$ 的表达式，上式的意义就非常明显——我们可以通过求混合偏导得到联合概率密度函数.

4.2 条件分布与独立性

通常，如果某实验观测到两个随机变量（X，Y），则这两个变量的取值往往存在联系. 例如，考虑对人群进行抽样，分别以 X 和 Y 记个体的身高和体重，在已知 $X=73$ 英寸或 $X=41$ 英寸的条件下，显然前者使我们更有把握认为 $Y>200$ 镑. X 的取值为我们提供了关于 Y 的一些信息，尽管它并没有告诉我们 Y 确切是多少. 在已知 X 取值的条件下，Y 的条件概率可以根据（X，Y）的联合分布求得. 当然，X 的取值也可能与 Y 的取值毫不相关. 本节我们就来讨论条件概率的相关问题.

设（X，Y）是离散随机向量，则形如 $P(Y=y|X=x)$ 的概率可以完全按照定义 1.3.2 解释. 由于仅对可数（也可能是有限）多个 x 的取值有 $P(X=x)>0$，所以根据定义 1.3.2，对于这些 x，$P(Y=y|X=x)$ 就是 $P(X=x,Y=y)/P(X=x)$，其中事件 $\{Y=y\}$ 和 $\{X=x\}$ 分别解释为定义式中的事件 A 和事件 B. 一旦指定了 x 的值，我们可以对任意 y 求出 $P(Y=y|X=x)$，从而可以完全确定在已知 $X=x$ 的条件下 Y 取值的概率分布. 为求 $P(Y=y|X=x)$，采用 X 和 Y 的联合概率质量函数以及边缘概率质量函数的记号，我们可以将其算式中的概率写作 $P(X=x,Y=y)=f(x,y)$ 和 $P(X=x)=f_X(x)$，这就得到下面的定义.

定义 4.2.1 设（X，Y）是离散的二维随机向量，其联合概率质量函数为 $f(x,y)$，边缘概率质量函数分别为 $f_X(x)$ 和 $f_Y(y)$. 对任意满足 $P(X=x)=f_X(x)>0$ 的 x，**Y 在条件 $X=x$ 下的条件概率质量函数**（**conditional pmf of Y given that $X=x$**）是 y 的一个函数，记作 $f(y|x)$，定义为：

$$f(y|x)=P(Y=y|X=x)=\frac{f(x,y)}{f_X(x)}$$

对任意满足 $P(Y=y)=f_Y(y)>0$ 的 y，X **在条件** $Y=y$ **下的条件概率质量函数（conditional pmf of** X **given that** $Y=y$）是 x 的一个函数，记作 $f(x|y)$，定义为：

$$f(x|y)=P(X=x|Y=y)=\frac{f(x,y)}{f_Y(y)}$$

既然我们称 $f(y|x)$为概率质量函数，我们就需要验证这个关于 y 的函数确实是某随机变量的概率质量函数：首先，由 $f(x,y)\geqslant 0$ 和 $f_X(x)>0$ 可知对任意 y 都有 $f(y|x)\geqslant 0$；其次还有

$$\sum_y f(y \mid x)=\frac{\sum_y f(x,y)}{f_X(x)}=\frac{f_X(x)}{f_X(x)}=1$$

因此 $f(y|x)$的确是一个概率质量函数，并且可以用于计算条件 $X=x$ 之下仅与 Y 有关的概率.

例 4.2.2（计算条件概率）　定义 (X,Y) 的联合概率质量函数为：

$$f(0,10)=f(0,20)=\frac{2}{18},\quad f(1,10)=f(1,30)=\frac{3}{18}$$

$$f(1,20)=\frac{4}{18},\quad f(2,30)=\frac{4}{18}$$

我们可以根据定义 4.2.1 计算当 X 分别取值 $x=0$，1 和 2 时 Y 的条件概率质量函数. 首先求出 X 的边缘概率质量函数 $f_X(x)$为

$$f_X(0)=f(0,10)+f(0,20)=\frac{4}{18}$$

$$f_X(1)=f(1,10)+f(1,20)+f(1,30)=\frac{10}{18}$$

$$f_X(2)=f(2,30)=\frac{4}{18}$$

对于 $x=0$，$f(0,y)$仅当 $y=10$ 和 $y=20$ 时大于零，于是 $f(y|0)$仅当 $y=10$ 和 $y=20$ 时大于零，并且有

$$f(10|0)=\frac{f(0,10)}{f_X(0)}=\frac{\frac{2}{18}}{\frac{4}{18}}=\frac{1}{2}$$

$$f(20|0)=\frac{f(0,20)}{f_X(0)}=\frac{1}{2}$$

这就表明，Y 在条件 $X=0$ 下的条件概率分布是一个离散分布，Y 取 $y=10$ 和 $y=20$ 的概率均为$\frac{1}{2}$.

对于 $x=1$，$f(y|1)$仅当 $y=10$，20 和 30 时大于零，并且有

$$f(10|1)=f(30|1)=\frac{\frac{3}{18}}{\frac{10}{18}}=\frac{3}{10}$$

$$f(20|1)=\frac{\frac{4}{18}}{\frac{10}{18}}=\frac{4}{10}$$

对于 $x=2$，有

$$f(30|2)=\frac{\frac{4}{18}}{\frac{4}{18}}=1$$

最后一个结论也可由联合概率质量函数直接得到：如果已知 $X=2$，则 Y 一定是 30.

利用上述条件概率质量函数还可以计算其他一些条件概率，例如

$$P(Y>10|X=1)=f(20|1)+f(30|1)=\frac{7}{10}$$

和

$$P(Y>10|X=0)=f(20|0)=\frac{1}{2}$$ ‖

如果 X 和 Y 都是连续随机变量，则不论 x 取何值都有 $P(X=x)=0$. 此时为求形如 $P(Y>200|X=73)$ 的条件概率不可直接套用定义 1.3.2，因为此时定义式中的分母 $P(X=73)$ 得 0. 然而，注意事实上 X 总能取到某一个值，假设限于观测精度有 $X=73$，这个取值很可能提供了某些关于 Y 的信息（比如本节开头提到的身高与体重的例子）. 因此，当 X 和 Y 都是连续随机变量时，我们可以仿照离散情形来定义 Y 在条件 $X=x$ 下的条件概率分布：将离散情形定义式中的概率质量函数换成概率密度函数（见杂录 4.9.3）.

定义 4.2.3 设 (X, Y) 是连续的二维随机向量，其联合概率密度函数为 $f(x,y)$，边缘概率密度函数分别为 $f_X(x)$ 和 $f_Y(y)$. 对任意满足 $f_X(x)>0$ 的 x，Y **在条件 $X=x$ 下的条件概率密度函数（conditional pdf of Y given that $X=x$）**是 y 的一个函数，记作 $f(y|x)$，定义为：

$$f(y|x)=\frac{f(x,y)}{f_X(x)}$$

对任意满足 $f_Y(y)>0$ 的 y，X **在条件 $Y=y$ 下的条件概率密度函数（conditional pdf of X given that $Y=y$）**是 x 的一个函数，记作 $f(x|y)$，定义为：

$$f(x|y)=\frac{f(x,y)}{f_Y(y)}$$

仿照前文验证定义 4.2.1 所给的函数是概率质量函数的步骤，我们也可以验证这里的 $f(x|y)$ 和 $f(y|x)$ 是概率密度函数，只需将其中的求和换成积分运算即可.

条件概率密度（或质量）函数不仅可以用于计算概率，还可以用来计算期望. 注意，$f(y|x)$ 作为 y 的函数本身就是一个概率密度（或质量）函数，因此可以按

照前面章节所介绍的无条件概率密度（或质量）函数的用法来使用．设 $g(Y)$是 Y 的函数，则 $g(Y)$在 $X=x$ **条件下的条件期望（conditional expected value of** $g(Y)$ **given that** $X=x$）记作 $\mathrm{E}(g(Y)|x)$，定义为：

$$\mathrm{E}(g(Y)\mid x)=\sum_{y}g(y)f(y\mid x)\quad \text{或者}\quad \mathrm{E}(g(Y)\mid x)=\int_{-\infty}^{+\infty}g(y)f(y\mid x)\mathrm{d}y$$

以上两式分别对应于离散和连续的情形．条件期望具有定理 2.2.5 所列的普通期望的全部性质，并且在已知 X 的条件下 $\mathrm{E}(Y|X)$给出了 Y 的一个更优的估计，改进了例 2.2.6 的结果（见习题 4.13）．

例 4.2.4（计算条件概率密度函数） 同例 4.1.12，定义连续随机向量（X，Y）的联合概率密度函数为：$f(x,y)=\mathrm{e}^{-y}$，$0<x<y<+\infty$，现在求 Y 在条件 $X=x$ 下的条件概率密度函数．我们先求 X 的边缘概率密度函数：由于 $x\leqslant 0$ 时，对任意 y 都有 $f(x,y)=0$；而 $x>0$ 时，仅当 $y>x$ 时有 $f(x,y)>0$，所以

$$f_X(x)=\int_{-\infty}^{+\infty}f(x,y)\mathrm{d}y=\int_{x}^{+\infty}\mathrm{e}^{-y}\mathrm{d}y=\mathrm{e}^{-x}$$

即 X 的边缘分布是指数分布．根据定义 4.2.3，对任意 $x>0$，我们可以求 Y 在条件 $X=x$ 下的条件分布（因为此时 x 满足 $f_X(x)>0$），并且若 $y>x$ 有

$$f(y|x)=\frac{f(x,y)}{f_X(x)}=\frac{\mathrm{e}^{-y}}{\mathrm{e}^{-x}}=\mathrm{e}^{-(y-x)}$$

若 $y\leqslant x$ 有

$$f(y|x)=\frac{f(x,y)}{f_X(x)}=\frac{0}{\mathrm{e}^{-x}}=0$$

这就表明：在已知 $X=x$ 的条件下，Y 服从位置参数为 x、尺度参数为 $\beta=1$ 的指数分布；对于不同的 x，Y 的条件分布各不相同．此外，还有

$$\mathrm{E}(Y\mid X=x)=\int_{x}^{+\infty}y\mathrm{e}^{-(y-x)}\mathrm{d}y=1+x$$

由 $f(y|x)$所确定的概率分布的方差称为 **Y 在条件 $X=x$ 下的条件方差（conditional variance of Y given $X=x$）**，记作 $\mathrm{Var}(Y|x)$．参照普通方差的定义，我们有

$$\mathrm{Var}(Y|x)=\mathrm{E}(Y^2|x)-(\mathrm{E}(Y|x))^2$$

对于本例，有

$$\mathrm{Var}(Y\mid x)=\int_{x}^{+\infty}y^2\mathrm{e}^{-(y-x)}\mathrm{d}y-\left(\int_{x}^{+\infty}y\mathrm{e}^{-(y-x)}\mathrm{d}y\right)^2=1$$

结果表明，本例中 Y 在条件 $X=x$ 下的条件方差与 x 的取值无关，而实际上这个条件方差通常可能与 x 的取值有关．现在将 Y 的条件方差与无条件方差作个比较：Y 的边缘分布是参数为（2，1）的 Γ 分布，因而有 $\mathrm{Var}Y=2$．显然在已知 $X=x$ 的前提下，Y 的方差大大减小了． ‖

例 4.2.4 的模型可以用于描述下面这个物理现象．假设有两个灯泡，各自的使用寿命分别记作随机变量 X 和 Z，X 和 Z 相互独立且概率密度函数均为 e^{-x}，$x>$

0. 我们首先点亮第一个灯泡，等它熄灭后再立刻点亮第二个灯泡. 现在，观测第一个灯泡熄灭的时间 X 以及第二个灯泡熄灭的时间 $Y=X+Z$. 假定第一个灯泡熄灭、第二个灯泡点亮的时间是 $X=x$，则 $Y=Z+x$. 于是 Y 在条件 $X=x$ 下的条件概率密度函数为：$f(y|x)=f_Z(y-x)=\mathrm{e}^{-(y-x)}$，$y>x$，其中 x 相当于位置参数（见例 3.5.3).

Y 在条件 $X=x$ 下的条件分布通常因 x 的取值而异，所以我们实际上得到了 Y 的一族概率分布，每一个分布对应着一个 x. 我们常以"$Y \mid X$ 的分布"来表示整个分布族. 例如，如果 X 是取值为正整数的随机变量，Y 在条件 $X=x$ 下的条件分布是参数为（x，p）的二项分布，则称 $Y \mid X$ 服从参数为（X，p）的二项分布. 以后，当我们使用记号 $Y \mid X$ 或者遇到以随机变量为参数的概率分布时，我们所讨论的都是条件概率分布族. 联合概率密度（或质量）函数有时也可以通过指定条件概率密度（或质量）函数 $f(y \mid x)$ 和边缘概率密度（或质量）函数 $f_X(x)$来定义，即定义 $f(x,y)=f(y|x)f_X(x)$. 这类模型将在 4.4 节中作进一步介绍.

此外，注意到 $\mathrm{E}(g(Y)|x)$是 x 的函数，即对 x 的任意取值，通过计算积分或求和可以求得 $\mathrm{E}(g(Y)|x)$为一实数. 因此 $\mathrm{E}(g(Y)|X)$是一个取值依赖于 X 的随机变量，并且若 $X=x$，则随机变量 $\mathrm{E}(g(Y)|X)$的值就是 $\mathrm{E}(g(Y)|x)$. 于是，对于例 4.2.4 有 $\mathrm{E}(Y|X)=1+X$.

在前面所列的例子中，Y 在条件 $X=x$ 下的条件分布都因 x 的取值而异. 而有时候条件 $X=x$ 并不能提供有关 Y 的新的信息，此时 X 和 Y 之间的关系称为**独立**（**indenpendence**). 与第 1 章介绍的独立事件一样，此处将独立定义成对称关系更易于处理，由这一定义出发可以立即导出条件概率的上述性质. 这就是我们下面要做的工作.

定义 4.2.5 设（X，Y）是二维随机向量，其联合概率密度（或质量）函数为 $f(x,y)$，边缘概率密度（或质量）函数分别为 $f_X(x)$和 $f_Y(y)$. 称 X 和 Y 是**独立随机变量**（**independent random variable**)，如果对任意 x，$y\in\mathbf{R}$，都有

(4.2.1) $$f(x,y)=f_X(x)f_Y(y)$$

如果 X 和 Y 是独立随机变量，则 Y 在条件 $X=x$ 下的条件概率密度函数为：

$$\begin{aligned} f(y|x) &= \frac{f(x,y)}{f_X(x)} && \text{（根据定义）} \\ &= \frac{f_X(x)f_Y(y)}{f_X(x)} && \text{（根据式(4.2.1)）} \\ &= f_Y(y) \end{aligned}$$

显然与 x 的取值无关. 因此，对任意 $A\subset\mathbf{R}$ 和 $x\in\mathbf{R}$，有 $P(Y\in A \mid x)=\int_A f(y \mid x)\mathrm{d}y=\int_A f_Y(y)\mathrm{d}y=P(Y\in A)$，这就说明条件 $X=x$ 并没有提供有关 Y 的额外信息.

定义 4.2.5 有两种用法. 第一种用法是已知联合概率密度函数或联合概率质量

函数，判断 X 和 Y 是否独立，这就需要对 x 和 y 的任意取值验证式（4.2.1）；第二种用法是构造 X 和 Y 独立的概率模型．考虑 X 和 Y 所代表的含义有助于弄清条件 $X=x$ 是否无法提供有关 Y 的额外信息．此时我们可以指定 X 和 Y 的边缘分布，再按式（4.2.1）将联合分布定义为两者之积．

例 4.2.6（独立性检验-Ⅰ）　考察离散二维随机向量（X，Y），其联合概率质量函数满足：

$$f(10,1)=f(20,1)=f(20,2)=\frac{1}{10},f(10,2)=f(10,3)=\frac{1}{5},\text{且 } f(20,3)=\frac{3}{10}$$

容易计算出边缘概率质量函数为

$$f_X(10)=f_X(20)=\frac{1}{2}\text{以及 } f_Y(1)=\frac{1}{5},f_Y(2)=\frac{3}{10},f_Y(3)=\frac{1}{2}$$

若随机变量 X 和 Y 独立，则关系式（4.2.1）必定对任意 x，y 均成立．事实上，式（4.2.1）不能对任意的 x 和 y 成立，例如

$$f(10,3)=\frac{1}{5}\neq\frac{1}{2}\frac{1}{2}=f_X(10)f_Y(3)$$

因此随机变量 X 与 Y 不独立．此外，注意到 $f(10,1)=\frac{1}{10}=\frac{1}{2}\frac{1}{5}=f_X(10)f_Y(1)$，所以式（4.2.1）仅对某些 x，y 成立并不足以证明独立性，必须对全体 x，y 予以验证．　‖

直接利用式（4.2.1）检验 X 和 Y 的独立性需要事先知道 $f_X(x)$和 $f_Y(y)$，下列引理所提供的方法则更为简单．

引理 4.2.7　设（X，Y）是二维随机向量，其联合概率密度（或质量）函数为 $f(x,y)$，则 X 和 Y 是独立随机变量当且仅当存在函数 $g(x)$和 $h(y)$，使得对任意 x，$y\in\mathbf{R}$ 都有：

$$f(x,y)=g(x)h(y)$$

证明　由 $g(x)=f_X(x)$，$h(y)=f_Y(y)$以及式（4.2.1）可以证明引理的必要性．为证明充分性，首先考察连续随机变量的情形，并且设 $f(x,y)=g(x)h(y)$．令常数 c，d 为：

$$\int_{-\infty}^{+\infty}g(x)\mathrm{d}x=c\quad\text{且}\quad\int_{-\infty}^{+\infty}h(y)\mathrm{d}y=d$$

则 c，d 满足：

$$\begin{aligned}
cd&=\left(\int_{-\infty}^{+\infty}g(x)\mathrm{d}x\right)\left(\int_{-\infty}^{+\infty}h(y)\mathrm{d}y\right)\\
&=\int_{-\infty}^{+\infty}\int_{-\infty}^{+\infty}g(x)h(y)\mathrm{d}x\mathrm{d}y \qquad (4.2.2)\\
&=\int_{-\infty}^{+\infty}\int_{-\infty}^{+\infty}f(x,y)\mathrm{d}x\mathrm{d}y\\
&=1 \qquad\text{(因为 } f(x,y)\text{是联合概率密度函数)}
\end{aligned}$$

此外，还可知边缘概率密度函数为

(4.2.3) $f_X(x)=\int_{-\infty}^{+\infty}g(x)h(y)\mathrm{d}y=g(x)d$ 以及 $f_Y(y)=\int_{-\infty}^{+\infty}g(x)h(y)\mathrm{d}x=h(y)c$

于是，由式（4.2.2），式（4.2.3）两式有

$$f(x,y)=g(x)h(y)=g(x)h(y)cd=f_X(x)f_Y(y)$$

这就表明 X 和 Y 是独立的. 将上述证明中的积分改为求和，即得离散情形下的证明.

□

例 4.2.8（独立性检验-Ⅱ） 设联合概率密度函数为 $f(x,y)=\frac{1}{384}x^2y^4\mathrm{e}^{-y-(x/2)}$，$x>0,y>0$. 若令

$$g(x)=\begin{cases}x^2\mathrm{e}^{-x/2}, & x>0\\ 0, & x\leqslant 0\end{cases}\quad 且\ h(y)=\begin{cases}y^4\mathrm{e}^{-y}/384, & y>0\\ 0, & y\leqslant 0\end{cases}$$

则对任意 x，$y\in\mathbf{R}$ 都有 $f(x,y)=g(x)h(y)$. 无需计算边缘概率密度函数，由引理 4.2.7 即知 X 和 Y 是独立随机变量.

‖

如果 X 和 Y 是独立随机变量，则由式（4.2.1）易知在集合 $\{(x,y):x\in A,y\in B\}$ 上有 $f(x,y)>0$，其中 $A=\{x:f_X(x)>0\}$，$B=\{y:f_Y(y)>0\}$. 形如 $\{(x,y):x\in A,y\in B\}$ 的集合称为叉积，通常记作 $A\times B$. 检验一个集合是否是叉积可通过分别检查各分量 x，y 的值来完成. 设 $f(x,y)$ 是联合概率密度（或质量）函数，如果满足 $f(x,y)>0$ 的（x，y）所构成的集合不是叉积，则以 $f(x,y)$ 为联合概率密度（或质量）函数的随机变量 X 与 Y 便不独立. 例如，例 4.2.4 中集合 $0<x<y<+\infty$ 不是叉积（这是因为该集合除了要求 $0<x<+\infty$，$0<y<+\infty$，还必须 $x<y$），所以例 4.2.4 中的随机变量不独立；此外，使得例 4.2.2 中联合概率质量函数大于 0 的集合也不是叉积.

例 4.2.9（联合概率模型） 本例将说明如何利用随机变量的独立性定义联合概率模型. 随机选择堪萨斯州的一名小学生，令 X=其父母仍在世的人数，设 X 的边缘分布为

$$f_X(0)=0.01,\ f_X(1)=0.09,\ f_X(2)=0.90$$

随机选择森城的一名退休人员，令 Y=其父母仍在世的人数，设 Y 的边缘分布为

$$f_Y(0)=0.70,\ f_Y(1)=0.25,\ f_Y(2)=0.05$$

因为堪萨斯州小学生父母在世人数显然与森城退休人员父母在世人数没有联系，所以我们可以合理地假定 X 和 Y 是两个独立的随机变量. 而能够体现这种独立性的联合概率分布恰由式（4.2.1）给出，故有

$$f(0,0)=f_X(0)f_Y(0)=0.0070,\ f(0,1)=f_X(0)f_Y(1)=0.0025\ 等$$

依据该联合分布，我们可以算出

$$\begin{aligned}P(X=Y)&=f(0,0)+f(1,1)+f(2,2)\\&=(0.01)(0.70)+(0.09)(0.25)+(0.90)(0.05)=0.0745\end{aligned}$$

‖

下列定理表明，当X和Y是独立随机变量时，某些概率、期望的计算将十分简单.

定理 4.2.10　设X和Y是独立随机变量，

a. 对任意$A\subset\mathbf{R}$，$B\subset\mathbf{R}$都有$P(X\in A,Y\in B)=P(X\in A)P(Y\in B)$，即事件$\{X\in A\}$与事件$\{Y\in B\}$独立；

b. 设$g(x)$是x的一元函数，$h(y)$是y的一元函数，则

$$\mathrm{E}(g(X)h(Y))=(\mathrm{E}g(X))(\mathrm{E}h(Y))$$

证明　对于连续随机变量，可以如下证明命题（b）：

$$\begin{aligned}\mathrm{E}(g(X)h(Y)) &= \int_{-\infty}^{+\infty}\int_{-\infty}^{+\infty} g(x)h(y)f(x,y)\mathrm{d}x\mathrm{d}y \\ &= \int_{-\infty}^{+\infty}\int_{-\infty}^{+\infty} g(x)h(y)f_X(x)f_Y(y)\mathrm{d}x\mathrm{d}y \\ &= \int_{-\infty}^{+\infty} h(y)f_Y(y)\int_{-\infty}^{+\infty} g(x)f_X(x)\mathrm{d}x\mathrm{d}y \quad \text{（根据式(4.2.1)）} \\ &= \left(\int_{-\infty}^{+\infty} g(x)f_X(x)\mathrm{d}x\right)\left(\int_{-\infty}^{+\infty} h(y)f_Y(y)\mathrm{d}y\right) \\ &= (\mathrm{E}g(X))(\mathrm{E}h(Y))\end{aligned}$$

将上述证明中的积分改为求和，即证得离散情形下的命题（b）. 命题（a）可以仿照上述证明完成，也可按如下方法讨论：设$g(x)$为集合A的示性函数，$h(y)$为集合B的示性函数，则$g(x)h(y)$为集合$C=\{(x,y):x\in A,y\in B\}\subset\mathbf{R}^2$的示性函数. 根据示性函数的性质，对$g(x)$有$\mathrm{E}g(X)=P(X\in A)$. 再由上面证得的关于期望的等式，可得：

$$\begin{aligned}P(X\in A,Y\in B)&=P((X,Y)\in C)=\mathrm{E}(g(X)h(Y))\\&=(\mathrm{E}g(X))(\mathrm{E}h(Y))=P(X\in A)P(Y\in B)\end{aligned}$$

□

例 4.2.11（独立随机变量的期望）　设X和Y是两个独立的随机变量，且服从参数为1的指数分布，根据定理4.2.10，有：

$$P(X\geqslant 4,Y<3)=P(X\geqslant 4)P(Y<3)=\mathrm{e}^{-4}(1-\mathrm{e}^{-3})$$

令$g(x)=x^2$，$h(y)=y$，则

$$\mathrm{E}(X^2Y)=(\mathrm{E}X^2)(\mathrm{E}Y)=(\mathrm{Var}X+(\mathrm{E}X)^2)\mathrm{E}Y=(1+1^2)1=2$$

‖

下面的定理考察了独立随机变量的和，是定理4.2.10的一个简单的推论.

定理 4.2.12　设独立随机变量X和Y的矩母函数分别为$M_X(t)$和$M_Y(t)$，则随机变量$Z=X+Y$的矩母函数为

$$M_Z(t)=M_X(t)M_Y(t)$$

证明　根据矩母函数的定义以及定理4.2.10，有：

$$M_Z(t)=\mathrm{E}\mathrm{e}^{tZ}=\mathrm{E}\mathrm{e}^{t(X+Y)}=\mathrm{E}(\mathrm{e}^{tX}\mathrm{e}^{tY})=(\mathrm{E}\mathrm{e}^{tX})(\mathrm{E}\mathrm{e}^{tY})=M_X(t)M_Y(t)$$

□

例 4.2.13 (正态随机变量和的矩母函数) 如果独立随机变量 X 和 Y 的概率分布已知，利用定理 4.2.12 我们有时很容易确定 Z 的概率分布. 例如，设 $X \sim \mathrm{n}(\mu,\sigma^2)$ 和 $Y \sim \mathrm{n}(\gamma,\tau^2)$ 是两个独立的正态随机变量，则根据习题 2.33，X 和 Y 的矩母函数为

$$M_X(t)=\exp(\mu t+\sigma^2 t^2/2) \text{ 和 } M_Y(t)=\exp(\gamma t+\tau^2 t^2/2)$$

因此，由定理 4.2.12 可知，$Z=X+Y$ 的矩母函数为

$$M_Z(t)=M_X(t)M_Y(t)=\exp((\mu+\gamma)t+(\sigma^2+\tau^2)t^2/2) \qquad \|$$

定理 4.2.14 设 $X \sim \mathrm{n}(\mu,\sigma^2)$ 和 $Y \sim \mathrm{n}(\gamma,\tau^2)$ 是两个独立的正态随机变量，则随机变量 $Z=X+Y$ 服从 $\mathrm{n}(\mu+\gamma,\sigma^2+\tau^2)$ 分布.

如果 $f(x,y)$ 是连续随机向量（X，Y）的联合概率密度函数，式（4.2.1）可能在（x，y）的某些取值集合 A 上不成立，其中 A 满足 $\iint\limits_A \mathrm{d}x\mathrm{d}y=0$，此时我们仍然称 X 和 Y 是独立的随机变量. 这也表明，如果两个概率密度函数仅在上述集合 A 上定义不同，它们所确定的（X，Y）的概率分布仍相同. 事实上，假设概率密度函数 $f(x,y)$ 和 $f^*(x,y)$ 仅在满足 $\iint\limits_A \mathrm{d}x\mathrm{d}y=0$ 的集合 A 上不等，且分别确定了（X，Y）和（X^*，Y^*）的分布，设 B 为 $\mathbf{R}^2$ 的任意子集，则

$$\begin{aligned}
P((X,Y)\in B) &= \iint\limits_B f(x,y)\mathrm{d}x\mathrm{d}y \\
&= \iint\limits_{B\cap A^{\mathrm{C}}} f(x,y)\mathrm{d}x\mathrm{d}y \\
&= \iint\limits_{B\cap A^{\mathrm{C}}} f^*(x,y)\mathrm{d}x\mathrm{d}y \\
&= \iint\limits_B f^*(x,y)\mathrm{d}x\mathrm{d}y = P((X^*,Y^*)\in B)
\end{aligned}$$

故 (X,Y) 和 (X^*,Y^*) 服从相同的概率分布. 例如，$f(x,y)=\mathrm{e}^{-x-y}$，$x>0$，$y>0$ 是一对独立的指数型随机变量的概率密度函数，满足式（4.2.1）；令 $f^*(x,y)$ 当 $x=y$ 时取值为 0，其余处取值同 $f(x,y)$，则 $f^*(x,y)$ 也是一对独立的指数型随机变量的概率密度函数，但在集合 $A=\{(x,x):x>0\}$ 上不满足式（4.2.1）.

4.3 二维变换

2.1 节讨论了怎样求随机变量函数的概率分布，本节将这些方法推广至二维随机向量.

设 (X,Y) 是概率分布已知的二维随机向量，现在考察由 $U=g_1(X,Y)$，$V=g_2(X,Y)$ 所定义的新的二维随机向量 (U,V)，其中 $g_1(x,y)$，$g_2(x,y)$ 为指定的两

个函数. 若 B 为 $\mathbf{R}^2$ 的子集，则 $(U,V)\in B$ 当且仅当 $(X,Y)\in A$，其中 $A=\{(x,y):(g_1(x,y),g_2(x,y))\in B\}$. 因此 $P((U,V)\in B)=P((X,Y)\in A)$，且 (U,V) 的概率分布由 (X,Y) 的概率分布完全确定.

如果 (X,Y) 是离散的二维随机向量，则存在一个可数集使得 (X,Y) 的联合概率质量函数在其上取值大于 0，将该集合记作 A. 令 $B=\{(u,v)$: 存在 $(x,y)\in A$ 使得 $u=g_1(x,y)$，$v=g_2(x,y)\}$，则 B 是离散随机向量 (U,V) 全体可能的取值所构成的集合，是可数集. 对任意 $(u,v)\in B$，令 $A_{uv}=\{(x,y)\in A: g_1(x,y)=u,\ g_2(x,y)=v\}$，则 (U,V) 的联合概率质量函数 $f_{U,V}(u,v)$ 可以根据 (X,Y) 的联合概率质量函数求得：

(4.3.1) $$f_{U,V}(u,v)=P(U=u,V=v)=P((X,Y)\in A_{uv})=\sum_{(x,y)\in A_{uv}} f_{X,Y}(x,y)$$

例 4.3.1 (Poisson 随机变量和的分布)　设 X 和 Y 是一对独立的 Poisson 随机变量，参数分别为 θ 和 λ，则 (X,Y) 的联合概率质量函数为

$$f_{X,Y}(x,y)=\frac{\theta^x \mathrm{e}^{-\theta}}{x!}\frac{\lambda^y \mathrm{e}^{-\lambda}}{y!},\quad x=0,1,2,\cdots,y=0,1,2,\cdots$$

令 $A=\{(x,y):x=0,1,2,\cdots;y=0,1,2,\cdots\}$；定义 $U=X+Y$，$V=Y$，亦即 $g_1(x,y)=x+y$，$g_2(x,y)=y$. 下面给出全体 (u,v) 值的集合 B. 显然由 $v=y$ 知 v 的值与 y 相同，可以是全体非负整数；而对于某固定的 v 值，由 $u=x+y=x+v$ 及 x 为非负整数可知，u 必为大于等于 v 的整数. 因此全体可能的 (u,v) 值所构成的集合为 $B=\{(u,v):v=0,1,2,\cdots;u=v,v+1,v+2,\cdots\}$. 对任意 $(u,v)\in B$，满足 $x+y=u$，$y=v$ 的 (x,y) 只有 $x=u-v$ 和 $y=v$，即集合 A_{uv} 仅含单点 $(u-v,v)$. 根据式 (4.3.1)，可得 (U,V) 的联合概率质量函数为

$$f_{U,V}(u,v)=f_{X,Y}(u-v,v)=\frac{\theta^{u-v}\mathrm{e}^{-\theta}}{(u-v)!}\frac{\lambda^v \mathrm{e}^{-\lambda}}{v!},\quad v=0,1,2,\cdots,u=v,v+1,v+2,\cdots$$

本例中 U 的边缘概率质量函数计算起来十分有趣. 对任意指定的非负整数 u，仅当 $v=0, 1, \cdots, u$ 时有 $f_{U,V}(u,v)>0$，于是计算 U 的边缘概率质量函数时只需累加这些 v 所对应的概率即可，即

$$f_U(u)=\sum_{v=0}^{u}\frac{\theta^{u-v}\mathrm{e}^{-\theta}}{(u-v)!}\frac{\lambda^v \mathrm{e}^{-\lambda}}{v!}=\mathrm{e}^{-(\theta+\lambda)}\sum_{v=0}^{u}\frac{\theta^{u-v}}{(u-v)!}\frac{\lambda^v}{v!},\quad u=0,1,2,\cdots$$

为上式右端每一求和项乘以 $u!$、再除以 $u!$，可根据二项式定理将上式化简为

$$f_U(u)=\frac{\mathrm{e}^{-(\theta+\lambda)}}{u!}\sum_{v=0}^{u}\binom{u}{v}\lambda^v\theta^{u-v}=\frac{\mathrm{e}^{-(\theta+\lambda)}}{u!}(\theta+\lambda)^u,\quad u=0,1,2,\cdots$$

这显然是参数为 $\theta+\lambda$ 的 Poisson 随机变量的概率质量函数. 本例的结论很重要，我们将其叙述为下面的定理. ‖

定理 4.3.2　设 X 和 Y 是一对独立的 Poisson 随机变量，参数分别为 θ 和 λ，则 $X+Y$ 服从参数为 $\theta+\lambda$ 的 Poisson 分布.

如果连续随机向量(X,Y)的联合概率密度函数为$f_{X,Y}(x,y)$，我们可以根据$f_{X,Y}(x,y)$为(U,V)的联合概率密度函数推导出形如式（2.1.10）的公式. 与前面记号相同，令$A=\{(x,y):f_{X,Y}(x,y)>0\}$，$B=\{(u,v)$：存在$(x,y)\in A$使得$u=g_1(x,y)$，$v=g_2(x,y)\}$，则$f_{U,V}(u,v)$在集合$B$上取值大于0. 现在我们考察最简单的情形：假定$u=g_1(x,y)$和$v=g_2(x,y)$均为$A$到$B$上的一对一变换（注意，由集合$B$的定义可知该变换是到上的），即对任意$(u,v)\in B$，存在唯一一对$(x,y)\in A$使得$(u,v)=(g_1(x,y),g_2(x,y))$. 对于这样一个一对一且到上的变换，我们很容易从方程$u=g_1(x,y)$和$v=g_2(x,y)$中解出x和y，即确定其逆变换：$x=h_1(u,v)$和$y=h_2(u,v)$. 现在我们用变换的Jacobi（雅可比）行列式代替单变量情形下公式（2.1.10）中的导数. 该行列式为偏导矩阵的行列式，是(u,v)的函数，记作J，定义为：

$$J=\begin{vmatrix}\dfrac{\partial x}{\partial u} & \dfrac{\partial x}{\partial v}\\ \dfrac{\partial y}{\partial u} & \dfrac{\partial y}{\partial v}\end{vmatrix}=\frac{\partial x}{\partial u}\frac{\partial y}{\partial v}-\frac{\partial y}{\partial u}\frac{\partial x}{\partial v}$$

其中

$$\frac{\partial x}{\partial u}=\frac{\partial h_1(u,v)}{\partial u},\frac{\partial x}{\partial v}=\frac{\partial h_1(u,v)}{\partial v},\frac{\partial y}{\partial u}=\frac{\partial h_2(u,v)}{\partial u},\frac{\partial y}{\partial v}=\frac{\partial h_2(u,v)}{\partial v}$$

假设J在B上不恒为零，则(U,V)的联合概率密度函数在集合B以外取值为0，在集合B上取值为：

(4.3.2)
$$f_{U,V}(u,v)=f_{X,Y}(h_1(u,v),h_2(u,v))\,|J|$$

其中$|J|$表示J的绝对值. 在实际使用式（4.3.2）时，确定集合、验证从A到B的变换是一对一变换、以及具体计算式（4.3.2）有时都有一定难度. 阅读下面的例子，观察该例中上述环节是怎样完成的.

例 4.3.3（贝塔随机变量积的分布） 设X和Y是一对独立的贝塔随机变量，参数分别为(α,β)和$(\alpha+\beta,\gamma)$，则(X,Y)的联合概率密度函数为

$$f_{X,Y}(x,y)=\frac{\Gamma(\alpha+\beta)}{\Gamma(\alpha)\Gamma(\beta)}x^{\alpha-1}(1-x)^{\beta-1}\frac{\Gamma(\alpha+\beta+\gamma)}{\Gamma(\alpha+\beta)\Gamma(\gamma)}y^{\alpha+\beta-1}(1-y)^{\gamma-1},\quad 0<x<1,0<y<1$$

考察变换$U=XY$，$V=X$. 显然V的取值范围为$0<v<1$；对于任意指定的$V=v$，由$X=V=v$以及Y的范围为（0，1）可知，U的取值范围为$(0,v)$. 故该变换将集合A映射至$B=\{(u,v):0<u<v<1\}$上. 对任意$(u,v)\in \mathbf{B}$，方程$u=xy$和$v=x$有唯一解$x=h_1(u,v)=v$和$y=h_2(u,v)=u/v$. 注意，如果在整个$\mathbf{R}^2$上定义该变换，则任意点$(0,y)$都被映射至点（0，0），因而该变换不是一对一变换；但如果只在集合A上定义该变换，则它确为A到B上的一对一变换. 对应的Jacobi行列式为：

$$J=\begin{vmatrix}\dfrac{\partial x}{\partial u} & \dfrac{\partial x}{\partial v}\\ \dfrac{\partial y}{\partial u} & \dfrac{\partial y}{\partial v}\end{vmatrix}=\begin{vmatrix}0 & 1\\ \dfrac{1}{v} & -\dfrac{u}{v^2}\end{vmatrix}=-\frac{1}{v}$$

于是，由式（4.3.2）可得(U,V)的联合概率密度函数：

$$f_{U,V}(u,v)=\frac{\Gamma(\alpha+\beta+\gamma)}{\Gamma(\alpha)\Gamma(\beta)\Gamma(\gamma)}v^{\alpha-1}(1-v)^{\beta-1}\left(\frac{u}{v}\right)^{\alpha+\beta-1}\left(1-\frac{u}{v}\right)^{\gamma-1}\frac{1}{v},\quad 0<u<v<1 \tag{4.3.3}$$

$V=X$ 的边缘分布显然是参数为(α,β)的贝塔分布；而U的分布也是贝塔分布，事实上根据式（4.3.3）并作适当整理可得：

$$\begin{aligned}f_U(u)&=\int_u^1 f_{U,V}(u,v)\mathrm{d}v\\&=\frac{\Gamma(\alpha+\beta+\gamma)}{\Gamma(\alpha)\Gamma(\beta)\Gamma(\gamma)}u^{\alpha-1}\int_u^1\left(\frac{u}{v}-u\right)^{\beta-1}\left(1-\frac{u}{v}\right)^{\gamma-1}\left(\frac{u}{v^2}\right)\mathrm{d}v\end{aligned}$$

做单变量替换，令 $y=(u/v-u)/(1-u)$，则 $\mathrm{d}y=-u/[v^2(1-u)]\mathrm{d}v$，且

$$\begin{aligned}f_U(u)&=\frac{\Gamma(\alpha+\beta+\gamma)}{\Gamma(\alpha)\Gamma(\beta)\Gamma(\gamma)}u^{\alpha-1}(1-u)^{\beta+\gamma-1}\int_0^1 y^{\beta-1}(1-y)^{\gamma-1}\mathrm{d}y\\&=\frac{\Gamma(\alpha+\beta+\gamma)}{\Gamma(\alpha)\Gamma(\beta)\Gamma(\gamma)}u^{\alpha-1}(1-u)^{\beta+\gamma-1}\frac{\Gamma(\beta)\Gamma(\gamma)}{\Gamma(\beta+\gamma)}\\&=\frac{\Gamma(\alpha+\beta+\gamma)}{\Gamma(\alpha)\Gamma(\beta+\gamma)}u^{\alpha-1}(1-u)^{\beta+\gamma-1},\quad 0<u<1\end{aligned}$$

上面第二个等式根据式（3.3.17）得到，注意前一积分中的被积函数是贝塔概率密度函数的核．这就说明U的边缘分布是参数为$(\alpha,\beta+\gamma)$的贝塔分布．

例 4.3.4（正态随机变量的和与差） 设X和Y是一对独立的标准正态随机变量，考察变换$U=X+Y$，$V=X-Y$．沿用前面的记号，即$U=g_1(x,y)$，$V=g_2(x,y)$，其中$g_1(x,y)=x+y$，$g_2(x,y)=x-y$．X和Y的联合概率密度函数显然为$f_{X,Y}(x,y)=(2\pi)^{-1}\exp(-x^2/2)\exp(-y^2/2)$，$-\infty<x<+\infty$，$-\infty<y<+\infty$，于是$A=\mathbf{R}^2$．为了确定使$f_{U,V}(u,v)$取值大于0的集合$B$，我们必须考察当$(x,y)$取遍$A=\mathbf{R}^2$时全体

$$u=x+y,\quad v=x-y \tag{4.3.4}$$

的值．然而，一旦确定了u和v的值，我们便可从方程（4.3.4）中唯一确定x和y，得到：

$$x=h_1(u,v)=\frac{u+v}{2},\quad y=h_2(u,v)=\frac{u-v}{2} \tag{4.3.5}$$

这就表明，对任意$(u,v)\in\mathbf{R}^2$都存在$(x,y)\in\mathbf{A}$（由式（4.3.5）给出）使得$u=x+y$且$v=x-y$，于是$\mathbf{B}=\mathbf{R}^2$．此外，由于解（4.3.5）唯一，因此我们所考察的变换是一对一变换．由式（4.3.5）容易求得x和y的偏导，得：

$$J=\begin{vmatrix}\frac{\partial x}{\partial u}&\frac{\partial x}{\partial v}\\ \frac{\partial y}{\partial u}&\frac{\partial y}{\partial v}\end{vmatrix}=\begin{vmatrix}\frac{1}{2}&\frac{1}{2}\\ \frac{1}{2}&-\frac{1}{2}\end{vmatrix}=-\frac{1}{2}$$

根据(U,V)联合概率密度函数的公式（4.3.2），用式（4.3.5）代替$f_{X,Y}(x,y)$中的

x 和 y，再由 $|J|=\frac{1}{2}$，可得：

$$f_{U,V}(u,v)=f_{X,Y}(h_1(u,v),h_2(u,v))|J|=\frac{1}{2\pi}\mathrm{e}^{-\frac{(\frac{u+v}{2})^2}{2}}\mathrm{e}^{-\frac{(\frac{u-v}{2})^2}{2}}\frac{1}{2},$$
$$-\infty<u<+\infty,-\infty<v<+\infty$$

将指数位置上的平方展开可以消去 uv 项，再进行适当的整理和化简即得：

$$f_{U,V}(u,v)=\left(\frac{1}{\sqrt{2\pi}\sqrt{2}}\mathrm{e}^{-u^2/4}\right)\left(\frac{1}{\sqrt{2\pi}\sqrt{2}}\mathrm{e}^{-v^2/4}\right)$$

即(U,V)的联合概率密度函数可以分解为 u 的函数与 v 的函数之积. 根据引理 4.2.7 可知，U 和 V 是一对独立的随机变量. 再由定理 4.2.14，$U=X+Y$ 的边缘分布是 $\mathrm{n}(0,2)$；类似地，可由定理 4.2.12 证明 V 的边缘分布也是 $\mathrm{n}(0,2)$. 一对独立标准正态随机变量的和与差仍然是独立的正态随机变量，这一事实只要 $\mathrm{Var}X=\mathrm{Var}Y$ 成立就存在，并不依赖 X 和 Y 的期望（见习题 4.27）尽管定理 4.2.12 与定理 4.2.14 给出了 U 和 V 的边缘分布，本例中关于 U 和 V 独立性的讨论仍十分必要. ‖

在例 4.3.4 中我们发现新变量 U 和 V 是独立随机变量，事实上，如定理 4.3.5 所述，对于给定的 X 和 Y，我们还有更简单、重要的方法来构造独立的新变量 U 和 V.

定理 4.3.5 设 X 和 Y 是一对独立的随机变量，$g(x)$是 x 的一元函数，$h(y)$ 是 y 的一元函数，则随机变量 $U=g(X)$与 $V=h(Y)$独立.

证明 我们只证明 U, V 是连续随机变量的情形. 对任意 $u\in\mathbf{R}$，$v\in\mathbf{R}$，令

$$A_u=\{x:g(x)\leqslant u\},\quad B_v=\{y:h(y)\leqslant v\}$$

则(U,V)的联合累积分布函数为

$$\begin{aligned}F_{U,V}(u,v)&=P(U\leqslant u,V\leqslant v)\text{（根据累积分布函数的定义）}\\&=P(X\in A_u,Y\in B_v)\quad\text{（根据 }U,V\text{ 的定义）}\\&=P(X\in A_u)P(Y\in B_v)\quad\text{（根据定理 4.2.10）}\end{aligned}$$

(U,V)的联合概率密度函数为

$$\begin{aligned}f_{U,V}(u,v)&=\frac{\partial^2}{\partial u\partial v}F_{U,V}(u,v)\quad\text{（根据（4.1.4）式）}\\&=\left(\frac{\mathrm{d}}{\mathrm{d}u}P(X\in A_u)\right)\left(\frac{\mathrm{d}}{\mathrm{d}v}P(Y\in B_v)\right)\end{aligned}$$

其中乘积的第一项是 u 的一元函数，第二项是 v 的一元函数. 因此，根据引理 4.2.7 知 U，V 独立 . □

如果仅仅指定了一个函数，比如 $U=g_1(X,Y)$，我们仍可以利用同样的方法计算 U 的边缘分布. 此时只需选取适当的 $V=g_2(X,Y)$使得从(X,Y)到(U,V)的变换是一对一变换，则(U,V)的联合概率密度函数可由式（4.3.2）给出，从而可以求

出U的边缘概率密度函数．在前面的例中我们关心的可能只是$U=XY$，令$V=X$后发现所得变换是A上的一对一变换，于是我们逐步求得了U的边缘概率密度函数．当然，也可以选择$V=Y$来进行计算（见习题4.23）

然而，事实上我们考察的变换通常不是一对一变换，不过我们可以仿照单变量情形将上述方法推广至多对一变换．令$A=\{(x,y):f_{X,Y}(x,y)>0\}$，$A_0$，$A_1$，…，$A_k$是$A$的一个划分且$A_0$满足$P((X,Y)\in A_0)=0$（$A_0$可能是空集）．对每个$i=1$，2，…，$k$，变换$U=g_1(X,Y),V=g_2(X,Y)$都是从$A_i$到$B$的一对一变换，因此对每个$i$都存在从$B$到$A_i$的逆变换．记第$i$个逆变换为$x=h_{1i}(u,v)$，$y=h_{2i}(u,v)$，则对任意$(u,v)\in B$，它确定了唯一一对$(x,y)\in A_i$使得$(u,v)=(g_1(x,y),g_2(x,y))$．记$J_i$为第$i$个逆变换的Jacobi行列式，假定它们在$B$上不恒为0，则联合概率密度函数$f_{U,V}(u,v)$可以表示为：

(4.3.6) $$f_{U,V}(u,v)=\sum_{i=1}^{k}f_{X,Y}(h_{1i}(u,v),h_{2i}(u,v))|J_i|$$

例4.3.6（正态随机变量之比的分布） 设X和Y是一对独立的标准正态随机变量，考察变换$U=X/Y$，$V=|Y|$（$Y=0$时U，V可以取任意值，比如（1，1），因为此时$P(Y=0)=0$）由于点(x,y)和$(-x,-y)$映射至同一点(u,v)，因此该变换不是一对一变换；但若限定y取正值或者取负值，则该变换就是一对一变换．沿用上文的记号，我们令

$$A_1=\{(x,y):y>0\},\quad A_2=\{(x,y):y<0\},\quad A_0=\{(x,y):y=0\}$$

显然A_0，A_1和A_2构成$A=\mathbf{R}^2$的一个划分，且$P((X,Y)\in A_0)=P(Y=0)=0$．不论是对A_1还是A_2，如果$(x,y)\in A_i$，$v=|y|>0$，一旦指定$v=|y|$的值，由于x可取任意实数，因此$u=x/y$也可以是任意实数．故该变换将A_1和A_2都映射至$B=\{(u,v):v>0\}$，且从B到A_1和A_2的逆变换分别为：$x=h_{11}(u,v)=uv$，$y=h_{21}(u,v)=v$以及$x=h_{12}(u,v)=-uv$，$y=h_{22}(u,v)=-v$，注意第一个逆变换限定y取正值，第二个逆变换限定y取负值．两个逆变换对应的Jacobi矩阵满足$J_1=J_2=v$，又由于

$$f_{X,Y}(x,y)=\frac{1}{2\pi}\mathrm{e}^{-x^2/2}\mathrm{e}^{-y^2/2}$$

根据式（4.3.6），我们有

$$f_{U,V}(u,v)=\frac{1}{2\pi}\mathrm{e}^{\frac{-(uv)^2}{2}}\mathrm{e}^{\frac{-v^2}{2}}|v|+\frac{1}{2\pi}\mathrm{e}^{\frac{-(-uv)^2}{2}}\mathrm{e}^{\frac{-(-v)^2}{2}}|v|$$

$$=\frac{v}{\pi}\mathrm{e}^{\frac{-(u^2+1)v^2}{2}},\quad -\infty<u<+\infty,0<v<+\infty$$

由此可求得U的边缘概率密度函数为：

$$f_U(u)=\int_0^{+\infty}\frac{v}{\pi}\mathrm{e}^{\frac{-(u^2+1)v^2}{2}}\mathrm{d}v$$

$$=\frac{1}{2\pi}\int_0^{+\infty}\mathrm{e}^{\frac{-(u^2+1)z}{2}}\mathrm{d}z \quad (z=v^2) \qquad \text{(变量替换)}$$

$$=\frac{1}{2\pi}\frac{2}{(u^2+1)} \text{(被积函数恰为参数为}\beta=2/(u^2+1)\text{的指数型概率密度函数的核)}$$

$$=\frac{1}{\pi(u^2+1)},\quad -\infty<u<+\infty$$

即两个独立的标准正态随机变量之比是 Cauchy 随机变量（正态随机变量与 Cauchy 随机变量之间的更多联系见习题 4.28）.

‖

4.4 多层模型与混合分布

目前为止我们所讨论的随机变量都具有单一的分布，只是其中参数的取值可能不同. 然而，尽管一般来说随机变量只有其唯一分布，把事情分层考虑来建立模型常常更容易些.

例 4.4.1（二项-Poisson 多层模型） 本例所描述的模型可谓最经典的多层模型. 一只昆虫产下大量的卵，已知每颗卵的成活率为 p，问平均有多少颗卵能成活？

该昆虫产卵的数量是一个随机变量，服从参数为 λ 的 Poisson 分布. 此外，如果假定每颗卵能否成活都是独立事件，则考察所有卵的成活问题就是考察一系列 Bernoulli 试验. 因此，若令 X=成活卵的数量，Y=昆虫产下的卵的数量，则有如下多层模型：

$X|Y$（表示 X 在条件 Y 下的条件分布）服从参数为（Y，p）的二项分布，

Y 服从参数为 λ 的 Poisson 分布.

‖

采用多层模型的好处在于我们可以使用一系列相对简单的模型来描述复杂的过程，此外，多层模型处理起来与条件分布、边缘分布难度相当.

例 4.4.2（例 4.4.1-续） 例 4.4.1 中，由于 $X|Y$ 服从参数为（Y，p）的二项分布、Y 服从参数为 λ 的 Poisson 分布，故随机变量 X 具有如下分布：

$$P(X=x)=\sum_{y=0}^{+\infty}P(X=x,Y=y)$$

$$=\sum_{y=0}^{+\infty}P(X=x|Y=y)P(Y=y) \qquad \text{(根据条件概率的定义)}$$

$$=\sum_{y=x}^{+\infty}\left[\binom{y}{x}p^x(1-p)^{y-x}\right]\left[\frac{\mathrm{e}^{-\lambda}\lambda^y}{y!}\right] \text{(注意 } y<x \text{ 时条件概率为 0)}$$

化简上面最后一个式子，消去其中某些项、并乘以 λ^x/λ^x，可得：

$$P(X=x)=\frac{(\lambda p)^x\mathrm{e}^{-\lambda}}{x!}\sum_{y=x}^{+\infty}\frac{((1-p)\lambda)^{y-x}}{(y-x)!}$$

$$=\frac{(\lambda p)^x\mathrm{e}^{-\lambda}}{x!}\sum_{t=0}^{+\infty}\frac{((1-p)\lambda)^{t}}{t!}(t=y-x)$$

$$=\frac{(\lambda p)^x\mathrm{e}^{-\lambda}}{x!}\mathrm{e}^{(1-p)\lambda}\qquad\text{（注意上述和式是 Poisson 分布的核）}$$

$$=\frac{(\lambda p)^x}{x!}\mathrm{e}^{-p\lambda}$$

故 X 服从参数为 λp 的 Poisson 分布，与 Y 并无关系. 所以，在多层模型中引入 Y 的目的主要是辅助理解，当然引入 Y 以后，我们还可将 X 分布的参数写成两个相对简单的参数之积.

为了回答例 4.4.1 最开始提出的问题，我们很容易求得：

$$\mathrm{E}X=\lambda p$$

因此成活的卵的平均数量为 λp. 不过，如果只想求出期望而无需知道分布，我们也可以利用下面条件期望的方法来解答该问题. ‖

下面给出的定理常常有助于简化计算. 首先回忆 4.2 节，我们已知 $\mathrm{E}(X|y)$是 y 的函数，$\mathrm{E}(X|Y)$是取值依赖于 Y 的随机变量.

定理 4.4.3　设 X 和 Y 是任意随机变量，若下列期望存在，则有：

(4.4.1)
$$\mathrm{E}X=\mathrm{E}(\mathrm{E}(X|Y))$$

证明　令 $f(x,y)$为 X，Y 的联合概率密度函数. 由定义，有：

(4.4.2)
$$\mathrm{E}X=\iint xf(x,y)\mathrm{d}x\mathrm{d}y=\int\left[\int xf(x\mid y)\mathrm{d}x\right]f_Y(y)\mathrm{d}y$$

其中 $f(x|y)$是 X 在条件 $Y=y$ 下的条件概率密度函数，$f_Y(y)$是 Y 的边缘概率密度函数. 注意到式（4.4.2）中内层积分恰为条件期望 $\mathrm{E}(X|y)$，于是

$$\mathrm{E}X=\int\mathrm{E}(X\mid y)f_Y(y)\mathrm{d}y=\mathrm{E}(\mathrm{E}(X\mid Y))$$

定理得证. 对于离散随机变量的情形，将上述证明中的积分改为求和即可. □

注意，式（4.4.1）中三个记号“E”看似有些混乱，但事实上它们各自的意义十分明确：左端的“E”是关于 X 的边缘分布的期望；右端第一个“E”是关于 Y 的边缘分布的期望；右端第二个“E”是关于 $X\mid Y$ 的条件分布的期望.

现在我们可以快速计算例 4.4.1 所求成活卵的平均数量：根据定理 4.4.3，有

$$\begin{aligned}\mathrm{E}X&=\mathrm{E}(\mathrm{E}(X|Y))\\&=\mathrm{E}(pY)\quad\text{（由于 }X|Y\text{ 服从参数为}(Y,p)\text{的二项分布）}\\&=p\lambda\qquad\text{（由于 }Y\text{ 服从参数为 }\lambda\text{ 的 Poisson 分布）}\end{aligned}$$

本节标题中的“混合分布”指的是多层模型导出的分布. 混合分布迄今为止没有标准定义，这里我们采用下面这个较常用的定义.

定义 4.4.4 如果随机变量 X 的分布依赖于服从某分布的另一个量，则称 X 具有**混合分布（mixture distribution）**.

例 4.4.1 中参数为 λp 的 Poisson 分布由参数为(Y,p)的二项分布与 Y 的参数为 λ 的 Poisson 分布复合得到，因而是混合分布. 多层模型得到的分布通常都是混合分布.

多层模型显然可以不止两层，但理论上任意多层的模型都可以看成二层模型. 不过，采用多层模型有自身的好处，它往往能使问题更易于理解.

例 4.4.5（例 4.4.1 的推广） 对例 4.4.1 进行推广，考虑从大量昆虫中选取一只产卵而非预先指定，求成活卵的平均数量. 由于选取不同的昆虫，所产下的卵的数量不一定服从同一 Poisson 分布，所以此时采用三层的多层模型更为恰当. 令 X＝产下的一批卵中成活卵的数量，则：

$X \mid Y$ 服从参数为（Y，p）的二项分布，

$Y \mid \Lambda$ 服从参数为 Λ 的 Poisson 分布，

Λ 服从参数为 β 的指数分布，

其中最后一层考虑了不同昆虫产卵的差异.

我们很容易计算 X 的期望：

$$\begin{aligned}
\mathrm{E}X &= \mathrm{E}(\mathrm{E}(X|Y)) \\
&= \mathrm{E}(pY) && \text{(同上文)} \\
&= \mathrm{E}(\mathrm{E}(pY|\Lambda)) \\
&= \mathrm{E}(p\Lambda) \\
&= p\beta && \text{(指数期望)}
\end{aligned}$$

‖

例 4.4.5 中采用的多层模型与前面的有所不同，其中涉及两个离散随机变量、一个连续随机变量. 这类混合模型的用法与前面基本一样，我们同样可以定义联合概率密度函数 $f(x,y,\lambda)$，条件概率密度函数 $f(x|y)$，$f(x|y,\lambda)$等，以及边缘概率密度函数 $f(x)$，$f(x,y)$等，只需注意在计算概率或期望时对离散随机变量求和、对连续随机变量积分.

注意，通过复合该三层模型中的后两层，我们也可以将其视作二层模型. 若 $Y|\Lambda$服从参数为 Λ 的 Poisson 分布，Λ 服从参数为 β 的指数分布，则

$$\begin{aligned}
P(Y=y) &= P(Y=y, 0<\Lambda<+\infty) \\
&= \int_0^{+\infty} f(y,\lambda)\,\mathrm{d}\lambda \\
&= \int_0^{+\infty} f(y \mid \lambda) f(\lambda)\,\mathrm{d}\lambda \\
&= \int_0^{+\infty} \left[\frac{\mathrm{e}^{-\lambda}\lambda^y}{y!}\right] \frac{1}{\beta}\mathrm{e}^{\frac{-\lambda}{\beta}}\,\mathrm{d}\lambda
\end{aligned}$$

$$= \frac{1}{\beta y!}\int_0^{+\infty} \lambda^y e^{-\lambda(1+\beta^{-1})} d\lambda \quad (\Gamma\text{ 分布概率密度函数的核})$$
$$= \frac{1}{\beta y!}\Gamma(y+1)\left(\frac{1}{1+\beta^{-1}}\right)^{y+1}$$
$$= \frac{1}{(1+\beta)}\left(\frac{1}{1+\beta^{-1}}\right)^{y}$$

该式显然符合负二项概率密度函数的形式（3.2.10），因此例 4.4.5 中的三层模型等价于下面的二层模型：

$X \mid Y$ 服从参数为(Y,p)的二项分布，

Y 服从参数为$\left(p=\frac{1}{1+\beta}, r=1\right)$的负二项分布，

二层模型形式上比三层模型更简洁，但三层模型显然更易于理解！

Poisson-伽玛混合分布也是一类很有用的混合分布，它是对前一模型的后两层进行推广得到的．如果 Y 有多层模型：

$Y \mid \Lambda$ 服从参数为 Λ 的 Poisson 分布，

Λ 服从参数为(α,β)的伽玛分布，

则 Y 的边缘分布为负二项分布（见习题 4.32），且该负二项分布模型可以看成“更灵活”的 Poisson 分布．Solomon（1983）中详细介绍了上述模型以及其他一些能够导出负二项分布的生物数学模型（见习题 4.33）

除了能帮助我们理解问题，多层模型通常还可以简化计算，例如，可以处理统计学中常见的一类分布——非中心 χ^2 分布．设自由度为 p，非中心化参数为 λ，则该分布的概率密度函数为

$$f(x \mid \lambda, p) = \sum_{k=0}^{+\infty} \frac{x^{p/2+k-1} e^{-x/2}}{\Gamma(p/2+k)2^{p/2+k}} \frac{\lambda^k e^{-\lambda}}{k!} \tag{4.4.3}$$

由于上述概率密度函数的表达式极其复杂，因此直接计算 EX 将十分困难．但通过仔细观察概率密度函数，我们发现该分布是由中心 χ^2 分布（类似于式（3.3.10））与 Poisson 分布复合得到的混合分布．因此，一旦建立如下多层模型：

$X \mid K$ 服从自由度为 $p+2K$ 的 χ^2 分布，

K 服从参数为 λ 的 Poisson 分布，

我们即可根据式（4.4.3）确定 X 的边缘分布，从而可以快速求得

$$\begin{aligned} EX &= E(E(X|K)) \\ &= E(p+2K) \\ &= p+2\lambda \end{aligned}$$

同法还可求得 Var$X$.

在结束本节之前，我们再考察一个多层模型，并计算一个条件期望.

例 4.4.6（贝塔-二项多层模型）　二项分布的一种推广是允许“成功”概率依

某分布变动，这样的一个标准模型为：

$X|P$ 服从参数为(n,P)的二项分布，

P 服从参数为(α,β)的贝塔分布.

通过运用定理 4.4.3 重写期望，可以求得：

$$\mathrm{E}X=\mathrm{E}(\mathrm{E}(X|P))=\mathrm{E}[nP]=n\frac{\alpha}{\alpha+\beta}$$ ‖

X 的方差的算法与期望很相似. 类似于定理 4.4.3 的期望恒等式，我们首先给出条件方差的计算公式.

定理 4.4.7（方差恒等式） 设 X 和 Y 是任意随机变量，若下列期望存在，则有：

(4.4.4) $$\mathrm{Var}X=\mathrm{E}(\mathrm{Var}(X|Y))+\mathrm{Var}(\mathrm{E}(X|Y))$$

证明 根据定义，有

$$\mathrm{Var}X=\mathrm{E}([X-\mathrm{E}X]^2)=\mathrm{E}([X-\mathrm{E}(X|Y)+\mathrm{E}(X|Y)-\mathrm{E}X]^2)$$

其中最后一步我们增、减了 $\mathrm{E}(X|Y)$. 将上式中的平方展开，得：

(4.4.5) $$\mathrm{Var}X=\mathrm{E}([X-\mathrm{E}(X|Y)]^2)+\mathrm{E}([\mathrm{E}(X|Y)-\mathrm{E}X]^2)+2\mathrm{E}([X-\mathrm{E}(X|Y)][\mathrm{E}(X|Y)-\mathrm{E}X])$$

上式最后一项等于 0. 事实上，通过运用定理 4.4.3 重写期望，我们可以证明这一点：

(4.4.6) $$\mathrm{E}([X-\mathrm{E}(X|Y)][\mathrm{E}(X|Y)-\mathrm{E}X])=\mathrm{E}(\mathrm{E}\{[X-\mathrm{E}(X|Y)][\mathrm{E}(X|Y)-\mathrm{E}X]|Y\})$$

在条件分布 $X|Y$ 中 X 是随机变量，所以表达式

$$\mathrm{E}\{[X-\mathrm{E}(X|Y)][\mathrm{E}(X|Y)-\mathrm{E}X]|Y\}$$

中的 $\mathrm{E}(X|Y)$和 $\mathrm{E}X$ 为常量. 于是

$$\begin{aligned}\mathrm{E}\{[X-\mathrm{E}(X|Y)][\mathrm{E}(X|Y)-\mathrm{E}X]|Y\}&=(\mathrm{E}(X|Y)-\mathrm{E}X)(\mathrm{E}\{[X-\mathrm{E}(X|Y)]|Y\}\\&=(\mathrm{E}(X|Y)-\mathrm{E}X)(\mathrm{E}(X|Y)-\mathrm{E}(X|Y))\\&=(\mathrm{E}(X|Y)-\mathrm{E}X)(0)\\&=0\end{aligned}$$

再由式 (4.4.6)，有 $\mathrm{E}([X-\mathrm{E}(X|Y)][\mathrm{E}(X|Y)-\mathrm{E}X])=\mathrm{E}(0)=0$. 考察式 (4.4.5) 中其余各项，我们有

$$\begin{aligned}\mathrm{E}([X-\mathrm{E}(X|Y)]^2)&=\mathrm{E}(\mathrm{E}\{[X-\mathrm{E}(X|Y)]^2|Y\})\\&=\mathrm{E}(\mathrm{Var}(X|Y))\end{aligned}$$

且

$$\mathrm{E}([\mathrm{E}(X|Y)-\mathrm{E}X]^2)=\mathrm{Var}(\mathrm{E}(X|Y))$$

这就证得式 (4.4.4). □

例 4.4.8（例 4.4.6-续） 为求 X 的方差，我们利用式 (4.4.4)，得：

$$\text{Var}X=\text{Var}(\text{E}(X|P))+\text{E}(\text{Var}(X|P))$$

由于 $\text{E}(X|P)=nP$ 且 P 服从参数为(α,β)的贝塔分布，所以

$$\text{Var}(\text{E}(X|P))=\text{Var}(nP)=n^2\ \frac{\alpha\beta}{(\alpha+\beta)^2(\alpha+\beta+1)}$$

又因为 $X|P$ 服从参数为(n,P)的二项分布，所以 $\text{Var}(X|P)=nP(1-P)$，从而有

$$\text{E}[\text{Var}(X\mid P)]=n\text{E}[P(1-P)]=n\frac{\Gamma(\alpha+\beta)}{\Gamma(\alpha)\Gamma(\beta)}\int_0^1 p(1-p)p^{\alpha-1}(1-p)^{\beta-1}\text{d}p$$

注意上述积分中的被积函数是另一（参数为$(\alpha+1,\beta+1)$的）贝塔概率密度函数的核，故

$$\text{E}[\text{Var}(X|P)]=n\frac{\Gamma(\alpha+\beta)}{\Gamma(\alpha)\Gamma(\beta)}\left[\frac{\Gamma(\alpha+1)\Gamma(\beta+1)}{\Gamma(\alpha+\beta+2)}\right]=n\frac{\alpha\beta}{(\alpha+\beta)(\alpha+\beta+1)}$$

将 $\text{Var}(\text{E}(X|P))$与 $\text{E}(\text{Var}(X|P))$两部分相加，整理后即得：

$$\text{Var}X=n\frac{\alpha\beta(\alpha+\beta+n)}{(\alpha+\beta)^2(\alpha+\beta+1)}$$

4.5　协方差与相关

前面几节中我们讨论了两个随机变量之间独立与否的关系，事实上，两个随机变量之间还存在其他关系，与独立、不独立关系相比，它们有的更强、有的更弱．本节我们即将介绍两种定量刻画随机变量之间关系强度的工具——协方差与相关．

为了理解两个随机变量之间关系的强度，我们先看两个试验．第一个试验测量两个随机变量 X 和 Y，其中 X 和 Y 分别是某水体样本的重量和体积．显然 X 和 Y 之间存在很强的联系，并且若测量该水体多份样本的(X,Y)值并依此绘制散点图，则由物理学知识可知全体数据点应位于某直线上．尽管考虑到测量误差以及水体中杂质等因素，数据点不一定能呈现理想的分布，但在试验条件和技术足够好的前提下，数据点必定近似位于某直线上．第二个试验同样测量两个随机变量 X 和 Y，其中 X 和 Y 分别是某人的体重和身高．显然这里的 X 和 Y 之间也存在联系，但这种联系远比第一个试验弱，因为我们难以保证不同个体的(X,Y)值所绘得的散点图是一条直线（尽管从图像上看，身高越高体重往往越重）．下面要介绍的协方差与相关的概念将帮助我们量化两个随机变量之间关系强度的这种差异．

本节将反复用到随机变量 X 和 Y 的期望与方差，故将其分别简记为：$\text{E}X=\mu_X$，$\text{E}Y=\mu_Y$，$\text{Var}X=\sigma_X^2$ 以及 $\text{Var}Y=\sigma_Y^2$．此外我们假定 $0<\sigma_X^2<+\infty$，$0<\sigma_Y^2<+\infty$．

定义 4.5.1　随机变量 X 和 Y 的**协方差**（**covariance**）定义为：

$$\text{Cov}(X,Y)=\text{E}((X-\mu_X)(Y-\mu_Y))$$

定义 4.5.2　随机变量 X 和 Y 的**相关**（**correlation**）定义为：

$$\rho_{XY}=\frac{\mathrm{Cov}(X,Y)}{\sigma_X\sigma_Y}$$

ρ_{XY}的值也称作 X 和 Y 的**相关系数**（**correlation coefficient**）.

如果 Y 取值较大时 X 的取值也较大，Y 取值较小时 X 的取值也较小，则 $\mathrm{Cov}(X,Y)$取正值. 事实上，此时若有 $X>\mu_X$，则很可能 $Y>\mu_Y$，因而乘积$(X-\mu_X)(Y-\mu_Y)$为正；若有 $X<\mu_X$，则很可能 $Y<\mu_Y$，因而乘积$(X-\mu_X)(Y-\mu_Y)$亦为正，故 $\mathrm{Cov}(X,Y)=\mathrm{E}(X-\mu_X)(Y-\mu_Y)>0$. 反之，如果 Y 取值较小时 X 的取值较大，Y 取值较大时 X 的取值较小，则当 $X>\mu_X$ 时很可能 $Y<\mu_Y$ 且反之亦然，因而乘积$(X-\mu_X)(Y-\mu_Y)$小于 0，从而 $\mathrm{Cov}(X,Y)$取负值. 这就表明 $\mathrm{Cov}(X,Y)$的符号揭示了 X，Y 之间关系的一些信息.

然而 $\mathrm{Cov}(X,Y)$的取值可以是任意实数，并且就其取值（比如 $\mathrm{Cov}(X,Y)=3$）本身并不能确定 X 和 Y 之间关系的强度. 而相关系数的取值总是介于-1与 1 之间，并且相关系数取值为-1或 1 时表示 X 和 Y 之间存在纯粹的线性关系（见定理 4.5.7).

在考察协方差与相关的性质之前，我们先计算一个具体的例子. 下面定理的结论有助于我们简化计算.

定理 4.5.3 设 X 和 Y 是任意随机变量，则

$$\mathrm{Cov}(X,Y)=\mathrm{E}XY-\mu_X\mu_Y$$

证明

$$\begin{aligned}\mathrm{Cov}(X,Y)&=\mathrm{E}(X-\mu_X)(Y-\mu_Y)\\&=\mathrm{E}(XY-\mu_XY-\mu_YX+\mu_X\mu_Y)\quad\text{（展开乘积）}\\&=\mathrm{E}XY-\mu_X\mathrm{E}Y-\mu_Y\mathrm{E}X+\mu_X\mu_Y\quad\text{（}\mu_X\text{ 和 }\mu_Y\text{ 是常数）}\\&=\mathrm{E}XY-\mu_X\mu_Y-\mu_Y\mu_X+\mu_X\mu_Y\\&=\mathrm{E}XY-\mu_X\mu_Y\end{aligned}$$

□

例 4.5.4（相关-Ⅰ） 如图 4.5.1，设(X,Y)的联合概率密度函数为 $f(x,y)=1$，$0<x<1$，$x<y<x+1$. X 的边缘分布是（0，1）上的均匀分布，所以 $\mu_X=\frac{1}{2}$，$\sigma_X^2=\frac{1}{12}$. Y 的边缘概率密度函数为 $f_Y(y)=y$，$0<y<1$；$f_Y(y)=2-y$，$1\leqslant y<2$，所以 $\mu_Y=1$，$\sigma_Y^2=\frac{1}{6}$. 于是

$$\begin{aligned}\mathrm{E}XY&=\int_0^1\int_x^{x+1}xy\,\mathrm{d}y\mathrm{d}x=\int_0^1\frac{1}{2}xy^2\Big|_x^{x+1}\mathrm{d}x\\&=\int_0^1\left(x^2+\frac{1}{2}x\right)\mathrm{d}x=\frac{7}{12}\end{aligned}$$

又由定理 4.5.3，有 $\mathrm{Cov}(X,Y)=\frac{7}{12}-\left(\frac{1}{2}\right)(1)=\frac{1}{12}$，故 X 和 Y 的相关系数为：

$$\rho_{XY}=\frac{\mathrm{Cov}(X,Y)}{\sigma_X\sigma_Y}=\frac{1/12}{\sqrt{1/12}\sqrt{1/6}}=\frac{1}{\sqrt{2}}$$

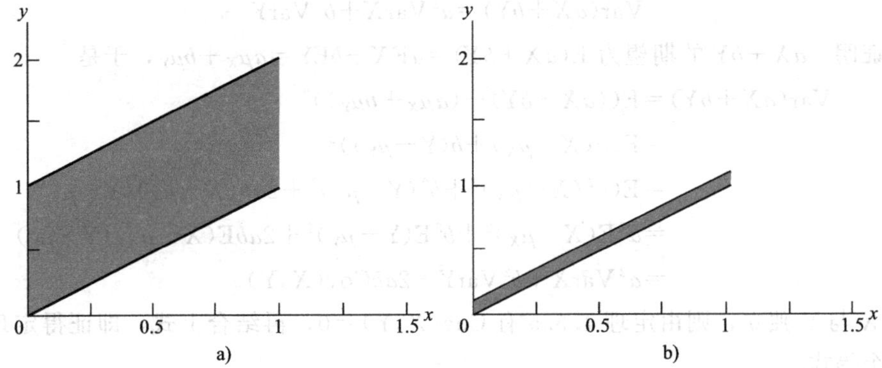

图 4.5.1 a) 例 4.5.4 中满足 $f(x,y)>0$ 的区域 b) 例 4.5.8 中满足 $f(x,y)>0$ 的区域

下面三个定理刻画了协方差与相关的基本性质.

定理 4.5.5 设 X 和 Y 是一对独立的随机变量，则 $\mathrm{Cov}(X,Y)=0$，且 $\rho_{XY}=0$.

证明 由于 X 和 Y 独立，根据定理 4.2.10 有 $\mathrm{E}XY=(\mathrm{E}X)(\mathrm{E}Y)$，于是

$$\mathrm{Cov}(X,Y)=\mathrm{E}XY-(\mathrm{E}X)(\mathrm{E}Y)=(\mathrm{E}X)(\mathrm{E}Y)-(\mathrm{E}X)(\mathrm{E}Y)=0$$

以及

$$\rho_{XY}=\frac{\mathrm{Cov}(X,Y)}{\sigma_X\sigma_Y}=\frac{0}{\sigma_X\sigma_Y}=0$$

□

$\mathrm{Cov}(X,Y)=\rho_{XY}=0$ 从某种意义上暗示 X 与 Y 无关，但是必须注意，定理 4.5.5 并不说明如果 $\mathrm{Cov}(X,Y)=0$ 则 X 与 Y 独立. 事实上，若 $X\sim f(x-\theta)$，$f(t)$ 关于 0 点对称且 $\mathrm{E}X=\theta$，Y 为示性函数 $Y=I(|X-\theta|<2)$，则显然 X 与 Y 不独立，但

$$\mathrm{E}(XY)=\int_{-\infty}^{+\infty}xI(|x-\theta|<2)f(x-\theta)\mathrm{d}x=\int_{-2}^{2}(t+\theta)f(t)\mathrm{d}t=\theta\int_{-2}^{2}f(t)\mathrm{d}t=\mathrm{E}X\mathrm{E}Y$$

注意上述计算过程中利用 f 的对称性，有 $\int_{-2}^{2}tf(t)\mathrm{d}t=0$. 故 X 和 Y 是一对不相关、且不独立的随机变量.

协方差与相关这两个量考察的实际上是随机变量之间的一种线性关系，这一点将在定理 4.5.7 中详述. 在后面的例 4.5.9 中我们也将讨论一对关系密切的随机变量，但由于这种关系是非线性的，其协方差与相关系数均为 0.

下面的定理是定理 2.3.4 的一个推广（习题 4.44 给出了更一般的推广），它表明协方差对我们理解随机变量和的方差非常有用.

定理 4.5.6 设 X 和 Y 是任意随机变量，a 和 b 是任意两个常量，则

$$\mathrm{Var}(aX+bY)=a^2\,\mathrm{Var}X+b^2\,\mathrm{Var}Y+2ab\mathrm{Cov}(X,Y)$$

如果 X 与 Y 独立，则还有

$$\mathrm{Var}(aX+bY)=a^2\,\mathrm{Var}X+b^2\,\mathrm{Var}Y$$

证明 $aX+bY$ 的期望为 $\mathrm{E}(aX+bY)=a\mathrm{E}X+b\mathrm{E}Y=a\mu_X+b\mu_Y$，于是

$$\begin{aligned}\mathrm{Var}(aX+bY)&=\mathrm{E}((aX+bY)-(a\mu_X+b\mu_Y))^2\\&=\mathrm{E}(a(X-\mu_X)+b(Y-\mu_Y))^2\\&=\mathrm{E}(a^2(X-\mu_X)^2+b^2(Y-\mu_Y)^2+2ab(X-\mu_X)(Y-\mu_Y))\\&=a^2\mathrm{E}(X-\mu_X)^2+b^2\mathrm{E}(Y-\mu_Y)^2+2ab\mathrm{E}(X-\mu_X)(Y-\mu_Y)\\&=a^2\,\mathrm{Var}X+b^2\,\mathrm{Var}Y+2ab\mathrm{Cov}(X,Y)\end{aligned}$$

如果 X 与 Y 独立，则由定理 4.5.5 有 $\mathrm{Cov}(X,Y)=0$，再结合上式，即证得定理中第二个等式.

□

根据定理 4.5.6，若 X 与 Y 正相关（即 $\mathrm{Cov}(X,Y)>0$），则 $X+Y$ 的方差大于 X 的方差与 Y 的方差之和；若 X 与 Y 负相关，则 $X+Y$ 的方差小于 X 的方差与 Y 的方差之和. 事实上，对于负相关的随机变量，其中一个变量取值较大时另一个取值往往较小，因此计算两者之和 $X+Y$ 时大、小的趋势相互抵消，所得结果浮动不大，因此方差较小. 如果令 $a=1$，$b=-1$，则由定理 4.5.6 可得两随机变量之差的方差，对此我们也有类似于上面的解释.

下面的定理揭示了协方差与相关本质上度量了随机变量之间的线性关系.

定理 4.5.7 设 X 和 Y 是任意随机变量，

a. $-1\leqslant\rho_{XY}\leqslant 1$；

b. $|\rho_{XY}|=1$ 当且仅当存在数 $a\neq 0$ 以及 b 使得 $P(Y=aX+b)=1$. 若 $\rho_{XY}=1$，则 $a>0$；若 $\rho_{XY}=-1$，则 $a<0$.

证明 考察 t 的函数 $h(t)$：

$$h(t)=\mathrm{E}((X-\mu_X)t+(Y-\mu_Y))^2$$

将该式展开，得：

$$\begin{aligned}h(t)&=t^2\mathrm{E}(X-\mu_X)^2+2t\mathrm{E}(X-\mu_X)(Y-\mu_Y)+\mathrm{E}(Y-\mu_Y)^2\\&=t^2\sigma_X^2+2t\mathrm{Cov}(X,Y)+\sigma_Y^2\end{aligned}$$

对任意 t，$h(t)$表示某非负随机变量的期望，因而大于等于 0. 故二次函数 $h(t)$至多有一个实根，即其判别式小于等于 0：

$$(2\mathrm{Cov}(X,Y))^2-4\sigma_X^2\sigma_Y^2\leqslant 0$$

亦即

$$-\sigma_X\sigma_Y\leqslant\mathrm{Cov}(X,Y)\leqslant\sigma_X\sigma_Y$$

上式除以 $\sigma_X\sigma_Y$ 得：

$$-1\leqslant\frac{\mathrm{Cov}(X,Y)}{\sigma_X\sigma_Y}=\rho_{XY}\leqslant 1$$

此外，$|\rho_{XY}|=1$ 当且仅当 $h(t)=0$ 的判别式等于 0，当且仅当 $h(t)$ 有单根. 然而，由 $((X-\mu_X)t+(Y-\mu_Y))^2\geqslant 0$ 可知 $h(t)=\mathrm{E}((X-\mu_X)t+(Y-\mu_Y))^2=0$ 当且仅当

$$P([(X-\mu_X)t+(Y-\mu_Y)]^2=0)=1$$

亦即

$$P((X-\mu_X)t+(Y-\mu_Y)=0)=1$$

将上式写作 $P(Y=aX+b)=1$，其中 $a=-t$，$b=\mu_X t+\mu_Y$，t 为 $h(t)$ 的根. 由二次式易知 $t=-\mathrm{Cov}(X,Y)/\sigma_X^2$，所以 $a=-t$ 与 ρ_{XY} 同号，这就证得定理最后一个结论.

□

4.7 节将以定理形式给出并证明 Cauchy-Schwarz（施瓦茨）不等式，$-1\leqslant\rho_{XY}\leqslant 1$ 就是该定理的一个直接推论，而且借助该不等式还可大大简化上面的证明.

如果存在直线 $y=ax+b$（其中 $a\neq 0$）使得绝大部分 (X,Y) 值都位于该直线近旁，则 X 和 Y 的相关系数近似于 1 或 -1；但如果不存在这样的直线，则 X 和 Y 的相关系数近似于 0——这正是我们说相关度量的是线性关系的直观想法. 我们通过下面两个例子进一步体会这一思想.

例 4.5.8（相关-Ⅱ） 本例与例 4.5.4 相似，不过这里我们要介绍一种构造分布的新方法和一种很巧妙的算法. 设 X 服从 $(0,1)$ 上的均匀分布，Z 服从 $(0,1/10)$ 上的均匀分布，且 X 与 Z 独立. 令 $Y=X+Z$，考察随机向量 (X,Y). (X,Y) 的联合分布可按 4.3 节介绍的方法由 (X,Z) 的联合分布导出，其联合概率密度函数为：

$$f(x,y)=10,\quad 0<x<1,\quad x<y<x+\frac{1}{10}$$

除了使用 4.3 节的算法以外，我们还可以采用下面的方法：给定 $X=x$，$Y=x+Z$，由 X，Z 的独立性可知 Z 在条件 $X=x$ 下的条件分布是 $(0,1/10)$ 上的均匀分布. 于是 Y 在条件 $X=x$ 下的条件分布是 $(x,x+1/10)$ 上的均匀分布，其中 x 为位置参数. 用 X 的边缘分布（$(0,1)$ 上的均匀分布）乘以该条件分布，即得上面的联合概率密度函数. 表达式 $Y=X+Z$ 使协方差与相关系数的计算变得异常简单：X 和 Y 的期望分别为 $\mathrm{E}X=1/2$ 以及 $\mathrm{E}Y=\mathrm{E}(X+Z)=\mathrm{E}X+\mathrm{E}Z=1/2+1/20=11/20$，于是

$$\begin{aligned}\mathrm{Cov}(X,Y)&=\mathrm{E}XY-(\mathrm{E}X)(\mathrm{E}Y)\\&=\mathrm{E}X(X+Z)-(\mathrm{E}X)(\mathrm{E}(X+Z))\\&=\mathrm{E}X^2+\mathrm{E}XZ-(\mathrm{E}X)^2-(\mathrm{E}X)(\mathrm{E}Z)\\&=\mathrm{E}X^2-(\mathrm{E}X)^2+(\mathrm{E}X)(\mathrm{E}Z)-(\mathrm{E}X)(\mathrm{E}Z)\quad\text{（由于 }X\text{ 与 }Z\text{ 独立）}\\&=\sigma_X^2=\frac{1}{12}\end{aligned}$$

根据定理 4.5.6，Y 的方差为 $\sigma_Y^2=\mathrm{Var}(X+Z)=\mathrm{Var}X+\mathrm{Var}Z=1/12+1/1200$，从而

$$\rho_{XY}=\frac{\frac{1}{12}}{\sqrt{\frac{1}{12}}\sqrt{\frac{1}{12}+\frac{1}{1200}}}=\sqrt{\frac{100}{101}}$$

该相关系数比例 4.5.4 中的相关系数 $\rho_{XY}=1/\sqrt{2}$大了许多. 图 4.5.1 分别绘出了例 4.5.4 与本例中使 $f(x,y)$取正值的全体(X,Y)值构成的集合（这类集合称为分布的支集）. 从图上看两例中的 X 和 Y 之间都存在线性递增关系，但显然图 4.5.1b 中的线性关系更强. 再换个角度思考，本例中 Y 在条件 $X=x$ 下的条件分布是$(x,x+1/10)$上的均匀分布，而例 4.5.4 中 Y 在条件 $X=x$ 下的条件分布是$(x,x+1)$上的均匀分布，由此可见本例中条件 $X=x$ 告诉我们关于 Y 的信息多于例 4.5.4 中，所以本例中 X 和 Y 相关系数更接近 1.

下例中的 X 和 Y 之间存在很强的依赖关系，但由于这种关系并非线性关系，X 和 Y 的相关系数很小.

例 4.5.9（相关-Ⅲ） 设 X 服从$(-1,1)$上的均匀分布，Z 服从$(0,1/10)$上的均匀分布，且 X 与 Z 独立. 令 $Y=X^2+Z$，考察随机向量(X,Y). 与例 4.5.8 类似，给定 $X=x$，$Y=x^2+Z$，Y 在条件 $X=x$ 下的条件分布是$(x^2,x^2+1/10)$上的均匀分布. 于是 X 和 Y 的联合概率密度函数等于 Y 在条件 $X=x$ 下的条件概率密度函数与 X 的边缘概率密度函数之积，等于

$$f(x,y)=5,\quad -1<x<1,\quad x^2<y<x^2+\frac{1}{10}$$

图 4.5.2 绘出了使 $f(x,y)>0$ 的全体(X,Y)值构成的集合. 从图上看 X 和 Y 之间存在明显的依赖关系，与 Y 在条件 $X=x$ 下的条件分布一致. 然而，这种关系并非线性关系，图上绘出的(X,Y)值位于抛物线而非直线上. 我们断言 $\rho_{XY}=0$，这就说明相关系数无法度量本例中非线性关系的强度. 事实上，由 X 服从$(-1,1)$上的均匀分布可知 $\mathrm{E}X=\mathrm{E}X^3=0$，又由 X 与 Z 独立可知 $\mathrm{E}XZ=(\mathrm{E}X)(\mathrm{E}Z)$，所以

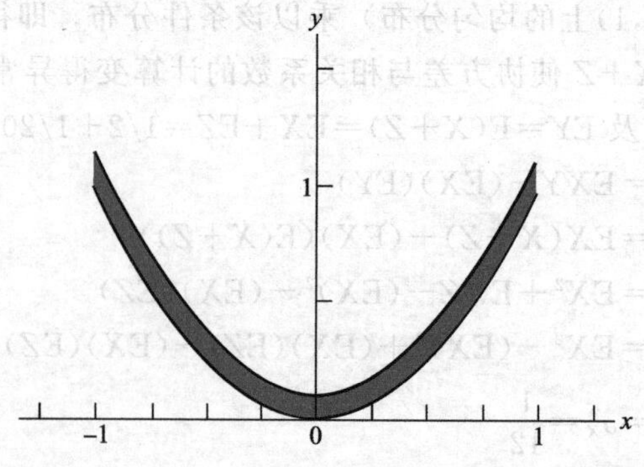

图 4.5.2 例 4.5.9 中满足 $f(x,y)>0$ 的区域

$$\begin{aligned}\mathrm{Cov}(X,Y)&=\mathrm{E}X(X^2+Z)-(\mathrm{E}X)(\mathrm{E}(X^2+Z))\\&=\mathrm{E}X^3+\mathrm{E}XZ-0\mathrm{E}(X^2+Z)\\&=0+(\mathrm{E}X)(\mathrm{E}Z)=0(\mathrm{E}Z)=0\end{aligned}$$

进而 $\rho_{XY}=\mathrm{Cov}(X,Y)/(\sigma_X\sigma_Y)=0$.

在本节最后我们介绍一类非常重要的二维分布，其参数之一便是随机变量的相关系数.

定义 4.5.10　设 $-\infty<\mu_X<+\infty$，$-\infty<\mu_Y<+\infty$，$0<\sigma_X$，$0<\sigma_Y$ 以及 $-1<\rho<1$ 均为实数. **期望为 μ_X，μ_Y、方差为 σ_X^2，σ_Y^2、相关系数为 ρ 的二维正态概率密度函数（bivariate normal pdf with means μ_X and μ_Y，variance σ_X^2 and σ_Y^2，and correlation ρ）**定义为：

$$f(x,y)=(2\pi\sigma_X\sigma_Y\sqrt{1-\rho^2})^{-1}\times\exp\left(-\frac{1}{2(1-\rho^2)}\left(\left(\frac{x-\mu_X}{\sigma_X}\right)^2-2\rho\left(\frac{x-\mu_X}{\sigma_X}\right)\left(\frac{y-\mu_Y}{\sigma_Y}\right)+\left(\frac{y-\mu_Y}{\sigma_Y}\right)^2\right)\right)$$

其中 $-\infty<x<+\infty$，$-\infty<y<+\infty$.

尽管二维正态概率密度函数的公式看起来令人生畏（事实上其推导并不难，见习题 4.46），这类分布的应用却异常广泛.

二维正态分布具有许多很好的性质，例如：

a. X 的边缘分布为 $\mathrm{n}(\mu_X,\sigma_X^2)$；

b. Y 的边缘分布为 $\mathrm{n}(\mu_Y,\sigma_Y^2)$；

c. X 和 Y 的相关系数为 $\rho_{XY}=\rho$；

d. 对任意常量 a，b，$aX+bY$ 的分布为 $\mathrm{n}(a\mu_Y+b\mu_Y,a^2\sigma_X^2+b^2\sigma_Y^2+2ab\rho\sigma_X\sigma_Y)$.

性质（a），（b）和（d）的证明留作练习（习题 4.45）假设性质（a），（b）成立，我们证明（c）. 根据定义，有

$$\begin{aligned}\rho_{XY}&=\frac{\mathrm{Cov}(X,Y)}{\sigma_X\sigma_Y}\\&=\frac{\mathrm{E}(X-\mu_X)(Y-\mu_Y)}{\sigma_X\sigma_Y}\\&=\mathrm{E}\left(\frac{X-\mu_X}{\sigma_X}\right)\left(\frac{Y-\mu_Y}{\sigma_Y}\right)\\&=\int_{-\infty}^{+\infty}\int_{-\infty}^{+\infty}\left(\frac{x-\mu_X}{\sigma_X}\right)\left(\frac{y-\mu_Y}{\sigma_Y}\right)f(x,y)\mathrm{d}x\mathrm{d}y\end{aligned}$$

做变量替换：

$$s=\left(\frac{x-\mu_X}{\sigma_X}\right)\left(\frac{y-\mu_Y}{\sigma_Y}\right)\text{以及 }t=\frac{x-\mu_X}{\sigma_X}$$

则 $x=\sigma_X t+\mu_X$，$y=(\sigma_Y s/t)+\mu_Y$ 且该变换的 Jacobi 行列式为 $J=\sigma_X\sigma_Y/t$. 替换变量后，得到：

$$\rho_{XY} = \int_{-\infty}^{+\infty}\int_{-\infty}^{+\infty} sf\left(\sigma_X t + \mu_X, \frac{\sigma_Y s}{t} + \mu_Y\right)\left|\frac{\sigma_X\sigma_Y}{t}\right| \mathrm{d}s\mathrm{d}t$$

$$= \int_{-\infty}^{+\infty}\int_{-\infty}^{+\infty} s(2\pi\sigma_X\sigma_Y\sqrt{1-\rho^2})^{-1} \times \exp\left(-\frac{1}{2(1-\rho^2)}\left(t^2 - 2\rho s + \left(\frac{s}{t}\right)^2\right)\right)\frac{\sigma_X\sigma_Y}{|t|}\mathrm{d}s\mathrm{d}t$$

注意 $|t| = \sqrt{t^2}$ 以及 $t^2 - 2\rho s + \left(\frac{s}{t}\right)^2 = \left(\frac{s-\rho t^2}{t}\right)^2 + (1-\rho^2)t^2$，故上式可重写为

$$\rho_{XY} = \int_{-\infty}^{+\infty}\frac{1}{\sqrt{2\pi}}\exp\left(-\frac{t^2}{2}\right)\left[\int_{-\infty}^{+\infty}\frac{s}{\sqrt{2\pi}\sqrt{(1-\rho^2)t^2}} \times \exp\left(-\frac{(s-\rho t^2)^2}{2(1-\rho^2)t^2}\right)\mathrm{d}s\right]\mathrm{d}t$$

上式中内层积分等于 ES，其中 S 是满足 $\mathrm{E}S = \rho t^2$ 和 $\mathrm{Var}S = (1-\rho^2)t^2$ 的正态随机变量. 故内层积分等于 ρt^2，于是

$$\rho_{XY} = \int_{-\infty}^{+\infty}\frac{\rho t^2}{\sqrt{2\pi}}\exp\left(-\frac{t^2}{2}\right)\mathrm{d}t$$

该积分等于 $\rho\mathrm{E}T^2$，其中 T 是服从 $\mathrm{n}(0,1)$ 分布的随机变量，故 $\mathrm{E}T^2 = 1$，从而 $\rho_{XY} = \rho$.

Y 在条件 $X = x$ 下的条件分布与 X 在条件 $Y = y$ 下的条件分布都是正态分布，根据上面给出的联合概率密度函数与边缘概率密度函数，我们很容易验证 Y 在条件 $X = x$ 下的条件分布为：

$$\mathrm{n}(\mu_Y + \rho(\sigma_Y/\sigma_X)(x-\mu_X), \sigma_Y^2(1-\rho^2))$$

当 ρ 越接近于 1 或 -1 时，条件方差 $\sigma_Y^2(1-\rho^2)$ 越接近于 0，从而 Y 在条件 $X = x$ 下的条件分布越集中于点 $\mu_Y + \rho(\sigma_Y/\sigma_X)(x-\mu_X)$，即 (X,Y) 的联合概率分布越靠近直线 $y = \mu_Y + \rho(\sigma_Y/\sigma_X)(x-\mu_X)$. 这再次证实了我们前面的论断：相关系数近似于 1 或 -1 意味着点 (X,Y) 非常靠近某直线 $y = ax + b$.

关于二维正态分布我们注意到一个事实，即二维正态分布的所有边缘分布和条件分布都是正态的，但反之不成立，例如边缘分布是正态的并不能说明联合分布是正态的（见习题 4.47).

4.6 多维分布

回忆本章开头所提到的试验，其测量数据多于两个，包括体温、身高、体重和血压. 我们在前面几节中讨论的主要是二维随机向量 (X,Y)，本节则将关注这类多维随机向量 $(X_1,\cdots,X_n)$. 对于本章开头的例子，$n = 4$，随机向量为 (X_1,X_2,X_3,X_4)，其中 X_1 = 体温，X_2 = 身高，等等. 前几节中的概念，如边缘分布、条件分布等，都可以从二维推广至多维情形. 本节主要介绍推广的部分概念与结论.

关于记号的注解：以下用黑体表示多维随机向量，例如用 $\mathbf{X}$ 表示随机向量 $X_1, \cdots, X_n$，用 $\mathbf{x}$ 表示样本 $x_1, \cdots, x_n$.

随机向量 $\mathbf{X} = (X_1,\cdots,X_n)$ 的样本空间是 $\mathbf{R}^n$ 的子集. 若 $(X_1,\cdots,X_n)$ 是离散随机

向量（即样本空间是可数的），则$(X_1,\cdots,X_n)$的**联合概率质量函数**为 $f(x_1,\cdots,x_n)=P(X_1=x_1,\cdots,X_n=x_n)$，$(x_1,\cdots,x_n)\in\mathbf{R}^n$，且对任意 $A\subset\mathbf{R}^n$，有

(4.6.1) $$P(\boldsymbol{X}\in A)=\sum_{\boldsymbol{x}\in A}f(\boldsymbol{x})$$

若$(X_1,\cdots,X_n)$是连续随机向量，则$(X_1,\cdots,X_n)$的联合概率密度函数 $f(x_1,\cdots,x_n)$ 满足：

(4.6.2) $$P(\boldsymbol{X}\in A)=\int\cdots\int_A f(\boldsymbol{x})\mathrm{d}\boldsymbol{x}=\int\cdots\int_A f(x_1,\cdots,x_n)\mathrm{d}x_1\cdots\mathrm{d}x_n$$

上述积分是集合 A 上（对全体 $\boldsymbol{x}\in A$ 进行积分）的 n 重积分.

设 $g(\boldsymbol{x})=g(x_1,\cdots,x_n)$是定义在 $\boldsymbol{X}$ 的样本空间上的实值函数，则 $g(\boldsymbol{X})$是随机变量，并且当 $g(\boldsymbol{X})$为连续随机变量或离散随机变量时，其**期望**分别为：

(4.6.3) $$\mathrm{E}g(\boldsymbol{X})=\int_{-\infty}^{+\infty}\cdots\int_{-\infty}^{+\infty}g(\boldsymbol{x})f(\boldsymbol{x})\mathrm{d}\boldsymbol{x}\text{ 或者 }\mathrm{E}g(\boldsymbol{X})=\sum_{\boldsymbol{x}\in\mathbf{R}^n}g(\boldsymbol{x})f(\boldsymbol{x})$$

以上及其他有关定义都与二维随机向量类似，只不过将原来 $\mathbf{R}^2$ 上的积分、求和改在 $\mathbf{R}^n$ 上.

任给$(X_1,\cdots,X_n)$的分量的子集，其**边缘概率密度（或质量）函数**可由联合概率密度（或质量）函数关于其余分量求积（或求和）得到．例如，$(X_1,\cdots,X_n)$的前 k 个分量$(X_1,\cdots,X_k)$的边缘分布有如下概率密度（或质量）函数：对任意$(x_1,\cdots,x_k)\in\mathbf{R}^k$，

(4.6.4) $$f(x_1,\cdots,x_k)=\int_{-\infty}^{+\infty}\cdots\int_{-\infty}^{+\infty}f(x_1,\cdots,x_n)\mathrm{d}x_{k+1}\cdots\mathrm{d}x_n$$

或

(4.6.5) $$f(x_1,\cdots,x_k)=\sum_{(x_{k+1},\cdots,x_n)\in\mathbf{R}^{n-k}}f(x_1,\cdots,x_n)$$

任给$(X_1,\cdots,X_n)$的分量的子集，它在已知其余分量条件下的**条件概率密度（或质量）函数**可用联合概率密度（或质量）函数除以其余分量的边缘概率密度（或质量）函数得到．例如，如果 $f(x_1,\cdots,x_k)>0$，则$(X_{k+1},\cdots,X_n)$在条件 $X_1=x_1$，$\cdots$，$X_k=x_k$ 下的条件概率密度（或质量）函数是$(x_{k+1},\cdots,x_n)$的函数，其定义为：

(4.6.6) $$f(x_{k+1},\cdots,x_n|x_1,\cdots,x_k)=\frac{f(x_1,\cdots,x_n)}{f(x_1,\cdots,x_k)}$$

下面是一个具体的例子.

例 4.6.1（多维概率密度函数）　设 $n=4$，

$$f(x_1,x_2,x_3,x_4)=\begin{cases}\dfrac{3}{4}(x_1^2+x_2^2+x_3^2+x_4^2), & 0<x_i<1,i=1,2,3,4\\ 0, & \text{其他}\end{cases}$$

该非负函数是随机向量(X_1,X_2,X_3,X_4)的联合概率密度函数．事实上，只需验证：

$$\int_{-\infty}^{+\infty}\int_{-\infty}^{+\infty}\int_{-\infty}^{+\infty}\int_{-\infty}^{+\infty} f(x_1,x_2,x_3,x_4)\mathrm{d}x_1\mathrm{d}x_2\mathrm{d}x_3\mathrm{d}x_4$$
$$=\int_0^1\int_0^1\int_0^1\int_0^1 \frac{3}{4}(x_1^2+x_2^2+x_3^2+x_4^2)\mathrm{d}x_1\mathrm{d}x_2\mathrm{d}x_3\mathrm{d}x_4$$
$$=1$$

上述联合概率密度函数可用于计算简单的概率，比如

$$P(X_1<\frac{1}{2},X_2<\frac{3}{4},X_4>\frac{1}{2})=\int_{\frac{1}{2}}^1\int_0^1\int_0^{\frac{3}{4}}\int_0^{\frac{1}{2}} \frac{3}{4}(x_1^2+x_2^2+x_3^2+x_4^2)\mathrm{d}x_1\mathrm{d}x_2\mathrm{d}x_3\mathrm{d}x_4$$

其中的积分限已改写为使(x_1,x_2,x_3,x_4)满足事件并且满足$f(x_1,x_2,x_3,x_4)>0$的取值范围. 上述被积函数中的每一项$\frac{3}{4}x_1^2$，$\frac{3}{4}x_2^2$等，都可以独立计算积分，将各积分结果相加即得原积分的值. 例如

$$\int_{\frac{1}{2}}^1\int_0^1\int_0^{\frac{3}{4}}\int_0^{\frac{1}{2}} \frac{3}{4}x_1^2\mathrm{d}x_1\mathrm{d}x_2\mathrm{d}x_3\mathrm{d}x_4=\frac{3}{256}$$

其余三项积分得 7/1024，3/64 和 21/256，于是

$$P(X_1<\frac{1}{2},X_2<\frac{3}{4},X_4>\frac{1}{2})=\frac{3}{256}+\frac{7}{1024}+\frac{3}{64}+\frac{21}{256}=\frac{151}{1024}$$

根据式（4.6.4），对联合概率密度函数关于x_3和x_4求积即得(X_1,X_2)的边缘概率密度函数：

$$f(x_1,x_2)=\int_{-\infty}^{+\infty}\int_{-\infty}^{+\infty} f(x_1,x_2,x_3,x_4)\mathrm{d}x_3\mathrm{d}x_4$$
$$=\int_0^1\int_0^1 \frac{3}{4}(x_1^2+x_2^2+x_3^2+x_4^2)\mathrm{d}x_3\mathrm{d}x_4$$
$$=\frac{3}{4}(x_1^2+x_2^2)+\frac{1}{2},\quad 0<x_1<1,\quad 0<x_2<1$$

只涉及X_1和X_2的一切概率、期望都可由该边缘概率密度函数求得，例如：

$$\mathrm{E}X_1X_2=\int_{-\infty}^{+\infty}\int_{-\infty}^{+\infty} x_1x_2f(x_1,x_2)\mathrm{d}x_1\mathrm{d}x_2$$
$$=\int_0^1\int_0^1 x_1x_2\left(\frac{3}{4}(x_1^2+x_2^2)+\frac{1}{2}\right)\mathrm{d}x_1\mathrm{d}x_2$$
$$=\int_0^1\int_0^1\left(\frac{3}{4}x_1^3x_2+\frac{3}{4}x_1x_2^3+\frac{1}{2}x_1x_2\right)\mathrm{d}x_1\mathrm{d}x_2$$
$$=\int_0^1\left(\frac{3}{16}x_2+\frac{3}{8}x_2^3+\frac{1}{4}x_2\right)\mathrm{d}x_2$$
$$=\frac{3}{32}+\frac{3}{32}+\frac{1}{8}=\frac{5}{16}$$

对满足$0<x_1<1$，$0<x_2<1$且$f(x_1,x_2)>0$的任意(x_1,x_2)，(X_3,X_4)在条件$X_1=x_1$，$X_2=x_2$下的条件概率密度函数可按式（4.6.6）求得. 对于这样的(x_1,x_2)，当$0<x_3<1$，$0<x_4<1$时有$f(x_1,x_2,x_3,x_4)>0$，从而条件概率密度函数为：

$$f(x_3,x_4|x_1,x_2)=\frac{f(x_1,x_2,x_3,x_4)}{f(x_1,x_2)}$$

$$=\frac{\frac{3}{4}(x_1^2+x_2^2+x_3^2+x_4^2)}{\frac{3}{4}(x_1^2+x_2^2)+\frac{1}{2}}$$

$$=\frac{x_1^2+x_2^2+x_3^2+x_4^2}{x_1^2+x_2^2+\frac{2}{3}}$$

于是，(X_3,X_4)在条件 $X_1=1/3$，$X_2=2/3$ 下的条件概率密度函数为：

$$f\left(x_3,x_4|x_1=\frac{1}{3},x_2=\frac{2}{3}\right)=\frac{\left(\frac{1}{3}\right)^2+\left(\frac{2}{3}\right)^2+x_3^2+x_4^2}{\left(\frac{1}{3}\right)^2+\left(\frac{2}{3}\right)^2+\frac{2}{3}}=\frac{5}{11}+\frac{9}{11}x_3^2+\frac{9}{11}x_4^2$$

由此可以计算

$$P\left(X_3>\frac{3}{4},X_4<\frac{1}{2}\middle|X_1=\frac{1}{3},X_2=\frac{2}{3}\right)=\int_0^{\frac{1}{2}}\int_{\frac{3}{4}}^1\left(\frac{5}{11}+\frac{9}{11}x_3^2+\frac{9}{11}x_4^2\right)\mathrm{d}x_3\,\mathrm{d}x_4$$

$$=\int_0^{\frac{1}{2}}\left(\frac{5}{44}+\frac{111}{704}+\frac{9}{44}x_4^2\right)\mathrm{d}x_4$$

$$=\frac{5}{88}+\frac{111}{1408}+\frac{3}{352}=\frac{203}{1408}$$ ‖

下面还将以实例演示多维离散随机向量条件分布、边缘分布的计算. 不过在此之前，我们先介绍一类重要的多维离散分布，它是将二项分布中试验结果个数从 2 推广到 n 而得的分布.

定义 4.6.2　设 m, n 为正整数，数 p_1, …, p_n 满足 $0\leqslant p_i\leqslant 1$, $i=1$, …, n 且 $\sum_{i=1}^n p_i=1$，如果随机向量$(X_1,\cdots,X_n)$的联合概率质量函数为：

$$f(x_1,\cdots,x_n)=\frac{m!}{x_1!\cdot\cdots\cdot x_n!}p_1^{x_1}\cdot\cdots\cdot p_n^{x_n}=m!\prod_{i=1}^n\frac{p_i^{x_i}}{x_i!}$$

其中$(x_1,\cdots,x_n)$满足：每个 x_i 均为非负整数且 $\sum_{i=1}^n x_i=m$，则称$(X_1,\cdots,X_n)$服从 **m 次试验、元概率为 p_1，…，p_n 的多项分布（multinomial distribution with m trials and cell probabilities p_1，…，p_n）**.

下列试验所服从的分布就是多项分布. 该试验包含 m 次独立试验，每次试验可能有 n 个不同的结果，其中第 i 个结果出现的概率为 p_i，$X_i=m$ 次试验中第 i 个结果出现的总次数. 若 $n=2$，则该试验就是仅含 $n=2$ 种试验结果的二项试验，且 X_1 和 $X_2=m-X_1$ 分别表示 m 次试验中“成功”和“失败”的次数. 一般的多项试验中，试验结果的个数可以有 n 种.

例 4.6.3 (多项概率质量函数) 考虑掷十次骰（骰子有六个面）的试验，假设骰子质地不匀，掷得 1 的概率为 1/21，掷得 2 的概率为 2/21，一般地，掷得 i 的概率为 $i/21$. 考察随机向量 $(X_1,\cdots,X_6)$，其中 X_i = 掷十次骰掷得 i 的次数，则 $(X_1,\cdots,X_6)$ 服从 $m=10$ 次试验、元概率为 $p_1=1/21$，$p_2=2/21$，…，$p_6=6/21$ 的多项分布. 于是，可按定义 4.6.2 中的公式计算掷得 4 次 6 点、3 次 5 点、2 次 4 点和 1 次 3 点的概率为：

$$
\begin{aligned}
f(0,0,1,2,3,4) &= \frac{10!}{0!\ 0!\ 1!\ 2!\ 3!\ 4!}\left(\frac{1}{21}\right)^0\left(\frac{2}{21}\right)^0\left(\frac{3}{21}\right)^1\left(\frac{4}{21}\right)^2\left(\frac{5}{21}\right)^3\left(\frac{6}{21}\right)^4 \\
&= 0.0059
\end{aligned}
$$

‖

上述公式中的因子 $m!/(x_1!\cdot\cdots\cdot x_n!)$ 称为**多项式系数**，它表示将 m 个物体分为 n 类，其中第 1 类 x_1 个、第 2 类 x_2 个、…、第 n 类 x_n 个的所有分法的总数. 下面的定理是二项式定理（定理 3.2.2）的推广：

定理 4.6.4 (多项式定理) 设 m，n 为正整数，A 是满足每个 x_i 均为非负整数且 $\sum_{i=1}^{n} x_i = m$ 的全体向量 $\boldsymbol{x}=(x_1,\cdots,x_n)$ 所构成的集合，则对任意实数 p_1，…，p_n，都有

$$
(p_1+\cdots+p_n)^m = \sum_{x\in A}\frac{m!}{x_1!\cdot\cdots\cdot x_n!}p_1^{x_1}\cdot\cdots\cdot p_n^{x_n}
$$

定理 4.6.4 表明多项概率质量函数的和为 1. 事实上，定理中的集合 A 恰是使定义 4.6.2 中概率大于 0 的全体点集，于是根据定理结论，将这些点上的概率质量函数累加得：$(p_1+\cdots+p_n)^m=1^m=1$.

下面我们考察多项试验的边缘分布与条件分布. 考虑单个分量 X_i，若将第 i 种试验结果标记为“成功”、其余结果标记为“失败”，则 $X_i=m$ 次独立试验中“成功”的次数，且“成功”概率为 p_i. 这就说明 X_i 服从参数为 (m,p_i) 的二项分布. 为严格证明这一点，我们可以利用式（4.6.5）求出 X_i 的边缘分布. 下面以 X_n 为例进行计算：对任意 x_n，为计算边缘概率质量函数的值 $f(x_n)$，我们将联合概率质量函数在全体可能的 $(x_1,\cdots,x_{n-1})$ 上的值累加起来. 显然这些 $(x_1,\cdots,x_{n-1})$ 应满足：每个 x_i 均为非负整数且 $\sum_{i=1}^{n-1} x_i = m - x_n$，将其所构成的集合记为 B，则

$$
\begin{aligned}
f(x_n) &= \sum_{(x_1,\cdots,x_{n-1})\in B}\frac{m!}{x_1!\cdot\cdots\cdot x_n!}p_1^{x_1}\cdot\cdots\cdot p_n^{x_n} \\
&= \sum_{(x_1,\cdots,x_{n-1})\in B}\frac{m!}{x_1!\cdot\cdots\cdot x_n!}p_1^{x_1}\cdot\cdots\cdot p_n^{x_n}\frac{(m-x_n)!(1-p_n)^{m-x_n}}{(m-x_n)!(1-p_n)^{m-x_n}} \\
&= \frac{m!}{x_n!(m-x_n)!}p_n^{x_n}(1-p_n)^{m-x_n}\times\sum_{(x_1,\cdots,x_{n-1})\in B}\frac{(m-x_n)!}{x_1!\cdot\cdots\cdot x_{n-1}!}\left(\frac{p_1}{1-p_n}\right)^{x_1}\cdot \\
&\quad\cdots\cdot\left(\frac{p_{n-1}}{1-p_n}\right)^{x_{n-1}}
\end{aligned}
$$

注意 $x_1+\cdots+x_{n-1}=m-x_n$ 且 $p_1+\cdots+p_{n-1}=1-p_n$，于是根据定理 4.6.4 可知上式最后一个和式等于 1，因此 X_n 的边缘分布就是参数为 (m,p_i) 的二项分布. 类似地，可以证明其余分量的边缘分布也都是二项分布.

假定 $X_n=x_n$，则恰有 $m-x_n$ 个试验出现其余 $n-1$ 种结果，且向量 $(X_1,\cdots,X_{n-1})$ 恰好描述了这 $m-x_n$ 个试验结果的分布. 这就说明已知 $X_n=x_n$ 时，$(X_1,\cdots,X_{n-1})$ 可能也服从某多项分布. 事实确实如此，根据式 (4.6.6)，$(X_1,\cdots,X_{n-1})$ 在条件 $X_n=x_n$ 下的条件概率质量函数为：

$$\begin{aligned}f(x_1,\cdots,x_{n-1}|x_n)&=\frac{f(x_1,\cdots,x_n)}{f(x_n)}\\&=\frac{\dfrac{m!}{x_1!\cdot\cdots\cdot x_n!}p_1^{x_1}\cdot\cdots\cdot p_n^{x_n}}{\dfrac{m!}{x_n!(m-x_n)!}p_n^{x_n}(1-p_n)^{m-x_n}}\\&=\frac{(m-x_n)!}{x_1!\cdot\cdots\cdot x_{n-1}!}\left(\frac{p_1}{1-p_n}\right)^{x_1}\cdot\cdots\cdot\left(\frac{p_{n-1}}{1-p_n}\right)^{x_{n-1}}\end{aligned}$$

恰为 $m-x_n$ 次试验、元概率为 $p_1/(1-p_n)$，…，$p_{n-1}/(1-p_n)$ 的多项分布的概率质量函数. 事实上，任给 $(X_1,\cdots,X_n)$ 的分量的子集，它在已知其余分量的条件下的条件分布都是多项分布.

由上述条件分布可知向量 $(X_1,\cdots,X_n)$ 的各分量相关，且为负相关. 可以证明，其任意两个分量之间的协方差都小于 0，且等于（见习题 4.39）

$$\mathrm{Cov}(X_i,Y_j)=\mathrm{E}[(X_i-p_i)(X_j-p_j)]=-mp_ip_j$$

由此可见，越有可能出现的分量其负相关性越大. 这与我们的直观判断是一致的，因为全体 X_i 的总和为 m，某一分量较大就意味着其余分量较小.

定义 4.6.5 设 $\mathbf{X}_1$，…，$\mathbf{X}_n$ 为一列随机向量，其联合概率密度（或质量）函数为 $f(\mathbf{x}_1,\cdots,\mathbf{x}_n)$，$\mathbf{X}_i$ 的边缘概率密度（或质量）函数为 $f_{\mathbf{X}_i}(\mathbf{x}_i)$. 如果对任意 $(\mathbf{x}_1,\cdots,\mathbf{x}_n)$，都有

$$f(\mathbf{x}_1,\cdots,\mathbf{x}_n)=f_{\mathbf{X}_1}(\mathbf{x}_1)\cdot\cdots\cdot f_{\mathbf{X}_n}(\mathbf{x}_n)=\prod_{i=1}^n f_{\mathbf{X}_i}(\mathbf{x}_i)$$

则称 $\mathbf{X}_1$，…，$\mathbf{X}_n$ 是**相互独立的随机向量**（**mutually independent vectors**）. 如果每个 $\mathbf{X}_i$ 都是一维的，则称 X_1，…，X_n 是**相互独立的随机变量**（**mutually independent variables**）.

如果 $\mathbf{X}_1$，…，$\mathbf{X}_n$ 是相互独立的随机向量，则已知其中某些分量的值并不能告诉我们关于其余分量的信息. 利用定义 4.6.5，可以证明：任给 $\mathbf{X}_1$，…，$\mathbf{X}_n$ 的分量的子集，它在已知其余分量的条件下的条件分布等于其边缘分布. 显然，相互独立蕴含两两独立，例如任意 $\mathbf{X}_i$ 和 $\mathbf{X}_j$ 独立，亦即二维边缘概率密度（或质量）函数 $f(\mathbf{x}_i,\mathbf{x}_j)$ 满足定义 4.2.5. 但反之不然，相互独立强于两两独立. 例如，我们可以

仿照例 1.3.11 给出($\boldsymbol{X}_1,\cdots,\boldsymbol{X}_n$)的一个概率分布，使得任意($\boldsymbol{X}_i,\boldsymbol{X}_j$)两两独立，但 $\boldsymbol{X}_1$，…，$\boldsymbol{X}_n$ 不相互独立.

相互独立的随机变量具有许多好的性质，下面的定理列举了其中部分，其证明可参照 4.2，4.3 节对应定理完成.

定理 4.6.6（定理 4.2.10 的推广） 设 X_1，…，X_n 是一列相互独立的随机变量，g_1，…，g_n 是一列实值函数且满足 $g_i(x_i)$是 x_i 的一元函数，$i=1$，…，n. 则

$$\mathrm{E}(g_1(X_1)\cdot\cdots\cdot g_1(X_1))=(\mathrm{E}g_1(X_1))\cdot\cdots\cdot(\mathrm{E}g_1(X_1))$$

定理 4.6.7（定理 4.2.12 的推广） 设 X_1，…，X_n 是一列相互独立的随机变量，其矩母函数分别为 $M_{X_1}(t)$，…，$M_{X_n}(t)$ 令 $Z=X_1+\cdots+X_n$，则 Z 的矩母函数为

$$M_Z(t)=M_{X_1}(t)\cdot\cdots\cdot M_{X_n}(t)$$

特别地，如果 X_1，…，X_n 具有相同的分布及矩母函数 $M_X(t)$，则

$$M_Z(t)=(M_X(t))^n$$

例 4.6.8（伽玛变量和的矩母函数） 设 X_1，…，X_n 是一列相互独立的随机变量，其中 X_i 服从参数为(α_i,β)的伽玛分布. 根据例 2.3.8，参数为(α,β)的伽玛分布的矩母函数为 $M(t)=(1-\beta t)^{-\alpha}$. 若令 $Z=X_1+\cdots+X_n$，则 Z 的矩母函数为：

$$M_Z(t)=M_{X_1}(t)\cdot\cdots\cdot M_{X_n}(t)=(1-\beta t)^{-\alpha_1}\cdot\cdots\cdot(1-\beta t)^{-\alpha_n}=(1-\beta t)^{-(\alpha_1+\cdots+\alpha_n)}$$

恰好是参数为$(\alpha_1+\cdots+\alpha_n,\beta)$的伽玛分布的矩母函数. 这就表明，一列相互独立且有相同尺度参数的伽玛随机变量之和仍然服从伽玛分布. ‖

考察独立随机变量的线性函数之和，我们便可得到定理 4.6.7 的下述推论：

推论 4.6.9 设 X_1，…，X_n 是一列相互独立的随机变量，其矩母函数分别为 $M_{X_1}(t)$，…，$M_{X_n}(t)$. 设 a_1，…，a_n 与 b_1，…，b_n 为固定的常数，令 $Z=(a_1X_1+b_1)+\cdots+(a_nX_n+b_n)$，则 Z 的矩母函数为

$$M_Z(t)=(\mathrm{e}^{t(\sum b_i)})M_{X_1}(a_1t)\cdot\cdots\cdot M_{X_n}(a_nt)$$

证明 根据定义，Z 的矩母函数为：

$$\begin{aligned}M_Z(t)&=\mathrm{E}\mathrm{e}^{tZ}\\&=\mathrm{E}\mathrm{e}^{t\sum(a_iX_i+b_i)}\\&=(\mathrm{e}^{t(\sum b_i)})\mathrm{E}(\mathrm{e}^{ta_1X_1}\cdot\cdots\cdot\mathrm{e}^{ta_nX_n})\quad(\text{根据指数与期望的性质})\\&=(\mathrm{e}^{t(\sum b_i)})M_{X_1}(a_1t)\cdot\cdots\cdot M_{X_n}(a_nt)\quad(\text{根据定理 4.6.6})\end{aligned}$$

定理得证. □

推论 4.6.9 最重要的应用莫过于正态随机变量. 下面的定理告诉我们，相互独立的正态随机变量的线性组合仍服从正态分布.

推论 4.6.10 设 X_1，…，X_n 是一列相互独立的随机变量，且 $X_i\sim\mathrm{n}(\mu_i,\sigma_i^2)$.

设 a_1，…，a_n 与 b_1，…，b_n 为固定的常数，则

$$Z = \sum_{i=1}^{n}(a_iX_i + b_i) \sim \mathrm{n}\Big(\sum_{i=1}^{n}(a_i\mu_i + b_i), \sum_{i=1}^{n}a_i^2\sigma_i^2\Big)$$

证明　回忆 $\mathrm{n}(\mu,\sigma^2)$ 随机变量的矩母函数为 $M(t)=\mathrm{e}^{\mu t+\sigma^2t^2/2}$，代入推论 4.6.9，得：

$$M_Z(t) = (\mathrm{e}^{t(\sum b_i)})\mathrm{e}^{\mu_1a_1t+\sigma_1^2a_1^2t_1^2/2}\cdot\cdots\cdot\mathrm{e}^{\mu_na_nt+\sigma_n^2a_n^2t_n^2/2}$$
$$= \mathrm{e}^{((\sum(a_i\mu_i+b_i))t+(\sum a_i^2\sigma_i^2)t^2/2)}$$

恰是结论中所指正态分布的矩母函数. □

定理 4.6.11（定理 4.2.7 的推广）　设 $\boldsymbol{X}_1$，…，$\boldsymbol{X}_n$ 是一列随机向量，则 $\boldsymbol{X}_1$，…，$\boldsymbol{X}_n$ 相互独立当且仅当存在函数 $g_i(\boldsymbol{x}_i)$，$i=1$，…，n，使得 $(\boldsymbol{X}_1,\cdots,\boldsymbol{X}_n)$ 的联合概率密度（或质量）函数可以写为：

$$f(\boldsymbol{x}_1,\cdots,\boldsymbol{x}_n) = g_1(\boldsymbol{x}_1)\cdot\cdots\cdot g_n(\boldsymbol{x}_n)$$

定理 4.6.12（定理 4.3.5 的推广）　设 $\boldsymbol{X}_1$，…，$\boldsymbol{X}_n$ 是一列相互独立的随机向量，$g_i(\boldsymbol{x}_i)$ 是 $\boldsymbol{x}_i$ 的一元函数，$i=1$，…，n. 则随机变量 $U_i=g_i(\boldsymbol{X}_i)$，$i=1$，…，$n$ 相互独立.

我们以求随机向量变换的分布的一般算法结束本节，包括推广公式（4.3.6），并根据原随机向量的概率密度函数给出新随机向量的概率密度函数. 注意，读懂这部分内容需要一定的矩阵代数知识（见 Searle 1982），特别是要会计算矩阵的行列式，全书仅此处有这方面的要求.

设随机向量 $(X_1,\cdots,X_n)$ 的概率密度函数为 $f_{\boldsymbol{X}}(x_1,\cdots,x_n)$，$\boldsymbol{A}=\{x: f_{\boldsymbol{X}}(x)>0\}$. 考察新随机向量 $(U_1,\cdots,U_n)$，其中 $U_1=g_1(X_1,\cdots,X_n)$，$U_2=g_1(X_1,\cdots,X_n)$，…，$U_n=g_n(X_1,\cdots,X_n)$. 设 A_0，A_1，…，A_k 是 $\boldsymbol{A}$ 的一个划分且 A_0 满足 $P((X_1,\cdots,X_n)\in A_0)=0$（$A_0$ 可能是空集）. 对每个 $i=1$，2，…，k，变换 $(U_1,\cdots,U_n)=(g_1(\boldsymbol{X})$，…，$g_n(\boldsymbol{X}))$ 都是从 A_i 到 $\boldsymbol{B}$ 的一对一变换，因此对每个 i 都存在从 $\boldsymbol{B}$ 到 A_i 的逆变换. 记第 i 个逆变换为 $x_1=h_{1i}(u_1,\cdots,u_n)$，$x_2=h_{2i}(u_1,\cdots,u_n)$，…，$x_n=h_{ni}(u_1,\cdots,u_n)$，则对任意 $(u_1,\cdots,u_n)\in\boldsymbol{B}$，它确定了唯一的 $(x_1,\cdots,x_n)\in A_i$ 使得 $(u_1,\cdots,u_n)=(g_1(x_1,\cdots,x_n)$，…，$g_n(x_1,\cdots,x_n))$. 记 J_i 为第 i 个逆变换的 Jacobi 行列式，即下列 $n\times n$ 矩阵的行列式：

$$J=\begin{vmatrix}\dfrac{\partial x_1}{\partial u_1} & \dfrac{\partial x_1}{\partial u_2} & \cdots & \dfrac{\partial x_1}{\partial u_n}\\ \dfrac{\partial x_2}{\partial u_1} & \dfrac{\partial x_2}{\partial u_2} & \cdots & \dfrac{\partial x_2}{\partial u_n}\\ \vdots & \vdots & \ddots & \vdots\\ \dfrac{\partial x_n}{\partial u_1} & \dfrac{\partial x_n}{\partial u_2} & \cdots & \dfrac{\partial x_n}{\partial u_n}\end{vmatrix}=\begin{vmatrix}\dfrac{\partial h_{1i}(\boldsymbol{u})}{\partial u_1} & \dfrac{\partial h_{1i}(\boldsymbol{u})}{\partial u_2} & \cdots & \dfrac{\partial h_{1i}(\boldsymbol{u})}{\partial u_n}\\ \dfrac{\partial h_{2i}(\boldsymbol{u})}{\partial u_1} & \dfrac{\partial h_{2i}(\boldsymbol{u})}{\partial u_2} & \cdots & \dfrac{\partial h_{2i}(\boldsymbol{u})}{\partial u_n}\\ \vdots & \vdots & \ddots & \vdots\\ \dfrac{\partial h_{ni}(\boldsymbol{u})}{\partial u_1} & \dfrac{\partial h_{ni}(\boldsymbol{u})}{\partial u_2} & \cdots & \dfrac{\partial h_{ni}(\boldsymbol{u})}{\partial u_n}\end{vmatrix}$$

假定 J_i 在 $\boldsymbol{B}$ 上不恒为 0，则对任意 $\boldsymbol{u}\in\boldsymbol{B}$，联合概率密度函数 $f_U(u_1,\cdots,u_n)$ 可以表示为：

(4.6.7) $$f_U(u_1,\cdots,u_n)=\sum_{i=1}^{k}f_{\boldsymbol{X}}(h_{1i}(u_1,\cdots,u_n),\cdots,h_{ni}(u_1,\cdots,u_n))\,|J_i|$$

例 4.6.13（变量的多维变换） 设 (X_1,X_2,X_3,X_4) 的联合概率密度函数为：

$$f_X(x_1,x_2,x_3,x_4)=24\mathrm{e}^{-x_1-x_2-x_3-x_4},\ 0<x_1<x_2<x_3<x_4<+\infty$$

考虑变换

$$U_1=X_1,\ U_2=X_2-X_1,\ U_3=X_3-X_2,\ U_4=X_4-X_3$$

它将集合映射到集合 $\boldsymbol{B}=\{\boldsymbol{u}:0<u_i<+\infty,i=1,2,3,4\}$ 上，且是一对一变换. 故 $k=1$，且其逆变换为：

$$X_1=U_1,\ X_2=U_1+U_2,\ X_3=U_1+U_2+U_3,\ X_4=U_1+U_2+U_3+U_4$$

逆变换的 Jacobi 行列式为

$$J=\begin{vmatrix}1&0&0&0\\1&1&0&0\\1&1&1&0\\1&1&1&1\end{vmatrix}=1$$

上面的计算是显然的，由于矩阵是三角形矩阵，故其行列式等于对角线元素的乘积. 于是，根据式 (4.6.7)，对任意 $\boldsymbol{u}\in\boldsymbol{B}$，有

$$\begin{aligned}f_U(u_1,u_2,u_3,u_4)&=24\mathrm{e}^{-u_1-(u_1+u_2)-(u_1+u_2+u_3)-(u_1+u_2+u_3+u_4)}\\&=24\mathrm{e}^{-4u_1-3u_2-2u_3-u_4}\end{aligned}$$

由此可进一步求得 U_1，U_2，U_3 和 U_4 的边缘概率密度函数 $f_U(u_i)=(5-i)\mathrm{e}^{-(5-i)u_i}$，$0<u_i$，即 U_i 服从参数为 $(1/(5-i))$ 的指数分布. 再由定理 4.6.11 可知，U_1，U_2，U_3 和 U_4 相互独立. ‖

例 4.6.13 的概率模型可能会在以下实例中产生：设 Y_1，Y_2，Y_3 和 Y_4 是一列相互独立的随机变量，其中每个 Y_i 都服从参数为 1 的指数分布. 令 $X_1=(Y_1,Y_2,Y_3,Y_4)$ 中最小者，$X_2=(Y_1,Y_2,Y_3,Y_4)$ 中倒数第二小者，$X_3=(Y_1,Y_2,Y_3,Y_4)$ 中第二大者，$X_4=(Y_1,Y_2,Y_3,Y_4)$ 中最大者——5.5 节中将其称为次序统计量，则 (X_1,X_2,X_3,X_4) 的联合概率密度函数同例 4.6.13，且例中定义的 U_1，U_2，U_3 和 U_4 就是各次序统计量之间的间隔. 因此该例表明，指数型随机变量次序统计量之间的间隔是相互独立的，且仍服从指数分布.

4.7 不等式

3.6 节以概率为工具推导出一些不等式，本节所介绍的不等式也可以讨论概率与期望，但究其来源仅依赖于函数和数的性质.

4.7.1 数值不等式

本小节中的不等式尽管可能以期望的形式给出，本质上主要源于数的性质，或者说依赖于下面这个简单的引理：

引理 4.7.1 设 a，b，p，q 为任意正数，且 p，q 满足（p，q 显然应大于1）：

(4.7.1) $$\frac{1}{p}+\frac{1}{q}=1$$

则

(4.7.2) $$\frac{1}{p}a^p+\frac{1}{q}b^q\geqslant ab$$

上式中等号成立当且仅当 $a^p=b^q$.

证明 固定 b，考察函数：

$$g(a)=\frac{1}{p}a^p+\frac{1}{q}b^q-ab$$

为求 $g(a)$ 的极小值，对上式求导、令其等于0，得：

$$\frac{\mathrm{d}}{\mathrm{d}a}g(a)=0\Rightarrow a^{p-1}-b=0\Rightarrow b=a^{p-1}$$

继续考察 $g(a)$ 的二阶导数可知该点是 $g(a)$ 的极小值点，其对应的极小值为

$$\frac{1}{p}a^p+\frac{1}{q}(a^{p-1})^q-a(a^{p-1})=\frac{1}{p}a^p+\frac{1}{q}a^p-a^p \quad \text{(由式 (4.7.1) 有 } (p-1)q=p\text{)}$$

$$=0 \quad \text{(再由式 (4.7.1))}$$

这就证得式 (4.7.2). 又因为极小值唯一（为什么?），等号仅当 $a^{p-1}=b$ 时成立，而由式 (4.7.1) 可知 $a^{p-1}=b$ 即 $a^p=b^q$.

□

下面第一个期望不等式非常有用且很重要，它由上述引理快速推得.

定理 4.7.2（Holder 不等式） 设 X，Y 为任意随机变量，p，q 满足式 (4.7.1)，则

(4.7.3) $$|\mathrm{E}XY|\leqslant \mathrm{E}|XY|\leqslant(\mathrm{E}|X|^p)^{1/p}(\mathrm{E}|Y|^q)^{1/q}$$

证明 第一个不等号由 $-|XY|\leqslant XY\leqslant|XY|$ 以及定理 2.2.5 保证. 为证明第二个不等号，令

$$a=\frac{|X|}{(\mathrm{E}|X|^p)^{1/p}} \quad \text{且} \quad b=\frac{|Y|}{(\mathrm{E}|Y|^q)^{1/q}}$$

根据引理 4.7.1，我们有

$$\frac{1}{p}\frac{|X|^p}{\mathrm{E}|X|^p}+\frac{1}{q}\frac{|X|^q}{\mathrm{E}|X|^q}\geqslant\frac{|XY|}{(\mathrm{E}|X|^p)^{1/p}(\mathrm{E}|Y|^q)^{1/q}}$$

对上式两端取期望，其中左端的期望是1，重新整理该式即得式 (4.7.3).

□

Holder 不等式最特别的情形莫过于 $p=q=2$，此时的不等式称作 Cauchy-Schwarz 不等式 .

定理 4.7.3（Cauchy-Schwarz 不等式） 设 X，Y 为任意随机变量，则

(4.7.4) $$|\mathrm{E}XY|\leqslant \mathrm{E}|XY|\leqslant (\mathrm{E}|X|^2)^{1/2}(\mathrm{E}|Y|^2)^{1/2}$$

例 4.7.4（协方差不等式-Ⅰ） 设随机变量 X 和 Y 的期望和方差分别为 μ_X，μ_Y 以及 $\sigma_X{}^2$，$\sigma_Y{}^2$，则由 Cauchy-Schwarz 不等式有

$$|\mathrm{E}(X-\mu_X)(Y-\mu_Y)|\leqslant\{\mathrm{E}(X-\mu_X)^2\}^{1/2}\{\mathrm{E}(Y-\mu_Y)^2\}^{1/2}$$

对上式两边取平方，采用统计学记号即得：

$$(\mathrm{Cov}(X,Y))^2\leqslant\sigma_X^2\sigma_Y^2$$

回忆相关系数 ρ 的定义，上式实际上证明了 $0\leqslant\rho^2\leqslant1$. 此外，引理 4.7.1 中等号成立的条件在此依然凑效，并且这里等号成立仅当存在常数 c 使得$(X-\mu_X)=c(Y-\mu_Y)$，也就是说，相关系数等于±1 当且仅当 X 和 Y 线性相关. 定理 4.5.7 的这个证明显然比介绍 Cauchy-Schwarz 不等式以前给出的证明简单得多. ‖

Holder 不等式其他一些特例也经常被用到，比如，在式（4.7.3）中令 $Y\equiv1$，则有

(4.7.5) $$\mathrm{E}|X|\leqslant\{\mathrm{E}|X|^p\}^{1/p},\quad 1<p<+\infty$$

对任意 $1<r<p$，若以 $|X|^r$ 代替式（4.7.5）中的 $|X|$，则有

$$\mathrm{E}|X|^r\leqslant\{\mathrm{E}|X|^{pr}\}^{1/p}$$

记 $s=pr$（注意 $s>r$），上式整理得：

(4.7.6) $$\{\mathrm{E}|X|^r\}^{1/r}\leqslant\{\mathrm{E}|X|^s\}^{1/s},\quad 1<r<s<+\infty$$

该式称作 Liapounov 不等式.

下面这个以人名命名的不等式与 Holder 不等式很类似，它可由 Holder 不等式推得.

定理 4.7.5（Minkowski 不等式） 设 X，Y 为任意随机变量，则对任意 $1\leqslant p<+\infty$，有

(4.7.7) $$[\mathrm{E}|X+Y|^p]^{1/p}\leqslant[\mathrm{E}|X|^p]^{1/p}+[\mathrm{E}|Y|^p]^{1/p}$$

证明 由 $|X+Y|\leqslant|X|+|Y|$（三角不等式，见习题 4.46），有

$$\begin{aligned}\mathrm{E}|X+Y|^p&=\mathrm{E}(|X+Y||X+Y|^{p-1})\\&\leqslant\mathrm{E}(|X||X+Y|^{p-1})+\mathrm{E}(|Y||X+Y|^{p-1})\end{aligned}$$

对上式右端的两个期望分别应用 Holder 不等式，得：

$$\mathrm{E}|X+Y|^p\leqslant[\mathrm{E}(|X|)^p]^{1/p}[\mathrm{E}|X+Y|^{q(p-1)}]^{1/q}+[\mathrm{E}(|Y|)^p]^{1/p}[\mathrm{E}|X+Y|^{q(p-1)}]^{1/q}$$

其中 q 满足 $1/p+1/q=1$. 用上式除以$[\mathrm{E}|X+Y|^{q(p-1)}]^{1/q}$，注意其中 $q(p-1)=p$ 且 $1-1/q=1/p$，整理后即得式（4.7.7） □

上述定理也可用于估计一些看似与期望无关的数列和的大小. 例如，对于给定的数 a_i，b_i，$i=1$，…，n，我们有下列 Holder 不等式：

$$(4.7.8)\qquad \sum_{i=1}^{n}|a_ib_i|\leqslant\left(\sum_{i=1}^{n}a_i^p\right)^{1/p}+\left(\sum_{i=1}^{n}b_i^q\right)^{1/q},\quad \frac{1}{p}+\frac{1}{q}=1$$

为证明该式，我们需要首先确定取值 a_1，…，a_n 和 b_1，…，b_n 的随机变量的概率模型及其期望（见例 4.7.8）.

令 $b_i\equiv1$，$p=q=2$，可以得到式（4.7.9）的一个重要的特例：

$$\frac{1}{n}\left(\sum_{i=1}^{n}|a_i|\right)^2\leqslant\sum_{i=1}^{n}a_i^2$$

4.7.2　函数不等式

本小节中的不等式有着很广泛的应用，它们都只依赖实值函数本身的性质、而非由统计性质得到. 在这其中 Jensen 不等式尤为有用，我们可以借助它处理凸函数.

定义 4.7.6　如果对任意 x，y 以及 $0<\lambda<1$，函数 $g(x)$ 都满足 $g(\lambda x+(1-\lambda)y)\leqslant\lambda g(x)+(1-\lambda)g(y)$，则 $g(x)$ 称是**凸函数**（**convex function**）如果 $-g(x)$ 是凸函数，则称 $g(x)$ 是**凹函数**（**concave function**）

直观上，我们可以认为凸函数"储水"，即呈现碗状（例如 $g(x)=x^2$ 是凸函数），凹函数"溢水"（例如 $g(x)=\log x$ 是凹函数）严格来说，凸函数曲线总是位于曲线上任意两点连线的下方（见图 4.7.1）事实上，当 λ 从 0 变化到 1 时，$\lambda g(x_1)+(1-\lambda)g(x_2)$ 恰好定义了连接 $g(x_1)$ 与 $g(x_2)$ 的直线. 如果 $g(x)$ 为凸函数，则该直线位于 $g(x)$ 的上方. 此外，凸函数曲线总是位于曲线上任意一点处切线的上方（见图 4.7.1），由此可得下面的 Jensen 不等式.

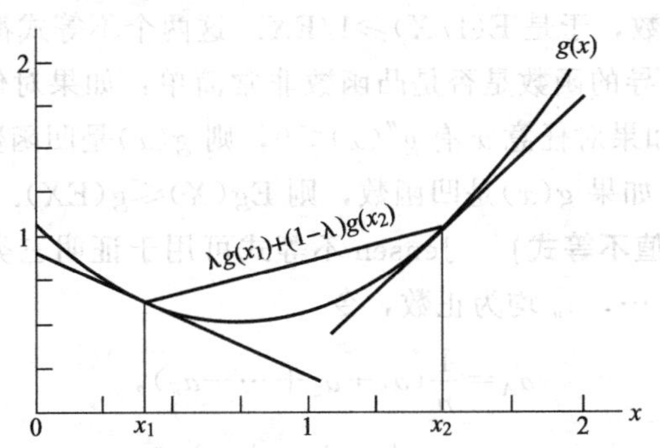

图 4.7.1　凸函数及其在 x_1 和 x_2 处的切线

定理 4.7.7（Jensen 不等式）　设 X 是任意随机变量，如果 $g(x)$ 是凸函数，则

$$\mathrm{E}g(X)\geqslant g(\mathrm{E}X)$$

上式中等号成立当且仅当对于 $g(x)$ 在 $x=\mathrm{E}X$ 处的切线 $l(x)=a+bx$，有 $P(g(X)=a+bX)=1$.

证明 设 $g(x)$在 $g(\mathrm{E}X)$处的切线为 $l(x)$（注意 EX 是一个数），写作 $l(x)=a+bx$，如图 4.7.2.

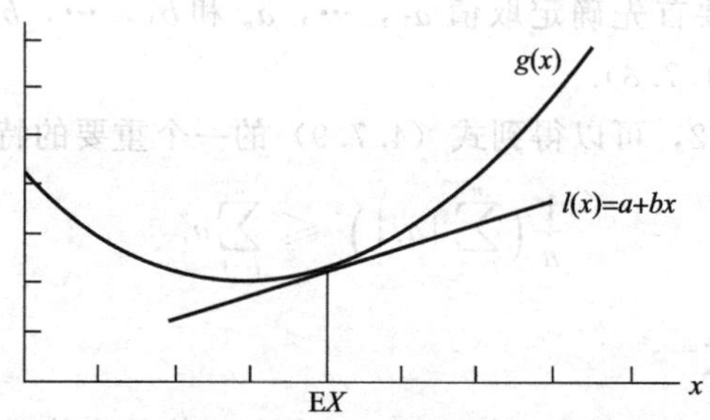

图 4.7.2 Jensen 不等式的几何意义

由 $g(x)$的凸性可知 $g(x)\geqslant a+bx$，又因为期望运算保持不等式，于是

$$
\begin{aligned}
\mathrm{E}g(X)&\geqslant \mathrm{E}(a+bX)\\
&=a+b\mathrm{E}X \quad \text{（根据定理 2.2.5 期望的线性性）}\\
&=l(\mathrm{E}X) \quad \text{（根据 } l(x) \text{ 的定义）}\\
&=g(\mathrm{E}X) \quad \text{（注意 } l \text{ 是 EX 处的切线）}
\end{aligned}
$$

这就证得定理的第一个结论.

如果 $g(x)$本身是线性函数，则根据期望的性质（见定理 2.2.5）可知上式中等号成立；反方向的证明见习题 4.62.

$g(x)=x^2$ 是凸函数，所以根据 Jensen 不等式即知 $\mathrm{E}X^2\geqslant(\mathrm{E}X)^2$；此外若 x 大于 0，则 $1/x$ 是凸函数，于是 $\mathrm{E}(1/X)\geqslant 1/\mathrm{E}X$. 这两个不等式都十分有用.

判断一个二阶可导的函数是否是凸函数非常简单：如果对任意 x 有 $g''(x)\geqslant 0$，则 $g(x)$是凸函数；如果对任意 x 有 $g''(x)\leqslant 0$，则 $g(x)$是凹函数. 对于凹函数也有 Jensen 不等式成立：如果 $g(x)$是凹函数，则 $\mathrm{E}g(X)\leqslant g(\mathrm{E}X)$.

例 4.7.8（平均值不等式） Jensen 不等式可用于证明三类平均值之间的一个重要不等式. 设 a_1，…，a_n 均为正数，令

$$a_A=\frac{1}{n}(a_1+a_2+\cdots+a_n), \quad \text{（算术平均）}$$

$$a_G=(a_1+a_2+\cdots+a_n)^{1/n}, \quad \text{（几何平均）}$$

$$a_H=\frac{1}{\frac{1}{n}\left(\frac{1}{a_1}+\frac{1}{a_2}+\cdots+\frac{1}{a_n}\right)} \quad \text{（调和平均）}$$

三类平均值之间的关系为：

$$a_H\leqslant a_G\leqslant a_A$$

为运用 Jensen 不等式，设 X 是取值范围为 a_1，…，a_n 的随机变量，且 $P(X=a_i)=1/n$，$i=1$，…，n. 由于 $\log x$ 是凹函数，所以根据 Jensen 不等式有 $\mathrm{E}(\log X)\leqslant$

$\log(\mathrm{E}X)$，于是

$$\log a_G=\frac{1}{n}\sum_{i=1}^{n}\log a_i=\mathrm{E}(\log X)\leqslant\log(\mathrm{E}X)=\log\left(\frac{1}{n}\sum_{i=1}^{n}a_i\right)=\log a_A$$

即 $a_G\leqslant a_A$. 再次利用 $\log x$ 是凹函数的事实，可得

$$\log\frac{1}{a_H}=\log\left(\frac{1}{n}\sum_{i=1}^{n}\frac{1}{a_i}\right)=\log\mathrm{E}\frac{1}{X}\geqslant\mathrm{E}\left(\log\frac{1}{X}\right)=-\mathrm{E}(\log X).$$

因为 $\mathrm{E}(\log X)=\log a_G$，故上式即 $\log(1/a_H)\geqslant\log(1/a_G)$，故有 $a_G\geqslant a_H$. ‖

下面的不等式利用协方差的定义即可证明，不过其结论本身有时很有用. 设 X 是具有有限期望 μ 的随机变量，$g(x)$是递增函数，则

$$\mathrm{E}(g(X)(X-\mu))\geqslant 0$$

事实上，我们有

$$\begin{aligned}&\mathrm{E}(g(X)(X-\mu))\\&=\mathrm{E}(g(X)(X-\mu)I_{(-\infty,0)}(X-\mu))+\mathrm{E}(g(X)(X-\mu)I_{[0,+\infty)}(X-\mu))\\&\geqslant\mathrm{E}(g(\mu)(X-\mu)I_{(-\infty,0)}(X-\mu))+\mathrm{E}(g(\mu)(X-\mu)I_{[0,+\infty)}(X-\mu))\\&=g(\mu)\mathrm{E}(X-\mu)\\&=0\qquad\text{(因为 } g(x)\text{递增)}\end{aligned}$$

将上述讨论推广，可得下列不等式：

定理 4.7.9（协方差不等式-Ⅱ）　设 X 是任意随机变量，$g(x)$，$h(x)$是任意函数且 $\mathrm{E}g(X)$，$\mathrm{E}h(X)$与 $\mathrm{E}(g(X)h(X))$均存在，

a. 如果 $g(x)$是递增函数，$h(x)$是递减函数，则

$$\mathrm{E}(g(X)h(X))\leqslant(\mathrm{E}g(X))(\mathrm{E}h(X))$$

b. 如果 $g(x)$和 $h(x)$同为递增函数或者递减函数，则

$$\mathrm{E}(g(X)h(X))\geqslant(\mathrm{E}g(X))(\mathrm{E}h(X))$$

协方差不等式有明显的直观解释：(a)、(b) 两种情形恰好反映了 g 与 h 之间的负相关与正相关. 借助该不等式我们可以直接估计期望，而无需计算高阶矩.

4.8　习题

4.1　随机点 (X,Y) 在以 $(1,1)$，$(1,-1)$，$(-1,1)$ 和 $(-1,-1)$ 为顶点的正方形区域上服从均匀分布，即其联合概率密度函数为 $f(x,y)=1/4$. 试求下列事件的概率：

(a) $X^2+Y^2<1$；

(b) $2X-Y>0$；

(c) $|X+Y|<2$.

4.2　对任意随机变量、函数以及常量，证明二维期望的下列性质（类比定理

2.2.5)：

(a) $E(ag_1(X,Y)+bg_2(X,Y)+c)=aE(g_1(X,Y))+bE(g_2(X,Y))+c$；

(b) 若对任意 x，y 都有 $g_1(x,y)\geqslant 0$，则 $E(g_1(X,Y))\geqslant 0$；

(c) 若对任意 x，y 都有 $g_1(x,y)\geqslant g_2(x,y)$，则 $E(g_1(X,Y))\geqslant E(g_2(X,Y))$；

(d) 若对任意 x，y 都有 $a\leqslant g_1(x,y)\leqslant b$，则 $a\leqslant E(g_1(X,Y))\leqslant b$.

4.3 根据定义 4.1.1 证明例 4.1.5 末尾定义的随机向量 (X,Y) 的概率密度函数确如例题所示.

4.4 某概率密度函数定义为：

$$f(x,y)=\begin{cases}C(x+2y), & 0<y<1, 0<x<2\\ 0, & \text{其他}\end{cases}$$

(a) 求 C 的值；

(b) 求 X 的边缘分布；

(c) 求 X 和 Y 的联合累积分布函数；

(d) 求随机变量 $Z=9/(X+1)^2$ 的概率密度函数.

4.5

(a) 设 X 和 Y 的联合概率密度函数为

$$f(x,y)=x+y,\ 0\leqslant x\leqslant 1,\ 0\leqslant y\leqslant 1.$$

求 $P(X>\sqrt{Y})$；

(b) 设 X 和 Y 的联合概率密度函数为

$$f(x,y)=2x,\ 0\leqslant x\leqslant 1,\ 0\leqslant y\leqslant 1.$$

求 $P(X^2<Y<X)$.

4.6 A，B 两人约好于下午一点至两点间在某指定地点会面. 假设两人到达该地点是独立事件，且到达的时间随机，求 A 等待 B 到来的时长的分布（如果 B 先于 A 到达指定地点，则令 A 等待 B 的时长为 0).

4.7 某女士在上午 8 点至 8 点半之间离开家去上班，途中用时 40 至 50 分钟. 令随机变量 X＝她出发的时间，随机变量 Y＝她到达工作地点的时间. 假设 X，Y 独立且都服从均匀分布，求该女士在 9 点以前到达工作地点的概率.

4.8 参考杂录 4.9.1，完成下列各题：

(a) 证明 $P(X=m|M=m)=P(X=2m|M=m)=1/2$，然后验证 $P(M=x|X=x)$ 和 $P(M=x/2|X=x)$ 的公式；

(b) 验证仅当 $\pi(x/2)<2\pi(x)$ 时交换信封对你有利，并且如果 π 是参数为 λ 的指数概率密度函数，则当 $x<2\lambda\log 2$ 时交换信封对你有利；

(c) 对于经典的解释方法，证明 $P(Y=2x|X=m)=1$，$P(Y=x/2|X=2m)=1$，并且你交换信封后得益的期望与现有得益的期望均为 $E(Y)=3m/2$.

4.9 证明：如果 X 和 Y 的联合累积分布函数满足

$$F_{X,Y}(x,y)=F_X(x)F_Y(y)$$

则对任意区间（a，b）和（c，d），都有

$$P(a\leqslant X\leqslant b,c\leqslant Y\leqslant d)=P(a\leqslant X\leqslant b)P(c\leqslant Y\leqslant d)$$

4.10 随机向量（X，Y）具有如下分布：

		X		
		1	2	3
	2	1/12	1/6	1/12
Y	3	1/6	0	1/6
	4	0	1/3	0

(a) 证明 X 与 Y 不独立；

(b) 设随机变量 U 和 V 与 X 和 Y 具有相同的边缘分布，且 U，V 独立，列出 U，V 的概率分布表.

4.11 连续投掷一枚公平硬币，令 U＝掷得正面朝上所需投掷的次数，V＝连续两次掷得正面朝上所需投掷的次数. U，V 是否是独立随机变量？

4.12 一根木棒被随机地折成三段，它们构成三角形的概率是多少（该问题的完整介绍见 Gardner 1961）？

4.13 设 X 和 Y 是具有有限期望的随机变量，

(a) 证明

$$\min_{g(x)}\mathrm{E}(Y-g(X))^2=\mathrm{E}(Y-E(Y|X))^2$$

其中 $g(x)$取遍所有函数($\mathrm{E}(Y|X)$有时称作 Y 关于 X 的回归，它表示在已知 X 的条件下对 Y 作出的“最好”预测)

(b) 证明式（2.2.4）可以作为（a）的一个特例导出.

4.14 设 X，Y 是服从 n（0，1）分布的两个独立随机变量，

(a) 求 $P(X^2+Y^2<1)$；

(b) 证明 X^2 服从 χ_1^2 分布，然后求 $P(X^2<1)$.

4.15 设 X 和 Y 分别服从参数为θ 和λ 的 Poisson 分布，由定理 4.3.2 知 $X+Y$ 服从参数为$\theta+\lambda$ 的 Poisson 分布. 证明 $X|X+Y$ 服从成功概率为$\theta/(\theta+\lambda)$的二项分布. $Y|X+Y$ 的分布呢？

4.16 设 X 和 Y 为独立随机变量，且服从同样的几何分布.

(a) 证明 U 和 V 独立，其中

$$U=\min(X,Y)\quad 且\quad V=X-Y$$

(b) 求 $Z=X/(X+Y)$的分布，其中 $X+Y=0$ 时定义 $Z=0$；

(c) 求 X 和 $X+Y$ 的联合概率密度函数.

4.17 设随机变量 X 服从参数为1的指数分布，令 Y 为 $X+1$ 的整数部分，即

$$Y=i+1 \quad \text{当且仅当} \quad i\leqslant X<i+1, i=0,1,2,\cdots$$

(a) 求 Y 的分布，它是何种著名分布?

(b) 求 $X-4$ 在条件 $Y\geqslant 5$ 下的条件分布.

4.18 假设函数 $g(x)\geqslant 0$ 且满足

$$\int_0^{+\infty} g(x)\mathrm{d}x=1$$

证明

$$f(x,y)=\frac{2g(\sqrt{x^2+y^2})}{\pi\sqrt{x^2+y^2}}, \quad x,y>0$$

是概率密度函数.

4.19

(a) 设 X_1，X_2 是服从 n (0, 1) 分布的两个独立随机变量，求 $(X_1-X_2)^2/2$ 的概率密度函数;

(b) 设 X_i，$i=1$，2 是两个独立随机变量，且分别服从参数为 $(\alpha_i, 1)$，$i=1$，2 的 Γ 分布. 求 $X_1/(X_1+X_2)$ 和 $X_2/(X_1+X_2)$ 的边缘分布.

4.20 设 X_1，X_2 是服从 $\mathrm{n}(0,\sigma^2)$ 分布的两个独立随机变量，

(a) 求 Y_1，Y_2 的联合分布，其中

$$Y_1=X_1^2+X_2^2 \quad \text{且} \quad Y_2=\frac{X_1}{\sqrt{Y_1}}$$

(b) 证明 Y_1，Y_2 独立，解释该结论的几何意义.

4.21 在极坐标平面上随机生成一点，步骤如下：选取半径 R，使得 R^2 服从自由度为2的 χ^2 分布；然后选取角度 θ，使得 θ 服从 $(0, 2\pi)$ 区间上的均匀分布. 假设 R 与 θ 独立，求 $X=R\cos\theta$ 与 $Y=R\sin\theta$ 的联合分布.

4.22 设二维随机向量 (X, Y) 的联合概率密度函数为 $f(x,y)$. 令 $U=aX+b$，$V=cX+d$，其中 a，b，c，d 为固定的常数且 $a>0$，$c>0$. 证明 (U, V) 的联合概率密度函数为

$$f_{U,V}(u,v)=\frac{1}{ac}f\left(\frac{u-b}{a},\frac{v-d}{c}\right)$$

4.23 设 X，Y 同例 4.3.3，考察下列变换的分布，并通过对 V 积分求 XY 的分布:

(a) $U=XY$，$V=Y$;

(b) $U=XY$，$V=X/Y$.

4.24 设 X 和 Y 是一对独立的伽玛随机变量，参数分别为 $(r, 1)$ 和 $(s, 1)$. 证明 $Z_1=X+Y$ 与 $Z_2=X/(X+Y)$ 独立，并求它们各自的分布 (Z_1，Z_2 分别服

从伽玛分布和贝塔分布).

4.25　利用4.3节所示的方法，从例4.5.8和例4.5.9中（X，Z）的联合分布导出（X，Y）的联合分布.

4.26　设X和Y是两个独立随机变量，且分别服从参数为λ和μ的指数分布.我们无法直接观测X和Y的值，但却可以观测Z和W，其中

$$Z=\min\{X,Y\} \quad 且 \quad W=\begin{cases}1, & 若\ Z=X\\ 0, & 若\ Z=Y\end{cases}$$

(这种情况在医学试验中很普遍，此时X和Y往往是删失后得到的数据)

(a) 求Z和W的联合分布；

(b) 证明Z与W独立（提示：证明对$i=0$或1，有$P(Z\leqslant z|W=i)=P(Z\leqslant z)$).

4.27　设$X\sim \mathrm{n}(\mu,\sigma^2)$和$Y\sim \mathrm{n}(\gamma,\sigma^2)$是两个独立的正态随机变量，令$U=X+Y$,$V=X-Y$. 证明$U$和$V$也是独立的正态随机变量，并求它们各自的分布.

4.28　设X和Y是一对独立的标准正态随机变量，

(a) 证明$X/(X+Y)$服从Cauchy分布；

(b) 求$X/|Y|$的分布；

(c) (b) 的结论是否让人意外？你能给出一个更一般的定理吗？

4.29　Jones（1999）考察了$X=R\cos\theta$与$Y=R\sin\theta$的分布函数，其中θ服从（0，2π）区间上的均匀分布，R为取值大于0的随机变量. 下面列举了他所考察的诸多情形当中的两种：

(a) 证明X/Y服从Cauchy分布；

(b) 证明$(2XY)/\sqrt{X^2+Y^2}$的分布与X完全相同，将该结论应用于$\mathrm{n}(0,\sigma^2)$随机变量.

4.30　假设Y在条件$X=x$下的条件分布是$\mathrm{n}(x,x^2)$，且X的边缘分布是（0，1）区间上的均匀分布.

(a) 求EY，Var$Y$与Cov（X，Y）；

(b) 证明Y/X与X独立.

4.31　设随机变量Y服从含n次试验、成功概率为X的二项分布，其中n为指定的常数，X服从（0，1）区间上的均匀分布.

(a) 求EY与Var$Y$；

(b) 求X和Y的联合分布；

(c) 求Y的边缘分布.

4.32

(a) 设有多层模型：

$Y|\Lambda$ 服从参数为 Λ 的 Poisson 分布，

Λ 服从参数为(α,β)的伽玛分布，

求 Y 的边缘分布、期望以及方差. 证明当 α 为整数时 Y 的边缘分布是负二项分布；

(b) 证明下列三层模型中 Y 的边缘（无条件）分布与上面模型中相同：

$Y\mid N$ 服从参数为(N,p)的二项分布，

$N\mid\Lambda$ 服从参数为 Λ 的 Poisson 分布，

Λ 服从参数为(α,β)的伽玛分布，

4.33 （导出负二项分布的另一种方法）Solomon（1983）详细介绍了下列生物模型. 随机选取 N 只昆虫，每一只产卵 X_i 颗，各 X_i 相互独立且服从同一分布. 总的产卵数为 $H=X_1+\cdots+X_N$，问 H 服从何种分布？通常可以假定 N 服从参数为λ 的 Poisson 分布，如果进一步假定全体 X_i 都服从成功概率为 p 的对数级数分布（见习题 3.14)，则有下列多层模型：

$$H|N=X_1+\cdots+X_N,\quad P(X_i=t)=\frac{-1}{\log(p)}\frac{(1-p)^t}{t}$$

N 服从参数为λ 的 Poisson 分布.

证明 H 的边缘分布是参数为(r,p)的负二项分布，其中 $r=-\lambda/\log(p)$（根据定理 4.4.3 以及定理 4.6.7 可以很容易求出 H 的矩母函数. Stuart and Ord 1987 的 5.21 节也介绍了对数级数分布的这种推导方法，其中称 H 为随机停和).

4.34

(a) 对于例 4.4.6 中的多层模型，证明 X 的边缘分布是贝塔-二项分布，即

$$P(X=x)=\binom{n}{x}\frac{\Gamma(\alpha+\beta)}{\Gamma(\alpha)\Gamma(\beta)}\frac{\Gamma(x+\alpha)\Gamma(n-x+\beta)}{\Gamma(\alpha+\beta+n)}$$

(b) (a) 中多层模型的一种变形是

$X\mid P$ 服从参数为(r,P)的负二项分布，P 服从参数为(α,β)的贝塔分布.

求该模型中 X 的边缘概率质量函数以及 X 的期望与方差（该分布称作贝塔-Pascal 分布).

4.35

(a) 对于例 4.4.6 中的多层模型，证明 X 的方差可以写作

$$\mathrm{Var}X=n\mathrm{E}P(1-\mathrm{E}P)+n(n-1)\mathrm{Var}P$$

（上式右端第一项表示成功概率为 EP 的二项方差，第二项常称作“余二项”方差，表示该多层模型与单纯二项模型的方差之差).

(b) 对于习题 4.32 中的多层模型，证明 Y 的方差可以写作

$$\mathrm{Var}Y=\mathrm{E}\Lambda+\mathrm{Var}\Lambda=\mu+\frac{1}{\alpha}\mu^2$$

其中 $\mu=\mathrm{E}\Lambda$. 注意多层模型中“额外”Poisson 层所导致的差异.

4.36　例 4.4.6 中 Bernoulli 试验多层模型的一种推广是假定每次试验相互独立，但允许其成功概率各不相同. 这样的一个标准模型为：

$$X_i \mid P_i \text{ 是成功概率为 } P_i \text{ 的 Bernoulli 试验}, \ i=1, \cdots, n,$$

$$P_i \text{ 服从参数为}(\alpha,\beta)\text{的贝塔分布}.$$

如果希望考察某种药物对 n 位患者的疗效（有效或者无效），则该模型非常适用. 因为我们很难保证同种药物对不同患者的疗效完全相同（该模型可视作一类经验 Bayes 模型，见杂录 7.5.6).

令随机变量 $Y=\sum_{i=1}^{n} X_i$ 表示成功试验的个数.

(a) 证明 $\mathrm{E}Y=n\alpha/(\alpha+\beta)$；

(b) 证明 $\mathrm{Var}Y=n\alpha\beta/(\alpha+\beta)^2$，从而 Y 与参数为$(n,\alpha/(\alpha+\beta))$的二项随机变量具有相同的期望和方差. Y 的分布如何?

(c) 考察模型：

$$X_i \mid P_i \text{ 服从参数为}(n_i,P_i)\text{的二项分布}, i=1,\cdots,k,$$

$$P_i \text{ 服从参数为}(\alpha,\beta)\text{的贝塔分布}.$$

证明对于 $Y=\sum_{i=1}^{k} X_i$，有 $\mathrm{E}Y = \dfrac{\alpha}{\alpha+\beta}\sum_{i=1}^{k} n_i$ 且 $\mathrm{Var}Y = \sum_{i=1}^{k}\mathrm{Var}X_i$，其中

$$\mathrm{Var}X_i = n_i\frac{\alpha\beta(\alpha+\beta+n_i)}{(\alpha+\beta)^2(\alpha+\beta+1)}$$

4.37　D. G. Morrison (1978) 介绍了习题 4.34 多层模型的一个推广，称作强制二项选择模型. 强制二项选择是指被试者必须从指定的两个选项中选择一个，好比做味觉测试. 有可能被试者不知道该选哪一个（比如，你能分辨出可口可乐和百事可乐吗?)，但试验要求被试者一定要做出选择. 因此，被试者做出正确选择有可能因为他真的判断正确，也有可能是猜对了. Morrison 利用下列参数为此建立了模型：

$$p = \text{被试者真的判断正确的概率}$$

$$c = \text{被试者做出正确选择的概率}$$

则

$$c=p+\frac{1}{2}(1-p)=\frac{1}{2}(1+p), \quad \frac{1}{2}<c<1$$

其中$\frac{1}{2}(1-p)$表示被试者猜对的概率. 现在进行试验，观测量 $X_1, \cdots, X_n$ 都是成功概率为 c 的 Bernoulli 试验，于是

$$p(\sum X_i = k \mid c) = \binom{n}{k} c^k(1-c)^{n-k}$$

然而，事实上 p 的值往往因人而异，不妨假设 p 服从贝塔分布：

P 服从参数为(a,b)的贝塔分布.

(a) 证明$\sum X_i$ 的分布是贝塔-二项混合分布;

(b) 求$\sum X_i$ 的期望和方差.

4.38 (由指数分布混合得到的伽玛分布) Gleser (1989) 说明在某些情形下伽玛分布可以写成多个指数分布混合尺度参数后得到的分布. 设 $f(x)$表示参数为(r,λ)的伽玛分布的概率密度函数.

(a) 证明: 如果 $r\leqslant 1$, 则 $f(x)$可以写成

$$f(x)=\int_0^{\lambda}\frac{1}{\nu}\mathrm{e}^{-x/\nu}p_{\lambda}(\nu)\mathrm{d}\nu$$

其中

$$p_{\lambda}(\nu)=\frac{1}{\Gamma(r)\Gamma(1-r)}\frac{\nu^{r-1}}{(\lambda-\nu)^r},\quad 0<\nu<\lambda$$

(提示: 做从 ν 到 u 的变量替换, 令 $u=x/\nu-x/\lambda$)

(b) 证明当 $r\leqslant 1$ 时 $p_{\lambda}(\nu)$是概率密度函数, 即

$$\int_0^{\lambda}p_{\lambda}(\nu)\mathrm{d}\nu=1$$

(c) 证明: 为使 (a) 中表达式成立, 条件 $r\leqslant 1$ 是必要的, 即当 $r>1$ 时该式不成立 (提示: 假设存在某概率密度函数 $q_{\lambda}(\nu)$ 使得 $f(x)$ 可以写作 $f(x)=\int_0^{+\infty}(\mathrm{e}^{-x/\nu}/\nu)q_{\lambda}(\nu)\mathrm{d}\nu$,证明$\frac{\partial}{\partial x}\log(f(x))>0$ 但$\frac{\partial}{\partial x}\log(\int_0^{+\infty}(\mathrm{e}^{-x/\nu}/\nu)q_{\lambda}(\nu)\mathrm{d}\nu)<0$,导出矛盾).

4.39 设$(X_1,\cdots,X_n)$服从 m 次试验、元概率为 p_1, $\cdots$, p_n 的多项分布 (见定义 4.6.2), 证明: 对任意 i, j, 有

$$X_i|X_j=x_j \text{ 服从参数为}\left(m-x_i,\frac{p_i}{1-p_j}\right)\text{的二项分布},$$

$$X_j \text{ 服从参数为}(m,p_j)\text{的二项分布}.$$

且 $\mathrm{Cov}(X_i,X_j)=-mp_ip_j$.

4.40 B 分布的一个推广是 Dirichlet 分布, 该分布下二维随机向量(X,Y)有以下概率密度函数:

$$f(x,y)=Cx^{a-1}y^{b-1}(1-x-y)^{c-1},0<x<1,0<y<1,0<y<1-x<1$$

其中 a, b, c 均为大于 0 的常数.

(a) 证明 $C=\frac{\Gamma(a+b+c)}{\Gamma(a)\Gamma(b)\Gamma(c)}$;

(b) 证明 X 和 Y 的边缘分布都是贝塔分布;

(c) 求 $Y|X=x$ 的条件分布, 证明 $Y/(1-x)$服从参数为(b,c)的贝塔分布;

（d）证明 $E(XY)=\dfrac{ab}{(a+b+c+1)(a+b+c)}$，并计算其协方差.

4.41　证明：任意随机变量与常量都不相关.

4.42　设 X 和 Y 是一对独立的随机变量，其期望与方差分别为 μ_X，μ_Y 与 $\sigma_X{}^2$，$\sigma_Y{}^2$. 利用上述期望、方差给出 XY 与 Y 的相关系数的公式.

4.43　设 X_1，X_2 和 X_3 是一组不相关的随机变量，且具有相同的期望 μ 和方差 σ^2. 利用 μ 和 σ^2 求 $\mathrm{Cov}(X_1+X_2,X_2+X_3)$ 以及 $\mathrm{Cov}(X_1+X_2,X_1-X_2)$.

4.44　证明定理 4.5.6 的一个推广：对任意随机向量 $(X_1,\cdots,X_n)$，有

$$\mathrm{Var}\left(\sum_{i=1}^{n}X_i\right)=\sum_{i=1}^{n}\mathrm{Var}X_i+2\sum_{1\leqslant i<j\leqslant n}\mathrm{Cov}(X_i,X_j)$$

4.45　证明：如果 (X,Y) 服从参数为 $(\mu_X,\mu_Y,\sigma_X{}^2,\sigma_Y{}^2,\rho)$ 的二维正态分布，则下列命题成立：

（a）X 的边缘分布为 $\mathrm{n}(\mu_X,\sigma_X{}^2)$，$Y$ 的边缘分布为 $\mathrm{n}(\mu_Y,\sigma_Y{}^2)$；

（b）Y 在条件 $X=x$ 下的条件分布为

$$\mathrm{n}(\mu_Y+\rho(\sigma_Y/\sigma_X)(x-\mu_X),\sigma_Y^2(1-\rho^2))$$

（c）对任意常数 a，b，$aX+bY$ 的分布为

$$\mathrm{n}(a\mu_X+b\mu_Y,a^2\sigma_X^2+b^2\sigma_Y^2+2ab\rho\sigma_X\sigma_Y)$$

4.46　（二维正态分布的一种推导）设 Z_1，Z_2 是独立的 $\mathrm{n}(0,1)$ 随机变量，定义新的随机变量 X，Y 为

$$X=a_XZ_1+b_XZ_2+c_X\quad 且\quad Y=a_YZ_1+b_YZ_2+c_Y$$

其中 a_X，b_X，c_X，a_Y，b_Y 和 c_Y 均为常数.

（a）证明：

$$\mathrm{E}X=c_X,\ \mathrm{Var}X=a_X^2+b_X^2$$
$$\mathrm{E}Y=c_Y,\quad \mathrm{Var}Y=a_Y^2+b_Y^2$$
$$\mathrm{Cov}(X,Y)=a_Xa_Y+b_Xb_Y$$

（b）若令 a_X，b_X，c_X，a_Y，b_Y 和 c_Y 为：

$$a_X=\sqrt{\frac{1+\rho}{2}}\sigma_X,\quad b_X=\sqrt{\frac{1-\rho}{2}}\sigma_X,\quad c_X=\mu_X$$

$$a_Y=\sqrt{\frac{1+\rho}{2}}\sigma_Y,\quad b_Y=-\sqrt{\frac{1-\rho}{2}}\sigma_Y,\quad c_Y=\mu_Y$$

其中 μ_X，μ_Y，$\sigma_X{}^2$，$\sigma_Y{}^2$ 和 ρ 均为常数且 $-1\leqslant\rho\leqslant 1$，则

$$\mathrm{E}X=\mu_X,\quad \mathrm{Var}X=\sigma_X^2$$
$$\mathrm{E}Y=\mu_Y,\quad \mathrm{Var}Y=\sigma_Y^2$$
$$\rho_{XY}=\rho$$

（c）证明 (X,Y) 服从参数为 $(\mu_X,\mu_Y,\sigma_X{}^2,\sigma_Y{}^2,\rho)$ 的二维正态分布.

(d) 若已知二维正态分布的参数 μ_X，μ_Y，$\sigma_X{}^2$，$\sigma_Y{}^2$ 和 ρ，则常数 a_X，b_X，c_X，a_Y，b_Y 和 c_Y 是下列方程组的解：

$$\mu_X = c_X,\quad \sigma_X^2 = a_X^2 + b_X^2$$
$$\mu_Y = c_Y,\quad \sigma_Y^2 = a_Y^2 + b_Y^2$$
$$\rho\sigma_X\sigma_Y = a_X a_Y + b_X b_Y$$

证明 (b) 中所给的解并非此方程组的唯一解，此方程组有多少解？

4.47 (边缘正态不能蕴含二维正态) 设 X，Y 是独立的 $\mathrm{n}(0,1)$随机变量，定义新的随机变量 Z 为：

$$Z=\begin{cases} X, & 若\ XY>0 \\ -X, & 若\ XY<0 \end{cases}$$

(a) 证明 Z 服从正态分布；

(b) 证明 Z 和 Y 的联合分布不是二维正态分布（提示：证明 Z 和 Y 始终同号）.

4.48 Gelman and Meng (1991) 介绍了一类非二维正态但却具有正态条件分布的二维分布．令 (X, Y) 的联合概率密度函数为

$$f(x,y)\propto\exp\left\{-\frac{1}{2}[Ax^2y^2+x^2+y^2-2Bxy-2Cx-2Dy]\right\},$$

其中 A，B，C，D 均为常数.

(a) 证明 $X|Y=y$ 的分布是正态分布，其期望和方差分别为$\dfrac{By+C}{Ay^2+1}$和$\dfrac{1}{Ay^2+1}$. 对 $Y|X=x$ 的分布做类似讨论；

(b) 特别地，取 $A=1$，$B=0$，$C=D=8$，证明此时的联合分布是双峰的.

4.49 Behboodian (1990) 介绍了构造不相关、也不独立的二维随机向量的方法．设 f_1，f_2，g_1 和 g_2 为单个随机变量的概率密度函数，期望分别为 μ_1，μ_2，ξ_1 和 ξ_2，则二维随机向量(X,Y)的概率密度函数为

$$(X,Y)\sim af_1(x)g_1(y)+(1-a)f_2(x)g_2(y)$$

其中 $0<a<1$ 为已知.

(a) 证明边缘分布分别为 $f_X(x)=af_1(x)+(1-a)f_2(x)$ 和 $f_Y(y)=ag_1(y)+(1-a)g_2(y)$；

(b) 证明：X 和 Y 独立当且仅当$[f_1(x)-f_2(x)][g_1(y)-g_2(y)]=0$；

(c) 证明 $\mathrm{Cov}(X,Y)=a(1-a)[\mu_1-\mu_2][\xi_1-\xi_2]$，这就解释了怎样构造不相关、也不独立的二维随机向量；

(d) 设 f_1，f_2，g_1 和 g_2 均为二项概率密度函数，列举出若干参数组合，使得到的 (X, Y) 依次是独立的、相关的、以及不相关也不独立的.

4.50 设(X,Y)具有二维正态概率密度函数

$$f(x,y)=\frac{1}{2\pi(1-\rho^2)^{1/2}}\exp\left(\frac{-1}{2(1-\rho^2)}(x^2-2\rho xy+y^2)\right)$$

证明：$\mathrm{Corr}(X,Y)=\rho$ 且 $\mathrm{Corr}(X^2,Y^2)=\rho^2$（借助条件期望可简化计算）.

4.51 设 X，Y 和 Z 是独立的随机变量，且都服从（0，1）区间上的均匀分布，

(a) 求 $P(X/Y\leqslant t)$以及 $P(XY\leqslant t)$（可画图说明）；

(b) 求 $P(XY/Z\leqslant t)$.

4.52 向(x,y)坐标平面的原点发射子弹，弹着点(X,Y)是随机变量，其中 X 和 Y 独立且都服从 $\mathrm{n}(0,1)$分布. 如果独立发射两颗子弹，其弹着点间距的分布是怎样的？

4.53 设 A，B 和 C 是独立的随机变量，且都服从（0，1）区间上的均匀分布，则 Ax^2+Bx+C 有实根的概率是多少？（提示：若 X 服从（0，1）区间上的均匀分布，则 $-\log X$ 服从指数分布. 而一对独立的指数随机变量之和服从伽玛分布.）

4.54 求 $\prod\limits_{i=1}^{n}X_i$ 的概率密度函数，其中各 X_i 独立且都服从（0，1）区间上的均匀分布（提示：先求累积分布函数，注意均匀分布与指数分布的联系）.

4.55 并联系统的特点是只要有一个元件能正常工作整个系统就能运行. 考察有三个独立元件构成的并联系统，其中每个元件的使用寿命都服从参数为 λ 的指数分布. 系统的使用寿命等于三个元件使用寿命中的最大者，求系统使用寿命的分布.

4.56 为一大批人（共 $N=mk$ 个）验血，下面列举了两种化验方案：

(i) 对每个人单独化验，共需进行 N 次化验；

(ii) 将 k 个人的血混在一起化验，若化验结果呈阴性，则对这 k 个人只做这一次化验即可；若结果呈阳性，再对其中每个人化验，因此对这 k 个人共需做 $k+1$ 次化验.

假设对每个人来说化验结果呈阳性的概率为 p，且各人化验的结果独立.

(a) k 个人的血混在一起化验，结果呈阳性的概率是多少？

(b) 令 $X=$按照方案（ii）所需验血的次数，求 $\mathrm{E}X$；

(c) 当 p 接近 0 时，哪种方案((i)还是(ii))所需验血的次数更少？利用（b）中结果证明你的结论.

4.57 参考杂录 4.9.2，完成下列各题：

(a) 证明 A_1 是算术平均，A_{-1}是调和平均，$A_0=\lim\limits_{r\to 0}A_r$ 是几何平均；

(b) 如果能证明 A_r 是 r（$-\infty<r<+\infty$）的递增函数，则算术-几何-调和平均不等式得证；

(i) 验证如果 $\log A_r$ 是 r 的递增函数，则 A_r 是 r 的递增函数；

(ii) 证明

$$\frac{\mathrm{d}}{\mathrm{d}r}\log A_r=\frac{1}{r^2}\left\{\frac{r\sum_i x_i^r\log x_i}{\sum_i x_i^r}-\log\left(\frac{1}{n}\sum_i x_i^r\right)\right\}$$

(iii) 令 $a_i=x_i^r/\sum_i x_i^r$，将上式中大括号内的量记作

$$\log(n)-\sum_i a_i\log(1/a_i)$$

显然$\sum a_i=1$. 证明上述量非负，由此证明 A_r 的单调性，并推出算术-几何-调和平均不等式.

量$\sum_i a_i\log(1/a_i)$称作熵，有时被视作不确定性的绝对度量（见 Bernardo and Smith 1994，第 2.7 节）(iii) 中的结论表明当所有概率均等时取得最大熵.

(提示：为证明该不等式，只需注意 a_i 代表一种概率分布，并且可以记

$$\mathrm{E}\log\left(\frac{1}{a}\right)=\sum_i a_i\log\left(\frac{1}{a_i}\right)$$

而由 Jensen 不等式可知 $\mathrm{E}\log\left(\frac{1}{a}\right)\leqslant\log\left(\mathrm{E}\frac{1}{a}\right)$.)

4.58 设随机变量 X 和 Y 有有限方差，证明：

(a) $\mathrm{Cov}(X,Y)=\mathrm{Cov}(X,\mathrm{E}(Y|X))$；

(b) X 和 $Y-\mathrm{E}(Y|X)$不相关；

(c) $\mathrm{Var}(Y-\mathrm{E}(Y|X))=\mathrm{E}(\mathrm{Var}(Y|X))$.

4.59 设随机变量 X，Y，Z 有有限方差，证明下列协方差恒等式：

$$\mathrm{Cov}(X,Y)=\mathrm{E}(\mathrm{Cov}(X,Y|Z))+\mathrm{Cov}(\mathrm{E}(X|Z),\mathrm{E}(Y|Z)),$$

其中 $\mathrm{Cov}(X,Y|Z)$表示 X 和 Y 在概率密度函数 $f(x,y|z)$下的协方差.

4.60 参考杂录 4.9.3，对于条件 $Y=X$ 的三种解释，分别求 Y 在此条件下的条件分布.

4.61 DeGroot (1986) 给出了 Borel 悖论（见杂录 4.9.3）的如下例子：假设 X_1 和 X_2 是一对独立的随机变量，且都服从参数为 1 的指数分布，令 $Z=(X_2-1)/X_1$，则零概率集$\{Z=0\}$与$\{X_2=1\}$看似表达的是相同的信息，但却导出了不同的条件分布：

(a) 求 $X_1|Z=0$ 的分布，与 $X_1|X_2=1$ 的分布作比较；

(b) 对于较小的 $\varepsilon>0$ 以及 $x_1>0$，$x_2>0$，考察集合

$$B_1=\left\{(x_1,x_2):-\varepsilon<\frac{x_2-1}{x_1}<\varepsilon\right\}\quad 以及\quad B_2=\{(x_1,x_2):1-\varepsilon<x_2<1+\varepsilon\}$$

绘出两集合的图像，并证实 B_1 与 X_1 有关，B_2 与 X_1 无关；

(c) 计算 $P(X_1\leqslant x|B_1)$和 $P(X_1\leqslant x|B_2)$，证明当 $\varepsilon\to 0$ 时其极限与 (a) 中结果一致；

(作者曾就本题与俄亥俄州立大学的 L. Mark Berliner 交换过意见)

4.62 完成 Jensen 不等式（定理 4.7.7）中关于等号成立条件的证明：设$g(x)$

是凸函数，$a+bx$ 为 $g(x)$ 在 $x=\mathrm{E}X$ 处的切线，且除 $x=\mathrm{E}X$ 外有 $g(x)>a+bx$. 若 $P(X=\mathrm{E}X)=1$ 不成立，则有 $\mathrm{E}g(X)\geqslant g(\mathrm{E}X)$.

4.63 随机变量 X 满足 $Z=\log X$，其中 $\mathrm{E}Z=0$. 问 $\mathrm{E}X$ 是大于1、小于1还是等于1?

4.64 本题讨论的是非常著名的不等式——三角不等式（Minkowski 不等式的一个特例）:

(a)（不利用 Minkowski 不等式）证明：对任意数 a，b，有

$$|a+b|\leqslant|a|+|b|$$

(b) 利用 (a) 的结论，证明：对任意具有有限期望的随机变量 X，Y，有

$$\mathrm{E}|X+Y|\leqslant\mathrm{E}|X|+\mathrm{E}|Y|$$

4.65 将协方差不等式-Ⅱ前面的讨论加以推广，以证明该不等式.

4.9 杂录

4.9.1 交换悖论

交换悖论（Christensen and Utts 1992）曾经引发统计学界长时间的对话，该问题的描述如下：

神父在一个信封中装入 m 美元，在另一信封中装入 $2m$ 美元. 你和你的对手（随机）各取一个信封，你打开信封发现里面有 n 美元，接着神父问你是否要交换信封. 你的想法是：交换信封后你的得益或者是 $x/2$、或者是 $2x$，概率各为 $1/2$，因此交换信封后得益的期望为 $(1/2)(x/2)+(1/2)(2x)=5x/4$，多于现有的 x，所以你赞成交换.

基于同样的想法，对方也认为交换信封对自己有利. 然而这样的交易不可能对双方都有利，这就引发了悖论.

(i) Christensen and Utts 认为“之所以交易双方都认为交换信封对自己有利，是因为我们忽略了信封里钱数本身服从一定的分布”，他们对此给出了下述解答：令 $M\sim\pi(m)$ 表示第一个信封中钱数对应的概率密度函数，X 表示你手中所持信封中的钱数，则 $P(X=m|M=m)=P(X=2m|M=m)=1/2$，于是

$$P(M=x|X=x)=\frac{\pi(x)}{\pi(x)+\pi(x/2)} \text{ 且 } P(M=x/2|X=x)=\frac{\pi(x/2)}{\pi(x)+\pi(x/2)}$$

因此，交换信封后得益的期望为：

$$\frac{\pi(x)}{\pi(x)+\pi(x/2)}2x+\frac{\pi(x/2)}{\pi(x)+\pi(x/2)}\frac{x}{2}$$

故仅当 $\pi(x/2)<2\pi(x)$ 时交换信封才对你有利. 如果 π 是参数为 λ 的指数概率

密度函数，则当 $x<2\lambda\log2$ 时交换信封对你有利.

(ii) 解释该悖论的另一种更经典的方法无需假定第一个信封中钱数的概率密度函数，Christensen and Utts 对此也作了介绍. 注意悖论产生的前提是双方都错误地认为对任意 X，Y 都有 $P(Y=y|X=x)=1/2$，其中 X 和 Y 分别表示你和对方的得益. Christensen and Utts 中纠正道：正确的条件概率应为 $P(Y=2x|X=m)=1$，$P(Y=x/2|X=2m)=1$，因此你交换信封后得益的期望为 $\mathrm{E}(Y)=3m/2$，等于你现有得益的期望.

与交换悖论相伴随的往往还有关于 Bayes 统计推断（见第 7 章）的一系列争论，不过这些争论相对当前讨论的概率计算而言有些离题了. 更多关于交换悖论的评论、批判或分析参见 Binder（1993），Ridgeway（1993）（包括 Marilyn vos Savant 提出的解决方案），Ross（1994）和 Blachman（1996）致编者的信函以及 Christensen and Utts 回应的文章.

4.9.2 算术-几何-调和平均值不等式

前面给出的算术-几何-调和平均值不等式实际上是幂平均值不等式的特例. 幂平均值的定义为：

$$A_r=\left[\frac{1}{n}\sum_{i=1}^{n}x_i^r\right]^{1/r}$$

其中 $x_i\geqslant0$. Shier（1998）证明 A_r 是 r 的递增函数，即当 $r\leqslant r'$ 时有 $A_r\leqslant A_{r'}$，亦即

$$\left[\frac{1}{n}\sum_{i=1}^{n}x_i^r\right]^{1/r}\leqslant\left[\frac{1}{n}\sum_{i=1}^{n}x_i^{r'}\right]^{1/r'}$$

显然 A_1 恰为算术平均值、A_{-1} 恰为调和平均值，此外还可以证明 $A_0=\lim_{r\to0}A_r$ 是几何平均值. 故由上述幂平均值不等式即可推得算术-几何-调和平均值不等式（见习题 4.57）.

4.9.3 Borel 悖论

本章中对于连续随机变量 X，Y，我们多次使用了形如 $\mathrm{E}(Y|X=x)$ 和 $P(Y\leqslant y|X=x)$ 的表达式. 该记法迄今并未给我们带来麻烦，但确有问题.

严格地说，条件期望中的条件依据子 σ 代数（见定义 1.2.1）来定义，条件期望 $\mathrm{E}(Y|\mathcal{G})$ 表示随机变量在 X 对应的子 σ 代数 $\mathcal{G}$ 上的积分——这是概率论中一个颇有些深奥的概念（见 Billingsley1995，第 34 节）.

由于条件概率仅由积分定义，所以即使条件的定义明确，条件概率本身也可能不唯一. 更何况当条件限制在零概率集（比如 $\{X=x\}$）上时，条件本身就无法被明确定义，因此很可能出现多种不同的条件期望. 为了理解它对我们产生的影响，我们可以关注条件分布 $P(Y\leqslant y|X=x)$，它们相当于计算 $\mathrm{E}[I(Y\leqslant y)|X=x]$.

Proschan and Presnell (1998) 描述了一个统计学试验，其问题为："如果 X 和 Y 是一对独立随机变量，且都服从标准正态分布，那么当 $Y=X$ 时 Y 的条件分布是怎样的?" 下面列举了不同学生对于条件 $Y=X$ 的解释：

(1) $Z_1=0$，其中 $Z_1=Y-X$；

(2) $Z_2=1$，其中 $Z_2=Y/X$；

(3) $Z_3=1$，其中 $Z_3=I(Y=X)$.

每种解释都正确，但所得到的条件分布却各不相同（见习题 4.60).

在上述试验中对零概率条件集的不同（却都正确）解释引发了不同的条件期望，我们将这种现象称作 Borel 悖论．Borel 悖论应如何避免呢？一种方法是不讨论零概率集合上的条件期望，即只计算 $\mathrm{E}(Y|X\in B)$，其中集合 B 满足 $P(X\in B)>0$. 于是，为求形如 $\mathrm{E}(Y|X=x)$的期望，我们必须指定序列 $B_n\to x^+$，并定义 $\mathrm{E}(Y|X=x)=\lim\limits_{n\to\infty}\mathrm{E}(Y|X\in B_n)$．这样，$\mathrm{E}(Y|X=x)$的值将依赖于序列 B_n 的选取，出现不同的结果也就不奇怪了（见习题 4.61).

第 5 章

随机样本的性质

"恐怕我一解释，就会泄露天机，"他说道，"只讲结果不讲原因反而会给人留下更深的印象."

——夏洛克·福尔摩斯

《证券经纪人的书记员》

5.1 随机样本的基本概念

如第 4 章开头的例子所示，一次试验中采集到的数据往往包含对某观测量的多次观测值. 对此本章将给出一个称作随机抽样的数据采集模型，下面的定义解释了其数学含义：

定义 5.1.1 如果随机变量 X_1，…，X_n 相互独立且有相同的边缘概率密度（或质量）函数 $f(x)$，则称 X_1，…，X_n 是**总体** $f(x)$**的大小为** n **的随机样本（random sample of size** n **from the population** $f(x)$**）**，或称 X_1，…，X_n 是**概率密度（或质量）函数为** $f(x)$**的独立同分布随机变量（independent and identically distributed random variables with pdf or pmf** $f(x)$**，简记为 iid 随机变量）**.

在随机抽样模型所描述的试验中，观测量服从 $f(x)$所确定的概率分布. 如果该观测量仅有一个观测值 X，则与 X 有关的概率均可由 $f(x)$求得. 然而，大多数情况下对同一观测量会有 $n>1$ 次重复观测，第 1 个观测值为 X_1，第 2 个观测值为 X_2，…. 在随机抽样模型下，每个 X_i 都是对同一观测量的观测值，因而具有边缘分布 $f(x)$；此外，每一次观测的观测值都与其余观测值无关，即 X_1，…，X_n 相互独立（习题 5.4 介绍了更一般的独立性）.

根据定义 4.6.5，X_1，…，X_n 的联合概率密度（或质量）函数为

$$f(x_1,\cdots,x_n) = f(x_1)f(x_2)\cdot\cdots\cdot f(x_n) = \prod_{i=1}^{n} f(x_i) \tag{5.1.1}$$

该联合概率密度（或质量）函数可用于计算有关样本 X_1，…，X_n 的概率. 由于 X_1，…，X_n 同分布，全体边缘概率密度（或质量）函数 $f(x)$均相同. 特别地，如果总体的概率密度（或质量）函数属于某个参数族 $f(x|\theta)$，比方说第 3 章中介绍的

某个参数族，则联合概率密度（或质量）函数为

$$f(x_1,\cdots,x_n \mid \theta)=\prod_{i=1}^{n} f(x_i \mid \theta) \tag{5.1.2}$$

其中每一项的参数均为θ. 在统计学问题中，如果假定我们所观测的总体服从某给定参数族中的某一个分布，而参数值真值未知，则取自该总体的随机样本的联合概率密度（或质量）函数形如上式，其中的θ就是这个未知的参数真值. 于是，通过考察θ的不同取值，我们可以讨论不同总体下随机样本的行为.

例 5.1.2（样本概率密度函数-指数分布） 设X_1，…，X_n是取自参数为β的指数型总体的随机样本. 例如测试n个完全相同的电路板的试验，以X_1，…，X_n分别记它们的使用寿命（单位：年）. 样本的联合概率密度函数为

$$f(x_1,\cdots,x_n \,\Big|\, \beta)=\prod_{i=1}^{n} f(x_i \,\Big|\, \beta)=\prod_{i=1}^{n}\frac{1}{\beta}\mathrm{e}^{-x_i/\beta}=\frac{1}{\beta^n}\mathrm{e}^{-(x_1+\cdots+x_n)/\beta}$$

该概率密度函数可用于计算有关样本的概率，例如，为求所有电路板使用寿命超过两年的概率，我们有：

$$\begin{aligned}
P(X_1>2,\cdots,X_n>2) &= \int_2^{+\infty}\cdots\int_2^{+\infty}\prod_{i=1}^{n}\frac{1}{\beta}\mathrm{e}^{-x_i/\beta}\mathrm{d}x_1\cdots\mathrm{d}x_n \\
&= \mathrm{e}^{-2/\beta}\int_2^{+\infty}\cdots\int_2^{+\infty}\prod_{i=2}^{n}\frac{1}{\beta}\mathrm{e}^{-x_i/\beta}\,\mathrm{d}x_2\cdots\mathrm{d}x_n \qquad \text{(对 } x_1 \text{ 积分)} \\
&\vdots \qquad\qquad \text{(逐次对其余 } x_i \text{ 积分)} \\
&= (\mathrm{e}^{-2/\beta})^n \\
&= \mathrm{e}^{-2n/\beta}
\end{aligned}$$

如果电路板的平均寿命β比n大得多，则以上概率近似于1.

上述计算演示了如何运用随机样本的概率密度函数公式（5.1.1）以及式（5.1.2）计算有关样本的概率. 注意，在计算过程中我们还可以直接应用随机样本的独立性以及同分布性. 例如，上面的计算也可以这样进行：

$$\begin{aligned}
P(X_1>2,\cdots,X_n>2) &= P(X_1>2)\cdots P(X_n>2) && \text{(根据独立性)} \\
&= [P(X_1>2)]^n && \text{(根据同分布性)} \\
&= (\mathrm{e}^{-2/\beta})^n && \text{(根据指数分布)} \\
&= \mathrm{e}^{-2n/\beta}
\end{aligned}$$

‖

定义 5.1.1 中的随机抽样模型有时也称作**无限**总体的抽样. 考虑顺序得到X_1，…，X_n的值：第一次试验观测到$X_1=x_1$，重复试验得到$X_2=x_2$. 随机抽样的独立性保证了X_2的概率分布不受$X_1=x_1$的影响，从无限总体中"排除"x_1不改变总体的性质，因此$X_2=x_2$可以视作对同一总体的随机观测.

如果在**有限**总体上抽样，定义 5.1.1 是否适用依赖于数据采集的方式. 有限总体实际上是一个有限数集$\{x_1,\cdots,x_N\}$. 从该总体中抽取样本X_1，…，X_n共有四种

方式，分别列于1.2.3节，这里我们讨论前两种方式.

假定有限总体$\{x_1,\cdots,x_N\}$中每个值被抽取的概率相等（好比从帽子中抽数，概率均为$1/N$）. 第一次抽得的值记为$X_1=x_1$；重复该过程，此时N个值被抽取的概率仍相等，第二次抽得的值记为$X_2=x_2$（如果两次抽得同一个值，则$x_1=x_2$）；抽取的过程重复n次，得到样本X_1，…，X_n. 由于在这种抽样方式下，每次抽取的值都被"放回"到总体中供后续试验抽取，故称之为**有放回抽样**. 有放回抽样满足定义5.1.1的条件：每个X_i都是x_1，…，x_N上等概率的离散随机变量，并且由于每个X_i的值都与其余变量无关，故X_1，…，X_n相互独立（**自助法**使用的就是有放回抽样，见10.1.4节）.

从有限总体中抽取随机样本的另一种方法称作**无放回抽样**，其步骤如下：第一次从$\{x_1,\cdots,x_N\}$中抽取一个，此时N个值被抽取的概率均为$1/N$，抽得的值记为$X_1=x_1$；第二次从余下的$N-1$个值中抽取一个，此时$N-1$个值被抽取的概率均为$1/(N-1)$，抽得的值记为$X_2=x_2$；按照上述方法依次抽取其余值，得到样本X_1，…，X_n. 注意该方式下，某个值一旦被抽中便不可被重复抽取.

有限总体上的无放回抽样不能满足定义5.1.1的所有条件，事实上，此时随机变量X_1，…，X_n不是相互独立的. 为说明这一点，设x，y是$\{x_1,\cdots,x_N\}$中不相等的两个值. 由于第一次抽得y后第二次不可能再抽得y，所以$P(X_2=y|X_1=y)=0$. 而$P(X_2=y|X_1=x)=1/(N-1)$，这就说明X_2的概率分布依赖于X_1的取值，故X_1与X_2不独立. 不过，有趣的是无放回抽样方式下随机变量X_1，…，X_n依然同分布，即X_i，$i=1$，…，n的边缘分布相同. 显然，X_1的边缘分布是$P(X_1=x)=1/N$，$\forall x\in\{x_1,\cdots,x_N\}$. 为求$X_2$的边缘分布，根据定理1.2.11（a）以及条件概率的定义，我们有

$$P(X_2=x)=\sum_{i=1}^{N}P(X_2=x\mid X_1=x_i)P(X_1=x_i)$$

设下标$i=k$时有$x=x_k$，从而$P(X_2=x|X_1=x_k)=0$，则对任意$j\neq k$都有$P(X_2=x|X_1=x_j)=1/(N-1)$. 于是

$$P(X_2=x)=(N-1)\left(\frac{1}{N-1}\frac{1}{N}\right)=\frac{1}{N} \tag{5.1.3}$$

类似地，可以证明每个X_i的边缘分布都相同.

有限总体上的无放回抽样有时也称作**简单随机抽样**. 我们必须认识到这种抽样方式并非定义5.1.1所述的抽样模型，但如果总体的大小N远大于样本大小n，则X_1，…，X_n近似独立，并且在假定它们独立的前提下我们可以进行一些近似的概率计算. 这里称X_1，…，X_n"近似独立"，实际上是指X_i在已知X_1，…，X_{i-1}时的条件分布与X_i的边缘分布相差不大. 例如，X_2在已知X_1时的条件分布为

$$P(X_2=x_1|X_1=x_1)=0\quad 且\quad P(X_2=x|X_1=x_1)=\frac{1}{N-1},x\neq x_1$$

当N很大时，该分布与式（5.1.3）中X_2的边缘分布差别不大．当$i\leqslant n$远小于N时，X_i在已知X_1，…，X_{i-1}时条件分布中的非零概率为$1/(N-i+1)$，近似于$1/N$.

例 5.1.3（有限总体模型） 本例是利用随机变量独立性进行近似计算的一个例子．设有限总体为$\{1,\cdots,1000\}$，$N=1000$．考察从该总体中无放回地抽取大小为$n=10$的样本，问抽取的十个数都大于200的概率是多少？如果X_1，…，X_{10}相互独立，则

$$P(X_1>200,\cdots,X_{10}>200)=P(X_1>200)\cdot\cdots\cdot P(X_{10}>200)$$

$$=\left(\frac{800}{1000}\right)^{10}=0.107374 \tag{5.1.4}$$

下面计算该事件概率的准确值．设随机变量Y表示样本中大于200的数的个数，则Y服从参数为（$N=1000$，$M=800$，$K=10$）的超几何分布，故

$$P(X_1>200,\cdots,X_{10}>200)=P(Y=10)$$

$$=\frac{\binom{800}{10}\binom{200}{0}}{\binom{1000}{10}}$$

$$=0.106164$$

由此可见，式（5.1.4）是真实值的合理近似． ‖

在本书后续章节中，我们都采用定义5.1.1作为从总体中随机抽样的定义．

5.2　随机样本中随机变量的和

抽取随机样本X_1，…，X_n后，我们有时会计算它们的一些概要量（summary）．利用数学语言，这些概要量可以解释为定义在随机向量$(X_1,\cdots,X_n)$样本空间上的函数$T(x_1,\cdots,x_n)$．函数T可以是实值函数，也可以是向量值函数，从而概要量$Y=T(X_1,\cdots,X_n)$可以是随机变量，也可以是随机向量．这种将随机变量定义为其他随机变量的函数的方法在第4章中已有介绍，第4章还告诉我们如何根据被抽样总体的分布确定Y的分布．由于随机样本X_1，…，X_n具有简单的概率结构（X_i相互独立且同分布），Y的分布很容易求出．由于该分布通常由随机样本中各变量的分布导出，故称作Y的**抽样分布**．这样就使Y的概率分布区别于总体的分布，亦即X_i的边缘分布．本节我们将介绍抽样分布的性质，特别针对那些由随机变量的和所定义的函数．

定义 5.2.1 设X_1，…，X_n是从总体中抽取的大小为n的随机样本，$T(x_1,\cdots,x_n)$是定义在$(X_1,\cdots,X_n)$的样本空间上的实值或向量值函数，则随机变量或随

机向量 $Y=T(X_1,\cdots,X_n)$ 称为一个**统计量（statistic）**，Y 的概率分布称为 Y 的**抽样分布（sampling distribution）**.

统计量的定义很宽泛，唯一的要求是它不能是含参数的函数．以统计量形式给出的样本概要量可能包含许多不同的信息，例如，它可以给出样本的最小值、最大值，样本的平均值，也可以度量样本观测值的变化范围．下面我们定义三个常用的统计量，它们很好地概括了样本中的信息.

定义 5.2.2　样本均值（sample mean）是随机样本值的算术平均，常记作

$$\overline{X}=\frac{X_1+\cdots+X_n}{n}=\frac{1}{n}\sum_{i=1}^{n}X_i$$

定义 5.2.3　样本方差（sample variance）是如下定义的统计量：

$$S^2=\frac{1}{n-1}\sum_{i=1}^{n}(X_i-\overline{X})^2$$

样本标准差（sample standard deviation）定义为 $S=\sqrt{S^2}$.

沿用常用记法，我们在上述三个统计量的定义中简写了函数记号，例如将 $S(X_1,\cdots,X_n)$ 简记作 S．这些统计量与样本之间的关系显而易见．与前文一致，我们仍以小写字母记各统计量的值，即用 $\overline{x}$，s^2 和 s 分别记 $\overline{X}$，S^2 和 S 的值.

样本均值大家已经非常熟悉了．样本方差和样本标准差用于度量样本取值的变化范围，它们与总体方差以及总体标准差之间的联系将在下文中介绍．我们先来推导样本均值与样本标准差的若干性质．注意，定理 5.2.4 中的样本方差公式与式(2.3.1)——总体方差公式——存在一定的联系.

定理 5.2.4　设 x_1，…，x_n 是任意 n 个数，$\overline{x}=(x_1+\cdots+x_n)/n$，则

a. $\min_a\sum_{i=1}^{n}(x_i-a)^2=\sum_{i=1}^{n}(x_i-\overline{x})^2$；

b. $(n-1)s^2=\sum_{i=1}^{n}(x_i-\overline{x})^2=\sum_{i=1}^{n}x_i^2-n\overline{x}^2$.

证明　为证明 (a)，添一项 $\overline{x}$、减一项 $\overline{x}$，得到：

$$\begin{aligned}\sum_{i=1}^{n}(x_i-a)^2&=\sum_{i=1}^{n}(x_i-\overline{x}+\overline{x}-a)^2\\&=\sum_{i=1}^{n}(x_i-\overline{x})^2+2\sum_{i=1}^{n}(x_i-\overline{x})(\overline{x}-a)+\sum_{i=1}^{n}(\overline{x}-a)^2\\&=\sum_{i=1}^{n}(x_i-\overline{x})^2+\sum_{i=1}^{n}(\overline{x}-a)^2\qquad\text{（交叉乘积项为 0）}\end{aligned}$$

显然当 $a=\overline{x}$ 时上式右端取得最小值（注意此处与例 2.2.6 以及习题 4.13 类似）.

为证明 (b)，只需令上式中 $a=0$ 即可.　□

定理 5.2.4 (b) 中的公式使我们得以用易于处理的和式表示 s^2，无论在理论推导还是在计算中都十分有用.

现在我们通过考察某些统计量的期望讨论抽样分布，下面的结论非常有用.

引理 5.2.5　设 X_1，…，X_n 是从总体中抽取的随机样本，函数 $g(x)$ 使得 $\mathrm{E}g(X_1)$ 和 $\mathrm{Var}g(X_1)$ 都存在，则

$$\mathrm{E}\left(\sum_{i=1}^{n} g(X_i)\right) = n(\mathrm{E}g(X_1)) \tag{5.2.1}$$

且

$$\mathrm{Var}\left(\sum_{i=1}^{n} g(X_i)\right) = n(\mathrm{Var}g(X_1)). \tag{5.2.2}$$

证明　为证明式 (5.2.1)，注意到

$$\mathrm{E}\left(\sum_{i=1}^{n} g(X_i)\right) = \sum_{i=1}^{n} \mathrm{E}g(X_i) = n(\mathrm{E}g(X_1)),$$

其中，由于 X_i 同分布，因而每个 $\mathrm{E}g(X_i)$ 均相等，故该式第二个等号成立. 注意，式 (5.2.1) 成立并不要求 X_1，…，X_n 独立，该式对任意 n 个同分布的随机变量都成立.

为证明式 (5.2.2)，注意到

$$\begin{aligned}\mathrm{Var}\left(\sum_{i=1}^{n} g(X_i)\right) &= \mathrm{E}\left[\sum_{i=1}^{n} g(X_i) - \mathrm{E}\left(\sum_{i=1}^{n} g(X_i)\right)\right]^2 && \text{（根据方差的定义）}\\ &= \mathrm{E}\left[\sum_{i=1}^{n} (g(X_i) - \mathrm{E}g(X_i))\right]^2\end{aligned}$$

（根据期望的性质，重新整理得到）

最后的结果共含 n^2 项. 首先是 $(g(X_i)-\mathrm{E}\,g(X_i))^2$，$i=1$，…，$n$，共 n 项. 对这其中每一项，都有

$$\begin{aligned}\mathrm{E}(g(X_i)-\mathrm{E}g(X_i))^2 &= \mathrm{Var}g(X_i) && \text{（根据方差的定义）}\\ &= \mathrm{Var}g(X_1) && \text{（根据同分布性）}\end{aligned}$$

其余 $n(n-1)$ 项都形如 $(g(X_i)-\mathrm{E}g(X_i))(g(X_j)-\mathrm{E}g(X_j))$，其中 $i\neq j$. 对这其中每一项，我们有

$$\begin{aligned}\mathrm{E}[(g(X_i)-\mathrm{E}\,g(X_i))(g(X_j)-\mathrm{E}\,g(X_j))] &= \mathrm{Cov}(g(X_i),g(X_j)) && \text{（根据协方差的定义）}\\ &= 0 && \text{（根据独立性以及定理 4.5.5）}\end{aligned}$$

这就证得式 (5.2.2). □

定理 5.2.6　设随机样本 X_1，…，X_n 取自期望为 μ、方差为 $\sigma^2<+\infty$ 的总体，则

a. $\mathrm{E}\overline{X}=\mu$；

b. $\mathrm{Var}\overline{X}=\dfrac{\sigma^2}{n}$；

c. $\mathrm{E}\,S^2=\sigma^2$.

证明　为证明 (a)，令 $g(X_i)=X_i/n$，则 $\mathrm{E}g(X_i)=\mu/n$. 于是，根据引理

5.2.5，有

$$\mathrm{E}\overline{X}=\mathrm{E}\left(\frac{1}{n}\sum_{i=1}^{n}X_i\right)=\frac{1}{n}\mathrm{E}\left(\sum_{i=1}^{n}X_i\right)=\frac{1}{n}n\mathrm{E}\,X_1=\mu$$

类似地，对于（b），我们有

$$\mathrm{Var}\overline{X}=\mathrm{Var}\left(\frac{1}{n}\sum_{i=1}^{n}X_i\right)=\frac{1}{n^2}\mathrm{Var}\left(\sum_{i=1}^{n}X_i\right)=\frac{1}{n^2}n\mathrm{Var}X_1=\frac{\sigma^2}{n}$$

至于样本方差，根据定理5.2.4，有

$$\begin{aligned}\mathrm{E}S^2&=\mathrm{E}\left(\frac{1}{n-1}\left[\sum_{i=1}^{n}X_i^2-n\overline{X}^2\right]\right)\\&=\frac{1}{n-1}(n\mathrm{E}X_1{}^2-n\mathrm{E}\overline{X}^2)\\&=\frac{1}{n-1}\left(n(\sigma^2+\mu^2)-n\left(\frac{\sigma^2}{n}+\mu^2\right)\right)=\sigma^2\end{aligned}$$

这就证得（c），从而定理得证. □

定理5.2.6中的公式（a），（c）为统计量与总体的参数建立起了联系，属于无偏统计的范畴，将在第7章中详细讨论. 统计量 $\overline{X}$ 和 S^2 分别称为 μ 和 σ^2 的无偏估计量. S^2 定义式中的 $n-1$ 看起来并不直观. 但现在我们知道根据该定义式才有 $\mathrm{E}S^2=\sigma^2$；如果将其改为离差平方的普通均值，即将分母中的 $n-1$ 改为 n，则有 $\mathrm{E}S^2=\frac{n-1}{n}\sigma^2$，$S^2$ 不再是 σ^2 的无偏估计量.

现在进一步讨论 $\overline{X}$ 的抽样分布. 利用4.3节和4.6节介绍的方法我们可以根据总体分布推导出抽样分布. 由于随机样本（独立同分布随机变量）有着特殊的概率结构，$\overline{X}$ 的抽样分布有极其简单的表示.

我们先来推导一些简单的关系式. 由于 $\overline{X}=\frac{1}{n}(X_1+\cdots+X_n)$，如果 $f(y)$ 是 $Y=(X_1+\cdots+X_n)$ 的概率密度函数，则 $f_{\overline{X}}(x)=nf(nx)$ 是 $\overline{X}$ 的概率密度函数（见习题5.5）. 于是，有关 Y 的概率密度函数的结论很容易转换成有关 $\overline{X}$ 的概率密度函数的结论. 类似的关系对于矩母函数也成立：

$$M_{\overline{X}}(t)=\mathrm{E}e^{t\overline{X}}=\mathrm{E}e^{t(X_1+\cdots+X_n)/n}=\mathrm{E}e^{(t/n)Y}=M_Y(t/n)$$

由于 X_1，…，X_n 同分布，所以对每个 i，函数 $M_{X_i}(t)$ 都相同. 因此根据定理4.6.7，我们有下面的定理.

定理 5.2.7 设随机样本 X_1，…，X_n 取自矩母函数为 $M_X(t)$ 的总体，则样本均值的矩母函数为

$$M_{\overline{X}}(t)=[M_X(t/n)]^n$$

显然，仅当 $M_{\overline{X}}(t)$ 通过上式表示成我们熟知的某类矩母函数时，定理5.2.7才有用处. 这种情况很有限，不过下面的例题就是个例子，它利用定理结论巧妙地导

出了 $\overline{X}$ 的抽样分布.

例 5.2.8（均值的分布） 设随机样本 X_1，…，X_n 取自服从 $N(\mu,\sigma^2)$分布的总体，则样本均值的矩母函数为

$$\begin{aligned}M_{\overline{X}}(t)&=\left[\exp\left[\mu\frac{t}{n}+\frac{\sigma^2(t/n)^2}{2}\right]\right]^n\\&=\exp\left(n\left(\mu\frac{t}{n}+\frac{\sigma^2(t/n)^2}{2}\right)\right)\\&=\exp\left(\mu t+\frac{(\sigma^2/n)t^2}{2}\right)\end{aligned}$$

即 $\overline{X}$ 服从 $N(\mu,\sigma^2/n)$分布.

另一个简单的例子是参数为（α，β）的伽玛随机样本（见例 4.6.8）. 我们同样很容易导出样本均值的分布，其矩母函数为

$$M_{\overline{X}}(t)=\left[\left(\frac{1}{1-\beta(t/n)}\right)^\alpha\right]^n=\left(\frac{1}{1-(\beta/n)t}\right)^{n\alpha}$$

这显然是参数为($n\alpha$，β/n）的伽玛分布的矩母函数，故 $\overline{X}$ 的分布就是参数为($n\alpha$，β/n）的伽玛分布. ‖

当 $\overline{X}$ 的矩母函数并非我们已知的矩母函数或总体的矩母函数本身并不存在时，定理 5.2.7 不可用. 此时，我们可以利用 4.3 节和 4.6 节介绍的变量替换法求 $Y=(X_1+\cdots+X_n)$和 $\overline{X}$ 的概率密度函数，下面的**卷积公式**将非常有用.

定理 5.2.9 如果 X 和 Y 是一对独立的连续随机变量，概率密度函数分别为 $f_X(x)$和 $f_Y(y)$，则 $Z=X+Y$ 的概率密度函数为

(5.2.3) $$f_Z(z)=\int_{-\infty}^{+\infty}f_X(w)f_Y(z-w)\mathrm{d}w$$

证明 令 $W=X$.（X，Y）到（Z，W）的变换的 Jacobi 行列式为 1. 于是，根据式（4.3.2)，（Z，W）的联合概率密度函数为

$$f_{Z,W}(z,w)=f_{X,Y}(w,z-w)=f_X(w)f_Y(z-w)$$

上式对 w 积分即得 Z 的边缘概率密度函数，如式（5.2.3）所示. □

如果 f_X 或 f_Y 或者两者都只在某些 x，y 处取正值，则式（5.2.3）中的积分限需作适当调整. 例如，如果 f_X 和 f_Y 仅当 $x>0$，$y>0$ 时取正值，则积分限应改为 0 到 z，因为一旦 w 超出该范围被积函数均得 0. 卷积公式（5.2.3）是由随机变量求和运算导出的，除此之外，我们还可以为随机变量的差、积以及商推导类似公式（见习题 5.6）.

例 5.2.10（Cauchy 随机变量的和） 本例中矩母函数的方法不可用，所考察的是从某参数为（0，1）的 Cauchy 分布总体中抽样，求随机样本 Z_1，…，Z_n 的均值 $\overline{Z}$ 的分布. 我们先利用式（5.2.3)，讨论两个独立 Cauchy 随机变量和的分布.

设 U，V 是一对独立的 Cauchy 随机变量，其参数分别为$(0,\sigma)$和$(0,\tau)$，即

$$f_U(u)=\frac{1}{\pi\sigma}\frac{1}{1+(u/\sigma)^2},\ f_V(v)=\frac{1}{\pi\tau}\frac{1}{1+(v/\tau)^2},\ -\infty<u<+\infty,\ -\infty<v<+\infty$$

根据式（5.2.3），$Z=U+V$ 的概率密度函数为

(5.2.4) $$f_Z(z)=\int_{-\infty}^{+\infty}\frac{1}{\pi\sigma}\frac{1}{1+(w/\sigma)^2}\frac{1}{\pi\tau}\frac{1}{1+((z-w)/\tau)^2}\,\mathrm{d}w,-\infty<z<+\infty$$

上述积分看似繁杂，实际上可以利用部分分式分解以及几类常见积分公式完成计算(见习题 5.7)，解得：

(5.2.5) $$f_Z(z)=\frac{1}{\pi(\sigma+\tau)}\frac{1}{1+(z/(\sigma+\tau))^2},\quad -\infty<z<+\infty$$

这就表明两个独立 Cauchy 随机变量之和仍是 Cauchy 随机变量，且其尺度参数等于原随机变量尺度参数之和. 因此，如果 Z_1，…，Z_n 都是参数为（0，1）的 Cauchy 随机变量，则 $\sum Z_i$ 是参数为（0，n）的 Cauchy 随机变量，且 $\bar{Z}$ 是参数为（0，1）的 Cauchy 随机变量，即样本均值与单个观测量服从相同的分布（附录 A 的例 A. 0. 5 介绍了如何运用计算机代数完成上述计算过程）. ‖

如果进行抽样的总体服从位置-尺度分布族或某种指数分布族，则随机变量和，特别是 $\bar{X}$ 的抽样分布很容易求得. 下面我们依次考察这两种情形，以结束本节.

首先考察 3.5 节介绍的位置-尺度族. 设进行抽样的总体具有概率密度函数 $(1/\sigma)f((x-\mu)/\sigma)$，属位置-尺度分布族，$X_1$，…，$X_n$ 是该总体的一个随机样本. 则 $\bar{X}$ 的分布与随机样本 $\bar{Z}$ 的分布有着极为简单的联系，这里 $\bar{Z}$ 取自具有标准概率密度函数 f（z）的总体. 事实上，根据定理 3.5.6，存在随机变量 Z_1，…，Z_n 使得 $X_i=\sigma Z_i+\mu$，且每个 Z_i 的概率密度函数都是 $f(z)$. 此外，Z_1，…，Z_n 相互独立，因而是总体 $f(z)$的随机样本. 样本均值 $\bar{X}$ 和 $\bar{Z}$ 有下列关系：

$$\bar{X}=\frac{1}{n}\sum_{i=1}^{n}X_i=\frac{1}{n}\sum_{i=1}^{n}(\sigma Z_i+\mu)=\frac{1}{n}\Big(\sigma\sum_{i=1}^{n}Z_i+n\mu\Big)=\sigma\bar{Z}+\mu$$

于是，再由定理 3.5.6 可知，如果 $g(z)$是 $\bar{Z}$ 的概率密度函数，则$(1/\sigma)g((x-\mu)/\sigma)$是 $\bar{X}$ 的概率密度函数. 由 Z_1，…，Z_n 的概率密度函数 $f(z)$求 $\bar{Z}$ 的概率密度函数 $g(z)$相对容易一些，后面的运算过程为力求简化可不必处理参数 μ 及 σ，最终可求得 $\bar{X}$ 的概率密度函数$(1/\sigma)g((x-\mu)/\sigma)$.

在例 5.2.10 中我们已知，如果随机样本 Z_1，…，Z_n 取自参数为（0，1）的 Cauchy 分布总体，则 $\bar{Z}$ 也服从参数为（0，1）的 Cauchy 分布. 现在我们可以断定，如果随机样本 X_1，…，X_n 取自参数为(μ,σ)的 Cauchy 分布总体，则 $\bar{X}$ 也服从参数为(μ,σ)的 Cauchy 分布. 注意，此时 $\bar{X}$ 的分布的离散度由 σ 确定，与样本大小 n 无关. 这与定理 5.2.6 所述的一般情形（总体存在有限方差时）形成了鲜明的对照，那里已知 $\mathrm{Var}\bar{X}=\sigma^2/n$，它随着样本增大而减小.

如果进行抽样的总体服从某指数分布族，我们也很容易求出随机变量某些和的

抽样分布. 下列定理中的统计量都是非常重要的概要统计量，在6.2节中还会见到.

定理 5.2.11　设随机样本 X_1，…，X_n 取自概率密度（或质量）函数为 $f(x|\theta)$的总体，其中

$$f(x \mid \theta) = h(x)c(\theta)\exp\Big(\sum_{i=1}^{k} w_i(\theta)t_i(x)\Big)$$

属于指数分布族. 定义统计量 T_1，…，T_k 为

$$T_i(X_1,\cdots,X_n) = \sum_{j=1}^{n} t_i(X_j),\quad i = 1,\cdots,k$$

如果集合$\{(w_1(\theta), w_2(\theta), \cdots, w_k(\theta)), \theta\in\Theta\}$ 包含 $\mathbf{R}^k$ 的开子集，则（T_1，…，T_k）的分布是如下形式的指数族分布：

$$f_T(u_1,\cdots,u_k \mid \theta) = H(u_1,\cdots,u_k)[c(\theta)]^n\exp\Big(\sum_{i=1}^{k} w_i(\theta)u_i\Big) \tag{5.2.6}$$

定理 5.2.11 中的开集条件用于排除 $n(\theta,\theta^2)$形式的概率密度函数，或者更一般地，用于排除曲指数族的情况. 注意，在$(T_1,\cdots,T_k)$的概率密度（或质量）函数中，尽管函数 $H(u_1,\cdots,u_k)$有别于 $h(x)$，函数 $c(\theta)$和 $w_i(\theta)$与原分布族却是完全一致的. 我们不准备给出该定理的证明，但拟通过下面这个简单的例子说明其结论.

例 5.2.12（Bernoulli 随机变量的和）　设随机样本 X_1，…，X_n 取自参数为 p 的 Bernoulli 分布总体，由例 3.4.1（令 $n=1$）可知参数为 p 的 Bernoulli 分布属于指数分布族，其中 $k=1$，$c(p)=(1-p)$，$w_1(p)=\log(p/(1-p))$且 $t_1(x)=x$. 于是，在定理 5.2.11 中有 $T_1=T_1(X_1,\cdots,X_n)=X_1+\cdots+X_n$. 根据 3.2 节二项分布的定义，$T_1$ 服从参数为（n，p）的二项分布. 而由例 3.4.1 可知，参数为（n，p）的二项分布也属于指数分布族，且有相同的 $w_1(p)$以及 $c(p)=(1-p)^n$，这就验证了式（5.2.6）. ||

5.3　正态分布的抽样

正态分布是应用最为广泛的统计模型之一，本节将讨论与正态分布总体的样本有关的统计量的性质. 事实上，从正态分布的总体中抽样，得到的样本统计量具有很好的性质，同时还可以导出许多著名的抽样分布.

5.3.1　样本均值与样本方差的性质

前面已经介绍了计算样本均值 $\overline{X}$ 和样本方差 S^2 的一般方法. 如果假定进行抽样的总体服从正态分布，我们可以完全确定其分布并推导出其他更多信息. 下面的定理概括了 $\overline{X}$ 和 S^2 的主要性质.

定理 5.3.1 设随机样本 $X_1,\cdots,X_n$ 取自服从 $\mathrm{n}(\mu,\sigma^2)$ 分布的总体，$\overline{X}=(1/n)\sum_{i=1}^{n}X_i$ 且 $S^2=[1/(n-1)]\sum_{i=1}^{n}(X_i-\overline{X})^2$，则

a. $\overline{X}$ 和 S^2 是独立随机变量；

b. $\overline{X}$ 服从 $\mathrm{n}(\mu,\sigma^2/n)$分布；

c. $(n-1)S^2/\sigma^2$服从自由度为 $n-1$ 的 χ^2 分布.

证明 根据 3.5 节关于位置-尺度族的讨论，不失一般性，我们可以假定 $\mu=0$ 且 $\sigma=1$（也可参考定理 5.2.11 前面的讨论）. 此外，注意到例 5.2.8 中已经证明了 (b)，所以此处只需要证明 (a) 和 (c).

为证明 (a)，根据定理 4.6.12，只需证明 $\overline{X}$ 和 S^2 是独立随机向量的函数. 我们可以将 S^2 写成 $n-1$ 个离差的函数，事实上我们有：

$$
\begin{aligned}
S^2 &= \frac{1}{n-1}\sum_{i=1}^{n}(X_i-\overline{X})^2 \\
&= \frac{1}{n-1}\left((X_1-\overline{X})^2+\sum_{i=2}^{n}(X_i-\overline{X})^2\right) \\
&= \frac{1}{n-1}\left(\left[\sum_{i=2}^{n}(X_i-\overline{X})\right]^2+\sum_{i=2}^{n}(X_i-\overline{X})^2\right) \quad \left(\text{因为}\sum_{i=1}^{n}(X_i-\overline{X})=0\right)
\end{aligned}
$$

即，S^2 仅仅是 $(X_2-\overline{X},\cdots,X_n-\overline{X})$ 的函数. 下面我们证明 $(X_2-\overline{X},\cdots,X_n-\overline{X})$ 与 $\overline{X}$ 独立. 随机样本 $X_1,\cdots,X_n$ 的联合概率密度函数为

$$
f(x_1,\cdots,x_n)=\frac{1}{(2\pi)^{n/2}}\mathrm{e}^{-(1/2)\sum_{i=1}^{n}x_i^2},\ -\infty<x_i<+\infty
$$

做变量替换

$$
\begin{aligned}
y_1 &= \bar{x}, \\
y_2 &= x_2-\bar{x}, \\
&\vdots \\
y_n &= x_n-\bar{x}.
\end{aligned}
$$

该变换的 Jacobi 行列式等于 $1/n$. 于是

$$
\begin{aligned}
f(y_1,\cdots,y_n) &= \frac{n}{(2\pi)^{n/2}}\mathrm{e}^{-(1/2)(y_1-\sum_{i=2}^{n}y_i)^2}\mathrm{e}^{-(1/2)\sum_{i=2}^{n}(y_i+y_1)^2},\ -\infty<y_i<+\infty \\
&= \left[\left(\frac{n}{2\pi}\right)^{1/2}\mathrm{e}^{(-ny_1^2)/2}\right]\left[\frac{n^{1/2}}{(2\pi)^{(n-1)/2}}\mathrm{e}^{-(1/2)[\sum_{i=2}^{n}y_i^2+(\sum_{i=2}^{n}y_i)^2]}\right],\ -\infty<y_i<+\infty
\end{aligned}
$$

根据定理 4.6.11 以及 $Y_1,\cdots,Y_n$ 的联合概率密度函数的上述分解可知，Y_1 与 $Y_2,\cdots,Y_n$ 独立. 再由定理 4.6.12，$\overline{X}$ 与 S^2 独立. □

为证明 (c) 我们必须求出 S^2 的分布. 在开始证明之前，我们首先讨论 χ^2 分布的性质，这对我们推导 S^2 的分布很有帮助. 回忆 3.3 节，我们知道 χ^2 概率密度函数是伽玛概率密度函数的特例，其表达式为

$$f(x)=\frac{1}{\Gamma(p/2)\mathrm{e}^{p/2}}x^{(p/2)-1}\mathrm{e}^{-x/2}, \quad 0<x<+\infty$$

其中 p 称作**自由度**. 下面列出即将用到的有关 χ^2 分布的一些事实：

引理 5.3.2（关于 χ^2 随机变量的若干事实） 以 χ_p^2 记自由度为 p 的 χ^2 随机变量.

a. 如果 Z 是 n（0，1）随机变量，则 $Z^2\sim\chi_1^2$，即标准正态随机变量的平方是 χ^2 随机变量；

b. 如果 X_1，…，X_n 独立且 $X_i\sim\chi_{p_i}^2$，则 $X_1+\cdots+X_n\sim\chi_{p_1+\cdots+p_n}^2$，即独立的 χ^2 随机变量之和仍为 χ^2 随机变量，且其自由度为原随机变量自由度之和.

证明 上述事实我们在前面就曾遇到过：(a) 可用例 2.1.7 证明；(b) 可以看成例 4.6.8 的特例. 事实上，例 4.6.8 说明独立的伽玛随机变量之和仍为伽玛随机变量，而 χ_p^2 随机变量服从参数为（$p/2$，2）的伽玛分布，因此例 4.6.8 的结论恰好证明了 (b). □

定理 5.3.1 (c) 的证明 下面我们归纳地求 S^2 的分布. 以 $\overline{X}_k$ 和 S_k^2 分别记前 k 个观测值的样本均值和方差（注意各个观测值可能原本是无序的，此处将它们看成有序的原因，仅仅是为了方便证明）. 我们很容易证明（见习题 5.15）：

$$(5.3.1)\qquad (n-1)S_n^2=(n-2)S_{n-1}^2+\left(\frac{n-1}{n}\right)(X_n-\overline{X}_{n-1})^2$$

现在令 $n=2$，并定义 $0\times S_1^2=0$，则由式（5.3.1）有：

$$S_2^2=\frac{1}{2}(X_2-X_1)^2$$

由于$(X_2-X_1)/\sqrt{2}$服从 n(0，1) 分布，于是根据引理 5.3.2 有 $S_2^2\sim\chi_1^2$. 利用归纳法，假设当 $n=k$ 时有$(k-1)S_k^2\sim\chi_{k-1}^2$，则对 $n=k+1$，根据式（5.3.1）有

$$(5.3.2)\qquad kS_{k+1}^2=(k-1)S_k^2+\left(\frac{k}{k+1}\right)(X_{k+1}-\overline{X}_k)^2$$

根据归纳假设 $(k-1)\ S_k^2\sim\chi_{k-1}^2$，如果我们能够证明$(k/(k+1))(X_{k+1}-\overline{X}_k)^2\sim\chi_1^2$ 且与 S_k^2 独立，则由引理 5.3.2 (b) 可得 $kS_{k+1}^2\sim\chi_k^2$，从而定理得证.

$(X_{k+1}-\overline{X}_k)^2$ 与 S_k^2 的独立性仍可利用定理 4.6.12 加以证明. 事实上，向量 $(X_{k+1},\ \overline{X}_k)$ 与 S_k^2 独立，故任意其函数均与 S_k^2 独立. 此外，注意到 $X_{k+1}-\overline{X}_k$ 是正态随机变量，且其期望为 0，方差为

$$\mathrm{Var}(X_{k+1}-\overline{X}_k)=\frac{k+1}{k}$$

因此$(k/(k+1))(X_{k+1}-\overline{X}_k)^2\sim\chi_1^2$，定理得证. □

定理 5.3.1 通过分解联合概率密度函数证明了 $\overline{X}$ 和 S^2 的独立性，事实上，我们还可以利用下面的引理完成该证明. 这个引理将正态随机样本的独立性与相关联系在一起.

引理 5.3.3 设 $X_j \sim \mathrm{n}(\mu_j, \sigma_j^2)$，$j=1, \cdots, n$ 是独立随机变量. 对任意常数 a_{ij} 以及 b_{rj} ($j=1, \cdots, n$; $i=1, \cdots, k$; $r=1, \cdots, m$)，其中 $k+m \leqslant n$，定义

$$U_i = \sum_{j=1}^{n} a_{ij} X_j, \quad i=1,\cdots,k$$

$$V_r = \sum_{j=1}^{n} b_{rj} X_j, \quad r=1,\cdots,m$$

a. 随机变量 U_i 与 V_r 独立当且仅当 $\mathrm{Cov}(U_i, V_r)=0$. 此外，还有 $\mathrm{Cov}(U_i, V_r) = \sum_{j=1}^{n} a_{ij} b_{rj} \sigma_j^2$；

b. 随机向量 $(U_1, \cdots, U_k)$ 与 $(V_1, \cdots, V_m)$ 独立当且仅当对任意 i，r ($i=1, \cdots, k$; $r=1, \cdots, m$)，U_i 与 V_r 都独立.

证明 不失一般性，可以假定 $\mu_i=0$ 且 $\sigma_i^2=1$. 此外，独立性显然蕴涵协方差等于0（定理 4.5.5），协方差公式本身也很容易验证（习题 5.14）. 又由推论 4.6.10 可知 U_i 和 V_r 均服从正态分布.

因此，我们只须证明如果常数 a_{ij}，b_{rj} 满足 (a) 中所述条件（亦即协方差等于0），则 U_i 与 V_r 独立. 下面仅证明 $n=2$ 的情形，对于一般的 n 证明方法类似，只不过要用到 n 个变量的变量替换.

为证明 (a)，考察 X_1 和 X_2 的联合概率密度函数

$$f_{X_1, X_2}(x_1, x_2) = \frac{1}{2\pi} \mathrm{e}^{-(1/2)(x_1^2+x_2^2)}, \quad -\infty < x_1, x_2 < +\infty$$

做变量替换（$n=2$ 时常数可以不用双下标表示）：

$$u = a_1 x_1 + a_2 x_2, \quad v = b_1 x_1 + b_2 x_2$$

所以

$$x_1 = \frac{b_2 u - a_2 v}{a_1 b_2 - b_1 a_2}, \quad x_2 = \frac{a_1 v - b_1 u}{a_1 b_2 - b_1 a_2}$$

该变换的 Jacobi 行列式为

$$J = \begin{vmatrix} \dfrac{\partial x_1}{\partial u} & \dfrac{\partial x_1}{\partial v} \\ \dfrac{\partial x_2}{\partial u} & \dfrac{\partial x_2}{\partial v} \end{vmatrix} = \frac{1}{a_1 b_2 - b_1 a_2}$$

因此，U 和 V 的联合概率密度函数为

$$\begin{aligned} f_{U,V}(u,v) &= f_{X_1, X_2}\left(\frac{b_2 u - a_2 v}{a_1 b_2 - b_1 a_2}, \frac{a_1 v - b_1 u}{a_1 b_2 - b_1 a_2}\right)|J| \\ &= \frac{1}{2\pi} \exp\left\{\frac{-1}{2(a_1 b_2 - b_1 a_2)^2}\left[(b_2 u - a_2 v)^2 + (a_1 v - b_1 u)^2\right]\right\}|J|, -\infty < u, v < +\infty \end{aligned}$$

将上式右端指数位置上的平方展开，得到：

$$(b_2 u - a_2 v)^2 + (a_1 v - b_1 u)^2 = (b_1^2 + b_2^2) u^2 + (a_1^2 + a_2^2) v^2 - 2(a_1 b_1 + a_2 b_2) uv$$

根据前面对常数的假设，上述交叉乘积项等于0，故U和V的联合概率密度函数可以分解为u的函数与v的函数的乘积. 再由引理4.2.7，U，V独立，(a)得证.

类似的讨论可以证明（b），此处只介绍概要. 仿照（a）的证明，选用适当的变量替换可得向量（U_1，…，U_k）与（V_1，…，V_m）的联合概率密度函数. 根据定理4.6.11，两向量独立当且仅当其联合概率密度函数能适当地分解，而由正态概率密度函数的性质可知，这当且仅当对任意i，r（$i=1$，…，k；$r=1$，…，m），U_i与V_r都独立. □

上述引理表明，对于由独立的正态随机变量的线性函数构成的随机变量，协方差等于0等价于独立. 因此，为验证正态随机变量的独立性，我们可以转而检查协方差，其计算更为简单. 这并没有什么不可思议的，完全由正态概率密度函数的形式推导而来. 此外，结论（b）表明为验证正态随机向量的独立性只需逐对验证随机变量的独立性即可，这一性质并非对任意随机变量都成立.

借助引理5.3.3，我们可以给出当总体服从正态分布时$\bar{X}$与S^2独立的另一种证明. 由于S^2可以写成$n-1$个离差（$X_2-\bar{X}$，…，$X_n-\bar{X}$）的函数，如果我们能证明$X_2-\bar{X}$，…，$X_n-\bar{X}$都与$\bar{X}$不相关，则由正态分布的假设以及引理5.3.3，我们即知（$X_2-\bar{X}$，…，$X_n-\bar{X}$）与$\bar{X}$独立.

为运用引理5.3.3，记

$$\bar{X}=\sum_{i=1}^{n}\left(\frac{1}{n}\right)X_i$$

$$X_j-\bar{X}=\sum_{i=1}^{n}\left(\delta_{ij}-\frac{1}{n}\right)X_i$$

其中当$i=j$时$\delta_{ij}=1$，当$i\neq j$时$\delta_{ij}=0$. 容易证明

$$\operatorname{Cov}(\bar{X},X_j-\bar{X})=\sum_{i=1}^{n}\left(\frac{1}{n}\right)\left(\delta_{ij}-\frac{1}{n}\right)=0$$

故$\bar{X}$与$X_j-\bar{X}$独立（只要全体X_i的方差都相等）.

5.3.2　导出分布：t分布与F分布

5.3.1节导出的分布从某种意义上说是正态抽样下统计分析的第一步，尤其是在某些特殊情形下当方差σ^2未知时. 然而，为了解$\bar{X}$（作为μ的估计）的变化范围，我们仍有必要估计其方差. 这项工作最早由W. S. Gosset（他长期以笔名“学生”发表论文）在二十世纪初开展. “学生”的一项划时代的工作就是提出了学生t分布，简称t分布.

如果随机样本X_1，…，X_n取自服从$\mathrm{n}(\mu,\sigma^2)$分布的总体，则随机变量

$$\frac{\bar{X}-\mu}{\sigma/\sqrt{n}} \tag{5.3.3}$$

服从 n(0,1)分布. 如果我们知道 σ 的值并且测得 $\overline{X}$，则式（5.3.3）可以作为对 μ 进行推断的基础，因为此时 μ 是唯一的未知量. 然而大多数情况下 σ 都未知，因此“学生”理所当然地考察了

$$\frac{\overline{X}-\mu}{S/\sqrt{n}} \tag{5.3.4}$$

的分布，这个量即便在不知道 σ 的值时也能帮我们推断 μ.

量（5.3.4）的分布不难求出，不过要用到一些灵活的技巧. 用 σ/σ 乘以式（5.3.4）并将其整理为

$$\frac{\overline{X}-\mu}{S/\sqrt{n}}=\frac{(\overline{X}-\mu)/(\sigma/\sqrt{n})}{\sqrt{S^2/\sigma^2}} \tag{5.3.5}$$

量（5.3.5）的分子是 n（0，1）随机变量，分母是 $\sqrt{\chi^2_{n-1}/(n-1)}$随机变量，且分子、分母独立. 因此，求量（5.3.4）的分布问题可以化简为求 $U/\sqrt{V/p}$的分布，其中 $U\sim$n(0，1)，$V\sim\chi^2_p$，且 U，V 独立——这就是学生 t 分布.

定义 5.3.4 设随机样本 X_1，…，X_n 取自服从 n(μ,σ^2)分布的总体，则称量 $(\overline{X}-\mu)/(S/\sqrt{n})$服从**自由度为 $n-1$ 的学生 t 分布（Student's t distribution with $n-1$ degrees of freedom）**. 换言之，如果随机变量 T 的概率密度函数为

$$f_T(t)=\frac{\Gamma(\frac{p+1}{2})}{\Gamma(\frac{p}{2})}\frac{1}{(p\pi)^{1/2}}\frac{1}{(1+t^2/p)^{(p+1)/2}},\quad -\infty<t<+\infty \tag{5.3.6}$$

则称 T 服从自由度为 p 的学生 t 分布，记作 $T\sim t_p$.

注意如果 $p=1$，则式（5.3.6）就是样本大小为 2 时 Cauchy 分布的概率密度函数.

t 概率密度函数的推导很直接. 定义 U，V 同上，则由式（5.3.5）可知 U 和 V 的联合概率密度函数为（注意 U，V 独立）

$$f_{U,V}(u,v)=\frac{1}{(2\pi)^{1/2}}\mathrm{e}^{-u^2/2}\frac{1}{\Gamma(\frac{p}{2})2^{p/2}}v^{(p/2)-1}\mathrm{e}^{-v/2},-\infty<u<+\infty,0<v<+\infty$$

做变量替换

$$t=\frac{u}{\sqrt{v/p}},\quad w=v$$

该变换的 Jacobi 行列式等于$(w/p)^{1/2}$，故 T 的边缘概率密度函数为

$$\begin{aligned}f_T(t)&=\int_0^{+\infty}f_{U,V}\left(t\left(\frac{w}{p}\right)^{1/2},w\right)\left(\frac{w}{p}\right)^{1/2}\mathrm{d}w\\&=\frac{1}{(2\pi)^{1/2}}\frac{1}{\Gamma(\frac{p}{2})2^{p/2}}\int_0^{+\infty}\mathrm{e}^{-(1/2)t^2w/p}w^{(p/2)-1}\mathrm{e}^{-w/2}\left(\frac{w}{p}\right)^{1/2}\mathrm{d}w\end{aligned}$$

$$=\frac{1}{(2\pi)^{1/2}}\frac{1}{\Gamma(\frac{p}{2})2^{p/2}p^{1/2}}\int_0^{+\infty}\mathrm{e}^{-(1/2)(1+t^2/p)w}w^{((p+1)/2)-1}\mathrm{d}w$$

注意，以上被积函数恰是参数为$((p+1)/2,2/(1+t^2/p))$的伽玛概率密度函数的核．于是

$$f_T(t)=\frac{1}{(2\pi)^{1/2}}\frac{1}{\Gamma(\frac{p}{2})2^{p/2}p^{1/2}}\Gamma\left(\frac{p+1}{2}\right)\left[\frac{2}{1+t^2/p}\right]^{(p+1)/2}$$

即为式（5.3.6）.

学生 t 分布并非任意阶矩都存在，因而没有矩母函数．事实上，若自由度为 p，则它只存在 $p-1$ 阶矩．因此 t_1 无均值，t_2 无方差，等等．容易验证（见习题 5.28），如果 T_p 是服从 t_p 分布的随机变量，则

$$\mathrm{E}T_p=0,\text{当 } p>1 \text{ 时}$$

(5.3.7)
$$\mathrm{Var}T_p=\frac{p}{p-2},\text{当 } p>2 \text{ 时}$$

另一种重要的导出分布是 Snedecor F 分布，其导出方法与学生 t 分布非常相似，动机却有所不同．F 分布为纪念爵士 Ronald Fisher 而得名，是作为方差比值的分布而自然产生的.

例 5.3.5（方差比值的分布）　设随机样本 X_1，…，X_n 取自服从 $\mathrm{n}(\mu_X,\sigma_X^2)$分布的总体，随机样本 Y_1，…，Y_m 取自服从 $\mathrm{n}(\mu_Y,\sigma_Y^2)$分布的总体，且与 X_1，…，X_n 独立．如果希望比较两总体的变异性，我们可以考察比值σ_X^2/σ_Y^2．而这个比值的信息又包含于样本方差的比值 S_X^2/S_Y^2 当中．F 分布就是量

(5.3.8)
$$\frac{S_X^2/S_Y^2}{\sigma_X^2/\sigma_Y^2}=\frac{S_X^2/\sigma_X^2}{S_Y^2/\sigma_Y^2}$$

的分布，它可以帮助我们比较比值σ_X^2和σ_Y^2．式（5.3.8）揭示了分布是如何产生的，其中比值 S_X^2/σ_X^2和S_Y^2/σ_Y^2均为 χ^2 随机变量，且相互独立.　‖

定义 5.3.6　设随机样本 X_1，…，X_n 取自服从 $\mathrm{n}(\mu_X,\sigma_X^2)$分布的总体，随机样本 Y_1，…，Y_m 取自服从 $\mathrm{n}(\mu_Y,\sigma_Y^2)$分布的总体，且与 X_1，…，X_n 独立．则称随机变量 $F=(S_X^2/\sigma_X^2)/(S_Y^2/\sigma_Y^2)$ 服从**自由度为 $n-1$ 和 $m-1$ 的 Snedecor F 分布（Snedecor's F distribution with $n-1$ and $m-1$ degrees of freedom）**．换言之，如果随机变量 F 的概率密度函数为

(5.3.9)
$$f_F(x)=\frac{\Gamma(\frac{p+q}{2})}{\Gamma(\frac{p}{2})\Gamma(\frac{q}{2})}\left(\frac{p}{q}\right)^{1/2}\frac{x^{(p/2)-1}}{[1+(p/q)x]^{(p+q)/2}},\quad 0<x<+\infty$$

则称 F 服从自由度为 p，q 的 F 分布.

F 分布还可以从更为一般的背景中导出．事实上，即便两总体不服从正态分

布，其方差的比值仍有可能服从 F 分布. KelKer (1970) 证明，只要进行抽样的总体具有某种对称性（**球对称**），其方差的比值就服从 F 分布.

利用正态分布导出 F 概率密度函数的方法类似于 t 分布. 事实上，当自由度取值较特殊时，F 分布可由 t 分布经变换得到（见定理 5.3.8). 仿照前面对 t 分布的讨论，我们可以将求 F 概率密度函数的问题化简为求$(U/p)/(V/q)$的概率密度函数，其中 $U\sim\chi_p^2$，$V\sim\chi_q^2$，且 U，V 独立（见习题 5.17).

例 5.3.7（例 5.3.5-续） 本例将演示如何运用 F 分布求总体方差的比值. 已知量$(S_X^2/\sigma_X^2)/(S_Y^2/\sigma_Y^2)$服从 $F_{n-1,m-1}$ 分布（记号 $F_{p,q}$表示自由度为 p，q 的 F 随机变量)，则

$$
\begin{aligned}
\mathrm{E}F_{n-1,m-1} &= \mathrm{E}\left(\frac{\chi_{n-1}^2/(n-1)}{\chi_{m-1}^2/(m-1)}\right) && \text{(根据定义)}\\
&= \mathrm{E}\left(\frac{\chi_{n-1}^2}{n-1}\right)\mathrm{E}\left(\frac{m-1}{\chi_{m-1}^2}\right) && \text{(根据独立性)}\\
&= \left(\frac{n-1}{n-1}\right)\left(\frac{m-1}{m-3}\right) && \text{(由 } \chi^2 \text{ 分布得到)}\\
&= \frac{m-1}{m-3}
\end{aligned}
$$

注意，上式最右端的值有限且仅当 $m>3$ 时其值大于 0. 我们有

$$\mathrm{E}\left(\frac{S_X^2/\sigma_X^2}{S_Y^2/\sigma_Y^2}\right)=\mathrm{E}F_{n-1,m-1}=\frac{m-1}{m-3}$$

去掉上式中的期望运算符，则当 m 充分大时，有

$$\frac{S_X^2/S_Y^2}{\sigma_X^2/\sigma_Y^2}\approx\frac{m-1}{m-3}\approx 1$$

与我们预计的一致. ‖

F 分布有许多好的性质，且与其他许多分布都有一定的联系. 下面的定理总结了关于 F 分布的一些事实，其证明留作练习（见习题 5.17 和 5.18).

定理 5.3.8

a. 如果 $X\sim F_{p,q}$，则 $1/X\sim F_{q,p}$，即 F 随机变量的倒数仍是 F 随机变量；

b. 如果 $X\sim t_q$，则 $X^2\sim F_{1,q}$；

c. 如果 $X\sim F_{p,q}$，则$(p/q)X/(1+(p/q)X)$服从参数为$(p/2,q/2)$的贝塔分布.

5.4 次序统计量

随机样本的最小值、最大值、中间值等等都在一定程度上概括了随机样本的信息. 例如，记录过去 50 年洪水的最高水位以及冬日最低气温都可以帮助我们为今后应急做准备，房价在前几个月的中间值可以用于估计居住成本——它们都属于次

序统计量.

定义 5.4.1 随机样本 X_1，…，X_n 的**次序统计量（order statistics）**是按升序排列的样本值，记作 $X_{(1)}$，…，$X_{(n)}$.

次序统计量是一列随机变量，且满足 $X_{(1)} \leqslant \cdots \leqslant X_{(n)}$. 特别地，

$$
\begin{aligned}
X_{(1)} &= \min_{1 \leqslant i \leqslant n} X_i \\
X_{(2)} &= \text{其次小的 } X_i \\
&\vdots \\
X_{(n)} &= \max_{1 \leqslant i \leqslant n} X_i
\end{aligned}
$$

由于它们都是随机变量，因而可以讨论其取不同值的概率. 而要想求出这些概率，我们需要知道次序统计量的概率密度（或质量）函数. 本节的主要内容就是给出当随机样本取自连续型总体时，其次序统计量概率密度函数的表达式. 在此之前，我们先来认识一些由次序统计量定义的统计量.

样本极差 $R = X_{(n)} - X_{(1)}$ 表示观测值中最大值与最小值之差，它可以度量样本取值范围的离散度，从而在一定程度上反映总体的离散度.

样本中位数是一个样本观测值 M，它满足：全体观测值中约有一半的值小于 M，有一半的值大于 M. M 可以由次序统计量按下列方式定义：

$$
M = \begin{cases} X_{((n+1)/2)} & \text{如果 } n \text{ 为奇数} \\ (X_{(n/2)} + X_{(n/2+1)})/2 & \text{如果 } n \text{ 为偶数} \end{cases} \tag{5.4.1}
$$

样本中位数度量了样本值的位置，可以看作样本均值的替代值. 样本中位数相比样本均值的优点在于它几乎不受观测值中极大、极小值的影响（详见 10.2 节）.

尽管样本均值与中位数有一定的联系，其含义并不相同. 例如，在近期篮球运动员的薪金谈判中，双方争论的焦点在于球队老板为球员缴纳的养老金. 球队老板认为“球员平均年薪为$433，659，按照这个数目，目前缴纳的养老金是足够的.”但球员的观点是“超过半数的球员年薪低于$250，000，况且对于大多数球员来说职业生涯非常短暂，因此需要一大笔养老金做保障.”（数据来自 1988 赛季，并非谈判当年）双方观点提到的数据都正确，不过球队老板说的是均值，而球员说的则是中位数. 注意，当大部分球员的年薪低于$250，000，甚至所有新人的年薪都只有$62，500 时，只要有十余人年薪超过$2,000,000，整个球队球员的平均年薪就有可能达到$433，659. 所以，当我们所讨论的薪金、价格或其他变量包含少数极端值时，中位数的“代表性”优于均值. 利用次序统计量还可以定义其他一些受极端值影响较小的统计量（比如习题 10.20 中提到的 α 截尾均值），这在 Tukey (1977) 等教材中都有介绍.

对于 0，1 之间的任意数 p，第 $100p$ 个样本百分位数是满足下列条件的样本观测值：全体观测值中约有 np 个值小于该值，约有 $n(1-p)$ 个值大于该值. 第 50 个样本百分位数（即 $p=0.5$）恰为样本中位数. 对其余 p 值，我们也可以利用次序

统计量严格地定义样本百分位数.

定义 5.4.2 定义记号 $\{b\}$ 作为下标出现时表示 b 四舍五入得到的整数. 确切地说，若整数 i 满足 $i-0.5\leqslant b<i+0.5$，则 $\{b\}=i$.

第 $100p$ 个样本百分位数当 $\frac{1}{2n}<p<0.5$ 时等于 $X_{(\{np\})}$，当 $0.5<p<1-\frac{1}{2n}$ 时等于 $X_{(n+1-\{n(1-p)\})}$. 例如当 $n=12$ 时，我们计算第 65 个样本百分位数. 由于 $12\times(1-0.65)=4.2$ 以及 $12+1-4=9$，故第 65 个样本百分位数是 $X_{(9)}$. 注意，这里 p 的取值范围受样本大小 n 制约.

之所以分 $p<0.5$ 和 $p>0.5$ 两种情况定义样本百分位数，是因为这样定义的百分位数呈现如下对称性：如果第 $100p$ 个样本百分位数是第 i 小的观测值，则第 $100(1-p)$ 个样本百分位数恰是第 i 大的观测值. 例如当 $n=11$ 时，第 30 个样本百分位数是 $X_{(3)}$，第 70 个样本百分位数是 $X_{(9)}$.

除中位数以外，还有两个样本百分位数也经常会用到，它们分别是**低四分位数**（第 25 个百分位数）和**高四分位数**（第 75 个百分位数）. 高四分位数与低四分位数之差称作**四分位数间距**，也可用于度量样本值的离散度.

由于次序统计量是样本的函数，所以我们可以根据样本概率计算次序统计量的概率. 如果 $X_1,\cdots,X_n$ 是独立同分布的离散随机变量，则计算次序统计量概率完全是计数问题，定理 5.4.3 给出了其计算公式. 而当随机样本 $X_1,\cdots,X_n$ 取自连续型总体时，定理 5.4.4 和 5.4.6 给出了单个或多个次序统计量的概率密度函数. 根据这些定理的结论我们可以完全确定次序统计量的分布.

定理 5.4.3 设随机样本 $X_1,\cdots,X_n$ 取自概率质量函数为 $f_X(x_i)=p_i$ 的离散型总体，其中 $x_1<x_2<\cdots$ 是 X 的所有可能的取值（按升序排列）. 定义

$$P_0=0$$
$$P_1=p_1$$
$$P_2=p_1+p_2$$
$$\vdots$$
$$P_i=p_1+p_2+\cdots+p_i$$
$$\vdots$$

以 $X_{(1)},\cdots,X_{(n)}$ 记样本 $X_1,\cdots,X_n$ 的次序统计量，则

$$P(X_{(j)}\leqslant x_i)=\sum_{k=j}^{n}\binom{n}{k}P_i^k(1-P_i)^{n-k} \tag{5.4.2}$$

且

$$P(X_{(j)}=x_i)=\sum_{k=j}^{n}\binom{n}{k}\left[P_i^k(1-P_i)^{n-k}-P_{i-1}^k(1-P_{i-1})^{n-k}\right] \tag{5.4.3}$$

证明 固定 i，令随机变量 Y 表示 $X_1,\cdots,X_n$ 中小于等于 x_i 的样本值的个

数．对每个 X_j，称事件 $\{X_j\leqslant x_i\}$ 为"成功"，称事件 $\{X_j>x_i\}$ 为"失败"，则 Y 是 n 次试验中成功的次数．由 X_1，…，X_n 同分布可知，每次试验的成功概率都相同，记作 $P_i=P(X_j\leqslant x_i)$；又由 X_j 与其余 X_i 独立可知，第 j 次试验成败与否与其余试验的结果独立，故 Y 服从参数为 (n,P_i) 的二项分布．

事件 $\{X_{(j)}\leqslant x_i\}$ 等价于 $\{Y\geqslant j\}$，它们都表示至少有 j 个样本值小于等于 x_i，故

$$P(X_{(j)}\leqslant x_i)=P(Y\geqslant j)$$

其中二项概率 $P(Y\geqslant j)$ 恰如式（5.4.2）所示．

而式（5.4.3）恰好表示概率差：

$$P(X_{(j)}=x_i)=P(X_{(j)}\leqslant x_i)-P(X_{(j)}\leqslant x_{i-1})$$

注意 $i=1$ 时情况较特殊，此时 $P(X_{(j)}=x_1)=P(X_{(j)}\leqslant x_1)$，但由定义 $P_0=0$ 可知这与上式一致． □

当随机样本 X_1，…，X_n 取自连续型总体时，任意两个 X_j 相等的概率均为 0，因此可以排除这种情况进而简化讨论．此时，$P(X_{(1)}<X_{(2)}<\cdots<X_{(n)})=1$，且 $(X_{(1)}，\cdots，X_{(n)})$ 的样本空间为 $\{(x_1,\cdots,x_n):x_1<x_2<\cdots<x_n\}$．仿照前面二项分布的讨论方法，我们可以得到单个次序统计量的概率密度函数以及一对次序统计量的联合概率密度函数，分别表述为定理 5.4.4 和定理 5.4.6．

定理 5.4.4　设随机样本 X_1，…，X_n 取自累积分布函数为 $F_X(x)$、概率密度函数为 $f_X(x)$ 的连续型总体，$X_{(1)}$，…，$X_{(n)}$ 为其次序统计量，则 $X_{(j)}$ 的概率密度函数为

$$f_{X(j)}(x)=\frac{n!}{(j-1)!\ (n-j)!}f_X(x)[F_X(x)]^{j-1}[1-F_X(x)]^{n-j} \tag{5.4.4}$$

证明　先求 $X_{(j)}$ 的累积分布函数，再通过求导得出其概率密度函数．仿照定理 5.4.3 的证明，令随机变量 Y 表示 X_1，…，X_n 中小于等于 x 的样本值的个数，并且定义事件 $\{X_j\leqslant x\}$ 为"成功"．则 Y 服从参数为 $(n,F_X(x))$ 的二项分布（注意定理 5.4.3 中可以记 $P_i=F_X(x_i)$，此外尽管 X_1，…，X_n 是连续随机变量，Y 作为计数变量仍是离散的）．于是，

$$F_{X(j)}(x)=P(Y\geqslant j)=\sum_{k=j}^{n}\binom{n}{k}[F_X(x)]^k[1-F_X(x)]^{n-k}$$

故 $X_{(j)}$ 的概率密度函数为

$$\begin{aligned}f_{X(j)}(x)&=\frac{\mathrm{d}}{\mathrm{d}x}F_{X(j)}\\&=\sum_{k=j}^{n}\binom{n}{k}(k[F_X(x)]^{k-1}[1-F_X(x)]^{n-k}f_X(x)-\\&\quad(n-k)[F_X(x)]^k[1-F_X(x)]^{n-k-1}f_X(x))\qquad\text{（根据链式法则）}\\&=\binom{n}{j}j\ f_X(x)[F_X(x)]^{j-1}[1-F_X(x)]^{n-j}+\end{aligned}$$

$$\sum_{k=j+1}^{n}\binom{n}{k}k[F_X(x)]^{k-1}[1-F_X(x)]^{n-k}f_X(x)-$$

$$\sum_{k=j}^{n-1}\binom{n}{k}(n-k)[F_X(x)]^{k}[1-F_X(x)]^{n-k-1}f_X(x)$$

($k=n$ 时求和项为 0)

$$=\frac{n!}{(j-1)!(n-j)!}f_X(x)[F_X(x)]^{j-1}[1-F_X(x)]^{n-j}+$$

(5.4.5) $$\sum_{k=j}^{n-1}\binom{n}{k+1}(k+1)[F_X(x)]^{k}[1-F_X(x)]^{n-k-1}f_X(x)-$$ (做变量替换)

$$\sum_{k=j}^{n-1}\binom{n}{k}(n-k)[F_X(x)]^{k}[1-F_X(x)]^{n-k-1}f_X(x)$$

而

(5.4.6) $$\binom{n}{k+1}(k+1)=\frac{n!}{k!\ (n-k-1)!}=\binom{n}{k}(n-k)$$

故式 (5.4.5) 中两和式相消，于是 $X_{(j)}$ 的概率密度函数 $f_{X_{(j)}}(x)$ 同式 (5.4.4). □

例 5.4.5 (均匀次序统计量的概率密度函数) 设 X_1，…，X_n 是独立同分布的随机变量，且都服从 (0，1) 区间上的均匀分布，则 $f_X(x)=1$，$x\in(0,1)$ 且 $F_X(x)=x, x\in(0,1)$. 根据式 (5.4.4)，我们知道第 j 个次序统计量的概率密度函数为

$$f_{X_{(j)}}(x)=\frac{n!}{(j-1)!\ (n-j)!}x^{j-1}(1-x)^{n-j}$$

$$=\frac{\Gamma(n+1)}{\Gamma(j)\Gamma(n-j+1)}x^{j-1}(1-x)^{(n-j+1)-1},x\in(0,1)$$

即第 j 个次序统计量服从参数为 (j，$n-j+1$) 的贝塔分布. 由此，我们可以得到

$$\mathrm{E}X_{(j)}=\frac{j}{n+1}\quad 以及\quad \mathrm{Var}X_{(j)}=\frac{j(n-j+1)}{(n+1)^2(n+2)}$$ ‖

一旦知道两个或两个以上次序统计量的联合分布，我们就能求出本节开头各统计量的分布. 下面的定理给出了任意两个次序统计量的联合概率密度函数，其证明见习题 5.26.

定理 5.4.6 设随机样本 X_1，…，X_n 取自累积分布函数为 $F_X(x)$、概率密度函数为 $f_X(x)$ 的连续型总体，$X_{(1)}$，…，$X_{(n)}$ 为其次序统计量，则 $X_{(i)}$ 和 $X_{(j)}$，$1\leqslant i<j\leqslant n$ 的联合概率密度函数为

(5.4.7) $$f_{X_{(i)},X_{(j)}}(u,v)=\frac{n!}{(i-1)!\ (j-1-i)!\ (n-j)!}f_X(u)f_X(v)[F_X(u)]^{i-1}\times$$

$$[F_X(v)-F_X(u)]^{j-1-i}[1-F_X(v)]^{n-j},-\infty<u<v<+\infty$$

类似地还可求出三个或三个以上次序统计量的联合概率密度函数，不过讨论起来更复杂. 除定理 5.4.4 和定理 5.4.6 给出的概率密度函数以外，最常用的概率密度函数莫过于全体次序统计量的联合概率密度函数 $f_{X_{(1)}},\cdots,X_{(n)}(x_1,\cdots,x_n)$：

$$f_{X_{(1)},\cdots,X_{(n)}}(x_1,\cdots,x_n)=\begin{cases}n!\ f_X(x_1)\cdot\cdots\cdot f_X(x_n) & -\infty<x_1<\cdots<x_n<+\infty\\ 0 & \text{其他}\end{cases}$$

上式中 $n!$ 的出现非常自然，因为对任意一列样本值 x_1，…，x_n，将它们赋值给 X_1，…，X_n 共有 $n!$ 种方法，而每种方法得到的次序统计量都完全相同. 根据上述联合概率密度函数以及第 4 章介绍的方法，我们可以导出次序统计量的任意函数的分布、边缘分布以及条件分布（见习题 5.27 和 5.28).

下面我们利用式（5.4.7）计算本节开头提到的某些函数的分布.

例 5.4.7（中程数与极差的分布）　设 X_1，…，X_n 是独立同分布的随机变量，且都服从$(0,a)$区间上的均匀分布，$X_{(1)}$，…，$X_{(n)}$ 为其次序统计量. 前面已经给出过极差的定义：$R=X_{(n)}-X_{(1)}$，**中程数**与样本均值、样本中位数一样，也可用于度量样本值的位置，其定义为：$V=(X_{(1)}+X_{(n)})/2$. 根据式（5.4.7），$X_{(1)}$ 和 $X_{(n)}$ 的联合概率密度函数为

$$\begin{aligned}f_{X_{(1)},X_{(n)}}&=\frac{n(n-1)}{a^2}\left(\frac{x_n}{a}-\frac{x_1}{a}\right)^{n-2}\\&=\frac{n(n-1)(x_n-x_1)^{n-2}}{a^n},\quad 0<x_1<x_n<a\end{aligned}$$

求解 $X_{(1)}$ 和 $X_{(n)}$ 得 $X_{(1)}=V-R/2$ 和 $X_{(n)}=V+R/2$，该变换的 Jacobi 行列式等于 -1. 由$(X_{(1)},X_{(n)})$到(R,V)的变换将$\{(x_1,x_n)：0<x_1<x_n<a\}$映射到集合$\{(r,v)：0<r<a，r/2<v<a-r/2\}$. $0<r<a$ 是显然的，而对于每一个 r，v 的值从 $r/2$（此时 $x_1=0$，$x_n=r$）变到 $a-r/2$（此时 $x_1=a-r$，$x_n=a$). 因此，(R,V)的联合概率密度函数为

$$f_{R,V}(r,v)=\frac{n(n-1)r^{n-2}}{a^n},0<r<a,r/2<v<a-r/2$$

R 的边缘概率密度函数为

$$f_R(r)=\int_{r/2}^{a-r/2}\frac{n(n-1)r^{n-2}}{a^n}\mathrm{d}v=\frac{n(n-1)r^{n-2}(a-r)}{a^n},0<r<a \tag{5.4.8}$$

若 $a=1$，则 r 服从参数为（$n-1$，2）的贝塔分布. 事实上，对任意 a，由式（5.4.8）易知 R/a 服从贝塔分布，其中常数 a 为尺度参数.

图 5.4.1 绘出了满足 $f_{R,V}$（r，v）>0 的区域. 由图像可知，对变量 r 积分时应区分 $v>a/2$ 和 $v\leqslant a/2$ 两种情况，故 V 的边缘概率密度函数为

$$f_V(v)=\int_0^{2v}\frac{n(n-1)r^{n-2}}{a^n}\mathrm{d}r=\frac{n(2v)^{n-1}}{a^n},0<v\leqslant a/2$$

以及

$$f_V(v)=\int_0^{2(a-v)}\frac{n(n-1)r^{n-2}}{a^n}\mathrm{d}r=\frac{n[2(a-v)]^{n-1}}{a^n},a/2<v\leqslant a$$

该函数关于 $a/2$ 对称，且在 $a/2$ 处取得最大值. ||

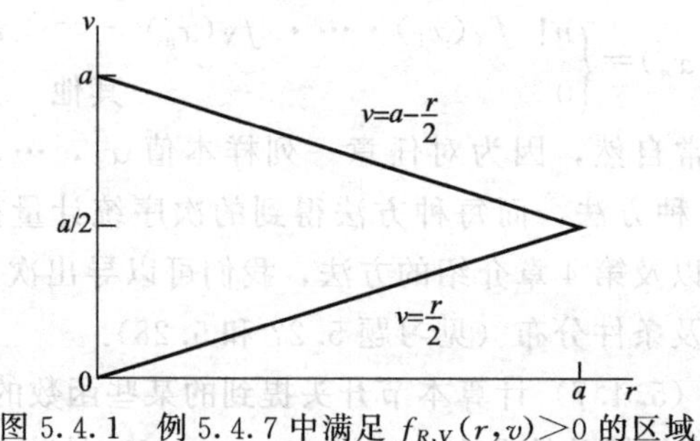

图 5.4.1　例 5.4.7 中满足 $f_{R,V}(r,v)>0$ 的区域

5.5　收敛的概念

本节允许样本大小到达无穷，并着重考察某些样本量在这种情况下的行为. 尽管这个想法并不实际（无穷大的样本只在理论上存在），但它能给出许多有限情形下的近似值，因为有些复杂的公式取极限后往往变得非常简单.

我们将详细讨论三类收敛（有关收敛的完整介绍可参考 Billingsley 1995 或 Resnick 1999），尤其是考察当 $n\to+\infty$ 时 n 个观测值的均值 $\overline{X}_n$ 的行为.

5.5.1　依概率收敛

依概率收敛是较弱的一种收敛，因而通常也较容易验证.

定义 5.5.1　称随机变量序列 X_1，X_2，…**依概率收敛**（**converge in probability**）于随机变量 X，如果对任意$\epsilon>0$，都有

$$\lim_{n\to+\infty}P(|X_n-X|\geqslant\epsilon)=0,\text{或等价地，}\lim_{n\to+\infty}P(|X_n-X|<\epsilon)=1$$

定义 5.5.1（及本节其他定义）中的随机变量 X_1，X_2，…都不要求像在随机样本中那样是独立同分布的. X_n 的分布可以随着下标变化而变化，且当下标增大时其分布收敛于极限分布的方式因收敛概念而异.

统计学家们通常很关心样本均值序列收敛于常数的情形，譬如下面这个著名的定理：

定理 5.5.2（弱大数定律）　设 X_1，X_2，…是一列独立同分布随机变量，且 $\mathrm{E}\,X_i=\mu$，$\mathrm{Var}X_i=\sigma^2<\infty$. 令 $\overline{X}_n=(1/n)\sum\limits_{i=1}^n X_i$，则对任意$\epsilon>0$，都有

$$\lim_{n\to+\infty}P(|\overline{X}_n-\mu|<\epsilon)=1$$

即 $\overline{X}_n$ 依概率收敛于 μ.

证明　该定理的证明非常简单，直接应用 Chebychev 不等式即可. 对任意$\epsilon>0$，有

$$P(|\overline{X}_n-\mu|\geqslant\epsilon)=P((\overline{X}_n-\mu)^2\geqslant\epsilon^2)\leqslant\frac{\mathrm{E}(\overline{X}_n-\mu)^2}{\epsilon^2}=\frac{\mathrm{Var}\overline{X}}{\epsilon^2}=\frac{\sigma^2}{n\epsilon^2}$$

所以 $P(|\overline{X}_n-\mu|<\epsilon)=1-P(|\overline{X}_n-\mu|\geqslant\epsilon)\geqslant1-\sigma^2/(n\epsilon^2)$，后者当 $n\to+\infty$时显然收敛于 1. □

弱大数定律的结论非常漂亮，它表明一般情况下当 $n\to+\infty$时样本均值趋近于总体均值. 弱大数定律有更一般的表述，其条件更宽松，只要求均值有限即可. 但在实际应用中定理 5.5.2 的表述最为常见.

弱大数定律表明，当 $n\to+\infty$时“同一”样本量的序列收敛于常数，这个性质称为**相合性**. 第 7 章将对相合性作进一步讨论.

例 5.5.3 (S^2 的相合性)　设 X_1，X_2，…是一列独立同分布随机变量，且 $\mathrm{E}X_i=\mu$，$\mathrm{Var}X_i=\sigma^2<+\infty$. 令

$$S_n^2=\frac{1}{n-1}\sum_{i=1}^{n}(X_i-\overline{X}_n)^2$$

我们能否证明对 S_n^2 也有类似于弱大数定律的结论？事实上，根据 Chebychev 不等式，我们有

$$P(|S_n^2-\sigma^2|\geqslant\epsilon)\leqslant\frac{\mathrm{E}(S_n^2-\sigma^2)^2}{\epsilon^2}=\frac{\mathrm{Var}S_n^2}{\epsilon^2}$$

所以，S_n^2 依概率收敛于σ^2的一个充分条件是：当 $n\to+\infty$时有 $\mathrm{Var}S_n^2\to0$. ‖

定义 5.5.1 可以很自然地推广到随机变量的函数上，即如果随机变量序列 X_1，X_2，…依概率收敛于随机变量 X 或常数 a，且函数 h 满足适当的条件，则随机变量序列 $h(X_1)$，$h(X_2)$，…有何性质？下面的定理为我们揭示了答案（证明见习题 5.39）.

定理 5.5.4　设随机变量序列 X_1，X_2，…依概率收敛于随机变量 X，h 是一个连续函数，则 $h(X_1)$，$h(X_2)$，…依概率收敛于 $h(X)$.

例 5.5.5 (S 的相合性)　如果 S_n^2 是σ^2的相合估计，则由定理 5.5.4 可知，样本标准差 $S_n=\sqrt{S_n^2}=h(S_n^2)$是$\sigma$的相合估计. 注意，$S_n$ 实际上是σ 的有偏估计（见习题 5.11），但却是渐近无偏的. ‖

5.5.2　殆必收敛

殆必收敛（又称**概率 1 收敛**）是比依概率收敛更强的一种收敛. 这种形式的收敛类似于函数列的点点收敛，只不过在零概率集上对收敛性不作要求（因而得名“殆”必）.

定义 5.5.6　称随机变量序列 X_1，X_2，…**殆必收敛**（**converge almost surely**）

于随机变量 X，如果对任意$\epsilon>0$，都有

$$P(\lim_{n\to+\infty}|X_n-X|<\epsilon)=1$$

注意，定义 5.5.1 与定义 5.5.6 的表述非常相似，但意义却不同，且后者强于前者. 为了理解殆必收敛性，回忆随机变量的基本定义（定义 1.4.1）：随机变量是定义在样本空间 S 上的实值函数. 以 s 表示样本空间 S 中的元素，则 $X_n(s)$与 $X(s)$都是 S 上的函数. 定义 5.5.6 表明，若函数 $X_n(s)$在除 $s\in N$ 外的所有 $s\in S$ 上都收敛于 $X(s)$，其中 $N\subset S$ 且 $P(N)=0$，则 X_n 殆必收敛于 X. 下面的例 5.5.7 给出了殆必收敛的例子，例 5.5.8 揭示了依概率收敛与殆必收敛之间的区别.

例 5.5.7（殆必收敛） 设样本空间 S 为闭区间 $[0, 1]$，且该区间上的概率分布为均匀分布. 定义随机变量 $X_n(s)=s+s^n$ 以及 $X(s)=s$. 对任意 $s\in[0,1)$，当 $n\to\infty$时有 $s^n\to 0$，从而 $X_n(s)\to s=X(s)$. 而对任意 n 都有 $X_n(1)=2$，所以 $X_n(1)$不收敛于 $1=X(1)$. 但由于在集合 $[0, 1)$ 上都收敛，且 $P([0,1))=1$，所以 X_n 殆必收敛于 X.

例 5.5.8（依概率收敛、但非殆必收敛） 本例将给出一列依概率收敛、但非殆必收敛的随机变量. 同上例，设样本空间 S 为闭区间 $[0, 1]$，且该区间上的概率分布为均匀分布. 定义随机变量序列 X_1，X_2，…如下：

$$X_1(s)=s+I_{[0,1]}(s),\quad X_2(s)=s+I_{[0,\frac{1}{2}]}(s),\quad X_3(s)=s+I_{[\frac{1}{2},1]}(s)$$
$$X_4(s)=s+I_{[0,\frac{1}{3}]}(s),\quad X_5(s)=s+I_{[\frac{1}{3},\frac{2}{3}]}(s),\quad X_6(s)=s+I_{[\frac{2}{3},1]}(s)$$
$$\cdots$$

令 $X(s)=s$. 由于当 $n\to+\infty$时 $P(|X_n-X|\geqslant\epsilon)$等于 s 的某长度趋于 0 的区间的概率，故 X_n 依概率收敛于 X. 但 X_n 不殆必收敛于 X. 事实上，对任意 $s\in S$ 都没有 $X_n(s)\to s=X(s)$. 因为对任意 s，$X_n(s)$的值只能交替取 s 或者 $s+1$. 例如，若 $s=\frac{3}{8}$，则 $X_1(s)=1\frac{3}{8}$，$X_2(s)=1\frac{3}{8}$，$X_3(s)=\frac{3}{8}$，$X_4(s)=\frac{3}{8}$，$X_5(s)=1\frac{3}{8}$，$X_6(s)=\frac{3}{8}$，…，并不收敛.

也许你已经猜到殆必收敛蕴含依概率收敛，确实如此. 反过来，例 5.5.8 告诉我们依概率收敛不能蕴含殆必收敛. 不过，依概率收敛的随机变量序列必存在殆必收敛的子列（Resnick 1999 第 6.3 节中详细介绍了这两种收敛之间的联系）.

现在再来看看统计学家们所关注的收敛于常数的情形. 对照前面的弱大数定律，这里我们给出更强一些的强大数定律，其证明概要见杂录 5.8.4.

定理 5.5.9（强大数定律） 设 X_1，X_2，…是一列独立同分布随机变量，且 $\mathrm{E}X_i=\mu$，$\mathrm{Var}X_i=\sigma^2<\infty$. 令 $\overline{X}_n=(1/n)\sum_{i=1}^{n}X_i$，则对任意$\epsilon>0$，都有

$$P(\lim_{n\to+\infty}|\overline{X}_n-\mu|<\epsilon)=1$$

即 $\overline{X}_n$ 殆必收敛于 μ.

在弱大数定律和强大数定律中我们都假定随机变量的方差有限. 尽管这个条件在大多数实际应用中都是正确的（也是合理的），它实际上还可以减弱. 事实上，只要 $\mathrm{E}|X_i|<+\infty$，去掉方差有限的约束后弱大数定律、强大数定律仍然成立（见 Resnick 1999 第 7 章或 Billingsley 1995 第 22 节）.

5.5.3　依分布收敛

早在第 2 章我们就已经接触了依分布收敛的思想，当时我们介绍了矩母函数的性质以及定理 2.3.12：矩母函数的收敛性蕴含依分布收敛.

定义 5.5.10　称随机变量序列 X_1，X_2，…**依分布收敛**（**converge in distribution**）于随机变量 X，如果对 $F_X(x)$的任意连续点 x，都有

$$\lim_{n\to\infty}F_{X_n}(x)=F_X(x)$$

例 5.5.11（均匀样本的最大值）　设 X_1，X_2，…是独立同分布的随机变量，且都服从（0，1）区间上的均匀分布. 令 $X_{(n)}=\max\limits_{1\leqslant i\leqslant n}X_i$，问 $X_{(n)}$是否依分布收敛、收敛于什么？我们估计当 $n\to\infty$时 $X_{(n)}$趋于 1. 事实上，由于 $X_{(n)}$恒小于 1，所以对任意 $\varepsilon>0$，都有

$$\begin{aligned}P(|X_{(n)}-1|\geqslant\varepsilon)&=P(X_{(n)}\geqslant 1+\varepsilon)+P(X_{(n)}\leqslant 1-\varepsilon)\\&=0+P(X_{(n)}\leqslant 1-\varepsilon)\end{aligned}$$

又因为 X_i 独立同分布，所以

$$P(X_{(n)}\leqslant 1-\varepsilon)=P(X_i\leqslant 1-\varepsilon,i=1,\cdots,n)=(1-\varepsilon)^n$$

当 $n\to\infty$时趋于 0，故 $X_{(n)}$依概率收敛于 1. 然而，若令 $\varepsilon=t/n$，则有

$$P(X_{(n)}\leqslant 1-t/n)=(1-t/n)^n\to \mathrm{e}^{-t}$$

上式整理得

$$P(n(1-X_{(n)})\leqslant t)\to 1-\mathrm{e}^{-t}$$

这就说明随机变量 $n(1-X_{(n)})$依分布收敛于某参数为 1 的指数型随机变量.　‖

注意，尽管我们定义的是随机变量序列依分布收敛，其实质却是累积分布函数而非随机变量的收敛性，因此依分布收敛与依概率收敛、殆必收敛有着本质区别. 不过，另两种收敛都分别蕴含依分布收敛.

定理 5.5.12　如果随机变量序列 X_1，X_2，…依概率收敛于随机变量 X，则该序列也依分布收敛于 X.

定理的证明留作习题 5.40. 此外再由 5.5.2 节可知，殆必收敛蕴含依分布收敛.

定理 5.5.12 在特殊情形下的逆命题也成立，这个结论非常有用，我们将其表述为下面的定理. 例 10.1.13 介绍了该定理的一个应用，定理的证明则留作习题 5.41.

定理 5.5.13 随机变量序列 X_1，X_2，…依概率收敛于常数 μ 当且仅当该序列依分布收敛于 μ. 即，

$$\forall \varepsilon>0, P(|X_n-\mu|>\varepsilon)\to 0$$

等价于

$$P(X_n\leqslant x)\to\begin{cases}0 & \text{如果 } x<\mu\\ 1 & \text{如果 } x>\mu\end{cases}$$

样本均值在大样本下的行为，尤其是其极限分布，在统计学研究中非常重要. 下面这个统计学中著名的定理对此作进行了刻画，这就是中心极限定理.

定理 5.5.14 (中心极限定理) 设 X_1，X_2，…是独立同分布的随机变量，且在 0 的某邻域内存在矩母函数（即存在 $h>0$，使得对任意$|t|<h, M_{X_i}(t)$存在). 令 $\mathrm{E}X_i=\mu$，$\mathrm{Var}X_i=\sigma^2>0$（由矩母函数的存在性可知 μ 和 σ^2 均有限），以及 $\overline{X}_{(n)}=(1/n)\sum_{i=1}^{n}X_i$. 设 $G_n(x)$为$\sqrt{n}(\overline{X}_n-\mu)/\sigma$ 的累积分布函数，则对任意 x，$-\infty<x<+\infty$，都有

$$\lim_{n\to\infty}G_n(x)=\int_{-\infty}^{x}\frac{1}{\sqrt{2\pi}}\mathrm{e}^{-y^2/2}\mathrm{d}y$$

即$\sqrt{n}(\overline{X}_n-\mu)/\sigma$ 服从极限标准正态分布.

在证明该定理（其证明有点虎头蛇尾）之前我们先考察其意义. 几乎不需要任何假设（独立性和方差有限除外）我们就可以推出正态性！其关键在于正态性是由“小”（由于方差有限）且独立的扰动累加得到的. 方差有限的假设在此必不可少——尽管可以减弱，但不能完全去掉（例 5.2.10 中的 Cauchy 分布就不能收敛于正态分布).

在感叹中心极限定理功能强大的同时，我们还必须认识到它的局限性——尽管该定理给出了通用的近似，但却没有通用的方法来判断近似的优劣. 事实上，近似程度的好坏取决于原始分布，因分布而异. 此外，当前计算机高速且廉价的计算性能也一定程度上削弱了该近似的价值. 但是，总的来说中心极限定理仍是一个意义非凡的结论.

定理 5.5.14 的证明： 我们将证明：对任意$|t|<h$，$\sqrt{n}(\overline{X}_n-\mu)/\sigma$ 的矩母函数收敛于 n(0,1)随机变量的矩母函数：$\mathrm{e}^{t^2/2}$.

定义 $Y_i=(X_i-\mu)/\sigma$，设所有 Y_i 的矩母函数为 $M_Y(t)$. 根据定理 2.3.15，$M_Y(t)$ 在邻域$|t|<\sigma h$ 内存在. 由于

(5.5.1) $$\frac{\sqrt{n}(\overline{X}_n-\mu)}{\sigma}=\frac{1}{\sqrt{n}}\sum_{i=1}^{n}Y_i$$

根据矩母函数的性质（见定理 2.3.15 和定理 4.6.7），我们有

$$M_{\sqrt{n}(\bar{X}_n-\mu)/\sigma}(t) = M_{\sum_{i=1}^{n}Y_i/\sqrt{n}}(t) \tag{5.5.2}$$

$$= M_{\sum_{i=1}^{n}Y_i}\left(\frac{t}{\sqrt{n}}\right) \quad \text{（根据定理 2.3.15）}$$

$$= \left(M_Y\left(\frac{t}{\sqrt{n}}\right)\right)^n \quad \text{（根据定理 4.6.7）}$$

现在展开 $M_Y(t/\sqrt{n})$在 0 点处的泰勒级数（见定义 5.5.20），得

$$M_Y\left(\frac{t}{\sqrt{n}}\right) = \sum_{k=0}^{\infty} M_Y^{(k)}(0)\frac{(t/\sqrt{n})^k}{k!} \tag{5.5.3}$$

其中 $M_Y^{(k)}(0)=(\mathrm{d}^k/\mathrm{d}t^k)M_Y(t)|_{t=0}$. 由于 $M_Y(t)$在$|t|<\sigma h$ 时存在，所以上述幂级数展开当 $t<\sqrt{n}\sigma h$ 时成立.

注意到 $M_Y^{(0)}=1$，$M_Y^{(1)}=0$，以及 $M_Y^{(2)}=1$（根据定义，Y 的均值和方差分别为 0 和 1），我们有

$$M_Y\left(\frac{t}{\sqrt{n}}\right) = 1+\frac{(t/\sqrt{n})^2}{2!}+R_Y\left(\frac{t}{\sqrt{n}}\right) \tag{5.5.4}$$

其中 R_Y 为 Taylor 展式的余项：

$$R_Y\left(\frac{t}{\sqrt{n}}\right) = \sum_{k=3}^{\infty} M_Y^{(k)}(0)\frac{(t/\sqrt{n})^k}{k!}$$

根据 Taylor 定理（定理 5.5.21）可知，对任意定值 $t\neq 0$，都有

$$\lim_{n\to\infty}\frac{R_Y(t/\sqrt{n})}{(t/\sqrt{n})^2}=0$$

又因为 t 为定值，所以

$$\lim_{n\to\infty}\frac{R_Y(t/\sqrt{n})}{(1/\sqrt{n})^2}=\lim_{n\to\infty} nR_Y\left(\frac{t}{\sqrt{n}}\right)=0 \tag{5.5.5}$$

由于 $R_Y(0/\sqrt{n})$，故上式当 $t=0$ 时也成立. 于是，对任意定值 t，我们有

$$\lim_{n\to\infty}\left(M_Y\left(\frac{t}{\sqrt{n}}\right)\right)^n = \lim_{n\to\infty}\left[1+\frac{(t/\sqrt{n})^2}{2!}+R_Y\left(\frac{t}{\sqrt{n}}\right)\right]^n \tag{5.5.6}$$

$$= \lim_{n\to\infty}\left[1+\frac{1}{n}\left(\frac{t^2}{2}+nR_Y\left(\frac{t}{\sqrt{n}}\right)\right)\right]^n$$

$$= \mathrm{e}^{t^2/2}$$

上式最后一步利用了引理 2.3.14，其中令 $a_n=(t^2/2)+nR_Y(t/\sqrt{n})$（由式（5.5.5）可知当 $n\to\infty$时有 $a_n\to t^2/2$）. 而 $\mathrm{e}^{t^2/2}$是 $\mathrm{n}(0,1)$分布的矩母函数，故定理得证. □

中心极限定理还可以推广到比定理 5.5.14 更一般的情形（见杂录 5.8.1）. 特别地，所有关于矩母函数的假设都可以用特征函数（见杂录 2.6.2）取代. 下面的定理是中心极限定理的一个推广，它能满足几乎所有的统计学应用. 注意该定理中

仅仅假定了总体分布的方差有限.

定理 5.5.15（强中心极限定理） 设 X_1，X_2，…是一列独立同分布随机变量，且 $EX_i=\mu$，$0<\mathrm{Var}X_i=\sigma^2<\infty$. 令 $\overline{X}_n=(1/n)\sum_{i=1}^{n}X_i$，$G_n(x)$为$\sqrt{n}(\overline{X}_n-\mu)/\sigma$的累积分布函数，则对任意 x，$-\infty<x<\infty$，都有

$$\lim_{n\to\infty}G_n(x)=\int_{-\infty}^{x}\frac{1}{\sqrt{2\pi}}\mathrm{e}^{-y^2/2}\mathrm{d}y$$

即$\sqrt{n}(\overline{X}_n-\mu)/\sigma$服从极限标准正态分布.

定理 5.5.15 的证明与定理 5.5.14 如出一辙，只不过用特征函数代替了矩母函数. 由于任意分布的特征函数总存在，因此在定理条件中无须特别强调. 不过由于还需要处理复变量函数，定理 5.5.15 证明起来更麻烦一些，其完整证明可见 Billingsley（1995，第 27 节）.

中心极限定理给我们提供了一个万能的近似（但是别忘了前面关于近似精度的警告）. 在实际应用中，我们总能用它初步给出一个粗略的估计.

例 5.5.16（负二项分布的正态近似） 设随机样本 X_1，…，X_n 取自服从参数为(r,p)的负二项分布的总体，则

$$EX=\frac{r(1-p)}{p},\ \mathrm{Var}X=\frac{r(1-p)}{p^2}$$

根据中心极限定理，可知

$$\frac{\sqrt{n}(\overline{X}-r(1-p)/p)}{\sqrt{r(1-p)/p^2}}$$

服从 n(0,1)分布. 下面我们要说明概率的近似计算比精确计算简单得多. 当 $r=10$，$p=\frac{1}{2}$且 $n=30$ 时，精确计算下列事件的概率将十分繁杂（注意，由于阶乘运算量级太大，这个计算过程即便有计算机辅助仍很复杂. 不相信的话，自己动手试试!）：

$$\begin{aligned}P(\overline{X}\leqslant 11)&=P\left(\sum_{i=1}^{30}X_i\leqslant 330\right)\\&=\sum_{x=0}^{330}\binom{300+x-1}{x}\left(\frac{1}{2}\right)^{300}\left(\frac{1}{2}\right)^{x}\quad\left(\sum X\text{ 服从参数为}(nr,p)\text{ 的负二项分布}\right)\\&=0.8916\end{aligned}$$

而利用中心极限定理，我们有近似计算过程：

$$\begin{aligned}P(\overline{X}\leqslant 11)&=P\left(\frac{\sqrt{30}(\overline{X}-10)}{\sqrt{20}}\leqslant\frac{\sqrt{30}(11-10)}{\sqrt{20}}\right)\\&\approx P(Z\leqslant 1.2247)=0.8888\end{aligned}$$

该结果还可进一步优化，见习题 5.37.

与中心极限定理一同使用的近似算法还有下面的 Slutsky 定理.

定理 5.5.17（Slutsky 定理）　如果 X_n 依分布收敛于随机变量 X，Y_n 依概率收敛于常数 a，则

a. Y_nX_n 依分布收敛于随机变量 aX；

b. X_n+Y_n 依分布收敛于随机变量 $X+a$.

Slutsky 定理的证明要用到依分布收敛序列的特征函数，由于前面未作介绍，故我们略去不证. 下面的例题介绍了该定理的一个典型应用.

例 5.5.18（用方差估计得到的正态近似）　假设

$$\frac{\sqrt{n}(\bar{X}_n-\mu)}{\sigma}\to \mathrm{n}(0,1)$$

但其中 σ 的值未知. 在例 5.5.3 中我们已知，如果 $\lim_{n\to\infty}\mathrm{Var}S_n^2=0$，则 S_n^2 依概率收敛于 σ^2. 习题 5.32 证明了 σ/S_n 依概率收敛于 1. 于是，根据 Slutsky 定理可知，

$$\frac{\sqrt{n}(\bar{X}_n-\mu)}{S_n}=\frac{\sigma}{S_n}\frac{\sqrt{n}(\bar{X}_n-\mu)}{\sigma}\to \mathrm{n}(0,1)$$ ‖

5.5.4　Δ 方法

上一节给出了标准化随机变量服从极限正态分布的条件，不过，很多时候我们关注的不是随机变量本身的分布，而是随机变量函数的分布.

例 5.5.19（估计胜算）　设 X_1，X_2，…，X_n 是一列独立随机变量，且均服从参数为 p 的 Bernoulli 分布. 除成功概率 p 以外，**胜算** $\frac{p}{1-p}$ 也是一个常用的参数. 例如，如果某药物对患者的治愈率为 $p=2/3$，则患者被治愈的胜算是 2∶1. 如果已知另一药物对患者的治愈率为 r，生物统计学家们常常需要估计两种药物的**胜算比** $\frac{p}{1-p}\Big/\frac{r}{1-r}$.

正如我们常用实测的成功概率 $\hat{p}=\sum_i X_i/n$ 来估计真实的成功概率 p，我们也可以考虑用 $\frac{\hat{p}}{1-\hat{p}}$ 估计 $\frac{p}{1-p}$. 然而该估计的性质如何？如何估计 $\frac{\hat{p}}{1-\hat{p}}$ 的方差？更进一步，怎样近似地求出其抽样分布？

这些问题无法凭直觉判断，精确计算起来也很困难，唯一可行的方法是求近似. 本节介绍的 Δ 方法将为它们给出合理的近似解. ‖

下面要介绍的方法建立在 Taylor 级数近似的基础上，借助它我们可以近似求出随机变量函数的期望和方差，且其近似精度足以满足中心极限定理的要求. 我们首先对 Taylor 级数做简单回顾.

定义 5.5.20　如果函数 $g(x)$ 有 r 阶导函数，即存在 $g^{(r)}(x)=\frac{\mathrm{d}^r}{\mathrm{d}x^r}g(x)$，则对

任意常数 a，$g(x)$在 a 附近的 r 阶 **Taylor 多项式**（**Taylor polynomial of order** r **about** a）为

$$T_r(x) = \sum_{i=0}^{r} \frac{g^{(i)}(a)}{i!}(x-a)^i$$

下面的 Taylor 定理表明，上述近似的**余项** $g(x)-T_r(x)$是 Taylor 多项式最高次项的高阶无穷小，其证明此处略去.

定理 5.5.21（Taylor **定理**） 如果 $g^{(r)}(a)=\left.\frac{\mathrm{d}^r}{\mathrm{d}x^r}g(x)\right|_{x=a}$ 存在，则

$$\lim_{x\to a}\frac{g(x)-T_r(x)}{(x-a)^r}=0$$

由于我们仅考察 Taylor 级数近似，常常忽略其余项，所以余项的具体表达式我们并不十分关心. 不过，在余项的众多表示中，下列表示最常用：

$$g(x)-T_r(x)=\int_a^x \frac{g^{(r+1)}(t)}{r!}(x-t)^r\mathrm{d}t$$

Taylor 定理在统计学中应用最广泛的是**一阶** Taylor 级数，即仅由一阶导数（Taylor 多项式公式中令 $r=1$）构成的近似. 此外，我们也要用到多元 Taylor 级数. 对照前面一元 Taylor 级数的介绍，我们可以直接承认以下事实.

设随机变量 T_1，…，T_k 的期望分别为 θ_1，…，θ_k，$\boldsymbol{T}=(T_1,\cdots,T_k)$且 $\boldsymbol{\theta}=(\theta_1,\cdots,\theta_k)$. 设函数 $g(\boldsymbol{T})$（某参数的估计）可导，近似地估计其协方差. 定义

$$g_i{}'(\boldsymbol{\theta})=\frac{\partial}{\partial t_i}g(\boldsymbol{t})\big|_{t_1=\theta_1,\cdots,t_k=\theta_k}$$

g 在 $\boldsymbol{\theta}$ 附近的一阶 Taylor 展开为

$$g(\boldsymbol{t})=g(\boldsymbol{\theta})+\sum_{i=1}^{k}g'_i(\boldsymbol{\theta})(t_i-\theta_i)+\text{余项}$$

略去余项，考察近似

(5.5.7) $$g(\boldsymbol{t})\approx g(\boldsymbol{\theta})+\sum_{i=1}^{k}g'_i(\boldsymbol{\theta})(t_i-\theta_i)$$

对上式两端取期望，得

(5.5.8) $$\begin{aligned}\mathrm{E}_{\boldsymbol{\theta}}g(\boldsymbol{T}) &\approx g(\boldsymbol{\theta})+\sum_{i=1}^{k}g'_i(\boldsymbol{\theta})\mathrm{E}_{\boldsymbol{\theta}}(T_i-\theta_i)\\ &=g(\boldsymbol{\theta}) \qquad (T_i\text{ 的期望为 }\theta_i)\end{aligned}$$

于是，可以近似求得 $g(\boldsymbol{T})$的方差：

$$\begin{aligned}\mathrm{Var}_{\boldsymbol{\theta}}g(\boldsymbol{T}) &\approx \mathrm{E}_{\boldsymbol{\theta}}([g(\boldsymbol{T})-g(\boldsymbol{\theta})]^2) \qquad (\text{根据式}(5.5.8))\\ &\approx \mathrm{E}_{\boldsymbol{\theta}}\Big(\Big(\sum_{i=1}^{k}g'_i(\boldsymbol{\theta})(T_i-\theta_i)\Big)^2\Big) \qquad (\text{根据式}(5.5.7))\end{aligned}$$

(5.5.9) $$=\sum_{i=1}^{k}[g'_i(\boldsymbol{\theta})]^2\mathrm{Var}_{\boldsymbol{\theta}}T_i+2\sum_{i>j}g'_i(\boldsymbol{\theta})g'_j(\boldsymbol{\theta})\mathrm{Cov}_{\boldsymbol{\theta}}(T_i,T_j)$$

其中最后一个等式是根据方差和协方差的定义，展开平方项得到的（与习题4.44类似）. 近似式（5.5.9）非常有用，它为计算随机变量函数的方差提供了通用方法，且其中只用到了方差和协方差. 下面看两个具体的例子.

例 5.5.22（例 5.5.19-续） 回忆前面，我们希望讨论$\frac{\hat{p}}{1-\hat{p}}$作为$\frac{p}{1-p}$的估计值满足何种性质，其中 p 表示成功概率. 沿用上面的记法，令 $g(p)=\frac{p}{1-p}$，则 $g'(p)=\frac{1}{(1-p)^2}$，于是可近似求得该估计的方差为：

$$\mathrm{Var}\left(\frac{\hat{p}}{1-\hat{p}}\right)\approx[g'(p)]^2\mathrm{Var}(\hat{p})$$

$$=\left[\frac{1}{(1-p)^2}\right]^2\frac{p(1-p)}{n}=\frac{p}{n(1-p)^3}$$

||

例 5.5.23（期望和方差的近似） 设随机变量 X 的期望为 $\mathrm{E}_\mu X=\mu\neq 0$. 由

$$g(X)=g(\mu)+g'(\mu)(X-\mu)$$

可知，$g(X)$可以用于估计 $g(\mu)$，且该估计为一阶 Taylor 级数近似. 此时，我们还有下列近似式：

$$\mathrm{E}_\mu g(X)\approx g(\mu)$$

$$\mathrm{Var}_\mu g(X)\approx[g'(\mu)]^2\mathrm{Var}_\mu X$$

特别地，若令 $g(\mu)=1/\mu$，则可用 $1/X$ 估计 $1/\mu$，并且

$$\mathrm{E}_\mu\left(\frac{1}{X}\right)\approx\frac{1}{\mu}$$

$$\mathrm{Var}_\mu\left(\frac{1}{X}\right)\approx\left(\frac{1}{\mu}\right)^4\mathrm{Var}_\mu X$$

||

利用期望和方差的上述 Taylor 级数近似，我们可以得到中心极限定理的一个有用的推广，称作 Δ 方法.

定理 5.5.24（Δ 方法） 设随机变量序列 Y_n 满足：$\sqrt{n}(Y_n-\theta)$依分布收敛于 $\mathrm{n}(0,\sigma^2)$，函数 g 在指定的θ 处满足：$g'(\theta)$存在且不为零，则

(5.5.10) $$\sqrt{n}[g(Y_n)-g(\theta)]\to\mathrm{n}(0,\sigma^2[g'(\theta)]^2)\quad\text{(依分布收敛)}$$

证明 $g(Y_n)$在 $Y_n=\theta$ 附近的 Taylor 展式为

(5.5.11) $$g(Y_n)=g(\theta)+g'(\theta)(Y_n-\theta)+\text{余项}$$

其中，当$Y_n\to\theta$ 时余项→0. 由于Y_n 依概率收敛于θ，故余项依概率收敛于0. 于是

$$\sqrt{n}[g(Y_n)-g(\theta)]\to g'(\theta)\sqrt{n}[Y_n-\theta]\quad\text{(依概率收敛)}$$

再由 Slutsky 定理（定理 5.5.17），定理得证. 完整的证明见习题 5.43. □

例 5.5.25（例 5.5.23-续） 假设已知随机样本的均值 $\overline{X}$. 则对任意 $\mu\neq 0$，都有

$$\sqrt{n}\left(\frac{1}{\overline{X}}-\frac{1}{\mu}\right)\to \mathrm{n}\left(0,\left(\frac{1}{\mu}\right)^4\mathrm{Var}_\mu X_1\right)\quad（依分布收敛）$$

如果 X_1 的方差未知，为利用上述近似我们需要它的估计值，例如 S^2. 此外，由于不知道 μ，对于方差中的 $1/\mu$ 这一项也有同样问题. 事实上，我们同样可以利用估计，从而得到下面的近似方差

$$\widehat{\mathrm{Var}}\left(\frac{1}{\overline{X}}\right)\approx\left(\frac{1}{\overline{X}}\right)^4 S^2$$

又因为 $\overline{X}$ 和 S^2 均为相合估计，所以由 Slutsky 定理可知，对任意 $\mu\neq 0$，有

$$\frac{\sqrt{n}\left(\frac{1}{\overline{X}}-\frac{1}{\mu}\right)}{\left(\frac{1}{\overline{X}}\right)^2 S}\to \mathrm{n}(0,1)\quad（依分布收敛）$$

注意最后一个量的写法，其中除以标准差估计值的目的是使极限分布成为标准正态分布——当估计的量是极限分布的参数时，这是我们唯一的办法. 参数估计当然还有其他方法，实际上这里我们可以避免在方差中用到 μ 的估计（见 10.3.2 节记分检验）. ‖

下面我们介绍 Δ 方法的两种推广. 第一种推广考察 $g'(\mu)=0$ 的情形，这种情况确有可能发生，例如在估计二项随机变量的方差时（见习题 5.44）.

如果 $g'(\theta)=0$，我们在 Taylor 展式中多取一项，即

$$g(Y_n)=g(\theta)+g'(\theta)(Y_n-\theta)+\frac{g''(\theta)}{2}(Y_n-\theta)^2+余项$$

（令 $g'=0$）重新整理后，即

$$g(Y_n)-g(\theta)=\frac{g''(\theta)}{2}(Y_n-\theta)^2+余项 \tag{5.5.12}$$

回忆 n(0,1)变量的平方服从 χ_1^2 分布（习题 2.1.9），于是

$$\frac{n(Y_n-\theta)^2}{\sigma^2}\to\chi_1^2\quad（依分布收敛）$$

仿照定理 5.5.24 的讨论可得下面的定理.

定理 5.5.26（二阶 Δ 方法） 设随机变量序列 Y_n 满足：$\sqrt{n}(Y_n-\theta)$ 依分布收敛于 $\mathrm{n}(0,\sigma^2)$，函数 g 在指定的 θ 处满足 $g'(\theta)=0$、$g''(\theta)$ 存在且不为零，则

$$n[g(Y_n)-g(\theta)]\to\sigma^2\frac{g''(\theta)}{2}\chi_1^2\quad（依分布收敛）\tag{5.5.13}$$

当待估计的函数包含多于 1 个参量、且估计值用到多于 1 个随机变量时，近似的技巧非常有用. 一个常见的例子是研究人体生长时所关注的体重/身高比（回忆第 3 章我们知道，两个**正态**随机变量之比服从 Cauchy 分布. 这类比值问题尽管在

试验人员看来非常重要，但在理论上却并未受到青睐.）

这就使 Δ 方法很自然地推广到多元函数的情形，即我们要介绍的第二种推广. 有了前面多元函数的 Taylor 定理作铺垫，这个推广进行起来很容易.

例 5.5.27（比值估计的矩）　设随机变量 X 和 Y 的期望分别为 μ_X 和 μ_Y，均不为零，待估计的函数为 $g(\mu_X,\mu_Y)=\mu_X/\mu_Y$. 显然

$$\frac{\partial}{\partial\mu_X}g(\mu_X,\mu_Y)=\frac{1}{\mu_Y}$$

且

$$\frac{\partial}{\partial\mu_Y}g(\mu_X,\mu_Y)=\frac{-\mu_X}{{\mu_Y}^2}$$

根据一阶 Taylor 近似公式（5.5.8）和公式（5.5.9），我们有

$$\mathrm{E}\left(\frac{X}{Y}\right)\approx\frac{\mu_X}{\mu_Y}$$

以及

$$\begin{aligned}\mathrm{Var}\left(\frac{X}{Y}\right)&\approx\frac{1}{\mu_Y^2}\mathrm{Var}X+\frac{\mu_X^2}{\mu_Y^4}\mathrm{Var}Y-2\,\frac{\mu_X}{\mu_Y^3}\mathrm{Cov}(X,Y)\\&=\left(\frac{\mu_X}{\mu_Y}\right)^2\left(\frac{\mathrm{Var}X}{\mu_X^2}+\frac{\mathrm{Var}Y}{\mu_Y^2}-2\,\frac{\mathrm{Cov}(X,Y)}{\mu_X\mu_Y}\right)\end{aligned}$$

这就得到了比值的期望和方差的近似值，且其中只用到了 X 和 Y 的期望、方差以及协方差. 而由于无法用初等函数表示比值的期望与方差，想求其精确值几乎不可能.　||

下面我们给出关于比值估计的中心极限定理. 注意原始的中心极限定理是一元的，而这里我们要处理多元函数. 设向量值随机变量 $\boldsymbol{X}=(X_1,\cdots,X_p)$的期望为 $\mu=(\mu_1,\cdots,\mu_p)$，且协方差 $\mathrm{Cov}(X_i,X_j)=\sigma_{ij}$. 我们观测到随机样本 $\boldsymbol{X}_1$，…，$\boldsymbol{X}_n$，其均值记为 $\overline{X}_i=\sum_{k=1}^{n}X_{ik}$，$i=1$，…，$p$. 对于函数 $g(\boldsymbol{x})=g(x_1,\cdots,x_p)$，适当改造式（5.5.7），可得

$$g(\overline{x}_1,\cdots,\overline{x}_p)=g(\mu_1,\cdots,\mu_p)+\sum_{k=1}^{p}g'_k(\boldsymbol{x})(\overline{x}_k-\mu_k)$$

于是得到下列定理：

定理 5.5.28（多元 Δ 方法）　设随机样本 $\boldsymbol{X}_1$，…，$\boldsymbol{X}_n$ 满足：$\mathrm{E}(X_{ij})=\mu_i$ 且 $\mathrm{Cov}(X_{ik},X_{jk})=\sigma_{ij}$. 函数 g 有连续一阶偏导，且在指定的 $\mu=(\mu_1,\cdots,\mu_p)$处满足：$\tau^2=\sum\sum\sigma_{ij}\,\dfrac{\partial g(\mu)}{\partial\,\mu_i}\cdot\dfrac{\partial g(\mu)}{\partial\,\mu_j}>0$，则

$$\sqrt{n}[g(\overline{X}_1,\cdots,\overline{X}_p)-g(\mu_1,\cdots,\mu_p)]\rightarrow\mathrm{n}(0,\tau^2)\quad（依分布收敛）$$

定理的证明要用到多元随机变量的收敛性，过于复杂，我们承认其结论即可.

有兴趣的读者可以参考 Lehmann and Casella（1998，第 1.8 节）.

5.6 生成随机样本

迄今为止，我们介绍了许多描述随机变量行为的方法，包括变换、分布、矩的计算以及极限定理等. 在实际应用中，这些随机变量用于描述实际现象并进行建模，我们实际采集的数据就是随机变量的观测值.

通常，我们观测服从 $f(x|\theta)$分布的随机变量 X_1，…，X_n，然后研究如何利用 $f(x|\theta)$的性质刻画随机变量的行为. 现在我们将上述问题反过来，即考虑如何根据给定的分布 $f(x|\theta)$**生成**随机样本 X_1，…，X_n.

例 5.6.1（指数型使用寿命） 设某类电子元件的使用寿命服从参数为 λ 的指数分布，生产商非常关心 c 个元件中至少有 t 个使用寿命大于等于 h 小时的概率. 我们逐步分析该事件概率，首先

$$p_1 = P(\text{电子元件使用寿命大于等于 } h \text{ 小时}) = P(X \geqslant h|\lambda) \tag{5.6.1}$$

假设各元件之间独立，我们可以将对 c 个元件的检测看成 Bernoulli 试验，于是

$$p_2 = P(\text{至少有 } t \text{ 个元件使用寿命大于等于 } h \text{ 小时}) = \sum_{k=t}^{c}\binom{c}{k}p_1^k(1-p_1)^{c-k} \tag{5.6.2}$$

尽管计算式（5.6.2）并不需要技巧，但其计算量有些繁重，特别当 t 和 c 较大时计算量猛增. 好在根据假设，p_1 服从指数分布，因而能够表示成初等函数：

$$p_1 = \int_h^{\infty}\frac{1}{\lambda}\mathrm{e}^{-x/\lambda}\mathrm{d}x = \mathrm{e}^{-h/\lambda} \tag{5.6.3}$$

如果假定电子元件的使用寿命服从伽玛分布，则 p_1 无法表示成初等函数，因而 p_2 计算起来将更加困难. ||

计算式（5.6.2）的一个模拟算法是生成具有相应分布的随机变量，并用弱大数定律（定理 5.5.2）证实模拟的可靠性. 令 Y_i，$i=1$，…，n 独立同分布，则由弱大数定律（假设定理条件都满足）可知

$$\frac{1}{n}\sum_{i=1}^{n}h(Y_i) \to \mathrm{E}h(Y) \quad (\text{依概率收敛}) \tag{5.6.4}$$

（根据定理 5.5.9 强大数定律，上式改为殆必收敛也成立.）

例 5.6.2（例 5.6.1-续） 概率 p_2 可按下列步骤进行计算：对任意 $j=1$，…，n，

a. 生成独立同分布、且服从参数为 λ 的指数分布的随机变量 X_1，…，X_n；

b. 如果有至少 t 个 X_i 使用寿命$\geqslant h$，则令 $Y_j=1$；否则令 $Y_j=0$.

则由 $Y_j \sim \text{Bernoulli}(p_2)$ 且 $EY_j = p_2$ 可知，

$$\frac{1}{n}\sum_{j=1}^{n} Y_j \to p_2, n \to +\infty \qquad \|$$

例 5.6.1 和 5.6.2 概括了本节的主要内容：首先是研究怎样生成我们需要的随机变量，其次，要用大数定律证明模拟算法所得近似结果的可靠性.

假定我们能够生成独立同分布的均匀随机变量 U_1，…，U_m（计算机科学家在生成均匀随机变量上取得了巨大的成功）. 事实上，有很多算法可以生成**伪随机数**，其结果能够通过几乎所有的均匀性检验. 此外，许多统计软件包都配备了均匀随机数生成器（有关伪随机数的更多内容详见 Devroye 1985 或 Ripley 1987）.

既然已经可以生成均匀随机变量，为了解决一般随机变量的生成问题，现在我们只要关心均匀随机变量能否**转换**为其他随机变量. 完成这种转换本质上有两种方法，分别称之为**直接法**和**间接法**.

5.6.1　直接法

如果函数 $g(u)$ 可以表示成初等函数且当随机变量 U 服从（0，1）区间上的均匀分布时，变换后的随机变量 $Y=g(U)$ 满足某指定分布，则可以用**直接法**生成随机变量 Y. 回忆定理 2.1.10（概率积分变换），我们知道对于连续随机变量，任何分布都可以变换为均匀分布. 该变换的逆恰是使用直接法的关键 g.

例 5.6.3（概率积分变换）　设随机变量 Y 的累积分布函数为 F_Y，U 服从（0，1）区间上的均匀分布，则随机变量 $F_Y^{-1}(U)$ 服从 F_Y 分布. 如果 Y 服从参数为 λ 的指数分布，则

$$F_Y^{-1}(U) = -\lambda\log(1-U)$$

也服从参数为 λ 的指数分布（见习题 5.4.9）.

因此，如果我们生成了独立同分布的均匀随机变量 U_1，…，U_n，则 $Y_i = -\lambda\log(1-U_i)$，$i=1$，…，$n$ 是服从参数为 λ 的指数分布的独立同分布随机变量. 例如，设 $n=10,000$，我们生成了 u_1，u_2，…，$u_{10,000}$，且求得

$$\frac{1}{n}\sum u_i = 0.5019\text{，且}\frac{1}{n-1}\sum(u_i-\bar{u})^2 = 0.0842$$

由式（5.6.4）有 $\bar{U}\to EU=1/2$；又由例 5.5.3 知 $S^2\to \text{Var}U=1/12=0.0833$，所以我们的估计值与真实值很接近.

变换后的变量 $Y_i=-2\log(1-u_i)$ 服从参数为 2 的指数分布，且有

$$\frac{1}{n}\sum y_i = 2.0004\text{，且}\frac{1}{n-1}\sum(y_i-\bar{y})^2 = 4.0908$$

与 $EY=2$，$\text{Var}Y=4$ 也非常接近. 图 5.6.1 显示样本直方图与总体概率密度函数之间吻合得很好. $\|$

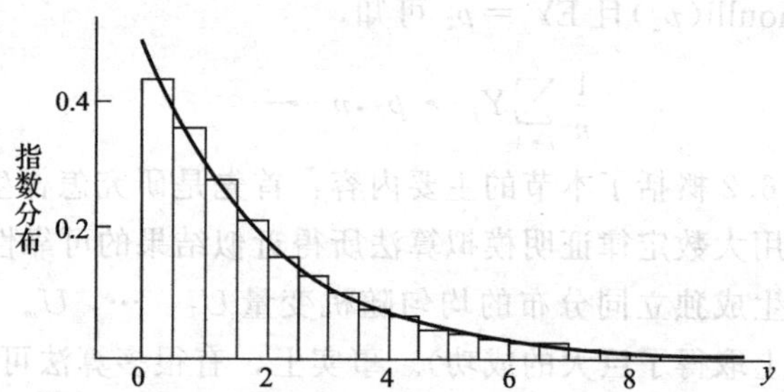

图 5.6.1 取自指数分布 ($\lambda=2$) 总体的 10,000 个观测值的直方图及概率密度函数

鉴于指数分布与其他分布之间的联系，现在我们可以生成许多不同类型的随机变量. 例如，若 U_j 独立同分布且都服从 (0, 1) 区间上的均匀分布，则 $Y_j=-\lambda\log(U_j)$ 是服从参数为 λ 的指数分布的独立同分布随机变量，此外

$$Y=-2\sum_{j=1}^{v}\log(U_j)\sim\chi^2_{2v}$$

(5.6.5)
$$Y=-\beta\sum_{j=1}^{a}\log(U_j)\sim gamma(\alpha,\beta)$$

$$Y=\frac{\sum_{j=1}^{a}\log(U_j)}{\sum_{j=1}^{a+b}\log(U_j)}\sim beta(a,b)$$

更多变换见习题 5.47～5.49，它们都是通过指数-均匀变换生成的.

然而这样的变换很有限. 例如，我们无法通过这种变换生成自由度为奇数的 χ^2 随机变量. 所以无法生成 χ^2_1 变量，而从 χ^2_1 能进一步生成 n(0,1)随机变量——一类极有用的随机变量. 我们将在下一小节继续讨论这个问题.

回忆例 5.6.3 以及式 (5.6.5) 都建立在概率积分变换基础上，该变换通常可以写作

(5.6.6)
$$F_Y^{-1}(u)=y\leftrightarrow u=\int_{-\infty}^{y}f_y(t)\mathrm{d}t$$

上式若应用于指数分布将很容易处理，因为此时积分方程有一个形式极简单的解 (见习题 5.56). 然而很多时候方程 (5.6.6) 不存在初等函数的解，而每生成一个随机变量都需要求积分方程的解，因此操作起来非常困难. 正如我们试图利用方程 (5.6.6) 生成 χ^2_1 随机变量一样，几乎不可能.

当方程 (5.6.6) 不存在初等函数解时，我们还可以寻找其他方法，比如其他类型的变换、或者间接生成法. 下面的例题介绍的就是一种新的变换.

例 5.6.4 (Box-Muller 算法) 首先生成服从 (0, 1) 区间上均匀分布的两个独立随机变量 U_1 和 U_2，然后令

$$R=\sqrt{-2\log U_1} \quad 以及 \quad \theta=2\pi U_2$$

则

$$X=R\cos\theta \quad 和 \quad Y=R\sin\theta$$

是一对独立的 n(0,1) 随机变量. 所以，尽管没有生成单个 n(0,1) 随机变量的快速变换，我们却可以同时生成两个 n(0,1) 随机变量（见习题 5.50）. ||

遗憾的是类似于例 5.6.4 的解并不多，此外这种算法依赖于特定的概率分布结构，不能通用. 事实证明，除了我们前面已经生成的随机变量，其余大部分连续随机变量的生成最好利用间接法. 在介绍间接法之前，我们将式（5.6.6）应用于离散随机变量，其中式（5.6.6）起到了重要作用.

如果离散随机变量 Y 可以取值 $y_1<y_2<\cdots<y_k$，则类比式（5.6.6），我们有

(5.6.7)
$$P[F_Y(y_i)<U\leqslant F_Y(y_{i+1})]=F_Y(y_{i+1})-F_Y(y_i)=P(Y=y_{i+1})$$

根据式（5.6.7）生成离散随机变量的步骤很直接，简述如下：为生成 $Y\sim F_Y(y)$，

a. 生成在（0，1）区间上服从均匀分布的随机变量 U；

b. 如果 $F_Y(y_i)<U\leqslant F_Y(y_{i+1})$，则令 $Y=y_{i+1}$.

这里，定义 $y_0=-\infty$ 且 $F_Y(y_0)=0$.

例 5.6.5（生成二项随机变量） 为生成随机变量 Y 使之服从参数为 $(4,\frac{5}{8})$ 的二项分布，可以先生成在（0，1）区间上服从均匀分布的随机变量 U，然后令

(5.6.8)
$$Y=\begin{cases}0 & 如果\ 0<U\leqslant 0.020\\ 1 & 如果\ 0.020<U\leqslant 0.152\\ 2 & 如果\ 0.152<U\leqslant 0.481\\ 3 & 如果\ 0.481<U\leqslant 0.847\\ 4 & 如果\ 0.847<U\leqslant 1\end{cases}$$

对于值集无限的离散随机变量，比如 Poisson 变量或者负二项变量，算法（5.6.8）依然奏效. 此时尽管理论上需要考虑大量赋值，实际操作中我们总可以对算法进行化简. 例如，我们可以不按 1，2，…的次序逐个检查 y_i，而是先检查均值附近的 y_i（见 Ripley 1987 第 3.3 节以及习题 5.55）.

现在我们介绍模拟算法，其应用十分广泛，下面关于 Poisson 分布的**参数自助法**就是一例（参数自助法详见 10.1.4 节）.

例 5.6.6（Poisson 方差的分布） 设 $X_1,\cdots,X_n$ 是独立同分布的随机变量，且都服从参数为 λ 的 Poisson 分布. 则由定理 5.2.7 或 5.2.11 可知，$\sum X_i$ 服从参数为 $n\lambda$ 的 Poisson 分布，从而易得样本均值 $\overline{X}$ 的分布. 不过，样本方差 $S^2=\frac{1}{n-1}\sum(X_i-\overline{X})^2$ 的分布就不易求出了.

尽管如此，模拟 S^2 的分布却很简单，图 5.6.2 就是一幅模拟样本的直方图. 此外，模拟样本可用于计算与 S^2 有关的概率. 如果 S_i^2 由第 i 个模拟样本计算得到，则当 $M\to\infty$ 时，有

$$\frac{1}{M}\sum_{i=1}^{M} I(S_i^2 \geqslant a) \to P_\lambda(S^2 \geqslant a)$$

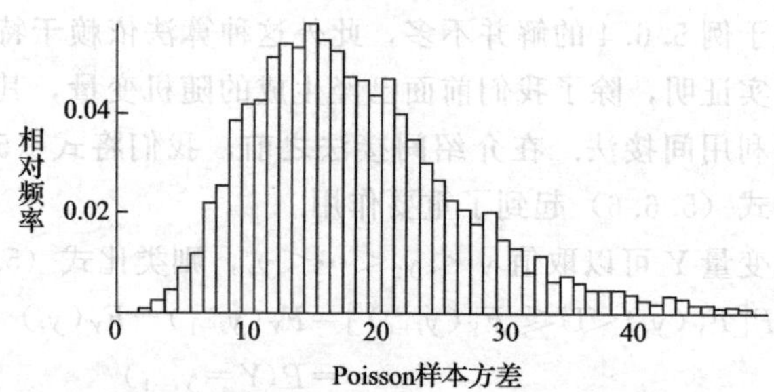

图 5.6.2　Poisson 分布（$\lambda=18.69$）中 5，000 个大小为 13 的样本方差 S^2 的直方图，5，000 个样本值的均值和标准差分别为 18.86 和 7.68

为演示模拟法是怎样应用的，我们考察 1984 年八月末在 Hudson 河中捕捞海湾凤尾鱼幼苗的数量样本：

(5.6.9)　19，32，29，13，8，12，16，20，14，17，22，18，23

假设鱼苗在河中的分布是随机的且是均匀分布，则用相同尺寸的渔网捕捞到的鱼苗数量服从 Poisson 分布——这其实是由关于空间分布的 Poisson 假设得到的（见第 3 章杂录）. 要检验该假设是否合理，我们可以检验观测值的均值和方差与 Poisson 分布的期望和方差是否一致.

对于（5.6.9）所列的数据，我们有 $\bar{x}=18.69$ 且 $s^2=44.90$. 在假定 Poisson 分布的条件下，可以预期这些值与 Poisson 分布的期望和方差相一致. 当然由于取样时的变异性，它们又不完全相同. 下面我们通过模拟看看情况到底应该是什么样子. 在图 5.6.2 中，我们模拟了 5，000 个取自参数为 $\lambda=18.69$ 的 Poisson 分布的、大小为 13 的样本，并绘出了 S^2 的相对频率直方图. 注意，S^2 的观测值 44.90 位于该分布的末端，且共有 27 个 S^2 值大于 44.90，因此

$$P(S^2 > 44.90 \mid \lambda = 18.69) \approx \frac{1}{5000}\sum_{i=1}^{5000} I(S_i^2 > 44.90) = \frac{27}{5000} = 0.0054$$

这使我们不由对 Poisson 假设产生了质疑，见习题 5.54（这些发现被总结成一句一语双关的话“Something is fishy in the Hudson——the Poisson has failed.”译者注：这里用到了“fishy”一词两个截然不同的含义，一是“多鱼的”，二是“可疑的、靠不住的”）. ‖

5.6.2　间接法

当我们无法通过直接变换生成随机变量时，我们可以转而使用一种更有效的间接法——舍选法．下面这个简单的例子揭示了舍选法的基本思想．

例 5.6.7（生成贝塔随机变量-Ⅰ）　设待生成的目标变量 Y 服从参数为 (a,b) 的贝塔分布．如果 a，b 均为整数，则可以用式（5.6.5）的直接变换法生成 Y；如果 a，b 不是整数，则直接法失效．不妨令 $a=2.7$，$b=6.3$．在图 5.6.3 中我们将贝塔概率密度函数 $f_Y(y)$ 置于长为 1、宽为 $c\geqslant\max_y f_Y(y)$ 的矩形中．现在按下述方法计算 $P(Y\leqslant y)$：设 (U,V) 是一对独立随机变量且都服从（0，1）区间上的均匀分布，则图中阴影部分的概率为

$$
\begin{aligned}
P\left(V\leqslant y,U\leqslant \frac{1}{c}f_Y(V)\right)&=\int_0^y\int_0^{f_Y(v)/c}\mathrm{d}u\mathrm{d}v\\
&=\frac{1}{c}\int_0^y f_Y(v)\mathrm{d}v \qquad (5.6.10)\\
&=\frac{1}{c}P(Y\leqslant y)
\end{aligned}
$$

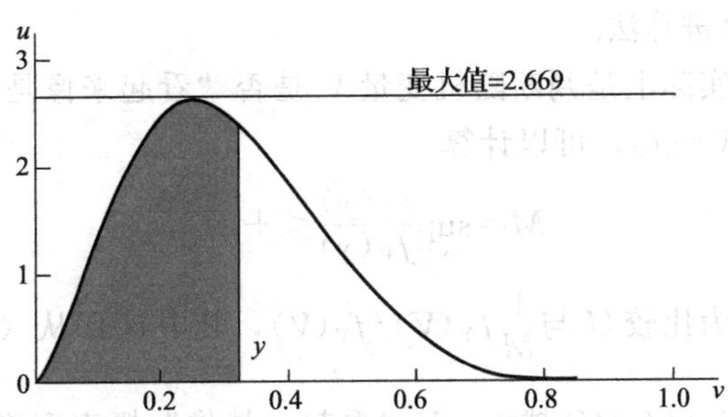

图 5.6.3　贝塔分布（$a=2.7$，$b=6.3$），$c=\max_y f_Y(y)=2.669$，V 充当 x 坐标，U 用于判断与概率密度函数的位置关系

于是，我们可以根据均匀分布概率计算贝塔概率，这就表明我们可以利用均匀随机变量生成贝塔随机变量．

根据式（5.6.10），若令 $y=1$，则有 $\frac{1}{c}=P(U<\frac{1}{c}f_Y(V))$，因此

$$
\begin{aligned}
P(Y\leqslant y)&=\frac{P(V\leqslant y,U\leqslant \frac{1}{c}f_Y(V))}{P(U\leqslant \frac{1}{c}f_Y(V))}\\
&=P\left(V\leqslant y|U\leqslant \frac{1}{c}f_Y(V)\right) \qquad (5.6.11)
\end{aligned}
$$

这就得到生成参数为 (a,b) 的贝塔随机变量的下列算法：

a. 生成在（0，1）区间上服从均匀分布的独立随机变量(U,V)；

b. 如果$U<\frac{1}{c}F_Y(V)$，则令$Y=V$；否则返回步骤（a）.

只要$c\geqslant \max_y f_Y(y)$，该算法就能生成参数为(a,b)的贝塔随机变量. 事实上，该算法还可以推广到任意有界支撑集上的有界概率密度函数（习题 5.59 和习题 5.60）. ||

显然c的最优取值是$c=\max_y f_Y(y)$，下面我们解释其原因. 注意，上面的算法其实并不完整，因为我们不知道要用多少对(U,V)才能生成Y. 如果定义随机变量

$$N=\text{生成一个 } Y \text{ 所需}(U,V)\text{对的数目}$$

则由$\frac{1}{c}=P\left(U<\frac{1}{c}f_Y(V)\right)$可知，$N$服从参数为$(1/c)$的几何分布. 因此，生成一个$Y$通常需要$\mathrm{E}(N)=c$对$(U,V)$，所以$c$越小算法越好.

观察图 5.6.3 可以发现，上面的算法没有用到区域$U>\frac{1}{c}f_Y(y)$，这是因为我们采用均匀随机变量V来生成贝塔随机变量Y. 我们也可以换用与贝塔随机变量相近的其他变量，以改进算法.

算法步骤（b）实际上是判断随机变量V是否“看起来像是”概率密度函数为f_Y的随机变量. 设$V\sim f_V$，可以计算

$$M=\sup_y\frac{f_Y(y)}{f_V(y)}<+\infty$$

步骤（b）可以推广为比较U与$\frac{1}{M}f_Y(V)/f_V(V)$，其中U服从（0，1）区间上的均匀分布. 比值$\frac{1}{M}f_Y(V)/f_V(V)$越大，V“看起来越像”概率密度函数为f_Y的随机变量，$U<\frac{1}{M}f_Y(V)/f_V(V)$的可能性也越大——这就是**舍选法**的基本思想.

5.6.3 舍选法

定理 5.6.8 设$Y\sim f_Y(y)$，$V\sim f_V(v)$，其中f_Y，f_V有相同的支撑集且

$$M=\sup_y f_Y(y)/f_V(y)<+\infty$$

按下列步骤可生成随机变量$Y\sim f_Y$：

a. 生成独立随机变量U，V，其中U服从（0，1）区间上的均匀分布，$V\sim f_V$；

b. 如果$U<\frac{1}{M}f_Y(V)/f_V(V)$，则令$Y=V$；否则返回步骤（a）.

证明 生成的随机变量Y有下列累积分布函数：

$$P(Y\leqslant y)=P(V\leqslant y\mid \text{算法结束})$$

$$
\begin{aligned}
&= P\left(V \leqslant y \mid U < \frac{1}{M} f_Y(V)/f_V(V)\right) \\
&= \frac{P\left(V \leqslant y, U < \frac{1}{M} f_Y(V)/f_V(V)\right)}{P\left(U < \frac{1}{M} f_Y(V)/f_V(V)\right)} \\
&= \frac{\int_{-\infty}^{y}\int_{0}^{\frac{1}{M}f_Y(v)/f_V(v)} \mathrm{d}u f_V(v)\mathrm{d}v}{\int_{-\infty}^{\infty}\int_{0}^{\frac{1}{M}f_Y(v)/f_V(v)} \mathrm{d}u f_V(v)\mathrm{d}v} \\
&= \int_{-\infty}^{y} f_Y(v)\mathrm{d}v
\end{aligned}
$$

正是我们想要的累积分布函数.

此外，注意到

$$
\begin{aligned}
M &= \sup_y f_Y(y)/f_V(y) \\
&= \left[P\left(U < \frac{1}{M} f_Y(V)/f_V(V)\right)\right]^{-1} \\
&= \frac{1}{P(\text{算法结束})}
\end{aligned}
$$

若用 N 表示生成一个 Y 所需 (U,V) 对的数目，则 N 服从参数为 $(1/M)$ 的几何分布，且 $\mathrm{E}N=M$.

例 5.6.9 (生成贝塔随机变量-Ⅱ)　按下列步骤可生成参数（2.7，6.3）的贝塔随机变量 Y:

a. 生成独立随机变量 U，V，其中 U 服从（0，1）区间上的均匀分布，V 服从参数为（2，6）的贝塔分布；

b. 如果 $U<\frac{1}{M}f_Y(V)/f_V(V)$，则令 $Y=V$；否则返回步骤（a）.

只要 $\sup_y f_Y(y)/f_V(y)\leqslant M<\infty$，上述舍选法就能生成满足条件的 Y. 对于给定的概率分布，我们可求得 $M=1.67$，符合该条件（见习题 5.63）.

对于该算法，有 $\mathrm{E}N=1.67$；而对于例 5.6.7 中采用均匀随机变量 V 的算法，我们有 $\mathrm{E}N=2.67$. 因此新算法执行起来似乎更快，然而，必须注意到生成参数为（2，6）的贝塔随机变量本身还需用到 8 个均匀随机变量. 所以不可直接比较这两个算法，更何况还要考虑计算机运算速度及程序复杂度等因素. ||

最后我们还要强调条件“$M<\infty$”的重要性，其含义是要求 V 的分布密度（常称作**候选分布密度**）比 Y 的分布密度（常称作**目标分布密度**）尾部更粗大. 在此条件下，Y 的取值能够良好地表现出来，即便是位于其分布末端的取值. 例如，如果 V 服从 Cauchy 分布，$Y\sim \mathrm{n}(0,1)$，则我们可以预期 V 样本的取值范围宽于 Y 样本

的取值范围，因此舍选法可以顺利执行. 但反过来，由于n(0,1)随机变量无法表现出 Cauchy 随机变量的极端值，所以很难将 n(0,1)随机变量变换为 Cauchy 随机变量.

在有些情况下，目标分布密度本身尾部粗大，难以找到候选分布密度使 M 取值有限. 此时舍选法不可用，取而代之的是一类称作 Markov 链 Monte Carlo (MCMC) 的算法. Gibbs 取样器和 Metropolis 算法是 MCMC 算法的两个例子，下面简述 Metropolis 算法：

Metropolis 算法 设 $Y \sim f_Y(y)$，$V \sim f_V(v)$，且 f_Y，f_V 有相同的支撑集. 为生成 $Y \sim f_Y$，

0. 生成 $V \sim f_V$，令 $Z_0 = V$；对 $i=1, 2, \cdots$，

1. 生成在 (0, 1) 区间上均匀分布的随机变量 U_i，以及 $V_i \sim f_V$，并计算

$$\rho_i = \min\left\{\frac{f_Y(V_i)}{f_V(V_i)} \cdot \frac{f_V(Z_{i-1})}{f_Y(Z_{i-1})},\ 1\right\}$$

2. 令

$$Z_i = \begin{cases} V_i & \text{如果 } U_i \leqslant \rho_i \\ Z_{i-1} & \text{如果 } U_i > \rho_i \end{cases}$$

则当 $i \to \infty$ 时，Z_i 依分布收敛于 Y.

Metropolis 算法不要求 M 有限，但它得到的不是分布密度恰为 f_Y 的一个随机变量，而是一个收敛列. 不过，在实际操作中，该算法执行一段时间（i 足够大）后得到的 Z 与分布密度为 f_Y 的变量都非常相近（Metropolis 算法的详细介绍见 Chib and Greenberg 1995).

尽管早在 Metropolis 等（1953）中就已经提出了 MCMC 算法，但直至 Geman and Geman（1984）之后，在 Gelfand and Smith（1990）中有关该算法的研究才实质性地展开，详见杂录 5.8.5.

5.7 习题

5.1 设人群中色盲的概率是 1%，问样本大小是多少时，样本中包含色盲的概率大于等于 0.95？(假定人群总体足够大且可以看作无限，从而抽样方式可视作有放回抽样)

5.2 设 $X_1, \cdots, X_n$ 是独立的连续随机变量且边缘概率密度函数均为 $f(x)$，其中 X_i 表示某指定区域的年降雨量.

(a) 求降雨量首次超过第一年降雨量 X_1 所需年份的概率分布；

(b) 证明降雨量首次超过 X_1 所需年份的期望无限.

5.3 设 $X_1, \cdots, X_n$ 是独立同分布的随机变量，且有连续的累积分布函数 F_X，

$EX_i=\mu$. 定义随机变量 Y_1，…，Y_n 为

$$Y_i=\begin{cases}1 & \text{如果 } X_i>\mu\\ 0 & \text{如果 } X_i\leqslant\mu\end{cases}$$

求 $\sum_{i=1}^{n}Y_i$ 的分布.

5.4 独立随机变量的一种推广是由 deFinetti(1972)提出的**可交换**随机变量，Feller(1971)中也有关于可交换性的介绍. 称随机变量 X_1，…，X_n 是可交换的，如果任意大小为 $k(k\leqslant n)$的子集不论次序如何分布均相同. 本题我们考察一列可交换但不独立同分布的随机变量. 设 $X_i|P\sim\text{Bernoulli}(P)$，$i=1$，…，$n$ 且独立，P 服从 (0，1) 区间上的均匀分布.

(a) 证明：任意 k 个 X 的边缘分布均为

$$P(X_1=x_1,\cdots,X_k=x_k)=\int_0^1 p^t(1-p)^{k-t}\mathrm{d}p=\frac{t!(k-t)!}{(k+1)!}$$

其中 $t=\sum_{i=1}^{k}x_i$，于是全体 X 可交换；

(b) 证明：

$$P(X_1=x_1,\cdots,X_n=x_n)\neq\prod_{i=1}^{n}P(X_i=x_i)$$

所以尽管全体 X 可交换，它们并不是独立同分布的.

(deFinetti 证明了无限长可交换随机变量序列的特征定理，该定理表明任意无限长可交换随机变量限序列都是独立同分布的.)

5.5 设 X_1，…，X_n 是独立同分布的随机变量且概率密度函数为 $f_X(x)$，其样本均值记作 $\overline{X}$. 证明：

$$f_{\overline{X}}=nf_{X_1+\cdots+X_n}(nx)$$

尽管 X 的矩母函数不一定存在.

5.6 设 X，Y 独立且概率密度函数分别为 $f_X(x)$和 $f_Y(y)$，仿照式 (5.2.3)，求下列随机变量 Z 的概率密度函数：

(a) $Z=X-Y$；

(b) $Z=XY$；

(c) $Z=X/Y$.

5.7 例 5.2.10 中为求一对独立 Cauchy 随机变量和的分布，需要用到部分分式分解. 本题补充了具体的细节：

(a) 求常数 A，B，C 以及 D 使得

$$\frac{1}{1+(w/\sigma)^2}\,\frac{1}{1+((z-w)/\tau)^2}=\frac{Aw}{1+(w/\sigma)^2}+\frac{B}{1+(w/\sigma)^2}-\frac{Cw}{1+((z-w)/\tau)^2}-\frac{D}{1+((z-w)/\tau)^2}$$

其中 A，B，C，D 可能与 z 有关，但与 w 无关；

(b) 根据下列事实计算式(5.2.4),从而证明式(5.2.5):

$$\int \frac{t}{1+t^2}\mathrm{d}t = \frac{1}{2}\log(1+t^2) + 常数 \quad 且 \quad \int \frac{1}{1+t^2}\mathrm{d}t = \arctan(t) + 常数$$

(注意(b)中的积分非常微妙. 由于 Cauchy 均值不存在,积分 $\int_{-\infty}^{\infty} \frac{Aw}{1+(w/\sigma)^2}\mathrm{d}w$ 和 $\int_{-\infty}^{\infty} \frac{Cw}{1+((z-w)/\tau)^2}\mathrm{d}w$ 都不存在,但两被积函数之差的积分存在,这正是我们想要的.)

5.8 设 X_1, …, X_n 为一随机样本,其均值和方差分别记为 $\overline{X}$ 和 S^2.

(a) 证明:

$$S^2 = \frac{1}{2n(n-1)}\sum_{i=1}^{n}\sum_{j=1}^{n}(X_i - X_j)^2$$

假设 X_i 的四阶矩存在且有限,记 $\theta_1 = \mathrm{E}X_i$, $\theta_j = \mathrm{E}(X_i - \theta_1)^j$, $j=2$, 3, 4.

(b) 证明 $\mathrm{Var}S^2 = \frac{1}{n}\left(\theta_4 - \frac{n-3}{n-1}\theta_2^2\right)$;

(c) 用 θ_1, …, θ_4 表示 $\mathrm{Cov}(\overline{X}, S^2)$,问 $\mathrm{Cov}(\overline{X}, S^2)$何时得 0?

5.9 对任意数 a_1, a_2, …, a_n 和 b_1, b_2, …, b_n,证明下列 **Lagrange 恒等式**:

$$\left(\sum_{i=1}^{n} a_i^2\right)\left(\sum_{i=1}^{n} b_i^2\right) - \left(\sum_{i=1}^{n} a_i b_i\right)^2 = \sum_{i=1}^{n-1}\sum_{j=i+1}^{n}(a_i b_j - a_j b_i)^2$$

利用该恒等式证明相关系数平方等于 1 当且仅当全体样本点位于一条直线上(Wright 1992).(**提示**:先证明 $n=2$ 时该恒等式成立,再对 n 进行归纳.)

5.10 设随机样本 X_1, …, X_n 取自服从 $\mathrm{n}(\mu, \sigma^2)$分布的总体.

(a) 用 μ 和 σ^2 表示 θ_1, …, θ_4,其中 θ_1, …, θ_4 的定义同习题 5.8;

(b) 利用习题 5.8 及本题(a)的结论,求 $\mathrm{Var}S^2$;

(c) 用另一种(更简单的)方法计算 $\mathrm{Var}S^2$:利用$(n-1)S^2/\sigma^2 \sim \chi_{n-1}^2$的事实.

5.11 设随机样本 X_1, …, X_n 取自具有有限方差 σ^2 的总体,其均值和方差分别记为 $\overline{X}$ 和 S^2. 我们已知 $\mathrm{E}S^2 = \sigma^2$,现在证明:$\mathrm{E}S \leqslant \sigma$,且当 $\sigma^2 > 0$ 时有 $\mathrm{E}S < \sigma$.

5.12 设随机样本 X_1, …, X_n 取自服从 $\mathrm{n}(\mu, \sigma^2)$分布的总体,定义

$$Y_1 = \left|\frac{1}{n}\sum_{i=1}^{n} X_i\right|, Y_2 = \frac{1}{n}\sum_{i=1}^{n} |X_i|$$

求 $\mathrm{E}Y_1$ 和 $\mathrm{E}Y_2$,并在它们之间建立不等式.

5.13 设 X_1, …, X_n 独立同分布且都服从 $\mathrm{n}(\mu, \sigma^2)$分布,求样本方差 S^2 的函数 $g(S^2)$使得 $\mathrm{E}g(S^2) = \sigma$(**提示**:试一试 $g(S^2) = c\sqrt{S^2}$,其中 c 为常数).

5.14 (a) 证明引理 5.3.3 中可以只证 $\mu_i = 0$, $\sigma_i^2 = 1$ 的情形. 即证明:如果 $X_j = \sigma_j Z_j + \mu_j$ 且 $Z_j \sim \mathrm{n}(0,1)$, $j=1$, …, n 均独立,a_{ij}, b_{rj} 为常数,且

$$\text{Cov}\left(\sum_{j=1}^{n} a_{ij}Z_j, \sum_{j=1}^{n} b_{rj}Z_j\right)=0 \Rightarrow \sum_{j=1}^{n} a_{ij}Z_j \text{与} \sum_{j=1}^{n} b_{rj}Z_j \text{独立}$$

则

$$\text{Cov}\left(\sum_{j=1}^{n} a_{ij}X_j, \sum_{j=1}^{n} b_{rj}X_j\right)=0 \Rightarrow \sum_{j=1}^{n} a_{ij}X_j \text{与} \sum_{j=1}^{n} b_{rj}X_j \text{独立}$$

(b) 验证引理 5.3.3 中 $\text{Cov}\left(\sum_{j=1}^{n} a_{ij}X_j, \sum_{j=1}^{n} b_{rj}X_j\right)$ 的表达式.

5.15 建立下列均值与方差的递推关系. 设 $\overline{X}_n$ 和 S_n^2 分别为 X_1, …, X_n 的均值和方差，X_{n+1} 为另一观测值，则

(a) $\overline{X}_{n+1}=\dfrac{X_{n+1}+n\overline{X}_n}{n+1}$

(b) $nS_{n+1}^2=(n-1)S_n^2+\left(\dfrac{n}{n+1}\right)(X_{n+1}-\overline{X}_n)^2$

5.16 设 X_i, $i=1,2,3$ 独立且都分别服从 $\text{n}(i,i^2)$ 分布，利用 X_i 构造服从下列分布的统计量：

(a) 自由度为 3 的 χ^2 分布；

(b) 自由度为 2 的 t 分布；

(c) 自由度为 1，2 的 F 分布.

5.17 设随机变量 X 服从 $F_{p,q}$ 分布，

(a) 求 X 的概率密度函数；

(b) 求 X 的均值和方差；

(c) 证明 $1/X$ 服从 $F_{q,p}$ 分布；

(d) 证明 $(p/q)X/[1+(p/q)X]$ 服从参数为 $(p/2,q/2)$ 的贝塔分布.

5.18 设随机变量 X 服从自由度为 p 的学生 t 分布，

(a) 求 X 的均值和方差；

(b) 证明 X^2 服从自由度为 1，p 的 F 分布；

(c) 设 X 的概率密度函数为 $f(x|p)$，证明对任意 x，$-\infty<x<\infty$，都有

$$\lim_{p\to\infty} f(x|p)=\frac{1}{\sqrt{2\pi}}\text{e}^{-x^2/2}$$

这就表明当 $p\to\infty$ 时，X 依分布收敛于 $\text{n}(0,1)$ 随机变量.（**提示：**利用 Stirling 公式）

(d) 利用 (a)，(b) 的结论证明：当 $p\to\infty$ 时，X^2 依分布收敛于 χ_1^2 随机变量.

(e) 推断当 $p\to\infty$ 时，$qE_{q,p}$ 的极限分布如何？

5.19 (a) 证明 χ^2 分布关于自由度**随机递增**，即，如果 $p>q$，则对任意 a 都有 $P(\chi_p^2>a)\geqslant P(\chi_q^2>a)$，且存在某数 a 使严格不等式成立；

(b) 利用 (a) 证明对任意 υ，$kF_{k,\upsilon}$ 关于 k **随机递增**；

(c) 证明对任意 k，υ 以及 α，都有 $kF_{\alpha,k,\upsilon}>(k-1)F_{\alpha,k-1,\upsilon}$（记号 $F_{\alpha,k,\upsilon}$ 表示 α 分位点，见 8.3.1 节或杂录 8.5.1 以及习题 11.15）.

5.20 (a) 本题表明 t 分布可以写成混合正态分布，其证明步骤如下：由于

$$P(T_\upsilon \leqslant t)=P\left(\frac{Z}{\sqrt{\chi_\upsilon^2/\upsilon}}\leqslant t\right)=\int_0^\infty P(Z\leqslant t\sqrt{x}/\sqrt{\upsilon})P(\chi_\upsilon^2=x)\mathrm{d}x$$

其中 T_υ 是自由度为 υ 的 t 随机变量. 运用微积分基本定理，并将 $P(\chi_\upsilon^2=x)$ 看成概率密度函数，则有

$$f_{T_\upsilon}(t)=\int_0^\infty \frac{1}{\sqrt{2\pi}}\mathrm{e}^{-t^2x/2\upsilon}\frac{\sqrt{x}}{\sqrt{\upsilon}}\frac{1}{\Gamma(\upsilon/2)2^{\upsilon/2}}(x)^{(\upsilon/2)-1}\mathrm{e}^{-x/2}\mathrm{d}x$$

即正态分布混合尺度参数所得的分布. 通过直接积分验证上式；

(b) 对于 F 分布也有类似的公式，事实上 F 分布可以写成混合 χ^2 分布. 如果 $F_{1,\upsilon}$ 是自由度为 1，υ 的 F 随机变量，则

$$P(F_{1,\upsilon}\leqslant \upsilon t)=\int_0^\infty P(\chi_1^2\leqslant ty)f_\upsilon(y)\mathrm{d}y$$

其中 $f_\upsilon(y)$ 是 χ_υ^2 概率密度函数. 运用微积分基本定理，求 $F_{1,\upsilon}$ 概率密度函数的积分表达式并予以验证；

(c) 证明：当 m 为大于 1 的整数时，(b) 可以推广成：

$$P\left(F_{m,\upsilon}\leqslant \frac{\upsilon}{m}t\right)=\int_0^\infty P(\chi_m^2\leqslant ty)f_\upsilon(y)\mathrm{d}y$$

5.21 在一对连续的独立同分布随机变量中，取值较大者大于总体中位数的概率是多少？将该结论推广至大小为 n 的随机样本.

5.22 设 X，Y 是独立同分布的 $\mathrm{n}(0,1)$ 随机变量，$Z=\min(X,Y)$，证明 $Z^2\sim\chi_1^2$.

5.23 设 U_i，$i=1,2,\cdots$ 是一列独立随机变量且都服从 (0，1) 区间上的均匀分布，X 的分布为：

$$P(X=x)=\frac{c}{x!},\ x=1,2,3,\cdots$$

其中 $c=1/(\mathrm{e}-1)$. 求

$$Z=\min\{U_1,\cdots,U_X\}$$

的分布.

(**提示**：注意，$Z\mid X=x$ 的分布是大小为 x 的样本的第一个次序统计量的分布.)

5.24 设随机样本 X_1，…，X_n 取自具有如下概率密度函数的总体：

$$f_X(x)=\begin{cases}1/\theta & \text{如果 } 0<x<\theta\\ 0 & \text{否则}\end{cases}$$

令 $X_{(1)}<\cdots<X_{(n)}$ 为样本的次序统计量，证明 $X_{(1)}/X_{(n)}$ 与 $X_{(n)}$ 独立.

5.25 本题推广了上题的结论. 设 X_1，…，X_n 独立同分布，且概率密度函数

均为

$$f_X(x)=\begin{cases}\dfrac{a}{\theta^a}x^{a-1} & \text{如果 } 0<x<\theta\\ 0 & \text{否则}\end{cases}$$

令 $X_{(1)}<\cdots<X_{(n)}$ 为 X_1，…，X_n 的次序统计量，证明 $X_{(1)}/X_{(2)}$，$X_{(2)}/X_{(3)}$，…，$X_{(n-1)}/X_{(n)}$ 与 $X_{(n)}$ 相互独立，并求其中每一项的分布.

5.26　完成定理 5.4.6 的证明：

(a) 用随机变量 U 表示 X_1，…，X_n 中小于等于 u 的样本值的个数，V 表示 X_1，…，X_n 中大于 u 但小于等于 v 的样本值的个数. 证明：$(U, V, n-U-V)$ 服从试验次数为 n、元概率为 $(F_X(u),F_X(v)-F_X(u),1-F_X(v))$ 的多项分布；

(b) 证明 $X_{(i)}$ 和 $X_{(j)}$ 的联合累积分布函数为：

$$\begin{aligned}F_{X(i),X(j)}(u,v) &= P(U\geqslant i,U+V\geqslant j)\\ &=\sum_{k=i}^{j-1}\sum_{m=j-k}^{n-k}P(U=k,V=m)+P(U\geqslant j)\\ &=\sum_{k=i}^{j-1}\sum_{m=j-k}^{n-k}\frac{n!}{k!m!(n-k-m)!}[F_X(u)]^k[F_X(v)-F_X(u)]^m\times\\ &\quad[1-F_X(v)]^{n-k-m}+P(U\geqslant j)\end{aligned}$$

(c) 通过计算式 (4.1.4) 定义的混合偏导，求 $X_{(i)}$ 和 $X_{(j)}$ 的联合概率密度函数.（由于 $P(U\geqslant j)$ 只依赖于 u，与 v 无关，故其混合偏导为 0. 根据形如式 (5.4.6) 的二项式系数公式，其余各项的混合偏导中也有很大一部分可以相互消去.）

5.27　设 X_1，…，X_n 独立同分布，且概率密度函数和累积分布函数分别为 $f_X(x)$ 和 $F_X(x)$，$X_{(1)}<\cdots<X_{(n)}$ 为其次序统计量.

(a) 用 f_X 和 F_X 表示 $X_{(i)}$ 在已知 $X_{(j)}$ 时的条件概率密度函数；

(b) 求 $V\mid R=r$ 的概率密度函数，其中 V，R 同例 5.4.7.

5.28　设 X_1，…，X_n 独立同分布，且概率密度函数和累积分布函数分别为 $f_X(x)$ 和 $F_X(x)$，$X_{(i1)}<\cdots<X_{(il)}$ 和 $X_{(j1)}<\cdots<X_{(jm)}$ 是两组不相交的次序统计量. 用 f_X 和 F_X 分别表示下列函数：

(a) $X_{(i1)}$，…，$X_{(il)}$ 的边缘累积分布函数和概率密度函数；

(b) $X_{(i1)}$，…，$X_{(il)}$ 在已知 $X_{(j1)}$，…，$X_{(jm)}$ 时的条件累积分布函数和条件概率密度函数.

5.29　某工厂生产一种小册子并将其按每箱 100 册的数量打包. 已知小册子重量的均值为 1 盎司，标准差为 0.05 盎司. 厂家希望计算

$$P\text{（100 本小册子的重量超过 100.4 盎司）}$$

的值，以帮助检测每个箱子中的小册子是否有多. 说说你会怎样（近似地?）计算

这一概率，注意指出必要的假定和相关的定理.

5.30 设有两个独立的大小为 n 的随机样本取自方差为 σ^2 的总体，样本均值分别为 $\overline{X}_1$ 和 $\overline{X}_2$，求 n 的值使 $P(|\overline{X}_1-\overline{X}_2|<\sigma/5)\approx 0.99$，说明你结论的合理性.

5.31 设某总体的均值为 μ、方差为 $\sigma^2=9$，$\overline{X}$ 是其中 100 个观测值的均值. 求 $\overline{X}-\mu$ 的一个取值区间，使 $\overline{X}-\mu$ 取值在该区间内的概率至少是 0.90. 利用 Chebychev 不等式和中心极限定理两种方法，并作出评论.

5.32 设随机变量序列 X_1，X_2，…依概率收敛于常数 a，假设对任意 i 都有 $P(X_i>0)=1$.

(a) 证明由 $Y_i=\sqrt{X_i}$ 和 $Y'_i=a/X_i$ 定义的随机变量序列均依概率收敛；

(b) 利用 (a) 的结论证明例 5.5.18 中用到的一个事实：σ/S_n 依概率收敛于 1.

5.33 设随机变量序列 X_n 依分布收敛于随机变量 X，随机变量序列 Y_n 满足：对任意有限数 c，都有

$$\lim_{n\to\infty}P(Y_n>c)=1$$

证明：对任意有限数 c，有

$$\lim_{n\to\infty}P(X_n+Y_n>c)=1$$

(10.3.2 节将利用类似的结论讨论检验的功效性质)

5.34 设随机变量 X_1，…，X_n 取自均值为 μ、方差为 σ^2 的总体，证明：

$$\mathrm{E}\,\frac{\sqrt{n}(\overline{X}_n-\mu)}{\sigma}=0 \quad 且 \quad \mathrm{Var}\,\frac{\sqrt{n}(\overline{X}_n-\mu)}{\sigma}=1$$

即中心极限定理中对 $\overline{X}_n$ 进行标准化所得的 $\sqrt{n}(\overline{X}_n-\mu)/\sigma$ 与极限 $\mathrm{n}(0,1)$ 分布有相同的均值和方差.

5.35 (习题 1.28 推导出的) 用于估计大数阶乘的 Stirling 公式也可由中心极限定理导出：

(a) 证明：如果 X_i，$i=1$，2，…独立且都服从参数为 1 的指数分布，则对任意 x，都有

$$P\left(\frac{\overline{X}_n-1}{1/\sqrt{n}}\leqslant x\right)\to P(Z\leqslant x)$$

其中 Z 为标准正态随机变量.

(b) 证明对 (a) 中近似式两端求导可得

$$\frac{\sqrt{n}}{\Gamma(n)}(x\sqrt{n}+n)^{n-1}\mathrm{e}^{-(x\sqrt{n}+n)}\approx\frac{1}{\sqrt{2\pi}}\mathrm{e}^{-x^2/2}$$

且 $x=0$ 时由上式可推得 Stirling 公式.

5.36 设 Y 在条件 $N=n$ 下的条件分布为 χ^2_{2n} 分布，N 的无条件分布是参数为 θ

的 Poisson 分布.

(a) 求 E Y 和 Var$Y$（无条件矩）；

(b) 证明当 $\theta\to\infty$ 时 $(Y-\mathrm{E}\,Y)/\sqrt{\mathrm{Var}Y}$ 依分布收敛于 n(0,1).

5.37　类似于例 3.3.2 中二项分布的正态近似，我们也可以用“连续性校正”改进例 5.5.16 中负二项分布正态近似的精度. 设 X_i 同例 5.5.16，$V_n=\sum_{i=1}^{n}X_i$ 令 $n=10$，$p=0.7$，$r=2$，分别用下列三种方法求 $P(V_n=v)$ 的值，其中 $v=0$，1，…，10.

(a) 精确计算；

(b) 利用例 5.5.16 所给的正态近似；

(c) 利用带连续性校正的正态近似.

5.38　下面列出的不等式是习题 3.45 中不等式的推广，它们可以用于一个强大数定律的证明（见杂录 5.8.4）. 设 X_1，X_2，…，X_n 独立同分布且矩母函数均为 $M_X(t)$，$-h<t<h$，令 $S_n=\sum_{i=1}^{n}X_i,\bar{X}_n=S_n/n$.

(a) 证明：$P(S_n>a)\leqslant \mathrm{e}^{-at}[M_X(t)]^n,0<t<h$, 且 $P(S_n\leqslant a)\leqslant \mathrm{e}^{-at}[M_X(t)]^n$，$-h<t<0$；

(b) 利用 $M_X(0)=1$ 以及 $M'_X(0)=\mathrm{E}(X)$ 的事实证明：如果 $\mathrm{E}(X)<0$，则存在 $0<c<1$ 使得 $P(S_n>a)\leqslant c^n$. 类似地，求 $P(S_n\leqslant a)$ 的一个界；

(c) 令 $Y_i=X_i-\mu-\varepsilon$，利用上面的结论（假定 $a=0$）证明：$P(\bar{X}_n-\mu>\varepsilon)\leqslant c^n$；

(d) 令 $Y_i=-X_i+\mu-\varepsilon$，给出类似于 (c) 的不等式，然后将两式联立，证明：存在 $0<c<1$ 使

$$P(|\bar{X}_n-\mu|>\varepsilon)\leqslant 2c^n$$

5.39　本题以及下面两题补充了关于收敛的几处定理证明.

(a) 证明定理 5.5.4（**提示**：由 h 连续可知：任给 $\varepsilon>0$，存在 $\delta>0$ 使得：只要 $|x_n-x|<\delta$ 就有 $|h(x_n)-h(x)|<\varepsilon$. 将这句话用概率的语言加以表述）；

(b) 求例 5.5.8 中 X_i 的殆必收敛（即点点收敛）子列；

5.40　证明当 X_n 和 X 均为连续随机变量时定理 5.5.12 成立：

(a) 任给 t 和 ε，证明 $P(X\leqslant t-\varepsilon)\leqslant P(X_n\leqslant t)+P(|X_n-X|\geqslant\varepsilon)$，这就得到了 $P(X_n\leqslant t)$ 的一个下界；

(b) 采用类似于 (a) 的方法求 $P(X_n\leqslant t)$ 的一个上界；

(c) 收缩上下界，得到 $P(X_n\leqslant t)\to P(X\leqslant t)$.

5.41　证明定理 5.5.13，即证：

$$\forall\,\varepsilon>0,\ P(|X_n-\mu|>\varepsilon)\to 0\Leftrightarrow P(X_n\leqslant x)\to\begin{cases}0 & \text{如果 } x<\mu\\ 1 & \text{如果 } x\geqslant\mu\end{cases}$$

(a) 令 $\varepsilon=|x-\mu|$，证明：如果 $x>\mu$，则 $P(X_n\leqslant x)\geqslant P(|X_n-\mu|\leqslant\varepsilon)$；如果 $x<\mu$，则 $P(X_n\leqslant x)\leqslant P(|X_n-\mu|\geqslant\varepsilon)$——这就证得⇒方向成立；

(b) 利用 $\{x:|x-\mu|>\varepsilon\}=\{x:x-\mu<-\varepsilon\}\cup\{x:x-\mu>\varepsilon\}$ 的事实证明⇐方向亦成立.

(详细证明见 Billingsley 1995 第 25 节.)

5.42 与例 5.5.11 类似，设 X_1，X_2，…独立同分布，$X_{(n)}=\max\limits_{1\leqslant i\leqslant n}X_i$.

(a) 如果 X_i 服从参数为 (1，β) 的贝塔分布，求 υ 使 $n^{\upsilon}(1-X_{(n)})$依分布收敛；

(b) 如果 X_i 服从参数为 1 的指数分布，求数列 a_n 使 $X_{(n)}-a_n$ 依分布收敛.

5.43 补充定理 5.5.24 证明的细节：

(a) 证明：如果$\sqrt{n}(Y_n-\mu)$依分布收敛于 $\mathrm{n}(0,\sigma^2)$，则 Y_n 依概率收敛于 μ；

(b) 详述 Slutsky 定理（定理 5.5.17）在证明中的作用.

5.44 设 X_i，$i=1$，2，…是独立的 Bernoulli (p) 随机变量，$Y_n=\dfrac{1}{n}\sum\limits_{i=1}^{n}X_i$.

(a) 证明$\sqrt{n}(Y_n-p)$依分布收敛于 $\mathrm{n}\,[0，p\,(1-p)]$；

(b) 证明：对任意 $p\neq 1/2$，方差的估计 $Y_n(1-Y_n)$满足$\sqrt{n}[Y_n(1-Y_n)-p(1-p)]$依分布收敛于 $\mathrm{n}[0,(1-2p)^2p(1-p)]$；

(c) 证明：对于 $p=1/2$，$n[Y_n(1-Y_n)-\dfrac{1}{4}]$依分布收敛于$-\dfrac{1}{4}\chi_1^2$（这个式子并不奇怪，注意 $Y_n(1-Y_n)\leqslant 1/4$，因此该式左端恒为负. 该式的一个等价形式是 $2n[\dfrac{1}{4}-Y_n(1-Y_n)]\rightarrow\chi_1^2$).

5.45 问题背景同例 5.6.1，求下列情形下至少有 50%的电子元件使用寿命大于等于 100 小时的概率：

(a) $c=300$，$X\sim\Gamma(a，b)$，$a=4$，$b=25$；

(b) $c=100$，$X\sim\Gamma(a，b)$，$a=20$，$b=5$；

(c) $c=300$，$X\sim\Gamma(a，b)$，$a=20.7$，$b=5$；

(**提示**：在 (a)，(b) 两种情形下伽玛积分都可以表示为初等函数，且 (b) 中实际上无需将其求出. 但对于情形 (c)，该积分不能表示为初等函数，所以只能用数值积分或者模拟计算的方法求解.)

5.46 对照上题答案与利用二项分布的正态近似（见例 3.3.2）进行计算所得的结果.

5.47 验证式 (5.6.5) 中各随机变量分布.

5.48 仿照式 (5.6.5) 的方法，说明如何生成 $F_{m,n}$随机变量，其中 m，n 均为偶数.

5.49 设 U 服从 (0，1) 区间上的均匀分布，

(a) 证明 $-\log U$ 和 $-\log(1-U)$ 都是指数随机变量；

(b) 证明 $X=\log\frac{U}{1-U}$ 是参数为 (0, 1) 的罗吉斯蒂克随机变量；

(c) 说明如何生成参数为 (μ, β) 的罗吉斯蒂克随机变量．

5.50　通过变换

$$X_1=\cos(2\pi U_1)\sqrt{-2\log U_1},\quad X_2=\sin(2\pi U_1)\sqrt{-2\log U_2},$$

运用 Box-Muller 算法可以生成正态**伪随机变量**（例 5.6.4），其中 U_1，U_2 独立同分布且都服从 (0, 1) 区间上的均匀分布．证明 X_1 和 X_2 是独立的 n(0,1) 随机变量．

5.51　利用均匀随机变量生成标准正态伪随机变量的早期方法之一（并非最优方法）是令 $X=\sum_{i=1}^{12}U_i-6$，其中 U_i 独立同分布且都服从 (0,1) 区间上的均匀分布．

(a) 证明 X 近似于 n(0,1) 随机变量；

(b) 该近似在哪方面显然是失效的？

(c) 比较前 4 阶矩，说明该近似是优是劣？（四阶矩是 29/10，计算起来很复杂，可以利用矩母函数和计算机代数辅助计算，见附录 A 例 A.0.6）

5.52　给出生成下列随机变量的算法：

(a) Y 服从参数为 $(8, \frac{2}{3})$ 的二项分布；

(b) Y 服从参数为 $N=10$，$M=8$，$K=4$ 的超几何分布；

(c) Y 服从参数为 $(5, \frac{1}{3})$ 的负二项分布．

5.53　对于上题所列的各个分布，

(a) 生成 1，000 个服从该分布的变量；

(b) 将所生成随机变量的均值、方差以及直方图与理论值作比较．

5.54　参考例 5.6.6，设有另一海湾凤尾鱼幼苗数量样本：

158，143，106，57，97，80，109，109，350，224，109，214，84

(a) 仿照例 5.6.6 的方法构造的 S^2 的模拟分布，并推断此时 Poisson 假设是否合理；

(b) Poisson 假设失效（且方差增大）很可能是因为鱼苗在河中的分布不是均匀分布．如果鱼苗丛生，其分布模型更倾向于参数为 (r, p) 的负二项分布（均值为 $\mu=r\frac{1-p}{p}$、方差为 $\mu+\frac{\mu^2}{r}$）．若 $\mu=\bar{x}$，问 r 取何值时可以得到与样本数据一致的模拟分布？

5.55　考虑用式 (5.6.7) 的方法生成随机变量 Y，其中 $y_i=i$，$i=0, 1, 2, \cdots$．证明比较次数的期望为 $\mathrm{E}(Y+1)$．（**提示**：见习题 2.14）

5.56　设 Y 服从 Cauchy 分布，且 $f_Y(y)=\frac{1}{\pi(1+y^2)}$，$-\infty<y<+\infty$．

(a) 证明 $F_Y(y)=\tan^{-1}(y)$；

(b) 说明怎样用（0，1）区间上的均匀随机变量模拟参数为（a，b）的 Cauchy 分布.

（相关结论可参考习题 2.12.）

5.57 Park 等（1996）介绍了生成一对相关二值随机变量的方法，其基本思想如下：设 X_1，X_2，X_3 是独立的 Poisson 随机变量，其期望分别为 λ_1，λ_2 和 λ_3. 定义

$$Y_1=X_1+X_3,\quad 且\quad Y_2=X_2+X_3$$

(a) 证明 $\mathrm{Cov}(Y_1,Y_2)=\lambda_3$；

(b) 令 $Z_i=I\ (Y_i=0)$ 且 $p_i=\mathrm{e}^{-(\lambda_i+\lambda_3)}$，证明 $Z_i\sim\mathrm{Bernoulli}\ (p_i)$，且

$$\mathrm{Corr}(Z_1,Z_2)=\frac{p_1p_2(\mathrm{e}^{\lambda_3}-1)}{\sqrt{p_1(1-p_1)}\sqrt{p_2(1-p_2)}}$$

(c) 证明 Z_1，Z_2 的相关系数不能取遍 $[-1, 1]$，而必须满足

$$\mathrm{Corr}(Z_1,Z_2)\leqslant\min\left\{\sqrt{\frac{p_2(1-p_1)}{p_1(1-p_2)}},\sqrt{\frac{p_1(1-p_2)}{p_2(1-p_1)}}\right\}$$

5.58 设 U_1，U_2，…，U_n 独立同分布且都服从（0，1）区间上的均匀分布，$S_n=\sum_{i=1}^{n}U_i$. 定义

$$N=\min\{k:S_k>1\}$$

(a) 证明 $P(S_k\leqslant t)=t^k/k!$；

(b) 证明 $P(N=n)=P(S_{n-1}<1)-P(S_n<1)$ 且 $\mathrm{E}(N)$ 等于 e——自然对数的底数；

(c) 利用（b）的结论模拟计算 e 的值；

(d) 为保证（c）中所得近似值与 e 前四位数相同的概率为 95%，n 应取多大?

（Russell 1991 介绍了此类模拟试验，他认为这一问题来源于 Gnedenko 1978.）

5.59 证明例 5.6.7 中的算法可以生成参数为（a，b）的贝塔随机变量.

5.60 将例 5.6.7 中的算法推广，使之能够应用于任意有界概率密度函数，即对 $[a, b]$ 上的任意有界概率密度函数 $f(x)$，定义 $c=\max_{a\leqslant x\leqslant b}f(x)$. 设 X，Y 独立且分别服从区间（a，b）和（0，c）上的均匀分布，d 大于 b. 定义

$$W=\begin{cases}X & 如果\ Y<f(X)\\ d & 如果\ Y\geqslant f(X)\end{cases}$$

(a) 证明对任意 $a\leqslant w\leqslant b$，有 $P(W\leqslant w)=\int_a^w f(t)\mathrm{d}t/[c(b-a)]$；

(b) 利用（a）的结论说明如何生成概率密度函数为 $f(x)$ 的随机变量（**提示：** 画图，借助图像讨论).

5.61 (a) 假设要生成参数为 (a, b) 的贝塔随机变量 Y，其中 a，b 不是整数．证明：如果 V 是参数为 $([a], [b])$ 的贝塔随机变量，则 $M=\sup_y f_Y(y)/f_V(y)$ 有限；

(b) 假设要生成参数为 (a, b) 的伽玛随机变量 Y，其中 a，b 不是整数．证明：如果 V 是参数为 $([a], b)$ 的伽玛随机变量，则 $M=\sup_y f_Y(y)/f_V(y)$ 有限；

(c) 证明：(a)，(b) 中若将 V 的参数 $[a]$ 改为 $[a]+1$，则 M 的值无限；

(d) 求 (a)，(b) 中随机变量 V 的最优参数值，以使 $\mathrm{E}(N)$ 的值最小（见式 (5.6.12)）．

（$[a]$ 表示 $\leqslant a$ 的最大整数．）

5.62 设 U 是 $(0, 1)$ 区间上的均匀随机变量，求从 U 和下列 V 出发用舍选法生成 $Y\sim \mathrm{n}(0,1)$ 时 M 的值：

(a) V 是 Cauchy 随机变量；

(b) V 是双指数随机变量；

(c) 比较上述两种算法，哪种更好？

5.63 为使用舍选法生成 $Y\sim \mathrm{n}(0,1)$，我们可以生成 $(0, 1)$ 区间上的均匀随机变量 U 以及参数为 λ 的指数随机变量，并且为 V 随机赋以正负号（$\pm$ 等概率），问 λ 取值多少时该算法最优？

5.64 与舍选法相似的一种算法是**重要性抽样**，它对计算分布特征非常有用．设 $X\sim f$，其中 f 难以通过模拟得到．Y_1，Y_2，$\cdots$，Y_m 独立同分布且均具有概率密度函数 g，对任意函数 h，计算 $\frac{1}{m}\sum_{i=1}^{m}\frac{f(Y_i)}{g(Y_i)}h(Y_i)$．设 f 和 g 具有相同的支撑集，且 $\mathrm{Var}h(X)<+\infty$．

(a) 证明 $\mathrm{E}\left(\frac{1}{m}\sum_{i=1}^{m}\frac{f(Y_i)}{g(Y_i)}h(Y_i)\right)=\mathrm{E}h(X)$；

(b) 证明 $\frac{1}{m}\sum_{i=1}^{m}\frac{f(Y_i)}{g(Y_i)}h(Y_i)$ 依概率收敛于 $\mathrm{E}h(X)$；

(c) 尽管 (a) 中给出的 $h(X)$ 的估计与 $h(X)$ 有相同的期望，但在实际应用中更倾向于使用下列估计：

$$\sum_{i=1}^{m}\left(\frac{f(Y_i)/g(Y_i)}{\sum_{j=1}^{m}f(Y_j)/g(Y_j)}\right)h(Y_i)$$

证明该估计也依概率收敛于 $\mathrm{E}h(X)$，并且如果 h 为常值函数，该估计优于 (a) 中给出的估计（Casella and Robert 1996 详细讨论了该估计的性质）．

5.65 习题 5.64 的重要性抽样方法稍加变形后即可近似地生成概率密度函数为 f 的随机变量．仍然设 $X\sim f$，Y_1，Y_2，$\cdots$，Y_m 独立同分布且均具有概率密度函数 g．令 $q_i=[f(Y_i)/g(Y_i)]/[\sum_{j=1}^{m}f(Y_j)/g(Y_j)]$．生成随机变量 X^*，使之在 Y_1，

Y_2，…，Y_m 上呈离散分布，且 $P(X^*=Y_k)=q_k$. 证明 X_1^*，X_2^*，…，X_r^* 近似于取自 f 的随机样本.

(**提示：** 证明 $P(X^*\leqslant x)=\sum_{i=1}^{n}q_iI(Y_i\leqslant x)$，然后令 $m\to\infty$，并对分子、分母同时运用弱大数定律.）Rubin（1988）将上述算法称为**抽样/重要性再抽样**，Smith and Gelfand（1992）引用该算法称之为**加权自助法**.

5.66 设 X_1，…，X_n 是独立同分布的 $\mathrm{n}(\mu,\sigma^2)$ 随机变量，我们已经知道样本均值 $\overline{X}$ 的分布是 $\mathrm{n}(\mu,\sigma^2/n)$. 但对于位置的更稳健的估计，比如中位数（见式(5.4.1)），其分布较难求出.

(a) 证明 M 是 X_i 的中位数当且仅当 $(M-\mu)/\sigma$ 是 $(X_i-\mu)/\sigma$ 的中位数，因此我们只需考察 $\mathrm{n}(0,1)$ 样本中位数的分布；

(b) 对于某取自 $\mathrm{n}(0,1)$ 总体的大小为 $n=15$ 的样本，模拟其中位数 M 的分布；

(c) 比较（b）中所得分布与中位数的渐近分布 $\sqrt{n}(M-\mu)\sim\mathrm{n}[0,1/4f^2(0)]$，其中 f 是概率密度函数. 样本大小 $n=15$ 是否可以保证该渐近分布的可靠性？

5.67 与舍选法相比，我们通常优先选择 Metropolis 算法生成随机变量，原因有三：(i) 满足舍选法的候选分布密度不易选择；(ii) 舍选法的上确界条件难以验证；(iii) 懒惰使得我们不愿动脑子，更愿意依赖计算机.

对于下列分布，说明如何运用 Metropolis 算法生成大小为 100 的随机样本：

(a) $X\sim\frac{1}{\sigma}f[(x-\mu)/\sigma]$，其中 f 是自由度为 υ 的学生 t 分布的概率密度函数，υ，μ，σ 已知；

(b) X 服从参数为 (μ,σ^2) 的对数正态分布，其中 μ，σ 已知；

(c) X 服从参数为（α，β）的 Weibull 分布，其中 α，β 已知.

5.68 如果用 Metropolis 算法替代舍选法，我们就不必验证上确界条件. 不过此时得到的只是近似（而非精确）服从指定分布的随机变量.

(a) 说明如何运用 Metropolis 算法及 $N(0,1)$ 随机变量，生成近似服从自由度为 υ 的学生 t 分布的随机变量；

(b) 说明如何运用舍选法及 Cauchy 随机变量，生成服从自由度为 υ 的学生 t 分布的随机变量；

(c) 说明如何通过变换直接生成服从自由度为 υ 的学生 t 分布的随机变量；

(d) 对于 $\upsilon=2$，10，25，分别用上述算法生成大小为 100 的随机样本并比较其优劣. 哪种算法最好？为什么？

(Mengersen and Tweedie 1996 证明当上确界条件成立时 Metropolis 算法的收敛速度很快. 上确界条件即 $\sup f/g\leqslant M<\infty$，其中 f，g 分别是目标分布密度和候选分布密度.）

5.69　证明概率密度函数 $f_Y(y)$ 是 Metropolis 算法的稳定点，即若 $Z_i \sim f_Y(y)$，则 $Z_{i+1} \sim f_Y(y)$.

5.8　杂录

5.8.1　中心极限定理

独立同分布的随机变量序列收敛于正态分布的必要条件和充分条件都已经研究清楚，其中最重要的一个结论由 Lindeberg and Feller 给出．下面要介绍的这个特殊的例子由 Lévy 提出．设 X_1，X_2，…是独立同分布的随机变量序列，且 $\mathrm{E}X_i=\mu<\infty$．令 $V_n=\sum_{i=1}^{n} X_i$，则序列 V_n（适当标准化后）收敛于 $\mathrm{n}(0,1)$ 随机变量当且仅当

$$\lim_{t\to\infty}\frac{t^2 P(|X_1-\mu|>t)}{\mathrm{E}((X_1-\mu)^2 I_{[-t,t]}(X_1-\mu))}=0$$

注意，上述条件实际上是关于方差的条件．尽管它不要求方差有限，但却要求方差"几乎"有限——这对以正态随机变量为极限的收敛很重要，它表明正态性由许多微小的扰动累加得到．

中心极限定理有许多版本，其中有一些试图改造独立性假设．事实上，独立性假设尽管不能完全去掉，但可以适当减弱（见 Billingsley1995 第 27 节或 Resnick 1999 第 8 章）．

5.8.2　S^2 的偏倚

本章大部分计算都是在假定每次观测独立的前提下进行的，实际上某些期望的计算需要依赖这一假定．David（1985）指出，如果每次观测不独立，则 S^2 可能是 σ^2 的有偏估计，即可能没有 $\mathrm{E}S^2=\sigma^2$．不过，此时 S^2 偏倚的范围很容易计算．

设 X_1，…，X_n 是均值为 μ、方差为 σ^2 的随机变量（不一定独立），则

$$(n-1)\mathrm{E}S^2=\mathrm{E}\Big(\sum_{i=1}^{n}(X_i-\mu)^2-n(\overline{X}-\mu)^2\Big)=n\sigma^2-n\mathrm{Var}\overline{X}$$

根据 X_1，…，X_n 的依赖关系，$\mathrm{Var}\overline{X}$ 的值会从 0（此时 X_1，…，X_n 均为常数）变化到 σ^2（此时各 X_i 完全相同）．将这两个值代入上式，即得 $\mathrm{E}S^2$ 的取值范围：

$$0\leqslant \mathrm{E}S^2\leqslant\frac{n}{n-1}\sigma^2$$

5.8.3　再看 Chebychev 不等式

3.6 节中我们介绍了 Chebychev 不等式（又见杂录 3.8.2），并且在例 3.6.2 中看到了它关于随机变量期望和方差的特殊形式．事实上，有时我们也可以用期望和

方差的估计推广这个不等式. 设随机样本 X_1, …, X_n 取自均值为 μ、方差为 σ^2 的总体，则由 Chebychev 不等式有

$$P(|X-\mu|\geqslant k\sigma)\leqslant\frac{1}{k^2}$$

Saw 等（1984）证明，如果以 $\overline{X}$ 和 S^2 分别代替 μ 和 σ^2，则

$$P(|X-\overline{X}|\geqslant kS)\leqslant\frac{1}{n+1}g\left(\frac{n(n+1)k^2}{n-1+(n-1)k^2}\right)$$

其中

$$g(t)=\begin{cases}\upsilon & \text{如果 } \upsilon \text{ 是偶数}\\ \upsilon & \text{如果 } \upsilon \text{ 是奇数且 } t<a\\ \upsilon-1 & \text{如果 } \upsilon \text{ 是奇数且 } t>a\end{cases}$$

且

$$\upsilon=\text{小于}\frac{n+1}{t}\text{的最大整数},\quad a=\frac{(n+1)(n+1-\upsilon)}{1+\upsilon(n+1-\upsilon)}$$

5.8.4 强大数定律

前面已经提到，强大数定律（定理 5.5.9）可以适当放宽条件，只要求随机变量有有限均值即可（见 Resnick 1999 第 7 章或 Billingsley1995 第 22 节）. 在矩母函数存在的前提下，Koopmans（1993）仅运用微积分知识为其给出了证明.

强大数定律说明随机变量序列 $\overline{X}_n$ 收敛于其公共均值 μ，这里的收敛是我们熟知的**点点**收敛. 如例 5.5.8 所言，这种收敛强于弱大数定律中的依概率收敛.

强大数定律的结论是

$$P(\lim_{n\to\infty}|\overline{X}_n-\mu|<\epsilon)=1$$

即序列$\{\overline{X}_n\}$以概率 1 收敛于 μ，换言之即使序列发散的集合是零概率集. 若序列发散，则必存在 $\delta>0$，对任意 n 都存在 $k>n$ 使得$|\overline{X}_k-\mu|>\delta$. 满足该条件的全体 $\overline{X}_k$ 构成一个发散序列，可以表示为下列集合：

$$A_\delta=\bigcap_{n=1}^{\infty}\bigcup_{k=n}^{\infty}\{|\overline{X}_k-\mu|>\delta\}$$

显然，去掉上式右端的$\cap$运算即得 A_δ 的一个上界，因此使$\{\overline{X}_n\}$发散的集合 A_δ 的概率有上界，即

$$\begin{aligned}P(A_\delta)&\leqslant P(\bigcup_{k=n}^{\infty}\{|\overline{X}_k-\mu|>\delta\})\\&\leqslant\sum_{k=n}^{\infty}P(\{|\overline{X}_k-\mu|>\delta\})\quad\text{（根据定理 1.2.11 中的 Boole 不等式）}\\&\leqslant 2\sum_{k=n}^{\infty}c^k,\quad 0<c<1\end{aligned}$$

其中最后一步由习题 5.38（d）推得. 注意最后一项是几何级数，于是由式

(1.5.4) 可知 $n\to\infty$时有

$$P(A_\delta)\leqslant 2\sum_{k=n}^{\infty}c^k=2\frac{c^n}{1-c}\to 0$$

故使$\{\overline{X}_n\}$收敛的集合是零概率集，强大数定律得证.

5.8.5 Markov 链 Monte Carlo 法

Markov 链 Monte Carlo (Markov Chain Monte Carlo, MCMC) 算法是一类算法的统称，在生成随机变量或处理复杂计算（尤其是涉及积分或最大化问题的计算）方面非常有用. Metropolis 算法（见 5.6 节）就是一种 MCMC 算法.

顾名思义，MCMC 算法建立在 Markov 链（我们未予介绍的一种概率结构，其定义见 Chung1974 或 Ross1988）的基础上. 称随机变量序列 X_1，X_2，…是一条 Markov 链，如果

$$P(X_{k+1}\in A\mid X_1,\cdots,X_k)=P(X_{k+1}\in A\mid X_k)$$

即任一随机变量至多只依赖于前一个随机变量. 注意，Markov 链是独立性概念的一种推广. **遍历定理**推广了强大数定律的结论，该定理表明：如果 Markov 链 X_1，X_2，…满足某种正则条件（一般统计学问题都满足）且假定 $\mathrm{E}h(X)$存在，则当 $n\to\infty$时，有

$$\frac{1}{n}\sum_{i=1}^{n}h(X_i)\to \mathrm{E}h(X)$$

于是，5.6 中的计算可以推广至 Markov 链以及 MCMC 算法.

要完全理解 MCMC 算法必须了解有关 Markov 链的更多内容，此处不赘述. 关于 Markov 链的文献著作有很多，不仅包括理论研究，也有应用介绍. Tanner (1996) 和 Robert (1994，第 9 章) 详细介绍了统计学的计算方法，后者理论性更强，用到了贝叶斯定理. Casella and Georage (1992) 利用 Gibbs 取样器（一种特殊的 MCMC 方法）对此也作了通俗易懂的介绍. Gibbs 取样器可能是当前使用最广泛的 MCMC 算法（这应该归功于 Gelfand and Smith 1990 继 Geman and Geman1984 之后所做的开创性工作）. 引用 MCMC 算法的文献数不胜数，包括 Gelman and Rubin (1992)，Geyer and Thompson (1992)，Smith and Roberts (1993) 和 Tierney (1994). 此外，Robert and Casella (1999) 更是以整本书的篇幅介绍了 MCMC 的有关内容.

第 6 章

数据简化原理

“我们很难对这件惨案进行正确的推测、猜想和假设，难就难在如何将确凿无疑的事实与理论家和记者们的虚构粉饰之词区别开来.”

——夏洛克·福尔摩斯

《银色马》

6.1 引言

试验者试图根据样本 X_1，…，X_n 中的信息对未知参数 θ 进行推断. 如果样本很大（即 n 很大），则观测到的样本值 x_1，…，x_n 将是很长的一列数，可能难以解释. 试验者希望提取样本值的一些关键特征以概括样本中的信息——这类数据简化（缩减）在计算统计学中通常以样本函数的形式实现，例如，样本均值、样本方差、最大观测值和最小观测值就是四个概括样本关键特征的统计量. 沿用前面的记法，我们采用粗体字母表示多元变量，例如用 $\mathbf{X}$ 表示随机变量 X_1，…，X_n，用 $\mathbf{x}$ 表示样本值 x_1，…，x_n.

任意一个统计量 $T(\mathbf{X})$ 都定义了一种数据简化方式. 如果试验者只观测统计量 $T(\mathbf{x})$ 而非整个样本 $\mathbf{x}$，则他必将满足 $T(\mathbf{x})=T(\mathbf{y})$ 的 $\mathbf{x}$ 和 $\mathbf{y}$ 视作两个相同的样本，尽管事实可能并非如此.

依据某统计量简化样本数据可以看成样本空间 $\mathcal{X}$ 上的一个划分. 设 $\mathcal{T}=\{t$：存在 $\mathbf{x}\in\mathcal{X}$ 使得 $t=T(\mathbf{x})\}$ 为 $\mathcal{X}$ 在 $T(\mathbf{x})$ 下的象，$A_t=\{\mathbf{x}:T(\mathbf{x})=t\}$，则 $T(\mathbf{x})$ 将样本空间划分成若干集合 A_t，$t\in\mathcal{T}$. 显然这种数据简化方法不能完全描述样本 $\mathbf{x}$，只能确定 $T(\mathbf{x})=t$ 或者说 $\mathbf{x}\in A_t$. 例如，$T(\mathbf{x})=x_1+\cdots+x_n$ 并未给出真实的样本值、只给出了它们的和，而不同的样本点可能都具有相同的和. 本章将详细讨论这类数据简化的优势及其性质.

本章将介绍三个数据简化原理. 事实上，我们只关心那些不丢失与未知参数 θ 相关的重要信息的数据简化方法. 充分性原理保证我们能够在不丢失 θ 相关信息的同时对数据进行适当地概括；似然原理根据观测样本给出了未知参数的函数，该函数提取了样本中所有关于 θ 的信息；同变性原理给出的另一种数据简化方法则保留了原概率模型的一些重要特征.

6.2　充分性原理

参数 θ 的一个**充分统计量**在某种意义上提炼了样本中有关 θ 的全部信息，即除充分统计量的值以外，样本中其余信息不能再提供关于 θ 的任何信息. 这就是数据简化充分性原理的基本思想.

充分性原理：如果 $T(\boldsymbol{X})$ 是 θ 的一个充分统计量，则 θ 的任意依赖于样本 $\boldsymbol{X}$ 的推断都可以经由值 $T(\boldsymbol{X})$ 完成，即，如果 $\boldsymbol{x}$ 和 $\boldsymbol{y}$ 是满足 $T(\boldsymbol{x})=T(\boldsymbol{y})$ 的两个样本点，则不论观测到的是 $\boldsymbol{X}=\boldsymbol{x}$ 还是 $\boldsymbol{X}=\boldsymbol{y}$，关于 θ 的推断都完全相同.

本节我们主要考察充分统计量与充分性原理.

6.2.1　充分统计量

充分统计量的严格定义如下：

定义 6.2.1　如果样本 $\boldsymbol{X}$ 在已知统计量 $T(\boldsymbol{X})$ 取值时的条件分布与 θ 无关，则称统计量 $T(\boldsymbol{X})$ 是 θ 的**充分统计量**（sufficient statistic）.

如果 $T(\boldsymbol{X})$ 服从连续分布，则对任意 t 都有 $P_\theta(T(\boldsymbol{X})=t)=0$. 相比第 1 章所给的定义，另一种更经典的条件概率定义需要我们很好地理解定义 6.2.1，详见 Lehmann（1986）等教材. 下面我们以离散情形为例进行计算，然后将结论类推到连续情形下.

为了理解定义 6.2.1，设 t 是 $T(\boldsymbol{X})$ 的某个值，即满足 $P_\theta(T(\boldsymbol{X})=t)>0$，考察条件概率 $P_\theta(\boldsymbol{X}=\boldsymbol{x}|T(\boldsymbol{X})=t)$. 如果样本点 $\boldsymbol{x}$ 满足 $T(\boldsymbol{x})\neq t$，显然有 $P_\theta(\boldsymbol{X}=\boldsymbol{x}|T(\boldsymbol{X})=t)=0$，因此我们只关心 $P_\theta(\boldsymbol{X}=\boldsymbol{x}|T(\boldsymbol{X})=T(\boldsymbol{x}))$. 根据定义，如果 $T(\boldsymbol{X})$ 是充分统计量，则对任意 θ 该条件概率均相等，故此处可略去下标.

从这种意义上说充分统计量提炼了样本中有关 θ 的全部信息. 假设试验者 1 观测到 $\boldsymbol{X}=\boldsymbol{x}$，自然可以求得 $T(\boldsymbol{X})=T(\boldsymbol{x})$，因此在对 θ 进行推断时可以利用 $\boldsymbol{X}=\boldsymbol{x}$ 和 $T(\boldsymbol{X})=T(\boldsymbol{x})$ 两个信息. 再考察试验者 2，假设他不知道 $\boldsymbol{X}$ 的值而只知道 $T(\boldsymbol{X})=T(\boldsymbol{x})$，此外还已知 $A_{T(\boldsymbol{x})}=\{\boldsymbol{y}:T(\boldsymbol{y})=T(\boldsymbol{x})\}$ 上的概率分布 $P(\boldsymbol{X}=\boldsymbol{y}|T(\boldsymbol{X})=T(\boldsymbol{x}))$（该概率分布显然可以由原概率模型计算得到，无需用到 θ 的真实值）. 于是，试验者 2 可以利用上述概率分布以及随机数生成器，比如随机数表，得到满足 $P(\boldsymbol{Y}=\boldsymbol{y}|T(\boldsymbol{X})=T(\boldsymbol{x}))=P(\boldsymbol{X}=\boldsymbol{y}|T(\boldsymbol{X})=T(\boldsymbol{x}))$ 的观测量 Y. 可以证明（见下文），对任意 θ，$\boldsymbol{X}$ 和 $\boldsymbol{Y}$ 都服从相同的无条件概率分布. 这就说明知道 $\boldsymbol{X}$ 的试验者 1 和知道 $\boldsymbol{Y}$ 的试验者 2 掌握了关于 θ 的同样多的信息. 但使用随机数表生成 $\boldsymbol{Y}$ 显然不能给试验者 2 带来关于 θ 的信息，所有关于 θ 的信息都来自于已知"$T(\boldsymbol{X})=T(\boldsymbol{x})$". 所以，尽管试验者 2 不知道样本的完整信息 $\boldsymbol{X}=\boldsymbol{x}$，而只知道 $T(\boldsymbol{X})=T(\boldsymbol{x})$，他所掌握的

关于 θ 的信息与试验者 1 完全相同.

下面我们证明 $\boldsymbol{X}$ 和 $\boldsymbol{Y}$ 服从相同的无条件分布，即对任意 $\boldsymbol{x}$ 以及 θ 都有 $P_\theta(\boldsymbol{X}=\boldsymbol{x})=P_\theta(\boldsymbol{Y}=\boldsymbol{x})$. 注意事件 $\{\boldsymbol{X}=\boldsymbol{x}\}$ 和 $\{\boldsymbol{Y}=\boldsymbol{x}\}$ 都是事件 $\{T(\boldsymbol{X})=T(\boldsymbol{x})\}$ 的子集，此外还已知条件概率

$$P(\boldsymbol{X}=\boldsymbol{x}\mid T(\boldsymbol{X}=T(\boldsymbol{x}))=P(\boldsymbol{Y}=\boldsymbol{x}\mid T(\boldsymbol{X})=T(\boldsymbol{x}))$$

与 θ 无关，故

$$\begin{aligned}
P_\theta(\boldsymbol{X}=\boldsymbol{x}) &= P_\theta(\boldsymbol{X}=\boldsymbol{x} \text{ 且 } T(\boldsymbol{X})=T(\boldsymbol{x}))\\
&= P(\boldsymbol{X}=\boldsymbol{x}\mid T(\boldsymbol{X})=T(\boldsymbol{x}))P_\theta(T(\boldsymbol{X})=T(\boldsymbol{x})) \quad \text{（根据条件概率的定义）}\\
&= P(\boldsymbol{Y}=\boldsymbol{x}\mid T(\boldsymbol{X})=T(\boldsymbol{x}))P_\theta(T(\boldsymbol{X})=T(\boldsymbol{x}))\\
&= P_\theta(\boldsymbol{Y}=\boldsymbol{x} \text{ 且 } T(\boldsymbol{X})=T(\boldsymbol{x}))\\
&= P_\theta(\boldsymbol{Y}=\boldsymbol{x})
\end{aligned}$$

依照定义 6.2.1 验证统计量 $T(\boldsymbol{X})$ 是否是 θ 的充分统计量时，我们必须证明对任意 $\boldsymbol{x}$ 以及 t，条件概率 $P_\theta(\boldsymbol{X}=\boldsymbol{x}\mid T(\boldsymbol{X})=t)$ 与 θ 的取值无关. 而当 $T(\boldsymbol{x})\neq t$ 时对任意 θ 该概率都为 0，所以只需证明 $P_\theta(\boldsymbol{X}=\boldsymbol{x}\mid T(\boldsymbol{X})=T(\boldsymbol{x}))$ 与 θ 无关. 由于 $\{\boldsymbol{X}=\boldsymbol{x}\}$ 是 $\{T(\boldsymbol{X})=T(\boldsymbol{x})\}$ 的子集，所以

$$\begin{aligned}
P_\theta(\boldsymbol{X}=\boldsymbol{x}\mid T(\boldsymbol{X})=T(\boldsymbol{x})) &= \frac{P_\theta(\boldsymbol{X}=\boldsymbol{x} \text{ 且 } T(\boldsymbol{X})=T(\boldsymbol{x}))}{P_\theta(T(\boldsymbol{X})=T(\boldsymbol{x}))}\\
&= \frac{P_\theta(\boldsymbol{X}=\boldsymbol{x})}{P_\theta(T(\boldsymbol{X})=T(\boldsymbol{x}))}\\
&= \frac{p(\boldsymbol{x}\mid\theta)}{q(T(\boldsymbol{x})\mid\theta)}
\end{aligned}$$

其中 $p(\boldsymbol{x}\mid\theta)$ 为样本 $\boldsymbol{X}$ 的联合概率质量函数，$q(t\mid\theta)$ 为 $T(\boldsymbol{X})$ 的概率质量函数. 于是，$T(\boldsymbol{X})$ 是 θ 的充分统计量当且仅当对任意 $\boldsymbol{x}$，上述概率质量函数之比是 θ 的常函数. 如果 $\boldsymbol{X}$ 和 $T(\boldsymbol{X})$ 服从连续分布，则上述条件概率无法用第 1 章给出的定义合理解释，不过最后给出的判别法仍然适用.

定理 6.2.2 设 $p(\boldsymbol{x}\mid\theta)$ 为样本 $\boldsymbol{X}$ 的联合概率密度（或质量）函数，$q(t\mid\theta)$ 为 $T(\boldsymbol{X})$ 的概率密度（或质量）函数. 如果对样本空间中的任意 $\boldsymbol{x}$，比值 $p(\boldsymbol{x}\mid\theta)/q(T(\boldsymbol{x})\mid\theta)$ 都是 θ 的常函数，则 $T(\boldsymbol{X})$ 是 θ 的充分统计量.

现在我们利用定理 6.2.2 验证某些常用统计量是充分统计量.

例 6.2.3（二项充分统计量） 设 $X_1, \cdots, X_n$ 是参数为 θ，$0<\theta<1$ 的 Bernoulli 随机样本，我们将证明 $T(\boldsymbol{X})=X_1+\cdots+X_n$ 是 θ 的充分统计量. 注意 $T(\boldsymbol{X})$ 记录了取值为 1 的 X_i 的数目，所以 $T(\boldsymbol{X})$ 服从参数为 (n, θ) 的二项分布，从而概率质量函数之比为

$$\frac{p(\boldsymbol{x}\mid\theta)}{q(T(\boldsymbol{x})\mid\theta)}=\frac{\prod\theta^{x_i}(1-\theta)^{1-x_i}}{\binom{n}{t}\theta^t(1-\theta)^{n-t}} \qquad \left(\text{令 } t=\sum x_i\right)$$

$$=\frac{\theta^{\sum x_i}(1-\theta)^{\sum(1-x_i)}}{\binom{n}{t}\theta^t(1-\theta)^{n-t}} \quad (\text{因为} \prod\theta^{x_i}=\theta^{\sum x_i})$$

$$=\frac{\theta^t(1-\theta)^{n-t}}{\binom{n}{t}\theta^t(1-\theta)^{n-t}}$$

$$=\frac{1}{\binom{n}{t}}$$

$$=\frac{1}{\binom{n}{\sum x_i}}$$

显然与 θ 无关，故由定理 6.2.2 知 $T(\boldsymbol{X})$是 θ 的充分统计量．其意义如下：Bernoulli 样本中 1 的个数概括了样本中有关 θ 的全部信息，样本的其他特征，比如 X_3 的取值等都不能提供关于 θ 的更多信息． ‖

例 6.2.4（正态充分统计量）　设 X_1，…，X_n 是(μ,σ^2)随机样本，其中 σ^2已知．我们将证明样本均值 $T(\boldsymbol{X})=\overline{X}=(X_1+\cdots+X_n)/n$ 是 μ 的充分统计量．样本 $\boldsymbol{X}$ 的联合概率密度函数是

$$f(\boldsymbol{x}\mid\mu)=\prod_{i=1}^{n}(2\pi\sigma^2)^{-1/2}\exp\left(-(x_i-\mu)^2/(2\sigma^2)\right)$$

$$=(2\pi\sigma^2)^{-n/2}\exp\left(-\sum_{i=1}^{n}(x_i-\mu)^2/(2\sigma^2)\right)$$

$$(6.2.1)\qquad =(2\pi\sigma^2)^{-n/2}\exp\left(-\sum_{i=1}^{n}(x_i-\bar{x}+\bar{x}-\mu)^2/(2\sigma^2)\right)\ (\text{添一项}\ \bar{x}、\text{减一项}\ \bar{x})$$

$$=(2\pi\sigma^2)^{-n/2}\exp\left(-\left(\sum_{i=1}^{n}(x_i-\bar{x})^2+n(\bar{x}-\mu)^2\right)/(2\sigma^2)\right)$$

其中最后一式成立是因为交叉项 $\sum_{i=1}^{n}(x_i-\bar{x})(\bar{x}-\mu)$ 可以写作 $(\bar{x}-\mu)\sum_{i=1}^{n}(x_i-\bar{x})$，而 $\sum_{i=1}^{n}(x_i-\bar{x})=0$．前面已知样本均值 $\overline{X}$ 服从 $\mathrm{n}(\mu,\sigma^2/n)$分布，所以概率密度函数之比为

$$\frac{f(\boldsymbol{x}\mid\mu)}{q(T(\boldsymbol{x})\mid\mu)}=\frac{(2\pi\sigma^2)^{-n/2}\exp\left(-\left(\sum_{i=1}^{n}(x_i-\bar{x})^2+n(\bar{x}-\mu)^2\right)/(2\sigma^2)\right)}{(2\pi\sigma^2/n)^{-1/2}\exp\left(-n(\bar{x}-\mu)^2/(2\sigma^2)\right)}$$

$$=n^{-1/2}(2\pi\sigma^2)^{-(n-1)/2}\exp\left(-\sum_{i=1}^{n}(x_i-\bar{x})^2/(2\sigma^2)\right)$$

显然与 μ 无关，故由定理 6.2.2 可知样本均值 $\overline{X}$ 是 μ 的充分统计量． ‖

下面例题中的样本数据则无法进行实质性的数据简化.

例 6.2.5（充分次序统计量） 设随机样本 $X_1, \cdots, X_n$ 取自概率密度函数为 f 的总体，其中概率密度函数的表达式未知（比如在**非参数**估计的情况下）. 样本的概率密度函数为

$$f(\boldsymbol{x})=\prod_{i=1}^{n} f(x_i)=\prod_{i=1}^{n} f(x_{(i)}) \tag{6.2.2}$$

其中 $x_{(1)} \leqslant x_{(2)} \leqslant \cdots \leqslant x_{(n)}$ 是样本的次序统计量. 根据定理 6.2.2，全体次序统计量是充分统计量. 不过由于我们对 f 知之甚少，利用这个充分统计量所进行的数据简化非常有限.

然而即便知道概率密度函数，我们也不一定能更进一步地简化数据. 例如，假设 f 是 Cauchy 概率密度函数 $f(x \mid \theta)=\frac{1}{\pi(x-\theta)^2}$ 或者罗吉斯蒂克概率密度函数 $f(x \mid \theta)=\frac{\mathrm{e}^{-(x-\theta)}}{(1+\mathrm{e}^{-(x-\theta)})^2}$，我们同样有式 (6.2.2)，得不到更好的结果. 这就说明 Cauchy 分布和罗吉斯蒂克分布至多只能简化到次序统计量（更多例子见习题 6.8 和习题 6.9）.

事实上，除指数族分布以外，其他分布中少有维数低于样本大小的充分统计量，因此许多时候次序统计量已经是我们能找到的最好的充分统计量（详见 Lehmann and Casella 1998 第 1.6 节）. ‖

根据充分统计量的定义直接求充分统计量并不普遍. 因为为了运用定义，我们必须首先猜测充分统计量 $T(\boldsymbol{X})$，求出 $T(\boldsymbol{X})$ 的概率密度（或质量）函数，然后验证概率密度（或质量）函数之比与 θ 无关. 其中第一步需要凭借很好的直觉，第二步有时又需进行冗长的分析计算. 令人庆幸的是，借助下列由 Halmos and Savage (1949) 给出的定理，我们只需简单考察样本 pdf 或 pmf 便可求得充分统计量[⊖].

定理 6.2.6（因子分解定理） 设 $f(\boldsymbol{x} \mid \theta)$ 为样本 $\boldsymbol{X}$ 的联合概率密度（或质量）函数，统计量 $T(\boldsymbol{X})$ 是 θ 的充分统计量当且仅当存在函数 $g(t|\theta)$ 和 $h(\boldsymbol{x})$，使得对任意样本点 $\boldsymbol{x}$ 以及参数 θ，都有

$$f(\boldsymbol{x}|\theta)=g(T(\boldsymbol{x})|\theta)h(\boldsymbol{x}). \tag{6.2.3}$$

证明 我们只证明离散分布的情形.

假设 $T(\boldsymbol{X})$ 是 θ 的充分统计量. 令 $g(t|\theta)=P_\theta(T(\boldsymbol{X})=t)$, $h(\boldsymbol{x})=P(\boldsymbol{X}=\boldsymbol{x} \mid T(\boldsymbol{X})=T(\boldsymbol{x}))$. 由于 $T(\boldsymbol{X})$ 是充分统计量，用于定义 $h(\boldsymbol{x})$ 的条件概率不依赖于 θ，因此 $h(\boldsymbol{x})$ 和 $g(t|\theta)$ 的定义合法且满足：

$$f(\boldsymbol{x}|\theta)=P_\theta(\boldsymbol{X}=\boldsymbol{x})$$

⊖（密尔沃基的威斯康星州立大学教授 J. Beder 指出）按照 Halmos and Savage 的意思，该定理“可以用类似于早期讨论充分性概念时的语言重新表述”，句中所说的早期讨论指 Neyman (1935).

$$= P_\theta(\boldsymbol{X}=\boldsymbol{x} \text{ 且 } T(\boldsymbol{X})=T(\boldsymbol{x}))$$

$$= P_\theta(T(\boldsymbol{X})=T(\boldsymbol{x}))P(\boldsymbol{X}=\boldsymbol{x}\mid T(\boldsymbol{X})=T(\boldsymbol{x})) \quad (\text{根据 } T(\boldsymbol{X}) \text{的充分性})$$

$$= g(T(\boldsymbol{x})\mid\theta)h(\boldsymbol{x})$$

这就得到式（6.2.3）. 由上式最后两行亦知：

$$P_\theta(T(\boldsymbol{X})=T(\boldsymbol{x}))=g(T(\boldsymbol{x})\mid\theta)$$

故 $g(T(\boldsymbol{x})\mid\theta)$ 是 $T(\boldsymbol{X})$ 的概率质量函数.

现在假设分解式（6.2.3）成立. 令 $q(t\mid\theta)$ 为 $T(\boldsymbol{X})$ 的概率质量函数，为证明 $T(\boldsymbol{X})$ 是 θ 的充分统计量我们只需考察比值 $f(\boldsymbol{x})/q(T(\boldsymbol{x})\mid\theta)$. 定义 $A_{T(\boldsymbol{x})}=\{\boldsymbol{y}:T(\boldsymbol{y})=T(\boldsymbol{x})\}$，则

$$\begin{aligned}
\frac{f(\boldsymbol{x}\mid\theta)}{q(T(\boldsymbol{x})\mid\theta)} &= \frac{g(T(\boldsymbol{x})\mid\theta)h(\boldsymbol{x})}{q(T(\boldsymbol{x})\mid\theta)} && (\text{根据式}(6.2.3)) \\
&= \frac{g(T(\boldsymbol{x})\mid\theta)h(\boldsymbol{x})}{\sum A_{T(\boldsymbol{x})}\, g(T(\boldsymbol{y})\mid\theta)h(\boldsymbol{y})} && (\text{根据 } T \text{ 的概率质量函数的定义}) \\
&= \frac{g(T(\boldsymbol{x})\mid\theta)h(\boldsymbol{x})}{g(T(\boldsymbol{x})\mid\theta)\sum A_{T(\boldsymbol{x})}\, h(\boldsymbol{y})} && (\text{因为 } T \text{ 在 } A_{T(\boldsymbol{x})} \text{ 上的取值恒定}) \\
&= \frac{h(\boldsymbol{x})}{\sum A_{T(\boldsymbol{x})}\, h(\boldsymbol{y})}
\end{aligned}$$

显然该比值与 θ 无关，故由定理 6.2.2 可知 $T(\boldsymbol{X})$ 是 θ 的充分统计量. □

要利用因子分解定理求充分统计量，我们需要分解样本的联合概率密度函数，使其中一部分与 θ 无关. 与 θ 无关的部分构成函数 $h(\boldsymbol{x})$，与 θ 有关的另一部分通常是样本值 $\boldsymbol{x}$ 的函数且都通过函数 $T(\boldsymbol{x})$ 与 $\boldsymbol{x}$ 关联，其中函数 $T(\boldsymbol{x})$ 就是 θ 的充分统计量. 下面的例题演示了这一计算过程.

例 6.2.7（例 6.2.4-续）　在前面介绍的正态概率分布中，我们看到概率密度函数可以分解为：

$$(6.2.4)\quad f(\boldsymbol{x}\mid\mu)=(2\pi\sigma^2)^{-n/2}\exp\Big(-\sum_{i=1}^{n}(x_i-\bar{x})^2/(2\sigma^2)\Big)\exp(-n(\bar{x}-\mu)^2/(2\sigma^2))$$

定义

$$h(\boldsymbol{x})=(2\pi\sigma^2)^{-n/2}\exp\Big(-\sum_{i=1}^{n}(x_i-\bar{x})^2/(2\sigma^2)\Big)$$

显然与未知参数 μ 无关. 式（6.2.4）中含有 μ 的另一个因子仅通过样本均值 $T(\boldsymbol{x})=\bar{x}$ 与样本 $\boldsymbol{x}$ 关联，故令

$$g(t\mid\mu)=\exp(-n(t-\mu)^2/(2\sigma^2))$$

则有

$$f(\boldsymbol{x}\mid\mu)=h(\boldsymbol{x})g(T(\boldsymbol{x})\mid\mu)$$

于是，根据因子分解定理可知 $T(\boldsymbol{X})=\overline{X}$ 是 μ 的充分统计量. ||

因子分解定理要求等式 $f(\boldsymbol{x}|\theta)=g(T(\boldsymbol{x})|\theta)h(\boldsymbol{x})$ 对任意 $\boldsymbol{x}$ 和 θ 都成立．如果使 $f(\boldsymbol{x}|\theta)$ 取正值的 $\boldsymbol{x}$ 的集合依赖于 θ，则在定义 h，g 时必须保证当 f 为 0 时乘积亦为 0．显然，一旦正确定义了 h 和 g，充分统计量就显而易见．下面的例题也说明了这一点．

例 6.2.8（均匀充分统计量） 设随机样本 X_1，…，X_n 取自在 1，…，θ 上离散均匀分布的总体，其中未知参数 θ 是正整数，则 X_i 的概率质量函数为：

$$f(x|\theta)=\begin{cases}\dfrac{1}{\theta} & x=1,2,\cdots,\theta\\ 0 & \text{否则}\end{cases}$$

X_1，…，X_n 的联合概率质量函数为

$$f(\boldsymbol{x}|\theta)=\begin{cases}\theta^{-n} & x_i\in\{1,\cdots,\theta\};i=1,\cdots,n\\ 0 & \text{否则}\end{cases}$$

约束条件“$x_i\in\{1,\cdots,\theta\};i=1,\cdots,n$”可以重写为“$x_i\in\{1,2,\cdots\};i=1,\cdots,n$（注意与 θ 无关）且 $\max\limits_i x_i\leqslant\theta$”．若令 $T(\boldsymbol{x})=\max\limits_i x_i$，

$$h(x)=\begin{cases}1 & x_i\in\{1,2,\cdots\};i=1,\cdots,n\\ 0 & \text{否则}\end{cases}$$

以及

$$g(t|\theta)=\begin{cases}\theta^{-n} & t\leqslant\theta\\ 0 & \text{否则}\end{cases}$$

容易验证对任意 $\boldsymbol{x}$ 和 θ 都有 $f(\boldsymbol{x}|\theta)=g(T(\boldsymbol{x})|\theta)h(\boldsymbol{x})$．故最大的次序统计量 $T(\boldsymbol{X})=\max\limits_i X_i$ 是本例中的充分统计量．

上述讨论可以利用示性函数更清楚地表述．回忆 $I_A(x)$ 是集合 A 的示性函数，即当 $x\in A$ 时 $I_A(x)=1$，否则 $I_A(x)=0$．设 $\mathbf{N}=\{1,2,\cdots\}$ 为全体正整数构成的集合，$\mathbf{N}_\theta=\{1,2,\cdots,\theta\}$，则 X_1，…，X_n 的联合概率密度函数为：

$$f(\boldsymbol{x}\mid\theta)=\prod_{i=1}^{n}\theta^{-1}I_{\mathbf{N}_\theta}(x_i)=\theta^{-n}\prod_{i=1}^{n}I_{\mathbf{N}_\theta}(x_i)$$

令 $T(\boldsymbol{x})=\max\limits_i x_i$，则

$$\prod_{i=1}^{n}I_{\mathbf{N}_\theta}(x_i)=\Big(\prod_{i=1}^{n}I_{\mathbf{N}}(x_i)\Big)I_{\mathbf{N}_\theta}(T(\boldsymbol{x}))$$

于是得到下列分解：

$$f(x\mid\theta)=\theta^{-n}I_{\mathbf{N}_\theta}(T(\boldsymbol{x}))\Big(\prod_{i=1}^{n}I_{\mathbf{N}}(x_i)\Big)$$

其中前一个因子仅通过 $T(\boldsymbol{x})=\max\limits_i x_i$ 与 $x_1,\cdots,x_n$ 关联，第二个因子与 θ 无关．根据因子分解定理，$T(\boldsymbol{X})=\max\limits_i X_i$ 是 θ 的充分统计量． ‖

前面所有例题中的充分统计量都是样本的实值函数，样本 $\boldsymbol{x}$ 中关于 θ 的全部信

息都概括于单个数值 $T(\boldsymbol{x})$ 之中. 然而有时这些信息无法用单个值概括，而必须使用多个数，此时充分统计量是一个向量，比如 $T(\boldsymbol{X})=(T_1(\boldsymbol{X}),\cdots,T_r(\boldsymbol{X}))$. 当参数本身是向量，即 $\theta=(\theta_1,\cdots,\theta_s)$ 时常常出现这种情况，并且此时充分统计量与参数向量长度通常相等，即 $r=s$. 当然向量长度也可能取其他值，如例 6.2.15，6.2.18 和 6.2.20 所示. 对于向量形式的充分统计量，因子分解定理仍然适用，见例 6.2.9.

例 6.2.9 (正态充分统计量，两参数均未知)　仍然设 X_1，…，X_n 是 $\mathrm{n}(\mu,\sigma^2)$ 随机样本，与例 6.2.4 不同，现在假设 μ 和 σ^2 均未知，即参数向量为 $\theta=(\mu,\sigma^2)$. 此时运用因子分解定理，联合概率密度函数中任意与 μ 或 σ^2 有关的部分都应包含于函数 g. 由式 (6.2.1) 可知该概率密度函数仅经由 $T_1(\boldsymbol{x})=\bar{x}$ 和 $T_2(\boldsymbol{x})=s^2=\sum_{i=1}^{n}(x_i-\bar{x})^2/(n-1)$ 与样本 $\boldsymbol{x}$ 关联. 于是，可以定义 $h(\boldsymbol{x})=1$ 以及

$$\begin{aligned}g(\boldsymbol{t}|\theta)&=g(t_1,t_2|\mu,\sigma^2)\\&=(2\pi\sigma^2)^{-n/2}\exp(-(n(t_1-\mu)^2+(n-1)t_2)/(2\sigma^2))\end{aligned}$$

可以看出

$$f(\boldsymbol{x}|\mu,\sigma^2)=g(T_1(\boldsymbol{x}),T_2(\boldsymbol{x})|\mu,\sigma^2)h(\boldsymbol{x}) \tag{6.2.5}$$

于是，根据因子分解定理 $T(\boldsymbol{X})=(T_1(\boldsymbol{X}),T_2(\boldsymbol{X}))=(\bar{X},S^2)$ 是正态模型中 (μ,σ^2) 的充分统计量. ‖

例 6.2.9 表明对于正态概率模型，样本中的信息可以由样本均值和样本方差完全确定. 事实上，充分统计量 $(\bar{X},S^2)$ 已经包含了样本中关于 (μ,σ^2) 的全部信息. 然而试验者必须注意充分统计量的定义与模型有关，对于其他概率模型，样本均值和方差并不一定是总体均值和方差的充分统计量. 只计算 $\bar{X}$ 和 S^2 而完全不管其余数据，这只在正态模型下才成立.

利用因子分解定理很容易求得指数型分布的充分统计量. 下面的结论很重要，其证明留作习题 6.4.

定理 6.2.10　设随机样本 X_1，…，X_n 取自概率密度（或质量）函数为 $f(x|\theta)$ 的总体，其中 $f(x|\theta)$ 属指数族概率密度（或质量）函数，其定义为：

$$f(x\mid\boldsymbol{\theta})=h(x)c(\boldsymbol{\theta})\exp\left(\sum_{i=1}^{k}w_i(\boldsymbol{\theta})t_i(x)\right)$$

其中 $\theta=(\theta_1,\theta_2,\cdots,\theta_d)$, $d\leqslant k$. 则

$$T(\boldsymbol{X})=\left(\sum_{j=1}^{n}t_1(X_j),\cdots,\sum_{j=1}^{n}t_k(X_j)\right)$$

是 $\boldsymbol{\theta}$ 的充分统计量.

6.2.2　极小充分统计量

上一节我们考察了若干概率模型，并为每个模型找到了一个充分统计量. 实际

上任何模型都存在许多充分统计量.

样本 $\boldsymbol{X}$ 本身就是一个充分统计量. 事实上，我们可以将 $\boldsymbol{X}$ 的概率密度（或质量）函数分解为 $f(\boldsymbol{x}|\theta)=f(T(\boldsymbol{x})|\theta)h(\boldsymbol{x})$，其中对任意 $\boldsymbol{x}$ 有 $T(\boldsymbol{x})=\boldsymbol{x}$ 以及 $h(\boldsymbol{x})=1$. 根据因子分解定理，$T(\boldsymbol{X})=\boldsymbol{X}$ 是充分统计量.

此外，充分统计量在任意一一映射下的象仍是充分统计量. 设 $T(\boldsymbol{X})$ 为充分统计量，令 $T^*(\boldsymbol{x})=r(T(\boldsymbol{x}))$，其中 r 是一一映射，其逆映射记作 r^{-1}. 则由因子分解定理可知存在 g 和 h 使得

$$f(\boldsymbol{x}|\theta)=g(T(\boldsymbol{x})|\theta)h(\boldsymbol{x})=g(r^{-1}(T^*(\boldsymbol{x}))|\theta)h(\boldsymbol{x})$$

令 $g^*(t|\theta)=g(r^{-1}(t)|\theta)$，则有

$$f(\boldsymbol{x}|\theta)=g^*(T^*(\boldsymbol{x})|\theta)h(\boldsymbol{x})$$

根据因子分解定理，$T^*(\boldsymbol{x})$ 也是充分统计量.

既然一个概率模型存在如此多的充分统计量，我们自然会思考如何比较它们的优劣. 回忆我们引入充分统计量的目的是简化数据但又毫不损失关于 θ 的信息，所以好的充分统计量应该在不损失 θ 信息的前提下实现最大程度的数据缩减，其严格定义如下：

定义 6.2.11 称充分统计量 $T(\boldsymbol{X})$ 是**极小充分统计量**（minimal sufficient statistic），如果对其余任一充分统计量 $T'(\boldsymbol{X})$，$T(\boldsymbol{X})$ 都是 $T'(\boldsymbol{X})$ 的函数.

这里我们称 $T(\boldsymbol{X})$ 是 $T'(\boldsymbol{X})$ 的函数是指若 $T'(\boldsymbol{x})=T'(\boldsymbol{y})$，则必有 $T(\boldsymbol{x})=T(\boldsymbol{y})$. 采用本章开头集合划分的说法，如果令 $\{B_{t'}:t'\in\mathcal{T}'\}$ 和 $\{A_t:t\in\mathcal{T}\}$ 分别表示 $T'(\boldsymbol{x})$ 和 $T(\boldsymbol{x})$ 的划分，则定义 6.2.11 表明每个 $B_{t'}$ 都是某个 A_t 的子集，即极小充分统计量对应的划分是充分统计量中最粗的划分，它实现了最大程度的数据缩减.

例 6.2.12（两个正态充分统计量） 例 6.2.4 所考察的概率模型包含 $\mathrm{n}(\mu,\sigma^2)$ 随机样本 $X_1,\cdots,X_n$，其中参数 σ^2 已知. 由分解式（6.2.4）可知 $T(\boldsymbol{X})=\bar{X}$ 是 μ 的充分统计量. 此外分解式（6.2.5）亦成立（只不过现在已知 σ^2），因此 $T'(\boldsymbol{X})=(\bar{X},S^2)$ 也是 μ 的充分统计量. 显然 $T(\boldsymbol{X})$ 所进行的数据简化优于 $T'(\boldsymbol{X})$，因为单凭 $T(\boldsymbol{X})$ 我们并不知道样本方差 S^2. 事实上我们可以利用函数 $r(a,b)=a$ 将 $T(\boldsymbol{x})$ 写成 $T'(\boldsymbol{x})$ 的函数：$T(\boldsymbol{x})=\bar{x}=r(\bar{x},s^2)=r(T'(\boldsymbol{x}))$. 由于 $T(\boldsymbol{X})$ 和 $T'(\boldsymbol{X})$ 均为 μ 的充分统计量，它们都包含同样多的关于 μ 的信息. 又因为已知 σ^2，故样本方差 S^2 的取值这个额外信息并不能为我们带来更多关于 μ 的信息. 当然，如果 σ^2 未知，则如例 6.2.9 所示，$T(\boldsymbol{X})=\bar{X}$ 不再是充分统计量，且此时 $T'(\boldsymbol{X})$ 所包含的关于 (μ,σ^2) 的信息要多于 $T(\boldsymbol{X})$. ||

直接利用定义 6.2.11 求极小充分统计量与直接利用定义 6.2.1 求充分统计量一样不可行，因为我们必须首先猜测极小充分统计量，然后再按定义进行验证（注意例 6.2.12 中我们并未证明 $\bar{X}$ 是极小充分统计量）. 所幸，下列由 Lehmann and Scheffé（1950，定理 6.3）给出的定理为我们求极小充分统计量提供了更简单的

方法.

定理 6.2.13　设 $f(\boldsymbol{x}|\theta)$是样本 $\boldsymbol{X}$ 的概率密度（或质量）函数. 如果存在函数 $T(\boldsymbol{x})$使得对任意两个样本点 $\boldsymbol{x}$ 和 $\boldsymbol{y}$，比值 $f(\boldsymbol{x}|\theta)/f(\boldsymbol{y}|\theta)$是 θ 的常函数当且仅当 $T(\boldsymbol{x})=T(\boldsymbol{y})$，则 $T(\boldsymbol{X})$是 θ 的极小充分统计量.

证明　为简化证明，不妨设对任意 $\boldsymbol{x}\in\mathcal{X}$以及 θ 都有 $f(\boldsymbol{x}\mid\theta)>0$.

先证 $T(\boldsymbol{x})$是充分统计量. 令 $\mathcal{T}=\{t:$存在 $\boldsymbol{x}\in\mathcal{X}$使得 $t=T(\boldsymbol{x})\}$为 $\mathcal{X}$在 $T(\boldsymbol{x})$下的象，由 $T(\boldsymbol{x})$确定的分划集记作 $A_t=\{\boldsymbol{x}:T(\boldsymbol{x})=t\}$，$t\in\mathcal{T}$. 对每个 A_t，选定某一 $\boldsymbol{x}_t\in A_t$. 则对任意 $\boldsymbol{x}\in\mathcal{X}$，$\boldsymbol{x}_{T(\boldsymbol{x})}$都与 $\boldsymbol{x}$ 落在同一分划集（比如 A_t）当中，即 $T(\boldsymbol{x})=T(\boldsymbol{x}_{T(\boldsymbol{x})})$，于是 $f(\boldsymbol{x}|\theta)/f(\boldsymbol{x}_{T(\boldsymbol{x})}|\theta)$是 θ 的常函数. 因此，若令 $\mathcal{X}$上的函数 $h(\boldsymbol{x})=f(\boldsymbol{x}|\theta)/f(\boldsymbol{x}_{T(\boldsymbol{x})}|\theta)$，则 h 与 θ 无关. 若再令 $\mathcal{T}$上的函数 $g(t|\theta)=f(\boldsymbol{x}_t|\theta)$，则有

$$f(\boldsymbol{x}|\theta)=\frac{f(\boldsymbol{x}_{T(\boldsymbol{x})}|\theta)f(\boldsymbol{x}|\theta)}{f(\boldsymbol{x}_{T(\boldsymbol{x})}|\theta)}=g(T(\boldsymbol{x})|\theta)h(\boldsymbol{x})$$

根据因子分解定理，$T(\boldsymbol{X})$是 θ 的充分统计量.

下证 $T(\boldsymbol{X})$是极小充分统计量. 设 $T'(\boldsymbol{X})$是任一充分统计量. 根据因子分解定理，存在函数 g'和 h'使得 $f(\boldsymbol{x}|\theta)=g'(T'(\boldsymbol{x})|\theta)h'(\boldsymbol{x})$. 设 $\boldsymbol{x}$ 和 $\boldsymbol{y}$ 是满足 $T'(\boldsymbol{x})=T'(\boldsymbol{y})$的两个样本点，则

$$\frac{f(\boldsymbol{x}|\theta)}{f(\boldsymbol{y}|\theta)}=\frac{g'(T'(\boldsymbol{x})|\theta)h'(\boldsymbol{x})}{g'(T'(\boldsymbol{y})|\theta)h'(\boldsymbol{y})}=\frac{h'(\boldsymbol{x})}{h'(\boldsymbol{y})}$$

显然与 θ 无关，所以由定理的假设可知 $T(\boldsymbol{x})=T(\boldsymbol{y})$. 故 $T(\boldsymbol{x})$是 $T'(\boldsymbol{x})$的函数，且 $T(\boldsymbol{x})$是极小充分统计量. □

例 6.2.14（正态极小充分统计量）　设 $X_1,\cdots,X_n$ 是 $\mathrm{n}(\mu,\sigma^2)$随机样本，其中 μ 和 σ^2 均未知，$(\bar{x},s_x^2)$和$(\bar{y},s_y^2)$分别为样本点 $\boldsymbol{x}$ 和 $\boldsymbol{y}$ 的样本均值与样本方差. 则由式（6.2.5）可知，概率密度函数之比为

$$\begin{aligned}\frac{f(\boldsymbol{x}|\mu,\sigma^2)}{f(\boldsymbol{y}|\mu,\sigma^2)}&=\frac{(2\pi\sigma^2)^{-n/2}\exp(-[n(\bar{x}-\mu)^2+(n-1)s_x^2]/(2\sigma^2))}{(2\pi\sigma^2)^{-n/2}\exp(-[n(\bar{y}-\mu)^2+(n-1)s_y^2]/(2\sigma^2))}\\&=\exp(-[n(\bar{x}^2-\bar{y}^2)+2n\mu(\bar{x}-\bar{y})-(n-1)(s_x^2-s_y^2)]/(2\sigma^2))\end{aligned}$$

显然，该比值是 μ 和 σ^2 的常函数当且仅当 $\bar{x}=\bar{y}$ 且 $s_x^2=s_y^2$. 于是根据定理 6.2.13，$(\bar{X},S^2)$ 是 (μ,σ^2) 的极小充分统计量. ‖

如果使概率密度（或质量）函数取正值的 $\boldsymbol{x}$ 的集合与参数 θ 有关，则为使定理 6.2.13 中的比值为 θ 的常函数，其分子、分母应对相同的 θ 取正值. 极小充分统计量中经常会遇到这类约束问题，如下面例题所示：

例 6.2.15（均匀极小充分统计量）　设随机样本 $X_1,\cdots,X_n$ 取自在 $(\theta,\theta+1)$，$-\infty<\theta<+\infty$区间上均匀分布的总体，则 $\boldsymbol{X}$ 的联合概率质量函数为：

$$f(\boldsymbol{x}|\theta)=\begin{cases}1 & \theta<x_i<\theta+1;i=1,\cdots,n\\0 & 否则\end{cases}$$

或写作

$$f(\boldsymbol{x}|\theta)=\begin{cases}1 & \max\limits_i x_i-1<\theta<\min\limits_i x_i \\ 0 & \text{否则}\end{cases}$$

于是，任取两个样本点 $\boldsymbol{x}$ 和 $\boldsymbol{y}$，比值 $f(\boldsymbol{x}|\theta)/f(\boldsymbol{y}|\theta)$的分子、分母对相同的 θ 取正值当且仅当 $\min\limits_i x_i=\min\limits_i y_i$ 且 $\max\limits_i x_i=\max\limits_i y_i$. 并且此时比值 $f(\boldsymbol{x}\mid\theta)/f(\boldsymbol{y}\mid\theta)$ 恒等于 1. 所以，若令 $X_{(1)}=\min\limits_i X_i$，$X_{(n)}=\max\limits_i X_i$，则 $T(\boldsymbol{X})=(X_{(1)},X_{(n)})$是 θ 的极小充分统计量. 注意，本例中所给的极小充分统计量的维数与参数的维数不等.

极小充分统计量并不唯一，事实上每个极小充分统计量在一一映射下的象仍是极小充分统计量. 例如，$T'(\boldsymbol{X})=(X_{(n)}-X_{(1)},(X_{(n)}+X_{(1)})/2)$仍是例 6.2.15 的一个极小充分统计量；$T'(\boldsymbol{X})=\left(\sum\limits_{i=1}^{n}X_i,\sum\limits_{i=1}^{n}X_i^2\right)$ 仍是例 6.2.14 的一个极小充分统计量.

6.2.3 辅助统计量

前两节我们讨论了充分统计量，从某种意义上说这类统计量包含了样本中关于参数 θ 的全部信息. 本节我们将介绍与之相反的另一类统计量.

定义 6.2.16 如果统计量 $S(\boldsymbol{X})$的分布与 θ 无关，则称 $S(\boldsymbol{X})$为**辅助统计量(ancillary statistic)**.

单个的辅助统计量显然不包含任何关于 θ 的信息，它所观测的随机变量服从已知的某种概率分布且与 θ 毫无关系. 然而，辅助统计量一旦与其他统计量联合起来就有可能包含有关 θ 的信息，我们将在下一节讨论这种现象. 现在我们看几个辅助统计量的例子.

例 6.2.17（均匀辅助统计量） 同例 6.2.15，设随机样本 X_1，…，X_n 取自在$(\theta,\theta+1)$，$-\infty<\theta<\infty$区间上均匀分布的总体，$X_{(1)}<\cdots<X_{(n)}$为样本的次序统计量. 下面我们证明极差 $R=X_{(n)}-X_{(1)}$是辅助统计量，这只需说明 R 的概率密度函数与 θ 无关即可.

回忆每个 X_i 的累积分布函数为

$$F(x|\theta)=\begin{cases}0 & x\leqslant\theta \\ 2-\theta & \theta<x<\theta+1 \\ 1 & \theta+1\leqslant x\end{cases}$$

于是 $X_{(1)}$ 和 $X_{(n)}$ 的联合概率密度函数如式（5.5.7）所示，为：

$$g(x_{(1)},x_{(n)}|\theta)=\begin{cases}n(n-1)(x_{(n)}-x_{(1)})^{n-2} & \theta<x_{(1)}<x_{(n)}<\theta+1 \\ 0 & \text{否则}\end{cases}$$

做变量替换 $R=X_{(n)}-X_{(1)}$ 以及 $M=(X_{(1)}+X_{(n)})/2$，其逆变换为 $X_{(1)}=(2M-R)/2$，

$X_{(n)}=(2M+R)/2$，Jacobi 行列式等于 1. 所以 R 和 M 的联合概率密度函数为

$$h(r,m|\theta)=\begin{cases}n(n-1)r^{n-2} & 0<r<1,\ \theta+(r/2)<m<\theta+1-(r/2)\\ 0 & 否则\end{cases}$$

(注意 $h(r,m|\theta)$ 取正值的范围) 于是，R 的概率密度函数为

$$\begin{aligned}h(r\mid\theta)&=\int_{\theta+(r/2)}^{\theta+1-(r/2)}n(n-1)r^{n-2}\,\mathrm{d}m\\&=n(n-1)r^{n-2}(1-r),0<r<1\end{aligned}$$

显然是参数为 $\alpha=n-1$，$\beta=2$ 的贝塔概率密度函数. 注意该概率密度函数与 θ 无关，即 R 的分布与 θ 无关，故 R 是辅助统计量. ‖

例 6.2.17 中的极差统计量是辅助统计量，其本质原因是所考察的概率模型是位置参数模型，所考察的参数恰好是位置参数，与 X_i 的均匀分布并无关系. 下面我们讨论更一般的位置参数模型.

例 6.2.18 (位置族辅助统计量) 设随机样本 X_1，…，X_n 取自累积分布函数为 $F(x-\theta)$，$-\infty<\theta<\infty$ 的位置参数族总体，下证极差 $R=X_{(n)}-X_{(1)}$ 是辅助统计量. 根据定理 3.5.6，若令 $X_1=Z_1+\theta,\cdots,X_n=Z_n+\theta$，则 Z_1，…，Z_n 是取自 $F(x)$ (即取 $\theta=0$) 总体的随机样本. 于是，极差统计量 R 的累积分布函数为

$$\begin{aligned}F_R(r|\theta)&=P_\theta(R\leqslant r)\\&=P_\theta(\max_i X_i-\min_i X_i\leqslant r)\\&=P_\theta(\max_i(Z_i+\theta)-\min_i(Z_i+\theta)\leqslant r)\\&=P_\theta(\max_i Z_i-\min_i Z_i+\theta-\theta\leqslant r)\\&=P_\theta(\max_i Z_i-\min_i Z_i\leqslant r)\end{aligned}$$

由于 Z_1，…，Z_n 不依赖于 θ，所以上式最后得到的概率与 θ 无关，即 R 的累积分布函数与 θ 无关. 故 R 是辅助统计量. ‖

例 6.2.19 (尺度族辅助统计量) 尺度参数族也有一类辅助统计量. 设随机样本 X_1，…，X_n 取自累积分布函数为 $F(x/\sigma)$，$\sigma>0$ 的尺度参数族总体，则所有只通过 X_1/X_n，…，X_{n-1}/X_n 这 $n-1$ 个值与样本关联的统计量都是辅助统计量，例如

$$\frac{X_1+\cdots+X_n}{X_n}=\frac{X_1}{X_n}+\cdots+\frac{X_{n-1}}{X_n}+1$$

事实上，若令 $X_i=\sigma Z_i$，则 Z_1，…，Z_n 是取自 $F(x)$ (即取 $\sigma=1$) 总体的随机样本. 于是，X_1/X_n，…，X_{n-1}/X_n 的累积分布函数为

$$\begin{aligned}F(y_1,\cdots,y_{n-1}|\sigma)&=P_\sigma(X_1/X_n\leqslant y_1,\cdots,X_{n-1}/X_n\leqslant y_{n-1})\\&=P_\sigma(\sigma Z_1/(\sigma Z_n)\leqslant y_1,\cdots,\sigma Z_{n-1}/(\sigma Z_n)\leqslant y_{n-1})\\&=P_\sigma(Z_1/Z_n\leqslant y_1,\cdots,Z_{n-1}/Z_n\leqslant y_{n-1})\end{aligned}$$

由于 Z_1，…，Z_n 不依赖于 σ，所以上式最后得到的概率与 σ 无关，即 X_1/X_n，…，

X_{n-1}/X_n 的分布与 σ 无关，其任意函数的分布也均与 σ 无关.

特别地，设 X_1，X_2 是 $\mathrm{n}(0,\sigma^2)$ 随机样本，根据上述讨论可知对任意 σ，X_1/X_2 的分布均相同. 而由例 4.3.6 我们知道当 $\sigma=1$ 时 X_1/X_2 服从参数为（0，1）的 Cauchy 分布，因此对任意 $\sigma>0$，X_1/X_2 都服从 Cauchy 分布. ‖

本节我们给出了多种概率模型中辅助统计量的例子，下一节将讨论充分统计量与辅助统计量之间的关系.

6.2.4 充分统计量、辅助统计量与完全统计量

极小充分统计量在保留关于参数 θ 的所有信息的同时对样本数据进行了最大程度的缩减. 直观地看，极小充分统计量删除了样本中除 θ 外的所有额外信息. 而辅助统计量的分布与 θ 无关，因此极小充分统计量似乎应与辅助统计量无关（用数学语言表述即函数独立），而事实往往并非如此. 本节我们就将进一步考察这两者之间的关系.

事实上前面我们已经看到辅助统计量与极小充分统计量不独立的一个例子. 回忆例 6.2.15 中随机样本 X_1，…，X_n 取自在$(\theta,\theta+1)$，$-\infty<\theta<\infty$区间上均匀分布的总体，在 6.2.2 节末尾我们看到（$X_{(n)}-X_{(1)}$，$(X_{(n)}+X_{(1)})/2$）是一个极小充分统计量，而在例 6.2.7 中又证明了 $X_{(n)}-X_{(1)}$ 是辅助统计量. 此例中辅助统计量恰是极小充分统计量的一个重要组成部分，两者显然不独立.

下面的例题表明，辅助统计量有时可以提供关于 θ 的重要信息.

例 6.2.20（辅助精度） 设随机样本 X_1，X_2 取自服从下列离散分布的总体：

$$P_\theta(X=\theta)=P_\theta(X=\theta+1)=P_\theta(X=\theta+2)=\frac{1}{3}$$

其中未知参数 θ 为整数，$X_{(1)}\leqslant X_{(2)}$ 是样本的次序统计量. 仿照例 6.2.15 可以证明，($R=X_{(2)}-X_{(1)}$，$M=(X_{(1)}+X_{(2)})/2$）是一个极小充分统计量. 由于该模型属于位置参数族，故由例 6.2.17 可知 R 是辅助统计量. 下面我们分析辅助统计量 R 是如何提供关于θ 的信息的. 考察样本点（r，m），其中 m 为整数. 先单独考察 m，为使该样本概率为正，θ 的取值必须为 $\theta=m$，$\theta=m-1$ 或者 $\theta=m-2$. 如果只知道 $M=m$，上述三个 θ 值均可；但是如果还知道 $R=2$，则必有 $X_{(1)}=m-1$，$X_{(2)}=m+1$，故 $\theta=m-1$——这就说明辅助统计量 R 的取值为我们补充了关于 θ 的信息(统计学家们早就发现辅助统计量可以刻画 θ 的估计值的**精度**，详见 Cox 1971 或者 Efron and Hinkley 1978). ‖

对于大部分重要的概率分布，极小充分统计量与辅助统计量之间总是独立的，我们将利用下列定义描述这种现象.

定义 6.2.21 设 $f(t|\theta)$是统计量 $T(\boldsymbol{X})$的概率密度（或质量）函数，如果满足：对任意 θ 都有 $\mathrm{E}_\theta g(T)=0$，那么对任意 θ 都有 $P_\theta(g(T)=0)=1$，则称该概率

分布族是**完全**（complete）的，或称 $\boldsymbol{T(X)}$是**完全统计量**（complete statistic）.

注意，完全性是整个概率分布族而非某个特定分布的性质. 例如，若 X 服从 $\mathrm{n}(0,1)$分布，令 $g(x)=x$，则 $\mathrm{E}g(X)=\mathrm{E}X=0$；但函数 $g(x)=x$ 满足 $P(g(X)=0)=P(X=0)=0$，而非 1. 不过这里讨论的是一个特定的分布，而非一族分布. 如果 X 服从 $\mathrm{n}(\theta,1)$分布，其中 $-\infty<\theta<\infty$，我们将发现 X 的所有函数 $g(x)$当中，满足对任意 θ 都有 $\mathrm{E}_\theta g(X)=0$ 的只有一个，该函数对任意 θ 都满足 $P_\theta(g(X)=0)=1$. 因此，$\mathrm{n}(\theta,1)(-\infty<\theta<\infty)$分布族是完全的.

例 6.2.22（二项完全充分统计量）　设 T 服从参数为（n，p）的二项分布，其中 $0<p<1$，函数 g 满足 $\mathrm{E}_p g(T)=0$. 则对任意 p，$0<p<1$，都有

$$\begin{aligned}0 = \mathrm{E}_p g(T) &= \sum_{t=0}^{n} g(t)\binom{n}{t}p^t(1-p)^{n-t}\\ &= (1-p)^n\sum_{t=0}^{n} g(t)\binom{n}{t}\left(\frac{p}{1-p}\right)^t\end{aligned}$$

显然因子$(1-p)^n$ 恒不为 0，于是对任意 r，$0<r<\infty$，有

$$0 = \sum_{t=0}^{n} g(t)\binom{n}{t}\left(\frac{p}{1-p}\right)^t = \sum_{t=0}^{n} g(t)\binom{n}{t}r^t$$

其中等式最右端是 r 的一个 n 次多项式，r^t 项的系数为 $g(t)\binom{n}{t}$. 由于该多项式对任意 r 都为 0，故其系数均为 0. 而$\binom{n}{t}$项不可能得 0，因此对任意 $t=0$，…，n 都有 $g(t)=0$. 又因为 T 的取值只能是 0，1，…，n，所以对任意 p 都有 $P_p(g(T)=0)=1$，故 T 是完全统计量. ||

例 6.2.23（均匀完全充分统计量）　设随机样本 X_1，…，X_n 取自在（0，θ），$0<\theta<\infty$区间上均匀分布的总体. 仿照例 6.2.8 的讨论可知 $T(\boldsymbol{X})=\max_i X_i$ 是充分统计量，再由定理 5.4.4 可知 $T(\boldsymbol{X})$的概率密度函数为

$$f(t|\theta)=\begin{cases}nt^{n-1}\theta^{-n} & 0<t<\theta\\ 0 & 否则\end{cases}$$

设函数 $g(t)$满足对任意 θ 都有 $\mathrm{E}_\theta g(T)=0$. 由于 $\mathrm{E}_\theta g(T)$是 θ 的常函数，其关于 θ 的导数必为 0，于是

$$\begin{aligned}0 &= \frac{\mathrm{d}}{\mathrm{d}\theta}\mathrm{E}_\theta\, g(T)\\ &= \frac{\mathrm{d}}{\mathrm{d}\theta}\int_0^\theta g(t)nt^{n-1}\theta^{-n}\mathrm{d}t\\ &= (\theta^{-n})\,\frac{\mathrm{d}}{\mathrm{d}\theta}\int_0^\theta ng(t)t^{n-1}\,\mathrm{d}t + \left(\frac{\mathrm{d}}{\mathrm{d}\theta}\theta^{-n}\right)\int_0^\theta ng(t)t^{n-1}\,\mathrm{d}t \qquad (根据乘积求导法则)\end{aligned}$$

$= \theta^{-n} n g(\theta)\theta^{n-1} + 0$

$= \theta^{-1} n g(\theta)$

其中倒数第二行的第一项由微积分基本定理得到，第二项得 0 是因为原积分与 $E_\theta g(T)=0$只相差一个常数倍. 由 $\theta^{-1} n g(\theta)=0$ 以及 $\theta^{-1} n\neq 0$ 可知对任意 θ 都有 $g(\theta)=0$，故 T 是完全统计量（注意，微积分基本定理只能用于 Riemann 可积的函数，方程式

$$\frac{\mathrm{d}}{\mathrm{d}\theta}\int_0^\theta g(t)\,\mathrm{d}t = g(\theta)$$

也仅在 Riemann 可积函数 g 的连续点处成立. 因此严格地说，上面的讨论还不足以证明 T 是完全统计量，因为完全统计量的定义中并未限定函数必须是 Riemann 可积函数. 不过 Riemann 可积函数非常普遍，几乎涵盖了我们拟考察的所有函数，所以实际上我们可以忽略这一差别）. ||

下面我们利用完全性给出极小充分统计量与任意辅助统计量独立的条件.

定理 6.2.24（Basu 定理） 设 $T(\boldsymbol{X})$是完全的极小充分统计量，则 $T(\boldsymbol{X})$与任意辅助统计量都独立.

证明 我们只证明离散分布的情形.

设 $S(\boldsymbol{X})$是任一辅助统计量，则 $P(S(\boldsymbol{X})=s)$与 θ 无关. 又因为 $T(\boldsymbol{X})$是充分统计量（回忆其定义！），故条件概率

$$P(S(\boldsymbol{X})=s \mid T(\boldsymbol{X})=t)=P(\boldsymbol{X}\in\{x: S(x)=s\}\mid T(\boldsymbol{X})=t)$$

也与 θ 无关. 因此，为证 $S(\boldsymbol{X})$与 $T(\boldsymbol{X})$独立，只需证明对任意 $t\in\mathcal{T}$都有

$$P(S(\boldsymbol{X})=s \mid T(\boldsymbol{X})=t)=P(S(\boldsymbol{X})=s) \tag{6.2.6}$$

而

$$P(S(\boldsymbol{X})=s)=\sum_{t\in\mathcal{T}}P(S(\boldsymbol{X})=s \mid T(\boldsymbol{X})=t)P_\theta(T(\boldsymbol{X})=t).$$

又由 $\sum_{t\in\mathcal{T}}P_\theta(T(\boldsymbol{X})=t)=1$，有

$$P(S(\boldsymbol{X})=s)=\sum_{t\in\mathcal{T}}P(S(\boldsymbol{X})=s)P_\theta(T(\boldsymbol{X})=t)$$

所以，若令

$$g(t)=P(S(\boldsymbol{X})=s \mid T(\boldsymbol{X})=t)-P(S(\boldsymbol{X})=s)$$

则由上面两式可知，对任意 θ 有

$$\mathrm{E}_\theta\, g(T)=\sum_{t\in\mathcal{T}}g(t)P_\theta(T(\boldsymbol{X})=t)=0$$

因为 $T(\boldsymbol{X})$是完全统计量，故对任意 $t\in\mathcal{T}$都有 $g(t)=0$，这就证得式（6.2.6）. □

Basu 定理对于判断充分统计量与辅助统计量之间的独立性非常实用，它甚至无需我们求出两统计量的联合分布. 不过，运用 Basu 定理之前我们先要证明统计量的充分性，而这有时也有一定难度. 所幸下面的定理可以处理我们遇到的绝大多

数问题. 我们不准备给出该定理的证明，不过要注意其证明依赖于2.3节介绍的一个性质：Laplace变换的唯一性.

定理 6.2.25（指数族的完全统计量） 设随机变量 X_1，…，X_n 取自概率密度（或质量）函数为

$$f(x\mid\boldsymbol{\theta})=h(x)c(\boldsymbol{\theta})\exp\Big(\sum_{j=1}^{k}w(\theta_j)t_j(x)\Big) \tag{6.2.7}$$

的指数族总体，其中 $\boldsymbol{\theta}=(\theta_1,\theta_2,\cdots,\theta_k)$. 如果参数空间 Θ 包含 $\mathbf{R}^k$ 的开集，则统计量

$$T(\boldsymbol{X})=\Big(\sum_{i=1}^{n}t_1(X_i),\sum_{i=1}^{n}t_2(X_i),\cdots,\sum_{i=1}^{n}t_k(X_i)\Big)$$

是完全统计量.

定理中要求参数空间包含开集是为了避免下述情形发生：$\mathrm{n}(\theta,\theta^2)$分布也可写作式（6.2.7）的形式，但参数空间$(\theta,\theta^2)$是一条抛物线，显然不含二维开集. 这样我们可以找到 $T(\boldsymbol{X})$的一个变换作为0的无偏估计（见习题6.15. 回忆3.4节，由于形如 $\mathrm{n}(\theta,\theta^2)$的指数族其参数空间是一条低维曲线，因而被称作**曲指数族**). 指数族统计量的充分性、完全性与极小性之间的关系非常有趣，详见杂录6.6.3.

下面的例题用到了Basu定理、定理6.2.25以及本章前面的部分结论.

例 6.2.26（Basu定理的应用-Ⅰ） 设随机样本 X_1，…，X_n 取自参数为θ的指数族总体，考虑如何计算

$$g(\boldsymbol{X})=\frac{X_n}{X_1+\cdots+X_n}$$

的期望. 由于指数分布属于尺度参数族，故由例6.2.19可知 $g(\boldsymbol{X})$是辅助统计量. 令 $t(x)=x$，则由定理6.2.25，

$$T(\boldsymbol{X})=\sum_{i=1}^{n}X_i$$

是θ的完全统计量，又由定理6.2.10可知 $T(\boldsymbol{X})$是θ的充分统计量. 于是，根据Basu定理（后面我们将说明无需验证 $T(\boldsymbol{X})$的极小性，尽管根据定理6.2.13这是显然的），$T(\boldsymbol{X})$与 $g(\boldsymbol{X})$独立，这样就有

$$\theta=\mathrm{E}_\theta X_n=\mathrm{E}_\theta T(\boldsymbol{X})g(\boldsymbol{X})=(\mathrm{E}_\theta T(\boldsymbol{X}))(\mathrm{E}_\theta g(\boldsymbol{X}))=n\theta\mathrm{E}_\theta g(\boldsymbol{X})$$

故对任意θ，有 $\mathrm{E}_\theta g(\boldsymbol{X})=n^{-1}$. ‖

例 6.2.27（Basu定理的应用-Ⅱ） 本例我们考察样本均值 $\overline{X}$ 与样本方差 S^2 的独立性，其中随机样本取自 $\mathrm{n}(\mu,\sigma^2)$总体. 早在定理5.3.1我们就已经证明过这个独立性，现在利用Basu定理重新予以证明. 首先固定σ^2，让μ在$-\infty<\mu<\infty$范围内变化，则由例题6.2.4可知 $\overline{X}$ 是μ的充分统计量. 运用定理6.2.25可以证明分布类 $\mathrm{n}(\mu,\sigma^2/n)$（其中$-\infty<\mu<\infty$，$\sigma^2/n$已知）是完全的，而这恰为 $\overline{X}$ 的分布，所以 $\overline{X}$ 是完全统计量. 现在考虑 S^2，仿照例6.2.18与6.2.19的讨论可知，在任

意位置参数族（这里σ^2已知，μ是位置参数）中S^2是辅助统计量. 或者，我们也可以对所讨论的正态模型应用定理5.3.1，证明S^2的分布只依赖于σ^2、与参数μ无关，这样也证得S^2是μ的辅助统计量. 于是根据Basu定理，对任意μ及指定的σ^2，S^2都与完全的充分统计量$\overline{X}$独立. 不过，由于σ^2的取值也是任意的，因此对任意μ和σ^2，样本均值与样本方差均独立. 当μ和σ^2都未知时，$\overline{X}$和S^2没有一个为辅助统计量. 然而仿照上述讨论我们仍可证明两者的独立性. 本例所用的论证方法有时很有用，不过，验证统计量的完全性往往比证明两统计量的独立性更加困难.

应该注意Basu定理的证明中并未用到充分统计量的"极小性"，去掉这一条件该定理仍然成立. 事实上，极小性是完全统计量的一个基本性质.

定理 6.2.28 如果极小充分统计量存在，则任意完全统计量都是极小充分统计量.

因此，尽管Basu定理中关于"极小"的条件是多余的，它倒是提醒了我们定理中的统计量$T(\boldsymbol{X})$实际上是极小充分统计量（完全统计量与极小充分统计量之间的更多联系可以参考Lehmann and Scheffé1950以及Schervish 1995第2.1节).

Basu定理利用完全统计量的概念揭示了充分统计量与辅助统计量之间的联系. 事实上我们还可以用其他方式定义辅助统计量与完全统计量，Lehmann（1981）讨论了在这些定义之下充分统计量与辅助统计量之间的联系.

6.3 似然原理

本节要介绍一种称作似然函数的特殊统计量，它同样可以用于概括样本中的信息. 似然函数的用途广泛，我们只能在本节介绍部分，其余则留待下文. 本节将证明，如果我们接受其他某种数据简化原理，就一定能用似然函数进行数据简化.

6.3.1 似然函数

定义 6.3.1 设$f(\boldsymbol{x}|\theta)$为样本$\boldsymbol{X}=(X_1,\cdots,X_n)$的联合概率密度（或质量）函数，如果观测到$\boldsymbol{X}=\boldsymbol{x}$，则称$\theta$的函数

$$L(\theta|\boldsymbol{x})=f(\boldsymbol{x}|\theta)$$

为似然函数（**likelihood function**).

如果$\boldsymbol{X}$是离散随机向量，则$L(\theta\mid\boldsymbol{x})=P_\theta(\boldsymbol{X}=\boldsymbol{x})$. 比较似然函数在不同参数点处的取值，如果我们发现

$$P_{\theta_1}(\boldsymbol{X}=\boldsymbol{x})=L(\theta_1|\boldsymbol{x})>L(\theta_2|\boldsymbol{x})=P_{\theta_2}(\boldsymbol{X}=\boldsymbol{x})$$

则当$\theta=\theta_1$时观测到$\boldsymbol{X}=\boldsymbol{x}$的可能性大于$\theta=\theta_2$时，换言之，即$\theta_1$比$\theta_2$更像是$\theta$的真实值. 我们可以有许多不同的方式来应用这些信息，不过最自然的莫过于考察当θ取值不同时观测到指定样本的概率——这正是似然函数为我们提供的信息.

如果 X 是连续的实值随机变量且 X 的概率密度函数关于 x 连续，则对于充分小的ϵ，$P_\theta(x-\epsilon<X<x+\epsilon)$ 近似于 $2\epsilon f(x\mid\theta)=2\epsilon L(\theta\mid x)$（根据导数的定义）. 于是，

$$\frac{P_{\theta_1}(x-\epsilon<X<x+\epsilon)}{P_{\theta_2}(x-\epsilon<X<x+\epsilon)}\approx\frac{L(\theta_1|x)}{L(\theta_2|x)}$$

即似然函数在两参数点取值之比约等于观测到指定样本 $\boldsymbol{x}$ 的概率之比.

定义 6.3.1 看起来似乎将似然函数定义成了概率密度（或质量）函数，实则不然. 它们的区别在于哪些变量是固定的、哪些变量是变化的. 当考察概率密度（或质量）函数 $f(\boldsymbol{x}|\theta)$时，我们固定了θ、让 $\boldsymbol{x}$ 作变量；当考察似然函数 $L(\theta|\boldsymbol{x})$时，我们指定观测到的样本点为 $\boldsymbol{x}$、让 θ 在参数空间上任意取值.

例 6.3.2（负二项似然函数）　设 X 是参数为$(r=3,p)$的负二项分布，如果观测到 $x=2$，则似然函数是 $0\leqslant p\leqslant 1$ 上的五次多项式：

$$L(p|2)=P_p(X=2)=\binom{4}{2}p^3(1-p)^2$$

一般地，如果观测到 $X=x$，则似然函数为 $3+x$ 次多项式：

$$L(p|x)=\binom{3+x-1}{x}p^3(1-p)^x \qquad ||$$

似然原理揭示了似然函数实现数据简化的原理.

似然原理：设样本点 $\boldsymbol{x}$ 和 $\boldsymbol{y}$ 满足$L(\theta|\boldsymbol{x})$与 $L(\theta|\boldsymbol{y})$成比例，即存在某常数 $C(\boldsymbol{x},\boldsymbol{y})$使得对任意 θ 有

$$L(\theta|\boldsymbol{x})=C(\boldsymbol{x},\boldsymbol{y})L(\theta|\boldsymbol{y}) \tag{6.3.1}$$

则由 $\boldsymbol{x}$ 和 $\boldsymbol{y}$ 出发所作的关于 θ 的推断完全相同.

注意，对于不同的样本对$(\boldsymbol{x},\boldsymbol{y})$，式（6.3.1）中的常数 $C(\boldsymbol{x},\boldsymbol{y})$不一定相同，但 $C(\boldsymbol{x},\boldsymbol{y})$始终与 θ 无关.

特别地若 $C(\boldsymbol{x},\boldsymbol{y})=1$，则似然原理表明，如果两样本点导出相同的似然函数，则它们所包含的关于 θ 的信息完全相同. 似然原理本质上揭示了似然函数可以用于比较不同参数值的似真程度：如果 $L(\theta_2|\boldsymbol{x})=2L(\theta_1|\boldsymbol{x})$，则从某种意义上说 θ_2 的似真性是 θ_1 的两倍. 如果式（6.3.1）成立，则 $L(\theta_2|\boldsymbol{y})=2L(\theta_1|\boldsymbol{y})$，因此不论观测到的是 $\boldsymbol{x}$ 还是 $\boldsymbol{y}$，我们都可以断定 θ_2 的似真性是 θ_1 的两倍.

我们之所以谨慎地使用"似真性"一词而非"可能性"，是因为考虑到 θ 是一个定值（虽然其值未知）. 此外还需注意，尽管 $f(\boldsymbol{x}|\theta)$作为 $\boldsymbol{x}$ 的函数是一个概率密度函数，我们并不能保证 $L(\theta|\boldsymbol{x})$作为 θ 的函数也是概率密度函数.

有一种推断的方式叫做**信仰推断**（fiducial inference），有时将似然函数解释为 θ 的概率，即将 $L(\theta|\boldsymbol{x})$乘以 $M(\boldsymbol{x})=(\int_{-\infty}^{\infty}L(\theta\mid\boldsymbol{x})\mathrm{d}\theta)^{-1}$（若参数空间可数，则应将积

分换成求和)，于是 $M(\boldsymbol{x})L(\theta|\boldsymbol{x})$就是 θ 的概率密度函数（当然需要假定 $M(\boldsymbol{x})$有限!）. 显然，若 $L(\theta|\boldsymbol{x})$和 $L(\theta|\boldsymbol{y})$满足式（6.3.1），则它们必将导出相同的概率密度函数（常数 $C(\boldsymbol{x},\boldsymbol{y})$在标准化时将被消去）. 信仰推断理论虽然至今未能得到大部分统计学家的认同，却有着很长的历史，可以追溯到 Fisher（1930）关于**逆概率**(inverse probability)（概率积分变换的应用之一）的工作. 下面我们具体地计算一个信仰分布（fiducial distribution）.

例 6.3.3（正态信仰分布） 设随机样本 X_1，…，X_n 取自 $\mathrm{n}(\mu,\sigma^2)$总体，其中 σ^2已知. 根据 $L(\mu|\boldsymbol{x})$的表达式（6.2.4）可知，式（6.3.1）成立当且仅当 $\bar{x}=\bar{y}$，且此时

$$C(\boldsymbol{x},\boldsymbol{y})=\exp\left(-\sum_{i=1}^{n}(x_i-\bar{x})^2/(2\sigma^2)+\sum_{i=1}^{n}(y_i-\bar{y})^2/(2\sigma^2)\right)$$

于是，似然原理表明只要 $\bar{x}=\bar{y}$，样本点 $\boldsymbol{x}$ 和 $\boldsymbol{y}$ 中关于 μ 的信息就完全相同. 为求 μ 的置信概率密度函数，我们令 $M(\boldsymbol{x})=n^{n/2}\exp\left(\sum_{i=1}^{n}(x_i-\bar{x})^2/(2\sigma^2)\right)$，则 $M(\boldsymbol{x})L(\mu|\boldsymbol{x})$（作为 μ 的函数）是 $\mathrm{n}(\bar{x},\sigma^2/n)$概率密度函数，即为 μ 的**信仰分布**. 如果承认信仰推断理论，则可以根据该信仰分布完成与 μ 有关的概率计算.

由参数 μ 服从 $\mathrm{n}(\bar{x},\sigma^2/n)$分布可知，$(\mu-\bar{x})/(\sigma/\sqrt{n})$服从 $\mathrm{n}(0,1)$分布，于是

$$\begin{aligned}0.95&=P\left(-1.96<\frac{\mu-\bar{x}}{\sigma/\sqrt{n}}<1.96\right)\\&=P\left(-1.96\sigma/\sqrt{n}<\mu-\bar{x}<1.96\sigma/\sqrt{n}\right)\\&=P\left(\bar{x}-1.96\sigma/\sqrt{n}<\mu<\bar{x}+1.96\sigma/\sqrt{n}\right)\end{aligned}$$

上述计算与前面的计算相似，但解释却大不相同：这里 $\bar{x}$ 是已知的观测数据，而 μ 是服从正态概率分布的变量.

待后续章节介绍具体的推断方法以后，我们再继续讨论似然函数的更多应用. 现在我们证明似然原理可以由另外两个原理推出.

6.3.2 形式化的似然原理

对于离散分布，似然原理可以由两个更为简洁直观的原理推出，且这一推导稍加修改后对连续情形也成立. 本小节我们只讨论离散分布，Berger and Wolpert (1984) 中则同时考察了离散和连续两种情形下的似然原理. 这些结论最早由 Birnbaum (1962) 在一篇具有划时代意义的论文中予以证明，不过我们这里介绍的更接近 Berger and Wolpert 的证明.

我们将试验 E 形式化地定义为三元序对$(\boldsymbol{X},\theta,\{f(\boldsymbol{x}|\theta)\})$，其中 $\boldsymbol{X}$ 是概率密度函数为 $f(\boldsymbol{x}|\theta)$的随机向量，θ 属于参数空间 Θ. 试验者全程了解试验 E 的进程，观测到样本 $\boldsymbol{X}=\boldsymbol{x}$ 并由此作关于 θ 的推断. 这些推断记作 $\mathrm{Ev}(E,\boldsymbol{x})$，解释为**由 E 和 $\boldsymbol{x}$**

得到的关于 θ 的证据.

例 6.3.4（证据函数）　设试验 E 中包含取自 $\mathrm{n}(\mu,\sigma^2)$ 总体的随机样本 X_1，…，X_n，其中 σ^2 已知. 由于样本均值 $\bar{X}$ 是 μ 的充分统计量且 $\mathrm{E}\bar{X}=\mu$，故我们可以将 $\bar{X}=\bar{x}$ 作为 μ 的估计. 为了度量该估计的精度，常用的方法是给出 $\bar{X}$ 的标准差 $\sigma/\sqrt{n}$. 于是可以定义 $\mathrm{Ev}(E,\boldsymbol{x})=(\bar{x},\sigma/\sqrt{n})$，其中 $\bar{x}$ 坐标依赖于样本观测值 $\boldsymbol{x}$，$\sigma/\sqrt{n}$ 坐标依赖于 E 的信息. ‖

为将证据函数的概念与我们先前的知识联系起来，我们将 6.2 节的充分性原理重述如下：

形式化的充分性原理　考察试验 $E=(\boldsymbol{X},\theta,\{f(\boldsymbol{x}|\theta)\})$，设 $T(\boldsymbol{X})$ 是 θ 的充分统计量. 如果 $\boldsymbol{x}$ 和 $\boldsymbol{y}$ 是满足 $T(\boldsymbol{x})=T(\boldsymbol{y})$ 的样本点，则 $\mathrm{Ev}(E,\boldsymbol{x})=\mathrm{Ev}(E,\boldsymbol{y})$.

6.2 节所给的充分性原理中不涉及试验，与之相比**形式化**的充分性原理更进一步，它表明充分统计量相等时得到的证据亦相等. 似然原理可以由形式化的充分性原理与下列原理推出：

条件原理　设试验 $E_1=(\boldsymbol{X}_1,\theta,\{f_1(\boldsymbol{x}_1|\theta)\})$ 和 $E_2=(\boldsymbol{X}_2,\theta,\{f_2(\boldsymbol{x}_2|\theta)\})$ 有公共的未知参数 θ. 考察混合试验，该试验首先观测到随机变量 J，其中 $P(J=1)=P(J=2)=\frac{1}{2}$（与 θ，X_1 和 X_2 都无关），然后执行试验 E_J. 混合试验可以形式化地写作 $E^*=(\boldsymbol{X}^*,\theta,\{f^*(\boldsymbol{x}^*|\theta)\})$，其中 $\boldsymbol{X}^*=(j,\boldsymbol{X}_j)$ 且 $f^*(\boldsymbol{x}^*|\theta)=f^*((j,\boldsymbol{x}_j)|\theta)=\frac{1}{2}f_j(\boldsymbol{x}_j|\theta)$. 则

$$\mathrm{Ev}(E^*,(j,\boldsymbol{x}_j))=\mathrm{Ev}(E_j,\boldsymbol{x}_j) \tag{6.3.2}$$

条件原理表明，如果从两试验中随机选取一个执行并观测到样本数据 $\boldsymbol{x}$，则由此得到的有关 θ 的信息**只依赖于被执行的试验**，即与一开始就确定（并非随机选择）执行该试验且观测到样本 $\boldsymbol{x}$ 所能得到的信息相同；这个试验被执行并未增加、减少或者更改我们关于 θ 的信息.

例 6.3.5（二项/负二项试验）　考察投掷某硬币得到正面朝上的概率 p，$0<p<1$. 设试验 E_1 连续掷硬币 20 次并记录正面朝上的次数，则 E_1 是二项试验，且 $\{f_1(x_1|p)\}$ 是参数为 $(20,p)$ 的二项概率密度函数族. 设试验 E_2 连续掷硬币直至出现第七次正面朝上并记录此前掷得背面朝上的次数，则 E_2 是负二项试验. 现在假设试验者利用随机数表决定执行哪个试验，结果选择了 E_2，发现连续掷硬币 20 次恰好出现七次正面朝上. 条件原理表明，试验者此时得到的关于 θ 的信息 $\mathrm{Ev}(E^*,(2,13))$ 与从一开始就明确执行负二项试验 E_2 所得的 $\mathrm{Ev}(E_2,13)$ 相等. ‖

下列形式化的似然原理也可以由形式化的充分性原理以及条件原理得到：

形式化的似然原理　设试验 $E_1=(\boldsymbol{X}_1,\theta,\{f_1(\boldsymbol{x}_1|\theta)\})$ 和 $E_2=(\boldsymbol{X}_2,\theta,\{f_2(\boldsymbol{x}_2|\theta)\})$ 有公共的未知参数 θ. $\boldsymbol{x}_1^*$ 和 $\boldsymbol{x}_2^*$ 分别是 E_1 和 E_2 的样本点，且满足：存在只与

$\boldsymbol{x}_1^*$ 和 $\boldsymbol{x}_2^*$ 有关的常数 C，使得对任意 θ，都有

$$L(\theta|\boldsymbol{x}_2^*)=CL(\theta|\boldsymbol{x}_1^*) \tag{6.3.3}$$

则

$$\mathrm{Ev}(E_1,\boldsymbol{x}_1^*)=\mathrm{Ev}(E_2,\boldsymbol{x}_2^*)$$

形式化的似然原理与 6.3.1 节中给出的似然原理有所不同：似然原理仅考察一个试验，而形式化的似然原理考察两个试验. 不过，似然原理可以由形式化的似然原理推出，只需令 E_2 等于 E_1 即可. 如此看来，形式化的似然原理中提到两个试验似乎有些不自然. 下面我们给出它的一个重要推论，其证明留作练习（习题 6.32).

似然原理的推论 设 $E=(\boldsymbol{x},\theta,\{f(\boldsymbol{x}|\theta)\})$ 为一试验，则 $\mathrm{Ev}(E,\boldsymbol{x})$ 只通过 $L(\theta|\boldsymbol{x})$ 与 E 和 $\boldsymbol{x}$ 关联.

现在给出 Birnbaum 定理，然后考察它的一些惊人的应用.

定理 6.3.6 (Birnbaum 定理) 形式化的似然原理可以由形式化的充分性原理以及条件原理推出，反之亦然.

证明 我们只给出证明概要，细节留作习题 6.33. 设 E_1，E_2，$\boldsymbol{x}_1^*$ 和 $\boldsymbol{x}_2^*$ 的定义同形式化的似然原理，E^* 表示条件原理中的混合试验. 在 E^* 的样本空间上定义下列统计量

$$T(j,\boldsymbol{X}_j)=\begin{cases}(1,\boldsymbol{x}_1^*) & \text{如果 } j=1 \text{ 且 } \boldsymbol{x}_1=\boldsymbol{x}_1^*\text{，或者 } j=2 \text{ 且 } \boldsymbol{x}_2=\boldsymbol{x}_2^* \\ (j,\boldsymbol{x}_j) & \text{否则}\end{cases}$$

根据因子分解定理可知 $T(J,\boldsymbol{X}_J)$ 是试验 E^* 中的一个充分统计量. 再由形式化的充分性原理，有

$$\mathrm{Ev}(E^*,(1,\boldsymbol{x}_1^*))=\mathrm{Ev}(E^*,(2,\boldsymbol{x}_2^*)) \tag{6.3.4}$$

而由条件原理，有

$$\begin{aligned}\mathrm{Ev}(E^*,(1,\boldsymbol{x}_1^*))&=\mathrm{Ev}(E_1,\boldsymbol{x}_1^*)\\ \mathrm{Ev}(E^*,(2,\boldsymbol{x}_2^*))&=\mathrm{Ev}(E_2,\boldsymbol{x}_2^*)\end{aligned} \tag{6.3.5}$$

于是 $\mathrm{Ev}(E_1,\boldsymbol{x}_1^*)=\mathrm{Ev}(E_2,\boldsymbol{x}_2^*)$，这就证得形式化的似然原理.

反过来，设其中一个试验为 E^*，另一个为 E_j. 可以证明 $\mathrm{Ev}(E^*,(j,\boldsymbol{x}_j))=\mathrm{Ev}(E_j,\boldsymbol{x}_j)$，即条件原理成立. 此外若充分统计量 $T(\boldsymbol{X})$ 满足 $T(\boldsymbol{x})=T(\boldsymbol{y})$，则似然函数成比例，于是由形式化的似然原理可知 $\mathrm{Ev}(E,\boldsymbol{x})=\mathrm{Ev}(E,\boldsymbol{y})$，即证得形式化的充分性原理. □

例 6.3.7 (例 6.3.5-续) 仍然考察二项和负二项试验，其中样本点分别为 $x_1=7$（二项试验中连续掷 20 次硬币有 7 次正面朝上）以及 $x_2=13$（负二项试验中掷硬币掷到 20 次恰好出现第 7 次正面朝上). 似然函数分别为

$$L(p\mid x_1=7)=\binom{20}{7}p^7(1-p)^{13} \qquad \text{(二项试验)}$$

以及

$$L(p \mid x_2=13)=\binom{19}{6}p^7(1-p)^{13} \quad \text{(负二项试验)}$$

两函数成比例，故由形式化的似然原理可知，两试验中关于 p 的推断相同．特别地，形式化的似然原理也证实了下列事实：二项试验中连续投掷 20 次即结束抽样，负二项试验中一旦出现第 7 次正面朝上即结束抽样．Lindley and Phillips (1976) 中详细讨论了二项-负二项推断问题． ‖

由不同试验出发作出相同的推断，这一点也可以通过考察 Birnbaum 定理证明中的充分统计量 T 以及样本点 $\boldsymbol{x}_1^*=7$ 和 $\boldsymbol{x}_2^*=13$ 得到．对于混合试验除 (1，7) 和 (2，13) 以外的其余样本点，T 都指明了被执行的试验是二项试验还是负二项试验，同时也记录了试验结果．不过对于 (1，7) 和 (2，13)，我们有 $T(1,7)=T(2,13)=(1,7)$．此时如果只知道充分统计量的值 $T=(1,7)$，则我们只能断定共投掷硬币 20 次且其中有 7 次正面朝上，而无法知道 7 和 20 当中谁是事先指定的．

许多常见的统计推断方法并不满足形式化的似然原理．对于这些方法，例 6.3.5 所讨论的两个试验有可能得到不同的推断．形式化的似然原理会被破坏，这似乎有些出人意料，因为根据 Birnbaum 定理，此时或者形式化的充分性原理不成立或者条件原理不成立．现在让我们更进一步考察这两条原理．

形式化的充分性原理本质上与 6.1 节的充分性原理相同．在 6.1 节我们知道充分统计量包含了样本中全体关于 θ 的信息，且即便知道了整个样本也并不能增加任何关于 θ 的信息．因此将证据建立在充分统计量的基础之上看起来应该再正确不过了．不过充分性原理之所以有时不成立，是因为它有一个缺点，那就是非常依赖模型．如例 6.2.9 之后所言，承认充分性原理需要模型满足一定的要求，而这有时做不到．

许多数据分析人员在分析数据之前首先进行“模型检查”．大部分模型检查都基于一般统计量而非充分统计量，例如，常用的方法之一是检查模型的**残差**——用于度量非模型因素的数据变化范围的统计量（将在第 11，12 章中详细介绍）．由于残差不是充分统计量，所以这一做法必然破坏充分性原理（当然也直接破坏了似然原理）．因此，我们必须意识到在考察充分性原理（或似然原理）**之前**首先应该正确认识模型．

采用非形式化的语言，条件原理实际上就是一句话：“只有真正被执行的试验才起作用”．也就是说，如果例 6.3.5 中我们执行的是二项试验而非负二项试验，则（未被执行的）负二项试验丝毫不会影响我们对 θ 的推断．这个原理看起来也是非常正确的．

那么，统计推断方法究竟是怎样破坏形式化的似然原理，即怎样破坏充分性原理或者条件原理的呢？不少文献都致力于研究该问题，其中就包括 Durbin (1970)

和 Kalbfleisch (1975). Kalbfleisch 指出形式化似然原理的证明（即定理 6.3.6 的证明）不能令人信服，因为它在无视条件原理的前提下应用了充分性原理. 定理证明中的充分统计量 $T(J,\boldsymbol{X}_J)$是对混合试验定义的，如果我们先用条件原理，则应该为每个试验单独定义一个充分统计量，此时便无法得到形式化的似然原理（Birnbaum 定理证明的关键在于 $T(J,\boldsymbol{X}_J)$**能在不同试验的样本点上取相同的值**），单独定义充分统计量则无法保证这一点.

总的来说，许多直观上很好的推断过程都不满足似然原理，因此似然原理至今未被统计学家们广泛接受. 不过就其数学原理来说，似然原理的表述非常优美，而且的确为我们提供了一种有用的数据简化技术.

6.4 同变性原理

前两节介绍的数据简化原理采用的是下列方式：指定样本函数 $T(\boldsymbol{X})$，如果样本点 $\boldsymbol{x}$ 和 $\boldsymbol{y}$ 满足 $T(\boldsymbol{x})=T(\boldsymbol{y})$，则无论观测到的是 $\boldsymbol{x}$ 还是 $\boldsymbol{y}$，我们所推得的关于 θ 的信息都相同. 对于充分性原理，函数 $T(\boldsymbol{x})$是充分统计量；对于似然原理，$T(\boldsymbol{x})$的"值"就是与 $L(\theta|\boldsymbol{x})$成比例的全体似然函数. 而同变性原理所描述的数据简化方式则有所不同：指定函数 $T(\boldsymbol{x})$后，如果 $T(\boldsymbol{x})=T(\boldsymbol{y})$，则同变性原理要求观测到 $\boldsymbol{x}$ 时所作的推断与观测到 $\boldsymbol{y}$ 时所作的推断之间存在**某种联系**、但可以不同. 对推断过程的这种限制有时也能帮助我们达到数据简化的目的.[⊖]

尽管本节要介绍的数据简化技术统称为同变性原理，它实际上包含了两种不同的同变思想.

第一种同变称作**度量同变**，它要求关于参数 θ 所作的推断不应依赖于所选用的测量尺度. 例如，两名林务员拟估计森林中树木树干的平均直径，第一名林务员以英寸为单位记录树干直径，第二名则以米为单位记录. 现在要求他们同时以英寸为单位估计平均直径（第二名林务员显然很方便以米为单位估计平均直径，然后再将其换算为英寸单位），度量同变要求两人得到相同的估计值. 毫无疑问，几乎所有人都会认同这种同变是合理的.

第二种同变实际上是不变，可以称作**形式不变**，它要求数学模型形式结构相同的两个推断问题可以运用相同的推断过程. 模型中的元素相同，都包含 Θ——参数空间，$\{f(\boldsymbol{x}|\theta):\theta\in\Theta\}$——样本概率密度（或质量）函数集，以及**正确推断与错误推断集**. 其中最后一项前面未作介绍，本节我们假设可能的推断集就是 Θ，即关于

⊖ 与其他许多教材（Schervish 1995，Lehmann and Casella 1998 以及 Stuart，Ord and Arnold 1999）一样，我们特别区分同变与不变的概念：当对数据进行变换时，前者中的估计也相应改变，后者中的估计保持不变.

θ的一次推断就是从Θ中选取一个元素作为θ真实值的一个估计. 形式不变性只考察试验的数学结构，而不关心其实际背景. 例如，在不同的试验中Θ都可能为$\{\theta: \theta>0\}$，试验1中的θ可能表示美国一打鸡蛋的平均价格（单位：美分)，试验2中的θ可能表示肯尼亚长颈鹿的平均身高（单位：米). 然而，根据形式不变性两试验的参数空间完全相同，因为它们在数学上都表示同一个实数集.

同变性原理　设$\boldsymbol{T}=g(\boldsymbol{X})$是一个度量尺度变换且满足：$\boldsymbol{Y}$的模型与$\boldsymbol{X}$的模型具有相同的形式结构，则推断方法应该同时满足度量同变与形式不变.

下面我们介绍上述两种同变是怎样实现数据简化的.

例 6.4.1 (二项同变)　设X服从参数为(n,p)的二项分布，其中n已知，成功概率p未知. 设$T(x)$为观测到$X=x$时p的估计值. 除了用成功试验的数目X估计p以外，我们还可以考察失败试验的数目$Y=n-X$. Y显然服从参数为$(n,q=1-p)$的二项分布，设$T^*(y)$为观测到$Y=y$时q的估计值. 如果观测到x次成功试验，则p的估计值为$T(x)$；此时还知道失败试验的数目为$n-x$，因此$1-T^*(n-x)$也是p的估计值. 由于X到Y的变换是尺度变换，故由度量同变可知两估计值相等，即$T(x)=1-T^*(n-x)$. 此外，基于X和Y的推断问题具有相同的形式结构：X和Y都服从参数为(n,θ)的二项分布，其中$0\leqslant\theta\leqslant1$. 所以由形式不变性可知，对任意$z=0,\cdots,n$都有$T(z)=T^*(z)$. 于是，综合度量同变与形式不变，可得

$$T(x)=1-T^*(n-x)=1-T(n-x) \tag{6.4.1}$$

如果只考察满足式（6.4.1）的估计，则我们很大程度上缩减了估计值的考察范围. 要确定任意估计的值只需指定$T(0),T(1),\cdots,T(n)$的值，而由式（6.4.1）这又只需指定$T(0),T(1),\cdots,T([n/2])$的值，其中$[n/2]$是不大于$n/2$的最大整数. 其余$T(x)$的值显然可以由式（6.4.1）以及$T(0),T(1),\cdots,T([n/2])$得到，例如$T(n)=1-T(0)$，$T(n-1)=1-T(1)$. 这就是由同变性原理实现的一类典型的数据简化：根据一些样本点所作的推断决定了根据其他某些样本点所作的推断.

$T_1(x)=x/n$和$T_2(x)=0.9(x/n)+0.1(0.5)$是本例中的两个同变估计. $T_1(x)$根据成功试验的比例估计p，$T_2(x)$将该比例向0.5“收缩”（当p接近0.5时该估计显然是合理的). 容易验证$T_1(x)$和$T_2(x)$都满足式（6.4.1)，故均为同变估计. 而$T_3(x)=0.8(x/n)+0.2(1)$就不是同变估计，因为此时条件（6.4.1）不满足：$T_3(0)=0.2\neq0=1-T_3(n-0)$. 有关度量同变与形式不变的更多内容，详见习题6.39. ‖

在例6.4.1以及其他所有关于同变的讨论中，变换的选择是关键. 例6.4.1中的变换是$Y=n-X$. 在同变性原理的所有应用当中，变换（度量尺度的变换）由样本空间上一集函数构成，这个函数集合称作**变换群**.

定义 6.4.2　称样本空间$\mathcal{X}$到自身上的一集函数$\{g(\boldsymbol{x}): g\in\mathcal{G}\}$为$\mathcal{X}$的**变换群(group of transformations)**，如果

(i)(逆)对任意 $g\in\mathcal{G}$,存在 $g'\in\mathcal{G}$ 使得:对任意 $\boldsymbol{x}\in\mathcal{X}$,都有 $g'(g(\boldsymbol{x}))=\boldsymbol{x}$;

(ii)(复合)对任意 $g\in\mathcal{G}$ 以及 $g'\in\mathcal{G}$,存在 $g''\in\mathcal{G}$ 使得:对任意 $\boldsymbol{x}\in\boldsymbol{X}$,都有 $g'(g(\boldsymbol{x}))=g''(\boldsymbol{x})$;

(iii)(单位元)$\mathcal{G}$ 中存在单位元 $e(\boldsymbol{x})$,其定义为:$e(\boldsymbol{x})=\boldsymbol{x}$.

其中第三条有时作为群定义中的一部分,有时被略去.它可以由(i),(ii)推得,无需单独验证(见习题6.38).

例 6.4.3(例 6.4.1-续) 本例中只涉及两个变换,令 $\mathcal{G}=\{g_1,g_2\}$,其中 $g_1(x)=n-x$,$g_2(x)=x$. 容易验证 $\mathcal{G}$ 满足条件(i)和(ii):选取 $g'=g$ 即证得(i),事实上 g_1,g_2 的逆都是其自身,例如

$$g_1(g_1(x))=g_1(n-x)=n-(n-x)=x$$

对于条件(ii),当 $g'=g$ 时可令 $g''=g_2$;当 $g'\neq g$ 时可令 $g''=g_1$. 例如,若 $g'\neq g=g_1$,则

$$g_2(g_1(x))=g_2(n-x)=n-x=g_1(x)$$ ‖

为运用同变性原理,我们还需要说明变换问题满足形式不变性,即经过度量尺度变换后问题仍然具有相同的形式结构. 既然结构没有变化,我们就希望模型或者说分布类不改变. 下列定义概括了这一要求:

定义 6.4.4 设 $\mathcal{F}=\{f(\boldsymbol{x}|\theta):\theta\in\Theta\}$ 是 $\boldsymbol{X}$ 的概率密度(或质量)函数族,$\mathcal{G}$ 是样本空间 $\mathcal{X}$ 的变换群. 如果对任意的 $\theta\in\Theta$ 和 $g\in\mathcal{G}$,都存在唯一的 $\theta'\in\Theta$ 使得:若 $\boldsymbol{X}$ 服从 $f(\boldsymbol{x}|\theta)$ 分布,则 $\boldsymbol{Y}=g(\boldsymbol{X})$ 服从 $f(\boldsymbol{y}|\theta')$ 分布,则称 $\mathcal{F}$ **在群 $\mathcal{G}$ 下不变(invariant under the group $\mathcal{G}$)**.

例 6.4.5(例6.4.1的结论) 在二项试验中需要检查变换 g_1 和 g_2. 如果 X 服从参数为 (n,p) 的二项分布,则 $g_1(X)=n-X$ 服从参数为 $(n,1-p)$ 的二项分布,从而 $p'=1-p$,其中 p 相当于定义 6.4.4 中的 θ. 此外 $g_2(X)=X$ 服从参数为 (n,p) 的二项分布,所以此时 $p'=p$. 于是二项概率质量函数集在群 $\mathcal{G}=\{g_1,g_2\}$ 下不变. ‖

例 6.4.1 中的变换群仅含两个元素. 许多情况下变换群可以是无限的,例如下面这个例题(又见习题 6.41 和 6.42).

例 6.4.6(正态位置不变性) 设随机样本 $X_1,\cdots,X_n$ 取自 $\mathrm{n}(\mu,\sigma^2)$ 总体,其中参数 μ 和 σ^2 均未知. 考察变换群 $\mathcal{G}=\{g_a(\boldsymbol{x}),-\infty<a<\infty\}$,其中 $g_a(x_1,\cdots,x_n)=(x_1+a,\cdots,x_n+a)$. 为验证该变换集构成一个群,只需证明定义 6.4.2 中的条件(i),(ii). 对于条件(i),注意到

$$\begin{aligned}g_{-a}(g_a(x_1,\cdots,x_n))&=g_{-a}(x_1+a,\cdots,x_n+a)\\&=(x_1+a-a,\cdots,x_n+a-a)\\&=(x_1,\cdots,x_n)\end{aligned}$$

因此若 $g=g_a$,则令 $g'=g_{-a}$ 即可. 为证条件(ii),注意到

$$\begin{aligned} g_{a_2}(g_{a_1}(x_1,\cdots,x_n)) &= g_{a_2}(x_1+a,\cdots,x_n+a) \\ &= (x_1+a_1+a_2,\cdots,x_n+a_1+a_2) \\ &= g_{a_1+a_2}(x_1,\cdots,x_n) \end{aligned}$$

因此若 $g=g_{a_1}$，$g'=g_{a_2}$，则令 $g''=g_{a_1+a_2}$ 即可．这就证得定义 6.4.2，故 $\mathcal{G}$ 是一个变换群．

本例中的集合 $\mathcal{F}$ 由 X_1，…，X_n 的全体联合概率密度函数 $f(x_1,\cdots,x_n\mid\mu,\sigma^2)$ 构成，其中随机样本 X_1，…，X_n 取自 $\mathrm{n}(\mu,\sigma^2)$ 总体，$-\infty<\mu<\infty$ 且 $\sigma^2>0$．对任意 a，$-\infty<a<\infty$，定义随机变量 Y_1，…，Y_n 为：

$$(Y_1,\cdots,Y_n)=g_a(X_1,\cdots,X_n)=(X_1+a,\cdots,X_n+a)$$

则 Y_1，…，Y_n 是 $\mathrm{n}(\mu+a,\sigma^2)$ 随机变量．因此，$\boldsymbol{Y}=g_a(\boldsymbol{X})$ 的联合分布属于 $\mathcal{F}$，故 $\mathcal{F}$ 在 $\mathcal{G}$ 下不变．采用定义 6.4.4 的记法，若令 $\theta=(\mu,\sigma^2)$，则有 $\theta'=(\mu+a,\sigma^2)$．　‖

务必记住同变性原理中涉及两种类型的同变，其中一种是直观上看起来极其合理的度量同变．很多人在谈到同变性原理的时候想到的只是度量同变，如果事实果真如此，那么同变性原理必定能被广泛接受．另一种同变——形式不变——则截然不同，它将具有相同数学结构的问题等同起来，认为它们有相同的推断过程，而完全不考虑问题的实际背景．形式不变有时较难验证．

与充分性原理和似然原理一样，同变性原理也是一种数据简化方法，它通过指定由相关样本点所得的其他推断来限制推断．这三个原理都揭示了推断与不同样本点之间的关系，限定了可允许推断的范围，从而达到简化分析的目的．

6.5　习题

6.1　设 X 是 $\mathrm{n}(0,\sigma^2)$ 总体的一个观测量，问 $|X|$ 是否是充分统计量？

6.2　设独立随机变量 X_1，…，X_n 的概率密度函数为

$$f_{X_i}(x\mid\theta)=\begin{cases} \mathrm{e}^{i\theta-x} & x\geqslant i\theta \\ 0 & x<i\theta \end{cases}$$

证明 $T=\min\limits_i(X_i/i)$ 是 θ 的充分统计量．

6.3　设随机样本 X_1，…，X_n 取自概率密度函数为

$$f(x\mid\mu,\sigma^2)=\frac{1}{\sigma}\mathrm{e}^{-(x-\mu)/\sigma},\ \mu<x<+\infty,0<\sigma<+\infty$$

的总体，求 (μ,σ^2) 的一个二维充分统计量．

6.4　证明定理 6.2.10.

6.5　设独立随机变量 X_1，…，X_n 的概率密度函数为

$$f(x_i\mid\theta)=\begin{cases} \dfrac{1}{2i\theta} & -i(\theta-1)<x_i<i(\theta+1) \\ 0 & 否则 \end{cases}$$

其中 $\theta>0$. 求 θ 的一个二维充分统计量.

6.6　设随机样本 X_1，…，X_n 取自参数为 (α,β) 的伽玛分布总体，求 (α,β) 的一个二维充分统计量.

6.7　考察 $\mathbf{R}^2$ 中左下角坐标为 (θ_1,θ_2)、右上角坐标为 (θ_3,θ_4) 的矩形区域上的均匀分布，设其二元概率密度函数为 $f(x,y|\theta_1,\theta_2,\theta_3,\theta_4)$，其中参数满足 $\theta_1<\theta_3$，$\theta_2<\theta_4$. 设 $(X_1,Y_1),\cdots,(X_n,Y_n)$ 为取自该分布的随机样本，求 $(\theta_1,\theta_2,\theta_3,\theta_4)$ 的一个四维充分统计量.

6.8　设随机样本 X_1，…，X_n 取自具有位置概率密度函数 $f(x-\theta)$ 的总体，证明次序统计量 $T(X_1,\cdots,X_n)=(X_{(1)},\cdots,X_{(n)})$ 是 θ 的充分统计量，且可以实现最大程度的数据缩减.

6.9　设随机样本 X_1，…，X_n 取自服从下列分布的总体，对每一类分布求 θ 的一个极小充分统计量：

(a) $f(x|\theta)=\frac{1}{\sqrt{2\pi}}\mathrm{e}^{-(x-\theta)^2/2},-\infty<x<\infty,-\infty<\theta<\infty$；　（正态分布）

(b) $f(x|\theta)=\mathrm{e}^{-(x-\theta)},\theta<x<\infty,-\infty<\theta<\infty$；　（位置指数分布）

(c) $f(x|\theta)=\frac{\mathrm{e}^{-(x-\theta)}}{(1+\mathrm{e}^{-(x-\theta)})^2},-\infty<x<\infty,-\infty<\theta<\infty$；　（罗吉斯蒂克分布）

(d) $f(x|\theta)=\frac{1}{\pi[1+(x-\theta)^2]},-\infty<x<\infty,-\infty<\theta<\infty$；　（Cauchy 分布）

(e) $f(x|\theta)=\frac{1}{2}\mathrm{e}^{-|x-\theta|}$，$-\infty<x<\infty$，$-\infty<\theta<\infty$.　（双指数分布）

6.10　证明例 6.2.15 中 $(\theta,\theta+1)$ 均匀分布的极小充分统计量不是完全统计量.

6.11　对习题 6.9 中所列的每一概率密度函数，设 $X_{(1)}<\cdots<X_{(n)}$ 为样本的次序统计量，令 $Y_i=X_{(n)}-X_{(i)}$，$i=1$，…，$n-1$.

(a) 对每一类概率密度函数，验证 $(Y_1,\cdots,Y_{n-1})$ 是 θ 的辅助统计量. 仿照例 6.2.18，给出一个通用的定理用以处理所有这些分布类，并予以证明；

(b) 对每一类概率密度函数，验证 $(Y_1,\cdots,Y_{n-1})$ 是否与极小充分统计量独立.

6.12　在许多问题中一个最自然的辅助统计量是**样本的大小**，例如，设 N 是取值为 1，2，…的随机变量，对应的概率分别为 p_1，p_2…，其中 $\sum p_i=1$. 假设观测到 $N=n$，即执行 n 次成功概率为 p 的 Bernoulli 试验，观测到成功试验有 X 次.

(a) 证明：数对 (X,N) 是 θ 的极小充分统计量，N 是 θ 的辅助统计量（注意此处与 4.4 节层次模型的相似之处）；

(b) 证明 X/N 是 θ 的无偏估计，且其方差为 $\theta(1-\theta)\mathrm{E}(1/N)$.

6.13　设随机样本 X_1，X_2 取自概率密度函数为 $f(x|\alpha)=\alpha x^{\alpha-1}\mathrm{e}^{-x^\alpha}$，$x>0$，$\alpha>0$ 的总体，证明 $(\log X_1)/(\log X_2)$ 是辅助统计量.

6.14　设随机样本 X_1，…，X_n 取自位置族总体，证明 $M-\overline{X}$ 是辅助统计量，其中 M 为样本中位数.

6.15　设随机样本 X_1，…，X_n 取自 $\mathrm{n}(\theta,a\theta^2)$ 总体，其中 a 为已知常数，$\theta>0$.

(a) 证明参数空间不包含二维开集；

(b) 证明统计量 $T=(\overline{X},S^2)$ 是 θ 的充分统计量，但 $\mathrm{n}(\theta,a\theta^2)$ 分布类不是完全的.

6.16　遗传学建模（见 Tanner 1996 或者 Dempster，Laird and Rubin1977）中一个最著名的例子是遗传连锁多项模型，其中观测向量 (x_1,x_2,x_3,x_4) 服从元概率为 $\left(\frac{1}{2}+\frac{\theta}{4},\frac{1}{4}(1-\theta),\frac{1}{4}(1-\theta),\frac{\theta}{4}\right)$ 的多项分布.

(a) 证明该分布是曲指数族；

(b) 求 θ 的一个充分统计量；

(c) 求 θ 的一个极小充分统计量.

6.17　设随机样本 X_1，…，X_n 取自服从下列几何分布的总体：

$$P_\theta(X=x)=\theta(1-\theta)^{x-1},x=1,2,\cdots,0<\theta<1$$

证明 $\sum X_i$ 是 θ 的充分统计量，并求 $\sum X_i$ 的分布类，该分布类是否是完全的？

6.18　设随机样本 X_1，…，X_n 取自服从参数为 λ 的 Poisson 分布总体，不用定理 6.2.25 的结论，证明 $\sum X_i$ 的分布类是完全的.

6.19　随机变量 X 取值 0，1，2，且分布为下列之一：

	$P(X=0)$	$P(X=0)$	$P(X=0)$	
分布 1	p	$3p$	$1-4p$	$\left(0<p<\frac{1}{4}\right)$
分布 2	p	p^2	$1-p-p^2$	$\left(0<p<\frac{1}{2}\right)$

判断 X 的上述分布类是否是完全的.

6.20　设随机样本 X_1，…，X_n 取自服从下列分布的总体，对每一类分布求 θ 的一个完全充分统计量，或证明其不存在完全充分统计量：

(a) $f(x|\theta)=\dfrac{2x}{\theta^2},0<x<\theta,\theta>0$；

(b) $f(x|\theta)=\dfrac{\theta}{(1+x)^{1+\theta}},0<x<\infty,\theta>0$；

(c) $f(x|\theta)=\dfrac{(\log\theta)\theta^x}{\theta-1},0<x<1,\theta>1$；

(d) $f(x|\theta)=\mathrm{e}^{-(x-\theta)}\exp(-\mathrm{e}^{-(x-\theta)})$，$-\infty<x<\infty$，$-\infty<\theta<\infty$；

(e) $f(x|\theta)=\dbinom{2}{x}\theta^x(1-\theta)^{2-x}$，$x=0,1,2$，$0\leqslant\theta\leqslant 1$.

6.21　设随机变量 X 的概率密度函数为：

$$f(x|\theta)=\left(\frac{\theta}{2}\right)^{|x|}(1-\theta)^{1-|x|},x=-1,0,1,0\leqslant\theta\leqslant 1$$

(a) X 是否是完全充分统计量？

(b) $|X|$ 是否是完全充分统计量？

(c) $f(x|\theta)$ 是否属于指数族？

6.22 设随机样本 X_1，…，X_n 取自具有如下概率密度函数的总体：

$$f(x|\theta)=\theta x^{\theta-1},0<x<1,\theta>0$$

(a) $\sum X_i$ 是否是 θ 的充分统计量？

(b) 求 θ 的一个完全充分统计量.

6.23 设随机样本 X_1，…，X_n 取自 $(\theta,2\theta)$ 区间上均匀分布的总体，其中 $\theta>0$. 求 θ 的一个极小充分统计量，该统计量是否是完全的？

6.24 考察分布类：

$$\mathcal{P}=\{P_\lambda(X=x):P_\lambda(X=x)=\lambda^x e^{-\lambda}/x!;x=0,1,2,\cdots;\lambda=0\text{ 或 }1\}$$

这是一个把 λ 限制于 0 和 1 的 Poisson 分布族. 证明 $\mathcal{P}$ **不完全**，这就说明完全性与参数范围有关（见习题 6.15 和 6.18）.

6.25 我们已经介绍了关于指数分布族的充分性及其相关概念的若干定理. 对于定理 5.2.11 所定义的统计量，定理 6.2.10 和定理 6.2.25 分别证明了其充分性和完全性. 不过，如果分布族是曲指数族，则定理 6.2.25 中的开集条件不成立，此时定理 6.2.10 中的充分统计量是否仍是极小充分统计量？通过对定理 6.2.10 中的 $T(\boldsymbol{x})$ 应用定理 6.2.13，证明下列事实：

(a) $(\sum X_i,\sum X_i^2)$ 是 $n(\mu,\mu)$ 分布族中的充分统计量，但不是极小充分统计量；

(b) $\sum X_i^2$ 是 $n(\mu,\mu)$ 分布族中的极小充分统计量；

(c) $(\sum X_i,\sum X_i^2)$ 是 $n(\mu,\mu^2)$ 分布族中的极小充分统计量；

(d) $(\sum X_i,\sum X_i^2)$ 是 $n(\mu,\sigma^2)$ 分布族中的极小充分统计量.

6.26 利用定理 6.6.5 证明：对于样本 X_1，…，X_n，下列统计量是极小充分统计量：

	统计量	分布
(a)	$\overline{X}$	$n(\theta,1)$
(b)	$\sum X_i$	$\Gamma(\alpha,\beta)$，其中 α 已知
(c)	$\max X_i$	区间 $(0,\theta)$ 上的均匀分布
(d)	$X_{(1)}$，…，$X_{(n)}$	参数为 $(\theta,1)$ 的 Cauchy 分布
(e)	$X_{(1)}$，…，$X_{(n)}$	参数为 (μ,β) 的罗吉斯蒂克分布

6.27　设随机样本 X_1，…，X_n 取自具有如下概率密度函数的逆 Gauss 分布总体：

$$f(x|\mu,\lambda)=\left(\frac{\lambda}{2\pi x^3}\right)^{1/2}\mathrm{e}^{\frac{-\lambda(x-\mu)^2}{2\mu^2 x}},0<x<\infty$$

(a) 证明统计量

$$\overline{X}=\frac{1}{n}\sum_{i=1}^{n}X_i \quad 和 \quad T=\frac{n}{\sum\limits_{i=1}^{n}\frac{1}{X_i}-\frac{1}{\overline{X}}}$$

是充分且完全的统计量；

(b) 当 $n=2$ 时，证明 $\overline{X}$ 服从逆 Gauss 分布，$n\lambda/T$ 服从 χ_{n-1}^2 分布，且两分布独立（Schwarz and Samanta 1991 考察了一般情形).

逆 Gauss 分布有着广泛的应用，特别适合于建模使用寿命，详见 Chikkara and Folks（1989）以及 Seshadri（1993）等著作.

6.28　证明定理 6.6.5.（**提示**：先用定理 6.2.13 证明 $T(\boldsymbol{X})$是$\{f_0(\boldsymbol{x}),\cdots,f_k(\boldsymbol{x})\}$分布族中的极小充分统计量，然后再证 $\mathcal{F}$ 中的任意充分统计量都是 $T(\boldsymbol{x})$的函数.）

6.29　极小充分统计量的概念可以推广至含参分布族以外. 证明：如果 X_1，…，X_n 是取自 f 分布（未知）的随机样本，则其次序统计量是极小充分统计量.

（**提示**：利用定理 6.6.5，设$\{f_0(\boldsymbol{x}),\cdots,f_k(\boldsymbol{x})\}$分布族为罗吉斯蒂克分布.）

6.30　设随机样本 X_1，…，X_n 取自概率密度函数为 $f(x|\mu)=\mathrm{e}^{-(x-\mu)}$ 的总体，其中 $-\infty<\mu<\infty$.

(a) 证明 $X_{(1)}=\min\limits_i X_i$ 是完全充分统计量；

(b) 利用 Basu 定理证明 $X_{(1)}$ 与 S^2 独立.

6.31　Boos and Hughes-Oliver（1998）介绍了一些应用 Basu 定理简化计算的例子，下面列举其中部分：

(a) 设随机样本 X_1，…，X_n 取自 $\mathrm{n}(\mu,\sigma^2)$总体，其中 σ^2已知.

(i) 证明 $\overline{X}$ 是 μ 的完全充分统计量，S^2 是 μ 的辅助统计量. 于是根据 Basu 定理可知，$\overline{X}$ 与 S^2 独立；

(ii) 证明即便已知 σ^2，$\overline{X}$ 与 S^2 仍独立，因为 σ^2 对它们的分布无影响（比较该证明与定理 5.3.1 (a)).

(b) Monte Carlo 骗术（Monte Carlo swindle）是一种改进方差估计的方法. 设随机变量 X_1，…，X_n 取自 $\mathrm{n}(\mu,\sigma^2)$总体，希望求出中位数 M 的方差：

(i) 利用 Basu 定理证明 $\mathrm{Var}(M)=\mathrm{Var}(M-\overline{X})+\mathrm{Var}(\overline{X})$，因此我们只需模拟计算 $\mathrm{Var}(M-\overline{X})$的值即可（因为 $\mathrm{Var}(\overline{X})=\sigma^2/n$)；

(ii) 证明M的方差近似于$2[\mathrm{Var}(M)]^2/(N-1)$，$M-\overline{X}$的方差近似于$2[\mathrm{Var}(M-\overline{X})]^2/(N-1)$，其中$N$为 Monte Carlo 样本的数量，以此说明 Monte Carlo 骗术所得估计的精度更高.

(c) (i) 如果随机变量X/Y与Y独立，证明

$$\mathrm{E}\left(\frac{X}{Y}\right)^k=\frac{\mathrm{E}(X^k)}{\mathrm{E}(Y^k)}$$

(ii) 利用 (i) 以及 Basu 定理，证明：如果随机样本X_1，…，X_n取自$\Gamma(\alpha,\beta)$总体，其中α已知，则对$T=\sum_i X_i$有

$$\mathrm{E}(X_{(i)}|T)=\mathrm{E}\left(\frac{X_{(i)}}{T}T|T\right)=T\frac{\mathrm{E}(X_{(i)})}{\mathrm{E}T}$$

6.32 证明似然原理的推论. 即假设形式化的充分性原理与条件原理都成立，证明：如果$E=(\boldsymbol{X},\theta,\{f(\boldsymbol{x}|\theta)\})$是一个试验，则$\mathrm{Ev}(E,\boldsymbol{x})$只通过$L(\theta|\boldsymbol{x})$与$E$和$\boldsymbol{x}$关联.

6.33 补充定理 6.3.6 (Birnbaum 定理) 的证明：

(a) 定义$g(\boldsymbol{t}|\theta)=g((j,\boldsymbol{x}_j)|\theta)=f^*((j,\boldsymbol{x}_j)|\theta)$以及

$$h(j,\boldsymbol{x}_j)=\begin{cases}C & 如果(j,\boldsymbol{x}_j)=(2,\boldsymbol{x}_2^*)\\ 1 & 否则\end{cases}$$

验证对任意$(j,\boldsymbol{x}_j)$都有

$$g(T(j,\boldsymbol{x}_j)|\theta)h(j,\boldsymbol{x}_j)=f^*((j,\boldsymbol{x}_j)|\theta)$$

并由此证明$T(j,\boldsymbol{x}_j)$是试验E^*中的充分统计量；

(b) 由于T是充分统计量，证明形式化的充分性原理蕴含式 (6.3.4)；此外条件原理蕴含式 (6.3.5)，由此即得形式化的似然原理；

(c) 反过来，设一个试验为E^*，另一个为E_j，证明$\mathrm{Ev}(E^*,(j,\boldsymbol{x}_j))=\mathrm{Ev}(E_j,\boldsymbol{x}_j)$，即条件原理成立. 如果$T(\boldsymbol{X})$是充分统计量且$T(\boldsymbol{x})=T(\boldsymbol{y})$，证明似然函数成比例，并根据形式化的似然原理推导$\mathrm{Ev}(E,\boldsymbol{x})=\mathrm{Ev}(E,\boldsymbol{y})$，即形式化的充分性原理成立.

6.34 考察习题 6.12 中的模型，证明：形式化的似然原理表明，任意关于θ的推断都与样本大小n是否是随机选择的无关. 即习题 6.12 中样本点(n,x)的似然函数与取自样本大小固定了的参数为(n,θ)的二项试验样本点x的似然函数成比例.

6.35 风险较大的药物试验至多有三名患者作为被试. 一名患者首先接受试验，如果试验成功则让第二名患者接受试验，如果试验仍成功则让第三名患者接受试验. 用相互独立的 Bernoulli (p) 随机变量对这三名患者的试验结果建模，写出该模型的四个样本点，并证明：根据形式化的似然原理，关于p的推断不依赖于样本大小由数据决定这一事实.

6.36 本题将说明，使用极小充分统计量的优点在于所得无偏估计的方差很

小. 设 T_1 是充分统计量，T_2 是极小充分统计量，U 是 θ 的一个无偏估计，且令 $U_1 = E(U|T_1)$，$U_2 = E(U|T_2)$.

(a) 证明 $U_2 = E(U_1|T_2)$；

(b) 利用条件方差公式（定理 4.4.7）证明 $\mathrm{Var}U_2 \leqslant \mathrm{Var}U_1$.

（充分性与无偏性之间的联系详见 Pena and Rohatgi 1994.）

6.37　Joshi and Nabar (1989) 讨论了尼罗河问题中参数线性估计的性质，其中 (X,Y) 的联合概率密度函数为

$$f(x,y|\theta) = \exp\{-(\theta x + y/\theta)\}, x>0, y>0$$

(a) 对大小为 n 的独立同分布样本，证明 Fisher 信息为 $I(\theta) = 2n/\theta^2$；

(b) 对于估计

$$T = \sqrt{\sum Y_i / \sum X_i} \quad 以及 \quad U = \sqrt{\sum X_i \sum Y_i},$$

证明：

(i) T 自身的 Fisher 信息为 $[2n/(2n+1)]I(\theta)$；

(ii) (T,U) 的 Fisher 信息为 $I(\theta)$；

(iii) (T,U) 是联合充分统计量，但非完全统计量.

6.38　证明定义 6.4.2 中的条件 (iii) 可由 (i)，(ii) 推出.

6.39　设 $\boldsymbol{x}$ 和 $\boldsymbol{y}$ 是用不同尺度测量到的**同一数据**，度量同变要求从 $\boldsymbol{x}$ 和 $\boldsymbol{y}$ 得到的推断相同. 形式不变揭示的则是同一尺度测量到的不同数据之间的联系. 设试验者测量到一个水的沸点数据 X（单位：摄氏度），并希望由此估计水的平均沸点 θ. 考虑到海拔高度以及水的纯度，他决定选择估计式 $T(x) = 0.5x + 0.5(100)$. 如果测量单位改为华氏度，则试验者可以采用 $T^*(y) = 0.5y + 0.5(212)$ 来估计以华氏度为单位的平均沸点.

(a) 根据摄氏度与华氏度之间的关系，我们可以利用变换 $\frac{5}{9}(T^*(y) - 32)$ 将华氏度转换为摄氏度. 证明该方法满足度量同变，即两种尺度测量到的结果相同：$\frac{5}{9}(T^*(y) - 32) = T(x)$；

(b) 形式不变性要求对任意 x 都有 $T(x) = T^*(x)$，证明我们定义的上述估计不满足这一性质，这就说明从同变性原理的角度来看这两种度量不是同变的.

6.40　设随机变量 X_1，…，X_n 取自位置-尺度族总体，统计量 $T_1(X_1,\cdots,X_n)$ 和 $T_2(X_1,\cdots,X_n)$ 均满足：对任意 x_1，…，x_n，b 以及 $a>0$，都有

$$T_i(ax_1 + b, \cdots, ax_n + b) = aT_i(x_1, \cdots, x_n)$$

(a) 证明 T_1/T_2 是辅助统计量；

(b) 设 R 和 S 分别为样本极差和样本标准差，证明 R 和 S 满足上面的条件，从而 R/S 是辅助统计量.

6.41 假设在例 6.4.6 的模型中所作的推断是对均值 μ 的估计. 令 $T(\boldsymbol{x})$ 是观测到 $\boldsymbol{X}=\boldsymbol{x}$ 时得到的估计；如果观测到的是 $g_a(\boldsymbol{X})=\boldsymbol{Y}=\boldsymbol{y}$，则令 $T^*(\boldsymbol{y})$ 为 $\mu+a$（每个 Y_i 的均值）的估计，显然此时 $T^*(\boldsymbol{y})-a$ 是 μ 的一个估计.

(a) 证明：度量同变要求对任意 $\boldsymbol{x}=(x_1,\cdots,x_n)$ 以及 a，都有 $T(\boldsymbol{x})=T^*(\boldsymbol{y})-a$；

(b) 证明：形式不变要求 $T(\boldsymbol{x})=T^*(\boldsymbol{x})$. 故同变性原理要求：对任意 $(x_1,\cdots,x_n)$ 以及 a，都有 $T(x_1,\cdots,x_n)+a=T^*(x_1+a,\cdots,x_n+a)$；

(c) 设随机样本 $X_1,\cdots,X_n$ 取自概率密度（或质量）函数为 $f(x-\theta)$ 的总体，证明：如果 $\mathrm{E}_\theta X_1=0$，则 $W(X_1,\cdots,X_n)=\overline{X}$ 是 θ 的一个同变估计，且有 $\mathrm{E}_\theta W=\theta$.

6.42 设随机样本 $X_1,\cdots,X_n$ 取自具有位置-尺度概率密度函数 $\frac{1}{\sigma}f((x-\theta)/\sigma)$ 的总体，我们希望估计 θ 的值. 考察下列两个变换群：

$$\mathcal{G}_1=\{g_{a,c}(\boldsymbol{x}):-\infty<a<\infty,c>0\}$$

其中 $g_{a,c}(x_1,\cdots,x_n)=(cx_1+a,\cdots,cx_n+a)$，以及

$$\mathcal{G}_2=\{g_a(\boldsymbol{x}):-\infty<a<\infty\}$$

其中 $g_a(x_1,\cdots,x_n)=(x_1+a,\cdots,x_n+a)$.

(a) 证明形如

$$W(x_1,\cdots,x_n)=\overline{x}+k\text{，其中 }k\text{ 为非零常数}$$

的估计在群 $\mathcal{G}_2$ 下同变，在群 $\mathcal{G}_1$ 下不同变；

(b) 对于上述两个变换群，同变估计 W 何时满足条件 $\mathrm{E}_\theta W=\theta$，即同变估计 W 何时是 θ 的无偏估计？

6.43 仍然设随机样本 $X_1,\cdots,X_n$ 取自具有位置-尺度概率密度函数 $\frac{1}{\sigma}f((x-\theta)/\sigma)$ 的总体，不过本题中我们希望估计 σ^2. 考察下列三个变换群：

$$\mathcal{G}_1=\{g_{a,c}(\boldsymbol{x}):-\infty<a<\infty,c>0\}$$

其中 $g_{a,c}(x_1,\cdots,x_n)=(cx_1+a,\cdots,cx_n+a)$，

$$\mathcal{G}_2=\{g_a(\boldsymbol{x}):-\infty<a<\infty\}$$

其中 $g_a(x_1,\cdots,x_n)=(x_1+a,\cdots,x_n+a)$，以及

$$\mathcal{G}_3=\{g_c(\boldsymbol{x}):c>0\}$$

其中 $g_c(x_1,\cdots,x_n)=(cx_1,\cdots,cx_n)$.

(a) 证明：σ^2 的形如 kS^2（其中 k 为正常数，S^2 为样本方差）的估计在群 $\mathcal{G}_2$ 下不变，在其余两个变换群下同变；

(b) 证明：如果 $\phi(x)$ 不是常函数，则 σ^2 的形如

$$W(X_1,\cdots,X_n)=\phi\left(\frac{\overline{X}}{S}\right)S^2\text{，其中 }\phi(x)\text{ 为函数}$$

的一大类估计在群 $\mathcal{G}_3$ 下同变，在其余两个变换群下不同变（见 Brewster and Zidek 1974).

Stein (1964) 和 Brewster and Zidek (1974) 在考察这类估计之后改进了方差估计(见 Lehmann and Casella 1998，第3.3节).

6.6 杂录

6.6.1 Basu 定理的逆命题

统计学中一个非常有趣的事实是 Basu 定理的逆命题不成立，即若 $T(\boldsymbol{X})$与任意辅助统计量都独立，$T(\boldsymbol{X})$也不一定是完全的极小充分统计量. Lehmann (1981) 对此作了细致的讲评，其中指出逆命题不成立的原因之一是辅助性是与统计量**整个分布**有关的性质，而完全性只与其**期望**有关. 现在我们将辅助统计量的定义作下述修改：

定义 6.6.1 称统计量 $V(\boldsymbol{X})$为**一阶辅助统计量 (first-order ancillary statistic)**，如果 $\mathrm{E}_\theta V(\boldsymbol{X})$与 θ 无关.

Lehmann 证明了下列定理，它与 Basu 定理的逆命题十分类似.

定理 6.6.2 设统计量 T 满足 $\mathrm{Var}T\leqslant\infty$. T 是完全统计量当且仅当每个有界的一阶辅助统计量 V 与 T 的每个有界实值函数(对任意 θ)都不相关.

Lehmann 同时指出，若保留原辅助统计量的定义而修改完全性的定义，也能证得 Basu 定理的另一版本的“逆命题”.

6.6.2 关于辅助性的疑惑

围绕辅助统计量的概念仍存在一系列的问题，问题之一是有许多不同的辅助性定义，而不同的定义又可推导出不同的性质. 如本章所示，一种定义就足以使辅助性概念混淆，更别说是五六种不同的定义了.

Buehler (1982) 指出，辅助性概念最早可追溯到 Ronald Fisher (1925)，该文“对辅助性给出了一系列极具特征性的刻画，却未给出定义”. Buehler 更进一步，从 Basu (1959) 以及 Cox and Hinkley (1974) 中提炼出了至少**三种**辅助性的定义，此外还给出了辅助性的八个性质以及25个例子.

不过，鉴于辅助性在推断中的重要作用，理解这一概念对我们非常有用. Brown (1996) 解释了辅助性是如何影响回归推断的，Reid (1995) 则评价并总结了辅助性(以及其他相关条件)在推断中的作用. 此外，Lehmann and Schloz (1992) 的评论文章也可以帮助我们理解这一概念.

6.6.3 再谈充分性

1. 充分性与似然

定理 6.2.13 的结论与似然原理之间存在惊人的相似. 它们都与比值 $L(\theta|\boldsymbol{x})/$

$L(\theta|\boldsymbol{y})$有关，不过一个用于描述极小充分统计量，另一个则描述似然原理. 事实上，这些定理可以综合成下列事实：统计量 $T(\boldsymbol{x})$是极小充分统计量当且仅当 $T(\boldsymbol{x})$是 $L(\theta|\boldsymbol{x})$的一一函数（其中称满足式（6.3.1）的样本点具有相同的似然函数）. 例 6.3.3 和习题 6.9 阐述了这一点.

2. 充分性与必要性

我们也许会问“既然有充分统计量，为什么没有**必要**统计量?”事实上确实存在必要统计量，下面是 Dynkin（1951）对此给出的定义：

定义 6.6.3 称某统计量是**必要统计量（necessary statistic）**，如果它可以写成任意充分统计量的函数.

对照必要统计量与极小充分统计量的定义，我们不难得到下面的定理.

定理 6.6.4 某统计量是极小充分统计量当且仅当它是必要且充分的统计量.

3. 极小充分性

极小充分性可以按照定理 6.2.13 作有趣的推广（见习题 6.28)，并且这种推广对于在指数族以外建立极小充分统计量非常有用.

定理 6.6.5（极小充分统计量） 设概率密度函数族$\{f_0(\boldsymbol{x}),\cdots,f_k(\boldsymbol{x})\}$有公共支撑集，则

a. 统计量

$$T(\boldsymbol{X})=\left(\frac{f_1(\boldsymbol{X})}{f_0(\boldsymbol{X})},\frac{f_2(\boldsymbol{X})}{f_0(\boldsymbol{X})},\cdots,\frac{f_k(\boldsymbol{X})}{f_0(\boldsymbol{X})}\right)$$

是分布族$\{f_0(\boldsymbol{x}),\ \cdots,\ f_k(\boldsymbol{x})\}$的极小充分统计量；

b. 设 $\mathcal{F}$ 是一集具有公共支撑集的概率密度函数，且

(i) $f_i(\boldsymbol{x})\in\mathcal{F}$, $i=0,\ 1,\cdots,\ k$;

(ii) $T(\boldsymbol{x})$是 $\mathcal{F}$ 的充分统计量.

则 $T(\boldsymbol{x})$是 $\mathcal{F}$ 的极小充分统计量.

尽管定理 6.6.5 可以用于证明 $\overline{X}$ 是 $\mathrm{n}(\theta,1)$分布族中的极小充分统计量，不过在处理复杂分布时其作用更是凸显无遗. 例如，该定理可以证明对于取自罗吉斯蒂克分布或双指数分布的样本，次序统计量是极小充分统计量（见习题 6.26）——该结论还可以进一步推广到无参数分布类（见习题 6.29).

有关极小充分性以及完全性的更多内容可见 Lehmann and Casella（1998，第 1.6 节).

第 7 章

点 估 计

“什么！你已经搞清楚了？”

“还不能这么讲，不过我发现了一个有启发性的事实，极具启发性.”

华生医生与夏洛克·福尔摩斯

《四签名》

7.1 引言

这一章分成两部分. 第一部分论述求估计量的方法而第二部分论述怎样评价这些（及其他）估计量. 一般说来，这两者是纠缠着的. 从估计量的评价方法往往可以提出新的估计. 不过，当前我们暂且把求估计量与评价估计量分别看待.

点估计背后的基本原理是相当简单的. 当样本是来自一个以 $f(x|\theta)$ 为其概率密度函数或概率质量函数所描述的总体时，只要知道了参数，也就了解了总体. 因此寻找一个好的方法以求得点 θ 的一个好估计量，即一个好的点估计就是很自然的事. 事实上参数 θ 也常可从实际解释其意义（如对于总体均值就是这样），所以对获得 θ 的良好的点估计人们是有其直接兴趣的. 有的时候人们也对于 θ 的某个函数 $\tau(\theta)$ 感兴趣，而本章所讲的方法也可以用来获得 $\tau(\theta)$ 的估计量.

下面给出点估计量的定义，这个定义似乎过于笼统. 然而正是在这点上我们应当注意，不要把任何的选择从考虑中排除出去.

定义 7.1.1 样本的任何一个函数 $W(X_1,\cdots,X_n)$ 称为一个点估计量（point-estimator），即任何一个统计量就是一个点估计量.

注意这个定义没有提及这个点估计量与待估计参数之间的任何的对应. 虽然人们可能会以为在定义中应该有这样的话，但是这样做将会限制可用估计量的集合. 这个定义中也没有提及统计量 $W(X_1,\cdots,X_n)$ 的值域. 尽管原则上统计量的值域应当与参数的取值范围相符，但是我们将会看到，情况并不总是这样.

有一点是必须搞清楚的，这就是估计量（**estimator**）与估计值（**estimate**）的区别. 估计量乃是样本的一个函数，而估计值是一个估计量的实现值（即它是一个数），它是从样本抽取之后的实际观测值而得到的. 在记号上，估计量是所抽样本，

即随机变量 X_1，…，X_n 的一个函数，而估计值则是样本观测值 x_1，…，x_n 的函数.

很多情况下，对于某个特定参数的点估计，有明显而且自然的选择. 例如，样本均值就是总体均值点估计的一个自然的选择. 但是一旦不是这样简单的情况，直观不仅会远离我们，还有可能会误导我们. 因此，就需要有一些技术方法，有了这些方法，它们就至少能够给予我们一些合理的选择以供考虑. 要告诫的是，这些技术方法并不相伴着提供任何的保证，由它们产生出的点估计量仍然需要经过评价才能够确立其价值.

7.2 求估计量的方法

有时决定怎样估计一个参数并不难，仅凭一般的直观就能让我们得到非常好的估计量. 例如，用样本近似来估计其总体的某个参数在通常就是合理的. 特别的，样本均值就是总体均值的一个好的估计量. 但是对于实际中经常出现的比较复杂的模型，我们就需要有一个更加讲究方法的途径去估计参数. 在本节中，我们将要详述四种求点估计量的方法.

7.2.1 矩法

矩法也许是最早的求点估计量的方法，至少可以追溯到十九世纪末的 KarlPearson（卡尔·皮尔逊）. 此法的优点是使用很简单，从而几乎总是可以求出估计值. 尽管令人遗憾的是在很多情况下，矩法导出的估计量还需要改进，但是在其他方法难以实施的时候，它仍然不失为一个很好的工作起点.

设 X_1，…，X_n 是来自以 $f(x|\theta_1,\cdots,\theta_k)$ 为其概率密度函数或概率质量函数的总体的样本. 矩法估计量是这样得到的：令前 k 阶的样本矩与相应的前 k 阶总体矩相等，这样就得到一个联立方程组，求解之，就得到矩估计量. 更清楚地说，我们定义

$$
\begin{aligned}
m_1 &= \frac{1}{n}\sum_{i=1}^{n} X_i^1, \quad \mu_1' = \mathrm{E}X^1, \\
m_2 &= \frac{1}{n}\sum_{i=1}^{n} X_i^2, \quad \mu_2' = \mathrm{E}X^2, \qquad (7.2.1)\\
&\vdots \\
m_k &= \frac{1}{n}\sum_{i=1}^{n} X_i^k, \quad \mu_k' = \mathrm{E}X^k.
\end{aligned}
$$

在典型的情况下，总体矩 μ_j' 是参数 θ_1，…，θ_k 的一个函数，可以记作 $\mu_j'(\theta_1,\cdots,\theta_k)$. 于是 $(\theta_1,\cdots,\theta_k)$ 的矩法估计量 $(\tilde{\theta}_1,\cdots,\tilde{\theta}_k)$ 就可以通过求解下面的关于 $(\theta_1,\cdots,\theta_k)$ 的方程组

$$m_1=\mu'_1(\theta_1,\cdots,\theta_k),$$
$$m_2=\mu'_2(\theta_1,\cdots,\theta_k),\tag{7.2.2}$$
$$\vdots$$
$$m_k=\mu'_k(\theta_1,\cdots,\theta_k)$$

得到.

例 7.2.1 (正态总体 矩法) 设 X_1，…，X_n 是 iid 的 $\mathrm{n}(\theta,\sigma^2)$样本. 用前面的记号，$\theta_1=\theta$，$\theta_2=\sigma^2$. 我们就有 $m_1=\overline{X},m_2=(1/n)\sum X_i^2,\mu'_1=\theta,\mu'_2=\theta^2+\sigma^2$，因此我们应当求解

$$\overline{X}=\theta,\frac{1}{n}\sum X_i^2=\theta^2+\sigma^2$$

解出 θ 与 σ^2就得到矩法估计量

$$\tilde{\theta}=\overline{X}\text{ 和 }\tilde{\sigma}^2=\frac{1}{n}\sum X_i^2-\overline{X}^2=\frac{1}{n}\sum(X_i-\overline{X})^2$$ ‖

在这个简单的例子中，矩法的解符合我们的直观，从而就让我们对它们具有某种信任. 但是在没有显而易见的估计量的情况，矩估计方法就颇具帮助作用了.

例 7.2.2 (二项分布 矩法) 设 X_1，…，X_n 是 iid 的 binomial(k,p)样本，即

$$P(X_i=x|k,p)=\binom{k}{x}p^x(1-p)^{k-x},\quad x=0,1,\cdots,k$$

这里我们假定 k 和 p 都是未知的，欲同时求这两个参数的点估计量.（这种不甚常用的二项分布模型现已被用于估计某些罪行的犯罪率，这些罪行中有很多案件并没有报告. 对于这类的罪行，其真正的报案率 p 以及案件发生总数 k 就都是未知的.）

令前两阶样本矩与相应的总体矩相等，就得出方程组

$$\overline{X}=kp$$
$$\frac{1}{n}\sum X_i^2=kp(1-p)+k^2p^2$$

现在必须对 k 和 p 求解. 经过少许代数计算，我们就得到矩估计量

$$\tilde{k}=\frac{\overline{X}^2}{\overline{X}-(1/n)\sum(X_i-\overline{X})^2}$$

和

$$\tilde{p}=\frac{\overline{X}}{\tilde{k}}$$

这些估计公认地不是总体参数的最佳估计量. 尤其是 k 和 p 有可能取到负的估计值而显然它们必须是正的.（这是估计量的值域与被估计参数的值域不一致的一个实例.）然而公道地讲，我们注意这个矩法的负估计值只发生在样本均值小于样本方差的情况，而这种情况表明数据的变异程度大. 在这个例子中，矩法至少还是给了

我们一套 k 和 p 的候选估计量. 虽然直观有可能给我们一个关于参数 p 的候选估计量，但是要提出关于 k 的一个估计量却是相当困难的. ‖

矩法对获得统计量分布的近似是非常有用的. 这个技术有时被称为“矩匹配”，它是一种通过匹配分布的矩而给出的近似方法. 从理论上讲，任何一个统计量分布的矩都可以与任何一个分布的矩相匹配，但在实际中，最好采用与之相似的分布. 下面的例子说明了这个技术的一个最为有名的运用，即 Satterthwaite (1946) 近似. 时至现在它仍然在被使用（见习题 8.42).

例 7.2.3 (Satterthwaite 近似) 若 Y_i，$i=1$，…，k 是独立的 $\chi^2_{r_i}$ 随机变量，我们已经看到（见引理 5.3.2）$\sum Y_i$ 也是 χ^2 分布，其自由度等于 $\sum r_i$. 遗憾的是 $\sum a_i Y_i$（其中这些系数 a_i 是已知常数）的分布一般很难得到. 不过这样做似乎是合理的，即假定存在某个数 ν，而 χ^2_ν 将提供一个良好的近似的分布.

这差不多就是 Satterthwaite 的问题. 他当时的兴趣在于近似 **t** 统计量的分母，而 $\sum a_i Y_i$ 表示的就是他的统计量分母的平方. 就是说，对于给定的 a_1，…，a_k，他想找到一个数 ν，以使得

$$\sum_{i=1}^{k} a_i Y_i \sim \frac{\chi^2_\nu}{\nu} \qquad \text{(近似地)}$$

因为 $\mathrm{E}(\chi^2_\nu/\nu)=1$，为匹配一阶矩，我们需要

$$\mathrm{E}\left(\sum_{i=1}^{k} a_i Y_i\right) = \sum_{i=1}^{k} a_i \mathrm{E}Y_i = \sum_{i=1}^{k} a_i r_i = 1$$

此式给这些系数 a_i 做了一个约束，但是并未给予我们关于怎样去估计 ν 的信息. 要做到这点我们必须匹配二阶矩，这就需要

$$\mathrm{E}\left(\sum_{i=1}^{k} a_i Y_i\right)^2 = \mathrm{E}\left(\frac{\chi^2_\nu}{\nu}\right)^2 = \frac{2}{\nu}+1$$

运用矩法，我们不管第一个期望式，解得 ν

$$\nu = \frac{2}{\left(\sum_{i=1}^{k} a_i Y_i\right)^2 - 1}$$

这样，直接应用矩法就产生出 ν 的一个估计量，但它却是一个可能为负的估计量. 面对这种可能性我们可以想象 Satterthwaite 当时一定极为吃惊，因为这并不是他所建议的那种估计量. 他经过很大的努力，为此问题专门定制了如下的一种矩方法. 先写出

$$\mathrm{E}\left(\sum_{i=1}^{k} a_i Y_i\right)^2 = \mathrm{Var}\left(\sum_{i=1}^{k} a_i Y_i\right) + \left(\mathrm{E}\sum_{i=1}^{k} a_i Y_i\right)^2$$

$$= \left(\mathrm{E}\sum_{i=1}^{k} a_i Y_i\right)^2 \left[\frac{\mathrm{Var}\left(\sum_{i=1}^{k} a_i Y_i\right)}{\left(\mathrm{E}\sum_{i=1}^{k} a_i Y_i\right)^2} + 1\right]$$

$$= \left[\frac{\mathrm{Var}\left(\sum_{i=1}^{k} a_i Y_i\right)}{\left(\mathrm{E}\sum_{i=1}^{k} a_i Y_i\right)^2} + 1\right] \qquad \left(\mathrm{E}\sum a_i Y_i = 1\right)$$

现在令其等于二阶矩，就得到

$$\nu = \frac{2\left(\mathrm{E}\sum a_i Y_i\right)^2}{\mathrm{Var}\left(\sum a_i Y_i\right)}$$

最后，利用 Y_1，…，Y_k 是独立 χ^2 随机变量的事实，而有

$$\mathrm{Var}\left(\sum a_i Y_i\right) = \sum a_i^2 \mathrm{Var} Y_i$$

$$= 2\sum \frac{a_i^2 (\mathrm{E}Y_i)^2}{r_i} \qquad (\mathrm{Var} Y_i = 2(\mathrm{E}Y_i)^2 / r_i)$$

现在，把前式中的方差代换成此表达式，然后去掉期望符号，我们就得到 Satterthwaite 的估计量

$$\hat{\nu} = \frac{\left(\sum a_i Y_i\right)^2}{\sum \frac{a_i^2}{r_i} Y_i^2}$$

这个近似是相当好的，现在仍然被广泛使用. 请注意 Satterthwaite 成功地得到了一个始终取正的估计量，从而减少了直接使用矩方法产生的那些明显的麻烦. ‖

7.2.2 极大似然估计量

到目前为止，极大似然估计法是最为流行的求估计量的技术. 设 X_1，…，X_n 是来自以 $f(x|\theta_1,\cdots,\theta_k)$ 为其概率密度函数或概率质量函数的总体的 iid 样本，回忆似然函数的定义

$$(7.2.3) \qquad L(\theta \mid \boldsymbol{x}) = L(\theta_1,\cdots,\theta_k \mid x_1,\cdots,x_n) = \prod_{i=1}^{n} f(x_i \mid \theta_1,\cdots,\theta_k)$$

定义 7.2.4 对每一个固定的样本点 $\boldsymbol{x}$，令 $\hat{\theta}(\boldsymbol{x})$ 是参数 θ 的一个取值，它使得 $L(\theta|\boldsymbol{x})$ 作为 θ 的函数在该处达到最大值. 那么，基于样本 $\boldsymbol{X}$ 的极大似然估计量 (maximum likelihood estimator 缩写为 MLE) 就是 $\hat{\theta}(\boldsymbol{X})$.

注意，从这个定义本身的构造，就表明 MLE 的值域与参数值域相符合. 我们在谈到这个估计量的实现值的时候，也用缩写 MLE 代表极大似然估计值.

直观上，把 MLE 作为一个估计量是一个合理的选择，因为在 MLE 这个参数

点上观测样本更容易取到. 一般讲来, MLE 是一个良好的点估计量, 具有某些将要在后面讨论的估计量的最优性.

一般求函数最大值的问题中, 会有两个固有缺陷, 它们在极大似然估计中也是存在的. 第一个问题就是怎样实际求出全局最大值并且验证它确实为最大. 很多情况之下这个问题就归结成一个简单的微分练习, 但有的时候, 即使对于普通的总体密度, 也会产生困难. 第二个问题是数值敏感性. 就是说, 对于数据的微小改变, 估计值有多么敏感?(严格讲来, 作为一个涉及极大化过程的问题, 它是统计问题而更是一个数学问题, 因为 MLE 就是通过极大化过程求得的. 然而它是我们必须应对的问题.) 遗憾的是, 有时样本一个微小的变化会使得 MLE 产生巨大的改变, 导致对它的使用受到怀疑. 下面, 我们先考虑求 MLE 的问题.

如果似然函数是可微的 (对于 θ_i), 那么 MLE 的可能值就是满足

(7.2.4)
$$\frac{\partial}{\partial\theta_i}L(\theta|\boldsymbol{x})=0,\quad i=1,\cdots k$$

的解 $(\theta_1, \cdots, \theta_k)$. 注意, 方程 (7.2.4) 的解仅是 MLE 的可能的选择, 这是因为一阶导数为 0 只是成为极大值点的必要而非充分条件. 另外, 一阶导数的零点只处于函数定义域内部的极值点上. 如果极值点出现在定义域的边界上, 一阶导数未必是 0. 因此, 我们必须另外对边界进行核查以发现极值点.

一阶导数为 0 的点有可能是局部或全局的极小点, 极大点, 也可能是拐点. 我们的工作是求全局最大值点.

例 7.2.5 (正态 似然)　设 $X_1, \cdots, X_n$ 是 iid $\mathrm{n}(\theta,1)$的, 用 $L(\theta|\boldsymbol{x})$记它的似然函数, 则

$$L(\theta\mid\boldsymbol{x})=\prod_{i=1}^{n}\frac{1}{(2\pi)^{1/2}}\mathrm{e}^{-(1/2)(x_i-\theta)^2}=\frac{1}{(2\pi)^{n/2}}\mathrm{e}^{(-1/2)\sum_{i=1}^{n}(x_i-\theta)^2}$$

化简方程$(\mathrm{d}/\mathrm{d}\theta)L(\theta|\boldsymbol{x})=0$ 得到

$$\sum_{i=1}^{n}(x_i-\theta)=0$$

它有解 $\hat{\theta}=\bar{x}$. 因此 $\bar{x}$ 是 MLE 的一个可能的选择. 为了验证 $\bar{x}$ 事实上就是似然函数的一个全局最大值点, 我们可以这样做: 首先注意到 $\bar{x}$ 是 $\sum(x_i-\theta)=0$ 的唯一解, 从而 $\bar{x}$ 就是一阶导数的唯一零点. 第二, 验证

$$\frac{\mathrm{d}^2}{\mathrm{d}\theta^2}L(\theta|\boldsymbol{x})|_{\theta=\bar{x}}<0$$

这样, $\bar{x}$ 就是唯一的内部极值点而且是一个极大值点. 最后验证 $\bar{x}$ 是一个全局最大值点, 这就需要我们核查两个边界, $\pm\infty$. 通过取极限易于得出似然函数在$\pm\infty$处是 0. 因此 $\bar{x}$ 是一个全局最大值点从而 $\bar{x}$ 是 MLE. (事实上我们也可以些许聪明一点而不必去核查$\pm\infty$. 因为我们已得出 $\bar{x}$ 是唯一的内部极值点而且是极大值点, 那

么边界点$\pm\infty$就不会是最大值点. 如果它们是的话，就必有内部极小值点，这与唯一性矛盾.） ‖

另外一种找 MLE 的方法是不用微分法而直接极大化. 这种方法通常在代数上更简单，特别是当求导引起麻烦的情况更是这样，不过有的时候它是较难施行的，这是因为没有一定之规可以遵从. 一般的技术是给似然函数找出一个全局的上界，然后确定一个唯一的点，该点达到了这个上界.

例 7.2.6（例 7.2.5 续） 回忆（见定理 5.2.4）对于任一个数 a，有

$$\sum_{i=1}^{n}(x_i-a)^2\geqslant\sum_{i=1}^{n}(x_i-\bar{x})^2$$

等号成立当且仅当 $a=\bar{x}$. 这蕴涵对于任何 θ，

$$\mathrm{e}^{-(1/2)\Sigma(x_i-\theta)^2}\leqslant\mathrm{e}^{-(1/2)\Sigma(x_i-\bar{x})^2}$$

等号成立当且仅当 $\theta=\bar{x}$. 因此 $\bar{x}$ 是 MLE. ‖

一般情况下，特别是使用微分法的时候，处理 $L(\theta|\boldsymbol{x})$的自然对数 $\log L(\theta|\boldsymbol{x})$（称为对数似然函数（log likelihood））比直接处理 $L(\theta|\boldsymbol{x})$来得容易. 这是因为 log 函数是 $(0,\infty)$ 上的严格增函数，这蕴涵着 $L(\theta|\boldsymbol{x})$的极值点与 $\log L(\theta|\boldsymbol{x})$的极值点是一致的（见习题 7.3）.

例 7.2.7（Bernoulli MLE） 设 $X_1,\cdots,X_n$ 是 iid Bernoulli (p) 的. 于是似然函数是

$$L(p\mid\boldsymbol{x})=\prod_{i=1}^{n}p^{x_i}(1-p)^{1-x_i}=p^y(1-p)^{n-y}$$

这里 $y=\sum x_i$. 尽管这个函数的微分并不是特别困难，但是对数似然函数

$$\log L(p|\boldsymbol{x})=y\log p+(n-y)\log(1-p)$$

的微分还是更加容易. 如果 $0<y<n$，对 $\log L(p|\boldsymbol{x})$微分并令其结果等于 0，就得到解 $\hat{p}=y/n$，此时验证 y/n 是全局最大值是很简单的事情. 而如果 $y=0$ 或 $y=n$，则

$$\log L(p|\boldsymbol{x})=\begin{cases}n\log(1-p) & 若\ y=0\\ n\log p & 当\ y=n\end{cases}$$

这时无论哪种情况，$L(p|\boldsymbol{x})$都是 p 的单调函数，同样易验证每种情况下都是 $\hat{p}=y/n$. 这样我们就证明了 $\sum X_i/n$ 是 p 的 MLE. ‖

此例中我们假定参数空间是 $0\leqslant p\leqslant 1$. 值 $p=0$ 和 1 必须在参数空间里以使得对于 $y=0$ 和 n，$\hat{p}=y/n$ 为 MLE. 把此处与例 3.4.1 对比一下，那里我们取 $0<p<1$，是为了满足一个指数族的要求.

另外一点要注意的就是在求极大似然估计量的时候，极大化只能在参数取值范围内产生. 在某些情况下这一点起着重要的作用.

例 7.2.8（约束值域的 MLE） 设 $X_1, \cdots, X_n$ 是 iid $\mathrm{n}(\theta,1)$ 的，在这里，知道 θ 必须非负．当对于 θ 没有约束的情况，我们已看到 θ 的 MLE 是 $\overline{X}$；但是如果 $\overline{X}$ 为负，那将落入参数值域的外边．

若 $\bar{x}$ 为负，容易校验（见习题 7.4）似然函数在 $\theta\geqslant 0$ 上对 θ 是下降的并且在 $\hat{\theta}=0$ 取到最大值．因此，在此情况下，θ 的 MLE 是

$$\hat{\theta}=\overline{X} \text{ 若 } \overline{X}\geqslant 0 \text{ 和 } \hat{\theta}=0 \text{ 若 } \overline{X}<0. \qquad \|$$

如果不能解析地极大化 $L(\theta|\boldsymbol{x})$，那就可能要利用计算机来通过数值方法求 $L(\theta|\boldsymbol{x})$ 的极大．实际上，这是 MLE 的最重要特征之一．如果一个模型（似然）可以被写出来，就有希望用数值方法来求其最大值，从而求得参数的 MLE．当这个工作完成，一般还有这样的问题，即找到的是局部极大还是全局最大．所以，尽可能地分析似然函数，在进行数值极大化之前找出局部的极大个数与特性始终是很重要的事．

例 7.2.9（二项分布 MLE，试验次数未知） 设 $X_1, \cdots, X_n$ 是来自二项分布总体 binomial (k, p) 的一个随机样本，这里 p 已知而 k 未知．例如，我们抛一枚均匀的硬币并观察正面向上的次数 x_i，但是我们不知道抛了多少次．似然函数是

$$L(k \mid \boldsymbol{x},p) = \prod_{i=1}^{n}\binom{k}{x_i}p^{x_i}(1-p)^{k-x_i}$$

由于含有阶乘的原因，还因为 k 必须是整数，所以用微分法求 $L(k|\boldsymbol{x},p)$ 的极值是困难的．因此我们试用一种不同的方法．

当然，若 $k<\max\limits_i x_i$，则 $L(k|\boldsymbol{x},p)=0$．因此 MLE 是一个整数 $k\geqslant\max\limits_i x_i$，它满足 $L(k|\boldsymbol{x},p)/L(k-1|\boldsymbol{x},p)\geqslant 1$ 与 $L(k+1 \mid \boldsymbol{x}, p)/L(k|\boldsymbol{x},p)<1$．下面我们要证明这样的 k 只有一个．由于似然比是

$$\frac{L(k \mid \boldsymbol{x},p)}{L(k-1 \mid \boldsymbol{x},p)} = \frac{(k(1-p))^n}{\prod\limits_{i=1}^{n}(k-x_i)}$$

于是，极大值点的条件就是

$$(k(1-p))^n \geqslant \prod_{i=1}^{n}(k-x_i) \text{ 与 } ((k+1)(1-p))^n < \prod_{i=1}^{n}(k+1-x_i)$$

除以 k^n 并令 $z=1/k$，我们来求解

$$(1-p)^n = \prod_{i=1}^{n}(1-x_i z)$$

其中 $0\leqslant z\leqslant 1/\max\limits_i x_i$．在 z 的这个取值范围内方程的右边显然是 z 的严格递减函数，而在 $z=0$ 处取值 1，在 $z=1/\max\limits_i x_i$ 处取值 0，因此存在一个唯一的 z（称之为 $\hat{z}$）满足方程．$1/\hat{z}$ 有可能不是整数，但是作为小于或等于 $1/\hat{z}$ 的最大整数 $\hat{k}$ 却是满足

上面两个不等式的，从而是MLE（见习题7.5）．这样，这个分析就证明了似然函数存在唯一的极大值而且可以通过数值方法求解一个n次多项式方程找到它．这种关于k的MLE的描述是由Feldman and Fox（1968）得出的．例7.2.13还有更多关于k的估计的内容． ‖

极大似然估计量的一个有用的性质是所谓不变性（不要与第6章论及的那种不变性混淆）．假定一个分布以一个参数θ作为指标，而人们的兴趣在于找到θ的某个函数（记为$\tau(\theta)$）的一个估计量．非正式地讲，MLE的不变性说的是如果$\hat{\theta}$是θ的MLE，则$\tau(\hat{\theta})$就是$\tau(\theta)$的MLE．例如，如果θ是正态分布的均值，那么sin（θ）的MLE就是$\sin(\overline{X})$．这里按照Zehna（1966）的方法来讲述不变性，也可以参阅Pal and Berry（1992）关于MLE的不变性的讲述方法．

在我们给出MLE的不变性的形式化记号之前，有一些技术性问题需要克服，它们主要集中在我们所要估计的函数$\tau(\theta)$上．如果映射$\theta\to\tau(\theta)$是1对1的（即对每个θ的值，有一个唯一的$\tau(\theta)$，且反之亦然），则不会有问题．这种情况下容易看到不管我们把似然函数当作θ还是$\tau(\theta)$的函数进行最大化，都是没有关系的，每种情况都得到相同的解答．如果我们令$\eta=\tau(\theta)$，则反函数$\tau^{-1}(\eta)=\theta$是定义明确的，而且$\tau(\theta)$的似然函数，可写成关于η的函数，由下式给出

$$L^*(\eta\mid \boldsymbol{x})=\prod_{i=1}^{n} f(x_i\mid \tau^{-1}(\eta))=L(\tau^{-1}(\eta)\mid \boldsymbol{x})$$

并且有

$$\sup_{\eta} L^*(\eta|\boldsymbol{x})=\sup_{\eta} L(\tau^{-1}(\eta)|\boldsymbol{x})=\sup_{\theta} L(\theta|\boldsymbol{x})$$

这样，$L^*(\eta|\boldsymbol{x})$的最大值在$\eta=\tau(\theta)=\tau(\hat{\theta})$处达到，这就证明了$\tau(\theta)$的MLE是$\tau(\hat{\theta})$．

在很多情况下，这种关于MLE的不变性的简单说法是没有用途的，因为很多我们感兴趣的函数不是一对一的．例如，欲估计正态均值的平方θ^2，映射$\theta\to\theta^2$就不是一对一的．这样，我们就需要一个更一般的定理，这实际上是一个$\tau(\theta)$的似然函数的更一般的定义．

若$\tau(\theta)$不是一对一的，则对η的一个给定值，可能有多于一个的θ满足$\tau(\theta)=\eta$．在这个情况下，关于η的最大化与关于θ的最大化之间的对应可能被破坏掉．例如，若$\hat{\theta}$是θ的MLE，则有可能有θ的另一个值，记作θ_0，它使得$\tau(\hat{\theta})=\tau(\theta_0)$．我们需要避免这种困难．

我们先给$\tau(\theta)$定义一个诱导似然函数（induced likelihood function）L^*，由下式给出

$$L^*(\eta|\boldsymbol{x})=\sup_{\{\theta:\ \tau(\theta)=\eta\}} L(\theta|\boldsymbol{x}) \tag{7.2.5}$$

使$L^*(\eta|\boldsymbol{x})$达到最大的值$\hat{\eta}$即被称为$\eta=\tau(\theta)$的MLE，并且由式（7.2.5）可以看到L^*的极大值与L的极大值是一致的．

定理 7.2.10 (极大似然估计的不变性) 若 $\hat{\theta}$ 是 θ 的 MLE，则对于 θ 的任何函数 $\tau(\theta)$，$\tau(\hat{\theta})$ 是 $\tau(\theta)$ 的 MLE.

证明 令 $\hat{\eta}$ 表示使 $L^*(\eta|\boldsymbol{x})$ 达极大的值. 我们必须证明 $L^*(\hat{\eta}|\boldsymbol{x})=L^*[\tau(\hat{\theta})|\boldsymbol{x}]$. 根据上边所讲，$L$ 的极大值与 L^* 的极大值是一致的，因此我们有

$$\begin{aligned}L^*(\hat{\eta}|\boldsymbol{x})&=\sup_{\eta}\sup_{\{\theta:\tau(\theta)=\eta\}}L(\theta|\boldsymbol{x}) &&(L^*\text{ 的定义})\\&=\sup_{\theta}L(\theta|\boldsymbol{x})\\&=L(\hat{\theta}|\boldsymbol{x}) &&(\hat{\theta}\text{ 的定义})\end{aligned}$$

这里第二个等式成立的理由是累次极大化等于 θ 上的无条件极大化，而后者在 $\hat{\theta}$ 达到. 而且

$$\begin{aligned}L(\hat{\theta}|\boldsymbol{x})&=\sup_{\{\theta:\tau(\theta)=\tau(\hat{\theta})\}}L(\theta|\boldsymbol{x}) &&(\hat{\theta}\text{ 是 MLE})\\&=L^*[\tau(\hat{\theta})|\boldsymbol{x}] &&(L^*\text{ 的定义})\end{aligned}$$

于是，以上等式串就证明了 $L^*(\hat{\eta}|\boldsymbol{x})=L^*[\tau(\hat{\theta})|\boldsymbol{x}]$ 和 $\tau(\hat{\theta})$ 是 $\tau(\theta)$ 的 MLE. ■

使用这个定理，我们现在看到正态均值平方 θ^2 的 MLE 是 $\bar{X}^2$. 我们也能把定理 7.2.10 用于更为复杂的函数，举个例子来看，比如 $\sqrt{p(1-p)}$ 的 MLE，这里 p 是一个二项分布概率，则它的 MLE 由 $\sqrt{\hat{p}(1-\hat{p})}$ 给出.

在我们离开求极大似然估计量这个题目之前，还有几点要提到.

极大似然估计的不变性在多元情况下也成立. 在定理 7.2.10 的证明中完全没有排除 θ 是向量. 所以如果 $(\theta_1,\cdots,\theta_k)$ 的 MLE 是 $(\hat{\theta}_1,\cdots,\hat{\theta}_k)$，而 $\tau(\theta_1,\cdots,\theta_k)$ 是参数的任意一个函数，则 $\tau(\theta_1,\cdots,\theta_k)$ 的 MLE 就是 $\tau(\hat{\theta}_1,\cdots,\hat{\theta}_k)$.

如果 $\theta=(\theta_1,\cdots,\theta_k)$ 是多维的，那么寻找 MLE 的问题就是一个多变量函数的求极大问题. 如果似然函数是可微的，那么一阶偏导数等于 0 就是在区域内部达到极值的一个必要条件. 然而在多维情况下，用二阶导数的条件去核验极大值是一项乏味冗长的事，可以先尝试其他的方法. 我们首先举例说明一种技术，它用起来往往比较简单，这就是逐次极大化.

例 7.2.11 (正态 MLE，$\boldsymbol{\mu}$ 与 $\boldsymbol{\sigma}^2$ 都未知) 设 $X_1,\cdots,X_n$ 是 iid $\mathrm{n}(\theta,\sigma^2)$ 的，参数 θ 和 σ^2 都未知. 则

$$L(\theta,\sigma^2\mid\boldsymbol{x})=\frac{1}{(2\pi\sigma^2)^{n/2}}\mathrm{e}^{-(1/2)\sum_{i=1}^{n}(x_i-\theta)^2/\sigma^2}$$

于是

$$\log L(\theta,\sigma^2\mid\boldsymbol{x})=-\frac{n}{2}\log 2\pi-\frac{n}{2}\log\sigma^2-\frac{1}{2}\sum_{i=1}^{n}(x_i-\theta)^2/\sigma^2$$

关于 θ 和 σ^2 的偏导数为

$$\frac{\partial}{\partial\theta}\log L(\theta,\sigma^2 \mid \boldsymbol{x}) = \frac{1}{\sigma^2}\sum_{i=1}^{n}(x_i-\theta)$$

和

$$\frac{\partial}{\partial\sigma^2}\log L(\theta,\sigma^2 \mid \boldsymbol{x}) = -\frac{n}{2\sigma^2}+\frac{1}{2\sigma^4}\sum_{i=1}^{n}(x_i-\theta)^2$$

令这些偏导数等于 0 然后求解就得到解是 $\hat{\theta}=\bar{x}$，$\hat{\sigma}^2=n^{-1}\sum_{i=1}^{n}(x_i-\bar{x})^2$．为了验证这个解实际上就是一个全局最大值点，我们首先回忆，若 $\theta\neq\bar{x}$，则 $\sum(x_i-\theta)^2>\sum(x_i-\bar{x})^2$．因此，对任意的 σ^2 值，总有

(7.2.6) $$\frac{1}{(2\pi\sigma^2)^{n/2}}\mathrm{e}^{-(1/2)\Sigma(x_i-\bar{x})^2/\sigma^2}\geqslant\frac{1}{(2\pi\sigma^2)^{n/2}}\mathrm{e}^{-(1/2)\Sigma(x_i-\theta)^2/\sigma^2}$$

因此，验证极大似然估计现在简化成一个一维问题，即验证 $(\sigma^2)^{-n/2}\exp(-\frac{1}{2}\sum(x_i-\bar{x})^2/\sigma^2)$ 在 $\sigma^2=n^{-1}\sum(x_i-\bar{x})^2$ 达到它的全局最大值．而这只要通过一元微积分就易得证，于是估计量 $(\bar{X},n^{-1}\sum(X_i-\bar{X})^2)$ 就是 MLE.

我们这里注意，不等式（7.2.6）的左边称为 σ^2 的截面似然函数（profile likelihood）．见杂录 7.5.5. ‖

现在考虑用二元微积分学求解这个同样的问题.

例 7.2.12（例 7.2.11 续） 用二元微积分学验证一个函数 $H(\theta_1,\theta_2)$ 在 $(\hat{\theta}_1,\hat{\theta}_2)$ 有局部极大值，必须证明下面三个条件成立.

a. 一阶偏导数都是 0，

$$\frac{\partial}{\partial\theta_1}H(\theta_1,\theta_2)\Big|_{\theta_1=\hat{\theta}_1,\theta_2=\hat{\theta}_2}=0 \quad \text{而且} \quad \frac{\partial}{\partial\theta_2}H(\theta_1,\theta_2)\Big|_{\theta_1=\hat{\theta}_1,\theta_2=\hat{\theta}_2}=0$$

b. 至少有一个二阶偏导数为负，

$$\frac{\partial^2}{\partial\theta_1^2}H(\theta_1,\theta_2)\Big|_{\theta_1=\hat{\theta}_1,\theta_2=\hat{\theta}_2}<0 \quad \text{或} \quad \frac{\partial^2}{\partial\theta_2^2}H(\theta_1,\theta_2)\Big|_{\theta_1=\hat{\theta}_1,\theta_2=\hat{\theta}_2}<0$$

c. 二阶偏导数的雅可比行列式为正，

$$\begin{vmatrix}\frac{\partial^2}{\partial\theta_1^2}H(\theta_1,\theta_2) & \frac{\partial^2}{\partial\theta_1\partial\theta_2}H(\theta_1,\theta_2)\\ \frac{\partial^2}{\partial\theta_1\partial\theta_2}H(\theta_1,\theta_2) & \frac{\partial^2}{\partial\theta_2^2}H(\theta_1,\theta_2)\end{vmatrix}_{\theta_1=\hat{\theta}_1,\theta_2=\hat{\theta}_2}$$

$$=\frac{\partial^2}{\partial\theta_1^2}H(\theta_1,\theta_2)\frac{\partial^2}{\partial\theta_2^2}H(\theta_1,\theta_2)-\left(\frac{\partial^2}{\partial\theta_1\partial\theta_2}H(\theta_1,\theta_2)\right)^2\Bigg|_{\theta_1=\hat{\theta}_1,\theta_2=\hat{\theta}_2}>0$$

对于正态的对数似然函数，二阶偏导数分别为

$$\frac{\partial^2}{\partial\theta^2}\log L(\theta,\sigma^2\mid \boldsymbol{x})=\frac{-n}{\sigma^2}$$

$$\frac{\partial^2}{\partial(\sigma^2)^2}\log L(\theta,\sigma^2\mid \boldsymbol{x})=\frac{n}{2\sigma^4}-\frac{1}{\sigma^6}\sum_{i=1}^n(x_i-\theta)^2$$

$$\frac{\partial^2}{\partial\theta\partial\sigma^2}\log L(\theta,\sigma^2\mid \boldsymbol{x})=-\frac{1}{\sigma^4}\sum_{i=1}^n(x_i-\theta)$$

容易看出，性质（a）和（b）是成立的，而雅可比行列式是

$$\left|\begin{matrix}\dfrac{-n}{\sigma^2} & -\dfrac{1}{\sigma^4}\displaystyle\sum_{i=1}^n(x_i-\theta)\\ -\dfrac{1}{\sigma^4}\displaystyle\sum_{i=1}^n(x_i-\theta) & \dfrac{n}{2\sigma^4}-\dfrac{1}{\sigma^6}\displaystyle\sum_{i=1}^n(x_i-\theta)^2\end{matrix}\right|_{\theta=\bar{x},\sigma^2=\hat{\sigma}^2}$$

$$=\frac{1}{\sigma^6}\left[\frac{-n^2}{2}+\frac{n}{\sigma^2}\sum_{i=1}^n(x_i-\theta)^2-\frac{1}{\sigma^2}\left(\sum_{i=1}^n(x_i-\theta)\right)^2\right]\Bigg|_{\theta=\bar{x},\sigma^2=\hat{\sigma}^2}$$

$$=\frac{1}{\hat{\sigma}^6}\left[\frac{-n^2}{2}+\frac{n}{\hat{\sigma}^2}\hat{\sigma}^2-\frac{1}{\hat{\sigma}^2}\left(\sum_{i=1}^n(x_i-\bar{x})\right)^2\right]$$

$$=\frac{1}{\hat{\sigma}^6}\frac{n^2}{2}>0$$

这样，微积分条件得到满足，我们确实找到了一个极大值.（当然，如果严格地讲，我们只验证了（$\bar{x}$，$\hat{\sigma}^2$）是一个内部极大值点. 我们还必须校验它是唯一的并且在无穷处不是极大值.）我们看到，甚至就连这样简单的一个问题，其计算量也是可怕的，用了这个手段事情反而更麻烦了.（可以想象三个参数时我们要做多少事.）由此得出的教训是，尽管我们总是需要检验的确找到了一个极大值，但是我们应当寻找与使用二阶导数条件不同的方法来做这件事. ‖

最后，前面提及过，因为极大似然估计是由极大化过程求得的，所以就对所使用的方法或过程相联系的问题是敏感的，这其中就有数值不稳定性的问题. 现在就让我们更详细地关注一下这个问题.

我们回忆一下，在数据 $\boldsymbol{x}$ 保持常数时，似然函数是参数 θ 的函数. 但是，由于数据的测量有误差，我们可能会问，数据上多小的改变就会影响到 MLE. 就是说，我们是建立在 $L(\theta|\boldsymbol{x})$上计算 $\hat{\theta}$，但是我们可能会问如果对于一个小的 ε，计算建立在 $L(\theta|\boldsymbol{x}+\varepsilon)$基础上，那么对于 MLE，我们将会得到什么值. 直观上，如果 ε 很小，这个新的 MLE 值，记作 $\hat{\theta}_1$，应该靠近 $\hat{\theta}$. 但是实际上不总是这样.

例 7.2.13（例 7.2.2 续） Olkin，Petkau 和 Zidek（1981）证明了二项分布样本 k 和 p 的极大似然估计可以高度不稳定. 他们用下面的例子来说明. 观察二项分布 $B(k,p)$试验的 5 次实现值，其中 k 和 p 都未知. 第一个数据集是（16，18，22，25，27）.（这些数是从一个未知的二项分布试验中观察到的成功次数.）对这

个数据集，k 的 MLE 是 $\hat{k}=99$. 假如第二个数据集是（16，18，22，25，28），这里唯一的区别就是 27 换成 28，这时 k 的 MLE 是 $\hat{k}=190$，这表明它具有相当大的变异性. ‖

这种事情发生在似然函数在它的极大值邻域非常平坦或者没有有限极大值的时候. 当能够找到极大似然估计的显式表达式的时候，即像我们通常的例子中那样，一般这不是一个问题. 但是，在很多场合下，就像上边的例子，不能解出 MLE 的显式而必须用数值方法去求. 在面临这种问题时，花费一点额外时间来研究一下解的稳定性往往是明智之举.

7.2.3 Bayes 估计量（Bayes Estimators）

Bayes 方法在统计学上与我们已经获得的经典方法具有基本的区别. 但是 Bayes 方法的某些方面对于统计学的其他方法还是相当有帮助的. 在讲述求 Bayes 估计量的方法之前，我们首先讨论一下统计学上的 Bayes 方法.

在经典方法中，参数 θ 被认为是一个未知、但固定的量. 从以 θ 为指标的总体中抽取一组随机样本 X_1，…，X_n，基于样本的观测值来获得关于 θ 的知识. 在 Bayes 方法中，θ 被考虑成一个其变化可被一个概率分布描述的量，该分布叫做先验分布（prior distribution）. 这是一个主观的分布，建立在试验者的信念上，而且见到抽样数据之前就已经用公式制定好了（因而名为先验分布）. 然后从以 θ 为指标的总体中抽取一组样本，先验分布通过样本信息得到校正. 这个被校正的先验分布叫做后验分布（posterior distribution）. 这个校正工作是通过 Bayes 法则完成的（见第 1 章），因而称为 Bayes 统计.

如果我们把先验分布记为 $\pi(\theta)$ 而把样本分布记为 $f(\boldsymbol{x}|\theta)$，那么后验分布是给定样本 $\boldsymbol{x}$ 的条件下 θ 的条件分布，就是

(7.2.7) $$\pi(\theta|\boldsymbol{x})=f(\boldsymbol{x}|\theta)\pi(\theta)/m(\boldsymbol{x}),\quad (f(\boldsymbol{x}|\theta)\pi(\theta)=f(\boldsymbol{x},\theta))$$

这里 m（$\boldsymbol{x}$）是 $\boldsymbol{X}$ 的边缘分布，由下式得出，

(7.2.8) $$m(\boldsymbol{x})=\int f(\boldsymbol{x}\mid\theta)\pi(\theta)\mathrm{d}\theta$$

注意这个后验分布是一个条件分布，其条件建立在观测样本上. 现在用这个后验分布来作出关于 θ 的推断，而 θ 仍被考虑为一个随机的量. 例如，后验分布的均值就可以被用作 θ 的点估计.

关于记号的注记：当处理一个参数 θ 的分布的时候，我们将打破以往使用大写字母表示随机变量，用小写字母表示自变量的记号习惯. 于是我们可以这样表述：此随机变量 θ 具有分布 $\pi(\theta)$. 这已经成为常见的用法而决不会因此而产生混淆.

例 7.2.14（二项分布的 Bayes 估计） 设 X_1，…，X_n 是 iid Bernoulli（p）的，则 $Y=\sum X_i$ 是二项分布 binomial（n，p）的. 我们假定 p 的先验分布是贝塔

分布，$p \sim \text{beta}(\alpha,\beta)$. Y 和 p 的联合分布是

$$f(y,p)=\left[\binom{n}{y}p^{y}(1-p)^{n-y}\right]\left[\frac{\Gamma(\alpha+\beta)}{\Gamma(\alpha)\Gamma(\beta)}p^{\alpha-1}(1-p)^{\beta-1}\right]\quad\begin{pmatrix}\text{条件密度}\times\text{边缘密度}\\ f(y|p)\times\pi(p)\end{pmatrix}$$

$$=\binom{n}{y}\frac{\Gamma(\alpha+\beta)}{\Gamma(\alpha)\Gamma(\beta)}p^{y+\alpha-1}(1-p)^{n-y+\beta-1}$$

Y 的概率密度函数是

$$f(y)=\int_0^1 f(y,p)\mathrm{d}p=\binom{n}{y}\frac{\Gamma(\alpha+\beta)}{\Gamma(\alpha)\Gamma(\beta)}\frac{\Gamma(y+\alpha)\Gamma(n-y+\beta)}{\Gamma(n+\alpha+\beta)}\tag{7.2.9}$$

这个分布称为贝塔-二项分布（见习题 4.34 和例 4.4.6）. 给定 y 的条件下 p 的分布，即后验分布是

$$f(p|y)=\frac{f(y,p)}{f(y)}=\frac{\Gamma(n+\alpha+\beta)}{\Gamma(y+\alpha)\Gamma(n-y+\beta)}p^{y+\alpha-1}(1-p)^{n-y+\beta-1}$$

这是 $\text{beta}(y+\alpha,n-y+\beta)$分布.（记住这里 p 是变动的而 y 被当作固定的.）p 的一个自然的估计就是这个后验分布的均值，作为 p 的 Bayes 估计量，如下式给出，

$$\hat{p}_B=\frac{y+\alpha}{\alpha+\beta+n}.$$

‖

来考虑一下 p 的 Bayes 估计是怎样形成的. 先验分布有均值 $\alpha/(\alpha+\beta)$，它是没有见到数据时我们对 p 的最好估计. 当不考虑先验信息，我们可能会使用 $p=y/n$ 当作对于 p 的估计，而 p 的 Bayes 估计则结合进了所有这些信息. 如果把 $\hat{p}_B$ 写成下式，这些信息被结合进去的方式就清楚了：

$$\hat{p}_B=\left(\frac{n}{\alpha+\beta+n}\right)\left(\frac{y}{n}\right)+\left(\frac{\alpha+\beta}{\alpha+\beta+n}\right)\left(\frac{\alpha}{\alpha+\beta}\right)$$

这样，p_B 就表示成先验均值和样本均值的一个线性组合，其组合的权重由 α，β 和 n 确定.

在估计二项分布的参数时，不一定非要从贝塔分布族中选择先验分布. 不过这样选取有一定的益处，值得一提的是这样选取我们就得到估计量的一个解析的表达. 一般讲来，对于一个抽样分布，往往存在一个自然先验分布族，叫做共轭族.

定义 7.2.15 设 $\mathcal{F}$ 是概率密度函数或概率质量函数 $f(x|\theta)$ 的类（以 θ 为指标）. 称一个先验分布类 $\prod$ 为 $\mathcal{F}$ 的一个共轭族（conjugate family），如果对所有的 $f\in\mathcal{F}$，所有的 $\prod$ 中的先验分布和所有的 $x\in X$，其后验分布仍在 $\prod$ 中.

贝塔分布族是二项分布族的共轭族. 这样，如果我们由一个贝塔分布当作先验分布开始，那么我们将以一个贝塔分布的后验分布结束. 先验分布的校正表现为其参数的校正. 在数学上这样是非常方便的，它通常使得计算相当容易. 至于一个共轭族对一个特定的问题是否为一个合理的选择，则是一个留给试验者考虑的问题.

我们再举一个例子，就结束这一节.

例 7.2.16（正态分布的 Bayes 估计量） 设 $X\sim N(\theta,\sigma^2)$，假定 θ 的先验分布

是 $N(\mu,\tau^2)$.（这里我们假定 σ^2，μ 和 τ^2 都已知.）θ 的后验分布也是正态分布，均值与方差由以下给出

$$\begin{aligned} E(\theta|x) &= \frac{\tau^2}{\tau^2+\sigma^2}x+\frac{\sigma^2}{\sigma^2+\tau^2}\mu \\ \operatorname{Var}(\theta|x) &= \frac{\sigma^2\tau^2}{\sigma^2+\tau^2} \end{aligned} \tag{7.2.10}$$

（细节见习题 7.22.）注意正态分布族是自身的共轭族. 再利用后验均值，我们得到 θ 的 Bayes 估计量是 $E(\theta|x)$.

这个 Bayes 估计量又是先验均值和样本均值的一个线性组合. 注意如果允许先验方差 τ^2 趋于无穷，Bayes 估计量就趋于样本均值. 我们可以对这个估计量作如下的解释，当先验信息越不明确，则 Bayes 估计量就倾向于给予样本信息越多的权重. 而另一方面，当先验信息良好而 $\sigma^2>\tau^2$ 时，则更多的权重给予先验均值. ‖

7.2.4 EM 算法[⊖]

我们即将看到的最后一种求估计量的方法在其途径上有其固有的特别之处. 它是专门为寻找 MLE 而设计的. 与其详细讲解这个求解 MLE 的过程，不如在这里详述这样一种算法，它用以保证收敛到 MLE. 这种算法叫做 EM（期望-最大化，Expectation-Maximization）算法. 它基于这样的想法，把一个难于处理的似然函数最大化问题用一个易于最大化的序列取代，而其极限是原始问题的解. 这种算法特别适用于"缺失数据（missing data）"问题，因为存在缺失数据的情况，有时致使计算麻烦. 不过我们将看到，填充这些"缺失数据"常会使计算变得更加光滑.（我们还将看到"缺失数据"有不同的解释——例如见习题 7.30.）

在使用 EM 算法时我们考虑两个不同的似然问题. 我们的兴趣是解"不完全数据（incomplete-data）"问题，而我们实际解的是"完全数据（complete-data）问题". 届时根据情况我们再决定由哪个问题开始.

例 7.2.17（多重泊松率） 我们观测 $X_1,\cdots,X_n$ 和 $Y_1,\cdots,Y_n$，它们都是相互独立的，这里 $Y_i\sim\text{Poisson}(\beta\tau_i)$，$X_i\sim\text{Poisson}(\tau_i)$. 关于这个模型的用途，例如它可以刻画一种疾病的发病率. 此时 Y_i 即发病率是一个总效应 β 和一个附加因子 τ_i 的函数. 例如 τ_i 可以是区域 i 的人口密度的度量或者是该区域中居民健康状态的测度. 我们看不到 τ_i 而是通过 X_i 来获取它的信息.

联合概率质量函数是

$$\begin{aligned} &f((x_1,y_1),(x_2,y_2),\cdots,(x_n,y_n)|\beta,\tau_1,\tau_2,\cdots,\tau_n) \\ &=\prod_{i=1}^{n}\frac{e^{-\beta\tau_i}(\beta\tau_i)^{y_i}}{y_i!}\frac{e^{-\tau_i}(\tau_i)^{x_i}}{x_i!} \end{aligned} \tag{7.2.11}$$

⊖ 这一节中的一些内容较为专门化，较高深. 跳过它不会影响学习的连贯性.

我们能够通过直接的微分法（见习题 7.27）求得极大似然估计量为

$$(7.2.12)\qquad \hat{\beta}=\frac{\sum_{i=1}^{n} y_i}{\sum_{i=1}^{n} x_i} \quad 和 \quad \hat{\tau}_j=\frac{x_j+y_j}{\hat{\beta}+1},\quad j=1,2,\cdots,n$$

这个基于概率质量函数（7.2.11）的似然是完全数据似然，而$((x_1,y_1),(x_2,y_2),\cdots,(x_n,y_n))$叫做完全数据. 缺失数据是一种常发生的情况，却会令估计更加困难. 假定举例说此处 x_1 的值缺失，自然我们可以弃掉 y_1 而仅用 $n-1$ 容量的样本继续做下去，但这样一来就忽略了 y_1 里面的信息. 使用这些信息可以改善我们的估计.

从概率质量函数（7.2.11）出发，缺失 x_1 的样本的概率质量函数是

$$(7.2.13)\qquad \sum_{x_1=0}^{\infty} f((x_1,y_1),(x_2,y_2),\cdots,(x_n,y_n)\mid\beta,\tau_1,\tau_2,\cdots,\tau_n)$$

基于（7.2.13）的似然就是不完全数据似然. 这是我们要极大化的似然. ‖

一般，我们可以在随便哪个方向上移动，使完全数据问题成为不完全数据问题或者反过来做也行. 假如$\boldsymbol{Y}=(Y_1,\cdots,Y_n)$是不完全数据，而$\boldsymbol{X}=(X_1,\cdots,X_m)$是增补的数据，使得（$\boldsymbol{Y}$, $\boldsymbol{X}$）成为完全数据，那么 $\boldsymbol{Y}$ 的密度 $g(\cdot\mid\theta)$与（$\boldsymbol{Y}$, $\boldsymbol{X}$）的密度 $f(\cdot\mid\theta)$有关系式

$$(7.2.14)\qquad g(\boldsymbol{y}\mid\theta)=\int f(\boldsymbol{y},\boldsymbol{x}\mid\theta)\,\mathrm{d}\boldsymbol{x}$$

在离散情况下则把积分改换成求和.

如果我们把这些当作似然函数，$L(\theta\mid\boldsymbol{y})=g(\boldsymbol{y}\mid\theta)$就是不完全数据似然函数，$L(\theta\mid\boldsymbol{y},\boldsymbol{x})=f(\boldsymbol{y},\boldsymbol{x}\mid\theta)$就是完全数据的似然函数. 有时 $L(\theta\mid\boldsymbol{y})$难于处理，而完全数据似然却更易于处理.

例 7.2.18（例 7.2.17 续） 根据式（7.2.11）可以得到的不完全数据似然函数，它是通过对 x_1 求和获取的. 给出如下

$$(7.2.15)\qquad \begin{aligned}&L(\beta,\tau_1,\tau_2,\cdots,\tau_n\mid y_1,(x_2,y_2),\cdots,(x_n,y_n))\\&=\left[\prod_{i=1}^{n}\frac{\mathrm{e}^{-\beta\tau_i}(\beta\tau_i)^{y_i}}{y_i!}\right]\left[\prod_{i=2}^{n}\frac{\mathrm{e}^{-\tau_i}(\tau_i)^{x_i}}{x_i!}\right]\end{aligned}$$

而（y_1，（x_2，y_2），…，（x_n，y_n））是不完全数据. 这就是我们要求其极大的似然函数. 利用微分法，求得 MLE 方程

$$(7.2.16)\qquad \begin{aligned}\hat{\beta}&=\frac{\sum_{i=1}^{n} y_i}{\sum_{i=1}^{n}\hat{\tau}_i}\\ y_1&=\hat{\tau}_1\hat{\beta}\end{aligned}$$

$$x_j + y_j = \hat{\tau}_j(\hat{\beta}+1), \quad j = 2,3,\cdots,n$$

现在我们用 EM 算法求解它.

EM 算法允许我们在对 $L(\theta|\mathbf{y})$ 求极大时只通过处理 $L(\theta|\mathbf{y},\mathbf{x})$ 以及给定 $\mathbf{y}$ 和 θ 的条件下 $\mathbf{X}$ 的条件概率密度函数或条件概率质量函数，它们由下式定义

(7.2.17) $\log L(\theta|\mathbf{y},\mathbf{x})=f(\mathbf{y},\mathbf{x}|\theta)$， $L(\theta|\mathbf{y})=g(\mathbf{y}|\theta)$，和 $k(\mathbf{x}|\theta,\mathbf{y})=\dfrac{f(\mathbf{y},\mathbf{x}|\theta)}{g(\mathbf{y}|\theta)}$

重新安排（7.2.17）中最后一个等式，就得到恒等式

(7.2.18) $$\log L(\theta|\mathbf{y})=\log L(\theta|\mathbf{y},\mathbf{x})-\log k(\mathbf{x}|\theta,\mathbf{y})$$

由于 $\mathbf{x}$ 是缺失数据因而是不可观测的，我们可以把（7.2.18）的右边替换成它关于条件分布 $k(\mathbf{x}|\theta',\mathbf{y})$ 的期望，就得到一个新的恒等式

(7.2.19) $$\log L(\theta|\mathbf{y})=\mathrm{E}[\log L(\theta|\mathbf{y},\mathbf{X})|\theta',\mathbf{y}]-\mathrm{E}[\log k(\mathbf{X}|\theta,\mathbf{y})|\theta',\mathbf{y}]$$

现在我们开始这个算法：从一个初值 $\theta^{(0)}$ 开始，我们依照以下方法产生出一列 $\theta^{(r)}$

(7.2.20) $$\theta^{(r+1)}=\mathrm{E}[\log L(\theta|\mathbf{y},\mathbf{X})|\theta^{(r)},\mathbf{y}]\text{的极大值点}$$

此算法的“E-步骤”是计算对数似然函数的期望，而“M-步骤”是求其极大值. 在弄明白为什么这个算法实际上会收敛到 MLE 之前，先让我们回到我们的例子.

例 7.2.19（例 7.2.17 总结） 令 $(\mathbf{x},\mathbf{y})=((x_1,y_1),(x_2,y_2),\cdots,(x_n,y_n))$ 表示完全数据，$(\mathbf{x}_{(-1)},\mathbf{y})=(y_1,(x_2,y_2),\cdots,(x_n,y_n))$ 表示不完全数据. 完全数据的期望对数似然是

$$\begin{aligned}
&\mathrm{E}[\log L(\beta,\tau_1,\tau_2,\cdots,\tau_n\mid(\mathbf{x},\mathbf{y}))\mid\tau^{(r)},(\mathbf{x}_{(-1)},\mathbf{y})]\\
&=\sum_{x_1=0}^{\infty}\log\left(\prod_{i=1}^{n}\frac{\mathrm{e}^{-\beta\tau_i}(\beta\tau_i)^{y_i}}{y_i!}\frac{\mathrm{e}^{-\tau_i}(\tau_i)^{x_i}}{x_i!}\right)\frac{\mathrm{e}^{-\tau_1^{(r)}}(\tau_1^{(r)})^{x_1}}{x_1!}\\
&=\sum_{i=1}^{n}[-\beta\tau_i+y_i(\log\beta+\log\tau_i)-\log y_i!]+\\
&\quad\sum_{i=2}^{n}[-\tau_i+x_i\log\tau_i-\log x_i!]+\\
&\quad\sum_{x_1=0}^{\infty}[-\tau_1+x_1\log\tau_1-\log x_1!]\frac{\mathrm{e}^{-\tau_1^{(r)}}(\tau_1^{(r)})^{x_1}}{x_1!}
\end{aligned}\tag{7.2.21}$$

$$\begin{aligned}
&=\left(\sum_{i=1}^{n}[-\beta\tau_i+y_i(\log\beta+\log\tau_i)]+\sum_{i=2}^{n}[-\tau_i+x_i\log\tau_i]\right.\\
&\quad\left.+\sum_{x_1=0}^{\infty}[-\tau_1+x_1\log\tau_1]\frac{\mathrm{e}^{-\tau_1^{(r)}}(\tau_1^{(r)})^{x_1}}{x_1!}\right)-\\
&\quad\left(\sum_{i=1}^{n}\log y_i!+\sum_{i=2}^{n}\log x_i!+\sum_{x_1=0}^{\infty}\log x_1!\frac{\mathrm{e}^{-\tau_1^{(r)}}(\tau_1^{(r)})^{x_1}}{x_1!}\right)
\end{aligned}$$

对这里最后一个等式，我们把它分组为含有 β 和 τ_i 的项与不含这些参数的项. 因为我们计算此期望对数似然是为了对 β 和 τ_i 求极大，因此可以不考虑第二对圆括号里

面的项. 这样只需对第一对圆括号里的项求极大，这对圆括号里最后的求和式可以写成

$$-\tau_1+\log\tau_1\sum_{x_1=0}^{\infty}x_1\frac{e^{-\tau_1^{(r)}}(\tau_1^{(r)})^{x_1}}{x_1!}=-\tau_1+\tau_1^{(r)}\log\tau_1 \tag{7.2.22}$$

当把此式代回到式（7.2.21）中，我们看到完全数据似然的期望与起始时完全数据似然是一样的，只不过把 x_1 换成 $\tau_1^{(r)}$. 这样，在第 r 步中的 MLE 仅在式（7.2.12）基础上有一个很小的变化，由下式给出

$$\hat{\beta}^{(r+1)}=\frac{\sum_{i=1}^{n}y_i}{\tau_1^{(r)}+\sum_{i=2}^{n}x_i},\quad \hat{\tau}_1^{(r+1)}=\frac{\hat{\tau}_1^{(r)}+y_1}{\hat{\beta}^{(r+1)}+1}$$

$$\hat{\tau}_j^{(r+1)}=\frac{x_j+y_j}{\hat{\beta}^{(r+1)}+1},j=2,3,\cdots,n \tag{7.2.23}$$

这里同时定义了 E-步骤（它导致以 $\tau_1^{(r)}$ 代换 x_1）和 M-步骤（它导致在式(7.2.23) 中求极大似然估计计算的第 r 次迭代). EM 算法的性质保证我们当 $r\to\infty$ 时，序列 $(\hat{\beta}^{(r)},\hat{\tau}_1^{(r)},\hat{\tau}_2^{(r)},\cdots,\hat{\tau}_n^{(r)})$ 收敛到不完全数据 MLE. 更多请看习题 7.27. ‖

我们不准备给出 EM 序列 $\{\hat{\theta}^{(r)}\}$ 收敛到不完全数据 MLE 的一个完整证明，但以下给出的关键性质暗示出它的正确性. 下面定理的证明留待习题 7.31.

定理 7.2.20（单调 EM 序列） 由式（7.2.20）式定义的序列 $\{\hat{\theta}^{(r)}\}$ 满足

$$L(\hat{\theta}^{(r+1)}\mid \boldsymbol{y})\geqslant L(\hat{\theta}^{(r)}\mid \boldsymbol{y})$$

等号成立当且仅当两次迭代产生相同的完全数据对数似然期望的极大值，即

$$\mathrm{E}[\log L(\hat{\theta}^{(r+1)}\mid \boldsymbol{y},\boldsymbol{X})\mid\hat{\theta}^{(r)},\boldsymbol{y}]=\mathrm{E}[\log L(\hat{\theta}^{(r)}\mid \boldsymbol{y},\boldsymbol{X})\mid\hat{\theta}^{(r)},\boldsymbol{y}]$$

7.3 估计量的评价方法

上节讨论的方法勾画出求参数点估计量的技术轮廓. 不过这里产生了一个困难，就是我们通常对一个问题可以应用不仅一种方法，这就使我们时常面临在这些估计量之间进行选择的任务. 当然有可能不同的求估计量的方法导致相同的答案，这时我们评价稍许容易些，但是在很多情况下，不同的方法将导致不同的估计量.

统计方法的评价作为一个一般性题目，它是统计学中被称为判决理论的一部分，它的某些细节将在 7.3.4 节中论述. 不过要等到把关于性能的某些思路聚集起来之后，我们才去考虑这些. 这一节我们将介绍一些评价统计量的基本准则并用这些准则来检查几个估计量.

7.3.1 均方误差

我们首先研究有限样本时对一个估计量质量的度量，从下面的均方误差开始.

定义 7.3.1 参数 θ 的估计量 W 的均方误差（mean squared error，简记为 MSE）是由 $\mathrm{E}_\theta(W-\theta)^2$ 定义的关于 θ 的函数.

注意，MSE 度量的是估计量 W 与参数 θ 之差的平方的平均值，它是对于一个点估计性质的颇为合理的度量. 一般讲，绝对值距离 $|W-\theta|$ 的任何一个增函数都可以取作一个估计量优度的度量（平均绝对误差 $\mathrm{E}_\theta(|W-\theta|)$ 就是一个合理的选择)，但是 MSE 至少有两个优点超过其他的距离度量：第一，它易于解析处理，第二，它有这样一个解释

(7.3.1) $$\mathrm{E}_\theta(W-\theta)^2=\mathrm{Var}_\theta W+(\mathrm{E}_\theta W-\theta)^2=\mathrm{Var}_\theta W+(\mathrm{Bias}_\theta W)^2$$

这里我们所讲一个估计量的偏倚 $\mathrm{Bias}_\theta W$ 是如下定义的：

定义 7.3.2 参数 θ 的点估计量 W 的偏倚（bias）是指的 W 的期望值与 θ 之差；即 $\mathrm{Bias}_\theta W=\mathrm{E}_\theta W-\theta$. 一个估计量如果它的偏倚（关于 θ）恒等于 0，则称为无偏的（unbiased)，它满足 $\mathrm{E}_\theta W=\theta$ 对所有 θ 成立.

这样，MSE 由两部分组成，其一度量该估计量的变异性（精度）而其二度量它的偏倚（准确度). 一个估计量具有好的 MSE 性质就在方差与偏倚两项上综合的小. 为求得一个有良好 MSE 性质的估计量我们需要寻找方差与偏倚两者都得到控制的估计量. 显然无偏估计量对控制偏倚再好不过.

对一个无偏估计量，我们有

$$\mathrm{E}_\theta(W-\theta)^2=\mathrm{Var}_\theta W$$

因此，如果一个估计量是无偏的，它的 MSE 就是它的方差.

例 7.3.3 (正态 MSE) 设 $X_1,\cdots,X_n$ 是 iid $\mathrm{n}(\mu,\sigma^2)$ 的. 则统计量 $\overline{X}$ 和 S^2 都是无偏估计量. 因为

$$E\overline{X}=\mu, ES^2=\sigma^2,\text{对所有的 }\mu\text{ 和 }\sigma^2\text{ 成立}$$

(这一结论不需要正态也是对的，见定理 5.2.6.）这两个估计量的 MSE 是

$$\mathrm{E}(\overline{X}-\mu)^2=\mathrm{Var}\overline{X}=\frac{\sigma^2}{n}$$

$$\mathrm{E}(S^2-\sigma^2)^2=\mathrm{Var}S^2=\frac{2\sigma^4}{n-1}$$

即使去掉正态假定，$\overline{X}$ 的 MSE 仍保持等于 σ^2/n. 但是如果去掉正态假定，S^2 的 MSE 就不再保持等于上边式子了（见习题 5.8). ‖

虽然很多无偏估计量从 MSE 的立场看也是合理的，但应意识到偏倚的控制并不能保证 MSE 得到控制. 有时在权衡方差和偏倚时会有这种情况，增加很小的偏倚可以换取方差很大的下降，结果导致 MSE 的改善.

例 7.3.4（例 7.3.3 续） σ^2的估计量的一个选择是极大似然估计量 $\hat{\sigma}^2=\frac{1}{n}\sum_{i=1}^{n}(X_i-\overline{X})^2=\frac{n-1}{n}S^2$. 直接计算得到

$$E\hat{\sigma}^2=E\left(\frac{n-1}{n}S^2\right)=\frac{n-1}{n}\sigma^2$$

所以 $\hat{\sigma}^2$ 是 σ^2的一个有偏的估计量. $\hat{\sigma}^2$ 的方差也可以计算如下

$$\mathrm{Var}\hat{\sigma}^2=\mathrm{Var}\left(\frac{n-1}{n}S^2\right)=\left(\frac{n-1}{n}\right)^2\mathrm{Var}S^2=\frac{2(n-1)\sigma^4}{n^2}$$

于是，它的 MSE 是

$$\mathrm{E}(\hat{\sigma}^2-\sigma^2)^2=\frac{2(n-1)\sigma^4}{n^2}+\left(\frac{n-1}{n}\sigma^2-\sigma^2\right)^2=\left(\frac{2n-1}{n^2}\right)\sigma^4$$

这样我们有

$$\mathrm{E}(\hat{\sigma}^2-\sigma^2)^2=\left(\frac{2n-1}{n^2}\right)\sigma^4<\left(\frac{2}{n-1}\right)\sigma^4=\mathrm{E}(S^2-\sigma^2)^2$$

这说明 $\hat{\sigma}^2$ 具有比 S^2 更小的 MSE. 这样用偏倚抵换方差，MSE 得到改善. ‖

这里要及时指出，上面例子并非意指应当放弃把 S^2 作为 σ^2的一个估计量. 上面的议论是为了表明，如果用 MSE 作为度量的话，在平均的意义下 $\hat{\sigma}^2$ 比 S^2 更靠近 σ^2. 但是 $\hat{\sigma}^2$ 是有偏的而且在平均意义下对 σ^2估计偏低. 仅这一点就可能令我们对使用 $\hat{\sigma}^2$ 作为 σ^2的估计量感到不安. 而且我们还可以说，MSE 作为位置参数的准则是合理的而作为尺度参数的准则就不是合理的了，因此上面的比较甚至就不应当去做.（这里有一个问题是：MSE 对于估计偏低和估计偏高是平等处罚的，这在位置参数情况是好的，但是在尺度参数的情况，0 乃是自然下界，所以估计问题不对称. MSE 用于这种情况就有宽恕低估的倾向.）最终结论是这个问题得不到绝对的回答，而对于一个特定情况为了选取一个好的估计量，我们更应为估计量搜集较多的信息.

一般，由于 MSE 是参数的函数，因此将不会有一个"最优的"估计量. 常常两个估计量的 MSE 将出现相互交叉，表明每个估计量仅在参数空间的一部分上是较优的（相对于另外一个）. 不过即使这样的部分信息有时也能够为我们在估计量中作选择提供指导原则.

例 7.3.5（Bernoulli 分布 Bayes 估计的 MSE） 设 X_1，…，X_n 是 iid Bernoulli（p）的. $\hat{p}$ 作为 p 的 MLE，它的 MSE 是

$$\mathrm{E}_p(\hat{p}-p)^2=\mathrm{Var}_p\overline{X}=\frac{p(1-p)}{n}$$

令 $Y=\sum X_i$，回忆在例 7.2.14 中导出的 p 的 Bayes 估计量是 $\hat{p}_B=\frac{Y+\alpha}{\alpha+\beta+n}$. p 的 Bayes 估计量的 MSE 是

$$\begin{aligned}E_p(\hat{p}_B-p)^2&=\mathrm{Var}_p\hat{p}_B+(\mathrm{Bias}_p\hat{p}_B)^2\\&=\mathrm{Var}_p\left(\frac{Y+\alpha}{\alpha+\beta+n}\right)+\left(E_p\left(\frac{Y+\alpha}{\alpha+\beta+n}\right)-p\right)^2\\&=\frac{np(1-p)}{(\alpha+\beta+n)^2}+\left(\frac{np+\alpha}{\alpha+\beta+n}-p\right)^2\end{aligned}$$

在没有关于 p 的良好先验信息时，我们可选择 α 和 β 以使 $\hat{p}_B$ 的 MSE 是常数. 经过并不太困难的计算（详细过程见习题 7.33），就可算出选择 $\alpha=\beta=\sqrt{n/4}$，则

$$\hat{p}_B=\frac{Y+\sqrt{n/4}}{n+\sqrt{n}}\text{和 }E(\hat{p}_B-p)^2=\frac{n}{4(n+\sqrt{n})^2}$$

假如我们想基于 MSE 而在 $\hat{p}_B$ 和 $\hat{p}$ 之中进行选择，图 7.3.1 是有帮助的. 对于小的 n，$\hat{p}_B$ 是较优的选择（除非对于 p 靠近 0 或 1 有很强的信念）. 对于大的 n，$\hat{p}$ 是较优的选择（除非对于 p 靠近 $\frac{1}{2}$ 有很强的信念）. 即使 MSE 准则没有表明一个估计量比其他的一致地更优，但它还是提供了有用的信息. 这个信息再结合所做问题的专业知识就能引导我们对此情况找出一个较优的估计量. ‖

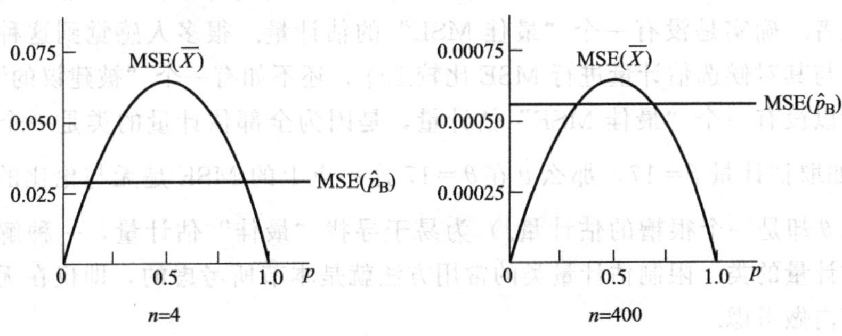

图 7.3.1　例 7.3.5 中 $\hat{p}$ 和 $\hat{p}_B$ 的 MSE 的比较，左图样本大小 $n=4$，右图样本大小 $n=400$

在某些情况下，特别对位置参数估计而言，MSE 能够成为一个在同变估计量类（见 6.4 节）之中求最优估计量的有益准则. 对参数 θ 的一个估计量 $W(\boldsymbol{X})$，运用度量同变性和形式不变性原理，我们有

度量同变性：如果用 $W(\boldsymbol{x})$ 估计 θ，那么使用 $\bar{g}(W(\boldsymbol{x}))$ 估计 $\bar{g}(\theta)=\theta'$.

形式不变性：如果用 $W(\boldsymbol{x})$ 估计 θ，那么使用 $W(g(\boldsymbol{x}))$ 估计 $\bar{g}(\theta)=\theta'$.

把两个要求合在一起，给出 $W(g(\boldsymbol{x}))=\bar{g}(W(\boldsymbol{x}))$.

例 7.3.6（同变估计的 MSE）　设 $X_1,\cdots,X_n$ 是 iid $f(x-\theta)$ 的. 对于一个满足 $W(g_a(\boldsymbol{x}))=\bar{g}_a(W(\boldsymbol{x}))$ 的估计量 $W(X_1,\cdots,X_n)$，我们必须有

(7.3.2)　$$W(x_1,\cdots,x_n)+a=W(x_1+a,\cdots,x_n+a)$$

此式规定了关于变换群 $\mathcal{G}$ 的同变估计量. 这里 $G=\{g_a(\boldsymbol{x}):-\infty<a<+\infty\}$，$g_a$ 的

定义是 $g_a(x_1,\cdots,x_n)=(x_1+a,\cdots,x_n+a)$. 对于这些估计量我们有

$$
\begin{aligned}
&\mathrm{E}_\theta(W(X_1,\cdots,X_n)-\theta)^2\\
&=\mathrm{E}_\theta(W(X_1+a,\cdots,X_n+a)-a-\theta)^2\\
&=\mathrm{E}_\theta(W(X_1-\theta,\cdots,X_n-\theta))^2 \qquad (a=-\theta) \qquad (7.3.3)\\
&=\int_{-\infty}^{+\infty}\cdots\int_{-\infty}^{+\infty}(W(x_1-\theta,\cdots,x_n-\theta))^2\prod_{i=1}^n f(x_i-\theta)\mathrm{d}x_i\\
&=\int_{-\infty}^{+\infty}\cdots\int_{-\infty}^{+\infty}(W(u_1,\cdots,u_n))^2\prod_{i=1}^n f(u_i)\mathrm{d}u_i \quad (u_i=x_i-\theta)
\end{aligned}
$$

这里最后一个表达式不依赖于 θ；因此，这些同变估计的 MSE 不是 θ 的函数. 因此往往能依 MSE 来为同变估计给出一个排序，并在所有同变估计中找出 MSE 最小者. 事实上，这个估计量就是这样一个数学问题的解，即求满足式（7.3.2）并使式（7.3.3）达到极小的函数 W.（见习题 7.35 和 7.36.） ‖

7.3.2 最佳无偏估计量

正如上一节所表明的，基于 MSE 的考虑对估计量进行比较未必能产生一个明显的优胜者. 确实是没有一个"最佳 MSE"的估计量. 很多人感觉到这种恼人情况，认为与其对候选估计量进行 MSE 比较工作，还不如有一个"被建议的"为好.

之所以没有一个"最佳 MSE"估计量，是因为全部估计量的类是一个太大的类.（例如取估计量 $\hat\theta=17$，那么 $\hat\theta$ 在 $\theta=17$ 这一点上的 MSE 是无与伦比的，但在其他情况 $\hat\theta$ 却是一个很糟的估计量.）为易于寻找"最佳"估计量，一种解决方法是限制估计量的类. 限制估计量类的常用方法就是本节所考虑的，即仅在无偏估计量的范围内做考虑.

若 W_1 和 W_2 都是参数 θ 的无偏估计量，即 $\mathrm{E}_\theta W_1=\mathrm{E}_\theta W_2=\theta$，则它们的均方误差就等于它们的方差，所以我们应当选择方差比较小的那个估计量. 如果我们能找到一个具有一致最小方差的无偏估计量——最佳无偏估计量——那么我们的任务就完成了.

在开始这个进程之前我们指出，虽然我们要处理无偏估计量，但是这里以及下一节的结论实际上更为一般. 假定有 θ 的一个估计量 W^*，其期望为 $\mathrm{E}_\theta W^*=\tau(\theta)\neq\theta$，而我们感兴趣于研究 W^* 的价值. 考虑估计类

$$\mathcal{C}_\tau=\{W:\mathrm{E}_\theta(W)=\tau(\theta)\}$$

由于对任何 $W_1,W_2\in\mathcal{C}_\tau$，$\mathrm{Bias}_\theta W_1=\mathrm{Bias}_\theta W_2$，于是

$$\mathrm{E}_\theta(W_1-\theta)^2-\mathrm{E}_\theta(W_2-\theta)^2=\mathrm{Var}_\theta W_1-\mathrm{Var}_\theta W_2$$

这样，在类 C_τ 中对 MSE 的比较就可以仅基于对方差的比较. 因此，虽然我们是在用无偏估计量的术语讲话，而实际上是比较具有相同期望 $\tau(\theta)$ 的估计量.

本节的目标是研究求得"最佳"无偏估计量的方法，我们以下面方式定义之.

定义 7.3.7 估计量 W^* 称为 $\tau(\theta)$ 的最佳无偏估计量（best unbiased estimator）如果它满足 $\mathrm{E}_\theta W^*=\tau(\theta)$ 对所有 θ 成立，并且对任何一个其他的满足 $\mathrm{E}_\theta(W)=\tau(\theta)$ 的估计量 W，都有 $\mathrm{Var}_\theta W^*\leqslant \mathrm{Var}_\theta W$ 对所有 θ 成立. W^* 也称为 $\tau(\theta)$ 的一致最小方差无偏估计量（uniform minimum variance unbiased estimator，简记 UMVUE).

由于种种原因，求最佳无偏估计（假如存在的话）不是一件容易的工作，下面通过两个例子来说明.

例 7.3.8（Poisson 无偏估计） 设 X_1，…，X_n 是 iid Poisson（λ）的，令 $\overline{X}$ 和 S^2 分别表示样本均值和样本方差. 我们曾经讲到，Poisson 分布的均值与方差都等于 λ. 于是应用定理 5.2.6，有

$$\mathrm{E}_\lambda \overline{X}=\lambda,\text{对所有 }\lambda$$

和

$$\mathrm{E}_\lambda S^2=\lambda,\text{对所有 }\lambda$$

所以 $\overline{X}$ 和 S^2 都是 λ 的无偏估计量.

为确定 $\overline{X}$ 或 S^2 哪个更优，我们现在应当比较它们的方差. 再次应用定理 5.2.6，我们得到 $\mathrm{Var}_\lambda \overline{X}=\lambda/n$，但是求 $\mathrm{Var}_\lambda S^2$ 却要经过相当冗长的计算（类似于习题 5.10（b)). 这不过是求一个最佳无偏估计量时首先会遇到的问题之一. 不仅可能计算上冗长繁复，而且可能是徒劳无益（就像此例）的，我们将会发现对所有的 λ，都有 $\mathrm{Var}_\lambda \overline{X}\leqslant \mathrm{Var}_\lambda S^2$.

即使我们能确立 $\overline{X}$ 优于 S^2，再来考虑下面的估计类

$$W_a(\overline{X},S^2)=a\overline{X}+(1-a)S^2$$

对每个常数 a，$\mathrm{E}_\lambda W_a(\overline{X},S^2)=\lambda$，于是我们有无穷多个对 λ 的无偏估计量. 即使 $\overline{X}$ 优于 S^2，它是否优于每一个 $W_a(\overline{X},S^2)$？除此之外，我们能否确信不会碰巧还有其他更佳的无偏估计量呢？ ‖

这个例子表明了在试图求一个最佳无偏估计量时可能遭遇到的某些问题，因而人们也许很想拥有一个更具理性的研究手段. 假定为了估计具有分布 $f(x|\theta)$ 的一个参数 $\tau(\theta)$，我们能够为 $\tau(\theta)$ 的任何的无偏估计的方差具体指出一个下界，记为 $B(\theta)$. 如果我们能找到一个无偏估计量 W^* 满足 $\mathrm{Var}_\theta W^*=B(\theta)$，我们就找到了一个最佳无偏估计量. 这就是采取利用 Cramér-Rao 下界的方法.

定理 7.3.9（Cramér-Rao 不等式） 设 X_1，…，X_n 是具有概率密度函数 $f(\boldsymbol{x}|\theta)$ 的样本，令 $W(\boldsymbol{X})=W(X_1,\cdots,X_n)$ 是任意的一个估计量，满足

$$\frac{\mathrm{d}}{\mathrm{d}\theta}\mathrm{E}_\theta W(\boldsymbol{X})=\int_{\mathcal{X}}\frac{\partial}{\partial\theta}[W(\boldsymbol{x})f(\boldsymbol{x}\mid\theta)]\mathrm{d}\boldsymbol{x} \tag{7.3.4}$$

和

$$\mathrm{Var}_\theta W(\boldsymbol{X})<\infty$$

则有

(7.3.5) $$\mathrm{Var}_\theta(W(\boldsymbol{x}))\geqslant\frac{\left(\frac{\mathrm{d}}{\mathrm{d}\theta}\mathrm{E}_\theta W(\boldsymbol{X})\right)^2}{\mathrm{E}_\theta\left(\left(\frac{\partial}{\partial\theta}\log f(\boldsymbol{X}|\theta)\right)^2\right)}$$

证明 这个定理的证明手法简洁漂亮，它是 Cauchy-Schwarz 不等式的一次聪明的运用，或用统计的语言说，证明利用了这样的事实：对于任意两个随机变量 X 和 Y，有

(7.3.6) $$[\mathrm{Cov}(X,Y)]^2\leqslant(\mathrm{Var}X)(\mathrm{Var}Y)$$

重新安排一下式 (7.3.6)，我们就可以得到 X 方差的一个下界，

$$\mathrm{Var}X\geqslant\frac{[\mathrm{Cov}(X,Y)]^2}{\mathrm{Var}Y}$$

这个定理证明的聪明之处从 X 和 Y 的选择开始. 把 X 选为估计量 $W(\boldsymbol{X})$ 而 Y 选为 $\frac{\partial}{\partial\theta}\log f(\boldsymbol{X}|\theta)$，然后应用 Cauchy-Schwarz 不等式.

首先注意有

$$\frac{\mathrm{d}}{\mathrm{d}\theta}\mathrm{E}_\theta W(\boldsymbol{X})=\int_{\mathcal{X}}W(\boldsymbol{x})\left[\frac{\partial}{\partial\theta}f(\boldsymbol{x}\mid\theta)\right]\mathrm{d}x$$

(7.3.7) $$=\mathrm{E}_\theta\left[W(\boldsymbol{X})\frac{\frac{\partial}{\partial\theta}f(\boldsymbol{X}\mid\theta)}{f(\boldsymbol{X}\mid\theta)}\right]\quad\text{（前式乘以 } f(\boldsymbol{X}\mid\theta)/f(\boldsymbol{X}\mid\theta)\text{）}$$

$$=\mathrm{E}_\theta\left[W(\boldsymbol{X})\frac{\partial}{\partial\theta}\log f(\boldsymbol{X}\mid\theta)\right]\quad\text{（对数的性质）}$$

这暗示我们应考虑 $W(\boldsymbol{X})$ 与 $\frac{\partial}{\partial\theta}\log f(\boldsymbol{X}|\theta)$ 之间的协方差，为了使它化为一个协方差，需要减去两期望值的乘积，于是我们来计算 $\mathrm{E}_\theta\left(\frac{\partial}{\partial\theta}\log f(\boldsymbol{X}|\theta)\right)$. 假如我们在式 (7.3.7) 中特别地取 $W(\boldsymbol{x})=1$，就得到

(7.3.8) $$\mathrm{E}_\theta\left(\frac{\partial}{\partial\theta}\log f(\boldsymbol{X}|\theta)\right)=\frac{\mathrm{d}}{\mathrm{d}\theta}\mathrm{E}_\theta[1]=0$$

因此 $\mathrm{Cov}_\theta\left(W(\boldsymbol{X}),\frac{\partial}{\partial\theta}\log f(\boldsymbol{X}|\theta)\right)$ 就等于乘积的期望，于是由式 (7.3.7) 和式 (7.3.8)，就得到

(7.3.9) $$\mathrm{Cov}_\theta\left(W(\boldsymbol{X}),\frac{\partial}{\partial\theta}\log f(\boldsymbol{X}|\theta)\right)=\mathrm{E}_\theta\left(W(\boldsymbol{X})\frac{\partial}{\partial\theta}\log f(\boldsymbol{X}|\theta)\right)=\frac{\mathrm{d}}{\mathrm{d}\theta}\mathrm{E}_\theta W(\boldsymbol{X})$$

同样，因为 $\mathrm{E}_\theta\left(\frac{\partial}{\partial\theta}\log f(\boldsymbol{X}|\theta)\right)=0$，我们有

(7.3.10) $$\mathrm{Var}_\theta\left(\frac{\partial}{\partial\theta}\log f(\boldsymbol{X}|\theta)\right)=\mathrm{E}_\theta\left(\left(\frac{\partial}{\partial\theta}\log f(\boldsymbol{X}|\theta)\right)^2\right)$$

对式 (7.3.9) 和式 (7.3.10) 一并使用 Cauchy-Schwarz 不等式，我们就得到

$$\operatorname{Var}_\theta(W(\boldsymbol{x}))\geqslant\frac{\left(\frac{\mathrm{d}}{\mathrm{d}\theta}\mathrm{E}_\theta W(\boldsymbol{X})\right)^2}{\mathrm{E}_\theta\left(\left(\frac{\partial}{\partial\theta}\log f(\boldsymbol{X}|\theta)\right)^2\right)}$$

定理证毕. ■

如果我们添加上独立样本的假定，那么下界的计算就简单了. 分母上的期望变成为一元计算，如下面的推论所示.

推论 7.3.10 (Cramér-Rao 不等式，iid 情况) 如果定理 7.3.9 的假定满足，而且附加假定 X_1，…，X_n 是 iid 的，具有概率密度函数 $f(x|\theta)$，则

$$\operatorname{Var}_\theta(W(\boldsymbol{X}))\geqslant\frac{\left(\frac{\mathrm{d}}{\mathrm{d}\theta}\mathrm{E}_\theta W(\boldsymbol{X})\right)^2}{n\mathrm{E}_\theta\left(\left(\frac{\partial}{\partial\theta}\log f(X|\theta)\right)^2\right)}$$

证明 我们只需证明

$$\mathrm{E}_\theta\left(\left(\frac{\partial}{\partial\theta}\log f(\boldsymbol{X}|\theta)\right)^2\right)=n\mathrm{E}_\theta\left(\left(\frac{\partial}{\partial\theta}\log f(X|\theta)\right)^2\right)$$

因为 X_1，…，X_n 相互独立，因此

$$\begin{aligned}\mathrm{E}_\theta\left(\left(\frac{\partial}{\partial\theta}\log f(\boldsymbol{X}\mid\theta)\right)^2\right)&=\mathrm{E}_\theta\left(\left(\frac{\partial}{\partial\theta}\log\prod_{i=1}^n f(X_i\mid\theta)\right)^2\right)\\&=\mathrm{E}_\theta\left(\left(\sum_{i=1}^n\frac{\partial}{\partial\theta}\log f(X_i\mid\theta)\right)^2\right)\quad\text{(对数的性质)}\\&=\sum_{i=1}^n\mathrm{E}_\theta\left(\left(\frac{\partial}{\partial\theta}\log f(X_i\mid\theta)\right)^2\right)+\quad\text{(平方展开)}\\&\quad\sum_{i\neq j}^n\mathrm{E}_\theta\left(\frac{\partial}{\partial\theta}\log f(X_i\mid\theta)\frac{\partial}{\partial\theta}\log f(X_j\mid\theta)\right)\end{aligned}\tag{7.3.11}$$

对于 $i\neq j$，我们有

$$\begin{aligned}&\mathrm{E}_\theta\left(\frac{\partial}{\partial\theta}\log f(X_i|\theta)\frac{\partial}{\partial\theta}\log f(X_j|\theta)\right)\\&=\mathrm{E}_\theta\left(\frac{\partial}{\partial\theta}\log f(X_i|\theta)\right)\mathrm{E}_\theta\left(\frac{\partial}{\partial\theta}\log f(X_j|\theta)\right)\quad\text{(独立性)}\\&=0\quad\text{(由式(7.3.8))}\end{aligned}$$

因此，式（7.3.11）中第二个和式是 0，而第一项是

$$\sum_{i=1}^n\mathrm{E}_\theta\left(\left(\frac{\partial}{\partial\theta}\log f(X_i\mid\theta)\right)^2\right)=n\mathrm{E}_\theta\left(\left(\frac{\partial}{\partial\theta}\log f(X\mid\theta)\right)^2\right)\quad\text{(同分布)}$$

这样就最后证得了推论. □

在继续进行之前我们指出，虽然 Cramér-Rao 下界是针对连续型随机变量讲的，它也适用于离散型随机变量. 关键条件式（7.3.4）——它允许积分与微分交换次序——这时要做一些明显的修改. 如果 $f(x|\theta)$ 是一个概率质量函数，那么我们必

须能够交换微分与求和的次序.（当然，这里假定概率质量函数 $f(x|\theta)$ 虽然对于 x 并不可微，但对于 θ 却是可微的. 这是概率质量函数最常见的情况.）

数量 $\mathrm{E}_\theta\left(\left(\frac{\partial}{\partial\theta}\log f(\boldsymbol{X}|\theta)\right)^2\right)$ 叫做样本的信息数（Information number），或 Fisher 信息量（Fisher information）. 这个术语反映这样一个事实，信息量为最佳无偏估计量在 θ 处的方差给出了一个界. 当信息量增大，我们就掌握关于 θ 更多的信息，从而就有一个较小的对于最佳无偏估计方差的界.

事实上，Cramér-Rao 不等式这个术语也可以换成信息不等式（Information Inequality），而信息不等式具有比这里更一般的存在形式. 这种更一般形式与这里的一个关键差别在于有关候选估计量的全部假定都被去掉而换之以基础密度函数上的假定. 在这种形式中，信息不等式对于比较估计量性能变得非常有用. 其中的细节参阅 Lehmann and Casella（1998，2.6 节）.

对于任何可微函数 $\tau(\theta)$，我们现在对于任何满足式（7.3.4）且 $\mathrm{E}_\theta W=\tau(\theta)$ 的估计量 W 的方差有一个下界. 这个界仅依赖于 $\tau(\theta)$ 和 $f(x|\theta)$ 并且是方差的一致下界. 任何一个估计量 W 满足 $\mathrm{E}_\theta W=\tau(\theta)$ 而且达到了这个下界，它就是 $\tau(\theta)$ 的一个最佳无偏估计量.

在观看几个例子之前，我们给出一个计算结果，它有助于以上定理的应用，证明留作习题 7.39.

引理 7.3.11 若 $f(x|\theta)$ 满足

$$\frac{\mathrm{d}}{\mathrm{d}\theta}\mathrm{E}_\theta\left(\frac{\partial}{\partial\theta}\log f(X\mid\theta)\right)=\int\frac{\partial}{\partial\theta}\left[\left(\frac{\partial}{\partial\theta}\log f(x\mid\theta)\right)f(x\mid\theta)\right]\mathrm{d}x$$

（对一个指数族为真），则

$$\mathrm{E}_\theta\left(\left(\frac{\partial}{\partial\theta}\log f(X|\theta)\right)^2\right)=-\mathrm{E}_\theta\left(\frac{\partial^2}{\partial\theta^2}\log f(X|\theta)\right)$$

利用刚才开发的工具，我们返回并且完成前面的 Poisson 分布的例子.

例 7.3.12（例 7.3.8 结论） 这里 $\tau(\lambda)=\lambda$，于是 $\tau'(\lambda)=1$. 同时，因为这里是一个指数族，使用引理 7.3.11，就得到

$$\begin{aligned}\mathrm{E}_\lambda\left(\left(\frac{\partial}{\partial\lambda}\log\prod_{i=1}^n f(X_i\mid\theta)\right)^2\right)&=-n\mathrm{E}_\lambda\left(\frac{\partial^2}{\partial\lambda^2}\log f(\boldsymbol{X}\mid\lambda)\right)\\&=-n\mathrm{E}_\lambda\left(\frac{\partial^2}{\partial\lambda^2}\log\left(\frac{\mathrm{e}^{-\lambda}\lambda^X}{X!}\right)\right)\\&=-n\mathrm{E}_\lambda\left(\frac{\partial^2}{\partial\lambda^2}(-\lambda+X\log\lambda-\log X!)\right)\\&=-n\mathrm{E}_\lambda\left(-\frac{X}{\lambda^2}\right)\\&=\frac{n}{\lambda}\end{aligned}$$

因此对于 λ 的任何一个无偏估计量 W，一定有

$$\mathrm{Var}_{\lambda} W \geqslant \frac{\lambda}{n}$$

因为 $\mathrm{Var}_{\lambda}\overline{X}=\lambda/n$，所以 $\overline{X}$ 是 λ 的一个最佳无偏估计量. ‖

记住 Cramér-Rao 定理的关键假定非常重要，这个假定就是可以在积分号下微分，当然它多少有点限制了定理. 如我们已经看到的，指数族密度是满足这个假定的，但一般情况下，这个假定需要经过核对，否则将会出现像下面例子中的矛盾.

例 7.3.13（均匀分布尺度的无偏估计量） 设 $X_1, \cdots, X_n$ 是 iid 均匀分布的，概率密度函数为 $f(x|\theta)=1/\theta$，$0<x<\theta$. 因为 $\frac{\partial}{\partial\theta}\log f(x|\theta)=-1/\theta$，所以有

$$\mathrm{E}_{\theta}\left(\left(\frac{\partial}{\partial\theta}\log f(X|\theta)\right)^2\right)=\frac{1}{\theta^2}$$

Cramér-Rao 定理似乎表明假如 W 是 θ 的任何一个无偏估计量，则有

$$\mathrm{Var}_{\theta} W \geqslant \frac{\theta^2}{n}$$

而我们现在要找出一个具有更小方差的无偏估计量. 作为首先的猜测，考虑充分统计量 $Y=\max(X_1,\cdots,X_n)$，即最大顺序统计量. Y 的概率密度函数是 $f_Y(y|\theta)=ny^{n-1}/\theta^n$，$0<y<\theta$，于是

$$\mathrm{E}_{\theta} Y=\int_0^{\theta}\frac{ny^n}{\theta^n}\,\mathrm{d}y=\frac{n}{n+1}\theta$$

这表明 $\frac{n+1}{n}Y$ 是 θ 的一个无偏估计量. 我们进一步计算

$$\begin{aligned}\mathrm{Var}_{\theta}\left(\frac{n+1}{n}Y\right)&=\left(\frac{n+1}{n}\right)^2\mathrm{Var}_{\theta}Y\\&=\left(\frac{n+1}{n}\right)^2\left[\mathrm{E}_{\theta}Y^2-\left(\frac{n}{n+1}\theta\right)^2\right]\\&=\left(\frac{n+1}{n}\right)^2\left[\frac{n}{n+2}\theta^2-\left(\frac{n}{n+1}\theta\right)^2\right]\\&=\frac{1}{n(n+2)}\theta^2\end{aligned}$$

它一致地小于 θ^2/n. 这表明 Cramér-Rao 定理不适用于这里的概率密度函数. 为了看明这一点，我们可以使用莱布尼茨法则（见 2.4 节）来计算

$$\begin{aligned}\frac{\mathrm{d}}{\mathrm{d}\theta}\int_0^{\theta}h(x)f(x\mid\theta)\mathrm{d}x&=\frac{\mathrm{d}}{\mathrm{d}\theta}\int_0^{\theta}h(x)\,\frac{1}{\theta}\mathrm{d}x\\&=\frac{h(\theta)}{\theta}+\int_0^{\theta}h(x)\,\frac{\partial}{\partial\theta}\left(\frac{1}{\theta}\right)\mathrm{d}x\\&\neq\int_0^{\theta}h(x)\,\frac{\partial}{\partial\theta}f(x\mid\theta)\mathrm{d}x\end{aligned}$$

除非 $h(\theta)/\theta=0$ 对所有 θ 成立. 因此, Cramér-Rao 定理不适用. 一般地, 如果概率密度函数不等于 0 的范围(即支撑集合)依赖于参数, 该定理将不适用. ‖

用这种方法求最佳无偏估计量的一个缺点就是, 即使可以使用 Cramér-Rao 定理, 也不能保证下界是可达的. 这就是说 Cramér-Rao 下界有可能严格小于任何无偏估计量的方差. 事实上, 即便对于常常受到青睐的单参数指数族 $f(x|\theta)$, 我们所能讲的最多也不过是存在一个参数 $\tau(\theta)$, 它有达到 Cramér-Rao 下界的无偏估计量. 而在其他的典型情况下, 对于其他参数, 这个下界可能是达不到的. 这些情况之所以引起关注是因为如果我们不能找到一个估计量达到下界, 我们就必须确定是不存在达到下界的估计量还是我们必须考查更多的估计量.

例 7.3.14 (正态方差界) 设 $X_1, \cdots, X_n$ 是 iid $\mathrm{n}(\mu,\sigma^2)$ 的, 考虑对 σ^2 的估计, 这里 μ 未知. 正态的概率密度函数是满足 Cramér-Rao 定理与引理 7.3.11 的假定的, 所以我们有

$$\frac{\partial^2}{\partial(\sigma^2)^2}\log\left(\frac{1}{(2\pi\sigma^2)^{1/2}}\mathrm{e}^{-(1/2)(x-\mu)^2/\sigma^2}\right)=\frac{1}{2\sigma^4}-\frac{(x-\mu)^2}{\sigma^6}$$

和

$$-E\left(\frac{\partial^2}{\partial(\sigma^2)^2}\log f(X|\mu,\sigma^2)\middle|\mu,\sigma^2\right)=-E\left(\frac{1}{2\sigma^4}-\frac{(X-\mu)^2}{\sigma^6}\middle|\mu,\sigma^2\right)$$

$$=\frac{1}{2\sigma^4}$$

于是, 任何一个关于 σ^2 的无偏估计量 W 必须满足

$$\mathrm{Var}(W|\mu,\sigma^2)\geqslant\frac{2\sigma^4}{n}$$

在例 7.3.3 中我们看到

$$\mathrm{Var}(S^2|\mu,\sigma^2)=\frac{2\sigma^4}{n-1}$$

所以 S^2 未达到 Cramér-Rao 下界. ‖

上例留给我们一个不完全的回答, 即: 存在一个比 S^2 更优的对 σ^2 的无偏估计量吗, 还是 Cramér-Rao 下界不能达到?

达到 Cramér-Rao 下界的条件实际上相当简单. 回忆这个下界是应用 Cauchy-Schwarz 不等式导出的, 所以达到此下界的条件也就是 Cauchy-Schwarz 不等式中等号成立的条件(见 4.7 节). 注意下面的推论 7.3.15 也是一件有用的工具, 因为它隐含地给予我们一个寻找最佳无偏估计量的途径.

推论 7.3.15 (达到下界) 设 $X_1, \cdots, X_n$ 是 iid 的, 具有概率密度函数 $f(x|\theta)$, 其 $f(x|\theta)$ 满足 Cramér-Rao 定理的条件. 令 $L(\theta|\boldsymbol{x})=\prod_{i=1}^{n}f(x_i|\theta)$ 表示似然函数. 如果 $W(\boldsymbol{X})=W(X_1,\cdots,X_n)$ 是 $\tau(\theta)$ 的任意一个无偏估计量, 则 $W(\boldsymbol{X})$ 达

到 Cramér-Rao 下界当且仅当

$$a(\theta)[W(\boldsymbol{x})-\tau(\theta)]=\frac{\partial}{\partial\theta}\log L(\theta|\boldsymbol{x}) \tag{7.3.12}$$

对某一函数 $a(\theta)$ 成立.

证明 Cramér-Rao 不等式，根据式（7.3.6），它能写成

$$\left[\mathrm{Cov}_\theta\left(W(\boldsymbol{X}),\frac{\partial}{\partial\theta}\log\prod_{i=1}^n f(X_i\mid\theta)\right)\right]^2\leqslant \mathrm{Var}_\theta W(\boldsymbol{X})\mathrm{Var}_\theta\left(\frac{\partial}{\partial\theta}\log\prod_{i=1}^n f(X_i\mid\theta)\right)$$

回忆有 $\mathrm{E}_\theta W=\tau(\theta)$，$\mathrm{E}_\theta\left(\frac{\partial}{\partial\theta}\log\prod_{i=1}^n f(X_i\mid\theta)\right)=0$，然后运用定理 4.5.7 的结论，我们就得到等号成立当且仅当 $W(\boldsymbol{x})-\tau(\theta)$ 和 $\frac{\partial}{\partial\theta}\prod_{i=1}^n f(x_i\mid\theta)$ 成比例. 而这就正是式（7.3.12）所表示的. ■

例 7.3.16（例 7.3.14 续） 这里我们有

$$L(\mu,\sigma^2\mid\boldsymbol{x})=\frac{1}{(2\pi\sigma^2)^{n/2}}\mathrm{e}^{-(1/2)\sum_{i=1}^n(x_i-\mu)^2/\sigma^2}$$

因此

$$\frac{\partial}{\partial\sigma^2}\log L(\mu,\sigma^2\mid\boldsymbol{x})=\frac{n}{2\sigma^4}\left(\sum_{i=1}^n\frac{(x_i-\mu)^2}{n}-\sigma^2\right)$$

这样，取 $a(\sigma^2)=n/(2\sigma^4)$，表明 σ^2 的最佳无偏估计量是 $\sum_{i=1}^n(x_i-\mu)^2/n$，它只有当 μ 已知时才是可计算的. 如果 μ 未知，则下界不能达到. ‖

本节所展开论述的理论仍然留下一些未回答的问题. 第一，如果 $f(x|\theta)$ 不满足 Cramér-Rao 定理的假定，我们能做什么？（在例 7.3.13 中，我们仍然不知道 $\frac{n+1}{n}Y$ 是否为一个最佳无偏估计量.）第二，如果下界不能被允许的估计量达到，像例 7.3.14 那样，将如何呢？在该例中我们仍然不知道 S^2 是否为一个最佳无偏估计量.

回答这些问题的一种途径是寻找适用范围更广，产生更大的下界的方法. 在这个题目上已经有了很多研究，也许最为著名的就是 Chapman-Robbins（1951）下界. Stuart，Ort and Arnold（1999，17 章）对这个题目有一个很好的处理. 这里我们不采用这个方法，而是从另外一个观点继续对最佳无偏估计量的研究，这就是利用充分性的概念.

7.3.3 充分性（Sufficiency）和无偏性

在上一节中，充分性概念未被用于对无偏估计的研究. 现在我们将看到考虑充分性确是一件强有力的工具.

本节的主定理把充分统计量与无偏估计联系了起来. 就像 Cramér-Rao 定理的

情况，它是某一个著名定理的一次聪明的运用．回忆第 4 章，如果 X 和 Y 是任意两个随机变量，只要期望存在，那么我们有

$$\text{(7.3.13)}\qquad \mathrm{E}X=\mathrm{E}[\mathrm{E}(X|Y)],$$

$$\mathrm{Var}X=\mathrm{Var}[\mathrm{E}(X|Y)]+\mathrm{E}[\mathrm{Var}(X|Y)]$$

利用这些工具我们就能证明以下的定理．

定理 7.3.17（Rao-Blackwell） 设 W 是 $\tau(\theta)$ 的任意一个无偏估计量，而 T 是关于 θ 的一个充分统计量．定义 $\phi(T)=\mathrm{E}(W|T)$．则 $\mathrm{E}_\theta\phi(T)=\tau(\theta)$ 而且 $\mathrm{Var}_\theta\phi(T)\leqslant\mathrm{Var}_\theta W$ 对所有 θ 成立；即是说 $\phi(T)$ 是 $\tau(\theta)$ 的一个一致较优的无偏估计量．

证明 由式（7.3.13），我们有

$$\tau(\theta)=\mathrm{E}_\theta W=\mathrm{E}_\theta[\mathrm{E}(W|T)]=\mathrm{E}_\theta\phi(T)$$

所以 $\phi(T)$ 对 $\tau(\theta)$ 是无偏的．而且

$$\begin{aligned}\mathrm{Var}_\theta W&=\mathrm{Var}_\theta[\mathrm{E}(W|T)]+\mathrm{E}_\theta[\mathrm{Var}(W|T)]\\&=\mathrm{Var}_\theta\phi(T)+\mathrm{E}_\theta[\mathrm{Var}(W|T)]\qquad(\mathrm{Var}(W|T)\geqslant 0)\\&\geqslant\mathrm{Var}_\theta\phi(T)\end{aligned}$$

因此 $\phi(T)$ 一致地优于 W，现在只剩下证明 $\phi(T)$ 的确是一个估计量．即，我们必须证明 $\phi(T)=\mathrm{E}(W|T)$ 仅是样本的函数，且特别地，它独立于 θ．而根据充分性的定义以及 W 仅是样本的函数这一事实，就可以推出 $W\mid T$ 的分布独立于 θ．所以 $\phi(T)$ 是 $\tau(\theta)$ 的一个一致较优的无偏估计量． ■

因此，对任何一个无偏估计量，求其在给定一个充分统计量时的条件期望将导致一个一致改善，所以我们在求最佳无偏估计量时只要考虑那些是充分统计量的函数的统计量就行了．

式（7.3.13）的两个恒等式没有提到充分性，所以给人的第一感觉似乎是给定任何一个统计量时的条件期望都将是一个改善．实际上虽然这是真的，但问题在于这样导致的可能是一个依赖于 θ 的量，从而不是一个估计量．

例 7.3.18（给定以一个非充分的统计量为条件） 设 X_1，X_2 是 iid $\mathrm{n}(\theta,1)$ 的．统计量 $\bar{X}=\frac{1}{2}(X_1+X_2)$ 具有

$$\mathrm{E}_\theta\bar{X}=\theta\quad\text{和}\quad\mathrm{Var}_\theta\bar{X}=\frac{1}{2}$$

考虑以 X_1 为条件，它不是充分的．设 $\phi(X_1)=\mathrm{E}_\theta(\bar{X}|X_1)$．由式（7.3.13），则有 $\mathrm{E}_\theta\phi(X_1)=\theta$ 和 $\mathrm{Var}_\theta\phi(X_1)\leqslant\mathrm{Var}_\theta\bar{X}$，所以 $\phi(X_1)$ 优于 $\bar{X}$．但是，

$$\begin{aligned}\phi(X_1)&=\mathrm{E}_\theta(\bar{X}|X_1)\\&=\frac{1}{2}\mathrm{E}_\theta(X_1|X_1)+\frac{1}{2}\mathrm{E}_\theta(X_2|X_1)\\&=\frac{1}{2}X_1+\frac{1}{2}\theta\end{aligned}$$

上边第三个等号是根据独立性，有 $E_\theta(X_2|X_1)=E_\theta X_2$. 所以 $\phi(X_1)$不是估计量. ‖

我们现在知道了，为求 $\tau(\theta)$的一个最佳无偏估计量，我们只需考虑基于一个充分统计量的估计量. 现在出现的问题是，假如我们有 $E_\theta\phi=\tau(\theta)$而且 ϕ 基于一个充分统计量，即 $E(\phi|T)=\phi$，我们怎么能知道 ϕ 是最佳无偏的？当然，如果 ϕ 达到 Cramér-Rao 下界，则它就是最佳无偏的，但如果它未达到，那我们又获得了什么呢？例如 ϕ^* 是 $\tau(\theta)$的一个无偏估计量，怎样比较 $E(\phi^*|T)$与 ϕ？下一个定理通过证明一个最佳无偏估计量是唯一的而部分地回答了这个问题.

定理 7.3.19 如果 W 是 $\tau(\theta)$的一个最佳无偏估计量，则 W 是唯一的.

证明 假如 W'是另一个最佳无偏估计量，考虑估计量 $W^*=\frac{1}{2}(W+W')$. 注意到 $E_\theta W^*=\tau(\theta)$并且

$$\begin{aligned}\mathrm{Var}_\theta W^* &= \mathrm{Var}_\theta\left(\frac{1}{2}W+\frac{1}{2}W'\right)\\ &= \frac{1}{4}\mathrm{Var}_\theta W+\frac{1}{4}\mathrm{Var}_\theta W'+\frac{1}{2}\mathrm{Cov}_\theta(W,W') \qquad \text{(习题 4.44)}\\ &\leqslant \frac{1}{4}\mathrm{Var}_\theta W+\frac{1}{4}\mathrm{Var}_\theta W'+\frac{1}{2}[(\mathrm{Var}_\theta W)(\mathrm{Var}_\theta W')]^{1/2} \qquad (7.3.14)\\ &\qquad\qquad \text{(Cauchy-Schwarz 不等式)}\\ &= \mathrm{Var}_\theta W \qquad (\mathrm{Var}_\theta W=\mathrm{Var}_\theta W')\end{aligned}$$

但如果以上不等式是严格的，则与 W 的最佳无偏性矛盾，所以上边式子必须对所有 θ 都是等式. 因为上边的不等式是 Cauchy-Schwarz 不等式的一个运用，所以只有在 $W'=a(\theta)W+b(\theta)$时才有等号成立. 现在使用协方差的性质，我们有

$$\begin{aligned}\mathrm{Cov}_\theta(W,W') &= \mathrm{Cov}_\theta[W,a(\theta)W+b(\theta)]\\ &= \mathrm{Cov}_\theta[W,a(\theta)W]\\ &= a(\theta)\mathrm{Var}_\theta W\end{aligned}$$

但是由于在式 (7.3.14) 中等号成立，从而 $\mathrm{Cov}_\theta(W,W')=\mathrm{Var}_\theta W$. 所以 $a(\theta)=1$，而且由于 $E_\theta W'=\tau(\theta)$，因此一定有 $b(\theta)=0$，于是 $W=W'$，这就证明了 W 是唯一的. ■

为了看出什么时候一个无偏估计量是最佳无偏的，我们可以询问怎样才能改善一个给定的无偏估计量？假如 W 满足 $E_\theta W=\tau(\theta)$，而我们有另外一个估计量 U，满足对所有的 θ，都有 $E_\theta U=0$，即 U 是 0 的一个无偏估计量. 考虑估计量

$$\phi_a=W+aU$$

这里 a 是一个常数. ϕ_a 满足 $E_\theta\phi_a=\tau(\theta)$，所以也是 $\tau(\theta)$的一个无偏估计量. ϕ_a 能优于 W 吗？ϕ_a 的方差是

$$\mathrm{Var}_\theta\phi_a=\mathrm{Var}_\theta(W+aU)=\mathrm{Var}_\theta W+2a\mathrm{Cov}_\theta(W,U)+a^2\mathrm{Var}_\theta U$$

现在，如果对于某个 $\theta=\theta_0$ 有 $\mathrm{Cov}_{\theta_0}(W,U)<0$，那么通过取 $a\in(0,-2\mathrm{Cov}_{\theta_0}(W,$

$U)/\mathrm{Var}_{\theta_0}U$)我们就能使 $2a\mathrm{Cov}_{\theta_0}(W,U)+a^2\mathrm{Var}_{\theta_0}U<0$，从而 ϕ_a 在 $\theta=\theta_0$ 处优于 W，因此 W 不能成为最佳无偏的. 类似的讨论可以证明如果对于任意一个 θ_0，有 $\mathrm{Cov}_{\theta_0}(W,U)>0$，$W$ 也不能成为最佳无偏的.（见习题 7.53.）因此，W 与 0 的无偏估计量之间的关系对于评价 W 是不是最佳无偏就成为至关重要. 这个关系实际上刻画了最佳无偏的特征.

定理 7.3.20 如果 $\mathrm{E}_\theta W=\tau(\theta)$，$W$ 是 $\tau(\theta)$ 的最佳无偏估计量当且仅当 W 与 0 的所有无偏估计量不相关.

证明 假如 W 是最佳无偏的，根据上面的讨论 W 必须满足 $\mathrm{Cov}_\theta(W,U)=0$ 对所有 θ 及任意满足 $\mathrm{E}_\theta U=0$ 的 U 都成立，因此必要性得以确立.

假定我们现在有一个无偏估计量 W，它与 0 的所有无偏估计量不相关. 设 W' 是任意一个满足 $\mathrm{E}_\theta W'=\mathrm{E}_\theta W=\tau(\theta)$ 的估计量. 我们要证明 W 优于 W'. 写成

$$W'=W+(W'-W)$$

然后计算

$$\begin{aligned}\mathrm{Var}_\theta W'&=\mathrm{Var}_\theta W+\mathrm{Var}_\theta(W'-W)+2\mathrm{Cov}_\theta(W,W'-W)\\&=\mathrm{Var}_\theta W+\mathrm{Var}_\theta(W'-W)\end{aligned}\tag{7.3.15}$$

最后一个等式成立是因为 $W'-W$ 是 0 的一个无偏估计量以及根据假定，它和 W 不相关. 因为 $\mathrm{Var}_\theta(W'-W)\geqslant 0$，式（7.3.15）蕴涵 $\mathrm{Var}_\theta W'\geqslant\mathrm{Var}_\theta W$. 由于 W' 是任意的，所以由此得出 W 是 $\tau(\theta)$ 的最佳无偏估计量. ■

注意，0 的一个无偏估计量无异于随机噪声（random noise），就是说在 0 的一个估计量里没有信息.（有理由认定，使用 0 而不是随机噪声作为估计 0 的方法是最为明智的.）因此，如果一个估计量能够通过加上随机噪声而被改善，这个估计量可能是有缺陷的.（或许，我们可以质询评价估计量的准则，但在这里的情况下，正是从该准则得到上述疑问的.）这种直觉在定理 7.3.20 中被正式化了.

虽然我们现在有了对最佳无偏估计量的一个有趣的刻画，但是它在应用上还是受限制的. 验证一个估计量与 0 的所有无偏估计量不相关常常是一件困难的工作，这是因为通常难以描述出 0 的所有无偏估计量. 然而，对于确定一个无偏估计量不是最佳无偏的，它有时却是有用的.

例 7.3.21（0 的无偏估计量） 设 X 来自一均匀分布 $U(\theta,\theta+1)$. 则

$$\mathrm{E}_\theta X=\int_\theta^{\theta+1}x\,\mathrm{d}x=\theta+\frac{1}{2}$$

因此 $X-\frac{1}{2}$ 是 θ 的一个无偏估计量，并且易算得 $\mathrm{Var}_\theta X=\frac{1}{12}$.

对这个概率密度函数，0 的无偏估计量是以 1 为周期的周期函数. 这是得自于这样的事实，如果 $h(x)$ 满足

$$\int_\theta^{\theta+1}h(x)\,\mathrm{d}x=0,\text{对所有 }\theta\text{ 成立}$$

则

$$\frac{\mathrm{d}}{\mathrm{d}\theta}\int_{\theta}^{\theta+1} h(x)\mathrm{d}x = h(\theta+1) - h(\theta),\text{对所有 }\theta\text{ 成立}$$

$h(x)=\sin(2\pi x)$是一个这样的函数. 现在

$$\begin{aligned}\mathrm{Cov}_\theta\left(X-\frac{1}{2},\sin(2\pi X)\right)&=\mathrm{Cov}_\theta(X,\sin(2\pi X))\\&=\int_\theta^{\theta+1} x\sin(2\pi x)\mathrm{d}x\\&=-\frac{x\cos(2\pi x)}{2\pi}\bigg|_\theta^{\theta+1}+\int_\theta^{\theta+1}\frac{\cos(2\pi x)}{2\pi}\mathrm{d}x \qquad (\text{分部积部})\\&=-\frac{\cos(2\pi\theta)}{2\pi}\end{aligned}$$

这里我们用到 $\cos(2\pi(\theta+1))=\cos(2\pi\theta)$和 $\sin(2\pi(\theta+1))=\sin(2\pi\theta)$.

因此 $X-\frac{1}{2}$与 0 的一个无偏估计量是相关的，它不可能是 θ 的一个最佳无偏估计量. 实际上，很容易验证估计量 $X-\frac{1}{2}+\sin(2\pi X)/2\pi$ 是 θ 的一个无偏估计量，它的方差是 $0.017<\frac{1}{12}$. ‖

为了回答关于最佳无偏估计量的问题，需要的是关于 0 的所有无偏估计量的某一特征描述. 给出这样一个特征描述，我们就能够看出我们的最佳无偏估计量的候选者是不是最佳的.

描述 0 的无偏估计量的特征不是一件容易的工作，需要对当前的概率密度函数(或概率质量函数)附加条件. 注意在本节中直至现在我们还没有对概率密度函数附加条件(例如像在 Cramér-Rao 下界中需要的那样)，而为这个一般性付出的代价就是验证最佳无偏估计量存在性时的困难.

如果一个概率密度函数或者概率质量函数族 $f(x|\theta)$具有这样性质，它没有 0 的无偏估计量(0 本身除外)，那么我们的寻找工作就可结束了，因为任何统计量 W 都满足 $\mathrm{Cov}_\theta(W,0)=0$. 回忆在定义 6.2.21 中定义了完全性所具有的性质，它就保证了这样一种情况.

例 7.3.22 (例 7.3.13 续) 对于 $X_1,\cdots,X_n$ iid $U(0,\theta)$，我们看到$\frac{n+1}{n}Y$ 是 θ 的一个无偏估计量. 此处 $Y=\max\{X_1,\cdots,X_n\}$. Cramér-Rao 定理条件这里不满足，我们尚未确立这个估计量是否最佳. 然而在例 6.2.23 中证明了 Y 是一个完全充分统计量. 这意味着 Y 的概率密度函数族是完全的，不存在基于 Y 的 0 的无偏估计量. (根据充分性，用 Rao-Blackwell 定理的形式，我们只需考虑基于 Y 的 0 的无偏估计量.)因此，$\frac{n+1}{n}Y$ 与 0 的所有无偏估计量不相关(因为只有 0 本身这一个)，

这样$\frac{n+1}{n}Y$就是θ的最佳无偏估计量. ‖

注意，这里重要的地方就是充分统计量的分布族的完全性，而原始族的完全性却是无关紧要的. 这是根据 Rao-Blackwell 定理推出的，它说明我们可以把注意力集中在充分统计量的函数上，于是所有期望都将相对于它的分布取得.

我们把完全性与最佳无偏性的关系概括总结为以下定理.

定理 7.3.23 设T是一个参数θ的完全充分统计量而$\phi(T)$是任意的一个仅基于T的估计量. 则$\phi(T)$是其期望值的唯一最佳无偏估计量.

我们用上述理论的一个有趣且有用的应用来结束这一节. 在很多情形下，没有明显的候选者当作$\tau(\theta)$的无偏估计量，更不必说最佳无偏估计量的候选者了. 然而在完全性的面前，本节的理论告诉我们如果能找到任意的一个无偏估计量，我们就能找到那个最佳无偏估计量. 若T是参数θ的一个完全充分统计量，$h(X_1,\cdots,X_n)$是$\tau(\theta)$的任意一个无偏估计量，则$\phi(T)=\mathrm{E}(h(X_1,\cdots,X_n)\mid T)$是$\tau(\theta)$的最佳无偏估计量（见习题 7.56).

例 7.3.24（二项最佳无偏估计） 设X_1，…，X_n是 iid binomial(k,θ)的. 问题为估计在二项试验中恰好成功一次的概率，就是说估计

$$\tau(\theta)=P_\theta(X=1)=k\theta(1-\theta)^{k-1}$$

$\sum_{i=1}^n X_i\sim$binomial(nk,θ)是一个完全充分统计量，但是没有基于它的直接明显的无偏估计量，在这种情形下，就试图用最简单的解. 一下就可想到的统计量

$$h(X_1)=\begin{cases}1 & \text{当 } X_1=1\\ 0 & \text{其他}\end{cases}$$

满足

$$\begin{aligned}\mathrm{E}_\theta h(X_1)&=\sum_{x_1=0}^k h(x_1)\binom{k}{x_1}\theta^{x_1}(1-\theta)^{k-x_1}\\&=k\theta(1-\theta)^{k-1}\end{aligned}$$

所以它是$k\theta(1-\theta)^{k-1}$的一个无偏估计量. 前面的理论现在告诉我们，估计量

$$\phi\left(\sum_{i=1}^n X_i\right)=\mathrm{E}\left(h(X_1)\mid\sum_{i=1}^n X_i\right)$$

是$k\theta(1-\theta)^{k-1}$的最佳无偏估计量.（注意到我们并不需要实际计算$\phi(\sum_{i=1}^n X_i)$的期望；根据累次期望性质，我们知道它有正确的期望值.）然而我们必须能够计算出ϕ来. 假定我们观测到$\sum_{i=1}^n X_i=t$，则

$$\phi(t)=\mathrm{E}\left(h(X_1)\mid\sum_{i=1}^n X_i=t\right)\qquad\text{（期望不依赖于 }\theta\text{）}$$

$$= P\left(X_1 = 1 \mid \sum_{i=1}^{n} X_i = t\right) \qquad (h \text{ 是 } 0 \text{ 或 } 1)$$

$$= \frac{P_\theta\left(X_1 = 1, \sum_{i=1}^{n} X_i = t\right)}{P_\theta\left(\sum_{i=1}^{n} X_i = t\right)} \qquad (\text{条件概率的定义})$$

$$= \frac{P_\theta\left(X_1 = 1, \sum_{i=2}^{n} X_i = t-1\right)}{P_\theta\left(\sum_{i=1}^{n} X_i = t\right)} \qquad (X_1 = 1 \text{ 是多余的})$$

$$= \frac{P_\theta(X_1 = 1) P_\theta\left(\sum_{i=2}^{n} X_i = t-1\right)}{P_\theta\left(\sum_{i=1}^{n} X_i = t\right)} \qquad (X_1 \text{ 与 } X_2, \cdots, X_n \text{ 独立})$$

现在 $X_1 \sim \text{binomial}(k,\theta)$，$\sum_{i=2}^{n} X_i \sim \text{binomial}(k(n-1),\theta)$，$\sum_{i=1}^{n} X_i \sim \text{binomial}(nk,\theta)$，利用这些事实，我们有

$$\phi(t) = \frac{\left[k\theta(1-\theta)^{k-1}\right]\left[\binom{k(n-1)}{t-1}\theta^{t-1}(1-\theta)^{k(n-1)-(t-1)}\right]}{\binom{kn}{t}\theta^{t}(1-\theta)^{kn-t}}$$

$$= k\frac{\binom{k(n-1)}{t-1}}{\binom{kn}{t}}$$

注意到所有的 θ 都被消去了，由于 $\sum_{i=1}^{n} X_i$ 是充分的，因而必然如此. 所以，$k\theta(1-\theta)^{k-1}$ 的最佳无偏估计量是

$$\phi\left(\sum_{i=1}^{n} X_i\right) = k\frac{\binom{k(n-1)}{\Sigma X_i - 1}}{\binom{kn}{\Sigma X_i}}$$

我们无需对 $\mathrm{E}\left[\phi\left(\sum_{i=1}^{n} X_i\right)\right]$ 实施困难的求值计算就可以断言无偏性. ‖

7.3.4 损失函数最优性

前面我们对点估计量的评价是基于它们的均方误差的. 均方误差是所谓损失函

数（loss function）的特例. 通过损失函数研究估计量的性能与最优性是判决理论的一个分支.

当数据 $\boldsymbol{X}=\boldsymbol{x}$ 被观测到之后，这里 $X \sim f(x|\theta)$，$\theta \in \Theta$，就做出一个关于 θ 的判决. 容许判决的集合是行为空间（action space），记为 A. 在点估计问题中 A 常常等于 Θ，即参数空间，但在其他问题上（像假设检验一参见 8.3.5 节）这点会有改变.

损失函数在点估计问题里反映了这样的事实，如果一个行为 a 靠近 θ，则 a 是合理的且遭受小的损失. 如果 a 远离 θ，则遭受大的损失. 损失函数是一个非负函数，一般它随 a 与 θ 的距离增加而增加. 如果 θ 是实值的，两个常用损失函数是

$$\text{绝对误差损失（absolute error loss），} L(\theta, a) = |a-\theta|$$

和

$$\text{平方误差损失（squared error loss），} L(\theta, a) = (a-\theta)^2$$

这两个损失函数都随着 θ 与 a 的距离增加而增加，最小值是 $L(\theta,\theta)=0$. 就是说如果行为正确，损失最小. 平方误差损失对大的偏差给予相对更多的惩罚，而绝对误差损失给予小偏差相对更多的惩罚. 平方损失有一个变种，它对高估比低估给予更多的惩罚，如下所示

$$L(\theta,a)=\begin{cases}(a-\theta)^2 & \text{若 } a<\theta \\ 10(a-\theta)^2 & \text{若 } a\geqslant\theta\end{cases}$$

另一种损失函数是相对平方损失

$$L(\theta,a)=\frac{(a-\theta)^2}{|\theta|+1}$$

它在 θ 接近于 0 时对误差的惩罚要比 $|\theta|$ 较大时的惩罚大. 注意，基于绝对误差的损失也可以有类似的变种. 一般，试验者必须考虑到对不同 θ 值的估计的误差不同带来的后果并且指定一种能反应这种后果的损失函数.

在一个损失函数或判决理论分析中，一个估计量的质量被它的风险函数（risk function）量化；即，对 θ 的估计量 $\delta(\boldsymbol{x})$，其风险函数是 θ 的一个函数，定义为

$$R(\theta,\delta)=\mathrm{E}_\theta L(\theta,\delta(\boldsymbol{X})) \tag{7.3.16}$$

在一给定 θ 处，风险函数就是假如使用估计量 $\delta(\boldsymbol{X})$ 的话，将遭受的平均损失.

因为 θ 的真值是未知的，我们愿意用一个对所有 θ 值都有小 $R(\theta,\delta)$ 值的估计量. 这将意味着不管 θ 的真值如何，该估计量将有小的期望损失. 如果要比较两个不同估计量 δ_1 与 δ_2 的质量，就可以通过比较它们的风险函数 $R(\theta,\delta_1)$ 与 $R(\theta,\delta_2)$ 来进行. 如果 $R(\theta,\delta_1)<R(\theta,\delta_2)$ 对所有 θ 成立，则 δ_1 是我们优先选用的统计量，因为 δ_1 对所有的 θ 表现得都更佳. 更具代表性的情况是两个风险函数交叉的情况. 这时判断哪个估计量更好可能就不这样鲜明了.

一个估计量 δ 的风险函数是期望损失，即如式（7.3.16）所定义. 对于平方误

差损失，它的风险函数是个熟悉的数量，就是在 7.3.1 节使用的均方误差（MSE）. 那里一个估计量的 MSE 定义为 $\mathrm{MSE}(\theta)=\mathrm{E}_\theta(\delta(\boldsymbol{X})-\theta)^2$，它就是 $\mathrm{E}_\theta L(\theta,\delta(\boldsymbol{X}))=R(\theta,\delta)$，其中 $L(\theta,a)=(a-\theta)^2$. 如本章前边所得出，对于平方损失函数，

$$R(\theta,\delta)=\mathrm{Var}_\theta\,\delta(\boldsymbol{X})+(\mathrm{E}_\theta\,\delta(\boldsymbol{X})-\theta)^2=\mathrm{Var}_\theta\,\delta(\boldsymbol{X})+(\mathrm{Bias}_\theta\,\delta(\boldsymbol{X}))^2 \tag{7.3.17}$$

平方损失的风险函数清楚地指明一个好的估计量应当同时具有小的方差与小的偏倚. 判决理论分析要裁决的是一个估计量在同时成功最小化这两个量上有多好.

如果像我们在 7.3.2 节中所做的那样，把所容许的估计量的集合 $\mathcal{D}$ 限制到无偏估计类上，这将是一种非典型的判决分析. 这时最小化风险刚好就是最小化方差. 判决分析要比之更广泛，方差与偏倚都要在风险中，并且将被同时考虑. 如果一个估计量具有小的、但可能非零的偏倚同时结合以一个小的方差，则可能被判为好估计量.

例 7.3.25（二项分布 风险函数） 在例 7.3.5 中我们考虑由总体 Bernoulli(p) 抽取的随机样本 X_1，…，X_n. 我们曾考虑两个估计量

$$\hat{p}_B=\frac{\sum_{i=1}^n X_i+\sqrt{n/4}}{n+\sqrt{n}}\quad \text{和}\quad \overline{X}=\frac{1}{n}\sum_{i=1}^n X_i$$

就 $n=4$ 和 $n=400$，这两个估计量的风险函数画在了图 7.3.1 中，这些风险函数的比较如例 7.3.5 中所讲. 根据风险比较，在 n 比较小时应优先选用 $\hat{p}_B$，而对大的 n，则应优先选用 $\overline{X}$. ‖

例 7.3.26（正态方差估计的风险函数） 设 X_1，…，X_n 是来自某正态总体 $n(\mu,\sigma^2)$的随机样本. 使用平方误差损失考虑估计 σ^2. 我们要考虑具有 $\delta_b(\boldsymbol{X})=bS^2$ 形式的估计量，这里 S^2 是样本方差，b 可以为任意非负常数. 回忆有 $\mathrm{E}(S^2)=\sigma^2$，而对于正态样本，$\mathrm{Var}S^2=2\sigma^4/(n-1)$. 使用式（7.3.17），我们计算得到 δ_b 的风险函数为

$$\begin{aligned}R((\mu,\sigma^2),\delta_b)&=\mathrm{Var}bS^2+(\mathrm{E}bS^2-\sigma^2)^2\\&=b^2\mathrm{Var}S^2+(b\mathrm{E}S^2-\sigma^2)^2\\&=\frac{b^2 2\sigma^4}{n-1}+(b-1)^2\sigma^4 \qquad (\text{利用 } \mathrm{Var}S^2)\\&=\left[\frac{2b^2}{n-1}+(b-1)^2\right]\sigma^4\end{aligned}$$

δ_b 的这个风险函数不依赖 μ，而且是 σ^2的一个二次函数. 这个二次函数的形式是 $c_b(\sigma^2)^2$，其中 c_b 是一个正的常数. 为了比较两个风险函数，从而评价比较这两个估计量，注意到如果 $c_b<c_{b'}$，那么对于（μ，σ^2）的所有值，都有

$$R((\mu,\sigma^2),\delta_b)=c_b(\sigma^2)^2<c_{b'}(\sigma^2)^2=R((\mu,\sigma^2),\delta_{b'})$$

这样，δ_b 就是一个比 $\delta_{b'}$ 更优的估计量. 那个给出

$$c_b=\frac{2b^2}{n-1}+(b-1)^2 \tag{7.3.18}$$

的最小值的 b 值就在此估计类中产生最优估计量. 用常规的计算易证明 $b=(n-1)/(n+1)$ 就是最小值点. 因此, 在所有的 (μ, σ^2) 值上, 估计量

$$\widetilde{S}^2=\frac{n-1}{n+1}S^2=\frac{1}{n+1}\sum(X_i-\overline{X})^2$$

在所有的形式为 bS^2 的估计量中, 具有最小风险. 对于 $n=5$, 这个估计量与这个类中另外两个估计量的风险函数显示在了图 7.3.2 中. 那另外两个估计量其一是 S^2, 即无偏估计量, 其二是 $\hat{\sigma}^2=\frac{n-1}{n}S^2$, 即 σ^2 的极大似然估计量. 很清晰地可见 $\widetilde{S}^2$ 的风险函数在处处都最小. ‖

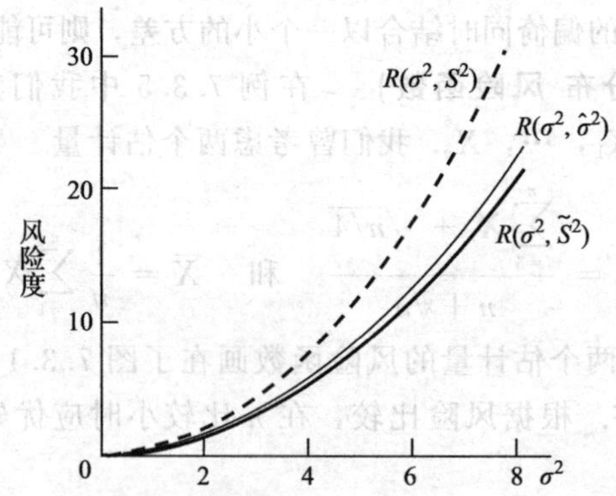

图 7.3.2 例 7.3.26 中方差 σ^2 的三种估计量的风险函数

例 7.3.27 (用 Stein 损失函数估计方差) 我们再次考虑用形如 bS^2 的估计量来估计总体的方差 σ^2. 这次的分析我们可以相当地一般, 我们仅假定 X_1, …, X_n 是抽自某一个具有正的有限方差 σ^2 的总体的一个随机样本. 现在我们使用损失函数

$$L(\sigma^2,a)=\frac{a}{\sigma^2}-1-\log\frac{a}{\sigma^2}$$

这个损失函数归属于 Stein (James and Stein 1961; 也可参阅 Brown 1990a). 这个损失函数比平方误差损失函数复杂, 但是它有某些合理的性质. 注意到如果 $a=\sigma^2$, 则损失是 0. 还有, 对任何一个固定的 σ^2 值, 当 $a\to0$ 或 $a\to\infty$ 时, $L(\sigma^2,a)\to\infty$. 这就是说严重高估时受到的惩罚与严重低估时受到的惩罚正好同样重. (对平方误差损失用于方差估计问题的一种批评就是低估仅遭受有限惩罚而高估遭受无限惩罚.) 如果样本来自正态分布总体, 这个损失函数也在 σ^2 的似然函数中出现, 这就把好的判决理论性质与好的似然性质连接在了一起 (见习题 7.61).

对于估计量 $\delta_b=bS^2$, 它的风险函数是

$$\begin{aligned}R(\sigma^2,\delta_b)&=\mathrm{E}\left(\frac{bS^2}{\sigma^2}-1-\log\frac{bS^2}{\sigma^2}\right)\\&=b\mathrm{E}\frac{S^2}{\sigma^2}-1-\mathrm{E}\log\frac{bS^2}{\sigma^2}\end{aligned}$$

$$=b-\log b-1-\mathrm{E}\log\frac{S^2}{\sigma^2}\qquad\left(\mathrm{E}\frac{S^2}{\sigma^2}=1\right)$$

$\mathrm{E}\log(S^2/\sigma^2)$可能是$\sigma^2$和其他总体参数的函数，但它不是$b$的函数. 因此对所有的$\sigma^2$，通过使$b-\log b$极小化而使$R(\sigma^2,\delta_b)$达到极小值，即在$b=1$处达到极小值. 所以在形如$bS^2$的估计量中对所有的$\sigma^2$值都有最小风险的估计量就是$\delta_1=S^2$. ‖

我们也可以使用 Bayes 方法处理损失函数最优化的问题，此处我们假定有一个先验分布$\pi(\theta)$. 在 Bayes 分析中，我们要利用这个先验分布来计算一个平均风险

$$\int_\Theta R(\theta,\delta)\pi(\theta)\mathrm{d}\theta$$

此即为 Bayes 风险（Bayes risk). 我们可以用这个平均风险函数来评估一个估计量在一个给定的损失函数之下的表现. 进一步，我们还可尝试去求那个具有最小的 Bayes 风险值的估计量. 这样的估计量叫做关于先验分布π的 Bayes 法则（Bayes rule)，常记作δ^π.

求关于一个给定先验π的 Bayes 判决法则看起来可能像是一个吓人的任务，但实际上是相当机械的，就像下面所示的那样.（下面给出的求 Bayes 法则的方法在更为一般的情况仍然适用，参阅 Brown and Purves 1973.)

设$\boldsymbol{X}\sim f(\boldsymbol{x}|\theta)$，$\theta\sim\pi$，一个判决法则$\delta$的 Bayes 风险可以写为

$$\int_\Theta R(\theta,\delta)\pi(\theta)\mathrm{d}\theta=\int_\Theta\left(\int_\chi L(\theta,\delta(\boldsymbol{X}))f(\boldsymbol{x}\mid\theta)\mathrm{d}\boldsymbol{x}\right)\pi(\theta)\mathrm{d}\theta$$

由于$f(\boldsymbol{x}|\theta)\pi(\theta)=\pi(\theta|\boldsymbol{x})m(\boldsymbol{x})$，这里$\pi(\theta|\boldsymbol{x})$是$\theta$的后验分布而$m(\boldsymbol{x})$是$\boldsymbol{X}$的边缘分布，则我们可以把 Bayes 风险写成

$$\int_\Theta R(\theta,\delta)\pi(\theta)\mathrm{d}\theta=\int_\chi\left[\int_\Theta L(\theta,\delta(\boldsymbol{X}))\pi(\theta\mid\boldsymbol{x})\mathrm{d}\theta\right]m(\boldsymbol{x})\mathrm{d}\boldsymbol{x}$$

方括号的值是损失函数关于后验分布的期望，叫做后验期望损失（posterior expected loss). 它仅是$\boldsymbol{x}$的函数而非θ的函数. 这样对每个$\boldsymbol{x}$，如果我们选择行为$\delta(\boldsymbol{x})$去极小化后验期望损失，也就极小化了 Bayes 风险.

注意我们现在有了一个构造 Bayes 法则的既定做法. 对一个给定的观测$\boldsymbol{x}$，Bayes 法则应该极小化后验期望损失. 这一点与我们以前各节中已讲的任何一个传统方法都不同. 例如，考虑前面讨论的求最佳无偏估计量的方法. 为了应用定理 7.3.23，首先我们需要找出一个完全充分统计量T. 然后我们需要找出一个函数$\phi(T)$，它是参数的一个无偏估计量. Rao-Blackwell 定理，即定理 7.3.17 在我们知道参数的某个无偏估计量时可能会有帮助. 但是如果我们不能设想出某个无偏估计量的时候，该方法并未告诉我们如何去构造.

即使后验期望损失的极小化不能解析地做出，也能用数值方法计算出积分并实施极小化. 事实上，观测完$\boldsymbol{X}=\boldsymbol{x}$，我们需要做的极小化是仅针对这个特别$\boldsymbol{x}$的. 不过对某些问题我们是可以用显式描述其 Bayes 法则的.

例 7.3.28（两个 Bayes 法则） 考虑对实值参数 θ 的点估计问题.

a. 对于平方误差损失，其后验期望损失是

$$\int_{\Theta}(\theta-a)^2\pi(\theta\mid \boldsymbol{x})\mathrm{d}\theta=\mathrm{E}((\theta-a)^2\mid \boldsymbol{X}=\boldsymbol{x})$$

这里 θ 是具有分布 $\pi(\theta\mid \boldsymbol{x})$ 的随机变量. 根据例 2.2.6，这个期望值极小化于 $\delta^{\pi}(\boldsymbol{x})=\mathrm{E}(\theta|\boldsymbol{x})$. 所以 Bayes 法则是后验分布的均值.

b. 对于绝对误差损失，其后验期望损失是 $\mathrm{E}(|\theta-a|\,|\boldsymbol{X}=\boldsymbol{x})$. 使用习题 2.18，我们看到它通过取 $\delta^{\pi}(\boldsymbol{x})=\pi(\theta|\boldsymbol{x})$ 的中位数达到极小. ‖

在 7.2.3 节中，我们讨论的 Bayes 估计量是 $\delta^{\pi}(\boldsymbol{x})=\mathrm{E}(\theta|\boldsymbol{x})$，即后验期望. 我们现在看到，这是关于平方误差损失的 Bayes 估计量. 如果某个其他的损失函数被认为比平方误差损失更适用，那么这时的 Bayes 估计量就可能是一个不同的统计量.

例 7.3.29（正态 Bayes 估计） 设 $X_1,\cdots,X_n$ 是来自一个正态总体 $\mathrm{n}(\theta,\sigma^2)$ 的随机样本，并且设 $\pi(\theta)\sim\mathrm{n}(\mu,\tau^2)$. σ^2，μ 和 τ^2 的值为已知. 在例 7.2.16 中以及它在习题 7.22 中的扩展，我们求得给定 $\overline{X}=\overline{x}$ 时 θ 的后验分布是正态的，它具有

$$\mathrm{E}(\theta|\overline{x})=\frac{\tau^2}{\tau^2+(\sigma^2/n)}\overline{x}+\frac{\sigma^2/n}{\tau^2+(\sigma^2/n)}\mu$$

和

$$\mathrm{Var}(\theta|\overline{x})=\frac{\tau^2\sigma^2/n}{\tau^2+(\sigma^2/n)}$$

对于平方误差损失，其 Bayes 估计量是 $\delta^{\pi}(\boldsymbol{x})=\mathrm{E}(\theta|\overline{x})$. 因为后验分布是正态的，它关于其均值对称从而 $\pi(\theta|\boldsymbol{x})$ 的中位数就等于 $\mathrm{E}(\theta|\overline{x})$. 这样，关于绝对误差损失，其 Bayes 估计量也是 $\delta^{\pi}(\boldsymbol{x})=\mathrm{E}(\theta|\overline{x})$.

表 7.3.1 二项参数 p 的三个估计量

$n=10$		先验验分 $\pi(p)\sim$uniform (0, 1)	
y	MLE	Bayes 绝对误差	Bayes 平方误差
0	.0000	.0611	.0833
1	.1000	.1480	.1667
2	.2000	.2358	.2500
3	.3000	.3238	.3333
4	.4000	.4119	.4167
5	.5000	.5000	.5000
6	.6000	.5881	.5833
7	.7000	.6762	.6667
8	.8000	.7642	.7500
9	.9000	.8520	.8333
10	1.0000	.9389	.9137

例 7.3.30（二项 Bayes 估计） 设 X_1，…，X_n 是 iid Bernoulli（p）的并且设 $Y=\sum X_i$．假定 p 的先验分布是 beta（α，β）．在例 7.2.14 中我们发现 p 的后验分布仅通过观测值 $Y=y$ 来依赖样本，且分布为 beta（$y+\alpha$，$n-y+\beta$）．因此，$\delta^{\pi}(y)=\mathrm{E}(p|y)=(y+\alpha)/(\alpha+\beta+n)$ 是 p 的关于平方误差损失的 Bayes 估计量．

关于绝对误差损失，我们需要求得 $\pi(p|y)=\mathrm{beta}(y+\alpha,n-y+\beta)$ 的中位数．在一般情况，对这个中位数没有简单表达式．这个中位数以隐式的方式由数 m 所定义，m 满足

$$\int_0^m \frac{\Gamma(\alpha+\beta+n)}{\Gamma(y+\alpha)\Gamma(n-y+\beta)} p^{y+\alpha-1}(1-p)^{n-y+\beta-1}\mathrm{d}p=\frac{1}{2}$$

这个积分能用数值方法计算从而（近似地）求出满足等式的 m 值．我们对于 $n=10$ 和 $\alpha=\beta=1$，即均匀分布 uniform$(0,1)$ 为先验分布做了这个工作．关于绝对误差损失的 Bayes 估计量在表 7.3.1 里给出．在这个表里，我们也列出了前边导出的关于平方误差损失的 Bayes 估计量以及极大似然估计量 $\hat{p}=y/n$．

注意在表 7.3.1 中，不像 MLE，哪个 Bayes 估计量都不把 p 估为 0 或 1，即使 y 为 0 或 n 也是这样．这在 Bayes 估计量中是典型的，即它们不取参数空间里的极端值．不管样本量怎样大，先验总在估计量上有所影响并倾向于把它从极端值拉离．在上面对 $\mathrm{E}(p|y)$ 的表达式你能看出甚至在 $y=0$ 且 n 很大，Bayes 估计量仍然是个正数． ‖

7.4 习题

7.1 对具有概率质量函数 $f(x|\theta)$（这里 $\theta\in\{1,2,3\}$）的离散型随机变量 X 进行一次观测．求 θ 的 MLE.

x	$f(x\|1)$	$f(x\|2)$	$f(x\|3)$
0	$\frac{1}{3}$	$\frac{1}{4}$	0
1	$\frac{1}{3}$	$\frac{1}{4}$	0
2	0	$\frac{1}{4}$	$\frac{1}{4}$
3	$\frac{1}{6}$	$\frac{1}{4}$	$\frac{1}{2}$
4	$\frac{1}{6}$	0	$\frac{1}{4}$

7.2 设 X_1，…，X_n 是来自一个 gamma(α,β) 总体的随机样本．

(a) 假定 α 已知，求 β 的 MLE.

(b) 如果 α 和 β 都未知，则 α 和 β 没有显式的 MLE，但是可用数值法求极大. (a) 中的结果可以被利用来把问题化简成一元函数极小化问题. 根据习题 7.10 (c) 的数据求 α 和 β 的 MLE.

7.3 从概率密度函数为 $f(x|\theta)$ 的一个总体中抽取随机样本 X_1，…，X_n，证明：极大化似然函数 $L(\theta|\boldsymbol{x})$（作为 θ 的函数）等价于极大化 $\log L(\theta|\boldsymbol{x})$.

7.4 证明例 7.2.8 的论断. 即证明例中给出的 $\hat{\theta}$ 是 θ 的值域限制在正半轴时的 MLE.

7.5 考虑例 7.2.9 中二项分布 binomial(k,p)的参数 k 的估计问题.

(a) 证明满足例中两不等式并是 MLE 的整数 $\hat{k}$ 是小于或等于 $1/\hat{z}$ 的最大整数.

(b) 设 $p=\dfrac{1}{2}$，$n=4$，$X_1=0$，$X_2=20$，$X_3=1$ 和 $X_4=19$，求 $\hat{k}=$？

7.6 设 X_1，…，X_n 是来自概率密度函数为下式的一组随机样本

$$f(x|\theta)=\theta x^{-2},0<\theta\leqslant x<\infty$$

(a) 关于 θ 的充分统计量是什么？

(b) 求 θ 的 MLE.

(c) 求 θ 的矩估计量.

7.7 设 X_1，…，X_n 是 iid 的，具有两种概率密度函数. 如果 $\theta=0$，则

$$f(x|\theta)=\begin{cases}1 & \text{当 } 0<x<1\\ 0 & \text{其他}\end{cases}$$

而如果 $\theta=1$，则

$$f(x|\theta)=\begin{cases}1/(2\sqrt{x}) & \text{当 } 0<x<1\\ 0 & \text{其他}\end{cases}$$

求 θ 的 MLE.

7.8 X 是来自一正态总体 $\mathrm{n}(0,\sigma^2)$ 的一次观测.

(a) 求 σ^2 的一个无偏估计量.

(b) 求 σ 的 MLE.

(c) 讨论 σ 的矩估计量的求法.

7.9 设 X_1，…，X_n 是 iid 的，具有概率密度函数

$$f(x|\theta)=\frac{1}{\theta},\quad 0\leqslant x\leqslant\theta,\quad \theta>0$$

用矩法和极大似然法估计 θ. 计算两种估计量的均值与方差. 哪一个应该被优先选用，为什么？

7.10 设独立随机变量 X_1，…，X_n 具有共同的分布

$$P(X_i\leqslant x|\alpha,\beta)=\begin{cases}0 & \text{当 } x<0\\ (x/\beta)^{\alpha} & \text{当 } 0\leqslant x\leqslant\beta\\ 1 & \text{当 } x>\beta\end{cases}$$

其中参数 α, β 为正.

(a) 求一个关于 (α, β) 的二维充分统计量.

(b) 求 α, β 的极大似然估计.

(c) 在篱雀的巢中找到的杜鹃蛋的长度（单位：mm）可以用这个分布建模. 根据数据 22.0, 23.9, 20.9, 23.8, 25.0, 24.0, 21.7, 23.8, 22.8, 23.1, 23.1, 23.5, 23.0, 23.0, 求 α 和 β 的 MLE.

7.11 设 X_1, …, X_n 是 iid 的，具有概率密度函数

$$f(x|\theta)=\theta x^{\theta-1},\quad 0\leqslant x\leqslant 1,\quad 0<\theta<\infty$$

(a) 求 θ 的 MLE，并且证明当 $n\to\infty$ 时，它的方差 $\to 0$.

(b) 求 θ 的矩估计量.

7.12 设 X_1, …, X_n 是来自概率质量函数为下式的总体的一组随机样本

$$P_\theta(X=x)=\theta^x(1-\theta)^{1-x},\quad x=0 \text{ 或 } 1, 0\leqslant\theta\leqslant\frac{1}{2}$$

(a) 求 θ 的矩估计量和极大似然估计量.

(b) 求以上两种估计量的均方误差.

(c) 哪个估计量被优先选用？论证你的选择.

7.13 设 X_1, …, X_n 来自一个双指数分布（double exponential）总体的随机样本. 总体概率密度函数为

$$f(x|\theta)=\frac{1}{2}e^{-|x-\theta|},\quad -\infty<x<\infty,\quad -\infty<\theta<\infty$$

求：θ 的 MLE.（提示，就 n 的奇偶分情况考虑，用顺序统计量求得 MLE. 这个问题的全面的处理在 Norton 1984 中给出.）

7.14 设 X 和 Y 是相互独立的指数分布随机变量，概率密度函数为

$$f(x|\lambda)=\frac{1}{\lambda}e^{-x/\lambda}, x>0, f(y|\mu)=\frac{1}{\mu}e^{-y/\mu}, y>0$$

我们观测 Z 和 W,

$$Z=\min(X,Y) \quad \text{和} \quad W=\begin{cases}1 & \text{若 } Z=X\\ 0 & \text{若 } Z=Y\end{cases}$$

Z 和 W 的联合分布在习题 4.26 中曾经获得. 现在假定 (Z_i, W_i), $i=1$, …, n 是 n 次 iid 观测. 求 λ 和 μ 的极大似然估计量.

7.15 设 X_1, …, X_n 是来自逆高斯分布的一组样本，概率密度函数为

$$f(x|\mu,\lambda)=\left(\frac{\lambda}{2\pi x^3}\right)^{1/2}\exp\{-\lambda(x-\mu)^2/(2\mu^2 x)\}, x>0$$

(a) 证明 μ 和 λ 的 MLE 是

$$\hat{\mu}_n=\overline{X} \text{ 和 } \hat{\lambda}_n=\frac{n}{\sum_i\left(\frac{1}{X_i}-\frac{1}{\overline{X}}\right)}$$

(b) Tweedie (1957) 证明了 $\hat{\mu}_n$ 和 $\hat{\lambda}_n$ 相互独立，$\hat{\mu}_n$ 服从参数为 μ 和 $n\lambda$ 的逆高斯分布，$n\lambda/\hat{\lambda}_n$ 服从 χ^2_{n-1} 分布. Schwarz and Samanta (1991) 用归纳论证给出了上述事实的一个证明.

(i) 证明 $\hat{\mu}_2$ 服从参数为 μ 和 2λ 的逆高斯分布，$2\lambda/\hat{\lambda}_2$ 服从 χ^2_1 分布，且它们相互独立.

(ii) 假定结论对于 $n=k$ 为真，而我们得到一个新的独立观测. 建立 Schwarz and Samanta (1991) 使用的归纳步骤并把概率密度函数 $f(x,\hat{\mu}_k,\hat{\lambda}_k)$ 变换到 $f(x,\hat{\mu}_{k+1},\hat{\lambda}_{k+1})$. 证明把这个密度用适当方式分解就得出 Tweedie 的结论.

7.16 Berger and Casella (1992) 也研究了幂平均值 (power means)，我们在习题 4.57 中已经见过它. 回忆幂平均定义为 $\left[\frac{1}{n}\sum_{i=1}^{n}x_i^r\right]^{1/r}$. 这个定义能够进一步推广，把幂函数 x^r 换成任意的一个单调连续函数 h，就产生了广义平均值 (generalized mean) $h^{-1}\left(\frac{1}{n}\sum_{i=1}^{n}h(x_i)\right)$.

(a) 在最小二乘问题 $\min_a \sum_i (x_i-a)^2$ 中，有时利用变量变换，即求解 $\min_a \sum_i [h(x_i)-h(a)]^2$. 证明，后面问题的解是 $a=h^{-1}\left((1/n)\sum_i h(x_i)\right)$.

(b) 证明算术平均值是未经变换的最小二乘问题的解，几何平均值是取变换 $h(x)=\log x$ 之后的问题的解，而调和平均值是取变换 $h(x)=1/x$ 之后的问题的解.

(c) 证明如果最小二乘问题经过 Box-Cox 变换 (见习题 11.3)，则问题的解是关于函数 $h(x)=x^\lambda$ 的广义平均.

(d) 设 X_1，…，X_n 是来自对数正态分布 $LN(\mu,\sigma^2)$ 的一组样本. 证明 μ 的 MLE 是几何平均.

(e) 设 X_1，…，X_n 是来自单参数指数族的一组样本，$f(x|\theta)=\exp\{\theta h(x)-H(\theta)\}g(x)$，其中 $h=H'$ 而且 h 是一个增函数.

(i) 证明 θ 的 MLE 是 $\hat{\theta}=h^{-1}\left((1/n)\sum_i h(x_i)\right)$.

(ii) 证明两种密度满足 $h=H'$，其一是正态分布，另一个是逆伽玛分布 (inverted gamma) 其概率密度函数为 $f(x|\theta)=\theta x^{-2}\exp\{-\theta/x\}$，$x>0$. 并且对正态分布，MLE 是算术平均；对逆伽玛分布，MLE 是调和平均.

7.17 Borel 悖论 (见杂录 4.9.3) 也可以产生于推断问题. 设 X_1，X_2 是 iid 服从指数分布 EXPO(θ) 的随机变量.

(a) 如果我们只观测 X_2，证明 θ 的 MLE 是 $\hat{\theta}=X_2$.

(b) 如果我们换成只观测 $Z=(X_2-1)/X_1$. 求 (X_1,Z) 的联合分布然后积分积掉 X_1 以得出似然函数.

(c) 假如 $X_2=1$，比较根据 (a) 和 (b) 求得的 MLE.

(d) Bayes 分析对 Borel 悖论不具有免疫力. 如果 $\pi(\theta)$是 θ 的一个先验密度，证明在 $X_2=1$，(a) 和 (b) 具有不同的后验分布.

(俄亥俄州立大学 L. Mark Berliner 提供.)

7.18 设(X_1,Y_1)，…，(X_n,Y_n)是 iid 的二元正态随机变量对，其中五个参数都未知.

(a) 证明 μ_X，μ_Y，σ_X^2，σ_Y^2，ρ 的矩估计量分别为

$$\tilde{\mu}_X=\bar{x},\ \tilde{\mu}_Y=\bar{y},\ \tilde{\sigma}_X^2=\frac{1}{n}\sum(x_i-\bar{x})^2$$

$$\tilde{\sigma}_Y^2=\frac{1}{n}\sum(y_i-\bar{y})^2,\ \tilde{\rho}=\frac{1}{n}\sum(x_i-\bar{x})(y_i-\bar{y})/(\tilde{\sigma}_X\tilde{\sigma}_Y)$$

(b) 导出这些未知参数的极大似然估计量并且证明它们与矩估计量相同.（有一种策略是把联合密度函数写成条件密度与边缘密度的乘积，即写成

$$f(x,y|\mu_X,\mu_Y,\sigma_X^2,\sigma_Y^2,\rho)=f(y|x,\mu_X,\mu_Y,\sigma_X^2,\sigma_Y^2,\rho)f(x|\mu_X,\sigma_X^2)$$

然后证明 μ_X 的 MLE 是 $\bar{x}$，σ_X^2的 MLE 是 $\frac{1}{n}\sum(x_i-\bar{x})^2$. 然后把问题转向求 μ_Y 和 σ_Y^2的 MLE. 最后，处理“已经部分极大化的”似然函数 $L(\bar{x},\bar{y},\tilde{\sigma}_X^2,\tilde{\sigma}_Y^2,\rho|\boldsymbol{x},\boldsymbol{y})$以得到 ρ 的 MLE. 可以想象，这是一个困难的问题.）

7.19 设随机变量 Y_1，…，Y_n 满足

$$Y_i=\beta x_i+\epsilon_i,\quad i=1,\ \cdots,\ n$$

这里 x_1，…，x_n 是固定常数，ϵ_1，…，ϵ_n 是 $\text{iidn}(0,\sigma^2)$，σ^2未知.

(a) 求关于(β,σ^2)的一个 2 维充分统计量.

(b) 求 β 的 MLE 并且证明它是 β 的一个无偏估计量.

(c) 求 β 的 MLE 的分布.

7.20 考虑习题 7.19 定义的 Y_1，…，Y_n.

(a) 证明 $\sum Y_i/\sum x_i$ 是 β 的一个无偏估计量.

(b) 计算 $\sum Y_i/\sum x_i$ 的精确方差并且与 β 的 MLE 的方差比较.

7.21 仍考虑习题 7.19 定义的 Y_1，…，Y_n.

(a) 证明 $\left[\sum\left(Y_i/x_i\right)\right]/n$ 也是 β 的一个无偏估计量.

(b) 计算 $\left[\sum\left(Y_i/x_i\right)\right]/n$ 的精确方差，并且与前两道习题中估计量的方差比较.

7.22 本习题将证明例 7.2.16 的论断及更多结果. 设 X_1，…，X_n 是来自一正态总体 $\text{n}(\theta,\sigma^2)$的一组随机样本，并且假定 θ 的先验分布是 $\text{n}(\mu,\tau^2)$. 此处我们假定 σ^2，μ，τ^2都已知.

(a) 求 $\overline{X}$ 和 θ 的联合概率密度函数.

(b) 证明 $\overline{X}$ 的边缘分布 $m(\bar{x}|\sigma^2,\mu,\tau^2)$ 是 $\mathrm{n}(\mu,(\sigma^2/n)+\tau^2)$.

(c) 证明 θ 的后验分布 $\pi(\theta|\bar{x},\sigma^2,\mu,\tau^2)$ 是正态分布，均值与方差由式(7.2.10) 给出.

7.23 如果 S^2 是来自一个正态总体的容量为 n 的样本的样本方差，我们知道 $(n-1)S^2/\sigma^2$ 具有 χ^2_{n-1} 分布. σ^2 的共轭先验分布是逆伽玛分布 IGamma(α,β)，概率密度函数为

$$\pi(\sigma^2)=\frac{1}{\Gamma(\alpha)\beta^\alpha}\frac{1}{(\sigma^2)^{\alpha+1}}\mathrm{e}^{-1/(\beta\sigma^2)},\quad 0<\sigma^2<\infty$$

其中 α 和 β 是正的常数，证明 σ^2 的后验分布是 $\mathrm{IG}\left(\alpha+\frac{n-1}{2},\left[\frac{(n-1)S^2}{2}+\frac{1}{\beta}\right]^{-1}\right)$. 求这个分布的均值，即 σ^2 的 Bayes 估计量.

7.24 设 X_1，…，X_n 是 iid Poisson(λ)的，并设 λ 服从伽玛分布 gamma(α,β)，即 Poisson 分布的共轭族.

(a) 求 λ 的后验分布.

(b) 计算后验均值和后验方差.

7.25 我们考查例 7.2.16 和习题 7.22 考虑的多层 Bayes 模型（hierarchical Bayes model）的一个推广. 假定我们观测到 X_1，…，X_n，这里

$$X_i|\theta_i\sim\mathrm{n}(\theta_i,\sigma^2),\quad i=1,\cdots,n,\quad \text{相互独立}$$
$$\theta_i\sim\mathrm{n}(\mu,\tau^2),\quad i=1,\cdots,n,\quad \text{相互独立}$$

(a) 证明 X_i 的边缘分布是 $\mathrm{n}(\mu,\sigma^2+\tau^2)$，而且边缘地，$X_1$，…，$X_n$ 是 iid 的. [经验 Bayes 分析用这些 X_i 的边缘分布去估计先验参数 μ 和 τ^2. 参见杂录 7.5.6.]

(b) 证明在一般情况下，即如果

$$X_i|\theta_i\sim f(x|\theta_i),\quad i=1,\cdots,n,\quad \text{相互独立}$$
$$\theta_i\sim\pi(\theta|\tau),\quad i=1,\cdots,n,\quad \text{相互独立}$$

则边缘地，X_1，…，X_n 是 iid 的.

7.26 在例 7.2.16 中我们看到正态分布是它自己的共轭族. 然而有时的情况却是共轭先验没有准确地反映先验知识，于是就找一个不同的先验. 设 X_1，…，X_n 是 iid $\mathrm{n}(\theta,\sigma^2)$的，并且设 θ 服从双指数分布，即 $\pi(\theta)=\mathrm{e}^{-|\theta|/a}/(2a)$，$a$ 已知. 求 θ 的后验分布均值.

7.27 参阅例 7.2.17.

(a) 证明由完全数据似然函数（7.2.11）得到的极大似然估计量由式(7.2.12) 给出.

(b) 证明式（7.2.23）中的 EM 序列的极限满足式（7.2.16）.

(c) 原始（指不完全数据的）似然方程可以直接求出其解. 证明式（7.2.16）的解由下式给出：

$$\hat{\beta}=\frac{\sum_{i=2}^{n}y_i}{\sum_{i=2}^{n}x_i},\hat{\tau}_1=\frac{y_1}{\hat{\beta}},\hat{\tau}_j=\frac{x_j+y_j}{\hat{\beta}+1},j=2,3,\cdots,n$$

并且这就是（7.2.23）中 EM 序列的极限.

7.28 把例 7.2.17 的模型用在下边表中的数据上. 这些数据来自 Lange 等人(1994). 它们是纽约州若干地区中白血病人数及对应区域人口数.

白血病人记数

人口数	3540	3560	3739	2784	2571	2729	3952	993	1908
病人数	3	4	1	1	3	1	2	0	2
人口数	948	1172	1047	3138	5485	5554	2943	4969	4828
病人数	0	1	3	5	4	6	2	5	4

(a) 用 Poisson 分布模型拟合这些数据. 共做两种情况，一种用完全数据集，另一种用“不完全”数据集，这里我们假定第一对数据中人口记数（$x_1=3540$）缺失.

(b) 假定不是缺失了一个 x 值，而是我们丢掉了一个白血病记数（假定 $y_1=3$ 缺失）. 用 EM 算法求这种情况下的 MLE，并且与（a）中的解答比较.

7.29 一种对例 7.2.17 的替换模型如下：我们观测（Y_i，X_i），$i=1$，…，n，其中 $Y_i\sim\text{Poisson}(m\beta\tau_i)$而（$X_1$，…，$X_n$）$\sim\text{multinomial}(m;\tau)$，其中 $\tau=(\tau_1,\tau_2,\cdots,\tau_n)$ 且 $\sum_{i=1}^{n}\tau_i=1$. 举例讲，假定对人口计数使用多项分配模型而不是 Poisson 计数模型.（把 $m=\sum x_i$ 视作已知.）

(a) 证明 $Y=(Y_1,\cdots,Y_n)$和 $X=(X_1,\cdots,X_n)$的联合分布律为

$$f(\boldsymbol{y},\boldsymbol{x}\mid\beta,\boldsymbol{\tau})=\prod_{i=1}^{n}\frac{\mathrm{e}^{-m\beta\tau_i}(m\beta\tau_i)^{y_i}}{y_i!}m!\frac{\tau_i^{x_i}}{x_i!}$$

(b) 如果观测到完全数据，证明极大似然估计是

$$\hat{\beta}=\frac{\sum_{i=1}^{n}y_i}{\sum_{i=1}^{n}x_i}\quad\text{和}\quad\hat{\tau}_j=\frac{x_j+y_j}{\sum_{i=1}^{n}(x_i+y_i)},j=1,2,\cdots,n$$

(c) 假定 x_1 缺失. 利用 $X_1\sim\text{binomial}(m,\tau_1)$这个事实计算完全数据的期望对数似然. 证明 EM 序列由下式给出：

$$\hat{\beta}^{(r+1)}=\frac{\sum_{i=1}^{n} y_i}{m\hat{\tau}_1^{(r)}+\sum_{i=2}^{n} x_i} \quad 和 \quad \hat{\tau}_j^{(r+1)}=\frac{x_j+y_j}{m\hat{\tau}_1^{(r)}+\sum_{i=2}^{n} x_i+\sum_{i=1}^{n} y_i},$$

$$j=1,2,\cdots,n.$$

(d) 利用这个模型求习题 7.28 里面数据的 MLE，先假定你掌握全部数据，然后假定 $x_1=3540$ 缺失.

7.30 EM 算法在很多情况下是有用的，而且“缺失数据”的定义可以延伸到适应很多不同模型. 假定我们有一个混合密度 $pf(x)+(1-p)g(x)$，这里 p 未知. 如果我们观测 $\boldsymbol{X}=(X_1,\cdots,X_n)$，则样本密度是

$$\prod_{i=1}^{n}[pf(x_i)+(1-p)g(x_i)]$$

这可能是难于处理的.（实际上两个的混合并不可怕，但是要考虑的似然函数一旦具有这样的混合：$\sum_{i=1}^{k} p_i f(x_i)$，其中 k 为大整数，恐怕就难了.）EM 解法用 $\boldsymbol{Z}=(Z_1,\cdots,Z_n)$扩充观测的（或不完全）数据，这里 Z_i 表示 X_i 来自混合成分中的哪一个，即

$$X_i|z_i=1\sim f(x_i) \quad 而 \quad X_i|z_i=0\sim g(x_i)$$

并且 $P(Z_i=1)=p$.

(a) 证明：$(\boldsymbol{X},\boldsymbol{Z})$ 的联合密度是 $\prod_{i=1}^{n}[pf(x_i)]^{z_i}[(1-p)g(x_i)]^{1-z_i}$.

(b) 证明：缺失数据 $X_i \mid z_i$，p 的分布是具有成功概率为 $pf(x_i)/(pf(x_i)+(1-p)g(x_i))$的 Bernoulli 分布.

(c) 算出完全数据的期望对数似然，并证明 EM 序列由下式给出：

$$\hat{p}^{(r+1)}=\frac{1}{n}\sum_{i=1}^{n}\frac{\hat{p}^{(r)}f(x_i)}{\hat{p}^{(r)}f(x_i)+(1-\hat{p}^{(r)})g(x_i)}$$

7.31 证明定理 7.2.20.

(a) 证明：利用式（7.2.19）我们有

$$\log L(\hat{\theta}^{(r)}|\boldsymbol{y})=\mathrm{E}[\log L(\hat{\theta}^{(r)}|\boldsymbol{y},\boldsymbol{X})|\hat{\theta}^{(r)},\boldsymbol{y}]-\mathrm{E}[\log k(\boldsymbol{X}|\hat{\theta}^{(r)},\boldsymbol{y})|\hat{\theta}^{(r)},\boldsymbol{y}]$$

而且因为 $\hat{\theta}^{(r+1)}$ 是一个极大值点，于是 $\log L(\hat{\theta}^{(r+1)}|\boldsymbol{y},\boldsymbol{X})\geqslant\mathrm{E}[\log L(\hat{\theta}^{(r)}|\boldsymbol{y},\boldsymbol{X})|\hat{\theta}^{(r)},y]$. 什么时候不等式成为等式？

(b) 现在利用 Jensen 不等式证明

$$\mathrm{E}[\log k(\boldsymbol{X}|\hat{\theta}^{(r+1)},\boldsymbol{y})|\hat{\theta}^{(r)},\boldsymbol{y}]\leqslant\mathrm{E}[\log k(\boldsymbol{X}|\hat{\theta}^{(r)},\boldsymbol{y})|\hat{\theta}^{(r)},\boldsymbol{y}]$$

把这个不等式与 (a) 合在一起，就证明了定理.

(提示：如果 f 和 g 是密度函数，因为 log 是凹函数，Jensen 不等式（4.7.7）

蕴涵

$$\int \log\left(\frac{f(x)}{g(x)}\right) g(x)\mathrm{d}x \leqslant \log\left(\int \frac{f(x)}{g(x)} g(x)\mathrm{d}x\right) = \log\left(\int f(x)\mathrm{d}x\right) = 0$$

根据对数的性质，这又蕴涵了

$$\int \log[f(x)]g(x)\mathrm{d}x \leqslant \int \log[g(x)]g(x)\mathrm{d}x)$$

7.32 习题5.65的算法可以改编，用来（近似地）模拟一组来自后验分布的样本，而只需使用一组先验分布的样本．设 $X_1,\cdots,X_n \sim f(x|\theta)$，其中 θ 具有先验分布 π．从 π 生成 $\theta_1,\cdots,\theta_m$，并且计算 $q_i = L(\theta_i \mid \boldsymbol{x})/\sum_j L(\theta_j \mid \boldsymbol{x})$，这里 $L(\theta|\boldsymbol{x}) = \prod_i f(x_i \mid \theta)$ 是似然函数．

(a) 生成 $\theta_1^*,\cdots,\theta_r^*$，其中 $P(\theta^* = \theta_i) = q_i$．证明：在 $P(\theta^* \leqslant t)$ 收敛到 $\int_{-\infty}^{t} \pi(\theta \mid \boldsymbol{x})\mathrm{d}\theta$ 的意义下这（近似地）是来自后验分布的一组样本．

(b) 证明：估计量 $\sum_{j=1}^{r} h(\theta_j^*)/r$ 收敛到 $\mathrm{E}[h(\theta)|\boldsymbol{x}]$，这里的期望是关于后验分布的．

(c) Ross（1996）提出用Rao-Blackwell化可以改善（b）的估计．证明：对任意的 j，

$$\mathrm{E}[h(\theta_j^*) \mid \theta_1,\cdots,\theta_m] = \frac{1}{\sum_{i=1}^{m} L(\theta_i \mid \boldsymbol{x})} \sum_{i=1}^{m} h(\theta_i) L(\theta_i \mid \boldsymbol{x})$$

与（b）中统计量有相同的均值而方差更小．

7.33 例7.3.5中计算了（例7.2.14导出的）Bernoulli分布成功概率 p 的Bayes估计量 $\hat{p}_B$ 的MSE．证明：若选择 $\alpha = \beta = \sqrt{n/4}$ 时，$\hat{p}_B$ 的MSE成为一个常数．

7.34 设 $X_1,\cdots,X_n$ 是来自二项分布binomial（n，p）的一组样本．我们想就例6.4.1中描述的群求 p 的同变点估计量．

(a) 求关于这个群下的同变点估计类．

(b) 在例7.2.14的Bayes估计类中，求关于这个群的那些同变点估计量．

(c) 在（b）的同变Bayes估计量中求一个具有最小MSE的估计量．

7.35 Pitman位置参数估计量（见Lehmann和Casella 1998 3.1节，或Pitman 1939的原始论文）由下式给出

$$\mathrm{d}_P(\boldsymbol{X}) = \frac{\int_{-\infty}^{\infty} t \prod_{i=1}^{n} f(x_i - t)\mathrm{d}t}{\int_{-\infty}^{\infty} \prod_{i=1}^{n} f(x_i - t)\mathrm{d}t}$$

这里我们从 $f(x-\theta)$观测到一组随机样本 X_1，…，X_n. Pitman 证明了这个估计量是具有最小均方误差的位置同变估计量（即它极小化（7.3.3））. 这个习题的目标要低一些.

(a) 证明：$d_P(\boldsymbol{X})$关于例 7.3.6 的位置群是不变的.

(b) 证明：如果 $f(x-\theta)$是 $n(\theta,1)$，则 $d_P(\boldsymbol{X})=\overline{X}$.

(c) 证明：如果 $f(x-\theta)$是均匀分布 $U(\theta-\frac{1}{2},\theta+\frac{1}{2})$，则 $d_P(\boldsymbol{X})=\frac{1}{2}(X_{(1)}+X_{(n)})$.

7.36 Pitman 尺度参数估计量由下式给出

$$d_P^r(\boldsymbol{X})=\frac{\int_0^\infty t^{n+r-1}\prod_{i=1}^n f(tx_i)\,\mathrm{d}t}{\int_0^\infty t^{n+2r-1}\prod_{i=1}^n f(tx_i)\,\mathrm{d}t}$$

这里我们从$\frac{1}{\sigma}f(x/\sigma)$观测一组随机样本 X_1，…，X_n. Pitman 证明了这个估计量是 σ^r的尺度同变估计量并且最小化尺度标准化后的均方误差，即使得 $\mathrm{E}(d-\sigma^r)^2/\sigma^{2r}$达到最小.

(a) 证明：$d_P^r(\boldsymbol{X})$关于尺度群是同变的，即它满足，对任何 $c>0$，有

$$d_P^r(cx_1,\cdots,cx_n)=c^r d_P^r(x_1,\cdots,x_n)$$

(b) 若 X_1，…，X_n 是 iid $\mathrm{n}(0,\sigma^2)$的，求 σ^2的 Pitman 尺度同变估计量.

(c) 若 X_1，…，X_n 是 iid 指数分布 EXPO(β)的，求 β 的 Pitman 尺度同变估计量.

(d) 若 X_1，…，X_n 是 iid 均匀分布 uniform$(0,\theta)$的，求 θ 的 Pitman 尺度同变估计量.

7.37 设 X_1，…，X_n 是来自概率密度函数为下式的一组随机样本：

$$f(x|\theta)=\frac{1}{2\theta},\quad -\theta<x<\theta,\quad \theta>0$$

若存在的话则求出 θ 的一个最佳无偏估计量.

7.38 对下列两种分布，设 X_1，…，X_n 是一组随机样本. 是否存在 θ 的一个函数，记为 $g(\theta)$，对它存在一个方差达到 Cramér-Rao 下界的无偏估计量？若存在，则求出它. 若不存在，说明为什么.

(a) $f(x|\theta)=\theta x^{\theta-1}$，$0<x<1$，$\theta>0$

(b) $f(x|\theta)=\frac{\log(\theta)}{\theta-1}\theta^x$，$0<x<1$，$\theta>1$

7.39 证明引理 7.3.11.

7.40 设 X_1，…，X_n 是 iid Bernoulli(p)的. 证明：$\overline{X}$ 的方差达到 Cramér-Rao

下界并且因此 $\overline{X}$ 是 p 的最佳无偏估计量.

7.41 设 $X_1, \cdots, X_n$ 是来自一个均值为 μ，方差为 σ^2 的总体的一组随机样本.

(a) 证明：如果 $\sum_{i=1}^{n} a_i = 1$，则估计量 $\sum_{i=1}^{n} a_i X_i$ 是 μ 的一个无偏估计量.

(b) 在所有的这种形式的估计量［称为线性无偏估计量 (linear unbiased estimators)］中求一个具有最小方差者，并计算其方差.

7.42 设 $W_1, \cdots, W_k$ 是一个参数 θ 的 k 个无偏估计量，$\mathrm{Var}W_i = \sigma_i^2$，$\mathrm{Cov}(W_i, W_j) = 0$ 当 $i \neq j$.

(a) 证明：在所有形如 $\sum a_i W_i$（这里 a_i 都是常数，且 $\mathrm{E}_\theta(\sum a_i W_i) = \theta$）的估计量中，估计量 $W^* = \dfrac{\sum W_i/\sigma_i^2}{\sum (1/\sigma_i^2)}$ 具有最小方差.

(b) 证明：$\mathrm{Var}W^* = \dfrac{1}{\sum (1/\sigma_i^2)}$.

7.43 习题 7.42 确立了最优权重是 $q_i^* = (1/\sigma_i^2)/(\sum_j 1/\sigma_j^2)$. 一个归于 Tukey (见 Bloch and Moses 1988) 的结果指出，如果 $W = \sum_i q_i W_i$ 是建立于另一组权：$q_i \geqslant 0, \sum_i q_i = 1$ 之上的估计量，则

$$\frac{\mathrm{Var}W}{\mathrm{Var}W^*} \leqslant \frac{1}{1-\lambda^2}$$

这里 λ 满足 $(1+\lambda)/(1-\lambda) = b_{\max}/b_{\min}$，$b_{\max}$ 和 $b_{\min}$ 是 $b_i = q_i/q_i^*$ 的最大与最小值.

(a) 证明 Tukey 不等式.

(b) 利用这个不等式评价普通平均 $\sum_i W_i/k$ 的性能，并把结果表示为 $\sigma_{\max}^2/\sigma_{\min}^2$ 的一个函数.

7.44 设 $X_1, \cdots, X_n$ 是 iid $\mathrm{n}(\theta, 1)$ 的. 证明：θ^2 的最佳无偏估计量是 $\overline{X}^2 - (1/n)$. 计算它的方差（利用 3.6 节的 Stein 恒等式）并且证明它大于 Cramér-Rao 下界.

7.45 设 $X_1, \cdots, X_n$ 是 iid 的来自一个均值为 μ，方差为 σ^2 的分布，并设 S^2 是 σ^2 的通常那个无偏估计量. 在例 7.3.4 中我们曾看到，在正态情况，其 MLE 估计的 MSE 比 S^2 的小. 本习题中将探索进一步的方差估计方法.

(a) 证明：对任何形如 aS^2 的估计量（这里 a 是一个常数）

$$\mathrm{MSE}(aS^2) = \mathrm{E}[aS^2 - \sigma^2]^2 = a^2 \mathrm{Var}(S^2) + (a-1)^2\sigma^4$$

(b) 证明：

$$\mathrm{Var}(S^2) = \frac{1}{n}\left(\kappa - \frac{n-3}{n-1}\right)\sigma^4$$

其中 $\kappa=\mathrm{E}[X-\mu]^4/\sigma^4$ 是峰度（kurtosis）.（你可能已经在习题 5.8（b）做过它.）

（c）证明：在正态情况下，峰度是 3 并且在此情况下具有最小 MSE 的形如 aS^2 的估计量是 $\frac{n-1}{n+1}S^2$.（引理 3.6.5 可能会有所帮助.）

（d）如果不假定正态，证明 $\mathrm{MSE}(aS^2)$ 被

$$a=\frac{n-1}{(n+1)+\frac{(\kappa-3)(n-1)}{n}}$$

极小化．因为它依赖于一个参数，因此是无用的.

（e）证明：

（i）当分布具有 $\kappa>3$，最优的 a 将满足 $a<\frac{n-1}{n+1}$；

（ii）当分布具有 $\kappa<3$，最优的 a 将满足 $\frac{n-1}{n+1}<a<1$. 更多细节请参阅 Searls and Intarapanich (1990).

7.46 设 X_1，X_2，X_3 是来自均匀分布 $U(0,2\theta)$ 的一组容量为 3 的随机样本，其中 $\theta>0$.

（a）求 θ 的矩估计量.

（b）求 θ 的 MLE$\hat{\theta}$，并求一个常数 k 以使 $\mathrm{E}_\theta(k\hat{\theta})=\theta$.

（c）以上两个估计量哪个可以利用充分性改进？怎样改进？

（d）基于观测数据 1.29，0.86，1.33，求 θ 的矩估计值和极大似然估计值．这三个观测值是酿酒葡萄的葡萄粒平均尺寸（单位：cm).

7.47 设在测量一个圆的半径时产生的误差具有正态分布 $\mathrm{n}(0,\sigma^2)$. 设进行了 n 次独立测量，求：圆面积的一个无偏估计量．它是最佳无偏吗？

7.48 设 X_1，…，X_n 是 iid Bernoulli（p）的.

（a）证明 p 的 MLE 的方差达到 Cramér-Rao 下界.

（b）对 $n\geqslant 4$，证明：乘积 $X_1X_2X_3X_4$ 是 p^4 的一个无偏估计量，并且利用此事实求 p^4 的最佳无偏估计量.

7.49 设 X_1，…，X_n 是 iid EXPO（λ）的.

（a）求：λ 的一个仅依赖 $Y=\min\{X_1,\cdots,X_n\}$ 的无偏估计量.

（b）求一个优于（a）中估计量的估计量并证明它优于（a).

（c）下面的数据是来自太空穿梭飞行器上用于持续压力环境下的 Kevlar 纤维/环氧树脂球形容器的高压失效时间（单位：小时）试验：

50.1，70.1，137.0，166.9，170.5，152.8，80.5，123.5，112.6，148.5，160.0，125.4.

经常用指数分布作失效时间模型．试利用（a)，（b）中的估计量来估计平均失效

时间.

7.50 设 X_1，…，X_n 是 iid n(θ,θ^2)的，$\theta>0$. 对于这个模型，$\overline{X}$ 和 cS 都是 θ 的无偏估计量，其中 $c=\dfrac{\sqrt{n-1}\Gamma((n-1)/2)}{\sqrt{2}\Gamma(n/2)}$.

(a) 证明：对任意数 a，估计量 $a\overline{X}+(1-a)(cS)$是 θ 的无偏估计量.

(b) 求：使上述估计量具有最小方差的 a 的值.

(c) 证明：($\overline{X}$，S^2) 是关于 θ 的充分统计量但不是完全充分统计量.

7.51 Gleser and Healy (1976) 给出一个关于 n$(\theta,a\theta^2)$的估计问题的详细处理方法，这里 a 是一个已知常数（习题 7.50 是它的一个特例）. 这里我们探索他们的结果的一小部分. 我们还是假定 X_1，…，X_n 是 iid n(θ,θ^2)的，$\theta>0$，设 $\overline{X}$ 和 cS 如同习题 7.50. 定义估计量类

$$\mathcal{T}=\{T:T=a_1\overline{X}+a_2(cS)\}$$

这里我们并不假定 $a_1+a_2=1$.

(a) 求估计量 $T\in\mathcal{T}$，它极小化 $E_\theta(\theta-T)^2$，称之为 T^*.

(b) 证明：T^* 的 MSE 比习题 7.50 (b) 导出的估计量的 MSE 小.

(c) 设 $T^{*+}=\max\{0,T^*\}$，证明 T^{*+} 的 MSE 比 T^* 的 MSE 小.

(d) θ 应该归类于一个位置参数还是刻度参数？解释之.

7.52 设 X_1，…，X_n 是 iid Poisson (λ) 的，设 $\overline{X}$ 和 S^2 分别表示样本均值和样本方差. 我们现在用另一种方法来完成例 7.3.8. 那里我们用的是 Cramér-Rao 下界，这里我们利用完全性.

(a) 不用 Cramér-Rao 定理证明 $\overline{X}$ 是 λ 的最佳无偏估计量.

(b) 证明一个颇值得注意的恒等式：$E(S^2|\overline{X})=\overline{X}$，并利用它精确地证明 $\mathrm{Var}S^2>\mathrm{Var}\overline{X}$.

(c) 利用完全性，能否给出一个普遍定理，使 (b) 中恒等式对它而言成为一个特例？

7.53 完成定理 7.3.20 的证明中忽略的某些细节. 设 W 是 $\tau(\theta)$的一个无偏估计量，U 是 0 的一个无偏估计量. 证明：如果对某 $\theta=\theta_0$，$\mathrm{Cov}_{\theta_0}(W,U)\neq 0$，则 W 不可能是 $\tau(\theta)$的最佳无偏估计量.

7.54 考虑"尼罗河问题 (Problem of the Nile)"（见习题 6.37).

(a) 证明：T 是 θ 的 MLE 而 U 是辅助统计量并且有

$$ET=\frac{\Gamma(n+1/2)\Gamma(n-1/2)}{[\Gamma(n)]^2}\theta \quad 和 \quad ET^2=\frac{\Gamma(n+1)\Gamma(n-1)}{[\Gamma(n)]^2}\theta^2$$

(b) 设 $Z_1=(n-1)/\sum X_i$, $Z_2=\sum Y_i/n$. 证明：它们都是无偏的，方差分别为 $\theta^2/(n-2)$和 θ^2/n.

(c) 求：形如 $aZ_1+(1-a)Z_2$ 的最佳无偏估计量，计算出它的方差并且与偏倚

校正的极大似然估计量的方差比较.

7.55 对下列的每个密度函数，设 X_1，…，X_n 是由其分布抽得的一组样本. 就每种情况，求 θ^r 的最佳无偏估计量.（参见 Guenther 1978 有这个问题的完整讨论.）

(a) $f(x|\theta)=\dfrac{1}{\theta}$， $0<x<\theta$， $r<n$

(b) $f(x|\theta)=e^{-(x-\theta)}$， $x>\theta$

(c) $f(x|\theta)=\dfrac{e^{-x}}{e^{-\theta}-e^{-b}}$， $\theta<x<b$, b 已知

7.56 证明例 7.3.24 前面的课文中给出的论断. 设 T 是参数 θ 的一个完全充分统计量，而 $h(X_1,\cdots,X_n)$ 是 $\tau(\theta)$ 的任意一个无偏估计量，则 $\phi(T)=E(h(X_1,\cdots,X_n)|T)$ 是 $\tau(\theta)$ 的最佳无偏估计量.

7.57 设 X_1，…，X_{n+1} 是 iid Bernoulli（p）分布的，并根据下式定义函数 $h(p)$

$$h(p)=P\left(\sum_{i=1}^{n}X_i>X_{n+1}\middle|\, p\right)$$

它是前 n 个观测值之和超过第 $n+1$ 个观测值的概率.

(a) 证明：

$$T(X_1,\cdots,X_{n+1})=\begin{cases}1 & \text{当}\sum_{i=1}^{n}X_i>X_{n+1}\\ 0 & \text{其他}\end{cases}$$

是 $h(p)$ 的一个无偏估计量.

(b) 求：$h(p)$ 的最佳无偏估计量.

7.58 设 X 是来自以下概率密度函数的一个观测

$$f(x|\theta)=\left(\frac{\theta}{2}\right)^{|x|}(1-\theta)^{1-|x|}，\quad x=-1,0,1；\quad 0\leqslant\theta\leqslant 1$$

(a) 求：θ 的 MLE.

(b) 定义一个估计量 $T(X)$ 为

$$T(X)=\begin{cases}2 & \text{当 } x=1\\ 0 & \text{其他}\end{cases}$$

证明：$T(X)$ 是 θ 的一个无偏估计量.

(c) 求一个比 $T(X)$ 更优的估计量并证明它是更优的.

7.59 设 X_1，…，X_n 是 iid $n(\mu,\sigma^2)$ 的. 求 σ^p 的最佳无偏估计量，这里 p 是一个已知正数，未必是一个整数.

7.60 设 X_1，…，X_n 是 iid gamma（α，β）的，α 已知. 求 $1/\beta$ 的最佳无偏估计量.

7.61 证明：基于事实 $S^2 \sim \sigma^2 \chi^2_\nu / \nu$，关于估计 σ^2 的对数似然函数可以写成这样形式：

$$\log L(\sigma^2 | s^2) = K_1 \frac{s^2}{\sigma^2} - K_2 \log \frac{s^2}{\sigma^2} + K_3$$

其中 K_1，K_2，K_3 是不依赖于 σ^2 的常数．把上边的对数似然函数与例 7.3.27 讨论的损失函数联系起来．参阅 Anderson（1984a）可见这个关系的讨论．

7.62 设 X_1，…，X_n 是来自正态 $\mathrm{n}(\theta,\sigma^2)$ 总体的一组样本，σ^2 已知．考虑使用平方误差损失估计 θ. 设 $\pi(\theta)$ 是 θ 的一个先验分布，它为正态 $\mathrm{n}(\mu,\tau^2)$．设 δ^π 是 θ 的 Bayes 估计量．验证下面关于损失函数和 Bayes 风险的公式：

（a）对任意常数 a 和 b，估计量 $\delta(\boldsymbol{x}) = a\bar{X} + b$ 具有风险函数

$$R(\theta,\delta) = a^2 \frac{\sigma^2}{n} + (b - (1-a)\theta)^2$$

（b）设 $\eta = \sigma^2/(n\tau^2 + \sigma^2)$．Bayes 估计量的风险函数是

$$R(\theta,\delta^\pi) = (1-\eta)^2 \frac{\sigma^2}{n} + \eta^2 (\theta - \mu)^2$$

（c）Bayes 估计量的 Bayes 风险是

$$B(\pi,\delta^\pi) = \tau^2 \eta$$

7.63 设 $X \sim \mathrm{n}(\mu,1)$．设 δ^π 是 μ 的关于平方损失函数的 Bayes 估计量．计算并且作出风险函数 $R(\theta,\delta^\pi)$ 的图形，分别对 $\pi(\mu) \sim \mathrm{n}(0,1)$ 和 $\pi(\mu) \sim \mathrm{n}(0,10)$ 作．评论先验分布怎样影响 Bayes 估计量的风险函数.

7.64 设 X_1，…，X_n 是相互独立的随机变量，其中 X_i 具有分布函数 $F(x|\theta_i)$．证明：对 $i=1$，…，n，如果 $\delta^{\pi_i}_i(X_i)$ 是运用损失函数 $L(\theta_i, a_i)$ 和先验分布 $\pi_i(\theta_i)$ 估计 θ_i 的一个 Bayes 法则，则 $\delta^\pi(\boldsymbol{X}) = (\delta^{\pi_1}(X_1), \cdots, \delta^{\pi_n}(X_n))$ 是运用损失函数 $\sum_{i=1}^n L(\theta_i, a_i)$ 和先验分布 $\pi(\boldsymbol{\theta}) = \prod_{i=1}^n \pi_i(\theta_i)$ 估计 $\boldsymbol{\theta}=$（θ_1，…，θ_n）的一个 Bayes 法则.

7.65 一种被 Zellner（1986）研究的损失函数为 LINEX（LINear-EXponential），它是一种能以光滑的方式处理非对称性的损失函数．LINEX 损失函数由下式给出

$$L(\theta,a) = \mathrm{e}^{c(a-\theta)} - c(a-\theta) - 1$$

其中 c 是一个正的常数．随着常数 c 变化，这个损失函数由非常不对称变化到几乎对称.

（a）对 $c=0.2$，0.5，1，作为 $a-\theta$ 的函数作出 $L(\theta,a)$ 的图.

（b）如果 $X \sim F(x|\theta)$，证明：先验为 π 的 θ 的 Bayes 估计量是 $\delta^\pi(X) = \dfrac{-1}{c} \log \mathrm{E}(\mathrm{e}^{-c\theta} | X)$.

（c）设 X_1，…，X_n 是 iid $\mathrm{n}(\theta,\sigma^2)$ 的，其中 σ^2 已知，并假定 θ 具有无信息先验

分布$\pi(\theta)=1$. 证明：对应于 LINEX 损失的 Bayes 估计量由 $\delta^B(\overline{X})=\overline{X}-(c\sigma^2/(2n))$给出.

(d) 用 LINEX 损失计算 $\delta^B(\overline{X})$和 $\overline{X}$ 的后验期望损失.

(e) 用平方误差损失计算 $\delta^B(\overline{X})$和 $\overline{X}$ 的后验期望损失.

7.66 刀切法（jackknife）是减少估计量偏倚的一种普遍技术（Quenouille, 1956). 一个一步刀切法（one-step jackknife）估计量是如下定义的. 设 X_1，…，X_n 是一组随机样本，又设 $T_n=T_n(X_1,\cdots,X_n)$是参数 θ 的某个估计量. 为了“刀切”T_n，我们计算 n 个统计量 $T_n^{(i)}$，$i=1$，…，n，其中 $T_n^{(i)}$ 是如同 T_n 那样计算不过却是利用样本中移去了 X_i 之后的 $n-1$ 个观测值计算出来的. θ 的刀切估计量记作 JK(T_n)，由下式给出：

$$JK(T_n)=nT_n-\frac{n-1}{n}\sum_{i=1}^{n}T_n^{(i)}$$

(一般说来，$JK(T_n)$将有比 T_n 更小的偏倚. 参见 Miller 1974，其中对刀切法的性质作了一个很好的回顾.)

现在特别地，设 X_1，…，X_n 是 iid Bernoulli (θ) 的. 目的是估计 θ^2.

(a) 证明：θ^2的 MLE，即$\left(\sum_{i=1}^{n}X_i/n\right)^2$ 是 θ^2的一个有偏估计量.

(b) 由 MLE 导出一步刀切估计量.

(c) 证明：这个一步刀切估计量是 θ^2的一个无偏估计量.（一般，刀切法只是减少偏倚. 但是对这个特例，它把偏倚完全去掉了.）

(d) 这个刀切估计量是不是 θ^2的最佳无偏估计量？如果是，证明之. 如果不是，求出最佳无偏估计量.

7.5 杂录

7.5.1 矩估计量和极大似然估计量

一般而言，矩估计量不是充分统计量的函数，因此它们总能通过用一个充分统计量作条件而被改善. 但是在指数族的情况，在修正的矩法策略与极大似然估计之间能够有一种对应. 这种对应的详细讨论见 Davidson and Solomon (1974)，他们还讲述了某些有趣的历史.

设我们有来自一个指数族中的概率密度函数的随机样本 $\boldsymbol{X}=(X_1,\cdots,X_n)$.（见定理 5.2.11）该概率密度函数为

$$f(x\mid\theta)=h(x)c(\theta)\exp\left(\sum_{i=1}^{k}w_i(\theta)t_i(x)\right)$$

其中 $f(x|\theta)$的支撑集与 θ 无关．（注意：θ 可能是向量.）则似然函数的形式是

$$\log L(\theta \mid \boldsymbol{x}) = H(\boldsymbol{x})[c(\theta)]^n \exp\left(\sum_{i=1}^{k} w_i(\theta) \sum_{j=1}^{n} t_i(x_j)\right)$$

一种修正的矩法估计量 $\hat{w}_i(\theta)$可以用于估计 $w_i(\theta)$，$i=1$，…，k，这里 $\hat{w}_i(\theta)$ 是 k 个方程

$$\sum_{j=1}^{n} t_i(x_j) = \mathrm{E}_\theta\left(\sum_{j=1}^{n} t_i(X_j)\right), \quad i = 1,\cdots,k$$

的解．Davidson 和 Solomon 扩展了 Huzurbazar（1949）的工作，证明了估计量 $\hat{w}_i(\theta)$实际上是 $w_i(\theta)$的 MLE．如果我们定义 $\eta_i = w_i(\theta), i=1,\cdots,k$，则对任何一对一函数 g，$g(\eta_i)$的 MLE 就等于 $g(\hat{\eta}_i)=g(\hat{w}_i(\theta))$．利用下述事实（见 Lehmann 1986，2.7 节）

$$\mathrm{E}_\theta(t_i(X_j))=\frac{\partial}{\partial w_i(\theta)}\log(c(\theta)),\quad i=1,\cdots,k,\quad j=1,\cdots,n$$

$$\mathrm{Cov}_\theta(t_i(X_j),t_{i'}(X_j))=\frac{\partial^2}{\partial w_i(\theta)\partial w_{i'}(\theta)}\log(c(\theta)),\quad i,i'=1,\cdots,k,\quad j=1,\cdots,n$$

前面的期望计算可以被简化.

7.5.2 无偏的 Bayes 估计量

如同我们在 7.2.3 节所见，当做完 Bayes 计算后，后验分布的均值通常被取来当作一个点估计量．具体地讲，如果 X 有概率密度函数 $f(x|\theta)$，具有期望 $\mathrm{E}_\theta(X)=\theta$，$\theta$ 有一个先验分布 $\pi(\theta)$，则后验期望，作为 θ 的一个 Bayes 点估计量由

$$\mathrm{E}(\theta \mid x) = \int \theta\pi(\theta \mid x)\mathrm{d}\theta$$

给出．这里的一个问题是，$\mathrm{E}(\theta|\boldsymbol{X})$能否是 θ 的一个无偏估计量，即它满足等式

$$\mathrm{E}_\theta[\mathrm{E}(\theta \mid \boldsymbol{X})] = \int\left[\int \theta\pi(\theta \mid x)\mathrm{d}\theta\right]f(x \mid \theta)\mathrm{d}x = \theta$$

答案是不能．就是说，后验均值决不会是无偏估计量．如果是的话，关于 X 和 θ 的联合分布取期望：

$$\begin{aligned}
\mathrm{E}[(X-\theta)^2] &= \mathrm{E}[X^2-2X\theta+\theta^2] && \text{(平方展开)}\\
&= \mathrm{E}(\mathrm{E}(X^2-2X\theta+\theta^2|\theta)) && \text{(累次求期望)}\\
&= \mathrm{E}(\mathrm{E}(X^2|\theta)-2\theta^2+\theta^2) && (\mathrm{E}(X|\theta)=\mathrm{E}_\theta X=\theta)\\
&= \mathrm{E}(\mathrm{E}(X^2|\theta)-\theta^2)\\
&= \mathrm{E}(X^2)-\mathrm{E}(\theta^2) && \text{(期望的性质)}
\end{aligned}$$

这是求法之一，把条件放在 X 上，我们可以类似计算

$$\begin{aligned}
\mathrm{E}[(X-\theta)^2] &= \mathrm{E}(\mathrm{E}[X^2-2X\theta+\theta^2|X])\\
&= \mathrm{E}(X^2-2X^2+\mathrm{E}(\theta^2|X)) && (\text{由假定}, \mathrm{E}(\theta|X)=X)
\end{aligned}$$

$$=\mathrm{E}(\theta^2)-\mathrm{E}(X^2)$$

比较这两种计算，我们看到不发生矛盾的唯一办法就是 $\mathrm{E}(X^2)=\mathrm{E}(\theta^2)$，而这蕴涵 $\mathrm{E}(X-\theta)^2=0$，所以 $X=\theta$. 这仅发生在 $P(X=\theta)=1$ 这一无趣的情况，因此我们得到一个矛盾. 这样，无论 $\mathrm{E}(X|\theta)\neq\theta$ 或 $\mathrm{E}(\theta|X)\neq X$，都表明后验均值不可能是无偏估计量. 注意这里我们默认 $\mathrm{E}(X^2)<\infty$，但事实上，这个结果在更一般条件下也成立. Bickel and Mallows (1988) 在这个题目上有一个更彻底的展开. 在一个更高级的水准上，Noorbaloochi and Meeden (1983) 刻画了这种联系的特征.

7.5.3 Lehmann-Scheffé 定理

Lehmann-Scheffé 定理代表了数理统计学中的一个主要成就，它把充分性、完全性和唯一性系到了一起. 课文中的展开多少对 Lehmann-Scheffé 定理有所补充，而我们没有以它的经典形式陈述它（它类似于定理 7.3.23）. 事实上，Lehmann-Scheffé 定理是包含在定理 7.3.19 和 7.3.23 之中的.

定理 7.5.1 (Lehmann-Scheffé) 依赖于完全充分统计量的无偏估计量是惟一的.

证明 设 T 是一个完全充分统计量而 $\phi(T)$ 是一个估计量，$\mathrm{E}_\theta\phi(T)=\tau(\theta)$. 由定理 7.3.23 我们知道 $\phi(T)$ 是 $\tau(\theta)$ 的最佳无偏估计量，而由定理 7.3.19，最佳无偏估计量是惟一的. ■

这个定理也能利用完全性而不用定理 7.3.19 证明，这种方法提供一个与定理 7.3.23 稍有不同的证明途径.

7.5.4 再谈 EM 算法

EM 算法起源于十九世纪五十年代的工作（Hartley 1958），但是它真正开始在统计上地位显著起来则是在 Dempster，Laird and Rubin (1977) 的创新性工作之后，这个工作详细叙说了算法的基本结构，并且说明了把它广泛用于各式各样的应用领域.

EM 算法的力量之一就是我们知道收敛到不完全数据 MLE 的条件，尽管这个课题曾经有些不够详尽. Dempster，Laird 和 Rubin 对收敛的原始证明 (1977) 有一个缺陷，但是后来正确的证明由 Boyles (1983) 和 Wu (1983) 给出；也可参看 Finch，Mendell and Thode (1989).

我们的进展停止于定理 7.2.20，它保证似然函数在每次迭代上升. 但是这还不足以推出序列 $\{\hat{\theta}^{(r)}\}$ 收敛到一个极大似然估计量. 这个保证还需要进一步的条件. 以下的定理，它归于 Wu (1983)，保证收敛到一个稳定点，它可能是一个局部极大或者鞍点.

定理 7.5.2 如果完全数据的对数似然 $\mathrm{E}[\log L(\theta|\boldsymbol{y},\boldsymbol{x})|\theta',\boldsymbol{y}]$ 关于 θ，θ' 都是连

续的，则一个 EM 序列$\{\hat{\theta}^{(r)}\}$的所有极限点都是$L(\theta|\mathbf{y})$的稳定点，并且$L(\hat{\theta}^{(r)}|\mathbf{y})$单调地收敛到某个稳定点$\hat{\theta}$的$L(\hat{\theta}|\mathbf{y})$.

在指数族中计算就变简单了，因为对数似然对于缺失数据是线性的，我们可以把它写成

$$\begin{aligned}\mathrm{E}[\log L(\theta\mid \mathbf{y},\mathbf{x})\mid \theta',\mathbf{y}] &= \mathrm{E}_{\theta'}\left[\log\left(h(\mathbf{y},\mathbf{X})\mathrm{e}^{\sum \eta_i(\theta)T_i-B(\theta)}\right)\mid \mathbf{y}\right]\\ &= \mathrm{E}_{\theta'}[\log h(\mathbf{y},\mathbf{X})]+\sum \eta_i(\theta)\mathrm{E}_{\theta'}[T_i\mid \mathbf{y}]-B(\theta)\end{aligned}$$

这样，计算完全数据的 MLE 就只牵涉到较简单的$\mathrm{E}_{\theta'}[T_i|\mathbf{y}]$.

Little and Rubin (1987)，Tanner (1996)，以及 Shafer (1997) 为 EM 算法提供了很好的综述文章；也可参阅 Lehmann and Casella (1998，6.4 节). McLachlan and Krishnan (1997) 提供了一本关于处理 EM 算法的书.

7.5.5 其他的似然

本章我们已经使用了极大似然方法并且看到它不仅为我们提供了一种求估计量的方法，而且带动了对统计推断相当有用的大样本理论.

有很多修订的似然. 有些是用于处理冗余参数的［像截面似然 (profile likelihood)］；另外有的用于处理有更加稳健要求的问题［像拟似然 (quasi likelihood)］；还有用于删失数据情况的［像部分似然 (partial likelihood)］.

似然还有很多其他变种，它们都能对我们这里已经描述过的普通似然做出某些改进. 若要进一步了解这些似然的财富，可以从 Hinkley (1980) 的评论文章或者 Hinkley，Reid and Snell (1991) 编辑的综述文集中找到.

7.5.6 其他的 Bayes 分析

1) 稳健 Bayes 分析 (Robust Bayes Analysis) Bayes 法则有可能对于先验分布的（主观的）选择相当敏感，这引起很多 Bayes 统计学家的关心. Berger (1984) 的文章介绍了稳健 Bayes 分析的思想. 这种 Bayes 分析里找出的估计量对于一定范围的先验分布具有很好的性质. 就是说，我们寻找一个这样的估计量δ^*，它的性能是稳健的，即指在一个先验类中，估计对于哪一个先验是正确的这一点不敏感. 稳健 Bayes 分析也能具有很好的频率学派表现，从而形成颇诱人的方法. Berger (1990，1994) 和 Wasserman (1992) 的评论文章提供了进入这个题目的入口.

2) 经验 Bayes 分析 (Empirical Bayes Analysis) 在标准 Bayes 分析中，先验分布中通常有参数需由试验数指明. 例如，考虑指定

$$X|\theta\sim \mathrm{n}(\theta,1)$$
$$\theta|\tau\sim \mathrm{n}(0,\tau^2)$$

Bayes 试验者指明一个 τ^2 的先验值，Bayes 分析就能进行了．然而，由于 X 的边缘分布是 $n(0,\tau^2+1)$，它含有关于 τ 的信息并可以用来估计 τ．这种从边缘分布估计先验参数的想法正是经验 Bayes 分析的主旨．经验 Bayes 方法对构建改进的方法是有用的，这些被阐明于 Morris（1983）以及 Casella and Hwang（1987）．Gianola and Fernando（1986）已经成功地应用这些方法解决实际问题．经验 Bayes 分析的综合介绍见 Carlin and Louis（1996），技术较少的介绍见 Casella（1985，1992）．

3）多层 Bayes 分析（Hierarchical Bayes Analysis）另外一种在没给出 τ^2 的先验值时处理上述问题的办法是用分层指定，即给出 τ^2 的一个二级先验．例如，我们可以使用

$$X|\theta\sim n(\theta,1)$$

$$\theta|\tau\sim n(0,\tau^2)$$

$$\tau^2\sim U(0,\infty) \qquad \text{（非正常先验）}$$

建立多层模型，无论是 Bayes 的还是非 Bayes 的，都是非常有效的工具并且所给出的答案通常对于基本模型具有相当的稳健性．Lindley and Smith（1972）论证了它们的实用性，从此它们的使用和发展相当普遍．Gelfand and Smith（1990）的开创性文章把多层模型与计算方法结合，扩大了 Bayes 方法的适应性．Lehmann and Casella（1998，4.5 节）给出多层 Bayes 理论的介绍，而 Robert and Casella（1999）则包括了多层 Bayes 的应用及与计算方法的关联．

第 8 章

假设检验

"把奇怪和神秘混为一谈，这是错误的."

夏洛克·福尔摩斯

《血字的研究》

8.1 引言

第 7 章我们研究了一种被称为点估计的推断方法. 现在我们转向另外一种推断方法，即假设检验（hypothesis testing）. 为了反映寻求以及评价假设检验的需要，像第 7 章一样，本章分成两部分. 我们从统计假设的定义开始谈起.

定义 8.1.1 假设（hypothesis）就是关于总体参数的一个陈述.

这个定义是颇为笼统的，但其重点在于假设作出的是关于总体的陈述. 假设检验的目的就是依靠来自总体的样本去决定互补的两个假设哪个为真.

定义 8.1.2 一个假设检验问题中两个互补的假设称为原假设（null hypothesis 译注：原假设也叫零假设）和备择假设（alternative hypothesis）. 把它们分别记作 H_0 和 H_1.

若 θ 表示一个总体参数，原假设和备择假设的一般格式是 $H_0:\theta\in\Theta_0$ 和 $H_1:\theta\in\Theta_0^c$，这里 Θ_0 是参数空间的某子集而 Θ_0^c 是它的补集. 例如，如果 θ 表示一个病人服一种药以后血压的平均变化，而一项试验可能对于检验 $H_0:\theta=0$ 和 $H_1:\theta\neq 0$ 谁更合理感兴趣. 这里原假设说的是在平均意义下这种药对于血压没有影响，而备择假设说的是有一些影响. H_0 所陈述的是治疗无效果，这是一种常见的情形，也正是这种情形，导致术语零假设. 再看另一个例子，一位消费者可能对一个供应商的产品的次品比例感兴趣. 如果 θ 表示次品的比例，此消费者可能想检验 $H_0:\theta\geqslant\theta_0$ 对 $H_1:\theta<\theta_0$. θ_0 值是最大可接受的次品比例，H_0 陈述的是次品的比例高得无法接受. 这种问题叫做验收抽样（acceptance sampling）问题，它的假设关心的是一种产品的质量.

在一个假设检验问题中，试验者在观测到样本以后必须决定是接受 H_0 为真还是认为其为假而拒绝 H_0，即认为 H_1 为真.

定义 8.1.3 一个假设检验过程或者说一个假设检验是一个法则，它明确描述：

i. 对于哪些样本值应该决定接受 H_0 为真.

ii. 对于哪些样本值应该拒绝 H_0 而接受 H_1 为真.

那些由拒绝 H_0 的样本构成的样本空间的子集叫做拒绝区域（rejection region）或者临界区域（critical region）. 拒绝区域的补集叫做接受区域（acceptance region）.

在哲学层面，有人忧虑“拒绝 H_0”和“接受 H_1”的区别. 在第一种情况，没有蕴涵试验者正在接受什么状态，只是说所定义的状态被拒绝. 类似地，有人忧虑“接受 H_0”和“不拒绝 H_0”的区别. 第一个词组蕴涵试验者乐意断言实际情况是 H_0 所描述的，而第二个词组蕴涵试验者实际不相信 H_0 但是没有证据拒绝它. 在多数情况下，我们不去关心这些争论，而把假设检验问题看成这样一个问题：有两个行为我们将要采取其中之一——H_0 还是 H_1.

典型地，一个假设检验是用检验统计量（test statistic）$W(X_1, \cdots, X_n)=W(\boldsymbol{X})$来确定的，它是样本的一个函数. 例如，“如果样本均值 $\overline{X}$ 大于 3，就拒绝 H_0”就是一个检验. 在这个例子中，$W(\boldsymbol{X})=\overline{X}$ 就是检验统计量而拒绝区域是 $\{(x_1, \cdots, x_n): \bar{x}>3\}$. 在 8.2 节将讨论选择检验统计量和拒绝区域的方法. 检验的评价标准放在 8.3 节介绍. 就像在点估计中，求检验的方法也并不含有什么保障，在确立用这些方法产生的检验的价值之前必须要经过评价.

8.2 检验的求法

我们将要细述四种求检验过程的方法，不同的检验过程用于不同的情况，不同的过程又能充分发挥一个问题不同方面的优势. 我们从一种非常一般的方法入手，它应用广泛，并且在某些情况下也是最优的方法.

8.2.1 似然比检验

假设检验的似然比方法与 7.2.2 节讨论的极大似然估计量有关，并且似然比检验就像极大似然估计那样应用广泛. 设 $X_1, \cdots, X_n$ 是来自概率密度函数或概率质量函数为 $f(x|\theta)$（θ 可能是向量）的一组随机样本，回想似然函数的定义

$$L(\theta|x_1, \cdots, x_n)=L(\theta|\boldsymbol{x})=f(\boldsymbol{x}|\theta)=\prod_{i=1}^{n} f(x_i|\theta)$$

设 Θ 表示整个参数空间，似然比检验的定义如下：

定义 8.2.1 关于检验 $H_0: \theta\in\Theta_0$ 对 $H_1: \theta\in\Theta_0^c$ 的似然比检验统计量是

$$\lambda(\boldsymbol{x})=\frac{\sup\limits_{\Theta_0} L(\theta|\boldsymbol{x})}{\sup\limits_{\Theta} L(\theta|\boldsymbol{x})}$$

任何一个拒绝区域的形式为 $\{\boldsymbol{x}: \lambda(\boldsymbol{x})\leqslant c\}$ 的检验都叫做似然比检验（likelihood ratio test，简记为LRT）. 这里 c 是任意一个满足 $0\leqslant c\leqslant 1$ 的数.

似然比检验背后的原理在 $f(x|\theta)$ 是一个离散型随机变量的概率质量函数时可能最易于理解. 在这种情况下，$\lambda(\boldsymbol{x})$ 的分子就是观测样本出现的最大概率，这里最大是指对参数取遍原假设范围的计算而言（见习题8.4）. 而 $\lambda(\boldsymbol{x})$ 的分母则是取遍所有可能的参数时观测样本出现的最大概率. 如果存在备择假设中的参数值，使得样本出现的可能性比所有原假设下的参数对应的可能性更大的话，这两个最大值之比就小. 在这种情况下LRT准则就说 H_0 应该被拒绝而接受 H_1 为真. 选择数 c 的方法放在8.3节讨论.

如果我们想一想最大值是分别在整个参数空间（无限制的最大）和在参数空间的一个子集（受限制的最大）上求得的话，似然比检验与极大似然估计的对应就变得更清楚了. 设 θ 存在一个 MLE $\hat{\theta}$，$\hat{\theta}$ 是通过做 $L(\theta|\boldsymbol{x})$ 的无限制最大化得到的. 我们也可以假定 Θ_0 是参数空间而考虑 θ 的 MLE，记为 $\hat{\theta}_0$，通过做有限制的最大化得到它. 即 $\hat{\theta}_0$ 是 $\theta\in\Theta_0$ 中最大化 $L(\theta|\boldsymbol{x})$ 的 θ 值. 于是，LRT统计量就是

$$\lambda(\boldsymbol{x})=\frac{L(\hat{\theta}_0|\boldsymbol{x})}{L(\hat{\theta}|\boldsymbol{x})}$$

例 8.2.2（正态 LRT） 设 $X_1,\cdots,X_n$ 是来自一个 $\mathrm{n}(\theta,1)$ 总体的随机样本. 考虑检验 $H_0:\theta=\theta_0$ 对 $H_1:\theta\neq\theta_0$，这里 θ_0 是试验者在试验以前就已设定的数. 由于仅规定了 H_0 的一个值，所以 $\lambda(\boldsymbol{x})$ 的分子就是 $L(\theta_0|\boldsymbol{x})$. 在例7.2.5求过 θ 的（无限制的）MLE是 $\overline{X}$，即样本均值. 于是 $\lambda(\boldsymbol{x})$ 的分母是 $L(\overline{X}|\boldsymbol{x})$. 这样，LRT统计量为

(8.2.1)
$$\lambda(\boldsymbol{x})=\frac{(2\pi)^{-n/2}\exp\left[-\sum_{i=1}^{n}(x_i-\theta_0)^2/2\right]}{(2\pi)^{-n/2}\exp\left[-\sum_{i=1}^{n}(x_i-\overline{x})^2/2\right]}$$

$$=\exp\left[\left(-\sum_{i=1}^{n}(x_i-\theta_0)^2+\sum_{i=1}^{n}(x_i-\overline{x})^2\right)/2\right]$$

注意到这个表达式可以利用恒等式

$$\sum_{i=1}^{n}(x_i-\theta_0)^2=\sum_{i=1}^{n}(x_i-\overline{x})^2+n(\overline{x}-\theta_0)^2$$

得到化简. 于是LRT统计量是

(8.2.2)
$$\lambda(\boldsymbol{x})=\exp[-n(\overline{x}-\theta_0)^2/2]$$

LRT检验对于小的 $\lambda(\boldsymbol{x})$ 值拒绝 H_0. 因此，根据式（8.2.2），拒绝区域 $\{\boldsymbol{x}:\lambda(\boldsymbol{x})\leqslant c\}$ 可以写成

$$\{\boldsymbol{x}:|\overline{x}-\theta_0|\geqslant\sqrt{-2(\log c)/n}\}$$

因为 c 取值于 0 到 1 之间，于是 $\sqrt{-2(\log c)/n}$ 取值 0 到 ∞. 这样，LRT 检验恰恰是这样一种检验：当样本均值与假设的值 θ_0 的差别超过一个指定的数量时，就拒绝 $H_0: \theta=\theta_0$. ‖

例 8.2.2 的分析的典型性在于，首先根据定义 8.2.1 求得 $\lambda(\boldsymbol{x})$ 的表达式，如同我们在 8.2.1 小节做的那样. 然后就化简拒绝区域的描述，如果有可能，化简成关于一个更简单的统计量的表达式，例如这里的 $|\bar{x}-\theta_0|$.

例 8.2.3（指数分布 LRT） 设 $X_1, \cdots, X_n$ 是来自指数分布总体的随机样本，总体的密度函数为

$$f(x|\theta)=\begin{cases}\mathrm{e}^{-(x-\theta)} & x\geqslant\theta\\ 0 & x<\theta\end{cases}$$

其中 $-\infty<\theta<\infty$. 似然函数为

$$L(\theta|\boldsymbol{x})=\begin{cases}\mathrm{e}^{-\sum x_i+n\theta} & \theta\leqslant x_{(1)}\\ 0 & \theta>x_{(1)}\end{cases}\qquad (x_{(1)}=\min x_i)$$

考虑检验 $H_0: \theta\leqslant\theta_0$ 对 $H_1: \theta>\theta_0$，这里 θ_0 是试验者指定的一个数. 显然 $L(\theta|\boldsymbol{x})$ 是 θ 在 $-\infty<\theta\leqslant x_{(1)}$ 上的一个增函数. 从而 $\lambda(\boldsymbol{x})$ 的分母，也就是 $L(\theta|\boldsymbol{x})$ 的无约束最大值为

$$L(x_{(1)}|\boldsymbol{x}) = \mathrm{e}^{-\sum x_i+nx_{(1)}}$$

当 $x_{(1)}\leqslant\theta_0$ 时，$\lambda(\boldsymbol{x})$ 的分子也是 $L(x_{(1)}|\boldsymbol{x})$. 由于我们是在 $\theta\leqslant\theta_0$ 上最大化 $L(\theta|\boldsymbol{x})$，从而当 $x_{(1)}>\theta_0$，$\lambda(\boldsymbol{x})$ 的分子为 $L(\theta_0|\boldsymbol{x})$. 因此，似然比检验统计量是

$$\lambda(\boldsymbol{x})=\begin{cases}1 & x_{(1)}\leqslant\theta_0\\ \mathrm{e}^{-n(x_{(1)}-\theta_0)} & x_{(1)}>\theta_0\end{cases}$$

346

$\lambda(\boldsymbol{x})$ 的图形如图 8.2.1 所示. LRT 检验是一个"若 $\lambda(\boldsymbol{x})\leqslant c$ 就拒绝 H_0"的检验，这里即拒绝区域为 $\{\boldsymbol{x}: x_{(1)}\geqslant\theta_0-\frac{\log c}{n}\}$ 的检验. 注意拒绝区域仅通过充分统计量 $X_{(1)}$ 来依赖于样本，我们将在定理 8.2.4 看到这种情况的普遍性. ‖

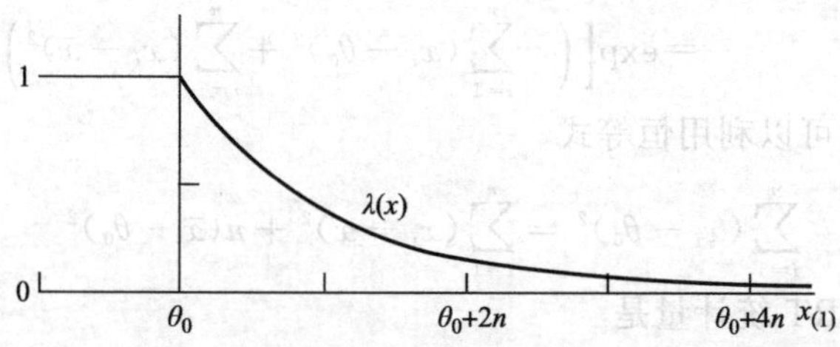

图 8.2.1 $\lambda(\boldsymbol{x})$，一个只依赖于 $x_{(1)}$ 的函数.

例 8.2.3 再次说明了在 7.2.2 节表达过的一点，似然函数的微分法并不是求 MLE 的唯一方法. 在例 8.2.3 中，$L(\theta|\boldsymbol{x})$ 在 $\theta=x_{(1)}$ 是不可微的.

如果 $T(\boldsymbol{X})$ 是关于 θ 的一个充分统计量，它的概率密度函数或概率质量函数是 $g(t|\theta)$，则我们可以考虑基于 T 及其似然函数 $L^*(\theta|t)=g(t|\theta)$ 来构造一个LRT，而不是基于 $\boldsymbol{X}$ 及其似然函数 $L(\theta|\boldsymbol{x})$. 设 $\lambda^*(t)$ 表示基于 T 的似然比检验统计量. 直观上看来，$\boldsymbol{x}$ 中关于 θ 的全部信息都包含在 $T(\boldsymbol{x})$ 中，故而依赖于 T 的检验应该和依赖于全部样本 $\boldsymbol{X}$ 的检验同样好. 事实上这两个检验是等价的.

定理 8.2.4 设 $T(\boldsymbol{X})$ 是关于 θ 的一个充分统计量，而 $\lambda^*(t)$ 和 $\lambda(\boldsymbol{x})$ 分别是依赖于 T 和 $\boldsymbol{X}$ 的LRT统计量，则对于样本空间内每一个 $\boldsymbol{x}$，有 $\lambda^*(T(\boldsymbol{x}))=\lambda(\boldsymbol{x})$.

证明 根据因子分解定理（定理6.2.6），X 的概率密度函数或概率质量函数可以写成 $f(\boldsymbol{x}|\theta)=g(T(\boldsymbol{x})|\theta)h(\boldsymbol{x})$，其中 $g(t|\theta)$ 是 T 的概率密度函数或概率质量函数而 $h(\boldsymbol{x})$ 不依赖于 θ. 于是

$$
\begin{aligned}
\lambda(\boldsymbol{x})&=\frac{\sup\limits_{\Theta_0} L(\theta|\boldsymbol{x})}{\sup\limits_{\Theta} L(\theta|\boldsymbol{x})}\\
&=\frac{\sup\limits_{\Theta_0} f(\boldsymbol{x}|\theta)}{\sup\limits_{\Theta} f(\boldsymbol{x}|\theta)}\\
&=\frac{\sup\limits_{\Theta_0} g(T(\boldsymbol{x})|\theta)h(\boldsymbol{x})}{\sup\limits_{\Theta} g(T(\boldsymbol{x})|\theta)h(\boldsymbol{x})} && (T\text{ 是充分的})\\
&=\frac{\sup\limits_{\Theta_0} g(T(\boldsymbol{x})|\theta)}{\sup\limits_{\Theta} g(T(\boldsymbol{x})|\theta)} && (h(\boldsymbol{x})\text{不依赖于 }\theta)\\
&=\frac{\sup\limits_{\Theta_0} L^*(\theta|T(\boldsymbol{x}))}{\sup\limits_{\Theta} L^*(\theta|T(\boldsymbol{x}))} && (g(t|\theta)\text{是 }T\text{ 的 pdf 或 pmf})\\
&=\lambda^*(T(\boldsymbol{x}))
\end{aligned}
$$

□

例 8.2.2 后面的短评讲过，在找到 $\lambda(\boldsymbol{x})$ 的一个表达式以后，我们试图化简该表达式. 按照定理 8.2.4 的说法，这段短评就是讲如果 $T(\boldsymbol{X})$ 是一个关于 θ 的充分统计量，那么对 $\lambda(\boldsymbol{x})$ 进行化简后结果应该仅通过 $T(\boldsymbol{x})$ 依赖于 $\boldsymbol{x}$.

例 8.2.5（LRT与充分性） 在例 8.2.2，我们认识到 $\bar{X}$ 是关于 θ 的一个充分统计量 $\left(\bar{X}\sim \mathrm{n}\left(\theta,\ \frac{1}{n}\right)\right)$. 可以利用关联于 $\bar{X}$ 的似然函数更容易地达到这样的结论：$H_0:\theta=\theta_0$ 对 $H_1:\theta\neq\theta_0$ 的似然比检验当值 $|\bar{x}-\theta_0|$ 过大时拒绝 H_0. 类似地，在例 8.2.3 中，$X_{(1)}=\min X_i$ 是关于 θ 的一个充分统计量. $X_{(1)}$ 的似然函数（即 $X_{(1)}$ 的概率密度函数）是

$$
L^*(\theta|x_{(1)})=\begin{cases} n\mathrm{e}^{-n(x_{(1)}-\theta)} & \theta\leqslant x_{(1)}\\ 0 & \theta>x_{(1)}\end{cases}
$$

也可以利用这个似然函数推导出：$H_0: \theta \leqslant \theta_0$ 对 $H_1: \theta > \theta_0$ 的似然比检验当值 $X_{(1)}$ 大时拒绝 H_0. ‖

似然比检验在有冗余参数（nuisance parameter，也叫多余参数，讨厌参数）存在的情况下也是有用的，冗余就是讲这些参数出现在模型当中但是它们并不直接引起推断上的兴趣. 这些冗余参数的存在虽然并不影响 LRT 的构造方法，但是如同人们所料，冗余参数的存在将会导致不同的检验.

例 8.2.6（方差未知情况正态的 LRT） 设 $X_1, \cdots, X_n$ 是来自正态 $\mathrm{n}(\mu, \sigma^2)$ 总体的一组随机样本，一位试验者仅对关于 μ 的像检验 $H_0: \mu \leqslant \mu_0$ 对 $H_1: \mu > \mu_0$ 这样的推断感兴趣，此时参数 σ^2 就是一个冗余参数. LRT 统计量是

$$\lambda(\boldsymbol{x}) = \frac{\max\limits_{\{\mu,\sigma^2: \mu \leqslant \mu_0, \sigma^2 > 0\}} L(\mu, \sigma^2 | \boldsymbol{x})}{\max\limits_{\{\mu,\sigma^2: -\infty < \mu < \infty, \sigma^2 > 0\}} L(\mu, \sigma^2 | \boldsymbol{x})} = \frac{\max\limits_{\{\mu,\sigma^2: \mu \leqslant \mu_0, \sigma^2 > 0\}} L(\mu, \sigma^2 | \boldsymbol{x})}{L(\hat{\mu}, \hat{\sigma}^2 | \boldsymbol{x})}$$

其中 $\hat{\mu}$ 和 $\hat{\sigma}^2$ 是 μ 和 σ^2 的极大似然估计（见例 7.2.11）. 进一步，如果 $\hat{\mu} \leqslant \mu_0$，那么受限制的最大与无限制的最大是一样的；而如果 $\hat{\mu} > \mu_0$，受限制的最大值就是 $L(\mu_0, \hat{\sigma}_0^2 | \boldsymbol{x})$，其中 $\hat{\sigma}_0^2 = \sum (x_i - \mu_0)^2 / n$，于是

$$\lambda(\boldsymbol{x}) = \begin{cases} 1 & \hat{\mu} \leqslant \mu_0 \\ \dfrac{L(\mu_0, \hat{\sigma}_0^2 | \boldsymbol{x})}{L(\hat{\mu}, \hat{\sigma}^2 | \boldsymbol{x})} & \hat{\mu} > \mu_0 \end{cases}$$

经过一些代数运算可以证明，基于 $\lambda(\boldsymbol{x})$ 的检验等价于一个基于 t-统计量的检验. 细节留在习题 8.37（习题 8.37～习题 8.42 也处理冗余参数问题）. ‖

8.2.2 Bayes 检验

假设检验也可以在 Bayes 模型里面被系统地描述. 回顾 7.2.3 节，一个 Bayes 模型不仅包括抽样分布 $f(\boldsymbol{x}|\theta)$ 而且还包括先验分布 $\pi(\theta)$，先验分布反映了在抽样前试验者关于参数的看法.

Bayes 范式规定利用 Bayes 定理把样本信息与先验信息结合以得到后验分布 $\pi(\theta|\boldsymbol{x})$. 所有关于 θ 的推断都基于后验分布进行.

在一个假设检验问题中，后验分布可以被用来计算 H_0 和 H_1 为真的概率. 记住，$\pi(\theta|\boldsymbol{x})$ 是一个随机变量的概率分布. 因此，后验概率 $P(\theta \in \Theta_0 | \boldsymbol{x}) = P(H_0$ 为真$|\boldsymbol{x})$ 与 $P(\theta \in \Theta_0^{\mathrm{C}} | \boldsymbol{x}) = P(H_1$ 为真 $| \boldsymbol{x})$ 都可以计算出来.

概率 $P(H_0$ 为真 $| \boldsymbol{x})$ 与 $P(H_1$ 为真$|\boldsymbol{x})$ 对于经典统计学家是没有意义的. 经典统计学家把 θ 考虑为一个固定的数. 因而，一个假设或是真或是假. 如果 $\theta \in \Theta_0$，

那么对于所有的 $\boldsymbol{x}$ 值都有 $P(H_0$ 为真 $|\ \boldsymbol{x})=1$ 与 $P(H_1$ 为真 $|\ \boldsymbol{x})=0$. 如果 $\theta\in\Theta_0^C$，那么这些值则反过来. 由于这些概率是未知的（因为 θ 未知）并且不依赖于样本 $\boldsymbol{x}$，所以它们不被经典统计学家所用. 在一个假设检验问题的 Bayes 表述中，这些概率是依赖于样本 $\boldsymbol{x}$ 的，并且能给出关于 H_0 和 H_1 的真实性的有用信息.

Bayes 假设检验者利用后验分布进行假设检验，一种可能的方法是：如果 $P(\theta\in\Theta_0|\boldsymbol{X})\geqslant P(\theta\in\Theta_0^C|\boldsymbol{X})$ 就接受 H_0 为真否则就拒绝 H_0. 用以前各节的术语，检验统计量即样本的一个函数，在这里就是 $P(\theta\in\Theta_0^C\ |\ \boldsymbol{X})$，而拒绝区域就是 $\left\{x : P(\theta\in\Theta_0^C|\boldsymbol{x})>\frac{1}{2}\right\}$. 还有另外一种利用后验分布的方法，就是如果 Bayes 假设检验者希望防止错误地拒绝 H_0，那么他只有在 $P(\theta\in\Theta_0^C|\boldsymbol{X})$ 超过某个大的数，譬如 0.99 的时候才可能拒绝 H_0.

例 8.2.7（正态 Bayes 检验） 设 X_1，…，X_n iid 是 $\mathrm{n}(\theta, \sigma^2)$ 的，并且设关于 θ 的先验分布是 $\mathrm{n}(\mu, \tau^2)$ 的，其中 σ^2，μ 和 τ^2 为已知. 考虑检验 $H_0 : \theta\leqslant\theta_0$ 对 $H_1 : \theta>\theta_0$. 从例 7.2.16，后验分布 $\pi(\theta|\bar{x})$ 是均值为 $(n\tau^2\bar{x}+\sigma^2\mu)/(n\tau^2+\sigma^2)$ 而方差为 $\tau^2\sigma^2/(n\tau^2+\sigma^2)$ 的正态分布.

如果我们决定当且仅当 $P(\theta\in\Theta_0|\boldsymbol{X})\geqslant P(\theta\in\Theta_0^C|\boldsymbol{X})$ 时接受 H_0，则我们接受 H_0 当且仅当

$$\frac{1}{2}\leqslant P(\theta\in\Theta_0|\boldsymbol{X})=P(\theta\leqslant\theta_0|\boldsymbol{X})$$

因为 $\pi(\theta|\bar{x})$ 是对称的，因此上式为真当且仅当 $\pi(\theta|\bar{x})$ 的均值 $\leqslant\theta_0$. 所以如果

$$\bar{x}\leqslant\theta_0+\frac{\sigma^2(\theta_0-\mu)}{n\tau^2}$$

就接受 H_0 为真，否则就接受 H_1 为真. 特别地，如果 $\mu=\theta_0$，先验于试验之前把 H_0 和 H_1 的概率都指定为 $\frac{1}{2}$，这时若 $\bar{x}\leqslant\theta_0$ 则接受 H_0 为真否则接受 H_1. ‖

其它利用后验分布在假设检验问题上做推断的方法放在 8.3.5 节中讨论.

8.2.3 并-交检验与交-并检验

在某些情况，对复杂原假设的检验能够从对较简单的原假设的检验得到. 我们来讨论两种有关的方法.

用并-交方法（union-intersection method）构造检验，可能在原假设被方便地表示成一个交集时有用，设

$$H_0 : \theta\in\bigcap_{\gamma\in\Gamma}\Theta_\gamma \tag{8.2.3}$$

其中 Γ 是一个任意的指标集合，可能有限或无限，它依赖于问题. 假定有了关于每一个检验问题 $H_{0\gamma} : \theta\in\Theta_\gamma$ 对 $H_{1\gamma} : \theta\in\Theta_\gamma^C$ 的检验. 设关于检验 $H_{0\gamma}$ 的拒绝区域是 $\{\boldsymbol{x} : T_\gamma(\boldsymbol{x})\in R_\gamma\}$，则关于并-交检验的拒绝区域就是

(8.2.4) $$\bigcup_{\gamma \in \Gamma}\{\boldsymbol{x}: T_\gamma(\boldsymbol{x}) \in R_\gamma\}$$

这样做的原理是简单的. 根据式 (8.2.3), 只有对于每一个 $H_{0\gamma}$ 都真, H_0 才真, 假如任何一个假设 $H_{0\gamma}$ 被拒绝了, H_0 必须也被拒绝. 只有每一个 $H_{0\gamma}$ 都被接受为真, 交集 H_0 才被接受为真.

在某些情况, 能够求得一个并-交检验的拒绝区域的简单的表达式. 特别地, 若每一个个别检验都具有 $\{\boldsymbol{x}: T_\gamma(\boldsymbol{x})>c\}$ 形式的拒绝区域, 其中 c 不依赖于 γ. 这时由式 (8.2.4) 给出的并-交检验的拒绝区域能够表示成

$$\bigcup_{\gamma \in \Gamma}\{\boldsymbol{x}: T_\gamma(\boldsymbol{x})>c\}=\{\boldsymbol{x}: \sup_{\gamma \in \Gamma} T_\gamma(\boldsymbol{x})>c\}$$

这样, 关于 H_0 的检验统计量就是 $T(\boldsymbol{x})=\sup_{\gamma \in \Gamma} T_\gamma(\boldsymbol{x})$. 在一些例子中, $T(\boldsymbol{x})$ 有简单的公式, 这些例子会在第 11 章找到.

例 8.2.8 (正态并-交检验) 设 $X_1, \cdots, X_n$ 是来自正态 $\mathrm{n}(\mu, \sigma^2)$ 总体的一组随机样本. 考虑检验 $H_0: \mu=\mu_0$ 对 $H_1: \mu \neq \mu_0$, 此处 μ_0 是一个指定的数. 我们可以把 H_0 写成两个集合的交集,

$$H_0: \{\mu: \mu \leqslant \mu_0\} \cap \{\mu: \mu \geqslant \mu_0\}$$

$H_{0L}: \mu \leqslant \mu_0$ 对 $H_{1L}: \mu>\mu_0$ 的 LRT 是

$$\text{如果} \frac{\bar{X}-\mu_0}{S/\sqrt{n}} \geqslant t_L \text{ 就拒绝 } H_{0L} \text{ 而接受 } H_{1L}.$$

(见习题 8.37). 类似地, $H_{0U}: \mu \geqslant \mu_0$ 对 $H_{1U}: \mu<\mu_0$ 的 LRT 是

$$\text{如果} \frac{\bar{X}-\mu_0}{S/\sqrt{n}} \leqslant t_U \text{ 就拒绝 } H_{0U} \text{ 而接受 } H_{1U}$$

这样, 从这两个 LRT 就生成了 $H_0: \mu=\mu_0$ 对 $H_1: \mu \neq \mu_0$ 的并-交检验为

$$\text{如果} \frac{\bar{X}-\mu_0}{S/\sqrt{n}} \geqslant t_L \text{ 或者} \frac{\bar{X}-\mu_0}{S/\sqrt{n}} \leqslant t_U \text{ 就拒绝 } H_0$$

如果 $t_L=-t_U \geqslant 0$, 这个并-交检验就可以更简单地表示为

$$\text{如果} \frac{|\bar{X}-\mu_0|}{S/\sqrt{n}} \geqslant t_L \text{ 就拒绝 } H_0$$

结果表明, 这个并-交检验也就是这个问题的 LRT (见习题 8.37), 它叫做双侧 t 检验 (two-sided t test). ‖

用并-交方法构造检验, 在原假设被方便地表示成一个交集时是有用的. 另外一种方法, 即交-并方法 (intersection-union method), 则当原假设被方便地表示成一个并集时可能是有用的. 设要检验原假设

(8.2.5) $$H_0: \theta \in \bigcup_{\gamma \in \Gamma} \Theta_\gamma$$

假定对于每一个 $\gamma \in \Gamma$, $\{\boldsymbol{x}: T_\gamma(\boldsymbol{x}) \in R_\gamma\}$ 是检验问题 $H_{0\gamma}: \theta \in \Theta_\gamma$ 对 $H_{1\gamma}: \theta \in \Theta_\gamma^{\mathrm{c}}$ 的拒绝区域. 则关于 H_0 对 H_1 的交-并检验的拒绝区域就是

(8.2.6) $$\bigcap_{\gamma\in\Gamma}\{\boldsymbol{x}:T_\gamma(\boldsymbol{x})\in R_\gamma\}$$

根据式 (8.2.5)，H_0 为假当且仅当所有的 $H_{0\gamma}$ 都假，所以 H_0 能够被拒绝当且仅当每一个 $H_{0\gamma}$ 都能被拒绝. 特别，若每一个个别检验都具有 $\{\boldsymbol{x}:T_\gamma(\boldsymbol{x})\geqslant c\}$ 形式的拒绝区域，其中 c 不依赖于 γ，检验就能够被大大简化，这种情况时，H_0 的拒绝区域为

$$\bigcap_{\gamma\in\Gamma}\{\boldsymbol{x}:T_\gamma(\boldsymbol{x})\geqslant c\}=\{\boldsymbol{x}:\inf_{\gamma\in\Gamma}T_\gamma(\boldsymbol{x})\geqslant c\}$$

这里，交-并检验统计量就是 $\inf\limits_{\gamma\in\Gamma}T_\gamma(\boldsymbol{x})$. 当这个统计量过大时检验就拒绝 H_0.

例 8.2.9 (验收抽样) 验收抽样这一课题给交-并检验提供了一个极好的实际应用，本例就要说明之.（有关这个问题更详细的处理方法参见 Berger 1982.）

在评估装饰织品的质量中有两个参数是重要的，它们是平均断裂强度 θ_1 与通过可燃性试验的概率 θ_2. 设规定 θ_1 应当超过 50 磅，θ_2 应当超过 0.95，并且只有在织物对这些标准都满足时才能被接受. 这个问题能用以下假设检验描述：

$$H_0:\ \{\theta_1\leqslant 50 \text{ 或者 } \theta_2\leqslant 0.95\} \text{ 对 } H_1:\ \{\theta_1>50 \text{ 并且 } \theta_2>0.95\}$$

只有当接受 H_1 才能接受一批材料.

设 $X_1,\cdots,X_n$ 是断裂强度的 n 个测试样本并且假定是 iid $\mathrm{n}(\theta_1,\sigma^2)$ 的. 如果 $(\bar{X}-50)/(S/\sqrt{n})>t$，$H_{01}:\theta_1\leqslant 50$ 的 LRT 就拒绝 H_{01}. 假定我们又有 m 个可燃性试验结果，记作 $Y_1,\cdots,Y_m$，其中在第 i 个样品测试通过时 $Y_i=1$，否则 $Y_i=0$. 如果 $Y_1,\cdots,Y_m$ 用 iid 的 m 个 Bernoulli (θ_2) 随机变量描述，那么当 $\sum\limits_{i=1}^{n}Y_i>b$ 时，LRT 就拒绝 $H_{02}:\theta_2\leqslant 0.95$（见习题 8.3）. 把这些汇总到一起，交-并检验的拒绝区域是

$$\left\{(\boldsymbol{x},\boldsymbol{y}):\frac{\bar{x}-50}{s/\sqrt{n}}\geqslant t \text{ 且 } \sum_{i=1}^{m}y_i>b\right\}$$

这样，交-并检验决定此产品被接收，即 H_1 为真，当且仅当每一个参数达到了它的标准，即 H_{1i} 为真. 如果是由两个以上的参数规定产品的质量，就可以用交-并的方法把各个参数检验联合成一个产品质量的全面检验. ‖

8.3 检验的评价方法

决定接受或拒绝原假设 H_0，试验者可能犯错误. 通常，要用犯错误的概率来评价和比较假设检验. 在这一节我们讨论如何控制犯这些错误的概率，在某些情况，甚至能决定哪些检验具有最小的犯错误的概率.

8.3.1 错误概率与功效函数

$H_0:\theta\in\Theta_0$ 对 $H_1:\theta\in\Theta_0^{\mathrm{c}}$ 的一个假设检验可能犯两类错误之一. 按照传统，

给予了这两类错误很容易记忆的名称：第一类错误（Type Ⅰ Error）和第二类错误（Type Ⅱ Error）. 如果 $\theta\in\Theta_0$ 但是假设检验不正确地判定拒绝 H_0，于是检验就犯了第一类错误. 另一方面，$\theta\in\Theta_0^{\mathrm{C}}$ 但是假设检验判定接受 H_0，检验就犯了第二类错误. 这两种不同的情况由表 8.3.1 描述出来.

设 R 表示一个检验的拒绝区域. 则当 $\theta\in\Theta_0$ 的时候，如果 $\boldsymbol{x}\in R$，这个检验就会犯一个错误，所以犯第一类错误的概率是 $P_\theta(\boldsymbol{X}\in R)$. 当 $\theta\in\Theta_0^{\mathrm{C}}$ 的时候，犯第二类错误的概率是 $P_\theta(\boldsymbol{X}\in R^{\mathrm{C}})$. 由 R 换到 R^{C} 有些容易混淆，但是如果我们认识到 $P_\theta(\boldsymbol{X}\in R^{\mathrm{C}})=1-P_\theta(\boldsymbol{X}\in R)$，就会看到 $P_\theta(\boldsymbol{X}\in R)$ 作为 θ 的函数，它包含着这个拒绝区域为 R 的检验的所有信息. 我们有

表 8.3.1　假设检验中的两类错误

		判　决	
		接受 H_0	拒绝 H_0
真实情况	H_0	正确判决	第一类错误
	H_1	第二类错误	正确判决

$$P_\theta(\boldsymbol{X}\in R)=\begin{cases}\text{犯第一类错误的概率} & \text{如果 } \theta\in\Theta_0\\ 1-\text{犯第二类错误的概率} & \text{如果 } \theta\in\Theta_0^{\mathrm{C}}\end{cases}$$

这一考虑引出以下的定义.

定义 8.3.1　一个拒绝区域为 R 的假设检验的功效函数（power function）是由 $\beta(\theta)=P_\theta(\boldsymbol{X}\in R)$ 所定义的函数.

理想的功效函数对于所有的 $\theta\in\Theta^0$ 函数值是 0 而对于所有的 $\theta\in\Theta_0^{\mathrm{C}}$ 函数值是 1. 除非在平凡情况，这种理想不可能达到. 一个好的检验的功效函数在大多数的 $\theta\in\Theta_0^{\mathrm{C}}$ 上接近于 1 而在大多数的 $\theta\in\Theta_0$ 上接近于 0.

例 8.3.2（功效函数　二项分布）　设 $X\sim\mathrm{binomial}\ (5,\theta)$. 考虑检验 H_0：$\theta\leqslant\frac{1}{2}$ 对 H_1：$\theta>\frac{1}{2}$. 先考虑这样一个检验：拒绝 H_0 当且仅当观测到全都"成功". 这个检验的功效函数就是

$$\beta_1(\theta)=P_\theta(X\in R)=P_\theta(X=5)=\theta^5$$

$\beta_1(\theta)$ 的图形画在图 8.3.1 中. 考察这个功效函数，发现虽然在所有的 $\theta\leqslant\frac{1}{2}$ 处犯第一类错误的概率低到可以接受 $\left(\beta_1(\theta)\leqslant\left(\frac{1}{2}\right)^5=0.0312\right)$，但是对多数的 $\theta>\frac{1}{2}$ 的情况，犯第二类错误的概率太高（$\beta_1(\theta)$ 太小）了. 只有在 $\theta>\left(\frac{1}{2}\right)^{1/5}=0.87$ 时，犯第二类错误的概率才能少于 $\frac{1}{2}$. 为了实现较小的犯第二类错误的概率，我们考虑用

第二个检验：当 $X=3$，4 或 5 时拒绝 H_0. 这个检验的功效函数就是

$$\beta_2(\theta)=P_\theta(X=3，4\text{ 或 }5)$$
$$=\binom{5}{3}\theta^3(1-\theta)^2+\binom{5}{4}\theta^4(1-\theta)^1+\binom{5}{5}\theta^5(1-\theta)^0$$

$\beta_2(\theta)$的图形也画在图 8.3.1 上．从图 8.3.1 中可以看到当 $\theta>\frac{1}{2}$的时候，实现了较小的犯第二类错误的概率，这是由于这时这个检验的 $\beta_2(\theta)$ 比较大. 但是这个检验犯第一类错误的概率比较大；当 $\theta\leqslant\frac{1}{2}$的时候，$\beta_2(\theta)$是比较大的. 如果要在这两个检验当中挑选一个，研究者必须确定由 $\beta_1(\theta)$描述的错误结构或由 $\beta_2(\theta)$描述的错误结构，哪种更是可以接受的. ‖

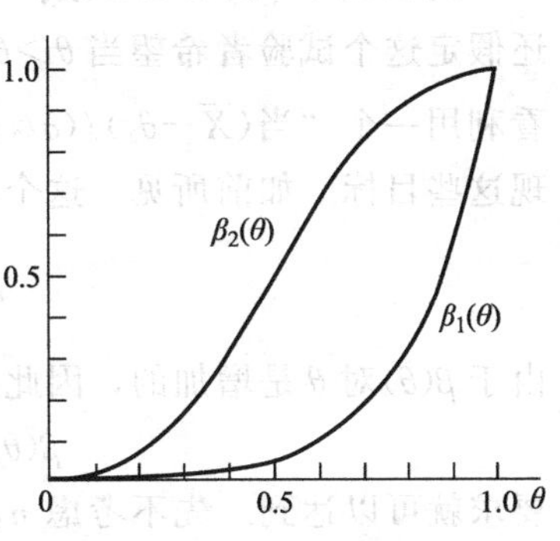

图 8.3.1 例 8.3.2 的功效函数

例 8.3.3（功效函数 正态分布） 设 X_1，…，X_n 是来自正态 $\mathrm{n}(\theta,\sigma^2)$总体的随机样本，$\sigma^2$已知. 检验问题 $H_0:\theta\leqslant\theta_0$ 对 $H_1:\theta>\theta_0$ 的一个 LRT 为：如果$(\overline{X}-\theta_0)/(\sigma/\sqrt{n})>c$ 则拒绝 H_0（见习题 8.37）. 常数 c 可以是任何正数. 这个检验的功效函数是

$$\beta(\theta)=P_\theta\left(\frac{\overline{X}-\theta_0}{\sigma/\sqrt{n}}>c\right)$$
$$=P_\theta\left(\frac{\overline{X}-\theta}{\sigma/\sqrt{n}}>c+\frac{\theta_0-\theta}{\sigma/\sqrt{n}}\right)$$
$$=P_\theta\left(Z>c+\frac{\theta_0-\theta}{\sigma/\sqrt{n}}\right)$$

其中 Z 是一个标准正态随机变量，这是因为$(\overline{X}-\theta)/(\sigma/\sqrt{n})\sim\mathrm{n}(0,1)$. 当 θ 由 $-\infty$ 增加到∞，易见这个正态概率由 0 增加到 1. 从而得到 $\beta(\theta)$是 θ 的一个增函数，并且有

$$\lim_{\theta\to-\infty}\beta(\theta)=0，\lim_{\theta\to\infty}\beta(\theta)=1，\text{以及 } P(Z>c)=\alpha \text{ 时 } \beta(\theta_0)=\alpha$$

图 8.3.2 画的是取 $c=1.28$ 时 $\beta(\theta)$ 的图形. ‖

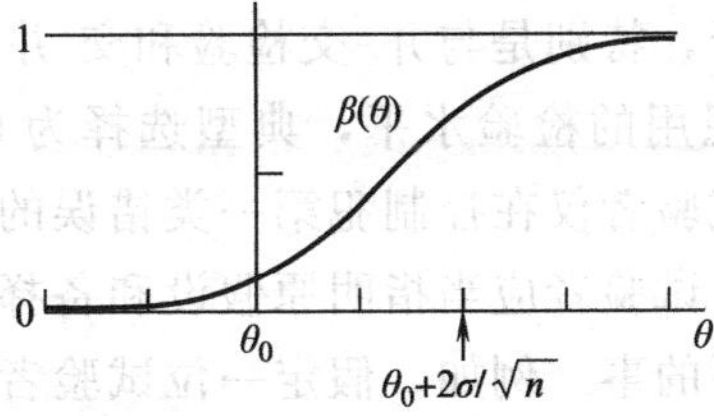

图 8.3.2 例 8.3.3 的功效函数

一个检验的功效函数依赖于样本量 n，这是有代表性的. 如果 n 可以由试验者选择，对功效函数进行考虑，就能帮助其决定在一个试验中取多大的样本量合适.

例 8.3.4 (例 8.3.3 续) 设试验者希望检验犯第一类错误的最大概率是 0.1. 还假定这个试验者希望当 $\theta>\theta_0+\sigma$ 时犯第二类错误的最大概率是 0.2. 我们现在来看利用一个"当 $(\bar{X}-\theta_0)/(\sigma/\sqrt{n})>c$ 时则拒绝 H_0"的检验，应如何选择 c 和 n 以实现这些目标. 如前所见，这个检验的功效函数是

$$\beta(\theta)=P_\theta\left(Z>c-\frac{\theta_0-\theta}{\sigma/\sqrt{n}}\right)$$

由于 $\beta(\theta)$ 对 θ 是增加的，因此如果

$$\beta(\theta)=0.1 \text{ 并且 } \beta(\theta_0+\sigma)=0.8$$

要求就可以达到. 先不考虑 n，选 $c=1.28$，则有 $\beta(\theta_0)=P(Z>1.28)=0.1$. 现在选 n 以使 $\beta(\theta_0+\sigma)=P(Z>1.28-\sqrt{n})=0.8$. 由于 $P(Z>-0.84)=0.8$，所以令 $1.28-\sqrt{n}=-0.84$ 并解出 n，得 $n=4.49$. 当然 n 必须是个整数. 于是取 $c=1.28$ 和 $n=5$，就得到一个犯错误的概率控制在试验者具体要求范围内的检验. ‖

对于一个固定的样本量，一般不可能做到使得犯两类错误的概率同时任意地小. 追求一个好的检验，通常将考虑限制在能把犯第一类错误的概率控制在一个指定水平上的那些检验上. 在这类检验当中，我们再去追求犯第二类错误的概率尽可能小的检验. 以下两个术语在讨论控制犯第一类错误的概率时是有用的.

定义 8.3.5 设 $0\leqslant\alpha\leqslant1$，称一个功效函数为 $\beta(\theta)$ 的检验是真实水平为 α 的检验 (size α test) 如果 $\sup_{\theta\in\Theta_0}\beta(\theta)=\alpha$.

定义 8.3.6 设 $0\leqslant\alpha\leqslant1$，称一个功效函数为 $\beta(\theta)$ 的检验是水平为 α 的检验 (level α test) 如果 $\sup_{\theta\in\Theta_0}\beta(\theta)\leqslant\alpha$.

有些作者对于我们给出的两个术语**真实水平**和**水平**不做区别，并且有时交替使用. 但是根据我们的定义，水平为 α 的检验包括了真实水平为 α 的检验. 除此之外，这个区别在复杂模型和复杂检验的情况下就变得重要了，这时经常不能构造出一个真实水平为 α 的检验. 在这种情况下，往往做一些折衷，求一个水平为 α 的检验. 我们即将见到一些例子，特别是与并-交检验和交-并检验相结合的例子.

试验者通常指定他们想用的检验水平，典型选择为 0.01，0.05 和 0.10. 要明白，在固定检验水平时，试验者仅在控制犯第一类错误的概率而非犯第二类错误的概率. 如果采用这种方法，试验者应当指明原假设和备择假设，这样控制犯第一类错误的概率才变为最为重要的事. 例如，假定一位试验者希望一项试验对一个特定假设给以支持，但是她除非在数据真正给出令人信服的支持时是不想下断言的. 可以这样建立这个检验，让她希望数据支持并且证明的那个假设当作备择假设. [在

这种情况下备择假设有时叫做研究假设（research hypothesis).］通过利用一个很小的水平 α 的检验，试验者将防止在研究假设为假的时候却说数据支持它.

8.2节给出的方法通常得出检验统计量和拒绝区域的一般形式，但一般并不导致一个特定的检验. 例如，一个 LRT（见定义 8.2.1）是一个如果 $\lambda(\mathbf{X})\leqslant c$ 就拒绝 H_0 的检验，但是未指定 c，因此实际上定义了一整类 LRT 检验，每个 c 值定义了一个. 现在，限制检验的真实水平为 α，就能从这一类检验中选出一个来.

例 8.3.7 (LRT 检验的真实水平) 一般情况，一个真实水平为 α 的 LRT 检验是通过选择 c 使得 $\sup\limits_{\theta\in\Theta_0} P_\theta(\lambda(\mathbf{X})\leqslant c)=\alpha$ 而构造出来的. 怎样确定 c 依赖于特定的问题. 例如，在例 8.2.2 中，Θ_0 包含一个单独的点 $\theta=\theta_0$，并且当 $\theta=\theta_0$ 时 $\sqrt{n}(\overline{X}-\theta_0)\sim \mathrm{n}(0,1)$，所以检验

$$\text{当}|\overline{X}-\theta_0|\geqslant z_{\alpha/2}/\sqrt{n}\text{时，拒绝 } H_0$$

就是真实水平为 α 的 LRT 检验，其中 $z_{\alpha/2}$ 满足 $P(Z\geqslant z_{\alpha/2})=\alpha/2$ 而 $Z\sim\mathrm{n}(0,1)$. 特别地，这对应于 $c=\exp(-z_{\alpha/2}^2/2)$，不过这并不重要.

对于例 8.2.3 中描述的问题，求一个真实水平为 α 的 LRT 检验就复杂了，因为事实上 $H_0:\theta\leqslant\theta_0$ 包含不止一个点. 这个 LRT 检验当 $X_{(1)}\geqslant c$ 时拒绝 H_0，其中的 c 使得这个检验成为一个真实水平为 α 的检验. 而如果 $c=(-\log\alpha)/n+\theta_0$，则

$$P_{\theta_0}(X_{(1)}\geqslant c)=\mathrm{e}^{-n(c-\theta_0)}=\alpha$$

因为 θ 是 $X_{(1)}$ 的一个位置参数，

$$P_\theta(X_{(1)}\geqslant c)\leqslant P_{\theta_0}(X_{(1)}\geqslant c)\quad \text{对于任意 } \theta\leqslant\theta_0 \text{ 成立}$$

所以

$$\sup_{\theta\in\Theta_0}\beta(\theta)=\sup_{\theta\in\Theta_0}P_\theta(X_{(1)}\geqslant c)=P_{\theta_0}(X_{(1)}\geqslant c)=\alpha$$

用这个 c 就得出真实水平为 α 的 LRT 检验.

关于记号的一个注解：在上例中我们使用记号 $z_{\alpha/2}$ 表示一个点，一个标准正态随机变量以 $\alpha/2$ 的概率落在其右侧. 我们可以在一般情况使用这种记号，不仅正态而且对于其他分布同样可以使用（为了清楚的目的我们根据需要定义它). 例如，点 z_α 满足 $P(Z>z_\alpha)=\alpha$，其中 $Z\sim\mathrm{n}(0,1)$；$t_{n-1,\alpha/2}$ 满足 $P(T_{n-1}>t_{n-1,\alpha/2})=\alpha/2$，其中 $T_{n-1}\sim t_{n-1}$；还有 $\chi^2_{p,1-\alpha}$ 满足 $P(\chi_p^2>\chi^2_{p,1-\alpha})=1-\alpha$，其中 χ^2_p 是一个具有自由度为 p 的 χ^2 分布随机变量. 像 z_α，$t_{n-1,\alpha/2}$ 和 $\chi^2_{p,1-\alpha}$ 这些点称为分位点.

例 8.3.8 (并-交检验的真实水平) 求例 8.2.8 中问题的一个真实水平为 α 的并-交检验牵涉到求常数 t_L 和 t_U 使得

$$\sup_{\theta\in\Theta_0}P_\theta\left(\frac{\overline{X}-\mu_0}{\sqrt{S^2/n}}\geqslant t_L \text{ 或 } \frac{\overline{X}-\mu_0}{\sqrt{S^2/n}}\leqslant t_U\right)=\alpha$$

然而对于任意的$(\mu,\sigma^2)=\theta\in\Theta_0$ 有 $\mu=\mu_0$ 从而 $(\overline{X}-\mu_0)/\sqrt{S^2/n}$ 服从自由度为 $n-1$ 的 t 分布. 因此选取任意的 $t_U=t_{n-1,1-\alpha_1}$ 和 $t_L=t_{n-1,\alpha_2}$，满足 $\alpha_1+\alpha_2=\alpha$，就能产生一

个对所有$\theta\in\Theta_0$，犯第一类错误的概率准确等于α的检验. 通常的选择是$t_L=-t_U=t_{n-1,\alpha/2}$. ‖

除了水平α之外，人们还可能关注检验的其他特征. 例如，我们乐意使一个检验在$\theta\in\Theta_0^c$时比在$\theta\in\Theta_0$时更倾向于拒绝H_0. 图8.3.1和图8.3.2中的功效函数都有这个性质，这就引出所谓无偏检验.

定义 8.3.9 一个功效函数为$\beta(\theta)$的检验是无偏的，如果对于每一个$\theta'\in\Theta_0^c$和$\theta''\in\Theta_0$有$\beta(\theta')\geqslant\beta(\theta'')$.

例 8.3.10（例 8.3.3 结论） 检验问题$H_0:\theta\leqslant\theta_0$对$H_1:\theta>\theta_0$的一个LRT的功效函数是

$$\beta(\theta)=P_\theta\left(Z>c+\frac{\theta_0-\theta}{\sigma/\sqrt{n}}\right)$$

其中$Z\sim N(0,1)$. 因为$\beta(\theta)$是θ的一个增函数（对于固定的θ_0），由此就有

$$\beta(\theta)>\beta(\theta_0)=\max_{t\leqslant\theta_0}\beta(t)\quad\text{对于任意 }\theta>\theta_0\text{ 成立}$$

因此，这个检验是无偏的.

对于大多数问题，存在很多的无偏检验（见习题8.45）. 同样地，存在很多的真实水平为α的检验，存在很多的似然比检验等. 在某些情况，我们已经附加了足够的限制以缩小到就考虑一个检验. 在例8.3.7的两个问题中，只有一个真实水平为α的似然比检验. 而在其他情况，却存在很多可供选择的检验. 我们只讨论了当检验统计量T很大则拒绝H_0这样一个检验. 在下一节我们将讨论从一个检验类中挑选出一个检验的其他准则，都是与检验的功效函数有关的准则.

8.3.2 最大功效检验

上节我们描述了几个假设检验类，这些类中有的控制犯第一类错误的概率，例如水平为α的检验对所有$\theta\in\Theta_0$，犯第一类错误的概率至多为α. 在这样一个类中，一个好检验犯第二类错误的概率也应当小，即当$\theta\in\Theta_0^c$时它的功效函数比较大. 如果一个检验犯第二类错误的概率比这类中所有其他检验更小，它理应是这个类中最优检验的强有力的竞争者. 以下给出一个形式化定义.

定义 8.3.11 设$\mathcal{C}$是一个关于$H_0:\theta\in\Theta_0$对$H_1:\theta\in\Theta_0^c$的检验类. $\mathcal{C}$中一个功效函数为$\beta(\theta)$的检验是一个一致最大功效$\mathcal{C}$类检验［uniformly most powerful (UMP) class $\mathcal{C}$ test］，如果对每个$\theta\in\Theta_0^c$与每个$\mathcal{C}$中检验的功效函数$\beta'(\theta)$，都有$\beta(\theta)\geqslant\beta'(\theta)$.

在这节，类$\mathcal{C}$就是全体水平为α的检验的类. 于是定义8.3.11描述的检验就叫做一个UMP水平为α的检验. 为了使这个最优检验有趣，必须对类$\mathcal{C}$中的检验犯第一类错误的概率施加限制. 不对犯第一类错误的概率进行控制而去最小化犯第二类错误的概率是没有什么意思的.（例如，一个以概率1拒绝H_0的检验决不会犯

第二类错误. 见习题8.16.)

定义8.3.11的要求条件过强以至在很多实际问题中UMP检验不存在. 但是在有UMP检验的问题中，一个UMP检验理应被考虑为该类中的最优检验. 这样，我们希望如果UMP检验存在，就能够识别它们. 下面的著名定理清楚地描述了在原假设和备择假设都只含有一个关于样本的概率分布［即 H_0 和 H_1 都是简单假设(simple hypothesis)］的情况，哪些检验是UMP水平为 α 的检验.

定理8.3.12［Neyman-Pearson（奈曼-皮尔逊）引理］ 考虑检验 $H_0: \theta=\theta_0$ 对 $H_1: \theta=\theta_1$，其中相应于 θ_i 的概率密度函数或概率质量函数是 $f(x|\theta_i)i=0,1$，利用一个拒绝区域为 R 的检验，R 满足对某个 $k\geqslant 0$

(8.3.1)
$$\text{若 } f(\boldsymbol{x}|\theta_1)>kf(\boldsymbol{x}|\theta_0) \text{ 则 } \boldsymbol{x}\in R$$
和
$$\text{若 } f(\boldsymbol{x}|\theta_1)<kf(\boldsymbol{x}|\theta_0) \text{ 则 } \boldsymbol{x}\in R^{\mathrm{C}}$$

而且

(8.3.2)
$$\alpha=P_{\theta_0}(\boldsymbol{X}\in R)$$

则有

a.（充分性）任意满足条件（8.3.1）和条件（8.3.2）的检验，是一个UMP水平为 α 的检验.

b.（必要性）如果存在一个满足条件（8.3.1）和条件（8.3.2）的检验，其中 $k>0$，则每一个UMP水平为 α 的检验是真实水平为 α 的检验［满足条件（8.3.2）］而且每一个UMP水平为 α 的检验必满足条件（8.3.1）除去在一个使 $P_{\theta_0}(\boldsymbol{X}\in A)=P_{\theta_1}(\boldsymbol{X}\in A)=0$ 的集合 A 上可能不满足.

证明 我们将对于 $f(x|\theta_0)$ 和 $f(x|\theta_1)$ 是连续随机变量的概率密度函数的情况证明定理. 对于离散随机变量的证明可以通过把积分换成求和来完成（见习题8.21).

首先注意到任意满足条件（8.3.2）的检验是一个真实水平为 α 的检验，因为 Θ_0 只有一个点，$\sup\limits_{\theta\in\Theta_0} P_\theta(\boldsymbol{X}\in R)=P_{\theta_0}(\boldsymbol{X}\in R)$，因此它是一个水平为 α 的检验.

为简化记号，我们定义一个检验函数（test function)，它是一个样本空间上的函数，当 $\boldsymbol{x}\in R$ 函数值是1，而当 $\boldsymbol{x}\in R^{\mathrm{C}}$ 函数值是0. 就是说，它是拒绝区域的示性函数. 设 $\phi(\boldsymbol{x})$ 是一个满足条件（8.3.1）和条件（8.3.2）的检验的检验函数. 设 $\phi'(\boldsymbol{x})$ 是任意一个水平为 α 的检验的检验函数，并设 $\beta(\theta)$ 和 $\beta'(\theta)$ 分别是相应于检验 ϕ 和 ϕ' 的功效函数. 因为 $0\leqslant\phi'(\boldsymbol{x})\leqslant 1$，条件（8.3.1）蕴涵对每一个 $\boldsymbol{x}$ 有 $(\phi(\boldsymbol{x})-\phi'(\boldsymbol{x}))(f(\boldsymbol{x}|\theta_1)-kf(\boldsymbol{x}|\theta_0))\geqslant 0$（因为当 $f(\boldsymbol{x}|\theta_1)>kf(\boldsymbol{x}|\theta_0)$ 时 $\phi=1$，而当 $f(\boldsymbol{x}|\theta_1)<kf(\boldsymbol{x}|\theta_0)$ 时 $\phi=0$）. 因而

(8.3.3)
$$\begin{aligned}0&\leqslant\int[\phi(\boldsymbol{x})-\phi'(\boldsymbol{x})][f(\boldsymbol{x}\mid\theta_1)-kf(\boldsymbol{x}\mid\theta_0)]\mathrm{d}\boldsymbol{x}\\&=\beta(\theta_1)-\beta'(\theta_1)-k[\beta(\theta_0)-\beta'(\theta_0)]\end{aligned}$$

为证明 (a) 注意到因为 $\phi'(\boldsymbol{x})$是一个水平为 α 的检验而 $\phi(\boldsymbol{x})$是一个真实水平为 ϕ 的检验，$\beta(\theta_0)-\beta'(\theta_0)=\alpha-\beta'(\theta_0)\geqslant 0$. 因此条件 (8.3.1) 和 $k\geqslant 0$ 就蕴涵

$$0\leqslant\beta(\theta_1)-\beta'(\theta_1)-k(\beta(\theta_0)-\beta'(\theta_0))\leqslant\beta(\theta_1)-\beta'(\theta_1)$$

这就证出 $\beta(\theta_1)\geqslant\beta'(\theta_1)$并因此 ϕ 的功效比 ϕ' 的功效更大. 因为 ϕ' 是一个任意取的水平为 α 的检验并且 θ_1 是 Θ_0^{C} 中仅有的点，所以 ϕ 是一个 UMP 水平为 α 的检验.

为证明 (b)，现在设 ϕ' 是任意的一个 UMP 水平为 α 的检验的检验函数. 根据 (a)，ϕ 作为满足条件 (8.3.1) 和条件 (8.3.2) 的检验，也是一个 UMP 水平为 α 的检验，因此 $\beta(\theta_1)=\beta'(\theta_1)$. 这个事实，条件 (8.3.3)，以及 $k>0$ 就蕴涵

$$\alpha-\beta'(\theta_0)=\beta(\theta_0)-\beta'(\theta_0)\leqslant 0$$

现在，因为 ϕ' 是一个水平为 α 的检验，$\beta'(\theta_0)\leqslant\alpha$. 因此 $\beta'(\theta_0)=\alpha$，这就是说 ϕ' 是一个真实水平为 α 的检验，并且也蕴涵条件 (8.3.3) 在此情况下是等式. 但是，只有在 ϕ' 除去在一个使 $\int_A f(\boldsymbol{x}|\theta_i)\mathrm{d}\boldsymbol{x}=0$ 的集合 A 上可能不满足条件 (8.3.1) 之外都满足条件 (8.3.1) 时，非负被积函数$[\phi(\boldsymbol{x})-\phi'(\boldsymbol{x})][f(\boldsymbol{x}|\theta_1)-kf(\boldsymbol{x}|\theta_0)]$积分才是 0. 这意味 (b) 的陈述中最后一个论断的正确. ■

以下推论把 Neyman-Pearson 引理与充分性连接起来.

推论 8.3.13 考虑定理 8.3.12 中提出的假设问题. 设 $T(\boldsymbol{X})$是一个关于 θ 的充分统计量，$g(t|\theta_i)$是 T 的相应于 θ_i 的概率密度函数或概率质量函数，$i=0$，1. 则任何一个基于 T 的拒绝区域是 S (T 的样本空间的一个子集) 的检验，如果满足对某个 $k\geqslant 0$

$$\text{若 } g(t|\theta_1)>kg(t|\theta_0) \quad \text{则 } t\in S$$

(8.3.4) 和

$$\text{若 } g(t|\theta_1)<kg(t|\theta_0) \quad \text{则 } t\in S^{\mathrm{C}}$$

而且

(8.3.5) $$\alpha=P_{\theta_0}(T\in S)$$

则它就是一个 UMP 水平为 α 的检验.

证明 按照最初的样本 $\boldsymbol{X}$，这个基于 T 的检验有拒绝区域 $R=\{\boldsymbol{x}: T(\boldsymbol{x})\in S\}$. 根据因子分解定理，$\boldsymbol{X}$ 的概率密度函数或概率质量函数能写成 $f(\boldsymbol{x}|\theta_i)=g(T(\boldsymbol{x})|\theta_i)h(\boldsymbol{x})$，$i=0$，1，$h(\boldsymbol{x})$是某一非负函数. 用这个非负函数乘式 (8.3.4) 中的不等式，我们看到 R 满足

$$\text{若 } f(\boldsymbol{x}|\theta_1)=g(T(\boldsymbol{x})|\theta_1)h(\boldsymbol{x})>kg(T(\boldsymbol{x})|\theta_0)h(\boldsymbol{x})=kf(\boldsymbol{x}|\theta_0) \quad \text{则 } \boldsymbol{x}\in R$$

和

$$\text{若 } f(\boldsymbol{x}|\theta_1)=g(T(\boldsymbol{x})|\theta_1)h(\boldsymbol{x})<kg(T(\boldsymbol{x})|\theta_0)h(\boldsymbol{x})=kf(\boldsymbol{x}|\theta_0) \quad \text{则 } \boldsymbol{x}\in R^{\mathrm{C}}$$

由式 (8.3.5)，有

$$P_{\theta_0}(\boldsymbol{X}\in R)=P_{\theta_0}(T(\boldsymbol{X})\in S)=\alpha$$

于是，根据 Neyman-Pearson 引理的充分性部分，这个基于 T 的检验是一个 UMP 水平为 α 的检验. ■

当我们导出一个满足不等式（8.3.1）或不等式（8.3.4）的检验，从而是一个 UMP 水平为 α 的检验时，通常易于把不等式写成如 $f(\boldsymbol{x}|\theta_1)/f(\boldsymbol{x}|\theta_0)>k$ 的形式(我们必须小心被 0 除). 这个方法被用在以下的例子中.

例 8.3.14（UMP 检验　二项分布）　设 $X\sim\text{binomial}(2,\theta)$. 我们要检验 $H_0:\theta=\frac{1}{2}$ 对 $H_1:\theta=\frac{3}{4}$. 通过计算概率质量函数的比给出

$$\frac{f\left(0|\theta=\frac{3}{4}\right)}{f\left(0|\theta=\frac{1}{2}\right)}=\frac{1}{4},\quad\frac{f\left(1|\theta=\frac{3}{4}\right)}{f\left(1|\theta=\frac{1}{2}\right)}=\frac{3}{4}\text{和}\frac{f\left(2|\theta=\frac{3}{4}\right)}{f\left(2|\theta=\frac{1}{2}\right)}=\frac{9}{4}$$

如果我们选 $\frac{3}{4}<k<\frac{9}{4}$，Neyman-Pearson 引理讲：当 $X=2$ 则拒绝 H_0 的检验是 UMP 水平为 $\alpha=P\left(X=2|\theta=\frac{1}{2}\right)=\frac{1}{4}$ 的检验. 如果我们选 $\frac{1}{4}<k<\frac{3}{4}$，Neyman-Pearson 引理讲：当 $X=1$ 或 2 则拒绝 H_0 的检验是 UMP 水平为 $\alpha=P\left(X=1\text{或}2|\theta=\frac{1}{2}\right)=\frac{3}{4}$ 的检验. 选 $k<\frac{1}{4}$ 或选 $k>\frac{9}{4}$，就得出 UMP 水平为 $\alpha=1$ 或水平为 $\alpha=0$ 的检验.

注意到如果 $k=\frac{3}{4}$，则式（8.3.1）讲：我们在样本点 $x=2$ 必须拒绝 H_0，而在 $x=0$ 接受 H_0，但是没有确定我们在 $x=1$ 时的行为. 但是如果我们在 $x=1$ 时接受 H_0，我们就得到如上的 UMP 水平为 $\alpha=\frac{1}{4}$ 的检验. 如果我们在 $x=1$ 时拒绝 H_0，我们就得到如上的 UMP 水平为 $\alpha=\frac{3}{4}$ 的检验. ‖

例 8.3.15（UMP 检验　正态分布）　设 $X_1,\cdots,X_n$ 是来自 $N(\theta,\sigma^2)$ 总体的一组随机样本，σ^2 已知. 样本均值 $\overline{X}$ 是关于 θ 的一个充分统计量. 考虑检验 $H_0:\theta=\theta_0$ 对 $H_1:\theta=\theta_1$，其中 $\theta_0>\theta_1$. 条件（8.3.4）的不等式 $g(\bar{x}|\theta_1)>kg(\bar{x}|\theta_0)$ 等价于

$$\bar{x}<\frac{(2\sigma^2\log k)/n-\theta_0^2+\theta_1^2}{2(\theta_0-\theta_1)}$$

得到此不等式用到了 $\theta_1-\theta_0<0$. 当 k 由 0 增加到 ∞ 时，上式的右边由 $-\infty$ 增加到 ∞. 因此根据推论 8.3.13，以 $\bar{x}<c$ 作拒绝区域的检验是 UMP 水平为 α 的检验，其中 $\alpha=P_{\theta_0}(\overline{X}<c)$. 如果指定一个特定的 α，则这个 UMP 检验在 $\overline{X}<c=-\sigma z_\alpha/\sqrt{n}+\theta_0$ 时拒绝 H_0. 选这个 c 保证了方程（8.3.5）成立. ‖

像 Neyman-Pearson 引理中的 H_0 和 H_1 那样，若假设中只指定了样本 $\boldsymbol{X}$ 的一

个可能的分布，则称这种假设为简单假设. 在大多数实际问题中，所感兴趣的假设为样本指定多于一种可能的分布，这种假设叫做复合假设 (composite hypotheses). 因为定义 8.3.11 要求一个 UMP 检验对每个 $\theta\in\Theta_0^C$ 都是最大功效，而 Neyman-Pearson 引理能被用来求复合假设问题的 UMP 检验.

特别地，断言一个一元参数过大，如 $H:\theta\geqslant\theta_0$，或过小，如 $H:\theta\leqslant\theta_0$ 的假设，叫做单侧假设 (one-sided hypotheses). 断言中的参数范围既包含大的又包含小的参数值的假设，如 $H:\theta\neq\theta_0$，叫做双侧假设 (two-sided hypotheses). 有很大的一类有 UMP 水平为 α 的检验的问题牵涉到单侧假设和具有单调似然比性质的概率密度函数或概率质量函数.

定义 8.3.16 称一元随机变量 T 的概率密度函数或概率质量函数的族 $\{g(t|\theta):\theta\in\Theta\}$ 关于实值参数 θ 具有单调似然比 [monotone likelihood ratio (简记为 MLR)]，如果对于每一个 $\theta_2>\theta_1$，$g(t|\theta_2)/g(t|\theta_1)$ 在 $\{t:g(t|\theta_1)>0$ 或 $g(t|\theta_2)>0\}$ 上都是 t 的单调 (非增的或者非降的) 函数. 注意如果 $0<c$ 定义 $c/0$ 为 ∞.

很多普通的分布族具有 MLR. 例如正态分布 (方差已知，均值未知)、泊松分布和二项分布都具有 MLR. 实际上，任何一个正则的指数族 $g(t|\theta)=h(t)c(\theta)e^{w(\theta)t}$，其中 $w(\theta)$ 是一个非降函数，都有 MLR (见习题 8.27).

定理 8.3.17 (Karlin-Rubin) 考虑检验 $H_0:\theta\leqslant\theta_0$ 对 $H_1:\theta>\theta_0$. 设 T 是一个关于 θ 的充分统计量并且 T 的概率密度函数或概率质量函数的族 $\{g(t|\theta):\theta\in\Theta\}$ 关于 θ 具有 MLR. 则对于任何 t_0，"当且仅当 $T>t_0$ 时拒绝 H_0" 的检验是一个 UMP 水平为 α 的检验，其中 $\alpha=P_{\theta_0}(T>t_0)$.

证明 设 $\beta(\theta)=P_\theta(T>t_0)$ 是这个检验的功效函数. 固定 $\theta'>\theta_0$，考虑检验 $H_0':\theta=\theta_0$ 对 $H_1':\theta=\theta'$. 因为 T 的概率密度函数或概率质量函数的族具有一个 MLR，从而 $\beta(\theta)$ 是非降的 (见习题 8.34)，这样就有

i. $\sup_{\theta\leqslant\theta_0}\beta(\theta)=\beta(\theta_0)=\alpha$，并且这是一个水平为 α 的检验.

ii. 如果我们定义

$$k'=\inf_{t\in\mathcal{T}}\frac{g(t|\theta')}{g(t|\theta_0)}$$

其中 $\mathcal{T}=\{t:t>t_0$ 并且 $g(t|\theta')>0$ 与 $g(t|\theta_0)>0$ 有一个成立$\}$，则随之有

$$T>t_0\Leftrightarrow\frac{g(t|\theta')}{g(t|\theta_0)}>k'$$

加之推论 8.3.13，(i) 和 (ii) 蕴涵 $\beta(\theta')\geqslant\beta^*(\theta')$，其中 $\beta^*(\theta)$ 是 H_0' 的任意其他一个水平为 α 的检验的功效函数，即任意满足 $\beta^*(\theta_0)\leqslant\alpha$ 的检验. 但是，H_0 的任意的水平为 α 的检验满足 $\beta^*(\theta_0)\leqslant\sup_{\theta\in\Theta_0}\beta^*(\theta)\leqslant\alpha$. 这样，对 H_0 的任意的水平为 α 的检验，有 $\beta(\theta')\geqslant\beta^*(\theta')$. 由于 θ' 是任意的，所以检验是一个 UMP 水平为 α 的检验. ■

用类似的讨论能够证明在定理 8.3.17 的条件下，"拒绝 $H_0: \theta \geqslant \theta_0$ 而选择 $H_1: \theta < \theta_0$ 当且仅当 $T < t_0$" 的检验是一个 UMP 水平为 $\alpha = P_{\theta_0}(T < t_0)$ 的检验.

例 8.3.18（例 8.3.15 续） 利用"如果 $\overline{X} < -\frac{\sigma z_\alpha}{\sqrt{n}} + \theta_0$ 就拒绝 H'_0" 的检验来检验 $H'_0: \theta \geqslant \theta_0$ 对 $H'_1: \theta < \theta_0$. 因为 $\overline{X}$ 是充分的并且它的分布具有 MLR（见习题 8.25），根据定理 8.3.17 立即得到，这个检验在此问题中是一个 UMP 水平为 α 的检验.

由于这个检验的功效函数

$$\beta(\theta) = P_\theta\left(\overline{X} < -\frac{\sigma z_\alpha}{\sqrt{n}} + \theta_0\right)$$

是 θ 的一个下降函数（因为 θ 是 $\overline{X}$ 的分布中的一个位置参数），所以 α 的值由 $\sup_{\theta \geqslant \theta_0} \beta(\theta) = \beta(\theta_0) = \alpha$ 给出. ‖

虽然对于大多数试验者来说，如果知道 UMP 水平为 α 的检验存在，则愿意选择用它，遗憾的是对很多问题，不存在 UMP 水平为 α 的检验. 就是说，因为水平为 α 的检验类太大了以至没有一个检验在功效上对其他所有检验占优势，从而 UMP 检验不存在. 在这种情况，一个通用的继续寻找好检验的方法就是考虑水平为 α 的检验类的某个子集并在这个子集中尝试求出一个 UMP 检验. 应该记得我们在第 7 章用过这个策略，当时我们为了研究最佳性曾经把注意力限制在无偏的点估计量上. 我们阐述怎样把注意力限制在由无偏检验组成的子集上以至能够求出一个最佳检验.

首先我们考虑一个例子，它说明了一种典型情况，在这种情况下不存在一个 UMP 水平为 α 的检验.

例 8.3.19（UMP 检验不存在） 设 $X_1, \cdots, X_n$ 是 iid $N(\theta, \sigma^2)$ 的，σ^2 已知. 考虑检验 $H_0: \theta = \theta_0$ 对 $H_1: \theta \neq \theta_0$. 对于一个指定的 α 值，这个问题中的水平为 α 的检验是任意满足下式的检验

$$P_{\theta_0}(\text{拒绝 } H_0) \leqslant \alpha \tag{8.3.6}$$

考虑一个备择参数点 $\theta_1 < \theta_0$，例 8.3.18 里的分析表明，在所有满足式（8.3.6）的检验中，在 $\overline{X} < -\sigma z_\alpha/\sqrt{n} + \theta_0$ 时拒绝 H_0 的检验在点 θ_1 有最高的功效. 称这个检验为检验 1. 此外，根据 Neyman-Pearson 引理的（b）（必要性），任意其他的在点 θ_1 有与检验 1 同样高的功效的水平为 α 的检验，除去在一个满足 $\int_A f(\boldsymbol{x}|\theta_i)\mathrm{d}\boldsymbol{x} = 0$ 的集合 A 之外，必须有与检验 1 相同的拒绝区域. 因此，如果对于此问题存在一个 UMP 水平为 α 的检验，它必须是检验 1，因为没有其他检验在点 θ_1 具有和检验 1 同样高的功效.

现在来考虑检验 2，它在 $\overline{X} > \sigma z_\alpha/\sqrt{n} + \theta_0$ 时拒绝 H_0. 检验 2 也是一个水平为 α 的检验. 设 $\beta_i(\theta)$ 表示检验 i 的功效函数. 对于任何 $\theta_2 > \theta_0$，

$$\beta_2(\theta_2)=P_{\theta_2}\left(\overline{X}>\frac{\sigma z_\alpha}{\sqrt{n}}+\theta_0\right)$$

$$=P_{\theta_2}\left(\frac{\overline{X}-\theta_2}{\sigma/\sqrt{n}}>z_\alpha+\frac{\theta_0-\theta_2}{\sigma/\sqrt{n}}\right)$$

$$>P(Z>z_\alpha)\quad\left(\begin{array}{l}Z\sim N(0,\ 1),\\ \text{大于号是因为}\ \theta_0-\theta_2<0\end{array}\right)$$

$$=P(Z<-z_\alpha)$$

$$>P_{\theta_2}\left(\frac{\overline{X}-\theta_2}{\sigma/\sqrt{n}}<-z_\alpha+\frac{\theta_0-\theta_2}{\sigma/\sqrt{n}}\right)\quad\left(\begin{array}{l}\text{又一次，大于号是因为}\\ \theta_0-\theta_2<0\end{array}\right)$$

$$=P_{\theta_2}\left(\overline{X}<-\frac{\sigma z_\alpha}{\sqrt{n}}+\theta_0\right)$$

$$=\beta_1(\theta_2)$$

这样，检验 1 就不是一个 UMP 水平为 α 的检验，因为在 θ_2 检验 2 具有比检验 1 更高的功效. 前面我们证明过，假如存在一个 UMP 水平为 α 的检验，它必须是检验 1. 因此在这个问题中，不存在一个 UMP 水平为 α 的检验. ‖

例 8.3.19 再次说明了 Neyman-Pearson 引理的用处. 我们先是把定理的充分性部分用于构造 UMP 水平为 α 的检验，而定理的必要性部分则用在了说明 UMP 水平为 α 的检验的不存在.

例 8.3.20（无偏检验） 在所有的检验作成的类中 UMP 水平为 α 的检验不存在的时候，我们可以试图在无偏检验的类中求 UMP 水平为 α 的检验. 考虑检验 3，该检验拒绝 $H_0:\theta=\theta_0$ 而选择 $H_1:\theta\neq\theta_0$ 当且仅当

$$\overline{X}>\sigma z_{\alpha/2}/\sqrt{n}+\theta_0\ \text{或}\ \overline{X}<-\sigma z_{\alpha/2}/\sqrt{n}+\theta_0$$

功效函数 $\beta_3(\theta)$ 连同例 8.3.19 的 $\beta_1(\theta)$ 和 $\beta_2(\theta)$，显示在图 8.3.3 中. 检验 3 实际上是一个 UMP 无偏的水平为 α 的检验，就是说，它在无偏检验类中是 UMP 的.

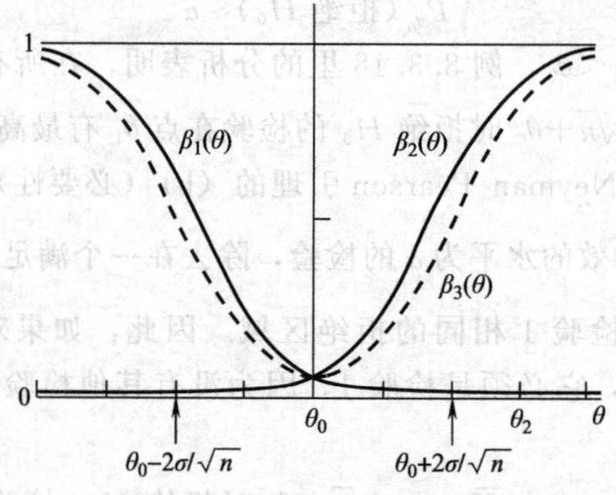

图 8.3.3　例 8.3.19 中三个检验的功效函数；
$\beta_3(\theta)$ 是一个无偏的水平为 $\alpha=0.05$ 的检验的功效函数

注意虽然在某些参数点上检验1与检验2的功效比检验3的略高，但是在其他参数点上检验3的功效比检验1与检验2高得多. 例如$\beta_3(\theta_2)$接近1而$\beta(\theta_2)$却接近0. 如果兴趣在于对θ的值过大或过小都拒绝H_0，图8.3.3表明检验3全面优于检验1与检验2.

8.3.3 并-交检验与交-并检验的真实水平

因为它们是由简单的方法构建出来，并-交检验（简记为UIT）与交-并检验（简记为IUT）的真实水平经常能够以某个其他检验的真实水平为上界. 如果想有一个水平为α的检验，这样的界是有用的，但是UIT或IUT的真实水平是非常难以计算的. 这节我们讨论这些界，并且给出例子，例子中的界是可达的，即检验的真实水平等于这个界.

先考虑UIT. 回忆在这种情况，我们是检验一个这种形式的原假设：$H_0:\theta\in\Theta_0$，其中$\Theta_0=\bigcap_{\gamma\in\Gamma}\Theta_\gamma$. 为了讨论方便，设$\lambda_\gamma(\boldsymbol{x})$是关于检验$H_{0\gamma}:\theta\in\Theta_\gamma$对$H_{1\gamma}:\theta\in\Theta_\gamma^{\mathrm{C}}$的LRT统计量，并设$\lambda(\boldsymbol{x})$是关于检验$H_0:\theta\in\Theta_0$对$H_1:\theta\in\Theta_0^{\mathrm{C}}$的LRT统计量. 则我们有以下连接全面LRT和基于$\lambda_\gamma(\boldsymbol{x})$的UIT的之间关系的定理.

定理8.3.21 考虑检验$H_0:\theta\in\Theta_0$对$H_1:\theta\in\Theta_0^{\mathrm{C}}$，其中$\Theta_0=\bigcap_{\gamma\in\Gamma}\Theta_\gamma$而$\lambda_\gamma(\boldsymbol{x})$由前面所定义. 定义$T(\boldsymbol{x})=\inf_{\gamma\in\Gamma}\lambda_\gamma(\boldsymbol{x})$并且组成UIT，其拒绝区域是

$$\{\boldsymbol{x}:\text{对于某 }\gamma\in\Gamma,\ \lambda_\gamma(\boldsymbol{x})<c\}=\{\boldsymbol{x}:T(\boldsymbol{x})<c\}$$

又考虑通常的以$\{\boldsymbol{x}:\lambda(\boldsymbol{x})<c\}$为拒绝区域的LRT. 则

a. 对于每个$\boldsymbol{x}$，有$T(\boldsymbol{x})\geqslant\lambda(\boldsymbol{x})$；

b. 若$\beta_T(\theta)$和$\beta_\lambda(\theta)$分别是关于依赖于T和λ的检验的功效函数，则对于每一个$\theta\in\Theta$，有$\beta_T(\theta)\leqslant\beta_\lambda(\theta)$；

c. 如果此LRT是一个水平为α的检验，则此UIT是一个水平为α的检验.

证明 因为对于任意的γ，$\Theta_0=\bigcap_{\gamma\in\Gamma}\Theta_\gamma\subset\Theta_\gamma$，根据定义8.2.1我们看到对于任意的$\boldsymbol{x}$

$$\text{对于每个 }\gamma\in\Gamma,\ \text{都有 }\lambda_\gamma(\boldsymbol{x})\geqslant\lambda(\boldsymbol{x})$$

这是由于对于单独的λ_γ，它的极大化区域比λ的来得大. 因此，$T(\boldsymbol{x})=\inf_{\gamma\in\Gamma}\lambda_\gamma(\boldsymbol{x})\geqslant\lambda(\boldsymbol{x})$，(a) 得证. 由 (a)，$\{\boldsymbol{x}:T(\boldsymbol{x})<c\}\subset\{\boldsymbol{x}:\lambda(\boldsymbol{x})<c\}$，于是

$$\beta_T(\theta)=P_\theta(T(\boldsymbol{x})<c)\leqslant P_\theta(\lambda(\boldsymbol{x})<c)=\beta_\lambda(\theta)$$

(b) 得证. 因为 (b) 对于每个θ都成立，所以$\sup_{\theta\in\Theta_0}\beta_T(\theta)\leqslant\sup_{\theta\in\Theta_0}\beta_\lambda(\theta)\leqslant\alpha$，这样就证明了 (c). ■

例8.3.22（等价的例） 在某些情况时，定理8.3.21中的$T(\boldsymbol{x})=\lambda(\boldsymbol{x})$. 这时由一个个单独LRT构建出来的UIT和全面LRT相同. 例8.2.8就是这种情况. 那里由两个单侧t检验构成的UIT等价于双侧的LRT. ‖

既然定理 8.3.21 中 LRT 一致地比 UIT 功效强，我们也许会问为什么我们要用 UIT. 一个理由是 UIT 对于每个 $\theta\in\Theta_0$，犯第一类错误的概率更小. 此外，如果 H_0 被拒绝，我们可能想考虑单独的检验 H_{0_γ} 以了解为什么被拒绝. 到此，我们还没有讨论关于单独 $H_{0\gamma}$ 的推断. 这样的推断过程在采用之前应检查它犯错误的概率. 但是明显地，着眼于单独的 H_{0_γ} 以获取附加信息的可能性胜于着眼于全面 LRT.

现在我们研究 IUT 的真实水平. IUT 的真实水平的一个简单的界涉及到用以定义 IUT 的单独的检验的真实水平. 回忆在这种情况时，原假设可表示成一个并集；就是说，我们是检验

$$H_0:\theta\in\Theta_0 \text{ 对 } H_1:\theta\in\Theta_0^{\mathrm{C}} \text{ 其中 } \Theta_0=\bigcup_{\gamma\in\Gamma}\Theta_\gamma$$

一个 IUT 有形式为 $R=\bigcap\limits_{\gamma\in\Gamma}R_\gamma$ 的拒绝区域，其中 R_γ 是关于 $H_{0_\gamma}:\theta\in\Theta_\gamma$ 的拒绝区域.

定理 8.3.23 设 α_γ 是以 R_γ 为拒绝区域的检验 $H_{0\gamma}$ 的真实水平. 则以 $R=\bigcap\limits_{\gamma\in\Gamma}R_\gamma$ 为拒绝区域的 IUT 是一个水平为 $\alpha=\sup\limits_{\gamma\in\Gamma}\alpha_\gamma$ 的检验.

证明 设 $\theta\in\Theta_0$. 则对于某个 γ，$\theta\in\Theta_\gamma$，并且有

$$P_\theta(\boldsymbol{X}\in R)\leqslant P_\theta(\boldsymbol{X}\in R_\gamma)\leqslant\alpha_\gamma\leqslant\alpha$$

因为 θ 是任意的，所以 IUT 是一个水平为 α 的检验. ■

R_γ 的典型取法是使 $\alpha_\gamma=\alpha$ 对于所有 $\gamma\in\Gamma$ 成立. 在这一情形下，由定理 8.3.23，作为结果的 IUT 是一个水平为 α 的检验.

定理 8.3.23 给 IUT 的真实水平提供了一个上界，这比定理 8.3.21 略微更有用一些，后者给 UIT 的真实水平提供了一个上界. 定理 8.3.21 只能应用于由似然比检验构建的 UIT. 与其对照，定理 8.3.23 可以应用于任意的 IUT.

定理 8.3.21 里的界是 LRT 的真实水平，在一个复杂的问题中，可能难以计算. 然而在定理 8.3.23 中，不需要用其 LRT 获得上界. 任何一个具有已知真实水平 α_γ 的对 $H_{0\gamma}$ 的检验都可用，并且 IUT 的真实水平的上界就根据已知的 α_γ，$\gamma\in\Gamma$ 给出.

定理 8.3.23 中的 IUT 是一个水平为 α 的检验. 但是这个 IUT 的真实水平可能远小于 α；这个 IUT 可能是非常保守的. 以下定理给出这个 IUT 的真实水平严格等于 α 而且这个 IUT 不是太过保守的条件.

定理 8.3.24 考虑检验 $H_0:\theta\in\bigcup\limits_{j=1}^{k}\Theta_j$ 其中 k 是一个有限的正整数. 对于每一个 $j=1$，…，k，设 R_j 是 H_{0j} 的一个水平为 α 检验的拒绝区域. 若有某个 $i=1$，…，k，存在一列参数点 $\theta_l\in\Theta_i$，$l=1$，2，…，以使得

i. $\lim\limits_{l\to\infty}P_{\theta_l}(\boldsymbol{X}\in R_i)=\alpha$，

ii. 对于每一个 $j=1$，…，k，$j\neq i$，$\lim\limits_{l\to\infty}P_{\theta_l}(\boldsymbol{X}\in R_j)=1$.

则以 $R=\bigcap\limits_{j=1}^{k}R_j$ 作为拒绝区域的 IUT 是一个真实水平为 α 的检验.

证明 根据定理 8.3.23，R 是一个水平为 α 的检验，就是说，

$$\sup_{\theta\in\Theta_0} P_\theta(\boldsymbol{X}\in R)\leqslant\alpha. \tag{8.3.7}$$

但是，因为所有参数点 θ_l 满足 $\theta_l\in\Theta_i\subset\Theta_0$，

$$\begin{aligned}
\sup_{\theta\in\Theta_0} P_\theta(\boldsymbol{X}\in R) &\geqslant \lim_{l\to\infty} P_{\theta_l}(\boldsymbol{X}\in R)\\
&=\lim_{l\to\infty} P_{\theta_l}(\boldsymbol{X}\in \bigcap_{j=1}^{k} R_j)\\
&\geqslant \lim_{l\to\infty}\sum_{j=1}^{k} P_{\theta_l}(\boldsymbol{X}\in R_j)-(k-1) \qquad \begin{pmatrix}\text{Bonferroni}\\ \text{不等式}\end{pmatrix}\\
&=(k-1)+\alpha-(k-1) \qquad (\text{根据(i)和(ii)})\\
&=\alpha
\end{aligned}$$

这个结果和式（8.3.7）就蕴涵这个检验的真实水平严格等于 α. ■

例 8.3.25（交-并检验） 在例 8.2.9 中，令 $n=m=58$，$t=1.672$ 和 $b=57$. 则每个单独检验都有 $\alpha=0.05$（近似）的真实水平. 因此，由定理 8.3.23，IUT 是一个水平为 $\alpha=0.05$ 的检验；就是说，当产品事实上并不合格却判决产品合格的概率不超过 0.05. 实际此检验是一个真实水平为 $\alpha=0.05$ 的检验. 为看明这点，考虑一参数点序列 $\theta=(\theta_{1l},\theta_2)$，其中当 $l\to\infty$ 时 $\theta_{1l}\to\infty$，而 $\theta_2=0.95$. 因为 $\theta_2\leqslant 0.95$，所以所有这样的点都在 Θ_0 中. 而且，当 $\theta_{1l}\to\infty$ 时 $P_{\theta_l}(\boldsymbol{X}\in R_1)\to 1$，同时，因为 $\theta_2=0.95$，所以对于所有 l，$P_{\theta_l}(\boldsymbol{X}\in R_2)=0.05$. 这样，根据定理 8.3.24，这个 IUT 是一个真实水平为 α 的检验.

注意，在例 8.3.25 中，为求这个检验的真实水平只用到 $X_1,\cdots,X_n$ 和 $Y_1,\cdots,Y_m$ 的边缘分布. 这点极端重要，而且直接关系到 IUT 的可用性，因为联合分布往往难以了解，即使知道它，也往往难以处理. 例如若 X_i 和 Y_i 是对同一块织物的测试数据，则它们可能是相关的，但是这个关系将需建立模型并且用其计算此 IUT 在任何特殊参数值上的准确功效.

8.3.4 p-值

做完假设检验之后，必须用具有统计意义的方式报告出结论. 一种报告假设检验结果的方法是报告检验所用的真实水平 α，以及拒绝或者接受 H_0 的判决. 检验的真实水平携带着重要的信息. 如果 α 小，判拒绝 H_0 是相当令人信服的，但是如果 α 大，判拒绝 H_0 就不是很令人信服了，这是因为检验作出的这个判决不正确的概率也大. 另一种报告假设检验结果的方法是报告一种叫做 p-值的统计量的值.

定义 8.3.26 p-值（p-value）$p(\boldsymbol{X})$是一个满足对每一个样本点 $\boldsymbol{x}$，都有 $0\leqslant p(\boldsymbol{x})\leqslant 1$ 的检验统计量，如果 $p(\boldsymbol{X})$的值小则可作为 H_1 为真的证据. 一个 p-值称为是有效的，如果对于每一个 $\theta\in\Theta_0$ 和每一个 $0\leqslant\alpha\leqslant 1$，都有

$$P_\theta(p(\boldsymbol{X})\leqslant\alpha)\leqslant\alpha. \tag{8.3.8}$$

如果 $p(\boldsymbol{X})$ 是一个有效的 p-值，基于 $p(\boldsymbol{X})$ 易构建出一个水平为 α 的检验. 根据式（8.3.8），当且仅当 $p(\boldsymbol{X})\leqslant\alpha$ 时拒绝 H_0 的检验就是一个水平为 α 的检验. 通过 p-值报告检验结果的一个优点是每位读者能够选择他或她认为适当的 α，然后拿报告的 $p(\boldsymbol{x})$ 去和 α 比较，并且知道这些数据导致接受还是拒绝 H_0. 此外，p-值越小，就越强烈地拒绝 H_0. 因此，p-值以一个更连续的尺度报告出一个检验的结论，它胜于仅分成两种决策结果的接受 H_0 或拒绝 H_0.

最普通的定义一个 p-值的方法由定理 8.3.27 给出.

定理 8.3.27 设 $W(\boldsymbol{X})$ 是这样一个检验统计量，如 W 的值大则可作为 H_1 为真的依据. 对于每个样本点 $\boldsymbol{x}$，定义

$$p(\boldsymbol{x})=\sup_{\theta\in\Theta_0}P_\theta(W(\boldsymbol{X})\geqslant W(\boldsymbol{x})) \tag{8.3.9}$$

则 $p(\boldsymbol{X})$ 是一个有效的 p-值.

证明 固定 $\theta\in\Theta_0$. 设 $F_\theta(w)$ 表示 $-W(\boldsymbol{X})$ 的经验分布函数. 定义

$$p_\theta(\boldsymbol{x})=P_\theta(W(\boldsymbol{X})\geqslant W(\boldsymbol{x}))=P_\theta(-W(\boldsymbol{X})\leqslant -W(\boldsymbol{x}))=F_\theta(-W(\boldsymbol{x}))$$

因而随机变量 $p_\theta(\boldsymbol{X})$ 等于 $F_\theta(-W(\boldsymbol{X}))$. 因此，经过概率积分变换或者习题 2.10，$p_\theta(\boldsymbol{X})$ 的分布随机地大于或等于一个 $U(0,1)$ 分布. 就是说，对于每个 $0\leqslant\alpha\leqslant 1$，$P_\theta(p_\theta(\boldsymbol{X})\leqslant\alpha)\leqslant\alpha$. 因为对于每个 $\boldsymbol{x}$，$p(\boldsymbol{x})=\sup\limits_{\theta'\in\Theta_0}p_{\theta'}(\boldsymbol{x})\geqslant p_\theta(\boldsymbol{x})$，

$$P_\theta(p(\boldsymbol{X})\leqslant\alpha)\leqslant P_\theta(p_\theta(\boldsymbol{X})\leqslant\alpha)\leqslant\alpha$$

对于每一个 $\theta\in\Theta_0$ 和每一个 $0\leqslant\alpha\leqslant 1$ 都成立；$p(\boldsymbol{x})$ 是一个有效的 p-值. ■

计算式（8.3.9）中的上确界可能是困难的. 下两个例子说明的是不太困难的普通情况. 第一个例子不需要上确界；在第二个例子中，易于确定出达到上确界的 θ 的值.

例 8.3.28（双侧正态 p-值） 设 $X_1,\cdots,X_n$ 是来自 $N(\mu,\sigma^2)$ 总体的一组随机样本. 考虑检验 $H_0:\mu=\mu_0$ 对 $H_1:\mu\neq\mu_0$. 由习题 8.38，它的 LRT 对于大的 $W(\boldsymbol{X})=|\bar{X}-\mu_0|/(S/\sqrt{n})$ 的值拒绝 H_0. 如果 $\mu=\mu_0$，不管 σ 的值怎样，$(\bar{X}-\mu_0)/(S/\sqrt{n})$ 服从自由度为 $n-1$ 的 t 分布. 从而在式（8.3.9）的计算中，对于所有的 θ 值概率都一样，就是说对于所有的 σ 值都一样. 因此，由式（8.3.9），这个双侧 t 检验的 p-值是 $p(\boldsymbol{x})=2P(T_{n-1}\geqslant|\bar{x}-\mu_0|/(s/\sqrt{n}))$，其中 T_{n-1} 服从自由度为 $n-1$ 的 t 分布. ‖

例 8.3.29（单侧正态 p-值） 再次考虑例 8.3.28 中的正态模型，但是这次考虑检验 $H_0:\mu\leqslant\mu_0$ 对 $H_1:\mu>\mu_0$. 由习题 8.37，它的 LRT 对于大的 $W(\boldsymbol{X})=(\bar{X}-\mu_0)/(S/\sqrt{n})$ 的值拒绝 H_0. 以下的论证说明，对于这个统计量，式（8.3.9）中的上确界总是出现在参数点 (μ_0,σ)，而且与 σ 的取值无关. 考虑任意的 $\mu\leqslant\mu_0$ 和任意的 σ：

$$\begin{aligned}P_{\mu,\sigma}(W(\boldsymbol{X})\geqslant W(\boldsymbol{x}))&=P_{\mu,\sigma}\left(\frac{\overline{X}-\mu_0}{S/\sqrt{n}}\geqslant W(\boldsymbol{x})\right)\\&=P_{\mu,\sigma}\left(\frac{\overline{X}-\mu}{S/\sqrt{n}}\geqslant W(\boldsymbol{x})+\frac{\mu_0-\mu}{S/\sqrt{n}}\right)\\&=P_{\mu,\sigma}\left(T_{n-1}\geqslant W(\boldsymbol{x})+\frac{\mu_0-\mu}{S/\sqrt{n}}\right)\\&\leqslant P(T_{n-1}\geqslant W(\boldsymbol{x}))\end{aligned}$$

这里同样，T_{n-1}服从自由度为$n-1$的t分布．最后一行不等式为真是因为$\mu_0\geqslant\mu$和$(\mu_0-\mu)/(S/\sqrt{n})$是一个非负随机变量．最后P的下标被去掉是因为这个概率不依赖于（μ，σ）．进一步，

$$P(T_{n-1}\geqslant W(\boldsymbol{x}))=P_{\mu_0,\sigma}\left(\frac{\overline{X}-\mu_0}{S/\sqrt{n}}\geqslant W(\boldsymbol{x})\right)=P_{\mu_0,\sigma}(W(\boldsymbol{X})\geqslant W(\boldsymbol{x}))$$

并且因为（μ_0，σ）$\in\Theta_0$，所以这个概率是式（8.3.9）中计算上确界时所考虑的概率之一．因此，由式（8.3.9），这个单侧t检验的p-值是$p(\boldsymbol{x})=P(T_{n-1}\geqslant W(\boldsymbol{x}))=P(T_{n-1}\geqslant(\bar{x}-\mu_0)/(s/\sqrt{n}))$. ‖

另外一种可以用来替代式（8.3.9）定义有效p-值的方法，涉及给定一个充分统计量时的条件概率．设$S(\boldsymbol{X})$是一个关于模型$\{f(x|\theta):\theta\in\Theta_0\}$的充分统计量．（为了避免低功效检验，$S$仅关于原假设模型而不是关于全模型$\{f(x|\theta):\theta\in\Theta\}$充分，这一点很重要．）如果原假设为真，则给定条件$S=s$下$\boldsymbol{X}$的条件分布不依赖于$\theta$. 仍设$W(\boldsymbol{X})$表示一个检验统计量，它的大值给出$H_1$为真的依据．那么，对于每个样本点$\boldsymbol{x}$，定义

(8.3.10) $$p(\boldsymbol{x})=P(W(\boldsymbol{X})\geqslant W(\boldsymbol{x})|S=S(\boldsymbol{x}))$$

就像定理8.3.27表明的那样，只是这里仅考虑在给定$S=s$的条件下$\boldsymbol{X}$的条件分布，我们看到，对于任意的$0\leqslant\alpha\leqslant1$，

$$P(p(\boldsymbol{X})\leqslant\alpha|S=s)\leqslant\alpha$$

因此，对于任意的$\theta\in\Theta_0$，无条件地我们有

$$P_\theta(p(\boldsymbol{X})\leqslant\alpha)=\sum_s P(p(\boldsymbol{X})\leqslant\alpha|S=s)P_\theta(S=s)\leqslant\sum_s\alpha P_\theta(S=s)\leqslant\alpha$$

这样，由式（8.3.10）定义的$p(\boldsymbol{x})$是一个有效p-值．对于连续的S，求和可以换成积分，但是这种方法通常用于离散的S，如下例所示．

例8.3.30（Fisher的精确检验） 设S_1与S_2是独立观测，$S_1\sim B(n_1,p_1)$而$S_2\sim B(n_2,p_2)$．考虑检验$H_0:p_1=p_2$对$H_1:p_1>p_2$．在H_0之下，如果我们设p表示$p_1=p_2$的共同值，（S_1，S_2）的联合概率质量函数就是

$$f(s_1,s_2|p)=\binom{n_1}{s_1}p^{s_1}(1-p)^{n_1-s_1}\binom{n_2}{s_2}p^{s_2}(1-p)^{n_2-s_2}$$

$$= \binom{n_1}{s_1}\binom{n_2}{s_2} p^{s_1+s_2}(1-p)^{n_1+n_2-(s_1+s_2)}$$

这样，$S=S_1+S_2$ 是一个 H_0 之下的充分统计量. 在给定 $S=s$ 的条件下，以 S_1 作为一个检验统计量并且当 S_1 的值大的时候就拒绝 H_0 而接受 H_1，这样做是合乎情理的，因为 S_1 的值大 $S_2=s-S_1$ 的值就小. 当给定 $S=s$ 时，S_1 的条件分布是超几何分布 hypergeometric（n_1+n_2，n_1，s）（见习题 8.48）. 因此式（8.3.10）中的条件 p-值是

$$p(s_1, s_2) = \sum_{j=s_1}^{\min\{n_1, s\}} f(j|s)$$

这是超几何概率的求和. 用这个 p-值定义的检验叫做 Fisher 精确检验. ‖

8.3.5 损失函数最优性

如同在 7.3.4 节中一样，也能用判决分析的方法比较假设检验，而不使用功效函数. 为了实现这种分析，我们必须指明关于假设检验问题的行为空间和损失函数.

在一个假设检验问题中，只允许两个行为，接受 H_0 或拒绝 H_0. 这两个行为可以分别被记为 a_0 和 a_1. 假设检验的这个行为空间是两点集 $\boldsymbol{A}=\{a_0, a_1\}$. 一个判决法则 $\delta(\boldsymbol{x})$（一个假设检验）是 $\boldsymbol{X}$ 上的一个只取 a_0 和 a_1 两个值的函数. 集合 $\{\boldsymbol{x}: \delta(\boldsymbol{x})=a_0\}$ 是检验的接受区域，而集合 $\{\boldsymbol{x}: \delta(\boldsymbol{x})=a_1\}$ 是拒绝区域，与定义 8.1.3 一样.

在一个假设检验问题中，损失函数应当反映出如下事实：如果 $\theta\in\Theta_0$ 却作出判决 a_1，或者如果 $\theta\in\Theta_0^C$ 却作出判决 a_0，就犯了错误；而在另外两种可能情况，则作出了正确判决. 由于只有两种可能的行为，因此一个假设检验问题的损失函数 $L(\theta, a)$ 只由两部分组成. 函数 $L(\theta, a_0)$ 是当作出接受 H_0 的判决时，关于不同 θ 所招致的损失，而 $L(\theta, a_1)$ 是当作出拒绝 H_0 的判决时，关于不同 θ 所招致的损失.

在一个假设检验问题中最简单的一种损失函数叫做 0-1 损失，定义如下

$$L(\theta, a_0)=\begin{cases}0 & \theta\in\Theta_0\\ 1 & \theta\in\Theta_0^C\end{cases} \quad 和\ L(\theta, a_1)=\begin{cases}1 & \theta\in\Theta_0\\ 0 & \theta\in\Theta_0^C\end{cases}$$

用 0-1 损失，如果作出正确判决，损失值是 0，而如果作出错误判决，损失值是 1. 这是一种特别简单的情况，在这里两类错误有相同的结果. 一种比之稍实际一点的损失，即所谓广义 0-1 损失，它对两类错误给予不同的代价：

$$(8.3.11)\qquad L(\theta, a_0)=\begin{cases}0 & \theta\in\Theta_0\\ c_2 & \theta\in\Theta_0^C\end{cases} \quad 和\ L(\theta, a_1)=\begin{cases}c_1 & \theta\in\Theta_0\\ 0 & \theta\in\Theta_0^C\end{cases}$$

这个损失里，c_1 是错误地拒绝 H_0 而犯第一类错误的代价，而 c_2 是错误地接受 H_0

而犯第二类错误的代价（实际在比较检验的时候，我们真正比的是 c_2/c_1 而不是两个单独的数，如果 $c_1=c_2$，我们本质上用的是0-1损失）.

在判决分析中，风险函数（期望损失）被用来评价一个假设检验过程. 一个检验的风险函数和它的功效函数密切相关，就像下面分析表明的那样.

设 $\beta(\theta)$ 是一个基于判决法则 δ 的检验的功效函数. 就是说，若用 $R=\{\boldsymbol{x}:\delta(\boldsymbol{x})=a_1\}$ 表示这个检验的拒绝区域，则

$$\beta(\theta)=P_\theta(\boldsymbol{X}\in R)=P_\theta(\delta(\boldsymbol{X})=a_1)$$

与（8.3.11）中的损失函数以及作为其特例的0-1损失相对应的风险函数是非常简单的. 因为对任何的 $\theta\in\Theta$ 值，$L(\theta, a)$ 仅取两个值，若 $\theta\in\Theta_0$ 取0与 c_1 而若 $\theta\in\Theta_0^{\mathrm{C}}$ 取0与 c_2. 因此风险是

$$(8.3.12)\quad \begin{aligned} R(\theta,\delta)&=0P_\theta(\delta(\boldsymbol{X})=a_0)+c_1P_\theta(\delta(\boldsymbol{X})=a_1)=c_1\beta(\theta) \quad \text{若 } \theta\in\Theta_0 \\ R(\theta,\delta)&=c_2P_\theta(\delta(\boldsymbol{X})=a_0)+0P_\theta(\delta(\boldsymbol{X})=a_1)=c_2(1-\beta(\theta)) \text{若 } \theta\in\Theta_0^{\mathrm{C}} \end{aligned}$$

这种判决理论的方法和较为传统的功效方法类似，部分地是由于损失函数的形式所致. 但是在所有的假设检验问题里，下面我们就要看到，功效函数在风险函数中都扮演重要的角色.

例 8.3.31（UMP的风险） 设 $X_1, \cdots, X_n$ 是来自 $N(\mu, \sigma^2)$ 总体的一组随机样本，σ^2 已知. $H_0:\theta\geqslant\theta_0$ 对 $H_1:\theta<\theta_0$ 的UMP水平为 α 的检验是当 $(\bar{X}-\theta_0)/(\sigma/\sqrt{n})<-z_\alpha$ 的时候就拒绝 H_0 的检验（见例8.3.15）. 这个检验的功效函数是

$$\beta(\theta)=P_\theta\left(Z<-z_\alpha-\frac{\theta-\theta_0}{\sigma/\sqrt{n}}\right)$$

其中 Z 具有 $\mathrm{n}(0, 1)$ 分布. 当 $\alpha=0.10$ 时，图8.3.4表示了取 $c_1=8$ 和 $c_2=3$ 时式（8.3.12）的风险函数. 注意风险函数在 $\theta=\theta_0$ 不连续. 这是由于风险函数的表达式在 θ_0 有 $\beta(\theta)$ 到 $1-\beta(\theta)$ 的改变，以及 c_1 和 c_2 的差别所导致. ‖

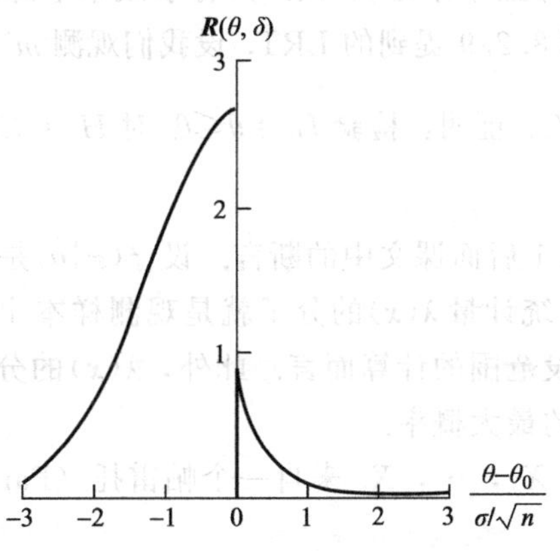

图 8.3.4 例 8.3.31 中检验的风险函数

0-1 损失仅仅鉴定判决的对错. 可能有这种情况，某些错误判决比别的严重，损失函数应该反映出这一点. 在我们检验 $H_0:\theta\geqslant\theta_0$ 对 $H_1:\theta<\theta_0$ 的时候，如果 θ 稍大于 θ_0 而拒绝了 H_0，这是一个第一类错误，但这也许不是一个非常严重的错误. 反之，如果 θ 比 θ_0 大得多而结果拒绝了 H_0，那就可能非常坏. 一个反映这种情况的损失函数是

$$L(\theta,\ a_0)=\begin{cases}0 & \theta\geqslant\theta_0\\ b(\theta_0-\theta) & \theta<\theta_0\end{cases}\text{和 } L(\theta,\ a_1)=\begin{cases}c(\theta-\theta_0)^2 & \theta\geqslant\theta_0\\ 0 & \theta<\theta_0\end{cases}\tag{8.3.13}$$

其中 b 和 c 是正的常数. 例如，一位试验者正在试验一种药是否降低胆固醇水平，H_0 和 H_1 可以被这样设立，θ_0＝标准的胆固醇可接受水平. 因为高胆固醇与心脏病有联系，所以当 θ 大而拒绝 H_0 的结果相当严重. 一个类似于式（8.3.13）的损失函数反映出这种结果. Vardeman（1987）曾提倡一种类似的损失函数.

甚至对式（8.3.13）那样一个普遍的损失函数，风险函数和功效函数也是密切相关的. 对于任何固定的 θ，损失是 $L(\theta,\ a_0)$ 或 $L(\theta,\ a_1)$. 因此期望损失是

$$\begin{aligned}R(\theta,\ \delta)&=L(\theta,a_0)P_\theta(\delta(\boldsymbol{X})=a_0)+L(\theta,\ a_1)P_\theta(\delta(\boldsymbol{X})=a_1)\\&=L(\theta,\ a_0)(1-\beta(\theta))+L(\theta,\ a_1)\beta(\theta)\end{aligned}\tag{8.3.14}$$

在评价一个假设检验时，它的功效函数总是重要的. 而在判决理论分析中，由损失函数给出的权重也是重要的.

8.4 习题

8.1 在 1000 次抛硬币中，出现 560 次正面和 440 次反面. 假设这枚硬币是均匀的合理吗？并证明你的结论.

8.2 假定在某城市里某年中发生车祸的次数遵从一个 Poisson 分布. 以往每年的平均事故次数是 15，并且今年是 10 次. 声称事故率下降理由充足吗？

8.3 这里将得到例 8.2.9 提到的 LRT. 设我们观测 m 个 iid 的 Bernoulli（θ）随机变量，记作 Y_1，…，Y_m. 证明：检验 $H_0:\theta\leqslant\theta_0$ 对 $H_1:\theta>\theta_0$ 的 LRT 为当 $\sum_{i=1}^{m}Y_i>b$，就拒绝 H_0.

8.4 证明定义 8.2.1 后面课文中的断言. 设 $f(x|\theta)$ 是一个离散型随机变量的概率质量函数，则 LRT 统计量 $\lambda(\boldsymbol{x})$ 的分子就是观测样本出现的最大概率，这里最大是指对参数取遍原假设范围的计算而言. 此外，$\lambda(\boldsymbol{x})$ 的分母就是参数取遍所有可能的值时观测样本出现的最大概率.

8.5 一组随机样本 X_1，…，X_n 来自一个帕雷托（Pareto）总体，其概率密度函数为

$$f(x|\theta,\ v)=\frac{\theta v^\theta}{x^{\theta+1}}I_{[v,\infty)}(x),\ \theta>0,\ v>0$$

(a) 求 θ 和 v 的 MLE.

(b) 证明：关于

$$H_0: \theta=1, v\text{ 未知对 } H_1: \theta\neq 1, v\text{ 未知}$$

的 LRT 具有形式如 $\{\boldsymbol{x}: T(\boldsymbol{x})\leqslant c_1 \text{ 或 } T(\boldsymbol{x})\geqslant c_2\}$ 的拒绝区域，其中 $0<c_1<c_2$ 并且

$$T=\log\left[\frac{\prod_{i=1}^{n} X_i}{(\min_i X_i)^n}\right]$$

(c) 证明：在 H_0 之下，$2T$ 具有 χ^2 分布，并且求它的自由度.（提示：求给定 $\min_i X_i$ 时 $n-1$ 个非平凡项 $X_i/(\min_i X_i)$ 的联合条件分布. 把这 $n-1$ 个项放在一起，并且注意给定 $\min_i X_i$ 条件下 T 的分布不依赖于 $\min_i X_i$，因此就是 T 的无条件分布.）

8.6 设我们有两组独立样本：$X_1, \cdots, X_n$ 来自指数分布 EXPO (θ)，$Y_1, \cdots, Y_m$ 来自指数分布 EXPO (μ).

(a) 求 $H_0: \theta=\mu$ 对 $H_1: \theta\neq\mu$ 的 LRT.

(b) 证明：(a) 中的检验能够基于统计量

$$\mathrm{T}=\frac{\sum X_i}{\sum X_i+\sum Y_i}$$

(c) 求 H_0 为真时 T 的分布.

8.7 我们已经看到 LRT 在处理带有冗余参数的问题中的用处. 现在着眼于冗余参数的某些其他问题.

(a) 求基于来自一个具有概率密度函数 $f(x|\theta, \lambda)=\frac{1}{\lambda}\mathrm{e}^{-(x-\theta)/\lambda}I_{[\theta,\infty)}(x)$ 的总体的一组样本 $X_1, \cdots, X_n$ 的关于

$$H_0: \theta\leqslant 0 \text{ 对 } H_1: \theta>0$$

的 LRT，其中 θ 与 λ 未知.

(b) 我们曾看到，指数分布的概率密度函数是 Γ 分布概率密度函数的一个特例. 从另外一条路径推广，指数分布的概率密度函数可以被考虑成威布尔分布 Weibull (γ, β) 的一个特例. 威布尔分布在为系统的可靠性建立模型时是非常重要的，它的概率密度函数如果取 $\gamma=1$ 就约化为指数分布的概率密度函数. 设 $X_1, \cdots, X_n$ 是来自一个威布尔分布总体的一组随机样本，γ 和 β 都未知. 求：$H_0: \gamma=1$ 对 $H_1: \gamma\neq 1$ 的 LRT.

8.8 正态族中有一个特殊情况，其中均值与方差有联系，它是族 $\mathrm{n}(\theta, a\theta)$. 如果我们对于检验这个联系感兴趣，而不考虑 θ 的值，就再次面临冗余参数的问题.

(a) 求基于来自 $N(\theta, a\theta)$ 族的一组样本 X_1，…，X_n 的关于 H_0：$a=1$ 对 H_1：$a\neq1$ 的 LRT，其中 θ 未知.

(b) 对于分布族 $N(\theta, a\theta^2)$ 可以问同样的问题. 即，如果 X_1，…，X_n 是 iid $N(\theta, a\theta^2)$的，其中 θ 未知，求关于 H_0：$a=1$ 对 H_1：$a\neq1$ 的 LRT.

8.9 Stefanski (1996) 利用一种基于似然比检验的证明方法建立起算术平均-几何平均-调和平均不等式（参见例 4.7.8 和注记 4.9.2). 设 Y_1，…，Y_n 相互独立具有概率密度函数 $\lambda_i \mathrm{e}^{-\lambda_i y_i}$，而我们想检验 H_0：$\lambda_1=\cdots=\lambda_n$ 对 H_1：λ_i 不全相等.

(a) 证明：LRT 检验统计量由 $(\bar{Y})^{-n}/(\prod_i Y_i)^{-1}$ 给出，并且由此导出算术平均-几何平均不等式.

(b) 做变换 $X_i=1/Y_i$，证明基于 X_1，…，X_n 的 LRT 检验统计量由 $[n/\sum_i(1/X_i)]^n/\prod_i X_i$ 给出，并且由此导出几何平均-调和平均不等式.

8.10 设 X_1，…，X_n 是 iid Poisson 分布 Poisson(λ) 的，其中 $\lambda\sim$gamma(α, β)，这个先验分布是 Poisson 分布的共轭族. 在习题 7.24 中求过 λ 的后验分布，包括后验均值与后验方差. 现在考虑 H_0：$\lambda\leqslant\lambda_0$ 对 H_1：$\lambda>\lambda_0$ 的 Bayes 检验.

(a) 计算 H_0 和 H_1 的后验概率表达式.

(b) 如果 $\alpha=\frac{5}{2}$ 和 $\beta=2$，则先验分布是自由度是 5 的 χ^2 分布. 解释 χ^2 表如何能够用来进行一个 Bayes 检验.

8.11 在习题 7.23 中，在给定基于样本量为 n 的样本的样本方差 S^2 的条件下，用 σ^2 的共轭先验（以 α 和 β 为参数的逆伽玛分布概率密度函数）求出了正态总体方差 σ^2 的后验分布. 基于 S^2 的观测，要做对于 H_0：$\sigma\leqslant1$ 对 H_1：$\sigma>1$ 的判决.

(a) 求：样本空间中满足 $P(\sigma\leqslant1|s^2)>P(\sigma>1|s^2)$的区域，即一个 Bayes 检验将判决 $\sigma\leqslant1$ 的区域.

(b) 把 (a) 中的区域和一个 LRT 的接受区域进行比较. 有没有对先验参数的一种选择使得其两个区域一致?

8.12 对于从一个均值为 μ 和已知的方差为 σ^2 的正态总体中抽取的样本量为 1，4，16，64，100 的样本，画出以下假设的 LRT 的功效函数图形，取 $\alpha=0.05$.

(a) H_0：$\mu\leqslant0$ 对 H_1：$\mu>0$

(b) H_0：$\mu=0$ 对 H_1：$\mu\neq0$

8.13 设 X_1，X_2 是 iid $U(\theta, \theta+1)$ 的. 关于 H_0：$\theta=0$ 对 H_1：$\theta>0$，我们有两个竞争检验

$$\phi_1(X_1)：如果\ X_1>0.95\ 就拒绝\ H_0$$

$$\phi_2(X_1, X_2)：如果\ X_1+X_2>C\ 就拒绝\ H_0$$

(a) 求 C 的值，使得 ϕ_2 具有与 ϕ_1 相同的真实水平.

(b) 计算每个检验的功效函数，并画出每个功效函数的图形，要求有良好的标注.

(c) 论证或驳斥：ϕ_2 是一个功效强于 ϕ_1 的检验.

(d) 说明怎样得到一个检验，它和 ϕ_2 的真实水平相同但功效更强.

8.14 对于 Bernoulli (p) 变量的随机样本 X_1，…，X_n，欲检验

$$H_0: p=0.49 \text{ 对 } H_1: p=0.51$$

利用中心极限定理近似地决定让两类错误的概率大约都是 0.01 所需要的样本量. 使用的检验是如果 $\sum_{i=1}^{n} X_i$ 过大就拒绝 H_0.

8.15 证明：基于来自正态总体 $n(0, \sigma^2)$ 的一组随机样本 X_1，…，X_n，关于 $H_0: \sigma=\sigma_0$ 对 $H_1: \sigma=\sigma_1$（其中 $\sigma_0<\sigma_1$）的最大功效检验是

$$\phi\left(\sum X_i^2\right)=\begin{cases}1 & \text{若} \sum X_i^2>c \\ 0 & \text{若} \sum X_i^2 \leqslant c\end{cases}$$

对于一个给定的犯第一类错误概率值 α，给出决定 c 值的表达式.

8.16 水平 α 的一种非常明显的滥用就是在看到数据之后再选定它们并为了强制拒绝（或接受）原假设而选择其值. 为了看到这样的一个过程犯第一类和第二类错误的概率是什么，计算以下两个平凡检验的真实水平和功效.

(a) 不管获取的是什么数据总是拒绝 H_0（等价于选择 α 水平以强制拒绝 H_0 的做法）.

(b) 不管获取的是什么数据总是接受 H_0（等价于选择 α 水平以强制接受 H_0 的做法）.

8.17 设 X_1，…，X_n 是 iid 的，具有贝塔分布概率密度函数 beta (μ, 1)；Y_1，…，Y_m 是 iid 的，具有概率密度函数 beta (θ, 1). 还假定这两组样本是相互独立的.

(a) 求：关于 $H_0: \mu=\theta$ 对 $H_1: \mu\neq\theta$ 的 LRT.

(b) 证明 (a) 中的检验可以基于统计量

$$T=\frac{\sum \log X_i}{\sum \log X_i+\sum \log Y_i}$$

(c) 求：当 H_0 真时 T 的分布，然后说明怎样得到一个真实水平为 $\alpha=0.10$ 的检验.

8.18 设 X_1，…，X_n 是来自正态总体 $n(\theta, \sigma^2)$ 的一组随机样本，σ^2 已知. 检验问题 $H_0: \theta=\theta_0$ 对 $H_1: \theta\neq\theta_0$ 的一个 LRT 为如果 $|\overline{X}-\theta_0|/(\sigma/\sqrt{n})>c$ 则拒绝 H_0.

(a) 求：这个检验的功效函数，用标准正态的概率写出这个表达式.

(b) 试验者希望在 $\theta=\theta_0+\sigma$ 点犯第一类错误的概率是 0.05，犯第二类错误的

最大概率是 0.25. 求：为达到这些要求 n 和 c 的值.

8.19 随机变量 X 具有概率密度函数 $f(x)=\mathrm{e}^{-x}$，$x>0$. 对随机变量 $Y=X^{\theta}$ 取得一次观测，而需要构建关于 $H_0:\theta=1$ 对 $H_1:\theta=2$ 的一个检验. 求：UMP 水平为$\alpha=0.10$ 的检验并计算犯第二类错误的概率.

8.20 设一个随机变量 X 在 H_0 和 H_1 之下的概率质量函数由下表给出

x	1	2	3	4	5	6	7
$f(x\|H_0)$	0.01	0.01	0.01	0.01	0.01	0.01	0.94
$f(x\|H_1)$	0.06	0.05	0.04	0.03	0.02	0.01	0.79

利用 Neyman-Pearson 引理求 H_0 对 H_1 的真实水平为 $\alpha=0.04$ 的最大功效检验. 计算这个检验犯第二类错误的概率.

8.21 在定理 8.3.12（Neyman-Pearson 引理）的证明当中说过，那里的针对连续型随机变量的证明可以容易地改写成适用于离散型随机变量的证明. 给出细节，就是说针对离散型随机变量证明 Neyman-Pearson 引理. 假定其 α 水平是可以达到的.

8.22 设 X_1，…，X_n 是 iid Bernoulli（p）的.

(a) 求：$H_0:p=\dfrac{1}{2}$对 $H_1:p=\dfrac{1}{4}$的真实水平为 $\alpha=0.0547$ 的最大功效检验. 求这个检验的功效.

(b) 关于检验 $H_0:p\leqslant\dfrac{1}{2}$对 $H_1:p>\dfrac{1}{2}$，求："若 $\sum\limits_{i=1}^{10}X_i>6$，就拒绝 H_0" 的检验的真实水平并且勾画这个检验的功效函数略图.

(c) 对于什么样的水平α，一定存在一个（a）中假设的 UMP 检验？

8.23 设 X 是来自一个具有 beta（θ，1）概率密度函数的总体的一次观测.

(a) 关于 $H_0:\theta\leqslant 1$ 对 $H_1:\theta>1$，求："若 $X>\dfrac{1}{2}$，就拒绝 H_0" 的检验的真实水平并且勾画这个检验的功效函数略图.

(b) 求：$H_0:\theta=1$ 对 $H_1:\theta=2$ 的水平为 α 的最大功效检验.

(c) 存在关于 $H_0:\theta\leqslant 1$ 对 $H_1:\theta>1$ 的 UMP 检验吗？如果存在，就求出它来. 如果不存在，则证明之.

8.24 求关于一个简单 H_0 对一个简单 H_1 的 LRT. 这个检验等价于由 Neyman-Pearson 引理得到的检验吗？（这个关系在某些细节上曾由 Solomon 1975 论述.）

8.25 证明下列各族具有 MLR.

(a) n(θ，σ^2) 族，σ^2已知.

(b) Poisson 族 Poisson（λ）.

(c) 二项分布族 binomial（n，θ），n 已知.

8.26 (a) 证明：如果一个概率密度函数族 $\{f(x|\theta): \theta\in\Theta\}$ 具有 MLR，则相应的概率分布函数族对 θ 是随机递增的.（参见本章的杂录部分.）

(b) 证明 (a) 的逆命题为假；就是说，例举一个概率分布函数族，它对 θ 是随机递增的，但是相应的概率密度函数族没有 MLR.

8.27 设 $g(t|\theta)=h(t)c(\theta)\mathrm{e}^{w(\theta)t}$ 是关于随机变量 T 的一个单参数指数族. 证明：如果 $\omega(\theta)$ 是 θ 的一个增函数，则这个族具有 MLR. 给出这样的族的三个例子.

8.28 设 $f(x|\theta)$ 是罗吉斯蒂克 (logistic) 位置参数密度函数

$$f(x|\theta)=\frac{\mathrm{e}^{(x-\theta)}}{(1+\mathrm{e}^{(x-\theta)})^2},\quad -\infty<x<\infty,\quad -\infty<\theta<\infty$$

(a) 证明这个族具有 MLR.

(b) 基于一次观测值 X，求：$H_0: \theta=0$ 对 $H_1: \theta=1$ 的真实水平为 α 的最大功效检验. 对于 $\alpha=0.2$，求犯第二类错误的概率.

(c) 证明 (b) 中的检验是关于 $H_0: \theta\leqslant 0$ 对 $H_1: \theta>0$ 的 UMP 真实水平为 α 的检验. 就一般罗吉斯蒂克位置参数族而言，关于它的 UMP 检验能够讲什么？

8.29 设 X 是来自一个 Cauchy 分布 Cauchy (θ) 的一次观测.

(a) 证明：这个族没有 MLR.

(b) 证明：检验

$$\phi(x)=\begin{cases}1 & \text{若 } 1<x<3\\ 0 & \text{其他}\end{cases}$$

在它的真实水平上是 $H_0: \theta=0$ 对 $H_1: \theta=1$ 的最大功效检验. 计算犯第一类和第二类错误的概率.

(c) 证明或驳斥：(b) 中的检验是关于 $H_0: \theta\leqslant 0$ 对 $H_1: \theta>0$ 的 UMP 检验. 就一般 Cauchy 位置参数族而言，关于它的 UMP 检验能够讲什么？

8.30 设 $f(x|\theta)$ 是 Cauchy 尺度参数密度函数

$$f(x|\theta)=\frac{\theta}{\pi}\frac{1}{\theta^2+x^2},\quad -\infty<x<\infty,\quad \theta>0$$

(a) 证明：这个族没有 MLR.

(b) 设 X 是来自 $f(x|\theta)$ 的一次观测. 证明 $|X|$ 关于 θ 是充分的，而且 $|X|$ 的分布一定具有一个 MLR.

8.31 设 $X_1, \cdots, X_n$ 是 iid Poisson 分布 Poisson (λ) 的.

(a) 求：关于 $H_0: \lambda\leqslant\lambda_0$ 对 $H_1: \lambda>\lambda_0$ 的一个 UMP 检验.

(b) 考虑特殊情况 $H_0: \lambda\leqslant 1$ 对 $H_1: \lambda>1$. 利用中心极限定理确定样本量 n 以使得一个 UMP 检验满足 P（拒绝 $H_0 \mid \lambda=1$）$=0.05$ 和 P（拒绝 $H_0|\lambda=2$）$=0.9$.

8.32 设 $X_1, \cdots, X_n$ 是 iid $\mathrm{n}(\theta, 1)$ 的，而 θ_0 是 θ 的一个指定的值.

(a) 求 $H_0: \theta\geqslant\theta_0$ 对 $H_1: \theta<\theta_0$ 的一个 UMP 真实水平为 α 的检验.

(b) 证明 $H_0:\theta=\theta_0$ 对 $H_1:\theta\neq\theta_0$ 不存在一个 UMP 真实水平为 α 的检验.

8.33 设 X_1, …, X_n 是来自 $U(\theta, \theta+1)$ 分布的一组随机样本. 欲检验 H_0：$\theta=0$ 对 $H_1:\theta>0$，使用检验

$$\text{如果 } Y_n\geqslant 1 \text{ 或 } Y_1\geqslant k \text{ 就拒绝 } H_0$$

其中 k 是一个常数，$Y_1=\min\{X_1, \cdots, X_n\}$，$Y_n=\max\{X_1, \cdots, X_n\}$.

(a) 确定 k 以使检验具有真实水平 α.

(b) 求 (a) 中检验的功效函数的表达式.

(c) 证明：这个检验是一个 UMP 真实水平为 α 的检验.

(d) 求 n 和 k 的值使得 UMP 水平为 0.10 的检验的功效在 $\theta>1$ 至少为 0.8.

8.34 就以下两种情况分别证明：对于任意的数 c，如果 $\theta_1\leqslant\theta_2$，则

$$P_{\theta_1}(T>c)\leqslant P_{\theta_2}(T>c)$$

(a) θ 是随机变量 T 的分布的一个位置参数.

(b) T 的概率密度函数族 $\{g(t\mid\theta):\theta\in\Theta\}$ 有 MLR.

8.35 类似于在 5.3.2 节得到的那种通常的 t 分布，也被称为中心 t 分布 (central t distribution). 它可以被看作形为 $T=\mathrm{n}(0, 1)/\sqrt{\chi_v^2/v}$ 的一个随机变量的概率密度函数，其中正态与 χ^2 随机变量独立. 一种广义的 t 分布，即非中心 t 分布 (noncentral t distribution)，是形为 $T'=\mathrm{n}(\mu, 1)/\sqrt{\chi_v^2/v}$ 的一个随机变量，其中正态与 χ^2 随机变量独立并且我们可以有 $\mu\neq0$.（我们在(4.4.3)已经见过一种非中心的概率密度函数，即非中心 χ^2 分布.）正式地讲就是，设 $X\sim\mathrm{n}(\mu, 1)$，$Y\sim\chi_v^2$ 而且与 X 独立，则 $T'=X/\sqrt{Y/v}$ 具有一个自由度为 v 非中心参数为 $\delta=\sqrt{\mu^2}$ 的非中心 t 分布.

(a) 计算 T' 的均值与方差.

(b) T' 的概率密度函数是

$$f_{T'}(t|\delta)=\frac{\mathrm{e}^{-\delta^2/2}}{\Gamma\left(\frac{1}{2}\right)\Gamma\left(\frac{v}{2}\right)\sqrt{v}}\sum_{k=0}^{\infty}\frac{(2/v)^{k/2}(\delta t)^k}{k!}\frac{\Gamma\left([v+k+1]/2\right)}{(1+(t^2/v))^{(v+k+1)/2}}$$

证明：当 $\delta=0$，这个概率密度函数就约化为中心 t 分布的概率密度函数.

(c) 证明：T' 的概率密度函数关于其非中心参数有一个 MLR.

8.36 现有一个来自贝塔分布 beta $(1, \theta)$ 总体的一次观测.

(a) 为检验 $H_0:\theta_1\leqslant\theta\leqslant\theta_2$ 对 $H_1:\theta<\theta_1$ 或 $\theta>\theta_2$，其中 $\theta_1=1$，$\theta_2=2$，有一个检验满足 $E_{\theta_1}\phi=0.5$ 和 $E_{\theta_2}\phi=0.3$. 求一个检验与这个一样好，并解释为什么一样好.

(b) 为检验 $H_0:\theta=\theta_1$ 对 $H_1:\theta\neq\theta_1$，其中 $\theta_1=1$，求一个双侧检验（$\phi\equiv0.1$ 除外），它满足 $E_{\theta_1}\phi=0.1$ 和 $\frac{\mathrm{d}}{\mathrm{d}\theta}E_\theta(\phi)\Big|_{\theta=\theta_1}=0$.

8.37 设 X_1, …, X_n 是来自正态总体 $\mathrm{n}(\theta, \sigma^2)$ 的一组随机样本. 考虑检验

$H_0: \theta \leqslant \theta_0$ 对 $H_1: \theta > \theta_0$.

(a) 若 σ^2 已知，证明：当 $\overline{X} > \theta_0 + z_\alpha \sqrt{\sigma^2/n}$ 就拒绝 H_0 的检验是一个真实水平为 α 的检验. 证明这个检验可以从一个 LRT 导出.

(b) 证明 (a) 中的检验是一个 UMP 检验.

(c) 若 σ^2 未知，证明：当 $\overline{X} > \theta_0 + t_{n-1,\alpha} \sqrt{S^2/n}$ 就拒绝 H_0 的检验是一个真实水平为 α 的检验. 证明这个检验可以从一个 LRT 导出.

8.38 设 X_1，…，X_n 是 iid $\mathrm{n}(\theta, \sigma^2)$ 的，θ_0 是 θ 的一个指定的值而 σ^2 未知. 我们对检验

$$H_0: \theta = \theta_0 \text{ 对 } H_1: \theta \neq \theta_0$$

感兴趣.

(a) 证明：当 $|\overline{X} - \theta_0| > t_{n-1,\alpha/2} \sqrt{S^2/n}$ 就拒绝 H_0 的检验是一个真实水平为 α 的检验.

(b) 证明 (a) 中的检验可以从一个 LRT 导出.

8.39 设 (X_1, Y_1)，…，(X_n, Y_n) 是一组来自参数为 μ_X，μ_Y，σ_X^2，σ_Y^2，ρ 的二元正态分布的随机样本. 我们的兴趣在于检验

$$H_0: \mu_X = \mu_Y \text{ 对 } H_1: \mu_X \neq \mu_Y$$

(a) 证明：随机变量 $W_i = X_i - Y_i$ 是 iid $\mathrm{n}(\mu_W, \sigma_W^2)$ 的，其中 $\mu_W = \mu_X - \mu_Y$，$\sigma_W^2 = \sigma_X^2 + \sigma_Y^2 - 2\rho\sigma_X\sigma_Y$.

(b) 证明上面的假设能够用以下统计量检验

$$T_W = \frac{\overline{W}}{\sqrt{\frac{1}{n} S_W^2}}$$

其中 $\overline{W} = \frac{1}{n} \sum_{i=1}^{n} W_i$ 而 $S_W^2 = \frac{1}{(n-1)} \sum_{i=1}^{n} (W_i - \overline{W})^2$. 进一步证明，在 H_0 下，$T_W \sim$ 自由度为 $n-1$ 的 t 分布.（这个检验被称为配对的 t 检验.）

8.40 设 (X_1, Y_1)，…，(X_n, Y_n) 是一组来自参数为 μ_X，μ_Y，σ_X^2，σ_Y^2，ρ 的二元正态分布的随机样本.

(a) 推导出

$$H_0: \mu_X = \mu_Y \text{ 对 } H_1: \mu_X \neq \mu_Y$$

的 LRT，其中 σ_X^2，σ_Y^2 和 ρ 未知.

(b) 证明 (a) 中推导出的检验等价于习题 8.39 配对 t 检验.

（提示：直接最大化二变量似然是可能的但是有些令人不快. 填补以下论述中的间断就给出一个优美的证明.）

做变换 $u = x - y$，$v = x + y$. 设 $f(x, y)$ 表示二元正态的概率密度函数，并且写成

$$f(x, y)=g(v|u)h(u),$$

其中 $g(v|u)$是给定 U 的条件下 V 的条件概率密度函数，$h(u)$是 U 的边缘概率密度函数. 论证：(1) 似然能够进行等价地因式分解，并且 (2) 无论两均值是否被限制，包括 $g(v|u)$的部分总有相同的最大值. 因此，可以忽视这个因子（因为它将被消去）并且 LRT 仅基于 $h(u)$. 然而 $h(u)$是一个均值为 $\mu_X-\mu_Y$ 的正态概率密度函数，从而 LRT 就是通常的那种单样本 t 检验，就像习题 8.38 中推导的那样.

8.41 设 X_1，…，X_n 是来自 $\mathrm{n}(\mu_X, \sigma_X^2)$ 的一组随机样本，而设 Y_1，…，Y_m 是与之独立的来自 $\mathrm{n}(\mu_Y, \sigma_Y^2)$ 的一组随机样本. 我们的兴趣在于检验

$$H_0: \mu_X=\mu_Y \text{ 对 } H_1: \mu_X\neq\mu_Y$$

这里假定 $\sigma_X^2=\sigma_Y^2=\sigma^2$.

(a) 推导出关于这个假设的 LRT. 证明这个 LRT 能够基于统计量

$$T=\frac{\bar{X}-\bar{Y}}{\sqrt{S_p^2\left(\frac{1}{n}+\frac{1}{m}\right)}}$$

其中

$$S_p^2=\frac{1}{n+m-2}\left(\sum_{i=1}^{n}(X_i-\bar{X})^2+\sum_{i=1}^{m}(Y_i-\bar{Y})^2\right)$$

[量 S_p^2 有时被称为一个合并方差估计值（pooled variance estimate). 这种估计值将在 11.2 节广泛使用.]

(b) 证明：在 H_0 下，$T\sim t_{n+m-2}$. [这个检验被称为两样本 t 检验（two-sample t test).]

(c) 木材样本取自某个拜占庭教堂的中心与外围. 木材的年代经过鉴定，给出如下数据

中心		外围	
1294	1251	1284	1274
1279	1248	1272	1264
1274	1240	1256	1256
1264	1232	1254	1250
1263	1220	1242	
1254	1218		
1251	1210		

利用两样本 t 检验决定是否中心的木材平均年龄与外围的木材平均年龄相同.

8.42 习题 8.41 所做的等方差假定并不总能保持合理. 在这种情况，上述统计量就不再是 t 分布. 确实，合并方差估计值的计算是否明智是值得怀疑的.（这种方差不等时构造推断方法的问题一般而言是一个相当困难的问题，被称为 Behrens-Fisher 问题.）一个自然尝试的检验就是以下对于两样本 t 检验的修正. 检验

$$H_0: \mu_X=\mu_Y \text{ 对 } H_1: \mu_X\neq\mu_Y$$

这里不假定 $\sigma_X^2=\sigma_Y^2$，使用统计量

$$T'=\frac{\overline{X}-\overline{Y}}{\sqrt{\left(\frac{S_X^2}{n}+\frac{S_Y^2}{m}\right)}}$$

其中

$$S_X^2=\frac{1}{n-1}\sum_{i=1}^{n}(X_i-\overline{X})^2 \text{ 和 } S_Y^2=\frac{1}{m-1}\sum_{i=1}^{m}(Y_i-\overline{Y})^2$$

T'的精确分布不是令人愉快的，但是能够利用 Satterthwaite 近似（例 7.2.3）来近似它的分布.

(a) 证明

$$\frac{\frac{S_X^2}{n}+\frac{S_Y^2}{m}}{\frac{\sigma_X^2}{n}+\frac{\sigma_Y^2}{m}}\sim\frac{\chi_v^2}{v} \quad \text{（近似地）}$$

其中 v 能够用

$$\hat{v}=\frac{\left(\frac{S_X^2}{n}+\frac{S_Y^2}{m}\right)^2}{\frac{S_X^4}{n^2(n-1)}+\frac{S_Y^4}{m^2(m-1)}}$$

估计.

(b) 阐明 T'的分布可以由一个自由度是$\hat{v}$的 t 分布近似.

(c) 使用本习题的近似 t 检验再次检验习题 8.41 的数据，就是说，用 T'统计量检验是否中心的木材平均年龄与外围的木材平均年龄相同.

(d) 来自中心数据的方差与来自外围数据的方差是否有统计上的任何明显差异？（回忆例 5.3.5）

8.43 Sprott and Farewell (1993) 注意到在两样本 t 检验中，如果方差比已知，就能导出一个有效的 t 统计量. 设 X_1，…，X_{n_1}是来自 $n(\mu_1, \sigma^2)$ 的一组样本，Y_1，…，Y_{n_2}是来自 $n(\mu_2, \rho^2\sigma^2)$ 的一组样本，其中 ρ^2 已知. 证明

$$\frac{(\overline{X}-\overline{Y})-(\mu_1-\mu_2)}{\sqrt{\frac{1}{n_1}+\frac{\rho^2}{n_2}}\sqrt{\frac{(n_1-1)S_X^2+(n_2-1)S_Y^2/\rho^2}{n_1+n_2-2}}}$$

服从具有自由度为 n_1+n_2-2 的 t 分布而$\frac{S_Y^2}{\rho^2S_X^2}$服从具有自由度为 n_2-1 和 n_1-1 的 F 分布. 其中 S_X^2 和 S_Y^2 是来自两组样本的样本方差.

Sprott 和 Farewell 还注意到该 t 统计量在 $\rho^2=\frac{n_1\sqrt{n_1-1}S_X^2}{n_2\sqrt{n_2-1}S_Y^2}$时取最大值，且他

们建议对于看似可能的 ρ^2 值，比如在某个置信区间中的那些值，画出该统计量的曲线.

8.44　核实：例 8.3.20 中检验 3 是一个无偏的水平 α 检验.

8.45　设 X_1，…，X_n 是来自正态 $\mathrm{n}(\theta, \sigma^2)$ 总体的一组随机样本. 考虑检验

$$H_0: \theta \leqslant \theta_0 \text{ 对 } H_1: \theta > \theta_0$$

设 $\overline{X}_m$ 表示 X_1，…，X_n 中前 m 个观测的样本均值，$m=1$，…，n. 若 σ^2 已知，证明：对于每个 $m=1$，…，n，当 $\overline{X}_m > \theta_0 + z_\alpha \sqrt{\sigma^2/m}$ 则拒绝 H_0 的检验是一个无偏的水平 α 检验. 若 $n=4$，画出每个这种检验的功效函数图形.

8.46　设 X_1，…，X_n 是来自正态 $\mathrm{n}(\theta, \sigma^2)$ 总体的一组随机样本. 考虑检验

$$H_0: \theta_1 \leqslant \theta \leqslant \theta_2 \text{ 对 } H_1: \theta < \theta_1 \text{ 或 } \theta > \theta_2$$

(a) 证明：当 $\overline{X} > \theta_2 + t_{n-1,\alpha/2}\sqrt{S^2/n}$ 或 $\overline{X} < \theta_1 - t_{n-1,\alpha/2}\sqrt{S^2/n}$ 就拒绝 H_0 的检验不是一个真实水平为 α 的检验.

(b) 证明：对于一个适当选择的常数 k，当 $|\overline{X} - \bar{\theta}| > k\sqrt{S^2/n}$ 就拒绝 H_0 的检验是一个真实水平为 α 的检验，其中 $\bar{\theta} = (\theta_1 + \theta_2)/2$.

(c) 证明 (a) 和 (b) 中的检验是它们的真实水平上的无偏检验.（假定非中心 t 分布有一个 MLR.）

8.47　如同习题 8.41，考虑独立的具有等方差的两组正态样本. 考虑检验 $H_0: \mu_X - \mu_Y \leqslant -\delta$ 或 $\mu_X - \mu_Y \geqslant \delta$ 对 $H_1: -\delta < \mu_X - \mu_Y < \delta$，其中 δ 是一个指定的正数. [这叫做等效性检验问题 (equivalence testing problem).]

(a) 证明：$H_0^-: \mu_X - \mu_Y \leqslant -\delta$ 对 $H_1^-: \mu_X - \mu_Y > -\delta$ 的真实水平 α 的 LRT 是当

$$T^- = \frac{\overline{X} - \overline{Y} - (-\delta)}{\sqrt{S_p^2\left(\dfrac{1}{n} + \dfrac{1}{m}\right)}} \geqslant t_{n+m-2,\alpha}$$

就拒绝 H_0^- 的检验.

(b) 求：$H_0^+: \mu_X - \mu_Y \geqslant \delta$ 对 $H_1^+: \mu_X - \mu_Y < \delta$ 的真实水平 α 的 LRT.

(c) 说明怎样能把 (a) 和 (b) 的检验结合成为 H_0 对 H_1 的一个水平为 α 的检验.

(d) 证明 (c) 中的检验是一个真实水平为 α 的检验.（提示：考虑 $\sigma \to 0$.）

这个方法有时叫做二单侧检验方法 (two one-sided tests procedure)，它由 Schuirmann (1987)（也可参见 Westlake 1981）为检验生物等效性 (bioequivalence) 的问题而导出. 也可看 Berger 和 Hsu (1996) 的评论文章以及习题 9.33 中相应的置信区间问题.

8.48　证明例 8.3.30 的断言：给定 S 下 S_1 的条件分布是超几何分布.

8.49　就以下各种情况计算观测数据的 p-值.

(a) 10次 Bernoulli 试验中7次成功，检验 $H_0: \theta \leqslant \frac{1}{2}$ 对 $H_1: \theta > \frac{1}{2}$.

(b) 检验 $H_0: \lambda \leqslant 1$ 对 $H_1: \lambda > 1$. 观测到 $X=3$，其中 $X \sim P(\lambda)$.

(c) 检验 $H_0: \lambda \leqslant 1$ 对 $H_1: \lambda > 1$. 观测到 $X_1=3$，$X_2=5$，$X_3=1$，其中 $X_i \sim P(\lambda)$，且相互独立.

8.50 设 X_1，…，X_n 是 iid $n(\theta, \sigma^2)$ 的，σ^2 已知，并且设 θ 具有双指数分布，即 $\pi(\theta) = e^{-|\theta|/a}/(2a)$，$a$ 已知. 一个关于假设 $H_0: \theta \leqslant 0$ 对 $H_1: \theta > 0$ 的 Bayes 检验是如果 H_1 的后验概率大就接受 H_1.

(a) 对于一个给定的常数 K，计算 $\theta > K$ 的后验概率，即 $P(\theta > K | x_1, \cdots, x_n, a)$.

(b) 求：关于 $\lim\limits_{a \to \infty} P(\theta > K | x_1, \cdots, x_n, a)$ 的表达式.

(c) 把 (b) 的答案和经典假设检验相应的 p-值进行比较.

8.51 这里是 p-值的另外一种常见解释. 考虑一个 H_0 对 H_1 的检验问题. 设 $W(\boldsymbol{X})$ 是一个检验统计量. 假定对于每个 α，$0 \leqslant \alpha \leqslant 1$，都能够选出临界值 c_α 以使得 $\{\boldsymbol{x}: W(\boldsymbol{x}) \geqslant c_\alpha\}$ 是 H_0 的一个真实水平为 α 的检验的拒绝区域. 利用这族检验证明：由 (8.3.9) 定义的通常 p-值 $p(\boldsymbol{x})$，就是对于观测到的数据 $\boldsymbol{x}$，我们可以拒绝 H_0 的最小水平 α.

8.52 考虑检验 $H_0: \theta \in \bigcup\limits_{j=1}^{k} \Theta_j$. 对于每个 $j=1, \cdots, k$，设 $p_j(\boldsymbol{x})$ 表示检验 $H_{0j}: \theta \in \Theta_j$ 的一个有效的 p-值. 设 $p(\boldsymbol{x}) = \max\limits_{1 \leqslant j \leqslant k} p_j(\boldsymbol{x})$.

(a) 证明：$p(\boldsymbol{x})$ 是关于检验 H_0 的一个有效的 p-值.

(b) 证明：基于 $p(\boldsymbol{X})$ 定义出的水平为 α 的检验与基于各单个 $p_j(\boldsymbol{x})$ 的检验所定义的一个水平为 α 的 IUT 是同样的.

8.53 在例 8.2.7 我们看到过一个单侧 Bayes 假设检验的例子. 现在我们考虑一个类似情况，但它是一个双侧检验. 我们想检验

$$H_0: \theta = 0 \text{ 对 } H_1: \theta \neq 0$$

并且观测值是来自正态 $n(\theta, \sigma^2)$ 总体的一组随机样本 X_1，…，X_n，σ^2 已知. 在这种情况下，一种常用的先验分布是一个在 $\theta=0$ 上的点质量与散布在 H_1 上的概率密度函数的一种混合. 一个典型的选择是取 $P(\theta=0) = \frac{1}{2}$，而若 $\theta \neq 0$，取先验分布 $\frac{1}{2} n(0, \tau^2)$，其中 τ^2 已知.

(a) 证明：以上定义的先验是正常的，即 $P(-\infty < \theta < \infty) = 1$.

(b) 计算 H_0 为真的后验概率，即 $P(\theta = 0 | x_1, \cdots, x_n)$.

(c) 求：相应于 $\bar{x}$ 的一个值的 p-值的表达式.

(d) 对于 $\sigma^2 = \tau^2 = 1$ 的特例，在 $\bar{x}$ 的一个取值范围内，比较 $P(\theta = 0 | x_1, \cdots, x_n)$ 和上面的 p-值. 特别

(i) 对于 $n=9$，作为$\bar{x}$函数画出 p-值以及上述后验概率，并且证明对于适度大小的$\bar{x}$值，这个概率比 p-值大.

(ii) 现在，对于 $\alpha=0.05$，设$\bar{x}=z_{\alpha/2}/\sqrt{n}$，这样对所有的 n，把 p-值固定在了 α. 证明：当 $n\to\infty$，在$\bar{x}=z_{\alpha/2}/\sqrt{n}$处的后验概率趋向于 1. 这就是 Lindley 悖论（Lindley's Paradox）.

注意小的 $P(\theta=0|x_1, \cdots, x_n)$ 值是反对 H_0 的依据，因此这个量在精神上与 p-值相似. 这两个量能够有非常不同的值这样一个事实是 Lindley（1957）指出的，Berger and Sellke（1987）也考查过这个事实.（参见章末杂录.）

8.54 p-值与 Bayes 后验概率的差别在单侧问题不是那样引人注目，这个问题被 Casella and Berger（1987）讨论过，也在杂录一节中被提及. 设 $X_1, \cdots, X_n$ 是来自正态 $\mathrm{n}(\theta, \sigma^2)$ 总体的一组随机样本，并设待检验的假设是

$$H_0: \theta\leqslant 0 \text{ 对 } H_1: \theta>0$$

θ 的先验分布是 $\mathrm{n}(0, \tau^2)$，τ^2 已知，这在 $P(\theta\leqslant 0)=P(\theta>0)=\frac{1}{2}$ 的意义下关于假设是对称的.

(a) 计算 H_0 为真的后验概率 $P(\theta\leqslant 0|x_1, \cdots, x_n)$.

(b) 利用 "$\bar{X}$大则拒绝 H_0" 的检验求相应于$\bar{x}$的 p-值的一个表达式.

(c) 对于 $\sigma^2=\tau^2=1$ 的特例，比较 $P(\theta\leqslant 0|x_1, \cdots, x_n)$ 和$\bar{x}>0$ 时的 p-值. 证明 Bayes 概率总比 p-值大.

(d) 利用 (a) 和 (b) 推出的表达式，证明

$$\lim_{\tau^2\to\infty} P(\theta\leqslant 0 \mid x_1, \cdots, x_n)=p\text{-值}$$

这是一个在双侧问题中不出现的等式.

8.55 设 X 是一个 $\mathrm{n}(\theta, 1)$ 分布，考虑检验 $H_0: \theta\leqslant\theta_0$ 对 $H_1: \theta>\theta_0$. 使用 (8.3.13) 的损失函数并就 $\alpha=0.1, 0.3, 0.5$ 研究 "若 $X<-z_\alpha+\theta_0$ 就拒绝 H_0" 的三个检验.

(a) 对于 $b=c=1$，画出并且比较它们的风险函数.

(b) 对于 $b=3$，$c=1$，画出并且比较它们的风险函数.

(c) 对于 (a) 和 (b) 的风险函数，画出并且比较三个检验的功效函数.

8.56 考虑检验 $H_0: p\leqslant\frac{1}{3}$ 对 $H_1: p>\frac{1}{3}$，其中 $X\sim B(5, p)$，使用 0-1 损失. 绘出并且比较以下两个检验的风险函数. 检验Ⅰ：拒绝 H_0 如果 $X=0$ 或 1. 检验Ⅱ：拒绝 H_0 如果 $X=4$ 或 5.

8.57 考虑检验 $H_0: \mu\leqslant 0$ 对 $H_1: \mu>0$，其中 $X\sim\mathrm{n}(\mu, 1)$，使用 0-1 损失. 设 δ_c 是 "若 $X>c$ 则拒绝 H_0" 的检验. 对于此问题的每个检验，在检验类 $\{\delta_c, -\infty<c<\infty\}$ 里都存在一个检验 δ_c，它具有一致较小（关于 μ）的风险函数. 设 δ

是“当$1<X<2$则拒绝H_0”的检验，求一个检验δ_c比δ更佳.（证明检验δ_c比δ更佳，或者画出δ_c和δ的风险函数并且仔细解释为什么建议的检验是更佳的.）

8.58 考虑例8.3.31的假设检验问题以及所给出的损失函数，并且设$\sigma=n=1$. 考虑“若$X\leqslant -z_\alpha+\theta_0$就拒绝$H_0$”的检验. 求极小化风险函数极大值的$\alpha$值，这样产生了一个极小极大检验（minimax test）.

8.5 杂录

8.5.1 单调功效函数

这一章，特别是在研究功效函数的性质时，我们相当广泛地利用了MLR的性质. 随机序（stochastic ordering）的概念也能被用来获得功效函数的性质.（回忆一下，在以前各章已经遇到过随机序，例如在习题1.49，3.41～3.43，与5.19中就遇到过. 一个累积分布函数F随机大于一个累积分布函数G如果对于所有x，有$F(x)\leqslant G(x)$，并且对于其中某些x为严格不等. 这蕴涵如果$X\sim F$，$Y\sim G$，则对于所有x，有$P(X>x)\geqslant P(Y>x)$，并且对于其中某些x为严格不等. 换言之，F对于取较大值给出较大的概率.）

就假设检验而讲，情况经常是备择假设下的分布随机地大于原假设下的分布. 例如，如果我们有来自正态总体$\mathrm{n}(\theta,\sigma^2)$的一组随机样本并且有兴趣检验$H_0:\theta\leqslant\theta_0$对$H_1:\theta>\theta_0$时就是这样：备择假设下的所有分布随机地大于原假设下的所有分布. Gilat（1977）运用随机序的性质而不是用MLR来证明一般条件下功效函数的单调性.

8.5.2 似然比作为证据

似然比$L(\theta_1|\boldsymbol{x})/L(\theta_0|\boldsymbol{x})=f(\boldsymbol{x}|\theta_1)/f(\boldsymbol{x}|\theta_0)$在$H_0:\theta=\theta_0$对$H_1:\theta=\theta_1$的检验中扮演一个重要的角色. 这个比和LRT统计量$\lambda(\boldsymbol{x})$在产生小的λ值的$\boldsymbol{x}$处一样. 另外，Neyman-Pearson引理告诉我们，关于H_0对H_1的UMP水平为α的检验能够根据这个比来定义. 这个似然比还有一个重要的Bayes解释. 设π_0和π_1是我们关于θ_0和θ_1的先验分布，则有利于θ_1的后验胜率（posterior odds）是

$$\frac{P(\theta=\theta_1|\boldsymbol{x})}{P(\theta=\theta_0|\boldsymbol{x})}=\frac{f(\boldsymbol{x}|\theta_1)\pi_1/m(\boldsymbol{x})}{f(\boldsymbol{x}|\theta_0)\pi_0/m(\boldsymbol{x})}=\frac{f(\boldsymbol{x}|\theta_1)}{f(\boldsymbol{x}|\theta_0)}\cdot\frac{\pi_1}{\pi_0}$$

π_1/π_0是有利于θ_1的先验胜率. 上述似然比就是这个先验胜率在观测完数据$\boldsymbol{X}=\boldsymbol{x}$后为得到后验胜率而应该校正的数量. 如果似然比等于2，那么先验胜率加倍. 这个似然比不依赖于先验概率，因此，把它解释为在数据上对H_1支持超过H_0的证据. Royall（1997）讨论了这种解释.

8.5.3 p-值和后验概率

8.2.2 节讨论了 Bayes 检验，我们看到 H_0 为真的后验概率是数据提供的反对（或支持）原假设的表证的一个量度. 在 8.3.4 节我们也看到 p-值提供了一个基于数据反对 H_0 的证据的一个量度. 自然要问一个问题，就是这两个不同的量度是否始终一致，它们能够协调一致吗？Berger（James 而不是 Roger）and Sellke（1987）认为在双侧问题中这两种量度不能协调，Bayes 量度居优. Casella and Berger（Roger 1987）指出双侧 Bayes 问题是人造的，而在大多数自然的单侧问题中，这两种表证量度能够调和. 对 Schervish（1996）来说，这种调和的影响不大，他认为，把 p-值作为表证的量度有逻辑上的严重缺陷.

8.5.4 置信集 p-值

Berger and Boos（1994）建议使用另外一个方法计算 p-值. 在通常的 p-值定义（定理 8.3.27）中，其 sup 是跨越全部零空间 Θ_0 的. Berger 和 Boos 建议在 Θ_0 的一个记为 C 的子集上取上确界. 这个集合 $C=C(\boldsymbol{X})$ 是由数据决定并且有性质：如果 $\theta\in\Theta_0$，则 $P_\theta(\theta\in C(\boldsymbol{X}))\geqslant 1-\beta$.（参见第 9 章关于像 C 那样的置信集的讨论.）然后，置信集 p-值（confidence set p-value）是

$$p_C(x)=\sup_{\theta\in C(\boldsymbol{X})}P_\theta(W(\boldsymbol{X})\geqslant W(x))+\beta$$

Berger 和 Boos 证明了 p_C 是一个有效的 p-值.

p_C 有两个潜在优点. 计算上的优点是，在较小的集合 C 上计算上确界可能比在较大的集合 Θ_0 上容易. 还有统计上的优点，观测了 $\boldsymbol{X}$，我们就有了关于 θ 取值的一些想法，很可能 $\theta\in C$. 考虑那些显得并不像是 θ 真值的取值似乎无关紧要. 置信集 p-值仅考虑那些 Θ_0 中似乎可能的 θ 值. Berger and Boos（1994）还有 Silvapulle（1996）给出置信集 p-值的很多例子. Berger（1996）指出，在比较两个二项概率的问题中，用置信集 p-值可以得到具有改进功效的检验.

第9章

区间估计

“我担心，”福尔摩斯说，“如果这事非人力能及，那我当然也无能为力. 可是我们在不得不接受这种论断之前，还是要竭尽全力寻找合理的解释.”

——夏洛克·福尔摩斯

《鬼足之谜》

9.1 引言

第7章我们讨论过参数 θ 的点估计，那里的推断是猜测一个单个值作为 θ 的值. 这一章我们讨论区间估计及更一般的集合估计. 集合估计问题中的推断就是陈述“$\theta\in C$”，其中 $C\subset\Theta$ 并且 $C=C(\boldsymbol{X})$ 是一个由观测数据 $\boldsymbol{X}=\boldsymbol{x}$ 的值决定的集合. 如果 θ 是实值的，则我们通常更喜欢集合估计 C 是一个区间. 区间估计将是这章的主题.

像前两章一样，本章也分为两部分，第一部分考虑求区间估计而第二部分考虑估计量的评价. 我们从区间估计的一个形式定义开始，如同点估计量定义那样，这个定义也是粗略的.

定义 9.1.1 一个实值参数 θ 的区间估计是样本的任意一对函数 $L(x_1,\cdots,x_n)$ 和 $U(x_1,\cdots,x_n)$，对于所有的 $\boldsymbol{x}\in\mathcal{X}$ 满足 $L(\boldsymbol{x})\leqslant U(\boldsymbol{x})$. 如果观测到样本 $\boldsymbol{X}=\boldsymbol{x}$，就做出推断 $L(\boldsymbol{x})\leqslant\theta\leqslant U(\boldsymbol{x})$. 随机区间 $[L(\boldsymbol{X}),U(\boldsymbol{X})]$ 叫做区间估计量(interval estimator).

我们将按照过去的习惯，把 θ 的一个基于随机样本 $\boldsymbol{X}=(X_1,\cdots,X_n)$ 的区间估计量写成 $[L(\boldsymbol{X}),U(\boldsymbol{X})]$ 而实现值的区间写成 $[L(\boldsymbol{x}),U(\boldsymbol{x})]$. 虽然在多数情况我们处理的是 L 和 U 的有限值，但是有时兴趣在单侧区间估计上. 例如，若 $L(\boldsymbol{x})=-\infty$，我们就有单侧的区间 $(-\infty,U(\boldsymbol{x})]$ 并断言“$\theta\leqslant U(\boldsymbol{x})$”而不提及下界. 类似. 我们也可取 $U(\boldsymbol{x})=\infty$ 而得到一个单侧区间 $[L(\boldsymbol{x}),\infty)$.

虽然定义提及的是一个闭区间 $[L(\boldsymbol{x}),U(\boldsymbol{x})]$，但是有的时候更自然地使用开区间 $(L(\boldsymbol{x}),U(\boldsymbol{x}))$，甚或一个半开半闭的区间，就像上段中那样. 虽然优先使用的是闭区间，但是我们将根据手边的特定问题，哪种更合适就使用哪种.

例 9.1.2（区间估计量） 设 X_1，X_2，X_3，X_4 是来自 $n(\mu, 1)$ 的样本，$[\overline{X}-1, \overline{X}+1]$ 是 μ 的一个区间估计量. 这意味我们将断言 μ 在这个区间里. ||

在这里，自然要问及通过使用区间估计我们得到了什么. 过去我们用 $\overline{X}$ 估计 μ，而现在使用的估计量 $[\overline{X}-1, \overline{X}+1]$ 不如前者精确. 我们想必得到了什么！通过放弃估计值（或关于 μ 的断言）的某些精确性，我们得到关于这个断言之正确性的某些自信或保证.

例 9.1.3（例 9.1.2 续） 当我们用 $\overline{X}$ 估计 μ 时，恰好正确的概率，即 $P(\overline{X}=\mu)$，是 0. 但是若使用一个区间估计量，断言正确的概率就是正的. μ 被 $[\overline{X}-1, \overline{X}+1]$ 所覆盖的概率可以计算如下

$$
\begin{aligned}
P(\mu\in[\overline{X}-1,\overline{X}+1]) &= P(\overline{X}-1\leqslant\mu\leqslant\overline{X}+1)\\
&= P(-1\leqslant\overline{X}-\mu\leqslant 1)\\
&= P\left(-2\leqslant\frac{\overline{X}-\mu}{\sqrt{1/4}}\leqslant 2\right)\\
&= P(-2\leqslant Z\leqslant 2)\left(\frac{\overline{X}-\mu}{\sqrt{1/4}}\text{是标准正态的}\right)\\
&= 0.9544
\end{aligned}
$$

因此我们有超过 95％的机会用我们的区间估计量覆盖这个未知的参数. 一个点换成一个区间，牺牲估计值的某些精确性，却使我们对于断言是正确的更有信心.

使用区间估计而不使用点估计，目的在于对于捕获感兴趣的参数有某种保证. 这个保证的确定是用以下定义量化的.

定义 9.1.4 对于一个对参数 θ 的区间估计量 $[L(\boldsymbol{X}), U(\boldsymbol{X})]$，$[L(\boldsymbol{X}), U(\boldsymbol{X})]$ 的覆盖概率（coverage probability）是指随机区间 $[L(\boldsymbol{X}), U(\boldsymbol{X})]$ 覆盖真实参数 θ 的概率. 在符号上它记作 P_θ $(\theta\in[L(\boldsymbol{X}), U(\boldsymbol{X})])$ 或 P $(\theta\in[L(\boldsymbol{X}), U(\boldsymbol{X})]|\theta)$.

定义 9.1.5 对于一个参数 θ 的区间估计量 $[L(\boldsymbol{X}), U(\boldsymbol{X})]$，$[L(\boldsymbol{X}), U(\boldsymbol{X})]$ 的置信系数（confidence coefficient）是指覆盖概率的下确界 $\inf_\theta P_\theta$ $(\theta\in[L(\boldsymbol{X}), U(\boldsymbol{X})])$.

从这些定义里我们认识到很多事情. 首先，一定牢记这个区间是随机的量，而参数不是，因此，当我们书写像 P_θ $(\theta\in[L(\boldsymbol{X}), U(\boldsymbol{X})])$ 这样的概率陈述时，是针对 $\boldsymbol{X}$ 而非针对 θ 的. 换句话说，P_θ $(\theta\in[L(\boldsymbol{X}), U(\boldsymbol{X})])$ 等同于 P_θ $(L(\boldsymbol{X})\leqslant\theta, U(\boldsymbol{X})\geqslant\theta)$，而后者是一个关于 $\boldsymbol{X}$ 的陈述.

区间估计量，加之信心的一个量度（通常为置信系数），有时被称为一个置信区间（confidence interval）. 我们将经常把这个术语与区间估计量交替使用. 虽然我们主要关心置信区间，但是我们有时候也会处理更一般的集合. 当工作于一般情况，不能十分确信我们的集合的确切形式时，将使用置信集合（confidence set）这

样的说法．一个具有置信系数等于 $1-\alpha$ 的置信集合简称为一个 $1-\alpha$ 置信集合．

另外一个重点牵涉到覆盖概率与置信系数．因为我们不知道 θ 的真值，所以我们只能保证一个覆盖的概率的下确界，即置信系数．在某些情况这并不紧要，因为覆盖概率是 θ 的一常数函数．而在其他情况，覆盖概率可能随 θ 不同而有很大变化．

例 9.1.6（均匀分布　尺度参数区间估计量）　设 $X_1, \cdots, X_n$ 是来自均匀分布总体 $U(0, \theta)$ 的随机样本并设 $Y=\max\{X_1,\cdots,X_n\}$．我们对 θ 的区间估计感兴趣．考虑两个候选估计量：$[aY, bY]$，$1\leqslant a<b$ 和 $[Y+c, Y+d]$，$0\leqslant c<d$，其中 a，b，c 和 d 是给定常数．（注意 θ 必须大于 Y．）对于第一个区间，我们有

$$\begin{aligned}P_\theta(\theta\in[aY,bY])&=P_\theta(aY\leqslant\theta\leqslant bY)\\&=P_\theta\left(\frac{1}{b}\leqslant\frac{Y}{\theta}\leqslant\frac{1}{a}\right)\\&=P_\theta\left(\frac{1}{b}\leqslant T\leqslant\frac{1}{a}\right)\qquad(T=Y/\theta)\end{aligned}$$

我们知道（例 7.3.13）$f_Y(y)=ny^{n-1}/\theta^n$，$0\leqslant y\leqslant\theta$，因此 T 的概率密度函数是 $f_T(t)=nt^{n-1}$，$0\leqslant t\leqslant 1$．所以我们有

$$P_\theta\left(\frac{1}{b}\leqslant T\leqslant\frac{1}{a}\right)=\int_{1/b}^{1/a}nt^{n-1}\mathrm{d}t=\left(\frac{1}{a}\right)^n-\left(\frac{1}{b}\right)^n$$

第一个区间的覆盖概率独立于 θ 的值，这样，$\left(\frac{1}{a}\right)^n-\left(\frac{1}{b}\right)^n$ 就是这个区间的置信系数．对于另外一个区间，对 $\theta\geqslant d$，通过类似的计算就有

$$\begin{aligned}P_\theta(\theta\in[Y+c,Y+d])&=P_\theta(Y+c\leqslant\theta\leqslant Y+d)\\&=P_\theta\left(1-\frac{d}{\theta}\leqslant T\leqslant 1-\frac{c}{\theta}\right)(T=Y/\theta)\\&=\int_{1-d/\theta}^{1-c/\theta}nt^{n-1}\mathrm{d}t\\&=\left(1-\frac{c}{\theta}\right)^n-\left(1-\frac{d}{\theta}\right)^n\end{aligned}$$

在这种情况中，覆盖概率依赖于 θ．进一步，直接计算就见，对于任何常数 c 和 d

$$\lim_{\theta\to\infty}\left(1-\frac{c}{\theta}\right)^n-\left(1-\frac{d}{\theta}\right)^n=0$$

这表明此区间估计量的置信系数是 0．　‖

9.2　区间估计量的求法

我们用四个小节讲述求估计量的方法．这似乎表示有四种不同的求区间估计量的方法，实际并非如此，事实上，接下去的四小节给出的所有方法在操作上都是一样的，都是基于反转一个检验统计量的策略．最后一小节是处理 Bayes 区间，它给

出一种不同的构造方法.

9.2.1 反转一个检验统计量

假设检验与区间估计有很强的对应关系. 事实上我们可以讲, 一般每个置信集合对应一个检验, 反之也对. 考虑下面的例子.

例 9.2.1 (反转一个正态均值检验) 设 X_1, …, X_n 是 iid n (μ, σ^2) 的并考虑检验 H_0 : $\mu=\mu_0$ 对 H_1 : $\mu\neq\mu_0$. 对于固定的水平 α, 一个合理的检验 (事实上是最大功效无偏检验) 具有拒绝区域 $\{\boldsymbol{x} : |\bar{x}-\mu_0|>z_{\alpha/2}\sigma/\sqrt{n}\}$. 注意到对于符合 $|\bar{x}-\mu_0|\leqslant z_{\alpha/2}\sigma/\sqrt{n}$ 或者等价地满足

$$\bar{x}-z_{\alpha/2}\frac{\sigma}{\sqrt{n}}\leqslant\mu_0\leqslant\bar{x}+z_{\alpha/2}\frac{\sigma}{\sqrt{n}}$$

的样本点, H_0 则被接受.

因为这个检验具有真实水平 α, 这意味着 P (H_0 被拒绝 $|\ \mu=\mu_0$) $=\alpha$, 或者换言之, P (H_0 被接受 $|\ \mu=\mu_0$) $=1-\alpha$. 把它和上面接受区域描述结合起来, 我们就能写出

$$P\left(\overline{X}-z_{\alpha/2}\frac{\sigma}{\sqrt{n}}\leqslant\mu_0\leqslant\overline{X}+z_{\alpha/2}\frac{\sigma}{\sqrt{n}}\,\middle|\,\mu=\mu_0\right)=1-\alpha$$

但是这里对概率的陈述对于每一个 μ 都真. 因此陈述

$$P\left(\overline{X}-z_{\alpha/2}\frac{\sigma}{\sqrt{n}}\leqslant\mu\leqslant\overline{X}+z_{\alpha/2}\frac{\sigma}{\sqrt{n}}\right)=1-\alpha$$

为真. 通过反转这个水平为 α 的检验的接受区域而获得的区间 $[\bar{x}-z_{\alpha/2}\sigma/\sqrt{n},\ \bar{x}+z_{\alpha/2}\sigma/\sqrt{n}]$ 就是一个 $1-\alpha$ 置信区间. ||

我们已经举例说明了置信集合与检验的对应, **样本空间**中使得 H_0 : $\mu=\mu_0$ 被接受的集合由下式给出

$$A(\mu_0)=\left\{(x_1,\cdots,x_n):\mu_0-z_{\alpha/2}\frac{\sigma}{\sqrt{n}}\leqslant\bar{x}\leqslant\mu_0+z_{\alpha/2}\frac{\sigma}{\sqrt{n}}\right\}$$

而置信区间是由**参数空间**中似乎可信的参数值构成的集合, 由下式给出

$$C(x_1,\cdots,x_n)=\left\{\mu:\bar{x}-z_{\alpha/2}\frac{\sigma}{\sqrt{n}}\leqslant\mu\leqslant\bar{x}+z_{\alpha/2}\frac{\sigma}{\sqrt{n}}\right\}$$

这两个集合通过等价关系

$$(x_1,\cdots,x_n)\in A(\mu_0)\Leftrightarrow\mu_0\in C(x_1,\cdots,x_n)$$

建立起联系.

关于双侧正态问题的检验与区间估计的对应画在了图 9.2.1 中. 此处也许更易看到检验和区间问的是同样的问题, 不过是看问题的观点略有不同. 两个过程都寻找样本统计量与总体参数的一致. 假设检验是固定参数并询问什么样本值 (接受区

域）与该固定值相符合．置信集合固定样本值并询问什么参数值（置信区间）使得这个样本值好像最有道理．

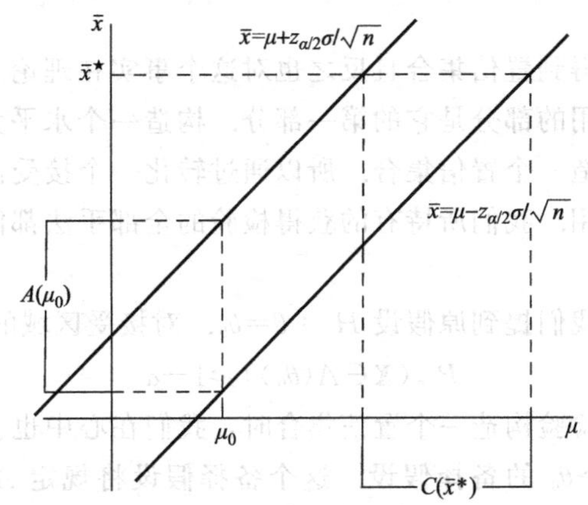

图 9.2.1 置信区间与检验的接受区域的关系．上面的线是 $\bar{x}=\mu+z_{\alpha/2}\sigma/\sqrt{n}$ 而下面的线是 $\bar{x}=\mu-z_{\alpha/2}\sigma/\sqrt{n}$.

检验的接受区域与置信集合之间的对应普遍成立．以下的定理给出这种对应的一个正式的说法．

定理 9.2.2 对每一个 $\theta_0\in\Theta$，设 $A(\theta_0)$ 是 $H_0:\theta=\theta_0$ 的一个水平为 α 的检验的接受区域．对每一个 $\boldsymbol{x}\in\mathcal{X}$，在参数空间里定义一个集合 $C(\boldsymbol{x})$

(9.2.1) $$C(\boldsymbol{x})=\{\theta_0:\boldsymbol{x}\in A(\theta_0)\}$$

则随机集合 $C(\boldsymbol{x})$ 是一个 $1-\alpha$ 置信集合．反之，设 $C(\boldsymbol{x})$ 是一个 $1-\alpha$ 置信集合．对任意的 $\theta_0\in\Theta$，定义

$$A(\theta_0)=\{\boldsymbol{x}:\theta_0\in C(\boldsymbol{x})\}$$

则 $A(\theta_0)$ 是 $H_0:\theta=\theta_0$ 的一个水平为 α 的检验的接受区域．

证明 关于第一部分，因为 $A(\theta_0)$ 是一个水平为 α 的检验的接受区域，所以

$$P_{\theta_0}(\boldsymbol{X}\notin A(\theta_0))\leqslant\alpha \text{ 并且因此 } P_{\theta_0}(\boldsymbol{X}\in A(\theta_0))\geqslant 1-\alpha$$

由于 θ_0 是任意的，可以把 θ_0 改写成 θ．把上面的不等式与（9.2.1）合在一起，就证明了集合 $C(\boldsymbol{X})$ 的覆盖概率是

$$P_\theta(\theta\in C(\boldsymbol{X}))=P_\theta(\boldsymbol{X}\in A(\theta))\geqslant 1-\alpha$$

证明了 $C(\boldsymbol{X})$ 是一个 $1-\alpha$ 置信集合．

关于第二部分，对 $H_0:\theta=\theta_0$ 的以 $A(\theta_0)$ 作接受区域的检验，它犯第一类错误的概率是

$$P_{\theta_0}(\boldsymbol{X}\notin A(\theta_0))=P_{\theta_0}(\theta_0\notin C(\boldsymbol{X}))\leqslant\alpha$$

所以是一个水平为 α 的检验．

■

虽然经常说是把一个检验反转获得一个置信集合，但是定理 9.2.2 表明我们实际上有一族检验，每一个值 $\theta_0 \in \Theta$ 对应一个检验，置信集合是通过把这一族检验进行反转而得到的.

检验能够经转化得到置信集合且反之也对这个事实在理论上是有趣的，但是定理 9.2.2 在实际中有用的部分是它的第一部分. 构造一个水平为 α 的接受区域相对较容易，困难的是构造一个置信集合. 所以通过转化一个接受区域来获得一个置信集合的方法就相当有用. 我们所持有的获得检验的全部手法都能够立刻用来构造置信集合.

在定理 9.2.2 中我们提到原假设 $H_0: \theta=\theta_0$. 对接受区域的全部要求就是

$$P_{\theta_0}(\boldsymbol{X} \in A(\theta_0)) \geqslant 1-\alpha$$

实际上，在通过反转检验构造一个置信集合时，我们在心中也会同时有了一个就像 $H_1: \theta \neq \theta_0$ 或 $H_1: \theta > \theta_0$ 的备择假设. 这个备择假设将规定 $A(\theta_0)$ 的合理形式，而 $A(\theta_0)$ 的形式将决定 $C(\boldsymbol{x})$ 的形状. 但是注意，我们非常小心地宁可使用集合这个词而不是区间这个词. 这是因为不能保证通过转化检验获得的置信集合是个区间. 不过多数情况下，单侧检验给出单侧区间，双侧检验给出双侧区间，奇怪形状的接受区域给出奇怪形状的置信集合. 后面的例子将展现这一点.

被反转的检验的性质也转而保留（有时适当修订）到置信集合上. 例如，转化无偏检验，将产生无偏的置信集合. 而且，更重要的是，因为我们知道在寻找一个好的检验时可以把注意力集中在充分统计量上，由此就可以推出，当我们在寻找一个好的置信集合时，也可以把注意力集中在充分统计量上.

在我们毫无直觉并且没有好的想法来组成一个合理的集合的情况之下，反转检验的方法确实最有帮助. 我们只需依靠通用的方法构建一个合理的检验.

例 9.2.3（反转一个 LRT） 设我们希望求指数总体 EXPO（λ）的均值 λ 的一个置信区间. 我们可以通过反转 $H_0: \lambda=\lambda_0$ 对 $H_1: \lambda \neq \lambda_0$ 的一个水平为 α 的检验获得这样一个区间.

设我们取得一组随机样本 $X_1, \cdots, X_n$，则 LRT 检验统计量由下式给出

$$\frac{\frac{1}{\lambda_0^n}\mathrm{e}^{-\sum x_i/\lambda_0}}{\sup\limits_{\lambda} \frac{1}{\lambda^n}\mathrm{e}^{-\sum x_i/\lambda}} = \frac{\frac{1}{\lambda_0^n}\mathrm{e}^{-\sum x_i/\lambda_0}}{\frac{1}{(\sum x_i/n)^n}\mathrm{e}^{-n}} = \left(\frac{\sum x_i}{n\lambda_0}\right)^n \mathrm{e}^n \mathrm{e}^{-\sum x_i/\lambda_0}$$

对于固定的 λ_0，接受区域是

$$A(\lambda_0) = \left\{\boldsymbol{x}: \left(\frac{\sum x_i}{\lambda_0}\right)^n \mathrm{e}^{-\sum x_i/\lambda_0} \geqslant k^*\right\} \tag{9.2.2}$$

其中 k^* 是一个常数，它的选择满足 $P_{\lambda_0}(\boldsymbol{X} \in A(\lambda_0)) = 1-\alpha$（常数 e^n/n^n 被吸收进 k^*）. 这是如图 9.2.2 所示样本空间内的一个集合. 反转这个接受区域，就给出

$1-\alpha$ 置信集合

$$C(\boldsymbol{x})=\left\{\lambda:\left(\frac{\sum x_i}{\lambda}\right)^n \mathrm{e}^{-\sum x_i/\lambda}\geqslant k^*\right\}$$

这是如图 9.2.2 所示样本空间内的一个区间.

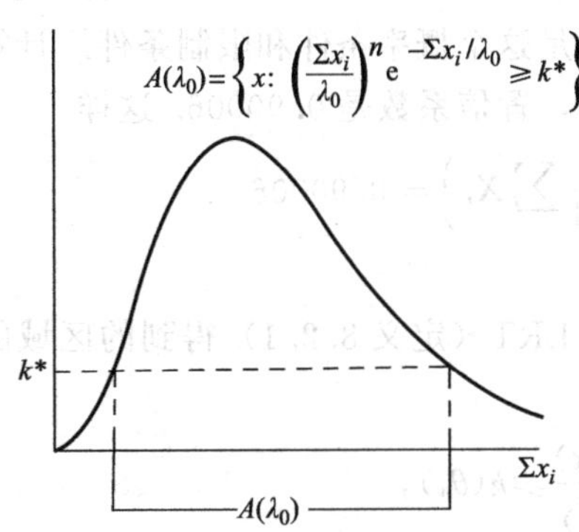

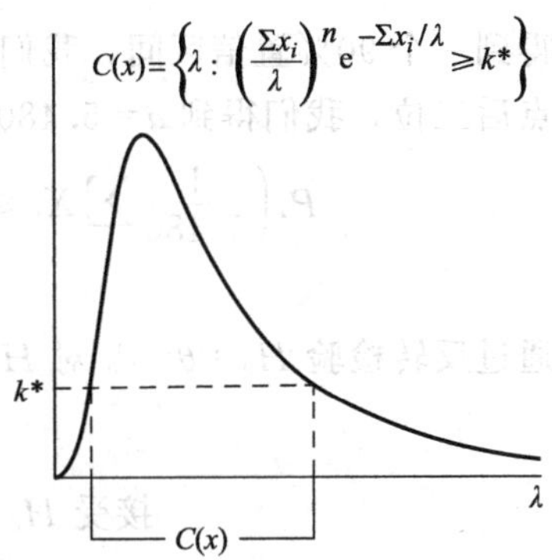

图 9.2.2 例 9.2.3 的接受区域与置信区间. 它的接受区域是

$$A(\lambda_0)=\{\boldsymbol{x}:(\textstyle\sum_i x_i/\lambda_0)^n \mathrm{e}^{-\sum_i x_i/\lambda_0}\geqslant k^*\}$$

而置信区间是

$$C(\boldsymbol{x})=\{\lambda:(\textstyle\sum_i x_i/\lambda)^n \mathrm{e}^{-\sum_i x_i/\lambda}\geqslant k^*\}$$

$C(\boldsymbol{x})$的定义表达式仅通过$\sum x_i$ 依赖于 $\boldsymbol{x}$. 所以这个置信区间能够表示成如下形式

(9.2.3) $$C(\textstyle\sum x_i)=\{\lambda:L(\sum x_i)\leqslant\lambda\leqslant U(\sum x_i)\}$$

其中 L 和 U 是由集合 (9.2.2) 有 $1-\alpha$ 概率以及

(9.2.4) $$\left(\frac{\sum x_i}{L(\sum x_i)}\right)^n \mathrm{e}^{-\sum x_i/L(\sum x_i)}=\left(\frac{\sum x_i}{U(\sum x_i)}\right)^n \mathrm{e}^{-\sum x_i/U(\sum x_i)}$$

这些限制条件决定的函数. 若我们设

(9.2.5) $$\frac{\sum x_i}{L(\sum x_i)}=a \text{ 和 } \frac{\sum x_i}{U(\sum x_i)}=b$$

其中 $a>b$ 是常数, 则式 (9.2.4) 变成

(9.2.6) $$a^n \mathrm{e}^{-a}=b^n \mathrm{e}^{-b}$$

此方程易于数值求解. 为了解得详细一些, 设 $n=2$ 并且注意$\sum X_i/\lambda\sim$gamma (2, 1). 因此, 由式 (9.2.5), 置信区间变成 $\{\lambda:\frac{1}{a}\sum x_i\leqslant\lambda\leqslant\frac{1}{b}\sum x_i\}$, 其中 a 和 b 满足

$$P_\lambda\left(\frac{1}{a}\sum X_i\leqslant\lambda\leqslant\frac{1}{b}\sum X_i\right)=P\left(b\leqslant\frac{\sum X_i}{\lambda}\leqslant a\right)=1-\alpha$$

而且，由式（9.2.6），$a^2e^{-a}=b^2e^{-b}$. 于是

$$P\left(b\leqslant\frac{\sum X_i}{\lambda}\leqslant a\right)=\int_b^a t\mathrm{e}^{-t}\mathrm{d}t$$

$$=\mathrm{e}^{-b}(b+1)-\mathrm{e}^{-a}(a+1)\text{（分部积分）}$$

为了得到一个 90%置信区间，我们必须同时满足这个概率条件和限制条件. 计算到小数点后三位，我们得到 $a=5.480$，$b=0.441$，置信系数是 0.90006. 这样

$$P_\lambda\left(\frac{1}{5.480}\sum X_i\leqslant\lambda\leqslant\frac{1}{0.441}\sum X_i\right)=0.90006$$

‖

通过反转检验 $H_0:\theta=\theta_0$ 对 $H_1:\theta\neq\theta_0$ 的 LRT（定义 8.2.1）得到的区域的形式为

$$\text{接受 } H_0 \text{ 如果}\frac{L(\theta_0|\boldsymbol{x})}{L(\hat{\theta}|\boldsymbol{x})}\geqslant k(\theta_0),$$

导致置信区域

(9.2.7) $$\{\theta: L(\theta|\boldsymbol{x})\geqslant k'(\boldsymbol{x},\theta)\}$$

函数 k' 使得置信系数为 $1-\alpha$.

在某些情况（像正态分布和伽玛分布），函数 k' 将不依赖于 θ. 在这种情况，上述似然区域有一个令人愉快的解释，即它是由那些似然最高的 θ 的值组成的. 我们也将看到这种区间起因于频率论者（定理 9.3.2）和 Bayes 学派（推论 9.3.10）都有的最优化的考虑.

检验反转法是一个十分一般的方法，用它我们能够反转任意的检验并获得一个置信集合. 在例 9.2.3 中我们反转了 LRT，但其实可以使用由任意方法构造的检验. 另外，注意对一个双侧检验给出一个双侧区间. 下一个例子我们反转一个单侧检验以得到单侧区间.

例 9.2.4（正态　单侧置信界）　设 X_1，…，X_n 是来自 $N(\mu,\sigma^2)$ 总体的随机样本，考虑对 μ 构造一个 $1-\alpha$ 置信上界. 就是说，我们想要一个形式为 $C(\boldsymbol{x})=(-\infty,U(\boldsymbol{x})]$ 的置信区间. 为利用定理 9.2.2 来获得这样的一个区间，我们要转化 $H_0:\mu=\mu_0$ 对 $H_1:\mu<\mu_0$ 的单侧检验.（注意，这里我们明确 H_1 以决定置信区间的形式. H_1 指定 μ_0 的大值，所以置信集合将包含小值，即小于一个界的值. 这样，我们将得到一个置信上界.）H_0 对 H_1 的真实水平为 α 的 LRT 为：如果 $\frac{\bar{X}-\mu_0}{S/\sqrt{n}}<-t_{n-1,\alpha}$ 就拒绝 H_0（类似例 8.2.6）. 所以这个检验的接受区域就是

$$A(\mu_0)=\left\{\boldsymbol{x}:\bar{x}\geqslant\mu_0-t_{n-1,\alpha}\frac{s}{\sqrt{n}}\right\}$$

而 $\boldsymbol{x}\in A(\mu_0)\Leftrightarrow \bar{x}+t_{n-1,\alpha}s/\sqrt{n}\geqslant\mu_0$. 依照（9.2.1），我们定义

$$C(\boldsymbol{x})=\{\mu_0:\boldsymbol{x}\in A(\mu_0)\}=\left\{\mu_0:\bar{x}+t_{n-1,\alpha}\frac{s}{\sqrt{n}}\geqslant\mu_0\right\}$$

按照定理，随机集合 $C(\boldsymbol{X})=(-\infty,\ \bar{X}+t_{n-1,\alpha}S/\sqrt{n}]$ 是一个关于 μ 的 $1-\alpha$ 置信集合. 我们看到，它的确是一个置信上界的正确形式. 反转单侧检验就给出一个单侧置信区间. ‖

例 9.2.5（二项 单侧置信界） 作为一个更为困难的单侧置信区间的例子，考虑给出一列伯努利试验成功概率 p 的一个 $1-\alpha$ 置信下界. 就是说，我们观测 $X_1,\cdots,X_n$，其中 $X_i\sim$ Bernoulli（p），而我们想要求得一个形式为 $(L(X_1,\cdots,X_n),1]$ 的区间，其中 $P_p(p\in(L(X_1,\cdots,X_n),1])\geqslant 1-\alpha$.（我们将看到，获得的这个区间左边是开的.）因为我们想要一个给出置信下界的单侧区间，所以考虑反转来自关于

$$H_0:p=p_0\ \text{对}\ H_1:p>p_0$$

的检验的接受区域.

为了简化，我们知道可以用基于 $T=\sum_{i=1}^{n}X_i\sim$ binomial $(n,\ p)$ 的检验，因为 T 关于 p 是充分的（参见杂录一节）. 因为二项分布具有单调似然比（见习题 8.25），根据 Karlin-Rubin 定理（定理 8.3.17），当 $T>k(p_0)$ 就拒绝 H_0 的检验是其真实水平上的 UMP 检验. 对于每个 p_0，我们想选择常数 $k(p_0)$（它可以是一个整数）以使我们持有一个水平为 α 的检验. 由于 T 的离散性，除去对于某些特定的 p_0 值，我们无法使检验的真实水平精确地是 α. 不过我们可以这样选择 $k(p_0)$，以使检验的真实水平尽可能靠近 α，而不比它大. 这样，$k(p_0)$ 就被定义为 0 和 n 之间的同时满足以下两个不等式的整数

$$\sum_{y=0}^{k(p_0)}\binom{n}{y}p_0^y(1-p_0)^{n-y}\geqslant 1-\alpha$$

(9.2.8)

$$\sum_{y=0}^{k(p_0)-1}\binom{n}{y}p_0^y(1-p_0)^{n-y}<1-\alpha$$

由于二项分布的 MLR 性质，对于任意的 $k=0,1,\cdots,n$，

$$f(p_0|k)=\sum_{y=0}^{k}\binom{n}{y}p_0^y(1-p_0)^{n-y}$$

是 p_0 的一个下降函数（见习题 8.26）. 当然地有 $f(0\mid 0)=1$，所以 $k(0)=0$ 而且对于某一段区间上的 p_0 值 $f(p_0\mid 0)$ 在 $1-\alpha$ 之上. 接着，有某点使得 $f(p_0\mid 0)=1-\alpha$，对于大于这点的 p_0 的值，$f(p_0\mid 0)<1-\alpha$. 于是在这点上，$k(p_0)$ 增加到 1. 这个模式继续下去. 这样，$k(p_0)$ 就是一个整数值阶梯函数，在 p_0 的一段范围内它是常数，然后跳到更大的一个整数. 因为 $k(p_0)$ 是 p_0 的非减的函数，

这样就给出置信下界（参见习题 9.5，它是关于置信上界的）. 求解式（9.2.8）中关于 $k(p_0)$ 的不等式组，就同时给出检验的接受区域和置信集合.

对每个 p_0，接受区域由 $A(p_0) = \{t: t \leqslant k(p_0)\}$ 给出，其中 $k(p_0)$ 满足式(9.2.8). 对每个 t 的值，置信集合是 $C(t) = \{p_0: t \leqslant k(p_0)\}$. 然而这个集合现在的形式对于我们并不是很实用. 虽然它在形式上是正确的并且是一个 $1-\alpha$ 置信集合，但是它对于 p_0 是按照隐函数定义的而我们希望它被定义成对于 p_0 的显式.

因为 $k(p_0)$ 是非减的，所以对于一个给定的观测 $T=t$，在所有小于或等于某个值的 p_0 都满足 $k(p_0) < t$ 时，把这个值叫做 $k^{-1}(t)$. 在 $k^{-1}(t)$，$k(p_0)$ 上跳到 t 而对于所有的 $p_0 > k^{-1}(t)$ 都有 $k(p_0) \geqslant t$.（注意在 $p_0 = k^{-1}(t)$ 时，$f(p_0 \mid t-1) = 1-\alpha$. 所以式（9.2.8）对于 $k(p_0) = t-1$ 依然满足. 只有当 $p_0 > k^{-1}(t)$ 时才有 $k(p_0) \geqslant t$.）这样，置信集合就是

$$C(t)=\{p_0: t\leqslant k(p_0)\}=\{p_0: p_0 > k^{-1}(t)\} \tag{9.2.9}$$

从而我们就构造出了一个形式为 $C(T) = (k^{-1}(T), 1]$ 的 $1-\alpha$ 置信下界.

数 $k^{-1}(t)$ 可以定义为

$$k^{-1}(t)=\sup\left\{p: \sum_{y=0}^{t-1}\binom{n}{y}p^y(1-p)^{n-y}\geqslant 1-\alpha\right\} \tag{9.2.10}$$

因为 $k(p_0)$ 并不是一个一对一的函数，所以应认识到 $k^{-1}(t)$ 并不是 $k(p_0)$ 的一个真正的反函数. 但是，表达式（9.2.8）和式（9.2.10）给予了我们关于 k 和 k^{-1} 的确切定义.

二项置信界问题是由 Clopper 和 Pearson（1934）首次论述的，他们得到的解答类似于双侧区间（参见习题 9.21），从此开辟了一条至今仍然活跃的研究线路. 参见杂录 9.5.2. ‖

9.2.2 枢轴量

我们在例 9.1.6 见到的两个置信区间在很多方面是有区别的. 一个重要区别就是区间 $[aY, bY]$ 的覆盖概率不依赖于参数 θ 的值，而 $[Y+c, Y+d]$ 则不然. 这是由于 $[aY, bY]$ 的覆盖概率能够经由量 Y/θ 来表示，而该随机变量其分布不依赖于参数，这个量就被称为枢轴量（pivotal quantity）或枢轴（pivot).

把枢轴量用于构造置信集合就导致了所谓枢轴推断（pivotal inference），这主要归功于 Barnard（1949，1980），然而可以向上追溯到 Fisher（1930），他使用了逆概率（inverse probability）术语. 与之密切相关的是 D. A. S. Fraser（1968，1979）的结构推断（structural inference）理论. Berger 和 Wolpert（1984）对这些方法的长处与弱点做了有趣的讨论.

定义 9.2.6 一个随机变量 $Q(\mathbf{X}, \theta) = Q(X, \cdots, X_n, \theta)$ 是一个枢轴量或枢

轴，如果 $Q(\mathbf{X}, \theta)$ 的分布独立于所有的参数. 就是说，如果 $X \sim F(\mathbf{x} \mid \theta)$，则 $Q(\mathbf{X}, \theta)$ 对于所有的 θ 值具有同样的分布.

函数 $Q(\mathbf{x}, \theta)$ 通常会明显地同时包含参数与统计量，但是对任何集合 A，$P_\theta(Q(\mathbf{X}, \theta) \in A)$ 不能依赖于 θ. 从枢轴构造置信集合的技术靠的是能求出一个枢轴与一个集合 A 使得集合 $\{\theta: Q(\mathbf{X}, \theta) \in A\}$ 是 θ 的一个集估计.

例 9.2.7 (位置-尺度枢轴) 在位置和尺度情况里有很多枢轴量. 我们在这里展示几个，更多的可在习题 9.8 找到. 设 X，…，X_n 是来自一个指定的概率密度函数的随机样本，并设 $\bar{X}$ 和 S 是样本均值和样本标准差. 为了证明表 9.2.1 中的量是枢轴，我们只需证明它们的概率密度函数与参数是无关的（细节在习题 9.9 里）. 特别地，注意到当 X，…，X_n 是来自正态总体 n (μ, σ^2) 的随机样本时，t 统计量 $(\bar{X}-\mu)/(S/\sqrt{n})$ 是一个枢轴，因为 t 分布不依赖于参数 μ 和 σ^2.

表 9.2.1 位置-尺度枢轴

pdf 的形式	pdf 的类型	枢轴量
$f(x-\mu)$	位置	$\bar{X}-\mu$
$\frac{1}{\sigma}f\left(\frac{x}{\sigma}\right)$	尺度	$\frac{\bar{X}}{\sigma}$
$\frac{1}{\sigma}f\left(\frac{x-\mu}{\sigma}\right)$	位置-尺度	$\frac{\bar{X}-\mu}{S}$

在 9.2.1 节使用检验反转法构造的那些区间当中，有些实际上是基于枢轴的（例 9.2.3 和例 9.2.4），有些则不是（例 9.2.5）. 没有通用的求枢轴的策略，但是我们可以略微聪明一些而不是完全依靠猜测. 例如，求出位置或尺度参数的枢轴就是相对容易的事情. 一般讲，差是位置问题的枢轴而比（或乘积）是尺度问题的枢轴.

例 9.2.8 (伽玛分布 枢轴) 设 X，…，X_n 是指数分布 EXPO (λ) 的 iid 样本，则 $T=\sum X_i$ 是关于 λ 的充分统计量并且 $T \sim \text{gamma}(n, \lambda)$. 在伽玛分布的概率密度函数中 t 和 λ 以 t/λ 的形式一起出现并且，事实上 gamma (n, λ) 的概率密度函数 $(\Gamma(n)\lambda^n)^{-1}t^{n-1}e^{-t/\lambda}$ 是一个尺度族. 这样，如果 $Q(T, \lambda)=2T/\lambda$，则

$$Q(T,\lambda) \sim \text{gamma}(n,\lambda(2/\lambda))=\text{gamma}(n,2)$$

它不依赖于 λ. 所以，量 $Q(T, \lambda)=2T/\lambda$ 是一个枢轴，服从 gamma $(n, 2)$ 分布，或者说 χ^2_{2n} 分布.

有时我们能够通过观察概率密度函数的形式看出是否存在枢轴. 在上例中，量 t/λ 出现在概率密度函数里并且它实际上就是一个枢轴. 在正态概率密度函数中，有量 $(\bar{x}-\mu)/\sigma$ 出现并且这个量也是一个枢轴. 一般，设一个统计量 T 的概率密

度函数 $f(t|\theta)$ 能够表示成如下形式

(9.2.11) $$f(t|\theta)=g(Q(t,\theta))\left|\frac{\partial}{\partial t}Q(t,\theta)\right|$$

其中 g 是某个函数而 Q 是某个单调（对于每个 t，关于 θ 单调）函数. 则可以利用定理 2.1.5 证明 $Q(T,\theta)$ 是一个枢轴（见习题 9.10）.

一旦我们有了一个枢轴，我们怎样利用它来构造一个置信集合？实际上这就相当简单了. 如果 $Q(\boldsymbol{X},\theta)$ 是一个枢轴，则对于一个指定的 α 值，我们能够求出数 a 和 b，它们不依赖于 θ，满足

$$P_\theta(a\leqslant Q(\boldsymbol{X},\theta)\leqslant b)\geqslant 1-\alpha$$

则对于每个 $\theta_0\in\Theta$，

(9.2.12) $$A(\theta_0)=\{\boldsymbol{x}:a\leqslant Q(\boldsymbol{x},\theta_0)\leqslant b\}$$

就是关于 $H_0:\theta=\theta_0$ 的一个水平为 α 的检验的接受区域. 我们将用检验反转法构造置信集合，但现在用枢轴指出了接受区域的具体形式. 利用定理 9.2.2，反转这些检验而得到

(9.2.13) $$C(\boldsymbol{x})=\{\theta_0:a\leqslant Q(\boldsymbol{x},\theta_0)\leqslant b\}$$

并且 $C(\boldsymbol{X})$ 是关于 θ 的一个 $1-\alpha$ 置信集合. 如果 θ 是一个实值参数并且对于每个 $\boldsymbol{x}\in\mathcal{X}$，$Q(\boldsymbol{x},\theta)$ 是 θ 的一个单调函数，则 $C(\boldsymbol{x})$ 将是一个区间. 事实上，如果 $Q(\boldsymbol{x},\theta)$ 是 θ 的一个增函数，则 $C(\boldsymbol{x})$ 具有 $L(\boldsymbol{x},a)\leqslant\theta\leqslant U(\boldsymbol{x},b)$ 的形式. 如果 $Q(\boldsymbol{x},\theta)$ 是 θ 的一个减函数（这是典型的），则 $C(\boldsymbol{x})$ 具有 $L(\boldsymbol{x},b)\leqslant\theta\leqslant U(\boldsymbol{x},a)$ 的形式.

例 9.2.9（例 9.2.8 续） 在例 9.2.3 中我们通过反转 $H_0:\lambda=\lambda_0$ 对 $H_1:\lambda\neq\lambda_0$ 的一个水平为 α 的 LRT 获得了关于指数分布 EXPO（λ）的均值 λ 的一个置信区间. 现在我们也看到，假如有一组样本 $X,\cdots,X_n$，可以定义 $T=\sum X_i$ 和 $Q(T,\lambda)=2T/\lambda\sim\mathcal{X}^2_{2n}$.

如果我们选择常数 a 和 b 以满足 $P(a\leqslant\mathcal{X}^2_{2n}\leqslant b)=1-\alpha$，则

$$P_\lambda\left(a\leqslant\frac{2T}{\lambda}\leqslant b\right)=P_\lambda(a\leqslant Q(T,\lambda)\leqslant b)=P(a\leqslant\mathcal{X}^2_{2n}\leqslant b)=1-\alpha$$

反转集合 $A(\lambda)=\{t:a\leqslant\frac{2t}{\lambda}\leqslant b\}$ 就给出 $C(t)=\{\lambda:\frac{2t}{b}\leqslant\lambda\leqslant\frac{2t}{a}\}$，它是一个 $1-\alpha$ 置信区间.（注意，根据这个区间表示，它的下端点依赖 b 上端点依赖 a. $Q(t,\lambda)=2t/\lambda$ 对 λ 下降.）例如，若 $n=10$，则通过查 $\mathcal{X}^2$ 表可知 $\{\lambda:\frac{2T}{34.17}\leqslant\lambda\leqslant\frac{2T}{9.59}\}$ 是一个 95%置信区间. ||

对于位置问题，甚至是方差未知情况，枢轴的构造与计算仍是相当容易的. 事实上，我们已经使用了这些思想只不过没有给予它们任何正式命名.

例 9.2.10（正态分布 枢轴区间） 从定理 5.3.1，如果 $X,\cdots,X_n$ 是 iid

n(μ, σ^2)的，则 $(\overline{X}-\mu)/(\sigma/\sqrt{n})$ 是一个枢轴. 如果 σ^2 已知，我们可以利用这个枢轴去计算关于 μ 的一个置信区间. 对于任何常数 a，

$$P\left(-a \leqslant \frac{\overline{X}-\mu}{\sigma/\sqrt{n}} \leqslant a\right)=P(-a \leqslant Z \leqslant a),\ (Z \text{ 是标准正态的})$$

而且（到了现在）通过常见的代数操作就给出了置信区间

$$\left\{\mu: \bar{x}-a \frac{\sigma}{\sqrt{n}} \leqslant \mu \leqslant \bar{x}+a \frac{\sigma}{\sqrt{n}}\right\}$$

如果 σ^2 未知，我们可以利用位置-尺度枢轴 $\frac{\overline{X}-\mu}{S/\sqrt{n}}$. 因为 $\frac{\overline{X}-\mu}{S/\sqrt{n}}$ 具有 t 分布，

$$P\left(-a \leqslant \frac{\overline{X}-\mu}{S/\sqrt{n}} \leqslant a\right)=P(-a \leqslant T_{n-1} \leqslant a)$$

这样，对于任何给定的 α，如果我们取 $a=t_{n-1,\alpha/2}$，就求出一个 $1-\alpha$ 置信区间

$$\left\{\mu: \bar{x}-t_{n-1,\alpha/2} \frac{s}{\sqrt{n}} \leqslant \mu \leqslant \bar{x}+t_{n-1,\alpha/2} \frac{s}{\sqrt{n}}\right\} \tag{9.2.14}$$

这就是经典的基于 t 分布的关于 μ 的 $1-\alpha$ 置信区间.

继续这个例子，假如我们也想有一个关于 σ 的区间估计. 因为 $(n-1)S^2/\sigma^2 \sim \mathcal{X}_{n-1}^2$，所以 $(n-1)S^2/\sigma^2$ 也是一个枢轴. 这样，如果我们选择 a 和 b 满足

$$P\left(a \leqslant \frac{(n-1)S^2}{\sigma^2} \leqslant b\right)=P(a \leqslant \chi_{n-1}^2 \leqslant b)=1-\alpha$$

就能反转这个集合而得到 $1-\alpha$ 置信区间

$$\left\{\sigma^2: \frac{(n-1)s^2}{b} \leqslant \sigma^2 \leqslant \frac{(n-1)s^2}{a}\right\}$$

或者，等价地，

$$\left\{\sigma: \sqrt{\frac{(n-1)s^2}{b}} \leqslant \sigma \leqslant \sqrt{\frac{(n-1)s^2}{a}}\right\}$$

a 和 b 的一种选择是 $a=\mathcal{X}_{n-1,1-\alpha/2}^2$ 和 $b=\mathcal{X}_{n-1,\alpha/2}^2$. 这个选择把概率劈开成相等的两半，在分布的每个尾部放置 $\alpha/2$. 然而 $\mathcal{X}_{n-1}^2$ 分布是一个偏倚分布，而对于一个偏倚分布来说，这种概率等分劈开是否最佳并不能立即看清楚.（虽然也不能立即看清楚对于一个对称分布把概率等分劈开是最佳的，但是在我们的直觉上后一种情况显得更有道理.）实际上，对于 $\mathcal{X}^2$ 分布，把概率等分劈开不是最佳的，这将在 9.3 节看到（也见于习题 9.52).

关于这个问题的最后一个注释. 我们现在已经分别对 μ 和 σ^2 构造了置信区间. 顺理成章的一件事就是，我们应当对关于 μ 和 σ^2 同时的置信集合也感兴趣. 为完成这个工作，Bonferroni 不等式是一个省力的（并且相当好的）方法.（见习题 9.14）‖

9.2.3 枢轴化累积分布函数

在上节我们看到一个枢轴 Q 导致如式（9.2.13）形式的置信集合，即

$$C(\boldsymbol{x})=\{\theta_0: a\leqslant Q(\boldsymbol{x},\theta_0)\leqslant b\}$$

如果对于每个 $\boldsymbol{x}$，函数 $Q(\boldsymbol{x}, \theta)$ 是 θ 的一个单调函数，则可保证置信集合 $C(\boldsymbol{x})$ 是一个区间. 迄今为止，我们见过的枢轴主要是用位置和尺度变换做成的，从而导致单调的函数 Q 并且因此得到置信区间.

在这一节我们来处理另一种枢轴，它是十分一般的并且附带较少的假定而能保证得到区间.

在拿不准的或者陌生的情况下，我们建议在可能的时候构造一个基于反转 LRT 的置信集合. 这样的一个集合虽然不能保证它是最优的，但是决不会很坏. 但是在某些情况下这个方法十分困难，这种困难是解析上的或计算上的；有时对接受区域的反转相当烦琐. 而若可以运用这一节的方法，计算就相当直接并且常会生成一个合理的集合.

为了举例说明检验反转法可能出现的麻烦类型，在对于所使用的接受区域的确切类型不附加额外条件的情况下，考虑下面的例子，它说明了对二项分布成功概率构造置信集合的一个早期方法.

例 9.2.11（二项分布　长度最短区间） Sterne（1954）提议在构造二项分布置信集合时用下述方法，这是一个生成最短长度集合的方法. 给定 α，对于 p 的每个值求真实水平为 α 的接受区域，让它由最可能的 x 所构成. 就是说，对每个 p，把 $x=0$，…，n 的值按照其概率最大到最小排序然后依次放进接受区域 A（p）里直至达到 $1-\alpha$ 的概率为止. 然后用式（9.2.1）把这个接受区域反转得到一个 $1-\alpha$ 置信集合，Sterne 说它具有长度最优性.

这个看似合理的构造，却伴随着意想不到的问题. 为了领会其中的问题，考虑一个小例子. 设 $X\sim$binomial（3，p）并取置信系数 $1-\alpha=0.442$. 表 9.2.2 给出了根据 Sterne 构造法得到的检验接受区域族以及通过反转这个检验族导出的置信集合.

结果令人惊讶，置信集合不是一个置信区间. 这个看似合理的构造却把我们领向一个不合理的方法. 纰漏就出在概率质量函数上，因为它的表现并未如我们的期望（见习题 9.18).

我们把对于一个参数 θ 的区间估计构造基于一个以 F_T（$t\mid\theta$）为累积分布函数的实值统计量 T 上.（实际上我们常愿把 T 取成一个关于 θ 的充分统计量，但这对于下面的理论并不是必需的.）我们先假定 T 是一个连续型随机变量. T 为离散型情况与此类似，但是还有少许附加的技术细节要考虑. 因此，我们分出一个定理讲述离散的情况.

表 9.2.2 Sterne 构造法的接受区域和置信集合，$X \sim \text{binomial}(3,p)$ 与 $1-\alpha=0.442$

p	接受区域$=A(p)$	x	置信集合$=C(x)$
[0.000, 0.238]	{0}		
(0.238, 0.305)	{0, 1}	0	[0.000, 0.305) ∪ (0.362, 0.366)
[0.305, 0.362]	{1}		
(0.362, 0.366)	{0, 1}	1	(0.238, 0.634]
[0.366, 0.634]	{1, 2}		
(0.634, 0.638)	{2, 3}	2	[0.366, 0.762)
[0.638, 0.695]	{2}		
(0.695, 0.762)	{2, 3}	3	(0.634, 0.638) ∪ (0.695, 1.00]
[0.762, 1.00]	{3}		

首先回忆定理 2.1.10，即概率积分变换，它告诉我们随机变量 $F_T(T\mid\theta)$ 是均匀分布 uniform (0, 1)，是一个枢轴. 这样，如果 $\alpha_1+\alpha_2=\alpha$，则关于 $H_0:\theta=\theta_0$ 的一个 α-水平接受区域就是（见习题 9.11）

$$\{t:\alpha_1\leqslant F_T(t|\theta_0)\leqslant 1-\alpha_2\}$$

相应的置信集合就是

$$\{\theta:\alpha_1\leqslant F_T(t|\theta)\leqslant 1-\alpha_2\}$$

现在，为了保证这个置信集合是一个区间，我们需要 $F_T(T\mid\theta)$ 关于 θ 单调. 但是这点我们已经在随机递增和随机递减的定义中看到了.（见第 8 章杂录节和习题 8.26，或习题 3.41～习题 3.43.）一族分布函数 $F(t\mid\theta)$ 关于 θ 是随机递增的（关于 θ 是随机递减的），如果对于每个 $t\in\mathcal{T}$（$\mathcal{T}$的样本空间），$F(t\mid\theta)$ 是 θ 的一个递减函数（递增函数）. 在下文中，我们只需要 F 随机单调这个事实，单调递增或单调递减均可. 更多关于随机递增和随机递减的统计概念仅不过充当解释工具.

定理 9.2.12（枢轴化一个连续型累积分布函数） 设 T是一个以 $F_T(t\mid\theta)$ 为其累积分布函数的连续型统计量. 设 $\alpha_1+\alpha_2=\alpha$ 其中 $0<\alpha<1$ 是固定值. 假定对于每个 $t\in\mathcal{T}$，函数 $\theta_L(t)$ 和 $\theta_U(t)$ 可以被如下定义.

i. 如果对于每个 t，$F_T(t\mid\theta)$ 都是 θ 的一个减函数，则由

$$F_T(t|\theta_U(t))=\alpha_1,F_T(t|\theta_L(t))=1-\alpha_2$$

定义 $\theta_L(t)$ 和 $\theta_U(t)$.

ii. 如果对于每个 t，$F_T(t\mid\theta)$ 都是 θ 的一个增函数，则由

$$F_T(t|\theta_U(t))=1-\alpha_2,F_T(t|\theta_L(t))=\alpha_1$$

定义 $\theta_L(t)$ 和 $\theta_U(t)$.

那么随机区间 $[\theta_L(T),\theta_U(T)]$ 是 θ 的一个 $1-\alpha$ 置信区间.

证明 我们将只证明部分 (i)，部分 (ii) 的证明与其类似，把它留作习

题 9.19.

假定我们已经构造出 $1-\alpha$ 接受区域

$$\{t: \alpha_1 \leqslant F_T(t \mid \theta_0) \leqslant 1-\alpha_2\}$$

因为对于每个 t，$F_T(t \mid \theta)$ 都是 θ 的一个减函数，以及 $1-\alpha_2 > \alpha_1$，所以 $\theta_L(t) < \theta_U(t)$，并且 $\theta_L(t)$ 和 $\theta_U(t)$ 值唯一. 还有，

$$F_T(t|\theta) < \alpha_1 \Leftrightarrow \theta > \theta_U(t)$$

$$F_T(t|\theta) > 1-\alpha_2 \Leftrightarrow \theta < \theta_L(t)$$

因此 $\{\theta: \alpha_1 \leqslant F_T(t \mid \theta) \leqslant 1-\alpha_2\} = \{\theta: \theta_L(T) \leqslant \theta \leqslant \theta_U(T)\}$. ■

我们注意到在缺少附加信息的情况，通常选择 $\alpha_1=\alpha_2=\alpha/2$. 虽然这也许不是最优选择（见定理 9.3.2)，但是在大多数情况它肯定是一个合理的策略. 如果要得到一个单侧区间，选取 α_1 或 α_2 等于 0 即可.

在随机递增的情况，等式

(9.2.15) $$F_T(t|\theta_U(t))=\alpha_1, \quad F_T(t|\theta_L(t))=1-\alpha_2$$

也能经由统计量 T 的概率密度函数来表达. $\theta_U(t)$ 和 $\theta_L(t)$ 可以被定义为满足

$$\int_{-\infty}^{t} f_T(u \mid \theta_U(t))\mathrm{d}u = \alpha_1 \text{ 和} \int_{t}^{\infty} f_T(u \mid \theta_L(t))\mathrm{d}u = \alpha_2$$

对于随机递减的情况，则有一组类似等式成立.

例 9.2.13 (位置指数区间) 这个方法可以用于获得位置指数概率密度函数的一个置信区间.（在习题 9.25 把此处的答案与似然法和枢轴法进行比较. 也见习题 9.41)

如果 $X_1, \cdots, X_n$ 是 iid 的，具有概率密度函数 $f(x|\mu)=\mathrm{e}^{-(x-\mu)} I_{[\mu,\infty)}(x)$，则 $Y=\min\{X_1, \cdots, X_n\}$ 关于 μ 是充分的并具有概率密度函数

$$f_Y(y|\mu)=n\mathrm{e}^{-n(y-\mu)} I_{[\mu,\infty)}(y)$$

固定 α 并定义 $\mu_L(y)$ 和 $\mu_U(y)$ 满足

$$\int_{\mu_U(y)}^{y} n\mathrm{e}^{-n(u-\mu_U(y))}\mathrm{d}u = \frac{\alpha}{2}, \int_{y}^{\infty} n\mathrm{e}^{-n(u-\mu_L(y))}\mathrm{d}u = \frac{\alpha}{2}$$

计算这些积分就可以得到方程组

$$1-\mathrm{e}^{-n(y-\mu_U(y))} = \frac{\alpha}{2}, \ \mathrm{e}^{-n(y-\mu_L(y))} = \frac{\alpha}{2}$$

其解为

$$\mu_U(y)=y+\frac{1}{n}\log\left(1-\frac{\alpha}{2}\right), \ \mu_L(y)=y+\frac{1}{n}\log\left(\frac{\alpha}{2}\right)$$

因此随机区间

$$C(Y)=\left\{\mu: Y+\frac{1}{n}\log\left(\frac{\alpha}{2}\right) \leqslant \mu \leqslant Y+\frac{1}{n}\log\left(1-\frac{\alpha}{2}\right)\right\}$$

是关于 μ 的一个 $1-\alpha$ 置信区间. ||

使用这个方法有两点要注意. 首先，只有在统计量的值实际观测到才需要求解实际的方程组（9.2.15）. 如果观测到 $T=t_0$，则 θ 的实际置信区间就是 $[\theta_L(t_0),\theta_U(t_0)]$. 这样，我们只需要求解关于 $\theta_L(t_0)$ 和 $\theta_U(t_0)$ 的两个方程

$$\int_{-\infty}^{t_0} f_T(u \mid \theta_u(t_0))\mathrm{d}u = \alpha_1 \text{ 和} \int_{t_0}^{\infty} f_T(u \mid \theta_L(t_0))\mathrm{d}u = 1-\alpha_2$$

其次，要认识到即使这些方程不能被解析解出，由于在证明我们有一个 $1-\alpha$ 置信区间的时候并未要求一个解析的解，所以我们只需用数值方法求解.

现在我们考虑离散情况.

定理 9.2.14（枢轴化一个离散型累积分布函数） 设 T 是一个以 $F_T(t|\theta)=P(T\leqslant t|\theta)$ 为其累积分布函数的离散型统计量. 设 $\alpha_1+\alpha_2=\alpha$ 其中 $0<\alpha<1$ 是固定值. 假定对于每个 $t\in\mathcal{T}$，函数 $\theta_L(t)$ 和 $\theta_U(t)$ 可以被如下定义.

i. 如果对于每个 t，$F_T(t|\theta)$ 都是 θ 的一个减函数，则由

$$P(T\leqslant t|\theta_U(t))=\alpha_1,\quad P(T\geqslant t|\theta_L(t))=\alpha_2$$

定义 $\theta_L(t)$ 和 $\theta_U(t)$.

ii. 如果对于每个 t，$F_T(t\mid\theta)$ 都是 θ 的一个增函数，则由

$$P(T\geqslant t|\theta_U(t))=\alpha_2,\quad P(T\leqslant t|\theta_L(t))=\alpha_1$$

定义 $\theta_L(t)$ 和 $\theta_U(t)$.

那么随机区间 $[\theta_L(T),\theta_U(T)]$ 是关于 θ 的一个 $1-\alpha$ 置信区间.

证明 我们将只勾画（i）的证明轮廓，它的细节以及（ii）的证明留作习题 9.20.

先回忆习题 2.10，其中证明了 $F_T(T\mid\theta)$ 随机地大于一个均匀分布随机变量，就是说，$P_\theta(F_T(T|\theta)\leqslant x)\leqslant x$. 进一步，这个性质被 $\bar{F}_T(T|\theta)=P(T\geqslant t|\theta)$ 所共享，而这就蕴涵着集合

$\{\theta: F_T(T|\theta)\geqslant\alpha_1 \text{ 且} \bar{F}_T(T|\theta)\geqslant\alpha_2\}$ （原文中均为“$\leqslant$”号，译者注）

是一个 $1-\alpha$ 置信集合.

对于每个 t，$F_T(t|\theta)$ 是 θ 的减函数这一事实蕴涵着对于每个 t，$\bar{F}_T(t\mid\theta)$ 是 θ 的非减函数，因而可以断定

$$\begin{aligned}&\theta>\theta_U(t)\Rightarrow F_T(t|\theta)<\alpha_1,\\&\theta<\theta_L(t)\Rightarrow \bar{F}_T(t|\theta)<\alpha_2,\end{aligned}$$ （原文中 α_1 和 α_2 均为 $\frac{\alpha}{2}$，译者注）

因此 $\{\theta: F_T(T|\theta)\geqslant\alpha_1 \text{ 且} \bar{F}_T(T|\theta)\geqslant\alpha_2\}=\{\theta:\theta_L(T)\leqslant\theta\leqslant\theta_U(T)\}$. ■

我们通过举一个例子说明定理 9.2.14 的构造来结束这一节. 注意还有一种备选方法，即通过反转一个 LRT 可以构造出一个区间来（见习题 9.23）.

例 9.2.15（Poisson 区间估计量） 设 $X,\cdots,X_n$ 是来自参数为 λ 的 Poisson 总体的随机样本并且定义 $Y=\sum X_i$，则 Y 关于 λ 是充分的且 $Y\sim\text{Poisson}(n\lambda)$. 应用上面的方法取 $\alpha_1=\alpha_2=\alpha/2$，如果观测到 $Y=y_0$，则求解关于 λ 的方程组

(9.2.16) $$\sum_{k=0}^{y_0} e^{-n\lambda}\frac{(n\lambda)^k}{k!}=\frac{\alpha}{2} \text{ 与 } \sum_{k=y_0}^{\infty} e^{-n\lambda}\frac{(n\lambda)^k}{k!}=\frac{\alpha}{2}$$

回忆来自例 3.3.1 的联系 Poisson 与伽玛分布族的恒等式. 把这个恒等式应用于式 (9.2.16) 里的和式，我们就可以写出（记住 y_0 是 Y 的观测到的值）

$$\frac{\alpha}{2}=\sum_{k=0}^{y_0} e^{-n\lambda}\frac{(n\lambda)^k}{k!}=P(Y\leqslant y_0\mid\lambda)=P(\chi^2_{2(y_0+1)}>2n\lambda)$$

其中 $\chi^2_{2(y_0+1)}$ 是一个自由度是 $2(y_0+1)$ 的 χ^2 分布随机变量. 这样，以上方程的解为

$$\lambda=\frac{1}{2n}\chi^2_{2(y_0+1),\alpha/2}$$

类似地，把这个恒等式应用于式 (9.2.16) 里的另一个方程就得到

$$\frac{\alpha}{2}=\sum_{k=y_0}^{\infty} e^{-n\lambda}\frac{(n\lambda)^k}{k!}=P(Y\geqslant y_0\mid\lambda)=P(\chi^2_{2y_0}<2n\lambda)$$

做一些代数计算，我们就得到关于 λ 的 $1-\alpha$ 置信区间为

(9.2.17) $$\left\{\lambda:\frac{1}{2n}\chi^2_{2y_0,1-\alpha/2}\leqslant\lambda\leqslant\frac{1}{2n}\chi^2_{2(y_0+1),\alpha/2}\right\}$$

（在 $y_0=0$ 我们定义 $\chi^2_{0,1-\alpha/2}=0$.）

这种区间首次由 Garwood (1936) 得到. 图 9.2.5 给出了覆盖概率的一张图. 注意这个图形相当地参差不齐. 跳跃出现在不同置信区间的端点，此处组成覆盖概率的求和项被加入或减掉（见习题 9.24）.

作为一个数值的例子，考虑 $n=10$ 并且观测到 $y_0=\sum x_i=6$. 一个关于 λ 的 90%置信区间是

$$\frac{1}{20}\chi^2_{12,0.95}\leqslant\lambda\leqslant\frac{1}{20}\chi^2_{14,0.05}$$

即

$$0.262\leqslant\lambda\leqslant1.184$$

对于负二项分布和二项分布的类似推导，放在了习题中. ||

9.2.4 Bayes 区间

到现在，在描述置信区间与参数的相互关系时，我们小心地讲区间覆盖参数而不讲参数在区间里. 这样做是有意的. 我们希望强调随机量是区间而不是参数. 因此，我们试图让行为动词应用于区间而不是参数.

在例 9.2.15 我们看到如果 $y_0=\sum_{i=1}^{10}x_i=6$，则 $0.262\leqslant\lambda\leqslant1.184$ 是一个关于 λ 的 90%置信区间. 这就引诱人们去说（并且很多试验者确实就说）"λ 在区间 [0.262,

1.184] 里的概率是 90%.”但是在经典统计学里这句话是无效的，因为参数 λ 被设想为固定的. 正式讲，[0.262，1.184] 是随机区间 $\left[\frac{1}{2n}\chi^2_{2Y,0.95}\leqslant\lambda\leqslant\frac{1}{2n}\chi^2_{2(Y+1),0.05}\right]$ 的可能实现值之一，并且因为参数 λ 不能移动，所以 λ 在已实现区间 [0.262，1.184] 里的概率是 0 或 1. 当我们讲已实现区间 [0.262，1.184] 有 90% 的覆盖机会的时候，只意味着我们知道随机区间的样本点中 90% 覆盖真实参数.

与此形成对比的是，Bayes 体制允许我们讲 λ 在 [0.262，1.184] 里的概率，可以不是 0 或 1. 这是因为在 Bayes 模型中，λ 是一个有概率分布的随机变量. 所有 Bayes 的关于覆盖的断言都是关于参数的后验分布来说的.

Bayes 集合和经典的集合有相当不同的概率解释. 为了把它们区别开来，称 Bayes 估计集合为可信集合（credible sets）而不是置信集合.

这样，若 $\pi(\theta|\boldsymbol{x})$ 是给定 $\boldsymbol{X}=\boldsymbol{x}$ 条件下 θ 的后验分布，则对任意的集合 $A\subset\Theta$，A 的可信概率就是

$$P(\theta\in A|\boldsymbol{x})=\int_A\pi(\theta|\boldsymbol{x})\mathrm{d}\theta \tag{9.2.18}$$

而 A 是关于 θ 的一个可信集合. 如果 $\pi(\theta|\boldsymbol{x})$ 是一个概率质量函数，则我们把以上表达式中的积分换成求和.

注意，Bayes 可信集合的解释和构造都比经典的置信集合直截了当. 但是记住，没有什么是免费的. 解释和构造的省力伴随着要附加假定. Bayes 模型比经典模型要求更多的输入.

例 9.2.16（Poisson 可信集合） 我们现在为例 9.2.5 的问题构造一个可信集合. 设 X，…，X_n 是 iid Poisson(λ) 的并且假定具有一个伽玛先验分布 $\lambda\sim\text{gamma}(a,b)$. 于是 λ 的后验概率密度函数（见例 7.24）是

$$\pi\left(\lambda\,\Big|\sum X=\sum x\right)=\text{gamma}\left(a+\sum x,\,[n+(1/b)]^{-1}\right) \tag{9.2.19}$$

我们可以用很多不同的途径来构成 λ 的一个可信集合，因为任何一个满足式 (9.2.18) 的集合 A 都可以. 一种简单的方法就是等分两端的尾部概率，使其和为 α. 由式 (9.2.19) 可推出 $\frac{2(nb+1)}{b}\lambda\sim\chi^2_{2(a+\sum x_i)}$（假定 a 是一个整数），这样

$$\left\{\lambda:\frac{b}{2(nb+1)}\chi^2_{2(a+\sum x_i),1-\alpha/2}\leqslant\alpha\leqslant\frac{b}{2(nb+1)}\chi^2_{2(a+\sum x_i),\alpha/2}\right\} \tag{9.2.20}$$

就是一个 $1-\alpha$ 可信区间. 如果我们取 $a=b=1$，则给定 $\sum X_i=\sum x_i$ 时 λ 的后验分布就可以表示为 $2(n+1)\lambda\sim\chi^2_{2(\sum x_i+1)}$. 就像在例 9.2.15 中，设 $n=10$ 而 $\sum x_i=6$. 因为 $\chi^2_{14,0.95}=6.571$ 和 $\chi^2_{14,0.05}=23.685$，所以 [0.299，1.077] 就给出了关于 λ 的一个 90% 可信集合.

这里已经实现的 90% 可信集合与例 9.2.15 中得到的 90% 置信集合 [0.262，

1.184] 是有区别的. 为了更好地了解这个区别，来看图 9.2.3，它显示了对一系列的 x 值的 90%可信区间和 90%置信区间. 注意到可信集合的区间要稍微短一些，它的上端点较靠近 0. 这反映出先验的影响，它把区间拉向 0.

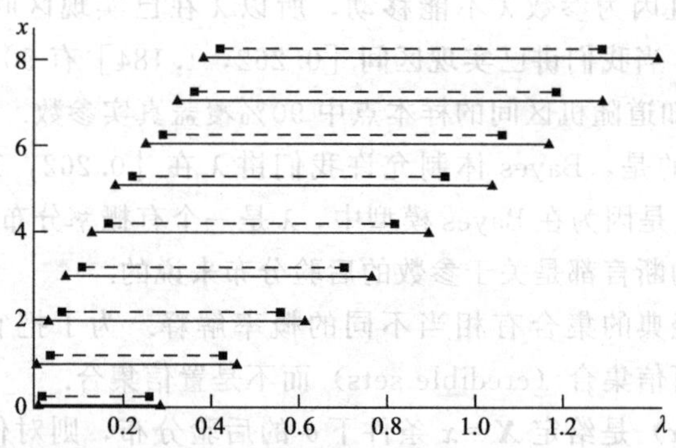

图 9.2.3　例 9.2.16 中的 90%可信区间（虚线）与 90%置信区间（实线）

重要的是不要混淆可信概率（Bayes 后验概率）与覆盖概率（经典概率）. 这些概率是非常不同的，意义不同解释也不同. 可信概率来自后验分布，这个分布又从先验分布获取其概率. 因此，可信概率反映了试验者的主观信念，它体现在先验分布里面并且通过数据校正为后验分布. 一个 Bayes 断言讲 90%覆盖意味着试验者结合先验知识与数据，从而对于覆盖有 90%的信心.

另一方面，覆盖概率反映的是抽样的不确定性，它的概率来自重复试验的客观机制. 一个经典断言讲 90%覆盖意味着在连续大量相同的试验中，有 90%的实际置信集合将会覆盖真实参数.

统计学家们有时争论究竟用经典方法还是用 Bayes 方法去做统计更好，我们不想去争论甚至规定谁超过谁. 事实上，我们认为不存在一个最优的统计方法，有的问题用经典统计解决得最好而有的用 Bayes 统计最好. 重点是认识到这些解可能颇为不同. 对一个 Bayes 解依照经典评价常常是不合理的，反之亦然.

例 9.2.17 (Poisson 可信概率与覆盖概率)　例 9.2.16 中的 90%置信与可信集合有它们各自的概率保证，但是在其他标准下它们将会怎样? 首先来看置信集合 (9.2.17) 的可信概率，它由

(9.2.21)
$$P\left\{\frac{1}{2n}\chi^2_{2\sum x_i,1-\alpha/2}\leqslant\lambda\leqslant\frac{1}{2n}\chi^2_{2(\sum x_i+1),\alpha/2}\right\}$$

给出，其中 λ 服从式 (9.2.19) 的分布. 图 9.2.4 显示了集合 (9.2.20) 的可信概率连同置信集合的可信概率 (9.2.21)，前者是常数 $1-\alpha$.

后一个概率似乎是稳定下降的，我们想知道是否对于 $\sum x_i$ 所有的值，它都保持在 0 之上（对于每个固定的 n）. 为此我们计算 $\sum x_i\to\infty$ 时的这个概率. 然而情

况是，当 $\sum x_i \to \infty$ 时，除非 $b=1/n$，都有概率（9.2.21）$\to 0$，详细过程留作习题 9.30. 这样，置信区间不能保持一个非零的可信概率.

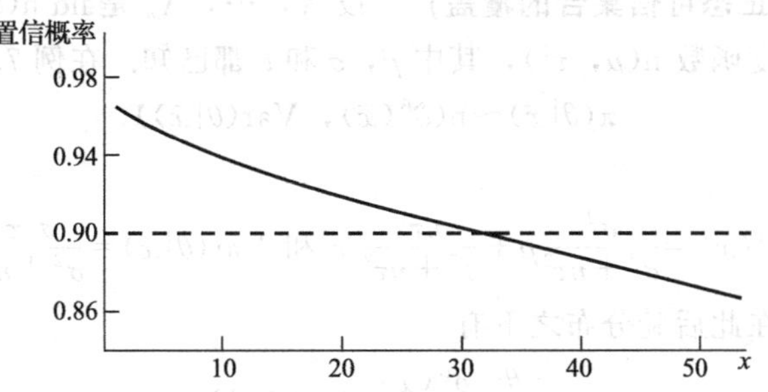

图 9.2.4　例 9.2.16 中的 90%可信区间的可信概率（虚线）
与 90%置信区间的可信概率（实线）

把可信集合（9.2.20）当作一个置信集合来评价时，它的境况并不更好. 图 9.2.5 启示我们，当 $\lambda\to\infty$ 时，可信集合的覆盖概率趋向 0. 为了求覆盖概率的值，把 λ 写成

$$\lambda=\frac{\lambda}{\chi^2_{2Y}}\chi^2_{2Y}$$

其中 χ^2_{2Y} 是一个以 $2Y$ 为自由度的 χ^2 随机变量，而 $Y\sim\text{Poisson}(n\lambda)$. 于是，当 $\lambda\to\infty$ 时，$\lambda/\chi^2_{2Y}\to 1/(2n)$，并且覆盖概率（9.2.20）变成

$$P\left(\frac{nb}{nb+1}\chi^2_{2(Y+a),1-\alpha/2}\leqslant\chi^2_{2Y}\leqslant\frac{nb}{nb+1}\chi^2_{2(Y+a),\alpha/2}\right) \tag{9.2.22}$$

习题 9.31 确定出当 $\lambda\to\infty$ 时，这个概率趋向 0. ‖

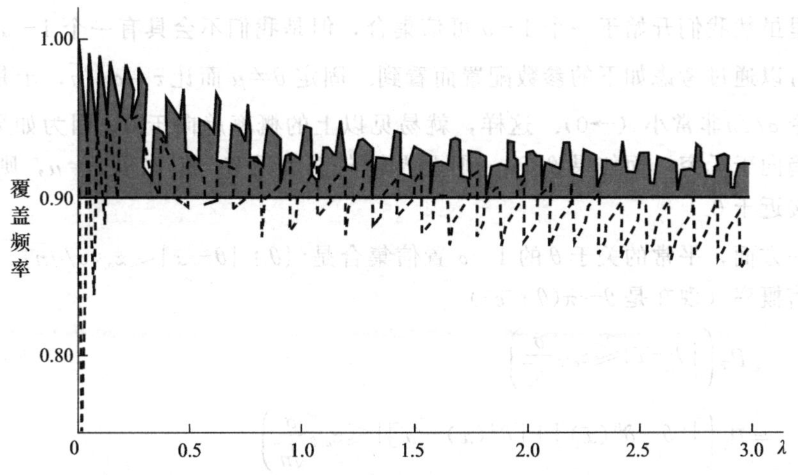

图 9.2.5　例 9.2.16 中的 90%可信区间的覆盖概率（虚线）
与 90%置信区间的覆盖概率（实线）

例 9.2.17 展示的行为有某种典型性. 现在看一个例子，其中的计算能够精确地写出来.

例 9.2.18（正态可信集合的覆盖） 设 $X, \cdots, X_n$ 是 iid $\mathrm{n}(\theta, \sigma^2)$ 的，并设 θ 具有先验概率密度函数 $\mathrm{n}(\mu, \tau^2)$，其中 μ，σ 和 τ 都已知. 在例 7.2.16 中我们看到

$$\pi(\theta|\bar{x}) \sim \mathrm{n}(\delta^B(\bar{x}), \operatorname{Var}(\theta|\bar{x}))$$

其中

$$\delta^B(\bar{x}) = \frac{\sigma^2}{\sigma^2+n\tau^2}\mu + \frac{n\tau^2}{\sigma^2+n\tau^2}\bar{x} \text{ 和 } \operatorname{Var}(\theta|\bar{x}) = \frac{\sigma^2\tau^2}{\sigma^2+n\tau^2}$$

因此可以推出，在此后验分布之下有

$$\frac{\theta-\delta^B(\bar{x})}{\sqrt{\operatorname{Var}(\theta|\bar{x})}} \sim \mathrm{n}(0,1)$$

而且关于 θ 的一个 $1-\alpha$ 可信集合如下所给

$$\delta^B(\bar{x}) - z_{\alpha/2}\sqrt{\operatorname{Var}(\theta|\bar{x})} \leqslant \theta \leqslant \delta^B(\bar{x}) + z_{\alpha/2}\sqrt{\operatorname{Var}(\theta|\bar{x})} \tag{9.2.23}$$

现在我们来计算 Bayes 区域（9.2.23）的覆盖概率. 在经典模型中 $\bar{X}$ 是随机变量，θ 是固定的，且 $\bar{X} \sim \mathrm{n}(\theta, \sigma^2/n)$. 为了符号的简便，定义 $\gamma = \sigma^2/(n\tau^2)$，根据 $\delta^B(\bar{X})$ 和 $\operatorname{Var}(\theta \mid \bar{X})$ 的定义及少量的代数运算，（9.2.23）的覆盖概率是

$$\begin{aligned}
&P_\theta(|\theta-\delta^B(\bar{X})| \leqslant z_{\alpha/2}\sqrt{\operatorname{Var}(\theta|\bar{X})}\,) \\
&= P_\theta\left(\left|\theta - \left(\frac{\gamma}{1+\gamma}\mu + \frac{1}{1+\gamma}\bar{X}\right)\right| \leqslant z_{\alpha/2}\sqrt{\frac{\sigma^2}{n(1+\gamma)}}\right) \\
&= P_\theta\left(-\sqrt{1+\gamma}\,z_{\alpha/2} + \frac{\gamma(\theta-\mu)}{\sigma/\sqrt{n}} \leqslant Z \leqslant \sqrt{1+\gamma}\,z_{\alpha/2} + \frac{\gamma(\theta-\mu)}{\sigma/\sqrt{n}}\right)
\end{aligned}$$

其中最后一步等式利用的是 $\sqrt{n}(\bar{X}-\theta)/\sigma = Z \sim \mathrm{n}(0, 1)$.

这里虽然我们开始于一个 $1-\alpha$ 可信集合，但是我们不会具有一个 $1-\alpha$ 置信集合，这可以通过考虑如下的参数配置而看到. 固定 $\theta \neq \mu$ 而让 $\tau = \sigma/\sqrt{n}$，于是 $\gamma = 1$. 另外，令 $\sigma/\sqrt{n}$ 非常小（$\to 0$）. 这样，就易见以上的概率趋向于 0，因为如果 $\theta > \mu$，则下界趋向于无穷，而如果 $\theta < \mu$，则上界趋向于负无穷. 但如果 $\theta = \mu$，则覆盖概率不会接近于 0.

另一方面，平常的关于 θ 的 $1-\alpha$ 置信集合是 $\{\theta : |\theta-\bar{x}| \leqslant z_{\alpha/2}\sigma/\sqrt{n}\}$. 这个集合的可信概率（现在是 $\theta \sim \pi(\theta \mid \bar{x})$）

$$\begin{aligned}
&P_{\bar{x}}\left(|\theta-\bar{x}| \leqslant z_{\alpha/2}\frac{\sigma}{\sqrt{n}}\right) \\
&= P_{\bar{x}}\left(|[\theta-\delta^B(\bar{x})] + [\delta^B(\bar{x})-\bar{x}]| \leqslant z_{\alpha/2}\frac{\sigma}{\sqrt{n}}\right) \\
&= P_{\bar{x}}\left(-\sqrt{1+\gamma}\,z_{\alpha/2} + \frac{\gamma(\bar{x}-\mu)}{\sqrt{1+\gamma}\,\sigma/\sqrt{n}} \leqslant Z \leqslant \sqrt{1+\gamma}\,z_{\alpha/2} + \frac{\gamma(\bar{x}-\mu)}{\sqrt{1+\gamma}\,\sigma/\sqrt{n}}\right)
\end{aligned}$$

其中最后一步等式利用的是 $(\theta-\delta^B(\bar{x}))/\sqrt{\mathrm{Var}(\theta|\bar{x})}=Z\sim\mathrm{n}(0,1)$. 接下去，显然易证，这个概率未被限制在远离 0 之处. 这表明一般地置信集合也不是可信集合. 详细过程放在习题 9.32. ‖

9.3　区间估计量的评价方法

我们现在已经见到许多导出置信集合的方法，而且实际上对于相同的问题我们能够导出不同的置信集合. 在这种情况下我们当然想选择一个最佳的. 因此，现在我们来考察一些旨在评价集合估计量所用的方法与标准.

集合估计量有两个互相对立竞争的量，就是尺寸和覆盖概率. 自然，我们希望我们的集合具有小的尺寸和大的覆盖概率，但是这样的集合通常难以构造.（显然，我们可以通过增加集合的尺寸获取大的覆盖概率. 区间 $(-\infty,\infty)$ 的覆盖概率是 1!）在我们对于尺寸和覆盖概率来最优化一个集合之前，我们必须决定怎样度量这些量.

一个置信集合的覆盖概率除特殊情况之外是参数的一个函数，所以要考虑的不是一个而是无穷个值. 然而大多数情况我们将通过置信系数（confidence coefficient)，即覆盖概率的下确界，去度量覆盖概率性能. 这是一种方式，但不是唯一的总括覆盖概率信息的可用方式.（例如，我们可以计算平均覆盖概率.）

当我们说到一个置信集合的尺寸，如果置信集合是一个区间，我们通常意指置信集合的长度. 如果这个集合不是一个区间，或者我们在处理一个多维集合，则长度一般改为体积.（也有这样的情况：其中长度以外的尺寸度量是自然的，特别是把同变性当作一种考虑的时候. 在 Schervish 1995 的第 6 章和 Berger 1985 的第 6 章论述了这个题目.）

9.3.1　尺寸和覆盖概率

我们现在考虑一个看似简单的问题，即有约束的极小化问题. 对于一个给定的覆盖概率求具有最短长度的置信区间. 我们首先考虑一个例子.

例 9.3.1 (最优化长度)　设 $X_1,\cdots,X_n$ 是 iid $\mathrm{n}(\mu,\sigma^2)$ 的，其中 σ 已知. 根据 9.2.2 节的方法以及事实上

$$Z=\frac{\bar{X}-\mu}{\sigma/\sqrt{n}}$$

是一个具有标准正态分布的枢轴，所以任何满足

$$P(a\leqslant Z\leqslant b)=1-\alpha$$

的 a 和 b 将给出置信区间

$$\left\{\mu: \bar{x}-b\frac{\sigma}{\sqrt{n}}\leqslant\mu\leqslant\bar{x}-a\frac{\sigma}{\sqrt{n}}\right\}$$

哪种 a 和 b 的选择最优？更正式地讲，a 和 b 的什么选择将在保持 $1-\alpha$ 覆盖的情况下最小化置信区间的长度？注意到置信区间的长度等于 $(b-a)\sigma/\sqrt{n}$，但是由于因子 $\sigma/\sqrt{n}$出现在每个区间的长度中，所以可以不考虑它而把长度的比较基于 $b-a$ 的值．这样，我们想求得一对数 a 和 b 满足 $P(a\leqslant Z\leqslant b)=1-\alpha$ 并且 $b-a$ 最小.

在例 9.2.1 中我们取 $a=-z_{\alpha/2}$ 和 $b=z_{\alpha/2}$，但是没有提到最优性．如果我们取 $1-\alpha=0.90$，则下表 9.3.1 中的任何一对数都给出了 90%区间：

表 9.3.1　三个 90%正态置信区间

a	b	概　率	$b-a$
-1.34	2.33	$P(Z<a)=0.09$，$P(Z>b)=0.01$	3.67
-1.44	1.96	$P(Z<a)=0.075$，$P(Z>b)=0.025$	3.40
-1.65	1.65	$P(Z<a)=0.05$，$P(Z>b)=0.05$	3.30

这个数值研究建议选择 $a=-1.65$ 和 $b=1.65$ 给出最优的区间，并且确实如此．在这个情况下等分概率 α 是一个最优的策略.

等分概率 α 的策略在上面例子中是最优的，但不总是最优的．上例中等分 α 之所以成为最优是因为在 $-z_{\alpha/2}$ 和 $z_{\alpha/2}$ 处概率密度函数的高度相同．我们现在证明一个定理，从而论证这个事实．该定理可以在较一般的情况下使用，它只需要假定概率密度函数是单峰的（unimodal）．回忆单峰的定义：一个概率密度函数 $f(x)$ 是单峰的，如果存在 x^* 使得 $f(x)$ 在 $x\leqslant x^*$ 非减而 $f(x)$ 在 $x\geqslant x^*$ 非增.（这是一个相当弱的要求.）

定理 9.3.2　设 $f(x)$ 是一个单峰的概率密度函数．如果区间 $[a, b]$ 满足

i. $\int_a^b f(x)\mathrm{d}x=1-\alpha$，

ii. $f(a)=f(b)>0$，

iii. $a\leqslant x^*\leqslant b$，其中 x^* 是 $f(x)$ 的一个众数（mode），

则 $[a, b]$ 是所有满足 (i) 的区间中最短的.

证明　设 $[a', b']$ 是任意的一个使 $b'-a'<b-a$ 的区间．我们将证明这蕴涵 $\int_{a'}^{b'} f(x)\mathrm{d}x<1-\alpha$．仅就 $a'\leqslant a$ 去证明结论，如果 $a<a'$，证明是类似的．此外，需要考虑 $b'\leqslant a$ 和 $b'>a$ 两种情况.

如果 $b'\leqslant a$，则 $a'\leqslant b'\leqslant a\leqslant x^*$ 并且有

$$\begin{aligned}\int_{a'}^{b'} f(x)\mathrm{d}x &\leqslant f(b')(b'-a') && (x\leqslant b'\leqslant x^*\Rightarrow f(x)\leqslant f(b'))\\ &\leqslant f(a)(b'-a') && (b'\leqslant a\leqslant x^*\Rightarrow f(b')\leqslant f(a))\end{aligned}$$

$$
\begin{aligned}
&< f(a)(b-a) && (b'-a' < b-a \text{ 而且 } f(a) > 0) \\
&\leqslant \int_a^b f(x)\mathrm{d}x && \left(\begin{array}{l}\text{(i), (ii) 以及单峰性} \\ \Rightarrow f(x) \geqslant f(a) \text{ 对 } a \leqslant x \leqslant b\end{array}\right) \\
&= 1-\alpha && \text{由 (i)}
\end{aligned}
$$

这就证完了第一种情况.

如果 $b'>a$，则 $a'\leqslant a<b'<b$，这是因为如果 $b'\geqslant b$，则就要 $b'-a'\geqslant b-a$. 在这种情况，我们可以把积分写成

$$
\begin{aligned}
\int_{a'}^{b'} f(x)\mathrm{d}x &= \int_a^b f(x)\mathrm{d}x + \left[\int_{a'}^{a} f(x)\mathrm{d}x - \int_{b'}^{b} f(x)\mathrm{d}x\right] \\
&= 1-\alpha + \left[\int_{a'}^{a} f(x)\mathrm{d}x - \int_{b'}^{b} f(x)\mathrm{d}x\right]
\end{aligned}
$$

如果我们能证出方括号里的表达式为负则定理就证出了. 现在利用 f 的单峰性，$a'\leqslant a<b'<b$ 的次序以及条件 (ii)，我们就有

$$\int_{a'}^{a} f(x)\mathrm{d}x \leqslant f(a)(a-a')$$

和

$$\int_{b'}^{b} f(x)\mathrm{d}x \geqslant f(b)(b-b')$$

于是

$$
\begin{aligned}
\int_{a'}^{a} f(x)\mathrm{d}x - \int_{b'}^{b} f(x)\mathrm{d}x &\leqslant f(a)(a-a') - f(b)(b-b') \\
&= f(a)[(a-a')-(b-b')] \qquad (f(a)=f(b)) \\
&= f(a)[(b'-a')-(b-a)]
\end{aligned}
$$

如果 $(b'-a')<(b-a)$ 且 $f(a)>0$ 则此式为负. ‖

如果我们愿意在 f 上加放更多的假定，譬如说 f 连续，那么我们可以简化定理 9.3.2 的证明（见习题 9.38).

回忆在例 9.2.3 后面关于似然区域形式的讨论，由定理 9.3.2 现在可以看到这是最优结构. 类似的讨论表明这个结构怎样产生出一个最优的 Bayes 区域，这将在推论 9.3.10 中给出. 我们现在还能看到在例 9.3.1 中成为最优的那种等分 α 的方法，对于任何的对称单峰概率密度函数都是最优的（见习题 9.39). 定理 9.3.2 甚至可以用在最优化的评判标准略微有别于最短长度准则的情况下.

例 9.3.3（最优化期望长度） 我们知道，对于形如

$$\bar{x}-b\frac{s}{\sqrt{n}}\leqslant\mu\leqslant\bar{x}-a\frac{s}{\sqrt{n}}$$

的基于枢轴 $\dfrac{\bar{X}-\mu}{S/\sqrt{n}}$ 的正态均值置信区间，长度最短 $1-\alpha$ 置信区间满足 $a=-t_{n-1,\alpha/2}$ 和 $b=t_{n-1,\alpha/2}$. 区间的长度是 s 的一个函数，具有一般形式

$$\text{Length}(s)=(b-a)\frac{s}{\sqrt{n}}$$

容易看出假如我们考虑使用期望长度准则并且想求得一个区间使之最小化

$$E_\sigma(\text{Length}(S))=(b-a)\frac{E_\sigma S}{\sqrt{n}}=(b-a)c(n)\frac{\sigma}{\sqrt{n}}$$

则定理 9.3.2 适用，并且选择 $a=-t_{n-1,\alpha/2}$ 和 $b=t_{n-1,\alpha/2}$ 也给出最优的区间.（量 $c(n)$ 是一个只依赖于 n 的常数，见习题 7.50.）

‖

在某些情况中，尤其是处理超出位置问题范围之外的问题，使用定理 9.3.2 时必须当心. 尤其是在尺度情况，定理可能无法直接使用，但是经变通也许就可使用.

例 9.3.4（最短枢轴区间） 设 $X\sim\text{gamma}(k,\beta)$，则 $Y=X/\beta$ 是一个枢轴，其分布为 $Y\sim\text{gamma}(k,1)$，因此我们能够通过求满足

(9.3.1) $$P(a\leqslant Y\leqslant b)=1-\alpha$$

的常数 a 和 b 得到一个置信区间. 但是，盲目使用定理 9.3.2 并不能给出最短的置信区间. 就是说，选取满足式（9.3.1）且满足 $f_Y(a)=f_Y(b)$ 的 a 和 b 并不是最优的. 这是因为，基于式（9.3.1）的 β 的区间的形式是

$$\left\{\beta:\frac{x}{b}\leqslant\beta\leqslant\frac{x}{a}\right\}$$

所以这个区间的长度是 $\left(\frac{1}{a}-\frac{1}{b}\right)x$；即区间长度与 $(1/a)-(1/b)$ 而不是与 $b-a$ 成比例.

虽然定理 9.3.2 不直接适用于这里，但若修改一下可以解决此问题. 在定理 9.3.2 中把条件 (a) 中的 b 定义为 a 的一个函数，记作 $b(a)$. 则我们需求解以下带约束极小化问题

$$\text{求关于 } a \text{ 的极小化：}\frac{1}{a}-\frac{1}{b(a)}$$

$$\text{使满足：}\int_a^{b(a)}f_Y(y)\mathrm{d}y=1-\alpha$$

把目标函数对 a 求导并令其等于 0 就得到等式 $\mathrm{d}b/\mathrm{d}a=b^2/a^2$. 把它代入第二式的导数，由导数为零就给出方程 $f_Y(b)b^2=f_Y(a)a^2$（见习题 9.42）. 像这样的方程也出现于正态分布方差的区间估计中，见例 9.2.10 和习题 9.52. 注意，上面的方程定义出的不是全局性的最短区间，而是最短枢轴区间，就是说，它是基于枢轴 X/β 的最短区间. 关于这个结果的一般化，涉及到 Neyman-Pearson 引理，参见习题 9.43.

‖

9.3.2 与检验相关的最优性

因为在置信集合与假设检验之间存在着一一对应（定理 9.2.2），所以在检验的

最优性与置信集合的最优性之间存在着某种对应. 通常，置信集合的与检验相关的最优性性质并不直接涉及这个集合的尺寸，而是涉及它覆盖假值的概率.

覆盖假值的概率，或假值覆盖概率（probability of false coverage）间接地度量一个置信集合的尺寸. 直观地看，较小的集合覆盖较少的值，因此较少可能覆盖假值. 而且我们后面将看到一个连接尺寸与假值覆盖概率的方程.

我们首先考虑一般情况，这里 $\boldsymbol{X}\sim f(\boldsymbol{x}\mid\theta)$，并且通过反转接受区域 $A(\theta)$ 来构造一个对于 θ 的置信集合 $C(\boldsymbol{x})$. $C(\boldsymbol{x})$ 的覆盖概率，即真值覆盖概率是由 $P_\theta(\theta\in C(\boldsymbol{X}))$ 给出的 θ 的函数. 假值覆盖概率是 θ 和 θ' 的函数，它定义为当 θ 为真值时，覆盖 θ' 的概率

(9.3.2)
$$\begin{aligned}&P_\theta(\theta'\in C(\boldsymbol{X})),\ \theta\neq\theta',\ \text{若}\ C(\boldsymbol{X})=[L(\boldsymbol{X}),\ U(\boldsymbol{X})]\\&P_\theta(\theta'\in C(\boldsymbol{X})),\ \theta'<\theta,\ \text{若}\ C(\boldsymbol{X})=[L(\boldsymbol{X}),\ \infty)\\&P_\theta(\theta'\in C(\boldsymbol{X})),\ \theta'>\theta,\ \text{若}\ C(\boldsymbol{X})=[-\infty,\ U(\boldsymbol{X})]\end{aligned}$$

分别地对于单侧和双侧区间定义假值覆盖概率是有意义的. 例如，若我们有一个置信下界，就是说肯定 θ 比一个值大，于是覆盖假值只有在我们的区间覆盖了过小的 θ 值的情况下才发生. 类似的论证引导我们给出用于置信上界与双侧置信界的假值覆盖概率定义.

一个在一类 $1-\alpha$ 置信集合上最小化假值覆盖概率的 $1-\alpha$ 置信集合叫做一致最精确（uniformly most accurate，UMA）置信集合. 例如，我们可以考虑在形如 $[L(\boldsymbol{x}),\ \infty)$ 的集合中寻找一个 UMA 置信集合. 下面我们将要证明，UMA 置信集合是通过反转 UMP 检验的接受区域来构造的. 遗憾的是，虽然 UMA 置信集合是一个理想的集合，但是它仅在（就像做 UMP 检验）相当稀少的情况下才存在. 特别地，因为 UMP 检验一般是单侧的，所以 UMA 区间也是这样. 然而它们在理论上是优美的，从下面的定理我们就会看到 $H_0:\theta=\theta_0$ 对 $H_1:\theta>\theta_0$ 的一个 UMP 检验产生一个 UMA 置信下界.

定理 9.3.5 设 $\boldsymbol{X}\sim f(\boldsymbol{x}\mid\theta)$，其中 θ 是一个实值参数. 对于每个 $\theta_0\in\Theta$，设 $A^*(\theta_0)$是关于 $H_0:\theta=\theta_0$ 对 $H_1:\theta>\theta_0$ 的一个 UMP 水平 α 检验的接受区域. 设 $C^*(\boldsymbol{x})$是通过反转上述 UMP 接受区域所建立的 $1-\alpha$ 置信集合. 则对于任何其他的 $1-\alpha$ 置信集合 C，有

$$P_\theta(\theta'\in C^*(\boldsymbol{X}))\leqslant P_\theta(\theta'\in C(\boldsymbol{X}))\text{对于所有的}\ \theta'<\theta\ \text{成立}$$

证明 设 θ' 是任何的一个比 θ 小的值. 设 $A(\theta')$ 是通过反转 C 得到的关于 $H_0:\theta=\theta'$ 的水平 α 检验的接受区域. 因为 $A^*(\theta')$ 是关于 $H_0:\theta=\theta'$ 对 $H_1:\theta>\theta'$ 的 UMP 接受区域，又因为 $\theta>\theta'$，所以我们就有

$$\begin{aligned}P_\theta(\theta'\in C^*(\boldsymbol{X}))&=P_\theta(\boldsymbol{X}\in A^*(\theta')) &&\text{(反转置信集合)}\\&\leqslant P_\theta(\boldsymbol{X}\in A(\theta')) &&\text{(因为 }A^*\text{ 是 UMP，所以对任何 }A\text{ 成立)}\\&=P_\theta(\theta'\in C(\boldsymbol{X})) &&\text{(反转 }A\text{ 得到 }C)\end{aligned}$$

注意，上面的不等式是"≤"，因为我们是在处理接受区域的概率，这是1—功效，UMP 检验将极小化这些接受区域的概率. 因此，我们就确立了对于$\theta'<\theta$，由反转 UMP 检验所得到的区间极小化假值覆盖概率. ‖

回忆我们在 9.2.1 节的讨论. 以上定理中的 UMA 置信集合是通过反转关于假设

$$H_0: \theta=\theta_0 \text{ 对 } H_1: \theta>\theta_0$$

的检验族而建立的，其中置信集合的形式由备择假设所支配. 上面的备择假设指出θ_0小于一个特定值，就导致置信下界；就是说，如果集合为区间，其形式就是$[L(\boldsymbol{X}),\infty)$.

例 9.3.6 (UMA 置信界) 设X_1，…，X_n是 iid n (μ, σ^2) 的，其中σ^2已知. 区间

$$C(\bar{x})=\left\{\mu: \mu\geqslant\bar{x}-z_\alpha\frac{\sigma}{\sqrt{n}}\right\}$$

是一个$1-\alpha$ UMA 置信下界，这是因为它可以通过反转关于假设$H_0: \mu=\mu_0$对$H_1: \mu>\mu_0$的 UMP 检验获得.

更常见的双侧区间

$$C(\bar{x})=\left\{\mu: \bar{x}-z_{\alpha/2}\frac{\sigma}{\sqrt{n}}\leqslant\mu\leqslant\bar{x}+z_{\alpha/2}\frac{\sigma}{\sqrt{n}}\right\}$$

不是 UMA 的，因为它是通过转化检验$H_0: \mu=\mu_0$对$H_1: \mu\neq\mu_0$的双侧接受区域得来的，而关于它的假设不存在 UMP 检验. ‖

在检验问题当中，当考虑双侧检验时，我们发现无偏性性质既有说服力也很有用. 在置信区间问题中，应用相似的想法. 当我们处理双侧置信区间的时候，有理由把考虑的范围限制在无偏置信集合上面. 记得一个无偏检验就是它在备择假设的功效总比在原假设的功效大. 在读下面定义时请记住这点.

定义 9.3.7 一个$1-\alpha$置信集合$C(\boldsymbol{x})$是无偏的（unbiased），如果$P_\theta(\theta'\in C(\boldsymbol{X}))\leqslant1-\alpha$对于所有的$\theta\neq\theta'$成立.

这样，对于一个无偏的置信集合，假值覆盖概率决不会大于最小的真值覆盖概率. 可以通过反转无偏检验得到无偏置信集合. 就是说，如果设$A(\theta_0)$是关于$H_0: \theta=\theta_0$对$H_1: \theta\neq\theta_0$的一个无偏的水平α检验的接受区域，而$C(\boldsymbol{x})$是由反转该接受区域得到的$1-\alpha$置信集合，则$C(\boldsymbol{x})$就是一个无偏的$1-\alpha$置信集合（见习题 9.46）. ‖

例 9.3.8(例 9.3.6 续) 双侧正态区间

$$C(\bar{x})=\left\{\mu: \bar{x}-z_{\alpha/2}\frac{\sigma}{\sqrt{n}}\leqslant\mu\leqslant\bar{x}+z_{\alpha/2}\frac{\sigma}{\sqrt{n}}\right\}$$

是一个无偏区间. 它可以通过反转例 8.3.20 所给出的关于$H_0: \mu=\mu_0$对$H_1: \mu\neq\mu_0$

的无偏检验得到. 类似地，式（9.2.14）的基于t分布的区间也是一个无偏区间，这是因为它也可以通过反转一个无偏检验得到（见习题9.46）.

假值覆盖概率达到最小的集合也叫做Neyman最短的（Neyman-shortest）. 这个名称有长度的内涵，以下的定理表明这个称呼有些理由，该定理归于Pratt（1961）.

定理9.3.9 (Pratt) 设X是一个实值随机变量，$X\sim f(x|\theta)$，其中θ是一个实值参数. 设$C(x)=[L(x),U(x)]$是一个关于θ的置信区间. 如果$L(x)$和$U(x)$都是x的增函数，则对于任意的值θ^*，有

$$E_{\theta^*}(\text{Length}[C(X)])=\int_{\theta\neq\theta^*}P_{\theta^*}(\theta\in C(X))\mathrm{d}\theta \tag{9.3.3}$$

定理9.3.9讲的是$C(X)$的期望长度等于假值覆盖概率的求和（积分），积分域取遍参数的所有假值.

证明 根据数学期望的定义，我们有

$$\begin{aligned}
E_{\theta^*}(\text{Length}[C(X)]) &= \int_{\mathcal{X}}\text{Length}[C(x)]f(x\mid\theta^*)\mathrm{d}x\\
&= \int_{\mathcal{X}}[U(x)-L(x)]f(x\mid\theta^*)\mathrm{d}x \quad \text{（长度 Length 的定义）}\\
&= \int_{\mathcal{X}}\left[\int_{L(x)}^{U(x)}\mathrm{d}\theta\right]f(x\mid\theta^*)\mathrm{d}x \quad \text{（把}\theta\text{作为一个哑变量）}\\
&= \int_{\Theta}\left[\int_{U^{-1}(\theta)}^{L^{-1}(\theta)}f(x\mid\theta^*)\mathrm{d}x\right]\mathrm{d}\theta \quad \text{（交换积分次序-理由见下）}\\
&= \int_{\Theta}[P_{\theta^*}(U^{-1}(\theta)\leqslant X\leqslant L^{-1}(\theta))]\mathrm{d}\theta \quad \text{（由定义）}\\
&= \int_{\Theta}[P_{\theta^*}(\theta\in C(X))]\mathrm{d}\theta \quad \text{（转化接受区域）}\\
&= \int_{\theta\neq\theta^*}P_{\theta^*}(\theta\in C(X))\mathrm{d}\theta \quad \text{（一个点不改变其值）}
\end{aligned}$$

这一串等式是恒等式从而证明了定理. 根据Fubini定理（见Lehmann和Casella，1998，1.2节），可严格证明交换积分是合法的，但是只要所有被积函数有限就易见它的合法性. 置信区间的反转是标准的，其中我们利用了关系式

$$\theta\in\{\theta: L(x)\leqslant\theta\leqslant U(x)\}\Leftrightarrow x\in\{x: U^{-1}(\theta)\leqslant x\leqslant L^{-1}(\theta)\}$$

其根据是因为假定$L(x)$和$U(x)$都是x的增函数. 注意，这个定理在相应的修改后，也适用于区间端点是减函数的情况. ■

定理9.3.9表明一个置信区间的长度与它的假值覆盖概率有关. 在双侧的情况，这意味着极小化假值覆盖概率带有长度最优的某些保证. 然而在单侧情况，这样说就不行了. 这时，那种极小化假值覆盖概率的区间牵涉的参数仅是参数空间的一部分而长度最优可能得不到. Madansky（1962）给出一个例子，对于其中的

$1-\alpha$UMA 区间（单侧），能构造出一个更短的 $1-\alpha$ 区间（见习题 9.45）. 另外，Maatta 和 Casella（1987）证明了通过反转一个 UMP 检验得到的区间在使用其他合理的准则衡量时可能是次优的.

9.3.3 Bayes 最优

获得具有指定覆盖概率的最小置信集合的目标也能利用 Bayes 准则达到. 如果我们有一个后验分布 $\pi(\theta\mid \boldsymbol{x})$，即给定 $\boldsymbol{X}=\boldsymbol{x}$ 时 θ 的后验分布，而我们欲求集合 $C(\mathrm{x})$，满足

(i) $\int_{C(\boldsymbol{x})}\pi(\theta\mid \boldsymbol{x})\mathrm{d}\theta=1-\alpha$(原文中积分变元为 $\boldsymbol{x}$，译者注)

(ii) 尺寸$(C(x))\leqslant$尺寸 $(C'(\boldsymbol{x}))$

对于任何满足 $\int_{C'(\boldsymbol{x})}\pi(\theta\mid \boldsymbol{x})\mathrm{d}\theta\geqslant 1-\alpha$ 的集合 $C'(\boldsymbol{x})$ 成立.

如果用长度当作尺寸大小的测度，则我们可以应用定理 9.3.2 得到以下的结果.

推论 9.3.10 如果后验密度 $\pi(\theta\mid \boldsymbol{x})$ 是单峰的，则对于一个给定的 α 值，关于 θ 的最短可信区间由

$$\{\theta:\pi(\theta\mid \boldsymbol{x})\geqslant k\}\text{其中}\int_{\{\theta:\pi(\theta\mid \boldsymbol{x})\geqslant k\}}\pi(\theta\mid \boldsymbol{x})\mathrm{d}\theta=1-\alpha$$

给出.

推论 9.3.10 中给出的可信集合叫做最高后验密度（highest posterior density, HPD）区域，因为它由那些后验密度最高的参数的值所组成. 注意 HPD 区域在形式上与似然区域是类似的.

例 9.3.11（Poisson HPD 区域） 在例 9.2.16 中我们导出了关于 Poisson 参数的一个 $1-\alpha$ 可信集合. 现在构造一个 HPD 区域. 根据推论 9.3.10，这个区域由 $\{\lambda:\pi(\lambda\mid \sum x)\geqslant k\}$ 给出，其中选择 k 使得

$$1-\alpha=\int_{\{\lambda:\pi(\lambda\mid \sum x)\geqslant k\}}\pi(\lambda\mid \sum x)\mathrm{d}\lambda$$

记得 λ 的后验概率密度函数是 gamma $(a+\sum x,\ [n+(1/b)]^{-1})$，所以我们需要求出 λ_L 和 λ_U 以使得

$$\pi(\lambda_L\mid \sum x)=\pi(\lambda_U\mid \sum x)\text{ 和}\int_{\lambda_L}^{\lambda_U}\pi(\lambda\mid \sum x)\mathrm{d}\lambda=1-\alpha$$

如果我们取 $a=b=1$（就像在例 9.2.16 中），则给定 $\sum X=\sum x$ 时 λ 的后验分布能表示成 $2(n+1)\lambda\sim\chi^2_{2(\sum x+1)}$，并且如果 $n=10$ 和 $\sum x=6$，则关于 λ 的 90% HPD 可信集合是 [0.253, 1.005].

在图 9.3.1 中我们显示了关于 λ 的三种 $1-\alpha$ 区间：例 9.2.16 中等尾的 Bayes 可信集合，此处导出的 HPD 区域，以及例 9.2.15 中的经典置信集合. ||

HPD 区域的形状由后验分布的形状决定. 一般，HPD 区域并不关于 Bayes 点估计量对称，而是像似然区域，相当不对称. 对于 Poisson 分布，由上例所示，这点明显地正确. 通常我们可以预期关于尺度参数问题的 HPD 区域是非对称的，而关于位置参数问题的 HPD 区域是对称的，尽管并不总是这样.

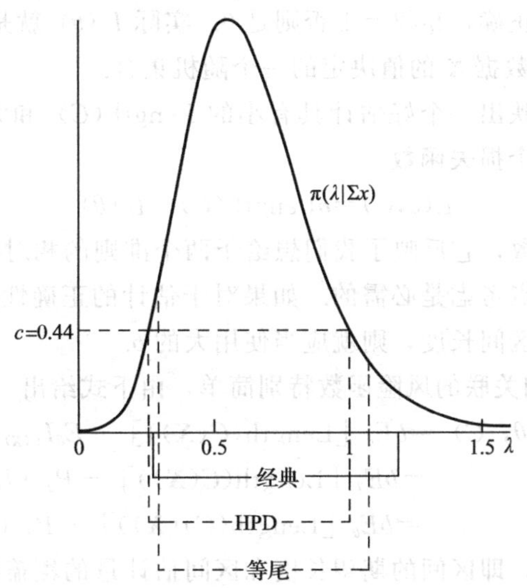

图 9.3.1 来自例 9.2.16 的三种区间估计量

例 9.3.12（正态 HPD 区域） 在例 9.2.18 中导出的等尾可信集合，事实上是一个 HPD 区域. 因为 θ 的后验分布是以 δ^B 为均值的正态分布，因此而得到对于某 k'，$\{\theta:\pi(\theta|\bar{x})\geqslant k\}=\{\theta:\theta\in\delta^B\pm k'\}$（见习题 9.40）. 所以 HPD 区域关于均值 $\delta^B(\bar{x})$ 是对称的. ||

9.3.4 损失函数最优

在前两节我们考察区间估计量的最优性时，首先要求它们有最小的覆盖概率，然后找寻最短的区间. 但是可以在一个损失函数下把这些要求放在一块，然后用判决理论求得一个最佳估计量. 在区间估计里，行为空间 $\mathcal{A}$ 将由参数空间的子集所组成，而更一般地，我们应当说“集合估计量”，因为一个最佳的法则未必是区间. 然而出于实际应用上的考虑，我们主要去寻找区间估计量，幸运的是，很多最优解给出的是区间.

我们用 C（对于置信区间）表示 $\mathcal{A}$ 的元素，它具有的意义是行为 C 给出了区间估计“$\theta\in C$”. 一个判决法则 $\delta(\boldsymbol{x})$ 就是指出对每个 $\boldsymbol{x}\in\mathcal{X}$，如果观测到 $\boldsymbol{X}=\boldsymbol{x}$，把哪

个集合 $C\in\mathcal{A}$ 作为 θ 的一个估计．这样，我们将像以前那样使用记号 $C(x)$．

区间估计问题里的损失函数通常包括两个量：集合估计是否正确地包括 θ 真值的测度和集合估计尺寸的测度．我们将主要考虑是区间的那种集合 C，所以尺寸的一个自然的测度就是 Length $(C)=C$ 的长度．为表示正确性测度，一般使用

$$I_C(\theta)=\begin{cases}1 & \theta\in C\\ 0 & \theta\notin C\end{cases}$$

这就是说，如果估计正确，$I_C(\theta)=1$ 否则是 0．实际 $I_C(\theta)$ 就是集合 C 的示性函数．但是要认识到 C 是由数据 $\boldsymbol{X}$ 的值决定的一个随机集合．

损失函数应当反映出一个好估计具有小的 $\mathrm{Length}(C)$ 和大的 $I_C(\theta)$ 这样的事实．下式是这样的一个损失函数

(9.3.4) $$L(\theta,C)=b\mathrm{Length}(C)-I_C(\theta)$$

其中 b 是一个正的常数，它反映了我们想给予两个准则的相对权重，由于两个量是非常不同的，因此这点考虑是必需的．如果对于估计的正确性关心更多，则 b 就应当小，而如果更关心区间长度，则就应当使用大的 b．

与式（9.3.4）相关联的风险函数特别简单，由下式给出

$$\begin{aligned}R(\theta,C)&=bE_\theta[\mathrm{Length}(C(\boldsymbol{X}))]-E_\theta I_{C(\boldsymbol{X})}(\theta)\\&=bE_\theta[\mathrm{Length}(C(\boldsymbol{X}))]-P_\theta(I_{C(\boldsymbol{X})}(\theta)=1)\\&=bE_\theta[\mathrm{Length}(C)(\boldsymbol{X}))]-P_\theta(\theta\in C(\boldsymbol{X}))\end{aligned}$$

这个风险有两个成分，即区间的期望长度和区间估计量的覆盖概率．该风险反映这样的事实，即我们希望期望长度小而同时覆盖概率高，这和过去几节一样．但是，与过去先要求有最小覆盖概率然后最小化长度的做法不同的是，现在的风险指明了在两个量之间的权衡考虑．也许一个有较小的覆盖概率的判决由于能大幅度减少长度而被采用．

通过变动损失（9.3.4）中的 b，我们可以变动区间估计量的尺寸与覆盖概率间的相对重要性，这在以前是做不到的．作为说明当前这个设置的适应性的例子，考虑一些极端的情况．如果 $b=0$，就是不考虑尺寸只考虑覆盖概率，于是估计量 $C=(-\infty,\infty)$ 是最佳判决法则，它的覆盖概率是 1．类似，如果 $b=\infty$，则覆盖概率无关紧要，于是点集合是最佳的．因此，判决法则的选择范围包含了所有可能的情形．在下面的例子中，对于 b 的一个指定的有限范围，选择一个好法则等于利用风险函数去决定置信区间，而如果 b 在这个范围之外，最优判决法则就是一个点估计量．

例 9.3.13（正态区间估计） 设 $X\sim\mathrm{n}(\mu,\sigma^2)$ 并且假定 σ^2 已知．X 可以典型地作为一个样本均值，而 σ^2 具有形式 τ^2/n，其中 τ^2 是已知的总体方差而 n 是样本量．对于每个 $c\geqslant 0$，用 $C(x)=[x-c\sigma,x+c\sigma]$ 定义一个关于 μ 的区间估计量．我们将使用式（9.3.4）中的损失函数比较这些估计量．Length $(C(x))=2c\sigma$，它不依赖于 x．因此，风险中的第一项是 $b(2c\sigma)$．风险中的第二项是

$$\begin{aligned}P_{\mu}(\mu\in C(X)) &= P_{\mu}(X-c\sigma\leqslant\mu\leqslant X+c\sigma)\\ &= P_{\mu}\left(-c\leqslant\frac{X-\mu}{\sigma}\leqslant c\right)\\ &= 2P(Z\leqslant c)-1\end{aligned}$$

其中 $Z\sim \mathrm{n}(0, 1)$. 这样，这个类中关于一个区间估计量的风险函数就是

(9.3.5) $$R(\mu, C)=b(2c\sigma)-[2P(Z\leqslant c)-1]$$

这个风险函数不依赖于 μ，因此是个常数，于是这个类中的最佳者就是其相应的 c 值最小化式（9.3.5）的那个区间估计量.

如果 $b\sigma>1/\sqrt{2\pi}$，可以证明 $R(\mu, C)$ 在 $c=0$ 达最小. 这就是说，损失函数的长度部分全面压倒覆盖概率部分，最佳区间估计量成了点估计量 $C(x)=[x, x]$. 但是如果 $b\sigma<1/\sqrt{2\pi}$，风险在 $c=\sqrt{-2\log(b\sigma\sqrt{2\pi})}$ 达最小. 如果我们对于某 α 把 c 表示为 $z_{\alpha/2}$，则最小化风险的区间估计量恰是通常的 $1-\alpha$ 置信区间（细节参见习题 9.53）. ||

判决理论在区间估计问题中的用途不像点估计或假设检验问题那样普遍. 其中的一个原因就是式（9.3.4）中的（或例 9.3.13 中的）b 不好选. 在前面例子中我们看到，一个好像有理的选择会导致并不直觉的结果，这暗示式（9.3.4）中的损失也许不合适. 某些愿用判决理论分析其他问题的人仍倾向只用具有一个固定置信系数（$1-\alpha$）的区间估计量. 然后他们利用风险函数去鉴定其他的量，比如集合的尺寸.

另外一个困难就是对于 $\mathcal{A}$ 中可以允许的集合形状的限制. 理想地讲，损失及风险函数应该可以用于评价哪些形状的集合最好. 但是常能在一个区间估计量中添加孤立点，使得在尺寸上无损失而在覆盖概率上得到改进. 在前面例子中我们可以用估计量

$$C(x)=[x-c\sigma, x+c\sigma]\cup\{\text{所有整数值}\ \mu\}$$

这些集合的“长度”同原来一样，但是现在对于 μ 的所有整数值其覆盖概率是 1. 必须用一些更完善的尺寸测度来避免这些异常情况.（Joshi1969 通过定义估计量等价类讲过这个问题.）

9.4　习题

9.1　如果 $L(x)$ 和 $U(x)$ 满足 $P_{\theta}(L(X)\leqslant\theta)=1-\alpha_1$ 和 $P_{\theta}(U(X)\geqslant\theta)=1-\alpha_2$，并且对于所有的 x，$L(x)\leqslant U(x)$，证明：$P_{\theta}(L(X)\leqslant\theta\leqslant U(X))=1-\alpha_1-\alpha_2$.

9.2　设 $X_1, \cdots, X_n$ 是 iid $\mathrm{n}(\theta, 1)$ 的. 一个关于 θ 的 95% 置信区间是 $\bar{x}\pm 1.96/\sqrt{n}$. 用 p 表示一个添加的独立观测 X_{n+1} 将落入这个区间的概率 . p 大于、小于还是等于 0.95？证明你的回答.

9.3　独立随机变量 X_1，…，X_n 具有共同的分布

$$P(X_i\leqslant x)=\begin{cases}0 & x\leqslant 0\\ (x/\beta)^{\alpha} & 0<x<\beta\\ 1 & x\geqslant\beta\end{cases}$$

(a) 在习题 7.10 里求出了 α 和 β 的 MLE. 如果 α 是一个已知的常数 α_0，求 β 的一个置信系数为 0.95 的置信上界.

(b) 用习题 7.10 里的数据构造一个关于 β 的区间估计. 假定 α 已知并且等于它的 MLE.

9.4　设 X_1，…，X_n 是来自 n（0，σ_X^2）的随机样本，而 Y_1，…，Y_n 是来自 n(0，σ_Y^2)的随机样本，并且与诸 X 独立. 定义 $\lambda=\sigma_Y^2/\sigma_X^2$.

(a) 求 $H_0:\lambda=\lambda_0$ 对 $H_1:\lambda\neq\lambda_0$ 的水平 α 的 LRT.

(b) 用一个 F 分布的随机变量来表示 (a) 中 LRT 的拒绝区域.

(c) 求关于 λ 的一个 $1-\alpha$ 置信区间.

9.5　在例 9.2.5 中给出了一列 Bernoulli 试验成功概率 p 的一个 $1-\alpha$ 置信下界. 本习题将推出一个置信上界. 就是说，观测 X_1，…，X_n，其中 $X_i\sim$ Bernoulli (p)，我们想求一个形如 $[0，U(x_1，…，x_n))$ 的区间，其中 $P_p(p\in[0，U(X_1，…，X_n)))\geqslant 1-\alpha$.

(a) 证明：反转假设检验

$$H_0:p=p_0 \text{ 对 } H_1:p<p_0$$

的接受区域就能给出一个有想要的置信水平和形式的置信区间.

(b) 找出类似于式 (9.2.8) 的方程组，它能用来构造置信区间.

9.6　(a) 关于二项分布的参数 p，通过反转 $H_0:p=p_0$ 对 $H_1:p\neq p_0$ 的 LRT，推出它的一个置信区间.

(b) 证明这个区间是来自 $p^y(1-p)^{n-y}$ 的最高密度区间并且它不等于式 (10.4.4) 中的区间.

9.7　(a) 基于来自 n（θ，$a\theta$）族的样本 X_1，…，X_n，通过反转假设 $H_0:a=a_0$ 对 $H_1:a\neq a_0$ 的 LRT，求 a 的 $1-\alpha$ 置信集合，其中 θ 未知.

(b) 对于相关联的分布族 n（θ，$a\theta^2$），可以问类似的问题. 如果 X_1，…，X_n 是 iid n（θ，$a\theta^2$）的，其中 θ 未知，基于反转关于 $H_0:a=a_0$ 对 $H_1:a\neq a_0$ 的 LRT，求 a 的 $1-\alpha$ 置信集合.

9.8　给出了来自概率密度函数的形式为 $\frac{1}{\sigma}f((x-\theta)/\sigma)$ 的一组样本 X_1，…，X_n，列出至少五种不同的枢轴量.

9.9　证明例 9.2.7 列出的三个量中每个都是枢轴.

9.10　(a) 设 T 是一个实值统计量，而对于每个 $\theta\in\Theta$，$Q(t，\theta)$ 是 t 的一个

单调函数. 证明：如果关于某函数 g，能够把 T 的概率密度函数 $f(t|\theta)$ 表示成式(9.2.11)的形式，则 $Q(T,\theta)$ 是一个枢轴.

(b) 证明：取 $g=1$ 和 $Q(t,\theta)=F_\theta(t)$，式(9.2.11)就得到满足，这里 $F_\theta(t)$ 是 T 的累积分布函数.（这就是概率积分变换.）

9.11 如果 T 是一个以 $F_T(t|\theta)$ 为累积分布函数的连续型随机变量以及 $\alpha_1+\alpha_2=\alpha$，证明：假设 $H_0:\theta=\theta_0$ 的一个水平 α 接受区域是 $\{t:\alpha_1\leqslant F_T(t|\theta_0)\leqslant 1-\alpha_2\}$，具有相应的 $1-\alpha$ 置信集合 $\{\theta:\alpha_1\leqslant F_T(t|\theta)\leqslant 1-\alpha_2\}$.

9.12 求：基于抽自一个 $\mathrm{n}(\theta,\theta)$ 总体、样本量为 n 的随机样本的一个枢轴量，其中 $\theta>0$. 利用这个枢轴量建立一个关于 θ 的 $1-\alpha$ 置信区间.

9.13 设 X 是来自 beta$(\theta,1)$ 的一个单一的观测.

(a) 设 $Y=-(\log X)^{-1}$. 计算集合 $[y/2,y]$ 的置信系数.

(b) 求一个枢轴量并且利用它建立一个和(a)中区间具有相同置信系数的置信区间.

(c) 比较这两个置信区间.

9.14 设 $X_1,\cdots,X_n$ 是 iid $\mathrm{n}(\mu,\sigma^2)$ 的，其中两个参数都未知. 可以有很多方法来利用 Bonferroni 不等式同时对 μ 和 σ 做出推断.

(a) 利用 Bonferroni 不等式，把两个置信集合

$$\left\{\mu:\bar{x}-\frac{ks}{\sqrt{n}}\leqslant\mu\leqslant\bar{x}+\frac{ks}{\sqrt{n}}\right\}\text{和}\left\{\sigma^2:\frac{(n-1)s^2}{b}\leqslant\sigma^2\leqslant\frac{(n-1)s^2}{a}\right\}$$

结合成关于 (μ,σ) 的一个置信集合. 说明如何选择 a，b 和 k 使这个同时集合成为一个 $1-\alpha$ 置信集合.

(b) 利用 Bonferroni 不等式，把两个置信集合

$$\left\{\mu:\bar{x}-\frac{k\sigma}{\sqrt{n}}\leqslant\mu\leqslant\bar{x}+\frac{k\sigma}{\sqrt{n}}\right\}\text{和}\left\{\sigma^2:\frac{(n-1)s^2}{b}\leqslant\sigma^2\leqslant\frac{(n-1)s^2}{a}\right\}$$

结合成关于 (μ,σ) 的一个置信集合. 说明如何选择 a，b 和 k 使这个同时集合成为一个 $1-\alpha$ 置信集合.

(c) 比较(a)和(b)中的置信集合.

9.15 求解：定义了关于正态均值比的 Fieller 置信集合的二次方程的根（见杂录 9.5.3)，并且求其中随机变量导致下列各情况的条件.

(a) 抛物线开口向上（置信集合是一个区间).

(b) 抛物线开口向下（置信集合是一个区间的补集).

(c) 抛物线没有实根.

就每种情况给出置信集合意义的一种解释. 例如如果在试验数据下抛物线没有实根，你会讲什么？

9.16 设 $X_1,\cdots,X_n$ 是 iid $\mathrm{n}(\theta,\sigma^2)$ 的，其中 σ^2 已知. 对于以下每个假设，

写出一个水平 α 检验的接受区域以及由反转它得到的 $1-\alpha$ 置信区间.

(a) $H_0: \theta=\theta_0$ 对 $H_1: \theta\neq\theta_0$

(b) $H_0: \theta\geqslant\theta_0$ 对 $H_1: \theta<\theta_0$

(c) $H_0: \theta\leqslant\theta_0$ 对 $H_1: \theta>\theta_0$

9.17 求关于 θ 的一个 $1-\alpha$ 置信区间，给定 $X_1, \cdots, X_n$ 是 iid 的，概率密度函数分别为

(a) $f(x\mid\theta)=1, \theta-\frac{1}{2}<x<\theta+\frac{1}{2}$.

(b) $f(x\mid\theta)=2x/\theta^2, 0<x<\theta, \theta>0$.

9.18 在这个习题中，我们将要研究二项分布置信集合的某些更多的性质，尤其是 Sterne（1954）构造. 像在例 9.2.11，我们将再次考虑 binomial（3，p）分布.

(a) 作为 p 的函数，画出概率函数 $P_p(X=x)$，$x=0, \cdots, 3$ 的四个图形. 识别 $P_p(X=1)$ 和 $P_p(X=2)$ 的最大值.

(b) 证明：对于小的ϵ，对 $p=\frac{1}{3}+\epsilon$ 有 $P_p(X=0)>P_p(X=2)$.

(c) 证明：反转下面的接受区域能得到一个 $1-\alpha=0.442$ 的置信区间，从而表明，这种最可能的构造（the most probable construction）由于 Sterne 集合的困难而有其缺陷.

p	接受区域$=A$（p）	p	接受区域$=A$（p）
[0.000，0.238]	{0}	[0.634，0.695]	{2}
(0.238，0.305)	{0，1}	(0.695，0.762)	{2，3}
[0.305，0.362]	{1}	[0.762，1.00]	{3}
(0.362，0.634)	{1，2}		

（这本质上是 Crow 1956 对 Sterne 构造的修正，参见杂录 9.5.2.）

9.19 证明定理 9.2.12 的（ii）部分.

9.20 定理 9.2.14 的某些证明细节需要补上，而且定理的第二部分需要证明.

(a) 证明：如果 $F_T(T\mid\theta)$ 随机大于或等于一个均匀随机变量，则 $\bar{F}_T(T\mid\theta)$ 亦是. 就是说，如果对于每一个 x，$0\leqslant x\leqslant1$，有 $P_\theta(F_T(T\mid\theta)\leqslant x)\leqslant x$，则对于每一个 x，$0\leqslant x\leqslant1$，有 $P_\theta(\bar{F}_T(T\mid\theta)\leqslant x)\leqslant x$.

(b) 证明：对于 $\alpha_1+\alpha_2=\alpha$，集合 $\{\theta: F_T(T\mid\theta)\geqslant\alpha_1$ 且 $\bar{F}_T(T\mid\theta)\geqslant\alpha_2\}$ 是一个 $1-\alpha$ 置信集合.（式中两个$\geqslant$在原书中均为$\leqslant$，译者注）

(c) 如果对于每个 t，$F_T(t\mid\theta)$ 都是 θ 的一个减函数，证明由 $\bar{F}_T(t\mid\theta)=P(T\geqslant t\mid\theta)$定义的函数 $\bar{F}_T(t\mid\theta)$ 对于每个 t，都是 θ 的一个非减的函数.

(d) 证明定理 9.2.14 的 (ii) 部分.

9.21 在例 9.2.15 证明了对于 Poisson 参数的一种置信区间能够用 χ^2 的分位点表示. 使用类似的技术证明如果 $X\sim\text{binomial}(n,p)$, 则 p 的一个 $1-\alpha$ 置信区间是

$$\frac{1}{1+\frac{n-x+1}{x}F_{2(n-x+1),2x,\alpha/2}}\leqslant p\leqslant\frac{\frac{x+1}{n-x}F_{2(x+1),2(n-x),\alpha/2}}{1+\frac{x+1}{n-x}F_{2(x+1),2(n-x),\alpha/2}}$$

其中 $F_{\nu_1,\nu_2,\alpha}$ 是自由度为 ν_1 和 ν_2 的 F 分布的上 α 分位点, 并且我们这样调整端点, 如果 $x=0$ 则左端点为 0, 如果 $x=n$ 则右端点为 1. 这些就是 Clopper 和 Pearson (1934) 给出的区间.

(提示: 回忆习题 2.40 的恒等式, 对它可以做如下的解释. 如果 $X\sim\text{binomial}(n,p)$, 则 $P_\theta(X\geqslant x)=P(Y\leqslant\theta)$, 其中 $Y\sim\text{beta}(x,n-x+1)$. 然后利用第 5 章中 F 分布和贝塔分布的性质.)

9.22 如果 X 服从参数为 r, p 的负二项分布, 利用二项与负二项分布的关系证明: 关于 p 的一个 $1-\alpha$ 置信区间由

$$\frac{1}{1+\frac{x+1}{r}F_{2(x+1),2r,\alpha/2}}\leqslant p\leqslant\frac{\frac{r}{x}F_{2r,2x,\alpha/2}}{1+\frac{r}{x}F_{2r,2x,\alpha/2}}$$

给出, 在 $x=0$ 时, 做适当修正.

9.23 (a) 设 $X_1,\cdots,X_n$ 是来自参数为 λ 的 Poisson 总体的随机样本, 并定义 $Y=\sum X_i$. 在例 9.2.15 中, 利用 9.2.3 节的方法求出了关于 λ 的一个置信区间. 现通过反转 LRT 构造 λ 的另一个区间, 并且比较这些区间.

(b) 以下的数据是一块马铃薯田地里九排马铃薯中每排的蚜虫数目, 可以假定它服从一个 Poisson 分布:

155, 104, 66, 50, 36, 40, 30, 35, 42

利用这些数据为每排马铃薯蚜虫的平均数目构造一个 90%LRT 置信区间. 再用例 9.2.15 的方法构造一个区间.

9.24 设 $X\sim\text{Poisson}(\lambda)$, 证明例 9.2.15 中置信区间 $[L(\boldsymbol{X}),U(\boldsymbol{X})]$ 的覆盖概率是

$$P_\lambda(\lambda\in[L(\boldsymbol{X}),U(\boldsymbol{X})])=\sum_{x=0}^{\infty}I_{[L(x),U(x)]}(\lambda)\frac{\mathrm{e}^{-\lambda}\lambda^x}{x!}$$

而且我们可以定义 $x_l(\lambda)$ 和 $x_u(\lambda)$ 以使得

$$P_\lambda(\lambda\in[L(\boldsymbol{X}),U(\boldsymbol{X})])=\sum_{x=x_l(\lambda)}^{x_u(\lambda)}\frac{\mathrm{e}^{-\lambda}\lambda^x}{x!}$$

由此，解释图 9.2.5 中给出的 Poisson 区间覆盖概率图为什么会在不同置信区间的端点有跳跃.

9.25 设 X_1，…，X_n 是 iid 的具有概率密度函数 $f(x \mid \mu) = e^{-(x-\mu)} I_{[\mu,\infty]}(x)$，则 $Y=\min\{X_1, \cdots, X_n\}$ 对 μ 是充分的并具有概率密度函数

$$f_Y(y \mid \mu) = n e^{-n(y-\mu)} I_{[\mu,\infty]}(y)$$

在例 9.2.13 中利用 9.2.3 节的方法求出了关于 μ 的一个 $1-\alpha$ 置信区间. 把它与用似然方法和枢轴方法得到的 $1-\alpha$ 区间进行比较.

9.26 设 X_1，…，X_n 是来自 beta $(\theta, 1)$ 概率密度函数的 iid 观测并且假定 θ 具有一个先验 gamma (r, λ) 概率密度函数. 求关于 θ 的一个 $1-\alpha$Bayes 可信集合.

9.27 (a) 设 X_1，…，X_n 是来自一个 EXPO (λ) 概率密度函数的 iid 观测，其中 λ 具有一个逆伽玛分布的共轭先验分布 IG (a, b)，概率密度函数为

$$\pi(\lambda \mid a, b) = \frac{1}{\Gamma(a)\ b^a}\left(\frac{1}{\lambda}\right)^{a+1} e^{-1/(b\lambda)},\quad 0<\lambda<\infty$$

说明怎样求关于 λ 的一个 $1-\alpha$ Bayes HPD 可信集合.

(b) 对于一个正态分布，基于样本方差 s^2 并且对正态分布的方差 σ^2 用共轭先验分布 IG (a, b)，求关于 σ^2 的一个 $1-\alpha$ Bayes HPD 可信集合.

(c) 从 (b) 的区间出发，求：当 $a\to 0$ 和 $b\to\infty$ 时，σ^2 的极限 $1-\alpha$ Bayes HPD 可信集合.

9.28 设 X_1，…，X_n 是 iid $n(\theta,\sigma^2)$ 的，其中 θ 和 σ^2 未知，但是只对 θ 的推断有兴趣. 考虑先验概率密度函数

$$\pi(\theta, \sigma^2 \mid \mu, \tau^2, a, b) = \frac{1}{\sqrt{2\pi\tau^2\sigma^2}} e^{-(\theta-\mu)^2/(2\tau^2\sigma^2)} \frac{1}{\Gamma(a)b^a}\left(\frac{1}{\sigma^2}\right)^{a+1} e^{-1/(b\sigma^2)}$$

即一个 $n(\mu, \tau^2\sigma^2)$ 乘以一个 IG (a, b).

(a) 证明：这个先验是此问题的一个共轭先验.

(b) 求 θ 的后验分布并用它构造 θ 的一个 $1-\alpha$ 可信集合.

(c) θ 经典的 $1-\alpha$ 置信集合可以表示成

$$\left\{\theta: |\theta-\bar{x}|^2 \leqslant F_{1, n-1, \alpha}\frac{s^2}{n}\right\}$$

是否存在任何 τ^2，a 和 b 的（极限）序列，它能使此集合被 (b) 中的 Bayes 集合逼近？

9.29 设 X_1，…，X_n 是 n 次 Bernoulli 试验的序列.

(a) 对于 p 使用共轭先验 beta (a, b) 计算 p 的一个 $1-\alpha$ 可信集合.

(b) 利用贝塔分布与 F 分布的关系，写出与习题 9.21 里的区间形式相当的 p 的可信集合. 比较这些区间.

9.30 完成例 9.2.17 中所需的可信概率的计算.

(a) 假定 a 是一个整数，证明 $T=\frac{2(nb+1)}{b}\lambda\sim\mathcal{X}^2_{2(a+\sum x)}$.

(b) 证明当 $v\to\infty$ 时，

$$\frac{\mathcal{X}^2_v-v}{\sqrt{2v}}\to \mathrm{n}(0,1)$$

(利用矩母函数. 这个极限很难计算——取对数 log 然后 Taylor 展开，或者参见附录 A 的例 A.0.8.)

(c) 标准化 (a) 中的随机变量 T，然后用这个变量表示出式 (9.2.21) 中的可信概率. 证明当 $\sum x_i\to\infty$ 时，标准化量的下分位点 $\to\infty$，因此可信概率趋于 0.

9.31 完成例 9.2.17 中所需的覆盖概率的计算.

(a) 如果 χ^2_{2Y} 是一个 χ^2 随机变量而 $Y\sim\mathrm{Poisson}(\lambda)$，证明：$\mathrm{E}(\chi^2_{2Y})=2\lambda$，$\mathrm{Var}(\chi^2_{2Y})=8\lambda$，$\chi^2_{2Y}$ 的 mgf 是 $\exp\left(-\lambda+\frac{\lambda}{1-2t}\right)$，而且当 $\lambda\to\infty$ 时

$$\frac{\mathcal{X}^2_{2Y}-2v}{\sqrt{8v}}\to \mathrm{n}(0,1)$$

(利用矩母函数.)

(b) 现在通过先标准化 $\mathcal{X}^2_{2Y}$ 求当 $\lambda\to\infty$ 时式 (9.2.22) 的值. 证明当 $\lambda\to\infty$ 时，标准化后的上限 $\to-\infty$，因此覆盖概率趋于 0.

9.32 在这个习题中我们将计算式 (9.2.23) 中 HPD 区域的经典覆盖概率，就是计算使用概率模型 $\bar{X}\sim\mathrm{n}(\theta,\sigma^2/n)$ 的 Bayes HPD 可信区域的覆盖概率.

(a) 利用例 9.3.12 给的定义，证明

$$\begin{aligned}&P_\theta\left(|\theta-\delta^B(X)|\leqslant z_{\alpha/2}\sqrt{\mathrm{Var}(\theta|X)}\right)\\&=P_\theta\left[-\sqrt{1+\gamma}z_{\alpha/2}+\frac{\gamma(\theta-\mu)}{\sigma/\sqrt{n}}\leqslant Z\leqslant\sqrt{1+\gamma}z_{\alpha/2}+\frac{\gamma(\theta-\mu)}{\sigma/\sqrt{n}}\right]\end{aligned}$$

(b) 证明：以上集合虽然是一个 $1-\alpha$ 可信集合，但不是一个 $1-\alpha$ 置信集合. (固定 $\theta\neq\mu$，令 $\tau=\sigma/\sqrt{n}$，因此 $\gamma=1$. 证明当 $\sigma^2/n\to0$ 时，上面的概率趋于 0)

(c) 然而如果 $\theta=\mu$，证明覆盖概率有大于 0 的下界. 求这个覆盖概率的最小值与最大值.

(d) 现在我们反过来考虑. 通常的关于 θ 的置信集合是 $\{\theta:|\theta-\bar{x}|\leqslant z_{\alpha/2}\sigma/\sqrt{n}\}$. 证明这个集合的可信概率是

$$\begin{aligned}&P_{\bar{x}}(|\theta-\bar{x}|\leqslant z_{\alpha/2}\sigma/\sqrt{n})\\&=P_{\bar{x}}\left[-\sqrt{1+\gamma}z_{\alpha/2}+\frac{\gamma(\bar{x}-\mu)}{\sqrt{1+\gamma}\,\sigma/\sqrt{n}}\leqslant Z\leqslant\sqrt{1+\gamma}z_{\alpha/2}+\frac{\gamma(\bar{x}-\mu)}{\sqrt{1+\gamma}\,\sigma/\sqrt{n}}\right]\end{aligned}$$

并且这个概率可以任意接近于 0. 因此，这个 $1-\alpha$ 置信集合不是一个 $1-\alpha$ 可信集合.

9.33 设 $X\sim\mathrm{n}(\mu,1)$，考虑置信区间

$$C_a(x)=\{\mu:\min\{0,(x-a)\}\leqslant\mu\leqslant\max\{0,(x+a)\}$$

(a) 对于 $a=1.645$，证明 $C_a(x)$的覆盖概率对于除去 $\mu=0$ 之外的所有的 μ 准确地为 0.95，在 $\mu=0$，其覆盖概率是 1.

(b) 现在考虑所谓的无信息先验 $\pi(\mu)=1$. 使用这个先验并再次取 $a=1.645$，证明：对于 $-1.645\leqslant x\leqslant 1.645$，$C_a(x)$的后验可信概率准确地为 0.90，而随 $|x|\to\infty$ 增加到 0.95.

这种类型的区间出现在生物等效性问题里，其中的目标是决定两种治疗（一种药物的不同配方，治疗的不同给药系统）是否引起相同的效果. 对这个问题的明确表达就导致转换原假设和备择假设的角色（见习题 8.47），导致某些有趣的统计量. 参见 Berger 和 Hsu (1996) 关于生物等效性的评论文章以及 Brown，Casella和 Hwang (1995) 对于置信集合的推广.

9.34 设 $X_1, \cdots, X_n$ 是来自 $\mathrm{n}(\theta, \sigma^2)$ 总体的随机样本.

(a) 如果 σ^2已知，求 n 的最小值以保证 μ 的一个 $1-\alpha$ 置信区间的长度不超过 $\sigma/4$.

(b) 如果 σ^2未知，求 n 的最小值以保证 μ 的一个 $1-\alpha$ 置信区间的长度以 90% 的概率不超过$\sigma/4$.

9.35 设 $X_1, \cdots, X_n$ 是来自 $\mathrm{n}(\theta, \sigma^2)$ 总体的随机样本. 比较 μ 的根据下面的假定算出的两个 $1-\alpha$ 置信区间的期望长度：

(a) σ^2已知.

(b) σ^2未知.

9.36 设 $X_1, \cdots, X_n$ 是独立的，具有概率密度函数 $f_{X_i}(x|\theta)=\mathrm{e}^{i\theta-x}I_{[i\theta,\infty)}(x)$. 证明 $T=\min_i(X_i/i)$是关于 θ 的一个充分统计量. 基于 T，求 θ 的一个具有最短长度的形式为 $[T+a, T+b]$ 的 $1-\alpha$ 置信区间.

9.37 设 $X_1, \cdots, X_n$ 是 iid $U(0, \theta)$ 的. 设 Y 是最大的次序统计量. 证明Y/θ 是一个枢轴量并且证明区间

$$\left\{\theta: y\leqslant\theta\leqslant\frac{y}{\alpha^{1/n}}\right\}$$

是最短的 $1-\alpha$ 枢轴区间.

9.38 如果在定理 9.3.2 中，我们假定 f 是连续的，则我们能够简化其证明. 对固定的 c，考虑积分 $\int_a^{a+c} f(x)\mathrm{d}x$.

(a) 证明：$\frac{\mathrm{d}}{\mathrm{d}a}\int_a^{a+c} f(x)\mathrm{d}x=f(a+c)-f(a)$.

(b) 证明：f 的单峰性蕴涵当a 满足 $f(a+c)-f(a)=0$ 时，$\int_a^{a+c} f(x)\mathrm{d}x$ 取最大

值.

(c) 设给定 α，我们选取 c^* 和 a^* 满足 $\int_{a^*}^{a^*+c^*} f(x)\mathrm{d}x=1-\alpha$ 和 $f(a^*+c^*)-f(a^*)=0$. 证明：这是最短的 $1-\alpha$ 区间.

9.39 证明定理 9.3.2 的一个特例. 设 $X\sim f(x)$，其中 f 是一个对称单峰的概率密度函数. 对于一个固定的 $1-\alpha$ 值，在所有满足 $\int_a^b f(x)\mathrm{d}x=1-\alpha$ 的区间 $[a, b]$ 当中，最短者是通过选取 a 和 b 使得 $\int_{-\infty}^a f(x)\mathrm{d}x=\alpha/2$ 和 $\int_b^\infty f(x)\mathrm{d}x=\alpha/2$ 得到的.

9.40 在习题 9.39 的基础上证明：如果 f 是对称的，则最佳区间形如 $m\pm k$，其中 m 是 f 的众数而 k 是一个常数. 由此证明

(a) 见 (9.2.7)，如果 k' 不依赖于参数，则对称的似然函数产生的似然区域是关于 MLE 对称的.

(b) 对称的后验密度产生的 HPD 区域是关于后验均值对称的.

9.41 (a) 证明下面结论，它们与定理 9.3.2 有关. 设 $X\sim f(x)$，其中 f 是一个在 $[0, \infty)$ 上严格递减的概率密度函数. 对于一个固定的 $1-\alpha$ 值，在所有满足 $\int_a^b f(x)\mathrm{d}x=1-\alpha$ 的区间 $[a, b]$ 当中，最短者是通过选取 $a=0$ 和 b 使得 $\int_0^b f(x)\mathrm{d}x=1-\alpha$ 得到的.

(b) 利用 (a) 的结果求例 9.2.13 中的最短 $1-\alpha$ 置信区间.

9.42 关于例 9.3.4 中求伽玛分布尺度参数的最短枢轴区间，我们需求解一个带约束极小化问题.

(a) 证明：问题的解是满足 $\int_a^b f_Y(y)\mathrm{d}x=1-\alpha$ 和 $f(b)b^2=f(a)a^2$ 的 a 和 b.

(b) 从形状参数 k 已知的一个 gamma(k, β) 概率密度函数的一次观测，求形式为 $\{\beta: x/b\leqslant\beta\leqslant x/a\}$ 的最短 $1-\alpha$ 枢轴置信区间.

9.43 Juola (1993) 作出下面的观测. 如果我们有一个枢轴 $Q(X, \theta)$，一个 $1-\alpha$ 置信区间就涉及求 a 和 b 以使得 $P(a<Q<b)=1-\alpha$. 典型的情况是，关于 θ 的区间长度将是 a 和 b 的某种函数，像 $b-a$ 或 $1/b^2-1/a^2$. 如果 Q 有密度 f 而且长度能够表示成 $\int_a^b g(t)\mathrm{d}t$，最短枢轴区间就是求解

$$\text{在满足}\int_a^b f(t)\mathrm{d}t=1-\alpha\text{ 的约束下，求}\min_{\{a,b\}}\int_a^b g(t)\mathrm{d}t$$

或更一般地

$$\text{在满足}\int_C f(t)\mathrm{d}t\geqslant 1-\alpha\text{ 的约束下，求}\min_C\int_C g(t)\mathrm{d}t$$

(a) 证明：解是 $C=\{t: g(t)<\lambda f(t)\}$，其中选 λ 使得 $\int_C f(t)\mathrm{d}t=1-\alpha$.（提示：你可以改写定理 8.3.12 的证明，即 Neyman-Pearson 引理的证明.）

(b) 运用 (a) 的结果获得习题 9.37 和 9.42 里的最短区间.

9.44 (a) 设 $X_1, \cdots, X_n$ 是 iid Poisson (λ) 分布的. 求：基于反转 $H_0: \lambda=\lambda_0$ 对 $H_1: \lambda>\lambda_0$ 的 UMP 水平 α 检验的一个 UMA $1-\alpha$ 置信区间.

(b) 设 $f(x|\theta)$ 是 logistic(θ, 1) 位置概率密度函数. 基于一个观测 x，求形式为 $\{\theta: \theta\leqslant U(x)\}$ 的 UMA 单侧 $1-\alpha$ 置信区间.

9.45 设 $X_1, \cdots, X_n$ 是 iid EXPO (λ) 分布.

(a) 求：$H_0: \lambda=\lambda_0$ 对 $H_1: \lambda<\lambda_0$ 的一个真实水平为 α 的 UMP 假设检验.

(b) 求：基于反转 (a) 中检验的一个 UMA $1-\alpha$ 置信区间. 证明这个区间能够表示成

$$C^*(x_1, \cdots, x_n)=\left\{\lambda: 0\leqslant\lambda\leqslant\frac{2\sum x_i}{\chi^2_{2n,\alpha}}\right\}$$

(c) 求：$C^*(x_1, \cdots, x_n)$ 的期望长度.

(d) Madansky (1962) 曾展示过一个 $1-\alpha$ 区间，它的期望长度比 UMA 区间的期望长度短. 一般而言，Madansky 的区间是难于计算的，但是在下面的情况，计算是相对简单的. 设 $1-\alpha=0.3$ 并且 $n=120$. Madansky 的区间是

$$C^M(x_1, \cdots, x_n)=\left\{\lambda: 0\leqslant\lambda\leqslant-\frac{x_{(1)}}{\log(0.99)}\right\}$$

它是一个 30％置信区间. 利用 $\chi^2_{240,0.7}=251.046$ 这一事实证明 30％UMA 区间满足
$E[\text{Length}(C^*(x_1, \cdots, x_n))]=0.956\lambda>E[\text{Length}(C^M(x_1, \cdots, x_n))]=0.829\lambda$

9.46 证明：如果 $A(\theta_0)$ 是 $H_0: \theta=\theta_0$ 对 $H_1: \theta\neq\theta_0$ 的一个无偏水平 α 检验的接受区域，而 $C(\boldsymbol{x})$ 是通过反转这个接受区域形成的 $1-\alpha$ 置信集合，则 $C(\boldsymbol{x})$ 是一个无偏的 $1-\alpha$ 置信集合.

9.47 设 $X_1, \cdots, X_n$ 是来自一个 $\mathrm{n}(\theta, \sigma^2)$ 总体的随机样本，其中 σ^2 已知. 证明：通常的单侧 $1-\alpha$ 置信上界 $\{\theta: \theta\leqslant\bar{x}+z_\alpha\sigma/\sqrt{n}\}$ 是无偏的，并且相应的置信下界也如此.

9.48 设 $X_1, \cdots, X_n$ 是来自一个 $\mathrm{n}(\theta, \sigma^2)$ 总体的随机样本，其中 σ^2 未知.

(a) 证明：区间 $\theta\leqslant\bar{x}+t_{n-1,\alpha}\frac{s}{\sqrt{n}}$ 能够通过反转一个 LRT 的接受区域推导出.

(b) 证明：式 (9.2.14) 中相应的双侧区间也能够通过反转一个 LRT 的接受区域推导出.

(c) 证明：(a) 和 (b) 的区间是无偏区间.

9.49 (Cox 悖论) 我们要检验

$$H_0: \theta=\theta_0 \text{ 对 } H_1: \theta>\theta_0$$

其中θ是两个正态分布之一的均值而θ_0是θ的一个固定却任意的值. 我们观测具有分布

$$X\sim\begin{cases}\mathrm{n}(\theta,\ 100) & \text{以概率 } p\\ \mathrm{n}(\theta,\ 1) & \text{以概率 } 1-p\end{cases}$$

的随机变量X.

(a) 这样规定一个检验:

$$\text{如果 } X>\theta_0+z_\alpha\sigma \text{ 就拒绝 } H_0$$

其中$\sigma=1$或10依赖于样品抽自哪个总体. 证明这是一个水平α检验. 通过反转这个检验的接受区域推导一个$1-\alpha$置信集合.

(b) 证明：以下给出的是更大功效的水平α检验（对于$\alpha>p$）

$$\text{如果 } X>\theta_0+z_{(\alpha-p)/(1-p)} \text{ 而且 } \sigma=1 \text{ 就拒绝 } H_0\text{，否则总拒绝 } H_0$$

通过反转这个检验的接受区域推导一个$1-\alpha$置信集合，并且证明它以正的概率是空集合.（Cox悖论说，经典最佳过程有时忽视关于条件分布的信息，并且提供给我们一个尽管是最佳却不尽合理的方法. 参见Cox 1958或Cornfield 1969.）

9.50 设$X\sim f(x\mid\theta)$，并假定区间$\{\theta: a(X)\leqslant\theta\leqslant b(X)\}$是关于$\theta$的一个UMA置信集合.

(a) 求：关于$1/\theta$的一个UMA置信集合. 注意，如果$a(x)<0<b(x)$，这个集合是$\{1/\theta: 1/b(x)\leqslant 1/\theta\}\cup\{1/\theta: 1/\theta\leqslant 1/a(x)\}$. 因此对于这个UMA置信集合它可能既不是一个区间也不是有界的.

(b) 证明：如果h是一个严格增函数，则集合$\{h(\theta): h(a(X))\leqslant h(\theta)\leqslant h(b(X))\}$是关于$h(\theta)$的一个UMA置信集合. 问：$h$的条件能够放宽吗?

9.51 设X_1, …, X_n是iid的，来自一个位置概率密度函数$f(x-\theta)$，证明以下置信集合具有常数覆盖概率

$$C(x_1,\ \cdots,\ x_n)=\{\theta: \bar{x}-k_1\leqslant\theta\leqslant\bar{x}+k_2\}$$

其中k_1和k_2是常数.（提示：$\bar{X}$的概率密度函数形式为$f_{\bar{X}}(\bar{x}-\theta)$.）

9.52 设X_1, …, X_n是来自$\mathrm{n}(\mu,\sigma^2)$总体的随机样本，其中μ和σ^2都未知. 下面求关于σ^2置信区间的几种方法中的每一种都导致得出这样的区间形式

$$\left\{\sigma^2: \frac{(n-1)s^2}{b}\leqslant\sigma^2\leqslant\frac{(n-1)s^2}{a}\right\}$$

但是每种情况a和b将满足不同的限制. 本习题中给出的这些区间乃由Tate和Klett (1959) 所得到，他们还制作了一些点表.

定义$f_p(t)$为自由度为p的χ_p^2随机变量的概率密度函数. 为了获得一个$1-\alpha$置信区间，a和b必须满足

$$\int_a^b f_{n-1}(t)\ \mathrm{d}t=1-\alpha$$

但是，为唯一确定 a 和 b，就要求附加约束. 验证下列各个约束能够如其所讲导出.

(a) 似然比区间：通过反转 H_0 ：$\sigma=\sigma_0$ 对 H_1 ：$\sigma\neq\sigma_0$ 的 LRT 获得的 $1-\alpha$ 置信区间是上面的形式，其中 a 和 b 还满足 $f_{n+2}(a)=f_{n+2}(b)$.

(b) 最小长度区间：对于上面形式的区间，通过最小化区间长度获得的 $1-\alpha$ 置信区间约束 a 和 b 满足 $f_{n+3}(a)=f_{n+3}(b)$.

(c) 最短无偏区间：对于上面形式的区间，通过在所有的无偏区间中最小化假值覆盖概率获得的 $1-\alpha$ 置信区间约束 a 和 b 满足 $f_{n+1}(a)=f_{n+1}(b)$. 这个区间也可以由极小化端点的比值得到.

(d) 等尾区间：对于上面形式的区间，通过要求区间之上与之下的概率相等获得的 $1-\alpha$ 置信区间相当于要求 a 和 b 必须满足

$$\int_0^a f_{n-1}(t)\mathrm{d}t=\frac{\alpha}{2},\int_b^\infty f_{n-1}(t)\mathrm{d}t=\frac{\alpha}{2}$$

(这个区间虽然很流行，但是无论使用什么长度标准，它显然非最佳.)

(e) 对于 $\alpha=0.1$ 和 $n=3$，求上面每种情况 a 和 b 的数值. 比较这些区间的长度.

9.53 设 $X\sim \mathrm{n}(\mu,\sigma^2)$，$\sigma^2$已知. 对于每个 $c\geqslant 0$，用 $C(x)=[x-c\sigma,x+c\sigma]$ 定义一个关于 μ 的区间估计量并且考虑 (9.3.4) 中的损失函数.

(a) 证明：风险函数 $R(\mu,C)$ 是

$$R(\mu,C)=b(2c\sigma)-P(-c\leqslant Z\leqslant c)$$

(b) 利用微积分基本定理证明

$$\frac{\mathrm{d}}{\mathrm{d}c}R(\mu,C)=2b\sigma-\frac{2}{\sqrt{2\pi}}\mathrm{e}^{-c^2/2}$$

并由此证明此微商对于 $c\geqslant 0$ 是 c 的一个增函数.

(c) 证明：如果 $b\sigma>1/\sqrt{2\pi}$，则微商对所有 $c\geqslant 0$ 为正，并且由此 $R(\mu,C)$ 在 $c=0$ 最小. 就是说，最优区间估计量就是点估计量 $C(x)=[x,x]$.

(d) 证明：如果 $b\sigma\leqslant 1/\sqrt{2\pi}$，则最小化风险的 c 是 $c=\sqrt{-2\log(b\sigma\sqrt{2\pi})}$. 因此，对于某 α 如果选 b 以使得 $c=z_{\alpha/2}$，则最小化风险的区间估计量正好就是通常的 $1-\alpha$ 置信区间.

9.54 设 $X\sim \mathrm{n}(\mu,\sigma^2)$，但是现在考虑 σ^2 未知. 对于每个 $c\geqslant 0$，用 $C(x)=[x-cs,x+cs]$ 定义一个关于 μ 的区间估计量，其中 S^2 是 σ^2的一个独立于 X 的估计量，$vS^2/\sigma^2\sim\chi_v^2$ (例如，通常的样本方差). 考虑对式 (9.3.4) 中损失函数的一种修正

$$L((\mu,\sigma),C)=\frac{b}{\sigma}\mathrm{Length}(C)-I_C(\mu)$$

(a) 证明：风险函数 $R((\mu,\sigma),C)$ 是

$$R((\mu, \sigma), C)=b(2cM)-[2P(T\leqslant c)-1]$$

其中 $T\sim t_v$，$M=\mathrm{E}S/\sigma$.

(b) 如果 $b\sigma\leqslant 1/\sqrt{2\pi}$，证明：最小化风险的 c 满足

$$b=\frac{1}{\sqrt{2\pi}}\left(\frac{v}{v+c^2}\right)^{(v+2)/2}$$

(c) 把这个问题与 σ^2 已知的情况协调一致起来. 证明：当 $v\to\infty$ 时，这里的解收敛到 σ^2 已知时的解.（注意对损失函数所作出的调整.）

9.55 判决理论方法对于集合估计是相当有用的（见习题 9.56），但它也可能给出一些混乱的结果，这表明需要仔细来执行. 再次考虑 $X\sim \mathrm{n}(\mu, \sigma^2)$ 且 σ^2 未知时的情形，并假定我们有一个由 $C(x)=[x-cs, x+cs]$ 给出的关于 μ 的区间估计量，其中 s^2 是 σ^2 的一个独立于 X 的估计量，$vS^2/\sigma^2\sim\mathcal{X}_v^2$. 当然，这是通常的 t 区间，一种经受了时间考验的重要统计方法. 考虑损失函数

$$L((\mu, \sigma), C)=b\mathrm{Length}(C)-I_C(\mu)$$

这类似于习题 9.54 中用到的，但是没有给长度除以尺度. 构造另一个 C' 如下

$$C'=\begin{cases}[x-cs, x+cs] & \text{如果 } s<K\\ \varnothing & \text{如果 } s\geqslant K\end{cases}$$

其中 K 是一个正的常数. 注意 C' 确实是错误的行为. 当 s^2 大因而有大的不确定性时，我们是想让区间宽的，但 C' 却是空集！证明：我们可以找到 K 的一个值使得

$$\text{对任意的 } (\mu, \sigma) \text{ 有 } R((\mu, \sigma), C')\leqslant R((\mu, \sigma), C)$$

且对某些 (μ, σ) 严格不等式成立.

9.56 设 $X\sim f(x|\theta)$，我们想使用式（9.3.4）的损失函数并以一个区间估计量 C 来估计 θ. 如果 θ 有先验概率密度函数 $\pi(\theta)$，证明：Bayes 法则由

$$C^{\pi}=\{\theta: \pi(\theta|x)\geqslant b\}$$

给出.（提示：$\mathrm{Length}(C)=\int_C 1\mathrm{d}\theta$ 并利用 Neyman-Pearson 引理.）

下面两个问题与杂录 9.5.4 有关.

9.57 设 $X_1, \cdots, X_n$ 是 iid $\mathrm{n}(\theta, \sigma^2)$ 的，其中 σ^2 已知. 我们知道关于 μ 的一个 $1-\alpha$ 置信区间是 $\bar{x}\pm z_{\alpha/2}\frac{\sigma}{\sqrt{n}}$.

(a) 证明：关于 X_{n+1} 的一个 $1-\alpha$ 预报区间是 $\bar{x}\pm z_{\alpha/2}\sigma\sqrt{1+\frac{1}{n}}$.

(b) 证明：关于基础总体 $100p\%$ 的一个 $1-\alpha$ 容忍区间由 $\bar{x}\pm\sigma\left(z_{p/2}+\frac{z_{\alpha/2}}{\sqrt{n}}\right)$ 给出.

(c) 如果 σ^2 未知，求：关于 X_{n+1} 的一个 $1-\alpha$ 预报区间.（如果 σ^2 未知，$1-\alpha$

容忍区间的计算是颇棘手的.)

9.58 设 X_1，…，X_n 是来自一个中位数是 m 的总体的 iid 观测. 分布无关(distribution-free) 区间可以依下面方式建立在次序统计量 $X_{(1)}\leqslant\cdots\leqslant X_{(n)}$ 上面.

(a) 证明：单侧区间 $(-\infty,\ x_{(n)}]$ 和 $[x_{(1)},\ \infty)$ 都是关于 m 的置信系数为 $1-(1/2)^n$ 的置信区间，而区间$[x_{(1)},\ x_{(n)}]$的置信系数是 $1-2(1/2)^n$.

(b) 证明：(a) 中的单侧区间是系数为 $n/(n+1)$ 的预报区间而双侧区间是一个系数为$(n-1)/(n+1)$ 的预报区间.

(c) 证明：(a) 中的区间也可被用作关于基础总体比例 p 的容忍区间. 证明：当被视为容忍区间时，单侧区间有系数 $1-p^n$ 而双侧区间有系数 $1-p^n-n(1-p)p^{n-1}$. Vardeman (1992) 称最后这个计算为一个"次序统计量的好练习".

9.5 杂录

9.5.1 置信方法

置信集合和检验能够通过定义一个叫做置信方法［confidence procedure (Joshi 1969)］的概念形式地联系起来. 如果 $X\sim f(x|\theta)$，其中 $x\in\mathcal{X}$ 而 $\theta\in\Theta$，则一个置信方法是笛卡儿积空间 $\mathcal{X}\times\Theta$ 里的一个集合. 对于一个集合 $\boldsymbol{C}\subset\mathcal{X}\times\Theta$，置信方法定义为

$$\{(x,\theta):(x,\theta)\in\boldsymbol{C}\}$$

从置信方法我们能通过保持一个变量为常数来定义两个切片，或者说截口. 对于固定的 x，我们把 θ-截口或置信集合定义为

$$C(x)=\{\theta:(x,\ \theta)\in\boldsymbol{C}\}$$

对于固定的 θ，我们把 x-截口或接受区域定义为

$$A(\theta)=\{x:(x,\ \theta)\in\boldsymbol{C}\}$$

虽然这一概念致使必须处理积空间 $\mathcal{X}\times\Theta$，而这正是我们这里不使用它的原因之一，但是它的确提供了一个寻求检验和置信集合之间关系的直接方法. 图 9.2.1 以例子说明了正态情形下这种对应关系.

9.5.2 离散分布中的置信区间

构造关于来自离散分布的参数的最佳的（至少是改进的）置信区间有长期的历史，如在例 9.2.11 中指出的那样，那里我们看的是 Sterne (1954) 对 Clopper and Person (1934) 区间的修正. 当然，Sterne 构造是有一定困难的，但是其基本思路是合理的，而 Crow (1956)，以及 Blyth 和 Still (1983) 修正了 Sterne 的构造，后者给出了精确区间的最短集合. Casella (1983) 给出了求一个最短的二项分布置信

区间类的算法.

Poisson分布区间的研究历史（它经常包括其他的离散分布）是类似的. Garwood（1936）的构造恰好就是把Clopper-Perason的论证应用到二项，而Crow and Gardner（1959）改进了这个区间. Casella and Robert（1989）求得一族最短Poisson区间. Blyth（1986）提出了关于一个二项参数的非常精确的近似区间. Leemis and Trivedi（1996）比较正态与Poisson近似，而Agresti and Coull（1998）认为要求离散区间把覆盖保持在名义水平之上也许太过苛刻. Blaker（2000）构造出关于二项，Poisson和其他离散分布的改进区间，具有一种嵌套性质：对于$\alpha<\alpha'$，则$1-\alpha$区间包含$1-\alpha'$区间.

9.5.3 Fieller定理

Fieller定理（Fieller 1954）是关于取得正态均值比的精确置信集合的聪明论点.

给出一个来自参数为（μ_X，μ_Y，σ_X^2，σ_Y^2，ρ）的二元正态分布的随机样本（X_1，Y_1），…，（X_n，Y_n），则可以依下面途径建立一个$\theta=\mu_Y/\mu_X$的置信集合. 对于$i=1$，…，n，定义$Z_{\theta i}=Y_i-\theta X_i$和$\bar{Z}_\theta=\bar{Y}-\theta\bar{X}$. 可以证明$\bar{Z}_\theta$是正态分布，均值是0，而方差为

$$V_\theta=\frac{1}{n}(\sigma_Y^2-2\theta\rho\sigma_Y\sigma_X+\theta^2\sigma_X^2)$$

V_θ能够用$\hat{V}_\theta$估计，而

$$\begin{aligned}\hat{V}_\theta&=\frac{1}{n(n-1)}\sum_{i=1}^{n}(Z_{\theta i}-\bar{Z}_\theta)^2\\&=\frac{1}{n-1}(S_Y^2-2\theta S_{YX}+\theta^2S_X^2)\end{aligned}$$

其中

$$S_Y^2=\frac{1}{n}\sum_{i=1}^{n}(Y_i-\bar{Y})^2$$

$$S_X^2=\frac{1}{n}\sum_{i=1}^{n}(X_i-\bar{X})^2$$

$$S_{YX}=\frac{1}{n}\sum_{i=1}^{n}(Y_i-\bar{Y})(X_i-\bar{X})$$

此外，还可以证明$E\hat{V}_\theta=V_\theta$，$\hat{V}_\theta$与$\bar{Z}_\theta$相互独立，以及（$n-1$）$\hat{V}_\theta/V_\theta\sim\chi_{n-1}^2$. 因此$\bar{Z}_\theta/\sqrt{\hat{V}_\theta}\sim t_{n-1}$，而且集合

$$\left\{\theta:\frac{\bar{Z}_\theta^2}{\hat{V}_\theta}\leqslant t_{n-1,\alpha/2}^2\right\}$$

定义了一个关于均值比 θ 的 $1-\alpha$ 置信集合. 此集合定义了 θ 的一条抛物线，而且抛物线的根给出了置信集合的端点. 用原始的变量写出这个集合，我们就得到

$$\left\{\theta:\left(\bar{x}^2-\frac{t_{n-1,\alpha/2}^2}{n-1}S_x^2\right)\theta^2-2\left(\bar{x}\,\bar{y}-\frac{t_{n-1,\alpha/2}^2}{n-1}S_{yx}\right)\theta+\left(\bar{y}^2-\frac{t_{n-1,\alpha/2}^2}{n-1}S_y^2\right)\leqslant 0\right\}$$

此集合的一个有趣特征就是，它可以是一个区间、一个区间的补集或者整个实数直线，依赖抛物线的根而定（见习题 9.15）. 此外，为保持 $1-\alpha$ 置信度，这个区间必须以正概率为无限. 更多内容参见 Hwang（1995）的基于自助法的方法，还有 Tsao and Hwang（1998，1999）的构造置信集合的途径.

9.5.4 其他区间如何?

Vardeman（1992）提出了上述标题中的问题，主张主流统计学除了双侧置信区间，应该在其他区间花费更多的时间. 特别地，他列举出（a）单侧区间，（b）分布无关区间，（c）预报区间，以及（d）容忍区间.

我们已看过单侧区间，而分布无关区间的概率在对基础累积分布函数做出很少（或没有）假定（见习题 9.58）的条件下也有保证. 其他两种区间定义，加上通常的置信区间，提供了一种推断的层次，每个都比以前的更严格.

如果 X_1，…，X_n 是 iid 的，来自一个累积分布函数为 $F(x|\theta)$ 的总体，而 $C(\boldsymbol{x})=[l(\boldsymbol{x}),u(\boldsymbol{x})]$是一个区间，对于一个指定的 $1-\alpha$ 值，

(i) 如果 $P_\theta[l(\boldsymbol{X})\leqslant\theta\leqslant u(\boldsymbol{X})]\geqslant 1-\alpha$，则 $[l(\boldsymbol{x}),\ u(\boldsymbol{x})]$ 是一个置信区间；

(ii) 如果 $P_\theta[l(\boldsymbol{X})\leqslant X_{n+1}\leqslant u(\boldsymbol{X})]\geqslant 1-\alpha$，则 $[l(\boldsymbol{x}),\ u(\boldsymbol{x})]$ 是一个预报区间；

(iii) 如果对于一个给定的值 p，$P_\theta[F(u(\boldsymbol{X})|\theta)-F(l(\boldsymbol{X})|\theta)\geqslant p]\geqslant 1-\alpha$，则 $[l(\boldsymbol{x}),\ u(\boldsymbol{x})]$是一个容忍区间.

所以，一个置信区间覆盖一个均值，一个预报区间覆盖一个新的随机变量，一个容忍区间覆盖总体中的一个比例. 这样，根据手头的问题来指定一个合适的区间，就各自给出一个不同的推断.

第 10 章

渐近评价

“我知道，我亲爱的华生，我们对稀奇古怪的异乎寻常的东西有着共同的爱好，而对日常生活中的那些流俗和单调乏味的老一套毫无兴趣.”

——夏洛克·福尔摩斯

《红发会》

迄今，我们考虑的一直是在有限样本条件下的情形. 与之对照，我们可以考虑渐近性质，这些性质描述的是当样本量变成无穷时的一个方法. 在这一章我们将着眼于某些渐近性质，并分别考虑点估计，假设检验和区间估计. 我们将特别强调极大似然方法的渐近性.

渐近评价的力量在于，当样本量变成无穷时，计算简化了. 在有限样本情形不可能做的评价变成了常规. 这种简化还允许我们去检查其他的技术（例如自助法和M-估计），这些技术的典型特点是对其只能做渐近评价.

令样本量无限制增加（有时称其为“asymptopia”）不应仅仅被嘲笑为一个想像的练习. 反之，渐近性揭露出一个方法最基本的性质，并且给予我们一个非常强有力而应用广泛的评价工具.

10.1 点估计

10.1.1 相合性

相合性似乎是一个相当基本的性质，它要求当样本量变成无穷时估计量收敛到正确的值. 相合性非常重要，一个非相合的估计量的价值是值得怀疑的（或者至少是值得严格考查的）.

虽然人们常讲相合估计量，但相合性（也包括所有的渐近性质）关注的是一个估计量序列，而非一个单独的估计量. 如果我们按照一个分布 $f(x|\theta)$ 去观测 X_1，X_2，…，我们只要通过对于每个样本量 n 执行相同的估计过程，就可以构造出一个估计量序列 $W_n=W_n(X_1,\cdots,X_n)$. 例如，$\overline{X}_1=X_1$，$\overline{X}_2=(X_1+X_2)/2$，$\overline{X}_3=(X_1+X_2+X_3)/3$，…. 我们现在可以给相合序列下定义.

定义 10.1.1 一个估计量序列 $W_n=W_n(X_1,\cdots,X_n)$ 是参数 θ 的一个相合估计量序列（consistent sequence of estimators），如果对于每个 $\epsilon>0$ 和每个 $\theta\in\Theta$，

(10.1.1) $$\lim_{n\to\infty}P_\theta(|W_n-\theta|<\epsilon)=1.$$

通俗地讲，方程（10.1.1）就是说当样本量变成无穷（而且样本信息变得越来越好）时，估计量将以高概率任意接近于参数 θ，这是人们特别渴望的一个性质. 或者把事情转换一下，我们可以说一个相合估计量序列未能达到真实参数的概率很小. 方程（10.1.1）的一个等价说法是，一个相合序列 W_n 将满足：对于每个 $\epsilon>0$ 和每个 $\theta\in\Theta$，

(10.1.2) $$\lim_{n\to\infty}P_\theta(|W_n-\theta|\geqslant\epsilon)=0.$$

定义 10.1.1 可以和定义 5.5.1 即依概率收敛的定义，来比较. 定义 10.1.1 讲的就是一个相合估计量序列依概率收敛于被估计的参数 θ. 定义 5.5.1 是以一个概率结构来处理一个随机变量序列，而定义 10.1.1 是以用 θ 为指标的一整族概率结构做处理. 对于每个不同的 θ 值，与序列 W_n 关联的概率结构是不同的. 而且该定义说对于各个 θ 值，相应概率结构都使得序列依概率收敛到真实 θ. 这就是一个概率的定义与一个统计学定义通常的区别. 概率的定义处理一个概率结构，而统计学定义处理一整族.

例 10.1.2 ($\bar{X}$的相合性) 设 $X_1,X_2,\cdots$ 是 iid n $(\theta,1)$ 的，来考虑序列

$$\bar{X}_n=\frac{1}{n}\sum_{i=1}^{n}X_i.$$

回忆有 $\bar{X}_n\sim\mathrm{n}(\theta,1/n)$，所以

$$\begin{aligned}
P_\theta(|\bar{X}_n-\theta|<\epsilon)&=\int_{\theta-\epsilon}^{\theta+\epsilon}\left(\frac{n}{2\pi}\right)^{\frac{1}{2}}\mathrm{e}^{-(n/2)(\bar{x}_n-\theta)^2}\,\mathrm{d}\bar{x}_n && \text{(根据定义)}\\
&=\int_{-\epsilon}^{\epsilon}\left(\frac{n}{2\pi}\right)^{\frac{1}{2}}\mathrm{e}^{-(n/2)y^2}\,\mathrm{d}y && \text{(变量替换 } y=\bar{x}_n-\theta\text{)}\\
&=\int_{-\epsilon\sqrt{n}}^{\epsilon\sqrt{n}}\left(\frac{1}{2\pi}\right)^{\frac{1}{2}}\mathrm{e}^{-(1/2)t^2}\,\mathrm{d}t && \text{(变量替换 } t=y\sqrt{n}\text{)}\\
&=P(-\epsilon\sqrt{n}<Z<\epsilon\sqrt{n}) && (Z\sim\mathrm{n}(0,1))\\
&\to 1\quad \text{当 } n\to\infty
\end{aligned}$$

因此 $\bar{X}_n$ 是 θ 的一个相合估计量序列. ‖

一般情况下，为验证相合性不必做像上面那样详细的计算. 对于一个估计量 W_n，回想一下 Chebychev 不等式的陈述

$$P_\theta(|W_n-\theta|\geqslant\epsilon)\leqslant\frac{\mathrm{E}_\theta[(W_n-\theta)^2]}{\epsilon^2},$$

这样，如果对于每个 $\theta\in\Theta$ 有

$$\lim_{n\to\infty}\mathrm{E}_\theta[(W_n-\theta)^2]=0,$$

则这个估计量序列就是相合的. 此外，根据式（7.3.1）就有

(10.1.3) $$\mathrm{E}_\theta[(W_n-\theta)^2]=\mathrm{Var}_\theta W_n+[\mathrm{Bias}_\theta W_n]^2.$$

把其总括在一起，我们可以给出以下的定理.

定理 10.1.3 如果 W_n 是参数 θ 的一个估计量序列，它对于每个 $\theta\in\Theta$ 都满足

(i) $\lim\limits_{n\to\infty}\mathrm{Var}_\theta W_n=0$，

(ii) $\lim\limits_{n\to\infty}\mathrm{Bias}_\theta W_n=0$，

则 W_n 是参数 θ 的一个相合估计量序列.

例 10.1.4（例 10.1.2 续） 因为

$$\mathrm{E}_\theta\,\overline{X}_n=\theta \text{ 和 } \mathrm{Var}_\theta\,\overline{X}_n=\frac{1}{n},$$

定理 10.13 的条件得到满足，从而序列 $\overline{X}_n$ 是相合的. 此外，根据定理 5.2.6，如果有一个来自均值是 θ 的任何总体的 iid 样本，只要总体具有有限的方差，则 $\overline{X}_n$ 对于 θ 是相合的. ‖

在本节开始，我们谈到一个非相合估计量序列时认为它的价值应该受到质疑. 这样评论的部分根据就是如以下定理所揭示的，存在如此之多的相合序列. 这个定理的证明留给习题 10.2.

定理 10.1.5 设 W_n 是参数 θ 的一个相合估计量序列. 设 a_1，a_2，…和 b_1，b_2，…是常数序列，满足

(i) $\lim\limits_{n\to\infty} a_n=1$，

(ii) $\lim\limits_{n\to\infty} b_n=0$.

则序列 $U_n=a_nW_n+b_n$ 是参数 θ 的一个相合估计量序列.

作为本节的结束，我们概要给出关于极大似然估计量相合性的一个更一般的结果. 这个结果表明极大似然估计量是其参数的相合估计量，而且是我们见到的求估计量的方法能保证一种最优性质的第一例.

为了使 MLE 具有相合性，其基础密度（似然函数）必须满足一定的“正则性条件”，这里我们将不深入探究，不过可以参见 10.6 节 10.6.2 了解详情.

定理 10.1.6（MLE 的相合性） 设 X_1，X_2，…是 iid $f(x|\theta)$ 的，$L(\theta|\boldsymbol{x})=\prod\limits_{i=1}^{n}f(x_i|\theta)$是似然函数，而 $\hat{\theta}$ 表示 θ 的 MLE. 设 $\tau(\theta)$是 θ 的一个连续函数. 那么在杂录 10.6.2 的关于 $f(x|\theta)$，从而也就是对 $L(\theta|\boldsymbol{x})$的正则性条件之下，对于每个 $\epsilon>0$ 和每个 $\theta\in\Theta$，有

$$\lim_{n\to\infty}P_\theta(|\tau(\hat{\theta})-\tau(\theta)|\geqslant\epsilon)=0.$$

这就是说，此 $\tau(\hat{\theta})$ 是 $\tau(\theta)$ 的一个相合估计量.

证明： 定理的证明从证对于每个 $\theta\in\Theta$，$\frac{1}{n}\log L(\hat{\theta}|\boldsymbol{x})$ 几乎必然收敛于

$E_\theta(\log f(X|\theta))$下手. 在关于 $f(x|\theta)$的某些条件之下，这蕴涵 $\hat{\theta}$ 依概率收敛于θ，因此$\tau(\hat{\theta})$ 依概率收敛于 $\tau(\theta)$. 细节请看 Stuart, Ord and Arnold (1999, 第 18 章). ‖

10.1.2 有效性

相合性考虑的是一个估计量的渐近精确性：它是收敛到要估计的参数吗？本节我们来看一个有关的性质，即有效性，这个性质关心的是一个估计量的渐近方差.

在计算渐近方差时，或许我们想如下进行. 给出一个基于样本量 n 的估计量 T_n，我们计算有限样本方差 $\mathrm{Var}T_n$，然后计算$\lim\limits_{n\to\infty}k_n\mathrm{Var}T_n$，其中 k_n 是某规格化常数. (注：在很多情况中，当 $n\to\infty$时，$\mathrm{Var}T_n\to 0$，所以我们需要一个因子 k_n 以迫使它趋向一个极限.)

定义 10.1.7 对于一个估计量 T_n，如果$\lim\limits_{n\to\infty}k_n\mathrm{Var}T_n=\tau^2<\infty$，其中$\{k_n\}$是一个常数序列，则 τ^2 叫做极限方差 (limiting variance) 或方差的极限.

例 10.1.8 (极限方差) 关于n个 iid 的具有 $\mathrm{E}(X)=\mu$ 和 $\mathrm{Var}(X)=\sigma^2$ 的正态观测的平均值$\overline{X}_n$，如果我们取 $T_n=\overline{X}_n$，则$\lim\limits_{n\to\infty}n\mathrm{Var}\,\overline{X}_n=\sigma^2$ 是 T_n 的极限方差.

但是，若我们要用 $1/\overline{X}_n$ 估计 $1/\mu$，麻烦事就发生了. 如果我们现在取 $T_n=1/\overline{X}_n$，就发现方差 $\mathrm{Var}T_n=\infty$，那么方差的极限是无穷. 然而回忆例 5.5.23，那里我们讲过 $1/\overline{X}_n$ 的近似均值和方差是

$$E\left(\frac{1}{\overline{X}_n}\right)\approx\frac{1}{\mu},$$

$$\mathrm{Var}\left(\frac{1}{\overline{X}_n}\right)\approx\left(\frac{1}{\mu}\right)^4\mathrm{Var}\,\overline{X}_n,$$

于是根据这第二次的计算，方差是 $\mathrm{Var}T_n\approx\dfrac{\sigma^2}{n\mu^4}<\infty$. ‖

这个例子指出了把方差的极限用作大样本量度时的问题. 当然，精确有限样本$1/\overline{X}$的方差是∞. 但是如果 $\mu\neq 0$，则 $1/\overline{X}$取非常大值的区域会具有趋向 0 的概率. 所以例 10.1.8 中第二种近似是很现实的 (同时更是有用的). 我们采用的就是这第二种计算大样本方差的方法.

定义 10.1.9 对于一个估计量 T_n，假定有依分布收敛 $k_n(T_n-\tau(\theta))\to\mathrm{n}(0,\sigma^2)$，则参数 σ^2 叫做 T_n 的渐近方差或 T_n 的极限分布的方差.

对于计算样本均值或者其他类型平均的方差，典型情况是极限方差和渐近方差有相同值. 但是在更复杂的情况，有时极限方差将会令我们失望. 注意总是有这样的情况，渐近方差小于极限方差，这也是有趣的 (见 Lehmann and Casella 1998, 6.1 节). 这里举个例子来说明.

例 10.1.10（大样本混合方差） 分层模型

$$Y_n \mid W_n = w_n \sim \mathrm{n}(0,\ w_n + (1-w_n)\sigma_n^2),$$

$$W_n \sim \text{Bernoulli}\ (p_n),$$

可以展示出渐近方差和极限方差间的重大差别.（这个模型有时也描述为一个混合模型，在其中我们以 p_n 的概率观测 $Y_n \sim \mathrm{n}(0,1)$ 而以 $1-p_n$ 的概率观测 $Y_n \sim \mathrm{n}(0,\sigma_n^2)$.）

首先利用定理 4.4.7，我们就有

$$\mathrm{Var}(Y_n) = p_n + (1-p_n)\sigma_n^2.$$

由此就得到，只有在 $\lim\limits_{n\to\infty}(1-p_n)\sigma_n^2 < \infty$ 时，Y_n 的极限方差有限.

另一方面，Y_n 的渐近方差可以利用

$$P(Y_n < a) = p_n P(Z < a) + (1-p_n) P(Z < a/\sigma_n).$$

直接计算出来.

假定现在我们让 $p_n \to 1$ 及 $\sigma_n \to \infty$，并且使得 $(1-p_n)\sigma_n^2 \to \infty$. 这样就得到 $P(Y_n < a) \to P(Z < a)$，就是说 $Y_n \to \mathrm{n}(0,1)$，并且我们有

$$\text{极限方差} = \lim_{n\to\infty} p_n + (1-p_n)\sigma_n^2 = \infty$$

$$\text{渐近方差} = 1$$

更多的细节参见习题 10.6. ‖

根据 Cramér-Rao 下界（定理 7.3.9）的精神，是存在一个最佳渐近方差的.

定义 10.1.11 一个估计量序列 W_n 关于一个参数 $\tau(\theta)$ 是渐近有效的，如果 $\sqrt{n}[W_n - \tau(\theta)] \xrightarrow{L} \mathrm{n}(0,\ \upsilon(\theta))$ 而且

$$\upsilon(\theta) = \frac{[\tau'(\theta)]^2}{\mathrm{E}_\theta\left(\left(\frac{\partial}{\partial\theta}\log f(X|\theta)\right)^2\right)},$$

就是说，W_n 的渐近方差达到了 Cramér-Rao 下界.

回忆定理 10.1.6 所讲，在一般的条件之下，MLE 是相合的. 在某些更强的正则性条件之下，关于渐近有效的同样类型定理也成立，一般我们可以把 MLE 看成是相合且渐近有效的. 关于这些正则性条件的细节也在杂录 10.6.2 中.

定理 10.1.12（MLE 的渐近有效性） 设 $X_1, X_2, \cdots$ 是 iid $f(x|\theta)$，θ 的 MLE 记作 $\hat{\theta}$，设 $\tau(\theta)$ 是 θ 的一个连续函数. 那么在 10.6 节 10.6.2 的关于 $f(x|\theta)$，从而也就是对 $L(\theta|\boldsymbol{x})$ 的正则性条件之下，

$$\sqrt{n}[\tau(\hat{\theta}) - \tau(\theta)] \xrightarrow{L} \mathrm{n}(0,\ \upsilon(\theta)),$$

其中 $\upsilon(\theta)$ 是 Cramér-Rao 下界. 就是说，$\tau(\hat{\theta})$ 是 $\tau(\theta)$ 的一个相合且渐近有效的估计量.

证明： 此定理证明的有趣之处在于 Taylor 级数的利用以及它发掘出 MLE 是被

定义于似然函数的导数的零点这一事实. 我们将略述 $\hat{\theta}$ 为渐近有效的证明，对$\tau(\hat{\theta})$的扩充留给习题 10.7.

回忆 $l(\theta \mid \boldsymbol{x})=\sum \log f(x_i \mid \theta)$ 是对数似然函数. 把其导数（关于 θ 的）记作 l'，l''，…. 现在真值 θ_0 的周围展开对数似然的一阶导数，

(10.1.4) $$l'(\theta|\boldsymbol{x})=l'(\theta_0|\boldsymbol{x})+(\theta-\theta_0)l''(\theta_0|\boldsymbol{x})+\cdots,$$

这里，我们将忽略其高阶项（在正则性条件下这个手法是正当的).

现在用 $\hat{\theta}$ 替换 θ，并看到等式（10.1.4）的左边是 0. 重新整理此式并且乘以 $\sqrt{n}$，就给出

(10.1.5) $$\sqrt{n}(\hat{\theta}-\theta_0)=\sqrt{n}\frac{-l'(\theta_0 \mid \boldsymbol{x})}{l''(\theta_0 \mid \boldsymbol{x})}=\frac{-\frac{1}{\sqrt{n}}l'(\theta_0 \mid \boldsymbol{x})}{\frac{1}{n}l''(\theta_0 \mid \boldsymbol{x})}.$$

如果我们用 $I(\theta_0)=E\left[l'(\theta_0 \mid \boldsymbol{X})\right]^2=1/\upsilon(\theta)$ 来记关于一个观测的信息数，应用中心极限定理和弱大数定律（细节见习题 10.8）就将证明出

(10.1.6) $$-\frac{1}{\sqrt{n}}l'(\theta_0 \mid \boldsymbol{X}) \xrightarrow{L} \mathrm{n}\left(0, I(\theta_0)\right),$$
$$\frac{1}{n}l''(\theta_0 \mid \boldsymbol{X}) \xrightarrow{P} I(\theta_0).$$

这样，如果我们设 $W\sim \mathrm{n}[0, I(\theta_0)]$，则 $\sqrt{n}(\hat{\theta}-\theta_0)$ 依分布收敛到 $W/I(\theta_0)\sim \mathrm{n}[0, 1/I(\theta_0)]$，定理证毕. ‖

例 10.1.13（渐近正态与相合性） 以上定理表明 MLE 具有有效性和相合性是典型情况. 我们希望注意到这个说法是有点累赘的，因为有效性只被定义在估计量是渐近正态的，而正像我们将要阐明的，渐近正态蕴涵相合性. 设

$$\sqrt{n}\frac{W_n-\mu}{\sigma} \xrightarrow{L} Z,$$

其中 $Z\sim \mathrm{n}(0, 1)$. 通过运用 Slutsky 定理（定理 5.5.17），我们断定

$$W_n-\mu=\left(\frac{\sigma}{\sqrt{n}}\right)\left(\sqrt{n}\frac{W_n-\mu}{\sigma}\right)\to \lim_{n\to\infty}\left(\frac{\sigma}{\sqrt{n}}\right)Z=0,$$

所以 $W_n-\mu \xrightarrow{L} 0$. 根据定理 5.5.13 我们知道，依分布收敛到一个点等价于依概率收敛，所以 W_n 是 μ 的一个相合估计量. ‖

10.1.3 计算与比较

前面几节展示的渐近公式可以提供给我们用在大样本的近似方差. 当然，我们必须要考虑正则性条件（10.6 节 10.6.2)，但是这些条件是相当一般的而且几乎在通常情况下总能得到满足. 不过，有一个条件应当特别提及，就像我们在例 7.3.13

已经见过的那样，违背了它就会导致混乱. 为了使下面的近似成为正当，概率密度函数或概率质量函数的支撑集，也就是似然函数的支撑集必须与参数无关.

如果一个 MLE 是渐近有效的，定理 10.1.6 中的渐近方差就是定理 5.5.24 中(去掉 $1/n$ 项) 的 Δ 方法方差. 这样，我们就可以把 Cramér-Rao 下界用作 MLE 的真实方差的一个近似. 设 X_1，X_2，…是 iid $f(x|\theta)$的，$\hat{\theta}$ 是 θ 的 MLE，而 $I_n(\theta)=\mathrm{E}_\theta\left(\frac{\partial}{\partial\theta}\log L(\theta\mid \boldsymbol{X})\right)^2$ 是样本的信息数. 根据 Δ 方法与 MLE 的渐近有效性，$h(\hat{\theta})$的方差可以由以下来近似

$$\text{(10.1.7)}\quad \operatorname{Var}(h(\hat{\theta})|\theta)\approx\frac{[h'(\theta)]^2}{I_n(\theta)}$$

$$=\frac{[h'(\theta)]^2}{\mathrm{E}_\theta\left(-\frac{\partial^2}{\partial\theta^2}\log L(\theta|\boldsymbol{X})\right)}\qquad\text{(利用引理 7.3.11 的恒等式)}$$

$$\approx\frac{[h'(\theta)]^2|_{\theta=\hat{\theta}}}{-\frac{\partial^2}{\partial\theta^2}\log L(\theta|\boldsymbol{X})|_{\theta=\hat{\theta}}}\qquad\text{(分母是 }\hat{I}_n(\hat{\theta})\text{,即观测信息数)}$$

此外，已被证明（Efron and Hinkley 1978)，使用观测信息数胜于使用出现在 Cramér－Rao 下界中的期望信息数.

注意方差估计的步骤是一个两步的过程，这个事实或多或少被式（10.1.7）掩盖了. 为估计 $\operatorname{Var}_\theta h(\hat{\theta})$，首先我们近似 $\operatorname{Var}_\theta h(\hat{\theta})$，然后再估计这个近似结果，而这通常是用 $\hat{\theta}$ 替换 θ. 作为结果的估计，可以记作 $\operatorname{Var}_{\hat{\theta}} h(\hat{\theta})$ 或 $\widehat{\operatorname{Var}}_\theta h(\hat{\theta})$.

从定理 10.1.6 得出 $-\frac{1}{n}\frac{\partial^2}{\partial\theta^2}\log L(\theta\mid\boldsymbol{X})\mid_{\theta=\hat{\theta}}$ 是 $I(\theta)$ 的一个相合估计量，所以就得到 $\operatorname{Var}_{\hat{\theta}} h(\hat{\theta})$ 是 $\operatorname{Var}_\theta h(\hat{\theta})$ 的一个相合估计量.

例 10.1.14 (近似二项方差) 在例 7.2.7 中我们看到 $\hat{p}=\sum X_i/n$ 是 p 的 MLE，其中我们有来自一个 Bernoulli（p）总体的随机样本 X_1，…，X_n. 我们通过直接计算还知道

$$\operatorname{Var}_p\hat{p}=\frac{p(1-p)}{n},$$

并且 $\operatorname{Var}_p h(\hat{p})$的一个合理估计是

$$\text{(10.1.8)}\qquad \widehat{\operatorname{Var}}_p\,\hat{p}=\frac{\hat{p}(1-\hat{p})}{n}.$$

如果我们把式（10.1.7）的近似式应用于 $h(p)=p$，就得到 $\operatorname{Var}_p\hat{p}$的一个估计

$$\widehat{\operatorname{Var}}_p\,\hat{p}\approx\frac{1}{-\frac{\partial^2}{\partial p^2}\log L(p|\boldsymbol{x})|_{p=\hat{p}}}.$$

因

$$\log L(p|\boldsymbol{x})=n\hat{p}\log(p)+n(1-\hat{p})\log(1-p),$$

于是就有

$$\frac{\partial^2}{\partial p^2}\log L(p|\boldsymbol{x})=-\frac{n\hat{p}}{p^2}-\frac{n(1-\hat{p})}{(1-p)^2}.$$

在 $p=\hat{p}$ 计算此二阶导数就有

$$\left.\frac{\partial^2}{\partial p^2}\log L(p|\boldsymbol{x})\right|_{p=\hat{p}}=-\frac{n\hat{p}}{\hat{p}^2}-\frac{n(1-\hat{p})}{(1-\hat{p})^2}=-\frac{n}{\hat{p}(1-\hat{p})}.$$

这就给出了一个方差的近似，它等于式（10.1.8）. 我们现在运用定理 10.1.6 就可以断言 $\hat{p}$ 的渐近有效性，而且特别地就是

$$\sqrt{n}(\hat{p}-p)\xrightarrow{L}\mathrm{n}[0,p(1-p)].$$

如果我们再使用定理 5.5.17（Slutsky 定理），我们就可以断定

$$\sqrt{n}\frac{\hat{p}-p}{\sqrt{\hat{p}(1-\hat{p})}}\xrightarrow{L}\mathrm{n}[0,1].$$

估计 $\hat{p}$ 的方差事实上并不那样困难，而且也不必引入全部的这些近似步骤. 但如果我们估计一个稍微复杂的函数，这些计算可能需要一些技巧. 回忆在例 5.5.22 中我们曾用 Δ 方法近似胜率 $p/(1-p)$ 的一种估计量 $\hat{p}/(1-\hat{p})$ 的方差. 现在我们看到，事实上这个估计量是胜率的 MLE，而且我们可以通过下面的方法估计它的方差：

$$\widehat{\mathrm{Var}}\left(\frac{\hat{p}}{1-\hat{p}}\right)=\frac{\left.\left[\frac{\partial}{\partial p}\left(\frac{p}{1-p}\right)\right]^2\right|_{p=\hat{p}}}{\left.-\frac{\partial^2}{\partial p^2}\log L(p|\boldsymbol{x})\right|_{p=\hat{p}}}$$

$$=\frac{\left.\left[\frac{(1-p)+p}{(1-p)^2}\right]^2\right|_{p=\hat{p}}}{\left.\frac{n}{p(1-p)}\right|_{p=\hat{p}}}$$

$$=\frac{\hat{p}}{n(1-\hat{p})^3}.$$

此外，我们还认识到这个估计量是渐近有效的. ‖

MLE 方差近似在很多情况下是成功的，但也并非一贯这么好. 特别地，当函数 $h(\hat{\theta})$ 非单调的时候我们必须要小心. 在这种情况下，导数 h' 将会有一个符号的改变，而这可能导致一个被低估的渐近方差. 要认识到因为近似方法是基于 Cramér-Rao 下界的，所以就有可能低估. 而非单调函数可使这个问题更坏.

例 10.1.15（例 10.1.14 续） 设现在我们要估计 Bernoulli 分布的方差 $p(1-p)$. 这个方差的 MLE 由 $\hat{p}(1-\hat{p})$ 给出，这个估计量方差的估计可以通过应用式

(10.1.7) 的近似式获得. 我们有

$$\widehat{\mathrm{Var}}(\hat{p}(1-\hat{p}))=\frac{\left[\frac{\partial}{\partial p}(p(1-p))\right]^2\Big|_{p=\hat{p}}}{-\frac{\partial^2}{\partial p^2}\log L(p|\boldsymbol{x})\Big|_{p=\hat{p}}}=\frac{(1-2p)^2\big|_{p=\hat{p}}}{\frac{n}{p(1-p)}\Big|_{p=\hat{p}}}=\frac{\hat{p}(1-\hat{p})(1-2\hat{p})^2}{n},$$

其中如果$\hat{p}=\frac{1}{2}$就得到 0, 这显然是一个对$\hat{p}(1-\hat{p})$之方差的低估. 函数 $p(1-p)$为非单调这个事实就是造成这个问题的一个原因.

使用定理 10.1.6, 我们可以断定只要 $p\neq 1/2$, 我们的估计量就是渐近有效的. 如果 $p=1/2$, 我们就需要使用如定理 5.5.26 所给出的二阶近似 (见习题 10.10). ‖

渐近有效的性质给予我们一个在求渐近方差时希望达到的基准点 (见 10.6 节 10.6.1). 通过渐近相对效率 (asymptotic relative efficiency) 的概念, 我们还能将渐近方差当作比较估计量的一个工具.

定义 10.1.16 如果两个估计量 W_n 和 V_n 满足

$$\sqrt{n}[W_n-\tau(\theta)]\xrightarrow{L} n[0,\sigma_W^2],$$

$$\sqrt{n}[V_n-\tau(\theta)]\xrightarrow{L} n[0,\sigma_V^2],$$

V_n 关于 W_n 的渐近相对效率 (ARE) 是

$$\mathrm{ARE}(V_n,W_n)=\frac{\sigma_W^2}{\sigma_V^2}.$$

例 10.1.17 (Poisson 估计量的 ARE) 设 X_1, X_2, …是 iid Poisson (λ) 的, 而我们对估计 0 概率感兴趣. 例如, 在一个给定时间段内进入一家银行的顾客数有时用一个泊松随机变量来建模, 而 0 概率就是在该时间段将没有一个顾客进入此银行的概率. 如果 $X\sim$Poisson (λ), 则 $P(X=0)=\mathrm{e}^{-\lambda}$, 而一个自然的 (然而有些朴素的) 估计量$\hat{\tau}$是

$$\hat{\tau}=\frac{1}{n}\sum_{i=1}^{n}Y_i.$$

其中 $Y_i=I$ ($X_i=0$). 这些 Y_i 服从分布 Bernoulli ($\mathrm{e}^{-\lambda}$), 于是由此就可得到

$$\mathrm{E}(\hat{\tau})=\mathrm{e}^{-\lambda}\text{和 }\mathrm{Var}(\hat{\tau})=\frac{\mathrm{e}^{-\lambda}(1-\mathrm{e}^{-\lambda})}{n}.$$

另外一种方法, $\mathrm{e}^{-\lambda}$的 MLE 是 $\mathrm{e}^{-\hat{\lambda}}$, 其中$\hat{\lambda}=\sum_i X_i/n$ 是λ 的 MLE. 使用 Δ 方

法近似，我们就有

$$\mathrm{E}(\mathrm{e}^{-\hat{\lambda}})\approx\mathrm{e}^{-\lambda}\text{和 }\mathrm{Var}(\mathrm{e}^{-\hat{\lambda}})\approx\frac{\lambda\mathrm{e}^{-2\lambda}}{n}.$$

因为

$$\sqrt{n}[\hat{\tau}-\mathrm{e}^{-\lambda}]\xrightarrow{L}n[0,\mathrm{e}^{-\lambda}(1-\mathrm{e}^{-\lambda})]$$

$$\sqrt{n}[\mathrm{e}^{-\hat{\lambda}}-\mathrm{e}^{-\lambda}]\xrightarrow{L}n[0,\lambda\mathrm{e}^{-2\lambda}],$$

所以$\hat{\tau}$关于 MLE $\mathrm{e}^{-\hat{\lambda}}$的渐近相对效率（ARE）是

$$\mathrm{ARE}(\hat{\tau},\mathrm{e}^{-\hat{\lambda}})=\frac{\lambda\mathrm{e}^{-2\lambda}}{\mathrm{e}^{-\lambda}(1-\mathrm{e}^{-\lambda})}=\frac{\lambda}{\mathrm{e}^{\lambda}-1}.$$

对这个函数的考察表明它是严格减的，在 $\lambda=0$ 达到最大值 1（这是$\hat{\tau}$所能达到的最好状态），而且随 $\lambda\to\infty$ 快速地逐渐变小（在 $\lambda=4$ 小于 10%）趋向渐近线 0.（参见习题 10.9） ‖

因为在典型的情况下 MLE 是渐近有效的，所以不可能期望另外的估计量有比它更小的渐近方差. 然而其他估计量也许具有其他的令人满意的性质（易于计算，对基础假定稳健）使其合乎愿望. 在这种情形下，如果我们采用别的估计量，那么 MLE 的有效性对于校准我们将会放弃什么就变得很重要.

我们来看最后一个例，其中要得到最佳方差计算可没那么容易. 下一节将讨论稳健性.

例 10.1.18（估计一个伽玛分布均值） 眼见为实，伽玛分布均值的估计不是一件容易的任务. 回忆伽玛分布的概率密度函数 $f(x|\alpha,\beta)$由下式给出

$$f(x|\alpha,\beta)=\frac{1}{\Gamma(\alpha)\beta^{\alpha}}x^{\alpha-1}\mathrm{e}^{-x/\beta}.$$

这个分布的均值是 $\alpha\beta$，为计算极大似然估计量我们必须处理 Γ 函数的导数（称为双 Γ 函数 digamma function)，这种计算很困难. 与之对比，矩法给予我们一个易于计算的估计.

具体来说，设我们有来自上面伽玛密度的一随机样本 $X_1,\cdots,X_n$，此密度中参数已经改设，把均值作为显参数，记为 $\mu=\alpha\beta$，从而密度成为

$$f(x\mid\mu,\beta)=\frac{1}{\Gamma(\mu/\beta)\beta^{\mu/\beta}}x^{\mu/\beta-1}\mathrm{e}^{-x/\beta},$$

而且 μ 的矩估计量是$\overline{X}$，具有方差 $\beta\mu/n$.

为计算 MLE，我们利用对数似然

$$l(\mu,\beta|\boldsymbol{x})=\sum_{i=1}^{n}\log f(x_i|\mu,\beta).$$

为了计算简便，假定 β 已知，于是我们求解$\frac{\mathrm{d}}{\mathrm{d}\mu}l(\mu,\beta|\boldsymbol{x})=0$ 以得到 MLE $\hat{\mu}$. 不存在

显式解，所以我们用数值方法.

根据定理10.1.6我们知道$\hat{\mu}$是渐近有效的．让我们有兴趣的问题是使用易于计算的矩估计量我们会有多少损失．为了做比较，我们计算渐近相对效率

$$\mathrm{ARE}(\hat{\mu},\bar{X})=[\beta\mu]\mathrm{E}\left[-\frac{\mathrm{d}^2}{\mathrm{d}\mu^2}l(\mu,\beta|\boldsymbol{X})\right],$$

并且选择了几个β值把它们的图显示在图10.1.1中．当然，我们知道此ARE必定大于1，但是从图我们看到对于较大的β值，进行较复杂计算和使用MLE是值得的．(参见习题10.11做的扩充，计算细节参见例A.0.7.) ‖

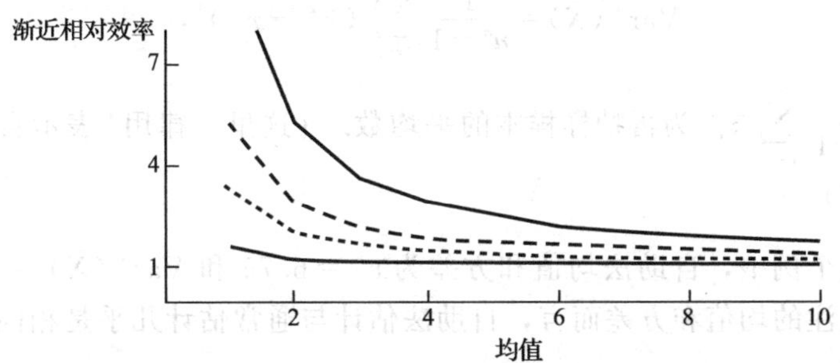

图10.1.1 Γ均值矩法估计量对MLE估计量的渐近相对效率．四条曲线相应于尺度参数的四个值（1，3，5，10），其中较高的曲线相应于较大的尺度参数的值

10.1.4 自助法标准误差

我们在例1.2.20中曾首次看到自助法（bootstrap）．自助法提供了计算标准误差的一个替代方法．(它还能够提供更多，参见10.6节10.6.3)

自助法建立在一个简单然而强有力的思想上（它可能涉及相当多的数学）[⊖]．在统计学上，我们通过提取样本获悉总体特征．因为样本代表总体，相似的样本特征就应该给予我们关于总体特征的信息．自助法通过提取再抽样样本（resample）帮助我们了解样本特征（即我们从原始样本中再提取样本），并且利用这些信息去推断总体．自助法是由Efron在1970年代后期发展起来的，其最初的想法出现在Efron（1970a，b），并且有Efron（1982）的专著．另外参看Efron（1998）有关近期更多的想法和发展.

让我们首先看一个简单的，实际上并不需要自助法的例子.

例10.1.19（一个方差的自助法） 在例1.2.20中我们计算过选自

2，4，9，12

的所有可能的四个数的平均，那里我们是有放回的取数．这是最简单的自助法形

⊖ 参见Lehmann（1999，6.5节).

式，有时叫做非参数自助法．图 1.2.2 在一个直方图中显示了这些值．

我们所建立的是样本均值可能值的再抽样．我们看到有$\binom{4+4-1}{4}=35$个不同的可能值，但是这些值不是等概率的（这样，就不能视为随机样本）．而 $4^4=256$ 个（非不同的）再抽样样本都是等可能的，所以它们可以被视为随机样本．对于第 i 个再抽样样本，我们设$\bar{x}_i^*$ 是该再抽样样本的平均数．则我们可以用下式估计样本均值$\bar{X}$的方差

(10.1.9)
$$\mathrm{Var}^*(\bar{X})=\frac{1}{n^n-1}\sum_{i=1}^{n^n}(\bar{x}_i^*-\bar{\bar{x}}^*)^2,$$

其中$\bar{\bar{x}}^*=\frac{1}{n^n-1}\sum_{i=1}^{n^n}\bar{x}_i^*$ 为再抽样样本的平均数．（这里一律用*表示自助的，或者说再抽样的值）

在我们这个例中，自助法均值和方差为$\bar{\bar{x}}^*=6.75$ 和 $\mathrm{Var}^*(\bar{X})=3.94$．结果表明，就所关注的均值和方差而言，自助法估计与通常估计几乎是相同的（见习题 10.13）． ‖

现在我们已经看到怎样计算一个自助法标准误差，但在上述问题中并不真正需要这样做．然而自助法的真正优越性，就像 Δ 方法，公式（10.1.9）几乎可以应用于任何的估计量．这样，对任何的估计量$\hat{\theta}(\boldsymbol{x})=\hat{\theta}$，我们可以写成

(10.1.10)
$$\mathrm{Var}^*(\hat{\theta})=\frac{1}{n^n-1}\sum_{i=1}^{n^n}(\hat{\theta}_i^*-\bar{\hat{\theta}}^*)^2,$$

其中$\hat{\theta}_i^*$ 是从第 i 个再抽样样本计算出的估计量，而$\bar{\hat{\theta}}^*=\frac{1}{n^n-1}\sum_{i=1}^{n^n}\hat{\theta}_i^*$是再抽样估计值的平均数．

例 10.1.20（自助法　二项方差）　在例 10.1.15 中，我们使用 Δ 方法估计 $\hat{p}(1-\hat{p})$ 的方差．基于一组容量为 n 的样本，对于这个方差的估计我们可以把它替换为

$$\mathrm{Var}^*(\hat{p}(1-\hat{p}))=\frac{1}{n^n-1}\sum_{i=1}^{n^n}(\hat{p}(1-\hat{p})_i^*-\overline{\hat{p}(1-\hat{p})}^*)^2.$$ ‖

但是现在出现一个问题．对于我们的例 10.1.19，$n=4$，在自助法求和中有 256 项．在更典型的样本量情况，这个项数增加得如此之大以至无法计算．（作者确信，当 $n>15$，列举出全部再抽样样本几乎就是不可能的．）但是现在记住我们是统计学家，我们抽取再抽样样本的一组样本．

这样，对于样本 $\boldsymbol{x}=(x_1, x_2, \cdots, x_n)$ 和一个估计量$\hat{\theta}(x_1, x_2, \cdots, x_n)=\hat{\theta}$，取 B 个再抽样样本［或叫自助样本（bootstrap samples)］并计算

$$\text{Var}_B^*(\hat{\theta})=\frac{1}{B-1}\sum_{i=1}^{B}(\hat{\theta}_i^*-\bar{\hat{\theta}}^*)^2. \tag{10.1.11}$$

例 10.1.21 (例 10.1.20 结论) 对于一组容量为 $n=24$ 的样本，我们计算 $\hat{p}(1-\hat{p})$的 Δ 方法方差估计以及对 $B=1000$ 的自助法方差估计. 对于$\hat{p}\neq 1/2$，我们用例 10.1.5 的一阶 Δ 方法方差，而对于$\hat{p}=1/2$，我们用定理 5.5.26 的二阶方差估计（见习题 10.16). 在表 10.1.1 中我们看到，在所有情况下自助法方差估计值都更接近方差真值，而 Δ 方法方差估计是低估的. （这是不应奇怪的，根据式(10.1.7)，表明 Δ 方法方差估计是基于一个下界的）

表 10.1.1 $\hat{p}(1-\hat{p})$ 的自助法和 Δ 方法方差. 当$\hat{p}=1/2$ 的时候使用二阶 Δ 方法（参见定理 5.5.26). 方差的真值是假定$\hat{p}=p$ 用数值计算得出.

	$\hat{p}=1/4$	$\hat{p}=1/2$	$\hat{p}=2/3$
自助法	0.00508	0.00555	0.00561
Δ 方法	0.00195	0.00022	0.00102
真值	0.00484	0.00531	0.00519

Δ 方法是一个“一阶”近似，它基于 Taylor 级数展开的第一项. 当该项等于 0 的时候（如$\hat{p}=1/2$ 时一样)，我们必须使用二阶 Δ 方法. 相反，自助法经常能够有“二阶”准确度，获得比展开式第一项更准确的结果（见 10.6 节 10.6.3). 因而此处当$\hat{p}=1/2$ 时自助法自动起到校正作用. （注意 $24^{24}\approx 1.33\times 10^{13}$，这是一个巨大的数，所以穷举自助样本是不现实的） ‖

至此我们已经谈论过的自助法的类型叫做非参数自助法（nonparametric bootstrap)，它对于总体的概率密度函数或概率质量函数没有函数形式的假定. 与之对照，我们也可以有参数自助法（parametric bootstrap).

设我们有一组来自一个概率密度函数是 $f(x|\theta)$的样本 X_1，X_2，…，X_n，其中 θ 可以是一个参数向量. 于是我们可以用 MLE $\hat{\theta}$来估计 θ，然后抽取样本

$$X_1^*,X_2^*,\cdots,X_n^*\sim f(x|\hat{\theta}).$$

如果我们抽取了 B 组这样的样本，就可以利用式（10.1.11）估计$\hat{\theta}$的方差. 注意，这些样本不是数据的再抽样样本，而实际上是抽自 $f(x|\hat{\theta})$ 的随机样本，这个分布有时叫做插件分布（plug-in distribution).

例 10.1.22 (参数自助法) 设我们有一组样本

$$-1.81,\ 0.63,\ 2.22,\ 2.41,\ 2.95,\ 4.16,\ 4.24,\ 4.53,\ 5.09$$

其$\bar{x}=2.71$ 和 $s^2=4.82$. 如果我们假定基础分布是正态的，则参数自助法应抽取样本

$$X_1^*,\ X_2^*,\ \cdots,\ X_n^*\sim n\ (2.71,\ 4.82).$$

基于 $B=1000$ 组样本，我们算出 $\mathrm{Var}_B^*(S^2)=4.33$. 基于正态理论，$S^2$ 的方差是 $2(\sigma^2)^2/8$，我们可以用 MLE 估计它是 $2(4.82)^2/8=5.81$. 这些数据值实际上是从方差为 4 的正态分布生成出来的，所以 $\mathrm{Var}S^2=4.00$. 参数自助法在这里给出一个较好的估计值.（在例 5.6.6 中我们估计 S^2 的分布所使用的就是现在我们知道的参数自助法.） ‖

既然有了一个通用的计算标准误差的方法，我们如何知道它是一个好的方法呢？在例 10.1.21 中它似乎做得比 Δ 方法更好，而我们知道后者具有某些好性质. 特别地，我们知道 Δ 方法是基于极大似然估计，通常它将会产生相合估计量. 我们能够讲自助法也是这样吗？虽然我们不能对这个问题给出普遍回答，但是我们说，在很多情形下自助法的确提供给我们一个合理的相合估计量.

稍微确切一点地讲，我们把自助法估计量的计算分成两个不同部分.

a. 确立当 $B\to\infty$，(10.1.11) 收敛到 (10.1.10)，即

$$\mathrm{Var}_B^*(\hat{\theta})\overset{B\to\infty}{\longrightarrow}\mathrm{Var}^*(\hat{\theta}).$$

b. 确立 (10.1.10) 的相合性，其中使用的是全部自助样本，即

$$\mathrm{Var}^*(\hat{\theta})\overset{n\to\infty}{\longrightarrow}\mathrm{Var}(\hat{\theta}).$$

(a) 部分能够利用大数定律得到确立（习题 10.15）. 还要注意 (a) 部分全都发生在样本里.（Lehmann 1999，6.5 节把 $\mathrm{Var}_B^*(\hat{\theta})$ 叫做一个逼近量（approximator）而不是估计量.）

(b) 部分的确立需要稍许精细的处理，而这就是相合性确立之所在. 典型地，在 iid 抽样将获得相合性，但是在更一般情况它未必发生.（Lehmann 1999，6.5 节给出一个例子.）关于相合性的更详细的讨论（必然是在一个更高水平上的），参见 Shao and Tu（1995，3.3.2 节）或 Shao（1999，5.5.3 节）.

10.2 稳健性

到现在为止，我们在基础模型正确的假定下已经评价了估计量的性能. 在这个假定下，我们已经推导出在某种意义下的最佳估计量. 然而，如果基础模型不正确，则就不能保证我们的估计量最佳.

我们无法预防所有可能的情形，此外，如果我们的模型是经过仔细考虑做出的，则也不必这样预防. 但是我们关心对于假定的模型有小的或中等偏离的情形. 这样，这就引导我们去考虑稳健估计量（robust estimator）. 这种估计量放弃在假定模型上的最佳性，而换以当假定模型不是真实模型时的合理表现. 这样，我们就有一个平衡得失问题，最佳性或稳健性哪个标准更重要，这或许最好根据具体情况来决定.

术语"稳健性"可以有多种解释，但是也许 Huber（1981，1.2 节）概括得最好，他指出[⊖]：

任何统计方法应该具有如下特性：

（1）在假定模型下它应当具有一个合理的好（最佳或接近最佳）效率.

（2）应该在这样的意义下是稳健的：对于假定模型的微小偏离应该仅引起性能的轻微损伤

（3）对模型大一些的偏离也不应导致灾难性后果.

我们首先看一些易于理解这些条款的简单例子；然后再继续看更一般的估计量和稳健性的度量.

10.2.1 均值和中位数

样本均值是一个稳健的统计量吗？它也许严格地依赖于我们怎样表征稳健性的度量.

例 10.2.1（样本均值的稳健性） 设 $X_1, X_2, \cdots, X_n$ 是 iid $\mathrm{n}(\mu,\sigma^2)$的. 我们知道$\bar{X}$具有方差 $\mathrm{Var}(\bar{X})=\sigma^2/n$，而该方差是 Cramér-Rao 下界，这样在假定模型下它达到最好的方差因此$\bar{X}$满足（1）.

为研究（2），即研究对模型微小的偏离之下$\bar{X}$的性能，我们首先需要决定这意味着什么. 一种通常的解释就是使用一个 δ-污染模型（δ-contamination model），就是说，对于一个小 δ，假定我们的观测

$$X_i \sim \begin{cases} \mathrm{n}(\mu,\sigma^2) & \text{以 } 1-\delta \text{ 的概率} \\ f(x) & \text{以 } \delta \text{ 的概率} \end{cases},$$

其中 $f(x)$是某个其他分布.

设我们把 $f(x)$取为任何的一个均值是 θ 而方差是 τ^2 的密度. 则

$$\mathrm{Var}(\bar{X})=(1-\delta)\frac{\sigma^2}{n}+\delta\frac{\tau^2}{n}+\frac{\delta(1-\delta)(\theta-\mu)^2}{n}.$$

这看上去真是不错，因为如果 $\theta\approx\mu$ 且 $\sigma\approx\tau$，$\bar{X}$将接近最佳. 然而，我们可以对模型做更大一点的扰动，并把事情搞得相当糟. 考虑如果 f（x）是一个 Cauchy 概率密度函数将会发生什么. 这时立即就得出 $\mathrm{Var}(\bar{X})=\infty$.（细节参见习题 10.18 而习题 10.19 讨论的是另一个情况.） ‖

现在转向（3）. 我们问，如果出现一个常见程度的异常观测值会发生什么. 我们想像一个样本值的特别集合并考虑最大观测值增大的影响. 例如，设 $X_{(n)}=x$，其中 $x\to\infty$. 这样的一个观测值的影响可以认为是"灾难性的". 虽然$\bar{X}$的分布性质没有受到影响，但是其观测值将是"无意义的."这说明了崩溃值的概念，这个概

⊖ 特性的前二条.

念归于 Hample (1974).

定义 10.2.2 设 $X_{(1)}<\cdots<X_{(n)}$ 是容量为 n 的顺序样本，而设 T_n 是一个基于这个样本的统计量. T_n 具有崩溃值（breakdown value）b，$0\leqslant b\leqslant 1$，如果对于每一个$\epsilon>0$，都有

$$\lim_{X_{(\{(1-b)n\})}\to\infty} T_n<\infty \text{ 和 } \lim_{X_{(\{(1-(b+\epsilon))n\})}\to\infty} T_n=\infty.$$

(关于百分位数记号回忆定义 5.4.2.)

容易看出$\bar{X}$的崩溃值是 0；就是说，如果这个样本中任何比例的样本值趋向无穷，则$\bar{X}$的值也趋向无穷. 与此鲜明对照的是，样本中位数在样本值的这种变化下是不变的. 这种对于极端观测值的不敏感性有的时候被认为是样本中位数的一个优点，它的崩溃值为 50%.（关于崩溃值的更多内容参见习题 10.20.）

由于中位数在稳健性方面对于均值有改善，我们就可以问，转而使用一个更加稳健的估计量（当然我们必须这样做!）是否会失去什么. 例如在例 10.2.1 的简单正态模型中，如果模型正确，则样本均值是最优的无偏估计量. 因此就可以推出，对这个正态模型（以及它的附近），样本均值是一个良好的估计量. 但关键问题是对这个正态模型样本均值到底比中位数好多少？如果我们能够回答这个问题，在做出使用哪个估计量以及侧重考虑哪个准则（最佳性或者稳健性）的选择时，就有了更丰富的信息. 为了在某种普遍意义下回答这个问题，我们号召用渐近相对效率准则.

为了计算中位数对均值的 ARE，首先必须建立中位数的渐近正态性并计算其渐近分布的方差.

例 10.2.3（中位数的渐近正态性） 为了求中位数的极限分布，我们采用一种类似于在定理 5.4.3 和 5.4.4 证明当中的论证，即基于二项分布的论证.

设 X_1，X_2，…，X_n 是来自具有概率密度函数为 f 和 cdf 为 F（设是可微的）的总体的样本，并且 $P(X_i\leqslant\mu)=1/2$，所以 μ 是总体中位数. 设 M_n 是样本中位数，并考虑对于某 a 计算

$$\lim_{n\to\infty}P(\sqrt{n}(M_n-\mu)\leqslant a)$$

如果我们通过

$$Y_i=\begin{cases}1 & \text{如果 } X_i\leqslant\mu+a/\sqrt{n}\\ 0 & \text{其他}\end{cases}$$

定义随机变量 Y_i，由此就可推出 Y_i 是一个成功概率为 $p_n=F(\mu+a/\sqrt{n})$的 Bernoulli 随机变量. 为避免复杂，我们将假定 n 是奇数，这样事件$\{M_n\leqslant\mu+a/\sqrt{n}\}$就等价于事件$\left\{\sum_i Y_i\geqslant(n+1)/2\right\}$.

经过一些代数计算就得到

$$P(\sqrt{n}(M_n-\mu)\leqslant a)=P\left(\frac{\sum_i Y_i-np_n}{\sqrt{np_n(1-p_n)}}\geqslant\frac{(n+1)/2-np_n}{\sqrt{np_n(1-p_n)}}\right).$$

现在 $p_n\to p=F(\mu)=1/2$，于是我们能应用中心极限定理证明 $\frac{\sum_i Y_i-np_n}{\sqrt{np_n(1-p_n)}}$ 依分布收敛到一个标准正态随机变量 Z. 简单的极限计算又证明有

$$\frac{(n+1)/2-np_n}{\sqrt{np_n(1-p_n)}}\to-2aF'(\mu)=-2af(\mu).$$

把这些都放在一起就得到

$$P(\sqrt{n}(M_n-\mu)\leqslant a)\to P(Z\geqslant-2af(\mu)),$$

而且因此 $\sqrt{n}(M_n-\mu)$ 的渐近分布是均值 0 为而方差为 $1/[2f(\mu)]^2$ 的正态分布.（关于细节，见习题 10.22，而严谨推导以及对于这个结果发展的更一般结果，参见 Shao，1999，5.3 节.） ‖

例 10.2.4（中位数对均值的渐近相对效率） 由于对于均值和中位数的渐近方差有简单的表达式，所以 ARE 是易于计算的. 下面的表给出相应三种对称分布的渐近相对效率. 我们发现，如所料当分布的尾部越重则得到的 ARE 越大. 这就是说，在重尾分布情况，用中位数性能会改善. 更多的比较见习题 10.23.

中位数/均值的渐近相对效率

正态分布	罗吉斯蒂克分布	双指数分布
0.64	0.82	2

‖

10.2.2 M-估计量

我们所使用的很多统计量是最小化一个特别的准则的结果. 例如，如果 X_1，X_2，…，X_n 是来自 $f(x|\theta)$ 的，那么，可能的估计量有：样本均值，它是使 $\sum(x_i-a)^2$ 最小的量；样本中位数，它是使 $\sum|x_i-a|$ 最小的量；再就是 MLE，它是使 $\prod_{i=1}^n f(x_i|\theta)$ 最大（或者使负的对数似然最小）的量. 作为获得一个稳健估计量的系统方法，我们应当试图写下一个准则函数，它的最小值导致一个具有令人满意的稳健性质的估计量.

在试图定义一个稳健准则时，Huber（1964）曾考虑一种均值和中位数间的折中方案. 均值的准则是一个平方，它使之具有敏感性，但是在“尾部”平方对大的观测值给出太多的权重. 与之相反，中位数的绝对值准则不偏重大的或者小的观测值. 折中方案就是最小化准则函数

$$\sum_{i=1}^n\rho(x_i-a) \tag{10.2.1}$$

其中函数 ρ 是由

$$\rho(x)=\begin{cases}\frac{1}{2}x^2 & 若|x|\leqslant k\\ k|x|-\frac{1}{2}k^2 & 若|x|>k\end{cases}. \tag{10.2.2}$$

函数 $\rho(x)$ 的性态对于 $|x|\leqslant k$ 像 x^2 而对于 $|x|>k$ 像 $|x|$. 此外，因为 $\frac{1}{2}k^2=k|k|-\frac{1}{2}k^2$，所以这个函数连续（见习题 10.28）. 事实上 ρ 是可微的. 常数 k 可被称为一个调节参数，它控制着混合，对于较小的 k 值，则产生一个更"像中位数"的估计量.

表 10.2.1 Huber 估计量

k	0	1	2	3	4	5	6	8	10
估计值	−2.1	0.03	−0.04	0.29	0.41	0.52	0.87	0.97	1.33

例 10.2.5（Huber 估计量） 定义使（10.2.1）和（10.2.2）达最小的估计量叫做 Huber 估计量. 为了解这个估计量怎样工作以及 k 的选择如何重要，考虑以下含有 8 个标准正态偏离值与 3 个"离群值"的数据集合：

$\boldsymbol{x}=-1.28，-0.96，-0.46，-0.44，-0.26，-0.21，-0.063，0.39，3，6，9$

对于这些数据，均值是 1.33 而中位数是 −0.21. 当 k 变化时，我们得到一列 Huber 估计的值，列在表 10.2.1 中. 我们看到，当 k 增大时 Huber 估计值在中位数与均值间变动，因而我们解释为随着 k 的增大，则对离群值的稳健性下降. ‖

最小化（10.2.2）的估计量是 Huber 所研究的估计量的一个特例. 对于一般的函数 ρ，我们把使 $\sum_i \rho(x_i-\theta)$ 达最小的估计量叫做一个 M-估计量（M-estimator)，这个名字使我们联想起它们是极大似然类型的估计量. 注意到如果把 ρ 选成负的对数似然 $-l(\theta|x)$，则 M-估计量就是通常的 MLE. 但是更灵活地选择这个欲最小化的函数，可以推演出具有各种不同性质的估计量.

由于最小化一个函数的典型做法是通过解出其导数的零点（指我们能够求导数的时候）而进行，定义 $\psi=\rho'$，我们看到，M−估计就是

$$\sum_{i=1}^{n}\psi(x_i-\theta)=0 \tag{10.2.3}$$

的解. 把估计量刻画为一个方程的根对于获取估计量的性质是特别有用的，这是由于那些在极大似然估计量中使用过的论证方法能够扩展. 特别地，看 10.1.2 节，尤其是定理 10.1.12 的证明. 我们假定函数 $\rho(x)$ 是对称的，而它的导数 $\psi(x)$ 是单调增的（这保证（10.2.3）的根是唯一的最小点）. 于是，就像定理 10.1.12 的证明，我们写出 ψ 的 Taylor 展开式为

$$\sum_{i=1}^{n}\psi(x_i-\theta)=\sum_{i=1}^{n}\psi(x_i-\theta_0)+(\theta-\theta_0)\sum_{i=1}^{n}\psi'(x_i-\theta_0)+\cdots,$$

其中 θ_0 是真值，而且我们忽略高阶项．设$\hat{\theta}_M$ 是方程（10.2.3）的解并且用它替换 θ 就得到

$$0=\sum_{i=1}^{n}\psi(x_i-\theta_0)+(\hat{\theta}_M-\theta_0)\sum_{i=1}^{n}\psi'(x_i-\theta_0)+\cdots,$$

其中左侧为 0 是因为$\hat{\theta}_M$ 是方程（10.2.3）的解．现在，再次类似于定理 10.1.12 的证明，我们重排这些项，然后除以$\sqrt{n}$，并且忽略余项就得到

$$\sqrt{n}(\hat{\theta}_M-\theta_0)=\frac{\frac{-1}{\sqrt{n}}\sum_{i=1}^{n}\psi(x_i-\theta_0)}{\frac{1}{n}\sum_{i=1}^{n}\psi'(x_i-\theta_0)}.$$

现在我们假定 θ_0 满足 $E_{\theta_0}\psi(X-\theta_0)=0$（这通常被当作 θ_0 的定义）．于是就可得到

(10.2.4) $$\frac{-1}{\sqrt{n}}\sum_{i=1}^{n}\psi(x_i-\theta_0)=\sqrt{n}\left[\frac{-1}{n}\sum_{i=1}^{n}\psi(x_i-\theta_0)\right]\xrightarrow{L}\mathrm{n}(0,E_{\theta_0}\psi(X-\theta_0)^2),$$

而且根据大数定律得到

(10.2.5) $$\frac{1}{n}\sum_{i=1}^{n}\psi'(x_i-\theta_0)\xrightarrow{p}\mathrm{E}_{\theta_0}\psi'(X-\theta_0).$$

把这些放在一起，我们就得到

(10.2.6) $$\sqrt{n}\ (\hat{\theta}_M-\theta_0)\to\mathrm{n}\left(0,\frac{\mathrm{E}_{\theta_0}\psi\ (X-\theta_0)^2}{[\mathrm{E}_{\theta_0}\psi'\ (X-\theta_0)]^2}\right).$$

例 10.2.6（Huber 估计量的极限分布） 设 $X_1, X_2, \cdots, X_n$ 是 iid 的，来自概率密度函数 $f(x-\theta)$，其中 f 关于 0 对称，则对于由式（10.2.2）给出的 ρ，我们有

(10.2.7) $$\psi(x)=\begin{cases}x & 若|x|\leqslant k\\ k & 若x>k\\ -k & 若x<-k\end{cases}$$

而且因此有

(10.2.8) $$\begin{aligned}\mathrm{E}_\theta\psi(X-\theta)&=\int_{\theta-k}^{\theta+k}(x-\theta)f(x-\theta)\mathrm{d}x-\\&\quad k\int_{-\infty}^{\theta-k}f(x-\theta)\mathrm{d}x+k\int_{\theta+k}^{\infty}f(x-\theta)\mathrm{d}x\\&=\int_{-k}^{k}yf(y)\mathrm{d}y-k\int_{-\infty}^{-k}f(y)\mathrm{d}y+k\int_{k}^{\infty}f(y)\mathrm{d}y=0,\end{aligned}$$

其中我们做了替换 $y=x-\theta$．几个积分相加得 0 是由于 f 的对称．因此，Huber 估计量具有正确的均值（见习题 10.25）．

为了计算方差，我们需要ψ'的期望值. 虽然ψ是不可微的，但是越过不可微点($x=\pm k$)，ψ'将为0. 因此我们只需要处理对于$|x|\leqslant k$的期望，从而我们有

$$\mathrm{E}_\theta\psi'(X-\theta)=\int_{\theta-k}^{\theta+k}f(x-\theta)\mathrm{d}x=P_0(|X|\leqslant k),$$

$$\begin{aligned}\mathrm{E}_\theta\psi(X-\theta)^2&=\int_{\theta-k}^{\theta+k}(x-\theta)^2f(x-\theta)\mathrm{d}x+k^2\int_{\theta+k}^{\infty}f(x-\theta)\mathrm{d}x+k^2\int_{-\infty}^{\theta-k}f(x-\theta)\mathrm{d}x\\&=\int_{-k}^{k}x^2f(x)\mathrm{d}x+2k^2\int_{k}^{\infty}f(x)\mathrm{d}x.\end{aligned}$$

这样，我们可以得出结论，Huber统计量是渐近正态的，具有均值θ和渐近方差

$$\frac{\int_{-k}^{k}x^2f(x)\mathrm{d}x+2k^2P_0(|X|>k)}{[P_0(|X|\leqslant k)]^2}.$$ ‖

如我们在例10.2.4中所做的那样，现在针对几种不同分布考察Huber统计量的ARE.

例10.2.7 (Huber估计量的ARE) 因为Huber估计量在某种意义上是均值与中位数的折中，我们将考察它相对于这两个估计量的相对效率.

Huber估计量的渐近相对效率，$k=1.5$

	正态分布	罗吉斯蒂克分布	双指数分布
与均值比较	0.96	1.08	1.37
与中位数比较	1.51	1.31	0.68

对于正态及罗吉斯蒂克分布，Huber估计量的表现类似于均值而比中位数有改进. 对于双指数分布，Huber估计量比均值有改进但是不如中位数好. 回忆均值是关于正态的MLE，而中位数是关于双指数分布的MLE (所以ARE<1是料想之中的). 对于这些分布，Huber估计量具有类似于MLE的性能，但是在其他情况似乎也保持合理性. ‖

我们看到M－估计量是稳健性和效率的一个折衷. 现在我们更仔细地分析为了得到稳健性，在效率方面我们可能放弃了什么.

式(10.2.6)中的渐近方差的分母含有$\mathrm{E}_{\theta_0}\psi'(X-\theta_0)$项，我们可以把它写成

$$\mathrm{E}_\theta\psi'(X-\theta)=\int\psi'(x-\theta)f(x-\theta)\mathrm{d}x=-\int\left[\frac{\partial}{\partial\theta}\psi(x-\theta)\right]f(x-\theta)\mathrm{d}x.$$

现在我们运用乘积微分法则就得到

$$\begin{aligned}&\frac{\mathrm{d}}{\mathrm{d}\theta}\int\psi(x-\theta)f(x-\theta)\mathrm{d}x\\&=\int\left[\frac{\mathrm{d}}{\mathrm{d}\theta}\psi(x-\theta)\right]f(x-\theta)\mathrm{d}x+\int\psi(x-\theta)\left[\frac{\mathrm{d}}{\mathrm{d}\theta}f(x-\theta)\right]\mathrm{d}x.\end{aligned}$$

因为$\mathrm{E}_\theta\psi(X-\theta)=0$，所以上式的左侧是0，于是我们有

$$-\int\left[\frac{\mathrm{d}}{\mathrm{d}\theta}\psi(x-\theta)\right]f(x-\theta)\mathrm{d}x=\int\psi(x-\theta)\left[\frac{\mathrm{d}}{\mathrm{d}\theta}f(x-\theta)\right]\mathrm{d}x$$

$$=\int\psi(x-\theta)\left[\frac{\mathrm{d}}{\mathrm{d}\theta}\log f(x-\theta)\right]f(x-\theta)\mathrm{d}x,$$

这里我们用到$\frac{\mathrm{d}}{\mathrm{d}y}g(y)/g(y)=\frac{\mathrm{d}}{\mathrm{d}y}\log g(y)$这个事实. 最后一个表达式可以写成 $\mathrm{E}_\theta[\psi(X-\theta)l'(\theta|X)]$，其中 $l(\theta\mid x)$ 是对数似然函数，这样就产生出恒等式

$$\mathrm{E}_\theta\psi'(X-\theta)=-\mathrm{E}_\theta\left[\frac{\mathrm{d}}{\mathrm{d}\theta}\psi(x-\theta)\right]=\mathrm{E}_\theta[\psi(X-\theta)l'(\theta|X)]$$

（这里，当我们取 $\psi=l'$，就得出（我们希望的）熟悉的等式 $-\mathrm{E}_\theta[l''(\theta\mid X)]=\mathrm{E}_\theta l'(\theta\mid X)^2$；见引理 7.3.11).

现在比较一个 M－估计量和 MLE 的渐近方差就是一件简单的事情了，回忆 MLE $\hat{\theta}$的渐近方差是 $1/\mathrm{E}_\theta l'(\theta|X)^2$，所以借助于 Cauchy-Schwarz 不等式我们有

(10.2.9) $$\mathrm{ARE}(\hat{\theta}_M,\hat{\theta})=\frac{[\mathrm{E}_\theta\psi(X-\theta_0)l'(\theta|X)]^2}{\mathrm{E}_\theta\psi(X-\theta)^2\mathrm{E}_\theta l'(\theta|X)^2}\leqslant 1$$

因此，一个 M-估计量的效率总比 MLE 低，只有当 ψ 和 l'成比例时它的效率才能与 MLE 相匹敌（见习题 10.29).

这一节我们没有试图对所有的稳健估计量分类，而是限于一些例子. 有许多很好的详细论述稳健性的书籍；有兴趣的读者可以试阅 Staudte and Sheather (1990) 或者 Hettmansperger and McKean (1998).

10.3　假设检验

与在 10.1 节一样，本节描述几种在复杂的问题中获得某些检验的方法. 在这些问题当中，不存在或不知道有像以前几节中所定义的那些最佳（例如 UMP 无偏）检验. 在这种情况下，任何合理的检验的推导都可能有用. 下面我们将用两小节讨论似然比检验的大样本性质和其他近似的大样本检验.

10.3.1　LRT 的渐近分布

对于复杂模型最有用的方法之一就是构造检验的似然比方法，因为它给出检验统计量的一个显式的定义

$$\lambda(\boldsymbol{x})=\frac{\sup_{\Theta_0}L(\theta|\boldsymbol{x})}{\sup_{\Theta}L(\theta|\boldsymbol{x})},$$

而且给出了拒绝区域的一个显式的形式，即 $\{\boldsymbol{x}:\lambda(\boldsymbol{x})\leqslant c\}$. 在观测到数据 $\boldsymbol{X}=\boldsymbol{x}$ 之后，似然函数 $L(\theta\mid\boldsymbol{x})$ 就是变量 θ 的一个完全被定义了的函数. 即使 $L(\theta\mid\boldsymbol{x})$ 在集合 Θ_0 和集合 Θ 上的两个上确界不能被解析地得到，它们一般也可以用数值方法计算. 因此，即使 $\lambda(\boldsymbol{x})$ 没有方便的定义式可用，对于观测的数据点，检验统计

量 $\lambda(\boldsymbol{x})$ 值仍可以得到.

为了定义一个水平 α 检验，必须选择常数 c 以使得

$$\sup_{\Theta_0} P_\theta(\lambda(\boldsymbol{X})\leqslant c)\leqslant\alpha. \tag{10.3.1}$$

如果我们不能得到 $\lambda(\boldsymbol{x})$ 的一个简单公式，似乎就没有希望得出 $\lambda(\boldsymbol{X})$ 的样本分布也就不知如何挑选 c 以使方程（10.3.1）成立. 然而，如果我们借助于渐近分布，我们就能够得到一个近似答案.

类似于定理 10.1.12，我们有以下结果.

定理 10.3.1（LRT 的渐近分布简单 H_0） 关于检验 $H_0:\theta=\theta_0$ 对 $H_1:\theta\neq\theta_0$，设 $X_1,\cdots,X_n$ 是 iid $f(x|\theta)$，$\hat\theta$是 θ 的 MLE，并且 $f(x|\theta)$满足在杂录 10.6.2 中的正则性条件. 则在 H_0 之下，当 $n\to\infty$，

$$-2\log\lambda(\boldsymbol{X})\xrightarrow{L}\chi_1^2,$$

其中 χ_1^2 是一个具有自由度 1 的 χ^2 分布随机变量.

证明： 首先在$\hat\theta$的邻域展开 $\log L(\theta|\boldsymbol{x})=l(\theta|\boldsymbol{x})$为 Taylor 级数，有

$$l(\theta|\boldsymbol{x})=l(\hat\theta|\boldsymbol{x})+l'(\hat\theta|\boldsymbol{x})(\theta-\hat\theta)+l''(\hat\theta|\boldsymbol{x})\frac{(\theta-\hat\theta)^2}{2}+\cdots.$$

现在把 $l(\theta_0|\boldsymbol{x})$的展开式代入$-2\log\lambda(\boldsymbol{x})=-2l(\theta_0|\boldsymbol{x})+2l(\hat\theta|\boldsymbol{x})$中，得到

$$-2\log\lambda(\boldsymbol{x})\approx\frac{(\theta-\hat\theta)^2}{-l''(\hat\theta|\boldsymbol{x})},$$

这里我们用到 $l'(\hat\theta\mid\boldsymbol{x})=0$ 这个事实. 因为分母就是观测信息数$\hat I_n(\hat\theta)$ 并且$\hat I_n(\hat\theta)\to I(\theta_0)$，于是根据定理 10.1.12 和 Slutsky 定理（定理 5.5.17）就推断出 $-2\log\lambda(\boldsymbol{X})\to\chi_1^2$. ‖

例 10.3.2（Poisson LRT） 考虑基于 iid Poisson（λ）的样本 $X_1,\cdots,X_n$ 的检验 $H_0:\lambda=\lambda_0$ 对 $H_1:\lambda\neq\lambda_0$，我们有

$$-2\log\lambda(\boldsymbol{x})=-2\log\left(\frac{e^{-n\lambda_0}\lambda_0^{\sum x_i}}{e^{-n\hat\lambda}\hat\lambda^{\sum x_i}}\right)=2n[(\lambda_0-\hat\lambda)-\hat\lambda\log(\lambda_0/\hat\lambda)],$$

其中$\hat\lambda=\sum x_i/n$ 是 λ 的 MLE. 运用定理 10.3.1，如果 $-2\log\lambda(\boldsymbol{x})>\chi^2_{1,\alpha}$ 我们就将在水平 α 上拒绝 H_0.

为了对这个渐近的准确度有些认识，这里给出这个检验的一个小型模拟. 设 $\lambda_0=5$ 和 $n=25$，图 10.3.1 显示的是把$-2\log\lambda(\boldsymbol{x})$ 的 10000 个值做成的直方图与 χ_1^2 的概率密度函数图放在一起. 从图看起来，符合是较好的. 此外，在下面的表中给出了模拟的（确切的）和 χ_1^2（近似的）分界点的比较值，它表明两者的分位点非常近似.

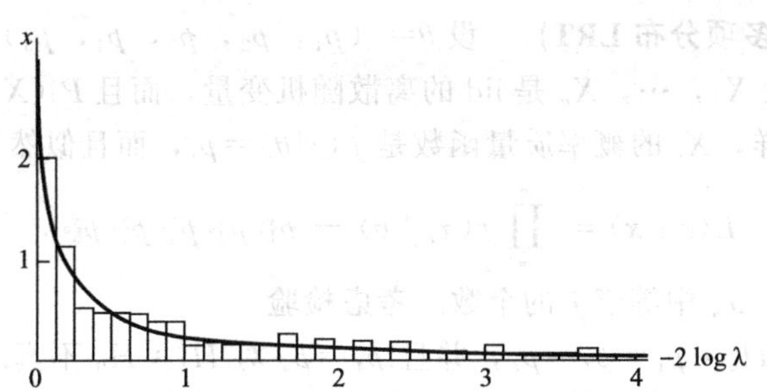

图 10.3.1 $-2\log\lambda(\boldsymbol{x})$ 的 10000 个值做成的直方图与 χ_1^2 的概率密度函数图，$\lambda_0=5$ 和 $n=25$

Poisson LRT 统计量的模拟的（确切的）和近似的百分位数

百分位数	0.80	0.90	0.95	0.99
模拟的	1.630	2.726	3.744	6.304
χ^2	1.642	2.706	3.841	6.635

‖

定理 10.3.1 可以扩展到其中的原假设涉及的是一个参数向量的情况. 我们不加证明地叙述下面的推广，它允许我们确信式（10.3.1）是正确的，至少对于大样本正确. 这个课题的完整讨论可以在 Stuart，Ord and Arnold（1999，第 22 章）中找到.

定理 10.3.3 设 X_1，…，X_n 是来自一个概率密度函数或概率质量函数 $f(x\mid\theta)$的随机样本. 在杂录 10.6.2 中的正则性条件之下，如果 $\theta\in\Theta_0$，则统计量 $-2\log\lambda(\boldsymbol{X})$ 的分布在样本容量 $n\to\infty$时收敛到一个 χ^2 分布. 这个极限分布的自由度是由 $\theta\in\Theta$ 指明的自由参数个数与由 $\theta\in\Theta_0$ 指明的自由参数个数之差.

对于 $\lambda(\boldsymbol{X})$ 过小的值拒绝 $H_0:\theta\in\Theta_0$ 等价于对于 $-2\log\lambda(\boldsymbol{X})$ 过大的值作出拒绝. 因此

$$H_0\text{被拒绝，当且仅当}\quad -2\log\lambda(\boldsymbol{X})\geqslant\chi^2_{\nu,\alpha}$$

其中 ν 是定理 10.3.3 中指出的自由度. 如果 $\theta\in\Theta_0$ 且样本量很大，犯第一类错误的概率将近似为 α. 这样，对于大的样本量，方程（10.3.1）将近似地得到满足，从而也定义了一个渐近的真实水平 α 检验. 注意定理实际上仅仅蕴涵

$$\lim_{n\to\infty}P_\theta(\text{拒绝 }H_0)=\alpha,\text{对于每个 }\theta\in\Theta_0,$$

而不是$\sup\limits_{\theta\in\Theta_0}P_\theta$（拒绝 H_0）收敛到 α. 渐近的真实水平 α 检验情况通常是这样.

检验统计量自由度的计算通常是直接的. 最经常的是，Θ 可以表示为 q-维欧氏空间的一个子集合，它包含 $\mathbf{R}^q$ 中的一个开子集，而 Θ_0 可以表示为 p-维欧氏空间的一个子集合，它包含 $\mathbf{R}^p$ 中的一个开子集，其中 $p<q$. 则 $q-p=\nu$ 就是这个检验统计量的自由度.

例 10.3.4（多项分布 LRT） 设 $\theta=(p_1, p_2, p_3, p_4, p_5)$，其中这些 p_j 非负并且和是1. 设 $X_1, \cdots, X_n$ 是iid的离散随机变量，而且 $P_\theta(X_i=j)=p_j$，$j=1, 2, 3, 4, 5$. 这样，X_i 的概率质量函数是 $f(j|\theta)=p_j$，而且似然函数是

$$L(\theta \mid \boldsymbol{x})=\prod_{i=1}^n f(x_i \mid \theta)=p_1^{y_1} p_2^{y_2} p_3^{y_3} p_4^{y_4} p_5^{y_5},$$

其中 $y_j=x_1, \cdots, x_n$ 中等于 j 的个数. 考虑检验

$$H_0: p_1=p_2=p_3, \text{并且 } p_4=p_5 \text{ 对 } H_1: H_0 \text{ 不真}.$$

完全的参数空间 Θ 实际是一个四维集合，这是因为 $p_5=1-p_1-p_2-p_3-p_4$，所以只有四个自由参数. 这个参数集合定义为

$$\sum_{j=1}^4 p_j \leqslant 1, \text{并且 } p_j \geqslant 0, j=1,\cdots,4,$$

它是 $\mathbb{R}^4$ 的一个子集合，包含 $\mathbb{R}^4$ 中的一个开子集. 因此 $q=4$. H_0 所指出的集合里只有一个自由参数，这是因为一旦 p_1 被固定，$0\leqslant p_1\leqslant\frac{1}{3}$，$p_2=p_3$ 就必须等于 p_1，且 $p_4=p_5$ 必须等于 $\frac{1-3p_1}{2}$. 因此 $p=1$，而自由度 $\nu=4-1=3$.

为了计算 $\lambda(\boldsymbol{x})$，必须确定在 Θ_0 和 Θ 之下 θ 的 MLE. 通过使

$$\frac{\partial}{\partial p_j}\log L(\theta \mid \boldsymbol{x})=0, \text{对于每个 } j=1, \cdots, 4,$$

并且利用 $p_5=1-p_1-p_2-p_3-p_4$ 和 $y_5=n-y_1-y_2-y_3-y_4$，我们能够验证 Θ 之下 p_j 的 MLE 是 $\hat{p}_j=y_j/n$. 在 H_0 之下，似然函数则化简为

$$L(\theta \mid \boldsymbol{x})=p_1^{y_1+y_2+y_3}\left(\frac{1-3p_1}{2}\right)^{y_4+y_5}.$$

再次利用使其导数等于0的通常方法就证明出在 H_0 之下 p_1 的 MLE 是 $\hat{p}_{10}=(y_1+y_2+y_3)/(3n)$. 则有 $\hat{p}_{10}=\hat{p}_{20}=\hat{p}_{30}$ 和 $\hat{p}_{40}=\hat{p}_{50}=(1-3\hat{p}_{10})/2$. 把这些值和 $\hat{p}_j$ 值代入 $L(\theta \mid \boldsymbol{x})$ 并且把相同的指数项结合就得到

$$\lambda(\boldsymbol{x})=\left(\frac{y_1+y_2+y_3}{3y_1}\right)^{y_1}\left(\frac{y_1+y_2+y_3}{3y_2}\right)^{y_2}\left(\frac{y_1+y_2+y_3}{3y_3}\right)^{y_3}\left(\frac{y_4+y_5}{2y_4}\right)^{y_4}\left(\frac{y_4+y_5}{2y_5}\right)^{y_5}.$$

这样，检验统计量是

$$-2\log\lambda(\boldsymbol{x})=2\sum_{i=1}^5 y_i\log\left(\frac{y_i}{m_i}\right), \tag{10.3.2}$$

其中 $m_1=m_2=m_3=(y_1+y_2+y_3)/3$ 和 $m_4=m_5=(y_4+y_5)/2$. 渐近真实水平 α 检验当 $-2\log\lambda(\boldsymbol{x})\geqslant\chi^2_{3,\alpha}$ 时拒绝 H_0. 有一大类经常利用似然比检验渐近理论解决的检验问题，本例是其中的一个. ‖

10.3.2 其他大样本检验

另外一个构造大样本检验统计量的通用方法是建立在一个具有渐近正态分布的

估计量之上的. 设我们要检验关于一个实值参数 θ 的假设，而 $W_n=W(X_1,\cdots,X_n)$ 是一个基于样本容量 n 的通过某种方法得到的 θ 的点估计量. 例如，W_n 可能是 θ 的 MLE. 于是一个基于正态近似的近似检验可以通过下面途径证明它的合理性. 如果把 W_n 的方差记作 σ_n^2，而且如果我们能够用某种形式的中心极限定理证明当 $n\to\infty$ 时，$(W_n-\theta)/\sigma_n$ 依分布收敛到一个标准正态随机变量，则 $(W_n-\theta)/\sigma_n$ 就可以比作一个 n（0，1）分布. 我们因此就有了一个近似检验的基础.

当然，在前段论述中有很多细节要验证，但是这些想法的确应用于很多情形. 例如，如果 W_n 是一个 MLE，则可以使用定理 10.1.12 来证实上面论述的正确性. 要注意，W_n 的分布，也许还有 σ_n 的值依赖于 θ 的值. 因此，关于收敛更正式的说法是，对于每个固定的 $\theta\in\Theta$，如果我们对 W_n 使用其相应的分布而对 σ_n 使用其相应的值，则 $(W_n-\theta)/\sigma_n$ 收敛到一个标准正态分布. 如果对于每个 n，σ_n 是一个可计算的常数（它可能依赖于 θ 但不依赖于其他未知参数），那么就可以推导出一个基于 $(W_n-\theta)/\sigma_n$ 的检验.

在某些情况中，σ_n 还依赖于未知的参数. 在这种情况，我们寻找 σ_n 的一个的估计 S_n，满足 σ_n/S_n 依概率收敛到 1. 然后运用 Slutsky 定理（如例 5.5.18）我们就可以推出 $(W_n-\theta)/S_n$ 同样依分布收敛到一个标准正态分布. 这样就可以建立一个大样本检验.

设我们想检验双侧假设 $H_0:\theta=\theta_0$ 对 $H_1:\theta\neq\theta_0$. 一个近似检验就可以建立在统计量 $Z_n=(W_n-\theta_0)/S_n$ 之上，并且当且仅当 $Z_n<-z_{\alpha/2}$ 或 $Z_n>z_{\alpha/2}$ 时拒绝 H_0. 如果 H_0 为真，则 $\theta=\theta_0$ 并且 Z_n 依分布收敛到 $Z\sim$ n（0，1）. 这样，犯第一类错误的概率

$$P_{\theta_0}(Z_n<-z_{\alpha/2}\text{ 或 }Z_n>z_{\alpha/2})\to P_{\theta_0}(Z<-z_{\alpha/2}\text{ 或 }Z>z_{\alpha/2}),$$

从而这是一个渐近的真实水平 α 检验.

现在考虑另一个 $\theta\neq\theta_0$ 的参数值. 我们可以写成

$$Z_n=\frac{W_n-\theta_0}{S_n}=\frac{W_n-\theta}{S_n}+\frac{\theta-\theta_0}{S_n}. \tag{10.3.3}$$

不管 θ 的值是什么，都有 $(W_n-\theta)/S_n\to$ n（0，1）. 典型情况下还有当 $n\to\infty$ 时，$\sigma_n\to 0$. （回忆，$\sigma_n=\mathrm{Var}W_n$，而典型情况下当 $n\to\infty$ 时估计量变得愈渐精确.）这样，S_n 将依概率收敛到 0，$(\theta-\theta_0)/S_n$ 将依概率收敛到 $+\infty$ 或 $-\infty$，依赖于 $(\theta-\theta_0)$ 为正或负. 所以 Z_n 将依概率收敛到 $+\infty$ 或 $-\infty$，而且

$$P_\theta(\text{拒绝 }H_0)=P_\theta(Z<-z_{\alpha/2}\text{ 或 }Z>z_{\alpha/2})\to 1,\text{当 }n\to\infty.$$

这样，就可以构造出一个具有渐近真实水平 α 和渐近功效 1 的检验.

我们想检验单侧假设 $H_0:\theta\leqslant\theta_0$ 对 $H_1:\theta>\theta_0$，可以构造一个类似的检验. 这时将再次利用检验统计量 $Z_n=(W_n-\theta_0)/S_n$，而且当且仅当 $Z_n>z_\alpha$ 时拒绝 H_0. 运用与前面类似的推理，我们可以断言这个检验的功效函数根据 $\theta<\theta_0$，$\theta=\theta_0$ 或

$\theta>\theta_0$ 收敛到 0，α 或 1. 因此，这个检验也具有合理的渐近功效性质.

一般而言，一个 Wald 检验（Wald test）是一个基于形式为

$$Z_n=\frac{W_n-\theta_0}{S_n}$$

的统计量的检验，其中 θ_0 是参数 θ 的一个假设值，W_n 是 θ 的一个估计量，而 S_n 是 W_n 的标准误差，即 W_n 标准差的一个估计. 如果 W_n 是 θ 的 MLE，那么就如 10.1.3 节所讨论，$1/\sqrt{I_n(W_n)}$ 是 W_n 的一个合理的标准误差. 也经常用 $1/\sqrt{\hat{I}_n(W_n)}$ 替换它，其中

$$\hat{I}_n(W_n)=-\frac{\partial^2}{\partial\theta^2}\log L(\theta|\boldsymbol{X})\bigg|_{\theta=W_n}$$

是观测信息数［参见（10.1.7）］.

例 10.3.5（大样本二项检验） 设 $X_1,\cdots,X_n$ 是来自总体 Bernoulli（p）的随机样本. 考虑检验 $H_0:p\leqslant p_0$ 对 $H_1:p>p_0$，其中 $0<p_0<1$ 是一个指定的值. p 的基于样本容量 n 的 MLE 是 $\hat{p}_n=\sum_{i=1}^n X_i/n$. 因为 $\hat{p}_n$ 正好是样本均值，所以中心极限定理适用，而且说明对于任何的 p，$0<p<1$，$(\hat{p}_n-p)/\sigma_n$ 收敛到一个标准正态随机变量，其中 $\sigma_n=\sqrt{p(1-p)/n}$ 是一个依赖于未知参数 p 的值. σ_n 的一个合理的估计是 $S_n=\sqrt{\hat{p}_n(1-\hat{p}_n)/n}$，而且可以证明（见习题 5.32）$\sigma_n/S_n$ 依概率收敛到 1. 这样，对于任何的 p，$0<p<1$，

$$\frac{\hat{p}_n-p}{\sqrt{\frac{\hat{p}_n(1-\hat{p}_n)}{n}}}\to \mathrm{n}(0,1).$$

Wald 检验统计量 Z_n 是在上式中把 p 换成 p_0，而大样本 Wald 检验当 $Z_n>z_\alpha$ 时拒绝 H_0. 作为 σ_n 的一种替换的估计，容易验证 $1/I_n(\hat{p}_n)=\hat{p}_n(1-\hat{p}_n)/n$. 所以，如果我们使用信息数去推导 $\hat{p}_n$ 的标准误差，则得到相同的统计量 Z_n.

如果对于双侧检验 $H_0:p=p_0$ 对 $H_1:p\neq p_0$ 感兴趣，其中 $0<p_0<1$ 是一个指定的值，可以再次应用上面的策略. 然而在这种情况下，有另外一个近似检验. 根据中心极限定理，对于任何的 p，$0<p<1$，

$$\frac{\hat{p}_n-p}{\sqrt{p(1-p)/n}}\to \mathrm{n}(0,1).$$

因此，如果原假设为真，则统计量

$$Z'_n=\frac{\hat{p}_n-p_0}{\sqrt{p_0(1-p_0)/n}}\sim \mathrm{n}(0,1)\quad(\text{近似地})\tag{10.3.4}$$

这个近似的水平 α 检验在 $|Z'_n|>z_{\alpha/2}$ 时拒绝 H_0.

在两个检验都适用的情况，例如，当检验假设 $H_0:p=p_0$ 时，不清楚选择哪

个．它们的功效函数（指实际的，而不是近似的）互相交叉，所以每一个检验都是在一部分的参数空间上功效更强．（Ghosh 1979 对这个问题给出一些启示．Robbins 1977 及 Eberhardt and Fligner 1977 讨论了关于两样本二项分布问题的论证．习题 10.31 给出了关于这个问题的两个不同的检验．）

当然，任何对于功效函数的比较都被如下的事实所混扰，即这些检验是近似的而不必保持水平 α．利用连续性校正（见例 3.3.2）有助于这个问题．在很多情况中，使用连续性校正的近似方法是保守的，就是说，它们保持其名义 α 水平（见例 10.4.6）. ‖

式（10.3.4）是另一个有用的大样本检验，即记分检验（score test）的一个特例，记分统计量（score statistics）的定义是

$$S(\theta)=\frac{\partial}{\partial\theta}\log f(\boldsymbol{X}|\theta)=\frac{\partial}{\partial\theta}\log L(\theta|\boldsymbol{X}).$$

根据式（7.3.8）我们知道，对于所有的 θ，$\mathrm{E}_\theta S(\theta)=0$．特别地，如果我们在检验 $H_0:\theta=\theta_0$ 并且 H_0 为真，则 $S(\theta_0)$ 的均值是 0．进一步，根据式（7.3.10），

$$\mathrm{Var}_\theta S(\theta)=\mathrm{E}_\theta\left(\left(\frac{\partial}{\partial\theta}\log L(\theta\mid\boldsymbol{X})\right)^2\right)=-\mathrm{E}_\theta\left(\frac{\partial^2}{\partial\theta^2}\log L(\theta\mid\boldsymbol{X})\right)=I_n(\theta);$$

这里的信息数是记分统计量的方差．记分检验的检验统计量是

$$Z_S=S(\theta_0)/\sqrt{I_n(\theta_0)}.$$

如果 H_0 为真，Z_S 具有 0 均值和 1 方差．根据定理 10.1.12 就可推出如果 H_0 为真，则 Z_S 收敛到一个标准正态随机变量．这样，近似的水平 α 记分检验当 $|Z_S|>z_{\alpha/2}$ 时拒绝 H_0．如果 H_0 是复合假设，$\hat{\theta}_0$ 是假定 H_0 真时 θ 的估计，则把 Z_S 中的 θ_0 替换成 $\hat{\theta}_0$．如果 $\hat{\theta}_0$ 是限制的 MLE，限制极大化可利用拉格朗日乘数法实现．因此，这个记分检验有时称为拉格朗日乘数检验（Lagrange multiplier test）.

例 10.3.6（二项记分检验） 再来考虑例 10.3.5 的 Bernoulli 模型，并且考虑检验 $H_0:p=p_0$ 对 $H_1:p\neq p_0$．直接的计算得出

$$S(p)=\frac{\hat{p}_n-p}{p(1-p)/n}\text{和 } I_n(p)=\frac{n}{p(1-p)}.$$

因此，记分统计量是

$$Z_S=\frac{S(p_0)}{\sqrt{I_n(p_0)}}=\frac{\hat{p}_n-p_0}{\sqrt{p_0(1-p_0)/n}},$$

它和式（10.3.4）相同． ‖

即将考虑的最后一类近似检验是稳健检验（见杂录 10.6.6）．在 1.2 节，我们曾看到如果 $X_1,\cdots,X_n$ 是 iid 地来自一个位置族而 $\hat{\theta}_M$ 是一个 M-估计量，则

(10.3.5) $$\sqrt{n}(\hat{\theta}_M-\theta_0)\to\mathrm{n}(0,\mathrm{Var}_{\theta_0}(\hat{\theta}_M)),$$

其中 $\mathrm{Var}_{\theta_0}(\hat{\theta}_M)=\dfrac{\mathrm{E}_{\theta_0}\psi(X-\theta_0)^2}{[\mathrm{E}_{\theta_0}\psi'(X-\theta_0)]^2}$ 是其渐近方差. 这样我们就可以构造一个"广义"的记分统计量,

$$Z_{GS}=\sqrt{n}\frac{\hat{\theta}_M-\theta_0}{\sqrt{\mathrm{Var}_{\theta_0}(\hat{\theta}_M)}},$$

或者一个广义的 Wald 统计量,

$$Z_{GW}=\sqrt{n}\frac{\hat{\theta}_M-\theta_0}{\sqrt{\widehat{\mathrm{Var}}_{\theta_0}(\hat{\theta}_M)}},$$

其中 $\widehat{\mathrm{Var}}_{\theta_0}(\hat{\theta}_M)$ 可以是任意的相合估计量. 例如, 我们可以使用标准误差的一个自助估计, 或者简单地把一个估计量代入到式 (10.2.6) 中并且用

(10.3.6) $$\widehat{\mathrm{Var}}_1(\hat{\theta}_M)=\frac{\frac{1}{n}\sum_{i=1}^{n}[\psi(x_i-\hat{\theta}_M)]^2}{\left[\frac{1}{n}\sum_{i=1}^{n}\psi'(x_i-\hat{\theta}_M)\right]^2}.$$

方差估计的选择可能会很重要; 有关指导请参看 Boos (1992) 或 Carroll, Ruppert and Stefanski (1995, 附录 A.3).

例 10.3.7 (基于 Huber 估计量的检验) 设 $X_1, \cdots, X_n$ 是 iid 来自一个概率密度函数 $f(x-\theta)$, 其中 f 关于 0 对称, 则对于 Huber M-估计量使用式 (10.2.2) 中的 ρ 函数和式 (10.2.7) 中的 ψ 函数, 我们得到一个渐近方差

(10.3.7) $$\frac{\int_{-k}^{k}x^2f(x)\mathrm{d}x+k^2P_0(|X|>k)}{[P_0(|X|\leqslant k)]^2}.$$

因此, 基于 M－估计的渐近正态性, 我们可以 (例如) 在水平 α 检验假设 $H_0:\theta=\theta_0$ 对 $H_1:\theta\neq\theta_0$, 如果 $|Z_{GS}|>z_{\alpha/2}$ 就拒绝 H_0. 为更实用些, 我们将考虑一种使用标准误差的估计的近似检验. 我们将使用统计量 Z_{GW}, 但是将把我们的方差估计建立在方程 (10.3.7) 上, 就是

(10.3.8) $\widehat{\mathrm{Var}}_2(\hat{\theta}_M)=$

$$\frac{\frac{1}{n}\sum_{i=1}^{n}(x_i-\hat{\theta}_M)^2I(|x_i-\hat{\theta}_M|<k)+k^2\left(\frac{1}{n}\sum_{i=1}^{n}I(|x_i-\hat{\theta}_M|>k)\right)}{\left(1-\frac{1}{n}\sum_{i=1}^{n}I(|x_i-\hat{\theta}_M|<k)\right)^2}$$

此外, 我们增添一种"朴素"的检验 Z_N, 它使用一个简单的方差估计

(10.3.9) $$\widehat{\mathrm{Var}}_3(\hat{\theta}_M)=\frac{1}{n}\sum_{i=1}^{n}(x_i-\hat{\theta}_M)^2.$$

这些检验怎么样? 解析的评价是困难的, 但是表 10.3.1 的小型模拟表明 $z_{\alpha/2}$ 分位点通常都太小 (忽略方差估计中的不同), 真实水平通常大于名义真实水平. 但

对有一类分布却是一致的，双指数分布就是最好的情况. (最后的这一点并不完全令人惊讶，因为 Huber 估计量对于指数拖尾分布具有一种最优性；参见 Huber 1981，第 4 章.) ‖

表 10.3.1. 基于 Z_{GW} 和 Z_N 的名义水平 $\alpha=0.1$ 检验的在指定的参数值的功效 样本容量 $n=15$ (模拟次数 10000)

	基础 pdf							
	正态		t_5		罗吉斯蒂克		双指数	
	Z_{GW}	Z_N	Z_{GW}	Z_N	Z_{GW}	Z_n	Z_{GW}	Z_N
θ_0	0.16	0.16	0.14	0.13	0.15	0.15	0.11	0.09
$\theta_0+0.25\sigma$	0.27	0.29	0.29	0.27	0.27	0.27	0.31	0.26
$\theta_0+0.5\sigma$	0.58	0.60	0.65	0.63	0.59	0.60	0.70	0.64
$\theta_0+0.75\sigma$	0.85	0.87	0.89	0.89	0.85	0.87	0.92	0.90
$\theta_0+1\sigma$	0.96	0.97	0.98	0.97	0.96	0.97	0.98	0.98
$\theta_0+2\sigma$	1	1	1	1	1	1	1	1

10.4 区间估计

像我们在前面两节已做的那样，现在来探索几种近似和渐近置信集合形式. 就像以往，我们的目的是用例子说明一些将被用于更加复杂情况的方法，将得到某种解答的方法. 这里得到的解答几乎一定不是最好的，但是一定不是最坏的. 在很多情况下，它们却是我们所能做到的最好的.

仍像过去，我们从基于 MLE 的近似开始.

10.4.1 近似极大似然区间

根据 10.1.2 节的讨论，并且运用定理 10.1.12，我们就有了求 MLE 渐近分布的一般方法，从而就有了构造一个置信区间的一般方法.

如果 X_1，…，X_n 是 iid $f(x|\theta)$ 的而 $\hat{\theta}$ 是 θ 的 MLE，则根据式(10.1.7)，$\hat{\theta}$ 的一个函数 $h(\hat{\theta})$ 的方差可以由

$$\widehat{\mathrm{Var}}(h(\hat{\theta})|\theta)\approx\frac{[h'(\theta)]^2|_{\theta=\hat{\theta}}}{-\frac{\partial^2}{\partial\theta^2}\log L(\theta|\boldsymbol{x})|_{\theta=\hat{\theta}}}$$

近似. 现在，对于一个固定的但是任意的 θ 值，我们对

$$\frac{h(\hat{\theta})-h(\theta)}{\sqrt{\widehat{\mathrm{Var}}(h(\hat{\theta})|\theta)}}$$

的渐近分布感兴趣. 从定理 10.1.12 和 Slutsky 定理 (定理 5.5.17)(见习题 10.33) 就可推出

$$\frac{h(\hat{\theta})-h(\theta)}{\sqrt{\widehat{\operatorname{Var}}(h(\hat{\theta})|\theta)}}\to \mathrm{n}(0,1),$$

于是给出近似的置信区间

$$h(\hat{\theta})-z_{\alpha/2}\sqrt{\widehat{\operatorname{Var}}(h(\hat{\theta})|\theta)}\leqslant h(\theta)\leqslant h(\hat{\theta})+z_{\alpha/2}\sqrt{\widehat{\operatorname{Var}}(h(\hat{\theta})|\theta)}.$$

例 10.4.1（例 10.1.14 续） 我们有来自一个 Bernoulli（p）总体的随机样本 X_1，…，X_n. 我们曾看到为估计胜率 $p/(1-p)$ 可以用其 MLE $\hat{p}/(1-\hat{p})$，还看到此估计有近似方差

$$\widehat{\operatorname{Var}}\left(\frac{\hat{p}}{1-\hat{p}}\right)\approx\frac{\hat{p}}{\mathrm{n}(1-\hat{p})^3}.$$

我们因此就可以构造近似的置信区间

$$\frac{\hat{p}}{1-\hat{p}}-z_{\alpha/2}\sqrt{\widehat{\operatorname{Var}}(\frac{\hat{p}}{1-\hat{p}})}\leqslant\frac{p}{1-p}\leqslant\frac{\hat{p}}{1-\hat{p}}+z_{\alpha/2}\sqrt{\widehat{\operatorname{Var}}(\frac{\hat{p}}{1-\hat{p}})}.$$ ‖

基于记分统计量（见 10.3.2 节），可以构造似然逼近的一种限制形式. 这种方法，在其适用时，可以给出更好的区间. 随机量

(10.4.1) $$Q(\boldsymbol{X}|\theta)=\frac{\frac{\partial}{\partial\theta}\log L(\theta|\boldsymbol{X})}{\sqrt{-\mathrm{E}_\theta\left(\frac{\partial^2}{\partial\theta^2}\log L(\theta|\boldsymbol{X})\right)}}$$

当 $n\to\infty$ 时有渐近分布 n（0，1）. 因此，集合

(10.4.2) $$\{\theta : |Q(\boldsymbol{x}|\theta)|\leqslant z_{\alpha/2}\}$$

是一个近似的 $1-\alpha$ 置信集合. 注意，运用 7.3.2 节的结果，我们有

$$\mathrm{E}_\theta(Q(\boldsymbol{X}|\theta))=\frac{\operatorname{Var}_\theta\left(\frac{\partial}{\partial\theta}\log L(\theta|\boldsymbol{X})\right)}{\sqrt{-\mathrm{E}_\theta\left(\frac{\partial^2}{\partial\theta^2}\log L(\theta|\boldsymbol{X})\right)}}=0$$

和

(10.4.3) $$\operatorname{Var}_\theta(Q(\boldsymbol{X}|\theta))=\frac{\operatorname{Var}_\theta\left(\frac{\partial}{\partial\theta}\log L(\theta|\boldsymbol{X})\right)}{-\mathrm{E}_\theta\left(\frac{\partial^2}{\partial\theta^2}\log L(\theta|\boldsymbol{X})\right)}=1,$$

因此这个近似与一个 n(0，1）随机变量的前两阶矩准确匹配. Wilks（1938）证明了这些区间具有一种渐近最优性质；它们是渐近地在某一个区间类中最短的.

当然，这些区间不够一般，对一个函数 $h(\theta)$ 就未必适用. 此时，我们必须能把式（10.4.2）表示成 $h(\theta)$ 的一个函数才行.

例 10.4.2（二项记分区间） 仍旧利用一个二项分布的例，如果 $Y=\sum_{i=1}^{n}X_i$，

其中每个 X_i 是一个独立的 Bernoulli (p) 随机变量，我们有

$$Q(\boldsymbol{X} \mid p) = \frac{\frac{\partial}{\partial p}\log L(p \mid \boldsymbol{X})}{\sqrt{-\mathrm{E}_p\left(\frac{\partial^2}{\partial p^2}\log L(p \mid \boldsymbol{X})\right)}} = \frac{\frac{y}{p}-\frac{n-y}{1-p}}{\sqrt{\frac{n}{p(1-p)}}} = \frac{\hat{p}-p}{\sqrt{p(1-p)/n}},$$

其中$\hat{p}=y/n$. 由式 (10.4.2)，就给出了一个近似的 $1-\alpha$ 置信区间

(10.4.4)
$$\left\{p: \left|\frac{\hat{p}-p}{\sqrt{p(1-p)/n}}\right| \leqslant z_{\alpha/2}\right\}.$$

这就是由反转记分统计量（见例 10.3.6）得到的区间. 为了计算这个区间我们需要解一个关于 p 的二次方程；关于细节参见例 10.4.6. ‖

在 10.3 节我们曾推出另外一个基于 $-2\log\lambda(\boldsymbol{X})$ 具有渐近 χ^2 分布这个事实的似然检验. 这就表明如果 $X_1, \cdots, X_n$ 是 iid $f(x|\theta)$的并且$\hat{\theta}$是 θ 的 MLE，则集合

(10.4.5)
$$\left\{\theta: -2\log\left(\frac{L(\theta|\boldsymbol{x})}{L(\hat{\theta}|\boldsymbol{x})}\right) \leqslant \chi^2_{1,\alpha}\right\}$$

是一个近似的 $1-\alpha$ 置信区间. 情况就是如此，并且给了我们另一个近似的似然区间.

当然，式 (10.4.5) 恰好就是我们最初通过反转 LRT 统计量推出的最高似然区域 (9.2.7). 然而，现在我们有了一条自动附加上近似置信水平的途径.

例 10.4.3 (二项 LRT 区间) 设 $Y=\sum_{i=1}^{n} X_i$，其中每个 X_i 是一个独立的 Bernoulli (p) 随机变量，我们有近似的 $1-\alpha$ 置信集合

$$\left\{p: -2\log\left(\frac{p^y(1-p)^{n-y}}{\hat{p}^y(1-\hat{p})^{n-y}}\right) \leqslant \chi^2_{1,\alpha}\right\}.$$

将在例 10.4.7 中对这个置信集合连同基于记分和 Wald 检验的区间进行比较. ‖

10.4.2 其他大样本区间

大多数近似置信区间是基于求近似的（或渐近的）枢轴或者反转近似的水平 α 检验统计量. 如果有任何的统计量 W 与 V 和一个参数 θ 使得当 $n\to\infty$，有

$$\frac{W-\theta}{V} \to \mathrm{n}(0,1),$$

则我们就可以通过

$$W-z_{\alpha/2}V\leqslant\theta\leqslant W+z_{\alpha/2}V$$

构成一个关于θ的近似的置信区间，它本质上是一个 Wald-型区间. 直接应用中心极限定理连同 Slutsky 定理，我们通常将给出一个近似的置信区间.（注意，前一节的近似极大似然区间都反映了这个策略.）

例 10.4.4（近似区间） 如果 X_1，…，X_n 是 iid 的具有均值 μ 与方差 σ^2，那么根据中心极限定理，

$$\frac{\overline{X}-\mu}{\sigma/\sqrt{n}}\to \mathrm{n}(0,1).$$

进一步，根据 Slutsky 定理，如果 $S^2\xrightarrow{p}\sigma^2$，则

$$\frac{\overline{X}-\mu}{S/\sqrt{n}}\to \mathrm{n}(0,\ 1),$$

这就给出近似的 $1-\alpha$ 置信区间

(10.4.6) $$\bar{x}-z_{\alpha/2}s/\sqrt{n}\leqslant\mu\leqslant\bar{x}+z_{\alpha/2}s/\sqrt{n}.$$

为了看它近似得有多好，我们这里给出关于各种概率密度函数的近似区间精确覆盖概率的一个小型模拟计算结果. 注意到因为上述区间是枢轴的，所以覆盖概率不依赖于参数值，它是常数因此就是置信系数. 我们从表 10.4.1 看到，甚至对于 $n=15$ 这么小的样本容量，这个枢轴置信区间仍然很合理，不过清楚看出它没达到名义置信系数. 无疑这是由于乐观地使用了分位点 $z_{\alpha/2}$，而没有考虑到 S 的变异. 当样本容量增大，近似将得到改善. ‖

表 10.4.1 枢轴区间（10.4.6）的置信系数，样本容量 $n=15$，模拟次数 10000

	基础 pdf			
名义水平	正态	t_5	罗吉斯蒂克	双指数
$1-\alpha=0.90$	0.879	0.864	0.880	0.876
$1-\alpha=0.95$	0.931	0.924	0.931	0.933

在上例中，我们没有指定样本的分布形式就能够得到一个近似的置信区间. 当我们确实指定了其形式时，我们就应当做得更好.

例 10.4.5（近似的 Poisson 区间） 如果 X_1，…，X_n 是 iid Poisson（p）的，则我们知道有

$$\frac{\overline{X}-\lambda}{S/\sqrt{n}}\to \mathrm{n}(0,1).$$

但是，这即使在我们不从 Poisson 总体抽取样本的情况下也是对的. 利用 Poisson 假定，我们就知道 $\mathrm{Var}(X)=\lambda=E(\overline{X})$ 以及$\overline{X}$是 λ 的一个好的估计量（见例 7.3.12）. 因此，根据 Poisson 假定，我们也可以由

$$\frac{\overline{X}-\lambda}{\sqrt{\overline{X}/n}}\to \mathrm{n}(0,1)$$

这个事实得到一个近似的置信区间，它就是从反转 Wald 检验所得到的区间．我们可以从另外一条路径利用 Poisson 假定．因为 Var（X）$=\lambda$，由此就可以得出

$$\frac{\overline{X}-\lambda}{\sqrt{\lambda/n}}\to \mathrm{n}(0,1).$$

由此导致相应于记分检验的区间，它也就是式（10.4.2）的似然区间并且根据 Wilks（1938）的结论，它是最好的（见习题 10.40）． ‖

一般而言，一个合理的经验法则是，在近似中要尽可能少用估计多用参数．其道理很简单，参数被固定且不把任何附加的变动引入近似当中，而每个统计量都代入更多的变动．

例 10.4.6（二项记分区间续） 对于一个抽自 Bernoulli（p）总体的随机样本 X_1，…，X_n，我们在例 10.3.5 中曾看到，当 $n\to\infty$，

$$\frac{\hat{p}-p}{\sqrt{\hat{p}(1-\hat{p})/n}} \text{和} \frac{\hat{p}-p}{\sqrt{p(1-p)/n}}$$

都依分布收敛到一个标准正态的随机变量，其中$\hat{p}=\sum x_i/n$．在例 10.3.5 中我们看到，可以基于两个近似中的任何一个来建立检验，前者是 Wald 检验而后者是记分检验．我们还知道可以利用任何一个近似去构造关于 p 的置信区间．然而，记分检验近似（具有更少的统计量和更多的参数）将给出例 10.4.2 的区间（10.4.4），它是渐近最优的，就是说

$$\left\{p:\left|\frac{\hat{p}-p}{\sqrt{p(1-p)/n}}\right|\leqslant z_{\alpha/2}\right\}$$

是更好的近似区间．

这个区间并不一目了然，但是我们可以明确解出它的值集合．如果把两边平方并且重排项，我们要求出 p 的集合以满足

$$\left\{p:(\hat{p}-p)^2\leqslant z_{\alpha/2}^2\frac{p(1-p)}{n}\right\}.$$

这是一个关于 p 的二次不等式，经过进一步整理可以把它表示成更常见的形式

$$\left\{p:\left(1+\frac{z_{\alpha/2}^2}{n}\right)p^2-\left(2\hat{p}+\frac{z_{\alpha/2}^2}{n}\right)p+\hat{p}^2\leqslant 0\right\}.$$

由于在这个二次式中 p^2 的系数为正，二次曲线开口向上，因此，如果 p 处于这个二次式的两个根之间则满足此不等式．这两个根是

$$\frac{2\hat{p}+z_{\alpha/2}^2/n\pm\sqrt{(2\hat{p}+z_{\alpha/2}^2/n)^2-4\hat{p}^2(1+z_{\alpha/2}^2/n)}}{2(1+z_{\alpha/2}^2/n)}, \tag{10.4.7}$$

这两个根确定了关于 p 的置信区间的端点．虽然关于这些根的表达式有些令人不快，但事实上这个区间是一个关于 p 的很好的区间．这个区间可以被进一步改进，不过要通过利用连续性校正（见例 3.3.2）．为此，我们将要分别求解两个二次方程

(见习题 10.45),

$$\left|\frac{\hat{p}+\frac{1}{2n}-p}{\sqrt{p\ (1-p)\ /n}}\right|\leqslant z_{\alpha/2}\quad \text{(其大的根=区间上端点)}$$

$$\left|\frac{\hat{p}-\frac{1}{2n}-p}{\sqrt{p\ (1-p)\ /n}}\right|\leqslant z_{\alpha/2}\quad \text{(其小的根=区间下端点)}$$

对于端点有显然的修改. 如果 $\sum x_i=0$，则区间下端点取 0，而如果 $\sum x_i=n$，则区间上端点取 1. Blyth (1986) 有一些好的近似. ‖

我们现在已经看到三种关于 Bernoulli 比例的区间：基于 Wald 和记分统计量的区间以及例 10.4.3 的 LRT 区间. 典型地，Wald 区间是最不被喜欢的，然而对三者都进行比较是有意义的.

例 10.4.7 (比较二项区间) 设 $Y=\sum_{i=1}^{n}X_i$，X_1，…，X_n 是 iid 的，来自一个 Bernoulli (p) 总体，Wald 区间是

$$\hat{p}-z_{\alpha/2}\sqrt{\frac{\hat{p}(1-\hat{p})}{n}}\leqslant p\leqslant\hat{p}+z_{\alpha/2}\sqrt{\frac{\hat{p}(1-\hat{p})}{n}}, \tag{10.4.8}$$

例 10.4.6 描述了记分区间（经连续性校正的），而近似的 LRT 区间由例 10.4.3 给出. 为比较它们，我们来看一个例.

对于 $n=12$，图 10.4.1 显示了这三种方法的实现区间. LRT 方法产生最短的区间，而记分方法产生的区间最长. 对于这个图，我们在 Wald 区间已做了两个修正. 首先，在 $y=0$ 未修正的区间是 (0, 0)，于是我们把上端点改为 $1-(\alpha/2)^n$，在 $y=n$ 对下端点做类似修正. 另外，有些情况其 Wald 区间的端点落到 [0, 1] 之外，这些区间已经被截断.

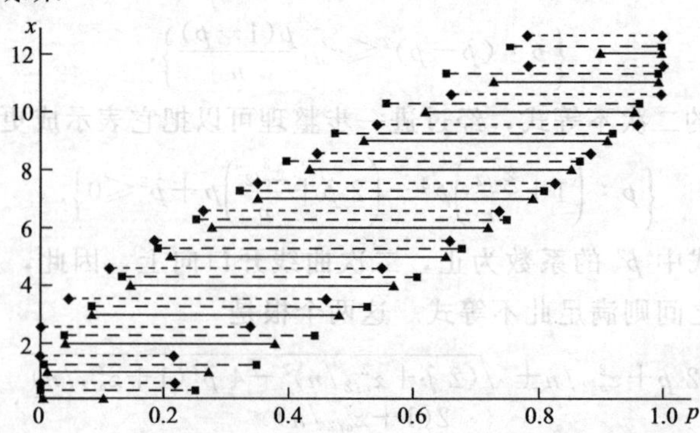

图 10.4.1 来自不同方法的关于 Bernoulli 比例 p 的区间

LRT 方法（实线），记分方法（长破折号），修正 Wald 的方法（短破折号）

在图 10.4.2 中，记分区间较长的长度反映在它较高的覆盖概率上. 确实，记

分区间是唯一的（在这三个中）保持覆盖概率在0.9之上的一个，从而是唯一的具有置信系数0.9的区间. LRT和Wald区间显得似乎太短，它们的覆盖概率远低于0.9，从而不能接受它们. 当然，通过增加n可以改进它们的表现.

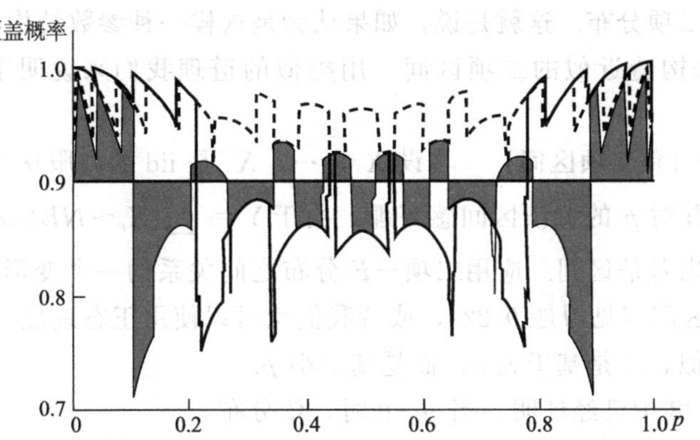

图10.4.2 关于Bernoulli比例p的名义0.9置信方法的覆盖概率

LRT方法（细实线，灰色阴影），记分方法（破折线），修正Wald的方法（粗实线）

因此看来，连续性校正的记分区间，它尽管较长，但当n小的时候是合适的选择（但是在习题10.44有另一选择）. LRT和Wald方法产生的区间对于小的n却太短了，另外Wald区间还要遭受端点的弊病. ‖

就像我们在10.3.2节所做，我们简要查看一下基于稳健估计量的区间.

例10.4.8（基于Huber估计量的区间） 类似例10.3.7的方法，我们可以基于Huber的M－估计量构造渐近置信区间. 如果X_1，…，X_n是iid的，来自一个概率密度函数$f(x-\theta)$，其中f关于0对称，则我们有关于θ的近似区间

$$\hat{\theta}_M \pm z_{\alpha/2}\sqrt{\frac{\mathrm{Var}(\hat{\theta}_M)}{n}},$$

其中$\mathrm{Var}(\hat{\theta}_M)$由式（10.3.7）给出. 现在我们把$\mathrm{Var}(\hat{\theta}_M)$替换成估计式（10.3.8）和式（10.3.9）以得到Wald型区间. 为了评价这些区间，我们制作一个类似表10.4.1的表. 有趣的是，除了双指数分布之外，表10.4.2中的区间与表10.4.1中基于常用均值和方差的区间比起来相当糟糕. 对此，除了再次归咎于分位点$z_{\alpha/2}$的过分乐观外，我们没有好的解释. ‖

表10.4.2 基于Huber M－估计量的、名义系数$1-\alpha=0.9$的区间的置信系数

样本容量$n=15$，模拟次数10000

名义水平	所用概率密度函数			
	正态	t_5	罗吉斯蒂克	双指数
方差估计（10.3.8）	0.844	0.856	0.855	0.889
方差估计（10.3.9）	0.837	0.867	0.855	0.910

到目前为止，所有提到的近似都以 $n\to\infty$ 为基础．然而，在某些其他情况下，我们也可以利用近似区间．在例 9.2.17 中，我们曾经需要考虑当参数趋于无穷时的近似．另一种情况是，在例 2.3.13 中我们看到对于某种参数的结构，Poisson 分布可以用来近似二项分布．这就是说，如果认为是这样一种参数结构的话，可以基于 Poisson 分布来构造近似的二项区间．用类似的道理我们来说明下列不太常见的情况．

例 10.4.9（负二项区间） 设 X_1，…，X_n 是 iid 的，服从 $NB(r, p)$．我们假定 r 已知并对 p 的置信区间感兴趣．由于 $Y=\sum X_i\sim NB(nr,p)$，我们可以用多种方式求出置信区间．应用二项－F 分布之间关系的一个变形，我们可以构造一个精确置信区间（见习题 9.22），或者我们也可以使用正态近似（见习题 10.41）．有另外一种近似，不是基于大 n，而是基于小 p．

在习题 2.38 中已经证明，当 $p\to 0$ 时，依分布

$$2pY\to\chi^2_{2nr}.$$

所以，对于小的 p 值，$2pY$ 是一个枢轴量！利用这个事实，我们可以构造一个对小的 p 值有效的枢轴 $1-\alpha$ 置信区间：

$$\left\{p:\frac{\chi^2_{2nr,1-\alpha/2}}{2y}\leqslant p\leqslant\frac{\chi^2_{2nr,\alpha/2}}{2y}\right\}$$

细节放在习题 10.47 中．

10.5 习题

10.1 X_1，…，X_n 是抽自概率密度函数为

$$f(x|\theta)=\frac{1}{2}(1+\theta x),\ -1<x<1,\ -1<\theta<1$$

的总体的随机样本．求 θ 的一个相合估计量并证明其相合性．

10.2 证明定理 10.1.5．

10.3 X_1，…，X_n 是抽自总体 $\mathrm{n}(\theta,\theta)$ 的随机样本，其中 $\theta>0$．

(a) 证明 θ 的 MLE，即 $\hat\theta$ 是二次方程 $\theta^2+\theta-W=0$ 的一个根，其中 $W=(1/n)\sum_{i=1}^{n}X_i^2$，并确定哪个根是 MLE．

(b) 用 10.1.3 节中的技术求 $\hat\theta$ 的近似方差．

10.4 习题 7.19 中模型的一个变化是令随机变量 Y_1，…，Y_n 满足

$$Y_i=\beta X_i+\epsilon_i,\ i=1,\ \cdots,\ n,$$

其中 X_1，…，X_n 为独立 $\mathrm{n}(\mu,\tau^2)$ 随机变量，ϵ_1，…，ϵ_n 为 iid $\mathrm{n}(0,\sigma^2)$ 的，且各个 X 与各个 ϵ 独立．精确的方差计算很困难，因而我们可以采取近似的方法．求出

下列各量的近似均值和方差并用μ，τ^2和σ^2表示：

(a) $\sum X_iY_i/\sum X_i^2$.

(b) $\sum Y_i/\sum X_i$.

(c) $\sum (Y_i/X_i)/n$.

10.5 就例10.1.8中的情形，对$T_n=\sqrt{n}/\bar{X}_n$证明：

(a) $\text{Var}(T_n)=\infty$.

(b) 如果$\mu\neq 0$，并且从样本空间中删去$(-\delta,\delta)$，则$\text{Var}(T_n)<\infty$.

(c) 如果$\mu\neq 0$，区间$(-\delta,\delta)$中的概率当$n\to\infty$时趋近于0.

10.6 就例10.1.10中的情形证明

(a) $EY_n=0$且$\text{Var}(Y_n)=p_n+(1-p_n)\sigma_n^2$.

(b) $P(Y_n<a)\to P(Z<a)$，并且因此有$Y_n\to \text{n}(0,1)$(回忆$p_n\to 1$，$\sigma_n\to\infty$以及$(1-p_n)\sigma_n^2\to\infty$).

10.7 在定理10.1.12的证明中，已经证明了MLE $\hat{\theta}$是θ的一个渐近有效估计量. 证明，若$\tau(\theta)$是θ的连续和可导的函数，则$\tau(\hat{\theta})$是$\tau(\theta)$的相合估计量和渐近有效估计量.

10.8 建立式(10.1.6)中的两个收敛结果，完成定理10.1.6的证明.

(a) 证明

$$\frac{1}{\sqrt{n}}l'(\theta_0\mid \boldsymbol{X})=\sqrt{n}\left[\frac{1}{n}\sum_i W_i\right],$$

其中$W_i=\dfrac{\frac{\mathrm{d}}{\mathrm{d}\theta}f(X_i|\theta)}{f(X_i|\theta)}$有均值0和方差$I(\theta_0)$. 再利用中心极限定理证明收敛于$\text{n}(0, I(\theta_0))$.

(b) 证明

$$-\frac{1}{n}l''(\theta_0|\boldsymbol{X})=\frac{1}{n}\sum_i W_i^2-\frac{1}{n}\sum_i\frac{\frac{\mathrm{d}^2}{\mathrm{d}\theta^2}f(X_i|\theta)}{f(X_i|\theta)}$$

并且第一部分的均值是$I(\theta_0)$，而第二部分的均值是0. 应用WLLN.

10.9 假定$X_1,\cdots,X_n$是iid Poisson(λ)的. 求下列量的最佳无偏估计量：

(a) $\mathrm{e}^{-\lambda}$，这是$X=0$的概率.

(b) $\lambda\mathrm{e}^{-\lambda}$，这是$X=1$的概率.

(c) 对(a)和(b)中的这些最佳无偏估计量，计算它们相对于MLE的渐近相对效率. 你喜欢哪个估计？为什么？

(d) 对于可能致癌的化合物，可以通过测量暴露于这种化合物下的微生物的突变率来进行基本检测．试验人员把这种化合物放在 15 个皮氏培养皿中，记录到下列数目的突变群体：

10，7，8，13，8，9，5，7，6，8，3，6，6，3，5．

估计 $e^{-\lambda}$，即没有突变群体出现的概率，以及 $\lambda e^{-\lambda}$，也就是只有一个突变群体出现的概率．计算最佳无偏估计和 MLE．

10.10　继续例 10.1.15 中的计算，那里考察了 $p(1-p)$ 的估计的性质．

(a) 证明，如果 $p\neq\frac{1}{2}$，MLE $\hat{p}(1-\hat{p})$ 是渐近有效的．

(b) 如果 $p=\frac{1}{2}$，用定理 5.5.26 求 $\hat{p}(1-\hat{p})$ 的极限分布．

(c) 求 $\mathrm{Var}(\hat{p}(1-\hat{p}))$ 的精确表达式．近似失败的原因清楚了吗？

10.11　本题将考虑例 10.1.18 中计算的细节，并作出扩展．

(a) 重新画图 10.1.1，对已知的 β 计算 ARE．（可以遵照例 A.0.7 进行计算，或者自行编程．）

(b) 验证，不论 β 已知与否，ARE $(\bar{X},\hat{\mu})$ 都一样．

(c) 对于已知 μ 时 β 的估计，说明矩方法估计和 MLE 一样．（用 (α,β) 参数化可能更容易．）

(d) 对于 μ 未知时 β 的估计，说明矩方法估计和 MLE 不一样．用渐近相对效率比较这些估计，并产生像图 10.1.1 那样的图，其中不同的曲线对应不同的 μ 值．

10.12　验证杂录 10.6.1 中的超有效估计量 d_n 是渐近正态的，该正态分布的方差当 $\theta\neq0$ 时为 $v(\theta)=1$，而当 $\theta=0$ 时为 $v(\theta)=a^2$．（关于超有效估计量的更多讨论，参见 Lehmann and Casella 1998，6.2 节．）

10.13　见例 10.1.19．

(a) 验证，样本 2，4，9，12 的自助法均值和方差分别是 6.75 和 3.94．

(b) 验证原始样本的均值是 6.75．

(c) 验证，当用 n 代替 $n-1$ 去除时，均值的自助法方差以及均值之方差的通常估计是一致的．

(d) 说明如何用 $\binom{4+4-1}{4}=35$ 个不同的可能重抽样本计算自助法均值和标准误差．

(e) 对一般样本 $X_1,\cdots,X_n$ 建立 (b) 和 (c)．

10.14　在下列的每一个情形中，我们都将看到参数和非参数自助法．比较这些估计值，讨论这些方法的长处和短处．

(a) 见例 10.1.22，用非参数自助法估计 S^2 的方差．

(b) 在例 5.6.6 中，我们对于从 Poisson 样本得到的 S^2 的分布进行了参数自助抽样. 用非参数自助法作为替代画出这个分布的直方图.

(c) 在例 10.1.18 中我们考虑了估计伽玛均值的问题. 假定我们从分布 Gamma (α, β) 抽到一个随机样本

$$0.28, 0.98, 1.36, 1.38, 2.4, 7.42.$$

用极大似然估计和自助法估计分布的均值和方差.

10.15 (a) 证明, 当 $B\to\infty$ 时, 式 (10.1.11) 中的 Var_B^* ($\hat{\theta}$) 收敛到式 (10.1.10) 中的 Var^* ($\hat{\theta}$).

(b) 对于固定的 B_i 和 $i=1, 2, \cdots$, 计算自助方差 $\mathrm{Var}_{B_i}^*$ ($\hat{\theta}$). 用大数定律证明当 $m\to\infty$ 时 $(1/m)\sum_{i=1}^{m}\mathrm{Var}_{B_i}^*(\hat{\theta})\to\mathrm{Var}^*(\hat{\theta})$.

10.16 对于例 10.1.21 中的情形, 如果我们观察到 $\hat{p}=\dfrac{1}{2}$, 就可以从定理 5.5.26 得到方差的估计. 说明这个方差估计是 $2[\mathrm{Var}(\hat{p})]^2$.

(a) 如果 $\hat{p}=11/24$, 验证这个方差估计值为 0.00007.

(b) 用模拟的方法计算当 $n=24$ 和 $p=11/24$ 时 $\hat{p}(1-\hat{p})$ 的"准确方差". 验证这个值是 0.00529.

(c) 你认为为什么在这种情况下 Δ 方法如此糟糕? 二阶 Δ 方法会好一些吗? 自助法估计怎么样?

10.17 Efron (1982) 分析了法学院入学数据, 目的在于考察 LAST (Law School Admission Test, 法学院入学考试) 分数与一年级 GPA (grade point average, 年级平均成绩) 之间的相关性. 对于 15 个法学院, 我们有数据对 (平均 LAST, 平均 GPA):

(576, 3.39) (635, 3.30) (558, 2.81) (578, 3.03) (666, 3.44)
(580, 3.07) (555, 3.00) (661, 3.43) (651, 3.36) (605, 3.13)
(653, 3.12) (575, 2.74) (545, 2.76) (572, 2.88) (594, 2.96)

(a) 计算 LAST 分数和 GPA 之间的相关系数.

(b) 用非参数自助法估计相关系数的标准差. 用 $B=1000$ 个重抽样本, 并画出这些样本的直方图.

(c) 用参数自助法估计相关系数的标准差. 假定 (LAST, GPA) 有二元正态分布, 估计其中的 5 个参数. 然后从这个二元正态分布产生容量为 15 的 1000 个样本.

(d) 如果 (X, Y) 是二元正态的, 相关系数为 ρ, r 为样本相关系数, 则用 Δ 方法可以证明

$$\sqrt{n}(r-\rho)\to \mathrm{n}(0,(1-\rho^2)^2).$$

用这个事实估计 r 的标准差. 它与自助法估计相比如何? 给出 r 的近似概率密

度函数.

(e) Fisher z 变换是相关系数的一个**方差稳定化**变换（见习题 11.4）. 如果 (X, Y) 是二元正态的，相关系数是 ρ，r 为样本相关系数，则

$$\frac{1}{2}\left[\log\left(\frac{1+r}{1-r}\right)-\log\left(\frac{1+\rho}{1-\rho}\right)\right]$$

是近似正态的. 用这个事实给出 r 的近似概率密度函数.

(要建立 (d) 中的正态结果，需要一些乏味的矩阵计算，见 Lehmann and Casella 1998，例 6.5. (e) 中的 z 变换比 (d) 中的 Δ 方法收敛于正态的速率更快. Diaconis and Holmes 1994 就这个问题穷尽了自助抽样，枚举出所有 77,558,760 个相关系数.)

10.18 对于例 10.2.1 的情形，即如果 $X_1, \cdots, X_n$ 是 iid 的，$X_i \sim \mathrm{n}(\mu, \sigma^2)$ 的概率为 $1-\delta$，而 $X_i \sim f(x)$ 的概率为 δ，其中 $f(x)$ 是均值为 θ、方差为 τ^2 的任意密度，证明

$$\mathrm{Var}(\overline{X})=(1-\delta)\frac{\sigma^2}{n}+\delta\frac{\tau^2}{n}+\frac{\delta(1-\delta)(\theta-\mu)^2}{n}.$$

另外，证明对于具有 Cauchy 概率密度函数的污染，总导致无限方差. (提示：把这个混合模型写成多层模型. 令 $Y=0$ 的概率为 $1-\delta$，$Y=1$ 的概率为 δ，则 $\mathrm{Var}(X_i)=\mathrm{E}[\mathrm{Var}(X_i|Y)]+\mathrm{Var}(\mathrm{E}[X_i|Y])$.)

10.19 违反所用假设的另一种方式是抽样中存在相关，这可以严重影响到样本均值的性质. 假设我们在例 10.2.1 讨论的情况中引入相关，即我们观测到 $X_1, \cdots, X_n$，其中 $X_i \sim \mathrm{n}(\theta, \sigma^2)$，但这些 X_i 不再独立.

(a) 对等相关的情形，即对 $i \neq j$，$\mathrm{Corr}(X_i, X_j)=\rho$，证明

$$\mathrm{Var}(\overline{X})=\frac{\sigma^2}{n}+\frac{n-1}{n}\rho\sigma^2,$$

从而当 $n \to \infty$ 时 $\mathrm{Var}(\overline{X}) \nrightarrow 0$.

(b) 如果这些 X_i 是沿时间（或距离）观测到的，有时假设相关随时间（或距离）而下降，一个特殊的模型是假设 $\mathrm{Corr}(X_i, X_j)=\rho^{|i-j|}$. 证明在这种情形下

$$\mathrm{Var}(\overline{X})=\frac{\sigma^2}{n}+\frac{2\sigma^2}{n^2}\frac{\rho}{1-\rho}\left(n-\frac{1-\rho^n}{1-\rho}\right),$$

从而当 $n \to \infty$ 时 $\mathrm{Var}(\overline{X}) \to 0$. (关于相关的其他效应见杂录 5.8.2.)

(c) (b) 中的相关结构出现在**自回归** AR (1) **模型**中，在这个模型中，我们假定 $X_{i+1}=\rho X_i+\delta_i$，$\delta_i$ iid $\mathrm{n}(0, 1)$. 如果 $|\rho|<1$ 并定义 $\sigma^2=1/(1-\rho^2)$，证明 $\mathrm{Corr}(X_1, X_i)=\rho^{i-1}$.

10.20 参见定义 10.2.2 中关于崩溃值的定义.

(a) 如果 $T_n=\overline{X}_n$，即样本均值，证明 $b=0$.

(b) 如果 $T_n=M_n$，即样本中位数，证明 $b=0.5$.

在敏感性上界于均值和中位数之间的一个估计量是 α－**截尾均值**，$0<\alpha<\frac{1}{2}$，定义如下：α－截尾均值 $\overline{X}_n^\alpha$ 是去掉 αn 个最小的观测值和 αn 个最大的观测值，然后取其余观测值的算术平均得到的.

（c）如果 $T_n=\overline{X}_n^\alpha$，即样本的 α－截尾均值，$0<\alpha<\frac{1}{2}$，证明 $0<b<\frac{1}{2}$.

10.21 均值和中位数的崩溃现象在尺度参数的相应估计上也有表现. 对于样本 X_1，…，X_n，

（a）证明样本方差 $S^2=\sum(X_i-\overline{X})^2/(n-1)$ 的崩溃值是 0.

（b）一个稳健估计量是**中位绝对偏差**（**median absolute deviation**），或 MAD，即 $|X_1-M|$，…，$|X_n-M|$ 的中位数，其中 M 为样本中位数. 证明这个估计量的崩溃值是 50%.

10.22 本题考虑例 10.2.3 中的一些细节.

（a）验证当 n 是奇数时，

$$P(\sqrt{n}(M_n-\mu)\leqslant a)=P\left(\frac{\sum_i Y_i-np_n}{\sqrt{np_n(1-p_n)}}\geqslant\frac{(n+1)/2-np_n}{\sqrt{np_n(1-p_n)}}\right).$$

（b）验证 $p_n\to p=F(\mu)=1/2$ 以及

$$\frac{(n+1)/2-np_n}{\sqrt{np_n(1-p_n)}}\to-2aF'(\mu)=-2af(\mu).$$

（提示：证明 $\frac{(n+1)/2-np_n}{\sqrt{n}}$ 是一个导数的极限形式.）

（c）解释如何从陈述

$$P(\sqrt{n}(M_n-\mu)\leqslant a)\to P(Z\geqslant-2af(\mu))$$

得到结论"$\sqrt{n}(M_n-\mu)$ 渐近于均值为 0、方差为 $1/[2f(\mu)]^2$ 的正态分布".

（注意，仅当 p_n 不依赖于 n 时才能直接应用 CLT. 当 p_n 依赖于 n 时，需要做更多的工作才能严格地得到极限正态分布的结论. 在这些工作后，所得结果会如所期望.）

10.23 在本题中，我们将进一步探讨中位数相对于均值的 ARE，即 ARE $(M_n, \overline{X})$.

（a）验证例 10.2.4 中给出的三个 ARE.

（b）证明 ARE $(M_n, \overline{X})$ 不受尺度变化的影响，即无论所研究的概率密度函数是 $f(x)$ 还是 $(1/\sigma)f(x/\sigma)$，该渐近相对效率不变.

（c）当所研究的分布是自由度为 ν 的学生 t 分布时，计算 ARE $(M_n, \overline{X})$，其中 $\nu=3, 5, 10, 25, 50, \infty$. 关于 ARE 和分布的尾部能得到什么结论？

（d）当所研究的分布为

$$X \sim \begin{cases} n(0,\ 1) & \text{以概率 } 1-\delta \\ n(0,\ \sigma^2) & \text{以概率 } \delta \end{cases}$$

时计算 ARE（M_n，$\overline{X}$）. 对于 δ 和 σ 的一个范围，计算 ARE. 关于均值和中位数的相对表现你有什么结论？

10.24　假定 θ_0 满足 $\mathrm{E}_{\theta_0}\psi(X-\theta_0)=0$，证明式（10.2.4）和式（10.2.5）蕴涵式（10.2.6）.

10.25　如果 f（x）是关于 0 对称的概率密度函数，而 ρ 是一个对称函数，证明 $\int \psi(x-\theta) f(x-\theta)\,\mathrm{d}x=0$，其中 $\psi=\rho'$ 是一个奇函数. 由此可以得到，如果 X_1，…，X_n 是 iid 的，来自于概率密度函数 $f(x-\theta)$，且 $\hat{\theta}_M$ 是 $\sum_i \rho(x_i-\theta)$ 的最小点，则 $\hat{\theta}_M$ 是渐近正态的，且正态分布的均值为 θ 的真值.

10.26　这里我们考虑例 10.2.6 中结论的一些细节.

(a) 验证 $\mathrm{E}_\theta\psi'(X-\theta)$ 和 $\mathrm{E}_\theta[\psi(X-\theta)]^2$ 的表达式，从而验证 $\hat{\theta}_M$ 的方差公式.

(b) 当计算 ψ' 的期望值时，我们注意到 ψ 是不可导的，但我们可以使用可导的部分. 另一个方法是，认识到 ψ 的期望值是可导的，以及式（10.2.5）中的结论，我们可以得到

$$\frac{1}{n}\sum_{i=1}^{n}\psi'(x_i-\theta_0)\rightarrow\frac{\mathrm{d}}{\mathrm{d}\theta}\mathrm{E}_{\theta_0}\psi(X-\theta)\bigg|_{\theta=\theta_0}.$$

证明这与方程（10.2.5）的结论相同.

10.27　考虑例 10.6.2 中的情形.

(a) 证明 $IF(\overline{X},x)=x-\mu$.

(b) 如果 $P(X\leqslant m)=1/2$ 或 $m=F^{-1}(1/2)$，则对于中位数，我们有 T（F）$=m$. 如果 $X\sim F_\delta$，证明

$$P(X\leqslant a)=\begin{cases}(1-\delta)F(a) & \text{如果 } x\geqslant a \\ (1-\delta)F(a)+\delta & \text{其他}\end{cases}$$

从而

$$T(F_\delta)=\begin{cases}F^{-1}\left(\dfrac{1}{2(1-\delta)}\right) & \text{如果 } x>F^{-1}\left(\dfrac{1}{2(1-\delta)}\right) \\ F^{-1}\left(\dfrac{1/2-\delta}{1-\delta}\right) & \text{其他}\end{cases}$$

(c) 证明

$$\frac{1}{\delta}\left[F^{-1}\left(\frac{1}{2(1-\delta)}\right)-F^{-1}\left(\frac{1}{2}\right)\right]\rightarrow\frac{1}{2f(m)},$$

并完成计算 IF（M，x）的论述.

(提示：记 $a_\delta=F^{-1}\left(\frac{1}{2(1-\delta)}\right)$，再说明极限为 $a'_\delta\mid_\delta=0$，而这个量可以用隐函数微分法和事实 $(1-\delta)^{-1}=2F(a_\delta)$ 来计算.)

10.28 证明，如果 ρ 由式(10.2.2)定义，则 ρ 和 ρ' 都是连续的.

10.29 由式(10.2.9)我们知道，一个 M-估计量绝不可能比极大似然估计量更有效. 但是我们知道什么时候它同样有效.

(a) 证明如果我们选择 $\psi(x-\theta)=cl'(\theta|x)$，其中 l 是对数似然，而 c 是常数，则式(10.2.9)是等式.

(b) 对于下列分布，验证相应的 ψ 函数给出渐近有效的 M-估计量.

(i) 正态：$f(x)=\mathrm{e}^{-x^2/2}/(\sqrt{2\pi})$，$\psi(x)=x$

(ii) 罗吉斯蒂克：$f(x)=\mathrm{e}^{-x}/(1+\mathrm{e}^{-x})^2$，$\psi(x)=\tanh(x)$，其中 $\tanh(x)$ 是**双曲正切**

(iii) Cauchy：$f(x)=[\pi(1+x^2)]^{-1}$，$\psi(x)=2x/(1+x^2)$

(iv) 最小信息分布：

$$f(x)=\begin{cases}C\mathrm{e}^{-x^2/2} & |x|\leqslant c\\ C\mathrm{e}^{-c|x|+c^2/2} & |x|>c\end{cases}$$

$\psi(x)=\max\{-c,\min(c,x)\}$，$C$ 和 c 都是常数.

(更多的细节见 Huber 1981，3.5 节.)

10.30 对于 M-估计量，ψ 函数与崩溃值之间有着联系. 此中细节相当复杂(Huber 1981，3.2 节)，但可以总结如下：若 ψ 是有界函数，则对应的 M-估计量的崩溃值由

$$b^*=\frac{\eta}{1+\eta},\text{其中 }\eta=\min\left\{-\frac{\psi(-\infty)}{\psi(\infty)},-\frac{\psi(\infty)}{\psi(-\infty)}\right\}$$

给出.

(a) 计算习题 10.29 中有效 M-估计量的崩溃值. 哪个估计量既是有效的又是稳健的?

(b) 计算下列 M-估计量的崩溃值：

(i) 由式(10.2.1)给出的 Huber 估计量.

(ii) Tukey 双加权：$\psi(x)=x(c^2-x^2)$ 对 $|x|\leqslant c$ $=0$，对其他 x；c 是常数.

(iii) Andrew 的正弦波：$\psi(x)=c\sin(x/c)$ 对 $|x|\leqslant c\pi$，$=0$ 对其他 x.

(c) 当研究的分布是(i)正态和(ii)双边指数时，计算(b)中的估计量相对于 MLE 的 ARE.

10.31 从多个总体收集到的二项数据常常用**列联表**表现出来. 在两个总体的情形，列联表形如

	总体		
	1	2	总和
成功	S_1	S_2	$S=S_1+S_2$
失败	F_1	F_2	$F=F_1+F_2$
总和	n_1	n_2	$n=n_1+n_2$

其中总体 1 是 binomial（n_1，p_1），有 S_1 个成功，F_1 个失败；总体 2 是 binomial（n_2，p_2），有 S_2 个成功，F_2 个失败．经常感兴趣的一个假设是

$$H_0: p_1=p_2 \text{ 对 } H_1: p_1\neq p_2.$$

（a）说明可以基于统计量

$$T=\frac{(\hat{p}_1-\hat{p}_2)^2}{\left(\frac{1}{n_1}+\frac{1}{n_2}\right)(\hat{p}(1-\hat{p}))}$$

进行检验，其中 $\hat{p}_1=S_1/n_1, \hat{p}_2=S_2/n_2, \hat{p}=(S_1+S_2)/(n_1+n_2)$．另外，证明当 n_1，$n_2\to\infty$ 时，T 的分布趋于 χ_1^2．（这是所谓**独立性** χ^2 **检验**的一个特殊情形.）

（b）测量与 H_0 相违背的另一个方法是计算**期望频数表**．这个表的构造方法是，在给定边缘总和的条件下，根据 $H_0: p_1=p_2$ 填充表格，即

	期望频数		
	1	2	总和
成功	$\frac{n_1S}{n_1+n_2}$	$\frac{n_2S}{n_1+n_2}$	$S=S_1+S_2$
失败	$\frac{n_1F}{n_1+n_2}$	$\frac{n_2F}{n_1+n_2}$	$F=F_1+F_2$
总和	n_1	n_2	$n=n_1+n_2$

用这个期望频数表中的所有格子，计算统计量 T^*：

$$T^*=\sum\frac{(\text{观测频数}-\text{期望频数})^2}{\text{期望频数}}$$

$$=\frac{\left(S_1-\frac{n_1S}{n_1+n_2}\right)^2}{\frac{n_1S}{n_1+n_2}}+\cdots+\frac{\left(F_2-\frac{n_2F}{n_1+n_2}\right)^2}{\frac{n_2F}{n_1+n_2}}$$

用代数运算证明 $T^*=T$，因此 T^* 是渐近 χ^2 的.

（c）检验 p_1 和 p_2 相等的另一个统计量是

$$T^{**}=\frac{\hat{p}_1-\hat{p}_2}{\sqrt{\frac{\hat{p}_1(1-\hat{p}_1)}{n_1}+\frac{\hat{p}_2(1-\hat{p}_2)}{n_2}}},$$

证明，在 H_0 下，T^{**} 是渐近 n（0，1）的，因此，其平方渐近于 χ_1^2．进一步，证

明 $(T^{**})^2 \neq T^*$.

(d) 在什么情况下一个统计量比另一个更好？

(e) 19 世纪后期 Joseph Lister 进行了一个著名的医学试验. 当时手术的死亡率很高，而 Lister 猜测使用抗感染剂石炭酸可能有助于降低死亡率. 在几年期间，Lister 做了 75 例截肢手术，有的用了石炭酸，有的没有用. 数据如下：

		用了石炭酸？	
		用	没用
患者存活？	存活	34	19
	没有	6	16

用这些数据检验石炭酸的使用是否与患者死亡有关.

10.32　(a) 设 $(X_1, \cdots, X_n) \sim \text{multinomial}(m, p_1, \cdots, p_n)$. 考虑检验 $H_0: p_1 = p_2$ 对 $H_1: p_1 \neq p_2$. 一个常用的检验是所谓 **McNemar 检验**，当

$$\frac{(X_1 - X_2)^2}{X_1 + X_2} > \chi^2_{1,\alpha}$$

时拒绝 H_0. 证明这个检验统计量有形式

$$\sum_1^n \frac{(\text{观测频数} - \text{期望频数})^2}{\text{期望频数}},$$

其中 X_i 为观测到的格子频数，期望格子频数为在假设 $p_1 = p_2$ 下 mp_i 的 MLE.

(b) McNemar 检验经常用在下列类型的问题中. 问调查对象是否同意某个说法，然后让他们读到一些关于这个说法的信息，再问他们是否同意. 把每种情况的响应数量总结在下面的 2×2 表中：

		前	
		同意	不同意
后	同意	X_3	X_2
	不同意	X_1	X_4

假设 $H_0: p_1 = p_2$ 是说从同意变到不同意的人在所有人中的比例与从不同意变到同意的人在所有人中的比例相同. 可能检验的另一个假设是原来同意的人中改变态度的人的比例与原来不同意的人中改变态度的人的比例相同. 用条件概率表述这个假设，并说明它不同于上述的 H_0.（这个假设可以用习题 10.31 中的 χ^2 检验来进行.）

10.33　完成定理 10.3.1. 用定理 10.1.12 和 Slutsky 定理（定理 5.5.17）证明 $(\theta - \hat{\theta})/\sqrt{-l''(\hat{\theta}|\boldsymbol{x})} \to \mathrm{n}(0,1)$，从而 $-2\log\lambda(\boldsymbol{X}) \to \chi^2_1$.

10.34　为检验 $H_0: p = p_0$ 对 $H_1: p \neq p_0$，假定我们观测到 $X_1, \cdots, X_n$ iid Bernoulli (p).

(a) 推导出 $-2\log\lambda(\boldsymbol{x})$ 的表达式，这里 $\lambda(\boldsymbol{x})$ 为 LRT 统计量.

(b) 像例 10.3.2 那样，模拟 $-2\log\lambda(\boldsymbol{x})$ 的分布，并把结果与 χ^2 近似进行比较.

10.35 设 X_1，…，X_n 为来自总体 $\mathrm{n}(\mu, \sigma^2)$ 的随机样本.

(a) 如果 μ 未知而 σ 已知，证明 $Z=\sqrt{n}\,(\bar{X}-\mu_0)/\sigma$ 是检验 $H_0: \mu=\mu_0$ 的 Wald 统计量.

(b) 如果 σ 未知而 μ 已知，求检验 $H_0: \sigma=\sigma_0$ 的一个 Wald 统计量.

10.36 设 X_1，…，X_n 为来自总体 gamma (α, β) 的随机样本. 假定 α 已知而 β 未知. 考虑检验 $H_0: \beta=\beta_0$.

(a) β 的 MLE 是什么？

(b) 推导检验 H_0 的一个 Wald 统计量，在统计量的分子和分母中都用 MLE.

(c) 重复 (b)，但在标准误处用样本标准差.

10.37 设 X_1，…，X_n 为来自总体 $\mathrm{n}(\mu, \sigma^2)$ 的随机样本.

(a) 如果 μ 未知而 σ 已知，证明 $Z=\sqrt{n}(\bar{X}-\mu_0)/\sigma$ 是检验 $H_0: \mu=\mu_0$ 的记分统计量.

(b) 如果 σ 未知而 μ 已知，求检验 $H_0: \sigma=\sigma_0$ 的一个记分统计量.

10.38 设 X_1，…，X_n 为来自总体 gamma (α, β) 的随机样本. 假定 α 已知而 β 未知，考虑检验 $H_0: \beta=\beta_0$. 求检验 H_0 的记分统计量.

10.39 扩充例 10.3.7 中所做的比较.

(a) 基于 Huber M－估计量的另一个检验使用基于式 (10.3.6) 的方差估计. 考察这个检验统计量的表现，评论它作为式 (10.3.8) 或式 (10.3.9) 的替代的长短之处.

(b) 基于 Huber M－估计量的另一个检验使用自助法方差估计. 考察这个检验统计量的表现.

(c) $\hat{\theta}_M$ 的一个稳健竞争者是中位数. 考察基于中位数的位置参数检验的表现.

10.40 在例 10.4.5 中我们看到，由 Poisson 假设和中心极限定理，得到以下事实并由此导出一个近似区间：

$$\frac{\bar{X}-\lambda}{\sqrt{\lambda/n}}\to \mathrm{n}(0,1).$$

证明这个逼近按照 Wilks (1938) 的说法是最优的，即证明

$$\frac{\bar{X}-\lambda}{\sqrt{\lambda/n}}=\frac{\frac{\partial}{\partial\lambda}\log L(\lambda|\boldsymbol{X})}{\sqrt{-E_\lambda\left(\frac{\partial^2}{\partial\lambda^2}\log L(\lambda|\boldsymbol{X})\right)}}.$$

10.41 设 X_1，…，X_n 是 iid 的，服从负二项分布 NB (r, p). 我们要构造负二项分布参数的近似置信区间.

(a) 计算 Wilks 近似 (10.4.1)，并说明如何用这个表达式形成置信区间.

(b) 求负二项分布的均值的近似 $1-\alpha$ 置信区间，并说明如何对求出的区间做连续性校正.

(c) 用负二项分布作为习题 9.23 中蚜虫数据的模型，用 (b) 中的结果构造近似 90%的置信区间. 把这个区间与习题 9.23 中基于 Poisson 分布的置信区间进行比较.

10.42 证明，对于任何固定的水平 α，式 (10.4.5) 等价于式 (9.2.7) 中的最高似然区域，它们产生同样的置信集合.

10.43 在例 10.4.7 中，对 Wald 区间进行了两项修改.

(a) 在 $y=0$ 时，上区间端点变为 $1-(\alpha/2)^{1/n}$，在 $y=n$ 时，下区间端点变为 $(\alpha/2)^{1/n}$. 说明选择这些端点的合理性.（提示：见 9.2.3 节.）

(b) 第 2 个修改是把区间截断，使之在 $[0, 1]$ 之内. 说明这个变化，连同 (a) 中的另一个变化一起，改进了原来的 Wald 区间.

10.44 Agresti and Coull (1998) "强烈推荐"对于二项参数使用记分区间，但他们也关心像式 (10.4.7) 那样的区间在统计的基础教材里是否有点令人生畏. 为得到一个简单、合理的二项区间，他们建议对 Wald 区间进行如下修改：增加 2 个成功和 2 个失败，然后用原来的 Wald 公式 (10.4.8)，即用 $\hat{p}=(y+2)/(n+4)$ 代替 $\hat{p}=y/n$. 用长度以及覆盖概率，比较这个区间与二项记分区间. 你同意"它是记分区间的一个合理替换"这个说法吗？

(Samuels and Lu 1992 曾建议基于样本容量对 Wald 区间做另一种修改. Agresti and Caffo 2000 把这个修改扩充到两样本问题.)

10.45 用例 10.4.6 中给出的连续性校正求解近似二项置信区间的端点. 证明这个区间比没有连续性校正的要宽，并且连续性校正置信区间有一致更高的覆盖概率.（事实上，未校正的区间的覆盖概率不保持 $1-\alpha$，对于某些参数值，覆盖概率低于这个水平. 校正后的区间对于所有的参数保持大于 $1-\alpha$ 的覆盖概率.）

10.46 扩展例 10.4.8 中的比较.

(a) 产生类似于表 10.4.2 的表，考察基于中位数的位置参数的置信区间的稳健性.（基于均值的置信区间的结果在表 10.4.1 中给出.）

(b) 另一个基于 Huber M—估计量的置信区间使用自助法计算的方差. 考察这个区间的稳健性.

10.47 设 $X_1, \cdots, X_n$ 是 iid 的，服从负二项分布 NB (r, p).

(a) 完成例 10.4.9 的细节，即对于小的 p 值，区间

$$\left\{p: \frac{\chi^2_{2nr,1-\alpha/2}}{2\sum x} \leqslant p \leqslant \frac{\chi^2_{2nr,\alpha/2}}{2\sum x}\right\}$$

是一个近似 $1-\alpha$ 置信区间.

(b) 说明要得到最短长度的 $1-\alpha$ 置信区间，如何选择端点.

10.48 对于 Fieller 置信集合的情形（见杂录 9.5.3），即设随机样本 (X_1, Y_1)，…，(X_n, Y_n) 来自于参数为 $(\mu_X, \mu_Y, \sigma_X^2, \sigma_Y^2, \rho)$ 的二元正态分布，求 $\theta=\mu_Y/\mu_X$ 的近似置信区间. 用例 5.5.27 中的近似矩计算，并应用中心极限定理.

10.6 杂录

10.6.1 超有效性

虽然定理 7.3.9 中的 Cramér－Rao 下界是名副其实的方差下界，但定义 10.1.11 和定理 10.1.6 中渐近方差的下界却可能被突破. 打破定义 10.1.11 中的界的一个例子由 Hodges（见 LeCam 1953）给出.

如果 X_1，…，X_n 是 iid $\mathrm{n}(\theta, 1)$ 的，θ 的无偏估计量的 Cramér－Rao 下界是 $v(\theta)=1/n$. 估计量

$$d_n=\begin{cases}\overline{X} & \text{如果 } |\overline{X}|\geqslant 1/n^{1/4}\\ a\overline{X} & \text{如果 } |\overline{X}|<1/n^{1/4}\end{cases}$$

满足：依分布有

$$\sqrt{n}(d_n-\theta)\rightarrow \mathrm{n}[0, v(\theta)],$$

其中 $v(\theta)=1$ 当 $\theta\neq 0$，$v(\theta)=a^2$ 当 $\theta=0$. 如果 $a<1$，则不等式（7.3.5）在 $\theta=0$ 不成立.

像 d_n 这样的估计量称为**超有效估计量**；虽然在某些一般的情况下可以构造出这种估计量，然而在现实中，在更大的程度上这种估计量是一种理论上的怪物. 这是因为使得方差低于下界的 θ 的值的集合是一个 Lebesgue（勒贝格）0 测度集合. 然而，超有效估计量的存在性提醒我们，在建立估计量的性质时，总要小心检查所做的假设（也提醒我们在一般情况下要小心!）.

10.6.2 适当的正则性条件

“在适当的正则条件下”这句话有乱用之嫌，因为只要给予充分的假设我们大概可以证明任何想要的结果. 然而，“正则条件”常是一组技术性很强的、相当乏味的、也是在大多数合理的问题中经常能够得到满足的条件. 但它们又是必需的，因此我们应该与之打交道. 为了完整起见，我们给出一组正则条件，用这组条件足以严格建立定理 10.1.6 和定理 10.1.12. 这组条件不是最普遍的条件，但对于许多应用而言是足够普遍的（一个值得提到的例外是 MLE 位于参数空间的边界的情形）. 需要事先说明的是，下面的内容不是给弱者的，略过这些内容对于理解定理而言无伤大局.

这些条件主要与密度的可微性及微分与积分的可交换性有关（像定理 7.3.9 中的条件一样）. 更多的细节和一般性结果见 Stuart，Ord，and Arnold（1999，第 18 章），Ferguson（1996，第 4 部分），或 Lehmann and Casella（1998，6.3 节）.

下列假定足以保证定理 10.1.6，即 MLE 的相合性.

（A1）我们观测到 X_1，…，X_n，$X_i \sim f(x|\theta)$是 iid 的.

（A2）参数是**可识别的**，即如果 $\theta \neq \theta'$，则 $f(x|\theta) \neq f(x|\theta')$.

（A3）各个密度 $f(x|\theta)$有共同支撑集，并且 $f(x|\theta)$关于 θ 可导.

（A4）参数空间 Ω 包含一个开集 ω，以真参数值 θ_0 为该开集的一个内点.

下列两个假定，连同（A1）～（A4）一起，保证了定理 10.1.12，即 MLE 的渐近正态性和渐近效率.

（A5）对于每个 $x \in \mathcal{X}$，密度 $f(x|\theta)$关于 θ 是三阶可导的，其三阶导数是 θ 的连续函数，并且 $\int f(x|\theta)\mathrm{d}x$ 可以在积分号下微分三次.

（A6）对任何 $\theta_0 \in \Omega$，存在一个正数 c 和一个函数 $M(x)$（二者都可以依赖于 θ_0）使得

$$\left|\frac{\partial^3}{\partial\theta^3}\log f(x|\theta)\right| \leqslant M(x)，对于所有 x \in \mathcal{X}，\theta_0 - c < \theta < \theta_0 + c，$$

以及 $\mathrm{E}_{\theta_0}|M(X)| < \infty$.

10.6.3 再谈自助法

理论

自助法背后的理论相当复杂，基于 **Edgeworth 展开**. Edgeworth 展开是分布函数围绕正态分布的展开（与 Taylor 级数同理）. 例如，对于 X_1，…，X_n iid，有密度 f，均值 μ 和方差 σ^2，$\frac{\sqrt{n}(\bar{X}-\mu)}{\sigma}$的累积分布函数的一个 Edgeworth 展开是（Hall 1992，方程 2.17）

$$P\left(\frac{\sqrt{n}(\bar{X}-\mu)}{\sigma} \leqslant \omega\right) = \Phi(\omega) + \phi(\omega)\left[\frac{-1}{6\sqrt{n}}\kappa(\omega^2-1) + R_n\right]$$

其中 nR_n 有界，Φ 和 ϕ 分别是标准正态分布的分布和密度函数，$\kappa = \mathrm{E}(X_1-\mu)^3$ 是偏度. 展开式中的第一项是通常的正态逼近，由于增加了更多的项，展开式变得更加精确了.

令人惊奇的是，在某些情况下自助法自动精确到展开式中的第二项（因此达到“二阶”精确）. 这个结果并不总是成立，但在对一个枢轴量使用自助法时确实成立. 有关自助法的 Edgeworth 展开，Hall（1992）中有透彻的讨论，也可见 Shao and Tu（1995）.

实践

我们只把自助法用在了计算标准误上，但它还有许多其他的应用，其中最受欢迎的是置信区间的构造．对于不同的情形，自助法也发展出许多不同的变化．特别，用自助法对付相关数据不失为妙手．Efron and Tibshirani（1993）介绍了自助法的许多应用和其他内容．

局限性

虽然自助法或许是近年来统计方法的最重要的进展，但它也不是没有局限性和非议的．除了独立同分布抽样和枢轴量的情形外，自助法未必自动有用，但仍然可能是非常有用的．关于这些问题的有趣的讨论，见 LePage and Billard（1992）或 Young（1994）．

10.6.4 影响函数

关于灾难性后果的一个度量是**影响函数**，它考虑分布的性质，同时也度量一个异常观测值产生的效果．影响函数可以解释为导数，由此又可以得到一些有趣的结果．

一个统计量的影响函数实际上可以用与它对应的总体量来计算．例如，样本均值的影响函数用总体均值来计算，因为它测量了总体扰动的影响．类似地，样本中位数的影响函数用总体中位数来计算．为了用适当的方式表达这个概念，要把一个估计量视为对累积分布函数 F 或经验累积分布函数 F_n 进行运算的函数．这种以其他函数作为自变量的函数叫做**泛函**．

注意，对于一个样本 X_1，…，X_n 来说，关于样本的知识等价于关于经验累积分布函数 F_n 的知识，因为 F_n 在每个 X_i 处有大小为 $1/n$ 的跳跃．因而，一个统计量 $T=T(X_1,\cdots,X_n)$ 可以等价地写为 $T(F_n)$．如此，我们就可以把相应的总体量记为 $T(F)$．

定义 10.6.1 对于来自累积分布函数为 F 的总体的样本 X_1，…，X_n，统计量 $T=T(F_n)$ 在点 x 处的**影响函数**为

$$IF(T,x)=\lim_{\delta\to 0}\frac{1}{\delta}[T(F_\delta)-T(F)],$$

其中 $X\sim F_\delta$ 如果

$$X\sim\begin{cases}F & \text{依概率 } 1-\delta\\ x & \text{依概率 } \delta\end{cases}$$

也就是说，F_δ 是 F 和点 x 的混合．

例 10.6.2（均值和中位数的影响函数） 假设我们有一个总体，它有连续的累积分布函数 F 和概率密度函数 f．以 μ 记其总体均值，$\overline{X}$记样本均值，$T(\cdot)$ 是计算总体均值的泛函．则 $T(F_n)=\overline{X}$，$T(F)=\mu$，并且

$$T(F_\delta)=(1-\delta)\mu+\delta x,$$

所以 IF（$\overline{X}$，x）$=x-\mu$，当 x 增大时，它对于$\overline{X}$的影响也增大.

对于中位数，我们有（见习题 10.27）

$$IF(M,x)=\begin{cases}\dfrac{1}{2f(m)} & \text{如果 } x>m\\ -\dfrac{1}{2f(m)} & \text{其他.}\end{cases}$$

因此，与均值不同，中位数的影响函数是有界的. ‖

为什么有界影响函数是重要的呢？为回答这个问题，我们来看 M－估计量的影响函数，均值和中位数都是 M-估计的特殊情况.

令$\hat{\theta}_M$ 为由方程 $\sum_i\psi$（$x_i-\theta$）$=0$ 解得的 M－估计量，其中 X_1，…，X_n 是 iid 的，有累积分布函数 F. 在 10.2.2 节我们看到$\hat{\theta}_M$ 是满足 $\mathrm{E}_{\theta_0}\psi$（$X-\theta_0$）$=0$ 的 θ_0 的相合估计量. $\hat{\theta}_M$ 的影响函数是

$$IF(\hat{\theta}_M,x)=\frac{\psi(x-\theta_0)}{-\int\psi'(t-\theta_0)f(t)\mathrm{d}t}=\frac{\psi(x-\theta_0)}{-\mathrm{E}_{\theta_0}(\psi'(X-\theta_0))}.$$

现在如果我们回想式（10.2.6），就会看到影响函数平方的期望给出了$\hat{\theta}_M$ 的渐近方差，即依概率

$$\sqrt{n}(\hat{\theta}_{\mathrm{M}}-\theta_0)\to\mathrm{n}(0,\mathrm{E}_{\theta_0}[IF(\hat{\theta}_M,X)]^2).$$

因此，影响函数与渐近方差有直接的联系.

10.6.5 自助法区间

在 10.1.4 节中我们看到，自助法是获得任何一个统计量的标准误的简单而又具有一般性的方法. 在计算这些标准误时，我们实际上构造了一个统计量的分布，即**自助分布**. 这就自然引出了一个问题：有用自助法构造置信区间的简单而又一般的方法吗？自助法的确可以用来构造很好的置信区间，但是，在计算置信区间时，计算标准误时享受到的简单性没有了.

使用自助分布的百分位数，或者对 t 统计量（枢轴量）应用自助法，看上去都有作为一般方法应用的潜在可能. 然而，Efron and Tibshirani（1993，13.4 节）指出“一般来说这两种区间都不好”. Hall（1992，第 3 章）倾向于使用 t 统计量方法，并指出对一个枢轴量应用自助法，一般来说是比较好的.

百分位数和百分位数 t 区间只是自助置信区间家族中的沧海一粟，很多方法都有出色的表现. 然而，我们无法用简单的办法做一个总结；不同的问题需要不同的方法.

10.6.6 稳健区间

虽然我们在 10.2 节中就点估计量的稳健性讨论了一些细节，但除例 10.3.7 和例 10.4.8 以外，关于稳健检验和置信区间却没有深入细节问题. 这并不是由于不重要而是由于需要更多的篇幅.

当我们考察点估计量的稳健性质时，主要关心当假定有偏离（包括小偏离和大偏离）时估计量的表现. 对于检验和区间，我们也关心同样的问题，并期望稳健的点估计量能够导致稳健的检验和区间. 特别，我们还要求当对于假定的偏离在一定范围内时，稳健检验能够保持功效，而稳健区间能够保持覆盖概率. 这个要求能够达到，因为一个检验的功效函数与用来构造这个检验的点估计量的影响函数相联系（见 Staudte and Sheather 1990，5.3.3 节）. 当然这也立即意味着相应的区间估计的覆盖性质也与影响函数相联系.

Boos (1992) 通过估计方程和记分检验，对于稳健检验做了一个很好的介绍. Staudte and Sheather (1990)，Hettmansperger and McKean (1998) 以及当代的经典著作 Huber (1981) 也都是很好的参考书.

第 11 章

方差分析和回归分析

"我浪费的时间够多了，"雷斯垂德起身站了起来，"我只相信努力实干，不相信壁炉边的夸夸其谈."

——雷斯垂德侦探

《贵族单身汉案》

11.1 引言

迄今为止，我们已经用概率密度函数或概率质量函数建立了随机变量的模型，这些模型依赖于需要估计的未知参数. 在许多情形，如下面所给出的，关于随机变量的模型不仅用到未知参数，而且用到已知的（有时是可以控制的）自变量. 这些模型基于线性关系的假设，形成用于实际的一大类核心统计方法.

方差分析（Analysis of variance）（常简记为 ANOVA）是得到最广泛应用的统计技术之一. ANOVA 的基本思想，即变异的分解，是试验统计学的一个重要思想. 要说明的是，方差分析实际上并不关心方差的分析，而是研究**均值的变异**.

我们将学习方差分析的一个常见类型，即一种方式分组的方差分析. 关于方差分析设计的其他方面，Cochran and Cox（1957）在他们的经典教材中有透彻的阐述，稍微现代但仍属经典的讨论见 Dean and Voss（1999）或 Kuehl（2000）. Neter, Wasserman and Whitmore（1993）的教材就试验统计中的综合策略给出了一个指南.

回归技术，尤其是线性回归可能是最受欢迎的统计工具. 有各种形式的回归：线性回归、非线性回归、简单回归、多变量回归、参数回归、非参数回归等等. 在这章中，我们将看到最简单的情况，即有一个预测变量的线性回归（这通常称为简单线性回归，以区别于带有多个预测变量的多变量回归）.

回归分析的一个主要目的是探索一个变量对于其他变量的依赖性. 在简单线性回归中，通过关系 $EY=\alpha+\beta x$ 把随机变量 Y 的均值作为另一个可观测变量 x 的函数建立模型. 一般地，EY 作为 x 的函数称为**总体回归函数**（population regression function）.

关于回归模型的好的综合参考书有 Christensen（1996）以及 Draper and Smith

(1998). Stuart, Ord and Arnold (1999, 第 27 章) 中有更多的理论论证.

11.2 一种方式分组的方差分析

最简单形式的方差分析是一种估计几个总体均值的方法，而这些总体常被假定服从正态分布. 然而，方差分析的核心在于统计设计. 怎样才能用最少的观测得到多数总体的大部分信息呢？这是方差分析的设计问题，但不是这里要讨论的重点，我们在方差分析中主要关心推断问题，即估计和检验.

经典的 ANOVA 以假设检验为其主要目标——具体地，检验所谓“ANOVA 零假设”. 但在近期以来，尤其是由于强大的计算能力，试验人员发现检验单一假设不能得到好的试验推断（这听上去有些荒唐，但后面我们会看到）. 因此，虽然我们给出零假设的检验的推导，这并不是方差分析的最重要的部分. 更重要的是估计，包括点估计和区间估计. 特别，基于**对比**（contrast，后面给出定义）的推断是最重要的.

在一种方式分组的方差分析中，我们假定观测的数据 Y_{ij} 遵从模型

(11.2.1) $$Y_{ij}=\theta_i+\epsilon_{ij},i=1,\cdots,k,j=1,\cdots,n_i$$

其中 θ_i 是未知参数，ϵ_{ij} 是误差随机变量.

例 11.2.1 (一种方式分组的 ANOVA) 一种方式分组 ANOVA 的数据 y_{ij} 形式上可以表示为：

处理				
1	2	3	…	k
y_{11}	y_{21}	y_{31}	…	y_{k1}
y_{12}	y_{22}	y_{32}	…	y_{k2}
⋮	⋮	⋮		y_{k3}
		y_{3n_3}		⋮
y_{1n_1}				
	y_{2n_2}			y_{kn_k}

注意我们不假定各个处理组中的观测值个数相同.

例如，为了考察三种毒素和一个对照对于某种鲑鱼肝脏的相对影响而进行试验，数据是每条鱼的肝脏恶化的量（以标准单位计算）.

毒素 1	毒素 2	毒素 3	对照
28	33	18	11
23	36	21	14

(续)

毒素 1	毒素 2	毒素 3	对照
14	34	20	11
16	27	29	22
	31	24	
	34		

不失一般性我们可以假定 $\mathrm{E}\,\epsilon_{ij}=0$，否则可以把其均值吸收到 θ_i 并重新定义 ϵ_{ij}. 由此得到

$$\mathrm{E}Y_{ij}=\theta_i, j=1,\cdots,n_i,$$

即 θ_i 为 Y_{ij} 的均值. 通常称这些 θ_i 为**处理均值** (treatment mean)，因为下标常对应于不同的处理或一个特定处理的不同**水平** (level)，如某种药物的剂量水平.

还有另一个模型可以代替方程 (11.2.1)，这个模型有时被称为**过度参数化模型** (overparameterized model)，表示为

(11.2.2)
$$Y_{ij}=\mu+\tau_i+\epsilon_{ij},\quad i=1,\ \cdots,\ k,\ j=1,\ \cdots,\ n_i,$$

其中仍然有 $\mathrm{E}\,\epsilon_{ij}=0$. 从这个模型得到

$$\mathrm{E}Y_{ij}=\mu+\tau_i.$$

在这个模型中，我们认为 μ 是一个总平均，即各个处理的共同平均水平；而 τ_i 表示仅由处理 i 引起的与总平均水平的偏差. 然而，我们不能分别估计 μ 和 τ_i，因为有**可识别性** (identifiability) 问题.

定义 11.2.2　分布族 $\{f(x\mid\theta):\theta\in\Theta\}$ 的参数 θ 是**可识别的**，如果不同的 θ 值对应于不同的概率密度函数或概率函数，即若 $\theta\neq\theta'$，则 x 的函数 $f(x\mid\theta)$ 和 $f(x\mid\theta')$ 是不同的.

可识别性是模型的性质，而不是估计量或估计方法的性质. 但如果模型是不可识别的，就会有统计推断上的困难. 比如，如果 $f(x\mid\theta)=f(x\mid\theta')$，那么从这两个分布得到的观测值看上去一样，无法知道参数的真值是 θ 还是 θ'. 具体地说，θ 和 θ' 给出相同的似然函数值.

可识别性问题常常可以通过重新定义模型的方法得到解决. 之所以我们以前没有遇到可识别性问题，是由于我们的模型不只是形成于直观同时也是可识别的（例如用均值和方差建立正态总体的模型）. 可是，这里的模型 (11.2.2) 直观上有意义但不是可识别的. 在第 12 章我们将看到二元正态总体的一个参数化，那里虽然模型建立得好但却不是可识别的.

在模型 (11.2.2) 的参数化中，有 $k+1$ 个参数，即 $(\mu,\ \tau_1,\ \cdots,\ \tau_k)$，但只有 k 个均值 $\mathrm{E}Y_{ij}$，$i=1,\ \cdots,\ k$. 如果没有对参数的进一步约束，就会有多于一个的参数 $(\mu,\ \tau_1,\ \cdots,\ \tau_k)$ 的集合对应同一个分布. 在这个模型中，通常加上约束

$\sum_{i=1}^{k}\tau_i=0$．这个约束等价于把参数个数降低到 k，使得模型成为可识别的．它还使得各个 τ_i 能够解释为对于总平均水平的偏离（见习题 11.5）．

模型（11.2.1）是一个**单元均值模型**（cell mean model），对于一种方式分组的 ANOVA，它有更直接的解释，因而我们更乐于使用．但在更复杂的 ANOVA 中，有时模型（11.2.2）更好解释．

11.2.1 模型和分布假定

在模型（11.2.1）下，要估计参数，至少需要假定对于所有 i，j 有 $\mathrm{E}\,\epsilon_{ij}=0$ 和 $\mathrm{Var}\,\epsilon_{ij}<\infty$．在这些假设下，我们可以给出 θ_i 的估计（参见习题 7.41）．但要给出置信区间或检验，需要分布的假定．下面是经典的 ANOVA 假定．

一种方式分组 ANOVA 的假定

观测的随机变量 Y_{ij} 遵从模型

$$Y_{ij}=\theta_i+\epsilon_{ij},\ i=1,\ \cdots,\ k,\ j=1,\ \cdots,\ n_i,$$

其中

(i) 对于所有 i，j，$\mathrm{E}\,\epsilon_{ij}=0$，$\mathrm{Var}\,(\epsilon_{ij})=\sigma_i^2<\infty$；对于所有 i，i'，j，j'，$i\neq i'$，$j\neq j'$，有 $\mathrm{Cov}\,(\epsilon_{ij},\ \epsilon_{i'j'})=0$．

(ii) 诸 ϵ_{ij} 相互独立，并服从正态分布（正态误差）．

(iii) 对于所有 i，$\sigma_i^2=\sigma^2$（等方差，也称为**方差齐性**（homoscedasticity））．

没有假定（ii），我们只能给出点估计，并且或许可以在一个估计类中通过极小化方差寻找估计量，但不能给出区间估计或检验．如果我们假定其他分布而不是正态，区间和检验的推导可能相当困难（但仍是可能的）．当然，对于适当的样本大小和总体，在渐近分布误差不太大的情况下，我们可以用中心极限定理（CLT）．

等方差假定也很重要．有趣的是，其重要性与正态假定有关．一般说来，如果怀疑数据严重违反 ANOVA 假定，往往首先尝试对数据作非线性变换，使得变换后的数据更加符合 ANOVA 假定．这样做一般比直接针对未变换的数据寻求其他模型容易些．常用的变换见 Snedecor and Cochran（1989），也可以参见习题 11.1 和 11.2．（其他的变换有 Box-Cox 指数变换族，见习题 11.3）

Box（1954）的经典论文指出，方差分析对于正态假定的稳健性依赖于方差之间相差多大（相等更好）．方差不等时均值的估计问题，是著名的 Behrens-Fisher 问题，可以追溯到 Fisher（1935，1939）．关于 Behrens-Fisher 问题的充分讨论可在 Stuart，Ord and Arnold（1999）中找到．

在本章的剩余部分，我们将讨论在大多数试验场合都要做的事，并假定上述三个经典假定成立．如果数据需要变换或 CLT，我们假定已经采取过这些措施．

11.2.2 经典的 ANOVA 假设

经典的 ANOVA 检验是零假设

$$H_0: \theta_1=\theta_2=\cdots=\theta_k,$$

的检验. 在许多情况下，这个假设是无聊的、没意思的、不真的. 试验人员通常不认为不同的处理会有完全一样的均值，更自然的情况是，试验的目的在于找出哪个处理更好（比如，有更大的均值），ANOVA 的真正兴趣不在于检验而是估计.（有一些特殊情况，兴趣确实在 ANOVA 零假设）多数情况如下例.

例 11.2.3（ANOVA 假设） ANOVA 起源于农业试验的分析. 例如，在不同肥料对于菠菜的锌含量（y_{ij}）影响的研究中，考察了 5 个处理. 每个处理是几种肥料（镁，钾，锌）的一种混合，所得数据如例 11.2.1，5 个处理如下，单位是磅/英亩.

处理	镁	钾	锌
1	0	0	0
2	0	200	0
3	50	200	0
4	200	200	0
5	0	200	15

经典的零假设确实没有意思，因为试验者确信不同的混合肥料有不同的效果. 试验的兴趣是看这些效果有多大. ‖

我们将花一些篇幅来讨论 ANOVA 零假设，但多是作为工具使用. 回忆第 9 章中讲到的检验与区间估计的关系. 通过这个关系，我们可以先推导检验（此处更容易些），然后再反转过来得到置信区域.

ANOVA 零假设的备择假设就是均值不全相等，即我们检验

(11.2.3)　　$H_0: \theta_1=\theta_2=\cdots=\theta_k$ 对 $H_1: \theta_i\neq\theta_j$，对于某对 i，j

等价地，也可以把 H_1 写为 H_1：非 H_0. 要知道，如果 H_0 被拒绝，我们只能断定这些 θ_i 之间有一些差异，但却不能推断出差异在哪里.（注意，如果 H_1 被接受，不能说所有这些 θ_i 都不同，而只能说至少有两个不同.）

ANOVA 假设的一个问题是不易解释，这也是许多多变量假设的共同问题. 更有用的，不是仅仅断言有一些 θ_i 不同，而是对这些 θ_i 的统计描述. 这样的描述可以通过把 ANOVA 的假设拆分为小的、更容易描述的部分.

我们已经讲过如何把复杂的假设拆分为小的、更容易理解的部分，即第 8 章中的并-交方法和交-并方法. 对于 ANOVA，并-交方法是最好用的，因为 ANOVA 零假设是多个更容易理解的单变量假设的交，这些单变量假设就是所谓**对比**. 进一步，在我们所考虑的情况下，基于并-交方法所得到的检验与 LRT 检验一致（见习题 11.13）. 因此，它们具有似然检验的所有性质.

定义 11.2.4 设 $t=(t_1, \cdots, t_k)$ 是变量的集合，这些变量是参数或统计量，

$\boldsymbol{a}=(a_1, \cdots, a_k)$ 为 k 个已知常数. 函数

(11.2.4) $$\sum_{i=1}^{k} a_i t_i$$

叫做这些 t_i 的**线性组合**(linear combination). 进一步,如果 $\sum a_i=0$,则叫做**对比**(contrast).

对比很重要,因为可以用其来比较处理均值. 例如,如果 $\theta_1,\cdots,\theta_k$ 为均值,而 $\boldsymbol{a}=(1,-1,0,\cdots,0)$,则

$$\sum_{i=1}^{k} a_i\theta_i=\theta_1-\theta_2$$

为比较 θ_1 和 θ_2 的对比. (更多的对比见习题 11.10)

并-交方法的威力得到越来越多的理解; 构成 ANOVA 零假设的这些个体零假设很容易想象.

定理 11.2.5 设 $\boldsymbol{\theta}=(\theta_1, \cdots, \theta_k)$ 为任意参数. 则

$$\theta_1=\theta_2=\cdots=\theta_k \Leftrightarrow \sum_{i=1}^{k} a_i\theta_i=0 \text{ 对所有 } \boldsymbol{a}\in\mathcal{A},$$

其中 $\mathcal{A}$ 为常数集合 $\mathcal{A}=\{\boldsymbol{a}=(a_1, \cdots, a_k): \sum a_i=0\}$; 上式右端即是说所有对比均为 0.

证明: 如果 $\theta_1=\cdots=\theta_k=\theta$, 则

$$\sum_{i=1}^{k} a_i\theta_i=\sum_{i=1}^{k} a_i\theta=\theta\sum_{i=1}^{k} a_i=0, \text{(因为 } \boldsymbol{a} \text{ 满足 } \sum_{i=1}^{k} a_i=0)$$

这就证明了蕴涵关系 (⇒). 为证明另一个蕴涵关系, 考虑由

$$\boldsymbol{a}_1=(1,-1,0,\cdots,0), \boldsymbol{a}_2=(0,1,-1,0,\cdots,0), \cdots, \boldsymbol{a}_{k-1}=(0,\cdots,0,1,-1)$$

给出的一组 $\boldsymbol{a}_i\in\mathcal{A}$. (集合 $(\boldsymbol{a}_1, \boldsymbol{a}_2, \cdots, \boldsymbol{a}_{k-1})$ **张成** $\mathcal{A}$ 的元素, 即任何 $\boldsymbol{a}\in\mathcal{A}$ 可以写成 $(\boldsymbol{a}_1, \boldsymbol{a}_2, \cdots, \boldsymbol{a}_{k-1})$ 的一个线性组合.) 由这些 $\boldsymbol{a}_i$ 形成对比, 得到

$$\boldsymbol{a}_1\Rightarrow\theta_1=\theta_2, \boldsymbol{a}_2\Rightarrow\theta_2=\theta_3, \cdots, \boldsymbol{a}_{k-1}\Rightarrow\theta_{k-1}=\theta_k,$$

这些等式结合在一起, 意味着 $\theta_1=\theta_2=\cdots=\theta_k$, 这就证明了定理. □

从定理 11.2.5 立即得到, ANOVA 零假设可以用关于对比的假设表示, 即, 零假设为真当且仅当假设

$$H_0: \sum_{i=1}^{k} a_i\theta_i=0 \text{ 对于所有满足} \sum_{i=1}^{k} a_i=0 \text{ 的}(a_1,\cdots,a_k)$$

为真. 而且, 如果 H_0 是假的, 则至少存在一个非 0 对比. 这就是说, ANOVA 备择假设 "H_1: 不是所有 θ_i 都相等" 等价于备择假设

$$H_1: \sum_{i=1}^{k} a_i\theta_i\neq 0 \text{ 对于某个满足} \sum_{i=1}^{k} a_i=0 \text{ 的}(a_1,\cdots,a_k).$$

由此我们得到, 用对比表示的假设更容易理解些, 或许也更容易解释些. 然而, 我

们的真正收获是，对比的应用使得我们能够用统一的方式来思考和计算.

11.2.3 均值的线性组合的推断

线性组合，尤其是对比，在方差分析中扮演着极其重要的角色．通过理解和分析对比，我们对 θ_i 做有意义的推断．在前一节我们已经证明 ANOVA 零假设其实就是关于对比的一个命题．事实上，方差分析中大多数有意义的推断都可以表示为对比或对比的集合．我们从单个线性组合的推断开始.

在一种方式分组 ANOVA 的假定下，有

$$Y_{ij}\sim \mathrm{n}(\theta_i,\ \sigma^2),i=1,\ \cdots,\ k,\ j=1,\ \cdots,\ n_i.$$

因此，

$$\bar{Y}_{i\cdot}=\frac{1}{n_i}\sum_{j=1}^{n_i} Y_{ij}\sim \mathrm{n}(\theta_i,\ \sigma^2/n_i),\ i=1,\ \cdots,\ k.$$

关于符号的注记：通常约定，如果一个下标被“.”代替，就表示已经对这个下标求和．于是，$Y_{i\cdot}=\sum_{j=1}^{n_i}Y_{ij}$，$Y_{\cdot j}=\sum_{i=1}^{k}Y_{ij}$．再加上一个横线（读作 bar）表示求均值，就像上面的 $\bar{Y}_{i\cdot}$．如果对两个下标都求和并且计算了所有观测值的平均值（称之为**总平均**），为使符号稍微简化一点，我们将打破这个常规而写为 $\bar{\bar{Y}}=\frac{1}{N}\sum_{i=1}^{k}\sum_{j=1}^{n_i}Y_{ij}$，这里 $N=\sum_{i=1}^{k}n_i$.

对任何常数向量 $\boldsymbol{a}=(a_1,\ \cdots,\ a_k)$，$\sum_{i=1}^{k}a_i\bar{Y}_{i\cdot}$ 也是正态的（见习题 11.8）并且

$$\mathrm{E}\left(\sum_{i=1}^{k}a_i\bar{Y}_{i\cdot}\right)=\sum_{i=1}^{k}a_i\theta_i,\ \mathrm{Var}\left(\sum_{i=1}^{k}a_i\bar{Y}_{i\cdot}\right)=\sigma^2\sum_{i=1}^{k}\frac{a_i^2}{n_i}$$

进一步，

$$\frac{\sum_{i=1}^{k}a_i\bar{Y}_{i\cdot}-\sum_{i=1}^{k}a_i\theta_i}{\sqrt{\sigma^2\sum_{i=1}^{k}\frac{a_i^2}{n_i}}}\sim \mathrm{n}(0,1).$$

这虽然不错，但我们经常要在对 σ 一无所知的情况下作出关于 θ_i 的推断．因此，要用 σ 的估计量替换它．在每个总体中，如果记样本方差为 S_i^2，即

$$S_i^2=\frac{1}{n_i-1}\sum_{j=1}^{n_i}(Y_{ij}-\bar{Y}_{i\cdot})^2,\ i=1,\ \cdots,\ k,$$

则 S_i^2 是 σ^2 的一个估计量并且 $(n_i-1)\ S_i^2/\sigma^2\sim\chi^2_{n_i-1}$．进一步，在 ANOVA 的假定下，由于每个 S_i^2 都是 σ^2 的估计量，我们可以把这些估计量结合起来得到更好的估计量．于是，我们使用 σ^2 的组合估计量(pooled estimator)S_p^2，定义为

$$S_p^2=\frac{1}{N-k}\sum_{i=1}^{k}(n_i-1)\ S_i^2=\frac{1}{N-k}\sum_{i=1}^{k}\sum_{j=1}^{n_i}(Y_{ij}-\bar{Y}_{i\cdot})^2. \tag{11.2.5}$$

注意 $N-k=\sum_{i=1}^{k}(n_i-1)$. 由于各个 S_i^2 是独立的，引理 5.3.2 表明 $(N-k)S_p^2/\sigma^2\sim\chi_{N-k}^2$. 此外，$S_p^2$ 与 $\bar{Y}_{i\cdot}$ 独立（见习题 11.6），因此

(11.2.6) $$\frac{\sum_{i=1}^{k}a_i\bar{Y}_{i\cdot}-\sum_{i=1}^{k}a_i\theta_i}{\sqrt{S_p^2\sum_{i=1}^{k}a_i^2/n_i}}\sim t_{N-k},$$

即自由度为 $N-k$ 的学生 t 分布.

为在水平 α 上检验

$$H_0:\sum_{i=1}^{k}a_i\theta_i=0 \text{ 对 } H_1:\sum_{i=1}^{k}a_i\theta_i\neq 0$$

我们将在

(11.2.7) $$\left|\frac{\sum_{i=1}^{k}a_i\bar{Y}_{i\cdot}}{\sqrt{S_p^2\sum_{i=1}^{k}a_i^2/n_i}}\right|>t_{N-k,\alpha/2}$$

时拒绝 H_0.（习题 11.9 给出了包括线性组合在内的其他检验.）进一步，式 (11.2.6) 定义了一个枢轴量，利用它反过来可以给出具有概率 $1-\alpha$ 的 $\sum a_i\theta_i$ 的区间估计量

(11.2.8) $$\sum_{i=1}^{k}a_i\bar{Y}_{i\cdot}-t_{N-k,\alpha/2}\sqrt{S_p^2\sum_{i=1}^{k}\frac{a_i^2}{n_i}}\leqslant\sum_{i=1}^{k}a_i\theta_i\leqslant\sum_{i=1}^{k}a_i\bar{Y}_{i\cdot}+t_{N-k,\alpha/2}\sqrt{S_p^2\sum_{i=1}^{k}\frac{a_i^2}{n_i}}.$$

例 11.2.6（ANOVA 对比） 利用 $\boldsymbol{a}$ 的特定取值可以给出一些特殊的检验或置信区间. 例如，为比较处理 1 和处理 2，取 $\boldsymbol{a}=(1, -1, 0, \cdots, 0)$. 那么，由式 (11.2.6)，为检验 $H_0:\theta_1=\theta_2$ 对 $\theta_1\neq\theta_2$，我们将在

$$\left|\frac{\bar{Y}_{1\cdot}-\bar{Y}_{2\cdot}}{\sqrt{S_p^2\left(\frac{1}{n_1}+\frac{1}{n_2}\right)}}\right|>t_{N-k,\alpha/2}$$

时拒绝 H_0. 注意，这个检验与两样本 t 检验之间（习题 8.41）的差别在于，来自处理 3、处理 4 …连同处理 1、处理 2 的信息一起被用来估计 σ^2.

如果要对处理 1 与处理 2 和处理 3 的平均进行比较（比如，处理 1 或许是一个对照，2 和 3 是试验处理，而我们要寻找的是综合效应），就取 $\boldsymbol{a}=(1, -1/2, -1/2, 0, \cdots, 0)$，且当

$$\left|\frac{\bar{Y}_{1\cdot}-\frac{1}{2}\bar{Y}_{2\cdot}-\frac{1}{2}\bar{Y}_{3\cdot}}{\sqrt{S_p^2\left(\frac{1}{n_1}+\frac{1}{4n_2}+\frac{1}{4n_3}\right)}}\right|>t_{N-k,\alpha/2}$$

时拒绝 $H_0:\ \theta_1=\frac{1}{2}(\theta_1+\theta_2)$.

用式 (11.2.6) 或式 (11.2.8)，我们可以检验或估计 ANOVA 中的任何线性

组合. 适当选择线性组合，我们可以更多地了解处理均值. 例如，如果看对比 $\theta_1-\theta_2$，$\theta_2-\theta_3$，就可以了解一些这几个 θ_i 的排序情况.（当然，考虑多个检验或区间时要当心，使总水平为 α；可以使用 Bonferroni 不等式. 见例 11.2.9）

当我们从对比的线性组合得出正式结论时也必须谨慎. 考虑假设

$$H_0: \theta_1=\frac{1}{2}(\theta_1+\theta_2) \text{ 对 } H_1: \theta_1<\frac{1}{2}(\theta_1+\theta_2)$$

和

$$H_0: \theta_2=\theta_3 \text{ 对 } H_1: \theta_2<\theta_3.$$

如果拒绝了这两个零假设，那么我们可以说 θ_3 比 θ_1 和 θ_2 都大，但我们从这两个检验得不到关于 θ_2 和 θ_1 的序的结论.（习题 11.10）

现在，我们利用有关线性组合的这些单变量结果以及定理 11.2.5 中给出的 ANOVA 零假设和对比之间的关系来推导 ANOVA 零假设的检验.

11.2.4　ANOVA *F* 检验

在前一节中我们看到如何处理 ANOVA 中的单个线性组合，包括对比. 在 11.2 节，我们也看到 ANOVA 零假设等价于有关对比的一个假设. 在这一节我们将利用这个等价性，以及第 8 章中的并-交方法推导出 ANOVA 假设的一个检验.

由定理 11.2.5，ANOVA 假设检验可以写成

$$H_0: \sum_{i=1}^{k} a_i\theta_i=0 \text{ 对所有 } \boldsymbol{a}\in\mathcal{A} \text{ 对 } H_1: \sum_{i=1}^{k} a_i\theta_i\neq 0 \text{ 对某个 } \boldsymbol{a}\in\mathcal{A},$$

其中 $\mathcal{A}=\{\boldsymbol{a}=(a_1,\cdots,a_k): \sum_{i=1}^{k} a_i=0\}$. 为了更清楚地看出这是一个并-交检验，对于每个 $\boldsymbol{a}$ 定义集合

$$\Theta_{\boldsymbol{a}}=\{\boldsymbol{\theta}=(\theta_1,\cdots,\theta_k): \sum_{i=1}^{k} a_i\theta_i=0\}.$$

则

$$\theta\in\{\boldsymbol{\theta}: \theta_1=\theta_2=\cdots=\theta_k\}\Leftrightarrow\boldsymbol{\theta}\in\Theta_{\boldsymbol{a}} \text{ 对于所有 } \boldsymbol{a}\in\mathcal{A}\Leftrightarrow\theta\in\bigcap_{\boldsymbol{a}\in\mathcal{A}}\Theta_{\boldsymbol{a}},$$

即 ANOVA 零假设可以写为交的形式.

现在，回忆 8.2.3 节中的并-交方法，如果对任何 $\boldsymbol{a}$，我们能拒绝

$$H_{0\boldsymbol{a}}: \boldsymbol{\theta}\in\Theta_{\boldsymbol{a}} \text{ 对 } H_{1\boldsymbol{a}}: \boldsymbol{\theta}\notin\Theta_{\boldsymbol{a}}$$

的话，则就拒绝 $H_0: \boldsymbol{\theta}\in\bigcap_{\boldsymbol{a}\in\mathcal{A}}\Theta_{\boldsymbol{a}}$（从而拒绝 ANOVA 零假设）.

我们用式（11.2.6）中的 t 统计量

$$T_{\boldsymbol{a}}=\left|\frac{\sum_{i=1}^{k} a_i\bar{Y}_{i\cdot}-\sum_{i=1}^{k} a_i\theta_i}{\sqrt{S_p^2\sum_{i=1}^{k} a_i^2/n_i}}\right| \tag{11.2.9}$$

对于某个常数 k，如果 $T_{\boldsymbol{a}}>k$ 我们就拒绝 $H_{0\boldsymbol{a}}$. 由并-交方法知道，如果对任何 $\boldsymbol{a}$ 我

们能够拒绝，那么对于极大化 $T_{\boldsymbol{a}}$ 的 $\boldsymbol{a}$ 也能够拒绝．因此，ANOVA 零假设的并-交检验是当 $\sup_{\boldsymbol{a}} T_{\boldsymbol{a}} > k$ 时拒绝 H_0，这里 k 满足 $P_{H_0}(\sup_{\boldsymbol{a}} T_{\boldsymbol{a}} > k) = \alpha$.

$\sup_{\boldsymbol{a}} T_{\boldsymbol{a}}$ 的计算不是显而易见的，尽管稍加小心也不算困难．类似于前面遇到过的问题（例如在习题 7.41 中计算过约束极小值），该计算是一个约束极大值问题．我们将用与以前类似的方法以及 Cauchy-Schwarz 不等式来解决这个问题．（也可以使用 Lagrange 乘子法，但此时要验证找到的是极大值必须使用二阶条件.）

下面的引理给出了极大化的大部分技术，可以用来求 $T_{\boldsymbol{a}}$ 的上确界．该引理是关于二次函数的约束极值的命题，初学者可以略过其证明.

引理 11.2.7 设 $(v_1, \cdots, v_k)$ 为一组常数，$(c_1, \cdots, c_k)$ 为一组正常数，则对于 $\mathcal{A} = \{\boldsymbol{a} = (a_1, \cdots, a_k) : \sum a_i = 0\}$，

$$\max_{\boldsymbol{a} \in \mathcal{A}} \left\{ \frac{\left(\sum_{i=1}^k a_i v_i\right)^2}{\sum_{i=1}^k a_i^2 / c_i} \right\} = \sum_{i=1}^k c_i (v_i - \bar{v}_c)^2, \tag{11.2.10}$$

其中 $\bar{v}_c = \sum c_i v_i / \sum c_i$．最大值在任何形如 $a_i = K c_i (v_i - \bar{v}_c)$ 的 $\boldsymbol{a}$ 处达到，这里 K 是非零常数.

证明：定义 $\mathcal{B} = \{\boldsymbol{b} = (b_1, \cdots, b_k) : \sum b_i = 0 \text{ 且} \sum b_i^2 = 1\}$．对任何 $\boldsymbol{a} \in \mathcal{A}$，由

$$b_i = \frac{a_i}{\sqrt{\sum_{i=1}^k a_i^2 / c_i}}$$

定义 $\boldsymbol{b} = (b_1, \cdots, b_k)$，则 $\boldsymbol{b} \in \mathcal{B}$．对于任何 $\boldsymbol{a} \in \mathcal{A}$，

$$\frac{\left(\sum_{i=1}^k a_i v_i\right)^2}{\sum_{i=1}^k a_i^2 / c_i} = \left(\sum_{i=1}^k b_i v_i\right)^2.$$

我们将寻找 $(\sum b_i v_i)^2$，$\boldsymbol{b} \in \mathcal{B}$ 的一个上界，然后证明引理中给出的 $\boldsymbol{a}$ 达到这个上界.

由于要处理乘积的和，很自然试用 Cauchy-Schwarz 不等式（见 4.7 节），但必须小心的是要结合 c_i 的约束条件．我们可以照如下方式来做．定义 $C = \sum c_i$ 并记

$$\frac{1}{C^2}\left(\sum_{i=1}^k b_i v_i\right)^2 = \left\{\sum_{i=1}^k \left(\frac{b_i}{c_i}\right)(v_i)\left(\frac{c_i}{C}\right)\right\}^2.$$

这是在由 c_i / C 定义的概率测度下的一个协方差．确切地说，如果由

$$P\left(B = \frac{b_i}{c_i}, V = v_i\right) = \frac{c_i}{C}, i = 1, \cdots, k,$$

定义随机变量 B 和 V，则 $\mathrm{E}B = \sum (b_i / c_i)(c_i / C) = \sum b_i / C = 0$．于是

$$\left\{\sum_{i=1}^k \left(\frac{b_i}{c_i}\right)(v_i)\left(\frac{c_i}{C}\right)\right\}^2 = (\mathrm{E}BV)^2$$

$$
\begin{aligned}
&= (\mathrm{Cov}(B,V))^2 && (\mathrm{E}B=0)\\
&\leqslant (\mathrm{Var}B)(\mathrm{Var}V) && (\text{Cauchy-Schwarz 不等式})\\
&= \left(\sum_{i=1}^{k}\left(\frac{b_i}{c_i}\right)^2\frac{c_i}{C}\right)\left(\sum_{i=1}^{k}(v_i-\overline{v}_c)^2\left(\frac{c_i}{C}\right)\right). && \left(\overline{v}_c=\frac{\sum c_i v_i}{\sum c_i}\right)
\end{aligned}
$$

利用事实$\sum b_i^2/c_i=1$并约去相同的项，得到

$$
\left(\sum_{i=1}^{k}b_i v_i\right)^2\leqslant\sum_{i=1}^{k}c_i(v_i-\overline{v}_c)^2 \text{ 对任何 } \boldsymbol{b}\in\mathcal{B}. \tag{11.2.11}
$$

最后，我们看到如果 $a_i=Kc_i\ (v_i-\overline{v}_c)$，$K$ 为非零常数，则 $\boldsymbol{a}\in\mathcal{A}$ 并且

$$
b_i=\frac{Kc_i(v_i-\overline{v}_c)}{\sqrt{\sum_{i=1}^{k}(Kc_i(v_i-\overline{v}_c))^2/c_i}}=\frac{c_i(v_i-\overline{v}_c)}{\sqrt{\sum_{i=1}^{k}c_i(v_i-\overline{v}_c)^2}}.
$$

由于$\sum c_i(v_i-\overline{v}_c)=0$，

$$
\begin{aligned}
\sum_{i=1}^{k}b_i v_i &= \frac{\sum_{i=1}^{k}c_i(v_i-\overline{v}_c)v_i}{\sqrt{\sum_{i=1}^{k}c_i(v_i-\overline{v}_c)^2}}\\
&= \frac{\sum_{i=1}^{k}c_i(v_i-\overline{v}_c)^2}{\sqrt{\sum_{i=1}^{k}c_i(v_i-\overline{v}_c)^2}}=\sqrt{\sum_{i=1}^{k}c_i(v_i-\overline{v}_c)^2},
\end{aligned}
$$

方程（11.2.11）中等式成立．因此，在这样的 a 处函数达到上界．‖

回到式（11.2.9）的 $T_{\boldsymbol{a}}$，我们知道极大化 $T_{\boldsymbol{a}}$ 等价于极大化 $T_{\boldsymbol{a}}^2$．有

$$
T_{\boldsymbol{a}}^2=\frac{\left(\sum_{i=1}^{k}a_i\overline{Y}_{i\cdot}-\sum_{i=1}^{k}a_i\theta_i\right)^2}{S_p^2\sum_{i=1}^{k}a_i^2/n_i}=\frac{\left(\sum_{i=1}^{k}a_i\overline{U}_i\right)^2}{S_p^2\sum_{i=1}^{k}a_i^2/n_i}. \qquad (\overline{U}_i=\overline{Y}_{i\cdot}-\theta_i)
$$

注意 S_p^2 对于极大化没有影响，对上式应用引理 11.2.7 得到以下定理．

定理 11.2.8　对于式（11.2.9）定义的 $T_{\boldsymbol{a}}$，

$$
\sup_{\boldsymbol{a}:\sum a_i=0}T_{\boldsymbol{a}}^2=\frac{\sum_{i=1}^{k}n_i\left((\overline{Y}_{i\cdot}-\overline{\overline{Y}})-(\theta_i-\overline{\theta})\right)^2}{S_p^2}, \tag{11.2.12}
$$

其中 $\overline{\overline{Y}}=\sum n_i\overline{Y}_{i\cdot}/\sum n_i,\ \overline{\theta}=\sum n_i\theta_i/\sum n_i$．进一步，在 ANOVA 假设下，有

$$
\sup_{\boldsymbol{a}:\sum a_i=0}T_{\boldsymbol{a}}^2\sim(k-1)F_{k-1,N-k}, \tag{11.2.13}
$$

即 $\sup_{\boldsymbol{a}:\sum a_i=0}T_{\boldsymbol{a}}^2/(k-1)$服从自由度 $k-1$ 和 $N-k$ 的 F 分布(回忆 $N=\sum n_{i\cdot}$)

证明：　要证明式（11.2.12），用引理 11.2.7 并令 $v_i=\overline{U}_i$ 及 $c_i=n_i$ 立即可得．

要证明式（11.2.13），我们必须证明，式（11.2.12）中的分子和分母除以它们的自由度以后是相互独立的卡方随机变量．由 ANOVA 假设有下列两个结论：分子和分母是相互独立的，并且 $S_p^2\sim\sigma^2\chi_{N-k}^2/(N-k)$．要证明

$$\frac{1}{\sigma^2}\sum_{i=1}^{k} n_i\Big((\bar{Y}_{i\cdot}-\bar{\bar{Y}})-(\theta_i-\bar{\theta})\Big)^2 \sim \chi^2_{k-1}$$

则需要一番努力．然而，此事可为，留做练习．（见习题 11.7） ‖

如果 H_0 ： $\theta_1=\cdots=\theta_k$ 成立，$\theta_i=\bar{\theta}$ 对于所有 $i=1$，…，k 成立，式（11.2.12）中的 $\theta_i-\bar{\theta}$ 项消失．于是，对于 ANOVA 假设

$$H_0: \theta_1=\cdots=\theta_k \text{ 对 } H_1: \theta_i\neq\theta_j \text{ 对于某 } i, j$$

的水平 α 的检验，我们当

$$\frac{\sum_{i=1}^{k} n_i\Big((\bar{Y}_{i\cdot}-\bar{\bar{Y}})\Big)^2}{S_p^2} > (k-1)F_{k-1,N-k,\alpha} \tag{11.2.14}$$

时拒绝 H_0．

这个拒绝域通常写为

$$\text{拒绝 } H_0 \text{ 当 } F=\frac{\sum_{i=1}^{k} n_i\Big((\bar{Y}_{i\cdot}-\bar{\bar{Y}})\Big)^2/(k-1)}{S_p^2} > F_{k-1,N-k,\alpha}$$

其中的 F 称为 ANOVA 的 F 统计量．

11.2.5 对比的同时估计

我们已经看到在 ANOVA 中如何检验和估计单个的对比，像式（11.2.6）和式（11.2.8）中的 t 统计量和区间．然而，在 ANOVA 中我们经常要做多个推断，而且我们知道用多个 α 水平的检验作为同时推断水平未必是 α．这个问题前面已经提到过．

例 11.2.9（两均值的差） 在许多时候对于均值的差感兴趣．如，若 θ_1，…，θ_k 为方差分析中的均值，可能对于诸如 $\theta_1-\theta_2$，$\theta_2-\theta_3$，$\theta_3-\theta_4$ 等的区间估计感兴趣．利用 Bonferroni 不等式可以建立一个同时推断．定义

$$C_{ij}=\left\{\theta_i-\theta_j: \theta_i-\theta_j\in\bar{Y}_i.-\bar{Y}_j.\pm t_{N-k,\alpha/2}\sqrt{S_p^2\left(\frac{1}{n_i}+\frac{1}{n_j}\right)}\right\},$$

则对于每个 C_{ij} 均有 P（C_{ij}）$=1-\alpha$，可是，例如有，P（C_{12} 与 C_{23}）$<1-\alpha$．但后面这个推断正是我们在方差分析中所要做的．

回忆在式（1.2.10）中给出的 Bonferroni 不等式，即对于任何集合 A_1，…，A_n，

$$P\Big(\bigcap_{i=1}^{n} A_i\Big)\geqslant\sum_{i=1}^{n} P(A_i)-(n-1).$$

这里我们要找出 P（$\bigcap_{i,j}C_{ij}$），即所有成对区间覆盖相应的差的概率的界．

由 Bonferroni 不等式，要做出 m 个置信集合的覆盖改善的同时 $1-\alpha$ 陈述，可以构造每一个置信集合使其水平为 γ，其中 γ 满足

$$1-\alpha=\sum_{i=1}^{m}\gamma-(m-1),$$

或者，等价地

$$\gamma=1-\frac{\alpha}{m}.$$

以上方法可以稍做推广，不必每个差的推断都有统一的水平. 我们可以构造各个置信集合具有水平 γ_i，γ_i 满足

$$1-\alpha=\sum_{i=1}^{m}\gamma_i-(m-1).$$

在具有 k 个处理的方差分析中，可以让每个 t 区间具有置信度 $1-2\alpha/[k(k-1)]$，从而得到置信度为 $1-\alpha$ 的所有 k（$k-1$）/2 个两均值差的同时置信推断.

同时推断的另一个精妙方法是由 Scheffé（1959）给出的. Scheffé 方法又叫 S 方法，可以用来求所有对比的同时置信区间（检验）.（习题 11.14 证明 Scheffé 方法可以用来建立任何线性组合的同时置信区间，而不只是对比.）这个方法允许我们为**所有对比的区间**而不只是一个特定的组同时设置一个置信水平. 当考察大量的对比时选用 Scheffé 方法. 如果对比的个数少，Bonferroni 界几乎肯定地更小.（对于其他类型的多重比较方法的讨论参见杂录一节.）

Scheffé 方法对于所有对比具有同时 $1-\alpha$ 覆盖概率的证明容易从 ANOVA 检验的并-交特性得到.

定理 11.2.10　在 ANOVA 假定下，若 $M=\sqrt{(k-1)\ F_{k-1,N-k,\alpha}}$，则

$$\sum_{i=1}^{k}a_i\bar{Y}_{i\cdot}-M\sqrt{S_p^2\sum_{i=1}^{k}\frac{a_i^2}{n_i}}\leqslant\sum_{i=1}^{k}a_i\theta_i\leqslant\sum_{i=1}^{k}a_i\bar{Y}_{i\cdot}+M\sqrt{S_p^2\sum_{i=1}^{k}\frac{a_i^2}{n_i}}$$

对所有 $\boldsymbol{a}\in\mathcal{A}=\{\boldsymbol{a}=(a_1，\cdots，a_k)\ :\sum a_i=0\}$ 同时成立的概率为 $1-\alpha$.

证明：　关于同时概率的陈述需要 M 满足

$$P\left(\left|\sum_{i=1}^{k}a_i\bar{Y}_{i\cdot}-\sum_{i=1}^{k}a_i\theta_i\right|\leqslant M\sqrt{S_p^2\sum_{i=1}^{k}\frac{a_i^2}{n_i}}\text{ 对于所有 }\boldsymbol{a}\in\mathcal{A}\right)=1-\alpha$$

或等价地

$$P(T_{\boldsymbol{a}}^2\leqslant M^2\text{ 对于所有 }\boldsymbol{a}\in\mathcal{A})=1-\alpha,$$

其中 $T_{\boldsymbol{a}}$ 由式（11.2.9）定义. 然而，由于

$$P(T_{\boldsymbol{a}}^2\leqslant M^2\text{ 对于所有 }\boldsymbol{a}\in\mathcal{A})=P\left(\sup_{\boldsymbol{a}:\sum a_i=0}T_{\boldsymbol{a}}^2\leqslant M^2\right),$$

定理 11.2.8 表明取 $M=(k-1)F_{k-1,N-k,\alpha}$ 满足上述要求. ‖

Scheffé 方法的真正力量之一是它允许合理的“数据探测”. 就是说，在经典的统计中，忌讳检验从数据看出来的假设，因为这样可能会把结果搞偏而导致无效的推断.（我们通常不能仅仅因为注意到 $\bar{Y}_{1\cdot}$ 与 $\bar{Y}_{2\cdot}$ 不同而去检验 $H_0:\theta_1=\theta_2$. 见习题

11.18.）然而，对于 Scheffé 方法，这个策略是合理的．区间或检验对于所有对比都是有效的，无论是否从数据能看出来都没关系，它们已经被 Scheffé 方法照顾到了．

当然，我们也必须为 Scheffé 方法所具有的力量而付出，代价在于区间长度．为了得到同时的置信水平，区间可能会相当长．例如，可以证明（习题 11.15）如果我们比较 t 分布和 F 分布，则对于任何 ν，α 和 k，分位点满足

$$t_{\nu,\alpha/2}\leqslant\sqrt{(k-1)F_{k-1,\nu,\alpha}},$$

因此，Scheffé 区间总是比单个对比的区间更宽，有时宽很多（另一种老生常谈的说法是试验中的小心计划和认真准备无可替代）．区间长度的现象也影响到检验．从上述不等式也可以看出，Scheffé 检验比 t 检验功效低．

11.2.6 平方和的分解

ANOVA 提供了一个有用的思想方法，即思考不同处理影响测量变量的方式，把变异分解到不同的来源．分解变异的基本思想包含在下述等式中．

定理 11.2.11 对任何数 y_{ij}，$i=1,\cdots,k$，且 $j=1,\cdots,n_i$，

$$\sum_{i=1}^{k}\sum_{j=1}^{n_i}(y_{ij}-\bar{\bar{y}})^2=\sum_{i=1}^{k}n_i(\bar{y}_{i\cdot}-\bar{\bar{y}})^2+\sum_{i=1}^{k}\sum_{j=1}^{n_i}(y_{ij}-\bar{y}_{i\cdot})^2, \tag{11.2.15}$$

其中 $\bar{y}_{i\cdot}=\frac{1}{n_i}\sum_j y_{ij}$，$\bar{\bar{y}}=\sum_i n_i\bar{y}_{i\cdot}/\sum_i n_i$．

证明： 证明相当简单，仅依赖于这个事实，即当我们处理均值时交叉项常常消失．写出

$$\sum_{i=1}^{k}\sum_{j=1}^{n_i}(y_{ij}-\bar{\bar{y}})^2=\sum_{i=1}^{k}\sum_{j=1}^{n_i}((y_{ij}-\bar{y}_{i\cdot})+(\bar{y}_{i\cdot}-\bar{\bar{y}}))^2,$$

再展开右边，重新组合各项．（见习题 11.21.） ‖

式（11.2.15）中的和叫做**平方和**（sums of squares），它们被认为是归结于不同来源的数据的变异．（有时，也称它们为**校正平方和**（corrected sums of squares），这里“校正”二字是指减去了均值．）

特别，在一种方式分组的 ANOVA 模型

$$Y_{ij}=\theta_i+\epsilon_{ij}$$

中的各项与方程（11.2.15）中的各项一一对应．方程（11.2.15）表明了如何为处理分配变异（**处理之间**（between treatments）的变异），如何为随机误差分配变异（**处理之内**（within treatments）的变异）．方程（11.2.15）的左端度量了没有区分各个处理时的变异，而右端的两项分别度量了仅归结于处理的变异以及仅归结于随机误差的变异．这些来源的变异满足上述等式表明，由这些平方和所度量的数据中的变异与 ANOVA 模型一样具有可加性．

平方和好用的原因之一是，在正态性假定下校正平方和是卡方（χ^2）随机变量，并且我们已经知道独立卡方变量相加得到新的卡方变量.

在 ANOVA 假定下，特别如果 $Y_{ij}\sim \mathrm{n}(\theta_i,\sigma^2)$，容易证明

(11.2.16) $$\frac{1}{\sigma^2}\sum_{i=1}^{k}\sum_{j=1}^{n_i}(Y_{ij}-\bar{Y}_{i\cdot})^2\sim\chi^2_{N-k},$$

因为对于每个 $i=1,\cdots,k$，$\frac{1}{\sigma^2}\sum_{j=1}^{n_i}(Y_{ij}-\bar{Y}_{i\cdot})^2\sim\chi^2_{n_i-1}$，所有这些和相互独立，并且对独立卡方随机变量有 $\sum_{i=1}^{k}\chi^2_{n_i-1}\sim\chi^2_{N-k}$. 进一步，如果对于每一对 i,j 都有$\theta_i=\theta_j$，那么

(11.2.17) $$\frac{1}{\sigma^2}\sum_{i=1}^{k}n_i(\bar{Y}_{i\cdot}-\bar{\bar{Y}})^2\sim\chi^2_{k-1}\text{及}\frac{1}{\sigma^2}\sum_{i=1}^{k}\sum_{j=1}^{n_i}(Y_{ij}-\bar{\bar{Y}})^2\sim\chi^2_{N-1}.$$

因此，在 $H_0:\theta_1=\cdots=\theta_k$ 下，方程（11.2.15）中平方和的分解是一个卡方随机变量的分解. 当除以误差方差后，左边是一个服从 χ^2_{N-1}分布的量，而右端分别是服从 χ^2_{k-i}和 χ^2_{N-k}的量. 注意，仅当方程（11.2.15）右端的项独立时 χ^2分解才是真的，而独立性从 ANOVA 假定的正态性得到. χ^2分解在稍微更一般一点的情况下也成立，其中的一个结果由 Cochran 定理给出.（参见 Searle 1971 及杂录一节.）

一般来说，可以把一个平方和分解成为一些不相关的对比的平方和，每个对比有自由度 1. 如果这个平方和有 ν 个自由度，有分布 χ^2_ν，那么它就可以分解为 ν 个自由度为 1 的相互独立的项，每个项有分布 χ^2_1.

量 $(\sum a_i\bar{Y}_{i\cdot})^2/(\sum a_i^2/n_i)$ 称为处理对比$\sum a_i\bar{Y}_{i\cdot}$的**对比平方和**（contrast sum of squares）. 在一种方式分组的 ANOVA 中，总可以找到常数集合 $\boldsymbol{a}^{(l)}=(a_1^{(l)},\cdots,a_k^{(l)})$，$l=1,\cdots,k-1$ 满足

$$\sum_{i=1}^{k}n_i(\bar{Y}_{i\cdot}-\bar{\bar{Y}})^2=\frac{(\sum_{i=1}^{k}a_i^{(1)}\bar{Y}_{i\cdot})^2}{\sum(a_i^{(1)})^2/n_i}+\frac{(\sum_{i=1}^{k}a_i^{(2)}\bar{Y}_{i\cdot})^2}{\sum(a_i^{(2)})^2/n_i}+\cdots+\frac{(\sum_{i=1}^{k}a_i^{(k-1)}\bar{Y}_{i\cdot})^2}{\sum(a_i^{(k-1)})^2/n_i}$$

表 11.2.1 一种方式分组的 ANOVA 表

变异来源	自由度	平方和	均方	F 统计量
处理组间	$k-1$	SSB= $\sum n_i(\bar{y}_{i\cdot}-\bar{\bar{y}})^2$	MSB= SSB/ $(k-1)$	F= MSB/MSW
处理组内	$N-k$	SSW= $\sum\sum(y_{ij}-\bar{y}_{i\cdot})^2$	MSW= SSW/ $(N-k)$	
总和	$N-1$	SST= $\sum\sum(y_{ij}-\bar{\bar{y}})^2$		

以及

$$\sum_{i=1}^{k} \frac{a_i^{(l)} a_i^{(l')}}{n_i} = 0 \quad \text{对任何 } l \neq l'. \tag{11.2.18}$$

因此，这些单个对比的平方和都是不相关的从而在正态性的假定下也是独立的（引理 5.3.3）. 在适当的正则化以后，方程（11.2.18）前面的分解式左边是一个 χ^2_{k-1} 分布的量而右边是 $k-1$ 个 χ^2_1 分布的量.（这样的对比称为**正交的对比**（orthogonal contrasts）. 见习题 11.10 和 11.11.）

通常将 ANOVA F 检验的结果总结成一个标准的表，称为 ANOVA 表（方差分析表），如表 11.2.1 所示. 表中还给出了一些有用的中间统计量，从标题可以知道它们的含义.

例 11.2.12（例 11.2.1 续） 鱼的毒素数据的 ANOVA 表是

变异来源	自由度	平方和	均方	F 统计量
处理	3	995.90	331.97	26.09
组内	15	190.83	12.72	
总和	18	1, 186.73		

F 统计量的值是 26.09，高度显著，有很强的证据表明毒素产生了不同的效应. ‖

从方程（11.2.15）可以看出表中平方和列的加法，即 SSB＋SSW＝SST. 同样也有自由度列的加法. 但均方列的加法不成立，因为它们是平均，不是和.

ANOVA 表不含新的统计量，它只是为有序地列出计算结果给出了一个形式. F 统计量与前面推导中给出的完全一致，而 MSW 就是公共方差 σ^2 的组合无偏估计量，即方程（11.2.5）中给出的 S_p^2（见习题 11.22）.

11.3 简单线性回归

在方差分析中我们考察了一个因子（变量）如何影响响应变量的均值. 现在转到简单线性回归，来更好地了解一个变量对于另一个变量的函数依赖性. 具体地，在简单线性回归中我们有以下关系

$$Y_i = \alpha + \beta x_i + \epsilon_i, \tag{11.3.1}$$

其中 Y_i 是一个随机变量，x_i 是另一个可观测变量，量 α 和 β 是固定的未知参数，分别叫做回归的**截距**（intercept）和**斜率**（slope），ϵ_i 则只能是一个随机变量. 通常假定 $\mathrm{E}\,\epsilon_i = 0$（否则我们可以把期望结合到 α 而重新定义），因此从式（11.3.1）我们有

$$\mathrm{E}Y_i = \alpha + \beta x_i, \tag{11.3.2}$$

一般地，由 EY 给出的函数作为 x 的函数叫做**总体回归函数**（population regression function）. 方程（11.3.2）定义了简单线性回归的总体回归函数.

回归的一个主要目的，是用像式（11.3.2）这样的关系和 x_i 的知识来预测 Y_i. 在通常的应用中常解释成 Y_i **依赖于**（depend on）x_i，也常把 Y_i 叫做**因变量**（dependent variable）而把 x_i 叫做**独立变量**（independent variable）. 然而，这种说法容易造成误解，因为单词 independent 在这里的用法与我们在前面的用法不同.（x_i 不必是随机变量，此时它们也不能是常用意义上的统计“独立”.）我们不使用这些容易混淆的词语，而说 Y_i 是**响应**变量（response variable），x_i 是**预测因子**变量（predictor variable）.

实际上，我们是假定 x_i 已知来推断 Y_i 与 x_i 的关系，明白了这一点，就可以把方程（11.3.2）写成

(11.3.3) $$E(Y_i|x_i)=\alpha+\beta x_i,$$

为了强调推断的条件性质，我们将更多地使用方程（11.3.3）.

在第 4 章中我们曾经在讲到条件期望时遇到**回归**（regression）一词（见习题 4.13）. 在那里，Y 关于 X 的回归定义为 $E(Y|x)$，即给定 $X=x$ 时 Y 的条件期望. 更一般地，**回归**在统计中用来标明变量之间的关系. 当提到回归是线性的，就可能意味着给定 $X=x$ 时 Y 的条件期望是 x 的线性函数. 注意，在方程（11.3.3）中，x_i 为是固定、已知还是可观测随机变量 X_i 的一个实现都没有关系.

无论在哪种情况方程（11.3.3）有同样的解释. 但是，在 11.3.4 节中就不是这样，在那里我们将关心用 X_i 和 Y_i 的联合分布进行推断.

线性回归（linear regression）一词是指**对于参数是线性的**. 因此，$E(Y_i|x_i)=\alpha+\beta x_i^2$ 和 $E(\log Y_i|x_i)=\alpha+\beta(1/x_i)$ 都是线性回归. 前者规定了 Y_i 和 x_i^2 之间的线性关系，后者则是 $\log Y_i$ 与 $1/x_i$ 之间的线性关系. 相反，$E(Y_i|x_i)=\alpha+\beta^2x_i$ 就不能说是线性回归.

回归一词有着有趣的历史，可以追溯到 1800 年代 Francis Galton 爵士的工作.（更多的细节见 Freedman 等 1991，对于历史的有深度的讨论见 Stigler 1986.）Galton 调查了父亲身高和他们的儿子的身高之间的关系. 他发现高个子父亲倾向于有高个子的儿子，矮个子的父亲则倾向于有矮个子的儿子. 这本不奇怪. 然而，他还发现很高的父亲倾向于有矮一点的儿子，而很矮的父亲倾向于有高一点的儿子.（想一想，这个结果是有意义的.）Galton 把这个现象叫做**朝向均值的回归**（使用了**回归**这个词的通常的意义，即“走回来”），从这个用法开始，我们得到**回归**这个词的现在的用法.

例 11.3.1（预测葡萄产量） 回归的一个更现代的应用是预测葡萄的产量. 每年 7 月，葡萄树生长出一串串的浆果，数数这些串可以预测秋天葡萄的最后产量. 典型的数据如下，其中给出了一些年份的串数和产量（吨/英亩）.

年份	产量 (Y)	串数 (x)	年份	产量 (Y)	串数 (x)
1971	5.6	116.37	1978	4.8	125.24
1973	3.2	82.77	1979	4.9	116.15
1974	4.5	110.68	1980	4.7	117.36
1975	4.2	97.50	1981	4.1	93.31
1976	5.2	115.88	1982	4.4	107.46
1977	2.7	80.19	1983	5.4	122.30

1972 年的数据缺失，因为农田被一场飓风毁坏了. 对这些数据绘图表明有很强的线性关系. ||

当我们写出如式（11.3.3）的方程时，意味着作出了 Y 关于 X 的回归是线性的这样一个假定. 也就是说，当给定 $X=x$ 时，Y 的条件期望是 x 的一个线性函数. 这个假定可能无法证实，因为可能没有现行的理论能够支持这个线性关系. 然而，由于线性关系用起来很方便，我们仍然要假定 Y 关于 X 的回归可以用线性函数充分逼近. 这样，我们并不真正期待方程（11.3.3）成立，而是希望

(11.3.4) $$\mathrm{E}(Y_i \mid x_i) \approx \alpha + \beta x_i$$

是一个合理的近似. 如果我们开始时假定（X_i，Y_i）有二元正态分布（这个假定相当强），立即可以得到 Y 关于 X 的回归是线性的. 此时，条件期望 $\mathrm{E}(Y \mid x)$ 关于参数是线性的（见定义 4.5.10 以及接下去的讨论）.

这里要做一个最后的区分. 当我们进行回归分析，也就是要调查一个预报因子和一个响应变量之间的关系时，有两个步骤. 第一步总体上是面向数据的，几乎只是汇总描述所观测到的数据.（这个步骤总是有的，因为我们总要计算样本均值、样本方差以及其他一些汇总统计量. 然而，现在这部分分析越来越复杂.）但很重要的是要明白，这个数据“拟合”的步骤不是统计推断. 因为我们只是把兴趣放在了我们手里的数据上，而不需要对参数作出任何假定.

回归分析的第二步是统计分析. 在这个步骤中，我们试图就总体中的关系，即总体回归函数作出推断. 为此，我们需要对总体作出假定. 具体地，如果我们要作出总体线性关系中的斜率和截距的推断，需要假定有一些参数对应于这些量.

在简单线性回归问题中，我们的观测数据有 n 对观测值（x_1，y_1），…，（x_n，y_n）. 在这一节中，我们将对这些数据考虑一些不同的模型. 这些不同的模型对于 x 或 y 或两者是否为随机变量 X 或 Y 的观测值作出的假定不同.

在每个模型中，我们的兴趣都是考察 x 和 y 之间的线性关系. 这 n 个数据点不

会恰好落在一条直线上，但是，我们将对观测到的这些数据点拟合一条直线，以总结样本信息. 我们将会看到，许多不同的方法会得到相同的直线.

基于数据（x_1，y_1），…，（x_n，y_n）定义下面的量. **样本均值**是

(11.3.5)
$$\bar{x}=\frac{1}{n}\sum_{i=1}^{n}x_i \text{ 和 } \bar{y}=\frac{1}{n}\sum_{i=1}^{n}y_i.$$

平方和是

(11.3.6)
$$S_{xx}=\sum_{i=1}^{n}(x_i-\bar{x})^2 \text{ 和 } S_{yy}=\sum_{i=1}^{n}(y_i-\bar{y})^2,$$

交叉乘积和是

(11.3.7)
$$S_{xy}=\sum_{i=1}^{n}(x_i-\bar{x})(y_i-\bar{y}).$$

则方程（11.3.4）中 α 和 β 的最常见的估计，分别以 a 和 b 来记，由

(11.3.8)
$$b=\frac{S_{xy}}{S_{xx}} \text{和 } a=\bar{y}-b\bar{x}$$

给出. 我们将在各种模型下证明这个估计的表达式.

11.3.1 最小二乘：数学解

在 α 和 β 的第一个估计的推导中我们不对观测值（x_i，y_i）作任何统计假定. 只把（x_1，y_1），…，（x_n，y_n）作为形如图 11.3.1 的散点图中的 n 个数对.（图 11.3.1 中的 24 个数据点列在表 11.3.1 中.）考虑画一条直线，通过这些点组成的点云并且使得这条线与所有点"尽可能接近".

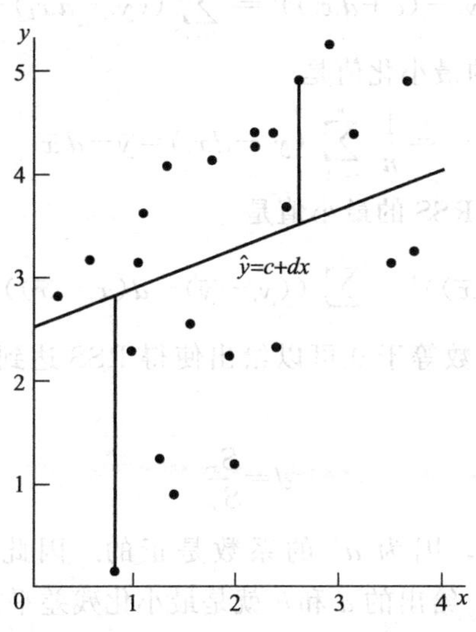

图 11.3.1 表 11.3.1 中的数据：用 RSS 测量的纵向距离

表 11.3.1 图 11.3.1 中的数据

x	y	x	y	x	y	x	y
3.74	3.22	0.20	2.81	1.22	1.23	1.76	4.12
3.66	4.87	2.50	3.71	1.00	3.13	0.51	3.16
0.78	0.12	3.50	3.11	1.29	4.05	2.17	4.40
2.40	2.31	1.35	0.90	0.95	2.28	1.99	1.18
2.18	4.25	2.36	4.39	1.05	3.60	1.53	2.54
1.93	2.24	3.13	4.36	2.92	5.39	2.60	4.89
$\bar{x}=1.95$	$\bar{y}=3.18$	$S_{xx}=22.82$		$S_{yy}=43.62$		$S_{xy}=15.48$	

对于任何直线 $y=c+dx$，其**残差平方和**（residual sum of squares，RSS）定义为

$$\text{RSS}=\sum_{i=1}^{n}(y_i-(c+dx_i))^2.$$

RSS 测量了每个数据点到直线 $c+dx$ 的纵向距离，并且它等于这些距离的平方和.（图 11.3.1 中标出两个这样的距离.）α 和 β 的**最小二乘估计**（least squares estimates）定义为使得直线 $a+bx$ 极小化 RSS 的 a 和 b. 即最小二乘估计 a 和 b 满足

$$\min_{c,d}\sum_{i=1}^{n}(y_i-(c+dx_i))^2=\sum_{i=1}^{n}(y_i-(a+bx_i))^2.$$

两变量 c 和 d 的这个函数可以用下列的方法极小化. 对于任何 d 的固定值，给出函数最小值的 c 值可以通过等式

$$\sum_{i=1}^{n}(y_i-(c+dx_i))^2=\sum_{i=1}^{n}((y_i-dx_i)-c)^2$$

找到. 由定理 5.2.4，c 的最小化值是

$$c=\frac{1}{n}\sum_{i=1}^{n}(y_i-dx_i)=\bar{y}-d\bar{x} \tag{11.3.9}$$

因此，对于给定的 d 值，RSS 的最小值是

$$\sum_{i=1}^{n}((y_i-dx_i)-(\bar{y}-d\bar{x}))^2=\sum_{i=1}^{n}((y_i-\bar{y})-d(x_i-\bar{x}))^2=S_{yy}-2dS_{xy}+d^2S_{xx}.$$

令这个 d 的二次函数的导数等于 0 可以给出使得 RSS 达到全局最小值的 d 值. 这个最小化值是

$$d=\frac{S_{xy}}{S_{xx}} \tag{11.3.10}$$

这的确是一个最小值点，因为 d^2 的系数是正的. 因此，由式（11.3.9）和式（11.3.10），式（11.3.8）给出的 a 和 b 就是最小化残差平方和的 c 和 d 的值.

RSS 只是测量从直线 $c+dx$ 到那些点的距离的合理方式之一. 比如，替代纵向距离我们也可以使用横向距离. 这等价于在图中把 y 变量画在横轴而把 x 变量画在

纵轴，然后像上面一样用纵向距离．由上面的结果（更换 x 和 y 的角色），我们找到最小二乘直线为 $\hat{x}=a'+b'y$，这里

$$b'=\frac{S_{xy}}{S_{yy}}\text{和 }a'=\bar{x}-b'\bar{y}$$

重新表示这条直线，使得 y 是 x 的函数，我们得到 $\hat{y}=-(a'/b')+(1/b')x$.

通常考虑横向距离与考虑纵向距离所得到的直线是不同的．从表 11.3.1 中的数据，y 关于 x（纵向距离）的回归是 $\hat{y}=1.86+0.68x$. x 关于 y（横向距离）的回归是 $\hat{y}=-2.31+2.82x$. 图 12.2.2 中画出了这两条直线（还有在 12.2 节中讨论的第 3 条线）．如果这两条直线相同，那么它们的斜率将一样且 $b/(1/b')$ 将等于 1. 但事实上，$b/(1/b')\leqslant 1$ 并且等式仅在特殊情况成立．注意

$$\frac{b}{1/b'}=bb'=\frac{(S_{xy})^2}{S_{xx}S_{yy}}.$$

令方程（4.7.9）中的 $p=q=2$，$a_i=x_i-\bar{x}$，以及 $b_i=y_i=\bar{y}$，用 Hölder 不等式知 $(S_{xy})^2\leqslant S_{xx}S_{yy}$，从而上述比值小于等于 1.

如果 x 是预报变量，y 是响应变量，并且我们要从 x 预测 y，那么用 RSS 衡量的纵向距离是合理的．它衡量了 y_i 与 y_i 的预测值 $\hat{y}_i=c+dx_i$ 之间的距离．但如果我们在 x 与 y 之间不做这样的区分，那么另一个合理的准则，即横向距离准则就会给出一条不同的直线，这会造成混乱．

最小二乘方法仅仅是一个对一组数据拟合一条直线的方法，而不是一个统计推断的方法．我们没有构造置信区间或检验假设的基础，因为在这一节我们还没有用到数据的任何统计模型．当我们想到这一节中的 a 和 b 时，最好把它们叫做最小二乘**解**，而不是最小二乘**估计**，因为它们是极小化 RSS 的数学问题的解，而不是从统计模型中推导出来的估计．但是，像我们将要看到的那样，最小二乘解在某些统计模型中具有最优性．

11.3.2　最佳线性无偏估计：统计解

这一节我们将证明，对于一个相当一般的统计模型，方程（11.3.8）中给出的估计 a 和 b 在线性无偏估计类中是最优的．假定 x_1，…，x_n 是已知的固定值，（把它们当作试验人员挑选出来的、并在实验室试验中设定的值．）而 y_1，…，y_n 为不相关随机变量 Y_1，…，Y_n 的观测值．假定这些 x 和这些 y 之间的线性关系是

(11.3.11)
$$\mathrm{E}Y_i=\alpha+\beta x_i,i=1,\cdots,n,$$

其中我们还假定

(11.3.12)
$$\mathrm{Var}Y_i=\sigma^2.$$

σ^2 没有下标，因为我们假定所有 Y_i 有相同的（未知）方差．这些关于 Y_i 的二阶矩的假定是本小节下面的推导中仅需的假定．比如，我们不需要指明 Y_1，…，Y_n 的

概率分布.

式 (11.3.11) 和式 (11.3.12) 中的模型也可以用下面的方式表示. 我们假定

(11.3.13) $$Y_i=\alpha+\beta x_i+\epsilon_i,\ i=1,\ \cdots,\ n,$$

其中ϵ_1, …, ϵ_n 是不相关的随机变量, 且

(11.3.14) $$\mathrm{E}\,\epsilon_i=0 \text{ 和 } \mathrm{Var}\,\epsilon_i=\sigma^2.$$

ϵ_1, …, ϵ_n 称为**随机误差** (random error). 由于 Y_i 仅依赖于 ϵ_i, 而各个 ϵ_i 是不相关的, 这些 Y_i 是不相关的. 还有, 由式 (11.3.13) 和式 (11.3.14), 式 (11.3.11) 和式 (11.3.12) 中 $\mathrm{E}Y_i$ 和 $\mathrm{Var}Y_i$ 的表达式很容易得到.

为了推导参数 α 和 β 的估计, 我们把注意力集中在**线性估计量** (linear estimator) 类. 一个估计量是线性估计量, 如果它具有形式

(11.3.15) $$\sum_{i=1}^{n} d_iY_i,$$

其中 d_1, …, d_n 是已知的、固定的常数. (习题 7.39 关心总体均值的线性估计量.) 在线性估计量类中, 我们进一步把注意力限制在无偏估计量. 这就限制了可以使用的 d_1, …, d_n 的值.

斜率 β 的无偏估计量必须满足

$$\mathrm{E}\sum_{i=1}^{n} d_iY_i=\beta,$$

而无论参数 α 和 β 的真值是什么. 这意味着

$$\begin{aligned}\beta=\mathrm{E}\sum_{i=1}^{n} d_iY_i &= \sum_{i=1}^{n} d_i\mathrm{E}Y_i = \sum_{i=1}^{n} d_i(\alpha+\beta x_i)\\ &=\alpha\left(\sum_{i=1}^{n} d_i\right)+\beta\left(\sum_{i=1}^{n} d_ix_i\right).\end{aligned}$$

这个等式对于所有 α 和 β 成立当且仅当

(11.3.16) $$\sum_{i=1}^{n} d_i=0 \text{ 和 } \sum_{i=1}^{n} d_ix_i=1.$$

因此, 为使一个估计是 β 的无偏估计量, d_1, …, d_n 必须满足方程 (11.3.16).

在第 7 章中, 我们称一个无偏估计量是"最佳的", 如果它在所有无偏估计量中有最小的方差. 类似地, 一个估计量是**最佳线性无偏估计** (BLUE), 如果这个线性估计量有最小方差. 现在我们证明, 取 $d_i=(x_i-\bar{x})/S_{xx}$ 所定义的估计两 $b=S_{xY}/S_{xx}$ 是最佳的, 也就是说, 这个 β 的线性无偏估计量有最小的方差. (这些 d_i 必须是已知的、固定的常数, 而由于 x_i 是已知的、固定的常数, d_i 的上述取法是合法的.)

关于记号的注解: 符号 S_{xY} 强调 S_{xY} 是一个随机变量, 它是随机变量 Y_1, …, Y_n 的函数. S_{xY} 也依赖于非随机的量 x_1, …, x_n.

由于 Y_1, …, Y_n 是不相关的, 且有相同的方差 σ^2, 任何线性估计的方差由

$$\mathrm{Var}\sum_{i=1}^{n}d_iY_i=\sum_{i=1}^{n}d_i^2\mathrm{Var}Y_i=\sum_{i=1}^{n}d_i^2\sigma^2=\sigma^2\sum_{i=1}^{n}d_i^2$$

给出. 因此，由 d_1，…，d_n 定义的 β 的 BLUE 满足方程（11.3.16）并且达到 $\sum_{i=1}^{n}d_i^2$ 的最小值.（σ^2的存在对于在线性估计中的最小化没有影响，因为它作为一个乘数出现在每一个线性估计的方差之中.）

现在可以利用引理 11.2.7 来确定最小化上述方差的常数 d_1，…，d_n 了. 为了把引理应用到我们的最小化问题，建立下列对应关系，其中左端为引理 11.2.7 中的记号，右端是现在的记号. 令

$$k=n, v_i=x_i, c_i=1, a_i=d_i,$$

这蕴涵着 $\bar{v}_c=\bar{x}$. 如果 d_i 形如

$$d_i=Kc_i(v_i-\bar{v}_c)=K(x_i-\bar{x}),\ i=1,\ \cdots,\ n, \tag{11.3.17}$$

则由引理 11.2.7，在所有满足 $\sum d_i=0$ 的 d_1，…，d_n 中，这些 d_1，…，d_n 最大化

$$\frac{\left(\sum_{i=1}^{n}d_ix_i\right)^2}{\sum_{i=1}^{n}d_i^2}. \tag{11.3.18}$$

进一步，由于

$$\left\{(d_1,\cdots,d_n):\ \sum d_i=0,\ \sum d_ix_i=1\right\}\subset\left\{(d_1,\cdots,d_n):\ \sum d_i=0\right\},$$

如果如式（11.3.17）形式的 d_i 也满足方程（11.3.16），它们当然也在满足方程（11.3.16）的所有 d_1，…，d_n 中最大化（11.3.18）.（因为这个求最大的范围更小，最大值也不会更大.）现在，利用式（11.3.17）我们得到

$$\sum_{i=1}^{n}d_ix_i=\sum_{i=1}^{n}K(x_i-\bar{x})x_i=KS_{xx}.$$

如 $K=1/S_{xx}$，则方程（11.3.16）中第二个约束条件得到满足. 因此，对于由

$$d_i=\frac{(x_i-\bar{x})}{S_{xx}},\ i=1,\ \cdots,\ n \tag{11.3.19}$$

定义的 d_1，…，d_n，方程（11.3.16）中的约束条件得到满足，并且这组 d_1，…，d_n 达到了最大值. 最后，注意所有 d_1，…，d_n 满足方程（11.3.16），

$$\frac{\left(\sum_{i=1}^{n}d_ix_i\right)^2}{\sum_{i=1}^{n}d_i^2}=\frac{1}{\sum_{i=1}^{n}d_i^2}.$$

于是，对于满足方程（11.3.16）的 d_1，…，d_n，式（11.3.18）的最大化等价于 $\sum d_i^2$ 的最小化. 所以，我们可以得到结论，由式（11.3.19）定义的 d_i 在所有满足方程（11.3.16）的 d_i 中，达到了 $\sum d_i^2$ 的最小值，由这组 d_i 定义的线性无偏估计，即

$$b=\sum_{i=1}^{n}\frac{(x_i-\overline{x})}{S_{xx}}y_i=\frac{S_{xy}}{S_{xx}}$$

为β的 BLUE.

β的 BLUE 的这个结构的一个几何描述在图 11.3.2 中给出，其中我们取 $n=3$. 图中显示了以 d_1，d_2和 d_3 为坐标的三维空间. 两个平面表示满足方程（11.3.16）中两个线性约束的那些向量（d_1，d_2，d_3），这两个平面的交线由同时满足这两个等式的向量（d_1，d_2，d_3）组成. 对这条直线上的任何点，$\sum_{i=1}^{n} d_i^2$ 为该点到原点 O 的距离的平方. 定义上述 BLUE 的向量（d_1，d_2，d_3）是这条直线上距离 O 最近的点. 图中的球面是与该直线相交、并且交点是定义 β 的 BLUE 的点（d_1，d_2，d_3）的最小球面. 我们已经证明，这个点由 $d_i=(x_i-\overline{x})/S_{xx}$ 给出.

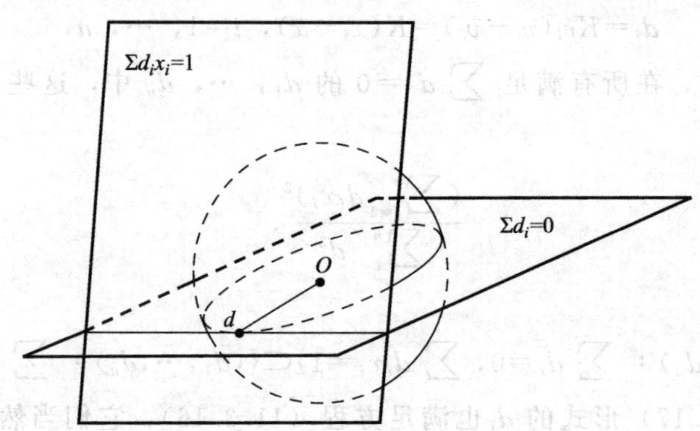

图 11.3.2 BLUE 的几何描述

b 的方差是

$$\text{Var}b=\sigma^2\sum_{i=1}^{n}d_i^2=\frac{\sigma^2}{S_{xx}}=\frac{\sigma^2}{\sum_{i=1}^{n}(x_i-\overline{x})^2} \tag{11.3.20}$$

由于 x_1，…，x_n 是由试验人员选定的，这些值可以被选取使得 S_{xx} 大从而使得估计的方差小. 换句话说，试验人员可以**设计试验**使得估计更精确.

假定所有 x_1，…，x_n 必须在区间［e，f］中，那么如果 n 是偶数，使得 S_{xx} 尽量大的 x_1，…，x_n 为：一半 x_i 等于 e，另一半等于 f（见习题 11.26）. 如果试验者确信由式（11.3.11）和式（11.3.12）描述的模型是正确的，则这个设计是最优设计，即它给出了斜率 β 的最精确的估计. 然而，在实际中，这个设计很少用，因为试验者很少能够确信这个模型. 这个**两点**的设计只给出了 E（$Y\mid x$）在两个点 $x=e$和 $x=f$ 的信息. 如果总体回归函数 E($Y\mid x$)，即 Y 均值函数作为 x 的函数是非线性的，就不可能从应用这个“最优”的两点设计得到的数据中探测出来.

我们已经证明 b 为 β 的 BLUE. 类似的分析可以证明 a 是截矩 α 的 BLUE. 定义 α 的线性估计的常数 d_1，…，d_n 必满足

(11.3.21) $$\sum_{i=1}^{n} d_i=1, \sum_{i=1}^{n} d_i x_i=0.$$

推导的细节留为习题 11.27. 最小二乘估计是 BLUE 的事实在其他线性模型中也成立. 这个一般的结果叫做 **Gauss-Markov 定理**（参见 Christensen 1996；Lehmann and Casella 1998，3.4 节；或 Harville 1981 中更一般的讨论）.

11.3.3 模型和分布假定

这一节，我们将针对数据（x_1，y_1），…，（x_n，y_n）介绍另外两个模型，它们叫做简单线性回归模型.

在 11.3.1 节中，为得到最小二乘估计，我们用到统计假定，仅仅解了一个数学最小化问题. 这样，我们无法讨论用这种方法得到的估计的统计性质，因为没有任何概率模型可用. 没有我们要对之构造假设检验或置信区间的任何参数.

11.3.2 节中我们做出了关于数据的统计假定. 具体地说，我们做出了关于前两阶矩，数据的均值、方差和协方差的假定. 它们都是关于数据的概率模型的统计假定，并且我们推导出了估计的统计性质. 我们对于参数 α 和 β 的估计量 a 和 b 所证明的无偏性和最小方差性都是统计性质.

我们并没有为得到这些性质而对数据做出完全的概率模型的要求，而只是做出了关于前两阶矩的假定. 在这些最少的假定下，我们得到了一般的最优性质，但这个最优性只是限制在一个估计量类——线性无偏估计量类上. 在这个模型下我们未能得到精确检验和置信区间，因为模型关于数据的概率分布没有做出充分的假定. 现在我们给出两个统计模型，其中完全设定了数据的概率结构.

条件正态模型

条件正态模型是最常用的简单线性回归模型，也是最容易分析的模型. 观测数据是 n 个数据对：（x_1，y_1），…，（x_n，y_n）. 预测变量的值 x_1，…，x_n 视为已知的固定常数. 与 11.3.2 节中一样，认为它们是由试验人员选择并设定的. 响应变量的值 y_1，…，y_n 为随机变量 Y_1，…，Y_n 的观测值. 假定随机变量 Y_1，…，Y_n 是独立的. 进一步，Y_i 的分布是正态分布，具体地，

(11.3.22) $$Y_i \sim \mathrm{n}(\alpha+\beta x_i, \sigma^2), \quad i=1, \cdots, n.$$

由此，总体回归函数是 x 的线性函数，即 $\mathrm{E}(Y \mid x)=\alpha+\beta x$，并且所有 Y_i 有相同的方差 σ^2. 条件正态模型可以表示成与式（11.3.13）和式（11.3.14）相似的形式，即

(11.3.23) $$Y_i=\alpha+\beta x_i+\epsilon_i, \quad i=1, \cdots, n,$$

其中 ϵ_1，…，ϵ_n 是 iid 的 n（0，σ^2）随机变量.

条件正态模型是 11.3.2 节中考虑的模型的特例. 总体回归函数 $\mathrm{E}(Y \mid x)=$

$\alpha+\beta x$以及方差σ^2与11.3.2节中的模型一样．Y_1，…，Y_n（或等价地，ϵ_1，…，ϵ_n）的不相关性被加强为独立性．当然还有，不只是Y_1，…，Y_n的分布的前两阶矩，而且概率分布的确切形式也已经给定．

因为独立，Y_1，…，Y_n的联合概率密度函数是它们的边缘概率密度函数的乘积，由

$$
\begin{aligned}
f(y|\alpha,\beta,\sigma^2) &= f(y_1,\cdots,y_n|\alpha,\beta,\sigma^2)\\
&= \prod_{i=1}^{n} f(y_i|\alpha,\beta,\sigma^2)\\
&= \prod_{i=1}^{n} \frac{1}{\sqrt{2\pi}\sigma}\exp[-(y_i-(\alpha+\beta x_i))^2/(2\sigma^2)] \qquad (11.3.24)\\
&= \frac{1}{(2\pi)^{n/2}\sigma^n}\exp\left[-\left(\sum_{i=1}^{n}(y_i-\alpha-\beta x_i)^2\right)/(2\sigma^2)\right]
\end{aligned}
$$

这正是将在11.3.4和11.3.5节中用来开发统计方法的联合概率分布．例如，式(11.3.24)将用来求α，β和σ^2的MLE．

二元正态模型

在前面我们讨论的所有模型中，预测变量的值x_1，…，x_n都是固定的已知常数．但有时，这些值的确是随机变量X_1，…，X_n的观测值．在11.3节Galton的例子中，x_1，…，x_n是观测到的父亲们的身高．但试验人员当然不是在收集数据前就挑选了这些身高．因此，有必要考虑预测变量和响应变量都是随机变量的模型．二元正态模型就是一个相当简单的这种模型．更复杂的模型将在12.2节中讨论．

在二元正态模型中，数据(x_1, y_1)，…，(x_n, y_n)是二变量随机向量(X_1, Y_1)，…，(X_n, Y_n)的观测值．这些随机向量是独立的并且其分布为二元正态．具体地说，假定

$$(X_i,Y_i)\sim\text{二元正态}(\mu_X,\mu_Y,\sigma_X^2,\sigma_Y^2,\rho).$$

二元正态分布的联合概率密度函数和各种性质已经在定义4.5.10及随后的一节中给出．所有数据(X_1, Y_1)，…，(X_n, Y_n)的联合概率密度函数等于这些二元正态分布的概率密度函数的乘积．

在简单线性回归分析中，我们仍然认为x是预测变量，y是响应变量．也就是说，我们最感兴趣的是观测到x的值以后预测y的值．这自然导致基于给定$X=x$时Y的条件分布的推断．对于二元正态分布，给定$X=x$时Y的条件分布是正态分布．总体回归函数是真正的条件期望，用上面的记号，为

$$\mathrm{E}(Y|x)=\mu_Y+\rho\frac{\sigma_Y}{\sigma_X}(x-\mu_X)=\left[\mu_Y-\rho\frac{\sigma_Y}{\sigma_X}\mu_X\right]+\left[\rho\frac{\sigma_Y}{\sigma_X}\right]x. \qquad (11.3.25)$$

二元正态模型意味着总体回归是x的线性函数，我们不需要像在前面的模型中那样

假定这一点．这里 E $(Y\mid x)=\alpha+\beta x$，其中 $\beta=\rho\frac{\sigma_Y}{\sigma_X}$，以及 $\alpha=\mu_Y-\rho\frac{\sigma_Y}{\sigma_X}\mu_X$．此外，与条件正态模型一样，响应变量 Y 的条件方差不依赖于 x，

(11.3.26)
$$\operatorname{Var}(Y|x)=\sigma_Y^2(1-\rho^2).$$

对于二元正态模型，线性回归分析几乎总是可以用给定 $X_1=x_1$，…，$X_n=x_n$ 时 $(Y_1,\cdots,Y_n)$ 的条件分布而不是 (X_1,Y_1)，…，(X_n,Y_n) 的无条件分布来进行．而这样就与我们上面描述的条件正态模型一样了．如果我们考虑给定 x_1，…，x_n 时的条件推断，那么它们作为随机变量的观测值这一点就无关紧要；并且，一般说来，除了定义条件分布外，我们并不使用二元正态性这个假定．（事实上，在大部分推断中，X 的边缘分布什么也不影响．在线性回归中，正是条件分布起关键作用．）基于点估计、区间和检验的推断对于上述两个模型来说是一样的．另一种讨论方式参见 Brown（1990b）．

11.3.4　正态误差下的估计和检验

在这一节和下一节，我们讨论条件正态模型，即由式（11.3.22）和式（11.3.23）定义的回归模型下的推断方法．

首先，我们求三个参数 α，β，σ^2 的极大似然估计．用式（11.3.24）中的联合概率密度函数，我们看出对数似然函数为

$$\log L(\alpha,\beta,\sigma^2\mid x,y)=-\frac{n}{2}\log(2\pi)-\frac{n}{2}\log\sigma^2-\frac{\sum_{i=1}^n(y_i-\alpha-\beta x_i)^2}{2\sigma^2}$$

对于任何 σ^2 的固定值，$\log L$ 作为 α 和 β 的函数被极小化

$$\sum_{i=1}^n(y_i-\alpha-\beta x_i)^2$$

的 $\hat\alpha$ 和 $\hat\beta$ 极大化．但这个函数正是 11.3.1 节中的 RSS！而在那里我们已经发现极小化值为

$$\hat\beta=b=\frac{S_{xy}}{S_{xx}}\text{和}\ \hat\alpha=a=\bar{y}-\hat\beta\bar{x}.$$

因此，α 和 β 的最小二乘估计量也是 α 和 β 的 MLE．对于任意固定的 σ^2 值，$\hat\alpha$ 和 $\hat\beta$ 的值是对数似然的极大化值．现在，把它们代入对数似然，为求得 σ^2 的 MLE，我们需要极大化

$$-\frac{n}{2}\log(2\pi)-\frac{n}{2}\log\sigma^2-\frac{\sum_{i=1}^n(y_i-\hat\alpha-\hat\beta x_i)^2}{2\sigma^2}.$$

这个极大化与在通常的正态抽样情况下求 σ^2 的 MLE 相似（见例 7.2.11），我们把细节放在习题 11.28 中．在条件正态模型下，σ^2 的 MLE 为

$$\hat{\sigma}^2=\frac{1}{n}\sum_{i=1}^{n}(y_i-\hat{\alpha}-\hat{\beta}x_i)^2,$$

这是在最小二乘线处算得的 RSS 除以样本量. 今后，当我们提到 RSS 时，就是指在最小二乘线处算得的 RSS.

在 11.3.2 节中，我们证明了 $\hat{\alpha}$ 和 $\hat{\beta}$ 为 α 和 β 的线性无偏估计量. 然而，$\hat{\sigma}^2$ 不是 σ^2 的无偏估计量. 为计算 $\mathrm{E}\hat{\sigma}^2$ 以及以后的许多计算，下面的引理是有用的.

引理 11.3.2 设 Y_1，…，Y_n 是不相关的随机变量，对于所有 $i=1$，…，n，$\mathrm{Var}Y_i=\sigma^2$. c_1，…，c_n 和 d_1，…，d_n 为两组常数. 则

$$\mathrm{Cov}\left(\sum_{i=1}^{n}c_iY_i,\sum_{i=1}^{n}d_iY_i\right)=\left(\sum_{i=1}^{n}c_id_i\right)\sigma^2.$$

证明： 这种类型的结果以前已经碰到过，类似于引理 5.3.3 和习题 11.11. 但这里不需要正态性，也不需要 Y_1，…，Y_n 的独立性. ‖

我们现在求 σ^2 估计的偏差. 从式（11.3.23）我们有

$$\epsilon_i=Y_i-\alpha-\beta x_i.$$

定义回归残差（residuals from the regression）

(11.3.27) $$\hat{\epsilon}_i=Y_i-\hat{\alpha}-\hat{\beta}x_i,$$

故

$$\hat{\sigma}^2=\frac{1}{n}\sum_{i=1}^{n}\hat{\epsilon}_i^2=\frac{1}{n}\mathrm{RSS}.$$

可以算得（见习题 11.29）

$$\mathrm{E}\,\hat{\epsilon}_i=0,$$

然后一长串计算（也见习题 11.29）给出

(11.3.28) $$\mathrm{Var}\,\hat{\epsilon}_i=\mathrm{E}\,\hat{\epsilon}_i^2=\left(\frac{n-2}{n}+\frac{1}{S_{xx}}\left(\frac{1}{n}\sum_{j=1}^{n}x_j^2+x_i^2-2(x_i-\bar{x})^2-2x_i\bar{x}\right)\right)\sigma^2.$$

于是，

$$\begin{aligned}\mathrm{E}\hat{\sigma}^2&=\frac{1}{n}\sum_{i=1}^{n}\mathrm{E}\,\hat{\epsilon}_i^2\\&=\frac{1}{n}\sum_{i=1}^{n}\left[\frac{n-2}{n}+\frac{1}{S_{xx}}\left(\frac{1}{n}\sum_{j=1}^{n}x_j^2+x_i^2-2(x_i-\bar{x})^2-2x_i\bar{x}\right)\right]\sigma^2\\&=\left[\frac{n-2}{n}+\frac{1}{nS_{xx}}\left\{\sum_{j=1}^{n}x_j^2+\sum_{i=1}^{n}x_i^2-2S_{xx}-2\frac{1}{n}\left(\sum_{i=1}^{n}x_i\right)^2\right\}\right]\sigma^2\\&\qquad\left(\sum x_i\bar{x}=\frac{1}{n}\left(\sum x_i\right)^2\right)\\&=\left(\frac{n-2}{n}+0\right)\sigma^2\qquad\left(\sum x_i^2-\frac{1}{n}\left(\sum x_i\right)^2=S_{xx}\right)\\&=\frac{n-2}{n}\sigma^2.\end{aligned}$$

MLE$\hat{\sigma}^2$是σ^2的有偏的估计量．更常用的是σ^2的无偏估计量

(11.3.29) $$S^2=\frac{n}{n-2}\hat{\sigma}^2=\frac{1}{n-2}\sum_{i=1}^{n}(y_i-\hat{\alpha}-\hat{\beta}x_i)^2=\frac{1}{n-2}\sum_{i=1}^{n}\hat{\epsilon}_i^2.$$

为基于这些估计量来开发区间估计和检验方法，我们需要知道它们的抽样分布．总结在下面的定理当中．

定理 11.3.3　在条件正态模型（11.3.22）下，$\hat{\alpha}$，$\hat{\beta}$和S^2的抽样分布是

$$\hat{\alpha}\sim n\left(\alpha,\frac{\sigma^2}{nS_{xx}}\sum_{i=1}^{n}x_i^2\right),\hat{\beta}\sim \mathrm{n}\left(\beta,\ \frac{\sigma^2}{S_{xx}}\right),$$

$$\mathrm{Cov}(\hat{\alpha},\hat{\beta})=\frac{-\sigma^2\bar{x}}{S_{xx}}.$$

进一步，$(\hat{\alpha},\ \hat{\beta})$与$S^2$独立，并且

$$\frac{(n-2)S^2}{\sigma^2}\sim\chi_{n-2}^2.$$

证明：我们首先证明$\hat{\alpha}$和$\hat{\beta}$有给定的正态分布．估计量$\hat{\alpha}$和$\hat{\beta}$都是独立正态随机变量Y_1，…，Y_n的线性函数．由推论4.6.10，它们都有正态分布．而在11.3.2节中，我们已经指出$\hat{\beta}=\sum_{i=1}^{n}b_iY_i$，其中$d_i$由式（11.3.19）给出，同时我们还证明了

$$\mathrm{E}\hat{\beta}=\beta,\text{和 }\mathrm{Var}\hat{\beta}=\frac{\sigma^2}{S_{xx}}.$$

估计量$\hat{\alpha}=\bar{Y}-\hat{\beta}\bar{x}$可以表示为$\hat{\alpha}=\sum_{i=1}^{n}c_iY_i$，其中

$$c_i=\frac{1}{n}-\frac{(x_i-\bar{x})\bar{x}}{S_{xx}},$$

由此，可以直接证明

$$\mathrm{E}\hat{\alpha}=\sum_{i=1}^{n}c_i\mathrm{E}Y_i=\sum_{i=1}^{n}\left(\frac{1}{n}-\frac{(x_i-\bar{x})\bar{x}}{S_{xx}}\right)(\alpha+\beta x_i)=\alpha,$$

$$\mathrm{Var}\hat{\alpha}=\sigma^2\sum_{i=1}^{n}c_i^2=\sigma^2\left[\frac{1}{nS_{xx}}\sum_{i=1}^{n}x_i^2\right],$$

这表明$\hat{\alpha}$和$\hat{\beta}$有给定的分布．另外，用引理11.3.2容易算得Cov$(\hat{\alpha},\ \hat{\beta})$．细节留为习题11.30．

接下来我们证明$\hat{\alpha}$和$\hat{\beta}$与S^2独立，这可以从引理11.3.2和引理5.3.3得到．由式（11.3.27）中$\hat{\epsilon}_i$的定义，可以写出

(11.3.30) $$\hat{\epsilon}_i=\sum_{j=1}^{n}[\delta_{ij}-(c_j+d_jx_i)]Y_j,$$

其中

$$\delta_{ij}=\begin{cases}1 & 当\ i=j\\ 0 & 当\ i\neq j\end{cases},\quad c_j=\frac{1}{n}-\frac{(x_j-\bar{x})\bar{x}}{S_{xx}},\ 和\ d_j=\frac{(x_j-\bar{x})}{S_{xx}}.$$

由于 $\hat{\alpha}=\sum_{i=1}^{n}c_iY_i$ 和 $\hat{\beta}=\sum_{i=1}^{n}d_iY_i$，用引理 11.3.2 并通过一些代数运算得

$$\mathrm{Cov}(\hat{\epsilon}_i,\ \hat{\alpha})=\mathrm{Cov}(\hat{\epsilon}_i,\ \hat{\beta})=0,\ i=1,\ \cdots,\ n.$$

细节留在习题 11.31. 因此，由引理 5.3.3，在正态抽样下，$S^2=\sum\hat{\epsilon}_i^2/(n-2)$ 与 $\hat{\alpha}$ 和 $\hat{\beta}$ 独立.

为证明 $(n-2)S^2/\sigma^2\sim\chi_{n-2}^2$，我们把 $(n-2)S^2$ 写为 $n-2$ 个独立随机变量的和，每个有 χ_1^2 分布. 即我们寻找常数 a_{ij}，$i=1,\ \cdots,\ n$，$j=1,\ \cdots,\ n-2$，使得

$$\sum_{i=1}^{n}\hat{\epsilon}_i^2=\sum_{j=1}^{n-2}\left(\sum_{i=1}^{n}a_{ij}Y_i\right)^2,\tag{11.3.31}$$

其中

$$\sum_{i=1}^{n}a_{ij}=0,\ j=1,\ \cdots,\ n-2,\ 和\ \sum_{i=1}^{n}a_{ij}a_{ij'}=0,\ j\neq j'.$$

由于 x_i 的一般性，其中有一些细节. 我们省略这些细节. ‖

从线性回归得到的 RSS 包含这样的信息：在线性拟合之上拟合更高阶的多项式是否值得. 由于在线性模型中，我们假定了总体回归函数是线性的，所以在更高阶的模型拟合中的变异只是随机变异. Robson (1959) 给出了一个在更高阶多项式拟合中回归系数的递归计算公式，这个公式用来寻找式 (11.3.31) 中的 a_{ij}. 另外，Cochran 定理（见杂录 11.5.1 一节）可以用来证明 $\sum\hat{\epsilon}_i^2/\sigma^2\sim\chi_{n-2}^2$.

关于两个参数 α 和 β 的推断通常基于下面的两个学生 t 分布. 它们的推导可以立即从正态分布、χ^2 分布以及定理 11.3.3 中的独立性得到. 我们有

$$\frac{\hat{\alpha}-\alpha}{S\sqrt{\left(\sum_{i=1}^{n}x_i^2\right)/(nS_{xx})}}\sim t_{n-2}\tag{11.3.32}$$

$$\frac{\hat{\beta}-\beta}{S/\sqrt{S_{xx}}}\sim t_{n-2}.\tag{11.3.33}$$

这两个 t 统计量的联合分布叫做**二变量学生 t 分布**. 这个分布的推导类似于单变量的情况，用到如下事实：$\hat{\alpha}$ 和 $\hat{\beta}$ 的联合分布是二元正态的，并且在两个单变量 t 分布中使用了相同的方差估计 S^2. 这个二变量学生 t 分布可以被用来做 α 和 β 的同时推断. 然而，我们每次将只对一个参数进行推断.

通常对 β 比对 α 更感兴趣. 参数 α 是 Y 在 $x=0$ 处的期望值 $\mathrm{E}(Y\mid x=0)$. 这个值是否有意思与讨论的问题有关.

特别，$x=0$ 可能不是预测变量的合理值. 然而，β 是 $\mathrm{E}(Y\mid x)$ 作为 x 的函

数的变化率，即 x 变化一个单位时 E（$Y \mid x$）所变化的量. 因此，这个参数关系到 x 取值的整个范围，并且包含了 Y 与 x 之间线性关系的信息.（见习题 11.33.）特别，对 $\beta=0$ 有特殊的兴趣.

如果 $\beta=0$，那么 E（$Y \mid x$）$=\alpha+\beta x=\alpha$，$Y\sim \mathrm{n}(\alpha, \sigma^2)$，二者都不依赖于 x. 在对一个事先想好的试验进行回归分析时我们并不期望出现这种情况，但我们期望，一旦出现这种情况，我们能够知道.

$\beta=0$ 的检验与 ANOVA 中所有处理效应都相等的检验很相似. 在 ANOVA 中，零假设是说处理与响应**没有任何**关系，而在线性回归中，零假设 $\beta=0$ 是说处理（x）与响应没有线性关联.

为检验

(11.3.34) $$H_0:\ \beta=0 \text{ 对 } H_1:\ \beta\neq 0$$

使用方程（11.3.33），当

$$\left|\frac{\hat{\beta}-0}{S/\sqrt{S_{xx}}}\right|>t_{n-2,\alpha/2}$$

时，我们在水平 α 上拒绝 H_0，或等价地，当

(11.3.35) $$\frac{\hat{\beta}^2}{S^2/S_{xx}}>F_{1,n-2,\alpha}$$

时拒绝 H_0. 回忆 $\hat{\beta}$ 的公式以及 RSS$=\sum\hat{\epsilon}_i^2$，我们有

$$\frac{\hat{\beta}^2}{S^2/S_{xx}}=\frac{S_{xy}^2/S_{xx}}{\mathrm{RSS}/(n-2)}=\frac{\text{回归平方和}}{\text{残差平方和/自由度}}.$$

最后这个公式总结在**回归 ANOVA 表**中，这个表与 11.2 节中遇到的 ANOVA 表类似. 对于简单的线性回归，ANOVA 表由表 11.3.2 给出，用它来进行方程（11.3.35）中的检验. 注意，这个表中只包含关于 β 的假设. 参数 α 和估计 $\hat{\alpha}$ 扮演了与 11.2 节中的总平均同样的角色，它们仅仅起到决定数据的总水平和“校正”平方和的作用.

表 11.3.2　简单线性回归的 ANOVA 表

变异来源	自由度	平方和	均方	F 统计量
回归（斜率）	1	回归平方和$=\dfrac{S_{xy}^2}{S_{xx}}$	MS（回归）＝回归平方和	$F=\dfrac{\text{MS（回归）}}{\text{MS（残差）}}$
残差	$n-2$	RSS$=\sum\hat{\epsilon}_i^2$	MS（残差）$=\dfrac{\mathrm{RSS}}{n-2}$	
总和	$n-1$	SST$=\sum(y_i-\bar{y})^2$		

例 11.3.4（例 11.3.1 续） 葡萄产量数据的回归 ANOVA 如下.

葡萄数据的 ANOVA 表

变异来源	自由度	平方和	均方	F 统计量
回归	1	6.66	6.66	50.23
残差	10	1.33	.133	
总和	11	7.99		

结果表明了回归直线的高度显著性.

我们现在讨论与方差分析平行的最后一个事实. 这个事实可能不容易从表 11.3.2 中看出，但确实 ANOVA 中平方和的分解与回归中类似. 我们有

$$\sum_{i=1}^{n}(y_i-\bar{y})^2=\sum_{i=1}^{n}(\hat{y}_i-\bar{y})^2+\sum_{i=1}^{n}(y_i-\hat{y}_i)^2 \tag{11.3.36}$$

其中 $\hat{y}_i=\hat{\alpha}+\hat{\beta}x_i$. 注意这些平方和与 ANOVA 中那些平方和的相似性. 总平方和当然是一样的. RSS 度量了拟合的直线与观测数据的偏离；而回归平方和类似于 ANOVA 中的处理平方和，度量了预测值（“处理均值”）与总平均之间的偏离. 还有，与 ANOVA 中的一样，平方和的等式是有效的，因为交叉项消失（见习题 11.34）. 式（11.3.36）中的总平方和及残差平方和显然与表 11.3.2 中一致，但回归平方和看上去不同，然而它们是相等的. 就是说，

$$\sum_{i=1}^{n}(\hat{y}_i-\bar{y})^2=\frac{S_{xy}^2}{S_{xx}}.$$

表达式 S_{xy}^2/S_{xx} 更容易计算，并且提供了与 t 检验的联系，但表达式 $\sum_{i=1}^{n}(\hat{y}_i-\bar{y})^2$ 更容易解释.

用来定量地衡量拟合的直线如何描述了数据的一个统计量是**决定性系数**，它定义为回归平方和与总平方和的比值. 常常把它记为 r^2，并且可以写为以下几个不同的形式

$$r^2=\frac{\text{回归平方和}}{\text{总平方和}}=\frac{\sum_{i=1}^{n}(\hat{y}_i-\bar{y})^2}{\sum_{i=1}^{n}(y_i-\bar{y})^2}=\frac{S_{xy}^2}{S_{xx}S_{yy}}.$$

决定性系数度量了 y_1，…，y_n 的总变异（用 S_{yy} 度量）中由拟合的直线解释了的部分（由回归平方和度量）所占的比例.

从方程（11.3.36）知 $0\leqslant r^2\leqslant 1$. 如果所有 y_1，…，y_n 都恰好落在拟合直线上，则对于所有 i 都有 $y_i=\hat{y}_i$，并且 $r^2=1$. 如果 y_1，…，y_n 不接近于拟合的直线，那么残差平方和将取大的值，r^2 将近于 0. 也可以证明（或许更直接了当）决定系数是 n 对（y_1，x_1），…，（y_n，x_n）的样本相关系数，也是 n 对（y_1，$\hat{y}_1$），…，

$(y_n, \hat{y}_n)$ 的样本相关系数.

表达式 (11.3.33) 可以用来构造 β 的 100 $(1-\alpha)$% 置信区间，这就是

$$\hat{\beta}-t_{n-2,\alpha/2}\frac{S}{\sqrt{S_{xx}}}<\beta<\hat{\beta}+t_{n-2,\alpha/2}\frac{S}{\sqrt{S_{xx}}}. \tag{11.3.37}$$

还有，H_0：$\beta=\beta_0$ 对 H_1：$\beta\neq\beta_0$ 的水平 α 的检验当

$$\left|\frac{\hat{\beta}-\beta_0}{S/\sqrt{S_{xx}}}\right|>t_{n-2,\alpha/2} \tag{11.3.38}$$

时拒绝 H_0. 如前面所提到的，为了确定预测变量和响应变量之间是否有一定线性关系，常检验 H_0：$\beta=0$ 对 H_1：$\beta\neq 0$. 然而，上述检验由于 β_0 可取任何值而更加一般化. 回归 ANOVA 是一个固定"处方"，只能检验 H_0：$\beta=0$.

11.3.5　在给定点 $x=x_0$ 处的估计和预测

与预测变量的一个给定值，比如 $x=x_0$ 相联系，有一个 Y 值的总体. 事实上，根据条件正态模型，来自这个总体的一个随机观测值为 $Y\sim n(\alpha+\beta x_0, \sigma^2)$. 在观测到回归数据 (x_1, y_1)，…，(x_n, y_n) 并估计了参数 α，β 以及 σ^2 后，试验者可能要设置 $x=x_0$ 并得到一个新的观测值，叫它做 Y_0. 对于这个正要从中抽样的总体，估计一下这个总体的均值、甚至预测一下这个观测值本身或许是有趣的. 我们现在将讨论这种类型的推断.

假定 (x_1, Y_1)，…，(x_n, Y_n) 满足条件正态回归模型，并且基于这 n 对观测值我们得到了估计 $\hat{\alpha}$，$\hat{\beta}$ 以及 S^2. 设 x_0 是预测变量的给定值. 首先，考虑估计与 x_0 相关联的 Y 总体的均值，即 $\mathrm{E}(Y\mid x_0)=\alpha+\beta x_0$ 的估计问题. 点估计的一个显然的选择是 $\hat{\alpha}+\hat{\beta}x_0$. 这是一个无偏估计，因为 $\mathrm{E}(\hat{\alpha}+\hat{\beta}x_0)=\mathrm{E}\hat{\alpha}+(\mathrm{E}\hat{\beta})x_0=\alpha+\beta x_0$. 用定理 11.3.3 中给出的矩，我们还可以算出

$$\begin{aligned}
\mathrm{Var}(\hat{\alpha}+\hat{\beta}x_0)&=\mathrm{Var}\hat{\alpha}+(\mathrm{Var}\hat{\beta})\,x_0^2+2x_0\mathrm{Cov}(\hat{\alpha},\hat{\beta})\\
&=\frac{\sigma^2}{nS_{xx}}\sum_{i=1}^n x_i^2+\frac{\sigma^2x_0^2}{S_{xx}}-\frac{2\sigma^2x_0\bar{x}}{S_{xx}}\\
&=\frac{\sigma^2}{S_{xx}}\left(\frac{1}{n}\sum_{i=1}^n x_i^2-\bar{x}^2+\bar{x}^2-2x_0\bar{x}+x_0^2\right) && (\pm\bar{x}^2)\\
&=\frac{\sigma^2}{S_{xx}}\left(\frac{1}{n}\left[\sum_{i=1}^n x_i^2-\frac{1}{n}\left(\sum_{i=1}^n x_i\right)^2\right]+(x_0-\bar{x})^2\right) && (\text{并项})\\
&=\sigma^2\left(\frac{1}{n}+\frac{(x_0-\bar{x})^2}{S_{xx}}\right). && \left(\sum x_i^2-\frac{1}{n}\left(\sum_{i=1}^n x_i\right)^2=S_{xx}\right)
\end{aligned}$$

最后，由于 $\hat{\alpha}$，$\hat{\beta}$ 都是 Y_1，…，Y_n 的线性函数，$\hat{\alpha}+\hat{\beta}x_0$ 也是. 因此，$\hat{\alpha}+\hat{\beta}x_0$ 有正态分布，具体地，

$$\hat{\alpha}+\hat{\beta}x_0 \sim \mathrm{n}\left(\alpha+\beta x_0, \sigma^2\left(\frac{1}{n}+\frac{(x_0-\bar{x})^2}{S_{xx}}\right)\right). \tag{11.3.39}$$

由定理 11.3.3，$(\hat{\alpha}, \hat{\beta})$ 与 S^2 独立. 于是，S^2 与 $\hat{\alpha}+\hat{\beta}x_0$ 也独立（定理 4.6.12）并且

$$\frac{\hat{\alpha}+\hat{\beta}x_0-(\alpha+\beta x_0)}{S\sqrt{\dfrac{1}{n}+\dfrac{(x_0-\bar{x})^2}{S_{xx}}}} \sim t_{n-2}.$$

把这个枢轴量反转过来可以得到 $\hat{\alpha}+\hat{\beta}x_0$ 的 100 $(1-\alpha)$%置信区间：

(11.3.40)

$$\hat{\alpha}+\hat{\beta}x_0-t_{n-2,\alpha/2}S\sqrt{\frac{1}{n}+\frac{(x_0-\bar{x})^2}{S_{xx}}} \leqslant \alpha+\beta x_0 \leqslant \hat{\alpha}+\hat{\beta}x_0+t_{n-2,\alpha/2}S\sqrt{\frac{1}{n}+\frac{(x_0-\bar{x})^2}{S_{xx}}}$$

置信区间的长度通过 $(x_0-\bar{x})^2/S_{xx}$ 依赖于 x_1，…，x_n 的值. 显然，x_0 离 $\bar{x}$ 越近区间的长度越短，并且在 $x_0=\bar{x}$ 时达到最小. 因此，试验人员在设计试验的时候，应该选择 x_1，…，x_n 的值，使得要估计的这个点 x_0 恰好是或接近于 $\bar{x}$. 这只是由于在观测的数据中心附近我们可以估计得更精确.

到目前为止，我们还没有讨论的一类推断是未观测的随机变量 Y 的预测，这是在回归中感兴趣的一类推断问题. 例如，假设 x 是一个申请上大学的学生在高中表现的度量. 大学的招生官员要用 x 预测该生在大学一年级成绩的平均值（grade point average）Y. 很清楚，Y 还没有被观测，因为该学生还没有被录取. 大学有原来学生的数据 (x_1, y_1)，…，(x_n, y_n)，这些数据给出那些学生在高中的表现和一年级的 GPA，可以用来预测新学生的 GPA.

定义 11.3.5 未观测随机变量 Y 的一个基于数据 X 的 100 $(1-\alpha)$%**预测区间**是一个随机区间 $[L(X), U(X)]$，它具有性质：对于参数 θ 的所有值，

$$P_\theta(L(X) \leqslant Y \leqslant U(X)) \geqslant 1-\alpha$$

成立.

注意预测区间和置信区间定义的相似性. 区别在于预测区间是针对随机变量的，而不是针对参数的. 直观上，由于随机变量比参数（常数）具有更强的变异性，我们预想预测区间比相同水平的置信区间更宽. 在线性回归这个特殊情况，我们将看到正是这样的.

我们假定在 $x=x_0$ 处的新观测值 Y_0 有分布 $\mathrm{n}(\alpha+\beta x_0, \sigma^2)$，且与以前的数据 (x_1, Y_1)，…，(x_n, Y_n) 独立. 估计 $\hat{\alpha}$，$\hat{\beta}$ 和 S^2 是从以前的数据计算出来的，因此，Y_0 与 $\hat{\alpha}$，$\hat{\beta}$ 以及 S^2 独立. 利用式 (11.3.39)，我们发现 $Y_0-(\hat{\alpha}+\hat{\beta}x_0)$ 有正态分布，均值为 $\mathrm{E}(Y_0-(\hat{\alpha}+\hat{\beta}x_0))=\alpha+\beta x_0-(\alpha+\beta x_0)=0$，方差为

$$\mathrm{Var}(Y_0-(\hat{\alpha}+\hat{\beta}x_0))=\mathrm{Var}Y_0+\mathrm{Var}(\hat{\alpha}+\hat{\beta}x_0)=\sigma^2+\sigma^2\left(\frac{1}{n}+\frac{(x_0-\bar{x})^2}{S_{xx}}\right).$$

利用 S^2 与 $Y_0-(\hat{\alpha}+\hat{\beta}x_0)$ 的独立性，我们看到

$$T=\frac{Y_0-(\hat{\alpha}+\hat{\beta}x_0)}{S\sqrt{1+\frac{1}{n}+\frac{(x_0-\bar{x})^2}{S_{xx}}}}\sim t_{n-2},$$

由此用通常的方法得到 $100(1-\alpha)\%$ 预测区间

(11.3.41)

$$\hat{\alpha}+\hat{\beta}x_0-t_{n-2,\alpha/2}S\sqrt{1+\frac{1}{n}+\frac{(x_0-\bar{x})^2}{S_{xx}}}\leqslant Y_0\leqslant\hat{\alpha}+\hat{\beta}x_0+t_{n-2,\alpha/2}S\sqrt{1+\frac{1}{n}+\frac{(x_0-\bar{x})^2}{S_{xx}}}$$

由于这个区间的端点只依赖于观测到的数据，式（11.3.41）定义了新观测值 Y_0 的一个预测区间.

11.3.6　同时估计和置信带

在前一节我们看到了在一个点 x_0 处的预测. 然而，在某些情况下，有兴趣在多个 x_0 处做预测. 例如，在前一节提到的平均分预测问题中，招生官员可能有兴趣预测多个申请者的平均成绩，这自然导致在多个 x_0 处的预测.

面临的问题是熟悉的同时推断问题，也就是如何控制同时推断的总置信水平？在前一节，我们已经看到，与 x_0 相联系的 Y 总体的均值，即 $\mathrm{E}(Y\mid x_0)=\alpha+\beta x_0$ 的 $1-\alpha$ 置信区间是

$$\hat{\alpha}+\hat{\beta}x_0-t_{n-2,\alpha/2}S\sqrt{\frac{1}{n}+\frac{(x_0-\bar{x})^2}{S_{xx}}}\leqslant\alpha+\beta x_0\leqslant\hat{\alpha}+\hat{\beta}x_0+t_{n-2,\alpha/2}S\sqrt{\frac{1}{n}+\frac{(x_0-\bar{x})^2}{S_{xx}}}$$

现在假定我们要在若干 x_0 的值处对于 Y 总体的均值进行推断. 例如，我们要求 $\mathrm{E}(Y\mid x_{0i})$，$i=1,\cdots,m$ 的区间. 我们知道，如果照上面的方法给出 m 个置信区间，每个的水平是 $1-\alpha$，那么总的推断的水平将不是 $1-\alpha$.

一个简单并且不错的解是应用 Bonferroni 不等式，像在例 11.2.9 中那样. 由这个不等式，我们可以说至少以概率 $1-\alpha$ 有

(11.3.42)

$$\hat{\alpha}+\hat{\beta}x_{0i}-t_{n-2,\alpha/(2m)}S\sqrt{\frac{1}{n}+\frac{(x_{0i}-\bar{x})^2}{S_{xx}}}$$
$$\leqslant\alpha+\beta x_{0i}\leqslant\hat{\alpha}+\hat{\beta}x_{0i}+t_{n-2,\alpha/(2m)}S\sqrt{\frac{1}{n}+\frac{(x_{0i}-\bar{x})^2}{S_{xx}}}$$

对于 $i=1,\cdots,m$ 同时成立.（见习题 11.39）

在回归的同时推断中，我们可以再进一步. 要知道我们关于总体回归线的假定意味着对于**所有** x 方程 $\mathrm{E}(Y\mid x)=\alpha+\beta x$ 成立，因此我们应该可以在所有 x 进行推断. 于是，我们要作一个像式（11.3.42）那样的陈述，但需要它对于所有 x 成立. 像在方差分析中 Scheffé 所做的那样，他给出了这个问题的一个解. 我们把对于简单线性回归情形的结果总结在下面的定理中.

定理 11.3.6 在条件正态模型（11.3.22）下，

$$\hat{\alpha}+\hat{\beta}x-M_{\alpha}S\sqrt{\frac{1}{n}+\frac{(x-\bar{x})^2}{S_{xx}}}\leqslant\alpha+\beta x\leqslant\hat{\alpha}+\hat{\beta}x+M_{\alpha}S\sqrt{\frac{1}{n}+\frac{(x-\bar{x})^2}{S_{xx}}}\tag{11.3.43}$$

对于所有 x 同时成立的概率至少是 $1-\alpha$，其中 $M_{\alpha}=\sqrt{2F_{2,n-2,\alpha}}$.

证明：如果我们重新安排各项，应该很清楚看到如果我们能找到一个常数 M_{α} 满足

$$P\left(\frac{\left((\hat{\alpha}+\hat{\beta}x)-(\alpha+\beta x)\right)^2}{S^2\left[\frac{1}{n}+\frac{(x-\bar{x})^2}{S_{xx}}\right]}\leqslant M_{\alpha}^2 \text{ 对于所有 } x\right)=1-\alpha,$$

则定理的结论成立. 而上式等价于

$$P\left(\max_x\frac{\left((\hat{\alpha}+\hat{\beta}x)-(\alpha+\beta x)\right)^2}{S^2\left[\frac{1}{n}+\frac{(x-\bar{x})^2}{S_{xx}}\right]}\leqslant M_{\alpha}^2\right)=1-\alpha.$$

习题 11.32 中的参数化导致 α 和 β 的独立估计量，使得上述极大化更容易. 记

$$\hat{\alpha}+\hat{\beta}x=\bar{Y}+\hat{\beta}\ (x-\bar{x}),$$

$$\alpha+\beta x=\mu_{\bar{Y}}+\beta\ (x-\bar{x}),\quad (\mu_{\bar{Y}}=\mathrm{E}\bar{Y}=\alpha+\beta\bar{x})$$

并且为记号方便，定义 $t=x-\bar{x}$. 则有

$$\frac{\left((\hat{\alpha}+\hat{\beta}x)-(\alpha+\beta x)\right)^2}{S^2\left[\frac{1}{n}+\frac{(x-\bar{x})^2}{S_{xx}}\right]}=\frac{\left((\bar{Y}-\mu_{\bar{Y}})+(\hat{\beta}-\beta)t\right)^2}{S^2\left[\frac{1}{n}+\frac{t^2}{S_{xx}}\right]},$$

而我们要寻找常数 M_{α} 满足

$$P\left(\max_t\frac{\left((\bar{Y}-\mu_{\bar{Y}})+(\hat{\beta}-\beta)t\right)^2}{S^2\left[\frac{1}{n}+\frac{t^2}{S_{xx}}\right]}\leqslant M_{\alpha}^2\right)=1-\alpha.$$

注意，S^2 在极大化中没有作用，只是一个常数. 应用习题 11.40 的结果，我们得到

$$\begin{aligned}\max_t\frac{\left((\bar{Y}-\mu_{\bar{Y}})+(\hat{\beta}-\beta)t\right)^2}{S^2\left[\frac{1}{n}+\frac{t^2}{S_{xx}}\right]}&=\frac{n(\bar{Y}-\mu_{\bar{Y}})^2+S_{xx}(\hat{\beta}-\beta)^2}{S^2}\\&=\frac{\frac{(\bar{Y}-\mu_{\bar{Y}})^2}{\sigma^2/n}+\frac{(\hat{\beta}-\beta)^2}{\sigma^2/S_{xx}}}{S^2/\sigma^2}.\qquad(\text{乘以 }\sigma^2/\sigma^2)\end{aligned}\tag{11.3.44}$$

从定理 11.3.3 和习题 11.32，我们看到最后的表达式是独立 χ^2 随机变量的商，分

母已经被它的自由度除过；而分子是两个独立随机变量的和，每个随机变量有 χ_1^2 分布. 因此，分子服从分布 χ_2^2，从而这个商的分布为

$$\frac{\frac{(\bar{Y}-\mu_{\bar{Y}})^2}{\sigma^2/n}+\frac{(\hat{\beta}-\beta)^2}{\sigma^2/S_{xx}}}{S^2/\sigma^2}\sim 2F_{2,n-2},$$

并且当取 $M_\alpha=\sqrt{2F_{2,n-2,\alpha}}$ 时，

$$P\left(\max_t \frac{\left((\bar{Y}-\mu_{\bar{Y}})+(\hat{\beta}-\beta)t\right)^2}{S^2\left[\frac{1}{n}+\frac{t^2}{S_{xx}}\right]}\leqslant M_\alpha^2\right)=1-\alpha.$$

这就证明了定理. □

由于方程（11.3.43）对于所有 x 成立，它实际上给出了整条总体回归线的一个**置信带**（confidence band）. 换言之，像一个置信区间覆盖一个参数一样，一个置信带用带覆盖了整条线. 图 11.3.3 给出了一个这种 Scheffé 带的例子，同时给出了两个 Bonferroni 区间和一个 t 区间. 注意，虽然在图 11.3.3 中并不如此，Bonferroni 区间有可能比 Scheffé 带更宽，尽管 Bonferroni 推断只是针对少数几个区间.

$$t_{n-2,\alpha/(2m)}>2F_{2,n-2,\alpha}$$

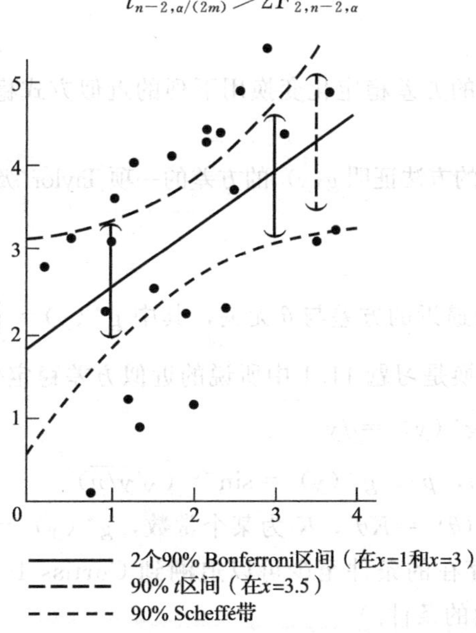

图 11.3.3　对于表 11.3.1 中的数据，Scheffé 带，t 区间（在 $x=3.5$），以及 Bonferroni 区间（在 $x=1$ 和 $x=3$）

当时就会出现这种情况，这里 m 在式（11.3.42）中定义. 这个不等式对于充分大的 m 总是成立的，因此，总是有理由选择 Scheffé，即便只对有限的几个 x 感兴趣.

这看起来是个意外的收获，这种现象之所以发生，是由于 Bonferroni 不等式是一个通用的界而 Scheffé 带是手中问题的精确解．（Bonferroni 区间的实际覆盖概率比 $1-\alpha$ 高.）Scheffé 带有各种变形，某些变形有着不同的形状，有些只覆盖 x 的一个特定区间. 关于这些带的讨论参见杂录一节.

理论上，把定理 11.3.6 的证明做适当修改，可以得到同时预测区间. （实际上，习题 11.40 中的函数的极大化几乎可以立即给出这样的结果.）然而，这个问题导出的统计量没有特别好的分布.

最后，我们注意一个问题，即应用像 Scheffé 带这样的方法在位于观测到的 x 的范围以外的 x 处的推断问题. 这些方法基于这样的假定，即我们**知道**总体回归函数对所有 x 是线性的.

虽然假定这个回归函数在观测到的 x 的整个范围上是线性的这一点可能是合理的，但**外推**（extrapolation）到这个观测范围以外通常是不明智的.（因为在这个观测范围以外没有数据，我们不能检查回归是否变成了非线性的.）这个警告对于 11.3.5 节中的方法也适用.

11.4 习题

11.1 ANOVA 中的方差稳定化变换用下列的近似方式稳定化方差. 设 Y 有均值 θ 和方差 $v(\theta)$.

(a) 用10.1.3 节中的方法证明 $g(y)$ 的方差的一项 Taylor 级数逼近为 $\mathrm{Var}(g(Y)) = [\frac{d}{d\theta}g(\theta)]^2 v(\theta)$.

(b) 证明 $g^*(Y)$的逼近的方差与 θ 无关，其中 $g^*(y)=\int[1/\sqrt{v(y)}]dy$.

11.2 证明下列变换是习题 11.1 中所说的近似方差稳定化变换.

(a) $Y\sim$Poisson，$g^*(y)=\sqrt{y}$

(b) $Y\sim$binomial(n, p)，$g^*(y)=\sin^{-1}(\sqrt{y/n})$

(c) Y 的方差为 $v(\theta)=K\theta^2$，K 为某个常数，$g^*(y)=\log(y)$

(方差稳定化变换存在的条件至少可以追溯到 Curtiss 1943，Bar-Lev and Enis 1988，1990 给出了精简的条件.）

11.3 Box-Cox 幂变换族（Box and Cox 1964）定义为

$$g_\lambda^*(y)=\begin{cases}(y^\lambda-1)/\lambda & \text{若}\ \lambda\neq 0\\ \log y & \text{若}\ \lambda=0\end{cases}$$

其中 λ 是一个自由参数.

(a) 证明，对于每个 y，$g_\lambda^*(y)$ 是 λ 的连续函数. 特别，证明

$$\lim_{\lambda\to 0}(y^{\lambda}-1)/\lambda=\log y.$$

(b) 求 Y 的近似方差函数 $v(\theta)$，即 $g_{\lambda}^{*}(y)$ 要稳定化的那个函数.（注意 $v(\theta)$ 很可能依赖于 λ.）

一般变换数据的统计分析以及特殊的 Box-Cox 幂变换一直是统计文献中争论的问题. 见 Bickel and Doksum（1981），Box and Cox（1982），以及 Hinkley and Runger（1984）.

11.4　一个最著名的（也是有用的）方差稳定化变换是 Fisher 的 z-变换，我们在习题 10.17 中已经遇到过. 这里我们来看几个更进一步的细节. 假定 (X, Y) 是一个二元正态，相关系数为 ϱ，样本相关为 r.

(a) 从习题 10.17 的 (d) 部分开始，用 δ 方法证明

$$\frac{1}{2}\left[\log\left(\frac{1+r}{1-r}\right)-\log\left(\frac{1+\varrho}{1-\varrho}\right)\right]$$

有近似于均值为 0，方差为 $1/n$ 的正态分布.

(b) 实际上 Fisher 使用了更精确的展开（Stuart and Ord 1987，16.33 节），并建立起了 (a) 中的近似正态分布：

$$\text{均值}=\frac{\varrho}{2(n-1)}\text{和方差}=\frac{1}{n-1}+\frac{4-\varrho^{2}}{2(n-1)^{2}}.$$

证明，对于小 ϱ 和中等大小的 n，我们可以用 0 和 $1/(n-3)$ 来近似均值和方差. 这是最受欢迎的 Fisher z-变换的形式.

11.5　假设被观测到的随机变量 Y_{ij} 来自过度参数化的一种方式分组的 ANOVA 模型 (11.2.2). 找出两个不同的参数集合，使之对应的这些 Y_{ij} 的联合分布完全相同，从而证明，如果对于模型中这些参数不做任何约束，模型是不可识别的.

11.6　在一种方式分组的 ANOVA 假定下，

(a) 证明统计量集合 $(\bar{Y}_{1\cdot}, \bar{Y}_{2\cdot}, \cdots, \bar{Y}_{k\cdot}, S_p^2)$ 对于 $(\theta_1, \theta_2, \cdots, \theta_k, \sigma^2)$ 是充分的.

(b) 证明 $S_p^2=\frac{1}{N-k}\sum_{i=1}^{k}(n_i-1)S_i^2$ 与每个 $\bar{Y}_{i\cdot}$，$i=1, \cdots, k$ 独立.（见引理 5.3.3).

(c) 如果 σ^2 是已知的，解释为什么 ANOVA 等价于杂录 11.5.6 节中所给出的典则版本.

11.7　证明下式以完成定理 11.2.8 的证明：

$$\frac{1}{\sigma^2}\sum_{i=1}^{k}n_i((\bar{Y}_{i\cdot}-\bar{\bar{Y}})-(\theta_i-\bar{\theta}))^2\sim\chi^2_{k-1}.$$

（提示：定义 $\bar{U}_i=\bar{Y}_{i\cdot}-\theta_i$，$i=1, \cdots, k$. 证明这些 $\bar{U}_i$ 是独立的，并且 $\bar{U}_i\sim \mathrm{n}(0, \sigma^2/n_i)$. 然后应用引理 5.3.2 中的推导方法证明 $\sum n_i(\bar{U}_i-\bar{\bar{U}})^2/\sigma^2\sim\chi^2_{k-1}$，这

里 $\overline{U}=\sum n_i\overline{U}_i/\sum n_i.$）

11.8 在一种方式分组 ANOVA 的假定下，证明对于任何常数集合 $\boldsymbol{a}=(a_1, \cdots, a_k)$，量 $\sum a_i\overline{Y}_{i.}$ 有均值为 $\sum a_i\theta_i$，方差为 $\sigma^2\sum a_i^2/n_i$ 的正态分布.（见推论 4.6.10.）

11.9 用得到式（11.2.7）中的 t 检验的方法，构造 t 检验以检验假设

(a) H_0：$\sum a_i\theta_i=\delta$ 对 H_1：$\sum a_i\theta_i\neq\delta$.

(b) H_0：$\sum a_i\theta_i\leqslant\delta$ 对 H_1：$\sum a_i\theta_i>\delta$.

其中 δ 为一常数。

11.10 假定我们有一个一种方式分组的 ANOVA 问题，其中有 5 个处理. 记处理均值为 $\theta_1, \cdots, \theta_5$，其中 θ_1 为对照，而 $\theta_2, \cdots, \theta_5$ 为新的处理. 假定在每个处理上得到了相同个数的观测值. 考察由下列常数集合定义的 4 个对比 $\sum a_i\theta_i$：

$$\boldsymbol{a}_1=\left(1, -\frac{1}{4}, -\frac{1}{4}, -\frac{1}{4}, -\frac{1}{4}\right),$$

$$\boldsymbol{a}_2=\left(0, 1, -\frac{1}{3}, -\frac{1}{3}, -\frac{1}{3}\right),$$

$$\boldsymbol{a}_3=\left(0, 0, 1, -\frac{1}{2}, -\frac{1}{2}\right),$$

$$\boldsymbol{a}_4=(0, 0, 0, 1, -1).$$

(a) 说明这 4 个对比的 t 检验的结果形成关于 $\theta_1, \cdots, \theta_5$ 的排序的结论. 能够得到什么结果？

(b) 证明由 (a) 中的这 4 个 $\boldsymbol{a}_i$ 形成的任何两个对比 $\sum a_i\overline{Y}_{i.}$ 是不相关的.（回忆一下，它们叫做正交对比.）

(c) 对于例 11.2.3 中的施肥试验，计划考虑以下对比：

$$\boldsymbol{a}_1=(-1, 1, 0, 0, 0),$$

$$\boldsymbol{a}_2=\left(0, -1, \frac{1}{2}, \frac{1}{2}, 0\right),$$

$$\boldsymbol{a}_3=(0, 0, 1, -1, 0),$$

$$\boldsymbol{a}_4=(0, -1, 0, 0, 1).$$

证明这 4 个对比不正交. 用施肥试验的背景解释这几个对比，并说明它们是一组有实际意义的对比.

11.11 对于任何常数集合 $\boldsymbol{a}=(a_1, \cdots, a_k)$ 和 $\boldsymbol{b}=(b_1, \cdots, b_k)$，证明在一种方式分组 ANOVA 假定下，

$$\mathrm{Cov}\left(\sum a_i\overline{Y}_{i.}, \sum b_i\overline{Y}_{i.}\right)=\sigma^2\sum\frac{a_ib_i}{n_i}.$$

因此，在一种方式分组 ANOVA 中，当 $\sum a_i b_i/n_i=0$ 时两个对比是不相关的（正交的）.

11.12　假设我们有一种方式分组 ANOVA，其中在每个处理上的观测次数一样多，即 $n_i=n$，$i=1$，…，k. 在这种情况下，F 检验可以被视为平均 t 检验.

(a) 证明对于 $H_0: \theta_i=\theta_{i'}$ 对 $H_1: \theta_i\neq\theta_{i'}$ 的 t 检验可以基于统计量

$$t_{ii'}^2=\frac{(\overline{Y}_{i\cdot}-\overline{Y}_{i'\cdot})^2}{S_p^2(2/n)}.$$

(b) 证明

$$\frac{1}{k(k-1)}\sum_{i,i'}t_{ii'}^2=F,$$

其中 F 是通常的一种方式分组 ANOVA F 统计量.（提示：见习题 5.8 (a).）（由 George MaCabe 告知，而他是从 Jhon Tukey 得知的.）

11.13　在一种方式分组 ANOVA 的假定下，证明 $H_0: \theta_1=\theta_2=\cdots=\theta_k$ 的似然比检验由式（11.2.14）中的 F 检验给出.

11.14　Scheffé 同时区间方法实际上对于所有线性组合都有效，不只是对于对比有效. 证明在一种方式分组 ANOVA 假定下，如果 $M=\sqrt{kF_{k,N-k,\alpha}}$（注意分子的自由度的变化），则

$$\sum_{i=1}^k a_i\overline{Y}_{i\cdot}-M\sqrt{S_p^2\sum_{i=1}^k\frac{a_i^2}{n_i}}\leqslant\sum_{i=1}^k a_i\theta_i\leqslant\sum_{i=1}^k a_i\overline{Y}_{i\cdot}+M\sqrt{S_p^2\sum_{i=1}^k\frac{a_i^2}{n_i}}$$

对于所有 $\boldsymbol{a}=(a_1, \cdots, a_k)$ 同时成立的概率为 $1-\alpha$.

首先利用引理 11.2.7 的精神证明下列事实，再证明这个结论可能是最容易的方法：如果 v_1，…，v_k 为常数，而 c_1，…，c_k 为正常数，则

$$\max_{\boldsymbol{a}}\left\{\frac{\left(\sum_{i=1}^k a_i v_i\right)^2}{\sum_{i=1}^k a_i^2/c_i}\right\}=\sum_{i=1}^k c_i v_i^2.$$

然后应用证明定理 11.2.10 的方法即可得到上述结果.

11.15　(a) 证明对于 t 和 F 分布，对任何 ν，α 和 k，

$$t_{\nu,\alpha/2}\leqslant\sqrt{(k-1)F_{k-1,\nu,\alpha}}.$$

（回忆 t 分布和 F 分布之间的关系. 这个不等式是“对于固定的 ν，分布 $kF_{k,\nu}$ 是随 k 而随机增的”这个事实的推论，但实际上是个比较弱的结果. 见习题 5.19.）

(b) 解释以上不等式如何表明了同时 Scheffé 区间总比单个对比的区间宽.

(c) 证明：这个不等式也蕴涵着 Scheffé 检验的功效不如 t 检验的功效大.

11.16　在定理 11.2.5 中我们看到 ANOVA 零假设等价于所有对比是 0. 我们也可以把 ANOVA 零假设写成其他假设集合的交.

(a) 证明假设

$$H_0: \theta_1=\theta_2=\cdots=\theta_k \text{ 对 } H_1: \theta_i\neq\theta_j \text{ 对某 } i, j$$

与

$$H_0: \theta_i=\theta_j \text{ 对所有 } i, j \text{ 对 } H_1: \theta_i\neq\theta_j \text{ 对某 } i, j$$

等价.

(b) 把 ANOVA 中的 H_0 和 H_1 表示成为集合

$$\Theta_{ij}=\{\boldsymbol{\theta}=(\theta_1,\cdots,\theta_k): \theta_i-\theta_j=0\}$$

的并交形式. 指出如何利用这些表达式来构造 ANOVA 零假设的不同的并-交检验. (见习题 11.5.2.)

11.17 有一种多重比较的方法叫做**保护 LSD** (Protected Least Significant Difference), 如下进行. 如果 ANOVA F 检验在水平 α 上拒绝了 H_0, 则对于每对均值 θ_i 和 $\theta_{i'}$, 当

$$\frac{|\overline{Y}_{i\cdot}-\overline{Y}_{i'\cdot}|}{\sqrt{S_p^2\left(\frac{1}{n_i}+\frac{1}{n_{i'}}\right)}}>t_{N-k,\alpha/2}$$

时认为这两个均值有差异. 注意每个 t 检验与 ANOVA F 检验是在同一个水平 α 上进行的. 这里我们是在用**试验级** α 水平, 其中

$$\text{试验级 } \alpha=P\left(\begin{matrix}\text{均值间有差异的声明}\\ \text{至少有一个错}\end{matrix}\middle|\begin{matrix}\text{所有均值}\\ \text{都相等}\end{matrix}\right)$$

(a) 证明无论试验中有多少个均值, 用保护 LSD 方法作出的同时推断的水平为 α.

(b) **通常的 (未保护的) LSD** 方法只在水平 α 上进行各个检验, 而不论 ANOVA F 检验的结果是什么. 说明通常的 LSD 的试验级错误率可能大于 α. (保护 LSD 确实保持了试验级错误率 α.)

(c) 对例 11.2.1 中的鱼毒数据应用 LSD 方法. 得到什么结论?

11.18 展示"数据窥探", 即检验从数据中看出来的假设一般不是一个好做法.

(a) 证明, 对任何随机变量 Y 以及满足 $a>b$ 和 $P(Y>b)<1$ 的常数 a 和 b, 有 $P(Y>a \mid Y>b)>P(Y>a)$.

(b) 令 Y 为检验统计量, a 为一个临界值点, 应用 (a) 中不等式讨论一个数据建议的假设检验的真实水平.

11.19 设 $X_i \sim \text{gamma}(\lambda_i, 1)$, $i=1, \cdots, n$, 且 $X_1, \cdots, X_n$ 独立. 定义 $Y_i=X_{i+1}/\left(\sum_{i=1}^{i} X_j\right)$, $i=1, \cdots, n-1$, 以及 $Y_n=\sum_{i=1}^{n} X_i$.

(a) 求 Y_i, $i=1, \cdots, n$ 的联合及边缘分布.

(b) 把你的结果与 ANOVA 中常用的任何分布联系起来.

11.20 假定一种方式分组 ANOVA 零假设为真.

(a) 证明 $\sum n_i\ (\bar{Y}_{i.}-\bar{\bar{Y}})^2/\ (k-1)$ 为 σ^2 的一个无偏估计.

(b) 演示如何用例 5.3.5 中的方法推导 ANOVA F 检验.

11.21　(a) 通过对下列数据计算完整的 ANOVA 表来说明 ANOVA 中平方和的分解. 为确定食物的质量，用有不同蛋白质含量的食物喂养刚断奶的公鼠. 对 15 只公鼠中的每一只随机指定 3 种食物中的一种，记录它们的增重，单位是克.

食物蛋白质水平

低	中	高
3.89	8.54	20.39
3.87	9.32	24.22
3.26	8.76	30.91
2.70	9.30	22.78
3.82	10.45	26.33

(b) 完成定理 11.2.11 的证明，从而用分析的方法证明平方和的分解.

(c) 用 (a) 中的数据来说明习题 11.12 (b) 中给出的 t 和 F 统计量之间的关系.

11.22　计算一种方式分组 ANOVA 表中 MSB 和 MSW 的期望值. (这些期望称为**期望均方**，可以用来在复杂的 ANOVA 中识别 F 检验. 有一个计算期望均方的算法. 关于这个算法的细节参见，例如，Kirk 1982.)

11.23　用杂录 11.5.3 节中的模型.

(a) 证明 Y_{ij} 的均值和方差为 $\mathrm{E}Y_{ij}=\mu+\tau_i$ 和 $\mathrm{Var}Y_{ij}=\sigma_B^2+\sigma^2$.

(b) 如果 $\sum a_i=0$，证明 $\sum a_i\bar{Y}_{i\cdot}$ 的无条件方差为 $\mathrm{Var}\left(\sum a_i\bar{Y}_{i\cdot}\right)=\frac{1}{r}(\sigma_B^2+\sigma^2)\ (1-\rho)\sum a_i^2$，其中 ρ= 组内相关.

11.24　杂录 11.5.6 节中 Stein 估计的形式可以用 Efron and Morris (1972) 中给出的**经验 Bayes** 方法得到印证. 经验 Bayes 方法在数据分析中相当有用. Stein (1956) 可能已经知道这种方法，尽管他没有提到. 设 $X_i\sim \mathrm{n}(\theta_i,\ 1)$，$i=1,\ \cdots,\ p$，并且 θ_i 是 iid $\mathrm{n}(0,\ \tau^2)$ 的.

(a) 证明，就边缘分布来说，X_i 是 iid $\mathrm{n}(0,\tau^2+1)$ 的，从而 $\sum X_i^2/(\tau^2+1)\sim\chi_p^2$.

(b) 用边缘分布，证明如果 $p\geqslant 3$，则 $\mathrm{E}(1-((p-2)/\sum_{j=1}^p X_j^2))=\tau^2/(\tau^2+1)$. 从而，杂录 11.5.6 节中的 Stein 估计是 Bayes 估计 $\delta_i^\pi(X)=[\tau^2/(\tau^2+1)]X_i$ 的一个经验 Bayes 版本.

(c) 证明若 $Y\sim\chi_p^2$，则当 $p<3$ 时 $\mathrm{E}(1/Y)=\infty$，从而表明当 $p<3$ 时上述说法

失败.

11.25 在 11.3.1 节中，我们应用两步极小化得到了 α 和 β 的最小二乘估计. 这个极小化也可以用偏导数完成.

(a) 计算 $\frac{\partial \text{RSS}}{\partial c}$ 和 $\frac{\partial \text{RSS}}{\partial d}$，并令它们等于 0. 证明得到的两个方程可以写为

$$nc+\left(\sum_{i=1}^{n}x_i\right)d=\sum_{i=1}^{n}y_i \text{ 和} \left(\sum_{i=1}^{n}x_i\right)c+\left(\sum_{i=1}^{n}x_i^2\right)d=\sum_{i=1}^{n}x_iy_i.$$

(这两个方程称为这个极小化问题的**正规方程**.)

(b) 证明 $c=a$ 和 $d=b$ 是正规方程的解.

(c) 检查二阶导数条件，从而验证 $c=a$ 和 $d=b$ 的确是 RSS 的最小值点.

11.26 设 n 是一个偶数. 预测变量的所有值 x_1，…，x_n 都必须在区间 $[e,f]$ 中选择. 证明，极大化 S_{xx} 的预测变量的值是：半数 x_i 取 e，另外一半取 f. (这是在 11.3.2 节中提到的极小化 $\text{Var}b$ 的那些值.)

11.27 观测值 (x_i, Y_i)，$i=1$，…，n 遵从模型 $Y_i=\alpha+\beta x_i+\epsilon_i$，其中 $\text{E}\,\epsilon_i=0$，$\text{Var}\,\epsilon_i=\sigma^2$，$\text{Cov}(\epsilon_i, \epsilon_j)=0$ 若 $i\neq j$. 求 α 的最佳线性无偏估计.

11.28 证明，对于简单线性回归的条件正态模型，σ^2 的极大似然估计为

$$\hat{\sigma}^2=\frac{1}{n}\sum_{i=1}^{n}(y_i-\hat{\alpha}-\hat{\beta}x_i)^2.$$

11.29 考虑在 11.3.4 节中由 $\hat{\epsilon}_i=Y_i-\hat{\alpha}-\hat{\beta}x_i$ 定义的残差 $\hat{\epsilon}_1$，…，$\hat{\epsilon}_n$.

(a) 证明 $\text{E}\,\hat{\epsilon}_i=0$.

(b) 证明

$$\text{Var}\,\hat{\epsilon}_i=\text{Var}Y_i+\text{Var}\hat{\alpha}+x_i^2\,\text{Var}\hat{\beta}-2\text{Cov}(Y_i,\hat{\alpha})-2x_i\text{Cov}(Y_i,\hat{\beta})+2x_i\text{Cov}(\hat{\alpha},\hat{\alpha}).$$

(c) 用引理 11.3.2 证明

$$\text{Cov}(Y_i,\hat{\alpha})=\sigma^2\left(\frac{1}{n}+\frac{(x_i-\bar{x})\bar{x}}{S_{xx}}\right) \text{和 } \text{Cov}(Y_i,\hat{\beta})=\sigma^2\frac{(x_i-\bar{x})}{S_{xx}},$$

并用这些结果证明式 (11.3.28).

11.30 补充定理 11.3.3 证明中留下的关于 α 的分布的细节.

(a) 证明估计 $\hat{\alpha}=\bar{y}-\hat{\beta}\bar{x}$ 可以表示为 $\hat{\alpha}=\sum_{i=1}^{n}c_iY_i$，其中

$$c_i=\frac{1}{n}-\frac{(x_i-\bar{x})\bar{x}}{S_{xx}}.$$

(b) 证明

$$\text{E}\hat{\alpha}=\alpha \text{ 和 } \text{Var}\hat{\alpha}=\sigma^2\left(\frac{1}{nS_{xx}}\sum_{i=1}^{n}x_i^2\right).$$

(c) 证明

$$\mathrm{Cov}\ (\hat{\alpha},\ \hat{\beta}) = -\frac{\sigma^2 \overline{x}}{S_{xx}}.$$

11.31　证明定理 11.3.3 中的结论，即$\hat{\epsilon}_i$ 与 $\hat{\alpha}$和 $\hat{\beta}$ 是不相关的.（证明$\hat{\epsilon}_i = \sum e_j Y_j$，其中 e_j 由式（11.3.30）给出．然后，利用 $\hat{\alpha}$ 和 $\hat{\beta}$ 可以写为 $\hat{\alpha} = \sum c_j Y_j$ 和 $\hat{\beta} = \sum d_j Y_j$ 的事实，证明 $\sum c_j e_j = \sum d_j e_j = 0$ 并利用引理 11.3.2.）

11.32　观测值（x_i，Y_i），$i=1$，…，n 遵从模型

$$Y_i = \alpha + \beta x_i + \epsilon_i,$$

其中 x_1，…，x_n 为常数，ϵ_1，…，ϵ_n 是 iid $\mathrm{n}(0,\ \sigma^2)$的．把模型重新参数化为

$$Y_i = \alpha' + \beta'(x_i - \overline{x}) + \epsilon_i.$$

以 $\hat{\alpha}$ 和 $\hat{\beta}$ 分别记 α 和 β 的 MLE，$\hat{\alpha}'$和 $\hat{\beta}'$分别记 α' 和 β' 的 MLE.

(a) 证明 $\hat{\beta}' = \hat{\beta}$.

(b) 说明 $\hat{\alpha}' \neq \hat{\alpha}$．事实上，$\hat{\alpha}' = \overline{Y}$．求 $\hat{\alpha}'$ 的分布.

(c) 证明 $\hat{\alpha}'$ 和 $\hat{\beta}'$ 是不相关的，因此在正态假定下是独立的.

11.33　观测值（X_i，Y_i），$i=1$，…，n 来自参数为（μ_X，μ_Y，σ_X^2，σ_Y^2，ρ）的二元正态分布，要拟合模型 $Y_i = \alpha + \beta x_i + \epsilon_i$.

(a) 说明假设 H_0：$\beta=0$ 真当且仅当假设 H_0：$\rho=0$ 真．（见式（11.3.25））

(b) 用代数方法证明

$$\frac{\hat{\beta}}{S/\sqrt{S_{xx}}} = \sqrt{n-2}\,\frac{r}{\sqrt{1-r^2}},$$

其中 r 为样本相关系数，也是 ρ 的 MLE.

(c) 说明当只给出 r^2 和 n 时，如何利用自由度 $n-2$ 的 Student t 分布来检验 H_0：$\rho=0$（见式（11.3.33））.（Fisher 用方差稳定化变换推导出了 ρ 的近似置信区间，见习题 11.4.）

11.34　(a) 对下面的数据计算回归 ANOVA 表，并以此说明平方和的分解．父母们经常对于预测其孩子们的最终身高感兴趣．下面的数据是由 Galton 的分析所建议的一项研究中数据的一部分.

2 岁时的身高 x（英寸）	39	30	32	34	35	36	36	30
成人时的身高 y	71	63	63	67	68	68	70	64

(b) 验证方程（11.3.36），从而对简单线性回归建立平方和分解公式.

(c) 证明回归平方和的两个表达式实际上相等，即

$$\sum_{i=1}^{n} (\hat{y}_i - \overline{y})^2 = \frac{S_{xy}^2}{S_{xx}}.$$

(d) 证明由

$$r^2=\frac{\sum_{i=1}^{n}(\hat{y}_i-\bar{y})^2}{\sum_{i=1}^{n}(y_i-\bar{y})^2}$$

给出的**决定系数** r^2 即可以表示为 n 对 (y_1,x_1)，…，(y_n,x_n) 的样本相关系数，也可以表示为 n 对 $(y_1,\hat{y}_1)$，…，$(y_n,\hat{y}_n)$ 的样本相关系数.

11.35 观测值 Y_1，…，Y_n 由关系 $Y_i=\theta x_i^2+\epsilon_i$ 描述，其中 x_1，…，x_n 为固定的常数，而 ϵ_1，…，ϵ_n 是 iid $n(0,\sigma^2)$ 的.

(a) 求 θ 的最小二乘估计.

(b) 求 θ 的 MLE.

(c) 求 θ 的最佳无偏估计.

11.36 观测值 Y_1，…，Y_n 遵从模型 $Y_i=\alpha+\beta x_i+\epsilon_i$，其中 x_1，…，x_n 为固定常数，而 ϵ_1，…，ϵ_n 是 iid $n(0,\sigma^2)$ 的. 以 $\hat{\alpha}$ 和 $\hat{\beta}$ 分别记 α 和 β 的 MLE.

(a) 假定 x_1，…，x_n 为 iid 且有分布 $n(\mu_X,\sigma_X^2)$ 的随机变量 X_1，…，X_n 观测值. 证明，当我们对 X 和 Y 的联合分布取期望时，仍然有 $E\hat{\alpha}=\alpha$ 和 $E\hat{\beta}=\beta$.

(b) (a) 中的现象对于协方差不成立. 计算 $\hat{\alpha}$ 和 $\hat{\beta}$ 的无条件协方差（用 X 和 Y 的联合分布).

11.37 我们观测相互独立的随机变量 Y_1，…，Y_n，它们每一个都服从方差为 σ^2 的正态分布. 进一步，$EY_i=\beta x_i$，其中 β 是未知参数，且 x_1，…，x_n 为固定常数、不都为 0.

(a) 求 β 的 MLE，计算其均值和方差.

(b) 计算 β 的无偏估计的方差的 Cramér-Rao 下界.

(c) 求 β 的最佳线性无偏估计.

(d) 如果你可以把 x_1，…，x_n 的值取在非退化闭区间 $[A,B]$ 中的任何地方，你会把它们取在哪里？说明你的结论.

(e) 对于给定的正数 r，**由 r 确定的 β 的极大概率估计**是极大化积分

$$\int_{D-r}^{D+r} f(y_1,\cdots,y_n\mid\beta)\,d\beta$$

的 D 的值，其中 $f(y_1,\cdots,y_n\mid\beta)$ 是 Y_1，…，Y_n 的联合概率密度函数. 求出这个估计.

11.38 一位生态学家获取了数据 (x_i,Y_i)，$i=1$，…，n，其中 x_i 是一块区域的大小，Y_i 是这块区域上苔的数量. 我们建立模型 $Y_i\sim\text{Poisson}(\theta x_i)$，并假定这些 Y_i 是独立的.

(a) 证明 θ 的最小二乘估计是 $\sum x_iY_i/\sum x_i^2$. 证明这个估计的方差是 $\theta\sum x_i^3/(\sum x_i^2)^2$. 计算该估计的偏倚.

(b) 证明 θ 的 MLE 是 $\sum Y_i/\sum x_i$，并有方差 $\theta/\sum x_i$. 计算该估计的偏倚.

(c) 求 θ 的最佳无偏估计，并证明其方差达到 Cramér-Rao 下界.

11.39　证明式（11.3.42）中给出的同时置信区间有指定的覆盖概率.

11.40　(a) 证明如果 a，b，c 和 d 为常数，并且 $c>0$，$d>0$，那么

$$\max_t \frac{(a+bt)^2}{c+dt^2}=\frac{a^2}{c}+\frac{b^2}{d}.$$

(b) 用 (a) 证明方程（11.3.44），由此填补定理 11.3.6 中的空白.

(c) 用 (a) 以及方程（11.3.41）中的预测区间求 Scheffé 型同时带. 即像在定理 11.3.6 中一样重写预测区间，证明

$$\max_t \frac{\left((\bar{Y}-\mu_{\bar{Y}})+(\hat{\beta}-\beta)t\right)^2}{S^2\left[1+\frac{1}{n}+\frac{t^2}{S_{xx}}\right]}=\frac{\frac{n}{n+1}(\bar{Y}-\mu_{\bar{Y}})^2+S_{xx}(\hat{\beta}-\beta)^2}{S^2}.$$

(d) 上述极大值的分布不容易写出来，但我们可以逼近它，像例 7.2.3 中一样，用矩匹配的方法逼近这个统计量.

11.41　在例 12.4.2 的讨论中，注意到来自长鼻袋鼠的数据中有一个缺失值. 假定在第 24 个动物上观测到 $O_2=16.3$.

(a) 写出观测数据和期望的完全数据的对数似然函数.

(b) 写出求 MLE 的 EM 算法的 E 步和 M 步.

(c) 用所有 24 个观测值求 MLE.

(d) 实际上，在第 24 个动物上没有观测到 O_2，而是观测到 CO_2 为 4.2（O_2 缺失）. 建立这种情况下 EM 算法并求出 MLE.（这是一个相当难的问题，因为必须对 x 求期望. 这意味着你必须用二元正态分布的回归模型.）

11.5　杂录

11.5.1　Cochran 定理

当把正态随机变量进行适当的中心化和标准化后，其平方和的分布与卡方随机变量一样. 这个类型的结果归功于 Cochran（1934）. Cochran 定理给出了 iid 正态随机变量的平方和服从卡方分布所需要的标准化应满足的充分必要条件. 这些条件并不困难，但最好用矩阵的性质来叙述，这里不做介绍. 在 11.2.6 节中讨论的一种方式 ANOVA 中的 χ^2 随机变量的分解是 Cochran 定理的一个简单结果. 进一步，另一个结果是在随机化完全区组 ANOVA（见杂录 11.5.3）中，所有均方都有卡方分布.

Cochran 定理已经推广到正态分布变量（不必 iid）的平方和服从卡方分布的充

分必要条件. 细节参见 Stuart and Ord（1987，第 15 章）.

11.5.2 多重比较

在这章中我们已经看到做同时推断的两种方法：Scheffé 方法和 Bonferroni 不等式. 还有很多其他的同时推断方法. 多数情况下关心成对比较，即均值之间的差的推断. 在一种方式分组 ANOVA 中，这些方法可以用来估计处理均值.

有一种方法是由 Tukey（见 Miller1981）提出的，有时称为 Q 方法. 这种方法用 Scheffé 型极大化，但只针对成队的差，而不对所有对比. Q 分布是统计量

$$Q=\max_{i,j}\left|\frac{(\overline{Y}_{i\cdot}-\overline{Y}_{j\cdot})-(\theta_i-\theta_j)}{\sqrt{S_p^2\left(\frac{1}{n}+\frac{1}{n}\right)}}\right|$$

的分布，其中 $n_i=n$ 对所有 i.（Hayter 1984 证明如果 $n_i\neq n_j$ 并且上面的 n 由调和平均 n_h 代替，则方法是保守的，其中 $1/n_h=\frac{1}{2}$（$(1/n_i)$ ＋ $(1/n_j)$）.）Q 方法是 Scheffé 方法的一个改进：如果只对成对差感兴趣，Q 方法有更大的功效（更短的区间）. 这从定义容易看出，因为 Q 比 S 方法有更小的最大值.

还有其他类型的处理成对差的多重比较方法比 S 更有效. LSD（least significant difference)，保护 LSD，Duncan 方法和 Student-Neumann-Kuels 方法就是一些这样的方法. 最后这两个称为多量程（multiple range）方法，临界值点随比较而变.

完全理解多重比较的一个困难在于第一类错误的定义并不是不可侵犯的. 这些方法中的某些已经改变了多重比较中第一类错误的定义，这使得“水平 α”的意义并不总是很清楚. 被考虑的错误率的类型有**试验级错误率**（experimentwise error rate)，**比较级错误率**（comparison-wise error rate)，**族级错误率**（familywise error rate). 关于这些内容，Miller（1981）和 Hsu（1996）都是好的参考书 . Carmer and Walker（1982）给出了一个有趣但说明问题的讨论.

11.5.3 随机化完全区组设计

11.2 节关心的是一种方式分组的数据，即在试验中只有一个分组的因素（处理). 一般地，ANOVA 可以有许多不同类型的分组因素；一个最常用的含有多类型分组因素的 ANOVA 就是随机化完全区组（Randomized Complete Block，RCB）ANOVA.

一个**区组**（或**区组因子**）是一个分类因素，专门用来剔除试验中的变异. 与处理相反，一般对于区组之间的差异不感兴趣. 划分区组的实践是从农业试验开始的，那时试验人员用相似的生长条件来控制试验的方差. 为建立模型，假定试验中实际使用的区组是从一个大的区组总体中抽取的随机样本（这就使得区组成为**随机**

因子).

RCB ANOVA 假定

观测到的随机变量 Y_{ij} 来自下列模型

$$Y_{ij} \mid \boldsymbol{b}=\mu+\tau_i+b_j+\epsilon_{ij}, i=1,\cdots,k, j=1,\cdots,r,$$

其中

(i) 随机变量ϵ_{ij}，$i=1$，…，k，$j=1$，…，$r \sim \text{iid n}(0, \sigma^2)$（有相同方差的正态误差）.

(ii) 区组 b_1，…，b_r 是 iid $\text{n}(0, \sigma_B^2)$ 随机变量 B_1，…，B_r 的实现（但未被观测），并且 B_1，…，B_r 与所有ϵ_{ij}独立.

Y_{ij} 的均值和方差是

$$\text{E}Y_{ij}=\mu+\tau_i, \text{ 和 } \text{Var}Y_{ij}=\sigma_B^2+\sigma^2,$$

而且，虽然这些 Y_{ij} 是条件不相关的，但在区组内是无条件相关的. 在区组 j 中，Y_{ij} 与 $Y_{i'j}$ $(i \neq i')$ 之间的相关是

$$\frac{\text{Cov}(Y_{ij}, Y_{i'j})}{\sqrt{(\text{Var}Y_{ij})(\text{Var}Y_{i'j})}}=\frac{\sigma_B^2}{\sigma_B^2+\sigma^2},$$

这个量称为**组内相关**（intraclass correlation）. 因此，这个模型意味着，不但在区组内部是相关的，而且还是正相关的. 这是由于模型的可加性以及各个ϵ与各个 B 之间独立的假定而导致的（见习题 11.23）. 虽然这些 Y_{ij} 之间不是独立，但这种组内相关的结构仍然导致方差分析，其中均方的比有 F 分布（见杂录 11.5.1）.

11.5.4 其他类型的方差分析

我们考虑过的两种方差分析，包括一种方式分组 ANOVA 和 RCB ANOVA，都是最简单的类型. 例如，完全区组设计的一个扩展是**不完全**区组设计. 有时会有一些物理限制，不允许在每一个区组中放入所有处理，这就需要不完全区组设计. 在这样的设计中，决定如何安排处理即困难又关键. 当然，设计越复杂，分析也就越复杂. 统计设计关心的是从最少的观测得到最多的信息；在很多情形，这种设计问题的研究导致更复杂也更有效的 ANOVA. 基于设计的 ANOVA，如**部分析因**、**拉丁方**、**平衡不完全区组**，可能是就一种现象收集丰富信息的有效方法. 关于这些论题的好的综合文献有 Cochran and Cox（1957），Dean and Voss（1999）以及 Kuehl（2000）.

11.5.5 置信带的形状

置信带可以有很多形状，不只是 Scheffé 带的**双曲**形状. 例如，Gafarian（1964）讨论了如何在有限的区间上构造**直线**带的方法. Gafarian 型带由概率陈述

$$P(\hat{\alpha}+\hat{\beta}x-d_a \leqslant \alpha+\beta x \leqslant \hat{\alpha}+\hat{\beta}x+d_a \text{ 对于所有 } x \in [a,b])=1-\alpha$$

来定义. Gafarian 给出了 d_α 的表. 要得到有限宽度的带，必须仅限于在 x 的有限范围内. 当 $|x|\to\infty$时，任何水平为 $1-\alpha$ 的带必趋于无限宽. Casella and Strawderman (1980) 以及其他作者给出如何在有限区间上构造 Scheffé 带，从而在与无限 Scheffé 带保持相同置信水平的同时减小带宽. Naiman (1983) 比较了有限区间上的直线带和 Scheffé 带. 在他的平均带宽的准则下，Scheffé 带优于直线带. 然而在某些情形，试验人员可能更青睐直线带的解释.

既非直线也非双曲的带形是可能的. Piegorsch (1985) 调查和刻画可容许的形状，可容许是指带的概率陈述不能改进. 他得到了可容许带所必须满足的"增长条件 (growth conditions)". Naiman (1983, 1984, 1987) 和 Naiman and Wynn (1992, 1997) 已经把这个理论发展到很高水平，建立了可用于进一步改进推断的不等式和几何量.

11.5.6 Stein 悖论

方差分析的一部分关心一组正态均值的同时估计. 在这个特殊问题上的发展无论对于点估计的理论还是应用都产生了深远的影响. 首先研究该问题的是 Stein (1956).

方差分析的典则版本是，观测 $\boldsymbol{X}=(X_1, \cdots, X_p)$，目标是 $\boldsymbol{\theta}=(\theta_1, \cdots, \theta_p)$ 的估计，其中这些 X_i 是独立的随机变量并且 $X_i\sim n(\theta_i, 1)$. θ_i 的常用估计是 X_i，但是 Stein (1956) 给出了一个惊人的结果：如果 $p\geqslant 3$，θ_i 的估计量

$$\delta_i^S(X)=\left(1-\frac{p-2}{\sum_{j=1}^p X_j^2}\right)X_i$$

是 θ_i 的一个更好的估计量，这里"更好"是指

$$\sum_{i=1}^p \mathrm{E}_\theta(X_i-\theta_i)^2\geqslant\sum_{i=1}^p \mathrm{E}_\theta(\delta_i^S(X)-\theta_i)^2.$$

也就是说，Stein 估计的均方误差的和，比起 X 的相应量来总是更小，并且通常是严格地小.

注意估计量的比较是通过各个分量的均方误差的和进行的，并且每个 $\delta_i^S(X)$ 是整个向量 $(X_1, \cdots, X_p)$ 的函数. 因此，在估计每个均值时所有数据都可以用. 由于 X_i 之间是独立的，我们可能认为 δ_i^S 只用 X_i 就足够了. 然而，通过对均方误差求和，我们把这些分量拴在了一起.

在一种方式 ANOVA 中，我们观测

$$\bar{Y}_{i\cdot}\sim \mathrm{n}\left(\theta_i, \frac{\sigma^2}{n_i}\right), i=1, \cdots, k, \text{独立},$$

这里 $\bar{Y}_{i\cdot}$ 是格子均值. Stein 估计量有形式

$$\delta_i^S(\bar{Y}_{1\cdot},\cdots,\bar{Y}_{k\cdot})=\left(1-\frac{(k-2)\sigma^2}{\sum_{j=1}^k n_j\bar{Y}_{j\cdot}^{\ 2}}\right)^+\bar{Y}_{i\cdot}, i=1,\cdots,k.$$

这个 Stein 型估计量可以进一步改进，方法是选一个有意义的点，并朝向它进行压缩（上面的估计是朝 0 进行压缩）. 有一个这样的估计是由 Lindley（1962）提出的，朝着观测值的总平均方向压缩，由

$$\delta_i^L(\bar{Y}_{1\cdot},\cdots,\bar{Y}_{k\cdot})=\bar{\bar{Y}}+\left(1-\frac{(k-3)\sigma^2}{\sum_{j=1}^{k}n_j(\bar{Y}_{j\cdot}-\bar{\bar{Y}})^2}\right)^{+}(\bar{Y}_{i\cdot}-\bar{\bar{Y}}),i=1,\cdots,k$$

给出. 压缩目标的其他选择可能更合适 . Casella and Hwang（1987）给出了有关这些问题的讨论，包括如何改进置信陈述，比如 Scheffé 的 S 方法 . Morris（1983）也讨论了这种类型的估计的应用.

利用 Stein 型估计，不仅是点估计还有置信集估计，理论上都取得了很多进展. 这些进展表明，以 Stein 估计量为中心，可以增加覆盖概率、减少犯第一类错误的概率 . Stein 估计量与经验 Bayes 估计量（见杂录 7.5.6 节）之间有很强的联系，这一点首先是在 Efron and Morris（1972，1973，1975）的一系列论文中揭示出来的，其中 θ 的分量用一个共同的先验分布联系起来 . Lehmann and Casella（1998，第 5 章）介绍了 Stein 估计的理论及一些应用.

第 12 章

回归模型

“他所得出的结论像许多欧几里德的定理一样准确无误. 对那些门外汉来说，他的这些结论着实令人吃惊，在他们完全了解他得到这些结论的各个步骤之前，他们很可能把他看成是一个神机妙算的巫师.”

——沃森博士对夏洛克·福尔摩斯的评价

《血字的研究》

12.1 引言

第 11 章关心的可以叫做“经典线性回归”. 不论 ANOVA 还是简单线性回归都是基于带有正态误差的线性模型. 在这一章中，我们来看这种模型的几类扩充，实践证明这些扩充是有用的.

在 12.2 节，线性模型被扩充到预测变量带有误差的情形，称为变量有误差时的回归. 在这个模型中，预测变量 X 像响应变量一样成为随机变量. 这个模型中的估计问题遇到许多不能预见的困难，与简单线性回归的情形大不相同.

在 12.3 节中，线性模型被进一步推广，我们将看到罗吉斯蒂克回归. 这里，响应变量是离散的 Bernoulli 变量. 这个 Bernoulli 变量的均值是一个有界函数，而关于一个有界函数的线性模型可能会出现问题（尤其是在边界处）. 由于这个原因，我们把这个均值变换为一个无界参数（应用 logit 变换）并用这个变换以后的参数作为预测变量的线性函数来建立模型. 当一个线性模型被放到响应变量均值的某个函数上时，它就成为**广义线性模型**（generalized linear model）.

最后，在 12.4 节，我们来看在线性回归中的稳健性. 在这一章中的其他节我们改变了模型，与此形成对照的是，在这一节我们将改变拟合准则. 内容与 10.2.2 节平行，在那里我们看到了稳健点估计. 即我们将用 ρ 函数替换最小二乘准则，所得到的估计对于离群观测值敏感性较小（但保持一定效率）.

12.2 变量有误差时的回归

变量有误差（**errors in variables, EIV**）时的回归，又称为**测量误差模型**

(measurement error model). 它与 11.3 节中的简单线性回归有根本的区别，最好把它们当作完全不同的论题. 主要是由于传统上的原因，才把它作为通常回归模型的推广提出来. 然而，这个模型中出现的问题是很不相同的.

这一节中的模型是简单线性模型的一个推广，因为我们将讨论形如

(12.2.1) $$Y_i=\alpha+\beta x_i+\epsilon_i$$

的模型，但不假定这些 x 已知，而是我们可以测量一个均值为 x_i 的随机变量.（为了保持记号的方便，我们将说测量的是均值为 ξ_i，而不是 x_i 的随机变量 X_i.）

这里的重点是说明 EIV 模型的处理方法与经典线性回归的不同之处，给出一些标准的解法，并揭示某些预想不到的困难. 对于这个问题的更彻底的介绍，有 Gleser (1991) 的综述文章，Fuller (1987) 的书以及 Carroll, Ruppert and Stefanski (1995) 的书，还有 Brown and Fuller (1991) 编辑的专集. Kendall and Stuart (1979，第 29 章) 也讨论了这个问题的一些细节.

在一般的 EIV 模型中，我们假定观测到来自随机变量 (X_i, Y_i) 的数据对 (x_i, y_i)，这两个随机变量的均值满足线性关系

(12.2.2) $$\mathrm{E}Y_i=\alpha+\beta(\mathrm{E}X_i).$$

如果我们定义

$$\mathrm{E}Y_i=\eta_i \quad 和 \quad \mathrm{E}X_i=\xi_i,$$

则关系 (12.2.2) 成为

(12.2.3) $$\eta_i=\alpha+\beta\xi_i,$$

这是两个随机变量的均值之间的线性关系.

变量 ξ_i 和 η_i 有时叫做**潜变量** (latent variable)，这个名词指的是不能直接测量的量. 潜变量可能是不能直接测量的，也可能是**根本**就不能测量的. 例如，一个人的 IQ（智商）是不可能测量的. 我们可以在智商的测验中打一个分，但绝不能测量 IQ 这个变量. 然而，通常假设 IQ 和其他变量之间的关系.

在方程 (12.2.2) 给定的模型中 X 和 Y 之间实际上没有区别. 但如果我们对回归感兴趣，就应该有理由选择 Y 作为响应而把 X 作为预测因子. 明确了对 Y 关于 X 进行回归这一点以后，我们定义**变量有误差的模型**或**测量误差模型**如下：根据

(12.2.4) $$\begin{aligned} Y_i&=\alpha+\beta\xi_i+\epsilon_i, & \epsilon_i&\sim \mathrm{n}(0,\sigma_\epsilon^2),\\ X_i&=\xi_i+\delta_i, & \delta_i&\sim \mathrm{n}(0,\sigma_\delta^2) \end{aligned}$$

观测到独立对 (X_i, Y_i)，$i=1, \cdots, n$.

注意，正态性的假设虽然常见但不是必需的，可以用其他的分布. 事实上，在这个模型中遇到的某些问题是由于正态性假定引起的.（参见，例如，Solari 1969.）

例 12.2.1（估计气压） 当 x 变量和 y 变量一起被观测（而不是被控制）时，EIV 模型的出现是相当自然的. 例如，在 1800 年代苏格兰物理学家 J. D. Forbes

曾经试图用测量水的沸腾温度来估计海拔高度. 为此，他同时测量了沸腾温度和气压（在可以达到的高度上）. 由于那个年代的气压计相当脆弱，如果能从温度来估计气压，更确切地说是估计 log（气压）将是有用的. 在 9 个地方测量到的数据如下.

沸点（℉）	log（气压）(log（Hg）)	沸点（℉）	log（气压）(log（Hg）)
194.5	1.3179	203.6	1.4004
197.9	1.3502	209.5	1.4547
199.4	1.3646	210.7	1.4630
200.9	1.3782	212.2	1.4780
201.4	1.3806		

在这个情况 EIV 模型是合理的.

已经看到过模型（12.2.4）的几个特例. 如果 $\delta_i=0$，模型就变成了简单线性模型（因为没有测量误差，我们可以直接观测到各个 ξ_i）. 如果 $\alpha=0$，则我们有

$$Y_i\sim \mathrm{n}(\eta_i,\ \sigma_\epsilon^2),\ i=1,\ \cdots,\ n,$$
$$X_i\sim \mathrm{n}(\xi_i,\ \sigma_\delta^2),\ i=1,\ \cdots,\ n,$$

其中，有可能 $\sigma_\epsilon^2\neq\sigma_\delta^2$，此时是 Behrens-Fisher 问题的一个版本.

12.2.1 函数关系和结构关系

在 EIV 模型中可以声明两种关系，一种声明是函数线性关系，另一种声明描述**结构**线性关系. 不同的声明会导致具有不同性质的不同估计. 如 Moran（1971）所说，“这不是一个令人愉快的命名方法，但我们仍然坚持使用它，因为二者的区别是本质的……”关于这种命名的解释在杂录一节中给出. 现在我们就介绍这两个模型.

线性函数关系模型

这是在式（12.2.4）中给出的模型，其中我们有随机变量 X_i 和 Y_i，$\mathrm{E}X_i=\xi_i$，$\mathrm{E}Y_i=\eta_i$，并假定函数关系

$$\eta_i=\alpha+\beta\xi_i.$$

我们根据

$$Y_i=\alpha+\beta\xi_i+\epsilon_i,\ \epsilon_i\sim \mathrm{n}(0,\ \sigma_\epsilon^2),$$
$$X_i=\xi_i+\delta_i,\quad \delta_i\sim \mathrm{n}(0,\ \sigma_\delta^2) \tag{12.2.5}$$

观测对 $(X_i,\ Y_i)$，$i=1,\ \cdots,\ n$. 其中 ξ_i 是固定的、未知的参数，各个 ϵ_i 和 δ_i 是独立的. 主要感兴趣的参数是 α 和 β，这些参数的推断要用给定 $\xi_1,\ \cdots,\ \xi_n$ 的条件下 $((X_1,\ Y_1),\ \cdots,\ (X_n,\ Y_n))$ 的联合分布.

线性结构关系模型

这个模型可以认为是函数关系模型的一个扩充，扩充是通过下面的分层进行的. 与在函数关系模型中一样，我们有随机变量 X_i 和 Y_i，$EX_i=\xi_i$，$EY_i=\eta_i$，并假定**函数关系** $\eta_i=\alpha+\beta\xi_i$. 但现在我们假定参数 ξ_1，…，ξ_n 本身是从某个共同分布抽取的一个随机样本. 因此，给定 ξ_1，…，ξ_n，我们根据

$$Y_i=\alpha+\beta\xi_i+\epsilon_i,\quad \epsilon_i\sim \mathrm{n}(0,\ \sigma_\epsilon^2),$$
(12.2.6)
$$X_i=\xi_i+\delta_i,\qquad \delta_i\sim \mathrm{n}(0,\ \sigma_\delta^2)$$

以及

$$\xi_i\sim \mathrm{iid}\ \mathrm{n}(\xi,\ \sigma_\xi^2)$$

观测 $(X_i,\ Y_i)$，$i=1$，…，n. 与前面一样，各个ϵ_i 和 δ_i 是独立的，并且它们与各个 ξ_i 也是独立的. 与在函数关系模型中一样，要感兴趣的参数是 α 和 β. 然而，这里这些参数的推断要用关于 ξ_1，…，ξ_n 无条件的情形下（$(X_1,\ Y_1)$，…，$(X_n,\ Y_n)$）的联合分布（也就是说，要在分布（12.2.6）下对 ξ_1，…，ξ_n 积分）.

这两个模型很相似，一个模型中估计量的性质（比如相合性）常常对另一个模型也成立. 更准确地说，在函数模型中的相合估计量在结构模型中也是相合的（Nussbaum 1976 或 Gleser 1983）. 这是由于函数模型是结构模型的一个“条件版本”. 一个估计若在函数模型中是相合的，必然对于诸 ξ_i 的所有值成立，从而在结构模型中必是相合的，因为在结构模型中要对这些 ξ_i 求平均. 反方向的蕴涵关系不对. 然而，有一个从结构到函数关系模型的蕴涵是有用的：如果一个参数在结构模型中不是**可识别的**，那么它在函数模型中也不是可识别的. （见定义11.2.2.）

如我们将看到的，两个模型有相似的问题，并且在某些情况下有相似的似然解. 结构模型中的统计理论可能更容易，但在许多情形下函数模型往往看上去更为合理. 因此，这些相似性总是有用的.

如已经提到的，这两个模型的一个主要区别在于 α 和 β 也就是描述回归关系的参数的推断，这些区别极端重要，怎么强调都不过分. 在函数关系模型中，推断是关于 ξ_1，…，ξ_n 的条件推断，要的是给定 ξ_1，…，ξ_n 时 X 和 Y 的联合分布. 另一方面，在结构关系模型中，推断关于 ξ_1，…，ξ_n 是无条件的，用的是对 ξ_1，…，ξ_n 进行积分以后的 X 和 Y 的边缘分布.

12.2.2　最小二乘解

与在11.3.1节中一样，我们暂时忘掉统计，来寻求穿过数据点 $(x_i,\ y_i)$，$i=1$，…，n 的“最好”的直线. 先前，当假定没有误差地测量到各个 x 时，考虑纵向距离的极小化是有意义的，这个距离测度隐含着假定 x 的值是正确的，从而导致

常规最小二乘估计. 然而，在这里没有理由考虑纵向距离，因为这里的 x 有误差. 事实上，从统计角度来说，常规的最小二乘在 EIV 模型中有一些问题（见杂录一节）.

考虑 x 在测量时也有误差这个事实的一种方法是做**正交最小二乘**（orthogonal least squares)，即求一条直线极小化正交（到直线的垂线）距离而不是纵向距离（见图 12.2.1). 这个距离不像常规最小二乘那样垂青 x 变量，而是两个变量同等对待，也叫做**整体最小二乘**(total least squares). 从图 12.2.1 看出，对于一个特定的数据点 (x', y')，当我们用正交距离测量时，直线 $y=a+bx$ 上最近的点由下式（见习题 12.1）给出.

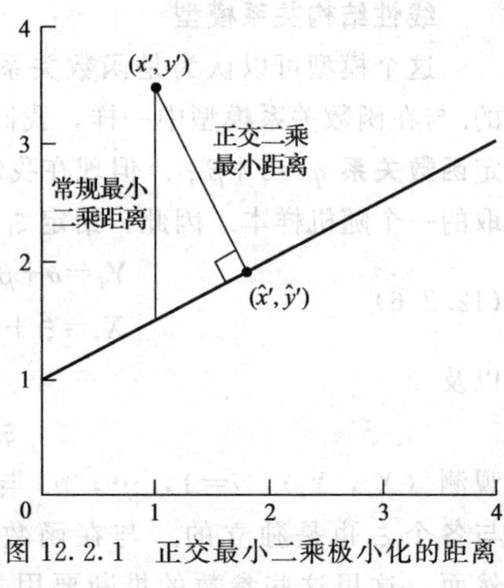

图 12.2.1 正交最小二乘极小化的距离

(12.2.7) $$\hat{x}'=\frac{by'+x'-ab}{1+b^2}, \quad 和 \quad \hat{y}'=a+\frac{b}{1+b^2}(by'+x'-ab).$$

现在我们假定有数据 (x_i, y_i)，$i=1, \cdots, n$. 点 (x_i, y_i) 和直线 $y=a+bx$ 上最近的点之间距离的平方是 $(x_i-\hat{x}_i)^2+(y_i-\hat{y}_i)^2$，这里 $\hat{x}_i$ 和 $\hat{y}_i$ 由式 (12.2.7) 定义. **整体最小二乘问题**是对所有 a 和 b，最小化

$$\sum_{i=1}^{n}((x_i-\hat{x}_i)^2+(y_i-\hat{y}_i)^2).$$

通过直接计算我们得到

(12.2.8) $$\begin{aligned}&\sum_{i=1}^{n}((x_i-\hat{x}_i)^2+(y_i-\hat{y}_i)^2)\\&=\sum_{i=1}^{n}\left(\frac{b^2}{(1+b^2)^2}[y_i-(a+bx_i)]^2+\frac{1}{(1+b^2)^2}[y_i-(a+bx_i)]^2\right)\\&=\frac{1}{(1+b^2)}\sum_{i=1}^{n}(y_i-(a+bx_i))^2.\end{aligned}$$

对于固定的 b，和号前面的项是一个常数. 因此，最小化和式的 a 是 $a=\bar{y}-b\bar{x}$，就像在式 (11.3.9) 中一样. 如果我们代回到式 (12.2.8)，整体最小二乘解要对所有 b 最小化

(12.2.9) $$\frac{1}{(1+b^2)}\sum_{i=1}^{n}((y_i-\bar{y})-b(x_i-\bar{x}))^2.$$

像在式 (11.3.6) 中一样，我们定义平方和和交叉乘积

(12.2.10) $$S_{xx}=\sum_{i=1}^{n}(x_i-\bar{x})^2, S_{yy}=\sum_{i=1}^{n}(y_i-\bar{y})^2, S_{xy}=\sum_{i=1}^{n}(x_i-\bar{x})(y_i-\bar{y}).$$

展开平方并求和，式 (12.2.9) 变为

$$\frac{1}{(1+b^2)}(S_{yy}-2bS_{xy}+b^2S_{xx}).$$

用标准的微积分方法会得到最小值（见习题 12.2)，我们求得正交最小二乘线由 $y=a+bx$ 给出，其中

$$a=\bar{y}-b\bar{x} \quad 和 \quad b=\frac{-(S_{xx}-S_{yy})+\sqrt{(S_{xx}-S_{yy})^2+4S_{xy}^2}}{2S_{xy}}. \tag{12.2.11}$$

正像可以预期的那样，这条直线与最小二乘直线不同. 事实上，我们将看到，这条直线永远位于 y 对 x 的常规回归线和 x 对 y 的常规回归线之间. 图 12.2.2 说明了这一点，其中表 11.3.1 中的数据被用来计算正交最小二乘线 $\hat{y}=-0.49+1.88x$.

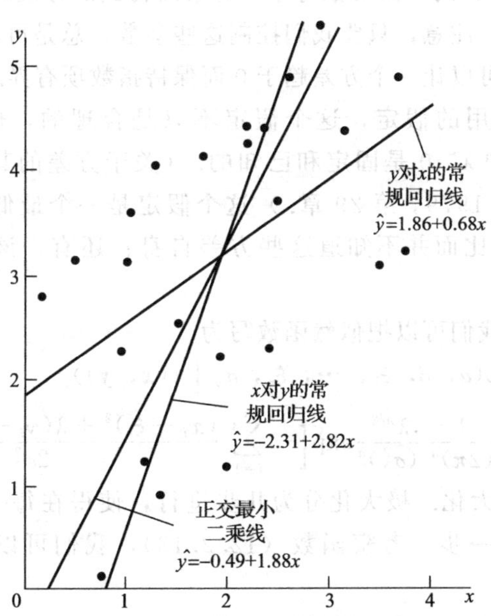

图 12.2.2 表 11.3.1 中数据的三条回归直线

在简单线性回归中我们看到，在正态性假定下，α 和 β 的常规最小二乘解与 MLE 相同. 这里，正交最小二乘解仅在关于这些参数做出某些假定的特殊情况下是 MLE.

在求极大似然估计时将要遇到的困难再一次表明了数学解和统计解之间的区别. 在直线拟合问题中我们没有费多大周折就求出了数学最小二乘解，但在求极大似然估计时绝非如此.

12.2.3 极大似然估计

首先我们求函数线性关系模型的极大似然解，结构关系模型的情况类似并在某

些方面更容易. 用正态性假定，函数关系模型可以表示为

$$Y_i \sim \mathrm{n}(\alpha+\beta\xi_i,\ \sigma_\epsilon^2) \quad 和 \quad X_i \sim \mathrm{n}(\xi_i,\ \sigma_\delta^2),\ i=1,\ \cdots,\ n,$$

其中各个 X_i 以及各个 Y_i 是独立的. 给定观测值 $(\boldsymbol{x},\ \boldsymbol{y})=((x_1,\ y_1),\ \cdots,\ (x_n,\ y_n))$，似然函数为

$$(12.2.12) \qquad L(\alpha,\ \beta,\ \xi_1,\ \cdots,\ \xi_n,\ \sigma_\delta^2,\ \sigma_\epsilon^2 \mid (\boldsymbol{x},\ \boldsymbol{y}))$$

$$=\frac{1}{(2\pi)^n}\frac{1}{(\sigma_\delta^2\sigma_\epsilon^2)^{n/2}}\exp\left[-\sum_{i=1}^n\frac{(x_i-\xi_i)^2}{2\sigma_\delta^2}\right]\exp\left[-\sum_{i=1}^n\frac{(y_i-(\alpha+\beta\xi_i))^2}{2\sigma_\epsilon^2}\right].$$

这个似然函数的问题是它没有有限的最大值. 为了看到这一点，取参数 $\xi_i=x_i$，然后令 $\sigma_\delta^2\to 0$，则函数的值趋于无穷. 这说明没有极大似然解. 实际上，Solari (1969) 证明，如果令 L 的一阶对数等于 0 并解所得到的方程，则结果是一个鞍点，而不是一个最大值点. 注意，只要我们控制这些参数，总是可以让似然函数趋于无穷. 特别，我们总是可以让一个方差趋于 0 而保持指数项有界.

我们将做一个常用的假定，这个假定不只是合理的，也能缓解许多问题. 它就是 $\sigma_\delta^2=\lambda\sigma_\epsilon^2$，其中 $\lambda>0$ 是固定和已知的.（关于方差的其他假定的讨论，参见 Kendall and Stuart 1979，第 29 章.）这个假定是一个最低限制条件，它是说我们仅仅知道方差的比而并不知道这些方差自身；还有，该假定导致的模型相当好处理.

在这个假定下，我们可以把似然函数写为

$$L(\alpha,\ \beta,\ \xi_1,\ \cdots,\ \xi_n,\ \sigma_\delta^2 \mid (\boldsymbol{x},\ \boldsymbol{y}))$$

$$(12.2.13) \qquad =\frac{1}{(2\pi)^n}\frac{\lambda^{n/2}}{(\sigma_\delta^2)^n}\exp\left[-\sum_{i=1}^n\frac{(x_i-\xi_i)^2+\lambda(y_i-(\alpha+\beta\xi_i))^2}{2\sigma_\delta^2}\right],$$

现在我们可以把它极大化. 极大化分为几步进行，使得在每一步，我们有一个最大值，然后再进行下一步. 考察函数 (12.2.13)，我们可以确定极大化的合理步骤.

首先，对于固定的 α，β 和 σ_δ^2 的值，要关于 $\xi_1,\ \cdots,\ \xi_n$ 极大化 L，我们极大化 $\sum_{i=1}^n[(x_i-\xi_i)^2+\lambda(y_i-(\alpha+\beta\xi_i))^2]$.（细节见习题 12.3.）对于每个 i，我们有 ξ_i 的一个二次型，其最小值在

$$\xi_i^*=\frac{x_i+\lambda\beta(y_i-\alpha)}{1+\lambda\beta^2}$$

处达到. 代回去我们得到

$$\sum_{i=1}^n((x_i-\xi_i^*)^2+\lambda(y_i-(\alpha+\beta\xi_i^*))^2)=\frac{\lambda}{1+\lambda\beta^2}\sum_{i=1}^n(y_i-(\alpha+\beta\xi_i))^2.$$

似然函数现在变为

$$\max_{\xi_1,\cdots,\xi_n} L(\alpha,\beta,\xi_1,\cdots,\xi_n,\sigma_\delta^2 \mid (\boldsymbol{x},\boldsymbol{y}))$$

(12.2.14)

$$=\frac{1}{(2\pi)^n}\frac{\lambda^{n/2}}{(\sigma_\delta^2)^n}\exp\left\{-\frac{1}{2\sigma_\delta^2}\left[\frac{\lambda}{1+\lambda\beta^2}\sum_{i=1}^n(y_i-(\alpha+\beta x_i))^2\right]\right\},$$

现在我们可以关于 α 和 β 进行极大化了. 但稍微努力一下就会看到我们已经在正交最小二乘解中做过这件事! 真的, 在 EIV 模型的正交最小二乘和极大似然之间有某种对应关系, 我们将把它找出来. 定义

(12.2.15) $$\alpha^*=\lambda\alpha,\ \beta^*=\lambda\beta,\ y_i^*=\lambda y_i,\ i=1,\ \cdots,\ n.$$

方程 (12.2.14) 中的指数变成

$$\frac{\lambda}{1+\lambda\beta^2}\sum_{i=1}^n(y_i-(\alpha+\beta x_i))^2=\frac{1}{1+\beta^{*2}}\sum_{i=1}^n(y_i^*-(\alpha^*+\beta^* x_i))^2,$$

这正是正交最小二乘问题中的表达式. 从式 (12.2.11) 我们知道 α^* 和 β^* 的极小化值, 然后应用式 (12.2.15) 我们得到斜率和截距的 MLE:

(12.2.16) $$\hat{\alpha}=\bar{y}-\hat{\beta}\bar{x} \quad 和 \quad \hat{\beta}=\frac{-(S_{xx}-\lambda S_{yy})+\sqrt{(S_{xx}-\lambda S_{yy})^2+4\lambda S_{xy}^2}}{2\lambda S_{xy}}.$$

从这个公式很清楚看出, 当 $\lambda=1$ 时, MLE 与正交最小二乘解一致. 这是有讲究的. 正交最小二乘解把 x 和 y 的误差视为同等大小来对待, 翻译成方差的语言就是方差比为 1. 把这个说法进一步延伸, 我们可以把这个解与 x 固定时的常规最小二乘或极大似然联系起来. 如果 x 是固定的, 其方差为 0, 从而 $\lambda=0$. 此时一般 λ 的极大似然解简化为常规最小二乘. 这个关系, 以及其他的一些关系在习题 12.4 中得到探索.

把式 (12.2.16) 与式 (12.2.4) 放在一起, 我们就得到几乎完全的最大似然, 有

$$\max_{\alpha,\beta,\xi_1,\cdots,\xi_n} L(\alpha,\ \beta,\ \xi_1,\cdots,\ \xi_n,\ \sigma_\delta^2 \mid (\boldsymbol{x},\ \boldsymbol{y}))$$

(12.2.17)

$$=\frac{1}{(2\pi)^n}\frac{\lambda^{n/2}}{(\sigma_\delta^2)^n}\exp\left[-\frac{1}{2\sigma_\delta^2}\frac{\lambda}{1+\lambda\hat{\beta}^2}\sum_{i=1}^n(y_i-(\hat{\alpha}+\hat{\beta}x_i))^2\right],$$

现在关于 σ_δ^2 极大化 L, 这类似于在通常的正态抽样下求 σ^2 的 MLE (见例 7.2.11), 主要的区别在于 σ_δ^2 的指数是 n, 而不是 $n/2$. 细节留在习题 12.5 中.

σ_δ^2 的 MLE 是

(12.2.18) $$\hat{\sigma}_\delta^2=\frac{1}{2n}\frac{\lambda}{1+\lambda\hat{\beta}^2}\sum_{i=1}^n(y_i-(\hat{\alpha}+\hat{\beta}x_i))^2$$

由 MLE 的性质知道, σ_ϵ^2 的 MLE 由 $\hat{\sigma}_\epsilon^2=\hat{\sigma}_\delta^2/\lambda$ 给出, 而 $\hat{\xi}_i=\hat{\alpha}+\hat{\beta}x_i$. 虽然通常并不对这些 $\hat{\xi}_i$ 感兴趣, 但如果希望做预报的话, 它们就有用了. 此外, 在考察拟合的充分性时 $\hat{\xi}_i$ 也是有用的.

有趣的是，虽然 $\hat{\alpha}$和 $\hat{\beta}$是相合估计量，但$\hat{\sigma}_\delta^2$不是. 更确切地，当 $n\to\infty$时，

$$\text{以概率 } \hat{\alpha} \to \alpha,$$

$$\text{以概率 } \hat{\beta} \to \beta,$$

但

$$\text{以概率 } \hat{\sigma}_\delta^2 \to \frac{1}{2}\sigma_\delta^2.$$

EIV 函数关系模型中相合性的一般结果是由 Gleser（1981）获得的.

现在我们转到线性结构关系模型. 回忆关于模型的假定是，我们根据

$$Y_i \sim \mathrm{n}(\alpha+\beta\xi_i,\ \sigma_\epsilon^2),$$

$$X_i \sim \mathrm{n}(\xi_i,\ \sigma_\delta^2),$$

$$\xi_i \sim \mathrm{n}\ (\xi,\ \sigma_\xi^2)$$

观测变量对（X_i，Y_i），$i=1$，…，n. 此处各个 ξ_i 是独立的，并且给定这些 ξ_i，诸 X_i 和 Y_i 是独立的. 如前面所提到的，对于 α 和 β 的推断将使用 X_i 和 Y_i 的边缘分布，即对 ξ_i 积分后得到的分布. 如果我们对 ξ_i 积分，得到（X_i，Y_i）的边缘分布（见习题 12.6）为

(12.2.19) $\quad (X_i,\ Y_i) \sim$ 二元正态 $(\xi,\ \alpha+\beta\xi,\ \sigma_\delta^2+\sigma_\xi^2,\ \sigma_\epsilon^2+\beta^2\sigma_\xi^2,\ \beta\sigma_\xi^2)$.

注意这里的相关结构与 RCB ANOVA 的相关结构的相似性. 在那里，给定区组，观测值是不相关的，但无条件时它们是相关的（组内相关）. 而这里，给定所有 ξ_i，函数关系模型有不相关的观测值，但对于结构关系模型，做推断时并不用给定 ξ_i 时的条件分布，因而观测值是相关的. ξ_i 的角色类似于区组，而这里的相关与组内相关类似.（实际上，如果 $\beta=1$ 且 $\sigma_\delta^2=\sigma_\epsilon^2$，这个相关等于组内相关.）

为得到这种情况下的似然估计，给定观测值 $(\boldsymbol{x},\ \boldsymbol{y})=((x_1,\ y_1),\ \cdots,\ (x_n,\ y_n))$，似然函数是二元正态的，就像在习题 7.18 中遇到的一样. 在那里已经看到，二元正态下的似然估计可以通过令样本量等于总体量来得到. 因此，为得到 α, β, ξ, σ_ϵ^2, σ_δ^2和 σ_ξ^2的 MLE，我们解

$$\bar{y}=\hat{\alpha}+\hat{\beta}\hat{\xi},$$

$$\bar{x}=\hat{\xi},$$

$$\text{(12.2.20)} \qquad \frac{1}{n}S_{yy}=\hat{\sigma}_\epsilon^2+\hat{\beta}^2\hat{\sigma}_\xi^2,$$

$$\frac{1}{n}S_{xx}=\hat{\sigma}_\delta^2+\hat{\sigma}_\xi^2,$$

$$\frac{1}{n}S_{xy}=\hat{\beta}\hat{\sigma}_\xi^2.$$

注意，我们有 5 个方程，但有 6 个未知数，所以方程组是不定的. 也就是说，方程组没有唯一解，也没有极大化似然的参数向量（α, β, ξ, σ_ϵ^2, σ_δ^2, σ_ξ^2）的唯一值.

在继续我们的讨论之前，要注意到这里 X_i 和 Y_i 的方差与函数关系模型中的方差不同. 在那里我们在给定 ξ_1，…，ξ_n 的条件下工作，而这里我们用的是 (X_i, Y_i) 的边缘分布. 所以在函数关系模型中有，比如 $\text{Var}\ X_i=\sigma_\delta^2$(要明白，在那里方差是给定 ξ_1，…，ξ_n 时的条件方差)，而在结构模型中有 $\text{Var}X_i=\sigma_\delta^2+\sigma_\xi^2$(在这里这个方差关于 ξ_1，…，ξ_n 是无条件的). 不要把二者混淆.

方程组 (12.2.20) 的解隐含着关于$\hat{\beta}$的限制，这样的限制在函数关系模型中我们已经遇到过（见习题 12.4). 从以上包含方差和协方差的方程中，很直接地可以得到

$$\hat{\sigma}_\delta^2\geqslant 0 \quad 仅当\ S_{xx}\geqslant\frac{1}{\hat{\beta}}S_{xy},$$

$$\hat{\sigma}_\epsilon^2\geqslant 0 \quad 仅当\ S_{yy}\geqslant\hat{\beta}S_{xy},$$

结合在一起，意味着

$$\frac{|S_{xy}|}{S_{xx}}\leqslant|\hat{\beta}|\leqslant\frac{S_{yy}}{|S_{xy}|}.$$

(这个关于$\hat{\beta}$的界是在习题 12.9 中建立起来的.)

我们现在说明结构模型中的可识别性问题. 这是一个可以预想到的问题，因为式 (12.2.19) 中，参数比确定分布所需要的来得多. 为使结构线性关系模型是可识别的，我们必须作出假定，把参数个数限制在 5 个. 幸运的是在函数关系模型中作出的方差假定解决了这里的可识别性问题. 所以我们假定 $\sigma_\delta^2=\lambda\sigma_\epsilon^2$，其中 λ 是已知的，这就把未知参数的个数减到了 5，从而使得模型可识别. （见习题 12.8）更多的限制假定，如假定σ_δ^2已知，可能导致方差的极大似然估计有 0 值. Kendall and Stuart (1979，第 29 章) 关于这个问题有全面的讨论.

一旦我们假定 $\sigma_\delta^2=\lambda\sigma_\epsilon^2$，这个模型中 α 和 β 的极大似然估计与函数关系模型中的估计一样，由式 (12.2.16) 给出. 然而，方差的估计不同，由

$$\hat{\sigma}_\delta^2=\frac{1}{n}\left(S_{xx}-\frac{S_{xy}}{\beta}\right),$$

$$\hat{\sigma}_\epsilon^2=\frac{\hat{\sigma}_\delta^2}{\lambda}=\frac{1}{n}(S_{yy}-\hat{\beta}S_{xy}), \tag{12.2.21}$$

$$\hat{\sigma}_\xi^2=\frac{1}{n}\frac{S_{xy}}{\hat{\beta}}.$$

给出.（习题 12.10 证明这个结论，还探索这个方差估计与函数模型中的方差估计的关系.）注意，与函数关系模型中相反，线性结构模型中的这些估计量都是相合的（当 $\sigma_\delta^2=\lambda\sigma_\epsilon^2$时).

12.2.4 置信集

像可以预期的一样，EIV 模型中置信集的构造是个困难的任务. 这个课题的完整

的处理需要我们还没有开发的机制．特别地，我们在这里只集中在斜率β的置信集．

作为初步尝试，我们可以使用 10.4.1 节中的逼近似然方法来构造近似置信区间．这或许是实际中用得最多的方法，总的来说不是不合理的．然而，这个近似区间不能保持名义上的$1-\alpha$置信水平．事实上，Gleser and Hwang (1987) 的结果是相当令人不安的，即斜率的任何区间估计量，如果其长度总是有限的，那么该区间的置信系数等于 0！

为确定起见，这一节的其余部分我们假定讨论的是 EIV 中的结构关系模型．给出的置信集的结果对于结构和函数模型都是有效的，特别地，公式是一样的．我们继续假定$\sigma_\delta^2=\lambda\sigma_\epsilon^2$，其中$\lambda$已知．

Gleser and Hwang (1987) 发现，参数

$$\tau^2=\frac{\sigma_\xi^2}{\sigma_\delta^2}$$

决定了数据中为确定斜率β的潜在信息量．他们证明了，当$\tau^2\to 0$时，β的任何长度有限的置信区间的覆盖概率一定也趋于 0．为理解这个令人迷惘的结果，注意$\tau^2=0$意味着ξ_i没有变异，也就不可能唯一地拟合一条直线．

β的一个近似置信区间可以用下列事实来构造：估计

$$\hat{\sigma}_\beta^2=\frac{(1+\lambda\hat{\beta}^2)^2\ (S_{xx}S_{yy}-S_{xy}^2)}{(S_{xx}-\lambda S_{yy})^2+4\lambda S_{xy}^2}$$

是σ_β^2，即$\hat{\beta}$的真正方差的相合估计量．因此，用 CLT 以及 Slutsky 定理（见 5.5 节），我们可以证明区间

$$\hat{\beta}-\frac{z_{\alpha/2}\hat{\sigma}_\beta}{\sqrt{n}}\leqslant\beta\leqslant\hat{\beta}+\frac{z_{\alpha/2}\hat{\sigma}_\beta}{\sqrt{n}}$$

是β的近似$1-\alpha$置信区间．然而，由于它具有有限的长度，不能对所有参数值都保持$1-\alpha$覆盖概率．

Gleser (1987) 考虑了这个区间的一个修改，其覆盖概率的下确界是τ^2的一个函数．Gleser 的修改$C_G(\hat{\beta})$是

$$\hat{\beta}-\frac{t_{n-2,\alpha/2}\hat{\sigma}_\beta}{\sqrt{n-2}}\leqslant\beta\leqslant\hat{\beta}+\frac{t_{n-2,\alpha/2}\hat{\sigma}_\beta}{\sqrt{n-2}}. \tag{12.2.22}$$

再一次用 CLT 以及 Slutsky 定理，我们可以证明这是β的一个近似$1-\alpha$置信区间．由于这个区间也具有有限的长度，它也不能对所有参数值都保持$1-\alpha$覆盖概率．Gleser 进行了一些有限样本的数值计算，给出了覆盖概率下确界作为τ^2的函数的界限．对于合理的n值（$\geqslant 10$），如果$\tau^2\geqslant 0.25$，名义上 90% 的区间的覆盖概率至少达到 80%．当τ^2或n增大时，表现变好．

与式 (12.2.22) 中给出的具有有限长度、但不能保持覆盖概率的$C_G(\hat{\beta})$相对

照，我们现在来看精确置信区间，它一定有无限长度．这个集合以 Creasy-Williams 置信集而著称，是由 Creasy（1956）和 Williams（1959）提出的．它基于这样的事实（见习题 12.11）：如果 $\sigma_\delta^2=\lambda\sigma_\epsilon^2$，那么

$$\mathrm{Cov}(\beta\lambda Y_i+X_i, Y_i-\beta X_i)=0.$$

定义 $r_\lambda(\beta)$ 为 $\beta\lambda Y_i+X_i$ 与 $Y_i-\beta X_i$ 之间的样本相关系数，即

(12.2.23)
$$\begin{aligned} r_\lambda(\beta)&=\frac{\sum_{i=1}^n((\beta\lambda y_i+x_i)-(\beta\lambda\bar{y}+\bar{x}))((y_i-\beta x_i)-(\bar{y}-\beta\bar{x}))}{\sqrt{\sum_{i=1}^n((\beta\lambda y_i+x_i)-(\beta\lambda\bar{y}+\bar{x}))^2\sum_{i=1}^n((y_i-\beta x_i)-(\bar{y}-\beta\bar{x}))^2}},\\ &=\frac{\beta\lambda S_{yy}+(1-\beta^2\lambda)S_{xy}-\beta S_{xx}}{\sqrt{(\beta^2\lambda^2S_{yy}+2\beta\lambda S_{xy}+S_{xx})(S_{yy}-2\beta S_{xy}+\beta^2S_{xx})}}\end{aligned}$$

由于 $\beta\lambda Y_i+X_i$ 与 $Y_i-\beta X_i$ 是二元正态的，且相关系数为 0，对任何 β 的值，有（见习题 11.33）

$$\frac{\sqrt{n-2}\,r_\lambda(\beta)}{\sqrt{1-r_\lambda^2(\beta)}}\sim t_{n-2}.$$

于是我们得到一个枢轴量，并由此得到结论：

集合

(12.2.24)
$$\left\{\beta:\frac{(n-2)r_\lambda^2(\beta)}{1-r_\lambda^2(\beta)}\leqslant F_{1,n-2,\alpha}\right\}$$

为 β 的 $1-\alpha$ 置信集（见习题 12.11）．

虽然这个置信集是 $1-\alpha$ 的，但它有与 Fieller 区间类似的缺陷．描述集合（12.2.24）的函数有两个最小值点，最小值为 0．置信集可能包含两个有限的不相交区间，一个有限的和两个无限的不相交区间，或者整条直线．例如，图 12.2.3 展示了 $\lambda=1$ 时表 11.3.1 中数据的 F 统计量函数图象．置信集是所有这个函数小于等于 $F_{1,n-2,\alpha}$ 的 β 值的全体．对于 $\alpha=0.05$，$F_{1,22,0.05}=4.30$，置信集是 $[-1.13,-0.14]\cup[0.89, 7.38]$．对于 $\alpha=0.01$，$F_{1,22,0.01}=7.95$，置信集是 $(-\infty,-18.18]\cup[-1.68, 0.06]\cup[0.60, \infty)$．

进一步，对于每一个 β 的值，$-r_\lambda(\beta)=r_\lambda(-1/(\lambda\beta))$（见习题 12.12），所以如果 β 在这个置信集中，则 $-1/(\lambda\beta)$ 也在．用这个置信集，我们不能区分 β 和 $-1/(\lambda\beta)$，而且这个置信集总是包含正值和负值．我们永远无法从这个置信集来判定斜率的符号！

式（12.2.24）中给出的置信集不是 Creasy（1959）讨论的那一个而是一个修改版本．她实际上感兴趣的是估计 ϕ，即产生 β 的那个与 x 轴的夹角，满足 $\beta=\tan(\phi)$，此时对应的置信集的问题较少．在 EIV 模型中，ϕ 的估计或许是更自然的（见，例如，Anderson 1976），但我们看来更倾向于估计 α 和 β．

多数在常规线性回归中可行的统计分析在 EIV 模型中也有类似的结果．例如，

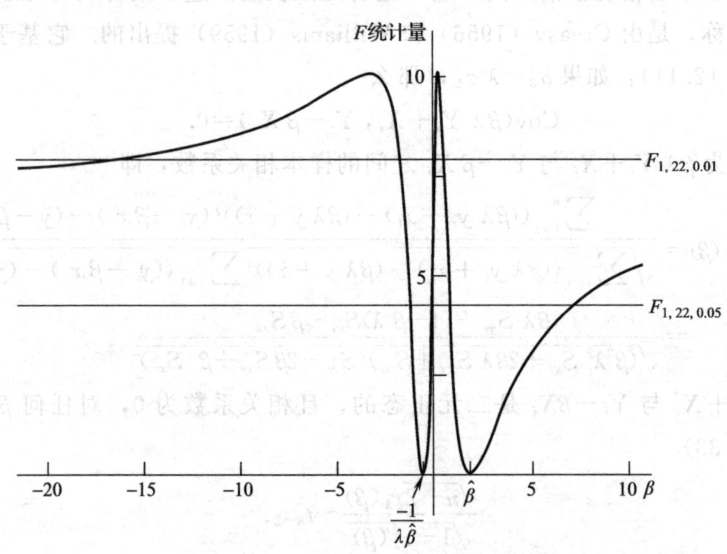

图 12.2.3　定义 Creasy-Williams 置信集的 F 统计量，$\lambda=1$

我们可以检验关于 β 的假设，或者估计 EY_i. 关于这些论题的更多的叙述可以参见 Fuller（1987）或 Kendall and Stuart（1979，第 29 章).

12.3　罗吉斯蒂克回归

11.3.3 节中的条件正态模型是**广义线性模型**（Generalized linear model, GLM）的一个例子. 广义线性模型描述一个响应变量的均值与一个自变量 $\mathcal{X}$ 的关系. 这个关系可以比式（11.3.2）中的 $EY_i=\alpha+\beta x$ 复杂得多. 很多不同的模型可以表示为 GLM. 在这一节中，我们集中在一个特殊的 GLM，即罗吉斯蒂克回归模型（logistic regression model).

12.3.1　模型

一个 GLM 包含三个部分：随机分量，系统分量和连接函数.

(1) 响应变量 Y_1，…，Y_n 是**随机分量**（random component). 假定它们是独立的随机变量，其中每一个服从来自于一个特定的指数族的分布. 这些 Y_i 不是同分布的，但它们每一个都有来自于同一个分布族的分布，这个分布族可以是二项，Poisson，正态，等.

(2) **系统分量**（systematic component）是模型. 它是预测变量 x_i 的一个函数，对于参数是线性的，并且与 Y_i 的均值相联系. 因而，比如说，系统分量可以是

$\alpha+\beta x_i$，也可以是 $\alpha+\beta/x_i$. 这里我们只考虑 $\alpha+\beta x_i$.

(3) 最后，**连接函数**(link function) $\mathcal{G}(\mu)$ 通过 $\mathcal{G}(\mu_i)=\alpha+\beta x_i$ 连接上面两个分量，其中 $\mu_i=\mathrm{E}Y_i$.

11.3.3 节中的条件正态模型是 GLM 的一个例子. 在这个模型中，所有响应 Y_i 都有正态分布. 当然，正态族是一个指数族，是模型的随机分量. 这个模型的回归函数的形式是 $\alpha+\beta x_i$，这是系统分量. 最后，假定有关系 $\mu_i=\mathrm{E}Y_i=\alpha+\beta x_i$. 这意味着连接函数 $\mathcal{G}(\mu)=\mu$. 这个简单的连接函数叫做**恒等连接**(identity link).

另一个很有用的 GLM 是罗吉斯蒂克回归模型. 在这个模型中，响应 Y_1，…，Y_n 是独立的，并且 $Y_i\sim\mathrm{Bernoulli}(\pi_i)$.（Bernoulli 分布族是一个指数族.）回忆 $\mathrm{E}Y_i=\pi_i=P(Y_i=1)$. 在这个模型中，假定 π_i 通过

(12.3.1) $$\log\left(\frac{\pi_i}{1-\pi_i}\right)=\alpha+\beta x_i$$

与 x_i 相联系. 左边是 Y_i 成功胜率的对数. 这个模型假定对数胜率（或 **logit**）是预测变量 x 的线性函数. Bernoulli 概率质量函数可以写成如下指数族的形式：

$$\pi^y(1-\pi)^{1-y}=(1-\pi)\exp\left\{y\log\left(\frac{\pi}{1-\pi}\right)\right\}.$$

项 $\log(\pi/(1-\pi))$ 是这个指数族的自然参数，且在式 (12.3.1) 中用到了连接函数 $\mathcal{G}(\pi)=\log(\pi/(1-\pi))$. 当自然参数以这种方式被应用时，连接函数称为**典则连接**(canonical link).

方程 (12.3.1) 可以重新写为

$$\pi_i=\frac{e^{\alpha+\beta x_i}}{1+e^{\alpha+\beta x_i}},$$

或者更一般地，

(12.3.2) $$\pi(x)=\frac{e^{\alpha+\beta x}}{1+e^{\alpha+\beta x}}.$$

我们看到 $0<\pi(x)<1$，这看起来是合适的，因为 $\pi(x)$ 是一个概率. 但是，如果对某些 x，$\pi(x)=0$ 或 1，则这个模型是不合适的. 如果我们更细致地考察 $\pi(x)$，它的导数可以写为

(12.3.3) $$\frac{\mathrm{d}\,\pi(x)}{\mathrm{d}x}=\beta\,\pi(x)(1-\pi(x)).$$

由于项 $\pi(x)(1-\pi(x))$ 总是正的，当 β 是正的，0 或者负的时，$\pi(x)$ 的导数分别是正的，0 或者负的. 如果 β 是正的，$\pi(x)$ 是 x 的严格递增函数；如果 β 是负的，则 $\pi(x)$ 是 x 的严格递减函数；如果 $\beta=0$，则对于所有 x 有 $\pi(x)=e^\alpha/(1+e^\alpha)$. 与在简单线性回归中一样，如果 $\beta=0$，π 和 x 之间就没有关系. 另外，在罗吉斯蒂克回归模型中，$\pi(-\alpha/\beta)=1/2$. 罗吉斯蒂克回归函数表现了这种对称性：对任何 c，

$\pi((-\alpha/\beta)+c)=1-\pi((-\alpha/\beta)-c)$.

参数 α 和 β 的意义与简单线性回归中的参数类似. 在式 (12.3.1) 中令 $x=0$ 知 α 是在 $x=0$ 处成功的对数胜率. 在 x 和 $x+1$ 处计算式 (12.3.1) 得到, 对任何 x,

$$\log\left(\frac{\pi(x+1)}{1-\pi(x+1)}\right)-\log\left(\frac{\pi(x)}{1-\pi(x)}\right)=\alpha+\beta(x+1)-\alpha-\beta x=\beta.$$

因此, β 是当 x 增加一个单位时, 成功的对数胜率的相应变化. 在简单线性回归中, β 是当 x 增加一个单位时, Y 的均值的相应变化. 把这个等式两边取指数得

(12.3.4) $$e^{\beta}=\frac{\pi(x+1)/(1-\pi(x+1))}{\pi(x)(1-\pi(x))}.$$

右边是 $x+1$ 处成功的胜率相对于 x 处成功的胜率的**优比** (odds ratio). (回忆在例 5.5.19 和 5.5.22 中我们曾经估计胜率) 在罗吉斯蒂克回归模型中, 这个比作为 x 的函数是一个常数. 最后,

(12.3.5) $$\frac{\pi(x+1)}{1-\pi(x+1)}=e^{\beta}\frac{\pi(x)}{1-\pi(x)};$$

也就是说, e^{β} 是相应于 x 的单位增量的成功胜率的变化倍数.

方程 (12.3.2) 表明, 建立 Bernoulli 成功概率 $\pi(x)$ 作为预测变量 x 的函数的模型还有其他方法. 回忆 $F(w)=e^{w}/(1+e^{w})$ 是罗吉斯蒂克 (0, 1) 分布的累积分布函数. 在式 (12.3.2) 中, 我们假定了 $\pi(x)=F(\alpha+\beta x)$. 用其他的连续累积分布函数我们可以定义 $\pi(x)$ 的别的模型. 如果 $F(w)$ 是标准正态累积分布函数, 模型就叫做 probit 回归 (见习题 12.17). 如果用 Gumbel 累积分布函数, 连接函数叫做 log - log 连接.

12.3.2 估计

在线性回归中, 我们应用形如 $Y_i=\alpha+bx_i+\epsilon_i$ 的模型, 最小二乘技术是计算 α 和 β 的估计的一种选择. 此处不是这样. 在模型 (12.3.1) 中, $Y_i\sim\text{Bernoulli}(\pi_i)$, Y_i 和 $\alpha+\beta x_i$ 之间不再有直接的联系 (这就是为什么我们需要连接函数的原因). 因此, 最小二乘不再适用.

最常用的估计方法是极大似然估计. 在一般模型下, 我们有 $Y_i\sim\text{Bernoulli}(\pi_i)$, 其中 $\pi(x)=F(\alpha+\beta x)$. 如果我们令 $F_i=F(\alpha+\beta x_i)$, 则似然函数为

$$L(\alpha,\beta|\mathbf{y})=\prod_{i=1}^{n}\pi(x_i)^{y_i}(1-\pi(x_i))^{1-y_i}=\prod_{i=1}^{n}F_i^{y_i}(1-F_i)^{1-y_i},$$

对数似然是

$$\log L(\alpha,\beta|\mathbf{y})=\sum_{i=1}^{n}\left\{\log(1-F_i)+y_i\log\left(\frac{F_i}{1-F_i}\right)\right\}.$$

求对数似然关于 α 和 β 的导数, 我们得到对数似然方程. 令 $dF(w)/dw=f(w)$, $f(w)$ 是相应于 $F(w)$ 的概率密度函数, 并记 $f_i=f(\alpha+\beta x_i)$, 则

$$\frac{\partial \log(1-F_i)}{\partial \alpha}=-\frac{f_i}{1-F_i}=-\frac{F_i f_i}{F_i(1-F_i)}$$

并且

(12.3.6) $$\frac{\partial}{\partial \alpha}\log\left(\frac{F_i}{1-F_i}\right)=\frac{f_i}{F_i(1-F_i)}$$

因此

(12.3.7) $$\frac{\partial}{\partial \alpha}\log L(\alpha, \beta | \mathbf{y}) = \sum_{i=1}^{n}(y_i-F_i)\frac{f_i}{F_i(1-F_i)}.$$

通过相似的计算得到

(12.3.8) $$\frac{\partial}{\partial \beta}\log L(\alpha, \beta | \mathbf{y}) = \sum_{i=1}^{n}(y_i-F_i)\frac{f_i}{F_i(1-F_i)}x_i.$$

对于罗吉斯蒂克回归，$F(w)=\mathrm{e}^w/(1+\mathrm{e}^w)$，$f_i/[F_i(1-F_i)]=1$，式（12.3.7）和式（12.3.8）会简单一些.

令式（12.3.7）和式（12.3.8）等于0并关于α和β解方程得到MLE. 这些方程是α和β的非线性方程，必须用数值解法.（稍后会讨论.）对罗吉斯蒂克回归和probit回归，对数似然是严格凹的. 因此，如果似然方程有解，解必是唯一的并且它就是MLE. 然而，对某些极端的数据，似然方程没有解，似然的最大值在参数趋于$\pm\infty$时达到. 习题12.16中有这样的例子. 这是由于罗吉斯蒂克模型假定$0<\pi(x)<1$，但对于某些数据集合，罗吉斯蒂克似然的最大值在边界$\pi(x)=0$或1时达到. 如果罗吉斯蒂克模型是对的，那么得到这样的数据的概率收敛于0.

例 12.3.1（挑战者号的数据） 到目前为止还不出名的一个数据集合是航天飞机O环失效的数据. 失效被认为与温度有联系. 表12.3.1给出了起飞时的温度和O环是否失效的数据.

挑战者号航天飞机起飞时爆炸，致承载的7位宇航员死亡. 爆炸是O环失效的结果，而O环失效据信是由发射时稀有的冷天气（31℉）引起的. 在31℉的天气O环失效的概率的MLE是.9996.（关于完整的故事见Dalal, Fowlkes and Hoadley 1989.）

表 12.3.1 起飞温度（℉）和O环的失效（1=失效，0=成功）

飞行编号	14	9	23	10	1	5	13	15	4	3	8	17
失效	1	1	1	1	0	0	0	0	0	0	0	0
温度	53	57	58	63	66	67	67	67	68	69	70	70
飞行编号	2	11	6	7	16	21	19	22	12	20	18	
失效	1	1	0	0	0	1	0	0	0	0	0	
温度	70	70	72	73	75	75	76	76	78	79	81	

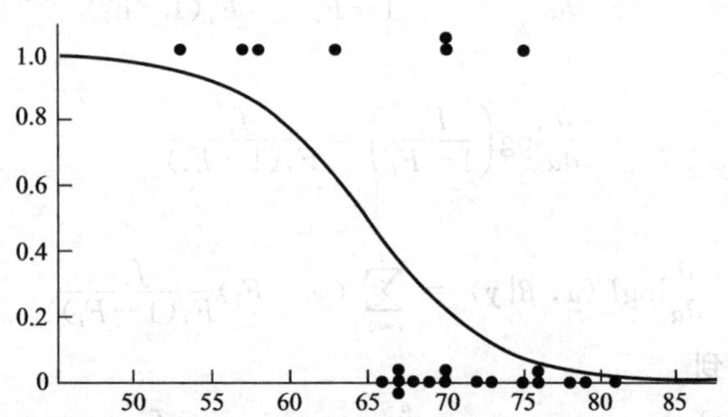

图 12.3.1　表 12.3.1 中的数据以及拟合的罗吉斯蒂克曲线

到目前为止，我们假定在每一个 x_i 处，观测到了一次 Bernoulli 试验的结果. 尽管这种情况常有，也有许多情况在每一个 x 处有多个 Bernoulli 观测. 现在我们重温在这个更一般情况下的似然解.

假定预测变量 x 在数据集合 x_1，…，x_J 中有 J 个不同的值. 记 x_j 处 Bernoulli 观测的次数为 n_j，n_j 次观测中成功的次数为 Y_j^*. 于是，$Y_j^* \sim \text{binomial}(n_j, \pi(x_j))$，似然则是

$$L(\alpha, \beta \mid \boldsymbol{y}^*) = \prod_{j=1}^{J} \pi(x_j)^{y_j^*} (1-\pi(x_j))^{1-y_j^*} = \prod_{j=1}^{J} F_j^{y_j^*} (1-F_j)^{n_j-y_j^*},$$

似然方程是

$$0 = \sum_{j=1}^{J} (y_j^* - n_j F_j) \frac{f_j}{F_j(1-F_j)}$$

$$0 = \sum_{j=1}^{J} (y_j^* - n_j F_j) \frac{f_j}{F_j(1-F_j)} x_j.$$

一旦我们用极大似然法估计了罗吉斯蒂克回归中的参数，接下来就可以用 MLE 渐近分布来求近似方差了. 然而，我们需要以更加一般的方式进行. 在 10.1.3 节中我们已经看到用信息数来近似 MLE 的方差. 这里我们将用同样的策略，但由于有两个参数，就有一个由 2×2 矩阵给出的**信息矩阵**（information matrix）

$$(12.3.9)\qquad I(\theta_1, \theta_2) = \begin{pmatrix} -\dfrac{\partial^2}{\partial \theta_1^2} \log L(\theta_1, \theta_2 \mid \boldsymbol{y}) & -\dfrac{\partial^2}{\partial \theta_1 \partial \theta_2} \log L(\theta_1, \theta_2 \mid \boldsymbol{y}) \\ -\dfrac{\partial^2}{\partial \theta_1 \partial \theta_2} \log L(\theta_1, \theta_2 \mid \boldsymbol{y}) & -\dfrac{\partial^2}{\partial \theta_2^2} \log L(\theta_1, \theta_2 \mid \boldsymbol{y}) \end{pmatrix}$$

对于罗吉斯蒂克回归，信息阵由

$$(12.3.10)\quad I(\alpha, \beta) = \begin{pmatrix} \sum_{j=1}^{J} n_j F_j(1-F_j) & \sum_{j=1}^{J} x_j n_j F_j(1-F_j) \\ \sum_{j=1}^{J} x_j n_j F_j(1-F_j) & \sum_{j=1}^{J} x_j^2 n_j F_j(1-F_j) \end{pmatrix}$$

MLE $\hat{\alpha}$和$\hat{\beta}$的方差通常可以用这个矩阵来逼近. 注意，$I(\alpha, \beta)$ 的元素不依赖于 Y_1^*，…，Y_J^*. 因此，在这种情况下观测信息与信息一样.

在 10.1.3 节中，我们用近似式（10.1.7），即 $\mathrm{Var}(h(\hat{\theta})|\theta) \approx [h'(\hat{\theta})]^2/I(\hat{\theta})$，其中 $I(\cdot)$ 是信息数. 但这里我们不能直接套用，而是需要求出这个信息矩阵的逆，并用逆中的元素来近似方差. 回忆 2×2 矩阵的逆由

$$\begin{pmatrix} a & b \\ c & d \end{pmatrix}^{-1} = \frac{1}{ad-bc}\begin{pmatrix} d & -b \\ -c & a \end{pmatrix}$$

给出.

为得到近似方差，用 MLE 估计矩阵（12.3.10）中的参数，方差的估计 $[\mathrm{se}(\hat{\alpha})]^2$ 和 $[\mathrm{se}(\hat{\beta})]^2$ 是 $I(\hat{\alpha}, \hat{\beta})$ 的逆的对角线元素.（符号 $\mathrm{se}(\hat{\alpha})$ 是$\hat{\alpha}$的标准误.）

例 12.3.2（挑战者号数据续） 从挑战者号数据计算得到的信息阵的估计为

$$I(\hat{\alpha}, \hat{\beta}) = \begin{pmatrix} \sum_{j=1}^{J} \hat{F}_j(1-\hat{F}_j) & \sum_{j=1}^{J} x_j \hat{F}_j(1-\hat{F}_j) \\ \sum_{j=1}^{J} x_j \hat{F}_j(1-\hat{F}_j) & \sum_{j=1}^{J} x_j{}^2 \hat{F}_j(1-\hat{F}_j) \end{pmatrix} = \begin{pmatrix} 3.15 & 214.75 \\ 214.75 & 14728.5 \end{pmatrix}$$

其中$\hat{F}_j = e^{\hat{\alpha}+\hat{\beta}x_j}/(1+e^{\hat{\alpha}+\hat{\beta}x_j})$. 信息阵的逆为

$$I(\hat{\alpha}, \hat{\beta})^{-1} = \begin{pmatrix} 54.44 & -0.80 \\ -0.80 & 0.012 \end{pmatrix}.$$

似然的渐近结果告诉我们，例如，对于大样本，$\hat{\beta} \pm z_{\alpha/2}\mathrm{se}(\hat{\beta})$ 是 β 的近似 $100(1-\alpha)\%$置信区间. 所以对于挑战者号的数据，我们有 95%置信区间

$$\beta \in -0.232 \pm 1.96 \times \sqrt{0.012} \Rightarrow -0.447 \leqslant \beta \leqslant -0.017,$$

它支持 $\beta<0$ 的结论. ‖

或许，在这个模型中最常用的是检验假设 $H_0: \beta=0$，因为，与在简单线性回归中一样，这个假设表明在预测因子和响应变量之间没有关系. Wald 检验统计量 $Z=\hat{\beta}/\mathrm{se}(\hat{\beta})$ 在 H_0 为真并且样本量大时有近似的标准正态分布. 因此，当$|Z| \geqslant z_{\alpha/2}$时可以拒绝 H_0. H_0 也可以用 log LRT 统计量

$$-2\log\lambda(\boldsymbol{y}^*) = 2[\log L(\hat{\alpha}, \hat{\beta}|\boldsymbol{y}^*) - L(\hat{\alpha}_0, 0|\boldsymbol{y}^*)],$$

其中$\hat{\alpha}_0$ 是假定 $\beta=0$ 时 α 的极大似然估计. 用标准的二项分布的结果（见习题 12.20），可以证明$\hat{\alpha}_0 = \sum_{i=1}^{n} y_i/n = \sum_{j=1}^{J} y_j^* / \sum_{j=1}^{J} n_j$. 在 H_0 下，$-2\log\lambda$ 近似有 χ_1^2分布，当$-2\log\lambda \geqslant \chi_{1,\alpha}^2$时我们可以拒绝 H_0.

我们只介绍了最简单的罗吉斯蒂克回归和广义线性模型. 更多的内容可以在标准的教科书如 Agresti（1990）中找到.

12.4 稳健回归

与在10.2节中一样，我们现在要看一下当使用的模型不正确时，我们的方法的表现，并且看一个最小二乘估计的替换方法. 首先进行一个比较，这个比较类似于均值与中位数的比较.

回想一下，当观测到 x_1，…，x_n 时，我们可以把均值和中位数定义为下列量的最小值点：

$$\text{均值：}\min_m\left\{\sum_{i=1}^n (x_i-m)^2\right\}\text{，中位数：}\min_m\left\{\sum_{i=1}^n |x_i-m|\right\}.$$

对于简单线性回归，观测到 (y_1, x_1)，…，(y_n, x_n)，我们知道最小二乘回归估计满足

$$\text{最小二乘：}\min_{a,b}\left\{\sum_{i=1}^n [y_i-(a+bx_i)]^2\right\},$$

类似地，用下式我们可以定义**最小绝对偏差**（least absolute deviation，LAD）回归估计

$$\text{最小绝对偏差：}\min_{a,b}\left\{\sum_{i=1}^n |y_i-(a+bx_i)|\right\}.$$

（LAD估计可能不唯一，见习题12.25.）

于是，我们看到回归中的最小二乘估计量与样本均值的相似性. 这就使得我们想了解它们的稳健性（像10.2节中列出的（1）-（3）那样）.

例 12.4.1（最小二乘估计的稳健性） 如果我们观测到 (y_1, x_1)，…，(y_n, x_n)，其中

$$Y_i=\alpha+\beta x_i+\epsilon_i,$$

并且ϵ_i 是不相关的，$\mathrm{E}\,\epsilon_i=0$，$\mathrm{Var}\,\epsilon_i=\sigma^2$，那么我们知道最小二乘估计 b 是 β 的BLUE，其方差为 $\sigma^2/\sum(x_i-\bar{x})^2$，并且满足10.2节中的（1）.

为考察当有小的偏离时 b 的表现如何，我们假定

$$\mathrm{Var}(\epsilon_i)=\begin{cases}\sigma^2 & \text{以概率 } 1-\delta\\ \tau^2 & \text{以概率 } \delta\end{cases}$$

写 $b=\sum d_i Y_i$，其中 $d_i=(x_i-\bar{x})/\sum(x_i-\bar{x})^2$，则我们有

$$\mathrm{Var}(b)=\sum_{i=1}^n d_i^2\,\mathrm{Var}(\epsilon_i)=\frac{(1-\delta)\sigma^2+\delta\tau^2}{\sum_{i=1}^n (x_i-\bar{x})^2}.$$

这表明，与样本均值一样，对于小的偏离 b 表现相当好.（但是，如果用Cauchy概率密度函数来污染的话，问题当然就大了.）

最小二乘截距 a 的表现类似（见习题 12.22）. 关于偏差污染的影响，参见习题 12.23. ‖

下面我们看看一个“灾难性”观测值的效果并比较最小二乘和最小绝对偏差回归.

例 12.4.2（灾难性观测值） McPherson（1990）描述了一个试验. 在这个试验中，测量了 24 只长鼻袋鼠育儿袋中的二氧化碳（CO_2）和氧（O_2）的水平. 兴趣在于做二氧化碳关于氧的回归，试验人员期望斜率是 -1. 23 个动物的数据在表 12.4.1 中给出（一个动物有缺失数据）. 对于原始数据，最小二乘和 LAD 线很接近：

$$\text{最小二乘：} y=18.67-0.89x,$$

$$\text{最小绝对偏差：} y=18.59-0.89x.$$

表 12.4.1 23 只长鼻袋鼠育儿袋中的二氧化碳和氧的值（McPherson 1990）

动物	1	2	3	4	5	6	7	8
$\%O_2$	20	19.6	19.6	19.4	18.4	19	19	18.3
$\%CO_2$	1	1.2	1.1	1.4	2.3	1.7	1.7	2.4
动物	9	10	11	12	13	14	15	16
$\%O_2$	18.2	18.6	19.2	18.2	18.7	18.5	18	17.4
$\%CO_2$	2.1	2.1	1.2	2.3	1.9	2.4	2.6	2.9
动物	17	18	19	20	21	22	23	
$\%O_2$	16.5	17.2	17.3	17.8	17.3	18.4	16.9	
$\%CO_2$	4.0	3.3	3.0	3.4	2.9	1.9	3.9	

然而，一个异常的观测值可能打翻最小二乘. 当把 15 号动物的氧值 18 错误地输入成 10（我们确实做了这样的事）以后，对于这组（不正确的）新数据，我们有

$$\text{最小二乘：} y=6.41-0.23x,$$

$$\text{最小绝对偏差：} y=15.95-0.75x,$$

表明一个错误的观测值对于 LAD 的效果要小得多. 图 12.4.1 中显示了这些回归线.

这些计算说明了 LAD 的抵抗力比最小二乘强. 由于均值/中位数的对比与这里的相似性，我们可以猜测这个行为在崩溃点上有所反映. 最小二乘的崩溃点是 0%，而 LAD 的崩溃点是 50%. ‖

然而，均值/中位数之间对比的结论继续延伸. 虽然 LAD 估计对于灾难性观测值是稳健的，但是比起最小二乘估计来，也损失了许多效率（见习题 12.25）.

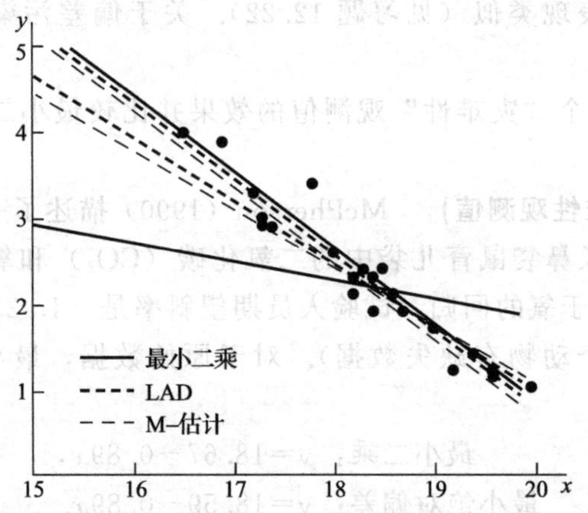

图 12.4.1 表 12.4.1 中数据的最小二乘、LAD、M-估计拟合，每个方法都对原始数据和把（18，2.6）错误录入成（10，2.6）的数据进行. LAD 和 M-估计很相似，而最小二乘线对变化后的数据变了样.

例 12.4.3（LAD 估计的渐近正态性） 我们用得到式（10.2.6）的方法来推导 LAD 估计的渐近分布. 为了把问题简化，我们只考虑模型

$$Y_i=\beta x_i+\epsilon_i,$$

也就是说，假定 $\alpha=0$.（这样避免了讨论二变量极限分布.）

用 M-估计的话说，LAD 估计是通过极小化

$$\begin{aligned}\sum_{i=1}^{n}\rho(y_i-\beta x_i)&=\sum_{i=1}^{n}|y_i-\beta x_i|\\&=\sum_{i=1}^{n}(y_i-\beta x_i)I(y_i>\beta x_i)-(y_i-\beta x_i)I(y_i<\beta x_i)\end{aligned}\tag{12.4.1}$$

得到的. 然后，我们计算 $\psi=\rho'$ 并关于 β 解方程 $\sum_i\psi(y_i-\beta x_i)=0$，其中

$$\psi(y_i-\beta x_i)=x_iI(y_i>\beta x_i)-x_iI(y_i<\beta x_i).$$

如果 $\hat{\beta}_L$ 是 LAD 估计（注意，严格说来，$\hat{\beta}_L$ 未必是上面方程的解——译者注），在 β 处把 ψ 展开为 Taylor 级数：

$$\sum_{i=1}^{n}\psi(y_i-\hat{\beta}_L x_i)=\sum_{i=1}^{n}\psi(y_i-\beta x_i)+(\hat{\beta}_L-\beta)\frac{d}{d\,\hat{\beta}_L}\sum_{i=1}^{n}\psi(y_i-\hat{\beta}_L x_i)\Big|_{\hat{\beta}_L=\beta}+\cdots.$$

虽然方程左边不等于 0，我们假定当 $n\to\infty$ 时它趋向于 0（见习题 12.26（原文“习题 12.27”为笔误，——译者注)). 在重新安排式中各项后我们得到

$$\sqrt{n}\,(\hat{\beta}_L-\beta)=\frac{-\frac{1}{\sqrt{n}}\sum_{i=1}^{n}\psi(y_i-\beta x_i)}{\frac{1}{n}\frac{\mathrm{d}}{\mathrm{d}\,\hat{\beta}_L}\sum_{i=1}^{n}\psi(y_i-\hat{\beta}_L x_i)\Big|_{\hat{\beta}_L=\beta}}\tag{12.4.2}$$

先看分子．由于 $E_\beta\psi(Y_i-\beta x_i)=0$，$\mathrm{Var}\psi(Y_i-\beta x_i)=x_i^2$（原文这两个式子中的$\beta$都是$\hat\beta_L$，当为笔误，——译者注），有

(12.4.3) $$-\frac{1}{\sqrt{n}}\sum_{i=1}^{n}\psi(y_i-\beta x_i)=\sqrt{n}\left[-\frac{1}{n}\sum_{i=1}^{n}\psi(y_i-\beta x_i)\right]\rightarrow n(0,\sigma_x^2),$$

其中 $\sigma_x^2=\lim n\rightarrow\infty\ \frac{1}{n}\sum_{i=1}^{n}x_i^2$．现在转到分母．由于$\psi$有不可微的点，我们必须加点小心．为此，我们在求导前应用大数定律，使用如下逼近：

$$\frac{1}{n}\frac{\mathrm{d}}{\mathrm{d}\beta_0}\sum_{i=1}^{n}\psi(y_i-\beta_0 x_i)\approx\frac{1}{n}\sum_{i=1}^{n}\frac{\mathrm{d}}{\mathrm{d}\beta_0}E_\beta[\psi(y_i-\beta_0 x_i)]$$

(12.4.4) $$=\frac{1}{n}\sum_{i=1}^{n}\frac{\mathrm{d}}{\mathrm{d}\beta_0}[x_iP_\beta(Y_i>\beta_0x_i)-x_iP_\beta(Y_i<\beta_0x_i)]$$

$$=\frac{1}{n}\sum_{i=1}^{n}x_i^2f(\beta_0x_i-\beta x_i)+x_i^2f(\beta_0x_i-\beta x_i).$$

如果我们计算在 $\beta_0=\beta$ 处的导数，有

$$\frac{1}{n}\frac{\mathrm{d}}{\mathrm{d}\beta_0}\sum_{i=1}^{n}\psi(y_i-\beta_0 x_i)\bigg|_{\beta_0=\beta}\approx 2f(0)\frac{1}{n}\sum_{i=1}^{n}x_i^2,$$

把这个结果与式（12.4.2）和式（12.4.3）结合在一起，我们有

(12.4.5) $$\sqrt{n}(\hat\beta_L-\beta)\rightarrow \mathrm{n}\left(0,\ \frac{1}{4f(0)^2\sigma_x^2}\right).$$

最后，对于 $\alpha=0$ 的情形，最小二乘估计是 $\hat\beta=\sum_{i=1}^{n}x_iy_i/\sum_{i=1}^{n}x_i^2$，并且满足

$$\sqrt{n}(\hat\beta-\beta)\rightarrow \mathrm{n}\left(0,\frac{1}{\sigma_x^2}\right),$$

所以$\hat\beta_L$ 相对于$\hat\beta$的渐近相对效率是

$$\mathrm{ARE}(\hat\beta_L,\ \hat\beta)=\frac{1/\sigma_x^2}{1/(4f(0)^2\sigma_x^2)}=4f(0)^2,$$

这与表 10.2.1 中给出的中位数相对于均值的渐近相对效率一样．因此，对于正态误差，LAD 相对于最小二乘估计的 ARE 仅为 64%，这表明 LAD 估计相对于最小二乘放弃了相当一部分效率． ‖

这样，我们碰到了与 10.2.1 节相同的问题，即如果误差真是正态误差的话，LAD 估计损失了太多的效率．折衷的办法仍然是 M-估计．我们可以通过极小化类似于式（10.2.2）的函数，像函数 $\sum_i\rho_i(\alpha,\ \beta)$，来构造一个 M-估计，这里

(12.4.6) $$\rho_i(\alpha,\ \beta)=\begin{cases}\frac{1}{2}(y_i-\alpha-\beta x_i)^2 & \text{若}|y_i-\alpha-\beta x_i|\leqslant k\\ k|y_i-\alpha-\beta x_i|-\frac{1}{2}k^2 & \text{若}|y_i-\alpha-\beta x_i|>k,\end{cases}$$

其中 k 是一个调节参数.

例 12.4.4（回归 M-估计） 用式（12.4.6）中的函数并令 $k=1.5\sigma$，我们对表 12.4.1 中的数据来计算 α 和 β 的 M-估计. 结果是

$$\text{原始数据下的 M-估计：} y=18.5-0.89x$$

$$\text{错误输入数据下的 M-估计：} y=14.67-0.68x,$$

其中我们用 0.23 估计了 σ，这是最小二乘拟合残差的标准差.

由此我们看出 M-估计比最小二乘估计的抵抗力强一些，当数据中有离群值时，它更像 LAD 拟合. ‖

与 10.2 节中一样，我们可以预期 M-估计的 ARE 比 LAD 估计更好. 的确如此，但是计算很复杂（甚至比 LAD 估计更复杂），因此我们在这里不给出细节. Huber（1981，第 7 章）对 M-估计的渐近性质有细致的处理；也可以参看 Portnoy（1987）. 我们只通过一个小规模的模拟研究，给出类似于表 10.2.3 的结果，来评估 M-估计的性态.

例 12.4.5（回归 ARE 的模拟） 对模型 $Y_i=\alpha+\beta x_i+\epsilon_i$，$i=1, 2, \cdots, 5$，我们取各个 x_i 为（-2，-1，0，1，2），$\alpha=0$，$\beta=1$. 从正态、双指数、罗吉斯蒂克分布产生 ϵ_i，计算最小二乘估计、LAD 估计和 M-估计的方差. 结果在下面的表中列出.

回归 M-估计的 ARE，$k=1.5$（基于 10，000 次模拟）

	正态	罗吉斯蒂克	双指数
对最小二乘	0.98	1.03	1.07
对 LAD	1.39	1.27	1.14

对于所有这三个分布，M-估计的方差与最小二乘不相上下，而相对于 LAD 有一致的改进. M-估计对于 LAD 估计的改进，比起 Huber 估计对于中位数的改进（如表 10.2.3 中给出的）更加显著. ‖

12.5 习题

12.1 验证表达式（12.2.7）.（提示：用 Pythagorean 定理.）

12.2 证明

$$f(b)=\frac{1}{1+b^2}\left[S_{yy}-2bS_{xy}+b^2S_{xx}\right]$$

的最值点由

$$b=\frac{-(S_{xx}-S_{yy})\pm\sqrt{(S_{xx}-S_{yy})^2+4{S_{xy}}^2}}{2S_{xy}}$$

给出. 证明＋号给出 $f(b)$ 的最小值.

12.3 在极大化似然（12.2.13）时，我们首先对 α，β 以及 σ_δ^2 的每个值，关于 ξ_1，…，ξ_n 极小化函数

$$f(\xi_1, \cdots, \xi_n)=\sum_{i=1}^{n}((x_i-\xi_i)^2+\lambda(y_i-(\alpha+\beta\xi_i))^2).$$

（a）证明，这个函数在

$$\xi_i^*=\frac{x_i+\lambda\beta\ (y_i-\alpha)}{1+\lambda\beta^2}$$

处有最小值.

（b）证明，函数

$$D_\lambda(\ (x,\ y),\ (\xi,\ \alpha+\beta\xi))=(x-\xi)^2+\lambda(y-(\alpha+\beta\xi))^2$$

定义了点（x，y）与（ξ，$\alpha+\beta\xi$）之间的一个**度量**. 所谓**度量**，是一个用来测量两个点 A 与 B 之间距离的函数，满足如下 4 条性质：

i. $D(A, A)=0$.

ii. 如果 $A\neq B$，则 $D(A, B)>0$.

iii. $D(A, B)=D(B, A)$（反身性）.

iv. $D(A, B)\leqslant D(A, C)+D(C, B)$（三角不等式）.

12.4 考虑 EIV 模型中斜率的 MLE

$$\hat{\beta}(\lambda)=\frac{-(S_{xx}-\lambda S_{yy})+\sqrt{(S_{xx}-\lambda S_{yy})^2+4\lambda S_{xy}{}^2}}{2\lambda S_{xy}}$$

其中假定 $\lambda=\sigma_\delta^2/\sigma_\epsilon^2$ 已知.

（a）证明 $\lim_{\lambda\to 0}\hat{\beta}(\lambda)=S_{xy}/S_{xx}$，这个极限是 y 关于 x 的常规回归的斜率.

（b）证明 $\lim_{\lambda\to\infty}\hat{\beta}(\lambda)=S_{yy}/S_{xy}$，这个极限是 x 关于 y 的常规回归的斜率的倒数.

（c）证明 $\hat{\beta}(\lambda)$ 是 λ 的单调函数，并且当 $S_{xy}>0$ 时是单增的，而当 $S_{xy}<0$ 时是单减的.

（d）证明正交最小二乘线（$\lambda=1$）总是在 y 关于 x 的常规回归线和 x 关于 y 的常规回归线之间.

（e）为考察动物的脑重量与体重之间的关系，在一项研究中收集了下面多个种类动物的数据.

种类	体重（kg） （x）	脑重（g） y	种类	体重（kg） （x）	脑重（g） y
北极狐	3.385	44.50	真灰鼠	0.425	6.40
枭猴	0.480	15.50	地松鼠	0.101	4.00
鼠獭	1.350	8.10	树蹄兔	2.000	12.30
豚鼠	1.040	5.50	褐蝙蝠	0.023	0.30

假定 EIV 模型成立，计算斜率的 MLE. 同时计算 y 关于 x 的回归和 x 关于 y 的回归斜率的最小二乘估计，并指出这两个估计如何界定了前面的 MLE.

12.5 在 EIV 函数关系模型中，假定 $\lambda=\sigma_\delta^2/\sigma_\epsilon^2$ 已知，证明 σ_δ^2 的 MLE 由方程 (12.2.18) 给出.

12.6 证明，在线性结构关系模型 (12.2.6) 中，如果我们对 ξ_i 积分，(X_i, Y_i) 的边缘分布由式 (12.2.19) 给出.

12.7 考虑一个线性结构关系模型，其中假定 ξ_i 有并非真正的分布：$\xi_i\sim$ *uniform* $(-\infty, \infty)$.

(a) 证明，对于每个 i,

$$\int_{-\infty}^{\infty}\frac{1}{2\pi\sigma_\delta\sigma_\epsilon}\exp\left[-\left(\frac{(x_i-\xi_i)^2}{2\sigma_\delta^2}\right)\right]\exp\left[-\left(\frac{(y_i-(\alpha+\beta\xi_i))^2}{2\sigma_\epsilon^2}\right)\right]\mathrm{d}\xi_i$$

$$=\frac{1}{\sqrt{2\pi}}\frac{1}{\sqrt{\beta^2\sigma_\delta^2+\sigma_\epsilon^2}}\exp\left[-\frac{1}{2}\frac{(y_i-(\alpha+\beta x_i))^2}{\beta^2\sigma_\delta^2+\sigma_\epsilon^2}\right].$$

(把指数配成完全平方，积分就容易了.)

(b) (a) 中的积分结果看上去像一个概率密度函数，而且如果我们认为它是给定 X 时 Y 的概率密度函数，则就有了 X 和 Y 之间的一个线性关系. 因而，有时会听到结构关系的这种“极限情形”导致简单线性回归和常规最小二乘这样的说法. 解释为什么这种说法是错误的.

12.8 用下面的方式验证结构关系模型中的不可识别性问题.

(a) 产生两个不同的参数集合，使得它们给出 (X_i, Y_i) 的相同的边缘分布.

(b) 证明至少存在两个不同的参数向量使得方程 (12.2.20) 有相同的解.

12.9 在结构关系模型中，方程 (12.2.20) 的解隐含着关于 $\hat\beta$ 的一个限制. 在函数关系情形也有同样的限制 (见习题 12.4).

(a) 证明在方程 (12.2.20) 中，仅当 $S_{xx}\geqslant(1/\hat\beta)S_{xy}$ 时，σ_δ^2 的 MLE 是非负的. 还有，仅当 $S_{yy}\geqslant\hat\beta S_{xy}$ 时，σ_ϵ^2 的 *MLE* 是非负的.

(b) 证明，(a) 中的限制连同方程 (12.2.20) 中的其他方程，蕴涵着

$$\frac{|S_{xy}|}{S_{xx}}\leqslant|\hat\beta|\leqslant\frac{S_{yy}}{|S_{xy}|}.$$

12.10 (a) 在假定 $\sigma_\delta^2=\lambda\sigma_\epsilon^2$ 下，通过解方程 (12.2.20) 推导结构关系模型中 $(\alpha, \beta, \sigma_\epsilon^2, \sigma_\delta^2, \sigma_\xi^2)$ 的 MLE.

(b) 假定结构关系模型成立以及 $\sigma_\delta^2=\lambda\sigma_\epsilon^2$，对习题 12.4 中的数据计算 $(\alpha, \beta, \sigma_\epsilon^2, \sigma_\delta^2, \sigma_\xi^2)$ 的 MLE.

(c) 验证函数关系模型和结构关系模型中方差估计之间的关系. 具体地，证明

$$\widehat{\mathrm{Var}}X_i\text{（结构）}=2\,\widehat{\mathrm{Var}}X_i\text{（函数）}$$

即验证

$$\left(S_{xx}-\frac{S_{xy}}{\hat{\beta}}\right)=\frac{\lambda}{1+\lambda\hat{\beta}^2}\sum_{i=1}^{n}(y_i-(\hat{\alpha}+\hat{\beta}x_i))^2.$$

(d) 验证下面的等式，这个等式隐含在方程（12.2.21）给出的 MLE 方差估计之中. 证明

$$S_{xx}-\frac{S_{xy}}{\hat{\beta}}=\lambda(S_{yy}-\hat{\beta}S_{xy}).$$

12.11 (a) 证明，对随机变量 X 和 Y 以及常数 a，b，c，d，有

$\mathrm{Cov}(aY+bX, cY+dX)=ac\mathrm{Var}Y+(bc+ad)\mathrm{Cov}(X, Y)+bd\mathrm{Var}X.$

(b) 用 (a) 中的结果验证，在满足 $\sigma_\delta^2=\lambda\sigma_\epsilon^2$ 的结构关系模型中，

$$\mathrm{Cov}(\beta\lambda Y_i+X_i, Y_i-\beta X_i)=0,$$

这个等式是获得 Creasy-Williams 置信集的基础.

(c) 用 (b) 中的结果证明，对任何 β 的值

$$\frac{\sqrt{(n-2)}\ r_\lambda(\beta)}{\sqrt{1-r_\lambda{}^2(\beta)}}\sim t_{n-2}$$

其中 $r_\lambda(\beta)$ 由式（12.2.23）给出. 此外，证明由式（12.2.24）定义的置信集有常数覆盖概率 $1-\alpha$.

12.12 验证 $\hat{\beta}$（假定 $\sigma_\delta^2=\lambda\sigma_\epsilon^2$ 下 β 的 MLE）、式（12.2.23）中的 $r_\lambda(\beta)$ 以及式（12.2.24）中的 Creasy-Williams 置信集 $C_\lambda(\hat{\beta})$ 的下述性质.

(a) $\hat{\beta}$ 和 $-1/(\lambda\hat{\beta})$ 为令似然函数（12.2.24）的一阶导数为 0 得到的二次方程的两个根.

(b) 对任意 β，$r_\lambda(\beta)=-r_\lambda(-1/(\lambda\beta))$.

(c) 若 $\beta\in C_\lambda(\hat{\beta})$，则 $-1/(\lambda\beta)\in C_\lambda(\hat{\beta})$.

12.13 在式（12.2.24）中的 Creasy-Williams 置信集和式（12.2.22）中的置信区间 $C_G(\hat{\beta})$ 之间有一个有趣的联系.

(a) 证明

$$C_G(\hat{\beta})=\left\{\beta:\frac{(\beta-\hat{\beta})^2}{\hat{\sigma}_{\hat{\beta}}^2/(n-2)}\leqslant F_{1,n-2,\alpha}\right\},$$

其中 $\hat{\beta}$ 是 β 的 MLE，$\hat{\sigma}_{\hat{\beta}}^2$ 是前面定义的 $\sigma_{\hat{\beta}}^2$ 的相合估计.

(b) 证明 Creasy-Williams 置信集可以写成形式

$$\left\{\beta:\frac{(\beta-\hat{\beta})^2}{\hat{\sigma}_{\hat{\beta}}^2/(n-2)}\left[\frac{(1+\lambda\beta\hat{\beta})^2}{(1+\lambda\beta^2)^2}\right]\leqslant F_{1,n-2,\alpha}\right\}.$$

因此，$C_G(\hat{\beta})$ 可以通过把上式内方括号内的项换为其概率极限 1 而得到.（在上述

表示的推导中，$\hat{\beta}$和$-1/(\lambda\hat{\beta})$都是$r_\lambda(\beta)$的分子的根这个事实是很有帮助的. 具体地，可以很直接地建立事实

$$\frac{r_\lambda^2(\beta)}{1-r_\lambda^2(\beta)}=\frac{\lambda^2 S_{xy}^2(\beta-\hat{\beta})^2(\beta+(1/\lambda\hat{\beta}))^2}{(1+\lambda\beta^2)^2(S_{xx}S_{yy}-S_{xy}^2)}.$$

)

12.14 对于$\alpha=\beta=1$，$\alpha=\beta=2$和$\alpha=\beta=3$三种情况画出式（12.3.2）中罗吉斯蒂克回归函数$\pi(x)$的图象.

12.15 对式（12.3.2）中的罗吉斯蒂克回归函数，验证以下关系.

(a) $\pi(-\alpha/\beta)=1/2$.

(b) 对任何c，$\pi((-\alpha/\beta)+c)=1-\pi((-\alpha/\beta)-c)$.

(c) $\mathrm{d}\pi/\mathrm{d}x$由方程（12.3.3）给出.

(d) 优比满足方程（12.3.4).

(e) 方程（12.3.5）中的胜率的变化倍数.

(f) 对Bernoulli GLM，方程（12.3.6）和方程（12.3.8）成立.

(g) 对罗吉斯蒂克模型，式（12.3.7）和式（12.3.8）中的$f_i/(F_i(1-F_i))=\beta$.

12.16 考虑这样的罗吉斯蒂克回归数据：只有两个值$x=0$和1被观测到. 对$x=0$，10次试验中10次成功；对$x=1$，10次试验中5次成功. 验证下面的结论，说明对这组数据罗吉斯蒂克回归中的MLE $\hat{\alpha}$和$\hat{\beta}$不存在.

(a) 如果不受式（12.3.2）的限制，$\pi(0)$和$\pi(1)$的MLE由$\hat{\pi}(0)=1$和$\hat{\pi}(1)=0.5$给出.

(b) 由(a)中估计给出的似然函数的全局最大值不能在罗吉斯蒂克回归参数α和β的任何有限值达到，但可以在极限$\beta\to-\infty$，$\alpha=-\beta$处达到.

12.17 在probit回归中，连接函数是标准正态累积分布函数$\Phi(x)=P(Z\leqslant x)$，这里$Z\sim\mathrm{n}(0,1)$. 在这个模型下，我们观测到(Y_1, x_1)，…，(Y_n, x_n)，其中$Y_i\sim\mathrm{Bernoulli}(\pi_i)$，$\pi_i=\Phi(\alpha+\beta x_i)$.

(a) 写出似然函数，并说明如何解出α和β的MLE.

(b) 对表12.3.1中的数据拟合probit模型，评论任意与罗吉斯蒂克拟合的不同之处.

12.18 Brown and Rothery（1993，第4章）讨论了线性罗吉斯蒂克模型到二次模型

$$\log\left(\frac{\pi_i}{1-\pi_i}\right)=\alpha+\beta x_i+\gamma x_i^2$$

的推广.

(a) 写出似然函数，并说明如何解出 α, β 和 γ 的 MLE.

(b) 用 logLRT，说明如何检验假设 $H_0: \gamma=0$，即模型是线性罗吉斯蒂克模型.

(c) 对下列表中不同年龄的食雀鹰的生存数据拟合二次罗吉斯蒂克模型.

年　龄	1	2	3	4	5	6	7	8	9
鸟的数量	77	149	182	118	78	46	27	10	4
生存数量	35	89	130	79	52	28	14	3	1

(d) 确定对食雀鹰的数据是线性模型好还是二次模型好，即检验 $H_0: \gamma=0$.

12.19 对罗吉斯蒂克回归模型，

(a) 证明 $\left(\sum_{j=1}^{J} Y_j^*, \sum_{j=1}^{J} Y_j^* x_j\right)$ 对于 (α, β) 是充分统计量.

(b) 验证式 (12.3.10) 中罗吉斯蒂克回归信息阵的公式.

12.20 考虑罗吉斯蒂克回归模型并假定 $\beta=0$.

(a) 如果 $0<\sum_{i=1}^{n} y_i<n$，证明 $\pi(x)$ 的 MLE (此时不依赖于 x) 是 $\hat{\pi}=\sum_{i=1}^{n} y_i/n$.

(b) 如果 $0<\sum_{i=1}^{n} y_i<n$，证明 α 的 MLE 是 $\hat{\alpha}_0=\log\left(\left(\sum_{i=1}^{n} y_i\right)/\left(n-\sum_{i=1}^{n} y_i\right)\right)$.

(c) 说明如果 $\sum_{i=1}^{n} y_i=0$ 或 n, $\hat{\alpha}_0$ 不存在，但检验 $H_0: \beta=0$ 的 LRT 统计量仍然有定义.

12.21 设 $Y\sim \text{binomial}(n, \pi)$，以 $\hat{\pi}=Y/n$ 记 π 的 MLE，以 $W=\log(\hat{\pi}/(1-\hat{\pi}))$ 记 $\log(\pi/(1-\pi))$ 的 MLE，叫做样本 logit. 用 Δ 方法证明 $1/(n\hat{\pi}(1-\hat{\pi}))$ 是 $\text{Var}W$ 的一个合理的估计.

12.22 在例 12.4.1 中，我们考察了小的扰动如何影响斜率的最小二乘估计. 对截距的最小二乘估计进行类似的计算并说明稳健性如何 (对小的扰动).

12.23 在例 12.4.1 中，与例 10.2.1 相对照，当我们引入了 ϵ_i 的污染分布以后，没有引入偏差. 证明，即使我们引入偏差，也无关紧要. 也就是说，如果假定

$$(\mathrm{E}\,\epsilon_i, \ \mathrm{Var}\,\epsilon_i)=\begin{cases}(0, \sigma^2) & \text{以概率 } 1-\delta \\ (\mu, \tau^2) & \text{以概率 } \delta,\end{cases}$$

则：

(a) 最小二乘估计量 b 仍然是 β 无偏估计量.

(b) 最小二乘估计量 a 有期望 $\alpha+\delta\mu$，因而上述模型相当于假定 $Y_i=\alpha+\delta\mu+\beta x_i+\epsilon_i$.

12.24 对模型 $Y_i=\beta x_i+\epsilon_i$，证明 LAD 估计由 t_{k^*+1} 给出，其中 $t_i=y_i/x_i$，

$t_{(1)} \leqslant \cdots \leqslant t_{(n)}$，并且 $x_{(i)}$ 是与 $t_{(i)}$ 对应的 x 值，k^* 满足 $\sum_{i=1}^{k^*} |x_{(i)}| \leqslant \sum_{i=k^*+1}^{n} |x_{(i)}|$ 和 $\sum_{i=1}^{k^*+1} |x_{(i)}| > \sum_{i=k^*+2}^{n} |x_{(i)}|$.

12.25 LAD 回归线的一个问题是，它并不总是有唯一解.

(a) 对有三个观测值（x_1，y_1），（x_1，y_2）和（x_3，y_3）（注意，前两个 x 一样）的数据，说明任何通过点（x_3，y_3）并界于（x_1，y_1）和（x_1，y_2）之间的直线都是最小绝对偏差直线.

(b) 对三个人，测量了他们的心率（x，每分钟心跳次数）和耗氧量（y，ml/kg）.（x，y）数据是（127，14.4），（217，11.9）和（136，17.9）. 计算最小二乘直线的斜率和截距，以及最小绝对偏差直线的范围.

对于最小绝对偏差直线的价值似乎也有一些不同的看法. 比起最小二乘来，它当然更加稳健，但计算可能很困难（关于有效的算法，见 Portnoy and Koenker 1997）. Ellis（1998）对它的稳健性也有疑问，而 Portnoy and Misera（1998）在讨论中也质疑 Ellis.

习题 12.26-12.28 将考虑例 12.4.3 中的细节.

12.26 (a) 例 12.4.3 中始终假定$\frac{1}{n}\sum_{i=1}^{n} x_i{}^2 \to \sigma_x^2 < \infty$. 证明这个条件在下列情形下得到满足：(i) $x_i=1$（通常的中位数），(ii) $|x_i| \leqslant 1$（有界 x_i 的情形）.

(b) 在 x_i 满足 (a) 中条件的情况下，证明依概率有$\frac{1}{n}\sum_{i=1}^{n} \psi(y_i - \hat{\beta}_L x_i) \to 0$.

12.27 (a) 证明$\frac{-1}{\sqrt{n}}\sum_{i=1}^{n} \psi(y_i - \beta x_i) \to \mathrm{n}(0,\ \sigma_x^2)$.

(b) 证明$\frac{1}{n}\sum_{i=1}^{n} \frac{\mathrm{d}}{\mathrm{d}\beta_0} \mathrm{E}_\beta [\psi(Y_i - \beta_0 x_i)]|_{\beta_0=\beta} = 2f(0)\frac{1}{n}\sum_{i=1}^{n} x_i{}^2$，连同 (a)，得到结论$\sqrt{n}(\hat{\beta}_L - \beta) \to \mathrm{n}\left(0,\ \frac{1}{4f(0)^2\sigma_x^2}\right)$.

12.28 证明最小二乘估计量由$\hat{\beta} = \sum_{i=1}^{n} x_i y_i / \sum_{i=1}^{n} x_i{}^2$ 给出，并且$\sqrt{n}$ $(\hat{\beta} - \beta) \to \mathrm{n}$ $(0,\ 1/\sigma_x^2)$.

12.29 像在例 12.4.3 中一样，用 Taylor 级数方法推导 iid 抽样情况下中位数的渐近分布.

12.30 对于表 12.4.1 中的数据，用参数自助法求 LAD 和 M-估计拟合的标准误. 具体地，

(a) 拟合直线 $y = \alpha + \beta x$，得到估计$\tilde{\alpha}$和$\tilde{\beta}$.

(b) 计算残差均方误差$\hat{\sigma}^2 = \frac{1}{n-2}\sum_{i=1}^{n} [y_i - (\tilde{\alpha} + \tilde{\beta} x_i)]^2$.

(c) 从 $\mathrm{n}(0,\ \hat{\sigma}^2)$ 产生新的残差，重新估计 α 和 β.

(d) 重复 (c) 中的工作 B 次，计算$\tilde{\alpha}$和 $\tilde{\beta}$的标准差.

(e) 对双指数分布和 Laplace 分布误差重复 (a) - (d)，并把所得答案与正态情形做比较.

12.31　对于表 12.4.1 中的数据，我们也可以用非参数自助法求 LAD 和 M-估计拟合的标准误.

(a) 拟合直线 $y=\alpha+\beta x$，得到估计 $\tilde{\alpha}$ 和 $\tilde{\beta}$.

(b) 从拟合后的残差产生新的残差，重新估计 α 和β.

(c) 重复 (c) 中的工作 B 次，计算 $\tilde{\alpha}$ 和 $\tilde{\beta}$ 的标准差.

12.6　杂录

12.6.1　函数和结构的意义

在 EIV 模型中，**函数**和**结构**的名字本身就容易造成混淆. Kendall and Stuart (1979，第 29 章) 对这些概念进行了仔细的讨论，区分了数学 (非随机) 变量之间的关系和随机变量之间的关系. 要看清这些关系，方法之一是把模型写成分层的形式，在这种表示中，在函数模型的参数上放上一个分布就得到结构关系模型：

$$\text{函数关系模型}\left\{\begin{array}{ll}\mathrm{E}(Y_i\,|\,\xi_i)=\alpha+\beta\,\xi_i+\epsilon_i & \epsilon_i\sim \mathrm{n}(0,\ \sigma_\epsilon^2)\\ \mathrm{E}(X_i\,|\,\xi_i)=\xi_i+\delta_i & \delta_i\sim \mathrm{n}(0,\ \sigma_\delta^2)\\ & \xi_i\sim \mathrm{n}(\xi,\ \sigma_\xi^2)\end{array}\right\}\text{结构关系模型}$$

这些词汇上的差异可以通过下面的区分来理解，但这种区分不是所有人都接受. 在微积分课程中，比如，我们经常看到方程 $y=f(x)$，这是一个描述**函数**关系的方程，也就是说，**假定在变量之间存在**一个关系. 由此，从这个说法上讲，函数关系是在两个变量之间的一个假定的关系，方程 $\eta_i=\alpha+\beta\,\xi_i$ 无论在函数还是在结构模型中都是一个 (假定的) 函数关系，这里 $\eta_i=\mathrm{E}(Y_i\mid\xi_i)$.

另一方面，**结构关系**是一个**从问题的假定结构中得到的**一个关系. 由此，在结构关系模型中，关系 $\eta=\mathrm{E}Y_i=\alpha+\beta\,\xi=\alpha+\beta\mathrm{E}X_i$ 可以从模型的结构中推导出来，从而它是一个结构关系.

为了把这些概念理解得更清楚，考虑各个 x 没有误差的简单线性回归. 方程 $\mathrm{E}(Y_i\mid x_i)=\alpha+\beta x_i$是一个函数关系，是一个假定在 $\mathrm{E}(Y_i\mid x_i)$ 和 x_i 之间存在的关系. 然而，我们也可以考虑在假定 $(X_i，Y_i)$ 有二元正态分布并在给定 x_i 的条件下进行简单线性回归. 在这种情况下，关系 $\mathrm{E}(Y_i\mid x_i)=\alpha+\beta\,x_i$ 从假定的模型结构中得出，因而是一个结构关系.

注意，在这种意义下，名词的区别在于你喜欢哪个. 在任何模型中，我们总可以从函数关系模型中推导出结构关系模型，反之亦然. 重要的区别是，在进行推断以前多余的参数 ξ_i 是否被积分掉.

12.6.2 EIV 模型中常规最小二乘的相合性

一般来说在 EIV 回归中用常规最小二乘估计来估计斜率不是一个好主意，因为这个估计量是不相合的.

假定我们有线性结构关系模型（12.2.6）. 则有

$$\hat{\beta}=\frac{\sum_{i=1}^{n}(X_i-\overline{X})(Y_i-\overline{Y})}{\sum_{i=1}^{n}(X_i-\overline{X})^2}$$

$$=\frac{\frac{1}{n}\sum_{i=1}^{n}(X_i-\overline{X})(Y_i-\overline{Y})}{\frac{1}{n}\sum_{i=1}^{n}(X_i-\overline{X})^2}$$

$$\rightarrow\frac{\mathrm{Cov}(X,Y)}{\mathrm{Var}X}\qquad\text{（当 } n\rightarrow\infty \text{ 时，用 WLLN）}$$

$$=\frac{\beta\sigma_\xi^2}{\sigma_\delta^2+\sigma_\xi^2},\qquad\text{（由式（12.2.19））}$$

这表明 $\hat{\beta}$ 不是相合的. 在函数关系模型中也有这样的结果.

在 Cochran（1968）中有关于 EIV 模型中 $\hat{\beta}$ 的行为的讨论. Carroll，Gallo and Gleser（1985）和 Gleser，Carroll and Gallo（1987）调查了常规最小二乘估计量的函数成为相合估计量的条件.

12.6.3 EIV 模型中的工具变量

工具变量的概念至少可以追溯到 Wald（1940），他利用工具变量构造了一个斜率的相合估计量. 为了解工具变量是什么，把 EIV 模型写为下列形式

$$Y_i=\alpha+\beta\xi_i+\epsilon_i,$$
$$X_i=\xi_i+\delta_i,$$

用代数运算得到

$$Y_i=\alpha+\beta\xi_i+[\epsilon_i-\beta\delta_i].$$

工具变量 Z_i 是一个随机变量，它可很好地预测 X_i，但与 $\mu_i=\epsilon_i-\beta\delta_i$ 不相关. 如果找到了这样的一个变量，那么用它可以改进预测. 特别地，用它可以构造 β 的相合估计量.

在相当一般的条件下，Wald（1940）证明了估计量

$$\hat{\beta}_W=\frac{\overline{Y}_{(1)}-\overline{Y}_{(2)}}{\overline{X}_{(1)}-\overline{X}_{(2)}}$$

是可识别模型中β的相合估计量．这里下标表示数据的两个分组；变量Z_i只取对应于两个组的两个值，是工具变量．关于Wald估计的讨论见Moran（1971）．

虽然工具变量可能有很大的帮助，但在它们的应用中也可能会出现问题．例如，Feldstein（1974）给出了一个例子，其中工具变量的使用是有害的．Moran（1971）讨论了验证像$\hat{\beta}_W$这样的简单估计量成为相合估计量所需要的条件的困难．Fuller（1987）提供了工具变量的深刻讨论．Berkson（1950）提出的一个模型中采用了一个与使用工具变量时类似的相关结构．

12.6.4 罗吉斯蒂克似然方程

在罗吉斯蒂克模型中，似然方程是参数的非线性方程，必须用数值方法求解．解这些方程的最常用的方法是**Newton-Raphson方法**．这个方法从对MLE的初始猜测（$\hat{\alpha}^{(1)}$，$\hat{\beta}^{(1)}$）开始，然后用一个二次函数，即在点（$\hat{\alpha}^{(1)}$，$\hat{\beta}^{(1)}$）处的二阶Taylor级数来逼近对数似然．MLE的下一个猜测是这个二次函数的最大值点（$\hat{\alpha}^{(2)}$，$\hat{\beta}^{(2)}$）．再以点（$\hat{\alpha}^{(2)}$，$\hat{\beta}^{(2)}$）为中心重新做二次逼近，其最大值点作为MLE的下一个猜测．Taylor级数逼近中需要对数似然的一阶、二阶导数．这些导数的值在当前的猜测（$\hat{\alpha}^{(t)}$，$\hat{\beta}^{(t)}$）处计算，它们与式（12.3.10）的信息阵中的二阶导数相同．因此，这样求解似然方程的一个副产品是$\hat{\alpha}$和$\hat{\beta}$的方差和协方差．对于罗吉斯蒂克回归模型，猜测序列（$\hat{\alpha}^{(t)}$，$\hat{\beta}^{(t)}$）向MLE $\hat{\alpha}$和$\hat{\beta}$的收敛通常较快，经常只需几次迭代就能得到满意的逼近．这个Newton-Raphson方法也叫做**迭代重新加权最小二乘**（iteratively reweighted least squares）．在每一步，对于$\hat{\alpha}$和$\hat{\beta}$的下一个猜测可以表示成一个最小二乘问题的解．但在这个最小二乘问题中，平方和中的不同的项被赋予不同的权重．在罗吉斯蒂克回归的情形，这些权重是$n_jF_j^{(t)}(1-F_j^{(t)})$，这里$F_j^{(t)}=F(\hat{\alpha}^{(t)}+\hat{\beta}^{(t)}x_j)$，$F$是罗吉斯蒂克累积分布函数．这个权重是第$j$个样本logit的近似方差的倒数（见习题12.21）．权重在每一步用当前对MLE的猜测重新计算．这就是叫做“迭代重新加权”的由来．所以，近似地说，Newton-Raphson方法就是用样本logit作为数据，用加权最小二乘方法来估计参数．

12.6.5 再谈稳健回归

稳健方法作为最小二乘的替代的研究已经有很多年了，有大量的文献阐述各种各样的问题．在12.4节中，我们仅仅对稳健回归做了一个简短的介绍，但也应该明白了它的一些优点和困难．有很多书仔细地讨论稳健回归，包括Hettmansperger and McKean (1996), Staudte and Sheather (1990) 以及 Huber (1981). 下面讨论受到广泛注意的其他一些论题.

截尾和变换

Carroll，Ruppert 及其合作者在他们的工作中研究了稳健回归的多个方面. Ruppert and Carroll (1979) 对于截尾 (trimming) 的渐近性有仔细的处理 (在习题 10.20 中讨论了截尾均值)，而 Carroll and Ruppert (1985) 考察了当误差不是同分布时最小二乘的替代方法. 随后的工作考虑了回归中变换的优点 (Carroll and Ruppert 1985, 1988).

其他稳健方法

我们只考虑了 LAD 估计和一个 M-估计. 当然，有很多其他的稳健估计. 一个流行的方法是 Rousseeuw (1984) 的最小平方中位估计 (least median of squares, LMS)；也可参见 Rousseeuw and Leroy (1987). 还有 R-估计，基于秩的回归估计 (见 Draper 1988 的综述文章). 更近期还有关于数据深度 (data depth) 的工作 (Liu 1990, Liu and Singh 1992) 及其在回归中寻找最深直线 (deepest line) 的应用 (Rousseeuw and Hubert 1999).

计算

从实用的观点看，稳健估计的计算可能具有相当的挑战性，因为我们常常面临着困难的极小化问题. Portnoy and Koenker (1997) 的综述文章关心 LAD 估计的计算，而 Hawkins (1993, 1994, 1995) 中有计算 LMS 和相应估计的多个算法.

附　　录

计算机代数

通过计算机代数系统可以进行表达式的符号演算，当我们面临无味而常规的计算时尤其有用（如求一个比值的二阶导数）. 在这个附录中，我们介绍一个这样的系统在各种问题中的应用. 虽然使用计算机代数系统并不为理解和使用统计所必须，但不仅可以减缓一些单调乏味的工作，而且可以让我们增长见识并得到更多实用的答案.

有许多计算机代数系统，它们可以用来进行大量的计算（求和、积分、模拟等等）. 本附录的目的不是教授这些系统的使用，或演示它们可能进行的运算，而在于说明一些可能性.

我们用 Mathematica 软件包来说明计算，其他软件包如 Maple 也可以用来进行这些运算.

第 1 章

例 A.0.1（无序抽样）　我们就例 1.2.20 中从 $\{2, 4, 9, 12\}$ 有放回抽取无序输出的问题来说明 Mathematica 的编程. 在列举输出和计算多项权重以后，对这些输出和权重排序. 注意，要产生图 1.2 中的直方图还需要做点工作. 例如，有两个输出，其均值都是 8，为了产生像图 1.2 那样的图像，需要把输出 $\left\{8, \frac{3}{128}\right\}$ 和 $\left\{8, \frac{3}{64}\right\}$ 结合成 $\left\{8, \frac{9}{128}\right\}$.

如果集合中含有 7 个以上的数，这样的列举非常耗时，因为至少有 $\binom{13}{7}=$ 27，132个无序输出.

(1) “DiscreteMath” 程序包包含计算排列和组合的函数.

```
In [1]: = Needs [" DiscreteMath ‘Combinatorica’"]
```

(2) 令 $x=$ 数的集合. 不同样本的数量为 NumberofCompositions$[n, m]$ $=\binom{n+m-1}{n}$.

```
In [2]: = x= {2, 4, 9, 12};
n= Length [x];
ncomp= NumberOfCompositions [n, n]
```

Out [4] =35

(3) 我们列出样本 (w), 计算各个样本的均值 (avg), 并计算每个值的权重 (wt). 权重是相应于各个组合结果的多项系数.

```
In [5]: = w = Compositions [n, n];
wt = n! / (Apply [Times, Factorial /@ w, 1] * n^n);
avg = w. x/n;
Sort [Transpose [ {avg, wt}]]
```

Out[8]={2, 1/256}, {5/2, 1/64}, {3, 3/128}, {7/2, 1/64}, {15/4, 1/64}, {4, 1/256}, {17/4, 3/64}, {9/2, 1/64}, {19/4, 3/64}, {5, 3/64}, {21/4, 1/64}, {11/2, 3/128}, {11/2, 3/64}, {6, 1/64}, {6, 3/64}, {25/4, 3/64}, {13/2, 3/128}, {27/4, 3/32}, {7, 3/128}, {29/4, 1/64}, {29/4, 3/64}, {15/2, 3/64}, {31/4, 1/64}, {8, 3/128}, {8, 3/64}, {17/2, 3/64}, {35/4, 3/64}, {9, 1/256}, {37/4, 3/64}, {19/2, 1/64}, {39/4, 1/64}, {10, 1/64}, {21/2, 3/128}, {45/4, 1/64}, {12, 1/256} ‖

第2章

例 A.0.2 (一元变换) 习题 2.1 (a) 是一个标准的一元变量变换. 对于计算机代数程序来说这种计算通常很容易.

(1) 输入 $f(x)$, 求解变换后的变量.

```
In [1]: = f [x_ ] : = 42* (x^5) * (1- x)
sol = Solve [y = = x^3, x]
```

Out[2]={{$x->y^{1/3}$}, {$x->-(-1)^{1/3}y^{1/3}$}, {$x->-(-1)^{2/3}y^{2/3}$}}

(2) 计算雅可比 (Jacobean).

```
In [3]: = D [x/. sol [[1]], y]
```

Out [3] $=\frac{1}{3y^{2/3}}$

(3) 计算变换后变量的密度.

```
In[4]: = f[x/.sol[[1]]]* D[x/.sol[[1]], y]
```

Out[4]$=14(1-y^{1/3})y$

第 4 章

例 A. 0. 3 (二元变换) 我们来说明一些二元变换. 用类似的代码可以进行多元变换. 首先，我们用例 4. 3. 4 说明求正态变量的和的分布，然后我们做例 4. 3. 3，即 Beta 密度的乘积的二元变换，并求边缘分布.

(1) 正态变量的和. Out [4] 是联合分布，Out [5] 是边缘分布.

```
In[1]:= f[x_, y_]: = (1/(2* Pi))* E^(- x^2/2)* E^(- y^2/2)
So: = Solve [ {u= = x+ y, v= = x- y}, {x, y}]
g: = f [x/. So, y/. So] * Abs [Det [Outer [D, First [ {x,
y} /. So], {u, v}]]]
Simplify [g]
```

Out [4]$=\left\{\dfrac{e^{-\frac{u^2}{4}-\frac{v^2}{4}}}{4\pi}\right\}$

```
In [5]: = Integrate [g, {v, 0, Infinity}]
```

Out [5] $=\left\{\dfrac{e^{-\frac{u^2}{4}}}{4\sqrt{\pi}}\right\}$

(2) Beta 变量的乘积.（程序包 “ContinuousDistributions” 包含许多标准分布的概率密度函数和累积分布函数.）Out [10] 是 Beta 变量乘积的联合密度，Out [11]是 u 的密度. If 语句读做 If（检验，对，错），因而如果检验取值为真，则取中间的值. 在多数情况下检验是真的，边缘密度是给定的 Beta 密度.

```
In [6]: = Needs [" Statistics ‘ContinuousDistributions’"]
Clear [f, g, u, v, x, y, a, b, c]
f [x_ , y_ ] : = PDF [BetaDistribution [a, b], x]
                  * PDF [BetaDistribution [a+ b, c], y]
So : = Solve [ {u= = x* y, v= = x}, {x, y}]
g (u_ , v_ ) = f [x/. So, y/. So]
                * Abs[Det[Outer[D, First [ {x, y} /. So], {u,
                v}]]]
Integrate [g [u, v], {v, 0, 1}]
```

Out[10]$=\left\{\dfrac{\left(1-\dfrac{u}{v}\right)^{-1+c}(1-v)^{-1+b}\left(\dfrac{u}{v}\right)^{-1+a+b}v^{-1+a}}{\text{Abs}\,[v]\ \text{Beta}\,[a,b]\ \text{Beta}\,[a+b,c]}\right\}$

$$\text{Out[11]}=\left\{\text{If}(\text{Re}[b]>0\&\&\text{Re}[b+c]<1\&\&\text{Im}[u]==0\&\&u>0\&\&u<1),\right.$$

$$\frac{1}{\text{Gamma}[1-\text{c}]}\left((1-u)^{-1+b+c}\left(\frac{-1}{u}\right)^{b+c}(-u)^{c}u^{-1+a+b}\text{Gamma}[\text{b}]\text{Gamma}[1-\text{b}-\text{c}]\right),$$

$$\left.\int_0^1\frac{\left(1-\frac{u}{v}\right)^{-1+c}(1-v)^{-1+b}\left(\frac{u}{v}\right)^{-1+a+b}v^{-1+a}}{\text{Abs [v] Beta [a, b] Beta [a+b, c]}}dv\right\}$$

‖

例 A.0.4 (正态概率) 习题 4.14 (a) 中要求的计算容易处理. 我们首先做直接计算，而 Mathematica 可以轻而易举做数值计算，但找不到解析表达式. 注意答案是用 erf 函数给出的，该函数定义为

$$\text{erf}(z)=\frac{2}{\sqrt{n}}\int_0^z \text{e}^{-t^2}\,\text{d}t.$$

如果我们重新用 χ^2 随机变量表示这个概率，就能找到解析表达式.

(1) 为计算这个积分，我们建立被积函数和积分限.

```
In [1]: = Needs [" Statistics' ContinuousDistributions'"]
  Clear [f, g, x, y]
  f [x_ , y_ ]= PDF [NormalDistribution [0, 1], x]
                * PDF [NormalDistribution [0, 1], y]
  g [x_ ]= Sqrt [1- x^2]
```

$$\text{Out [3]}=\frac{e^{-\frac{x^2}{2}-\frac{y^2}{2}}}{2\pi}$$

(2) 现在我们计算二重积分并得到 Erf 函数. 命令 N [%] 用数值方法求前一行的值.

```
In [5] : = Integrate[f[x, y], {x, - 1, 1}, {y, - g [x], g [x]}]
  N [%]
```

$$\text{Out[5]}=\frac{\int_{-1}^{1}\text{e}^{-\frac{x^2}{2}}\text{Erf}\left(\frac{\sqrt{1-x^2}}{\sqrt{2}}\right)\text{d}x}{\sqrt{2\pi}}$$

Out[6]=0.393469

(3) 当然，我们知道 X^2+Y^2 是一个自由度为 2 的 $\mathcal{X}^2$ 随机变量. 如果利用这个事实，就得到解析答案.

```
In [7]: = Clear [f, t]
```

```
f [t_] = PDF [ChiSquareDistribution [2], t];
Integrate [f (t), {t, 0, 1}]
N [%]
```

Out[10]= $\frac{1}{2}\left(2-\frac{2}{\sqrt{e}}\right)$

Out[11]=0.393469 ‖

第5章

例 A.0.5 (和的密度)　用以说明定理 5.2.9 的例 5.2.10 中的计算相当费事. 我们用正态、Cauchy 和学生 t 分布三种情况来说明这种计算.

有两点要注意.

(1) 要正确解释答案，需要复分析的一些知识. 对于正态的情况，答案是给定(可能是复值) 变量 z 的实部的条件下给出的. 在 Cauchy 分布的例子中，重要的是知道 $I^2=-1$，因而有

$$\frac{2}{\pi(-2I+z)(2I+z)}=\frac{2}{\pi(4+z^2)}$$

(2) 当把学生 t 分布相加的时候，似乎当自由度之和为偶数时，存在解析形式. 否则，就必须用数值积分. (这是我们通过操作计算机代数系统所得到的一个经验结论.)

我们还注意到，后来的计算机代数软件版本可以避免此处的复数，然而，复数却出现在其他的计算中. 因而，最好的办法就是做好处理复数的准备.

(1) 两正态之和的密度

```
In [1] : = Clear [f, x, y, z]
      f [x_] = Exp [- x^2/2] / (2 Pi);
      Integrate[f[y]* f[z- y], {y, - Infinity, Infinity}]
```

Out[3] = $\text{If}\left[\text{Re}[z]<0, \frac{e^{-\frac{z^2}{4}}}{2\pi}, \int_{-\infty}^{\infty}\frac{E^{-\frac{y^2}{2}-\frac{1}{2}(-y+z)^2}}{2\pi}\text{d}y\right]$

(2) 两 Cauchy 之和的密度

```
In [4]: = Clear [f, x, y, z]
f [x_] = 1/ (Pi*  (1+ x^2));
Integrate [f [y] * f [z- y], {y, - Infinity, Infinity}]
```

Out[6]= $\frac{2}{\pi(-2I+z)(2I+z)}$

(3) 自由度为 5 的两 t 之和的密度

```
In [7]: = Needs [" Statistics 'ContinuousDistributions'"]
Clear [f, x, y, z] f [x_ ] = PDF [StudentTDistribution [5, x]
Integrate [f [y] * f [z- y], {y, - Infinity, Infinity}]
```

Out [10] $=\dfrac{400\sqrt{5}\ (8400+120z^2+z^4)}{3\pi\ (20+z^2)^5}$ ‖

例 A.0.6 (均匀随机变量和的 4 阶矩) 习题 5.51 要求计算 12 个均匀分布随机变量和的 4 阶矩. 由于分段特性，密度的推导是痛苦的（但用计算机代数仍然可以做）. 然而，用矩母函数事情就简单了.

(1) 首先计算均匀随机变量 X_1 的矩母函数，然后计算 $\sum_{i=1}^{12} X_i$ 的矩母函数，其中 X_i 是独立的.

```
In [1]: = M [t_ ]= Integrate [Exp [t* x], {x, 0, 1}]
In [2]: = Msum [t_]= M [t] ^12
```

Out [1] $=\dfrac{-1+e^t}{t}$

Out [2] $=\dfrac{(-1+e^t)^{12}}{t^{12}}$

(2) 计算 $\sum_{i=1}^{12} X_i$ 的矩母函数的 4 阶导数. 因结果太大这里不能打印出来.

```
In [3]: = g [t_ ]= D [Exp [- 6* t] * Msum [t], {t, 4}];
```

(3) $g(0)$ 是 4 阶矩. 但是，直接代入 0 会导致被 0 除，所以必须用极限来做这个计算.

```
In [4]: = g [0]
```

Power: infy: Infinite expression $\frac{1}{0^{16}}$ encountered.（这是软件的一个出错信息，意思是遇到无穷大的表达式——译者注）

```
In [5]: = Limit [g [t], t- > 0]
```

Out [5] $=\dfrac{29}{10}$

第 7 章

例 A.0.7 (伽玛分布均值的 ARE) 用 Mathematica 进行了例 10.1.18 中的计

算，得到了图 10.1.1. 下列的程序代码产生其中一个图像.

(1) 用符号运算求对数似然的 2 阶导数.

```
In [1] : = Needs [" Statistics 'ContinuousDistributions'"]
       Clear [m, b, x]
       f [x_ , m_ , b_ ] = PDF [GammaDistribtuion [m/b, b],
       x];
       loglike2 [m_ , b_ , x_ ] = D [Log [f [x, m, b]],  {m,
       2}];
```

(2) 用这个 2 阶导数对密度的积分计算渐近方差.

```
In [5]: = var [m_ , b_ ]: = 1/ (- Integrate [loglike2 [m, b,
x] * f [x, m, b], {x, 0, Infinity}])
```

(3) 下列的代码画出图象.

```
In [6]: =
mu = {1, 2, 3, 4, 6, 8, 10};
beta = 5;
mlevar = Table [var [mu [[i]], beta], {i, 1, 7}];
momvar = Table [mu [[i]] * beta, {i, 1, 7}];
ARE = momvar/mlevar
```

Out[10]={5.25348, 2.91014, 2.18173, 1.83958, 1.52085, 1.37349, 1.28987}

```
In [11]: = ListPlot[Transpose[{mu, ARE}], PlotJoined - > True,
Plotrange - > {{0, mu[[7]]}, {0,8}}, AxesLabel - > {"Gamma mean", "
ARE"}]
```

‖

第 9 章

例 A.0.8 (χ^2 分布矩母函数的极限)　习题 9.30 (b) 中极限分布的计算很精妙，但在 *Mathematica* 中很直接.

(1) 首先计算自由度为 n 的 χ^2 分布随机变量的矩母函数.（当然，这个步骤实际上并不必要.）

```
In [1]: = Needs [" Statistics 'ContinuousDistributions'"]
f [x_ ] = PDF [ChiSquareDistribution [n], x];
Integrate [Exp [t* x] * f [x], {x, 0, Infinity}]
```

Out [3] =

$$\frac{2^{n/2}\text{If}\left[\text{Re}\ [n]\ >0\&\&\text{Re}\ [t]\ <\frac{1}{2},\ \left(\frac{1}{2}-t\right)^{n/2}\text{Gamma}\left[\frac{n}{2}\right],\int_0^{\infty}e^{-\frac{x}{2}+tx}x^{-1+\frac{n}{2}}dx\right]}{\text{Gamma}\left[\frac{n}{2}\right]}$$

(2) 当检查的条件满足时，χ_n^2 的矩母函数是中间的项. 现在取$\dfrac{\chi_n^2-n}{\sqrt{2n}}$的极限.

```
In [4]: M [t_ ]= (1- 2* t) ^ (- n/2);
Limit [Exp [- n* t/Sqrt [2* n]] * M [t/Sqrt [2* n]], n- > Infinity]
```

Out [5] $=e^{\frac{t^2}{2}}$ ‖

常用分布表

离散分布

参数为 p 的二项分布 Bernoulli（p）

概率质量函数　$P(X=x|p)=p^x(1-p)^{1-x}$；$x=0$，1；$0\leqslant p\leqslant 1$

期望和方差　$EX=p$，$\mathrm{Var}X=p(1-p)$

矩母函数　$M_X(t)=(1-p)+pe^t$

参数为（n，p）的二项分布 Binomial（n，p）

概率质量函数　$P(X=x|n,p)=\binom{n}{x}p^x(1-p)^{n-x}$；$x=0$，$1$，$2$，…，$n$；$0\leqslant p\leqslant 1$

期望和方差　$EX=np$，$\mathrm{Var}X=np(1-p)$

矩母函数　$M_X(t)=[pe^t+(1-p)]^n$

注　与二项式定理有关（定理 3.2.2）．多项分布（定义 4.6.2）是二项分布在多变量情形的推广．

离散均匀分布

概率质量函数　$P(X=x|N)=\dfrac{1}{N}$；$x=1$，2，…，N；$N=1$，2，…

期望和方差　$EX=\dfrac{N+1}{2}$，$\mathrm{Var}X=\dfrac{(N+1)(N-1)}{12}$

矩母函数　$M_X(t)=\dfrac{1}{N}\sum\limits_{i=1}^{N}e^{it}$

几何分布 Geometric（p）

概率质量函数　$P(X=x|p)=p(1-p)^{x-1}$；$x=1$，2，…；$0\leqslant p\leqslant 1$

期望和方差　$EX=\dfrac{1}{p}$，$\mathrm{Var}X=\dfrac{1-p}{p^2}$

矩母函数　$M_X(t)=\dfrac{pe^t}{1-(1-p)e^t}$，$t<-\log(1-p)$

注　$Y=X-1$ 服从参数为（1，p）的负二项分布．几何分布是无记忆的，即 $P(X>s|X>t)=P(X>s-t)$．

超几何分布

概率质量函数 $P(X=x \mid N, M, K)=\dfrac{\dbinom{M}{x}\dbinom{N-M}{K-x}}{\dbinom{N}{K}}$；$x=0, 1, 2, \cdots, K$；

$M-(N-K) \leqslant x \leqslant M$；$N, M, K \geqslant 0$

期望和方差 $\mathrm{E}X=\dfrac{KM}{N}$，$\mathrm{Var}X=\dfrac{KM}{N}\dfrac{(N-M)(N-K)}{N(N-1)}$

注 如果 $K \ll M, N$，则 x 的范围 $x=0, 1, \cdots, K$ 是适宜的.

参数为 (r, p) 的负二项分布 $NB(r, p)$

概率质量函数 $P(X=x \mid r, p)=\dbinom{r+x-1}{x}p^r(1-p)^x$；$x=0, 1, \cdots$；$0 \leqslant p \leqslant 1$

期望和方差 $\mathrm{E}X=\dfrac{r(1-p)}{p}$，$\mathrm{Var}X=\dfrac{r(1-p)}{p^2}$

矩母函数 $M_X(t)=\left(\dfrac{p}{1-(1-p)\mathrm{e}^t}\right)^r$，$t<-\log(1-p)$

注 概率质量函数的另一个形式为 $P(Y=y \mid r, p)=\dbinom{y-1}{r-1}p^r(1-p)^{y-r}$，$y=r, r+1, \cdots$. 相应的随机变量为 $Y=X+r$. 负二项分布可以从 Poisson 分布的伽玛混合得到（见习题 4.34）.

Poisson 分布 Poisson (λ)

概率质量函数 $P(X=x|\lambda)=\dfrac{\mathrm{e}^{-\lambda}\lambda^x}{x!}$；$x=0, 1, \cdots$；$0 \leqslant \lambda < \infty$

期望和方差 $\mathrm{E}X=\lambda$，$\mathrm{Var}X=\lambda$

矩母函数 $M_X(t)=\mathrm{e}^{\lambda(\mathrm{e}^t-1)}$

连 续 分 布

贝塔分布 Beta (α, β)

概率密度函数 $f(x \mid \alpha, \beta)=\dfrac{1}{B(\alpha, \beta)}x^{\alpha-1}(1-x)^{\beta-1}$，$0 \leqslant x \leqslant 1$，$\alpha>0$，$\beta>0$

期望和方差 $\mathrm{E}X=\dfrac{\alpha}{\alpha+\beta}$，$\mathrm{Var}X=\dfrac{\alpha\beta}{(\alpha+\beta)^2(\alpha+\beta+1)}$

矩母函数 $M_X(t)=1+\sum_{k=1}^{\infty}\left(\prod_{r=0}^{k-1}\dfrac{\alpha+r}{\alpha+\beta+\gamma}\right)\dfrac{t^k}{k!}$

注 贝塔概率密度函数中的常数可以用伽玛函数来表示：$B(\alpha,\beta)=\dfrac{\Gamma(\alpha)\Gamma(\beta)}{\Gamma(\alpha+\beta)}$. 方程（3.3.18）给出了各阶矩的通用表达式.

Cauchy 分布 Cauchy ($\boldsymbol{\theta}$, $\boldsymbol{\sigma}$)

概率密度函数　$f(x \mid \theta, \sigma)=\frac{1}{\pi\sigma}\frac{1}{1+\left(\frac{x-\theta}{\sigma}\right)^2}$，$-\infty<x<\infty$；$-\infty<\theta<\infty$，$\sigma>0$

期望和方差　不存在.

矩母函数　不存在.

注　t 分布当自由度=1 时的特殊情况. 此外，如果 X 和 Y 独立同 $n(0, 1)$，X/Y 是 Cauchy 随机变量.

卡方分布 (p) χ_p^2

概率密度函数　$f(x \mid p)=\frac{1}{\Gamma(p/2)\ 2^{p/2}}x^{(p/2)-1}\mathrm{e}^{-x/2}$；$0\leqslant x<\infty$；$p=1, 2, \cdots$

期望和方差　$\mathrm{E}X=p$，$\mathrm{Var}X=2p$

矩母函数　$M_X(t)=\left(\frac{1}{1-2t}\right)^{p/2}$，$t<\frac{1}{2}$

注　伽玛分布的特殊情况.

双指数分布 DEXPO ($\boldsymbol{\mu}$, $\boldsymbol{\sigma}$)

概率密度函数　$f(x|\mu, \sigma)=\frac{1}{2\sigma}\mathrm{e}^{-|x-\mu|/\sigma}$，$-\infty<x<\infty$，$-\infty<\mu<\infty$，$\sigma>0$

期望和方差　$\mathrm{E}X=\mu$，$\mathrm{Var}X=2\sigma^2$

矩母函数　$M_X(t)=\frac{\mathrm{e}^{\mu t}}{1-(\sigma t)^2}$，$|t|<\frac{1}{\sigma}$

注　也称为 Laplace 分布.

指数分布 EXPO ($\boldsymbol{\beta}$)

概率密度函数　$f(x|\beta)=\frac{1}{\beta}\mathrm{e}^{-x/\beta}$，$0\leqslant x<\infty$，$\beta>0$

期望和方差　$\mathrm{E}X=\beta$，$\mathrm{Var}X=\beta^2$

矩母函数　$M_X(t)=\frac{1}{1-\beta t}$，$t<\frac{1}{\beta}$

注　伽玛分布的特殊情况. 具有无记忆性. 有许多特殊结果：$Y=X^{1/\gamma}$ 服从 Weibull 分布，$Y=\sqrt{2X/\beta}$ 服从 Rayleigh 分布，$Y=\alpha-\gamma\log(X/\beta)$ 服从 Gumbel 分布.

F 分布

概率密度函数　$f(x \mid \nu_1, \nu_2)=\frac{\Gamma\left(\frac{\nu_1+\nu_2}{2}\right)}{\Gamma\left(\frac{\nu_1}{2}\right)\Gamma\left(\frac{\nu_2}{2}\right)}\left(\frac{\nu_1}{\nu_2}\right)^{\nu_1/2}\frac{x^{(\nu_1-2)/2}}{\left(1+\left(\frac{\nu_1}{\nu_2}\right)x\right)^{(\nu_1+\nu_2)/2}}$；

$0\leqslant x<\infty$；ν_1，$\nu_2=1$，…

期望和方差　$EX=\frac{\nu_2}{\nu_2-2}$，$\nu_2>2$，

$$\text{Var}X=2\left(\frac{\nu_2}{\nu_2-2}\right)^2\frac{(\nu_1+\nu_2-2)}{\nu_1(\nu_2-4)},\ \nu_2>4$$

矩　$$EX^n=\frac{\Gamma\left(\frac{\nu_1+2n}{2}\right)\Gamma\left(\frac{\nu_2-2n}{2}\right)}{\Gamma\left(\frac{\nu_1}{2}\right)\Gamma\left(\frac{\nu_2}{2}\right)}\left(\frac{\nu_2}{\nu_1}\right)^n,\ n<\frac{\nu_2}{2}$$

注　矩母函数不存在．与卡方分布和 t 分布有关（$F_{\nu_1,\nu_2}=\left(\frac{\chi^2_{\nu1}}{\nu_1}\right)\Big/\left(\frac{\chi^2_{\nu2}}{\nu_2}\right)$，其中两个 χ^2 变量独立；$F_{1,\nu}=t^2_\nu$）．

伽玛分布 Gamma（α，β）

概率密度函数　$f(x\mid\alpha,\beta)=\frac{1}{\Gamma(\alpha)\beta^\alpha}x^{\alpha-1}e^{-x/\beta}$，$0\leqslant x<\infty$，$\alpha$，$\beta>0$

期望和方差　$EX=\alpha\beta$，$\text{Var}X=\alpha\beta^2$

矩母函数　$M_X(t)=\left(\frac{1}{1-\beta t}\right)^\alpha$，$t<\frac{1}{\beta}$

注　有两个特殊情况：指数分布（$\alpha=1$）和卡方分布（$\alpha=p/2$，$\beta=2$）．若 $\alpha=3/2$，$Y=\sqrt{X/\beta}$是 Maxwell 分布的．$Y=1/X$ 有逆伽玛分布．也与 Poisson 分布有关系（例 3.2.1）．

罗吉斯蒂克分布 Logistic（μ，β）

概率密度函数　$f(x\mid\mu,\beta)=\frac{1}{\beta}\frac{e^{-(x-\mu)/\beta}}{[1+e^{-(x-\mu)/\beta}]^2}$，$-\infty<x<\infty$，$-\infty<\mu<\infty$，$\beta>0$

期望和方差　$EX=\mu$，$\text{Var}X=\frac{\pi^2\beta^2}{3}$

矩母函数　$M_X(t)=e^{\mu t}\Gamma(1-\beta t)\Gamma(1+\beta t)$，$|t|<\frac{1}{\beta}$

注　cdf 为 $F(x\mid\mu,\beta)=\frac{1}{1+e^{-(x-\mu)/\beta}}$．

对数正态分布 LN（μ，σ^2）

概率密度函数　$f(x\mid\mu,\sigma^2)=\frac{1}{\sqrt{2\pi}\sigma}\frac{e^{-(\log x-\mu)^2/(2\sigma^2)}}{x}$，$0\leqslant x<\infty$，$-\infty<\mu<\infty$，$\sigma>0$

期望和方差　$EX=e^{\mu+(\sigma^2/2)}$，$\text{Var}X=e^{2(\mu+\sigma^2)}-e2\mu^{+\sigma^2}$

矩　$EX^n=e^{n\mu+n^2\sigma^2/2}$

注　　矩母函数不存在．例 2.3.5 给出了有相同矩的另一个分布．

正态分布 n (μ, σ^2)

概率密度函数　$f(x\mid\mu,\sigma^2)=\frac{1}{\sqrt{2\pi}\sigma}e^{-(x-\mu)^2/(2\sigma^2)}$，$-\infty<x<\infty$，$-\infty<\mu<\infty$，$\sigma>0$

期望和方差　$EX=\mu$，$VarX=\sigma^2$

矩母函数　$M_X(t)=e^{\mu t+\sigma^2t^2/2}$

注　　有时称为 Gauss（高斯）分布．

Pareto 分布 Pareto (α, β)

概率密度函数　$f(x\mid\alpha,\beta)=\frac{\beta\alpha^\beta}{x^{\beta+1}}$，$\alpha<x<\infty$，$\alpha>0$，$\beta>0$

期望和方差　$EX=\frac{\beta\alpha}{\beta-1}$，$\beta>1$，$VarX=\frac{\beta\alpha^2}{(\beta-1)^2(\beta-2)}$，$\beta>2$

注　　矩母函数不存在．

t 分布

概率密度函数　$f(x\mid\nu)=\frac{\Gamma\left(\frac{\nu+1}{2}\right)}{\Gamma\left(\frac{\nu}{2}\right)}\frac{1}{\sqrt{\nu\pi}}\frac{1}{\left(1+\left(\frac{x^2}{\nu}\right)\right)^{(\nu+1)/2}}$，$-\infty<x<\infty$，$\nu=1,\cdots$

期望和方差　$EX=0$，$\nu>1$，$VarX=\frac{\nu}{\nu-2}$，$\nu>2$

矩　　$EX^n=\frac{\Gamma\left(\frac{n+1}{2}\right)\Gamma\left(\frac{\nu-n}{2}\right)}{\sqrt{\pi}\Gamma\left(\frac{\nu}{2}\right)}\nu^{n/2}$ 如果 $n<\nu$ 且为偶数，

$EX^n=0$ 如果 $n<\nu$ 且为奇数．

注　　矩母函数不存在．与 F 分布有关系（$F_{1,\nu}=t_\nu^2$）

均匀分布 Uniform (a, b)

概率密度函数　$f(x\mid a,b)=\frac{1}{b-a}$，$a\leqslant x\leqslant b$

期望和方差　$EX=\frac{b+a}{2}$，$VarX=\frac{(b-a)^2}{12}$

矩母函数　$M_X(t)=\frac{e^{bt}-e^{at}}{(b-a)t}$

注　　如果 $a=0$，$b=1$，则是贝塔分布的特例（$\alpha=\beta=1$）．

Weibull 分布 Weibull (γ, β)

概率密度函数	$f(x \mid \gamma, \beta) = \frac{\gamma}{\beta} x^{\gamma-1} e^{-x^{\gamma}/\beta}$，$0 \leqslant x < \infty$，$\gamma > 0$，$\beta > 0$
期望和方差	$EX = \beta^{1/\gamma} \Gamma\left(1 + \frac{1}{\gamma}\right)$，$\mathrm{Var}X = \beta^{2/\gamma}\left[\Gamma\left(1 + \frac{2}{\gamma}\right) - \Gamma^2\left(1 + \frac{1}{\gamma}\right)\right]$
矩	$EX^n = \beta^{n/\gamma} \Gamma\left(1 + \frac{n}{\gamma}\right)$
注	仅当 $\gamma \geqslant 1$ 时矩母函数存在，其形式不大有用. 一个特例是指数分布（$\gamma = 1$）.

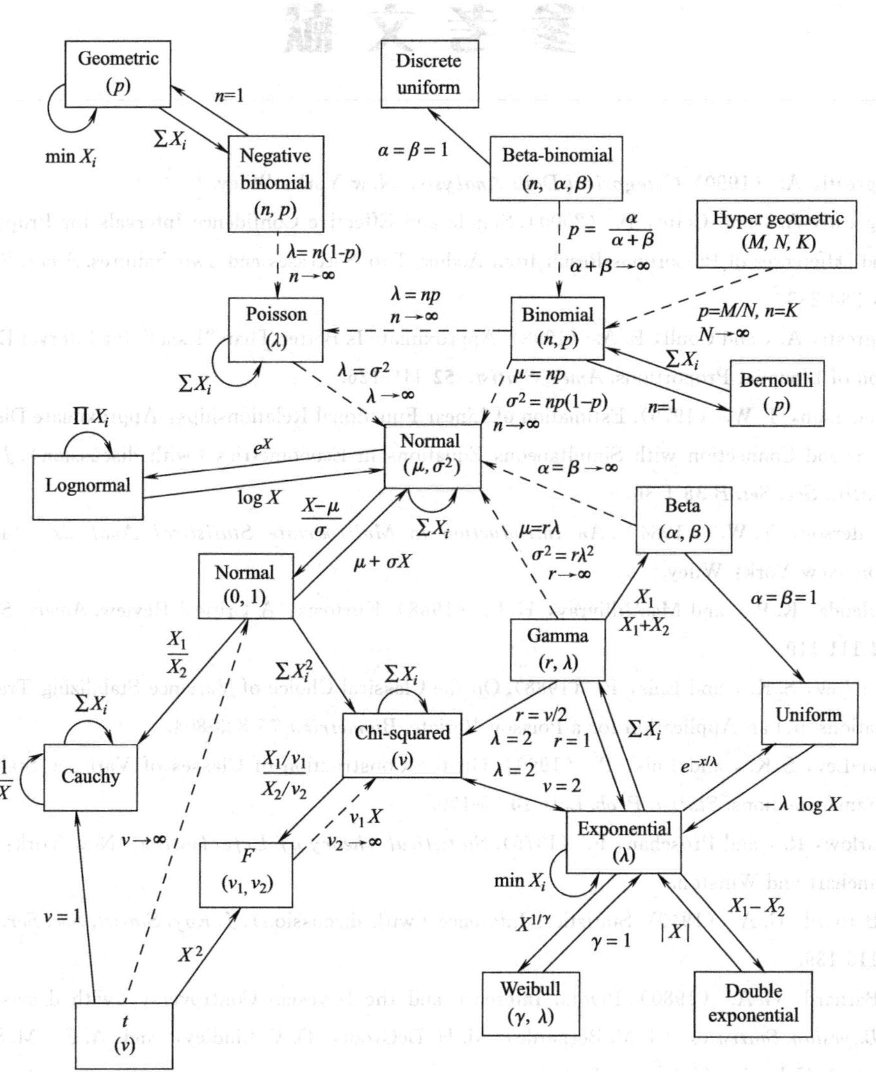

常用分布之间的关系．实线表示变形和特殊情况，虚线表示极限．改编自 Leemis（1986）．

参考文献

1. Agresti, A. (1990). *Categorical Data Analysis*. New York: Wiley.

2. Agresti, A., and Caffo, B. (2000). Simple and Effective Confidence Intervals for Proportions and Differences of Proportions Result from Adding Two Successes and Two Failures. *Amer. Statist.* **54** 280-288.

3. Agresti, A., and Coull, B. A. (1998). Approximate Is Better Than "Exact" for Interval Estimation of Binomial Proportions. *Amer. Statist.* **52** 119-126.

4. Anderson, T. W. (1976). Estimation of Linear Functional Relationships: Approximate Distributions and Connection with Simultaneous Equations in Econometrics (with discussion). *J. Roy. Statist. Soc. Set. B* **38** 1-36.

5. Anderson, T. W. (1984). *An Introduction to Multivariate Statistical Analysis*, 2nd edition. New York: Wiley.

6. Balanda, K. P., and MacGillivray, H. L. (1988). Kurtosis: A Critical Review. *Amer. Statist.* **42** 111-119.

7. Bar-Lev, S. K., and Enis, P. (1988). On the Classical Choice of Variance Stabilizing Transformations and an Application for a Poisson Variate. *Biometrika* **75** 803-804.

8. Bar-Lev, S. K., and Enis, P. (1990). On the Construction of Classes of Variance Stabilizing Transformations. *Statist. Prob. Let.* **10** 95-100.

9. Barlow, R., and Proschan, F. (1975). *Statistical Theory of Life Testing*. New York: Holt, Rinehart and Winston.

10. Barnard, G. A. (1949). Statistical Inference (with discussion). *J. Roy. Statist. Soc. Ser. B* **11** 115-139.

11. Barnard, G. A. (1980). Pivotal Inference and the Bayesian Controversy (with discussion). *Bayesian Statistics* (J. M. Bernardo, M. H. DeGroot, D. V. Lindley, and A. F. M. Smith, eds.). Valencia: University Press.

12. Barr, D. R., and Zehna, P. W. (1983). *Probability: Modeling Uncertainty*. Reading, MA: Addison-Wesley.

13. Basu, D. (1959). The Family of Ancillary Statistics. *Sankhyā, Ser. A* **21** 247-256.

14. Bechhofer, R. E. (1954). A Single-Sample Multiple Decision Procedure for Ranking Means of Normal Populations with Known Variances. *Ann. Math. Statist.* **25** 16-39.

15. Behboodian, J. (1990). Examples of Uncorrelated Dependent Random Variables Using a Bivari-

ate Mixture. *Amer. Statist.* **44** 218.
16. Berg, C. (1988). The Cube of a Normal Distribution Is Indeterminate. *Ann. Prob.* **16** 910-913.
17. Berger. J. O. (1984). The Robust Bayesian Viewpoint (with discussion). *Robustness of Bayesian Analysis* (J. Kadane, ed.), 63-144. Amsterdam: North-Holland.
18. Berger, J. O. (1985). *Statistical Decision Theory and Bayesian Analysis*, 2nd edition. New York: Springer-Verlag.
19. Berger, J. O. (1990). Robust Bayesian Analysis: Sensitivity to the Prior. *J. Statist. Plan. Inf.* **25** 303-328.
20. Berger, J. O. (1994). An Overview of Robust Bayesian Analysis (with discussion). *Test* **3** 5-124.
21. Berger, J. O., and Sellke, T. (1987). Testing a Point Null Hypothesis: The Irreconcilability of P Values and Evidence (with discussion). *J. Amer. Statist. Assoc.* **82** 112-122.
22. Berger, J. O., and Wolpert, R. W. (1984). *The Likelihood Principle.* Institute of Mathematical Statistics Lecture Notes—Monograph Series. Hayward, CA: IMS.
23. Berger, R. L. (1982). Multiparameter Hypothesis Testing and Acceptance Sampling. *Technometrics* **24** 295-300.
24. Berger, R. L. (1996). More Powerful Tests from Confidence Interval P Values. *Amer. Statist.* **50** 314-318.
25. Berger, R. L., and Boos. D. D. (1994). P Values Maximized over a Confidence Set for the Nuisance Parameter. *J. Amer. Statist. Assoc.* **89** 1012-1016.
26. Berger, R. L., and Casella, G. (1992). Deriving Generalized Means as Least Squares and Maximum Likelihood Estimates. *Amer. Statist.* **46** 279-282.
27. Berger, R. L., and Hsu, J. C. (1996) Bioequivalence Trials, Intersection-Union Tests and Equivalence Confidence Sets (with discussion). *Statist. Sci.* **11** 283-319.
28. Berkson. J. (1950). Are There Two Regressions? *J. Amer. Statist. Assoc.* **45** 164-180.
29. Bernardo, J. M., and Smith, A. F. M. (1994). *Bayesian Theory*. New York: Wiley.
30. Betteley, I. G. (1977). The Addition Law for Expectations. *Amer. Statist.* **31** 33-35.
31. Bickel, P. J., and Doksum, K. A. (1981). An Analysis of Transformations Revisited. *J. Amer. Statist. Assoc.* **76** 296-311.
32. Bickel, P. J., and Mallows, C. L. (1988). A Note on Unbiased Bayes Estimates. *Amer. Statist.* **42** 132-134.
33. Billingsley, P. (1995). *Probability and Measure*, 3rd edition. New York: Wiley.
34. Binder, D. A. (1993). Letter to the Editor about the "Exchange Paradox." *Amer. Statist.* **47** 160.
35. Birnbaum, A. (1962). On the Foundations of Statistical Inference (with discussion). *J. Amer. Statist. Assoc.* **57** 269-306.
36. Blachman, N. M. (1996). Letter to the Editor about the "Exchange Paradox." *Amer. Statist.* **50** 98-99.
37. Blaker, H. (2000). Confidence Curves and Improved Exact Confidence Intervals for Discrete

Distributions. *Can. J. Statist*, **28**.

38. Bloch, D. A., and Moses, L. E. (1988). Nonoptimally Weighted Least Squares. *Amer. Statist.* **42** 50-53.
39. Blyth, C. R. (1986). Approximate Binomial Confidence Limits. *J. Amer. Statist. Assoc.* **81** 843-855; correction **84** 636.
40. Blyth, C. R., and Still, H. A. (1983). Binomial Confidence Intervals. *J. Amer. Statist. Assoc.* **78** 108-116.
41. Boos, D. D. (1992). On Generalized Score Tests (Com: 93V47 P311-312). *Amer. Statist.* **46** 327-333.
42. Boos, D. D., and Hughes-Oliver, J. M. (1998). Applications of Basu's Theorem. *Amer. Statist.* **52** 218-221.
43. Box, G. E. P. (1954). Some Theorems on Quadratic Forms Applied in the Study of Analysis of Variances Problems I: Effect of Inequality of Variance in the One-Way Classification. *Ann. Math. Statist.* **25** 290-302.
44. Box, G. E. P., and Cox, D. R. (1964). An Analysis of Transformations (with discussion). *J. Roy. Statist. Soc. Ser. B* **26** 211-252.
45. Box, G. E. P., and Cox, D. R. (1982). An Analysis of Transformations Revisited, Rebutted. *J. Amer. Statist. Assoc.* **77** 209-210.
46. Box, G. E. P., and Muller, M. (1958). A Note on the Generation of Random Normal Variates. *Ann. Math. Statist.* **29** 610-611.
47. Boyles, R. A. (1983). On the Convergence of the EM Algorithm. *J. Roy. Statist. Soc. Ser. B* **45** 47-50.
48. Brewster, J. F., and Zidek, J. V. (1974). Improving on Equivariant Estimators. *Ann. Statist.* **2** 21-38.
49. Brown, D., and Rothery, P. (1993). *Models in Biology: Mathematics, Statistics and Computing*. New York: Wiley.
50. Brown, L. D. (1986). *Fundamentals of Statistical Exponential Families with Applications in Statistical Decision Theory*. Institute of Mathematical Statistics Lecture Notes— Monograph Series. Hayward, CA: IMS.
51. Brown, L. D. (1990a). Comment on the Paper by Maatta and Casella. *Statist. Sci.* **5** 103-106.
52. Brown, L. D. (1990b). An Ancillarity Paradox Which Occurs in Multiple Linear Regression (with discussion). *Ann. Statist.* **18** 471-492.
53. Brown, L. D., Casella, G., and Hwang, J. T. G. (1995). Optimal Confidence Sets, Bioequivalence, and the Limacon of Pascal. *J. Amer. Statist. Assoc.* **90** 880-889.
54. Brown, L. D., and Purves, R. (1973). Measurable Selections of Extrema. *Ann. Statist.* **1** 902-912.
55. Brown, P. J., and Fuller, W. A. (1991). *Statistical Analysis of Measurement Error Models and Applications*. Providence, R. I.: American Mathematical Society.
56. Buehler, R. J. (1982). Some Ancillary Statistics and Their Properties (with discussion).

J. Amer. Statist. Assoc. **77** 581-594.

57. Carlin, B. P., and Louis, T. A. (1996). *Bayes and Empirical Bayes Methods for Data Analysis*. London: Chapman and Hall.
58. Carmer, S. G., and Walker, W. M. (1982). Baby Bear's Dilemma: A Statistical Tale. *Agronomy Journal* **74** 122-124.
59. Carroll, R. J., Gallo, P., and Gleser, L. J. (1985). Comparison of Least Squares and Errors-in-Variables Regression, with Special Reference to Randomized Analysis of Covariance. *J. Amer. Statist. Assoc.* **80** 929-932.
60. Carroll, R. J., and Ruppert, D. (1985). Transformations: A Robust Analysis. *Technometrics* **27** 1-12.
61. Carroll, R. J., and Ruppert, D. (1988). *Transformation and Weighting in Regression*. London: Chapman and Hall.
62. Carroll, R. J., Ruppert, D., and Stefanski, L. A. (1995). *Measurement Error in Nonlinear Models*. London: Chapman and Hall.
63. Casella, G. (1985). An Introduction to Empirical Bayes Data Analysis. *Amer. Statist.* **39** 83-87.
64. Casella, G. (1986). Refining Binomial Confidence Intervals. *Can. J. Statist.* **14** 113-129.
65. Casella G. (1992). Illustrating Empirical Bayes Methods. *Chemolab* **16** 107-125.
66. Casella G., and Berger, R. L. (1987). Reconciling Bayesian and Frequentist Evidence in the One-Sided Testing Problem (with discussion). *J. Amer. Statist. Assoc.* **82** 106-111.
67. Casella G., and George, E. I. (1992). Explaining the Gibbs Sampler. *Amer. Statist.* **46** 167-174.
68. Casella G., and Hwang, J. T. (1987). Employing Vague Prior Information in the Construction of Confidence Sets. *J. Mult. Analysis* **21** 79-104.
69. Casella G., and Robert, C. (1989). Refining Poisson Confidence Intervals. *Can. J. Statist.* **17** 45-57.
70. Casella G., and Robert, C. P. (1996). Rao-Blackwellisation of Sampling Schemes. *Biometrika* **83** 81-94.
71. Casella G., and Strawderman, W. E. (1980). Confidence Bands for Linear Regression with Restricted Predictor Variables. *J. Amer. Statist. Assoc.* **75** 862-868.
72. Chapman, D. G., and Robbins, H. (1951). Minimum Variance Estimation Without Regularity Assumptions. *Ann. Math. Statist.* **22** 581-586.
73. Chib, S., and Greenberg, E. (1995). Understanding the Metropolis-Hastings Algorithm. *Ann. Math. Statist.* **49** 327-335.
74. Chikkara, R. S., and Folks, J. L. (1989). *The Inverse Gaussian Distribution: Theory, Methodology, and Applications*. New York: Marcel Dekker.
75. Christensen, R. (1996). *Plane Answers to Complex Questions. The Theory of Linear Models*, 2nd edition. New York: Springer-Verlag.
76. Christensen, R., and Utts, J. (1992). Bayesian Resolution of the "Exchange Paradox."

Amer. Statist. **46** 274-278.

77. Chun, Y. H. (1999). On the Information Economics Approach to the Generalized Game Show Problem. *Amer. Statist.* **53** 43-51.
78. Chung, K. L. (1974). *A Course in Probability Theory*. New York: Academic Press.
79. Clopper, C. J., and Pearson, E. S. (1934). The Use of Confidence or Fiducial Limits Illustrated in the Case of the Binomial. *Biometrika* **26** 404-413. (Also in *The Selected Papers of E. S. Pearson*, New York: Cambridge University Press, 1966.)
80. Cochran, W. G. (1934). The Distribution of Quadratic Forms in a Normal System with Applications to the Analysis of Variance. *Proceedings of the Cambridge Philosophical Society* **30** 178-191.
81. Cochran, W. G. (1968). Errors of Measurement in Statistics. *Technometrics* **10** 637-666.
82. Cochran, W. G., and Cox, G. M. (1957). *Experimental Designs*, 2nd edition. New York: Wiley.
83. Cornfield, J. (1969). The Bayesian Outlook and Its Application (with discussion). *Biometrika* **25** 617-657.
84. Cox, D. R. (1958). Some Problems Connected with Statistical Inference. *Ann. Math. Statist.* **29** 357-372.
85. Cox, D. R. (1971). The Choice Between Ancillary Statistics. *J. Roy. Statist. Soc. Ser. B* **33** 251-255.
86. Cox, D. R., and Hinkley, D. V. (1974). *Theoretical Statistics*. London: Chapman and Hall.
87. Creasy, M. A. (1956). Confidence Limits for the Gradient in the Linear Functional Relationship. *J. Roy. Statist. Soc. Ser. B* **18** 65-69.
88. Crow, E. L. (1956). Confidence Intervals for a Proportion. *Biometrika* **43** 423-425.
89. Crow, E. L., and Gardner, R. S. (1959). Confidence Intervals for the Expectation of a Poisson Variable. *Biometrika* **46** 441-453.
90. Curtiss, J. H. (1943). On Transformations Used in the Analysis of Variance. *Ann. Math. Statist.* **14** 107-122.
91. Dalai, S. R., Fowlkes, E. B., and Hoadley, B. (1989). Risk Analysis of the Space Shuttle: Pre-Challenger Prediction of Failure. *J. Amer. Statist. Assoc.* **84** 945-957.
92. David, H. A. (1985). Bias of S^2 Under Dependence. *Amer. Statist.* **39** 201.
93. Davidson, R, R., and Solomon, D. L. (1974). Moment-Type Estimation in the Exponential Family. *Communications in Statistics* **3** 1101-1108.
94. Dean, A., and Voss, D. (1999). *Design and Analysis of Experiments*. New York: SpringerVerlag.
95. deFinetti, B. (1972). *Probability, Induction, and Statistics*. New York: Wiley.
96. DeGroot, M. H. (1986). *Probability and Statistics*, 2nd edition. New York: Addison-Wesley.
97. Dempster, A. P., Laird, N. M., and Rubin, D. B. (1977). Maximum Likelihood from Incomplete Data via the EM Algorithm. *J. Roy. Statist. Soc. Ser. B* **39** 1-22.
98. Devroye, L. (1985). *Non-Uniform Random Variate Generation*. New York: Springer-Verlag.
99. Diaconis, P., and Holmes, S. (1994). Gray Codes for Randomization Procedures. *Statistics*

and Computing **4** 287-302.

100. Diaconis, P., and Mosteller, F. (1989). Methods for Studying Coincidences. *J. Amer. Statist. Assoc.* **84** 853-861.

101. Draper, D. (1988). Rank-Based Robust Analysis of Linear Models. I. Exposition and Review (with discussion). *Statist. Sci.* **3** 239-271.

102. Draper, N. R., and Smith, H. (1998). *Applied Regression Analysis*, 3rd edition. New York: Wiley.

103. Durbin, J. (1970). On Birnbaum's Theorem and the Relation Between Sufficiency, Conditionality, and Likelihood. *J. Amer. Statist. Assoc.* **65** 395-398.

104. Dynkin. E. B. (1951). Necessary and Sufficient Statistics for a Family of Probability Distributions. English translation in *Selected Translations in Mathematical Statistics and Probability* **1** (1961), 23-41.

105. Eberhardt, K. R., and Fligner, M. A. (1977). A Comparison of Two Tests for Equality of Two Proportions. *Amer. Statist.* **31** 151-155.

106. Efron, B. F. (1979a). Bootstrap Methods: Another Look at the Jackknife. *Ann. Statist.* **7** 1-26.

107. Efron, B. F. (1979b). Computers and the Theory of Statistics: Thinking the Unthinkable. *SIAM Review* **21** 460-480.

108. Efron, B. F. (1982). *The Jackknife, the Bootstrap, and Other Resampling Plans.* Philadelphia: Society for Industrial and Applied Mathematics.

109. Efron, B. F. (1998). R. A. Fisher in the 21st Century (with discussion). *Statist. Sci.* **13** 95-122.

110. Efron, B. F., and Hinkley, D. V. (1978). Assessing the Accuracy of the Maximum Likelihood Estimator: Observed Versus Expected Fisher Information. *Biometrika* **65** 457-487.

111. Efron, B. F., and Morris, C. N. (1972). Limiting the Risk of Bayes and Empirical Bayes Estimators Part II: The Empirical Bayes Case. *J. Amer. Statist. Assoc.* **67** 130-139.

112. Efron, B. F., and Morris, C. N. (1973). Stein's Estimation Rule and Its Competitors—An Empirical Bayes Approach. *J. Amer. Statist. Assoc.* **68** 117-130.

113. Efron, B. F., and Morris, C. N. (1975). Data Analysis Using Stein's Estimator and Its Generalizations. *J. Amer. Statist. Assoc.* **70** 311-319.

114. Efron, B., and Tibshirani, R. J. (1993). *An Introduction to the Bootstrap.* London: Chapman and Hall.

115. Ellis, S. (1998). Instability of Least Squares, Least Absolute Deviation and Least Median of Squares Linear Regression (with discussion). *Statist. Sci.* **13** 337-350.

116. Feldman, D., and Fox, M. (1968). Estimation of the Parameter *n* in the Binomial Distribution. *J. Amer. Statist. Assoc.* **63** 150-158.

117. Feldstein, M. (1974). Errors in Variables: A Consistent Estimator with Smaller MSE in Finite Samples. *J. Amer. Statist. Assoc.* **69** 990-996.

118. Feller, W. (1968). *An Introduction to Probability Theory and Its Applications, Volume I.*

New York: Wiley.

119. Feller, W. (1971). *An Introduction to Probability Theory and Its Applications, Volume II*. New York: Wiley.

120. Ferguson, T. S. (1996). *A Course in Large Sample Theory*. London: Chapman and Hall.

121. Fieller, E. C. (1954). Some Problems in Interval Estimation. *J. Roy. Statist. Soc. Ser. B* **16** 175-185.

122. Finch, S. J., Mendell, N. R., and Thode, H. C. (1989). Probabilistic Measures of Adequacy of a Numerical Search for a Global Maximum. *J. Amer. Statist. Assoc.* **84** 1020-1023.

123. Fisher, R. A. (1925). Theory of Statistical Estimation. *Proceedings of the Cambridge Philosophical Society* **22** 700-725.

124. Fisher, R. A. (1930). Inverse Probability. *Proceedings of the Cambridge Philosophical Society* **26** 528-535.

125. Fisher, R. A. (1935). The Fiducial Argument in Statistical Inference. *Annals of Eugenics* **6** 391-398. (Also in R. A. Fisher, *Contributions to Mathematical Statistics*, New York: Wiley, 1950.)

126. Fisher, R. A. (1939). The Comparison of Samples with Possibly Unequal Variances. *Annals of Eugenics* **9** 174-180. (Also in R. A. Fisher, *Contributions to Mathematical Statistics*, New York: Wiley, 1950.)

127. Fraser, D. A. S. (1968). *The Structure of Inference*. New York: Wiley.

128. Fraser, D. A. S. (1979). *Inference and Linear Models*. New York: McGraw-Hill.

129. Freedman, D., Pisani, R., Purves, R., and Adhikari, A. (1991). *Statistics*, 2nd edition. New York: Norton.

130. Fuller, W. A. (1987). *Measurement Error Models*. New York: Wiley.

131. Gafarian, A. V. (1964). Confidence Bands in Straight Line Regression. *J. Amer. Statist. Assoc.* **59** 182-213.

132. Gardner, M. (1961). *The Second Scientific American Book of Mathematical Puzzles and Diversions*. New York: Simon & Schuster.

133. Garwood, F. (1936). Fiducial Limits for the Poisson Distribution. *Biometrika* **28** 437-442.

134. Gelfand, A. E., and Smith, A. F. M. (1990). Sampling-Based Approaches to Calculating Marginal Densities. *J. Amer. Statist. Assoc.* **85** 398-409.

135. Gelman, A., and Meng, X.-L. (1991). A Note on Bivariate Distributions That Are Conditionally Normal. *Amer. Statist.* **45** 125-126.

136. Gelman, A., and Rubin, D. B. (1992). Inference from Iterative Simulation Using Multiple Sequences (with discussion). *Statist. Sci.* **7** 457-511.

137. Geman, S., and Geman, D. (1984). Stochastic Relaxation, Gibbs Distributions and the Bayesian Restoration of Images. *IEEE Trans. Pattern Anal. Mach. Intell.* **6** 721-741.

138. Geyer, C. J., and Thompson, E. A. (1992). Constrained Monte Carlo Maximum Likelihood for Dependent Data (with discussion). *J. Roy. Statist. Soc. Ser. B* **54** 657-699.

139. Ghosh, B. K. (1979), A Comparison of Some Approximate Confidence Intervals for the Bino-

mial Parameter. *J. Amer. Statist. Assoc.* **74** 894-900.

140. Ghosh, M., and Meeden, G. (1977). On the Non-Attainability of Chebychev Bounds. *Amer. Statist.* **31** 35-36.

141. Gianola, D., and Fernando, R. L. (1986). Bayesian Methods in Animal Breeding Theory. *Journal of Animal Science* **63** 217-244.

142. Gilat, D. (1977). Monotonicity of a Power Function: An Elementary Probabilistic Proof. *Amer. Statist.* **31** 91-93.

143. Gleser, L. J. (1981). Estimation in a Multivariate Errors-in-Variables Regression Model: Large-Sample Results. *Ann. Statist.* **9** 24-44.

144. Gleser, L. J. (1983). Functional, Structural, and Ultrastructural Errors-in-Variables Models. *Proceedings of the Business and Economic Statistics Section*, 57-66. Alexandria, VA: American Statistical Association.

145. Gleser, L. J. (1987). Confidence Intervals for the Slope in a Linear Errors-in-Variables Regression Model. *Advances in Multivariate Statistical Analysis*, (K. Gupta, ed.), 85-109. Dordrecht: D. Reidel.

146. Gleser, L. J. (1989). The Gamma Distribution As a Mixture of Exponential Distributions. *Amer. Statist.* **43** 115-117.

147. Gleser, L. J. (1991). Measurement Error Models (with discussion). *Chem. Int. Lab. Sys.* **10** 45-67.

148. Gleser, L. J., Carroll, R. J., and Gallo, P. (1987). The Limiting Distribution of Least Squares in an Errors-in-Variables Regression Model. *Ann. Statist.* **15** 220-233.

149. Gleser, L, J., and Healy, J. D. (1976). Estimating the Mean of a Normal Distribution with Known Coefficient of Variation. *J. Amer. Statist. Assoc.* **71** 977-981.

150. Gleser, L. J., and Hwang, J. T. (1987). The Nonexistence of 100 $(1-\alpha)\%$ Confidence Sets of Finite Expected Diameter in Errors-in-Variables and Related Models. *Ann. Statist.* **15** 1351-1362.

151. Gnedenko, B. V. (1978). *The Theory of Probability*. Moscow: MIR Publishers.

152. Groeneveld, R. A. (1991) . An Influence Function Approach to Describing the Skewness of a Distribution, *Amer. Statist.* **45** 97-102.

153. Guenther, W. C. (1978). Some Easily Found Minimum Variance Unbiased Estimators. *Amer. Statist.* **32** 29-33.

154. Hall, P. (1992). *The Bootstrap and Edgeworth Expansion*. New York: Springer-Verlag.

155. Halmos, P. R., and Savage, L. J. (1949). Applications of the Radon-Nikodym Theorem to the Theory of Sufficient Statistics. *Ann. Math. Statist.* **20** 225-241.

156. Hampel, F. R. (1974). The Influence Curve and Its Role in Robust Estimation. *J. Amer. Statist. Assoc.* **69** 383-393.

157. Hanley, J. A. (1992). Jumping to Coincidences: Defying Odds in the Realm of the Preposterous. *Amer. Statist.* **46** 197-202.

158. Hardy, G. H., Littlewood, J. E., and Polya, G. (1952). *Inequalities*, 2nd edition. London:

Cambridge University Press.

159. Hartley, H. O. (1958). Maximum Likelihood Estimation from Incomplete Data. *Biometrics* **14** 174-194.

160. Harville, D. A. (1981). Unbiased and Minimum-Variance Unbiased Estimation of Estimable Functions for Fixed Linear Models with Arbitrary Covariance Structure. *Ann. Statist.* **9** 633-637.

161. Hawkins, D. M. (1993). The Feasible Set Algorithm for Least Median of Squares Regression. *Computational Statistics and Data Analysis* **16** 81-101.

162. Hawkins, D. M. (1994). The Feasible Solution Algorithm for Least Trimmed Squares Regression. *Computational Statistics and Data Analysis* **17** 186-196.

163. Hawkins, D. M. (1995). Convergence of the Feasible Solution Algorithm for Least Median of Squares Regression. *Computational Statistics and Data Analysis* **19** 519-538.

164. Hayter, A. J. (1984). A Proof of the Conjecture That the Tukey-Kramer Multiple Comparison Procedure Is Conservative. *Ann. Statist.* **12** 61-75.

165. Hettmansperger, T. P. , and McKean, J. W. (1998). *Robust Nonparametric Statistical Methods*. London: Kendall's Library of Statistics, 5. Edward Arnold; New York: Wiley.

166. Hinkley, D. V. (1980). Likelihood. *Can. J. Statist.* **8** 151-163.

167. Hinkley, D. V. , Reid, N. , and Snell, L. (1991). *Statistical Theory and Modelling. In Honor of Sir David Cox*. London: Chapman and Hall.

168. Hinkley, D. V. , and Runger, G. (1984). The Analysis of Transformed Data (with discussion). *J. Amer. Statist. Assoc.* **79** 302-320.

169. Hsu, J. C. (1996). *Multiple Comparisons: Theory and Methods*. London: Chapman and Hall.

170. Huber, P. J. (1964). Robust Estimation of a Location Parameter. *Ann. Math. Statist.* **35** 73-101.

171. Huber, P. J. (1981). *Robust Statistics*. New York: Wiley.

172. Hudson, H. M. (1978). A Natural Identity for Exponential Families with Applications in Multiparameter Estimation. *Ann. Statist.* **6** 473-484.

173. Huzurbazar, V. S. (1949). On a Property of Distributions Admitting Sufficient Statistics. *Biometrika* **36** 71-74.

174. Hwang, J. T. (1982). Improving on Standard Estimators in Discrete Exponential Families with Applications to Poisson and Negative Binomial Cases. *Ann. Statist.* **10** 857-867.

175. Hwang, J. T. (1995). Fieller's Problems and Resampling Techniques. *Statistica Sinica* **5** 161-171.

176. James, W. , and Stein, C. (1961). Estimation with Quadratic Loss. *Proceedings of the Fourth Berkeley Symposium on Mathematical Statistics and Probability* **1** 361-380. Berkeley: University of California Press.

177. Johnson, N. L. , and Kotz, S. (1969-1972). *Distributions in Statistics* (4 vols.). New York: Wiley.

178. Johnson, N. L., Kotz, S., and Balakrishnan, N. (1994). *Continuous Univariate Distributions, Volume* 1, 2nd edition. New York: Wiley.

179. Johnson, N. L., Kotz, S., and Balakrishnan, N. (1995). *Continuous Univariate Distributions, Volume* 2, 2nd edition. New York: Wiley.

180. Johnson, N. L., Kotz, S., and Kemp, A. W. (1992). *Univariate Discrete Distributions*, 2nd edition. New York: Wiley.

181. Jones, M. C. (1999). Distributional Relationships Arising from Simple Trigonometric Formulas. *Amer. Statist.* **53** 99-102.

182. Joshi, S. M., and Nabar, S. P. (1989). Linear Estimators for the Parameter in the Problem of the Nile. *Amer. Statist.* **43** 40-41.

183. Joshi, V. M. (1969). Admissibility of the Usual Confidence Sets for the Mean of a Univariate or Bivariate Normal Population. *Ann. Math. Statist.* **40** 1042-1067.

184. Juola, R. C. (1993). More on Shortest Confidence Intervals. *Amer. Statist.* **47** 117-119.

185. Kalbfleisch, J. D. (1975). Sufficiency and Conditionality. *Biometrika* **62** 251-268.

186. Kalbfieisch, J. D., and Prentice, R. L. (1980). *The Statistical Analysis of Failure Time Data*. New York: Wiley.

187. Karlin, S., and Ost, F. (1988). Maximal Length of Common Words Among Random Letter Sequences. *Ann. Prob.* **16** 535-563.

188. Kelker, D. (1970). Distribution Theory of Spherical Distributions and a Location-Scale Parameter Generalization. *Sankhyā*, *Ser. A* **32** 419-430.

189. Kendall, M., and Stuart, A. (1979). *The Advanced Theory of Statistics, Volume* II: *Inference and Relationship*, 4th edition. New York: Macmillan.

190. Kirk, R. E. (1982). *Experimental Design: Procedures for the Behavorial Sciences*, 2nd edition. Pacific Grove, CA: Brooks/Cole.

191. Koopmans, L. H. (1993). A Note on Using the Moment Generating Function to Teach the Laws of Large Numbers. *Amer. Statist.* **47** 199-202.

192. Kuehl, R. O. (2000). *Design of Experiments: Statistical Principles of Research Design and Analysis*, 2nd edition. Pacific Grove, CA: Duxbury.

193. Lange, N., Billard, L., Conquest, L., Ryan, L., Brillinger, D., and Greenhouse, J. (eds.). (1994). *Case Studies in Biometry*. New York: Wiley-Interscience.

194. Le Cam, L. (1953). On Some Asymptotic Properties of Maximum Likelihood Estimates and Related Bayes' Estimates. *Univ. of Calif. Publ. in Statist.* **1** 277-330.

195. Leemis, L. M. (1986). Relationships Among Common Univariate Distributions. *Amer. Statist.* **40** 143-146.

196. Leemis, L. M., and Trivedi, K. S. (1996). A Comparison of Approximate Interval Estimators for the Bernoulli Parameter. *Amer. Statist.* **50** 63-68.

197. Lehmann, E. L. (1981). An Interpretation of Completeness and Basu's Theorem. *J. Amer. Statist. Assoc.* **76** 335-340.

198. Lehmann, E. L. (1986). *Testing Statistical Hypotheses*, 2nd edition. New York: Wiley.

199. Lehmann, E. L. (1999). *Introduction to Large-Sample Theory*. New York: Springer-Verlag.

200. Lehmann, E. L., and Casella, G. (1998). *Theory of Point Estimation*, 2nd edition. New York: Springer-Verlag.

201. Lehmann, E. L., and Scheffé, H. (1950, 1955, 1956). Completeness, Similar Regions, and Unbiased Estimation. *Sankhyā*, *Ser. A* **10** 305-340; **15** 219-236; correction **17** 250.

202. Lehmann, E. L., and Scholz, F. W. (1992). Ancillarity. *Current Issues in Statistical Inference: Essays in Honor of D. Basu* (M. Ghosh and P. K. Pathak, eds.). Hayward, CA: IMS Monograph Series, 32-51.

203. LePage, R., and Billard, L. (eds.). (1992). *Exploring the Limits of Bootstrap*. New York: Wiley.

204. Lindley, D. V. (1957). A Statistical Paradox. *Biometrika* **44** 187-192.

205. Lindley, D. V. (1962). Discussion of the Article by Stein. *J. Roy. Statist. Soc. Ser. B* **24** 265-296.

206. Lindley, D. V., and Phillips, L. D. (1976). Inference for a Bernoulli Process (a Bayesian View). *Amer. Statist.* **30** 112-119.

207. Lindley, D. V., and Smith, A. F. M. (1972). Bayes Estimates for the Linear Model. *J. Roy. Statist. Soc. Ser. B* **34** 1-41.

208. Little, R. J. A., and Rubin, D. B. (1987). *Statistical Analysis with Missing Data*. New York: Wiley.

209. Liu, R. Y. (1990). On a Notion of Data Depth Based on Random Simplices. *Ann. Statist.* **18** 405-414.

210. Liu, R. Y., and Singh, K. (1992). Ordering Directional Data: Concepts of Data Depth on Circles and Spheres. *Ann. Statist.* **20** 1468-1484.

211. Luceño, A. (1997). Further Evidence Supporting the Numerical Usefulness of Characteristic Functions. *Amer. Statist.* **51** 233-234.

212. Maatta, J. M., and Casella, G. (1987). Conditional Properties of Interval Estimators of the Normal Variance. *Ann. Statist.* **15** 1372-1388.

213. Madansky, A. (1962). More on Length of Confidence Intervals. *J. Amer. Statist. Assoc.* **57** 586-589.

214. Marshall, A. W., and Olkin, I. (1979). *Inequalities: Theory of Majorization and Its Applications*. New York: Academic Press.

215. McCullagh, P. (1994). Does the Moment Generating Function Characterize a Distribution? *Amer. Statist.* **48** 208.

216. McLachlan, G., and Krishnan, T. (1997). *The EM Algotithm and Extensions*. New York: Wiley.

217. McPherson, G. (1990). *Statistics in Scientific Inverstigation*. New York: Springer-Verlag.

218. Mengersen, K. L., and Tweedie, R, L. (1996). Rates of Convergence of the Hastings and Metropolis Algorithms. *Ann. Statist.* **24** 101-121.

219. Metropolis, N., Rosenbluth, A. W., Rosenbluth, M. N., Teller, A. H., and Teller, E. (1953). Equations of State Calculations by Fast Computing Machines. *J. Chem. Phys.* **21** 1087-1092.

220. Miller, R. G. (1974). The Jackknife—A Review. *Biometrika* **61** 1-15.

221. Miller, R. G. (1981). *Simultaneous Statistical Inference*, 2nd edition. New York: Springer-Verlag.

222. Moran, P. A. P. (1971). Estimating Structural and Functional Relationships. *J. Mult. Analysis.* **1** 232-255.

223. Morgan, J. P., Chaganty, N. R., Dahiya, R. C., and Doviak, M. J. (1991). Let's Make a Deal: The Player's Dilemma (with discussion). *Amer. Statist.* **45** 284-289.

224. Morris, C. N. (1982). Natural Exponential Families with Quadratic Variance Functions. *Ann. Statist.* **10** 65-80.

225. Morris, C. N. (1983). Parametric Empirical Bayes Inference: Theory and Applications (with discussion). *J. Amer. Statist. Assoc.* **78** 47-65.

226. Morrison, D. G. (1978). A Probability Model for Forced Binary Choices. *Amer. Statist.* **32** 23-25.

227. Naiman, D. Q. (1983). Comparing Scheffé-Type to Constant Width Confidence Bounds in Regression. *J. Amer. Statist. Assoc.* **78** 906-912.

228. Naiman, D. Q. (1984). Optimal Simultaneous Confidence Bounds. *Ann. Statist.* **12** 702-715.

229. Naiman, D. Q. (1987). Simultaneous Confidence Bounds in Multiple Regression Using Predictor Variable Constraints. *J. Amer. Statist. Assoc.* **82** 214-219.

230. Naiman, D. Q., and Wynn, H. P. (1992). Inclusion-Exclusion-Bonferroni Identities and Inequalities for Discrete Tube-Like Problems via Euler Characteristics. *Ann. Statist.* **20** 43-76.

231. Naiman, D. Q., and Wynn, H. P. (1997). Abstract Tubes, Improved Inclusion-Exclusion Identities and Inequalities and Importance Sampling. *Ann. Statist.* **25** 1954-1983.

232. Neter, J., Wasserman, W., and Whitmore, G. A. (1993). *Applied Statistics*. Boston: Allyn & Bacon.

233. Neyman, J. (1935). Su un Teorema Concernente le Cosiddette Statistiche Sufficienti. *Inst. Ital. Atti. Giorn.* **6** 320-334.

234. Noorbaloochi, S., and Meeden, G. (1983). Unbiasedness As the Dual of Being Bayes. *J. Amer. Statist. Assoc.* **78** 619-623.

235. Norton, R. M. (1984). The Double Exponential Distribution: Using Calculus to Find an MLE. *Amer. Statist.* **38** 135-136.

236. Nussbaum, M. (1976). Maximum Likelihood and Least Squares Estimation of Linear Functional Relationships. *Mathematische Operationsforschung und Statistik, Ser. Statistik* **7** 23-49.

237. Olkin, I., Petkau, A. J., and Zidek, J. V. (1981). A Comparison of n Estimators for the Binomial Distribution. *J. Amer. Statist. Assoc.* **76** 637-642.

238. Pal, N., and Berry, J. (1992). On Invariance and Maximum Likelihood Estimation.

Amer. Statist. **46** 209-212.

239. Park, C. G., Park, T., and Shin, D. W. (1996). A Simple Method for Generating Correlated Binary Variates. *Amer. Statist.* **50** 306-310.

240. Pena, E. A., and Rohatgi, V. (1994). Some Comments About Sufficiency and Unbiased Estimation. *Amer. Statist.* **48** 242-243.

241. Piegorsch, W. W. (1985). Admissible and Optimal Confidence Bands in Simple Linear Regression. *Ann. Statist.* **13** 801-810.

242. Pitman, E. J. G. (1939). The Estimation of the Location and Scale Parameters of a Continuous Population of Any Given Form. *Biometrika* **30** 200-215.

243. Portnoy, S. (1987). A Central Limit Theorem Applicable to Robust Regression Estimators. *J. Mult. Analysis.* **22** 24-50.

244. Portnoy, S., and Koenker, R. (1997). The Gaussian Hare and the Laplacian Tortoise: Computability of Squared-Error Versus Absolute-Error Estimators. *Statist. Sci.* **12** 279-300.

245. Portnoy, S., and Mizera, I. (1998). Discussion of the Paper by Ellis. *Statist. Sci.* **13** 344-347.

246. Pratt, J. W. (1961). Length of Confidence Intervals. *J. Amer. Statist. Assoc.* **56** 549-567.

247. Proschan, M. A., and Presnell, B. (1998). Expect the Unexpected from Conditional Expectation. *Amer. Statist.* **52** 248-252.

248. Pukelsheim, F. (1994). The Three Sigma Rule. *Amer. Statist.* **48** 88-91.

249. Quenouille, M. H. (1956). Notes on Bias in Estimation. *Biometrika* **43** 353-360.

250. Reid, N. (1995). The Role of Conditioning in Inference (with discussion). *Statist. Sci.* **10** 138-166.

251. Resnick, S. I. (1999). *A Probability Path*. Basel: Birkhauser.

252. Ridgeway, T. (1993). Letter to the Editor about the "Exchange Paradox." *Amer. Statist.* **47** 311.

253. Ripley, B. D. (1987). *Stochastic Simulation*. New York: Wiley.

254. Robbins, H. (1977). A Fundamental Question of Practical Statistics (letter to the editor). *Amer. Statist.* **31** 97.

255. Robert, C. P. (1994). *The Bayesian Choice*. New York: Springer-Verlag.

256. Robert, C. P., and Casella. G. (1999). *Monte Carlo Statistical Methods*. New York: Springer-Verlag.

257. Robson, D. S. (1959). A Simple Method for Constructing Orthogonal Polynomials When the Independent Variable Is Unequally Spaced. *Biometrics* **15** 187-191.

258. Romano, J. P., and Siegel, A. F. (1986). *Counterexamples in Probability and Statistics*. Pacific Grove, CA: Wadsworth and Brooks/Cole.

259. Ross, S. M. (1988). *A First Course in Probability Theory*, 3rd edition. New York: Macmillan.

260. Ross, S. M. (1994). Letter to the Editor about the "Exchange Paradox." *Amer. Statist.* **48** 267.

261. Ross, S. M. (1996). Bayesians Should Not Resample a Prior Sample to Learn About the Posterior. *Amer. Statist.* **50** 116.

262. Rousseeuw, P. J. (1984). Least Median of Squares Regression. *J. Amer. Statist. Assoc.* **79** 871-880.

263. Rousseeuw, P. J., and Hubert, M. (1999). Regression Depth (with discussion). *J. Amer. Statist. Assoc.* **94** 388-433.

264. Rousseeuw, P. J., and Leroy, A. M. (1987). *Robust Regression and Outlier Detection.* New York: Wiley.

265. Royall, R. M. (1997). *Statistical Evidence: A Likelihood Paradigm.* London: Chapman and Hall.

266. Rubin, D. B. (1988). Using the SIR Algorithm to Simulate Posterior Distributions. *Bayesian Statistics* 3 (J. M. Bernardo, M. H. DeGroot, D. V. Lindley, and A. F. M. Smith, eds.), 395-402. Cambridge, MA: Oxford University Press.

267. Rudin, W. (1976). *Principles of Real Analysis.* New York: McGraw-Hill.

268. Ruppert, D. (1987). What Is Kurtosis? *Amer. Statist.* **41** 1-5.

269. Ruppert, D., and Carroll, R. J. (1979). Trimmed Least Squares Estimation in the Linear Model. *J. Amer. Statist. Assoc.* **75** 828-838.

270. Russell, K. G. (1991). Estimating the Value of e by Simulation. *Amer. Statist.* **45** 66-68.

271. Samuels, M. L., and Lu, T.-F. C. (1992). Sample Size Requirements for the Back-of-the-Envelope Binomial Confidence Interval. *Amer. Statist.* **46** 228-231.

272. Satterthwaite, F. E. (1946). An Approximate Distribution of Estimates of Variance Components. *Biometrics Bulletin* (now called *Biometrics*) **2** 110-114.

273. Saw, J. G., Yang, M. C. K., and Mo, T. C. (1984). Chebychev's Inequality with Estimated Mean and Variance. *Amer. Statist.* **38** 130-132.

274. Schafer, J. L. (1997). *Analysis of Incomplete Multivariate Data.* London: Chapman and Hall.

275. Scheffé, H. (1959). *The Analysis of Variance.* New York: Wiley.

276. Schervish, M. J. (1995). *Theory of Statistics.* New York: Springer-Verlag.

277. Schervish, M. J. (1996). *P* Values: What They Are and What They Are Not. *Amer. Statist.* **50** 203-206.

278. Schuirmann, D. J. (1987). A Comparison of the Two One-Sided Tests Procedure and the Power Approach for Assessing the Equivalence of Average Bioavailability. *J. Pharmacokinetics and Biopharmaceutics* **15** 657-680.

279. Schwager, S. J. (1984). Bonferroni Sometimes Loses. *Amer. Statist.* **38** 192-197.

280. Schwager, S. J. (1985). Reply to Worsley. *Amer. Statist.* **39** 236.

281. Schwarz, C. J., and Samanta, M. (1991). An Inductive Proof of the Sampling Distributions for the MLEs of the Parameters in an Inverse Gaussian Distribution. *Amer. Statist.* **45** 223-225.

282. Searle, S. R. (1971). *Linear Models.* New York: Wiley.

283. Searle, S. R. (1982). *Matrix Algebra Useful for Statistics*. New York: Wiley.

284. Searls, D. T., and Intarapanich, P. (1990). A Note on an Estimator for the Variance That Utilizes the Kurtosis. *Amer. Statist.* **44** 295-296.

285. Selvin, S. (1975). A Problem in Probability (letter to the editor). *Amer. Statist.* **29** 67.

286. Seshadri, V. (1993). *The Inverse Gaussian Distribution. A Case Study in Exponential Families*. New York: Clarendon Press.

287. Shao, J. (1999). *Mathematical Statistics*. New York: Springer-Verlag.

288. Shao, J., and Tu, D. (1995). *The Jackknife and the Bootstrap*. New York: Springer-Verlag.

289. Shier, D. P. (1988). The Monotonicity of Power Means Using Entropy. *Amer. Statist.* **42** 203-204.

290. Shuster, J. J. (1991). The Statistician in a Reverse Cocaine Sting. *Amer. Statist.* **45** 123-124.

291. Silvapulle, M. J. (1996). A Test in the Presence of Nuisance Parameters. *J. Amer. Statist. Assoc.* **91** 1690-1693.

292. Smith, A. F. M., and Gelfand, A. E. (1992). Bayesian Statistics Without Tears: A Sampling-Resampling Perspective. *Amer. Statist.* **46** 84-88.

293. Smith, A. F. M., and Roberts, G. O. (1993). Bayesian Computation via the Gibbs Sampler and Related Markov Chain Monte Carlo Methods (with discussion). *J. Roy. Statist. Soc. Ser. B* **55** 3-24.

294. Snedecor, G. W., and Cochran, W. G. (1989). *Statistical Methods*, 8th edition. Ames: Iowa State University Press.

295. Solari, M. E. (1969). The "Maximum Likelihood Solution" of the Problem of Estimating a Linear Functional Relationship. *J. Roy. Statist. Soc. Ser. B* **31** 372-375.

296. Solomon, D. L. (1975). A Note on the Non-Equivalence of the Neyman-Pearson and Generalized Likelihood Ratio Tests for Testing a Simple Null Versus a Simple Alternative Hypothesis. *Amer. Statist.* **29** 101-102.

297. Solomon, D. L. (1983). The Spatial Distribution of Cabbage Butterfly Eggs. *Life Science Models, Volume* 4 (H. Marcus-Roberts and M. Thompson, eds.), 350-366. New York: Springer-Verlag.

298. Sprott, D. A., and Farewell, V. T. (1993). The Difference Between Two Normal Means. *Amer. Statist.* **47** 126-128.

299. Staudte, R. G., and Sheather, S. J. (1990). *Robust Estimation and Testing*. New York: Wiley.

300. Stefanski, L. A. (1996). A Note on the Arithmetic-Geometric-Harmonic Mean Inequalities. *Amer. Statist.* **50** 246-247.

301. Stein, C. (1956). Inadmissibility of the Usual Estimator for the Mean of a Multivariate Normal Distribution. *Proceedings of the Third Berkeley Symposium on Mathematical Statistics and Probability* **1** 197-206. Berkeley: University of California Press.

302. Stein, C. (1964). Inadmissibility of the Usual Estimator for the Variance of a Normal

Distribution with Unknown Mean. *Ann. Inst. Statist. Math.* **16** 155-160.

303. Stein, C. (1973). Estimation of the Mean of a Multivariate Distribution. *Proceedings of the Prague Symposium on Asymptotic Statistics*. Prague: Charles Univ. 345-381.

304. Stein, C. (1981). Estimation of the Mean of a Multivariate Normal Distribution. *Ann. Statist.* **9** 1135-1151.

305. Sterne, T. E. (1954). Some Remarks on Confidence or Fiducial Limits. *Biometrika* **41** 275-278.

306. Stigler, S. M. (1983). Who Discovered Bayes' Theorem? *Amer. Statist.* **37** 290-296.

307. Stigler, S. M. (1984). Kruskal's Proof of the Joint Distribution of $\overline{X}$ and S^2. *Amer. Statist.* **38** 134-135.

308. Stigler, S. M. (1986). *The History of Statistics: The Measurement of Uncertainty Before* 1900. Cambridge, MA: Harvard University Press.

309. Stuart, A., and Ord, J. K. (1987). *Kendall's Advanced Theory of Statistics, Volume I: Distribution Theory*, 5th edition. New York: Oxford University Press.

310. Stuart, A., and Ord, J. K. (1991). *Kendall's Advanced Theory of Statistics, Volume II*, 5th edition. New York: Oxford University Press.

311. Stuart. A., Ord, J. K., and Arnold, S. (1999). *Advanced Theory of Statistics, Volume* 2A: *Classical Inference and the Linear Model*, 6th edition. London: Oxford University Press.

312. Tanner, M. A. (1996). *Tools for Statistical Inference: Observed Data and Data Augmentation Methods*, 3rd edition. New York: Springer-Verlag.

313. Tate, R. F., and Klett, G. W. (1959). Optimal Confidence Intervals for the Variance of a Normal Distribution. *J. Amer. Statist. Assoc.* **54** 674-682.

314. Tierney, J. (1991). Behind Monte Hall's Door: Puzzle, Debate and Answer? *The New York Times*, July 21, 1991.

315. Tierney, L. (1994). Markov Chains for Exploring Posterior Distributions (with discussion). *Ann. Statist.* **22** 1701-1786.

316. Tsao, C. A., and Hwang, J. T. (1998). Improved Confidence Estimators for Fieller's Confidence Sets. *Can. J. Statist.* **26** 299-310.

317. Tsao, C. A., and Hwang, J. T. (1999). Generalized Bayes Confidence Estimators for Fieller's Confidence Sets. *Statistica Sinica* **9** 795-810.

318. Tukey, J. W. (1977). *Exploratory Data Analysis*. Reading, MA: Addison-Wesley.

319. Tweedie, M. C. K. (1957). Statistical Properties of Inverse Gaussian Distributions I. *Ann. Math. Statist.* **28** 362-377.

320. Vardeman, S. B. (1987). Discussion of the Articles by Casella and Berger and Berger and Sellke. *J. Amer. Statist. Assoc.* **82** 130-131.

321. Vardeman, S. B. (1992). What About Other Intervals? *Amer. Statist.* 46 193-197; correction **47** 238.

322. vos Savant, M. (1990). Ask Marilyn. *Parade Magazine*, September 9, 15.

323. vos Savant, M. (1991). Letter to the Editor. *Amer. Statist.* **45** 347.

324. Wald, A. (1940). The Fitting of Straight Lines When Both Variables Are Subject to Error. *Ann. Math. Statist.* **11** 284-300.

325. Waller, L. A. (1995). Does the Characteristic Function Numerically Distinguish Distributions? *Amer. Statist.* **49** 150-151.

326. Waller, L. A., Turnbull, B. W., and Hardin, J. M. (1995). Obtaining Distribution Functions by Numerical Inversion of Characteristic Functions with Applications. *Amer. Statist.* **49** 346-350.

327. Wassermann, L. (1992). Recent Methodological Advances in Robust Bayesian Inference (with discussion). *Bayesian Statistics* 4. *Proceedings of the Fourth Valencia International Meeting*, 483-502. Oxford: Clarendon Press.

328. Westlake, W. J. (1981). Bioequivalence Testing-A Need to Rethink. *Biometrics* **37** 591-593.

329. Widder, D. V. (1946). *The Laplace Transform*. Princeton, NJ: Princeton University Press.

330. Wilks, S. S. (1938). Shortest Average Confidence Intervals from Large Samples. *Ann. Math. Statist.* **9** 166-175.

331. Williams, E. J. (1959). *Regression Analysis*. New York: Wiley.

332. Worsley, K. J. (1982). An Improved Bonferroni Inequality and Applications. *Biometrika* **69** 297-302.

333. Worsley, K. J. (1985). Bonferroni (Improved) Wins Again. *Amer. Statist.* **39** 235.

334. Wright, T. (1992). Lagrange's Identity Reveals Correlation Coefficient and Straight-Line Connection. *Amer. Statist.* **46** 106-107.

335. Wu, C. F. J. (1983). On the Convergence of the EM Algorithm. *Ann. Statist.* **11** 95-103.

336. Young, G. A. (1994). Bootstrap: More Than a Stab in the Dark? (with discussion). *Statist. Sci.* **9** 382-415.

337. Zehna, P. W. (1966). Invariance of Maximum Likelihood Estimators. *Ann. Math. Statist.* **37** 744.

338. Zellner, A. (1986). Bayesian Estimation and Prediction Using Asymmetric Loss Functions. *J. Amer. Statist. Assoc.* **81** 446-451.

作者索引

名词索引